普通高等教育"十三五"系列教材

理 论 力 学

第 3 版

主　编　曹咏弘
参　编　常列珍　高经武　关学锋
　　　　李海涛　孙华东　薛春霞

U0379459

机 械 工 业 出 版 社

本书是根据教育部基础力学课程教学指导分委员会制定的《理论力学课程教学基本要求（A类）》编写而成的。本书重视概念的明确和理论的严谨，应用实例丰富，思考题富有趣味性，是一本特色鲜明的教材。

全书共3篇17章，包括静力学基础、力系的简化、力系的平衡条件及其应用、点的运动学、刚体的基本运动、刚体的平面运动、复合运动、刚体的定点运动和一般运动、质点运动微分方程及其应用、动量定理和动量矩定理、动能定理及其应用、达朗贝尔原理、虚位移原理、拉格朗日方程、碰撞、机械振动基础、理论力学问题的计算机分析简介等内容。

本书可作为高等院校机械、土建、水利、航空和力学等专业的理论力学或工程力学课程教材，也可作为有关技术人员的自学用书。

图书在版编目（CIP）数据

理论力学/曹咏弘主编. —3版. —北京：机械工业出版社，2017.8（2021.6重印）

普通高等教育"十三五"系列教材

ISBN 978-7-111-57545-0

Ⅰ.①理… Ⅱ.①曹… Ⅲ.①理论力学-高等学校-教材 Ⅳ.①O31

中国版本图书馆CIP数据核字（2017）第180781号

机械工业出版社（北京市百万庄大街22号 邮政编码100037）
策划编辑：李永联 责任编辑：李永联 姜 凤
责任校对：肖 琳 封面设计：路恩中
责任印制：常天培
北京虎彩文化传播有限公司印刷
2021年6月第3版第5次印刷
169mm×239mm · 28.5印张 · 573千字
标准书号：ISBN 978-7-111-57545-0
定价：48.00元

电话服务	网络服务
客服电话：010-88361066	机 工 官 网：www.cmpbook.com
010-88379833	机 工 官 博：weibo.com/cmp1952
010-68326294	金 书 网：www.golden-book.com
封底无防伪标均为盗版	机工教育服务网：www.cmpedu.com

第3版前言

本书是我们在多年教学研究、改革的基础上，结合中北大学力学学科部的教学经验编写而成的。上一版的出版已经过去多年，随着新技术的不断涌现，将新技术与教学相结合，解决理论力学教学中表现突出的学时少、教学任务重的矛盾，做到既节省授课学时，又不降低课程的基本要求，同时能充分利用碎片时间帮助学生进行有效学习，是我们常年思考的问题。多年的教学实践使我们认识到，对于本科的教学内容，课程体系改革要从整体人才培养目标出发来更新教学内容和优化课程体系。通过研究与实践，我们对第 2 版教材进行了较大力度的改革，主要表现在以下几个方面：

1. 静力学部分基本保留原书的体系，但将原来的“摩擦”一章改编为“考虑摩擦时的平衡问题”一大节内容，之所以这样改，是考虑到这部分内容的本质仍是在讲平衡问题，只是增加了摩擦力。另外，对一些概念做了修订，比如“平面内力对点之矩”这个概念，上一版说它是代数量，但这是值得商榷的，因为不管是平面内力对点之矩还是空间力对点之矩，都是力对点之矩，而力对点之矩不可能既是矢量又是代数量，所以本书认为平面内力对点之矩也是矢量，只不过在平面力系的特殊情况下，这个矢量始终垂直于力所在的平面，如果规定了正方向，通过投影的正负号就可以知道平面内力对点矢量的方向。这个概念的改写导致了与此相关的静力学内容全部重写，尤其是平面力系的平衡。

2. 运动学部分改动较大。运动学采用了两条主线去研究。一是将矢量方法贯彻到底，将刚体平面运动一章也采用矢量方法描述，而不需要先讲复合运动然后才能讲刚体平面运动。大多数理论力学教材都是采用矢量方法研究点的运动、刚体的定轴转动、刚体的定点运动的，而刚体的平面运动则采用复合运动的方法，对于这一点，我们一直觉得很奇怪，也在多年前就和其他主要作者探讨过，但由于各种原因一直未能动笔去写；二是将复合运动的方法贯彻到底，采用复合运动的方法，不仅研究点的复合运动，还研究刚体的复合运动。先采用矢量方法研究清楚点的运动和刚体运动，在此基础上再研究点的复合运动和刚体的复合运动，学生就能掌握各种运动间的关系，进而更深刻地认识运动。

3. 在动力学部分，将平面运动刚体对某点动量矩的计算提到了概念部分讲授，这样，学生一开始就能够对平面运动刚体对某点的动量矩概念及计算有一个全面的认识，而不是只让学生记公式。这样做也会使动量矩定理的讲授更流畅。但本书并没有引入惯量张量来一般地描述动量矩，而是在动平衡一节稍加涉及，这样做是为了不增加一般院校学生学习的难度而又能满足基本的工程需要。在讲授动量矩定理时，研究了在惯性系和非惯性系中对任意动点的动量矩定理，而将对质心的动量矩定理作为特例，这样做的好处是使学生可以更灵活地应用。

在分析力学中，将约束进行了更为细致的分类，将完整约束下和非完整约束下的自由度概念进行了统一，即用独立的虚位移个数定义自由度，这样做的好处是可以和后续的课程统一。

在多年的课程建设中，我们还积累了一些自制的理论力学课程视频和动画，将这些视频和动画上传到网络，可方便学生自学及课后复习；同时为了方便同行教师选用，本书还配有相应的 CAI 课件。

本书由曹咏弘担任主编，并负责总体框架的设计和全书的统稿工作。力学学科部的大部分教师都参加了本书的编写，具体分工为：前言，绪论，第 1~3、6、13、17 章由曹咏弘执笔；第 4、5 章由孙华东执笔；第 7、8 章由李海涛执笔；第 9、12 章由常列珍执笔；第 10、11 章由高经武执笔；第 14、15 章由薛春霞执笔；第 16 章及附录由关学峰执笔，本书全部动画由关学峰负责制作。

限于编者的水平和经验，书中还会有不少缺点和错误，恳请同行专家和广大读者批评指正。

编　者

第2版前言

理论力学是高等理工科院校的一门重要的技术基础课，是后续力学课程和其他相关专业课程的基础。随着中国高等教育的发展，不同学校和专业对理论力学课程提出了不同的要求，并且理论力学课程的学时也有所减少；同时，教育技术及手段的发展，使得突破传统的限制，将教学改革深入进行下去成为可能。编写本书的主要目的是适应当前国内教学改革的需要，既用较少的时间讲授理论力学的基本内容，又不降低课程的基本要求；同时，适度地将教学内容深化，以适应学科的发展和工程的需要。为此，多年来，本书作者带领中北大学力学系理论力学课程组的老师们进行了一系列的教学改革，这些改革的内容大多体现在本书中。

本书第 1 版于 2004 年出版，经过 5 年的使用，我们收到不少教师和学生的意见，在本次修订中，我们充分考虑了这些意见，新教材基本保留了第 1 版的体系，但具体内容有所调整。新教材具有如下一些特点：

（1）静力学部分基本保留了第 1 版的体系，全篇分为静力学基础、力系的简化、力系的平衡条件及其应用和考虑摩擦的平衡问题共四章。结合使用的经验及反馈意见，我们将其中部分内容重新进行了改编，第 1 版教材中力系简化这部分内容过于理论化，新教材将这一部分处理得比较实用和通俗易懂。同时将力偶的概念及性质前移到静力学基础里，更体现其基础性。新教材更加强调通俗易懂，以适应一般工科院校的学生使用。

（2）运动学部分较好地处理了与大学物理内容的衔接，精简了内容，在运动分析中，真正加强了分析法的应用，使分析法与几何法并重，但由于分析法的应用必须考虑约束方程，所以我们把分析法的应用放到理论力学的数值分析一章去讲，这样做既分解了难点，又不觉得突兀。

（3）拓宽了内容的深广度。除了保留第 1 版教材的刚体定点运动、一般运动、陀螺近似理论以外，还增加了理论力学的数值方法一章，这一章内容是我们对 2004 年以来教改内容的总结，从科研的经验看，这部分是必须教给学生的内容，是解决复杂问题的重要手段。

（4）动力学部分的处理仍然沿用了第 1 版的将动量定理和动量矩定理合为一章，利于学生更好地理解动力学理论，但将原来的以矩心为动点的动量矩定理和以矩心为质心的动量矩定理两节内容合为一节，并把以矩心为质心的动量矩定理作为以矩心为动点的动量矩定理的一个特例，这样做节省了篇幅。此外，去掉了动量定理和动量矩定理在定常流体中的应用一节。

（5）改正了第 1 版中的一些错误，并对其中的文字及符号进行了处理，以利于学生将来更好地交流。

（6）本书不仅强调了学生对于基础知识、基本理论、基本技能的掌握，而且还突出了培养学生利用数值方法解决实际问题的能力。

（7）本书在内容的选取和章节的划分上，注意了不同层次课程的选用，适于作为高等工科院校机械、土建等专业各个层次的理论力学教材，亦可供其他专业和有关工程技术人员参考。

本书由王月梅、曹咏弘担任主编，并负责全书统稿。本书的绪论及第 2 章由王月梅执笔，第 1、18 章由曹咏弘执笔，第 4~7、15 章由薛春霞执笔，第 8、9、13 章由李海涛执笔，第 10~12 章由周义清执笔，第 3、14 章由高经武执笔，第 16、17 章及附录由常列珍执笔，其中的第 18 中静力学和动力学的例题由李海涛编写，介绍非线性问题的例题由高经武编写。

太原理工大学的陈昭怡教授对书稿做了认真细致的审阅，并提出了许多宝贵意见，编者借本书出版之际，向陈教授致以深深的谢意。本书编写过程中汲取了已出版的国内外相关教材的许多宝贵经验，在此表示感谢。

限于编者的水平和经验，书中还会有不少缺点和错误，恳请同行专家和广大读者批评指正。

编　者

2009 年 12 月

第1版前言

进入21世纪后，科学技术的迅速发展和我国社会主义市场经济发展的不断深入，对高等工科院校人才培养提出了更高的要求。本科的教学内容、课程体系改革要从整体人才培养目标出发，更新教学内容，优化课程体系。多年来我们一直进行理论力学课程改革的探索，最近又承担了山西省21世纪高等教育教学改革项目"基础课程教学中加强素质教育和培养创新意识的研究和实践"。通过研究与实践，对原理论力学教材（简称"原教材"——参考文献［1］）进行了大胆的改革，主要表现在以下几个方面：

1. 构建静力学全新体系。原教材虽提高了一些概念的理论讲授起点，但基本上是以力系为体系，即由简单力系到一般力系，研究力系的简化和平衡条件的应用。本书是以内容的理论知识点为体系，全篇分为静力学基础、力系的简化、力系的平衡条件及其应用和摩擦共四章，精炼了内容与体系，但在概念的叙述和例题的选择与分析上力求通俗易懂，以适应一般工科院校学生使用。

2. 在运动学中，利用刚体位形的概念描述刚体的运动，但在刚体运动的分析方法上仍保留了一般教材（如原教材）的分析法，目的是突出质点和刚体两个不同的力学模型，为复合运动中牵连运动的分析奠定基础，又为一般工科院校的学生所适用。

3. 在运动分析中，加强了分析法的应用，使分析法与几何法并重。

4. 拓展了内容的深广度，如增加了刚体定点运动、一般运动、陀螺近似理论等内容，为学有余力的同学创造深入学习的条件。

5. 书中精炼了对质点的运动学、普遍定理等与大学物理有关内容的叙述，加强了应用，较好地处理了与大学物理衔接的问题。

6. 本书在例题的选择和分析上注意了对学生工程意识和科学思维方法的培养，并以一题多解和提问的形式拓展学生的思维，为学生探索新事物、培养创新能力奠定基础。

7. 本书保留了原教材中将动量定理和动量矩定理合为一章的做法，并采用了力系简化和动量系简化相对应的写法。

8. 本书在内容的选取和章节的划分上，注意了不同层次课程的选用，适于作为高等工科院校机械、土建等专业各个层次的理论力学教材，亦可供其他专业和有关工程技术人员参考。

为了激发学生的兴趣，提高学生学习的主动性，本书还配有相应的CAI课件，课件中收集了较多的例题、工程实例和趣味题的分析，以方便学生学习。

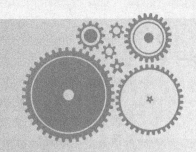

本书的第 1~4、7~9 章由曹咏弘执笔，第 5、6、10、16、17 章及附录由薛春霞执笔，第 11~15 章、绪论由王月梅执笔，全书由王月梅统稿。

太原理工大学的陈昭怡教授对书稿做了认真细致的审阅，并提出了许多宝贵意见，编者借本书出版之际，向他致以衷心的谢意。

限于编者的水平和经验，书中还会有不少缺点和错误，恳请同行专家和广大读者批评指正。

编　者

目 录

第 3 版前言
第 2 版前言
第 1 版前言
绪论 …… 1

第1篇 静 力 学

第 1 章 静力学基础 …… 4
1.1 静力学的公理体系 …… 4
1.2 力在坐标轴上的投影 …… 7
1.3 力矩及其计算 …… 8
1.4 力偶及其性质 …… 13
1.5 约束与约束力 …… 14
1.6 物体的受力分析和受力图 …… 17
思考题 …… 19
习题 A …… 20
习题 B …… 23
第 2 章 力系的简化 …… 24
2.1 汇交力系的简化 …… 24
2.2 力偶系的简化 …… 26
2.3 空间一般力系的简化 …… 27
2.4 重心 …… 35
思考题 …… 39
习题 A …… 40
习题 B …… 42
第 3 章 力系的平衡条件及其应用 …… 43
3.1 空间力系的平衡条件及其应用 …… 43
3.2 平面力系的平衡方程及其应用 …… 47
3.3 静定和静不定问题的概念 …… 52
3.4 刚体系统的平衡 …… 53
*3.5 平面静定桁架的内力分析 …… 58
3.6 考虑摩擦时的平衡问题 …… 63
思考题 …… 76
习题 A …… 77
习题 B …… 86

第2篇 运 动 学

第 4 章 点的运动学 …… 92
4.1 点的运动的矢量描述法 …… 92
4.2 点的运动的直角坐标描述法 …… 93
4.3 点的运动的自然描述法 …… 96
4.4 点的运动的柱坐标描述法 …… 100
思考题 …… 103
习题 …… 103
第 5 章 刚体的基本运动 …… 106
5.1 刚体的平动 …… 106
5.2 刚体的定轴转动 …… 107
5.3 以矢量表示刚体的角速度和角加速度 以矢量积表示点的速度和加速度 …… 112
思考题 …… 114
习题 A …… 115
习题 B …… 117
第 6 章 刚体的平面运动 …… 118
6.1 刚体的平面运动概述 …… 118
6.2 平面图形上点的速度分析 …… 121
6.3 平面图形上两点的加速度

关系 …………………………… 132
思考题 ………………………………… 136
习题 A ………………………………… 137
习题 B ………………………………… 140
第 7 章 刚体的定点运动 ………… 143
*7.1 刚体绕定点运动的运动方程 欧拉定理 ………………… 143
*7.2 刚体绕定点运动的角速度和角加速度 ………………………… 145
*7.3 绕定点运动的刚体上各点的速度和加速度 ……………… 146
思考题 ………………………………… 149
习题 ……………………………………… 149
第 8 章 复合运动 ……………………… 151
8.1 复合运动的基本概念 ………… 151
8.2 动点在静系和动系中其运动方程之间的关系 ……………… 152
8.3 速度合成定理 ………………… 153
8.4 牵连运动为平动时的加速度合成定理 ……………………… 159
8.5 牵连运动为转动时的加速度合成定理 ……………………… 161
8.6 刚体的复合运动 ……………… 168
*8.7 刚体绕相交轴转动的合成 …… 171
*8.8 刚体的一般运动 …………… 172
思考题 ………………………………… 174
习题 A ………………………………… 175
习题 B ………………………………… 179

第3篇 动 力 学

第 9 章 质点运动微分方程及其应用 ………………………… 184
9.1 牛顿运动定律 ………………… 184
9.2 质点运动微分方程 …………… 185
9.3 质点动力学的两类基本问题 …… 185
9.4 质点在非惯性坐标系中的运动 ……………………………… 193
思考题 ………………………………… 199
习题 …………………………………… 199
第 10 章 动量定理和动量矩定理 ……………………………… 203
10.1 质点系的质量几何性质 ……… 203
10.2 动量和动量矩 ……………… 208
10.3 动量定理 …………………… 212
10.4 矩心为定点的动量矩定理 …… 221
10.5 刚体的定轴转动微分方程 …… 225
10.6 矩心为动点的动量矩定理 …… 229
10.7 刚体的平面运动微分方程 …… 232
*10.8 变质量质点的运动微分方程 ……………………………… 237
*10.9 陀螺运动的近似理论 ………… 240
思考题 ………………………………… 243
习题 A ………………………………… 243
习题 B ………………………………… 248
第 11 章 动能定理及其应用 ……… 252
11.1 力的功 ……………………… 252
11.2 动能 ………………………… 257
11.3 动能定理 …………………… 260
11.4 势力场 势能 机械能守恒定律 ……………………………… 268
11.5 功率和功率方程 …………… 273
11.6 普遍定理的联合应用 ……… 276
思考题 ………………………………… 281
习题 A ………………………………… 281
习题 B ………………………………… 285
第 12 章 达朗贝尔原理 …………… 288
12.1 质点和质点系的达朗贝尔原理 ……………………………… 288
12.2 刚体惯性力系的简化 ……… 291
12.3 绕定轴转动刚体的动约束力静平衡和动平衡的概念 ……… 300
思考题 ………………………………… 306
习题 A ………………………………… 308
习题 B ………………………………… 310
第 13 章 虚位移原理 ……………… 314
13.1 约束和约束方程 …………… 314
13.2 广义坐标 …………………… 316
13.3 虚位移和自由度 …………… 317
13.4 理想约束 …………………… 319
13.5 虚位移原理的内涵 ………… 319

13.6 以广义坐标表示的质点系的平衡条件 …… 324
*13.7 质点系在势力场中平衡的稳定性 …… 328
思考题 …… 330
习题 A …… 331
习题 B …… 334
第 14 章 拉格朗日方程 …… 336
14.1 动力学普遍方程 …… 336
14.2 拉格朗日方程的内涵 …… 337
14.3 拉格朗日方程的首次积分 …… 343
思考题 …… 347
习题 …… 347
第 15 章 碰撞 …… 349
15.1 碰撞的特征和恢复因数 …… 349
15.2 研究碰撞运动的动力学普遍定理 …… 350
15.3 两球的正碰撞 动能损失 …… 352
*15.4 斜碰撞 …… 357
15.5 碰撞冲量对绕定轴转动刚体的作用 撞击中心 …… 358
15.6 刚体碰撞问题举例 …… 361
思考题 …… 364
习题 A …… 365
习题 B …… 367
第 16 章 机械振动基础 …… 369
16.1 单自由度系统的自由振动 …… 370
16.2 单自由度系统的衰减振动 …… 377
16.3 单自由度系统的强迫振动 …… 380
16.4 隔振理论简介 …… 386
思考题 …… 389
习题 A …… 390
习题 B …… 392
第 17 章 理论力学问题的计算机分析简介 …… 393
17.1 静力学问题的计算机分析 …… 393
17.2 运动学问题的计算机分析 …… 398
17.3 动力学问题的计算机分析 …… 401
习题 …… 404
附录 …… 405
附录 A 矢量代数和矢量导数 …… 405
附录 B …… 410
习题答案 …… 414
索引 …… 433
参考文献 …… 441

绪　论

1. 理论力学的研究对象

理论力学是研究物体机械运动一般规律的一门学科。所谓机械运动，是指物体在空间的位置随时间的变化。例如日、月、星辰的运行，车辆、船只的行驶，一切机器的运转等，都是机械运动。平衡是指物体相对于惯性系保持静止或匀速直线运动的状态（如相对地球处于静止状态），是机械运动的一种特殊形式。在多种多样的运动形式中，机械运动是人们在日常生活和生产实践中最常见、最普遍、也是最简单的一种运动。而任何比较复杂的、比较高级的物质运动形式都与机械运动存在着或多或少的联系。所以，理论力学的概念、规律和方法在一定程度上也被应用于自然科学的其他领域中，对它们的发展起了积极的作用。

物体的机械运动都服从某些一般规律，这些规律就是理论力学的研究对象。按照循序渐进的认识规律，本书分为静力学、运动学和动力学三部分。静力学主要研究力的基本性质、力系的简化与力系的平衡条件；运动学主要研究物体机械运动的几何性质，而不涉及引起物体运动的物理原因；动力学则研究物体的机械运动与所受力之间的关系。

理论力学属于以牛顿定律为基础的经典力学范畴。近代物理学的发展说明了经典力学的局限性：经典力学仅适用于低速、宏观物体的运动。当物体的运动速度接近于光速时，其运动应当用相对论力学来研究；当物体的大小接近于微观粒子时，其运动应当用量子力学来研究。而对于速度远低于光速的宏观物体，由经典力学推得的结果具有足够的精确度。工程技术中所处理的对象一般都是宏观物体，而且其速度也远低于光速，因此，其力学问题仍以经典力学的定律为依据。经典力学至今仍有很大的实用意义，并且还在不断地发展着。

2. 理论力学的研究方法

任何一门科学由于研究对象的不同而有不同的研究方法，但是通过实践而发现真理，又通过实践来证实真理和发展真理，这是任何科学技术发展的正确途径。理论力学的发展史也遵循着这一认识规律。再概括地说，理论力学的研究方法是从对事物的观察、实践和科学实验出发，经过分析、综合归纳和抽象化，建立起力学模型，总结出力学的最基本概念和规律，再从基本规律出发，利用数学推理演绎，得出具有物理意义和实用意义的结论和定理，构成力学理论，然后再回到实践中去验证理论的正确性，并在更高的水平上指导实践，同时从这个过程中获得新的认识，再进一步完善和发展理论力学。

理论力学是伴随着人类生产实践的历史长河发展起来的，现已是一门历史悠久的成熟学科。整个理论力学以为数不多的几条公理、定律和定理为基础，以统一的观点深刻地揭示了力学诸定理之间的内在联系，形成了一定的逻辑系统，便于学习、掌握和运用。值得注意的是，因为理论力学的概念、公理、定律和定理是来自实践的，其中有的是在生活和生产实践中与我们形影不离的，因而它们并不是抽象的和难以理解的。然而，我们已有的一些感性认识，有的可能是片面的，有的甚至可能是一种错觉。这就要求在学习理论力学的过程中，勤于思考，深刻理解基本概念和基本原理，克服片面，避免主观臆断，不断提高自己的理论水平。**一般解决力学问题时，所应遵循的方法步骤是：**

（1）将所要研究的问题抽象化为一定的力学模型，这些力学模型既要能反映问题的矛盾主体，又要便于求解。

（2）应用力学原理把有关的力学问题书写成数学形式。

（3）运用一定的数学工具求解。

（4）根据具体问题，对数学解进行分析讨论，甚至确定取舍。

运用力学理论分析和解决工程问题的深度和广度，除了受力学原理运用的灵活程度的影响外，很大程度上还受计算工具的制约。当人们还停留在简单的计算工具上时，把反映工程问题的力学模型尽可能建立得简单些，求解时，有时只分析特定条件下的几个状态量。电子计算机的出现和发展，为计算技术在工程问题中的应用开辟了广阔的道路，大大促进了数学在力学研究中的应用，而且必定会促进力学理论的发展甚至引起理论力学体系、内容和方法的变革。

3. 学习理论力学的目的

理论力学是现代工程技术的理论基础，它的定律和结论被广泛应用于各种工程技术中。各种机械、设备和结构的设计，机器的自动调节和振动的研究，航天技术等等，都要以理论力学的理论为基础。另外，对于工程实际中出现的各种力学现象，也需要利用理论力学的知识去认识，必要时加以利用或消除。因此，一般工程技术人员都必须具备一定的理论力学知识。

理论力学是一门理论性较强的技术基础课。通过学习本课程，要掌握物体机械运动的基本规律，初步学会运用这些规律去分析和解决生产实际中的力学问题，并为学习后续的力学与其他机械设计等课程作好准备。另外，随着现代科学技术的发展，力学与其他学科相互渗透，形成了许多边缘学科，它们也都是以理论力学为基础的。可见，学习理论力学也有助于学习其他的基础理论，掌握新的科学技术。

因为理论力学的研究方法遵循着辩证唯物主义认识论的方法，故通过本课程的学习，有助于培养学生辩证唯物主义的世界观，提高正确分析问题和解决问题的能力，为以后参加生产实践和从事科学研究打下良好的基础。

第1篇　静　力　学

静力学研究力系的简化及平衡条件，这是力学的基本内容，其中所涉及的概念及方法，应用广泛，影响深远。

力是物体间的相互机械作用，它的作用效应是改变物体的运动状态（外效应）和使物体变形（内效应）。力的作用效应决定于力的三要素，即力的大小、方向及作用点，通常用矢量 $\boldsymbol{F}$ 表示，在国际单位制（SI）中，力的单位是牛顿（N）。

力系是作用在物体上的一组力，用（$\boldsymbol{F}_1$，$\boldsymbol{F}_2$，…，$\boldsymbol{F}_n$）表示。若两个力系的作用效应完全相同，则称这两个力系为等效力系。等效的两个力系可以相互替换，称为等效替换。力系的简化是指用一个简单的力系等效替换一个复杂的力系。如果一个力系与零力等效，即 $(\boldsymbol{F}_1, \boldsymbol{F}_2, \cdots, \boldsymbol{F}_n)=(0)$ 我们就称之为平衡力系，平衡力系所要满足的条件称为平衡条件。在工程中经常进行静力分析，所谓静力分析就是利用平衡条件计算物体所受的未知力，为此必须先对物体进行受力分析。受力分析、力系简化是静力学研究的重要内容，而且是动力学研究的基础。

静力学的主要研究对象是刚体，故又称为刚体静力学。所谓刚体是指受力作用时大小和形状保持不变的物体，这一特征表现为刚体内任意两点的距离始终保持不变。这是一个理想的力学模型，实际中如果物体受力作用时，变形很小且不影响所要研究的问题的实质，就可以忽略其变形，将其视为刚体，这是一种科学的抽象，可以使计算简化。

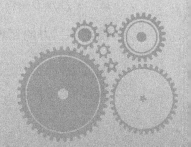

第 1 章

静力学基础

1.1 静力学的公理体系

静力学公理

静力学公理是人类经过长期的缜密观察和经验积累而得到的关于力的基本性质，这些性质无需证明而为大家所公认，并可作为证明中的论据，是静力学全部理论的基础。

公理 1 二力平衡公理

作用在刚体上的两个力，使刚体处于平衡的必要与充分条件是：这两力的大小相等，方向相反，作用于同一直线上。

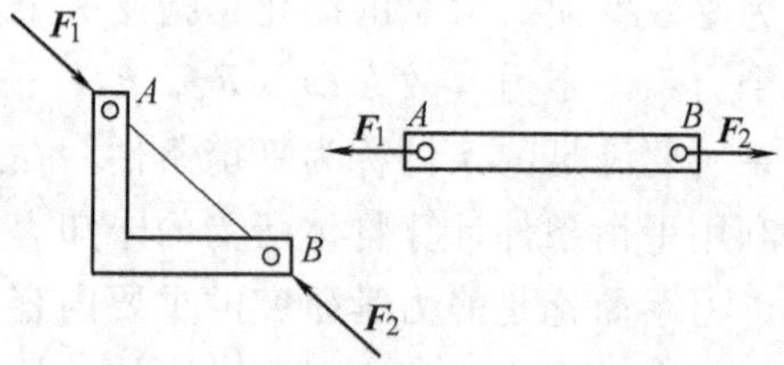

图 1-1

这个公理揭示了作用于刚体上的最简单力系的平衡条件。对于变形体来说，这个条件是必要的，但不是充分的。例如，软绳受两个等值、反向、共线的拉力作用可以平衡，但若将拉力改变为压力就不能平衡了。工程上常遇到只受两个力作用而平衡的构件，称为二力构件或二力杆。根据公理 1，作用于二力构件上的两力必沿两力作用点的连线，如图 1-1 所示。

公理 2 加减平衡力系公理

在作用于刚体的已知力系中加上或减去任何平衡力系，并不改变原力系对于刚体的作用效应。

这个公理是力系等效替换的理论依据。

推论 1 力的可传性

作用于刚体上的力可以沿其作用线移至同一刚体内任意一点，并不改变其对于刚体的作用效应。

【证明】 设力 $\boldsymbol{F}$ 作用于刚体上的 A 点，在其作用线上任取一点 B，在 B 点加上两个相互平衡的力 $\boldsymbol{F}_1$ 和 $\boldsymbol{F}_2$，使得 $\boldsymbol{F}_2=-\boldsymbol{F}_1=\boldsymbol{F}$，如图 1-2 所示。$\boldsymbol{F}$ 和 $\boldsymbol{F}_1$ 也是一个平衡力系，根据公理 2，故可以除去，即 $(\boldsymbol{F})\equiv(\boldsymbol{F}, \boldsymbol{F}_1, \boldsymbol{F}_2)\equiv(\boldsymbol{F}_2)$，这样，作用于刚体 B 点的力 $\boldsymbol{F}_2$ 就等效地替换了作用于 A 点的力 $\boldsymbol{F}$。因为 $\boldsymbol{F}_2=\boldsymbol{F}$，所以力 $\boldsymbol{F}_2$ 可以看成是力 $\boldsymbol{F}$ 沿其作用线从 A 点移到了 B 点。

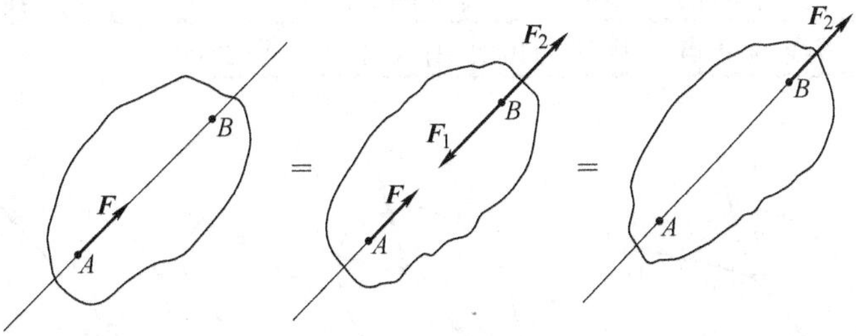

图　1-2

由力的可传性可知，作用于刚体上的力的三要素是：大小、方向和作用线，即对于刚体来说，力是滑动矢量。

应该指出，力的可传性仅适用于刚体，而不适用于变形体。因为当力沿其作用线移动时，将引起变形效应的改变。例如图 1-3 所示的弹性直杆，在两端 A、B 处施加大小相等、方向相反、作用线相同的两个力 $\boldsymbol{F}_1$、$\boldsymbol{F}_2$，显然，这时杆件产生拉伸变形（见图 1-3a）。若将力 $\boldsymbol{F}_1$ 沿其作用线移至 B 点，力 $\boldsymbol{F}_2$ 移至 A 点（见图 1-3b），这时杆件则产生压缩变形，这两种变形效应是不同的。因此，作用于变形体上的力是定位矢量，其作用点不能移动。

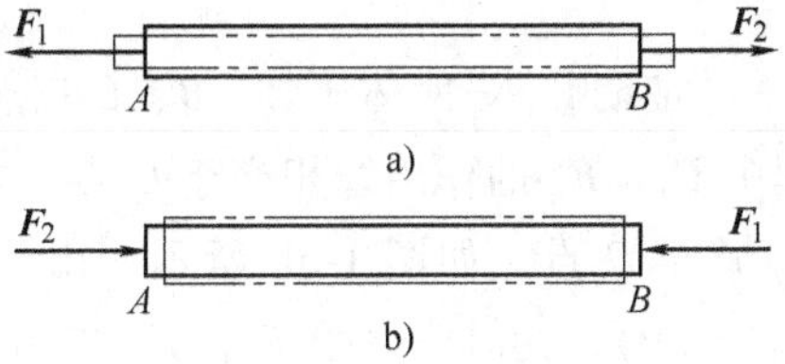

图　1-3

公理 3　力的平行四边形法则

作用于物体上某一点的两个力，可以合成为一个合力。合力亦作用于该点，其大小和方向可由这两个力为邻边所构成的平行四边形的对角线确定，这称为力的平行四边形法则。如图 1-4a 所示，合力矢等于这两个分力矢的矢量和，即

$$\boldsymbol{F}=\boldsymbol{F}_1+\boldsymbol{F}_2$$

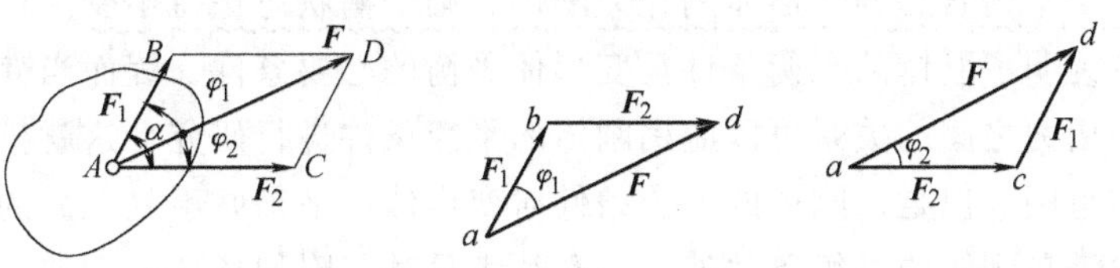

图　1-4

为了简化计算，通常只需画出半个平行四边形，称为力三角形，这种求合力矢的方法称为力的三角形法则，如图 1-4b、c 所示。

这个公理是力系简化的理论基础。

推论 2　三力平衡汇交定理

当刚体受三力作用而平衡时，若其中两力作用线相交于一点，则第三力作用线必通过两力作用线的交点，且三力的作用线在同一平面内。

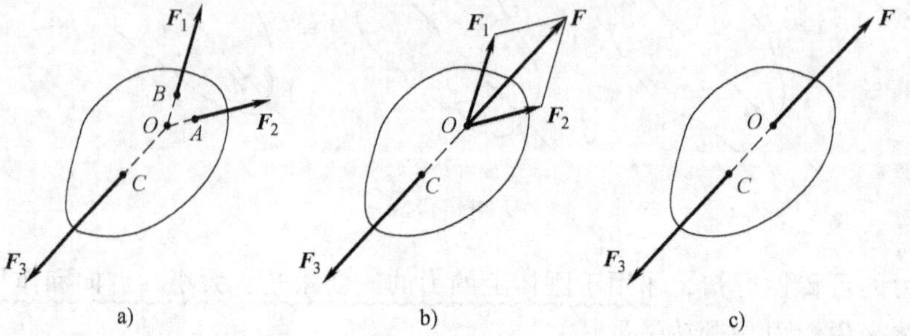

图　1-5

【证明】　设刚体于 A、B、C 三点分别受三力 $\boldsymbol{F}_1$、$\boldsymbol{F}_2$、$\boldsymbol{F}_3$ 的作用而处于平衡，其中 $\boldsymbol{F}_1$、$\boldsymbol{F}_2$ 的作用线相交于 O 点，如图 1-5a 所示。根据力的可传性，可将力 $\boldsymbol{F}_1$、$\boldsymbol{F}_2$ 移至 O 点，如图 1-5b 所示，由平行四边形法则，可得（$\boldsymbol{F}_1$、$\boldsymbol{F}_2$、$\boldsymbol{F}_3$）≡（$\boldsymbol{F}$，$\boldsymbol{F}_3$）=（0），此时刚体受 $\boldsymbol{F}$ 和 $\boldsymbol{F}_3$ 二力作用而平衡，如图 1-5c 所示，所以必过点 O，从证明过程可明显看出三力的作用线在同一平面内。

公理 4　作用与反作用定律

两物体间的相互作用力总是大小相等，方向相反，沿同一直线，分别作用在两物体上。

这个公理概括了自然界中物体间相互作用力的关系，表明一切力总是成对出现的，这为研究由多个物体组成的物系问题提供了理论基础。

公理 5　刚化原理

若将处于平衡状态的变形体刚化为刚体，则平衡状态保持不变。

本公理说明了刚体的平衡条件是变形体平衡的必要条件，因而当变形体处于平衡时，其作用力之间的关系可以应用刚体的平衡条件进行研究，这就扩大了刚体静力学的应用范围。但是，刚体的平衡条件对变形体的平衡并不是充分的。欲使变形体平衡，除满足刚体的平衡条件外，还必须满足某些附加条件，例如，绳子平衡时只能承受拉力，这就是附加条件，如图 1-6 所示。在静力学中虽然研究对象是刚体，但是常常需要分析由几个刚体组成的可变形系统的平衡，此时，需要应用刚化原理把可变形系统刚化为一个刚体。因此，刚化原理也是刚体静力学的理论基础。

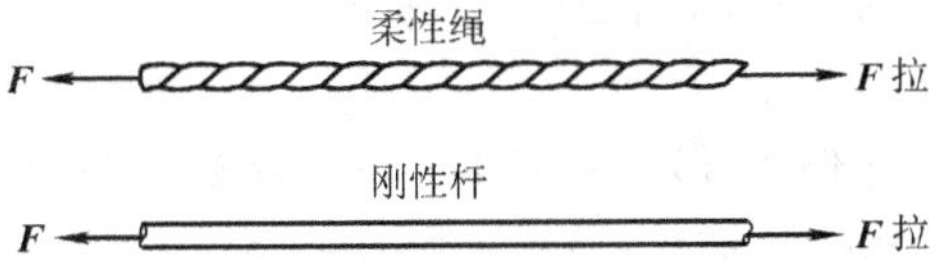

图 1-6

1.2 力在坐标轴上的投影

设沿直角坐标系 $Oxyz$ 三坐标轴的单位矢量为 $\boldsymbol{i}$，$\boldsymbol{j}$，$\boldsymbol{k}$，力 $\boldsymbol{F}$ 与直角坐标系 $Oxyz$ 各轴正向间的夹角分别为 α、β、γ，如图 1-7 所示，由矢量代数知力 $\boldsymbol{F}$ 在 x、y、z 轴上的投影 F_x、F_y、F_z 分别为

$$
\begin{aligned}
F_x &= \boldsymbol{F}\cdot\boldsymbol{i} = F\cos\alpha \\
F_y &= \boldsymbol{F}\cdot\boldsymbol{j} = F\cos\beta \\
F_z &= \boldsymbol{F}\cdot\boldsymbol{k} = F\cos\gamma
\end{aligned}
\tag{1-1}
$$

即力在某轴上的投影等于力的模乘以力与坐标轴正向间夹角的余弦。力在坐标轴上的投影为代数量，当力与坐标轴正向间夹角为锐角时，其值为正；当夹角为钝角时，其值为负。

当力与坐标轴 x、y 正向间的夹角不易确定时（工程中常见这种情形），可将力 $\boldsymbol{F}$ 先投影到 xy 平面上得矢量 $\boldsymbol{F}_{xy}$，然后再将 $\boldsymbol{F}_{xy}$ 投影到 x、y 轴上，这称为力的二次投影法。

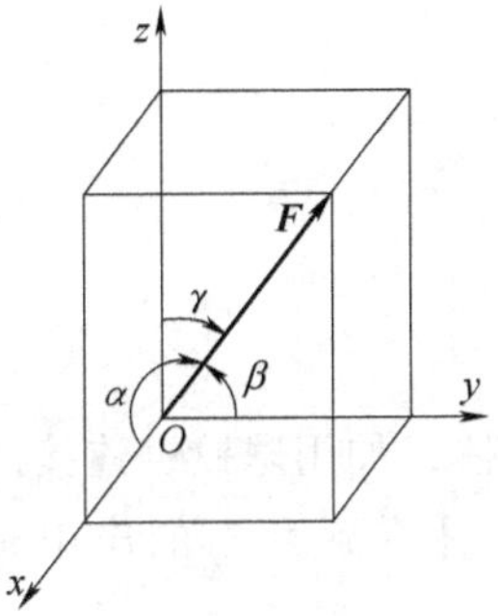

图 1-7

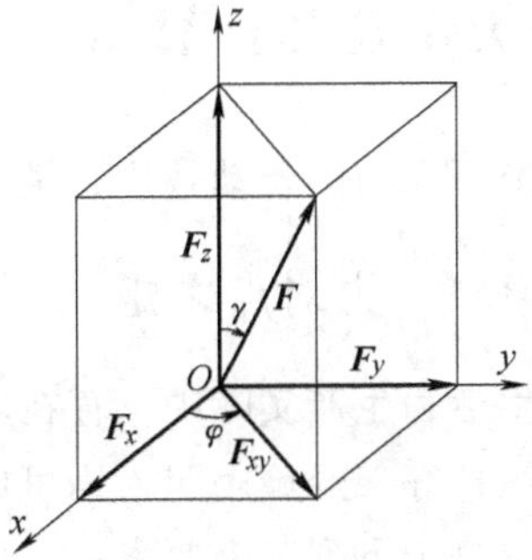

图 1-8

设力 $\boldsymbol{F}$ 与 z 轴正向间的夹角仍用 γ 表示，$\boldsymbol{F}$ 在 xy 平面上的投影 $\boldsymbol{F}_{xy}$ 与 x 轴正向间的夹角用 φ 表示，如图 1-8 所示。这时力 $\boldsymbol{F}$ 在三坐标轴上的投影为

$$
\left.
\begin{aligned}
F_x &= F\sin\gamma\cos\varphi \\
F_y &= F\sin\gamma\sin\varphi \\
F_z &= F\cos\gamma
\end{aligned}
\right\}
\tag{1-2}
$$

利用力 $\boldsymbol{F}$ 在直角坐标轴 x、y、z 上的投影，可写出力 $\boldsymbol{F}$ 的解析式

$$\boldsymbol{F}=F_x\boldsymbol{i}+F_y\boldsymbol{j}+F_z\boldsymbol{k} \tag{1-3}$$

【例 1.1】 如图 1-9 所示的圆柱斜齿轮，其上受啮合力 $\boldsymbol{F}$ 的作用。已知斜齿轮的齿倾角（螺旋角）β 和压力角 α，试求力 $\boldsymbol{F}$ 在图示 x、y、z 轴上的投影。

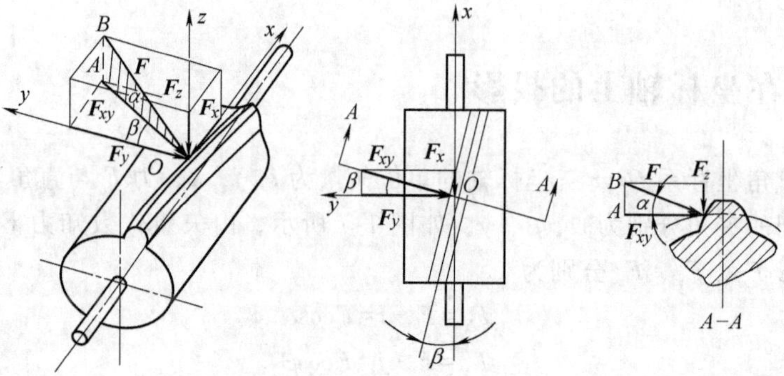

图 1-9

【解】 先将力 $\boldsymbol{F}$ 向 z 轴和 xy 平面投影，得

$$F_z=-F\sin\alpha,\ F_{xy}=F\cos\alpha$$

再将力 $\boldsymbol{F}_{xy}$ 向 x、y 轴投影，得

$$F_x=-F_{xy}\sin\beta=-F\cos\alpha\sin\beta$$
$$F_y=-F_{xy}\cos\beta=-F\cos\alpha\cos\beta$$

1.3 力矩及其计算

本节研究力的转动效应，主要包括力矩的概念与计算。

1.3.1 力对点之矩

在生活和生产实际中，存在着绕固定点转动的物体，如用球铰链连接的台灯和汽车操纵杆等。经验表明，当可绕固定点 O 转动的刚体受到力 $\boldsymbol{F}$ 的作用时，其转动效应取决于下列三个要素：

1. 力矩的大小

力 $\boldsymbol{F}$ 使刚体绕点 O 转动效应的强弱不仅与 F 的大小成正比，而且还与点 O 至力 $\boldsymbol{F}$ 作用线的垂直距离 d 成正比，因而可用乘积 Fd 来度量其转动效应的强弱，此乘积称为力矩的大小，点 O 称为矩心，d 称为力臂。

由图 1-10 知

$$Fd=2S_{\triangle OAB}$$

式中，$S_{\triangle OAB}$ 是以 F 为底、矩心为顶点所构成的三角形的面积。

在国际单位制中，力矩的单位为牛顿·米（N·m）。

2. 力 $\boldsymbol{F}$ 的作用线与矩心 O 所确定的平面在空间的方位

该平面称为力矩作用平面，其方位用其法线表示，力使刚体转动时，将绕着该法线轴转动，它在空间的方位不同，力使刚体转动的效应也不同。

3. 力 $\boldsymbol{F}$ 在力矩作用平面内绕矩心 O 的转向

力 $\boldsymbol{F}$ 在力矩作用平面内使刚体绕其矩心有两种转向，显然，转向不同，使刚体绕矩心转动的效应也不同。

力对点之矩的上述三个要素通常称为力矩三要素。简言之为力矩的大小、力矩作用面在空间的方位和力矩的转向。力对点之矩的三要素可用一个矢量表示，通常将力 $\boldsymbol{F}$ 对点 O 之矩记作 $\boldsymbol{M}_O(\boldsymbol{F})$（或 $\boldsymbol{M}_O$），称为力矩矢。力矩矢通过矩心 O，并沿力矩作用面法线，其方向由右手螺旋法则确定，即右手的四个手指按力 $\boldsymbol{F}$ 绕矩心的转向卷曲，伸直的大拇指则表示力矩矢的指向，如图 1-10 所示。力矩矢的模等于力矩的大小。若从矩心 O 至力 $\boldsymbol{F}$ 的作用点 A 作矢径 $\boldsymbol{r}$（见图 1-11），矢积 $\boldsymbol{r}\times\boldsymbol{F}$ 恰好全面地表达了力矩矢的概念，因此力矩矢可表示为

$$\boldsymbol{M}_O(\boldsymbol{F})=\boldsymbol{r}\times\boldsymbol{F} \tag{1-4}$$

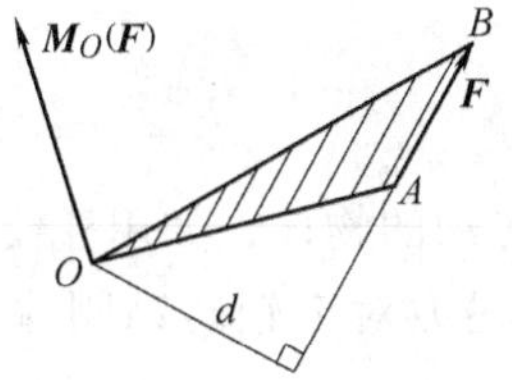

图　1-10

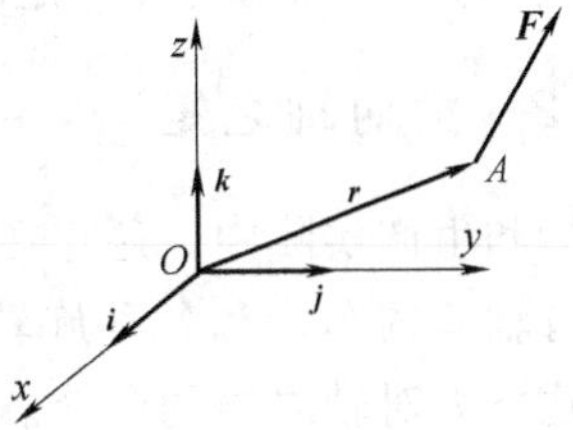

图　1-11

由力矩的三要素知，力矩矢是定位矢量。

若以矩心 O 为坐标原点，建立直角坐标系 $Oxyz$，力 $\boldsymbol{F}$ 和矢径 $\boldsymbol{r}$（见图 1-11）的解析式可写做

$$\boldsymbol{F}=F_x\boldsymbol{i}+F_y\boldsymbol{j}+F_z\boldsymbol{k}$$

$$\boldsymbol{r}=x\boldsymbol{i}+y\boldsymbol{j}+z\boldsymbol{k}$$

代入式（1-4），有

$$\boldsymbol{M}_O(\boldsymbol{F})=\boldsymbol{r}\times\boldsymbol{F}=\begin{vmatrix}\boldsymbol{i} & \boldsymbol{j} & \boldsymbol{k}\\ x & y & z\\ F_x & F_y & F_z\end{vmatrix} \tag{1-5}$$

$$=(F_zy-F_yz)\boldsymbol{i}+(F_xz-F_zx)\boldsymbol{j}+(F_yx-F_xy)\boldsymbol{k}$$

式（1-5）称为力矩矢的解析式。由此可得出力矩矢 $\boldsymbol{M}_O(\boldsymbol{F})$ 在 x、y、z 轴上的投影

$$\left.\begin{aligned}[\boldsymbol{M}_O(\boldsymbol{F})]_x&=F_zy-F_yz\\ [\boldsymbol{M}_O(\boldsymbol{F})]_y&=F_xz-F_zx\\ [\boldsymbol{M}_O(\boldsymbol{F})]_z&=F_yx-F_xy\end{aligned}\right\} \tag{1-6}$$

在平面问题中，各力及矩心都位于同一平面内，这时各力矩作用面是同一平面，各力矩矢都是垂直于此平面的矢量。可以规定：力使物体绕矩心逆时针转动时，力矩矢的方向为正，且该方向的单位矢量用 $\boldsymbol{k}$ 表示，则平面内力对点之矩可用带有正负号的代数量表示。若用 $M_O(\boldsymbol{F})$ 表示平面上力对点之矩，则平面内力对点之矩可表示为

$$\boldsymbol{M}_O(\boldsymbol{F}) = \pm Fd\boldsymbol{k} \tag{1-7}$$

其中，d 为点 O 到力 $\boldsymbol{F}$ 作用线的垂直距离，取负号时，表示平面内力对点之矩的方向沿 $\boldsymbol{k}$ 的负方向。平面内力对点之矩的 $\boldsymbol{k}$ 方向的投影为 $M_O(\boldsymbol{F}) = \pm Fd$，实际上因为这个代数量不仅能够表示平面内力对点之矩的大小，而且也能把转向表示清楚，进而也可以知道方向，所以一些教材认为平面内力对点之矩是一个代数量，但从上面的分析来看，其实是不严格的。

若设力 $\boldsymbol{F}$ 及矩心 O 都位于 xy 平面内，这时 $F_z=0$，$z=0$，由式（1-6），平面内力对点之矩可表示为

$$M_O(\boldsymbol{F}) = F_y x - F_x y \tag{1-8}$$

式（1-8）称为平面内力对点之矩的解析式。

1.3.2 力对轴之矩

在生活和生产实际中，还存在着大量绕固定轴转动的物体，如用柱铰链安装的门窗、带有轴承的车轮和各种旋转机械等。为了描述力对定轴转动刚体的转动效应，需要建立力对轴之矩的概念。

设力 $\boldsymbol{F}$ 作用于可绕规定了正方向的 z 轴转动的刚体上，作用点为 A，过 A 点作一平面 L 交轴于 O 点，如图 1-12 所示。现将力 $\boldsymbol{F}$ 向 z 轴方向分解和垂直于 z 轴的平面 L 投影，得力 $\boldsymbol{F}_z$ 和 $\boldsymbol{F}_{xy}$。经验表明：平行于 z 轴的分力 $\boldsymbol{F}_z$ 对 z 轴无转动效应，垂直于 z 轴的分力 $\boldsymbol{F}_{xy}$ 对轴有转动效应。若用 $M_z(\boldsymbol{F})$ 表示力 $\boldsymbol{F}$ 对 z 轴之矩，则力 $\boldsymbol{F}$ 对 z 轴之矩就是分力 $\boldsymbol{F}_{xy}$ 对点 O 之矩在 z 轴上的投影，即

$$M_z(\boldsymbol{F}) = M_O(\boldsymbol{F}_{xy}) = \pm F_{xy} d \tag{1-9}$$

式中，d 为点 O 到力 $\boldsymbol{F}_{xy}$ 作用线的距离，正负号可按矢量在 z 轴上的投影确定，也可按右手螺旋法则确定，即右手的四个手指顺着力 $\boldsymbol{F}_{xy}$ 的方向去握 z 轴，伸直的大拇指的指向与 z 轴正方向相同时取正号，反之则取负号。

可见，力对轴之矩是一个代数量，其大小等于该力在垂直于轴的平面上的投影对该平面与轴交点的矩在轴上的投影，其正负号按右手螺旋法则确定。

由力对轴之矩的概念可知，当力的作用线平行于 z 轴或与 z 轴相交，即力的作用线与 z 轴共面时，力对轴之矩为零。

力对轴之矩也可用解析式表示，如图 1-13 所示，作直角坐标系 $Oxyz$，设力 $\boldsymbol{F}$ 的作用点 A 的坐标为 x、y、z，力 $\boldsymbol{F}$ 在坐标轴上的投影为 F_x、F_y、F_z，由式（1-9）和式（1-8）可得力 $\boldsymbol{F}$ 对坐标轴 z 的矩为

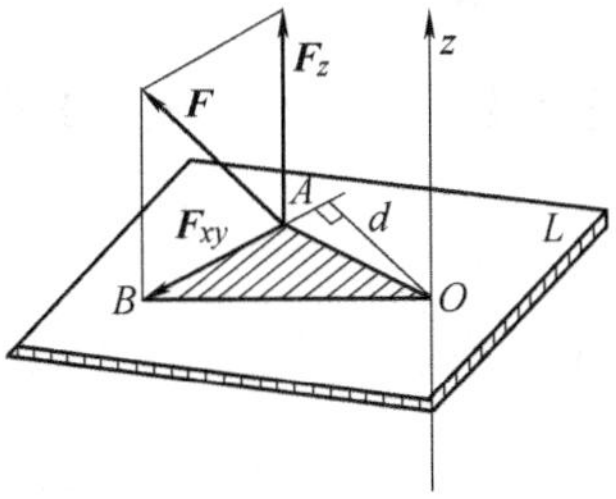

图　1-12

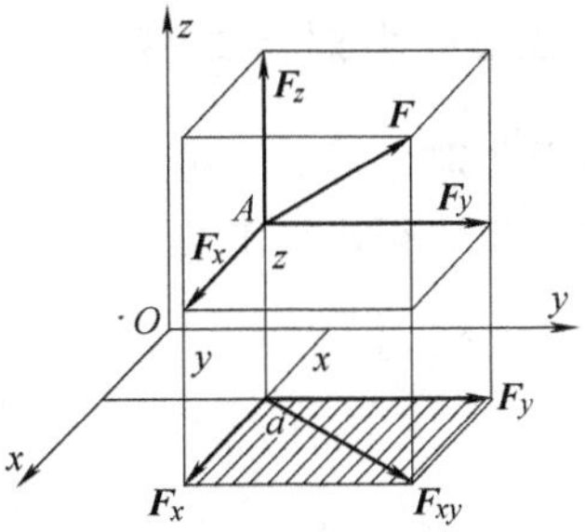

图　1-13

$$M_z(\boldsymbol{F})=F_y x-F_x y \tag{1-10a}$$

同理可得力 $\boldsymbol{F}$ 对坐标轴 x、y 的矩分别为

$$M_x(\boldsymbol{F})=F_z y-F_y z \tag{1-10b}$$

$$M_y(\boldsymbol{F})=F_x z-F_z x \tag{1-10c}$$

【例 1.2】 在手柄 AB 的端点 B 作用一力 $\boldsymbol{F}$，如图 1-14a 所示，已知 $F=50\text{N}$，$OA=200\text{mm}$，$AB=180\text{mm}$，$\alpha=45°$，$\beta=60°$，求力 $\boldsymbol{F}$ 对于图中的直角坐标轴 x、y、z 之矩。

【解】 (1) 利用式 (1-9) 计算力 $\boldsymbol{F}$ 对 z 轴之矩。如图 1-14b 所示，图中 $F_{xy}=F\cos\beta$，力 $\boldsymbol{F}$ 对 z 轴之矩为

$$M_z(\boldsymbol{F})=M_A(\boldsymbol{F}_{xy})=-F_{xy}AB\cos\alpha=-3.18\text{N}\cdot\text{m}$$

(2) 利用式 (1-10) 计算力 $\boldsymbol{F}$ 对轴 x、y 之矩。先计算力 $\boldsymbol{F}$ 在坐标轴上的投影：

$$F_x=F\cos\beta\cos\alpha=17.7\text{N}$$

$$F_y=F\cos\beta\sin\alpha=17.7\text{N}$$

$$F_z=F\sin\beta=43.3\text{N}$$

力 $\boldsymbol{F}$ 作用点 B 的坐标为 $x=0$，$y=AB=0.18\text{m}$，$z=OA=0.2\text{m}$，于是

$$M_x(\boldsymbol{F})=F_z y-F_y z=4.26\text{N}\cdot\text{m}$$

$$M_y(\boldsymbol{F})=F_x z-F_z x=3.54\text{N}\cdot\text{m}$$

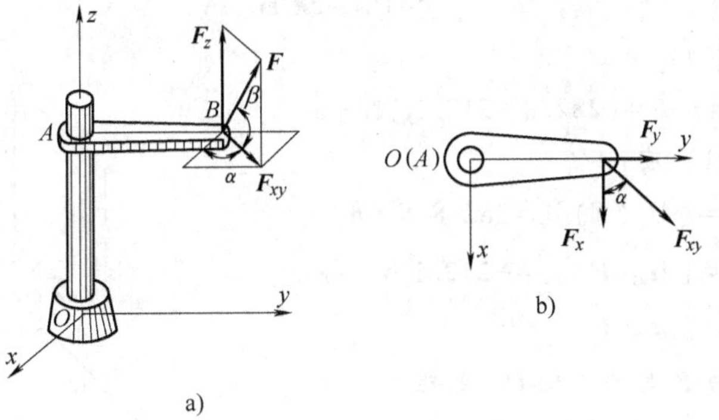

图　1-14

1.3.3 力对点之矩与力对轴之矩之间的关系

前面分别介绍了力对点之矩和力对轴之矩的概念及计算，对比式（1-6）与式（1-10），不难得出如下关系：

$$\left.\begin{aligned}[\boldsymbol{M}_O(\boldsymbol{F})]_x=M_x(\boldsymbol{F})\\ [\boldsymbol{M}_O(\boldsymbol{F})]_y=M_y(\boldsymbol{F})\\ [\boldsymbol{M}_O(\boldsymbol{F})]_z=M_z(\boldsymbol{F})\end{aligned}\right\} \tag{1-11}$$

式（1-11）就是力对点之矩与力对通过该点的轴之矩的关系，即力对点之力矩矢在通过该点的某轴上的投影等于力对该轴之矩。

利用以上关系，可写出力对点 O 之力矩矢的另一解析式

$$\boldsymbol{M}_O(\boldsymbol{F})=M_x(\boldsymbol{F})\boldsymbol{i}+M_y(\boldsymbol{F})\boldsymbol{j}+M_z(\boldsymbol{F})\boldsymbol{k} \tag{1-12}$$

【例 1.3】 如图 1-15 所示，力 $\boldsymbol{F}$ 通过点 $A(3,\ 4,\ 0)$ 和点 $B(0,\ 0,\ 5)$，设 $F=100\text{N}$，图中尺寸单位为 m。求（1）力 $\boldsymbol{F}$ 对直角坐标轴 x、y、z 之矩；（2）力 $\boldsymbol{F}$ 对图中轴 OC 之矩，点 C 坐标为（3，0，5）。

【解】（1）利用式（1-11）计算力 $\boldsymbol{F}$ 对 x、y、z 轴之矩。

先计算力 $\boldsymbol{F}$ 在坐标轴上的投影，图中

$$OA=OB,\gamma=45°$$

$$\cos\varphi=0.6,\sin\varphi=0.8$$

$$F_x=-F\sin\gamma\cos\varphi=-42.42\text{N}$$

$$F_y=-F\sin\gamma\sin\varphi=-56.56\text{N}$$

$$F_z=F\cos\gamma=70.7\text{N}$$

力 $\boldsymbol{F}$ 作用线上一点 B 的坐标为

$$x=0,\ y=0,\ z=5$$

于是

$$\boldsymbol{F}=(-42.42\boldsymbol{i}-56.56\boldsymbol{j}+70.7\boldsymbol{k})\text{N}$$

$$\boldsymbol{r}=\overrightarrow{OB}=5\boldsymbol{k}\ \text{m}$$

利用式（1-4）有

$$\boldsymbol{M}_O(\boldsymbol{F})=\boldsymbol{r}\times\boldsymbol{F}=(282.8\boldsymbol{i}-212.1\boldsymbol{j})\text{N}\cdot\text{m}$$

再利用式（1-11）有

$$M_x(\boldsymbol{F})=[\boldsymbol{M}_O(\boldsymbol{F})]_x=282.8\ \text{N}\cdot\text{m}$$

$$M_y(\boldsymbol{F})=[\boldsymbol{M}_O(\boldsymbol{F})]_y=-212.1\ \text{N}\cdot\text{m}$$

$$M_z(\boldsymbol{F})=[\boldsymbol{M}_O(\boldsymbol{F})]_z=0$$

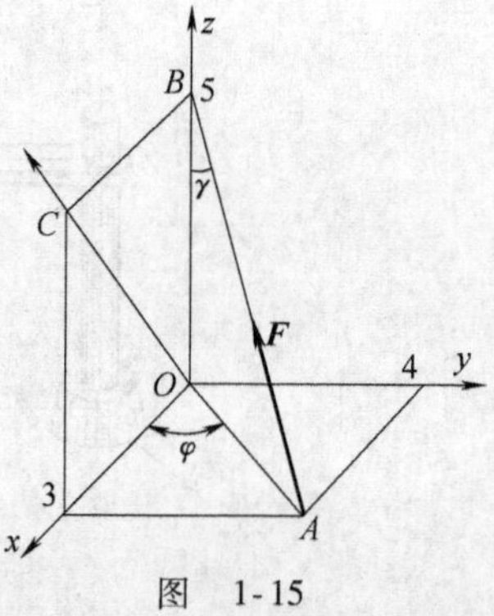

图 1-15

（2）计算力 $\boldsymbol{F}$ 对图中轴 OC 之矩。

先计算沿轴 OC 的单位矢量 $\boldsymbol{e}_C$：

$$e_C=\frac{\overrightarrow{OC}}{|\overrightarrow{OC}|}=\frac{(3i+5k)}{\sqrt{34}}$$

利用式（1-11），有

$$M_{OC}(F)=[M_O(F)]_{OC}=M_O(F)\cdot e_C=145.5\ \text{N}\cdot\text{m}$$

1.4　力偶及其性质

在生活和生产实际中，常见到某些物体在等值、反向、不共线的两力作用下转动的情况。比如，用手拧动水龙头，汽车司机用两手转动方向盘等。将作用在物体上等值、反向、不共线的两力组成的力系，称为力偶，记为（F，F'），如图1-16a所示。力偶中两力作用线间的垂直距离 d 称为力偶臂，两力作用线所决定的平面称为力偶的作用面。力偶对物体的作用效果是使物体转动，本身又不平衡，也不能够与一个力等效，是一个基本的力学量。

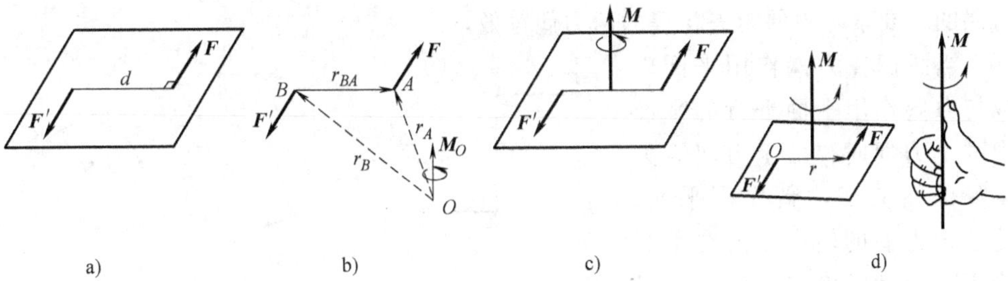

图　1-16

现在计算力偶中两个力对某点 O 的力矩的矢量和，如图 1-16b 所示，

$$M_O(F)+M_O(F')=r_A\times F+r_B\times F'=r_A\times F-r_B\times F=(r_A-r_B)\times F=r_{BA}\times F$$

结果表明，力偶中的两力对任一点的矩的矢量和均为常矢量 $r_{BA}\times F$，而与矩心的选取无关，将矢量积的和定义为力偶的力偶矩矢量，以不带矩心符号的 M 表示，为

$$M=r_{BA}\times F$$

力偶矩矢量的大小等于力偶的力与力偶臂的乘积，即 $|M|=Fd$，其方向垂直于力偶的作用平面，指向由右手螺旋法则确定，如图 1-16d 所示。通常，用图 1-16c 中所示的符号表示一个力偶。

力偶有下面三个重要特性（见图 1-17）：

1. 力偶可在自己的作用平面内任意移动，对刚体的作用效果不变。

2. 力偶可以同时改变力和力偶臂的大小，只要保持力偶矩的大小和转向不变，对刚体的作用效果就不变。

3. 力偶作用平面可以在同一刚体内平行移动，而不改变原力偶对刚体的作用效应。

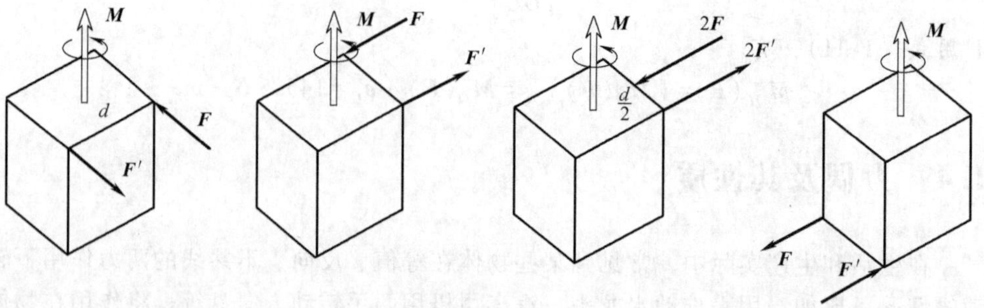

图　1-17

力偶的上述三个重要特性可以从公理出发严格证明，读者可以自己证明或者参阅有关书籍。上述结论的正确性已完全为生产实践所证实，这些结论也说明作用于同一刚体的力偶矩矢量是一自由矢量。力偶矩的大小、转向和力偶的作用平面称为力偶的三要素。力偶矩矢相等的两力偶等效。

当我们在力偶作用平面内或与力偶作用平面平行的平面内讨论力偶时，由于力偶矩矢量始终垂直于力偶作用平面，若已知力偶的转向，由右手螺旋法则就可以确定力偶矩矢量的方向，所以常用如图 1-18 所示的符号表示力偶作用平面内的力偶，强调在作用平面内力偶的力偶矩大小和转向。

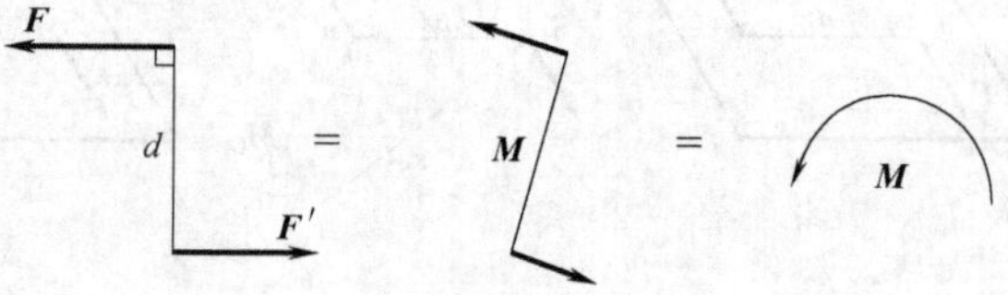

图　1-18

1.5　约束与约束力

在力学中通常把物体分为两类：一类是自由体——可以在空间不受限制地任意运动的物体，如在空中飞行的炮弹以及宇宙间运动的日、月、星辰等，它们的运动轨迹完全取决于外力的作用与初始条件；另一类称为非自由体——运动受到了预先给定条件限制的物体，如在气缸中运动的活塞和沿轨道运行的火车等，活塞和火车分别受到气缸壁和轨道的限制，不管它们受什么样的力作用，活塞只能在气缸中作往复运动，火车只能沿轨道运动。像气缸壁、轨道这些事先对物体的运动所加的限制条件就称为约束。约束是以物体相互接触的方式构成的，构成约束的周围物体称为约束体，有时也称为约束。约束施于物体的作用力称为约束力（或称为约束反力或反力），它是一种被动力。物体除受约束力外，还受到各种载荷如重力、风力、水压力、切削力等，它们是促使物体运动或有运动趋势的力，称为主动力。通常约束力取决于约束本身的性质、主动力和物体的运动状态。约束力的作用点应在相互接触处，约束力的方向总是与约束所能阻止的物体的运动方向相反，这是确定约束力方向的准则。约束力的大小一般不能事先知道，在静力学中将由平衡条件求出。

下面介绍几种在工程实际中常见的约束类型。

1.5.1　柔性体约束

用柔软的、不可伸长、也不计重量的绳索、胶带、链条等柔性物体连接而构成的约束，统称为柔性体约束。这类约束的特点是只能限制物体沿着柔性体伸长的方向运动。因而柔性体的约束力只能是拉力，作用在连接点或假想截割处，方向沿着柔性体的轴线而背离物体，如图 1-19 所示。

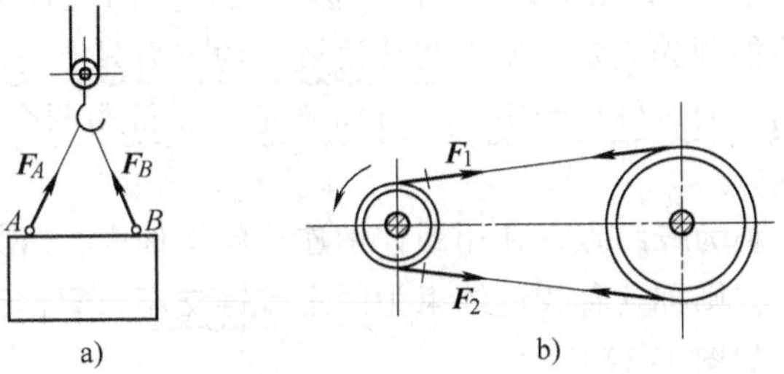

图　1-19

1.5.2　光滑接触面约束

两物体直接接触，且不计接触处摩擦而构成的约束，称为光滑接触面约束。这类约束的特点是不论接触表面的形状如何，只能限制物体沿过接触点的公法线而趋向接触面方向的运动。因而，光滑接触面的约束力只能是压力，作用在接触点，方向沿着接触表面在接触点的公法线而指向物体，如图 1-20 所示。

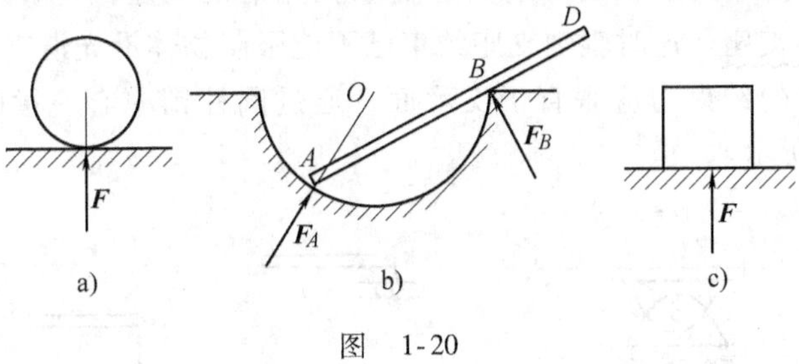

图　1-20

如果两物体间接触面积很小，则约束力可视为集中力，如图 1-20c 所示，否则约束力为沿整个接触表面的分布力，在一般情况下其合力的作用点将不能预先确定。

1.5.3　光滑铰链约束

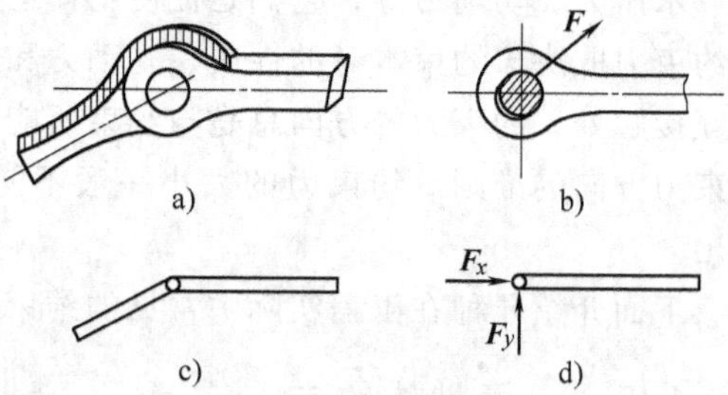

图　1-21

光滑铰链约束包括圆柱铰链和球铰链约束，是一种特殊的光滑接触面约束。

圆柱铰链简称柱铰或铰链，是指两个构件开有同样大小的圆孔，并用与圆孔直径相同的光滑销钉连接而构成的约束，如图 1-21a 所示，其简图为图 1-21c。这类约束的特点是只能限制物体沿圆柱销的任意径向移动，不能限制物体绕圆柱销轴线的转动和平行于圆柱销轴线方向的移动。由于圆柱销钉与圆柱孔是光滑曲面接触，则约束力应沿接触点的公法线（即接触点到圆柱销中心的连线），垂直于轴线，如图 1-21b 所示。但因接触点的位置不能预先确定，因而约束力的方向也不能预先确定。所以圆柱铰链的约束力只能是压力，位于垂直于圆柱销轴线的平面内，通过圆柱销中心，方向不定，通常用两个正交未知分力表示，如图 1-21d 所示。

圆柱销连接处称为铰结点，在用圆柱销连接的构件中，若其中有一个构件固定在地面上或机架上，则称这种铰链约束为固定铰链支座，简称铰支座。铰支座的简图及约束力的画法如图 1-22 所示。

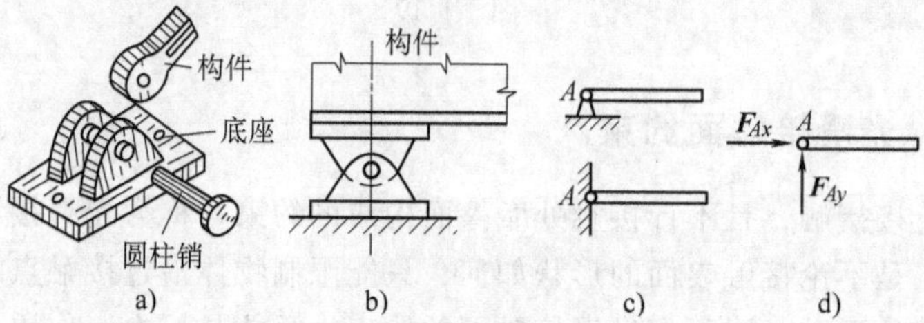

图　1-22

如果铰支座是用几个辊轴（滚柱）支承在光滑的支座面上，就成为辊轴支座或称为可动铰链支座。这时辊轴支座约束已不能限制物体沿光滑支承面的运动。所以辊轴支座约束的约束力应垂直于支承面，通过圆柱销中心，指向未知，可以假设，如图 1-23 所示。

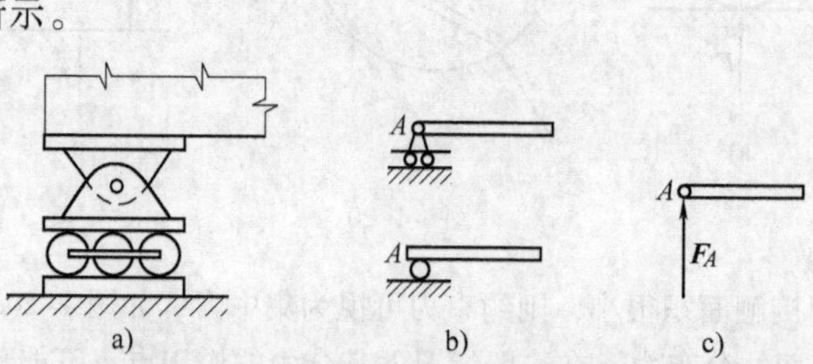

图　1-23

球铰链是指通过圆球和球壳将两个构件连接在一起的约束，如图1-24a所示。这类约束的特点是能限制构件球心的任何移动，而不能限制构件绕球心的任意转动。若忽略摩擦，与圆柱铰链分析类似，其约束力应是通过球心，但方向不能预先确定的一个空间力，可用三个正交分力表示，如图1-24b所示。

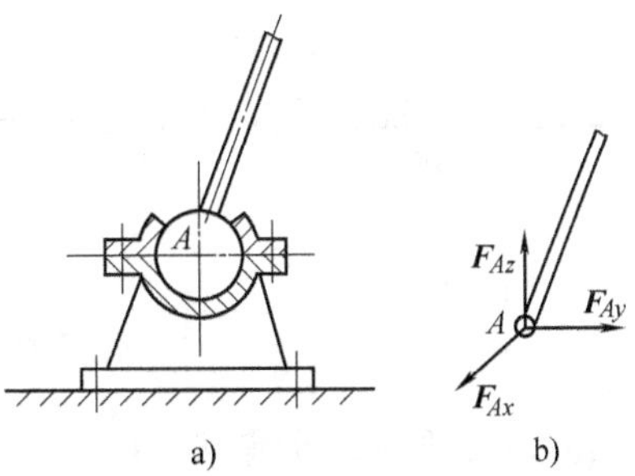

图　1-24

1.6　物体的受力分析和受力图

静力学研究自由刚体的平衡条件，对于非自由体，可以利用解除约束原理，将全部约束假想地解除，而用约束力代替约束的作用，这样非自由体就被抽象成为一个不受任何约束的自由体了。解除约束原理是：当受约束的物体在某些主动力的作用下处于平衡，若将其部分或全部约束除去，代之以相应的约束力，则物体的平衡不受影响。

在解决力学问题时，首先要选定需要研究的物体，即确定研究对象。将研究对象假想地从周围的物体（称为施力体）中分离出来，单独画出其简图，这种图又称为分离体图。在分离体图上画出其所受全部外力的图，称为研究对象的受力图。

取研究对象，画受力图，是研究力学问题特有的方法，而且也是解决力学问题的关键步骤。下面举例说明画受力图的方法及步骤。

【例1.4】　重量为 P 的球，由绳索 A 和光滑斜面 B 支承，如图1-25a所示，画出球的受力图。

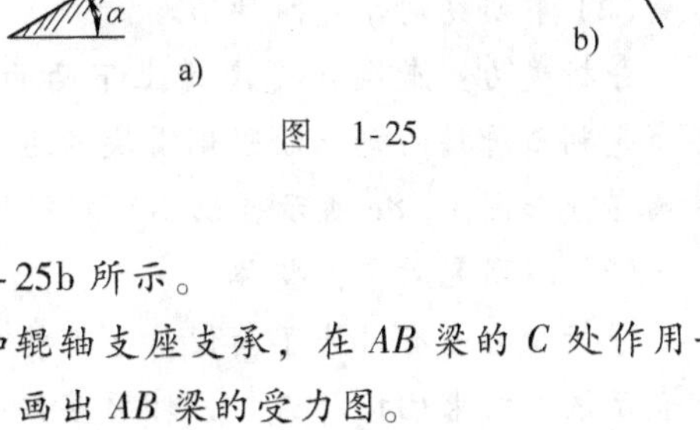

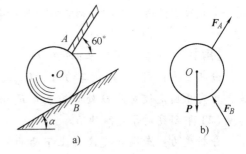

图　1-25

【解】　(1) 取研究对象：球。

(2) 分析受力：画受力图时，可先画主动力 $\boldsymbol{P}$，再在去掉约束处，根据约束类型画上相应的约束力 $\boldsymbol{F}_A$、$\boldsymbol{F}_B$，如图1-25b所示。

【例1.5】　水平梁 AB 用固定铰支座和辊轴支座支承，在 AB 梁的 C 处作用一集中载荷 $\boldsymbol{F}$，如图1-26a所示，梁重不计，画出 AB 梁的受力图。

【解】　(1) 取研究对象：AB 梁。

(2) 分析受力：先画主动力 $\boldsymbol{F}$，再根据约束类型画 AB 梁受力图，如图1-26b所示。

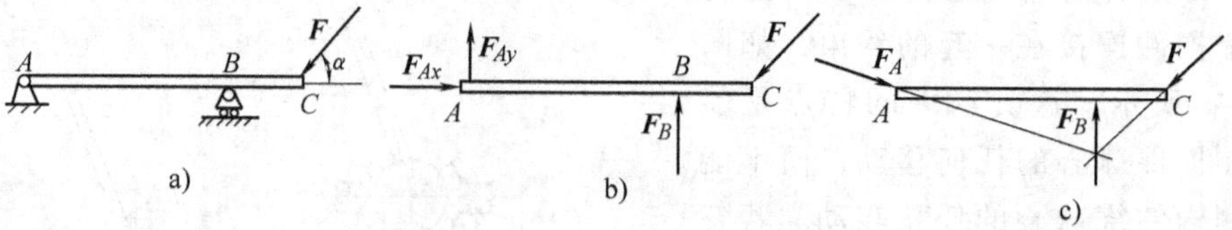

图 1-26

考虑到三力平衡汇交定理，$\boldsymbol{F}$、$\boldsymbol{F}_B$ 的方位已知，另一力 $\boldsymbol{F}_A$ 的作用点已知，可定出 $\boldsymbol{F}_A$ 的方向，所以 AB 梁的受力图又如图 1-26c 所示。

【例 1.6】 绳子一端系于动滑轮中心 O 处，另一端绕过定滑轮 A，如图 1-27a 所示，轮中心 O 处挂一重量为 P 的物体，画出动滑轮的受力图，动滑轮自重不计。

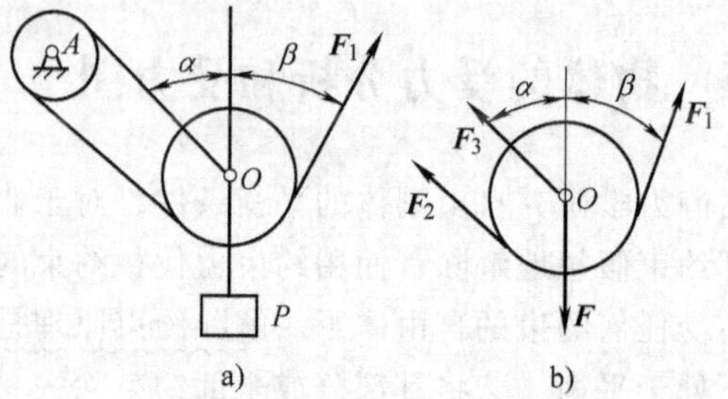

图 1-27

【解】 (1) 取研究对象：动滑轮 O。

(2) 分析受力：动滑轮所受外力全部是绳索的约束力，凡是截断绳索处，均有绳子的拉力，如图 1-27b 所示。

【例 1.7】 曲柄连杆机构中，O、A、B 三处都是铰接，在曲柄 OA 的中点作用一水平向右的力 $\boldsymbol{F}_1$，在滑块 B 处作用一水平向左的力 $\boldsymbol{F}_2$，使机构在图示位置（见图 1-28a 处于平衡，不计曲柄连杆自重和摩擦，试画出曲柄 OA 和滑块 B 及整体的受力图。

【解】 (1) 取研究对象：曲柄 OA。

分析受力：因 AB 杆是二力杆，$\boldsymbol{F}_{AB}$ 的方向可以确定，这样利用 $\boldsymbol{F}_1$、$\boldsymbol{F}_{AB}$ 的方向，可定出固定铰支座 O 处的约束力 $\boldsymbol{F}_O$ 的方向，如图 1-28b 所示。

(2) 取研究对象：滑块 B。

分析受力：滑块 B 受滑槽上下两面的限制，此限制条件称为双面约束。若不能事先判断滑槽的哪一面限制滑块的运动，则约束力的指向可假设，最后由平衡条件确定，如图 1-28c 所示，切不可在滑块的上下两面都画约束力。

(3) 取研究对象：整体。

分析受力：有时为了简便，也可将受力图画在原图上，凡是画约束力的地方，就表示该处约束已被解除。另外画整体受力图时，内约束力互相平衡，不必画出，如图 1-28a 所示。

通过以上示例，可以归纳出画受力图应遵循的步骤及注意的事宜：

(1) 根据题目要求取研究对象，并画出其简图。

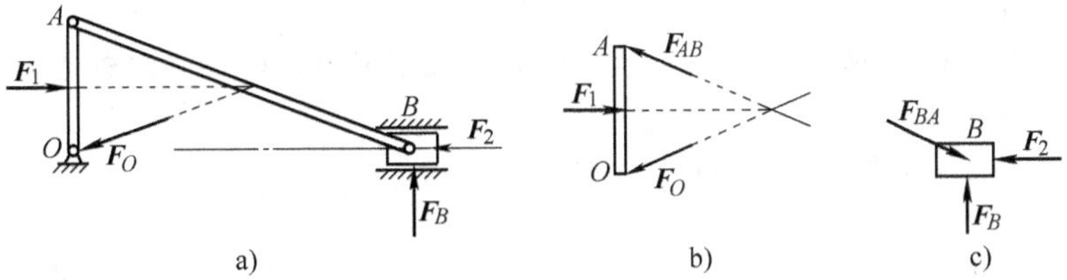

图　1-28

（2）研究对象的简图上，先画主动力（一般情形下，主动力为已知力），然后画约束力。画受力图的关键在于分析约束力，分析约束力的个数，以及每个约束力的作用点、作用线方位和力的指向等。所以画约束力时要注意：

1）凡是去掉约束的地方，都要画上约束力，并要根据约束类型和其他条件定出（或假定）约束力的方向或作用线方位。

2）若有二力构件，一定要根据二力平衡公理，确定其约束力的方向或作用线的方位。

若研究对象受三个不平行力作用而平衡，则可根据三力平衡汇交定理，确定某一约束力的指向或作用线的方位。

3）每画一力都要追问其施力物体，既不要多画力，也不要漏画力。在画几个物体组合的受力图时，研究对象内各部分间相互作用的力（内力）不画，研究对象施于周围物体的力也不画。

4）若将由几个物体组成的物体系统拆开，画其中某个物体或某些物体组成的新物系的受力图时，拆开处的约束力都应满足作用与反作用定律。

思　考　题

1.1　在思考题 1.1 图表示的三种情形中，$\boldsymbol{F}_1=\boldsymbol{F}_2=\boldsymbol{F}_3$，这三力对同一汽车的作用效应是否相同？为什么？

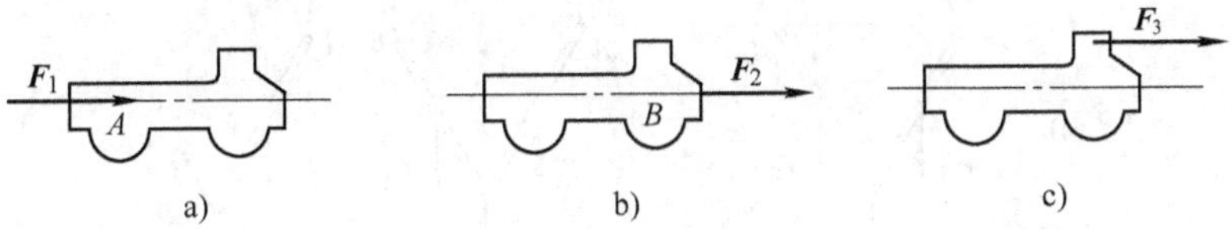

思考题 1.1 图

1.2　在三角架 ABC 的 AB 杆的 D 点上作用一水平力 $\boldsymbol{F}$（见思考题 1.2 图），如果将力 $\boldsymbol{F}$ 沿其作用线滑移至 BC 杆上的 E 点，是否会改变销钉 B 的受力情况？

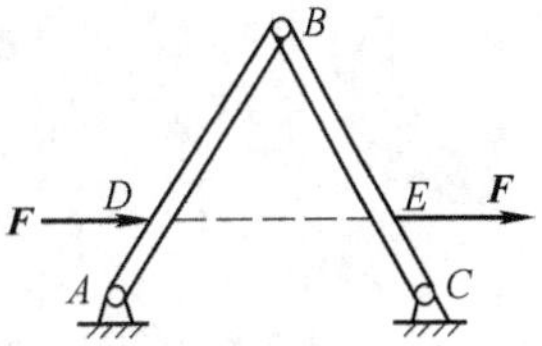

思考题 1.2 图

1.3　试分别计算思考题 1.3 图中 $\boldsymbol{F}$ 在 x、y 方向或 x'、y' 方向上的分力和投影，并进行比较。

1.4　力对于一点的矩在一轴上的投影等于该力对于该轴的

矩，对吗？为什么？

1.5　若思考题 1.5 图中力 $\boldsymbol{F}$ 是作用在销钉 B 上，试问销钉 B 对 AB 杆和 BC 杆的作用力是否大小相等、方向相反？

1.6　改正受力图（思考题 1.6 图）中的错误。

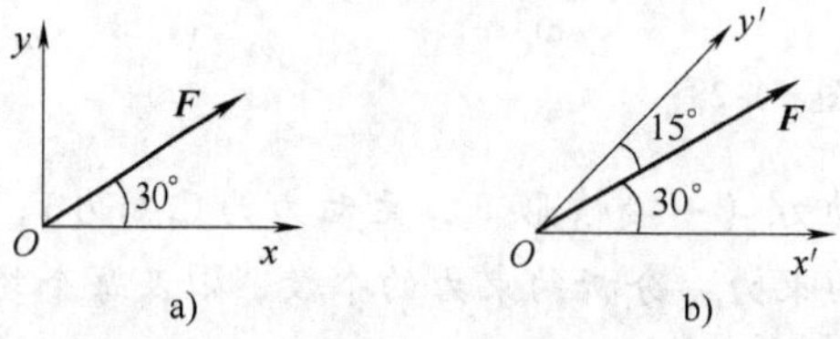

思考题 1.3 图

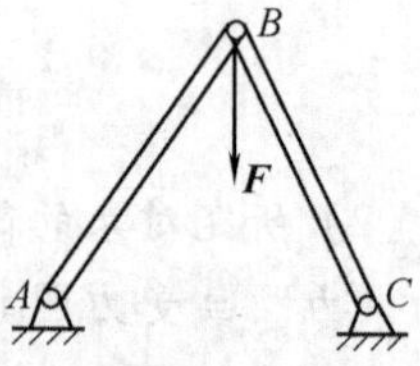

思考题 1.5 图

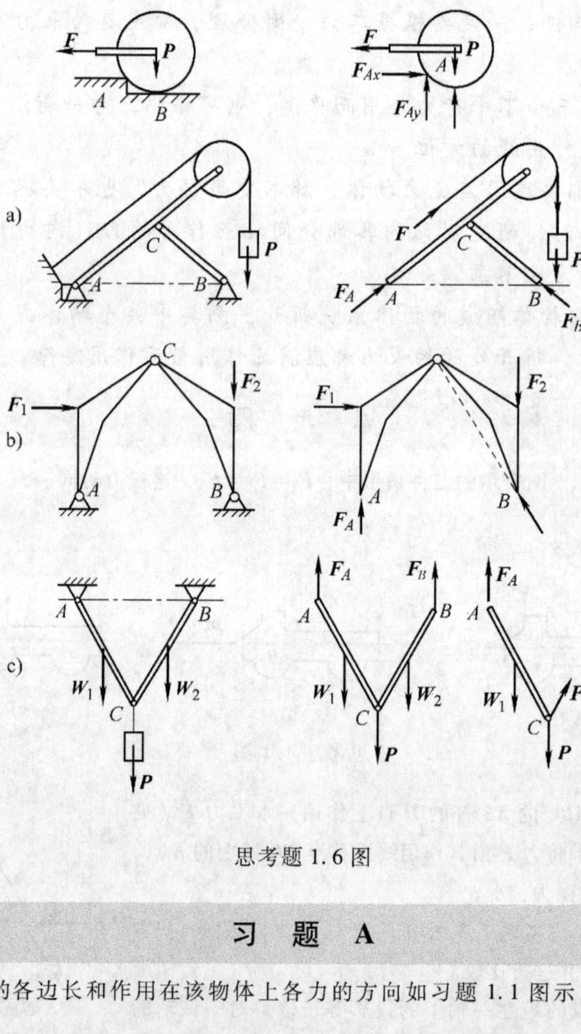

思考题 1.6 图

习　题　A

1.1　立方体的各边长和作用在该物体上各力的方向如习题 1.1 图示，各力大小为：$F_1=$

50N，$F_2=100N$，$F_3=70N$，图中长度单位为 cm。（1）试分别计算这三个力在 x、y、z 轴上的投影；（2）F 对 O 点之矩；（3）各力对坐标轴 x，y，z 的矩。

1.2　如习题 1.2 图所示，已知力 $F=10kN$，求：（1）力 F 在三坐标轴上的投影；（2）F 对 O 点之矩；（3）F 对三坐标轴之矩（图中长度单位为 m）。

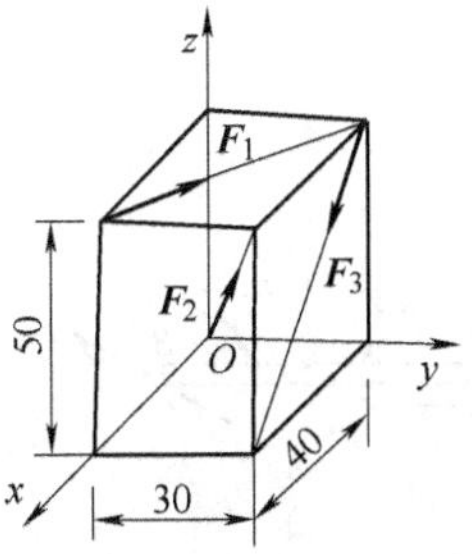

习题 1.1 图

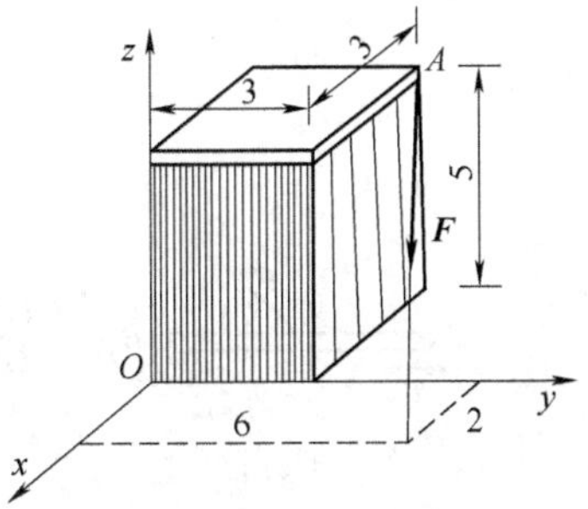

习题 1.2 图

1.3　习题 1.3 图中力 F 作用在和转轴固连在一起的摇臂上，已知 $F=1000N$，OA 垂直于矩形 OCBD，又 $OC=10cm$，$OD=20cm$，$OA=10cm$。求：（1）力 F 对轴 x，y，z 的矩；（2）F 对 O 点之矩。

1.4　如习题 1.4 图所示的正平行六面体 ABCD，重为 $P=100N$，边长 $AB=60cm$，$AD=80cm$。今将其斜放使其底面与水平面成 $\alpha=30°$ 角，试求其重力对棱 A 的力矩。又问当 α 等于多大时，该力矩等于零。

1.5　在表中的每一种情形中，试计算力 F 对原点的矩。表中，α 是力 F 与 x 轴正向的夹角（按逆时针方向量度）。

F/N	20	46	15	4	96
α	30°	140°	337°	90°	60°
F 作用点坐标/m	(5，-4)	(-3，4)	(8，-2)	(0，-20)	(4，2)

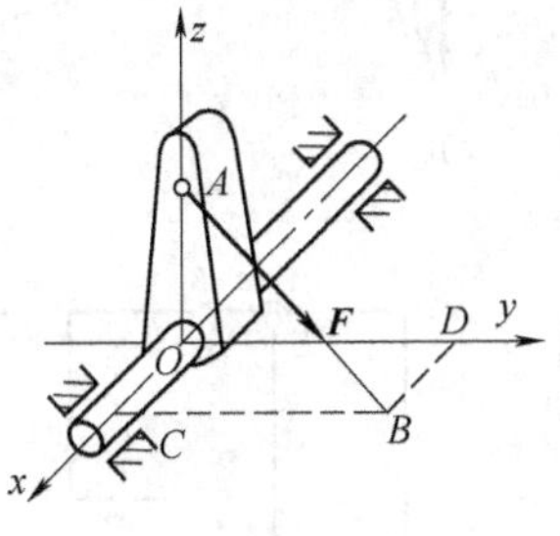

习题 1.3 图

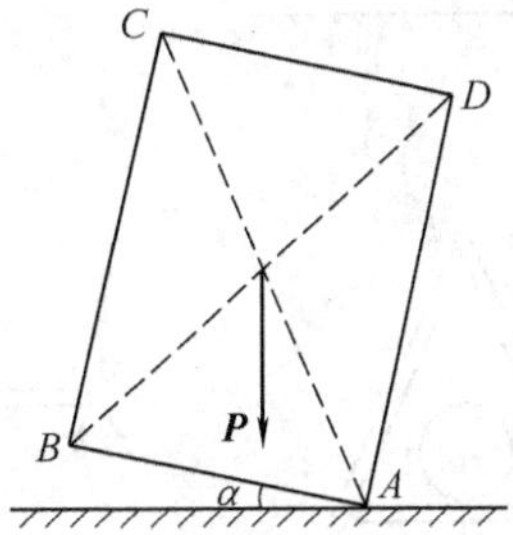

习题 1.4 图

1.6　试分别画出习题 1.6 图中各物体的受力图。

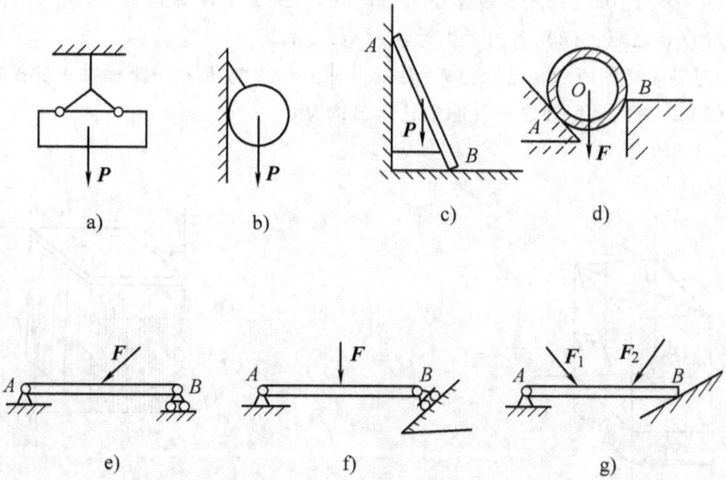

习题 1.6 图

1.7　试分别画出习题 1.7 图中每个物体的受力图和整体的受力图。

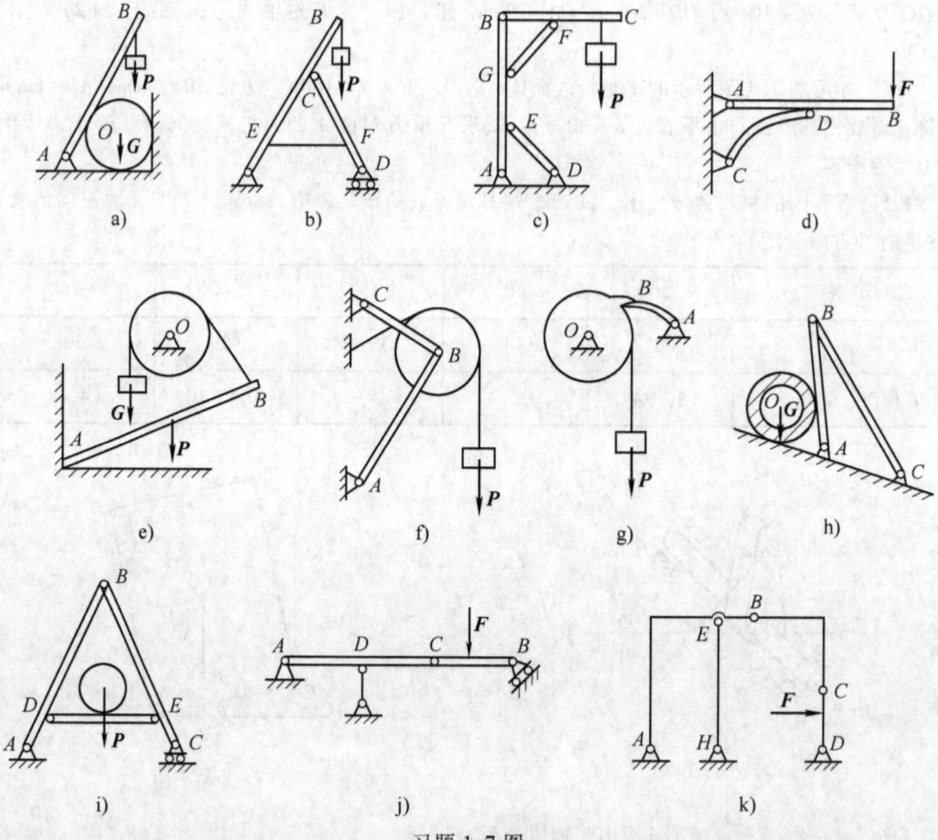

习题 1.7 图

习　题　B

1.8　已知力 $F=10\text{N}$，其作用线通过 A（4，2，0）、B（1，4，3）两点，如习题 1.8 图所示，试求力 $\boldsymbol{F}$ 在 CB 轴上的投影，图中长度单位为 mm。

1.9　如习题 1.9 图所示，已知力 $\boldsymbol{F}=2\boldsymbol{i}-3\boldsymbol{j}+\boldsymbol{k}$，其作用点 A 的位置矢 $\boldsymbol{r}_A=3\boldsymbol{i}+2\boldsymbol{j}+4\boldsymbol{k}$，求力 $\boldsymbol{F}$ 对位置矢为 $\boldsymbol{r}_B=\boldsymbol{i}+\boldsymbol{j}+\boldsymbol{k}$ 的一点 B 的力矩矢（力以 N 计，长度以 m 计）。

1.10　如习题 1.10 图所示，已知 $\boldsymbol{F}=10\text{kN}$，求 $\boldsymbol{F}$ 对 OA 轴的矩。

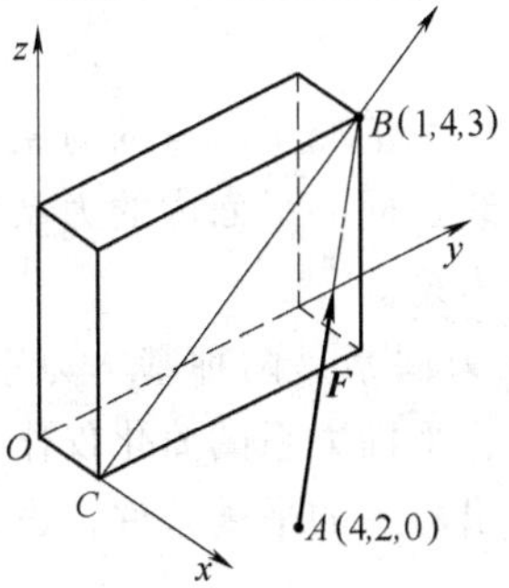

习题 1.8 图

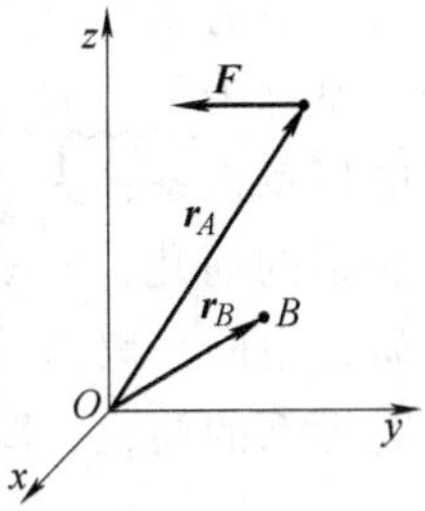

习题 1.9 图

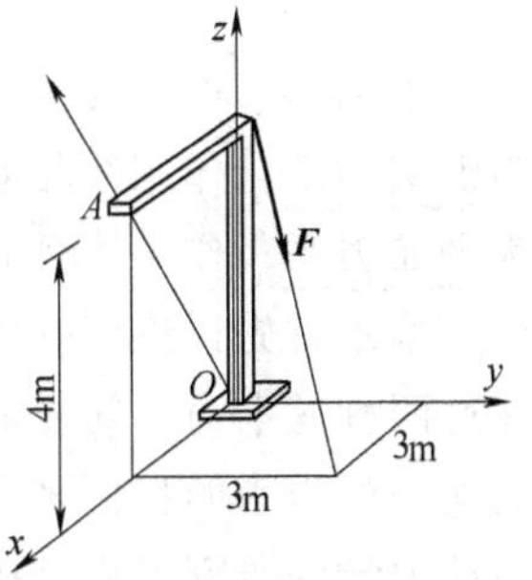

习题 1.10 图

第 2 章

力系的简化

根据力系作用线的不同特点可以对力系进行分类：作用线汇交于一点的力系称为汇交力系；作用线相互平行的力系称为平行力系；作用线在同一平面内的力系称为平面力系；作用线分布在空间的任意力系称为空间一般力系。

本章首先讨论汇交力系和力偶系的简化。汇交力系和力偶系是两种基本力系，在这两种基本力系简化的基础上研究空间一般力系的简化。平面力系的简化仅作为空间一般力系的特例来分析。研究力系的简化，既可以导出力系的平衡条件，也可为动力学的研究提供基础。

2.1　汇交力系的简化

因为静力学研究的对象是刚体，而对于刚体，力是滑动矢量，所以可以将汇交力系的合成问题转化为共点力系的合成问题来研究。

先讨论由 3 个力组成的汇交力系的合成问题。设有汇交力系（$\boldsymbol{F}_1$，$\boldsymbol{F}_2$，$\boldsymbol{F}_3$）汇交于点 O，如图 2-1a 所示，根据力的三角形法则，先求出 $\boldsymbol{F}_1$、$\boldsymbol{F}_2$ 的合力矢 $\boldsymbol{F}_{12}$，接着再求出 $\boldsymbol{F}_{12}$和 $\boldsymbol{F}_3$的合力矢 $\boldsymbol{F}$，所以 $\boldsymbol{F}$ 就是 $\boldsymbol{F}_1$、$\boldsymbol{F}_2$ 和 $\boldsymbol{F}_3$ 三力的合力，即 $\boldsymbol{F}=\boldsymbol{F}_{12}+\boldsymbol{F}_3=\boldsymbol{F}_1+\boldsymbol{F}_2+\boldsymbol{F}_3$，合力 $\boldsymbol{F}$ 的作用线通过汇交点 O（见图 2-1b）。

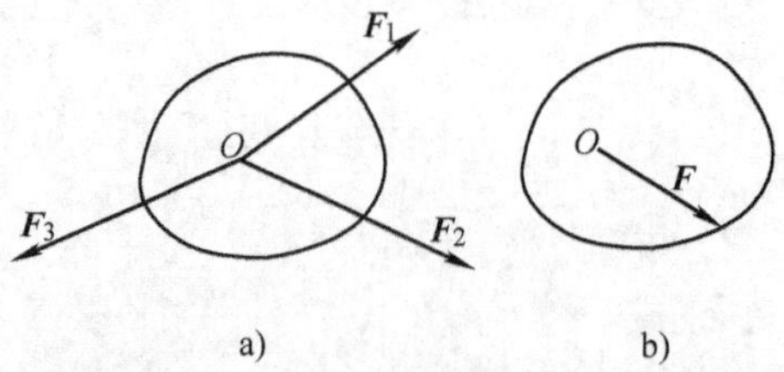

图　2-1

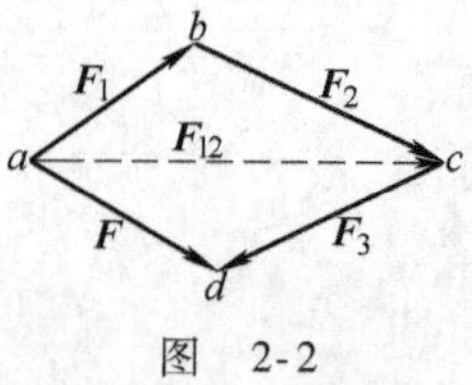

图　2-2

由图 2-2 可知，合力矢 $\boldsymbol{F}$ 和分力矢 $\boldsymbol{F}_1$、$\boldsymbol{F}_2$、$\boldsymbol{F}_3$ 构成了一个封闭四边形 $abcd$（称为力矢多边形或力多边形），合力矢 $\boldsymbol{F}$ 是各分力矢组成的力矢折线链的封闭边，中间结果 $\boldsymbol{F}_{12}$可不必画出。对于由 n 个力组成的汇交力系，可以依次将各力矢首尾相接，得一力矢折线链，由第一个力的起点到最后一个力的终点的力矢，就是汇交力系的合力矢。利用画力矢多边形求合力矢的方法，称为力多边形法则或几何法。据此，得出结论：

汇交力系合成的结果是一个合力，合力的作用线通过汇交点，合力的大小和方向可由力多边形的封闭边来表示，即等于各力矢的矢量和。用矢量式表示为

$$\boldsymbol{F} = \sum_{i=1}^{n} \boldsymbol{F}_i$$

或简写为

$$\boldsymbol{F} = \sum \boldsymbol{F}_i \tag{2-1}$$

采用解析法求合力的大小和方向时，建立以 O 为原点的直角坐标系 $Oxyz$，参照式（1-3）写出各分力 $\boldsymbol{F}_i$ 的解析式

$$\boldsymbol{F}_i = F_{ix}\,\boldsymbol{i} + F_{iy}\,\boldsymbol{j} + F_{iz}\,\boldsymbol{k} \qquad (i=1,2,\cdots,n) \tag{a}$$

式中，F_{ix}、F_{iy}、F_{iz}分别表示 $\boldsymbol{F}_i$ 在 x、y、z 轴上的投影。代入式（2-1），有

$$\boldsymbol{F} = \sum \boldsymbol{F}_i = (\sum F_{ix})\boldsymbol{i} + (\sum F_{iy})\boldsymbol{j} + (\sum F_{iz})\boldsymbol{k} \tag{b}$$

而合力 $\boldsymbol{F}$ 的解析式还可表示为式（1-3）的形式

$$\boldsymbol{F} = F_x\,\boldsymbol{i} + F_y\,\boldsymbol{j} + F_z\,\boldsymbol{k} \tag{c}$$

式中，F_x、F_y、F_z 分别表示合力 $\boldsymbol{F}$ 在 x、y、z 轴上的投影。对照式(b)与式(c)，可得出合力在三坐标轴上的投影分别为

$$F_x = \sum F_{ix}, \qquad F_y = \sum F_{iy}, \qquad F_z = \sum F_{iz} \tag{2-2}$$

式（2-2）表明：合力在任一轴上的投影，等于各分力在同一轴上投影的代数和，这称为合力投影定理。

利用式（2-2），可以求出合力 $\boldsymbol{F}$ 的大小和对于 x、y、z 轴的方向余弦

$$\left.\begin{aligned} &F = \sqrt{(\sum F_{ix})^2 + (\sum F_{iy})^2 + (\sum F_{iz})^2} \\ &\cos\alpha = \frac{\sum F_{ix}}{F}, \quad \cos\beta = \frac{\sum F_{iy}}{F}, \quad \cos\gamma = \frac{\sum F_{iz}}{F} \end{aligned}\right\} \tag{2-3}$$

设有汇交于点 A 的汇交力系($\boldsymbol{F}_1,\boldsymbol{F}_2,\cdots,\boldsymbol{F}_n$)，其合力为 $\boldsymbol{F}$，任取一点 O 为矩心，自 O 至 A 作矢径 $\boldsymbol{r}$(见图 2-3)，则合力 $\boldsymbol{F}$ 对点 O 的力矩矢为

$$\boldsymbol{M}_O(\boldsymbol{F}) = \boldsymbol{r} \times \boldsymbol{F}$$

将 $\boldsymbol{F} = \sum \boldsymbol{F}_i$ 代入上式，有

$$\begin{aligned} \boldsymbol{M}_O(\boldsymbol{F}) &= \boldsymbol{r} \times (\sum \boldsymbol{F}_i) \\ &= \boldsymbol{r} \times \boldsymbol{F}_1 + \boldsymbol{r} \times \boldsymbol{F}_2 + \cdots + \boldsymbol{r} \times \boldsymbol{F}_n \end{aligned}$$

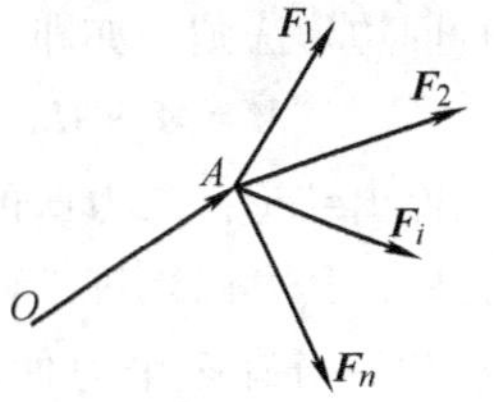

图　2-3

式中，$\boldsymbol{r} \times \boldsymbol{F}_i$ 表示力 $\boldsymbol{F}_i$ 对矩心 O 的力矩矢，所以上式可表示为

$$\boldsymbol{M}_O(\boldsymbol{F}) = \sum_{i=1}^{n} \boldsymbol{M}_O(\boldsymbol{F}_i) \tag{2-4a}$$

若将上式向过 O 点的任一轴 z 上投影，利用式（1-11）可得

$$M_z(\boldsymbol{F}) = \sum_{i=1}^{n} M_z(\boldsymbol{F}_i) \tag{2-4b}$$

式（2-4）所表示的就是汇交力系的合力矩定理，即汇交力系的合力对任一点的力矩矢等于各个分力对同一点力矩矢的矢量和；或合力对任一轴之矩等于各个分力对同一轴之矩的代数和。

在力矩的计算中，当力臂不易确定时，常常要用到合力矩定理。

【例 2.1】 力 $\boldsymbol{F}$ 作用于支架上的点 C，如图 2-4 所示，设 $F=100\text{N}$，试求力 $\boldsymbol{F}$ 分别对点 A、B 之矩。

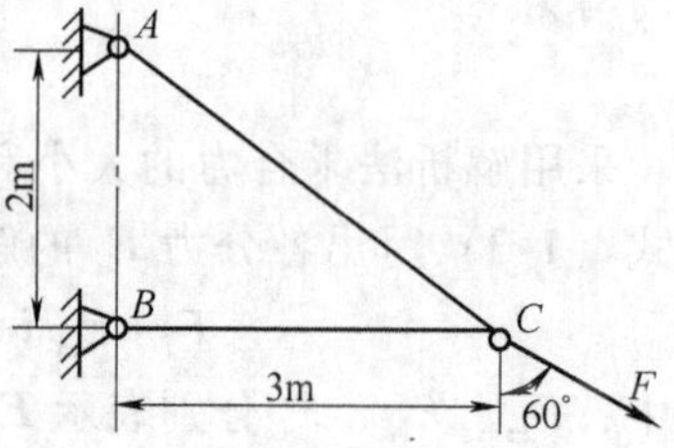

图 2-4

【解】 因为求力 $\boldsymbol{F}$ 对 A、B 两点之矩的力臂计算上比较麻烦，故利用合力矩定理求解。

$$M_A(\boldsymbol{F}) = M_A(\boldsymbol{F}_x) + M_A(\boldsymbol{F}_y)$$
$$= 2F\sin60° - 3F\cos60° = 23\text{N}\cdot\text{m}$$
$$M_B(\boldsymbol{F}) = M_B(\boldsymbol{F}_x) + M_B(\boldsymbol{F}_y)$$
$$= 0 - 3F\cos60° = -150\text{N}\cdot\text{m}$$

2.2 力偶系的简化

力偶有两个力，故在力偶系合成时可分别合成两个力。例如，在平面Ⅰ、平面Ⅱ上各有一个力偶，其力偶矩分别为 $\boldsymbol{M}_1$ 及 $\boldsymbol{M}_2$，根据力偶的特性，可以调整两力偶的力偶臂使其相同，再将两力偶移到两平面的交线处，形成力偶（$\boldsymbol{F}_1$，$\boldsymbol{F}_1'$）及力偶（$\boldsymbol{F}_2$，$\boldsymbol{F}_2'$），如图 2-5 所示。将力 $\boldsymbol{F}_1$ 与 $\boldsymbol{F}_2$ 相加，力 $\boldsymbol{F}_1'$ 与 $\boldsymbol{F}_2'$ 相加，分别得两个合力 $\boldsymbol{F}$、$\boldsymbol{F}'$，此两力也构成力偶。容易证明，力偶（$\boldsymbol{F}$，$\boldsymbol{F}'$）的力偶矩 $\boldsymbol{M}$ 与力偶矩 $\boldsymbol{M}_1$、$\boldsymbol{M}_2$ 满足平行四边形法则，亦即

$$\boldsymbol{M} = \boldsymbol{M}_1 + \boldsymbol{M}_2 \tag{2-5}$$

由此得出结论：二力偶的合成仍为一力偶，其力偶矩等于两力偶矩的矢量和。当有多个力偶矩合成时，可以依次使用式（2-5），因而可知多个力偶也能合成一个力偶，其力偶矩为各分力偶矩的矢量和，即

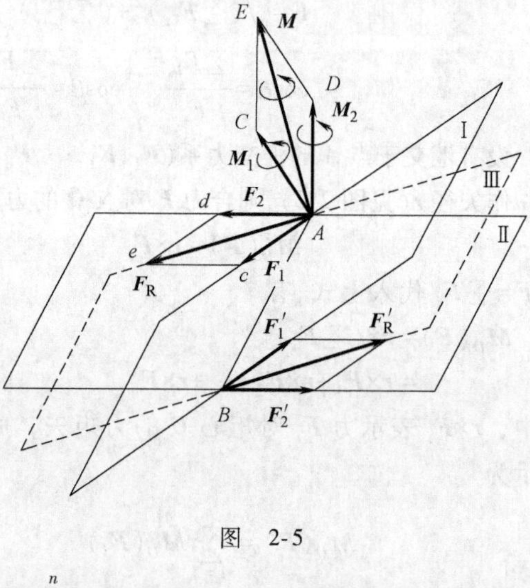

图 2-5

$$\boldsymbol{M} = \sum_{i=1}^{n} \boldsymbol{M}_i \tag{2-6}$$

2.3　空间一般力系的简化

2.3.1　力的平移定理

力的平移定理是研究复杂力系向一点简化的理论基础。

设在刚体某点 A 上作用有力 $\boldsymbol{F}$，为了把力 $\boldsymbol{F}$ 平移到点 O，而不改变原力 $\boldsymbol{F}$ 对刚体的效应，可做如下变换。

在点 O 加一对平衡力 $\boldsymbol{F}'$、$\boldsymbol{F}''$，使得 $\boldsymbol{F}'=-\boldsymbol{F}''=\boldsymbol{F}$，这时力 $\boldsymbol{F}$ 和 $\boldsymbol{F}''$构成一个力偶，称为附加力偶，即 $(\boldsymbol{F})=(\boldsymbol{F},\ \boldsymbol{F}',\ \boldsymbol{F}'')=(\boldsymbol{F}',\ \boldsymbol{M})$，如图 2-6 所示。

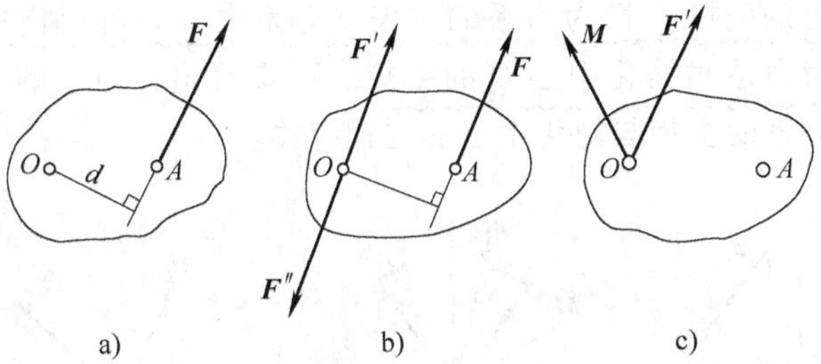

图　2-6

由图 2-6 知，附加力偶的力偶矩 $\boldsymbol{M}$ 恰好等于原力 $\boldsymbol{F}$ 对平移点的力矩，即

$$\boldsymbol{M}=\boldsymbol{M}_O(\boldsymbol{F}) \tag{2-7}$$

可见，作用于刚体上的力均可从原来的作用点平行地移至同一刚体内任意一点，为不改变原力对刚体的作用效应，必须附加一力偶，该附加力偶的力偶矩等于原力对新作用点的力矩，这称为力的平移定理。

力的平移定理揭示了力对刚体作用的两种运动效应。如作用在静止的自由刚体某点上的一个力向质量中心平移后，力使刚体平动，附加力偶使刚体绕质量中心转动。对非自由刚体也有类似的情形。例如在攻丝时，必须用两手握扳手，且用力要相等，而不允许用一手握扳手。这是因为：一手用力时，如将力 $\boldsymbol{F}$ 平移到扳手中点（见图 2-7），附加力偶使扳手转动，平移力 $\boldsymbol{F}'$却往往是丝锥折断的主要原因，故一般不允许用一只手扳动扳手。

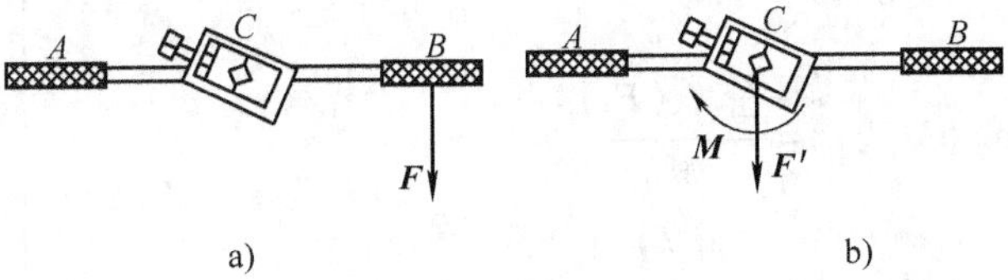

图　2-7

2.3.2　空间力系向一点简化

设在刚体上作用有空间力系（$\boldsymbol{F}_1$，$\boldsymbol{F}_2$，…，$\boldsymbol{F}_n$），各力的作用点如图 2-8a 所示。将力系中各力向任选的简化中心 O 平移，得一空间汇交力系 $\boldsymbol{F}'_1$，$\boldsymbol{F}'_2$，…，$\boldsymbol{F}'_n$ 和一空间力偶系，其力偶矩矢为 $\boldsymbol{M}_1$，$\boldsymbol{M}_2$，…，$\boldsymbol{M}_n$，如图 2-8b 所示。

空间汇交力系和空间力偶系进一步简化为通过简化中心的一力和一力偶，如图 2-8c 所示，该力矢和力偶的力偶矩矢分别为

$$\boldsymbol{F} = \sum_{i=1}^{n} \boldsymbol{F}'_i = \sum_{i=1}^{n} \boldsymbol{F}_i$$

$$\boldsymbol{M}_O = \sum_{i=1}^{n} \boldsymbol{M}_i = \sum_{i=1}^{n} \boldsymbol{M}_O(\boldsymbol{F}_i) \tag{2-8}$$

称空间力系中各力的矢量和 $\boldsymbol{F}$ 为力系的主矢，力系中各力对简化中心 O 点之力矩矢的矢量和 $\boldsymbol{M}_O$ 为力系对简化中心 O 的主矩。不难看出，力系的主矢与简化中心的位置无关，而力系的主矩与简化中心的位置有关。

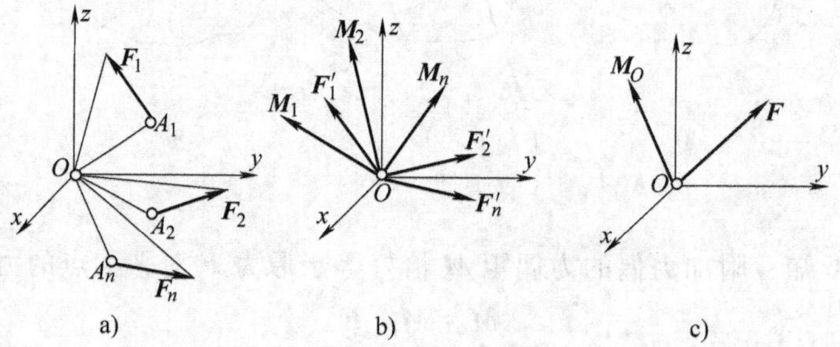

图　2-8

如果通过简化中心作直角坐标系 $Oxyz$，则力系的主矢、主矩的大小和与 x，y，z 轴的方向余弦分别为

$$\left.\begin{aligned} &F=\sqrt{(\sum F_{ix})^2+(\sum F_{iy})^2+(\sum F_{iz})^2} \\ &\cos(\boldsymbol{F},x)=\frac{\sum F_{ix}}{F},\quad \cos(\boldsymbol{F},y)=\frac{\sum F_{iy}}{F},\quad \cos(\boldsymbol{F},z)=\frac{\sum F_{iz}}{F} \end{aligned}\right\} \tag{2-9}$$

$$\left.\begin{aligned} &M_O=\sqrt{[\sum M_x(\boldsymbol{F}_i)]^2+[\sum M_y(\boldsymbol{F}_i)]^2+[\sum M_z(\boldsymbol{F}_i)]^2} \\ &\cos(\boldsymbol{M}_O,x)=\frac{\sum M_x(\boldsymbol{F}_i)}{M_O} \\ &\cos(\boldsymbol{M}_O,y)=\frac{\sum M_y(\boldsymbol{F}_i)}{M_O} \\ &\cos(\boldsymbol{M}_O,z)=\frac{\sum M_z(\boldsymbol{F}_i)}{M_O} \end{aligned}\right\} \tag{2-10}$$

综上所述，空间力系向任一点简化，一般可得到一力和一力偶，该力通过简化中心，其大小和方向等于力系的主矢，该力偶的力偶矩矢等于力系对简化中心的主矩。因此，主矢和主矩是确定力系对刚体作用的两个基本物理量。

2.3.3　空间力系简化的最后结果

空间力系向一点简化后，还可以再简化，其最后结果为下列四种情况之一。

1. 空间平衡力系

若空间力系的主矢 $\boldsymbol{F}=0$，主矩 $\boldsymbol{M}_O=0$，则此空间力系为平衡力系，将在下一章详细讨论。

2. 空间力系简化为一合力偶

若空间力系的主矢 $\boldsymbol{F}=0$，主矩 $\boldsymbol{M}_O\neq0$，此空间力系与一力偶等效，该力偶称为空间力系的合力偶，合力偶矩矢等于力系的主矩 $\boldsymbol{M}_O$，这时空间力系的主矩与简化中心的位置无关。

3. 空间力系简化为一合力

空间力系简化为一合力的结果，分两种情况讨论：

(1) 若空间力系的主矢 $\boldsymbol{F}\neq0$，主矩 $\boldsymbol{M}_O=0$，则此空间力系与过点 O 的一力等效，该力称为空间力系的合力，合力的大小、方向与力系的主矢相同。当简化中心刚好落在合力作用线上时，就会出现这种情形。

(2) 若空间力系的主矢 $\boldsymbol{F}\neq0$，主矩 $\boldsymbol{M}_O\neq0$，且 $\boldsymbol{F}$ 与 $\boldsymbol{M}_O$ 相互垂直，则力系仍可简化为一合力。因为这时与原力系等效的一力和一力偶都在同一平面内，利用力偶的性质，将主矩 $\boldsymbol{M}_O$ 用力偶（$\boldsymbol{F}'$，$\boldsymbol{F}''$）表示，并令 $\boldsymbol{F}'=-\boldsymbol{F}''=\boldsymbol{F}$，使 $\boldsymbol{F}''$与 $\boldsymbol{F}$ 共线，如图 2-9 所示。因为 $\boldsymbol{F}$ 与 $\boldsymbol{F}''$是一对平衡力，可以除去，此力系最后就简化为通过点 O'的合力 $\boldsymbol{F}'$，合力的大小和方向仍然与力系的主矢相同，其作用线到点 O 的距离 d 由下式决定：

$$d=\frac{M_O}{F} \tag{2-11}$$

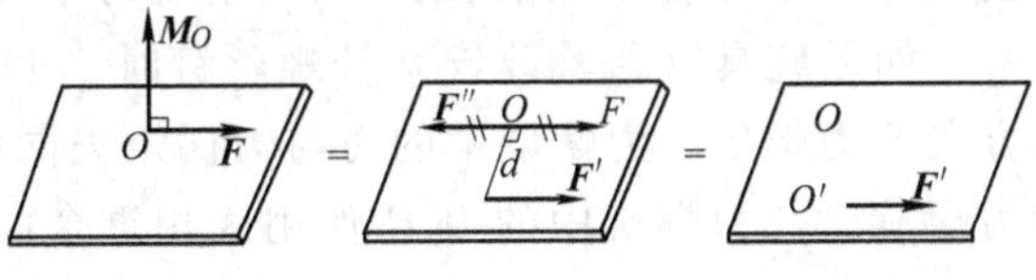

图　2-9

合力矩定理

由图 2-9 知，合力 $\boldsymbol{F}'$对点 O 之矩为

$$\boldsymbol{M}_O(\boldsymbol{F}')=\overrightarrow{OO'}\times\boldsymbol{F}'=\boldsymbol{M}_O=\sum_{i=1}^{n}\boldsymbol{M}_O(\boldsymbol{F}_i) \tag{2-12}$$

将 $\boldsymbol{M}_O(\boldsymbol{F}')$ 向通过点 O 的任一轴 z 上投影，有

$$M_z(\boldsymbol{F}') = \sum_{i=1}^{n} M_z(\boldsymbol{F}_i) \tag{2-13}$$

式（2-12）和式（2-13）就是空间力系合力矩定理的两种形式，即若空间力系可以合成为一个合力，则合力对任一点之矩等于力系中各力对同一点之矩的矢量和；或合力对任一轴之矩等于力系中各力对同一轴之矩的代数和。

4. 空间力系简化为力螺旋

若空间力系的主矢 $\boldsymbol{F}\neq 0$，主矩 $\boldsymbol{M}_O\neq 0$，且 $\boldsymbol{F}$ 与 $\boldsymbol{M}_O$ 不垂直而成任一夹角 α，如图 2-10a 所示，这时可将主矩 $\boldsymbol{M}_O$ 沿 $\boldsymbol{F}$ 和垂直于 $\boldsymbol{F}$ 的方向分解为两个分矢量 $\boldsymbol{M}_{O/\!/}$ 和 $\boldsymbol{M}_{O\perp}$，其大小分别为

$$M_{O/\!/} = M_O\cos\alpha, \quad M_{O\perp} = M_O\sin\alpha$$

如前所述，由 $\boldsymbol{M}_{O\perp}$ 所表示的力偶与力 $\boldsymbol{F}$ 在同一平面内，因此，$\boldsymbol{M}_{O\perp}$ 与 $\boldsymbol{F}$ 又可进一步合成为过点 A 的一力 $\boldsymbol{F}'$，且 $\boldsymbol{F}'=\boldsymbol{F}$，力 $\boldsymbol{F}'$ 的作用线到简化中心 O 的距离为

$$d=\frac{M_{O\perp}}{F}=\frac{M_O\sin\alpha}{F} \tag{2-14}$$

如图 2-10b 所示。因为力偶矩矢是自由矢量，可将 $\boldsymbol{M}_{O/\!/}$ 平行地移到点 A，使 $\boldsymbol{M}_{O/\!/}$ 与 $\boldsymbol{F}'$ 重合，如图 2-10c 所示。

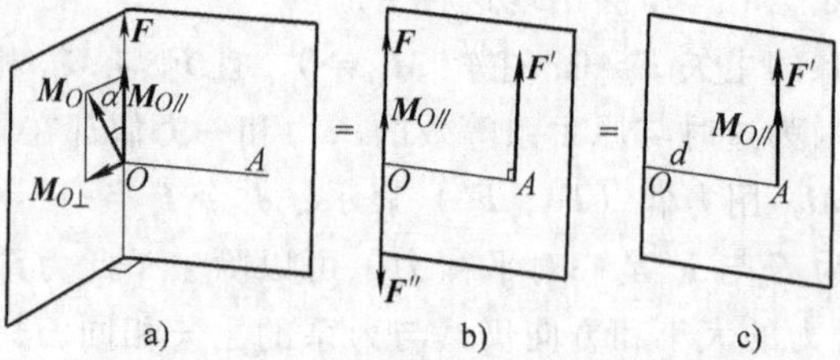

图　2-10

因为力 $\boldsymbol{F}'$ 与 $\boldsymbol{M}_{O/\!/}$ 所表示的力偶作用面垂直，故该力系不能合成为一个力。这种由一力和作用平面在与该力垂直的平面内的一力偶组成的力系称为力螺旋，力螺旋也是最简力系之一。如用旋具（俗称改锥）拧螺丝钉时，手加在旋具上的力系就可简化为沿旋具方向的力螺旋。力螺旋中的力与力偶矩矢同向时称为右旋力螺旋，反之称为左旋力螺旋。与力螺旋中的力 $\boldsymbol{F}'$ 作用线相重合的直线称为中心轴，中心轴又称为最小力矩轴，所以对于一定的空间力系，组成力螺旋的力和力偶矩是一定的，下面简单说明之。

力螺旋中的力矢 $\boldsymbol{F}'$ 的大小和方向与力系的主矢 $\boldsymbol{F}$ 相同，因此，组成力螺旋的力是个常量。

空间力系对于任意两点 O 和 O' 的主矩关系为

$$\boldsymbol{M}_{O'}=\boldsymbol{M}_O+\overrightarrow{O'O}\times\boldsymbol{F}$$

将上式两边点乘主矢 **F**，有

$$\boldsymbol{F}\cdot\boldsymbol{M}_{O'}=\boldsymbol{F}\cdot\boldsymbol{M}_O$$

说明空间力系的主矢与主矩的数量积 $\boldsymbol{F}\cdot\boldsymbol{M}_O$ 是个常量。如果说主矢 **F** 是力系的第一个静力不变量，那么数量积 $\boldsymbol{F}\cdot\boldsymbol{M}_O$ 就是力系的第二个静力不变量。若用 $\boldsymbol{M}_F$ 表示组成力螺旋的力偶矩矢，则有

$$M_F=M_{O/\!/}=M_O\cos\alpha=\frac{\boldsymbol{F}\cdot\boldsymbol{M}_O}{F}$$

所以组成力螺旋的力偶矩也是个常量。由上式不难得出，$|\boldsymbol{M}_F|\leqslant|\boldsymbol{M}_O|$，而选中心轴上任一点为简化中心时，主矩均为 $\boldsymbol{M}_F$，所以说中心轴是最小力矩轴。若设点 A 是中心轴上一点，且 $\overrightarrow{OA}\perp\boldsymbol{F}'$，此时原力系对点 O 的主矩可表示为

$$\boldsymbol{M}_O=\boldsymbol{M}_F+\overrightarrow{OA}\times\boldsymbol{F}'$$

将上式两边左叉乘 **F**，并注意到 $\boldsymbol{F}=\boldsymbol{F}'$，$\boldsymbol{F}/\!/\boldsymbol{M}_F$，有

$$\boldsymbol{F}\times\boldsymbol{M}_O=\overrightarrow{OA}F^2$$

所以

$$\overrightarrow{OA}=\frac{\boldsymbol{F}\times\boldsymbol{M}_O}{F^2}\tag{2-15}$$

矢量 $\overrightarrow{OA}$ 可确定中心轴在空间的位置，即中心轴是过矢量终端 A 且与主矢 **F** 平行的一条直线。

综上所述，空间力系最后简化的四种情况，可用主矢 **F** 与主矩 $\boldsymbol{M}_O$ 的点积是否为零分为两大类，即

$$(1)\ \boldsymbol{F}\cdot\boldsymbol{M}_O=0\begin{cases}\boldsymbol{F}=0\begin{cases}\boldsymbol{M}_O=0 & \text{力系平衡}\\ \boldsymbol{M}_O\neq 0 & \text{力系简化为一合力偶}\end{cases}\\ \boldsymbol{F}\neq 0 \quad \text{力系简化为一合力}\end{cases}$$

(2) $\boldsymbol{F}\cdot\boldsymbol{M}_O\neq 0$　力系简化为力螺旋

2.3.4　平面力系的简化

作为空间力系的特例，我们研究平面力系简化的最后结果。

对于平面力系，选各力的作用平面为坐标平面 Oxy，向一点简化时的主矩垂直于 xOy 平面，各力在 z 轴上的投影恒等于零，故力系的主矢和主矩的大小和方向余弦可表示为

$$\left.\begin{aligned}&F=\sqrt{(\sum F_{ix})^2+(\sum F_{iy})^2}\\&\cos(\boldsymbol{F},x)=\frac{\sum F_{ix}}{F},\quad \cos(\boldsymbol{F},y)=\frac{\sum F_{iy}}{F}\end{aligned}\right\}\tag{2-16}$$

$$M_O = \left| \sum M_z(\boldsymbol{F}_i) \right| \tag{2-17}$$

$$\cos(\boldsymbol{M}_O, x) = 0, \quad \cos(\boldsymbol{M}_O, y) = 0, \quad \cos(\boldsymbol{M}_O, z) = \frac{\sum M_z(F_i)}{\left| \sum M_z(F_i) \right|}$$

这是一个平面力偶，通常用弯矩箭头表示。

平面力系简化的最后结果不可能出现力螺旋的情形，故平面力系简化的最后结果有三种情形：

1. 平面力系平衡（$\boldsymbol{F}=0$，$M_O=0$）。

2. 平面力系简化为一合力偶（$\boldsymbol{F}=0$，$M_O \neq 0$）。

3. 平面力系简化为一合力（$\boldsymbol{F} \neq 0$），此合力的作用线除可用式（2-11）计算外（合力 $\boldsymbol{F}'$ 的作用线在 O 的哪一侧，应由合力 $\boldsymbol{F}'$ 对点 O 的力矩与主矩 M_O 转向是否相同来确定，参看图 2-11），还可由合力矩定理表示为

$$F_y x - F_x y = M_O \tag{2-18}$$

式中，(x, y) 是合力作用线上任一点 A 的坐标（参看图 2-12）。

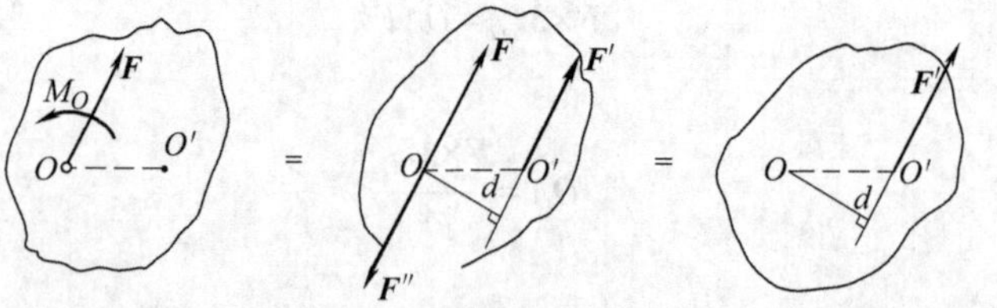

图　2-11

作为对力系向一点简化理论的应用，我们研究**固定端（插入端）约束**。

约束物体与被约束物体彼此固结为一体的约束，称为固定端约束或插入端约束。此时，被约束物体的空间位置因被约束物体完全固定而没有任何相对活动的余地。常见的地面对电线杆、墙对悬臂梁、刀架对车刀等都构成固定端约束（见图 2-13a），这些约束具有共同的特点。以电线杆为例，当杆上受到空间主动力系作用时，杆埋入地面的固定端所受到的约束力系也是一个空间力系。在固定端约束范围内任选一点（一般选地面上的一点 A）作为简化中心，可将约束力系简化为一个力和一个力偶，力和力偶矩矢的大小和方向均未知，用它们沿坐标轴的 6 个分量表示（图 2-13b）。当电线杆上受到的主动力分布在同一平面（例如 xy 平面）内时，由于主动力沿 z 轴的投影及对 x 和 y 轴之矩均等于零，所以固定端约束力中的 3 个分量 $\boldsymbol{F}_{Az}$、$\boldsymbol{M}_{Ax}$ 和 $\boldsymbol{M}_{Ay}$ 均可不必考虑，利用 $\boldsymbol{F}_{Ax}$、$\boldsymbol{F}_{Ay}$ 和 $\boldsymbol{M}_{Az}$ 表示已足够，如图 2-13c 所示。

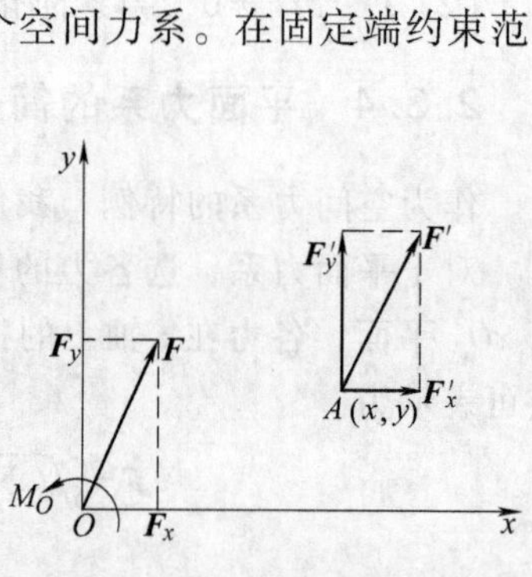

图　2-12

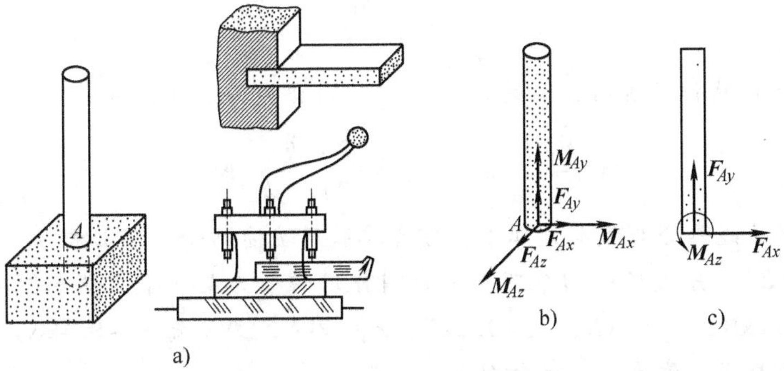

图　2-13

【例 2.2】 在工程问题中经常要处理“分布载荷”。所谓“分布载荷”就是作用力分布在一个较大的面积上，不能再看成是集中作用于一点的载荷，如屋面上由于风力、积雪等引起的载荷，闸堤上受到水的压力等。“分布载荷”以单位面积或单位长度上所受力的大小来表示，称为“载荷集度”。试就图 2-14a、b 所示两种情况，分别计算作用在梁AB上的“分布载荷”合力的大小和作用线位置。设 $AB=l$(m)。

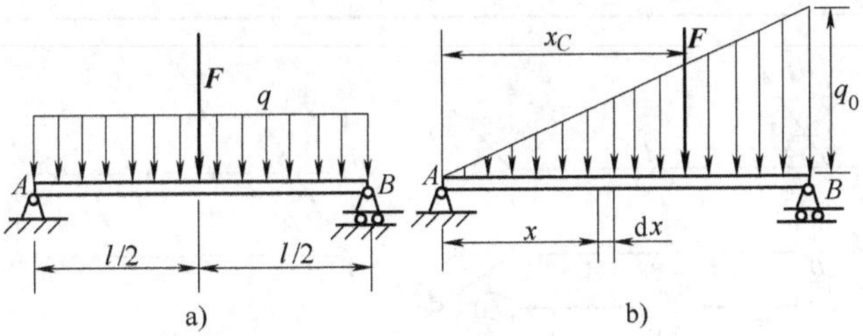

图　2-14

(1) AB 梁上的载荷均匀分布，称为“均布载荷”，载荷集度为 q (N/m)。

(2) AB 梁上的载荷按线性分布，左端的载荷集度为零，右端的载荷集度为 q_0 (N/m)。

【解】 (1) “均布载荷”的合力可当作均质杆的重力处理，所以合力的大小为 $F=ql$，作用在 AB 梁的中点，如图 2-14a 所示。

(2) 当载荷不均匀分布时，可以通过积分来计算合力的大小和作用线位置。在梁上离 A 端 x 处取微元 $\mathrm{d}x$，由于载荷线性分布，在 x 处的集度 $q=q_0x/l$，于是在 $\mathrm{d}x$ 上作用力的大小为

$$\mathrm{d}F=q\mathrm{d}x=\frac{q_0x\mathrm{d}x}{l}$$

而整个梁上所有载荷的合力的大小为

$$F = \int dF = \int_0^l \frac{q_0 x}{l} dx = \frac{q_0 l}{2}$$

设合力 $\boldsymbol{F}$ 的作用线离 A 端的距离为 x_C，由合力矩定理，有

$$F x_C = \int_0^l x dF, \quad x_C = \frac{1}{F} \int_0^l \frac{q_0 x^2}{l} dx = \frac{2l}{3}$$

在以后的线性分布载荷计算中，可直接引用上述结论，不必积分。

【例 2.3】 矩形板的四个顶点上分别作用四个力及一个力偶如图 2-15a 所示。其中 $F_1 = 1.2\text{kN}$，$F_2 = 2\text{kN}$，$F_3 = 1.2\text{kN}$，$F_4 = 2\text{kN}$，力偶矩 $M = 0.4\text{kN} \cdot \text{m}$，转向如图示，图中长度单位为 m。试分别求：

(1) 力系向点 B 与点 C 的简化结果。

(2) 力系简化的最后结果。

【解】 (1) 建立坐标系如图，四个力在轴 x、y 上的投影及其作用点坐标列表如下：

	F_{ix}	F_{iy}	x_i	y_i
$\boldsymbol{F}_1$	0.72	0.96	0	0.1
$\boldsymbol{F}_2$	−2	0	0	0
$\boldsymbol{F}_3$	1.04	−0.6	0.4	0
$\boldsymbol{F}_4$	1.41	1.41	0.4	0.1

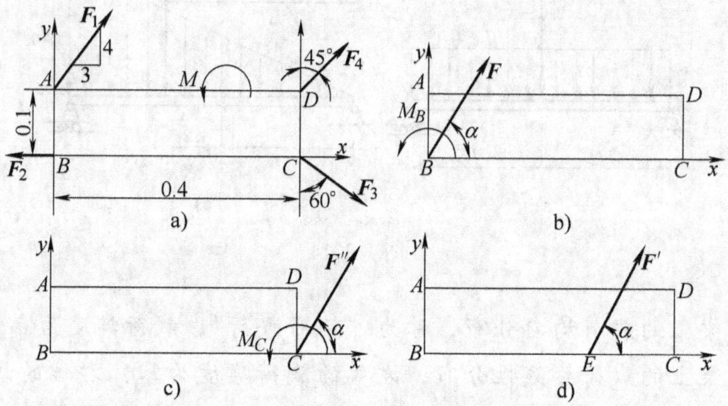

图 2-15

(2) 计算力系的主矢 $\boldsymbol{F}$：

$$F_x = \sum F_{ix} = 1.17\text{kN}$$

$$F_y = \sum F_{iy} = 1.77\text{kN}$$

$$F = \sqrt{F_x^2 + F_y^2} = 2.12\text{kN}$$

$$\cos\alpha = \frac{F_x}{F} = 0.5514$$

因为 F_x、F_y 均为正值，所以

$$\alpha = 56.5°$$

主矢 $\boldsymbol{F}$ 的解析式

$$\boldsymbol{F} = (1.17\boldsymbol{i} + 1.77\boldsymbol{j})\,\text{kN}$$

（3）计算力系向点 B 简化的主矩 M_B：

$$M_B = \sum(F_{iy}x_i - F_{ix}y_i) + M = 0.511\text{kN} \cdot \text{m}$$

即平面力系向点 B 简化得到一力和一力偶，该力过点 B，其大小和方向与力系的主矢 $\boldsymbol{F}$ 相同，该力偶的力偶矩就等于主矩 M_B，如图 2-15b 所示。

（4）计算力系向点 C 简化的主矩 M_C：

主矩 M_C 有两种计算方法，一种是直接计算各力对点 C 之矩，有

$$M_C = \sum M_C(\boldsymbol{F}_i) = -0.1F_{1x} - 0.4F_{1y} - 0.1F_{4x} + M = -0.197\text{kN} \cdot \text{m}$$

另一种是在向点 B 简化的基础上，$\boldsymbol{F}$ 和 $\boldsymbol{M}_B$ 向点 C 简化，有

$$M_C = M_B + M_C(\boldsymbol{F}) = 0.511\text{kN} \cdot \text{m} - 0.4F_y = -0.197\text{kN} \cdot \text{m}$$

即平面力系向点 C 简化仍得到一力和一力偶，该力过点 C，其大小和方向仍与力系的主矢 $\boldsymbol{F}$ 相同，该力偶的力偶矩就等于主矩 M_C，如图 2-15c 所示。

（5）求力系简化的最后结果：

此力系简化的最后结果为一合力 $\boldsymbol{F}'$，合力 $\boldsymbol{F}'$ 的大小和方向与主矢 $\boldsymbol{F}$ 相同，合力 $\boldsymbol{F}'$ 的作用线方程利用向点 B 的简化结果，可得

$$1.77x - 1.17y = 0.511$$

合力 $\boldsymbol{F}'$ 与轴 x 的交点坐标为

$$x_E = \frac{M_B}{F_y} = 0.289\text{m}$$

如图 2-15d 所示。

2.4　重心

物体的重心在工程实际中具有重要意义。例如在工程上，转动机械特别是高速转子，如果重心不在其转动轴线上，将会引起强烈振动，甚至超过材料的允许强度而破坏。又如船舶和高速飞行物，如果重心位置设计不好，就可能引起轮船的倾覆和影响飞行物的稳定飞行等。因此，了解重心的概念以及确定计算重心位置的公式是很重要的。

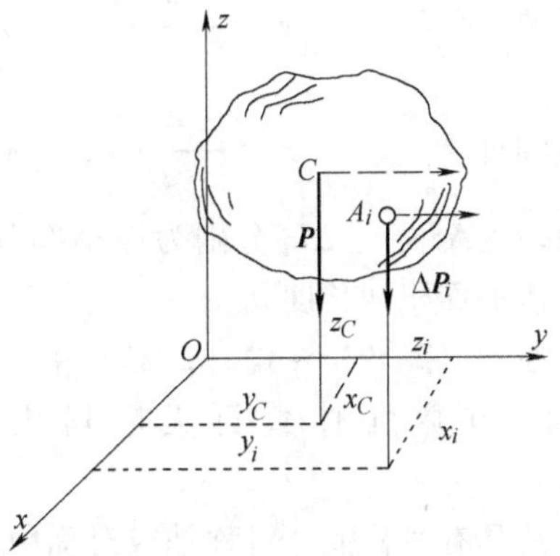

图　2-16

物体各微小部分的重力可近似地看成是一平行力系，该平行力系的合力就是物体的重力，重力的作用点就是物体的重心。物体的重心在物体内有确定的位置，与

物体在空间的位置无关。

任取直角坐标系 $Oxyz$，如图 2-16 所示，将物体分割成许多微小部分，每一部分物体所受的重力为 $\Delta \boldsymbol{P}_i$，作用点即为微小部分的重心 A_i，其坐标为 x_i、y_i、z_i，所有 $\Delta \boldsymbol{P}_i$ 的合力 $\boldsymbol{P}$ 就是整个物体所受的重力，其大小为 $P=\sum \Delta P_i$，设其作用点即物体重心 C 的坐标为 x_C、y_C、z_C，由合力矩定理，先分别对 x 轴和 y 轴取矩有

$$-Py_C=-\sum_{i=1}^{n}\Delta P_i y_i,\quad Px_C=\sum_{i=1}^{n}\Delta P_i x_i$$

将力系绕 x 轴负向转过 90°，使各力与 Oy 轴平行，再对 x 轴取矩有

$$Pz_C=\sum_{i=1}^{n}\Delta P_i z_i$$

由上三式可得重心坐标公式为

$$x_C=\frac{\sum \Delta P_i x_i}{P},\quad y_C=\frac{\sum \Delta P_i y_i}{P},\quad z_C=\frac{\sum \Delta P_i z_i}{P} \tag{2-19}$$

如果物体是均质的，则密度 ρ 对于整个物体是恒量，这时将 $\Delta P_i=\rho\Delta V_i$ 和 $P=\rho V$ 代入式（2-19）中，可得

$$x_C=\frac{\sum \Delta V_i x_i}{V},\quad y_C=\frac{\sum \Delta V_i y_i}{V},\quad z_C=\frac{\sum \Delta V_i z_i}{V} \tag{2-20}$$

式中，ΔV_i 是微元体 ΔP_i 的体积；$V=\sum \Delta V_i$ 是物体的体积。由此可见，均质物体的重心位置与其密度无关，仅决定于物体的几何形状和尺寸，故又称为物体的形心，或者说均质物体的重心和形心是重合的。

如果物体是均质薄壳（或曲面）或均质细杆（或曲线），引用上述方法，可求得其重心坐标分别为

均质薄壳
$$x_C=\frac{\sum \Delta S_i x_i}{S},\quad y_C=\frac{\sum \Delta S_i y_i}{S},\quad z_C=\frac{\sum \Delta S_i z_i}{S} \tag{2-21}$$

均质细杆
$$x_C=\frac{\sum \Delta L_i x_i}{L},\quad y_C=\frac{\sum \Delta L_i y_i}{L},\quad z_C=\frac{\sum \Delta L_i z_i}{L} \tag{2-22}$$

式中，$\sum \Delta S_i$、$\sum \Delta L_i$ 分别为微小部分的面积和长度。$S=\sum \Delta S_i$、$L=\sum \Delta L_i$ 分别表示物体的面积和长度。

在式（2-19）~式（2-22）中，微元体分割得愈多，则重心（形心）位置愈准确。在微元体数目无限增大的极限情况下，此四式均可用定积分表示。

凡具有对称面、对称轴或对称中心的简单形状的均质物体，其重心一定在它的对称面、对称轴或对称中心上。附录 B 的表 B-2 中列出了几种常用简单形体的形心，其中有些形心坐标是用积分法求出的。

【例 2.4】 试求图 2-17 所示平面图形 OAB 面积的形心。OB 为抛物线 $y=kx^2$ 的一段，点 B 的坐标为（a，b），其中 a、b、k 均为常量。

【解】　用积分法求平面图形 OAB 面积的形心。取微元如图示，其微面积 $dS=ydx=kx^2dx$，微面积的形心坐标为 $(x,y/2)$ 或 $(x,kx^2/2)$，由式(2-21)，有

$$x_C=\frac{\sum \Delta S_i x_i}{S}=\frac{\int_S x\mathrm{d}S}{\int_S \mathrm{d}S}=\frac{\int_0^a kx^3\mathrm{d}x}{\int_0^a kx^2\mathrm{d}x}=\frac{3a}{4}$$

$$y_C=\frac{\sum \Delta S_i y_i}{S}=\frac{\int_S \frac{1}{2}y\mathrm{d}S}{\int_S \mathrm{d}S}=\frac{\int_0^a \frac{1}{2}k^2x^4\mathrm{d}x}{\int_0^a kx^2\mathrm{d}x}=\frac{3ka^2}{10}=\frac{3b}{10}$$

【例 2.5】　试求图 2-18 所示半径为 R、圆心角为 2α 的均质圆弧线的形心。

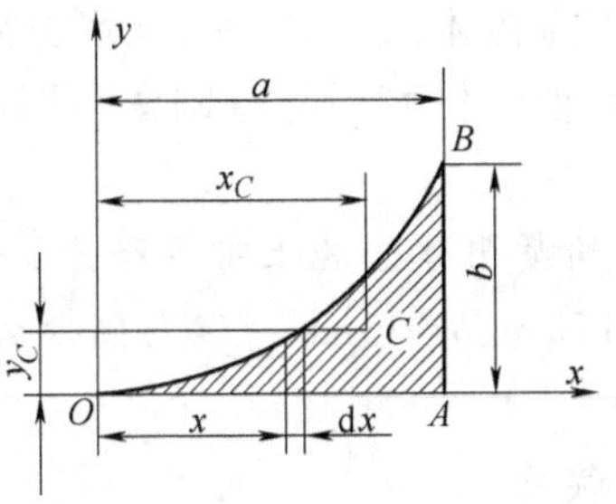

图　2-17

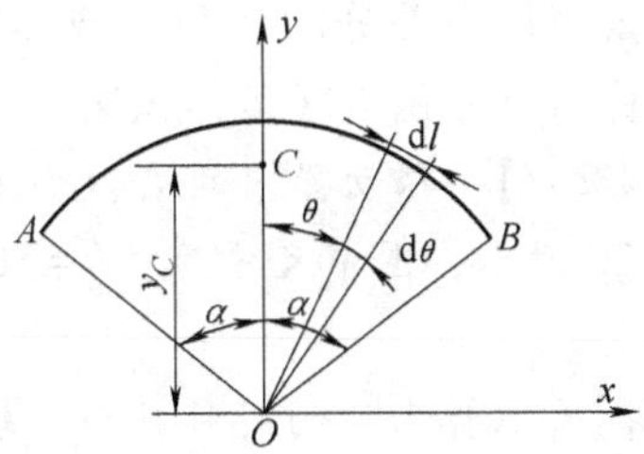

图　2-18

【解】　取中心角的平分线为轴 y，由于对称关系，形心必在此轴上，即 $x_C=0$，只需求 y_C 即可。

取微元如图示，微元长度 $dl=Rd\theta$，其形心坐标 $y=R\cos\theta$，由式（2-22），有

$$y_C=\frac{\sum \Delta l_i y_i}{l}=\frac{\int_l y\mathrm{d}l}{l}=\frac{2\int_0^\alpha R^2\cos\theta\mathrm{d}\theta}{2R\alpha}=\frac{R\sin\alpha}{\alpha}$$

在工程实际中，有许多物体可以看成是由几个形状简单的物体所组成的组合物体，对于这样的物体，往往可以不经过积分运算，而用一些简单的方法求得重心（形心）的坐标。下面介绍几种工程上常用的求重心坐标的方法。

（1）分割法

在计算组合物体的重心时，可将该物体分割成几个重心已知的简单物体，则整个物体的重心可用有限形式的重心坐标公式求得。

【例 2.6】　角钢截面的尺寸如图 2-19 所示，图中尺寸单位为 mm，试求其形心的位置。

【解】　建立坐标系 Oxy 如图 2-19 所示，角钢可分割为两个矩形，如图中虚线

所示，将每部分的面积、形心坐标列表如下：

$$S=S_1+S_2=2256\text{mm}^2$$

$$x_C=\frac{S_1x_1+S_2x_2}{S}=\frac{1440\times6+816\times46}{2256}\text{mm}=20.5\text{mm}$$

$$y_C=\frac{S_1y_1+S_2y_2}{S}=\frac{1440\times60+816\times6}{2256}\text{mm}=40.5\text{mm}$$

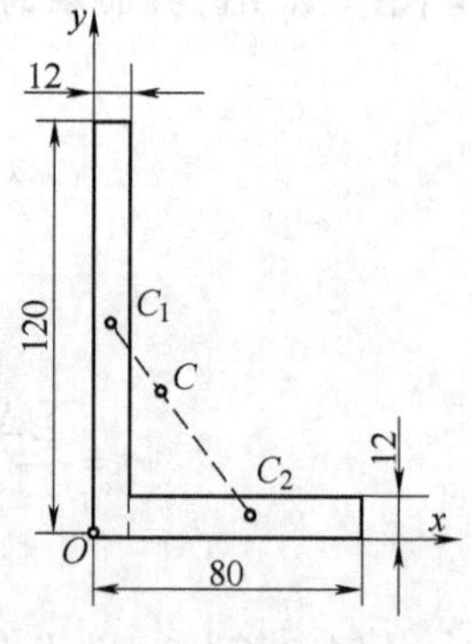

图　2-19

	S_i/mm^2	x_i/mm	y_i/mm
Ⅰ	$S_1=120\times12=1440$	6	60
Ⅱ	$S_2=68\times12=816$	46	6

（2）负面积法（负体积法）

若在物体内切去一部分（例如有空穴或孔的物体），求剩余部分物体的重心时，只要将切去部分的面积（或体积）取为负值，仍可用与分割法相同的公式，该方法称为负面积法（负体积法）。

【例2.7】 振动器中的偏心块为等厚度的均质形体，其上有半径为 r 的圆孔，如图2-20所示，图中尺寸为：$R=100\text{mm}$，$r=17\text{mm}$，$b=13\text{mm}$，试求偏心块的形心位置。

【解】 取偏心块的对称轴为 y 轴，由于对称关系，形心必在此轴上，即 $x_C=0$，只需求 y_C 即可。

将偏心块看成是由三部分组成，即半径为 R 的半圆，半径为 $r+b$ 的半圆和半径为 r 的小圆。因小圆是切去的部分，所以面积应取负值。现将各部分的面积、形心坐标列表如下，其中两半圆的形心坐标由附录B的表B-2的表中可查得：

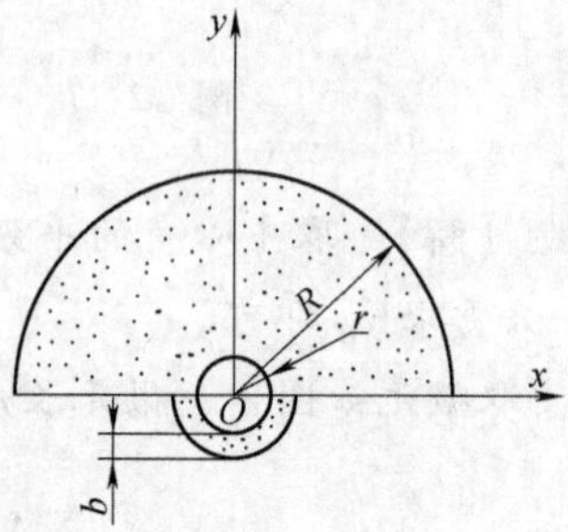

图　2-20

$$y_1=\frac{4R}{3\pi}=42.4\text{mm},\quad y_2=-\frac{4(r+b)}{3\pi}=-12.7\text{mm}$$

	S/mm^2	y/mm
Ⅰ	$S_1=100^2\pi/2=15708$	42.4
Ⅱ	$S_2=30^2\pi/2=1413.7$	-12.7
Ⅲ	$S_3=-17^2\pi=-907.9$	0

$$y_C=\frac{S_1y_1+S_2y_2+S_3y_3}{S_1+S_2+S_3}=\frac{15708\times42.4+1413.7\times(-12.7)}{15708+1413.7-907.9}\text{mm}=40.0\text{mm}$$

（3）实验法

对于形状不规则，或者不便于用公式计算其重心的物体，工程上常用实验方法测定重心的位置。下面介绍两种常用的方法。

1）悬挂法

如果需求一薄板的重心，可在薄板上任取两点 A，B 作悬挂点，悬挂两次，通过 A，B 两点的铅垂线交点即为薄板重心 C 的位置，如图 2-21 所示。

2）称重法

某些形状复杂或体积较为庞大的物体可以用称重法确定其重心的位置。

例如连杆具有两相互垂直的纵向对称平面，其重心必在这两个平面的交线上，即在连杆的中心线 AB 上，故只需要确定重心在此轴上的位置（用 x_C 表示）即可。将连杆的 A 端放在水平面或刀口上，B 端放在台秤上，如图 2-22 所示，测得 B 端的约束力 F_B，就可用杠杆平衡原理求得 x_C（详细的力系平衡条件将在第三章研究），即

$$Px_C = F_B l, \qquad x_C = F_B l/P$$

式中，P 是连杆的重量；l 是 A、B 两点间的距离；P、l 均可求得。

对于空间形状非对称的物体，可通过三次称重来确定物体的重心位置。

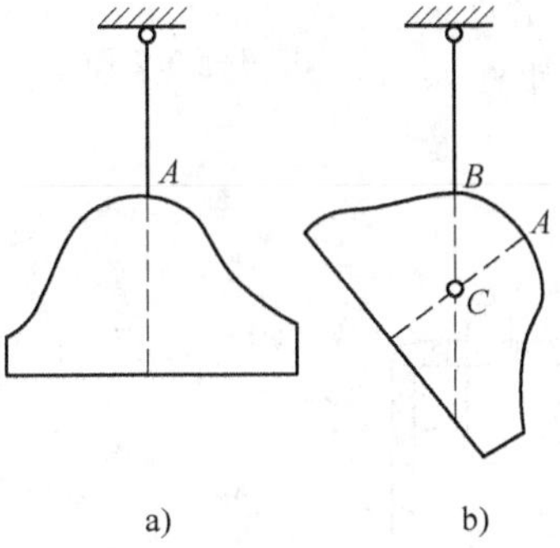

图　2-21

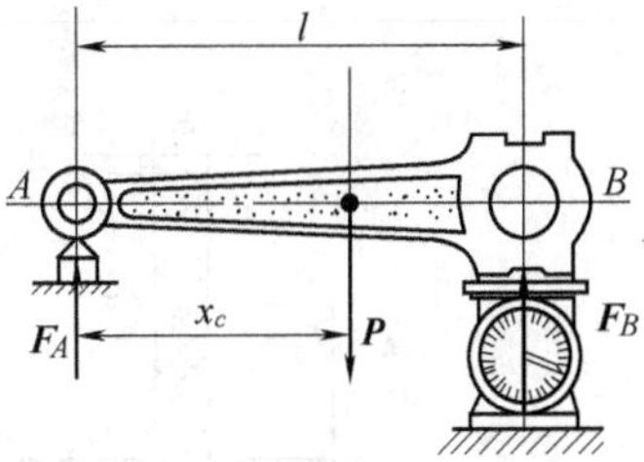

图　2-22

思　考　题

2.1　由力的解析表达式

$$\boldsymbol{F} = F_x \boldsymbol{i} + F_y \boldsymbol{j}$$

能确定力的大小和方向吗？能确定力的作用线位置吗？

2.2　计算物体的重心位置时，如果选取的坐标轴不同，重心的坐标是否改变？重心在物体内的位置是否改变？

2.3　一空间力系向不共线的三点 A、B、C 简化所得主矩相同，问此力系简化的最后结果是什么？请说明理由。

2.4　空间一般力系的主矢与合力、主矩与合力偶之矩为什么不是一回事？

2.5　设平面力系向某一点简化得到一合力，如另选适当的点为简化中心，问力系能否简化为一力偶？为什么？

2.6　已知平面力系满足 $\sum M_A(\boldsymbol{F}_i)=0$（$A$ 为力系平面内的一点），若此力系不平衡，则最简结果是什么？

2.7　作用于变形体的力系，能否向任意简化中心简化为一力和一力偶？

2.8　仅两端与其他物体铰接，但计重量的刚性直杆其受力情况与二力杆有何不同？这种杆的受力一般如何简化？

习　题　A

2.1　三个力的力矢起点都为点（3，-3），三力作用线分别经过下列各点：力 126N 经过点（8，6），力 183N 经过点（2，-5），力 269N 经过点（-6，3）。求力系的合力。

2.2　在固定点 O 上作用着三个力 $\boldsymbol{F}_1$、$\boldsymbol{F}_2$ 和 $\boldsymbol{F}_3$，方向如习题 2.2 图示，大小分别等于 600N、400N 和 500N。求这三个力的合力的大小和方向。

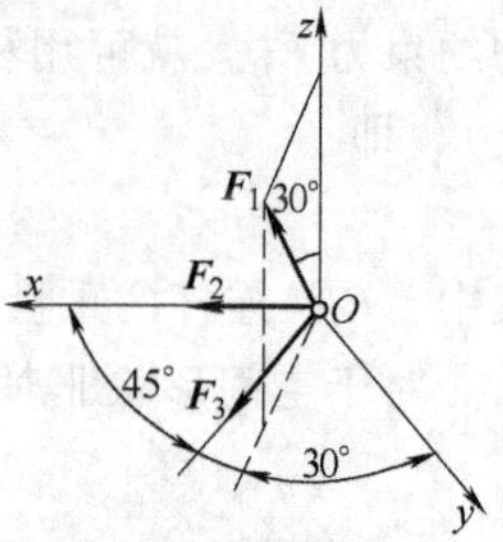

习题 2.2 图

2.3　求习题 2.3 图中各截面重心的位置（图中长度单位为 mm，各图所选比例不同）。

2.4　半径为 r_1 的均质圆盘内有一半径为 r_2 的圆孔，两圆心相距 $r_1/2$，如习题 2.4 图所示。求此圆盘重心位置。

2.5　在圆形截面的均质钢轴上套有相同材料的圆环，其尺寸如习题 2.5 图所示。求轴、环成为一体的重心 C 到轴端的距离 d。图中长度单位为 mm。

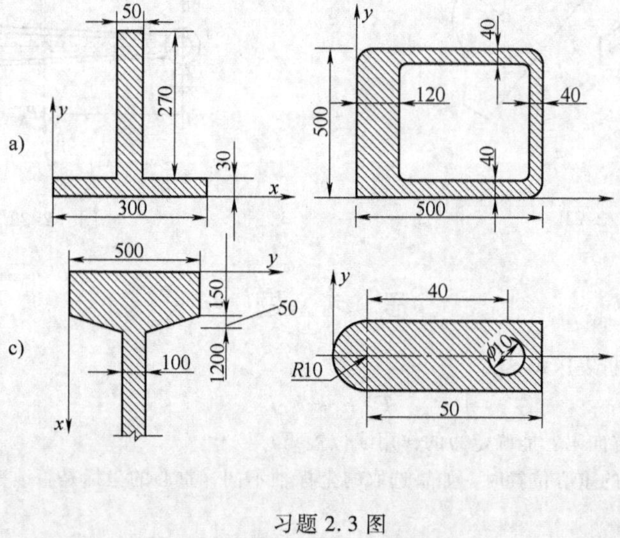

习题 2.3 图

2.6　在直角曲杆的一端，作用有大小为 $F=400$N 的力。试计算此力对 O 点的力矩。习题 2.6 图中长度单位为 mm。

2.7　试求习题 2.7 图所示绳子张力 $\boldsymbol{F}$ 对 A 点和 B 点的矩。已知 $F=10$kN，$l=2$m，$R=0.5$m，$\alpha=30°$。

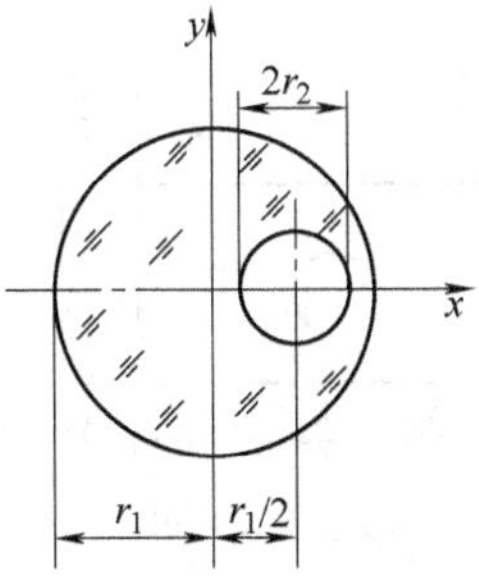

习题 2.4 图

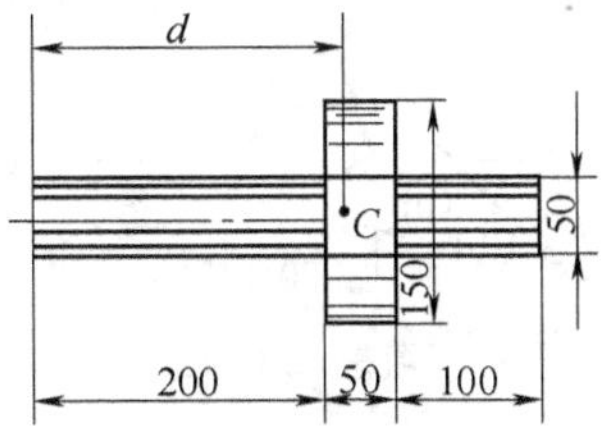

习题 2.5 图

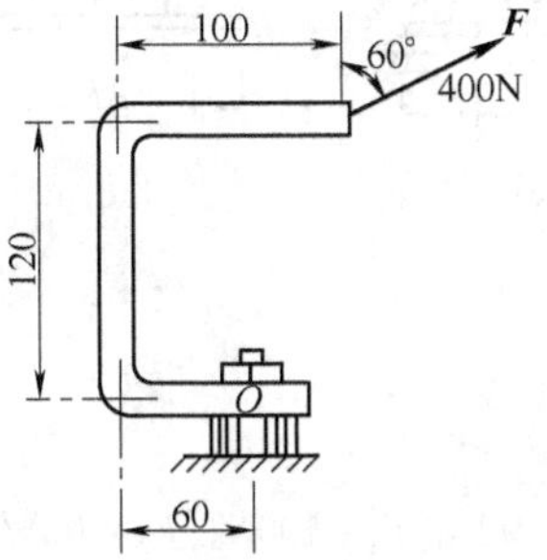

习题 2.6 图

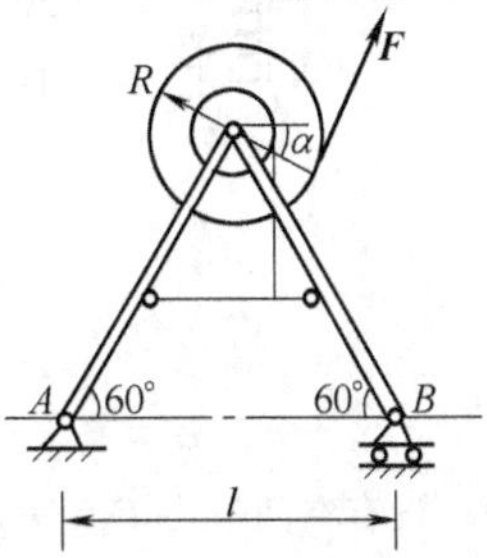

习题 2.7 图

2.8　力系由四个力组成。已知 $F_1=60\text{N}$，$F_2=400\text{N}$，$F_3=500\text{N}$，$F_4=200\text{N}$，试将该力系向 A 点简化。习题 2.8 图中长度单位为 mm。

2.9　平板 $OABD$ 上作用空间力系如习题 2.9 图所示，问 x、y 应等于多少，才能使该力系合力的作用线过板中心 C？图中长度单位为 m。

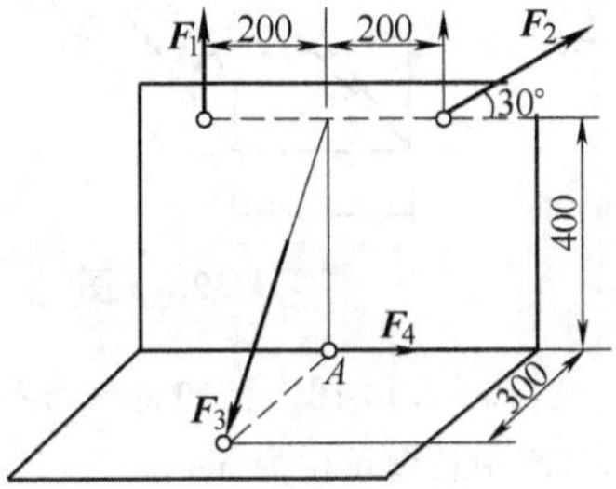

习题 2.8 图

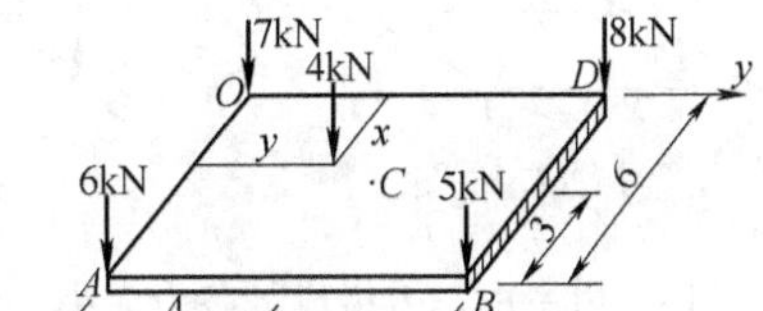

习题 2.9 图

2.10　将习题 2.10 图所示平面力系向点 O 简化，并求力系的最简结果。已知 $F_1=150\text{N}$，$F_2=200\text{N}$，$F_3=300\text{N}$，力偶臂等于 8cm，力偶的力 $F_4=200\text{N}$。图中长度单位为 cm。

2.11　习题 2.11 图所示平面力系，已知 $F_1=200\text{N}$，$F_2=100\text{N}$，$M=300\text{N}\cdot\text{m}$。欲使力系的合力通过 O 点，问水平力 $\boldsymbol{F}$ 之值应为多少？图中长度单位为 m。

2.12　求下列各图中平行分布力系的合力和对于 A 点之矩。

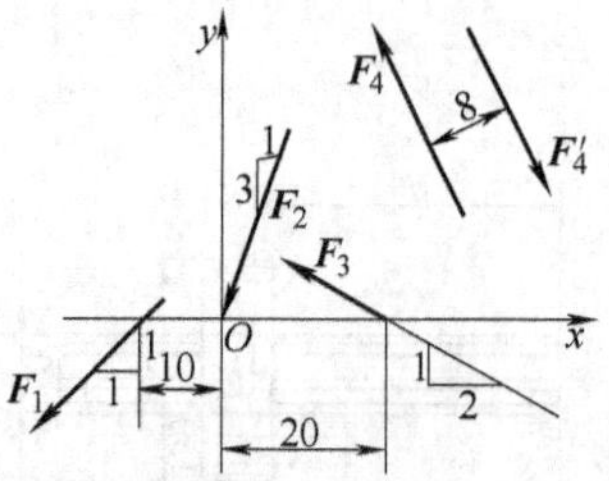

习题 2.10 图

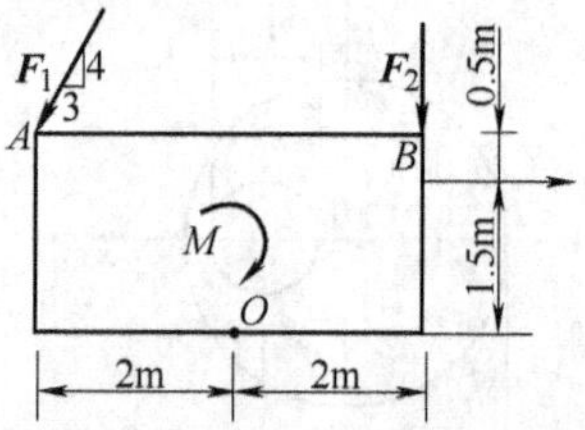

习题 2.11 图

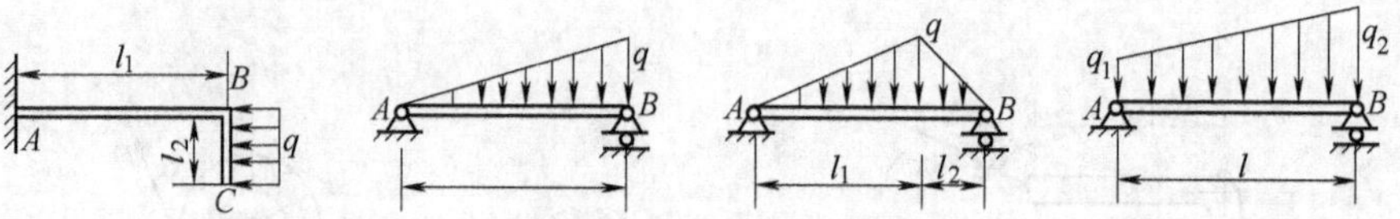

a)　　b)　　c)　　d)

习题 2.12 图

习　题　B

2.13　设有空间三力 $\boldsymbol{F}_1$、$\boldsymbol{F}_2$、$\boldsymbol{F}_3$ 如习题 2.13 图所示，已知 $F_1 = 100\text{N}$，$F_2 = 100\sqrt{2}\,\text{N}$，$F_3 = 200\text{N}$。若向 xy 平面内一点 A 简化所得的主矩与主矢同方位，试求 A 点的坐标及主矩之值。图中长度单位为 mm。

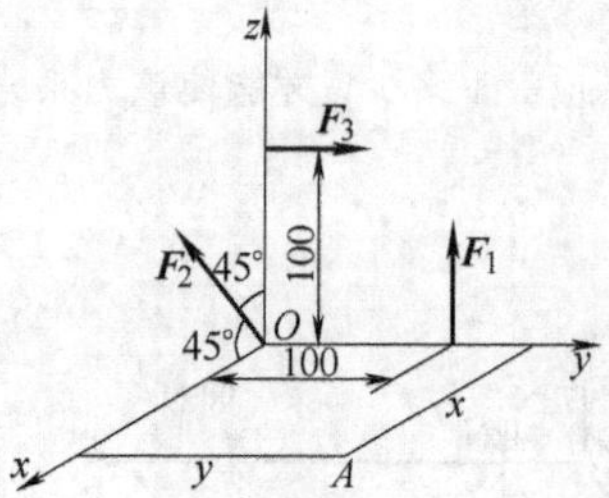

习题 2.13 图

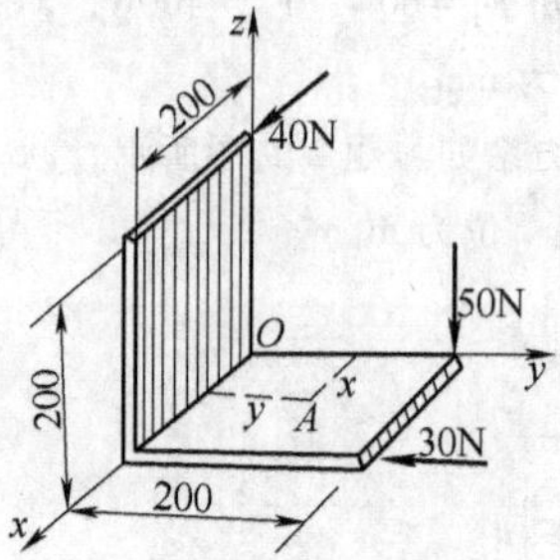

习题 2.14 图

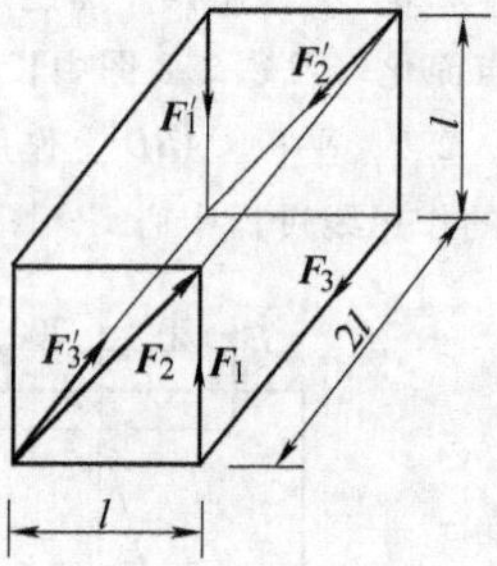

习题 2.15 图

2.14　力系由三力组成，各力大小、作用线位置和方向见习题 2.14 图。已知将该力系向点 A 简化所得的主矩最小，试求主矩之值及简化中心 A 的坐标。图中长度单位为 mm。

2.15　如习题 2.15 图所示，一矩形体上作用着三个力偶（$\boldsymbol{F}_1$，$\boldsymbol{F}_1'$）、（$\boldsymbol{F}_2$，$\boldsymbol{F}_2'$），（$\boldsymbol{F}_3$，$\boldsymbol{F}_3'$）。已知 $F_1 = F_1' = 10\text{N}$，$F_2 = F_2' = 16\text{N}$，$F_3 = F_3' = 20\text{N}$，$l = 0.1\text{m}$，求三个力偶的合成结果。

第 3 章

力系的平衡条件及其应用

上一章研究了力系的简化，本章研究力系的平衡条件及其应用。

3.1　空间力系的平衡条件及其应用

由空间力系的简化理论知，空间力系平衡的必要与充分条件是：力系的主矢等于零和对任一点的主矩等于零，即

$$\boldsymbol{F}=0,\ \boldsymbol{M}_O=0 \tag{3-1}$$

由式（2-8），力系的平衡条件还可以改写为

$$\sum_{i=1}^{n}\boldsymbol{F}_i=0,\ \sum_{i=1}^{n}\boldsymbol{M}_O(\boldsymbol{F}_i)=0$$

将上式向直角坐标系中的三个轴投影，并注意到式（2-9）和式（2-10），有

$$\begin{cases}\sum_{i=1}^{n}F_{ix}=0,\ \sum_{i=1}^{n}F_{iy}=0,\ \sum_{i=1}^{n}F_{iz}=0\\ \sum_{i=1}^{n}M_x(\boldsymbol{F}_i)=0,\ \sum_{i=1}^{n}M_y(\boldsymbol{F}_i)=0,\ \sum_{i=1}^{n}M_z(\boldsymbol{F}_i)=0\end{cases} \tag{3-2}$$

式（3-2）就是空间力系的平衡方程，即空间力系平衡的必要与充分条件是：力系中各力在直角坐标系每一坐标轴上投影的代数和为零，对每一坐标轴之矩的代数和为零。

空间力系的平衡条件包含了各种特殊力系的平衡条件，由空间力系的平衡方程（3-2）可以导出各种特殊力系的平衡方程，以下是几种特殊的空间力系的平衡方程。

1. 空间汇交力系的平衡方程

设一空间汇交力系汇交于点 O，则各力对于点 O 的矩恒等于零，于是独立的平衡方程为

$$\sum_{i=1}^{n}F_{ix}=0,\ \sum_{i=1}^{n}F_{iy}=0,\ \sum_{i=1}^{n}F_{iz}=0 \tag{3-3}$$

2. 空间力偶系的平衡方程

对于空间力偶系，由于力偶系的主矢恒为零，于是独立的平衡方程为

$$\sum_{i=1}^{n} M_{ix} = 0, \sum_{i=1}^{n} M_{iy} = 0, \sum_{i=1}^{n} M_{iz} = 0 \tag{3-4}$$

式中，M_{ix}，M_{iy}，M_{iz}分别表示力偶矩矢 $\boldsymbol{M}_i$ 在 x，y，z 轴上的投影。

3. 空间平行力系的平衡方程

空间平行力系是指各力作用线彼此平行的空间力系。设各力作用线平行于 z 轴，则各力在 x 轴和 y 轴上的投影以及对 z 轴的矩恒为零，于是独立的平衡方程为

$$\sum_{i=1}^{n} F_{iz} = 0, \sum_{i=1}^{n} M_x(\boldsymbol{F}_i) = 0, \sum_{i=1}^{n} M_y(\boldsymbol{F}_i) = 0 \tag{3-5}$$

【例 3.1】　图 3-1 所示为用起重杆起吊重物，起重杆的 A 端用球铰链固定在地面上，而 B 端则用绳 CB 和 DB 拉住，两绳分别系在墙上的点 C 和 D，C、D 在同一水平线上。已知：$CE=EB=DE$，$\alpha=30°$，CBD 平面与水平面间的夹角 $\angle EBF=30°$，物重 $P=10\text{kN}$，起重杆 AB 的自重不计，试求起重杆所受的压力和绳子的拉力。

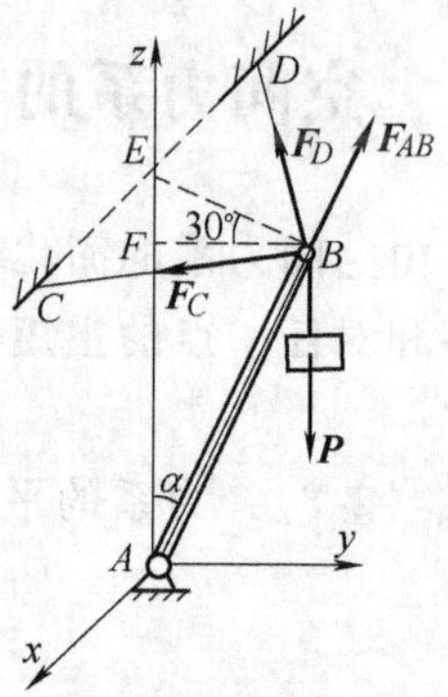

图　3-1

【解】　(1) 取研究对象：铰链 B 和重物。

(2) 分析受力：由于 AB 杆自重不计，又只在两端受力，所以起重杆为二力杆，球铰 A 对 AB 杆的约束力 $\boldsymbol{F}_{AB}$ 必沿 AB 杆，如图 3-1 所示。

(3) 建立坐标系 $Axyz$，使得 x 轴平行于 DC，y 轴平行于 FB，z 轴过 AE 连线。

(4) 列平衡方程求解：

由已知条件知：$\angle CBE=\angle DBE=45°$

$\sum F_{ix}=0$：$F_C\sin45°-F_D\sin45°=0$ 　(a)

$\sum F_{iy}=0$：$F_{AB}\sin30°-F_C\cos45°\cos30°-F_D\cos45°\cos30°=0$ 　(b)

$\sum F_{iz}=0$：$F_C\cos45°\sin30°+F_D\cos45°\sin30°+F_{AB}\cos30°-P=0$ 　(c)

在方程 (b) 和方程 (c) 中，用二次投影法计算了力 $\boldsymbol{F}_C$、$\boldsymbol{F}_D$ 在 y、z 轴上的投影。

求解上述三个平衡方程，得

$$F_C = F_D = 3.54\text{kN} \quad F_{AB} = 8.66\text{kN}$$

【例 3.2】　图 3-2 所示的三轮车连同上面的货物共重 $P=3\text{kN}$，重力作用线过点 C，图中尺寸单位为 m，求车静止时各轮对水平地面的压力。

【解】　(1) 取研究对象：三轮车。

(2) 分析受力：三轮车受地面约束力以及自身重力都沿铅垂方向，所以三轮车受一空间平行力系作用，如图 3-2 所示。

(3) 列平衡方程求解：

$\sum M_x=0$：$1.6F_D-0.6P=0$，$F_D=1.125\text{kN}$

$\sum M_y=0$：$-1\cdot F_B-0.5F_D+0.4P=0$，$F_B=0.6375\text{kN}$

$\sum F_{iz}=0$：$F_B+F_A+F_D-P=0$，$F_A=1.2375\text{kN}$

【例 3.3】　镗刀杆的刀头在镗削工件时受到切向力 $\boldsymbol{F}_z$、径向力 $\boldsymbol{F}_y$ 和轴向力 $\boldsymbol{F}_x$ 的作用，如图 3-3 所示。各力的大小 $F_z=5\text{kN}$，$F_y=1.5\text{kN}$，$F_x=0.75\text{kN}$，刀尖 B 的坐标 $x=200\text{mm}$，$y=75\text{mm}$，$z=0$。试求镗刀杆根部约束力。

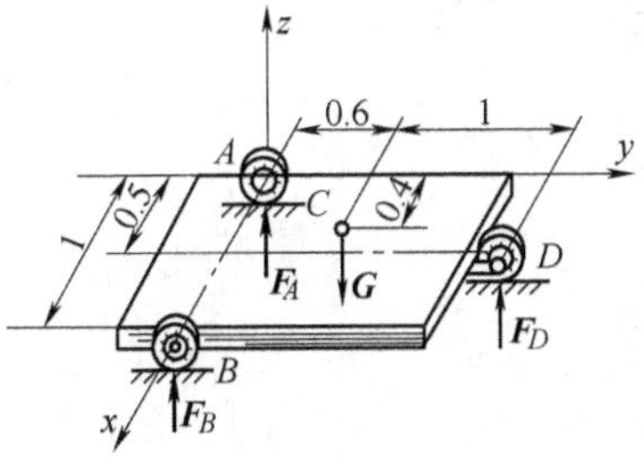

图　3-2

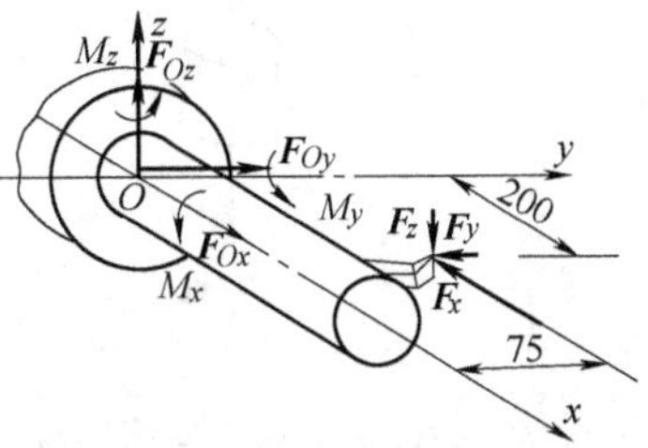

图　3-3

【解】　(1) 取研究对象:镗刀杆。

(2) 分析受力：镗刀杆根部是固定端约束，由于镗刀杆受到的主动力是空间力系，因此，当镗刀杆平衡时，固定端的约束力也是一个空间力系，按照空间固定端约束力的分析，镗刀杆的受力如图 3-3 所示。

(3) 列平衡方程求解：

$\sum F_{ix}=0$：$F_{Ox}-F_x=0$，$F_{Ox}=0.75\text{kN}$

$\sum F_{iy}=0$：$F_{Oy}-F_y=0$，$F_{Oy}=1.5\text{kN}$

$\sum F_{iz}=0$：$F_{Oz}-F_z=0$，$F_{Oz}=5\text{kN}$

$\sum M_x=0$：$M_x-0.075\text{m}\times F_z=0$，$M_x=0.375\text{kN}\cdot\text{m}$

$\sum M_y=0$：$M_y+0.2\text{m}\times F_z=0$，$M_y=-1\text{kN}\cdot\text{m}$

$\sum M_z=0$：$M_z+0.075\text{m}\times F_x-0.2\text{m}\times F_y=0$，$M_z=0.244\text{kN}\cdot\text{m}$

【例 3.4】　图 3-4 所示传动系统，A 是推力轴承，B 是向心轴承，在把手端部施加一大小为 $F=200\text{N}$ 的力，方向如图示，试求系统平衡时所需重物的重量 P 以及 A、B 轴承的约束力。图中长度单位为 mm。

【解】　(1) 取研究对象:整体系统。

(2) 分析受力：如图 3-4 所示。

(3) 列平衡方程求解：

$\sum M_x=0$：$0.1P-0.25F\sin60^\circ=0$，$P=433\text{N}$

$\sum M_y=0$：$-0.25P+0.15F_{Bz}+0.175F\sin60^\circ=0$，$F_{Bz}=519.6\text{N}$

$\sum M_z=0$：$-0.15F_{By}+0.25F\cos60^\circ\cos45^\circ-0.175F\cos60^\circ\sin45^\circ=0$，

$F_{By}=35.4\text{N}$

$\sum F_{ix}=0$：$F_{Ax}-F\cos60^\circ\cos45^\circ=0$，$F_{Ax}=70.7\text{N}$

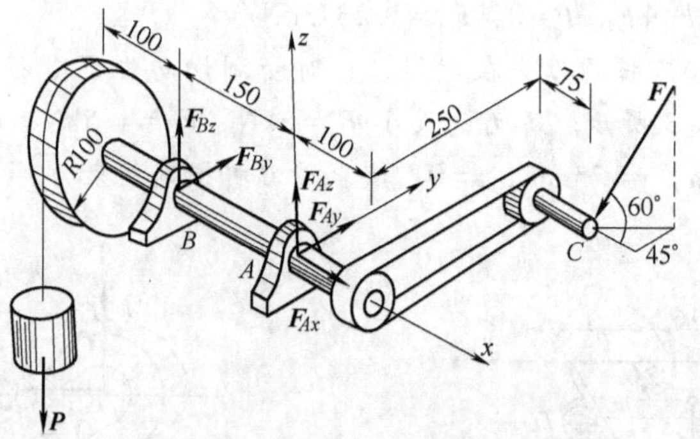

图　3-4

$\sum F_{iy}=0$：$F_{Ay}+F_{By}-F\cos60°\sin45°=0$，$F_{Ay}=35.3\text{N}$

$\sum F_{iz}=0$：$F_{Az}+F_{Bz}-P-F\sin60°=0$，$F_{Az}=86.6\text{N}$

另外，空间力系的平衡方程也不限于式（3-2）所示的形式，为解题简便，每个方程中最好只包含一个未知量。为此，在选投影轴时应尽量与某些未知力垂直，在选取矩轴时应尽量与某些未知力平行或相交。投影轴不必相互垂直，矩轴也不必与投影轴重合，力矩方程的数目可取三个至六个。

【例 3.5】　边长为 l、重量为 $\boldsymbol{W}$ 的均质正方形平台，用六根不计自重的直杆支承，如图3-5所示。设平台距地面高度为 l，外载荷 $\boldsymbol{F}$ 沿 AB 边，试求各杆内力。

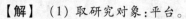

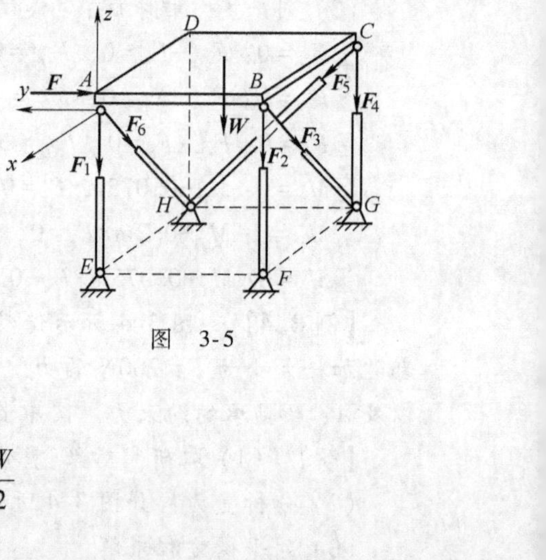

图　3-5

【解】（1）取研究对象：平台。

（2）分析受力，如图 3-5 所示，六根支承杆均为二力杆。

（3）列平衡方程求解：

$$\sum M_{GC}=0:\ -\frac{\sqrt{2}}{2}F_6 l+Fl=0,\ F_6=\sqrt{2}F$$

$$\sum M_{BC}=0:\ -F_1 l-\frac{\sqrt{2}}{2}F_6 l-W\cdot\frac{l}{2}=0,\ F_1=-F-\frac{W}{2}$$

$$\sum M_{HG}=0:\ F_1 l+F_2 l+W\frac{l}{2}=0,\ F_2=F$$

$$\sum M_{FB}=0:\ \frac{\sqrt{2}}{2}F_5 l-\frac{\sqrt{2}}{2}F_6 l=0,\ F_5=\sqrt{2}F$$

$$\sum M_{HD}=0:\ \frac{\sqrt{2}}{2}F_3 l+Fl=0,\ F_3=-\sqrt{2}F$$

$$\sum M_{AB}=0:\ -F_4 l-\frac{\sqrt{2}}{2}F_5 l-W\frac{l}{2}=0,\ F_4=-F-\frac{W}{2}$$

3.2　平面力系的平衡方程及其应用

平面力系是工程中常见的一种力系，实际中受平面力系或近似平面力系作用的物体很多，如起重机的起重臂受重力 $\boldsymbol{W}$、$\boldsymbol{P}$，绳子拉力 $\boldsymbol{F}_A$，铰链和连杆的约束力 $\boldsymbol{F}_{Bx}$、$\boldsymbol{F}_{By}$、$\boldsymbol{F}_D$ 的作用，这些力的作用线都分布在起重臂的平面内，如图 3-6a 所示。另外，许多工程结构和构件受力作用时，虽然力的作用线不都在同一平面内，但其作用力系往往具有一对称平面，可将其简化为作用在对称平面内的力系。如沿直线行驶的汽车受到的重力 $\boldsymbol{W}$，地面对左右轮的约束力的合力 $\boldsymbol{F}_1$、$\boldsymbol{F}_2$ 以及空气阻力 $\boldsymbol{F}_3$ 都可简化到汽车对称面内，组成一平面力系，如图 3-6b 所示。

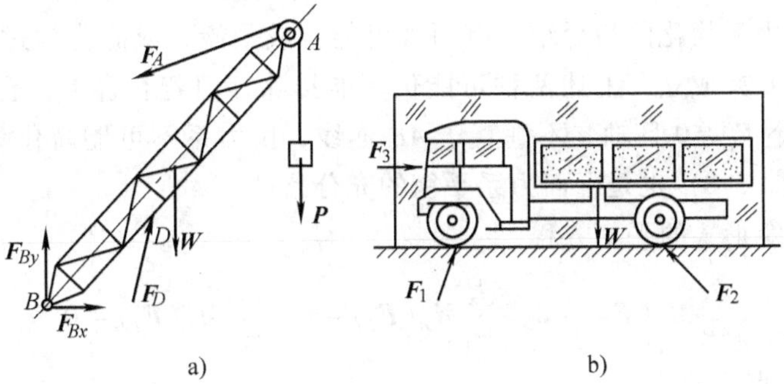

图　3-6

此外，空间力系的平衡问题也可以转化为两个或三个平面力系的平衡问题进行研究。由此可见，研究平面力系的平衡问题在工程实际中占有特别重要的地位。

3.2.1　平面一般力系的平衡方程

作为空间力系的特例，平面力系的平衡条件为

$$\boldsymbol{F}=0,\ \boldsymbol{M}_O=0 \tag{3-6}$$

考虑到式（2-16）和式（2-17），有

$$\sum_{i=1}^{n}F_{ix}=0,\quad \sum_{i=1}^{n}F_{iy}=0,\quad \sum_{i=1}^{n}M_{Oz}(\boldsymbol{F}_i)=0 \tag{3-7a}$$

此处，$M_{Oz}(F_i)$ 表示对过 O 点，垂直于 Oxy 平面的 z 轴的矩，在平面问题中，常简记为 $M_O(F_i)$，所以

$$\sum_{i=1}^{n}F_{ix}=0,\ \sum_{i=1}^{n}F_{iy}=0,\ \sum_{i=1}^{n}M_O(\boldsymbol{F}_i)=0 \tag{3-7b}$$

即平面力系平衡的必要与充分的解析条件是：力系中各力在作用面内两个直角坐标

轴上投影的代数和等于零，力系中各力对于平面内任意点之矩的代数和也等于零。

式（3-7）称为平面力系平衡方程的基本形式。除此之外，表示平面力系平衡条件的平衡方程还有以下两种形式：

（1）二力矩形式的平衡方程

$$\sum_{i=1}^{n} M_A(\boldsymbol{F}_i)=0,\ \sum_{i=1}^{n} M_B(\boldsymbol{F}_i)=0,\ \sum_{i=1}^{n} F_{ix}=0 \tag{3-8}$$

且 x 轴不垂直于 A、B 两点的连线。

下面证明二力矩形式的平衡方程也是平面力系平衡的必要与充分条件。

先证明必要性：若平面力系平衡，则主矢 $\boldsymbol{F}=0$，主矩 $M_O=0$。$\boldsymbol{F}=0$ 表明力系中各力在任一轴上投影的代数和等于零，$M_O=0$ 表明力系中各力对任一点之矩的代数和亦等于零，故式（3-8）的三个方程均成立。说明式（3-8）是平面力系平衡的必要条件。

再证明充分性：若式（3-8）成立，由 $\sum M_A(\boldsymbol{F}_i)=0$ 可排除力系简化为合力偶的可能，此时力系简化的最后结果有两种可能：或平衡，或简化为过 A 点的合力；又 $\sum M_B(\boldsymbol{F}_i)=0$ 亦成立，上述两种可能仍不能排除，但若有合力，合力一定过 A、B 两点；再由 $\sum F_{ix}=0$ 且轴 x 不垂直于 AB 连线，则力系不可能简化为合力，必定平衡，说明式（3-8）也是平面力系平衡的充分条件。

（2）三力矩形式的平衡方程

$$\sum_{i=1}^{n} M_A(\boldsymbol{F}_i)=0,\ \sum_{i=1}^{n} M_B(\boldsymbol{F}_i)=0,\ \sum_{i=1}^{n} M_C(\boldsymbol{F}_i)=0 \tag{3-9}$$

且 A、B、C 三点不共线。

三力矩形式的平衡方程的必要性与充分性的证明留给读者。

3.2.2 平面特殊力系的平衡方程

1. 平面汇交力系的平衡方程

设平面力系汇交于点 O，则各力对于点 O 的矩恒等于零，于是，独立的平衡方程为

$$\sum_{i=1}^{n} F_{ix}=0,\ \sum_{i=1}^{n} F_{iy}=0 \tag{3-10}$$

2. 平面力偶系的平衡方程

对于平面力偶系，由于力偶系的主矢恒为零，对任意一点的矩都等于力偶矩，于是，独立的平衡方程为

$$\sum_{i=1}^{n} M_i=0 \tag{3-11}$$

3. 平面平行力系的平衡方程

平面平行力系是指各力作用线彼此平行的平面力系。设力的作用线平行于 y

轴，则各力在 x 轴的投影恒等于零，于是，独立的平衡方程为

$$\sum_{i=1}^{n} F_{iy}=0,\ \sum_{i=1}^{n} M_O(\boldsymbol{F}_i)=0 \tag{3-12}$$

平面平行力系的二力矩式的平衡方程为

$$\sum_{i=1}^{n} M_A(\boldsymbol{F}_i)=0,\ \sum_{i=1}^{n} M_B(\boldsymbol{F}_i)=0 \tag{3-13}$$

要求 A、B 两点连线不与各力作用线平行。

【例 3.6】 图 3-7a 所示简支梁受集中载荷 $F=20\text{kN}$ 作用，求 A、B 支座的约束力。

【解】（1）取研究对象：梁 AB。

（2）分析受力：如图 3-7a 所示。

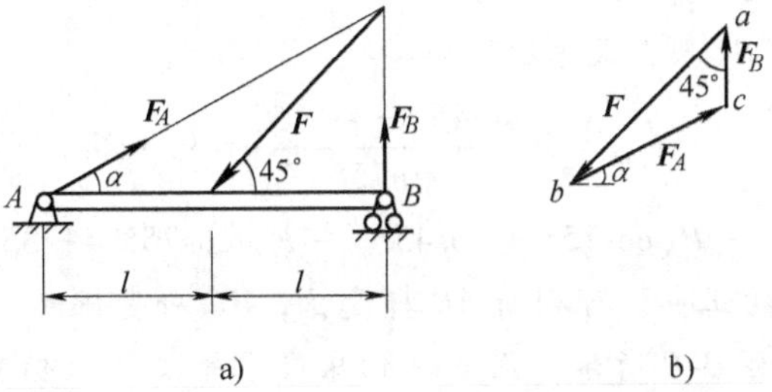

图　3-7

（3）由受力分析可知，汇交力系平衡等价于力多边形自形封闭，如图 3-7b 所示。

（4）求解：利用三角形的边角关系，有

$$\frac{F}{\sin(90^\circ+\alpha)}=\frac{F_A}{\sin45^\circ}=\frac{F_B}{\sin(45^\circ-\alpha)}$$

其中，$\tan\alpha=1/2$，解之，得

$$F_A=F\frac{\sin45^\circ}{\sin(90^\circ+\alpha)}=20\frac{\sin45^\circ}{\cos\alpha}\text{kN}=15.81\text{kN}$$

$$F_B=F\frac{\sin(45^\circ-\alpha)}{\sin(90^\circ+\alpha)}=7.07\text{kN}$$

也可将 A 铰的约束力用正交分力表示后，用平面一般力系的平衡方程求解，此种解法留给读者。

【例 3.7】 起重机 ABC 可借绕过滑轮 B 的绳索起吊重量为 P 的物体，滑轮 B 用 AB 及 BC 两杆铰接支承，如图 3-8a 所示。设 $P=20\text{kN}$，不计自重，求杆件 AB、BC 受的力。

【解】（1）取研究对象：滑轮和销 B。

（2）分析受力：忽略滑轮的半径，将该力系当作平面汇交力系处理。其中 AB 和 BC 两杆均为二力杆，其约束力 $\boldsymbol{F}_{BA}$、$\boldsymbol{F}_{BC}$ 的指向预先不能确定，在此假设两杆都受拉力，如图 3-8b 所示。

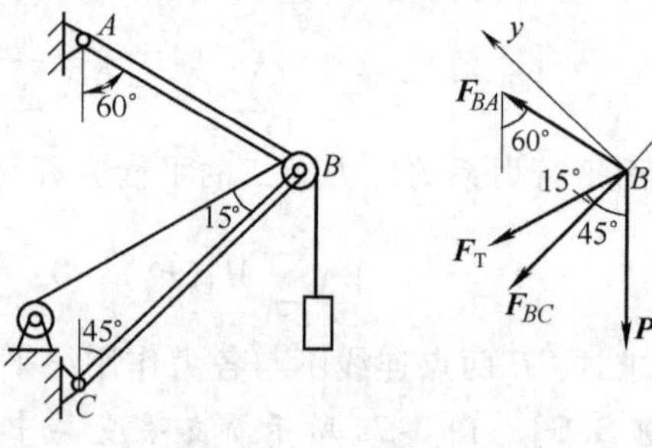

图　3-8

（3）建立坐标系 Bxy。

（4）列平衡方程求解：

$\sum F_{ix}=0$：$-F_{BC}-F_{T}\cos15°-F_{BA}\cos[180°-(60°+45°)]-P\cos45°=0$

$\sum F_{iy}=0$：$-P\sin45°+F_{T}\sin15°+F_{BA}\sin[180°-(60°+45°)]=0$

将 $F_{T}=P=20\text{kN}$ 代入上式方程，解得

$$F_{BA}=P\frac{\sin45°-\sin15°}{\sin75°}=9.3\text{kN}$$

$$F_{BC}=-P(\cos15°+\cos45°)-F_{BA}\cos75°=-35.9\text{kN}$$

由 F_{BA}、F_{BC} 值的正负，可判断 AB 杆受拉，BC 杆受压。

【例 3.8】　如图 3-9 所示，用多轴钻床在水平工件上钻孔时，每个钻头的主切削力在水平面内组成一力偶，各力偶矩的大小分别为 $M_1=M_2=10\text{N}\cdot\text{m}$，$M_3=20\text{N}\cdot\text{m}$，固定螺栓 A 和 B 的距离 $d=200\text{mm}$，求两个螺栓所受的水平力。

【解】（1）取研究对象：工件。

（2）分析受力：工件所受的主动力系，可合成为一个力偶，根据平面力偶的等效条件，工件所受的约束力也应构成力偶，所以有

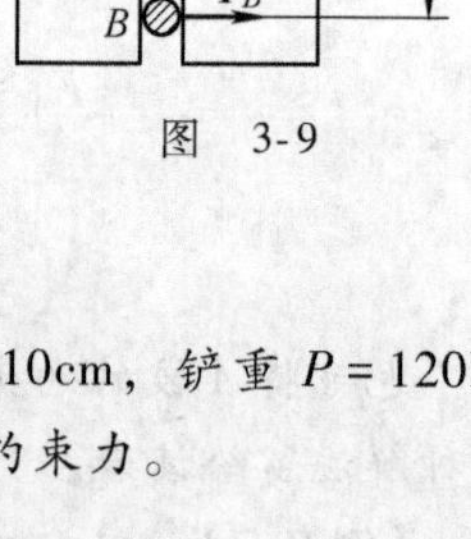

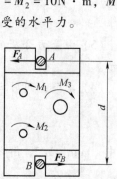

图　3-9

$$\boldsymbol{F}_A=-\boldsymbol{F}_B$$

（3）列平衡方程求解：

$\sum M_i=0$：$F_A d-M_1-M_2-M_3=0$

$F_A=(M_1+M_2+M_3)/d=(10+10+20)/0.2\text{N}=200\text{N}$

所以

$$F_B=F_A=200\text{N}$$

【例 3.9】　中耕铲如图 3-10 所示，其中 $h=50\text{cm}$，$d=10\text{cm}$，铲重 $P=120\text{N}$，所受工作阻力为 $F=700\text{N}$，$\alpha=10°$，求此中耕铲固定端 A 的约束力。

【解】（1）取研究对象：中耕铲。

（2）分析受力：如图 3-10 所示。

（3）列平衡方程求解：

$\sum F_{ix}=0$：$F_{Ax}+F\cos\alpha=0$

$F_{Ax}=-689.4\text{N}$

$\sum F_{iy}=0$：$F_{Ay}-P-F\sin\alpha=0$

$F_{Ay}=241.6\text{N}$

$\sum M_A=0$：$M_A+Fh\cos\alpha+Fd\sin\alpha=0$

$M_A=-356.8\text{N}\cdot\text{m}$

【例 3.10】 长凳的几何尺寸和重心位置如图3-11所示，设长凳的重量 $W=100\text{N}$，求重为 $P=700\text{N}$ 的人在长凳上的活动范围 x。

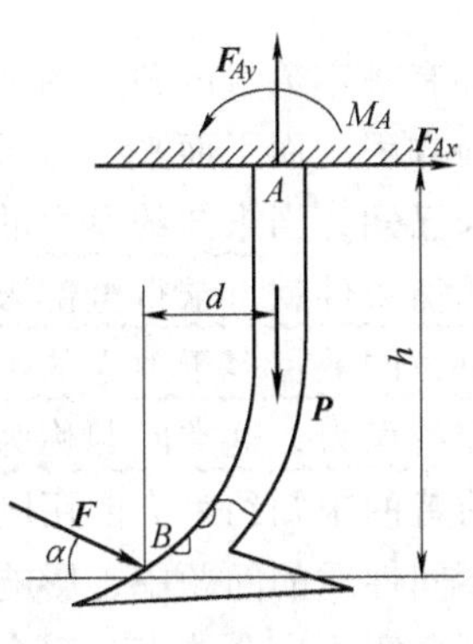

图　3-10

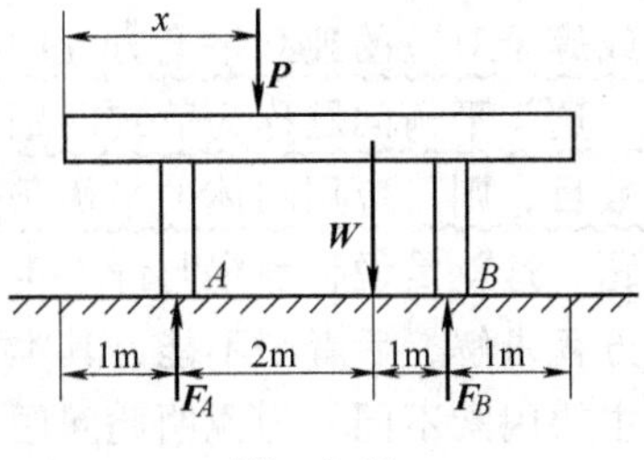

图　3-11

【解】　(1) 取研究对象：长凳。

(2) 分析受力：如图 3-11 所示。

(3) 列平衡方程求解：

长凳受平行力系作用，但有 3 个未知量：$\boldsymbol{F}_A$、$\boldsymbol{F}_B$ 的大小和 x。需要用翻倒条件补充一个方程。下面分两种情况讨论。

当人在长凳的左端时，长凳有向左翻倒的趋势，要保证凳子平衡而不向左翻倒，需满足平衡方程

$$\sum M_A=0\text{：}-P(x-1)-2W+3F_B=0$$

和限制条件　$F_B\geqslant 0$

临界平衡时　$F_B=0$

解得　$x_{\min}=0.71\text{m}$

当人在长凳的右端时，长凳有向右翻倒的趋势，要保证凳子平衡而不向右翻倒，需满足平衡方程

$$\sum M_B=0\text{：}P(4-x)+W\cdot 1-3F_A=0$$

和限制条件　$F_A\geqslant 0$

临界平衡时　$F_A=0$

解得　$x_{\max}=4.14\text{m}$

所以人在长凳上的活动范围为

$$0.71\mathrm{m} \leqslant x \leqslant 4.14\mathrm{m}$$

由此可见，平衡稳定问题除满足平衡条件外，还要满足限制条件，行动式起重机的平衡问题也属于此类问题。若考虑一般平衡状态，限制条件为不等式，解得的结果是个数值范围。若考虑临界平衡状态，临界限制条件为等式，解得的结果是个极值，然后再写出未知量的取值范围。

3.3 静定和静不定问题的概念

在前面所研究过的各种力系中，对应每一种力系都有一定数目的独立的平衡方程。例如，平面力系和空间汇交力系有三个独立的平衡方程，而平面平行力系和平面汇交力系则只有两个。如果作用在刚体上的主动力为已知，当未知约束力的数目少于或等于对应的独立平衡方程的数目时，应用刚体平衡条件就可求得全部未知约束力，这类平衡问题称为静定问题。反之，若未知约束力的数目多于独立的平衡方程的数目，则仅应用刚体的平衡条件不能求得全部未知约束力，这类问题称为静不定问题。这就是说，静定与静不定问题的区别在于：前者的未知约束力能用刚体的平衡方程求解，后者则不能，其本质的原因是在两种不同性质的问题中，影响约束力的主要因素不同。为说明此问题，先用平面问题实例介绍不完全约束、完全约束和多余约束的概念。

在平面内任一自由刚体能做三种独立的运动：沿两个相互垂直方向的移动和绕任一点的转动，这通常被称为平面内自由刚体运动的三个自由度。如刚体受到约束，某些运动受到限制，其自由度就减少。例如，图 3-12a 所示的刚体受到一个铰支座的约束，铰支座限制刚体沿任何两个相互垂直方向的移动，但并不限制刚体绕铰中心的转动，这就是说刚体具有一个自由度。在一般情形下，若刚体受约束后仍能做某些运动，即刚体的自由度数是大于零的，这种情形称为不完全约束。不完全约束的刚体平衡时，还需要满足其他的条件，如特定的平衡位置或受特殊的力系作用等。若在图 3-12a 所示的刚体上增加一活动铰支座约束（见图 3-12b），则刚体的转动也被限制，此刚体的自由度数为零。在一般情形下，如果刚体受到的约束恰好完全限制了刚体的运动，或者说刚体的自由度恰好为零，这种情形称为完全约束。如果在完全约束的刚体上再增加约束，这种情形称为多余约束，如图 3-12c 所示。虽然多余约束的刚体的自由度数也等于零，但它与完全约束是不同的，当刚体完全约束时，若取消任一种约束，刚体就会具有自由度，而多余约束的刚体则不然。

不同程度的约束所提供的未知约束力的数目是不同的。由图 3-12 可以看出，在平面问题中不完全约束的未知约束力的数目少于三个，完全约束的未知约束力的数目等于三个，多余约束的未知约束力的数目多于三个。而平面力系有三个独立的平衡方程，所以不完全约束和完全约束的约束力是静定的，多余约束的约束力是静

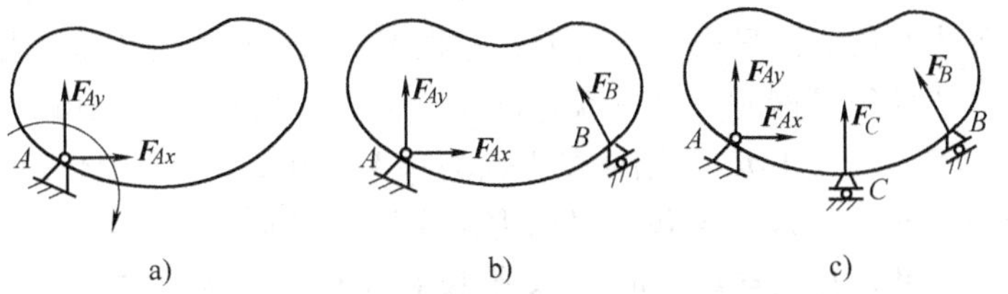

图　3-12

不定的，或超静定的。多余约束的结构常称为静不定结构。

由于多余约束能增加构件的刚度，提高结构的坚固性和安全性，故实际工程结构中常采用静不定结构。有多余约束的结构之所以成为静不定结构，其原因是，工程中的一般构件在载荷作用下都要发生微小的变形，在静定问题中，这种微小变形对所求得的约束力影响很小，可以忽略不计，因此，把构件看成刚体，应用静力学平衡方程即可求解。但是在静不定问题中，虽然构件的变形仍然微小，但变形由原来的次要因素上升为主要因素，它对约束力有很大影响。例如，图 3-13a 所示的简支梁受载荷作用，支座 A、B 的约束力完全由刚体的平衡条件确定。如在梁的中点 C 增加一活动铰支座，如图 3-13c 所示，支座约束力就与梁的变形有关。设图 3-13b 表示简支梁变形后的情形，C 点的位移为 δ_C。在 C 点增加支座后，C 点的位移为零。可以认为此支座提供的约束力强制梁使它在 C 点不发生变形。由于 C 点的支座提供了一定的约束力，相应引起 A、B 两支座约束力的改变，或者说，由于多余约束引起梁的所有约束力的重新分配。因此，在静不定问题中，约束力与物体变形的性能有关。材料力学和结构力学中将讨论静不定问题的解法。在此需要说明的是，对于静不定的问题，在考虑物体的变形后，根据刚化原理，刚体的平衡条件仍然成立，只不过是要根据变形条件补充新的方程，以便求解。所以刚体的平衡条件仍然是解静不定问题的基础。

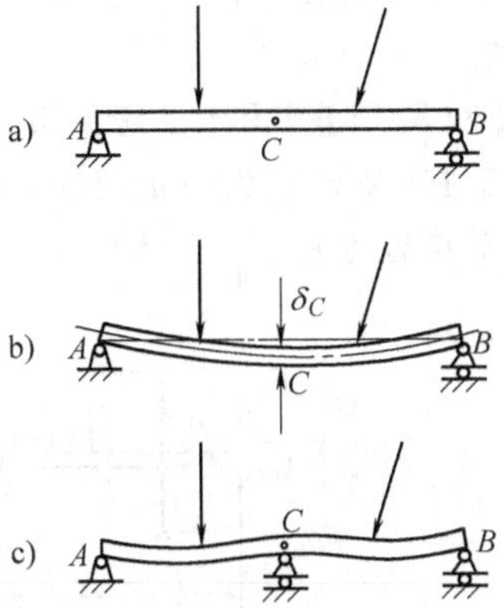

图　3-13

3.4　刚体系统的平衡

工程结构或机械都是由许多刚体用一定方式连接起来的系统，称为刚体系统。研究刚体系统的平衡问题，不仅需要求解整个系统所受到的外部的约束力，还需要求出系统内部刚体之间相互作用的约束力。因此，在这类问题中，要区分外力与内力。系统外部的物体作用在系统上的力称为外力，系统内各部分之间相互作用的力称为内力。外力与内力的区分是相对的，它根据所选择的研究对象而定。

当刚体系统处于平衡时，每一部分也处于平衡，如刚体系统由 n 个刚体组成，以平面问题为例，设其中 n_1 个刚体受平面力偶系作用，n_2 个刚体受平面汇交力系或平面平行力系作用，n_3 个刚体受平面力系作用，则 $n=n_1+n_2+n_3$。分别考虑每个刚体的平衡，总共可得 $m=n_1+2n_2+3n_3$ 个独立的平衡方程。若未知的外约束力和内约束力的总数为 k 个，如 $k\leqslant m$，则刚体系统是静定的，否则是静不定的。静力学只研究静定的刚体系统的平衡问题。

求解静定刚体系统的平衡问题是静力学的重点和难点，下面举例说明这类问题的解法。

【例 3.11】　图示多跨梁由 AB 和 BC 梁用中间铰 B 连接而成，支承和载荷情况如图 3-14a 所示。已知 $q=5\text{kN/m}$，$M=20\text{kN}\cdot\text{m}$，$l=1\text{m}$，$\alpha=30°$。求支座 A、C 和中间铰 B 的约束力。

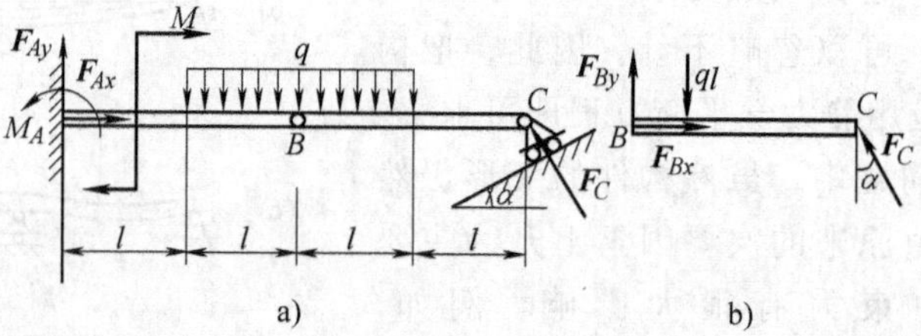

图　3-14

【解】　(1) 判断系统的静定性：多跨梁含刚体个数 $n_3=2$，内、外约束力总数 $k=6$，由 $3n_3=k$ 知此系统是静定的。整体的约束力个数 $k_1=4$，即整体不单独静定，且无一元平衡方程（只含有一个未知量的方程），而 BC 梁的约束力个数 $k_2=3$，BC 梁单独静定，故可先研究 BC 梁。

(2) 取研究对象：BC 梁。

分析受力：如图 3-14b 所示。

列平衡方程求解：

$\sum M_B=0$：$F_C\cos30°\cdot 2l-ql^2/2=0$，$F_C=1.44\text{kN}$

$\sum M_C=0$：$-F_{By}2l+ql\ (2l-0.5l)\ =0$，$F_{By}=3.75\text{kN}$

$\sum F_{ix}=0$：$F_{Bx}-F_C\sin30°=0$，$F_{Bx}=0.72\text{kN}$

(3) 取研究对象：整体。

分析受力：为简便起见，将受力图画于原结构图 3-14a 上。因 $\boldsymbol{F}_C$ 已求出，故 k_1 由 4 变为 3。

列平衡方程求解：

$\sum F_{ix}=0$：$F_{Ax}-F_C\sin30°=0$，$F_{Ax}=0.72\text{kN}$

$\sum F_{iy}=0$：$F_{Ay}-2lq+F_C\cos30°=0$，$F_{Ay}=8.75\text{kN}$

$\sum M_A=0$：$M_A-M-2lq\cdot 2l+F_C\cos30°\cdot 4l=0$

$$M_A=35.01\text{kN}\cdot\text{m}$$

当刚体系统所求解的未知量较多时，验算一般比较麻烦，此时可以多列一个（或几个）不独立的平衡方程，校核所解出的未知量。

校核：　$\sum M_C=0$：$M_A-M+2ql\cdot 2l-4lF_{Ay}=0$

将 F_{Ay}、M_A 的值代入方程，等式成立，表明上述结果正确。

【例3.12】　图3-15a所示的半径为 R 的半圆形三铰拱由两部分组成，彼此用铰链 B 联接，并用铰链 A 和 C 固定在基础上。设铰拱自重不计，拱上作用有力 $\boldsymbol{F}_1$ 和 $\boldsymbol{F}_2$，图中 d、h、R 均为已知量，求 A、B、C 三铰的约束力。

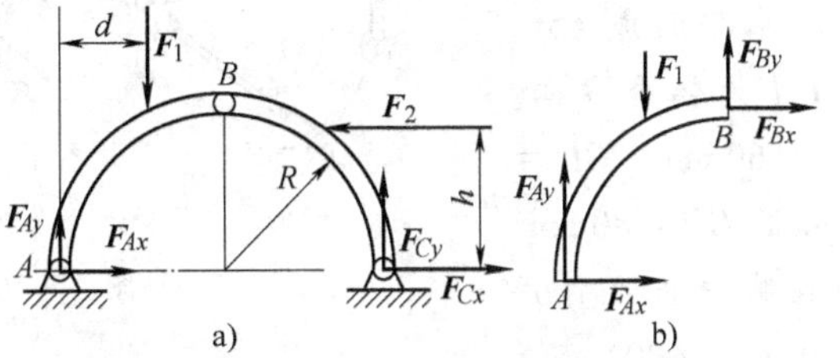

图　3-15

【解】　(1) 判断系统的静定性：三铰拱含刚体个数 $n_3=2$，内、外约束力总数 $k=6$，由 $3n_3=k$ 知此系统是静定的。而系统整体、AB 拱、BC 拱的未知约束力数均为4，这就是说，系统中无单独静定对象，但系统整体有一元平衡方程，故可先研究整体。

(2) 取研究对象：整体。

分析受力：如图3-15a所示。

列平衡方程求解：

$\sum M_A=0$：$F_{Cy}\cdot 2R+F_2h-F_1d=0$，$F_{Cy}=\dfrac{F_1d-F_2h}{2R}$

$\sum F_{iy}=0$：$F_{Ay}+F_{Cy}-F_1=0$，$F_{Ay}=\dfrac{F_1(2R-d)+F_2h}{2R}$

$$\sum F_{ix}=0:\ F_{Ax}+F_{Cx}-F_2=0 \tag{a}$$

方程(a)中含有两个未知量 F_{Ax} 和 F_{Cx}，只要通过其他研究对象求出其中一个，另一个则可求得。

(3) 取研究对象：AB 拱。

分析受力：如图3-15b所示。

列平衡方程求解：

$\sum M_B=0$：$F_{Ax}R-F_{Ay}R+F_1(R-d)=0$，$F_{Ax}=\dfrac{F_1d+F_2h}{2R}$

$$\sum F_{ix}=0:\ F_{Ax}+F_{Bx}=0,\ F_{Bx}=-\frac{F_1d+F_2h}{2R}$$

$$\sum F_{iy}=0:\ F_{Ay}+F_{By}-F_1=0,\ F_{By}=\frac{F_1d-F_2h}{2R}$$

将 F_{Ax} 的值代入方程（a），得

$$F_{Cx}=\frac{F_2(2R-h)-F_1d}{2R}$$

【例 3.13】 某拖拉机离合器的操纵机构如图 3-16a 所示。其中 AC 与 DH 为两杠杆，在图示位置时，$BC\perp CD$，CD 与水平线成 45°，DE 与 CD 成 80°，EH 为铅垂方向。$AB=160\text{mm}$，$BC=60\text{mm}$，$CD=400\text{mm}$，$DE=230\text{mm}$，$EH=80\text{mm}$，各杆自重不计。今在脚踏板上作用一个与 AC 垂直的力 $F_1=400\text{N}$，求平衡时 H 处所受水平力 $\boldsymbol{F}_2$ 的大小和 B、E 两处的约束力及 CD 杆所受的力。

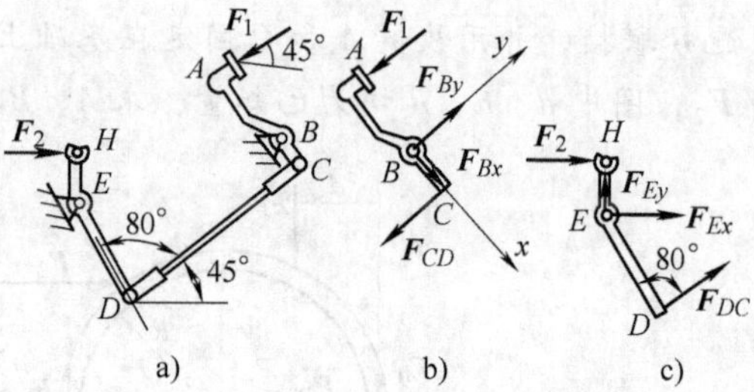

图 3-16

【解】（1）判断系统的静定性：题中 CD 杆是二力杆，二力杆不宜作为研究对象，只是提供一个未知约束力，故本系统的刚体个数 $n_3=2$，内、外约束力总数 $k=5$，$k<3n_3$，属于不完全约束系统。不完全约束的刚体系统平衡时，还要满足其他的条件，在此主动力 $\boldsymbol{F}_2$ 的大小是个未知量，故此系统是静定系统。求解时可由已知量到未知量依传动顺序选取研究对象。

（2）取研究对象：杠杆 ABC。

分析受力：如图 3-16b 所示，并建立图示坐标系 Bxy。

列平衡方程求解：

$\sum M_B=0$：$160F_1-60F_{CD}=0$，$F_{CD}=1067\text{N}$

$\sum F_{ix}=0$：$F_{Bx}=0$

$\sum F_{iy}=0$：$-F_1+F_{By}-F_{CD}=0$，$F_{By}=1467\text{N}$

（3）取研究对象：杠杆 HED。

分析受力：如图 3-16c 所示。

列平衡方程求解：

$\sum M_E=0$：$-80F_2+230\sin80°F_{CD}=0$，$F_{DC}=F_{CD}$，$F_2=3020\text{N}$

$\sum F_{ix}=0$：$F_{Ex}+\cos45°F_{DC}+F_2=0$，$F_{Ex}=-3775\text{N}$

$\sum F_{iy}=0$：$F_{Ey}+F_{DC}\sin45°=0$，$F_{Ey}=-754\text{N}$

【例 3.14】 曲杆滑轮结构形状及承载情况如图 3-17a 所示。图中 $F_1=200\text{N}$，

$F_2=100\text{N}$，长度单位为 m，试求支座 A、B 的约束力，以及铰 C 对两曲杆的作用力。

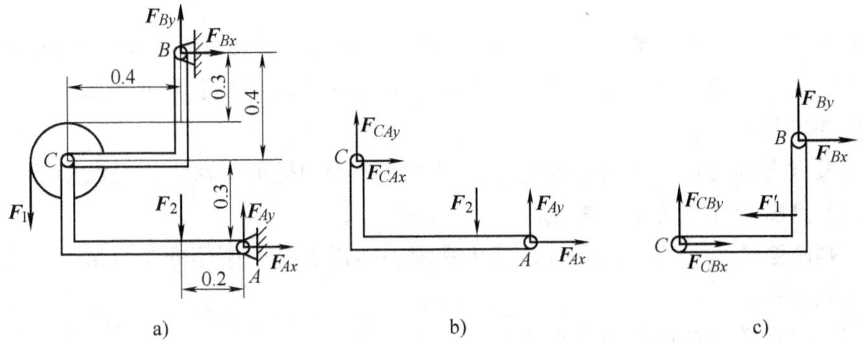

图　3-17

【解】　(1) 判断系统的静定性：铰 C 铰接两曲杆和滑轮，是一个复合铰，受平面汇交力系作用，故结构含刚体个数 $n_2=1$，$n_3=3$，内、外约束力的总数 $k=11$，由 $2n_2+3n_3=k$，知系统是静定的。系统整体约束力数 $k_1=4$，曲杆 AC 和 CB 的约束力数 $k_2=4$，$k_3=4$，且均无一元平衡方程。滑轮约束力数 $k_4=3$，但是研究滑轮平衡时，求出的 F_{Cx}、F_{Cy} 是滑轮与铰 C 之间的作用力，而不能用来研究任一曲杆的平衡，由 $\sum M_C=0$ 可求得绳子拉力 $F_1'=F_1$，但此结果可直接引用，即在静力学中，不计自重的绳索的拉力处处相等。为此，求解本题时要解联立方程组。

(2) 分别取研究对象：整体和曲杆 AC。

分析两个研究对象的受力，如图 3-17a、b 所示。

各列一个含 $\boldsymbol{F}_{Ax}$、$\boldsymbol{F}_{Ay}$ 的平衡方程。

整体：　$\sum M_B=0$：$0.7F_{Ax}+0.2F_{Ay}+0.5F_1=0$　(a)

AC 杆：　$\sum M_C=0$：$0.3F_{Ax}+0.6F_{Ay}-0.4F_2=0$　(b)

联立求解方程 (a)、(b) 可求得

$$F_{Ax}=-189\text{N},\quad F_{Ay}=161\text{N}$$

(3) 利用整体的另外两个平衡方程求 F_{Bx}、F_{By}。

$\sum F_{ix}=0$：$F_{Ax}+F_{Bx}=0$，$F_{Bx}=189\text{N}$

$\sum F_{iy}=0$：$F_{Ay}+F_{By}-F_1-F_2=0$，$F_{By}=139\text{N}$

(4) 利用曲杆 AC 的另外两个平衡方程求销 C 对杆 AC 的作用力。

$$\sum F_{ix}=0:\ F_{CAx}+F_{Ax}=0,\ F_{CAx}=189\text{N}$$

$$\sum F_{iy}=0:\ F_{CAy}+F_{Ay}-F_2=0,\ F_{CAy}=-61\text{N}$$

(5) 取研究对象：曲杆 BC。

分析受力：如图 3-17c 所示。

列平衡方程求解：

$$\sum F_{ix}=0:\ F_{CBx}+F_{Bx}-F_1'=0,\ F_{CBx}=11\text{N}$$

$$\sum F_{iy}=0: F_{CBy}+F_{By}=0, F_{CBy}=-139\text{N}$$

为什么销 C 对 AC、BC 曲杆的作用力不满足大小相等、方向相反？请读者思考。

另外，本题在整体分析中，若将 A、B 两处的约束力沿 AB 和垂直于 AB 方向分解，则整体可有两个一元平衡方程，但这样分析的结果有时会带来其他值的计算麻烦，读者不妨一试。

通过以上例题可以了解平面力系刚体系统平衡问题的解法，现总结如下：

（1）判断刚体系统是否静定

在判断系统是否静定的同时，分析系统整体以及各个刚体的受力情况，为取研究对象做准备。

（2）注意选择合适的研究对象

解刚体系统平衡问题最棘手的是，先取哪个刚体（或其组合）为研究对象。由于刚体系统的结构和连接方式多种多样，很难有一成不变的方法，但大体上说，有如下几条原则可供参考：

1）如果整体分析，出现的未知量不超过 3 个，或者未知量虽然超过 3 个，但可以列出一元平衡方程，能求出部分未知量，就可先研究整体平衡。

2）如果从整体平衡求不出任何未知量，但系统中有某个刚体（或某几个刚体的组合）所包含未知量的个数等于其独立平衡方程的个数，或能列出一元平衡方程，可先研究该刚体（或某几个刚体的组合）的平衡。

3）如果以上两条都不行，可以分别从两个研究对象上建立同元的二元一次方程组，先求出这两个未知量，再求其他未知量。

还可以把坐标系转动一个角度，使之出现一元平衡方程，算出此未知量，再求其他未知量，此时要注意已知力的投影计算是否方便。

（3）正确地分析研究对象的受力，画好受力图。

画受力图时，一般应根据约束类型进行分析。内约束拆开时，要符合作用与反作用定律。铰链连接的约束力要根据具体情况画，特别要注意二力构件的分析。复合铰是受力分析中的难点。

（4）应用不同形式的平衡方程

选取研究对象后，就要在建立平衡方程上做文章，一般可通过合理地选取矩心、合理地选取投影轴，尽量多列一元平衡方程，避免解联立方程的麻烦。

*3.5　平面静定桁架的内力分析

由一些直杆两端铆接、焊接或榫接而成、具有坚固性的杆架结构称为桁架。铁路的桥梁、油田的井架、房屋的梁架、飞机、船舶的骨架都是桁架的例子。若所有杆件的中心线都在同一平面内的桁架称为平面桁架，则桁架中各杆件的连接点称为节点。

在工程设计中，能够达到设计精度要求的近似计算非常重要，过于复杂严密的高精度计算往往是不必要的。因此，在计算桁架中各杆件内力时，为了简化计算，常做如下假设：

（1）直杆两端都为光滑铰链连接。

（2）杆件自重忽略不计（或将杆重平均分配到两端节点上，被视为作用于节点上的外载荷）。

（3）桁架所受的外载荷都作用在节点上，其作用线在桁架的平面内。

根据以上假设，桁架中各杆都是二力杆，对于平面桁架，桁架各节点都受平面汇交力系作用。由此可见在判断桁架是否静定时，组成桁架的节点数就是桁架系统的刚体数，用 n 表示；组成桁架的杆件数就是系统的内约束力数，用 m 表示；再用 k_1 表示桁架的外约束力数，若满足

$$m+k_1=2n$$

的平面桁架，就称为平面静定桁架。求解静定桁架中各杆件的内力一般采用节点法和截面法，现举例说明。

【例 3.15】 平面桁架的结构形状如图 3-18 所示，已知 $F=10\text{kN}$，图中尺寸单位为 m，求桁架中各杆件的内力。

【解】 （1）判断桁架的静定性：桁架中含节点数 $n=6$，杆件数 $m=10$，外约束力数 $k_1=2$（节点 B 受二力作用，支座 B 的约束力等于杆 3 的内力，故节点 B 没有包含在节点数 n 中，其约束力也没有包含在 k_1 中）。由 $2n=m+k_1$ 知此桁架是静定的。

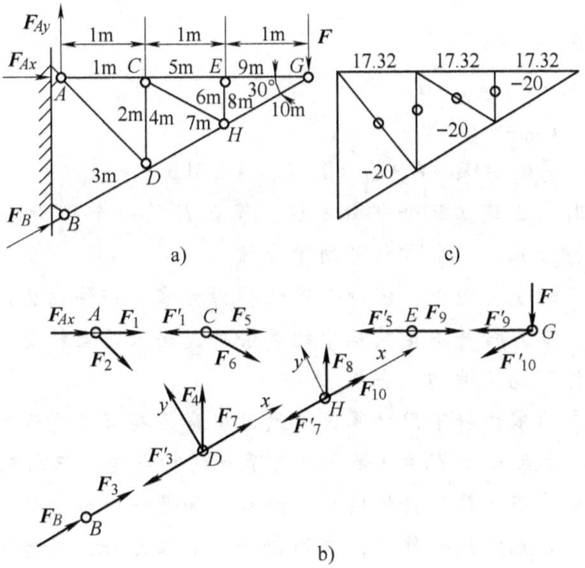

图　3-18

(2) 取研究对象：整体。

分析受力：如图3-18a所示。

列平衡方程求解：

$\sum M_G=0$：$3F_{Ay}=0$，$F_{Ay}=0$

$\sum F_{iy}=0$：$F_B\sin30°-F=0$，$F_B=2F$

$\sum F_{ix}=0$：$F_{Ax}+F_B\cos30°=0$，$F_{Ax}=-\sqrt{3}F$

(3) 取研究对象：各个节点。

各个节点的受力分析如图3-18b所示，在图中各杆件内力均设为拉力。

节点A：

$\sum F_{iy}=0$：$F_{2y}=0$，$F_2=0$

$\sum F_{ix}=0$：$F_{Ax}+F_1=0$，$F_1=\sqrt{3}F=17.3\text{kN}$

节点B：

$F_3=-F_B=-20\text{kN}$

节点D：

$\sum F_{iy}=0$：$F_4=0$

$\sum F_{ix}=0$：$-F'_3+F_7=0$

$F_7=-20\text{kN}$

节点C：

$\sum F_{iy}=0$：$F_6=0$

$\sum F_{ix}=0$：$-F'_1+F_5=0$

$F_5=17.3\text{kN}$

节点H：

$\sum F_{iy}=0$：$F_8=0$

$\sum F_{ix}=0$：$-F'_7+F_{10}=0$

$F_{10}=-20\text{kN}$

节点E：　$\sum F_{ix}=0$：$-F'_5+F_9=0$，$F_9=17.3\text{kN}$

因为取整体时，已建立三个平衡方程，节点E的一个平衡方程和节点G的两个平衡方程已不再独立，多余方程可用于校核。

在上述各节点的受力图中，经计算确认受力为零的杆件内力没有画。受力为零的杆称为零力杆，零力杆并不是结构中的多余杆，而只是在特定外载荷的作用下受力为零。这些杆件不能从结构中去掉。

有时候桁架中的零力杆不用计算，可通过观察某些节点直观地判断出。如由节点E知$F_8=0$，由节点H知$F_6=0$等。这些节点的特点是：三杆铰接，两杆在同一直线上，无外载荷作用，第三杆的内力必为零；如果一个节点只有两杆铰接，两杆不在同一直线上，且无外载荷作用，这两杆一定是零力杆；或者该节点有外载荷作用，外载荷与其中一杆在同一直线上，另一杆为零力杆。这三种情况的零力杆可由

图 3-19 所示，其中杆上画“0”的表示该杆是零力杆。

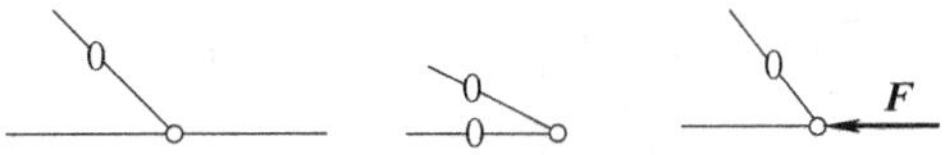

图　3-19

另外，在上题中不必先取整体求支座约束力，可以先从只有两杆铰接的节点 G 开始研究。

如果在解此题时，先判断零力杆，再从节点 G 开始研究，求解过程可以大大简化。下面用该方法另解此题。

依次观察节点 E、H、C、D 知：$F_8=F_6=F_4=F_2=0$ 且 $F_9=F_5=F_1$，$F_{10}=F_7=F_3$，因而研究节点 G 即可求出全部未知力。

(1) 取研究对象：节点 G。

(2) 分析受力：如图 3-18b 中的节点 G。

(3) 列平衡方程求解：

$$\sum F_{iy}=0:\ -F_{10}'\sin30°-F=0,\ F_{10}'=-20\text{kN}$$

$$\sum F_{ix}=0:\ -F_9'-F_{10}\cos30°=0,\ F_9'=17.3\text{kN}$$

所以

$$F_9=F_5=F_1=17.3\text{kN}$$

$$F_{10}=F_7=F_3=-20\text{kN}$$

解出结果后，为了进一步看清各杆的内力情况，可由图 3-18c 的形式表示。

【例 3.16】　平面桁架结构如图 3-20a 所示，图中各杆件长度都等于 1m。已知 $F_H=10\text{kN}$，$F_G=20\text{kN}$，求 1、2、3 杆的内力。

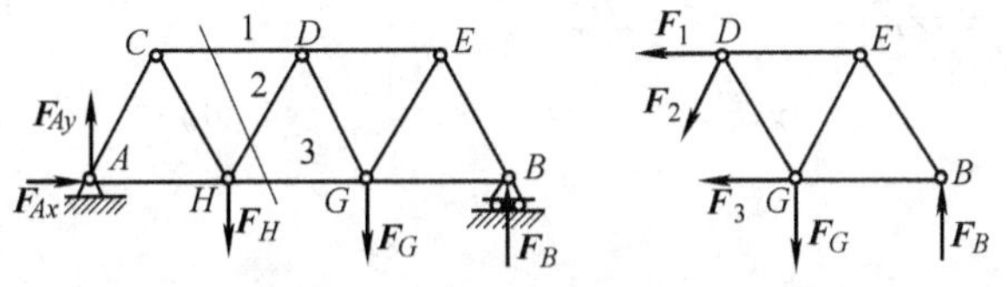

a)　　　　b)

图　3-20

【解】　(1) 判断桁架的静定性：桁架含节点数 $n=7$，杆件数 $m=11$，外约束力数 $k_1=3$，由 $2n=m+k_1$，因此，桁架是静定的。

(2) 取研究对象：整体。

分析受力：如图 3-20a 所示。

列平衡方程求解：

$$\sum M_A=0:\ 3F_B-1\cdot F_H-2F_G=0,\ F_B=16.7\text{kN}$$

(3) 用一截面将 1、2、3 杆截断，研究其右边部分的平衡，分析受力如图 3-20b 所示。

列平衡方程求解：

$$\sum M_D=0:\ -\frac{\sqrt{3}}{2}F_3-\frac{1}{2}F_G+\left(1+\frac{1}{2}\right)F_B=0,\ F_3=17.3\text{kN}$$

$$\sum F_{iy}=0:\ -F_2\cos30°-F_G+F_B=0,\ F_2=-3.85\text{kN}$$

$$\sum F_{ix}=0:\ -F_1-F_2\cos60°-F_3=0,\ F_1=-15.4\text{kN}$$

【例 3.17】 平面桁架 $ABCDEH$ 的外框是正八边形的一半（见图 3-21a），在点 B 作用水平力 $\boldsymbol{F}_x$，在点 D 作用铅垂力 $\boldsymbol{F}_y$，已知 $F_x=F_y=F$，求 1、2、3 杆的内力。

【解】 (1) 判断桁架的静定性：桁架含节点数 $n=6$，杆件数 $m=9$，外约束力数 $k_1=3$，由 $2n=m+k_1$，因此，桁架是静定的。

在前两个例子中，桁架结构是以三角形架为基础，每增加两根杆件就增加一个节点，这样的桁架称为简单桁架。简单桁架用节点法、截面法都容易求解。本例是由两个三角形架和三杆连成的组合桁架，因每个节点都超过两根杆件，不便于用节点法求解，而用一般截面也难以截出只含三杆内力的部分，这时可以采用特殊截面截出基本三角形架求解。因此，本题的具体解法为：

(2) 取研究对象：整体。

分析受力：如图 3-21a 所示。

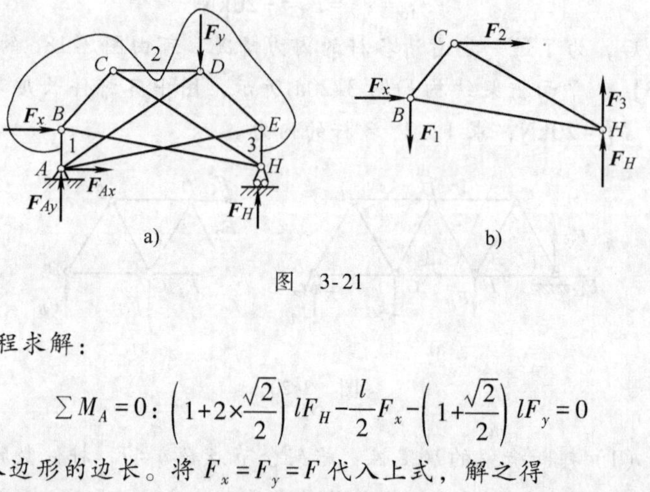

图 3-21

列平衡方程求解：

$$\sum M_A=0:\ \left(1+2\times\frac{\sqrt{2}}{2}\right)lF_H-\frac{l}{2}F_x-\left(1+\frac{\sqrt{2}}{2}\right)lF_y=0$$

式中，l 是正八边形的边长。将 $F_x=F_y=F$ 代入上式，解之得

$$F_H=0.914F$$

(3) 用一截面截 1、2、3 杆，研究三角形桁架 BCH。

分析受力：如图 3-21b 所示。

列平衡方程求解：

$$\sum F_{ix}=0:\ F_2+F_x=0,\ F_2=-F$$

$$\sum M_H=0:\ \left(1+2\frac{\sqrt{2}}{2}\right)lF_1-\frac{1}{2}lF_x-\left(\frac{\sqrt{2}}{2}l+\frac{l}{2}\right)F_2=0$$

$$F_1=-0.293F$$

$$\sum F_{iy}=0: F_3+F_H-F_1=0, \ F_3=-1.207F$$

通过以上分析可以看出，如果求静定桁架中各杆件的内力，一般选用节点法，如果求指定杆件的内力，一般选用截面法。具体分析步骤为：

(1) 判断桁架的静定性，并观察各节点的连接情况，为取研究对象做准备。

(2) 一般先取整体，求出桁架的支座约束力。如果桁架中有两杆铰接的节点，也可从该节点开始研究，不必先求支座约束力。

(3) 在选用节点法时，逐个地取桁架的节点作为研究对象，对于平面桁架，每个节点都受平面汇交力系作用，所以每次取的节点未知量不要超过两个。

在选用截面法时，截出的部分一般受平面力系作用，所以被截的杆件数一般不要多于 3 根，再通过适当地选取矩心和投影轴，以使求解方程简单。

对于组合桁架，可以采用特殊的截面法，截出基本三角形桁架再求解。

在只求少数杆件的内力时，可灵活选用节点法和截面法，以方便求解为原则。

(4) 如果桁架中有零力杆，可先通过直观判断确定出零力杆后，再进行求解，这样可简化计算。

(5) 在画受力图时，桁架中各杆件一般都事先假设受拉力作用，若计算结果为正值，说明杆件受拉力，若计算结果为负值，说明杆件受压力。

3.6　考虑摩擦时的平衡问题

在 3.1~3.5 节中，假设物体间的相互接触都是光滑的，没有摩擦力的作用。当摩擦在所研究的问题中不起重要作用时，这样假设是合理的。但是如果摩擦对于所研究的问题有很大影响时，摩擦力的作用就必须考虑。例如，摩擦轮传动，车床上的卡盘夹固工件等，都是靠摩擦来工作的。

摩擦的机理和摩擦力的性质是一个非常复杂的问题，现已开展许多研究，形成了一门新的学科。在理论力学中，只限于根据古典摩擦理论，研究在考虑摩擦力作用时的平衡问题，作为对理想化光滑约束的一种重要补充，也作为平面力系平衡问题的一个重要的应用。

按照接触物体之间的相对运动情况，摩擦分为滑动摩擦和滚动摩阻。

3.6.1　滑动摩擦

两个相互接触的物体，当接触面之间有相对滑动或滑动趋势时，彼此有阻碍滑动的机械作用，这种机械作用称为滑动摩擦力。下面用实例说明滑动摩擦力的性质。

设在固定的水平面上放置一重为 P 的物体，通过图 3-22 所示的装置加力。当 $F=0$ 时，物体在重力 $\boldsymbol{P}$ 和支承面的约束力 $\boldsymbol{F}_{\mathrm{N}}$ 作用下，处于平衡状态，这时物体相对于固定平面无滑动趋势，故摩擦力 $F_s=0$。当力 $\boldsymbol{F}$ 较小时，物体仍处于平衡状态，说明接触面之间有摩擦力，这时的摩擦力称为静滑动摩擦力，简称为静摩擦力，由平衡条件知：静摩擦力 $F_s=F$，方向与物体的滑动趋势相反。当力 $\boldsymbol{F}$ 增大时，物体仍能保持平衡状态，说明静摩擦力也相应地增大；当力 $\boldsymbol{F}$ 的大小达到一定数值时，物体处于将要滑动，但尚未开始滑动的临界平衡状态，这时，只要力 $\boldsymbol{F}$ 再增大一点，物体即开始滑动，这个现象说明，当物体处于临界平衡状态时，静摩擦力达到最大值，称为最大静滑动摩擦力，简称最大静摩擦力，以 $\boldsymbol{F}_{smax}$ 表示；当力 $\boldsymbol{F}$ 再继续增大时，物体开始沿固定平面相对滑动，这时的摩擦力称为滑动摩擦力，简称动摩擦力，以 $\boldsymbol{F}'$ 表示。

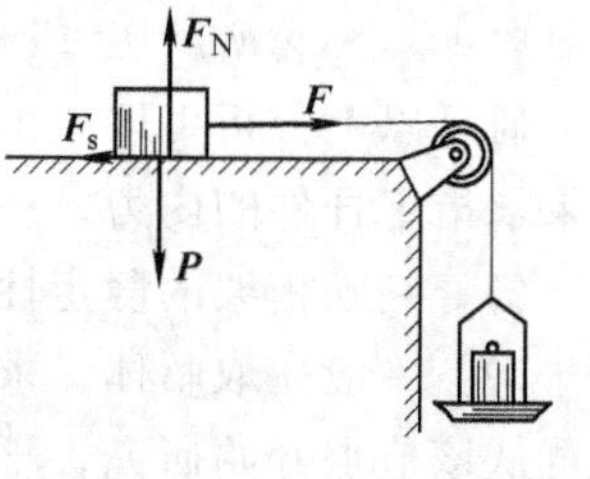

图 3-22

由此可见，滑动摩擦力分为静（滑动）摩擦力和动（滑动）摩擦力。静摩擦力的方向与物体的滑动趋势相反，大小随主动力变化，但有最大值，即静摩擦力 $\boldsymbol{F}_s$ 的大小满足

$$0 \leqslant F_s \leqslant F_{Smax} \tag{3-14}$$

大量的实验表明，最大静摩擦力的大小与两个相互接触物体间的正压力（或法向约束力）成正比，即

$$F_{smax}=f_s F_N \tag{3-15}$$

这就是通常所说的库仑静摩擦定律。式中无量纲的比例系数 f_s 称为静摩擦因数，其大小由实验测定。实验表明，静摩擦因数与相互接触物体表面的材料性质和表面状况（如表面粗糙度、润滑情况、温度等）有关，在一般情况下与接触面积的大小无关。

动摩擦力的方向与物体的运动方向相反，大小是个确定的值。实验表明，动摩擦力的大小与两个相互接触物体间的正压力（或法向约束力）成正比，即

$$F'=fF_N \tag{3-16}$$

这就是库仑动摩擦定律。式中无量纲的比例系数 f 称为动摩擦因数，其大小也由实验测定。动摩擦因数也与接触物体表面的材料性质和表面状况有关，在一般情况下动摩擦因数略小于静摩擦因数。精确的实验指出，动摩擦因数与相对滑动速度有关，一般随速度增大而略有减小。在一般工程计算中，精确度要求不高时，可不考虑速度变化对 f 的影响，可近似地认为 $f=f_s$。

在一般工程手册里都备有常用材料的动摩擦因数，以供查用，这里摘录的如表 3-1 所示。

3.6.2 摩擦角和自锁现象

仍以图 3-22 所示装置为例。当有摩擦时，支承面对平衡物体作用有法向约束

表 3-1　常用材料的动摩擦因数

材料名称	摩擦因数			
	静摩擦因数(f_s)		动摩擦因数(f)	
	无润滑剂	有润滑剂	无润滑剂	有润滑剂
钢—钢	0.15	0.1~0.12	0.15	0.05~0.10
钢—铸铁	0.3		0.18	0.05~0.15
钢—青铜	0.15	0.1~0.15	0.15	0.1~0.15
铸铁—铸铁		0.18	0.15	0.07~0.12
铸铁—青铜			0.15~0.2	0.07~0.15
铸铁—皮革	0.3~0.5	0.15	0.6	0.15
木材—木材	0.4~0.6	0.10	0.2~0.5	0.07~0.15

力和切向约束力——静摩擦力，这两个分力的矢量和 $\boldsymbol{F}=\boldsymbol{F}_N+\boldsymbol{F}_s$ 称为支承面对物体的全约束力（或全反力）。设全约束力 $\boldsymbol{F}$ 与接触面的公法线夹角为 φ，如图 3-23a 所示，当摩擦力 $\boldsymbol{F}_s$ 增大时，φ 角也相应增大，当静摩擦力达到极限值 $F_{smax}=f_sF_N$ 时，此时的全约束力 $\boldsymbol{F}_m$（$\boldsymbol{F}_m=\boldsymbol{F}_N+\boldsymbol{F}_{smax}$）与法线夹角也达到一极限值 φ_m，如图 3-23b 所示，极限角 φ_m 称为两接触面的摩擦角。由图可得

$$\tan\varphi_m=\frac{F_{smax}}{F_N}=\frac{f_sF_N}{F_N}=f_s \tag{3-17}$$

即摩擦角的正切等于静摩擦因数，是静摩擦因数的几何描述，也是表示材料摩擦性质的物理量。一般情况下 φ 角应满足

$$0\leqslant\varphi\leqslant\varphi_m \tag{3-18}$$

当物体的滑动趋势方向改变时，全约束力作用线的方位也随之改变，这时 $\boldsymbol{F}_m$ 的作用线将画出一个以接触点为顶点的锥面，该锥面称为摩擦锥。如果物体与支承面间的静摩擦因数沿任何方向都相同，摩擦角 φ_m 是个常量，则摩擦锥是一个顶角为 $2\varphi_m$ 的正圆锥面，如图 3-23c 所示。

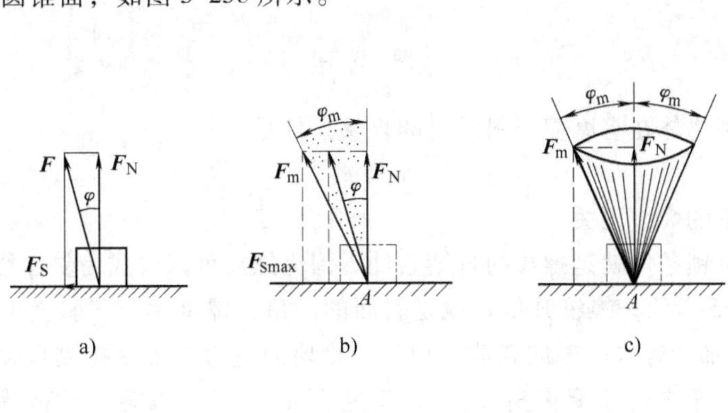

图　3-23

由于静摩擦力不能超过其最大值 F_{smax}，因而全约束力 $\boldsymbol{F}$ 的作用线也不能越出摩擦锥的表面，即全约束力的作用线只能在摩擦锥内。

利用摩擦锥可以说明摩擦自锁现象。

如果作用在物体上的全部主动力的合力 $\boldsymbol{F}_P$ 的作用线在摩擦锥内，则无论这个力怎样大，物体总能保持平衡，这种现象称为摩擦自锁。反之，如果全部主动力的合力 $\boldsymbol{F}_P$ 的作用线在摩擦锥外，无论这个力怎样小，物体一定不能平衡。

在日常生活和工程实际中，经常要利用摩擦自锁，例如在墙上或桌椅上钉木楔，用螺钉锁紧零件，用夹具夹紧工件等。但有时却要避免自锁，例如变速机构中的齿轮滑移，水闸门的自动启闭等。作为自锁的简单实例，下面研究物体在粗糙斜面上的自锁条件。

设重为 $\boldsymbol{P}$ 的物块放在斜面上，斜面的全约束力为 $\boldsymbol{F}$（或 $\boldsymbol{F}_m$），斜面与水平的倾斜角为 α，物块与斜面间的摩擦角为 φ_m。

若 $\alpha<\varphi_m$，物块的受力图如图 3-24a 所示，此时，物块总处于静止状态。

若 $\alpha=\varphi_m$，物块的受力图如图 3-24b 所示，此时，物块处于由静止到运动的临界平衡状态。

若 $\alpha>\varphi_m$，物块的受力图如图 3-24c 所示，此时，物块不能静止。

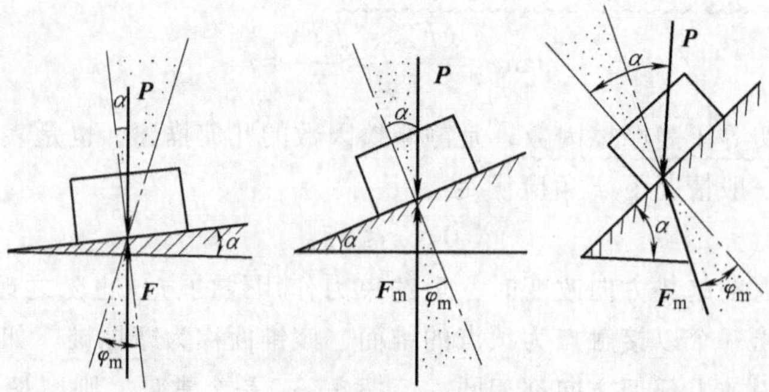

图　3-24

由此得到物体在有摩擦的斜面上的自锁条件是

$$\alpha\leqslant\varphi_m \tag{3-19}$$

它与物块重量的大小无关。

斜面的自锁条件就是螺纹的自锁条件。因为螺纹可以看成为斜面绕在一圆柱体上，如图 3-25 所示，螺纹升角 α 就是斜面的倾角，螺母相当于斜面上的物块（图中未画出），加于螺母的轴向载荷，相当于物块的重力，要使螺纹自锁，必须使螺纹的升角 α 小于或等于摩擦角 φ_m，即满足式（3-19）。螺旋千斤顶就是根据此原理制作而成的。

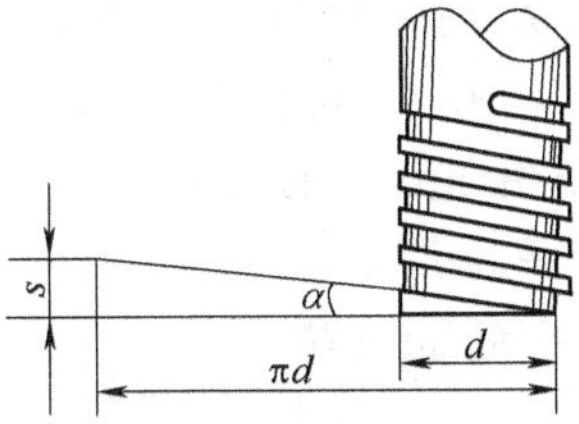

图　3-25

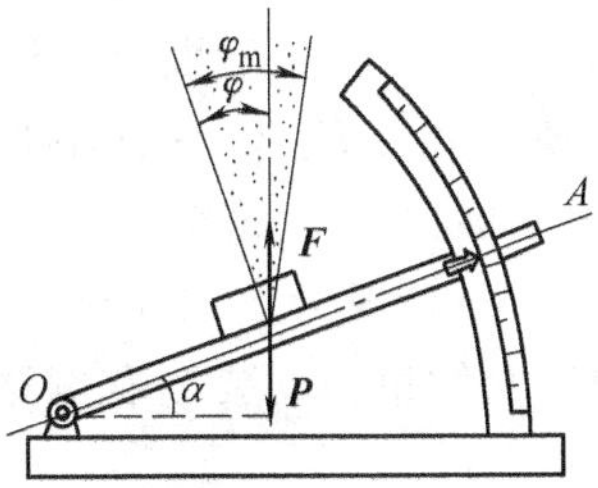

图　3-26

利用物块在斜面上的自锁条件，可以测定静摩擦因数。将欲测的两种材料作成物块与可动斜面，如图 3-26 所示，逐渐增加斜面的倾角，直到物块刚要沿斜面开始下滑而未下滑时为止，量出在临界平衡状态时斜面的倾角 α，角 α 就等于所测两种材料的摩擦角 φ_m，利用式（3-17）就可计算出两种材料的摩擦因数。

3.6.3　滚动摩阻

滚动摩阻是指一物体沿另一物体表面作相对滚动或有滚动趋势时，接触面间产生的一种阻碍滚动的机械作用。仍以实例来分析。

设在固定水平面上放置重为 P、半径为 R 的滚子，滚子在重力 $\boldsymbol{P}$ 和接触面的法向约束力 $\boldsymbol{F}_N$ 作用下处于平衡状态，这时滚子无运动趋势，接触面间无摩擦力，如图 3-27a 所示。今在滚子的中心作用一较小的水平向右的力 $\boldsymbol{F}$ 后，滚子仍处于平衡状态，说明接触面间有阻力。现由力系的平衡条件分析接触面间的摩擦力。

$$\sum F_{ix}=0:-F_s+F=0,\quad F_s=F$$

力 $\boldsymbol{F}_s$ 仍是阻止滚子沿接触面滑动的静摩擦力。但因力 $\boldsymbol{F}_s$ 与力 $\boldsymbol{F}$ 不共线，力 $\boldsymbol{F}_s$ 虽然阻止了滚子沿接触面的滑动，但与力 $\boldsymbol{F}$ 却形成一个力偶，该力偶促使滚子滚动。由于滚子处于静止，说明接触面在产生静摩擦力 $\boldsymbol{F}_s$ 的同时，还产生一个约束力偶阻止滚子滚动，该力偶称为滚动摩阻力偶，简称滚阻力偶，它的转向与滚子滚动的趋向相反，其矩称为滚阻力偶矩，用 M_f 表示，如图 3-27b 所示。

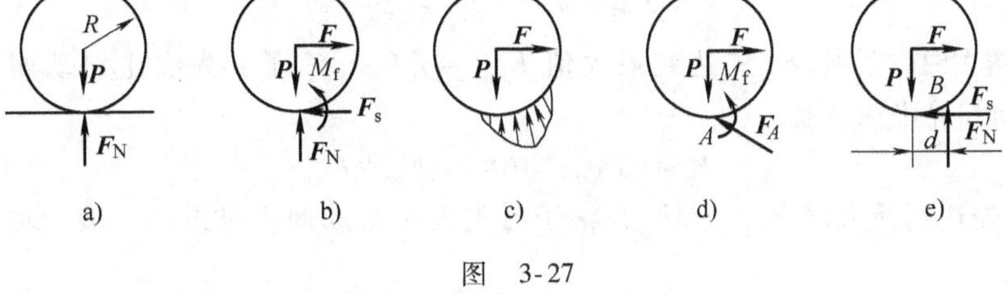

图　3-27

对滚阻力偶的成因，大致说明如下：

由于物体间的接触实际上不是刚性的，当两者压紧时，接触处要发生变形，如图 3-27c 所示。在接触面上，滚子受分布力的作用，将这些力向滚子的最低点 A 简化，得到一个力 $\boldsymbol{F}_A$ 和一个力偶 M_f，如图 3-27d 所示。力 $\boldsymbol{F}_A$ 可分解为法向约束力 $\boldsymbol{F}_N$ 和静摩擦力 $\boldsymbol{F}_s$，这个力偶就是滚阻力偶 M_f。将作用在点 A 的法向约束力 $\boldsymbol{F}_N$ 和滚阻力偶 M_f 合成为作用在点 B 的约束力 $\boldsymbol{F}_N'$，如图 3-27e 所示，这样原来作用在滚子上的法向约束力就要向右偏移一段距离 d，由力的平移定理得

$$d = M_f / F_N$$

由图 3-27e 知，当力 $\boldsymbol{F}$ 增大时，偏移量 d 要相应增大，当滚子处于将滚未滚的临界状态时，偏移量达到极限值 δ，这时的滚阻力偶矩也达到最大值，可表示为

$$M_{fmax} = \delta F_N \tag{3-20}$$

式（3-20）就是滚动摩阻定律。滚子在滚动的非临界状态时，滚阻力偶矩 M_f 的大小介于零与最大值之间，即

$$0 \leqslant M_f \leqslant M_{fmax} \tag{3-21}$$

式（3-20）表明，滚阻力偶矩的最大值 M_{fmax} 与接触面间的正压力成正比，比例系数 δ 称为滚动摩阻因数，它与材料的硬度、温度等物理因素有关，与材料的硬度有关是很明显的，如轮胎要打足气，就是为了增加硬度，减小滚动摩阻因数。滚动摩阻因数 δ 具有长度的量纲，单位一般用 mm 或 cm 表示，其大小由实验测定。表 3-2 列出了几种材料的滚动摩阻因数，以供查用。

表 3-2　常用材料的滚动摩阻因数

材料名称	δ/cm	材料名称	δ/cm
软钢—软钢	0.005	木材—钢	0.03~0.04
淬火钢—淬火钢	0.001	木材—木材	0.05~0.08
铸铁—铸铁	0.005	钢轮—钢轨	0.05

综上所述，图 3-27 所示滚子在力 $\boldsymbol{F}$ 作用下，接触面间有阻止其滑动和滚动两种运动趋势的两种性质的摩擦力，这就是静摩擦力 $\boldsymbol{F}_s$ 和滚阻力偶矩 M_f。由平衡条件知：

$$F_s = F, \quad M_f = RF$$

而由滑动摩擦和滚动摩阻的性质知：

$$F_s \leqslant f_s F_N, \quad M_f \leqslant \delta F_N$$

当力 $\boldsymbol{F}$ 增大时，若使 $\boldsymbol{F}_s$ 先达到最大值 $F_{smax} = f_s F_N$，滚子必先发生滑动而不是滚动。滑动临界平衡状态时

$$F_1 = f_s F_N, \quad M_f = R f_s F_N < \delta F_N$$

若使 M_f 先达到最大值 $M_{fmax} = \delta F_N$，滚子必先发生滚动而不是滑动。滚动临界平衡状态时

$$F_2 = \frac{M_{fmax}}{R} = \frac{\delta}{R} F_N, \quad F_s = \frac{\delta}{R} F_N < f_s F_N$$

一般情况下，$f_s>\frac{\delta}{R}$，即 $F_1>F_2$，所以使滚子滚动比使它滑动省力。在工程实际中，为了提高效率减轻劳动强度，常利用物体的滚动来代替物体的滑动。如沿地面拖曳重物时，常在重物底部置有圆辊，就是这个道理。

由于滚动摩阻因数较小，在大多数情况下，滚动摩阻可以忽略不计。

3.6.4　考虑摩擦时的平衡问题举例

求解考虑摩擦时的平衡问题，方法步骤基本上与上一章相同，不同的是，在分析物体受力情况时，必须考虑摩擦力。因为静摩擦力的大小必须满足不等式(3-14)，所以在求解考虑摩擦的平衡问题时，应根据问题的要求，确定物体处于何种平衡状态。当物体处于非临界平衡状态时，摩擦力的大小和指向均由平衡条件确定；当物体处于临界平衡状态时，摩擦力的大小由静摩擦定律确定，方向与相对滑动趋势相反。工程中有不少问题只需要分析临界平衡状态，有时为了计算方便，也先分析临界平衡状态。利用临界平衡状态求出极限值，求得结果后再分析其是极大值还是极小值，以确定平衡的范围。

【例 3.18】　一物块重 $P=2\text{kN}$，置于不光滑的水平面上，已知水平面与物块间的静摩擦因数 $f_s=0.25$，力 $\boldsymbol{F}$ 的方向如图 3-28 所示，大小等于 500N，试求摩擦力。

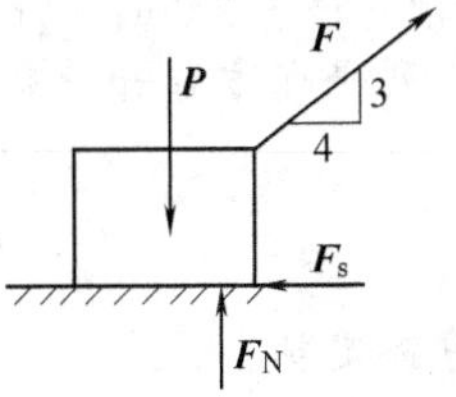

图　3-28

【解】（1）取研究对象：物块。

（2）分析受力，如图 3-28 所示。

因为物块在力 $\boldsymbol{F}$ 的作用下处于何种运动状态，事先还无法判断，可假设物块处于非临界平衡状态，求出摩擦力 $\boldsymbol{F}_S$ 的大小后，再用式（3-14）验证。

（3）列平衡方程求解：

$$\sum F_{ix}=0:\quad \frac{4}{5}F-F_s=0,\quad F_s=400\text{N}$$

$$\sum F_{iy}=0:\quad F_N-P+\frac{3}{5}F=0,\quad F_N=1700\text{N}$$

（4）验证：

$$F_{smax}=f_sF_N=0.25\times1700\text{N}=425\text{N}>400\text{N}$$

$$F_s<F_{smax}$$

物块处于非临界平衡状态，所以 $F_s=400\text{N}$。

讨论：如果所求值 $F_s=F_{Smax}$ 时，物块处于临界平衡状态，此时的摩擦力为最大静摩擦力 F_{smax}；如果所求值 $F_s>F_{Smax}$，物块已经滑动，此时的摩擦力是动摩擦力，应由式 $F'=fF_N$ 计算。

【例 3.19】 在斜面上放置重为 P 的物块，已知斜面倾角 α 大于摩擦角 φ_m，如图 3-29a 所示，试求维持物块静止于斜面上的水平力 $\boldsymbol{F}$ 的大小。

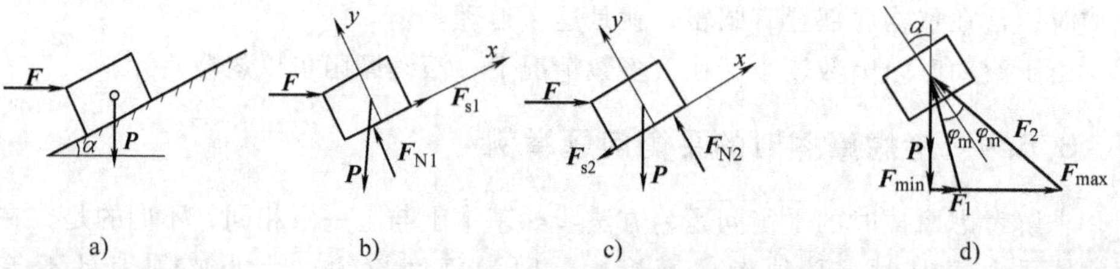

图 3-29

【解】 (1) 取研究对象：物块。

(2) 分析受力：因为 $\alpha>\varphi_m$，如果没有力 $\boldsymbol{F}$ 作用，物块将沿斜面下滑，故要使物块在斜面上静止，必须使 $F>0$。若力 $\boldsymbol{F}$ 较小时，物体有下滑趋势，摩擦力的方向应向上；若力 $\boldsymbol{F}$ 较大时，物体有上滑趋势，摩擦力的方向应向下，故应分两种情况研究。

1) 设 $F=F_{min}$，物块处于下滑的临界状态，受力如图 3-29b 所示。

列平衡方程并补充静摩擦定律求解：

$$\sum F_{ix}=0:\ -P\sin\alpha+F_{s1}+F_{min}\cos\alpha=0 \tag{a}$$

$$\sum F_{iy}=0:\ F_{N1}-P\cos\alpha-F_{min}\sin\alpha=0 \tag{b}$$

静摩擦定律：

$$F_{s1}=f_s F_{N1}=\tan\varphi_m F_{N1} \tag{c}$$

将式 (c) 代入式 (a)，由式 (a) -式 (b) ×$\tan\varphi_m$ 可解得

$$F_{min}=P\frac{\sin\alpha-\tan\varphi_m\cos\alpha}{\cos\alpha+\tan\varphi_m\sin\alpha}=P\tan(\alpha-\varphi_m)$$

2) 设 $F=F_{max}$，物块处于上滑的临界状态，受力如图 3-29c 所示。

列平衡方程并补充静摩擦定律求解：

$$\sum F_{ix}=0:\ -P\sin\alpha-F_{s2}+F_{max}\cos\alpha=0 \tag{d}$$

$$\sum F_{iy}=0:\ F_{N2}-P\cos\alpha-F_{max}\sin\alpha=0 \tag{e}$$

静摩擦定律：

$$F_{s2}=f_s F_{N2}=\tan\varphi_m F_{N2} \tag{f}$$

将式 (e)、式 (f) 联立解之，得

$$F_{max}=P\frac{\sin\alpha+\tan\varphi_m\cos\alpha}{\cos\alpha-\tan\varphi_m\sin\alpha}=P\tan(\alpha+\varphi_m)$$

由此可见，要维持物块在斜面上平衡，力 $\boldsymbol{F}$ 的值应满足

$$P\tan(\alpha-\varphi_m)\leqslant F\leqslant P\tan(\alpha+\varphi_m)$$

如果利用全约束力 $\boldsymbol{F}=\boldsymbol{F}_N+\boldsymbol{F}_s$ 和摩擦角的概念用几何法求解，本题可以大为简化，如图 3-29d 所示。

【例 3.20】　长为 l 的梯子 AB 一端搁在地板上，另一端靠在光滑的墙壁上，并与墙夹角 $\alpha=30°$，如图 3-30a 所示。已知地面与梯子间的静摩擦因数 $f_s=0.4$，不计梯重，求重量为 $P=700\mathrm{N}$ 的人沿梯上行而梯不致滑倒的距离，并讨论人能爬到梯子顶端的条件。

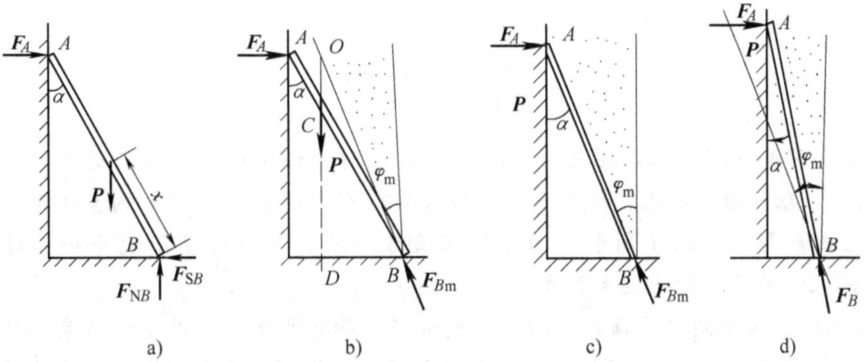

图　3-30

【解】（1）取研究对象：梯子。

（2）分析受力：如图 3-30a 所示，将梯子设为临界平衡状态研究。

（3）列平衡方程并补充静摩擦定律求解：

$$\sum F_{ix}=0:\quad F_A-F_{sB}=0$$

$$\sum F_{iy}=0:\quad F_{NB}-P=0$$

$$\sum M_B=0:\quad F_A l\cos\alpha-Px\sin\alpha=0$$

静摩擦定律：

$$F_{sB}=f_s F_{NB}$$

将上述四个方程联立解之，得

$$x=f_s l\cot\alpha \tag{a}$$

代入数值，得

$$x=0.7l$$

（4）讨论：可见，人爬到梯子全长的 7/10 时，梯子已达到临界平衡状态，所以 $x=0.7l$ 是人沿梯子上行的最大距离。

由式（a）知，人沿梯子上行的距离与人的重量无关，而与静摩擦因数 f_s 和梯子与墙壁的夹角 α 有关。若令 $x=l$，并将 $f_s=\tan\varphi_m$ 代入式（a），得

$$\alpha=\varphi_m$$

这就是说当梯子与墙壁夹角 α 等于梯子与地面的摩擦角 φ_m 时，人能爬到梯子的顶端。

因为式（a）是设梯子处于临界平衡时求得的，所以 $\alpha=\varphi_m$ 是人爬到梯子顶端的极限条件。一般情况下，人爬到梯子顶端的条件为

$$\alpha \leqslant \varphi_m$$

下面利用摩擦角的概念采用几何法求解。地面对梯子的正压力和摩擦力用全约束力 $\boldsymbol{F}_B$（或 $\boldsymbol{F}_{Bm}$）表示。

$\alpha=30°$，梯子处于临界平衡时的受力图如图 3-30b 所示。此时梯子所受三力 $\boldsymbol{F}_A$、$\boldsymbol{P}$、$\boldsymbol{F}_{Bm}$汇交于一点 O，全约束力 $\boldsymbol{F}_{Bm}$ 沿图中阴影区的边缘。由图中几何关系得

$$BD = l\cos\alpha\tan\varphi_m$$

$$x = BC = BD/\sin\alpha = l\cot\alpha\tan\varphi_m$$

所求结果同式（a）。若人还未爬到梯子的 C 处时，梯子所受三力汇交于阴影区内一点，$\boldsymbol{F}_B$ 在阴影区以内，梯子平衡；若人要从 C 处再往上爬时，因全约束力 $\boldsymbol{F}_{Bm}$ 不能越出阴影区，梯子所受三力不能汇交于一点，所以梯子不能平衡，说明式（a）是人沿梯子上行的最大距离。

$\alpha=\varphi_m$，人爬到梯子顶端时的受力图如图 3-30c 所示。此时梯子所受三力 $\boldsymbol{F}_A$、$\boldsymbol{P}$、$\boldsymbol{F}_{Bm}$汇交于点 A，$\boldsymbol{F}_{Bm}$沿图中阴影区的边缘，且沿 AB 连线，梯子处于临界平衡状态。

$\alpha<\varphi_m$，人爬到梯子顶端时的受力图如图 3-30d 所示。此时梯子所受三力 $\boldsymbol{F}_A$、$\boldsymbol{P}$、$\boldsymbol{F}_B$ 仍汇交于点 A，点 A 是阴影区内一点，$\boldsymbol{F}_B$ 沿 AB 连线，在阴影区以内，梯子处于非临界平衡状态。可见图中阴影区表示了全约束力 $\boldsymbol{F}_B$ 的作用线范围。

【例 3.21】 图3-31a 所示的管子被夹紧在铰接于点 C 的握杆之间。如果握杆和管子之间的摩擦因数 $f_s=0.3$，不计管子自重，求管子被夹紧而无滑动的最大角度 θ。

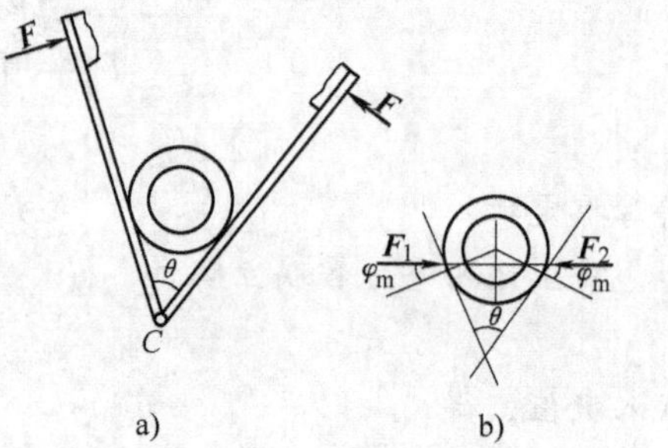

图 3-31

【解】（1）取研究对象：管子。

（2）分析受力：设管子处于临界平衡状态，用 $\boldsymbol{F}_1$、$\boldsymbol{F}_2$ 表示握杆对管子的全约束力，因管重不计，故管子受二力 $\boldsymbol{F}_1$、$\boldsymbol{F}_2$ 作用平衡，根据二力平衡条件，即可求得握杆间的最大角度，如图 3-31b 所示。

（3）由图 3-31b 所示几何关系，得

$$\frac{\theta}{2} = \varphi_m, \quad \theta = 2\varphi_m = 2\arctan 0.3 = 33.4°$$

通过上述三个例子可以看出，当物体在二力或三力作用下处于平衡状态时，利用摩擦角的概念，采用几何法求解可以简单明了地得出结果。

【例 3.22】 制动器结构的主要尺寸如图 3-32a 所示，飞轮上作用有 $M=40\text{N}\cdot\text{m}$的转矩，要用作用在制动器把手上的力 $\boldsymbol{F}$ 制动。设 $F=200\text{N}$，求制动块与

轮间的最小摩擦因数和轴承 A 的约束力。飞轮的半径为 $R=0.2\text{m}$。图中长度单位为 m。

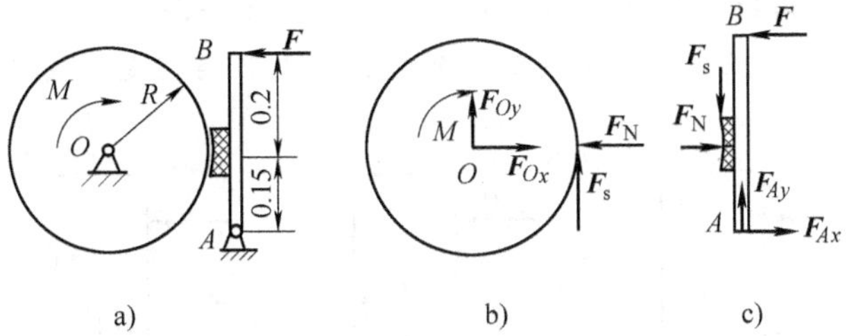

图　3-32

【解】　本题是求解考虑摩擦时的物体系统平衡问题，根据题意应分别研究飞轮和制动杆的平衡。

(1) 取研究对象：飞轮。

分析受力：飞轮受力如图 3-32b 所示。

$$\sum M_O = 0:\ F_s R - M = 0,\qquad F_s = 200\text{N}$$

(2) 取研究对象：制动杆 AB。

分析受力：如图 3-32c 所示。

列平衡方程求解：

$$\sum M_A = 0:\qquad (0.2+0.15)F - 0.15F_N = 0,\qquad F_N = 466.7\text{N}$$

由 $F_s \leqslant f_s F_N$，可得

$$f_s \geqslant \frac{F_s}{F_N} = 0.43,\qquad f_{smin} = 0.43$$

$$\sum F_{ix} = 0:\qquad F_{Ax} + F_N - F = 0,\qquad F_{Ax} = -266.7\text{N}$$

$$\sum F_{iy} = 0:\qquad F_{Ay} - F_s = 0,\qquad F_{Ay} = 200\text{N}$$

【例 3.23】　均质棱柱体重 $P=4.8\text{kN}$，宽 1m，放置在水平面上，接触处的摩擦因数 $f_s=1/3$，在距棱柱体底面 1.6m 处作用一水平力 $\boldsymbol{F}$，如图 3-33a 所示。试问当力 $\boldsymbol{F}$ 的值逐渐增加时，棱柱体是先滑动还是先翻倒？并计算运动刚发生时力 $\boldsymbol{F}$ 的值。

【解】　(1) 取研究对象：棱柱。

(2) 分析受力：本题是考虑摩擦时的翻倒问题。当棱柱体上没有水平力 $\boldsymbol{F}$ 作用时，棱柱无运动趋势，底面没有摩擦力，底面的正压力 $\boldsymbol{F}_N$ 与重力 $\boldsymbol{P}$ 共线。当棱柱体在力 $\boldsymbol{F}$ 作用下处于平衡时，底面在产生摩擦力 $\boldsymbol{F}_s$ 的同时，正压力 $\boldsymbol{F}_N$（实际上支承面对棱柱底面的正压力为分布的平行力系，其分布规律与棱柱和支承面的变形情况有关，属于超静定问题，在本章的讨论中，不深究正压力的分布规律，而只

研究正压力合力 $\boldsymbol{F}_N$ 的大小和作用线位置）要向一边偏移，如图3-33a所示。当力 $\boldsymbol{F}$ 增大时，摩擦力 $\boldsymbol{F}_s$ 的大小和正压力 $\boldsymbol{F}_N$ 偏移的距离均随着同时增加，但这两个值都有极限。当摩擦力 $\boldsymbol{F}_s$ 达到最大值 $\boldsymbol{F}_{smax}$ 时，如图3-33b所示，棱柱将要滑动；当正压力 $\boldsymbol{F}_N$ 的作用线移到棱柱体底面的边上时，如图3-33c所示，棱柱将要翻倒。一般来说，这两个极限值不一定同时达到，因此解这类问题，要分两种情况研究。

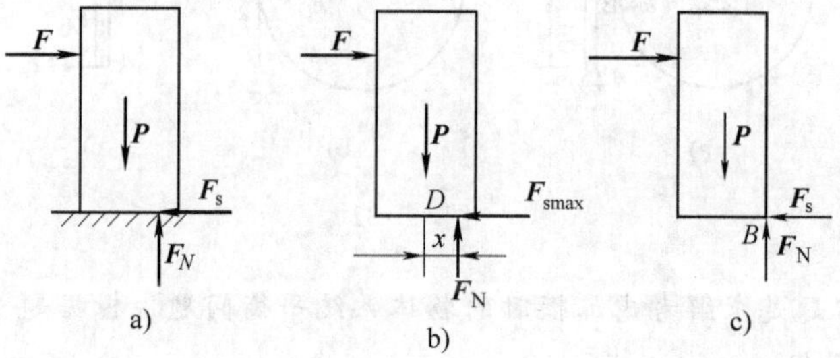

图 3-33

1）设棱柱体处于滑动的临界状态（见图 3-33b）。

$$\sum F_{ix}=0: \quad F_1-F_{sm}=0$$

$$\sum F_{iy}=0: \quad F_N-P=0$$

静摩擦定律：

$$F_{sm}=f_s F_N$$

上述三个方程联立解之

$$F_1=1.6\text{kN}$$

2）设棱柱体处于翻倒的临界状态，此时正压力 $\boldsymbol{F}_N$ 的作用线通过棱柱体的右边点 B（图 3-33c）。

$$\sum M_B=0: \ 0.5P-1.6F_2=0, \quad F_2=1.5\text{kN}$$

比较 F_1 与 F_2，可知棱柱体先翻倒，此时力 $\boldsymbol{F}$ 的值为

$$F_{min}=1.5\text{kN}$$

上述方法称为比较法。还有一种方法称为假定法，即先假定棱柱体处于某种临界状态，算出 F 值后，再用另一种情况的极限条件验证此假定是否正确。若验算正确，计算完毕；若验算不正确，再计算另一种平衡状态。下面按照假定法分析本例题。

先设棱柱处于滑动的临界状态，前面已解得 $F_1=1.6\text{kN}$，求在此力作用下正压力 $\boldsymbol{F}_N$ 的偏移量。

由图 3-33b，对重力 $\boldsymbol{P}$、摩擦力 $\boldsymbol{F}_{sm}$ 的交点 D 取矩，即

$$\sum M_D=0: \ -1.6F_1+F_N x=0, \quad x=0.53\text{m}>0.5\text{m}$$

因为算出的正压力 $\boldsymbol{F}_N$ 的偏移量大于极限值 0.5m，所以此假定不正确，再设棱柱体处于翻倒的临界状态，算出 $F_2=1.5\text{kN}$。

可见假定法并不一定简便，但如果先假定棱柱处于翻倒的临界状态，算出 F、F_S 值，再验算 $F_s \leqslant F_{Sm}$，则要方便得多。因此假定法方便与否取决于假定是否得当。

【例 3.24】 如图 3-34a 所示，拖车重为 G，重心在两轮中间，两轮半径为 R，轮与地面间的滚动摩阻因数为 δ，静滑动摩擦因数 $f_s>\delta/R$，不计两轮自重，试求拉动拖车所需牵引力 $\boldsymbol{F}$ 的大小和前、后轮的法向约束力。图中 h、b 均为已知。

【解】 分析拖车整体时，未知量远超过 3 个，且用整体平衡方程，求不出其中任一个未知量，故应先研究轮子。

(1) 分别选取研究对象：前、后轮。

分析受力：因为 $f_s>\delta/R$，当力 $\boldsymbol{F}$ 增大时，轮子必先发生滚动，故设两轮处于滚动临界平衡状态，如图 3-34b 所示（图中只画出前轮的受力图）。

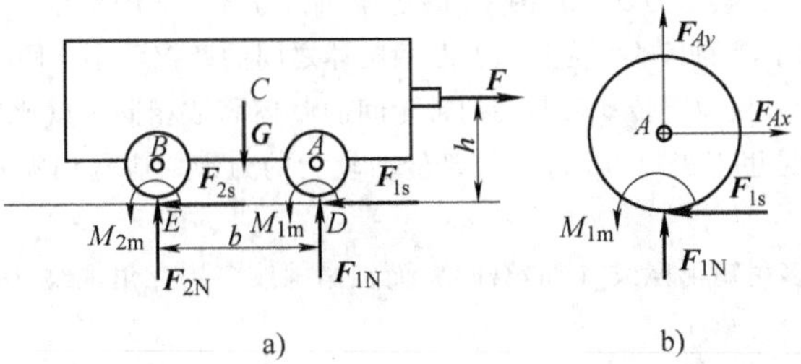

图 3-34

分别对两轮列平衡方程：

$$\sum M_A = 0: \quad M_{1m} - F_{1s}R = 0 \tag{a}$$

$$\sum M_B = 0: \quad M_{2m} - F_{2s}R = 0 \tag{b}$$

滚动摩阻定律：

$$M_{1m} = \delta F_{1N} \tag{c}$$

$$M_{2m} = \delta F_{2N} \tag{d}$$

(2) 选取研究对象：拖车整体。

分析受力：如图 3-34a 所示。

列平衡方程：

$$\sum F_{ix} = 0: \quad F - F_{1s} - F_{2s} = 0 \tag{e}$$

$$\sum F_{iy} = 0: \quad F_{1N} + F_{2N} - G = 0 \tag{f}$$

$$\sum M_D = 0: \quad G\frac{b}{2} - Fh - F_{2N}b + M_{1m} + M_{2m} = 0 \tag{g}$$

由以上 7 个方程，可解得

$$F = \frac{\delta}{R}G, \quad F_{1N} = \frac{G}{b}\left[\frac{b}{2} - \frac{\delta(R-h)}{R}\right]$$

$$F_{2N} = \frac{G}{b}\left[\frac{b}{2} + \frac{\delta(R-h)}{R}\right]$$

如果在解本题时，直接引入滚动临界状态时的摩擦力 $F_s=F_N\delta/R$，可使运算过程大大简化。

思　考　题

3.1　如果一空间力系各力作用线都通过空间某一轴，那么此力系的独立平衡方程有几个？如果空间力系各力作用线都平行于某一固定平面呢？

3.2　传动轴有两个止推轴承支撑，每个轴承有三个未知力，共六个未知量。而空间任意力系的平衡方程恰好有六个，问是否可解？为什么？

3.3　为什么平面汇交力系能采用两个投影式，而平面力系不能采用三个投影式？

3.4　已知平面平行力系中各力与 y 轴不垂直，且满足方程 $\sum F_{iy}=0$，若此力系不平衡，则最简结果是什么？

3.5　重为 G_1 的物体置于斜面上，已知当斜面倾角 α 小于摩擦角 φ_m 时，物体静止于斜面上。如欲使物体下滑，在其上另加一重为 G_2 的物体如思考题 3.5 图所示。若两物体间的摩擦角亦为 φ_m，问能否达到下滑的目的？为什么？若两物体之间的摩擦角小于倾斜角 α 呢？

3.6　若传动带压力相同，传动带与传动带轮间的摩擦因数相同，试比较平传动带与三角传动带的最大摩擦力（见思考题 3.6 图）。若要传动较大的力矩，应选用哪种形式的传动带？为什么？

为什么传动螺纹多用矩形螺纹（如丝杆）？而锁紧螺纹多用三角螺纹（如螺钉）？

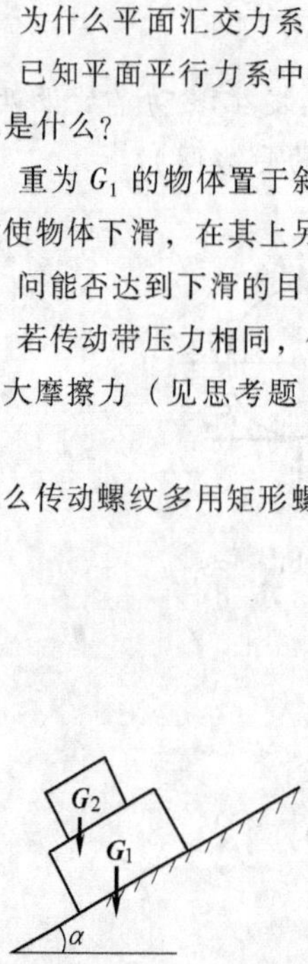

思考题 3.5 图

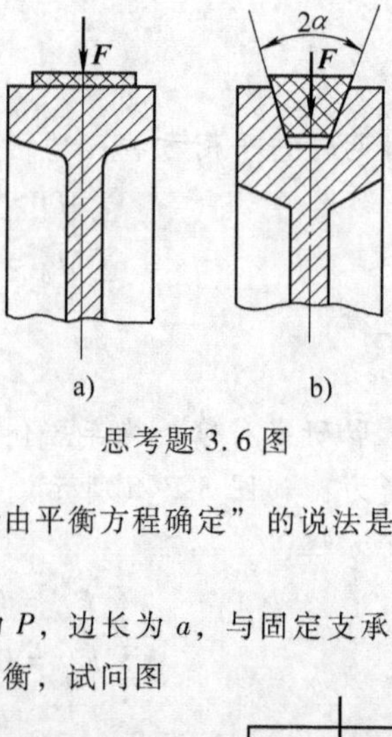

思考题 3.6 图

3.7　“摩擦力为未知的约束力，其大小和方向完全由平衡方程确定”的说法是否正确？为什么？

3.8　如思考题 3.8 图所示均质正方形物块，重量为 P，边长为 a，与固定支承面之间的静滑动摩擦因数为 f_s，其上作用水平力 $\boldsymbol{F}$。设方块处于平衡，试问图示受力图是否正确？说明理由。

3.9　重 P 的圆柱放在粗糙的 V 形槽里（见思考题 3.9 图），当圆柱上作用矩为 M 的力偶时，圆柱处于临界平衡状态。问此时 A、B 接触点处的摩擦力是相等还是哪一个比较大？

3.10　物体重 P，力 $\boldsymbol{F}$ 作用在摩擦角之外，如思考题 3.10 图所示。根据自锁现象，因为力 $\boldsymbol{F}$ 的作用线在摩擦角外，所以不管力 $\boldsymbol{F}$ 多小，物体总不能平衡。这样分析对吗？

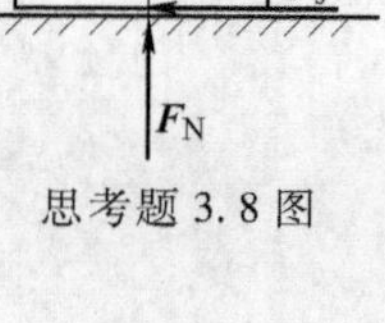

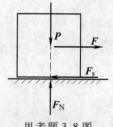

思考题 3.8 图

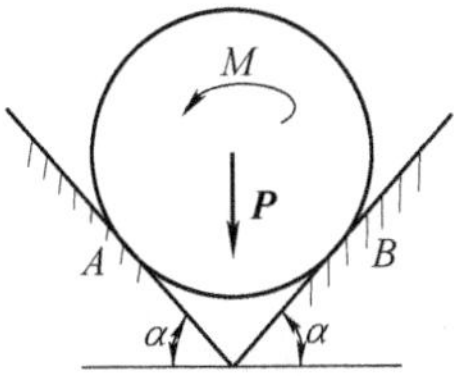

思考题 3.9 图

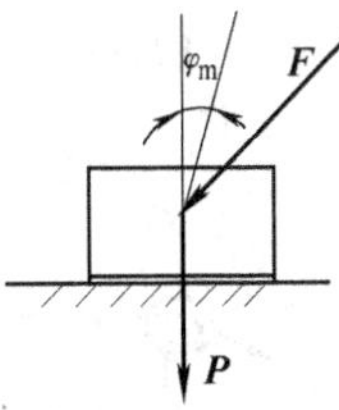

思考题 3.10 图

习　题　A

3.1　脚踏式操纵装置如习题 3.1 图所示。已知 $P=300\text{N}$，求铅直操纵杆上产生的拉力 $\boldsymbol{F}$ 及轴承 A、B 处的反力。图中长度单位为 mm。

3.2　悬臂刚架上作用着 $q=2\text{kN/m}$ 的均布荷载，以及作用线分别平行于 AB、CD 的集中力 $\boldsymbol{F}_1$、$\boldsymbol{F}_2$。已知 $F_1=5\text{kN}$，$F_2=4\text{kN}$，求固定端 O 处的约束力。习题 3.2 图中长度单位为 m。

3.3　水平轴上装有两带轮 C 和 D，轮的半径 $r_1=20\text{cm}$，$r_2=25\text{cm}$，轮 C 的胶带是水平的，其拉力 $F_1=2F_2=5000\text{N}$，轮 D 的胶带与铅垂线成角 $\alpha=30°$，其拉力 $F_3=2F_4$，不计轮、轴的重量。求在平衡情况下拉力 $\boldsymbol{F}_3$ 和 $\boldsymbol{F}_4$ 的大小及轴承约束力。习题 3.3 图中长度单位为 mm。

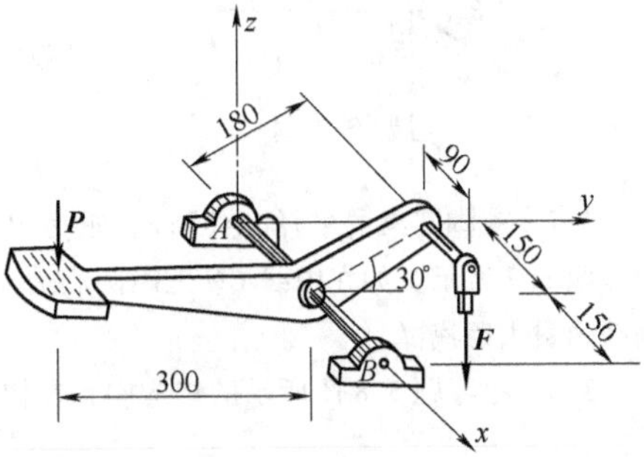

习题 3.1 图

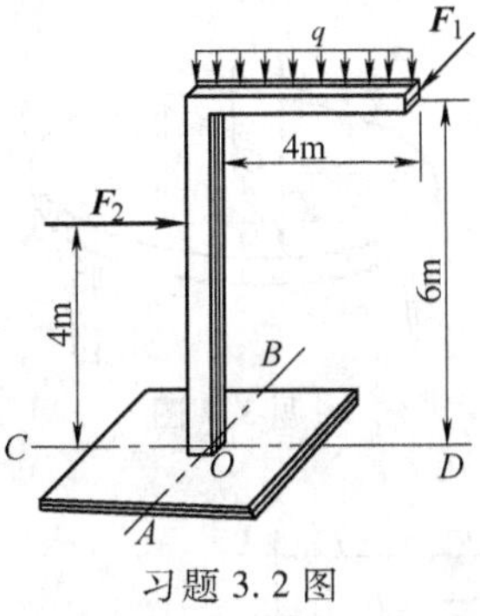

习题 3.2 图

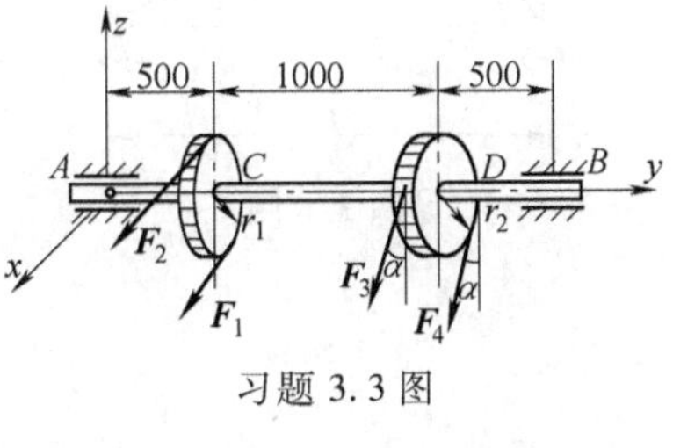

习题 3.3 图

3.4　如习题 3.4 图所示，手摇钻由支点 B、钻头 A 和一个弯曲手柄组成。当在 B 处施力 $\boldsymbol{F}_B$ 并在手柄上加力 $\boldsymbol{F}$（$\boldsymbol{F}/\!/x$）时，手柄恰可以带动钻头绕 AB 转动（支点 B 不动）。已知 $\boldsymbol{F}_B$ 的铅直分量 $F_{Bz}=50\text{N}$，$F=150\text{N}$。问：（1）材料阻抗力偶矩 M_z 为多大？（2）材料对钻头的作用力 F_{Ax}、F_{Ay}、F_{Az}为多大？（3）力 F_B 在 x、y 方向的分力 F_{Bx}、F_{By}为多大？图中长度单位为 mm。

3.5　均质长方形板 $ABCD$ 重 $P=200\text{N}$，用球铰链 A 固定在墙上，并用绳 EC 维持在水平位置，如习题 3.5 图所示。求绳的拉力和支座 A、B 的约束力。

3.6　如习题 3.6 图所示，边长为 l 的等边三角形板 ABC，用三根铅直杆 1、2、3 和三根与水平线成 30°角的斜杆 4、5、6 撑在水平位置。在板的平面内作用一力偶，其矩为 M，方向如图所示，板和杆的自重不计，试求各杆内力。

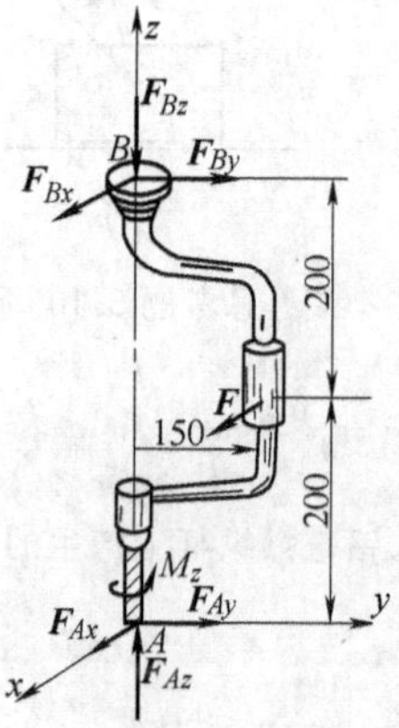

习题 3.4 图

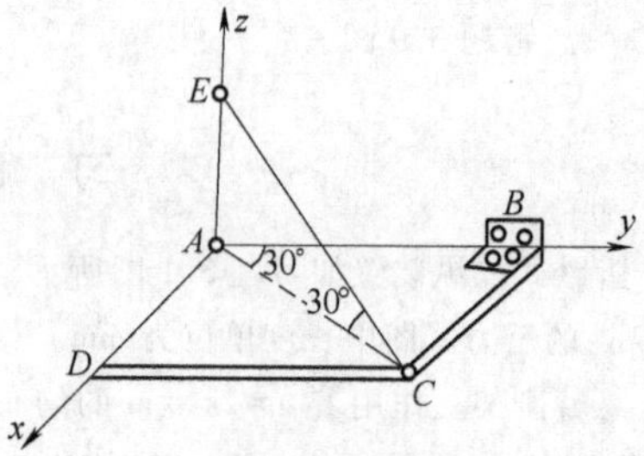

习题 3.5 图

3.7　三脚圆桌的半径 $r=50\text{cm}$，重为 $P=600\text{N}$，圆桌的三脚 A、B 和 C 形成一等边三角形，如习题 3.7 所示。如在中线 CO 上距圆心为 d 的点 M 处作用一铅垂力 $F=1500\text{N}$，求使圆桌不致翻倒的最大距离 d。

3.8　在习题 3.8 图所示的结构中，在构件 BC 上作用有一力偶，求 A 和 C 点的约束力。

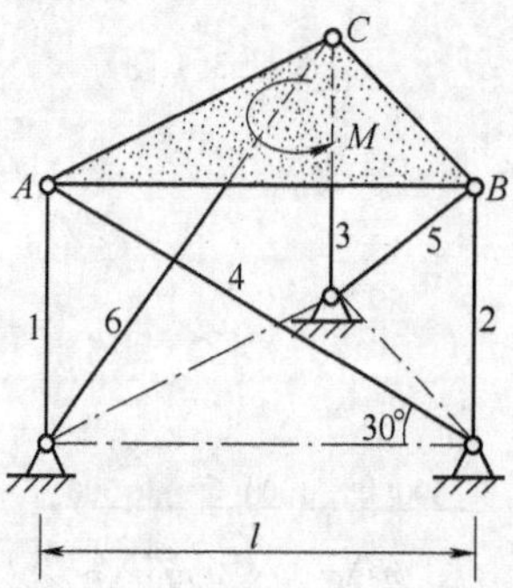

习题 3.6 图

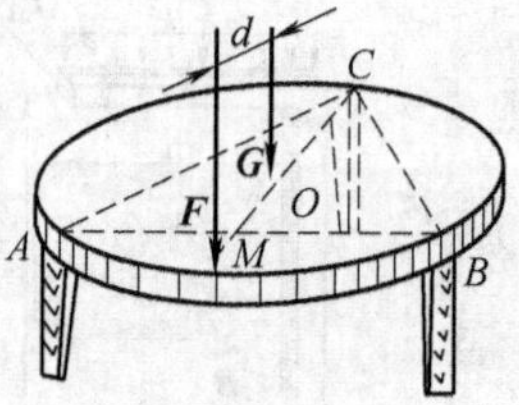

习题 3.7 图

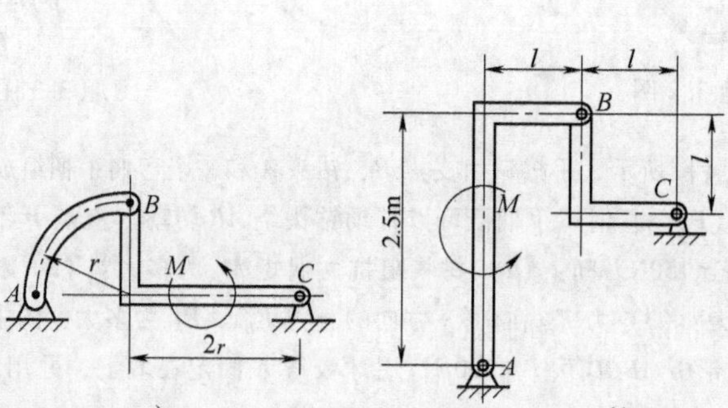

a)　b)

习题 3.8 图

（a）$M=1.5\text{kN}\cdot\text{m}$，$r=0.3\text{m}$。

（b）$M=800\text{N}\cdot\text{m}$，$l=12\text{cm}$。

3.9　如习题 3.9 图所示，锻锤在工作时，如果工件作用于锤头的力有偏心，就会使锤头发生偏斜，这样在导轨上将产生很大的压力，因而加速导轨的磨损，也影响锻件的精度。如已知打击力 $F_1=1000\text{N}$，偏心距 $d=20\text{mm}$，锤头高度 $h=200\text{mm}$，求锤头加给两侧导轨的压力。

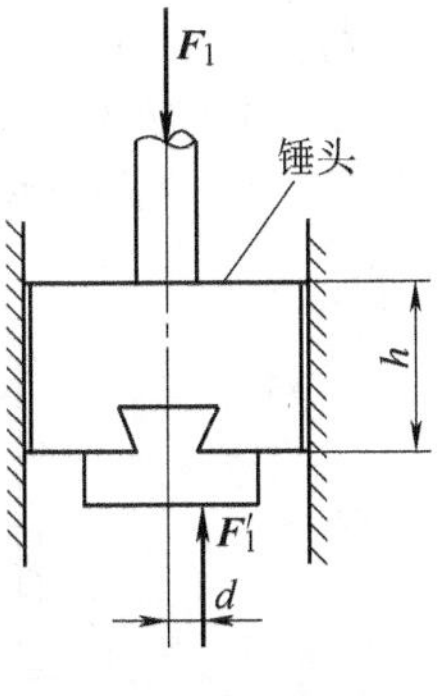

习题 3.9 图

3.10　求习题 3.10 图中各梁和刚架的支座约束力，长度单位为 m。

3.11　露天厂房立柱的底部为杯形基础，立柱底部用混凝土砂浆与杯形基础固结在一起，如习题 3.11 图所示。已知起重机梁传来的铅垂载荷 $F_1=60\text{kN}$，风压集度 $q=2\text{kN/m}$，$l=0.5\text{m}$，$h=10\text{m}$。（1）求立柱底部的约束力。（2）若已知载荷偏离牛腿根部的距离 $d=0.2\text{m}$，求牛腿根部截面 $A—A$ 上所受的力。

3.12　如习题 3.12 图所示，梁 AB 长 10m，在梁上铺设有起重机轨道。起重机重 50kN，其重心在铅直线 CD 上，重物的重量为 $P=10\text{kN}$，梁重 30kN，L 到铅直线 CD 的垂直距离为 4m，$AC=3\text{m}$。求当起重机的伸臂和梁 AB 在同一铅直面内时，支座 A 和 B 的约束力。

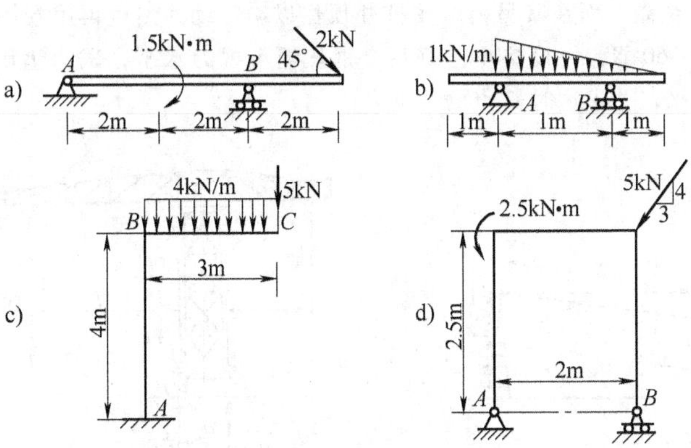

习题 3.10 图

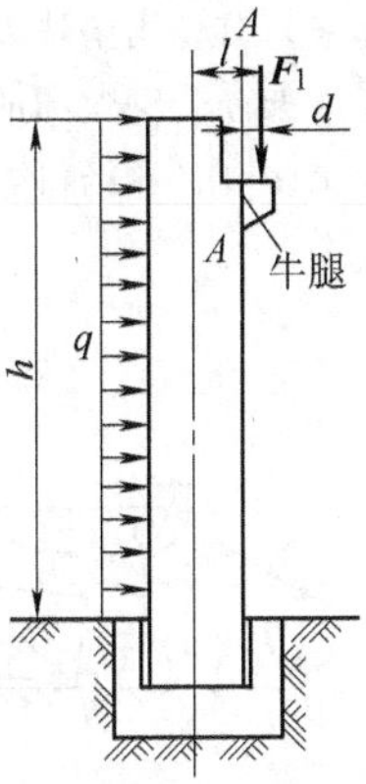

习题 3.11 图

3.13　均质梁 AB 的重量为 1000N，在 A 点铰支，在 B、C 两点与一根绳子连接，绳子绕过固定在 D 点的无摩擦滑轮。假定绳子拉断前的最大拉力为 800N，求均布载荷 2.5kN/m 的作用区域的最大长度 l。l 从支座量起。绳子拉断时 A 支座的约束力为多少？习题 3.13 图中长度单位为 m。

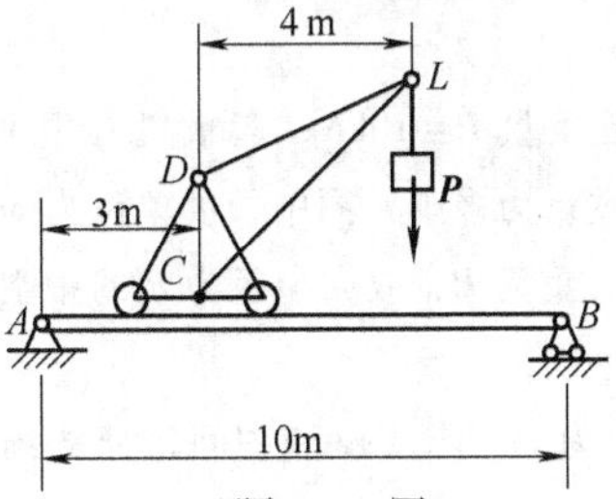

习题 3.12 图

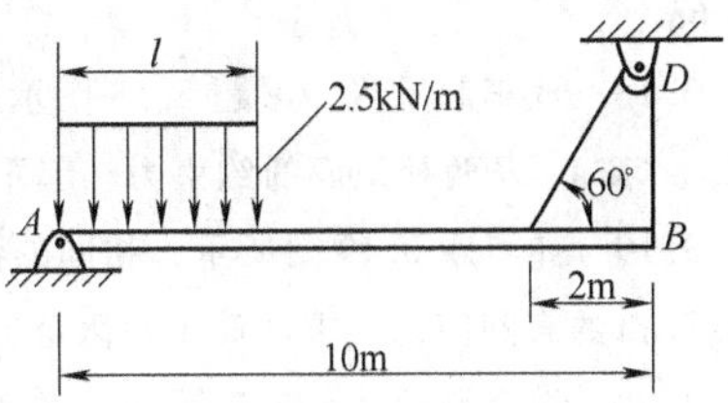

习题 3.13 图

3.14　操纵杆 ABC 在 A 点用铰支座支承，在 B 点与直角杆 BD 用铰链相接，如习题 3.14 图所示。构件自重不计，求 A 支座的约束力。图中长度单位为 m。

3.15　如习题 3.15 图所示，起重机 ABC 具有铅垂转动轴 AB，起重机的重量 $W=1.5$kN，重心在 D。在 C 处吊有重物 G，其重量 $G=10$kN。试求轴承 A 和止推轴承 B 的约束力。图中长度单位为 m。

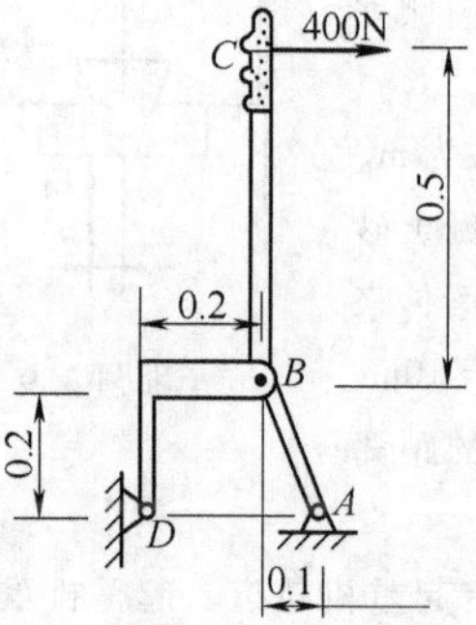

习题 3.14 图

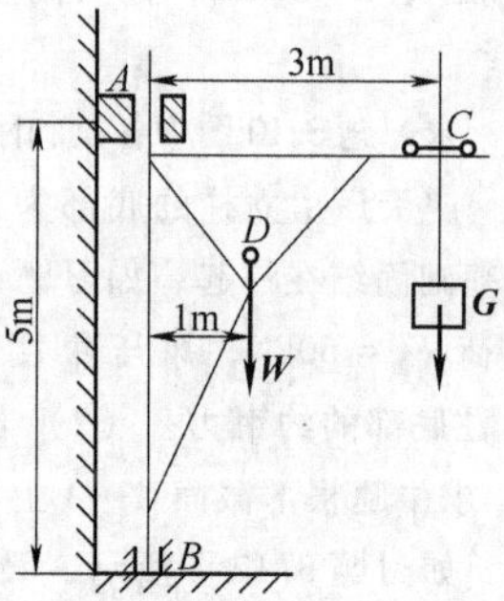

习题 3.15 图

3.16　如习题 3.16 图所示，为了把高 10m，宽 1.2m，重量 $W=200$kN（重心在 C）的塔架竖起来，首先用垫块 D 将其一端 A 垫高，而在其另一端用桩柱顶住以防滑动，然后再用卷扬机拉起塔架。若钢丝绳的最大拉力为 360kN，并设垫块垫好后，钢丝绳可视为水平，试问垫块 D 至少垫多高，卷扬机才能把塔竖起来？并求这时 O 点的约束力。

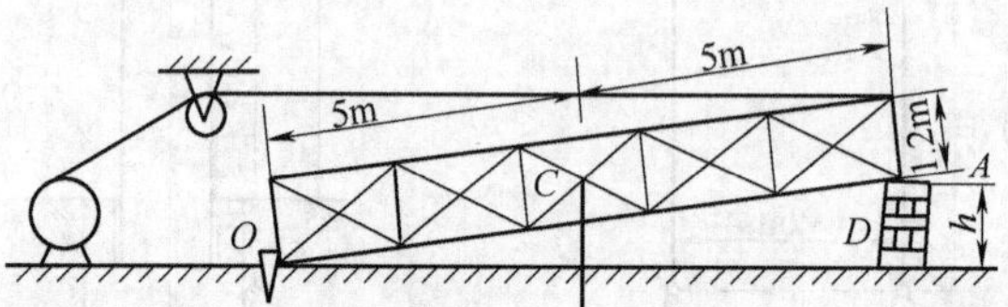

习题 3.16 图

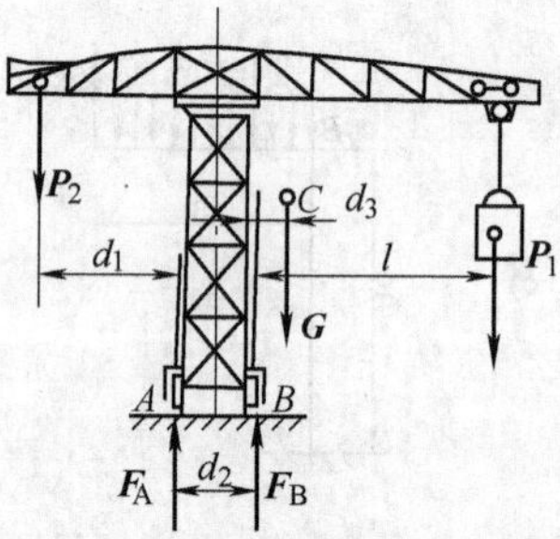

习题 3.17 图

3.17　行动式起重机如习题 3.17 图示。已知轨距 $d_2=3$m，机身重 $G=500$kN，其作用线至右轨的距离 $d_3=1.5$m，起重机的最大载荷 $P_1=250$kN，其作用线至右轨的距离 $l=10$m。欲使起重机满载时不向右倾倒，空载时不向左倾倒，试确定平衡重 P_2 之值，设其作用线至左轨的距离 $d_1=6$m。

3.18　汽车起重机在习题 3.18 图示位置保持平衡。已知起重量 $P=10$kN，起重机自重 $W=70$kN。求 A、B 两处地面的约束力。起重机在此位置的最大起重量为多少？图中长度单位为 m。

3.19　如习题 3.19 图所示，相同的两个均质圆球半径为 r，重为 P，放在半径为 R 的中空而两端开口的直圆筒内，求圆筒不致因球作用而倾倒的最小重量。

3.20　组合梁的载荷及尺寸如习题 3.20 图所示，长度单位为 m。求支座和中间铰处的约束力（图 c 指 B 铰作用在 BC 杆上的力）。

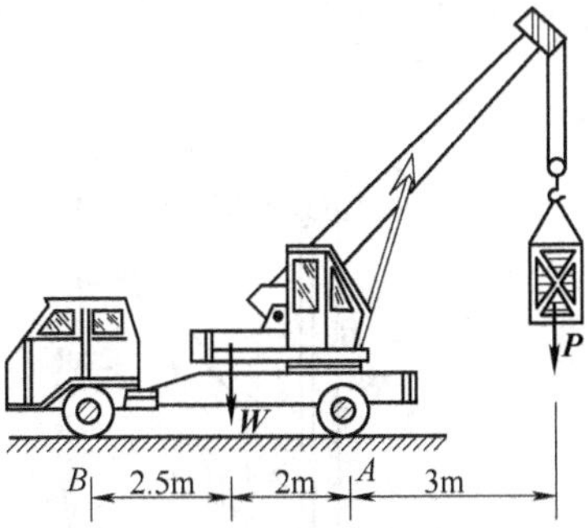

习题 3.18 图

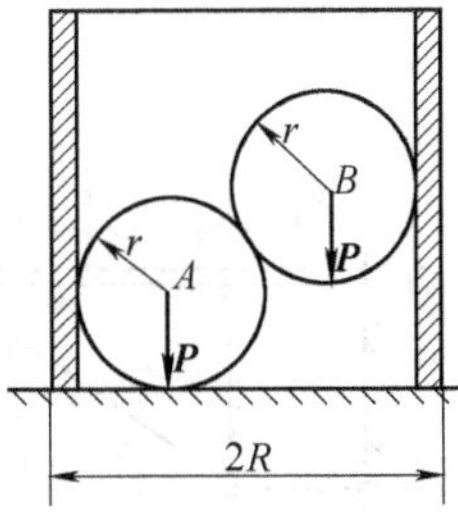

习题 3.19 图

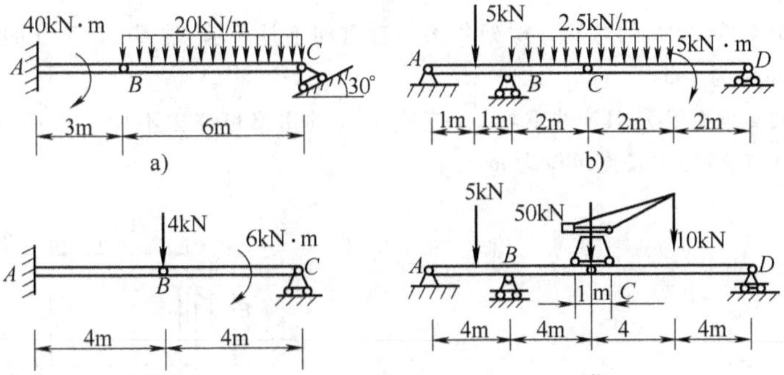

习题 3.20 图

3.21　一活动梯子放在光滑水平的地面上，见习题 3.21 图梯子由 AC 与 BC 两部分组成，每部分的重量均为 150N，重心在杆子的中点，彼此用铰链 C 及绳子 EF 连接在一起。今有一人其重量为 600N，站在 D 处，试求绳子 EF 的拉力和 A、B 两点的约束力。图中长度单位为 m。

3.22　一梁由支座 A 以及 BE、CE、DE 三杆支承如习题 3.22 图所示，已知 $q=0.5\text{kN/m}$，$l=2\text{m}$。求各杆内力。

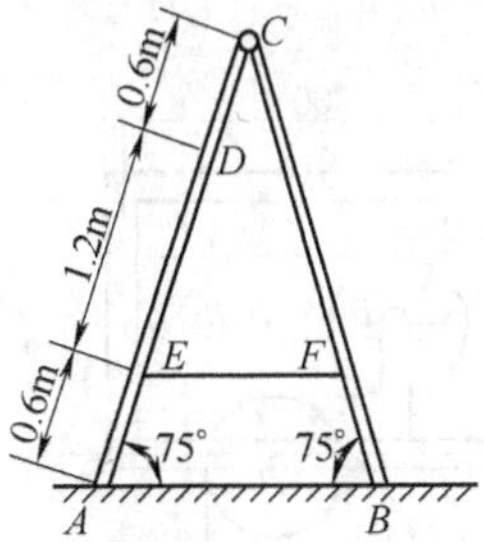

习题 3.21 图

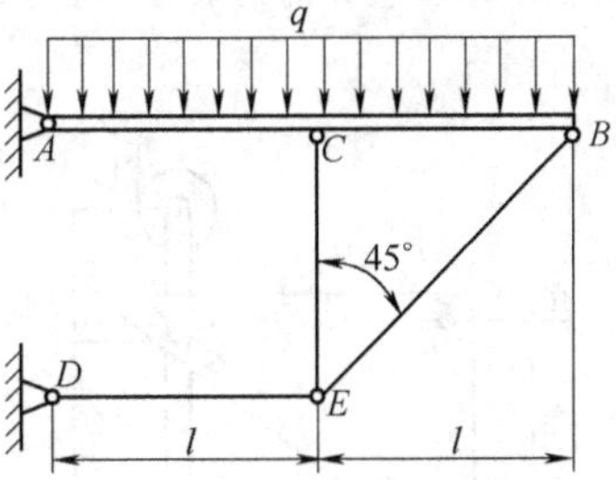

习题 3.22 图

3.23　一组合梁 ABC 的支承及载荷如习题 3.23 图所示。已知 $F=1\text{kN}$，$M=0.5\text{kN}\cdot\text{m}$，求固定端 A 的约束力。图中长度单位为 m。

3.24　框架几何尺寸及载荷如习题 3.24 图所示，图中长度单位为 m。求固定端 A 和 CD 杆所受的力，框架自重不计。

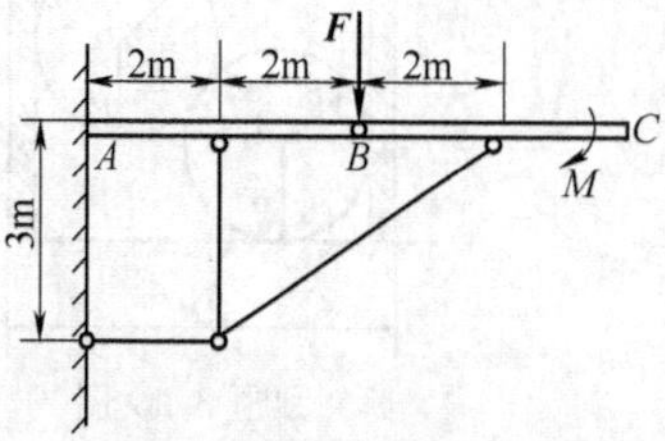

习题 3.23 图

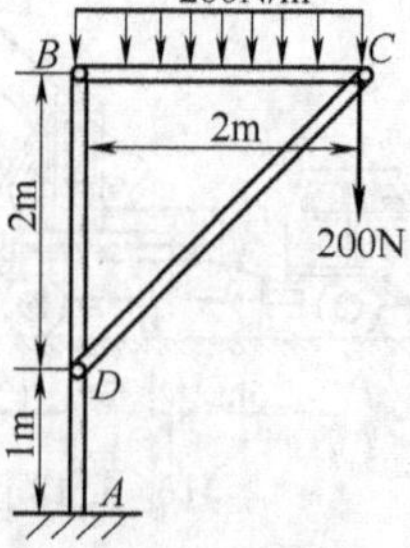

习题 3.24 图

3.25　框架支承 392N 的重物，框架各构件自重均不计。求 A、B、C 三处的约束力。习题 3.25 图中长度单位为 mm。

3.26　框架支承重量为 4kN 的重物，各杆件自身的重量可略去不计。求 A、B、C、D 各点的约束力。习题 3.26 图中长度单位为 m。

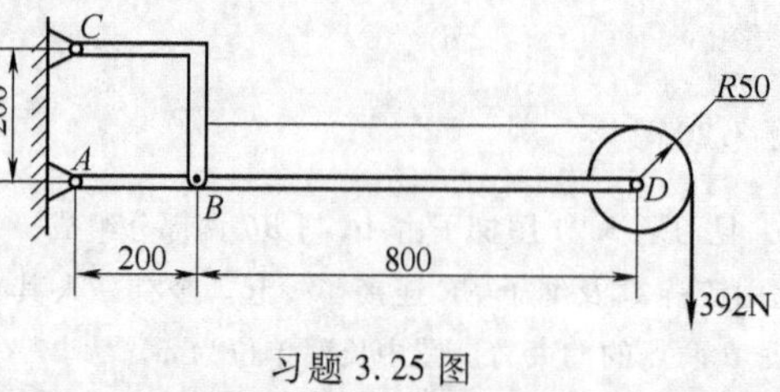

习题 3.25 图

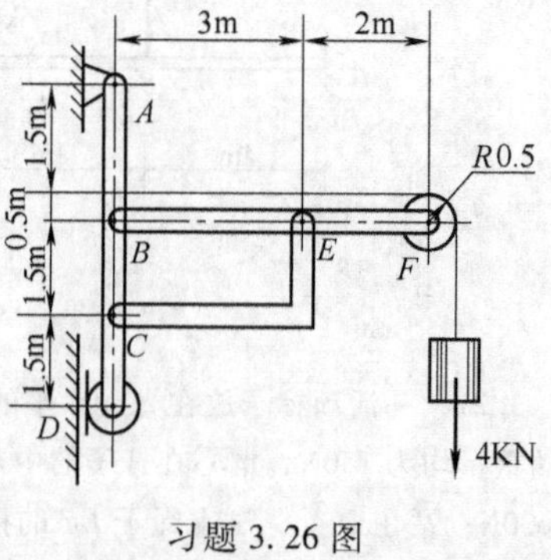

习题 3.26 图

3.27　三角形平板的 A 点为铰支座，销子 C 固结在杆 DE 上，并与滑道光滑接触，各构件重量略去不计，求支座 D 的约束力，习题 3.27 图中长度单位为 mm。

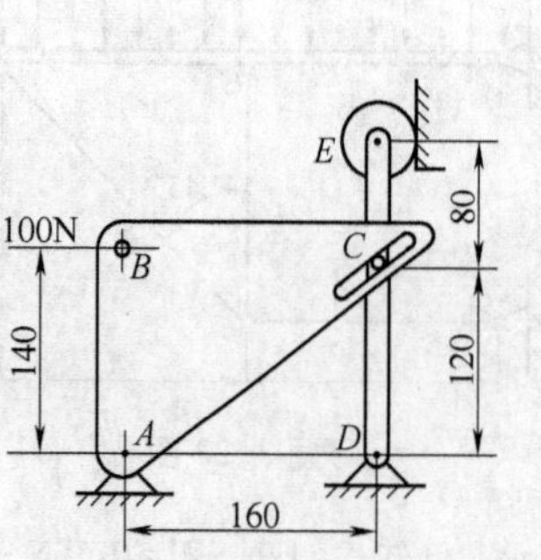

习题 3.27 图

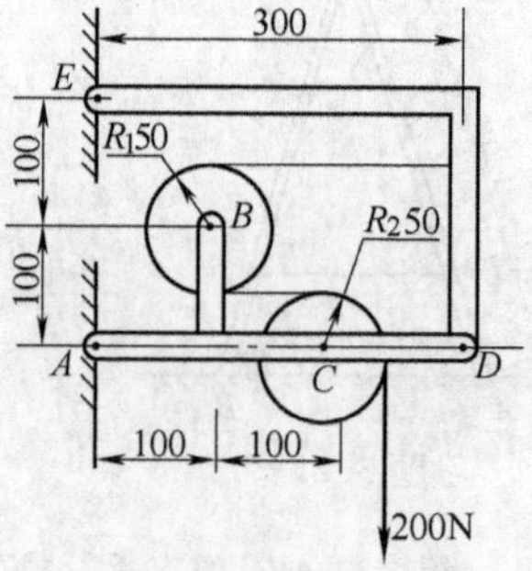

习题 3.28 图

3.28　承重框架如图所示，A、D、E 均为铰接，框架各构件自重均不计。求 A、D、E 三点的约束力。习题 3.28 图中长度单位为 mm。

3.29　习题 3.29 图所示小型推料机的简图。电机转动盘借连杆 AB 使推料板 O_1C 绕轴 O_1 转动，并把料推到运输机上。已知装有销钉 A 的圆盘重 $W=200\text{N}$，均质杆 AB 重 $P=300\text{N}$，推料板 O_1C 重 $G=600\text{N}$。设料作用于推料板 O_1C 上的均布载荷集度 $q=2.5\text{kN/m}$，$OA=20\text{cm}$，$AB=200\text{cm}$，$O_1B=BC=40\text{cm}$，$\alpha=45°$。若在图示位置机构处于平衡，求作用在转盘上的力偶矩 M 的大小。

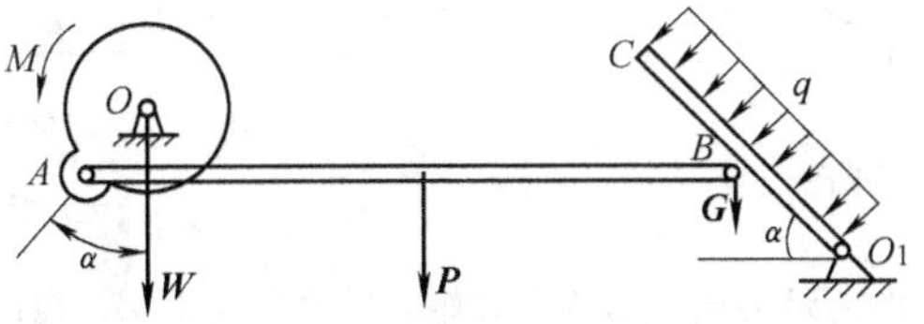

习题 3.29 图

3.30　为了使螺栓 B 受到 100N 的夹紧力，问加在手柄上的力 $\boldsymbol{F}$ 应为多大？图中 A 为铰链连接，不计摩擦。习题 3.30 图中长度单位为 mm。

3.31　AB、AC、DE 三杆铰接并支承如习题 3.31 图所示。DE 杆上有一插销 F 套在 AC 杆的导槽内。求在水平杆 DE 的一端有一铅垂力 $\boldsymbol{F}$ 作用时，A、D、B 三点所受的力。设 $AD=DB$，$DF=FE$，所有杆重均不计。

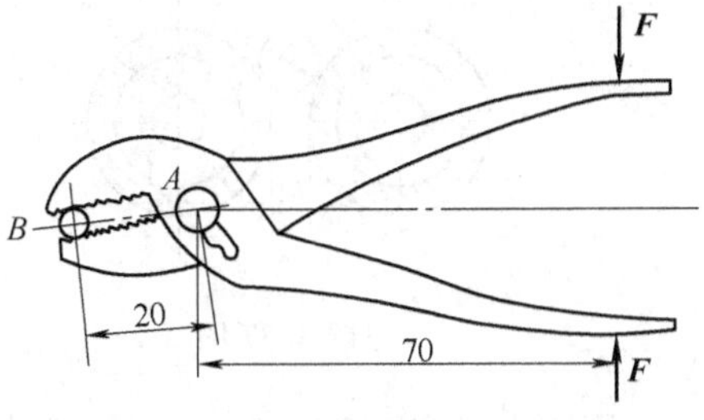

习题 3.30 图

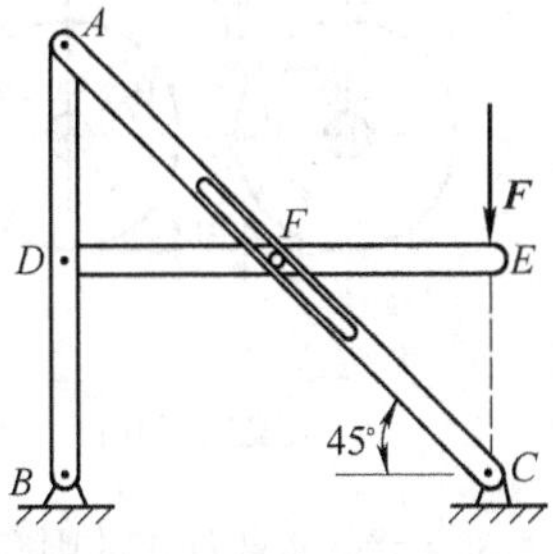

习题 3.31 图

3.32　一物块重 $W=200\text{N}$，与水平支承面间摩擦因数 $f_s=0.5$，作用力 $F=90\text{N}$。试就习题 3.32 图中所列三种情况，计算摩擦力。

3.33　如习题 3.33 图所示，转子的重量为 G，半径为 r，欲使其转动，需加多大的力偶矩 M？设各接触面间的摩擦因数为 f_s。

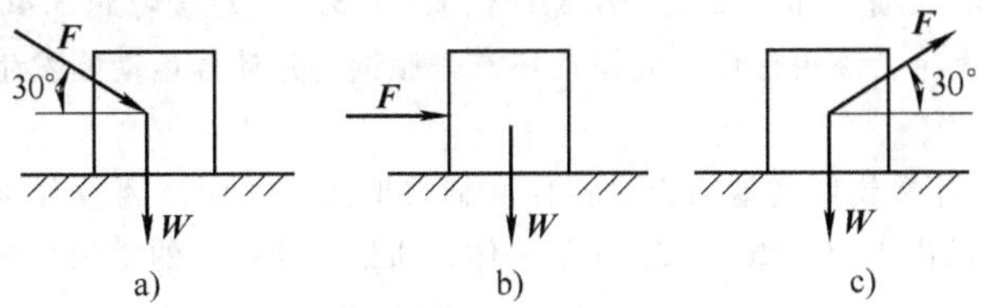

习题 3.32 图

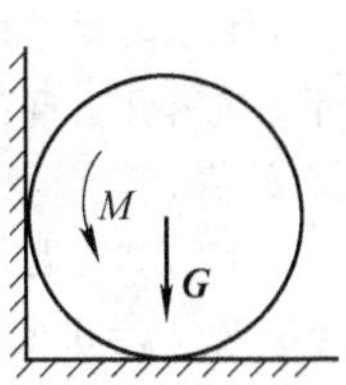

习题 3.33 图

3.34　如习题 3.34 图所示，板 AB 长 l，A、B 两端分别搁在倾角 $\alpha_1=50°$，$\alpha_2=30°$的两斜面上。已知板端与斜面之间的摩擦角均为 $\varphi_m=25°$。欲使物块 M 放在板上而板保持水平不动，试求物块放置的范围。板重不计。

3.35　在 B 块上加多大的水平力 $\boldsymbol{F}$，如习题 3.35 图所示，才能举起重为 190N 的物体 A？设各接触面间的摩擦因数均为 0.2。B 块自重不计。

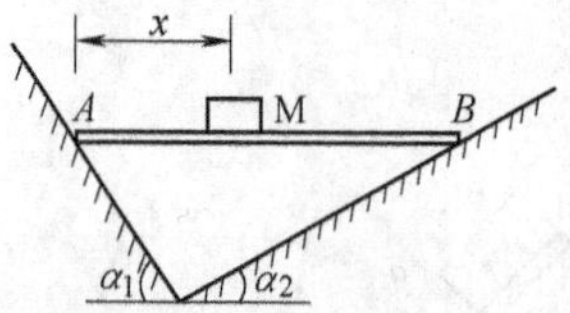

习题 3.34 图

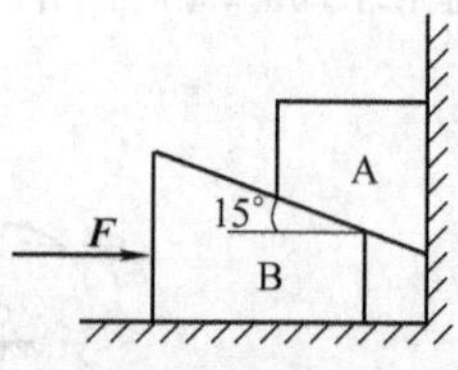

习题 3.35 图

3.36　如习题 3.36 图所示为轧机的两个轧辊，其直径均为 d，辊面间开度为 b_1，两轧辊的转向相反，已知烧红的钢板与轧辊间的摩擦因数为 $f_s=0.1$；设 $d=500\text{mm}$，$b_1=5\text{mm}$，试问能轧制的钢板厚度 b 是多少？

3.37　如习题 3.37 图所示辊式破碎机，矿石在两个平行且相向转动的圆柱形轧辊中被压碎。如轧辊直径 $D=500\text{mm}$，开度 $d_1=12\text{mm}$，矿石与轧辊间的摩擦因数 $f_s=0.3$。求能轧入并破碎的矿石的最大直径 d。

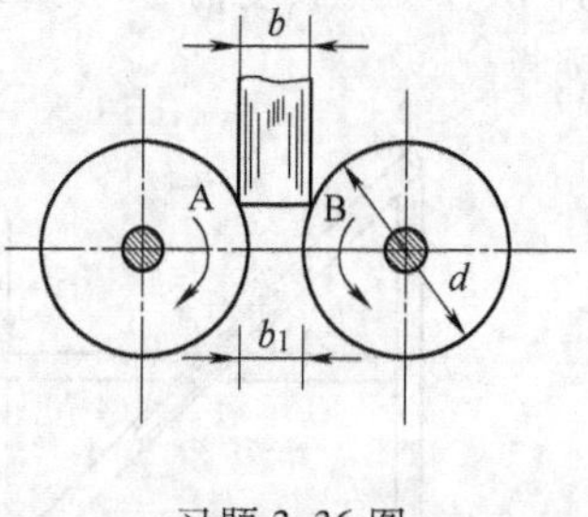

习题 3.36 图

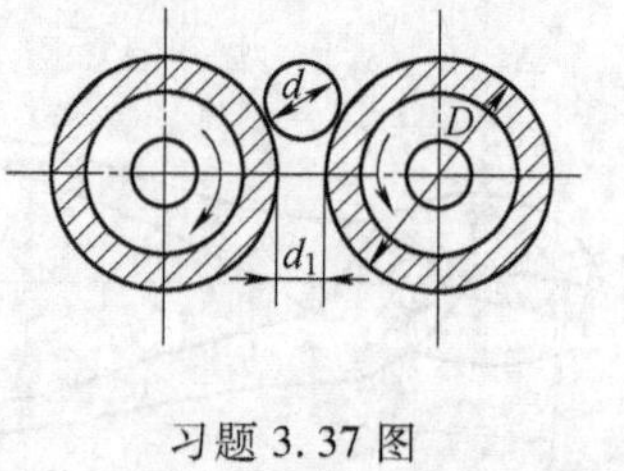

习题 3.37 图

3.38　攀登电线杆用的脚套钩如习题 3.38 图示，设电线杆的直径 $D=300\text{mm}$，A、B 间的垂直距离 $d=100\text{mm}$，若套钩与电线杆间的摩擦因数 $f_s=0.5$。问踏脚处至电线杆间的距离 l 为多少才能保证安全操作？

3.39　如习题 3.39 图所示，矩形板的重量为 8kN，重心在 O 点。板由两轮支承并可沿水平固定导轨移动。如果轮 A 被卡住不能转动，问需要多大的推力 $\boldsymbol{F}$ 才能使板移动？已知轮子与导轨间的静摩擦因数为 0.3，不计滚动摩阻及轴承 B 的摩擦。图中长度单位为 m。

3.40　均质棱柱体重 $G=4.8\text{kN}$，放置在水平面上，摩擦因数 $f_s=1/3$，力 $\boldsymbol{F}$ 按习题 3.40 图所示方向作用。问当 $\boldsymbol{F}$ 的值逐渐增大时，该棱柱体是先滑动还是先倾倒？并计算运动刚发生时力 $\boldsymbol{F}$ 的值。

3.41　如习题 3.41 图所示，一折梯放置在地面上，折梯两脚与地面间的摩擦因数分别为 $f_{sA}=0.2$，$f_{sB}=0.6$，折梯的一边 AC 的中点有一重 $P=500\text{N}$ 的物体，如果不计折梯的重量，问能否平衡？并求两脚与地面间的摩擦力。

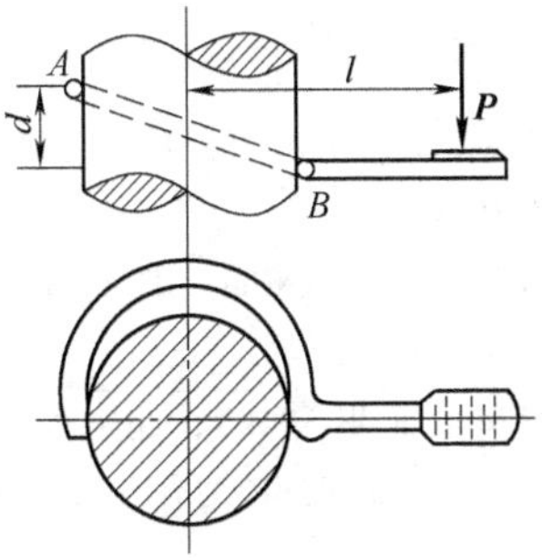

习题 3.38 图

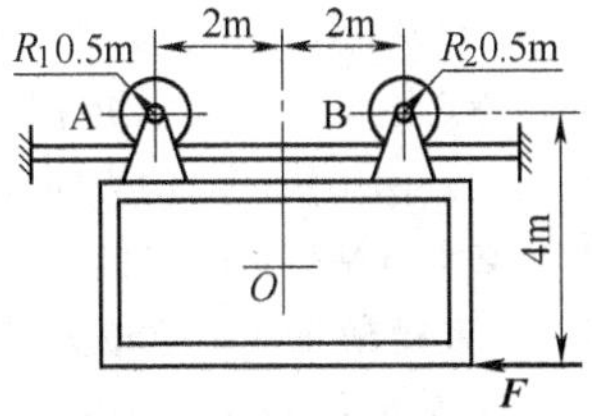

习题 3.39 图

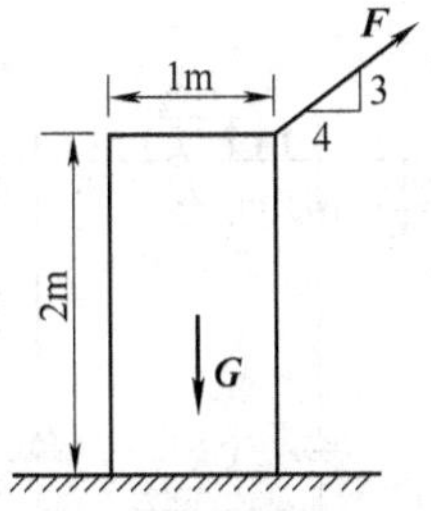

习题 3.40 图

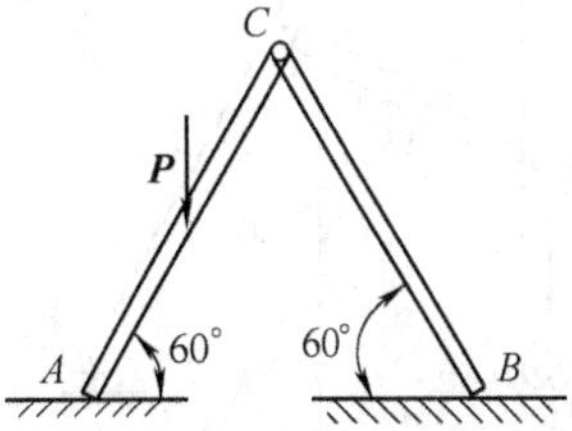

习题 3.41 图

3.42　如习题 3.42 图所示，均质杆 AB 和 BC 在 B 端铰接，A 端铰接在墙上，C 端则由墙阻挡，墙与 C 端接触处的摩擦因数 $f_s=0.5$，试确定平衡时的最大角度 θ。设两杆长度相等，重量相同，铰链的摩擦不计。

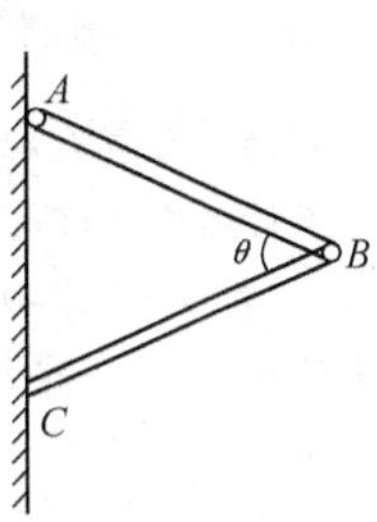

习题 3.42 图

3.43　砖夹的宽度为 25cm，曲杆 AGB 与 $GCED$ 在 G 点铰接，尺寸如习题 3.43 图所示，设砖重 $W=120\text{N}$，提起砖的力 $\boldsymbol{F}$ 作用在砖夹的中心线上，砖夹与砖间的摩擦因数 $f_s=0.5$，试求距离 d 为多大才能把砖夹起。图中长度单位为 mm。

3.44　习题 3.44 图中鼓轮的重量为 49N，物块 B 的重量为 88N，B 与鼓轮间的摩擦因数为 0.45，图中长度单位为 mm，求切断绳子 C 时物块 B 在 A 处所受的约束力。

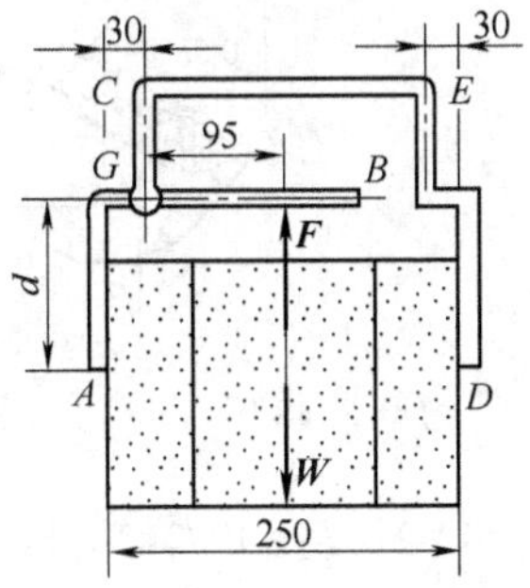

习题 3.43 图

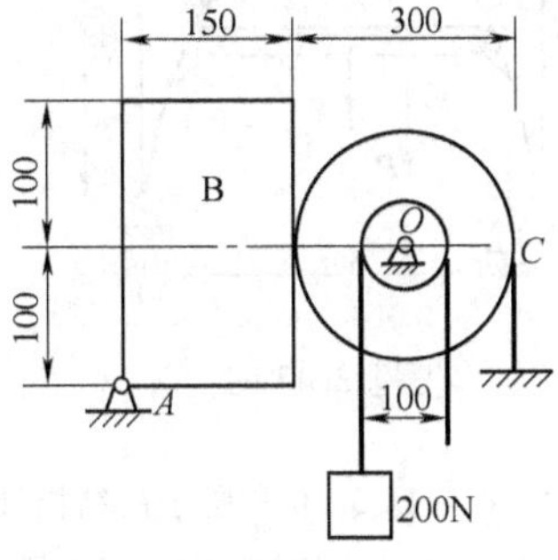

习题 3.44 图

习　题　B

3.45　由杆 AB、AC、CD、EF 四杆所铰接成的架子上有一铅垂向下的力作用如习题 3.45 图所示。设 $AE=EB$、$AG=GC$。求支座 B 上的约束力及杆 EF 的内力。

3.46　静定刚架如习题 3.46 图所示。均布荷载 $q_1=1\text{kN/m}$，$q_2=4\text{kN/m}$，求 A、B、E 三支座处的约束力。图中长度单位为 m。

3.47　某水电站厂房的三铰拱架如习题 3.47 图所示，行车梁重 $W=20\text{kN}$，起重机空载时重 $P=10\text{kN}$，三铰拱架每一半重量为 $G=60\text{kN}$，风压力的合力为 $F=10\text{kN}$，各力作用线位置如图，试求 A、B、C 处的约束力。图中长度单位为 m。

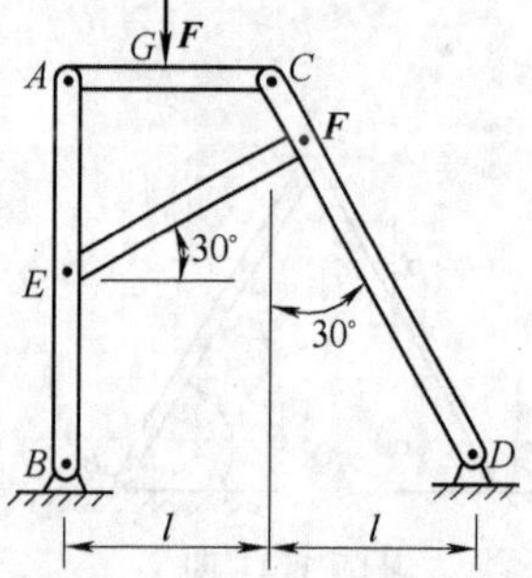

习题 3.45 图

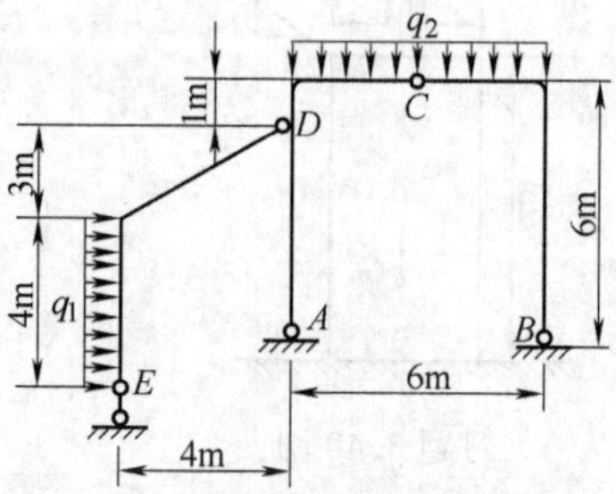

习题 3.46 图

3.48　习题 3.48 图所示挖掘机计算简图中，挖斗载荷 $P=12.25\text{kN}$，作用于 G 点，尺寸如图。不计各构件自重，求在图示位置平衡时杆 EF 和 AD 所受的力。图中单位为 m。

3.49　习题 3.49 图所示用三铰拱 ABC 支承的四跨静定梁受有均布载荷 q 作用，试用最简便的方法求出 A、B 的约束力（只需作出必要的受力图，并说明需列哪些平衡方程求解）。

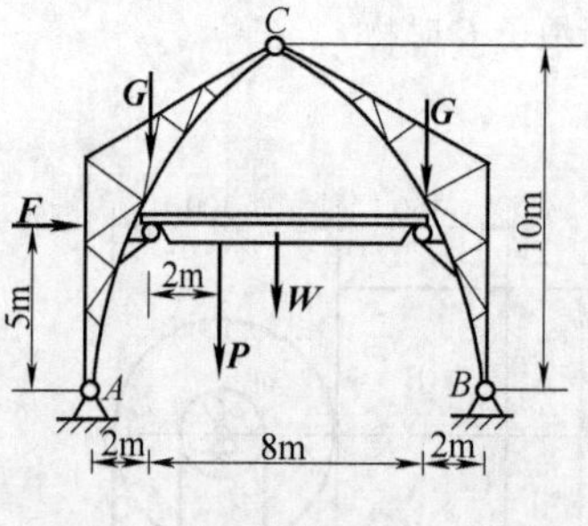

习题 3.47 图

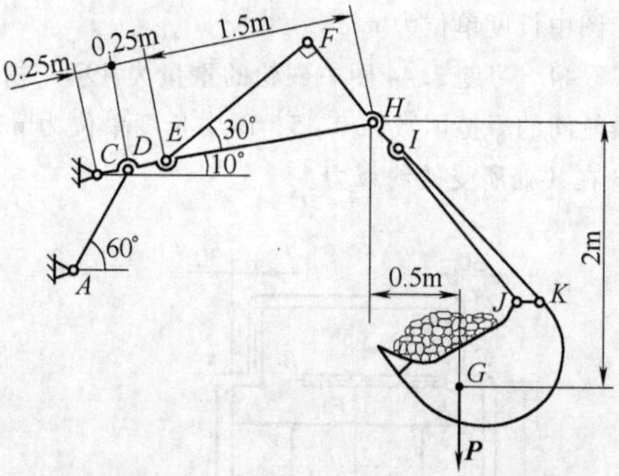

习题 3.48 图

3.50　在习题 3.50 图所示的结构计算图中，已知 $F_1=F_1'=12\text{kN}$，$F_2=10\sqrt{2}\,\text{kN}$，试求 A、B、C 三处的约束力（要求方程数目最少而且不需要解联立方程），图中长度单位为 m。

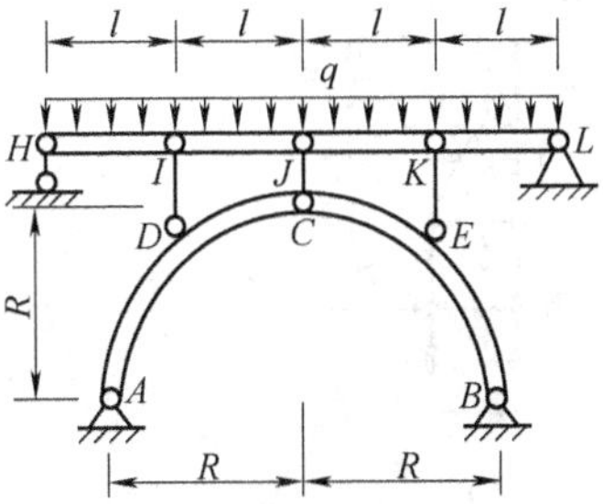

习题 3.49 图

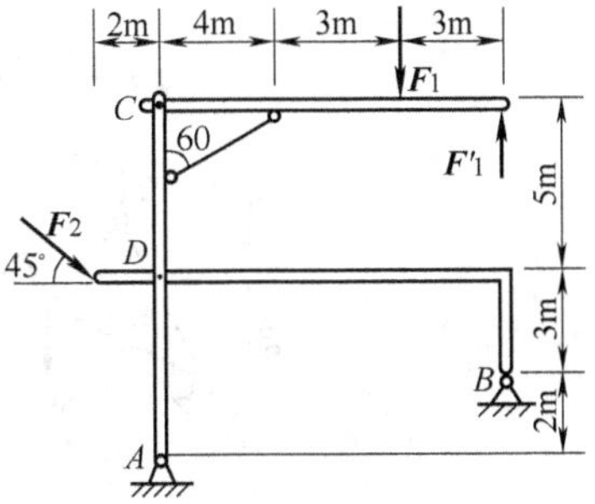

习题 3.50 图

3.51　试求习题 3.51 图所示悬臂桁架中各杆所受的力。

3.52　求习题 3.52 图所示桁架中各杆所受的力。图中长度单位为 m。

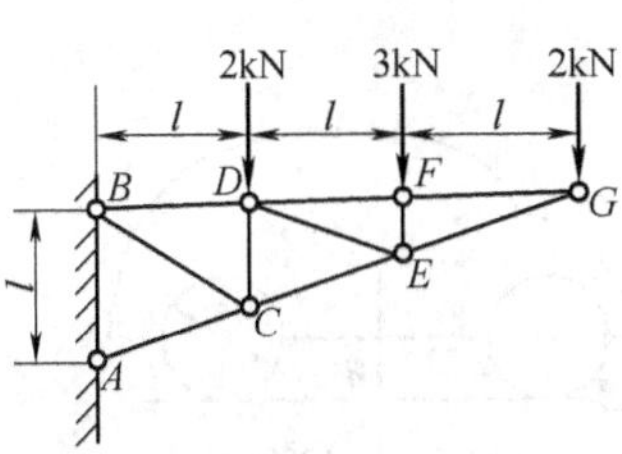

习题 3.51 图

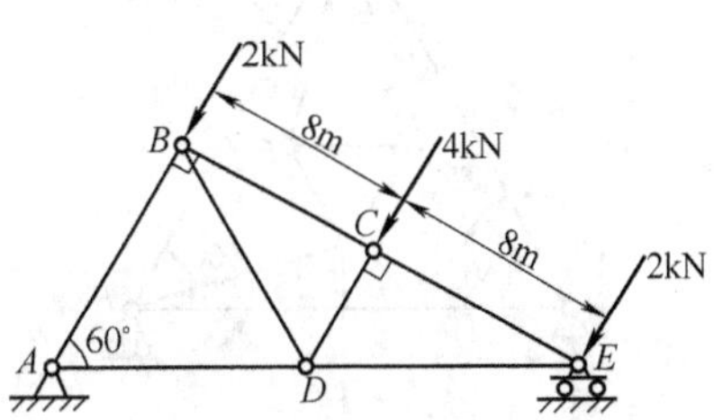

习题 3.52 图

3.53　试用最简捷的方法求习题 3.53 图所示桁架中指定杆件的内力。

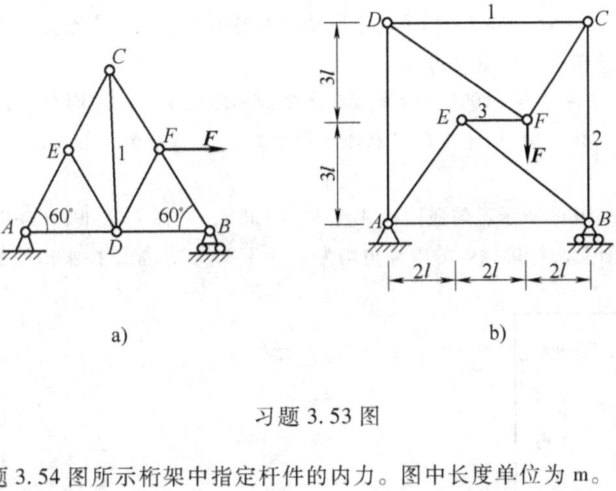

a)　　　　　　　　b)

习题 3.53 图

3.54　求习题 3.54 图所示桁架中指定杆件的内力。图中长度单位为 m。

3.55　复杂桁架的支座及载荷如习题 3.55 图所示，求 AB 杆的内力。

3.56　汽车重 $W=12\text{kN}$，车轮直径 $d=600\text{mm}$，前轮轴光滑。汽车由静止启动，问发动机给后轮的转矩 M 有多大才能越过高度为 $h=120\text{mm}$ 的障碍物？又问此时后轮与地面的摩擦因数 f_s 为多大才不会打滑？习题 3.56 图中长度单位为 mm。

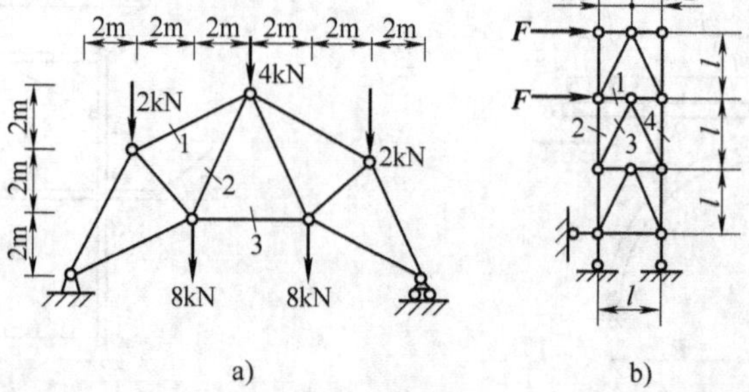

习题 3.54 图

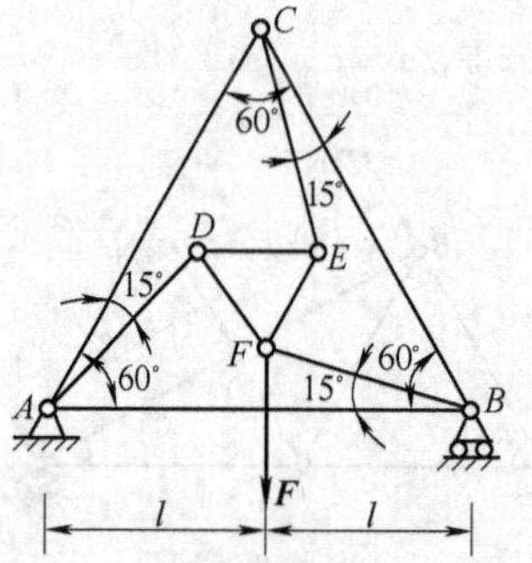

习题 3.55 图

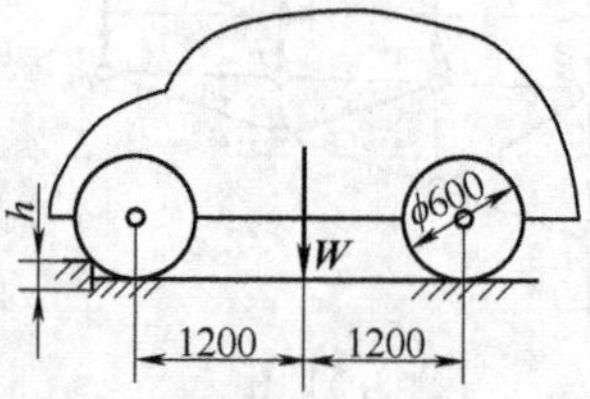

习题 3.56 图

3.57　平板小车重 $W_1=100\text{N}$，与地面间的摩擦因数 $f_{1s}=0.35$，车上放一木箱重 $W_2=600\text{N}$，木箱与车板间的摩擦因数 $f_{2s}=0.5$。为了防止滚动将 B 轮制动，试求不致失去平衡时的最大水平推动力 $\boldsymbol{F}$。习题 3.57 图中长度单位为 m。

3.58　物块 A、B 各重 $W=100\text{N}$，分别放在水平面和斜面上，摩擦因数均为 $f_s=0.5$，两物块用光滑铰链和无重杆 AC、BC 相连，在 C 点作用铅垂力 $\boldsymbol{F}$ 维持平衡，如习题 3.58 图所示。试求力 $\boldsymbol{F}$ 的取值范围。

3.59　如习题 3.59 图所示，匀质圆柱 A 重 $W_1=100\text{N}$，方柱 B 重 $W_2=140\text{N}$，靠在一起放在倾角为 $\alpha=30°$ 的斜面上，各接触处的摩擦角均为 $\varphi_m=35°$，试求能维持平衡的最大推力 $\boldsymbol{F}$。

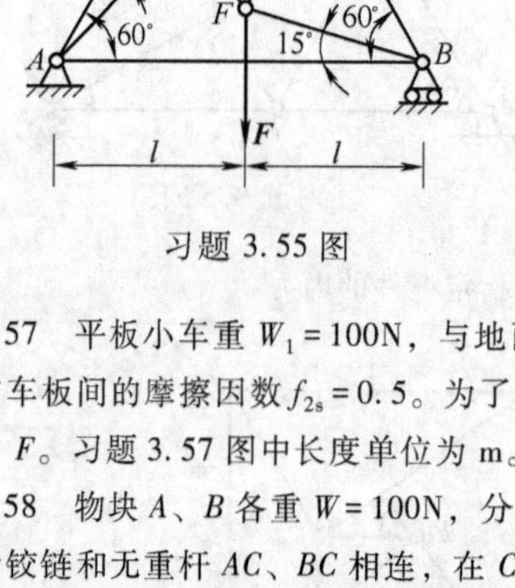

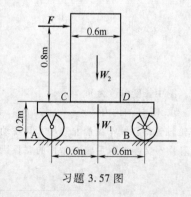

习题 3.57 图

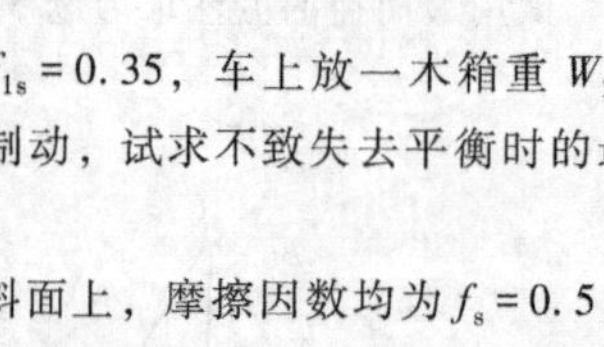

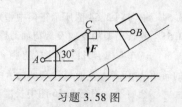

习题 3.58 图

3.60　如习题3.60图所示，一轮半径为R，在其铅直直径的上端B点作用一水平力$\boldsymbol{F}$，轮与水平面间的滚动摩阻因数为δ。问水平力$\boldsymbol{F}$使轮只滚动而不滑动时轮与水平面间的滑动摩擦因数f_s需要满足什么条件？

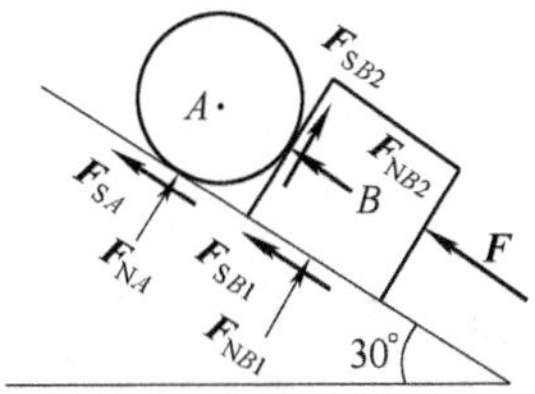

习题3.59图

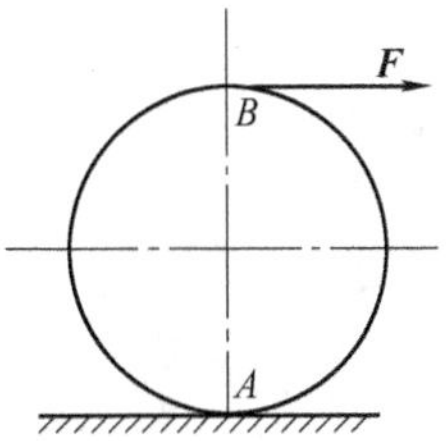

习题3.60图

3.61　半径为R，重为P的轮静止在水平面上，如习题3.61图所示。在轮中心有一凸出的轴，其半径为r，并在轴上缠有细绳，其细绳跨过光滑的滑轮A，在端部系重为W的物体，绳的AB部分与铅直线成α角。求轮与水平面接触点C处的滚阻力偶、滑动摩擦力和法向约束力。

3.62　如习题3.62图所示，重$W=15\text{kN}$的钢梁用几根直径为$d=50\text{mm}$的滚柱搬运，滚柱上、下接触处的滚动摩阻因数$\delta_1=0.2\text{mm}$，$\delta_2=0.4\text{mm}$，试求推动钢梁匀速前进的水平力$\boldsymbol{F}$。

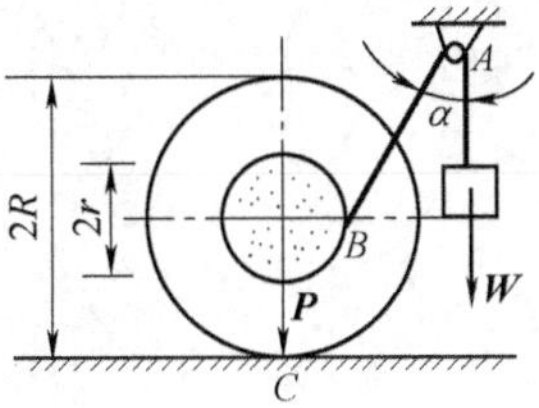

习题3.61图

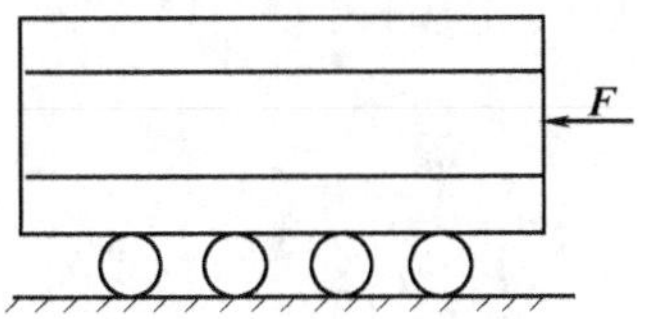

习题3.62图

第2篇 运 动 学

运动学研究物体机械运动的几何性质，而不涉及运动变化的原因，即不涉及物体的受力。

物体的机械运动是指物体的位置随时间的变化，这种变化的描述依据所选参考物体的不同而不同，这就是运动的相对性。为了描述运动，必须首先确定参考物体，并建立与其固结的参考坐标系。在一般工程问题中，总是选取固连于地球的参考坐标系，在本书中如不做特别说明，也应这样理解。

学习运动学一方面是为学习动力学打基础。另一方面运动学的研究又具有独立意义。如在一些自动控制系统、传递系统和仪表系统中，由于构件受力很小，往往不需要分析力和计算力，主要是研究机构的运动是否符合需要。在机械设计中，也应先对机构的运动进行分析，使各机件的运动关系满足机械正常运转的需要，再进行强度和刚度校核。

运动学研究点和刚体的运动。当描述一物体的运动时，如果它的大小和形状不起主要作用，就可以把它抽象化为一个点。例如描述人造地球卫星沿其轨道的运行，可把卫星简化为一个点。但如描述卫星飞行的姿态，就应把它看成刚体。在运动学中，先研究点的运动学，在此基础上再研究刚体的运动学。

运动学有两种不同的研究方法：分析法和几何法。分析法从建立运动方程出发，通过数学求导获得速度、加速度和运动特性，适合于运动过程的分析，也便于计算机求解。几何法建立各瞬时描述运动的矢径、速度、加速度等矢量之间的几何关系，适合于某一特定瞬时的运动性质分析，也便于做定性分析，形象直观。两种方法各有所长，读者都应掌握。

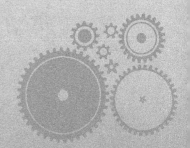

第 4 章

点的运动学

点的运动学研究点相对某一个参考系的几何位置随时间变化的规律，包括点的运动方程、运动轨迹、速度和加速度等。

4.1 点的运动的矢量描述法

为描述动点 M 相对于某参考系的位置，在参考系上任取一确定的点 O 为原点，自点 O 向动点 M 作矢量 $\boldsymbol{r}$（见图 4-1），称 $\boldsymbol{r}$ 为动点 M 相对于原点 O 的位置矢量，简称矢径。当动点 M 运动时，矢径 $\boldsymbol{r}$ 随时间而变化，并且是时间的单值连续函数，即

$$\boldsymbol{r}=\boldsymbol{r}(t) \tag{4-1}$$

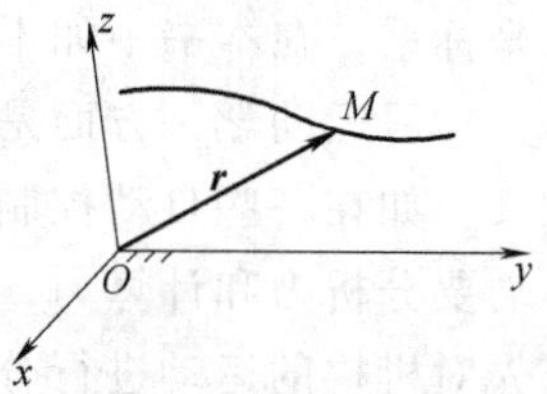

图 4-1

式（4-1）就能确定任意瞬时动点 M 相对参考系的位置，称为动点的矢量形式的运动方程。

随着时间 t 的连续变化，矢径的端点将在空间划出一条曲线，这条曲线称为矢端曲线。显然，矢径 $\boldsymbol{r}$ 的矢端曲线就是动点 M 的运动轨迹。

速度是描述点的运动的基本物理量，用来描述点运动的快慢和方向。动点的速度矢量等于它的矢径 $\boldsymbol{r}$ 对时间的一阶导数，即

$$v=\frac{\mathrm{d}\boldsymbol{r}}{\mathrm{d}t}=\dot{\boldsymbol{r}} \tag{4-2}$$

速度矢量沿着矢端曲线（即轨迹）的切线，指向运动方向。

速度的单位常用米/秒（m/s），有时也用千米/小时（km/h）和厘米/秒（cm/s）。

加速度也是描述点的运动的基本物理量，描述点的速度对时间的变化率，包括速度大小的变化和速度方向的变化。

动点的加速度矢量等于其速度对时间的一阶导数，也等于其矢径对时间的二阶导数，即

$$\boldsymbol{a}=\frac{\mathrm{d}v}{\mathrm{d}t}=\frac{\mathrm{d}^2\boldsymbol{r}}{\mathrm{d}t^2}=\ddot{\boldsymbol{r}} \tag{4-3}$$

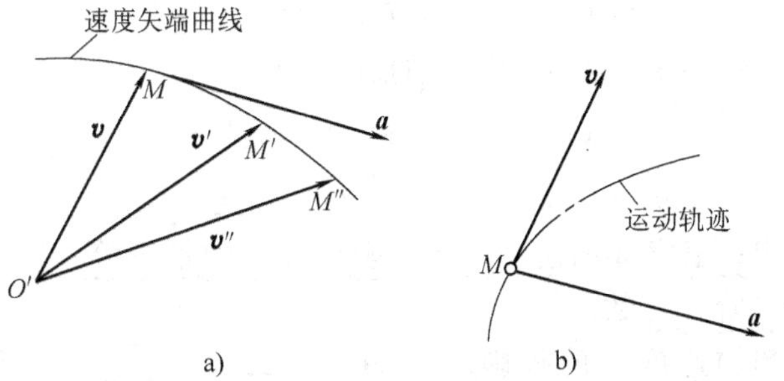

a)　　　　b)

图　4-2

加速度的单位是米/秒^2（m/s^2）。

为了描述加速度 $\boldsymbol{a}$ 的方向，在空间任取一点 O'，把动点 M 在连续不同瞬时的速度矢$\boldsymbol{v}$，$\boldsymbol{v}'$，$\boldsymbol{v}''$，…，都平行地移到点 O'，连接各矢量的端点 M、M'、M''、…，就构成了矢量$\boldsymbol{v}$ 端点的连续曲线，称为速度端图（见图 4-2a），动点的加速度矢 $\boldsymbol{a}$ 的方向与速度端图在相应点 M 的切线相平行（见图 4-2b）。

4.2　点的运动的直角坐标描述法

以参考体上任一点为原点，建立固定的直角坐标系 $Oxyz$（见图 4-3），则动点 M 的位置可由坐标（x，y，z）唯一确定。当点运动时，位置坐标 x、y、z 随时间而变化，是时间 t 的单值连续函数，即

$$x=x(t),\quad y=y(t),\quad z=z(t) \tag{4-4}$$

上式就是动点在直角坐标系下的运动方程。

从运动方程中消去时间 t，得到两个柱面方程：

$$F(x,y)=0,\quad G(y,z)=0 \tag{4-5}$$

这两个柱面的交线就是点的运动轨迹，称式（4-5）为动点的轨迹方程。显然，式（4-4）本身就是动点的轨迹以 t 为参数的参数方程。

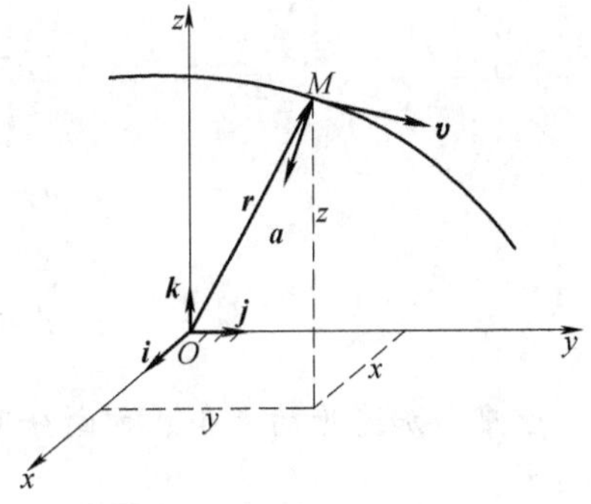

图　4-3

在图 4-3 中自点 O 作动点 M 的矢径 $\boldsymbol{r}$，由于矢径的原点与直角坐标系的原点重合，因此有如下关系

$$\boldsymbol{r}=x\boldsymbol{i}+y\boldsymbol{j}+z\boldsymbol{k} \tag{4-6}$$

由速度与加速度的定义，可以得到下式：

$$\boldsymbol{v}=\dot{\boldsymbol{r}}(t)=\dot{x}(t)\boldsymbol{i}+\dot{y}(t)\boldsymbol{j}+\dot{z}(t)\boldsymbol{k} \tag{4-7}$$

$$\boldsymbol{a}=\ddot{\boldsymbol{r}}(t)=\ddot{x}(t)\boldsymbol{i}+\ddot{y}(t)\boldsymbol{j}+\ddot{z}(t)\boldsymbol{k} \tag{4-8}$$

将式(4-7)、式(4-8) 分别向坐标轴投影，得

$$v_x=\dot{x}(t),\quad v_y=\dot{y}(t),\quad v_z=\dot{z}(t) \tag{4-9}$$

$$a_x=\ddot{x}(t),\quad a_y=\ddot{y}(t),\quad a_z=\ddot{z}(t) \tag{4-10}$$

以上两式表明：速度（加速度）在各坐标轴上的投影等于动点的各对应坐标对时间的一阶（二阶）导数。

利用速度 v 和加速度 $\boldsymbol{a}$ 的投影，可以求出速度和加速度的大小、方向。

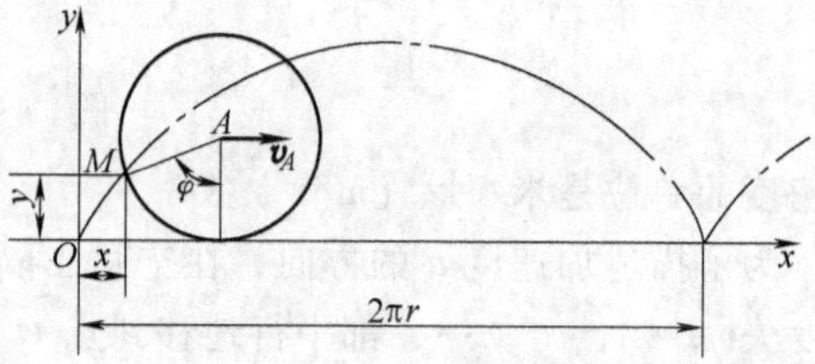

图 4-4

【例 4.1】 半径为 r 的圆盘在地上沿直线匀速滚动，已知盘心的速度为 v_A，试求圆盘圆周上一点 M 的运动方程、速度及加速度。

【解】 从 M 点与地面接触时开始观察，此时 $t=0$，并以此时地上接触点 O 为原点建立静止坐标系 Oxy，如图 4-4 所示。点 M 的运动方程为

$$x=r\varphi-r\sin\varphi=v_At-r\sin\left(\frac{v_A}{r}t\right) \tag{a}$$

$$y=r-r\cos\varphi=r-r\cos\left(\frac{v_A}{r}t\right) \tag{b}$$

显然，以上两式是摆线的参数方程，M 点的轨迹是图 4-4 中用虚线画出的摆线。

将式(a)、式(b) 对时间 t 求导，得

$$v_x=\dot{x}=v_A-v_A\cos\left(\frac{v_A}{r}t\right) \tag{c}$$

$$v_y=\dot{y}=v_A\sin\left(\frac{v_A}{r}t\right) \tag{d}$$

$$a_x=\ddot{x}=\frac{v_A^2}{r}\sin\left(\frac{v_A}{r}t\right) \tag{e}$$

$$a_y=\ddot{y}=\frac{v_A^2}{r}\cos\left(\frac{v_A}{r}t\right) \tag{f}$$

速度与加速度的大小、方向分别为

$$|v|=\sqrt{v_x^2+v_y^2}=v_A\sqrt{\left[1-\cos\left(\frac{v_A}{r}t\right)\right]^2+\sin^2\left(\frac{v_A}{r}t\right)}$$

$$=2v_A\sin\left(\frac{v_A}{2r}t\right)=2v_A\sin\frac{\varphi}{2}$$

$$|\boldsymbol{a}| = \sqrt{a_x^2 + a_y^2} = \frac{v_A^2}{r}$$

$$\cos(v\ ,\boldsymbol{j}) = \frac{v_y}{|v|} = \frac{v_A \sin\varphi}{2v_A \sin\frac{\varphi}{2}} = \cos\frac{\varphi}{2}$$

$$\cos(\boldsymbol{a},\boldsymbol{j}) = \frac{a_y}{|\boldsymbol{a}|} = \frac{v_A^2}{r}\cos\varphi \cdot \frac{r}{v_A^2} = \cos\varphi$$

速度v与y轴的夹角为$\varphi/2$，即M点的速度指向圆盘的最高点，加速度$\boldsymbol{a}$与y轴的夹角为φ，表示点M的加速度指向圆盘的盘心A。M点是圆盘圆周上任取的一点，可见圆盘沿直线匀速滚动时，圆盘圆周上各点都按以上规律运动。

【例 4.2】 小车A和B用长度为$l=4.5$m的绳索相连，A车高出B车$h=1.5$m，今A车从C处开始以匀速度$v_A=0.4$m/s向右行驶，如图 4-5 所示，求经过 5s 时，小车B的速度和加速度。

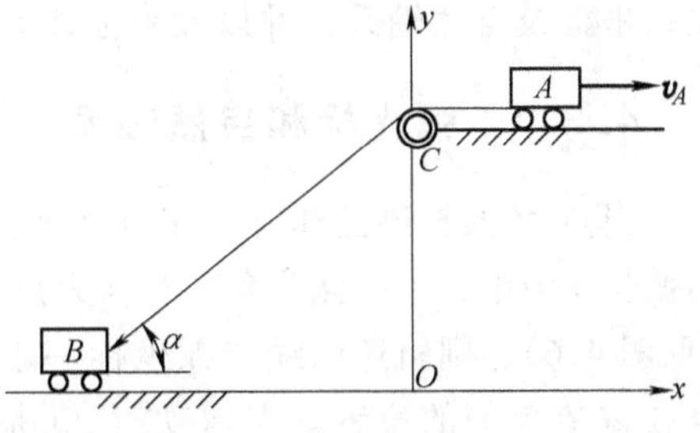

图　4-5

【解】 取图示直角坐标系Oxy，并设$t=0$时小车A在C点处，则t瞬时小车A、B的坐标分别为x_A、x_B，设$BC=s$不论小车B运动到什么位置，总有

$$x_B^2 + h^2 = s^2 \tag{a}$$

又因总的绳长度不变，故

$$x_A + s = l \tag{b}$$

将式(b) 求导并注意到$\dot{x}_A = v_A$

$$\dot{s} = -v_A \tag{c}$$

将式(a) 两边对t求导，得

$$2x_B v_B = 2s\dot{s} \tag{d}$$

由式(c)、式(d) 可得

$$v_B = \frac{-s}{x_B}v_A = \frac{s}{\sqrt{s^2 - h^2}}v_A \tag{e}$$

当$t=5$s，$x_A=2$m，$s=2.5$m，代入式(e) 得

$$v_B = 0.5\text{m/s}$$

将式(c)、式(d) 再求导数，得

$$\ddot{s} = 0 \tag{f}$$

$$v_B^2 + x_B a_B = \dot{s}^2 \tag{g}$$

由式(g) 和式(a)，得

$$a_B=\frac{v_A^2-v_B^2}{\sqrt{s^2-h^2}} \tag{h}$$

将 $v_B=0.5\text{m/s}$ 代入式(h)，可得

$$a_B=-0.045\text{m/s}^2$$

请读者思考，在此题中为什么 $v_B\neq v_A\cos\alpha$?

4.3 点的运动的自然描述法

对受约束的非自由质点，有时其运动轨迹已知，这时可以利用点的运动轨迹建立弧坐标及自然轴系，并以此来描述和分析点的运动，这种方法称为自然法。

4.3.1 弧坐标和自然轴系

当点 M 的轨迹已知时，在轨迹上任选一点 O 为原点，并设点 O 向某一侧量取的弧长 s 为正，另一侧为负，称 s 为点 M 的弧坐标（见图 4-6），则轨迹曲线与弧坐标一起就可完全确定点 M 在空间的位置。点运动时，s 是时间 t 的单值连续函数，即

$$s=s(t) \tag{4-11}$$

上式称为点沿轨迹的运动方程，或以弧坐标表示的点的运动方程。

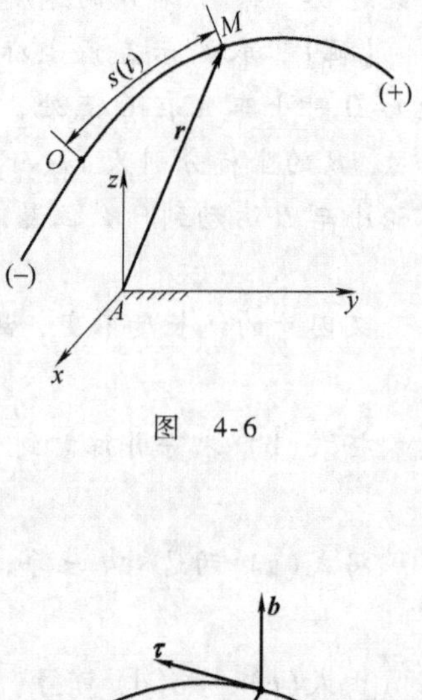

图 4-6

在讨论点的速度及加速度的自然法表示时，要涉及到自然轴系，而自然轴系与点的轨迹曲线的几何性质密切相关。

下面介绍自然轴系。

过曲线上任一点 M，有唯一的一条切线和无数条法线。在这无数条法线中，有一条过点 M 的曲率中心，称为主法线；而同时垂直于点 M 的切线以及主法线的另一条法线，称为副法线。显然，主法线、副法线均分别只有一条。以点 M 为原点，并以曲线在点 M 的切线、主法线和副法线为轴的一组正交坐标系就称为自然轴系，这三个轴称为自然轴。若分别以 $\boldsymbol{\tau}$、$\boldsymbol{n}$ 和 $\boldsymbol{b}$ 表示沿切线、主法线和副法线三轴正方向的单位矢量，则自然轴系和正方向可规定如下（见图 4-7）：$\boldsymbol{\tau}$ 指向弧坐标的正方向；$\boldsymbol{n}$ 指向曲线凹侧且通过曲率中心；$\boldsymbol{b}$ 的方向根据右手法则由下式决定。

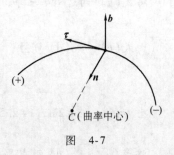

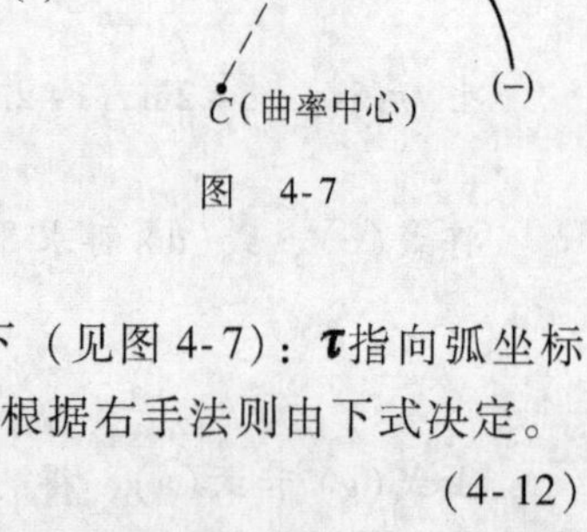

图 4-7

$$\boldsymbol{b}=\boldsymbol{\tau}\times\boldsymbol{n} \tag{4-12}$$

应该注意，自然轴系是随着点运动而沿曲线变动的游动坐标系，所以自然轴系中的单位矢量$\boldsymbol{\tau}$，$\boldsymbol{n}$，$\boldsymbol{b}$ 的模虽不变，但它们的方向却随着 M 点在曲线上的位置不同而改变。

4.3.2　点的速度和加速度

点沿轨迹经过 Δt 时间，由 M 到 M'，在此间隔内点的位移 $\Delta\boldsymbol{r}=\overrightarrow{MM'}$，弧坐标的增量 $\Delta s=\widehat{MM'}$（见图 4-8）。由式(4-2) 得

$$v=\frac{\mathrm{d}\boldsymbol{r}}{\mathrm{d}t}=\frac{\mathrm{d}\boldsymbol{r}}{\mathrm{d}s}\frac{\mathrm{d}s}{\mathrm{d}t}=\dot{s}\ \frac{\mathrm{d}\boldsymbol{r}}{\mathrm{d}s} \tag{a}$$

因为

$$\left|\frac{\mathrm{d}\boldsymbol{r}}{\mathrm{d}s}\right|=\lim_{\Delta t\to 0}\left|\frac{\Delta\boldsymbol{r}}{\Delta s}\right|=\lim_{\Delta s\to 0}\left|\frac{\overrightarrow{MM'}}{\widehat{MM'}}\right|=1$$

因此，$\dfrac{\mathrm{d}\boldsymbol{r}}{\mathrm{d}s}$为单位矢量。另外由于 $\Delta\boldsymbol{r}$ 是矢量，其极限方向沿轨迹的切线，因而比值 $\dfrac{\mathrm{d}\boldsymbol{r}}{\mathrm{d}s}$也是一个矢量，与 $\Delta\boldsymbol{r}$ 的极限方向一致，于是有

$$\frac{\mathrm{d}\boldsymbol{r}}{\mathrm{d}s}=\boldsymbol{\tau} \tag{4-13}$$

将上式代入式(a)，就得到速度的自然法表达式

$$v=v\boldsymbol{\tau}=\dot{s}\ \boldsymbol{\tau} \tag{4-14}$$

上式表明动点的速度总是沿轨迹的切线。其中 $\dot{s}=v$ 应看作速度的代数值，其正负号表示速度v 沿轨迹切线的正向或负向。

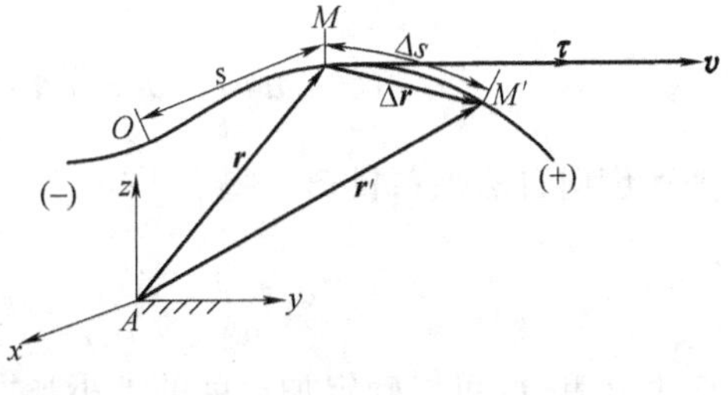

图　4-8

同样地，由式(4-3) 和式(4-14) 得

$$\boldsymbol{a}=\frac{\mathrm{d}v}{\mathrm{d}t}=\dot{v}\ \boldsymbol{\tau}+v\frac{\mathrm{d}\boldsymbol{\tau}}{\mathrm{d}t}=\ddot{s}\ \boldsymbol{\tau}+\dot{s}\ \frac{\mathrm{d}\boldsymbol{\tau}}{\mathrm{d}t} \tag{b}$$

上式表明，加速度 $\boldsymbol{a}$ 可分解为两个分量。式(b) 中的第一项 $\ddot{s}\ \boldsymbol{\tau}$是由于速度的大小改变而产生的加速度，称为切向加速度 $\boldsymbol{a}_{\tau}$，即

$$\boldsymbol{a}_{\tau}=\dot{v}\ \boldsymbol{\tau}=\ddot{s}\ \boldsymbol{\tau} \tag{c}$$

第二项是由于速度的方向改变而产生的加速度，称为法向加速度（主法向加速度）$\boldsymbol{a}_{\mathrm{n}}$，它可写成

$$\boldsymbol{a}_{\mathrm{n}}=\dot{s}\,\frac{\mathrm{d}\boldsymbol{\tau}}{\mathrm{d}t}=\dot{s}\,\frac{\mathrm{d}\boldsymbol{\tau}}{\mathrm{d}s}\cdot\frac{\mathrm{d}s}{\mathrm{d}t}=v^2\frac{\mathrm{d}\boldsymbol{\tau}}{\mathrm{d}s} \tag{d}$$

下面研究$\dfrac{\mathrm{d}\boldsymbol{\tau}}{\mathrm{d}s}$的大小和方向。

设点 M 和 M' 的切向单位矢量为$\boldsymbol{\tau}$和$\boldsymbol{\tau}'$，二矢量间的夹角为 $\Delta\varphi$（见图 4-9），作 $\overrightarrow{MB}=\boldsymbol{\tau}'$，由等腰三角形△$MAB$ 可知

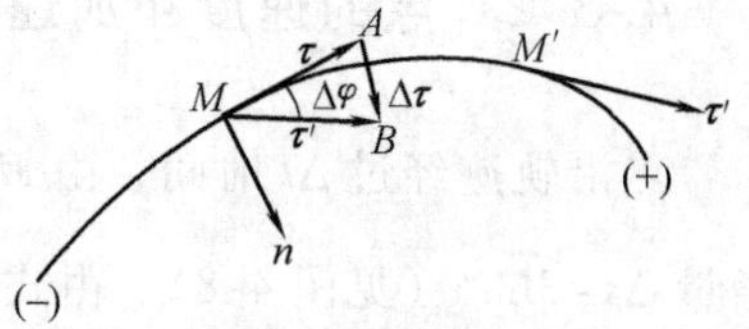

图 4-9

$$\angle MAB=\frac{\pi}{2}-\frac{\Delta\varphi}{2}$$

当 $\Delta s\to 0$ 时，$\Delta\varphi\to 0$，$\angle MAB\to\dfrac{\pi}{2}$，即 $\Delta\boldsymbol{\tau}$的极限方向垂直于切向$\boldsymbol{\tau}$，故$\dfrac{\mathrm{d}\boldsymbol{\tau}}{\mathrm{d}s}$与$\boldsymbol{\tau}$垂直且指向曲线凹侧。又因为

$$\left|\frac{\mathrm{d}\boldsymbol{\tau}}{\mathrm{d}s}\right|=\lim_{\Delta s\to 0}\left|\frac{\Delta\boldsymbol{\tau}}{\Delta s}\right|=\lim_{\Delta s\to 0}\left|\frac{\Delta\varphi}{\Delta s}\right|=\left|\frac{\mathrm{d}\varphi}{\mathrm{d}s}\right|=\frac{1}{\rho} \tag{e}$$

于是，$\mathrm{d}\boldsymbol{\tau}/\mathrm{d}s$ 的大小等于 $1/\rho$，方向沿主法线 $\boldsymbol{n}$ 的正方向，将式（e）代入式(d)，得

$$a_{\mathrm{n}}=\frac{\dot{s}^2}{\rho}\boldsymbol{n}=\frac{v^2}{\rho}\boldsymbol{n} \tag{f}$$

从而有

$$\boldsymbol{a}=\boldsymbol{a}_{\tau}+\boldsymbol{a}_{\mathrm{n}}=\dot{v}\,\boldsymbol{\tau}+\frac{v^2}{\rho}\boldsymbol{n}=\ddot{s}\,\boldsymbol{\tau}+\frac{\dot{s}^2}{\rho}\boldsymbol{n} \tag{4-15}$$

将加速度向自然轴系投影，得

$$a_{\tau}=\dot{v}=\ddot{s},\quad a_{\mathrm{n}}=\frac{v^2}{\rho}=\frac{\dot{s}^2}{\rho},\quad a_b=0 \tag{4-16}$$

由 $\boldsymbol{a}_{\tau}$和 $\boldsymbol{a}_{\mathrm{n}}$ 可以确定加速度的大小与方向

$$|\boldsymbol{a}|=\sqrt{a_{\tau}^2+a_{\mathrm{n}}^2} \tag{4-17}$$

$$\cos\alpha=\cos(\boldsymbol{a},\boldsymbol{n})=\frac{a_{\mathrm{n}}}{|\boldsymbol{a}|} \tag{4-18}$$

由于 $a_b=0$，且 $a_{\mathrm{n}}=\dfrac{v^2}{\rho}\geqslant 0$，即 $\boldsymbol{a}_{\mathrm{n}}$ 沿 $\boldsymbol{n}$ 的正方向，因此，加速度位于$\boldsymbol{\tau}$和 $\boldsymbol{n}$ 所决定的平面内，且有 $0\leqslant\alpha\leqslant\pi/2$（$\alpha$ 是加速度与主法线正向间的夹角，如图 4-10 所示），即加速度指向轨迹曲线的凹侧。

此外，还应注意：当 $a_{\tau}>0$ 时，$\boldsymbol{a}_{\tau}$沿切线$\boldsymbol{\tau}$的正方向；当 $a_{\tau}<0$ 时，$\boldsymbol{a}_{\tau}$沿切线$\boldsymbol{\tau}$的负方向。同时 $\boldsymbol{a}_{\tau}$与 v 同号时，速率 $|v|$ 随时间增大，点做加速运动；$\boldsymbol{a}_{\tau}$与 v 异号

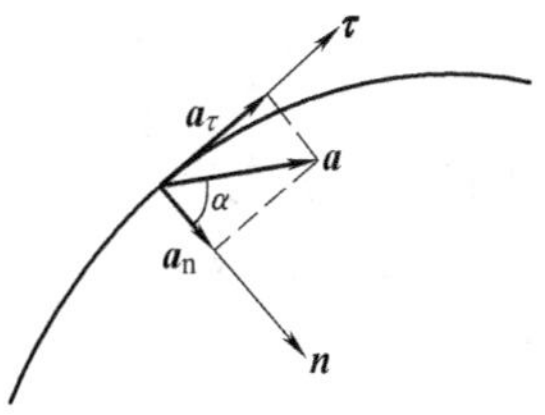

图　4-10

时，$|v|$ 随时间减小，点做减速运动。

最后举一些重要的特例，以加深对上述讨论的印象。

直线运动　直线的曲率半径 $\rho=\infty$，因此 $a_n=0$，$\boldsymbol{a}=\boldsymbol{a}_\tau=\dot{v}\boldsymbol{\tau}$，此时，速度只有大小和指向的变化，而无方位的变化。

匀速曲线运动　此时速度只改变方向，不改变大小且 $a_\tau=0$，因此，加速度只有法向分量，即

$$\boldsymbol{a}=\boldsymbol{a}_n=\frac{v^2}{\rho}\boldsymbol{n}$$

匀变速曲线运动　此时加速度在切线 $\boldsymbol{\tau}$ 上的投影 a_τ = 常数，因此，可得速度方程和沿轨迹的运动方程

$$v=v_0+a_\tau t$$

$$s=s_0+v_0t+\frac{1}{2}a_\tau t^2$$

式中，v_0，s_0 是 $t=0$ 时点的速度和弧坐标。

【例 4.3】　在图 4-11a 所示机构中，当 OA 杆绕 O 轴转动时，拨动小环 M 沿半径为 R 的固定大圆环滑动。已知 $R=0.1\text{m}$，转角 $\varphi=\frac{\pi}{8}\sin2\pi t$（$t$ 以 s 计，φ 以 rad 计），试求 M 环在 $t_1=1/4\text{s}$，$t_2=1\text{s}$ 时的速度和加速度。

【解】　因已知小环 M 的轨迹是以 O' 为圆心、半径为 R 的大圆弧，故宜用自然法求解。选 $t=0$ 时小环 M 的位置 M_O 为弧坐标原点，正向规定如图，则

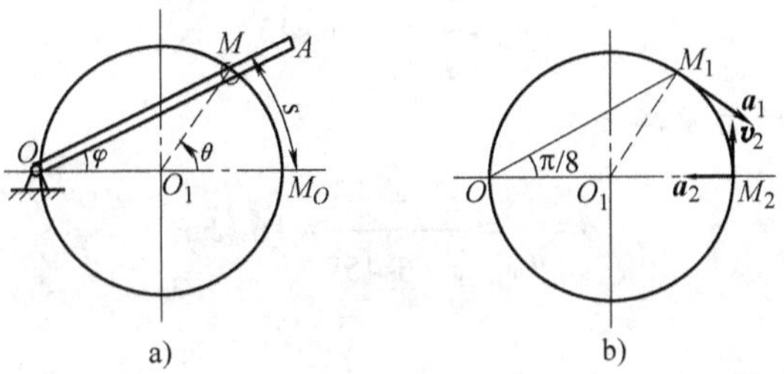

图　4-11

$$s=\widehat{M_OM}=R\theta$$

将 $\theta=2\varphi$，$\varphi=\frac{\pi}{8}\sin2\pi t$ 代入，得 M 点的运动方程为

$$s=\frac{\pi}{40}\sin2\pi t$$

M 点的速度大小为

$$v=\dot{s}=\frac{\pi^2}{20}\cos 2\pi t$$

M 点的加速度为

$$a_\tau=\ddot{s}=-\frac{\pi^3}{10}\sin 2\pi t$$

$$a_n=\frac{\dot{s}^2}{\rho}=\frac{\pi^4}{40}\cos^2 2\pi t$$

以 $t=t_1=1/4\text{s}$ 和 $t=t_2=1\text{s}$ 代入，可得 M 点在 t_1、t_2 瞬时的速度、加速度分别为

$$v_1=0,\quad a_{1\tau}=-\frac{\pi^3}{10}\text{m/s}^2,\quad a_n=0$$

$$v_2=\frac{\pi^2}{20}\text{m/s},\quad a_{2\tau}=0,\quad a_{2n}=\frac{\pi^4}{40}\text{m/s}^2$$

v_2、$\boldsymbol{a}_1$、$\boldsymbol{a}_2$ 的方向如图 4-11b 所示。

【例 4.4】 点 M 做平面曲线运动，在某瞬时其速度及加速度在坐标轴的投影分别为 $\dot{x}=\dot{y}=4\text{m/s}$ 和 $\ddot{x}=2\text{m/s}^2$，$\ddot{y}=0$。求点在此位置的曲率半径。

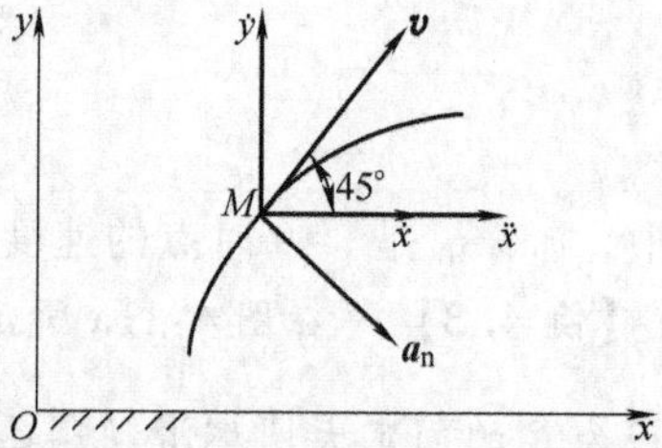

图 4-12

【解】 由题可知，点在此瞬时的速度 v 与 x 轴成 45°角，且加速度 $\boldsymbol{a}$ 沿 x 轴的正向，其大小 $a=\ddot{x}$，如图 4-12 所示。由 $\boldsymbol{a}$、$\boldsymbol{a}_\tau$ 与 $\boldsymbol{a}_n$ 间的几何关系知

$$a_n=\frac{v^2}{\rho}=\ddot{x}\cos 45°$$

所以，点在此位置的曲率半径为

$$\rho=\frac{v^2}{a_n}=\frac{\dot{x}^2+\dot{y}^2}{\ddot{x}\cos 45°}=16\sqrt{2}\,\text{m}$$

4.4 点的运动的柱坐标描述法

在参考系上任取一点 O 为原点，建立柱坐标系如图 4-13 所示，则点 M 的位置可由 ρ、φ、z 三个代数量唯一确定。其中 z 表示矢径 $\boldsymbol{r}$ 在 Oz 轴上的投影，ρ 表示 $\boldsymbol{r}$ 在 Oxy 平面投影 OQ 的长度，称为极半径，φ 表示 OQ 与 Ox 轴正向的夹角，称为幅角。当点 M 在空间运动时，ρ、φ、z 是时间 t 的单值连续函数，即

$$\rho=\rho(t),\quad \varphi=\varphi(t),\quad z=z(t) \tag{4-19}$$

上式称为用柱坐标表示的运动方程。平面极坐标是 $z(t)\equiv 0$ 时柱坐标的特殊情形。

过 M 点作柱坐标系的单位矢量 $\boldsymbol{e}_\rho$、$\boldsymbol{e}_\varphi$ 和 $\boldsymbol{e}_z$，其中 $\boldsymbol{e}_z$ 沿 z 轴正向；$\boldsymbol{e}_\rho$、$\boldsymbol{e}_\varphi$ 指向 ρ 和 φ 增大的方向，如图 4-14 所示，并构成右手坐标系即 $\boldsymbol{e}_\rho \times \boldsymbol{e}_\varphi = \boldsymbol{e}_z$。容易看出，$\boldsymbol{e}_\rho$，$\boldsymbol{e}_\varphi$ 的方向随着点 M 的运动方向不断变化，而 $\boldsymbol{e}_z$ 的大小和方向不变。

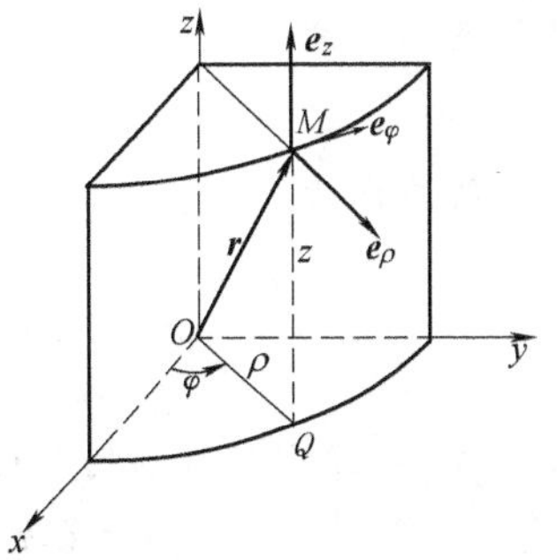

图　4-13

下面研究单位矢量 $\boldsymbol{e}_\rho$，$\boldsymbol{e}_\varphi$ 对时间的导数。

柱坐标系的单位矢量 $\boldsymbol{e}_\rho$，$\boldsymbol{e}_\varphi$ 与直角坐标系的单位矢量 $\boldsymbol{i}$，$\boldsymbol{j}$ 有如下关系

$$\boldsymbol{e}_\rho = \cos\varphi\boldsymbol{i} + \sin\varphi\boldsymbol{j}, \quad \boldsymbol{e}_\varphi = -\sin\varphi\boldsymbol{i} + \cos\varphi\boldsymbol{j}$$

因而

$$\frac{\mathrm{d}\boldsymbol{e}_\rho}{\mathrm{d}t} = -\dot{\varphi}\sin\varphi\boldsymbol{i} + \dot{\varphi}\cos\varphi\boldsymbol{j} = \dot{\varphi}\boldsymbol{e}_\varphi$$

$$\frac{\mathrm{d}\boldsymbol{e}_\varphi}{\mathrm{d}t} = -\dot{\varphi}\cos\varphi\boldsymbol{i} - \dot{\varphi}\sin\varphi\boldsymbol{j} = -\dot{\varphi}\boldsymbol{e}_\rho \tag{4-20}$$

式中的 $\dot{\varphi}$ 是幅角 φ 对时间的变化率。

为求点 M 的速度与加速度，用柱坐标及其单位矢量表示矢径 $\boldsymbol{r}$，即

$$\boldsymbol{r} = \rho\boldsymbol{e}_\rho + z\boldsymbol{e}_z$$

由式(4-2) 和式(4-3) 可求得速度与加速度，即

$$v = \frac{\mathrm{d}\boldsymbol{r}}{\mathrm{d}t} = \frac{\mathrm{d}(\rho\boldsymbol{e}_\rho + z\boldsymbol{e}_z)}{\mathrm{d}t} = \frac{\mathrm{d}\rho}{\mathrm{d}t}\boldsymbol{e}_\rho + \rho\frac{\mathrm{d}\boldsymbol{e}_\rho}{\mathrm{d}t} + \frac{\mathrm{d}z}{\mathrm{d}t}\boldsymbol{e}_z$$

$$= \dot{\rho}\boldsymbol{e}_\rho + \rho\dot{\varphi}\boldsymbol{e}_\varphi + \dot{z}\boldsymbol{e}_z \tag{4-21}$$

$$\boldsymbol{a} = \frac{\mathrm{d}v}{\mathrm{d}t} = \frac{\mathrm{d}(\dot{\rho}\boldsymbol{e}_\rho + \rho\dot{\varphi}\boldsymbol{e}_\varphi + \dot{z}\boldsymbol{e}_z)}{\mathrm{d}t}$$

$$= (\ddot{\rho} - \rho\dot{\varphi}^2)\boldsymbol{e}_\rho + (2\dot{\rho}\dot{\varphi} + \rho\ddot{\varphi})\boldsymbol{e}_\varphi + \ddot{z}\boldsymbol{e}_z \tag{4-22}$$

于是，速度v 和加速度 $\boldsymbol{a}$ 在柱坐标中的投影为

$$v_\rho = \dot{\rho}, \quad v_\varphi = \rho\dot{\varphi}, \quad v_z = \dot{z} \tag{4-23}$$

$$a_\rho = \ddot{\rho} - \rho\dot{\varphi}^2, \quad a_\varphi = 2\dot{\rho}\dot{\varphi} + \rho\ddot{\varphi}, \quad a_z = \ddot{z} \tag{4-24}$$

【例 4.5】　已知 M 点运动的极坐标方程为 $r = A\mathrm{e}^{kt}$ 和 $\varphi = kt$，其中 A、k 为常数。试求点 M 的轨迹方程、速度、加速度及轨迹曲线的曲率半径 ρ。

【解】　由运动方程消去参变量 t 得到点的轨迹方程为

$$r = A\mathrm{e}^{\varphi}$$

运动轨迹为对数螺线方程，如图 4-14 所示。

根据式(4-21) 可得点的速度为

$$v = Ak\mathrm{e}^{kt}\boldsymbol{e}_\rho + Ak\mathrm{e}^{kt}\boldsymbol{e}_\varphi$$

速度的大小为

$$v=\sqrt{2}Ak\mathrm{e}^{kt}$$

速度的方向为

$$\theta=\arctan\frac{r\dot{\varphi}}{\dot{r}}=\frac{\pi}{4}$$

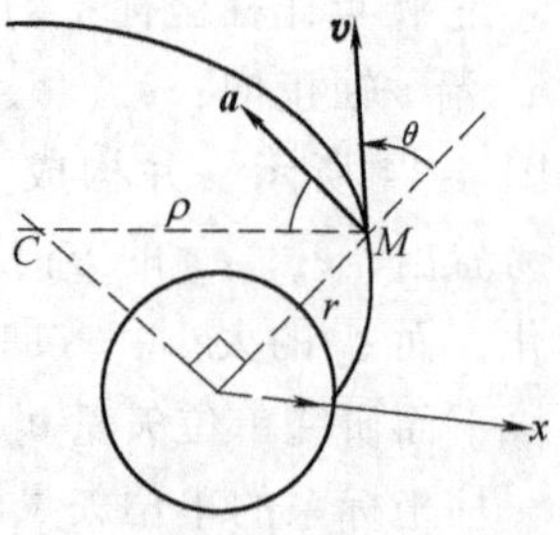

图 4-14

又由式(4-22) 可得点的加速度为

$$\boldsymbol{a}=2Ak^2\mathrm{e}^{kt}\boldsymbol{e}_\varphi$$

可见，加速度的大小为 $2Ak^2\mathrm{e}^{kt}$，方向沿 $\boldsymbol{e}_\varphi$ 的方向。

于是，可以得到加速度 $\boldsymbol{a}$ 沿轨迹曲线的切向和法向分量

$$a_\tau=a\cos45°=\sqrt{2}Ak^2\mathrm{e}^{kt}$$

$$a_\mathrm{n}=a\sin45°=\sqrt{2}Ak^2\mathrm{e}^{kt}$$

由 $a_\mathrm{n}=v^2/\rho$，求得曲率半径

$$\rho=\frac{2A^2k^2\mathrm{e}^{2kt}}{\sqrt{2}k^2\mathrm{e}^{kt}}=\sqrt{2}A\mathrm{e}^{kt}$$

【例 4.6】 游乐场里游乐车的车厢通过臂 AB 与立柱 OC 相连，如图 4-15 所示。在某一段时间内，立柱 OC 以匀角速度 ω_1 旋转。同时，臂 AB 以匀角速度 ω_2 绕过 B 的水平轴旋转，使游乐车厢提升。试求此段时间内游乐车的速度和加速度。

【解】 建立柱坐标系如图 4-15 所示，由题意知，柱坐标为

$$\rho=L\sin\theta,\quad \varphi=\omega_1 t,\quad z=H-L\cos\theta$$

将以上三式对时间 t 求导，考虑到 $\dot{\theta}=\omega_2$ 等于常数，可得

$$\dot{\rho}=L\cos\theta\cdot\omega_2,\quad \dot{\varphi}=\omega_1,\quad \dot{z}=L\sin\theta\cdot\omega_2$$

$$\ddot{\rho}=-L\sin\theta\cdot\omega_2^2,\quad \ddot{\varphi}=0,\quad \ddot{z}=L\cos\theta\cdot\omega_2^2$$

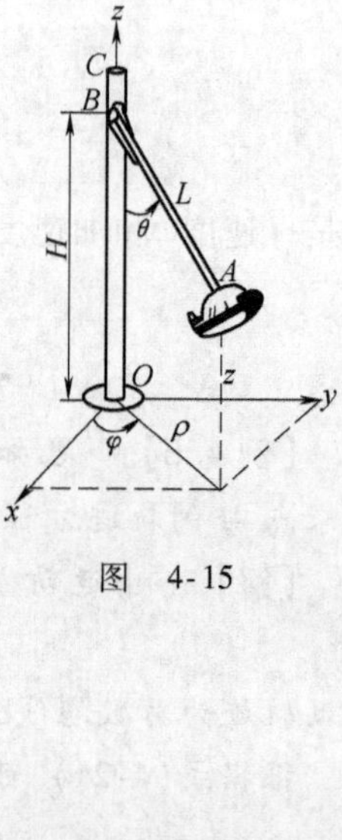

图 4-15

由式(4-23) 可得速度的柱坐标分量为

$$v_\rho=\dot{\rho}=L\omega_2\cos\theta,\quad v_\varphi=\rho\dot{\varphi}=L\omega_1\sin\theta,$$

$$v_z=\dot{z}=L\omega_2\sin\theta$$

由式(4-24) 可得加速度的柱坐标分量为

$$a_\rho=\ddot{\rho}-\rho\dot{\varphi}^2=-L\sin\theta\cdot\omega_2^2-L\sin\theta\cdot\omega_1^2$$
$$=-L(\omega_2^2+\omega_1^2)\sin\theta$$

$$a_\varphi=\rho\ddot{\varphi}+2\dot{\rho}\dot{\varphi}=2L\omega_2\omega_1\cos\theta$$

$$a_z=\ddot{z}=L\omega_2^2\cos\theta$$

思　考　题

4.1　什么叫点的运动方程？什么叫点的轨迹方程？二者有何区别和联系？能由点的轨迹方程确定点的运动方程吗？

4.2　点做曲线运动时，点的位移、路程和弧坐标是否相同？

4.3　$\left|\dfrac{d\boldsymbol{r}}{dt}\right|$与$\dfrac{d|\boldsymbol{r}|}{dt}$，$\dfrac{dv}{dt}$与$\dfrac{dv}{dt}$，$\dfrac{dv}{dt}$与$\dfrac{dv_x}{dt}$是否相同？为什么？

4.4　有人说“速度和加速度在坐标轴上的投影就是速度和加速度沿此坐标轴的分量”，这种说法对吗？

习　　题

4.1　如习题4.1图所示，杆AB长l，以等角速度ω绕点B转动，其转动方程为$\varphi=\omega t$。而与杆连接的滑块B按规律$s=a+b\sin\omega t$沿水平线作谐振动，其中a和b均为常数。求点A轨迹。

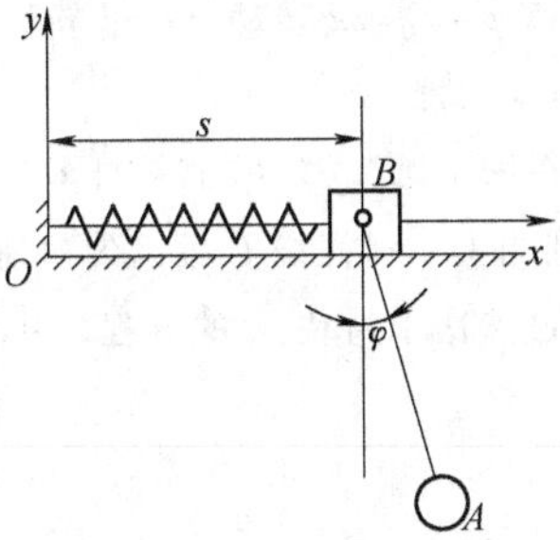

习题4.1图

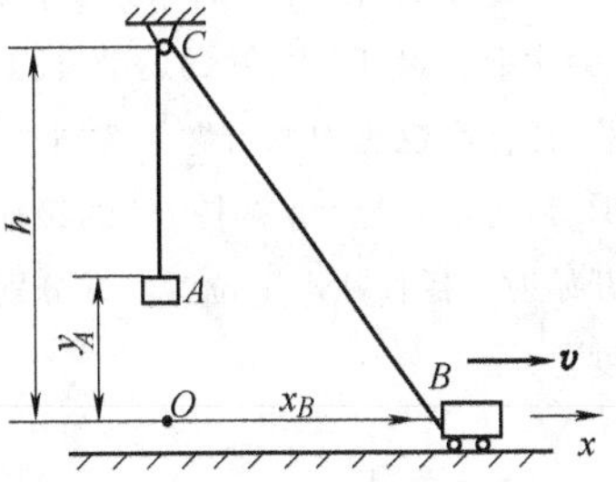

习题4.2图

4.2　小车B用长度为L、跨过定滑轮C的绳索与重物A相连，如习题4.2图所示。当小车以匀速度v沿Ox轴行驶时，求重物A上升的速度v_A，加速度a_A与x_B的关系（$x_B=OB$，O是C在地面的垂足）。

4.3　偏心轮半径为r，转轴到轮心的偏心距$OC=d$，坐标轴Ox如习题4.3图所示，求杆AB的运动方程。已知$\varphi=\omega t$，ω是常数。

4.4　习题4.4图所示偏心轮平顶杆机构，偏心轮半径$r=6$cm，偏心距$d=4$cm。已知轮以$\varphi=5t$的规律转动（φ以rad计，t以s计），求平顶杆上点M的运动方程，并求$t=0$、$\dfrac{\pi}{20}$s时点M的位置。

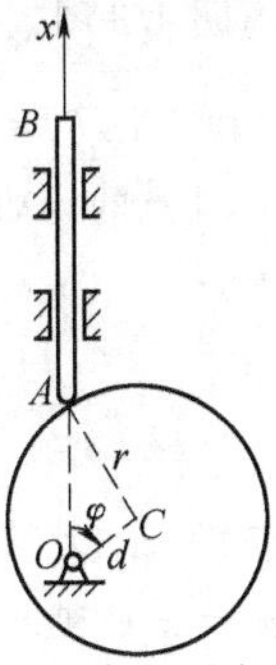

习题4.3图

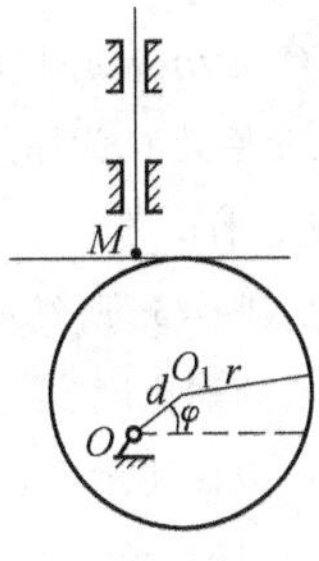

习题4.4图

4.5 椭圆轨机构如习题 4.5 图所示，曲柄之转角 $\varphi=\omega t$，$\omega=\pi\text{rad/s}$。已知 $OD=AD=BD=20\text{cm}$，$AM=10\text{cm}$，试求 M 点的轨迹及 $t_1=0.5\text{s}$ 及 $t_2=2\text{s}$ 时 M 点的速度和加速度。

4.6 靠在直角墙上的杆 AB 长为 L，由铅垂位置在铅垂面 Oxy 内滑下，如习题 4.6 图所示。已知 A 端沿水平线做匀速运动，速度为 v_A，求 $\theta=45°$ 时，点 B 的速度和加速度。

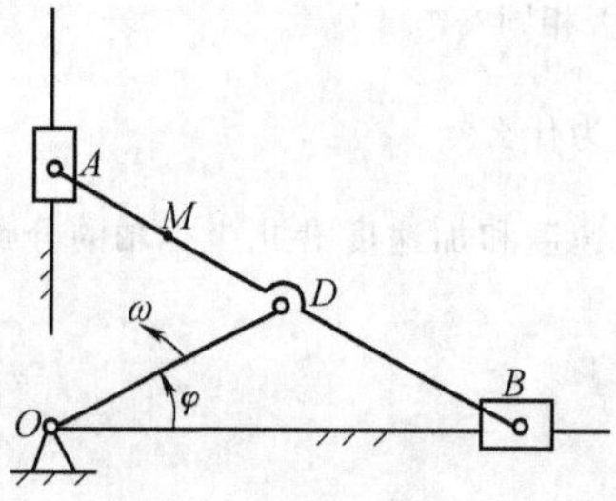

习题 4.5 图

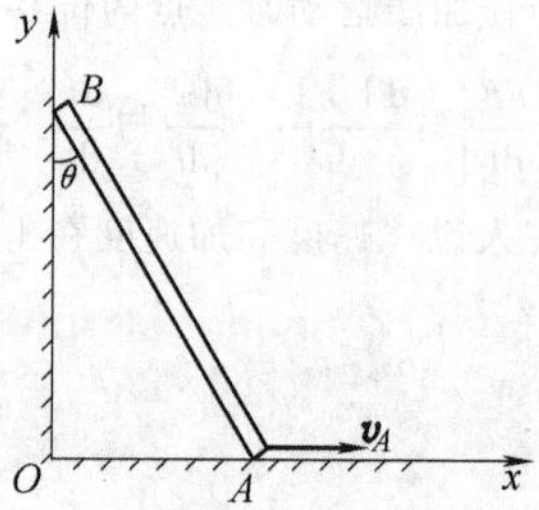

习题 4.6 图

4.7 习题 4.7 图所示连杆滑道机构，曲柄长 r，按规律 $\varphi=\varphi_0+\omega t$ 转动（φ 以 rad 计，t 以 s 计），ω 为常数。求杆上点 B 的运动方程、速度方程和加速度方程。

4.8 摇杆滑道机构如习题 4.8 图所示，滑块 M 同时在固定圆弧槽 BC 和摇杆 OA 的滑道中滑动。BC 弧的半径为 R，摇杆 OA 的转轴在 BC 弧所在的圆周上。摇杆绕 O 轴以匀角速 ω 转动。当运动开始时，摇杆在水平位置。试分别用直角坐标法和自然法求滑块 M 的方程，并求其速度及加速度。

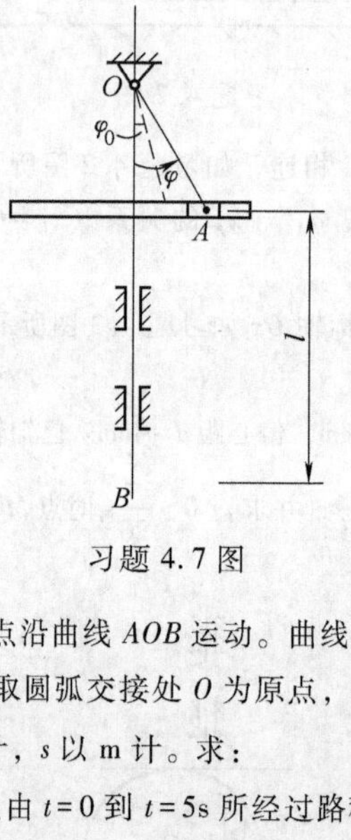

习题 4.7 图

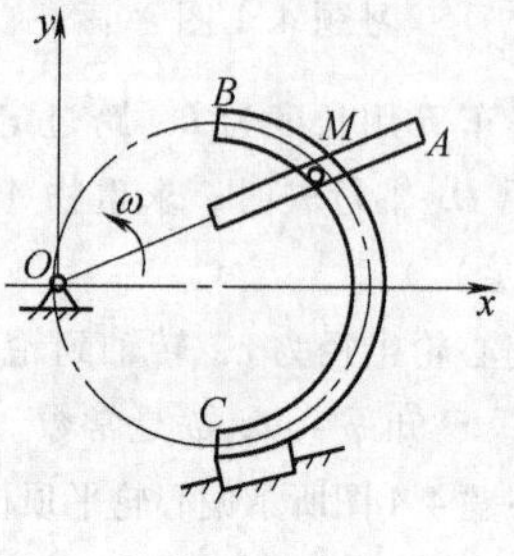

习题 4.8 图

4.9 点沿曲线 AOB 运动。曲线由 AO、OB 两段圆弧组成，AO 段半径 $R_1=18\text{m}$，OB 段半径 $R_2=24\text{m}$，取圆弧交接处 O 为原点，规定正负方向如习题 4.9 图。已知点的运动方程为 $s=3+4t-t^2$，t 以 s 计，s 以 m 计。求：

（1）点由 $t=0$ 到 $t=5\text{s}$ 所经过路程。

（2）$t=5\text{s}$ 时点的加速度。

4.10 习题 4.10 图所示雷达在距离火箭发射台为 l 的 O 处观察铅直上升的火箭发射，测得角 θ 的规律为 $\theta=kt$（k 为常数）。试写出火箭的运动方程并计算当 $\theta=\pi/6$ 和 $\pi/3$ 时，火箭的速度和加速度。

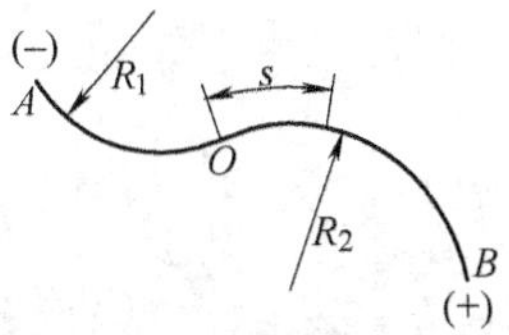

习题 4.9 图

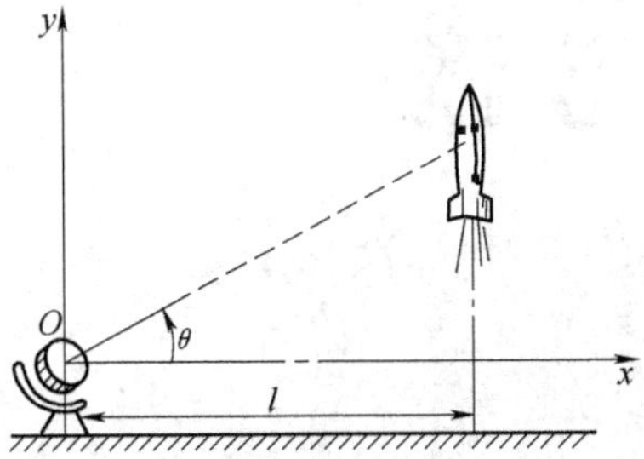

习题 4.10 图

4.11　如习题 4.11 图所示，半径 $r=10\text{cm}$ 的小齿轮由曲柄 OA 带动，在半径 $R=20\text{cm}$ 的固定大齿轮上滚动。设曲柄转动时 $\varphi=4t$，试求在 $t=0$ 时小齿轮上与大齿轮上 M_0 点接触的 M 点的运动方程和速度。

4.12　已知 P 点在 Oxy 平面运动，某瞬时位置如习题 4.12 图所示，其速度 $v=2\text{m/s}$，加速度分量 $a_x=5\text{m/s}^2$，$a_\theta=-5\text{m/s}^2$，试求此时之 a_r，a_y，a_t，a_n 和其轨迹在该点的曲率半径。

4.13　已知点的运动规律为 $\boldsymbol{r}=7t\boldsymbol{i}+(3+t^2)\boldsymbol{j}+t^3/3\boldsymbol{k}$，式中 t 以 s 计，r 以 m 计。试求 $t=3\text{s}$ 时点的速度和切向加速度、法向加速度以及轨迹在此点的曲率半径。

4.14　如习题 4.14 图所示，搅拌器沿 z 轴周期性上下运动，$z=z_0\sin2\pi ft$，并绕 z 轴转动，转角 $\varphi=\omega t$。设搅拌轮半径为 r，求轮缘上点 A 的最大加速度。

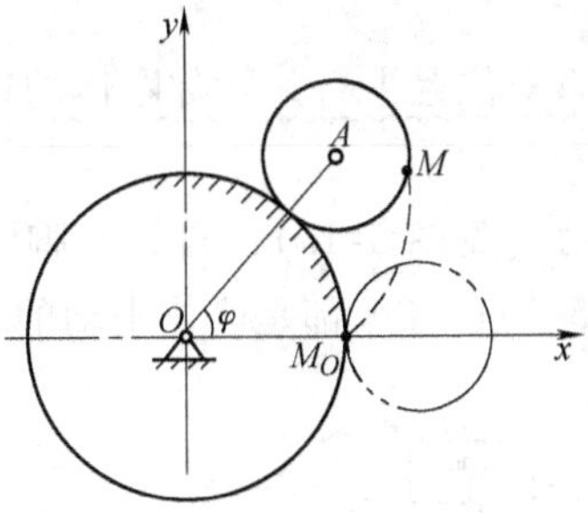

习题 4.11 图

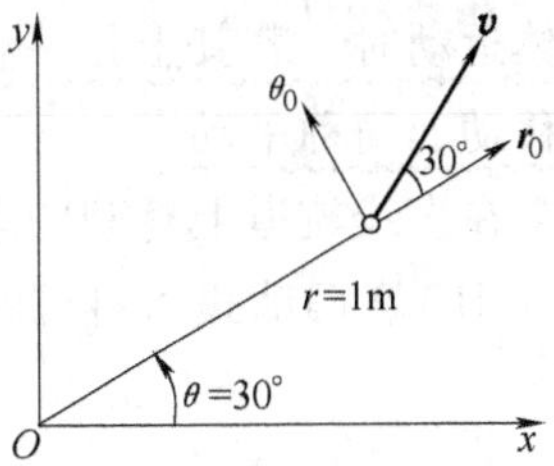

习题 4.12 图

4.15　如习题 4.15 图所示，为设置滑雪比赛用的路障，先用小汽车进行试验。假设汽车的轨迹为正弦曲线，其最大侧向加速度（即 a_n）为 $0.7g$，g 为重力加速度。试验希望设置的路障能通过的最大速度为 80km/h。试求锥形路障的间距 d。

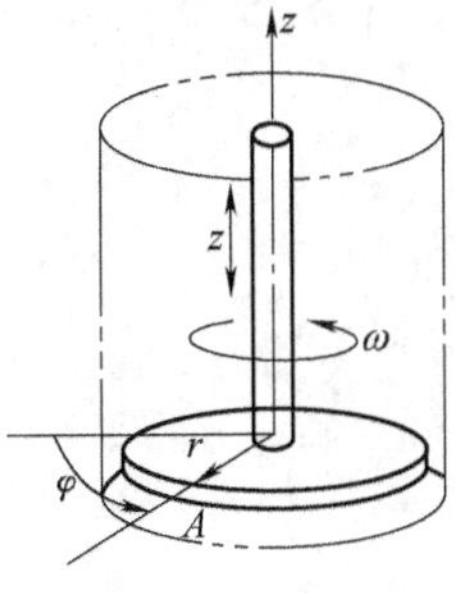

习题 4.14 图

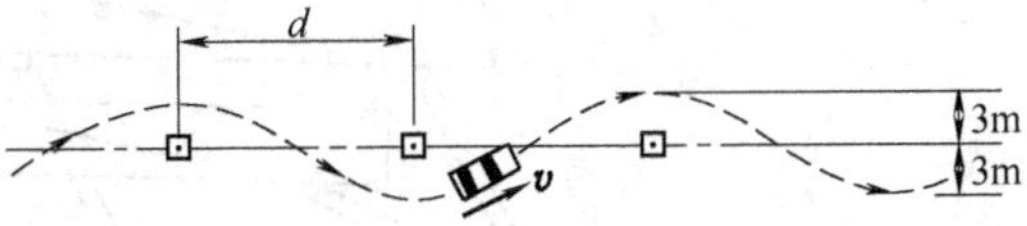

习题 4.15 图

第 5 章

刚体的基本运动

前一章研究了点的运动，本章在前一章的基础上研究刚体的运动。刚体是包含无穷多几何点的三维物体，是静力学中所述的不变形的物体，即刚体上任意两点的距离在运动过程中保持不变，这一条件使得刚体上各点的运动有了规律性的联系。

在研究刚体的运动时，首先要了解刚体运动形式的特征和描述整个刚体运动的方法，然后再研究刚体上各点的运动。

5.1　刚体的平动

当刚体运动时，若其上任一直线始终保持与原来位置平行，则称刚体的这种运动为平行移动，简称平动。

例如，在直线轨道上行驶的车辆其车箱的运动（见图 5-1a），自行车脚蹬板的运动（图 5-1b）、摆动式送料机料槽的运动（图 5-1c）等，都是刚体平动的例子。

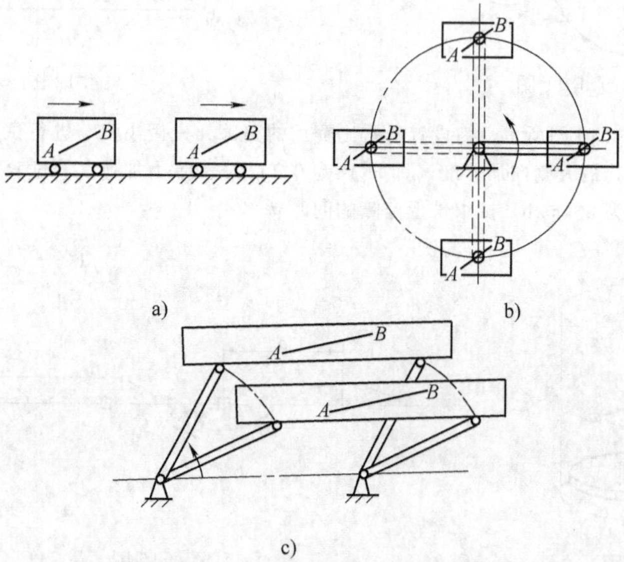

图　5-1

当刚体平动时，若其上各点的轨迹为直线，则称为直线平动（见图 5-1a）；若为曲线，则称为曲线平动（见图 5-1b、图 5-1c）。

由刚体平动特征可得到如下定理：

当刚体平动时，其上所有各点的轨迹形状相同；在同一瞬时所有各点具有相同的速度和加速度。

【证明】　设有平动刚体，若其上任意两点 A 和 B 的矢径分别为 $\boldsymbol{r}_A$ 和 $\boldsymbol{r}_B$，由图 5-2 知，在任意瞬时均有式

$$\boldsymbol{r}_A=\boldsymbol{r}_B+\overrightarrow{BA}$$

成立。由于刚体不变形，A、B 两点的距离不变，即矢量$\overrightarrow{BA}$的大小不变；又由于刚体平动，该矢量的方向不变。所以$\overrightarrow{BA}$是常矢量。因此，将点 B 的轨迹沿$\overrightarrow{BA}$方向平移一段距离$\overline{BA}$，就与点 A 的轨迹完全重合。

将上式对时间求导数，并注意到$\overrightarrow{BA}$是常矢量，其导数等于零，可得

$$v_A=v_B \tag{5-1}$$

$$\boldsymbol{a}_A=\boldsymbol{a}_B \tag{5-2}$$

于是，在同一瞬时，A、B 两点的速度和加速度分别相等。由于点 A、B 的任意性，所以上述结论对刚体上所有点都成立。

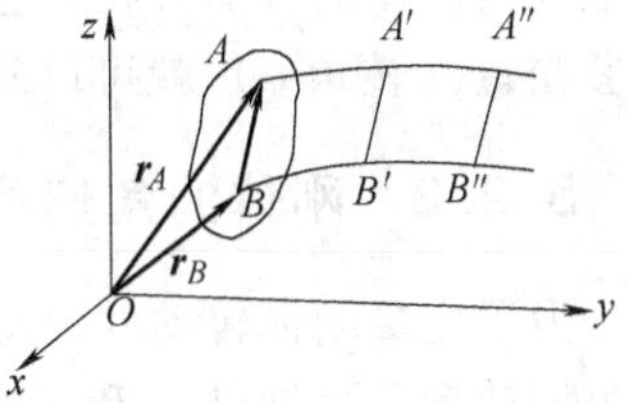

图　5-2

既然平动刚体上所有各点的运动都相同，那么只要知道了其上任一点的运动，就能确定整个刚体的运动。因此，刚体的平动问题可以归结为点的运动问题，并可用上一章讨论的各种方法来描述。

5.2　刚体的定轴转动

当刚体运动时，若其上有一条直线始终不动，则称刚体的这种运动为刚体的定轴转动，其中固定不动的直线称为刚体的转动轴。绕铰链开闭的门窗、电机的转子、机床的主轴和齿轮等刚体的运动都是转动的例子。

必须指出：转轴可能在刚体上，例如机床主轴的转动；转轴也可能不在刚体上，圆弧轨道上行驶的内燃机车（见图 5-3），其转轴就不在刚体上。此时假想刚体可以延拓，而转轴在其延拓体上。

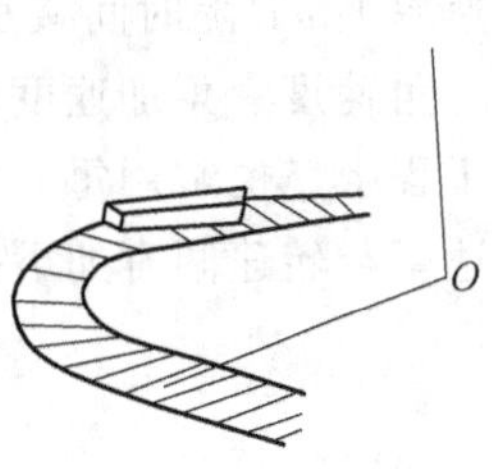

图　5-3

5.2.1　刚体的转动方程

设刚体相对于某参考系绕固定轴转动。为确定刚体

的位置，在刚体的转轴上任选一点 O 为原点，分别建立固连于参考物和刚体的直角坐标系 $Oxyz$ 和 $Ox'y'z'$，为简单，可使两坐标系的 z 和 z' 轴均与刚体的转轴重合，如图 5-4 所示。当刚体运动时，$x'Oz'$ 平面随刚体一起转动。由于刚体上各点相对于平面 $x'Oz'$ 的位置是确定的，因此，动平面 $x'Oz'$ 的位置一经确定，整个刚体的位置亦即确定。而动平面 $x'Oz'$ 在瞬时 t 的位置可由它与静平面 xOz 之间的夹角 φ 来确定，称 φ 为刚体的转角（或角坐标），以弧度计，它确定了刚体的位置。因为刚体只有两个可能的转向，所以转角 φ 是代数量，其符号规定为：由 z 轴的正向朝负向看去，沿逆时针方向转的 φ 角为正值，反之为负值。当刚体转动时，转角 φ 是时间 t 的单值连续函数，即

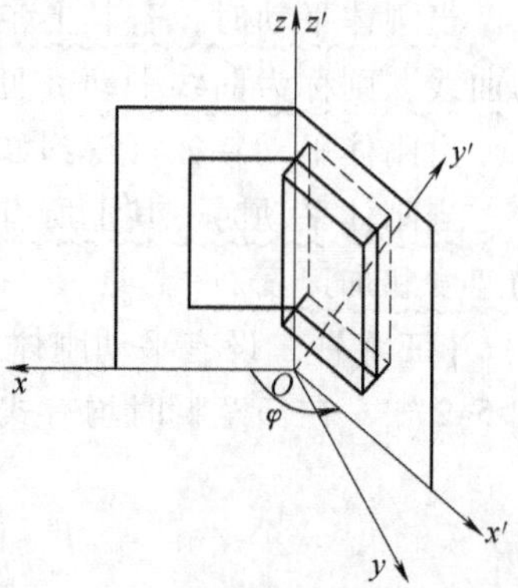

图 5-4

$$\varphi = \varphi(t) \tag{5-3}$$

称上式为刚体的转动方程，它确定了刚体的运动规律。绕定轴转动的刚体只要用一个参变量（转角 φ）就可以确定它的位置，这样的刚体，称它有一个自由度。

5.2.2 刚体的角速度和角加速度

为了度量刚体转动的快慢和转向以及转动快慢的变化，引入转动刚体的角速度和角加速度，分别以 ω 和 α 表示，则有

$$\omega = \lim_{\Delta t \to 0} \frac{\Delta \varphi}{\Delta t} = \frac{\mathrm{d}\varphi}{\mathrm{d}t} = \dot{\varphi} \tag{5-4}$$

$$\alpha = \lim_{\Delta t \to 0} \frac{\Delta \omega}{\Delta t} = \frac{\mathrm{d}\omega}{\mathrm{d}t} = \frac{\mathrm{d}^2\varphi}{\mathrm{d}t^2} = \ddot{\varphi} \tag{5-5}$$

即：刚体的角速度等于其转角对时间的一阶导数；刚体的角加速度等于其角速度对时间的一阶导数，也等于转角对时间的二阶导数。显然，ω 和 α 也是代数量，其符号规定与转角 φ 相同。

当 α 与 ω 同号时，角速率 $|\omega|$ 随时间增大，刚体加速转动；α 与 ω 异号时，角速率 $|\omega|$ 随时间减小，刚体减速转动。

角速度、角加速度的常用单位分别是弧度/秒（rad/s）和弧度/秒^2（rad/s^2）。在工程上，也常用每分钟的转数 n（r/min）作为量度转动快慢的单位，称为转速。角速率与转速间有如下换算关系

$$\omega = \frac{2\pi n}{60} = \frac{\pi n}{30} \tag{5-6}$$

由上可知，刚体的定轴转动与用自然法描述的点的运动在研究方法上完全相似，刚体的 φ、ω 和 α 与点的 s、v 和 a_τ 相对应。因此，对于

匀速转动，此时角速度 ω = 常数，故

$$\varphi=\varphi_0+\omega t$$

匀变速转动，此时角加速度 α = 常数，故

$$\omega=\omega_0+\alpha t$$

$$\varphi=\varphi_0+\omega_0 t+\frac{1}{2}\alpha t^2$$

【例 5.1】 高度为 h 的物块 B 以匀速 v_0 沿水平直线移动，杆 OA 可绕轴 O 转动并与物块 B 保持接触（图 5-5）。求 OA 杆的转动方程、角速度和角加速度。

【解】 取图示坐标系 Oxy，并设初瞬时 ab 与 x 轴重合，则 t 瞬时物块 B 的坐标

$$y=v_0 t \tag{a}$$

由 $\triangle Oab$ 知

$$\tan\varphi=\frac{y}{h}=\frac{v_0 t}{h}$$

所以 OA 杆的转动方程为

$$\varphi=\arctan\left(\frac{v_0 t}{h}\right) \tag{b}$$

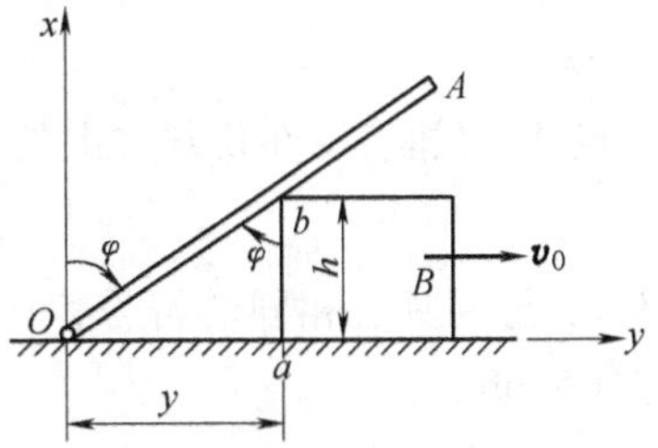

图　5-5

从而，杆 OA 的角速度、角加速度分别为

$$\omega=\dot{\varphi}=\frac{v_0 h}{h^2+v_0^2 t^2} \tag{c}$$

$$\alpha=\dot{\omega}=-\frac{2v_0^3 ht}{(h^2+v_0^2 t^2)^2} \tag{d}$$

由式（c）、式（d）可知，杆 OA 做减速转动。

5.2.3　定轴转动刚体内各点的速度和加速度

当刚体转动时，转轴以外的所有各点都在垂直于转轴的平面内做圆周运动，圆心在转轴上。

设刚体的转动方程为 $\varphi=\varphi(t)$。t 瞬时，在图 5-4 所示动平面 $x'Oz'$ 上考察刚体上任一点 M。设点 M 到转轴的距离为 R（图 5-6a），则其轨迹是一半径为 R 的圆。取该圆与静平面 xOz 的交点 M_O 为原点，转角 φ 的正方向为弧坐标正方向。由图 5-6a 知，点 M 在 t 瞬时的弧坐标

$$s=\widehat{M_O M}=R\varphi=R\varphi(t)$$

上式就是用自然坐标法表示的点 M 的运动方程。

点 M 的速度在切线 $\boldsymbol{\tau}$ 上的投影为

$$v=\dot{s}=R\dot{\varphi}=R\omega \tag{5-7}$$

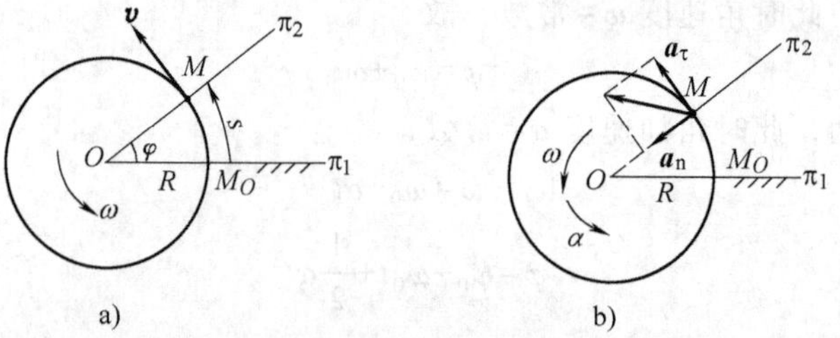

图 5-6

由于 v 与 ω 具有相同的正负号，所以速度 $\boldsymbol{v}$ 沿圆周的切线，指向 ω 的转动方向（见图 5-6a）。

点 M 的加速度在切线 $\boldsymbol{\tau}$ 上的投影为

$$a_\tau=\ddot{s}=\dot{v}=R\,\dot{\omega}=R\alpha \tag{5-8}$$

因为 a_τ 与 α 具有相同的符号，所以切向加速度 $\boldsymbol{a}_\tau$ 沿圆周切线，指向 α 的转动方向（见图 5-6b）。

点 M 的加速度在主法线 $\boldsymbol{n}$ 上的投影为

$$a_n=\frac{v^2}{R}=R\omega^2 \tag{5-9}$$

法向加速度 $\boldsymbol{a}_n$ 的方向总是指向轨迹的曲率中心，在图 5-6b 所示情况下，$\boldsymbol{a}_n$ 指向圆心，亦即指向转轴 O。

点 M 的加速度的大小和方向分别为

$$|\boldsymbol{a}|=\sqrt{a_\tau^2+a_n^2}=R\sqrt{\omega^4+\alpha^2} \tag{5-10}$$

$$\tan\theta=\tan(\boldsymbol{a},\boldsymbol{a}_n)=\frac{|a_\tau|}{a_n}=\frac{R|\alpha|}{R\omega^2}=\frac{|\alpha|}{\omega^2} \tag{5-11}$$

由上可见：在同一瞬时，刚体上所有各点的速度及加速度的大小都与点到转轴的距离成正比；所有各点的加速度与其法向加速度的夹角都相同，且与点到转轴的距离无关。据此可得转动刚体上各点的速度分布图（图 5-7a）和加速度分布图（图 5-7b）。

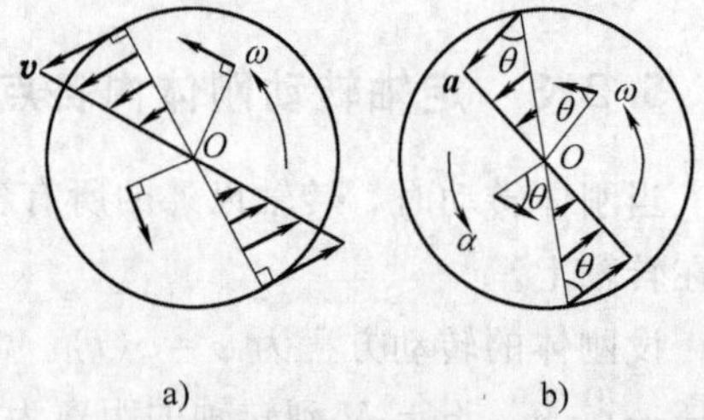

图 5-7

【例 5.2】 一半径 $R=50\text{cm}$ 的圆盘绕定轴 O 的转动方程为 $\varphi=kt^3+\pi t^2$（其中 k 为常数），盘上缠一不可伸长的细绳，绳下端吊一重物 A（见图 5-8）。若已知 $t=2\text{s}$ 时圆盘转了 8 转，求 $t=4\text{s}$ 时，重物 A 的速度和加速度。

【解】 由于 $t=2\text{s}$ 时，$\varphi=8\times2\pi=16\pi$，因此

$$16\pi=2^3k+2^2\pi$$

所以

$$k=\frac{3\pi}{2} \tag{a}$$

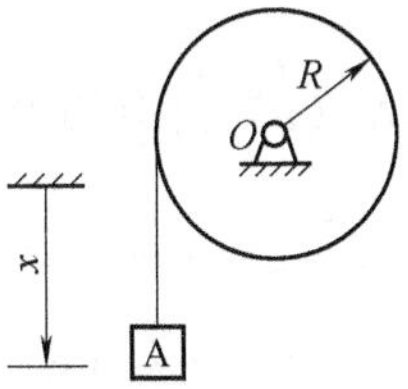

图　5-8

因而转动方程为

$$\varphi=\frac{3\pi}{2}t^3+\pi t^2 \tag{b}$$

又因为绳不可伸长，所以在给定时间间隔内，轮缘上任一点走过的弧长等于重物 A 下落的距离，即

$$x=s=R\varphi=75\pi t^3+50\pi t^2 \tag{c}$$

上式就是重物 A 的运动方程。

将式(c)对时间求导，有

$$\dot{x}=225\pi t^2+100\pi t \tag{d}$$

$$\ddot{x}=450\pi t+100\pi \tag{e}$$

将 $t=4\text{s}$ 代入式(d)、式(e)，有

$$v=\dot{x}\big|_{t=4}=4000\pi\text{cm/s}=40\pi\text{m/s}$$

$$a=\ddot{x}\big|_{t=4}=1900\pi\text{cm/s}^2=19\pi\text{m/s}^2$$

显然，v、$\boldsymbol{a}$ 的方向都朝下。

【例 5.3】　齿轮传动是常见的轮系传动方式之一，可用来提高或降低转速，还可用来改变转向。两齿轮外啮合时，其转向相反（图 5-9a）；而内啮合时，其转向相同（图 5-9b）。设齿轮Ⅰ和Ⅱ的节圆半径分别为 R_1 和 R_2，齿轮Ⅰ的角速度和角加速度分别为 ω_1 和 α_1，求齿轮Ⅱ的角速度 ω_2 和角加速度 α_2。

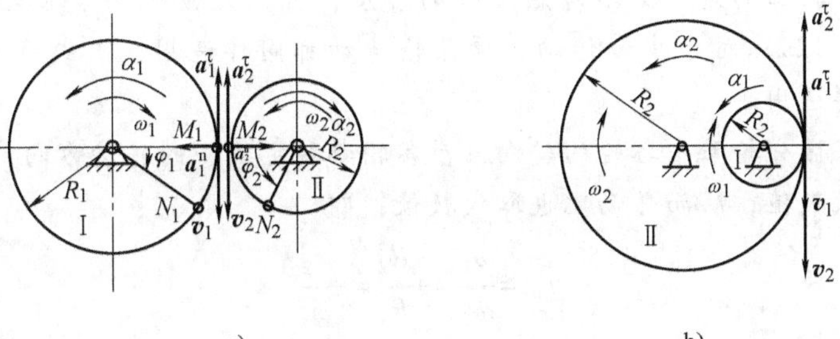

图　5-9

【解】　两齿轮啮合时，由于两节圆的接触点 M_1、M_2 间无相对滑动，所以在给定的时间间隔内，两节圆滚过的弧长相等（图 5-9a），即

$$\widehat{M_1N_1}=\widehat{M_2N_2},\quad s_1=s_2$$

或

$$R_1\varphi_1 = R_2\varphi_2 \tag{a}$$

将式（a）对时间求导数，有

$$R_1\omega_1 = R_2\omega_2,\quad v_1 = v_2 \tag{b}$$

$$R_1\alpha_1 = R_2\alpha_2,\quad a_{1\tau} = a_{2\tau} \tag{c}$$

由式（b）、式（c）可知，齿轮啮合时，啮合点 M_1 及 M_2 的速度、切向加速度分别相等。但两点的法向加速度并不相等，分别为

$$a_{1n} = R_1\omega_1^2 \tag{d}$$

$$a_{2n} = R_2\omega_2^2 = R_2\left(\frac{R_1}{R_2}\omega_1\right)^2 = \frac{R_1}{R_2}(R_1\omega_1^2) = \frac{R_1}{R_2}a_{1n} \tag{e}$$

式（e）用到了关系式（b）。

从式（b）和式（c）可以得到轮Ⅱ的角速度与角加速度

$$\omega_2 = \frac{R_1}{R_2}\omega_1,\quad \alpha_2 = \frac{R_1}{R_2}\alpha_1$$

通常，称主动轮与从动轮之比为传动比，记为 i_{12}。由式（b）和式（c）可得

$$i_{12} = \frac{\omega_1}{\omega_2} = \frac{\alpha_1}{\alpha_2} = \frac{R_2}{R_1} \tag{5-12a}$$

设齿轮Ⅰ、Ⅱ的齿数分别为 z_1 和 z_2，因相互啮合的二齿轮的节圆半径与其齿数成正比，故有

$$i_{12} = \frac{\omega_1}{\omega_2} = \frac{R_2}{R_1} = \frac{z_2}{z_1} \tag{5-12b}$$

所以，相互啮合的两个齿轮的角速度和角加速度都与两齿轮的齿数成反比（或与两轮的节圆半径成反比）。

这里需要指出的是，如不考虑皮带的厚度，并假定皮带与皮带轮间无相对滑动，则式（5-12a）对于皮带传动、摩擦轮传动都同样适用，而式（5-12b）对链轮传动也同样适用。

有时为了区分轮系中各轮的转向，对各轮都规定统一的转动方向，这时各轮的角速度可取代数值，从而传动比也取代数值，即

$$i_{12} = \frac{\omega_1}{\omega_2} = \pm\frac{R_2}{R_1} = \pm\frac{z_2}{z_1} \tag{5-13}$$

式中正号表示主动轮与从动轮转向相同（内啮合），如图 5-9b 所示；负号表示转向相反（外啮合），如图 5-9a 所示。

5.3 以矢量表示刚体的角速度和角加速度　以矢量积表示点的速度和加速度

点的运动可以用矢量法简洁地表示。如果能够把刚体转动的角速度、角加速度

以及刚体上一点的速度和加速度等物理量用矢量表示出来，对以后讨论刚体的其他运动形式将是很有意义的。

要确定刚体转动的情况，仅仅知道角速度和角加速度的大小是不够的，还必须知道转动轴线在空间的方位以及转向。因此，角速度矢量 $\boldsymbol{\omega}$ 可规定如下：以角速度 $\boldsymbol{\omega}$ 的绝对值为模作用线沿转动轴，方向由角速度的转向按右手法则决定，大小等于角速度的绝对值 $|\boldsymbol{\omega}|$。

角速度矢量的起点不是固定的，但是必须画在转动轴线上，如图 5-10 所示。它与作用在刚体上的力矢量一样是滑动矢量。可以证明，角速度矢量的合成是符合矢量加法规律的。

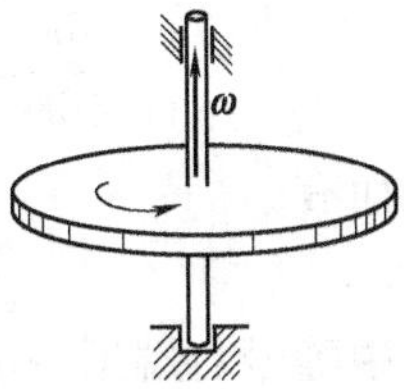

图　5-10

角速度矢量对时间的一阶导数称为角加速度矢量，即

$$\boldsymbol{\alpha}=\frac{\mathrm{d}\boldsymbol{\omega}}{\mathrm{d}t} \tag{5-14}$$

如以 $\boldsymbol{k}$ 表示沿转动轴的单位矢量，则

$$\boldsymbol{\omega}=\omega\boldsymbol{k}$$

ω 表示 $\boldsymbol{\omega}$ 沿 $\boldsymbol{k}$ 方向的投影。因为 $\boldsymbol{k}$ 为常矢量，导数为零，故角加速度方位仍应沿转动轴，即角加速度矢量为

$$\boldsymbol{\alpha}=\frac{\mathrm{d}\boldsymbol{\omega}}{\mathrm{d}t}=\frac{\mathrm{d}\omega}{\mathrm{d}t}\boldsymbol{k}=\alpha\boldsymbol{k}$$

刚体加速转动时它与 $\boldsymbol{\omega}$ 指向相同（见图 5-11a）；刚体做减速转动时它与 $\boldsymbol{\omega}$ 指向相反（见图 5-11b）。

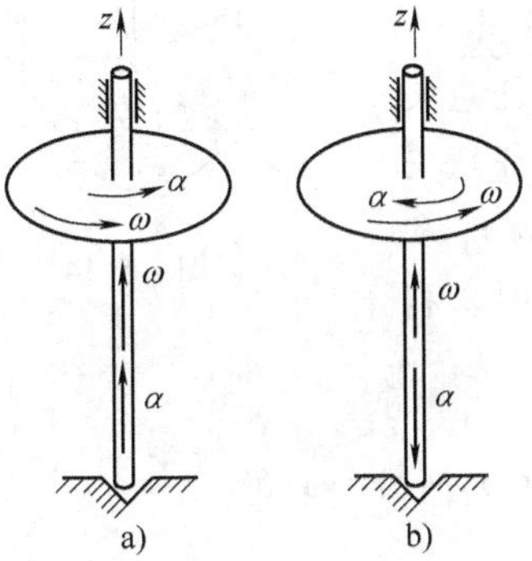

图　5-11

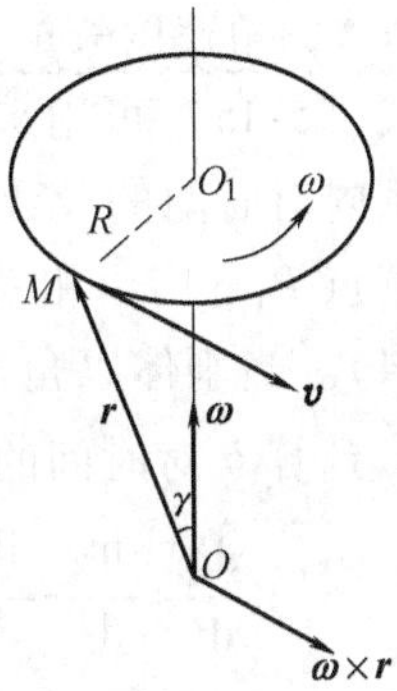

图　5-12

角速度用矢量表示后，就可以用矢量式表示刚体内任一点的线速度。如图 5-12 所示，在转动轴上任意取一点 O 作矢量 $\boldsymbol{\omega}$，并过 O 点作刚体内 M 点的矢径 $\boldsymbol{r}$，用 γ 表示 $\boldsymbol{r}$ 和转动轴之间的夹角，则矢量积 $\boldsymbol{\omega}\times\boldsymbol{r}$ 形成的矢量的方向垂直于 $\boldsymbol{\omega}$ 与 $\boldsymbol{r}$ 所成的平面，并与 $\boldsymbol{\omega}$ 的转向一致，矢量的模为

$$|\boldsymbol{\omega}\times\boldsymbol{r}|=\omega r\sin\gamma=R\omega$$

该矢量正好与 M 点的线速度大小相等，方向也与 M 点的线速度方向相同。所以有

$$\boldsymbol{v}=\boldsymbol{\omega}\times\boldsymbol{r} \tag{5-15}$$

即绕定轴转动的刚体内任意一点的线速度矢量等于刚体的角速度矢量与该点的矢径的矢量积。

与点的线速度一样，也可以用矢量式表示点的切向加速度和法向加速度。因此，将式（5-15）对时间求导数得

$$\frac{\mathrm{d}\boldsymbol{v}}{\mathrm{d}t}=\frac{\mathrm{d}(\boldsymbol{\omega}\times\boldsymbol{r})}{\mathrm{d}t}=\frac{\mathrm{d}\boldsymbol{\omega}}{\mathrm{d}t}\times\boldsymbol{r}+\boldsymbol{\omega}\times\frac{\mathrm{d}\boldsymbol{r}}{\mathrm{d}t}$$

从而有

$$\boldsymbol{a}=\boldsymbol{\alpha}\times\boldsymbol{r}+\boldsymbol{\omega}\times\boldsymbol{v} \tag{5-16}$$

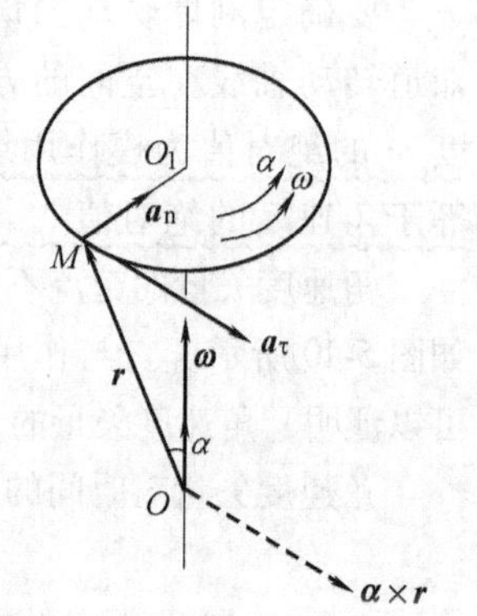

图　5-13

式中等号右端第一项的大小为

$$|\boldsymbol{\alpha}\times\boldsymbol{r}|=\alpha r\sin\gamma=R\alpha$$

正好与 M 点的切向加速度大小相等，而 $\boldsymbol{\alpha}\times\boldsymbol{r}$ 的方向垂直于 $\boldsymbol{\alpha}$ 与 $\boldsymbol{r}$ 所成平面，指向如图 5-13 所示，这方向也与 M 点的切向加速度的方向相同。因而有

$$\boldsymbol{a}_\tau=\boldsymbol{\alpha}\times\boldsymbol{r} \tag{5-17}$$

同理可知，式(5-16)等号右端的第二项等于点 M 的法向加速度,即

$$\boldsymbol{a}_\mathrm{n}=\boldsymbol{\omega}\times\boldsymbol{v} \tag{5-18}$$

于是可得结论：定轴转动刚体内任意一点的切向加速度等于刚体的角加速度矢量与该点的矢径的矢量积；法向加速度等于刚体的角速度矢量与线速度矢量的矢量积。

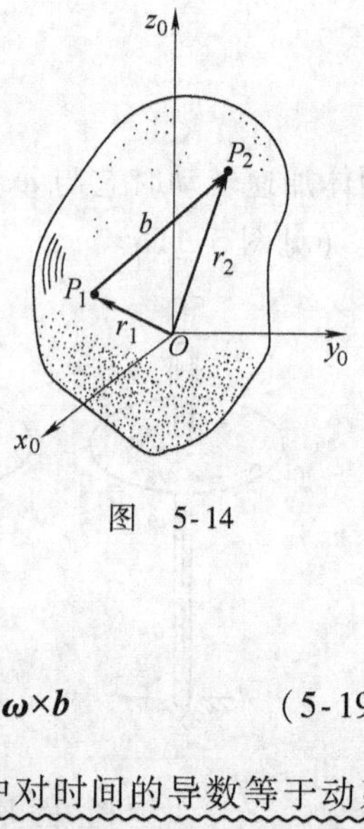

图　5-14

另外，式（5-15）可用来计算与刚体固结的任意矢量在定坐标系内对时间的导数。设与刚体固连的任意矢量 $\boldsymbol{b}$ 的两个端点 P_1 和 P_2 相对固定点 O 的矢径为 $\boldsymbol{r}_1$ 和 r_2（见图 5-14）。当刚体以角速度 $\boldsymbol{\omega}$ 做定轴转动时，利用式（5-16）计算 $\boldsymbol{b}$ 对时间的导数，得到

$$\frac{\mathrm{d}\boldsymbol{b}}{\mathrm{d}t}=\frac{\mathrm{d}\boldsymbol{r}_2}{\mathrm{d}t}-\frac{\mathrm{d}\boldsymbol{r}_1}{\mathrm{d}t}=\boldsymbol{\omega}\times\boldsymbol{r}_2-\boldsymbol{\omega}\times\boldsymbol{r}_1=\boldsymbol{\omega}\times(\boldsymbol{r}_2-\boldsymbol{r}_1)=\boldsymbol{\omega}\times\boldsymbol{b} \tag{5-19}$$

上式表明：与转动参考系固结的任意矢量在定参考系中对时间的导数等于动系的角速度矢量与该矢量的矢量积。

思　考　题

5.1　有人把刚体的“直线平动”说成是“直线运动”，这种说法对吗？

5.2　分析下列说法是否正确。

（1）平动刚体上点的轨迹一定不是空间曲线。

（2）若刚体上各点轨迹均为圆周，则刚体一定做定轴转动。

（3）若转动刚体上的直线段与转轴平行，则该直线段必做平动。

（4）平动刚体的角速度及角加速度恒等于零。

（5）根据转动刚体上一已知点的法向加速度，可以确定角速度的大小和转向。

5.3 如思考题 5.3 图中所示悬挂重物的细绳绕在鼓轮上，当重物上升时，绳上一点 C 与轮上的点 C'接触，问这两点的速度和加速度是否相同？当重物下降呢？

5.4 如思考题 5.4 图中所示鼓轮的角速度这样计算对不对？

因为 $\tan\varphi=\dfrac{x}{R}$，所以 $\omega=\dfrac{\mathrm{d}\varphi}{\mathrm{d}t}=\dfrac{\mathrm{d}}{\mathrm{d}t}\left(\arctan\dfrac{x}{R}\right)$

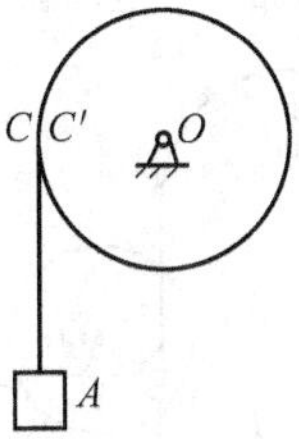

思考题 5.3 图

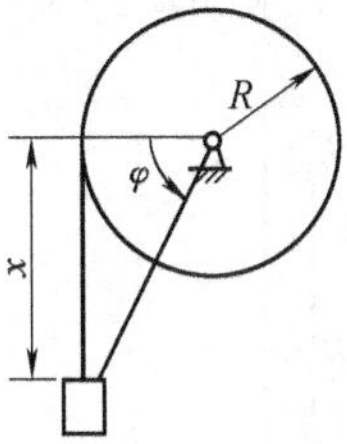

思考题 5.4 图

5.5 有人说：“角速度是从转角求导而得的，角速度可以表示为矢量，所以物体的转角也可以表示为矢量”对吗？

习 题 A

5.1 试判断习题 5.1 图中各刚体做何种形式的运动。

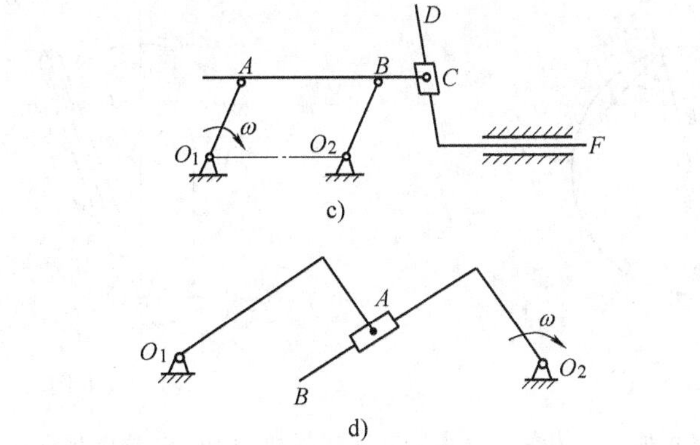

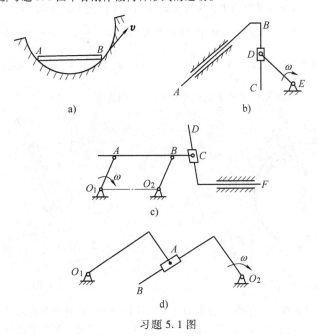

习题 5.1 图

5.2　如习题5.2图所示，托架DBE上放置重物G，托架用长为$r=20\text{cm}$的两平行曲柄AB、CD支承，已知某瞬时曲柄AB的角速度为$\omega=4\text{rad/s}$，角加速度$\alpha=2\text{rad/s}^2$，指出画G点运动轨迹的方法，并求此瞬时G点的速度和加速度。

5.3　一半径为0.5m的飞轮，由静止开始转动，其转动规律为$\alpha=c/(t+5)$，其中c为常数，α以rad/s^2计，t以s计。已知$t=5\text{s}$时，轮缘上一点的速度为20m/s，试求$t=10\text{s}$时该点的速度与加速度。

5.4　已知搅拌机的主动齿轮O_1以$n=950\text{r/min}$的转速转动。搅杆ABC有钉A、B与齿轮O_2、O_3相连，如习题5.4图所示。且$AB=O_2O_3$，$O_3A=O_2B=0.25\text{m}$，各齿轮齿数为$z_1=20$，$z_2=50$，$z_3=50$，求搅杆端点C的速度和轨迹。

5.5　如习题5.5图所示，已知飞轮的半径$R=1\text{m}$，边缘上一点全加速度$\boldsymbol{a}$与半径夹角为60°，$\boldsymbol{a}$的大小为20m/s^2，试求该瞬时飞轮的角速度、角加速度以及距转轴0.5m的一点的加速度。

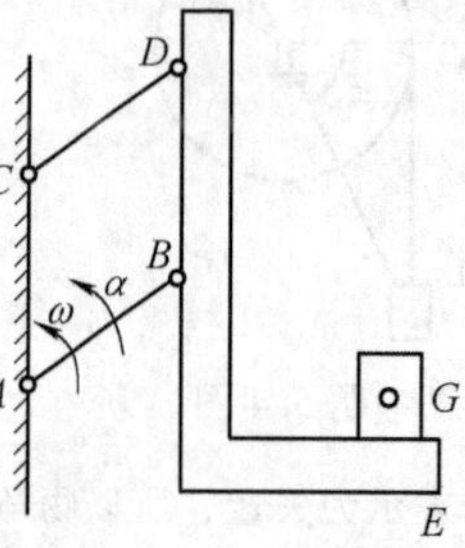

习题5.2图

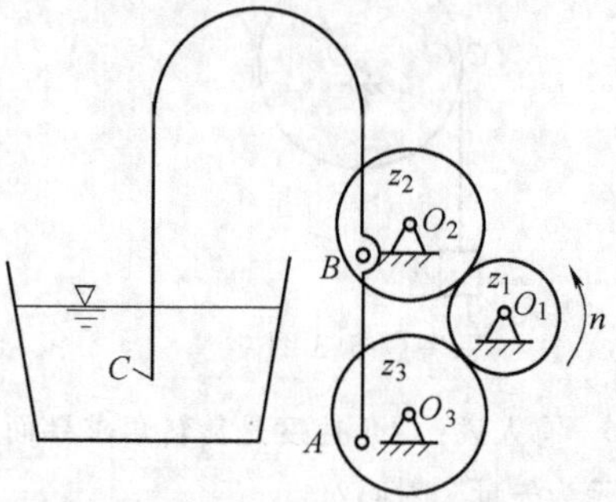

习题5.4图

5.6　刨床上的曲柄摇杆机构如习题5.6图所示，曲柄长$OA=r$，以匀角速ω绕O转动，其A端用铰链与滑块相连，滑块可沿摇杆O_1B的滑槽滑动，已知$OO_1=a$，求摇杆的运动方程及角速度方程。

5.7　在驱使刨床4运动的机构中，齿数为z_1的齿轮1按规律$\varphi_1=a\sin(dt)$转动。若轮2和轮3的齿数分别为z_2和z_3，求从运动开始（$t=0$）至时刻$t_1=\dfrac{\pi}{4P}\text{s}$时，轮3和齿条4上的点$M_3$和$M_4$的速度与加速度。已知齿距均为$d\left(\dfrac{d}{2\pi}=\dfrac{r}{z}\right.$，其中$d$为齿距，$z$为齿轮的齿数，$r$为齿轮的节圆半径$\left.\right)$，习题5.7图所示位置即为机构在时刻$t_1$的位置。

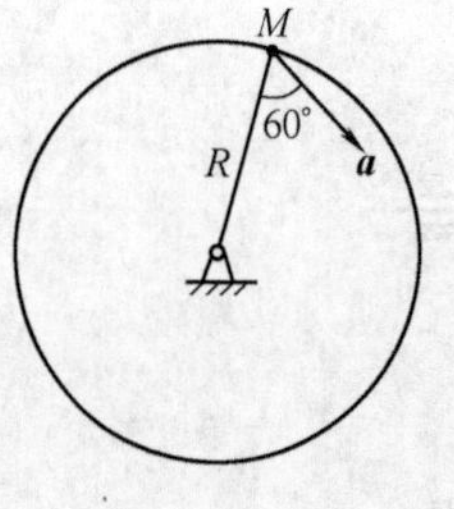

习题5.5图

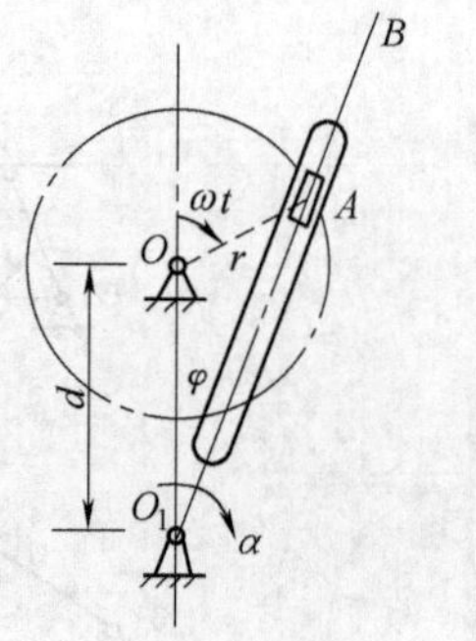

习题5.6图

5.8　如习题5.8图所示，齿条1沿水平方向按规律$s=at^3$由静止开始运动，并带动齿轮2和齿轮3转动。齿轮3上有一鼓轮，其上缠一根下端吊有重物B的不可伸长的绳子，若齿轮3与鼓轮半径相等，求重物的速度与加速度。

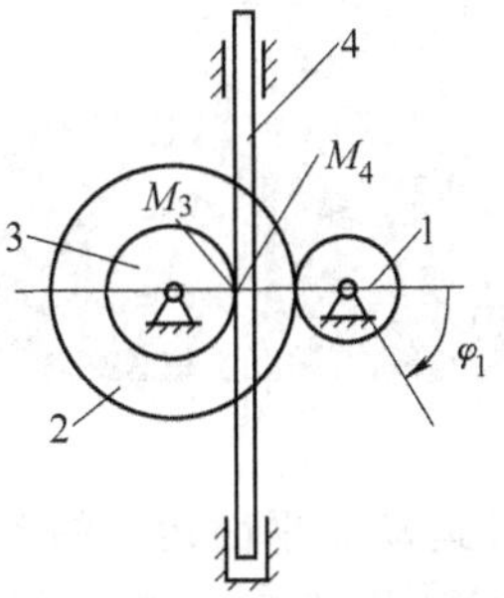

习题 5.7 图

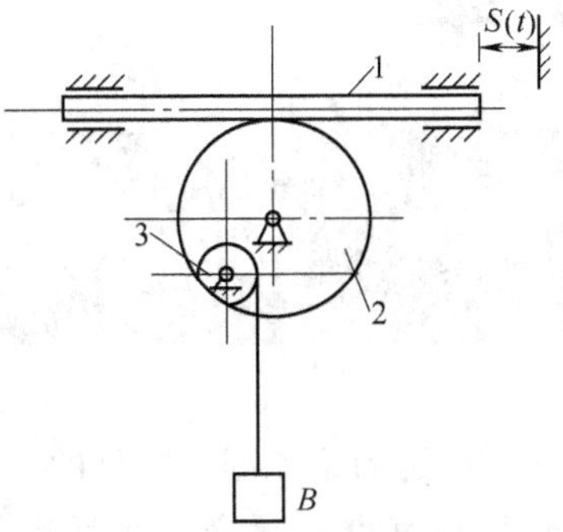

习题 5.8 图

5.9　如习题 5.9 图所示，电动铰车由带轮 1 和带轮 2 以及鼓轮 3 组成。鼓轮 3 刚性地和带轮 2 固结在同一轴上。各轮半径分别为 $r_1=30\text{cm}$，$r_2=75\text{cm}$，$r_3=40\text{cm}$。带轮 1 的转速 $n_1=100\text{r/min}$，设带轮与传动带之间无滑动，求重物 Q 上升的速度和传动带上各点的速度及加速度。

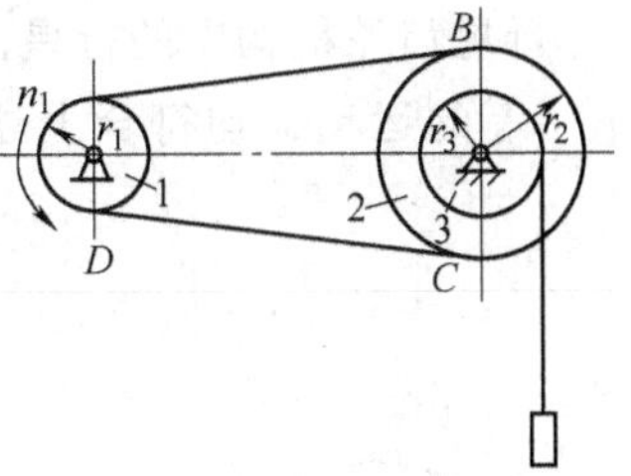

习题 5.9 图

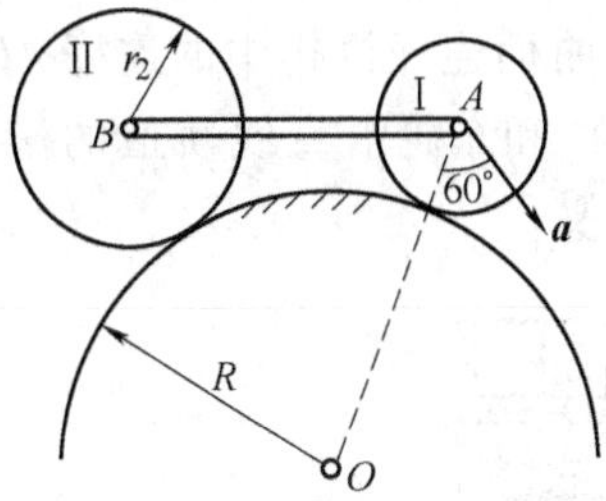

习题 5.10 图

5.10　轮Ⅰ半径为 $r_1=150\text{mm}$，轮Ⅱ半径为 $r_2=200\text{mm}$，两轮轮心用铰链与 AB 杆两端相连，两轮一齐放在半径为 $R=450\text{mm}$ 的柱面上，如习题 5.10 图所示。在某瞬时，A 点的加速度 $a_A=1200\text{mm/s}^2$，与 OA 夹角为 60°，试求此时 AB 杆的角速度和角加速度，再求 B 点的加速度。

习　题　B

5.11　如习题 5.11 图所示，电影放映机以匀速度 v 输送厚度为 b 的胶片，试求胶片卷在盘上半径为 r 时，卷盘的角加速度。

5.12　如习题 5.12 图所示，磁带录音机的驱动轮 A 以角速度 ω_A 做匀速转动，磁带的厚度为 b。试求两个轮子上的磁带半径分别是 r_A 和 r_B 时，轮子 B 的角加速度。

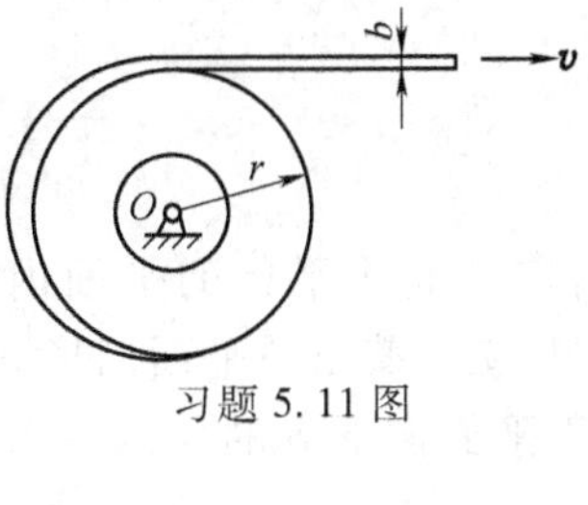

习题 5.11 图

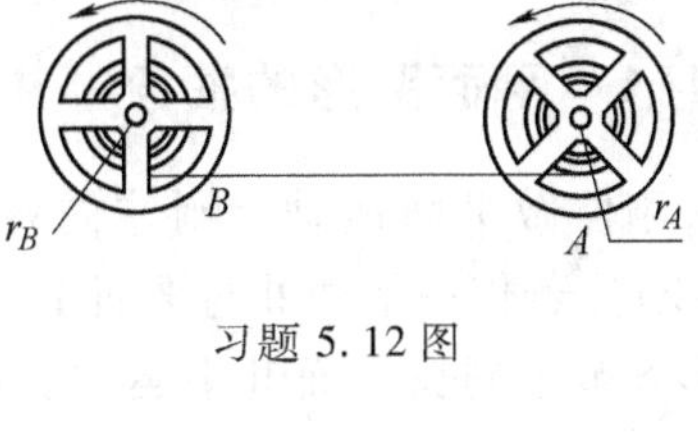

习题 5.12 图

第 6 章

刚体的平面运动

刚体的平面运动是工程中常见的、较为复杂的一种运动。平面运动的理论不仅对机构的研究具有重要意义，而且也是工程中对平面结构进行机动分析的理论依据。

所谓刚体的平面运动，就是指刚体在运动时，其上各点到某一固定平面的距离始终不变。也就是说，刚体内任一点始终在与固定平面平行的某一平面内运动。刚体的这种运动称为平面平行运动，简称平面运动。

例如，曲柄连杆机构中的连杆 AB（见图 6-1a）、行星齿轮机构中的行星齿轮 A（见图 6-1b）和车轮沿直线轨道的滚动（见图 6-1c）等的运动，均符合上述对平面运动的定义。

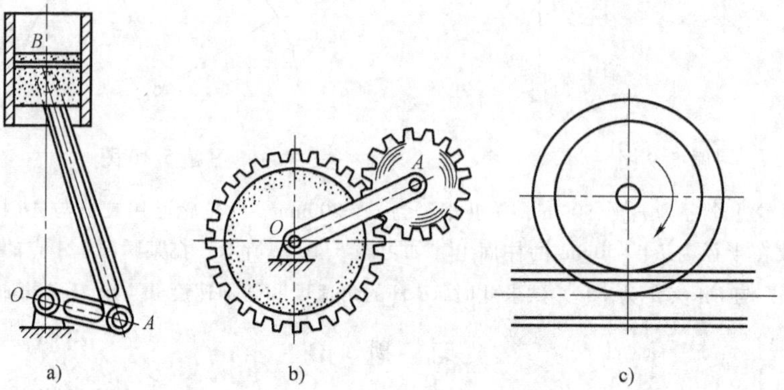

图　6-1

6.1　刚体的平面运动概述

6.1.1　平面图形的抽象

设一刚体做平面运动，刚体内每一点都在与固定平面 Ⅰ 平行的平面内运动（见图 6-2）。若作一平面 Ⅱ 与平面 Ⅰ 平行，并与刚体相交，截出一平面图形 S，则平面图形 S 被限制在平面 Ⅱ 中运动。而刚体内垂直于平面图形 S 的任意一条直线

A_1A_2则做移动。由于直线上各点移动的运动规律是相同的，所以直线A_1A_2的运动可用其与平面图形S的交点A的运动来代表。因此，只要知道平面图形S内各点的运动，就可以知道整个刚体的运动。由此可见，刚体的平面运动可以简化为平面图形在其自身平面内的运动。

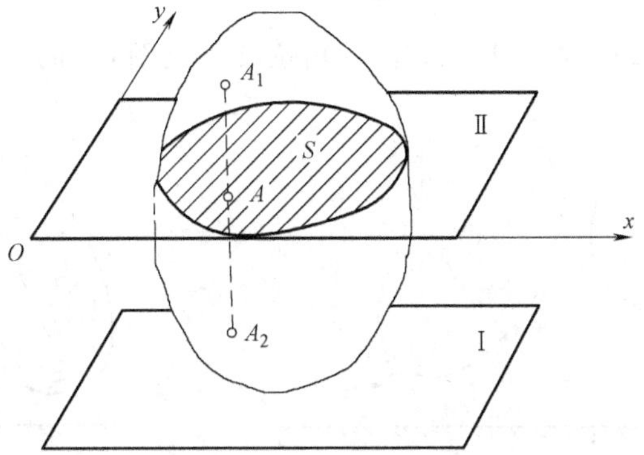

图　6-2

6.1.2　刚体平面运动的运动方程

设平面图形S在固定平面Oxy内运动（见图6-3），为了确定平面图形S在任意瞬时的位置，在平面图形S中任取一点A作为基点，并通过基点在平面图形S内任作一段射线AB（见图6-3），由于在平面图形S内各点相对于AB的位置是固定的，所以只要确定了AB的位置，平面图形S的位置也就确定了。

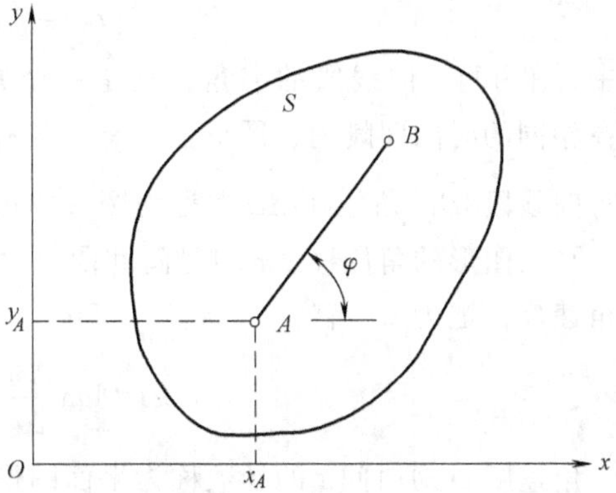

图　6-3

要确定AB的位置，可由A点的坐标x_A、y_A及AB与x轴的夹角φ来确定。当平面图形S运动时，x_A、y_A与φ都随时间变化，是时间t的单值连续函数。因此，可有

$$x_A=f_1(t),\quad y_A=f_2(t),\quad \varphi=f_3(t) \tag{6-1}$$

这就是平面图形S的运动方程，也是刚体平面运动的数学描述。

在平面运动方程中，若φ保持不变，则刚体简化为随A的平动；若x_A、y_A保持不变，则刚体简化为绕A（以过A点的S平面法线为轴）的定轴转动。因此，刚体的平面运动包含平动和定轴转动这两种基本形式的运动。

6.1.3　平面图形的角位移、角速度和角加速度

当平面图形运动时，方位角 $\varphi=f_3(t)$ 一般是随时间变化的，即有向线段$\overrightarrow{AB}$的方位是变化的。设从 t 至 $\Delta t\to 0$ 的时间间隔内，方位角的增量为 $\Delta\varphi$，即

$$\Delta\varphi=\varphi'-\varphi=f_3(t+\Delta t)-f_3(t)$$

称 $\Delta\varphi$ 为有向线段$\overrightarrow{AB}$在时间间隔 Δt 内的**角位移**（见图 6-4a）。

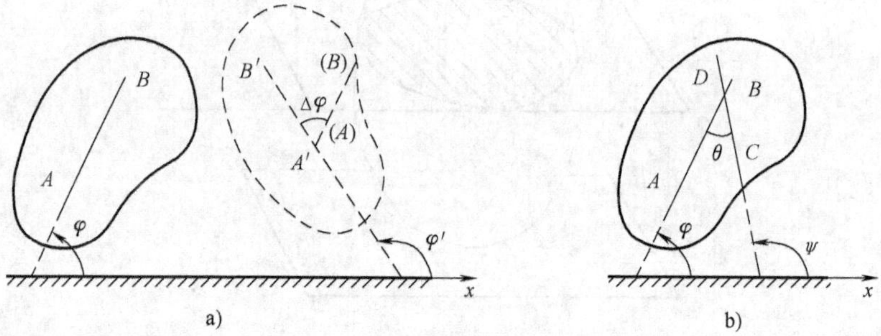

图　6-4

平面图形在运动过程中，其上任意两条有向线段$\overrightarrow{AB}$和$\overrightarrow{CD}$的方位角 φ 和 ψ 存在如下关系

$$\varphi(t)=\psi(t)-\theta$$

其中，θ 为两有向线段的夹角，它是一个常量（见图 6-4b）。由此可知 $\Delta\varphi=\Delta\psi$，即在相同的时间间隔内，图形上任意一条有向线段的角位移相等。因此，平面图形上有向线段$\overrightarrow{AB}$的角位移 $\Delta\varphi$ 也称为图形的角位移。

平面图形的角位移 $\Delta\varphi$ 与时间间隔 Δt 之比在 $\Delta t\to 0$ 下的极限值称为平面图形的**角速度**，记为 ω，有

$$\omega=\lim_{\Delta t\to 0}\frac{\Delta\varphi}{\Delta t}=\frac{\mathrm{d}\varphi}{\mathrm{d}t}=\dot{\varphi} \tag{6-2}$$

角速度 ω 对时间 t 的导数称为平面图形的**角加速度**，记为 α，有

$$\alpha=\frac{\mathrm{d}\omega}{\mathrm{d}t}=\dot{\omega}=\ddot{\varphi} \tag{6-3}$$

平面图形的角速度和角加速度是刚体平面运动的角速度和角加速度，它们表示了刚体方位变化的快慢，是刚体运动的的整体性质。

平面图形的角速度和角加速度也可表示为沿 Oz 轴的矢量，设 Oz 轴正向的单位矢量为 $\boldsymbol{k}$，则有

$$\boldsymbol{\omega}=\omega\boldsymbol{k} \tag{6-4}$$

$$\boldsymbol{\alpha}=\alpha\boldsymbol{k} \tag{6-5}$$

其中，ω 和 α 为角速度和角加速度在轴 Oz 上的投影，是代数量（见图 6-5）。利用式（6-2），式（6-3），以上两式还可表示为

$$\boldsymbol{\omega}=\frac{\mathrm{d}\varphi}{\mathrm{d}t}\boldsymbol{k} \tag{6-6}$$

$$\boldsymbol{\alpha}=\frac{\mathrm{d}\omega}{\mathrm{d}t}\boldsymbol{k}=\frac{\mathrm{d}^2\varphi}{\mathrm{d}t^2}\boldsymbol{k}=\frac{\mathrm{d}\boldsymbol{\omega}}{\mathrm{d}t} \tag{6-7}$$

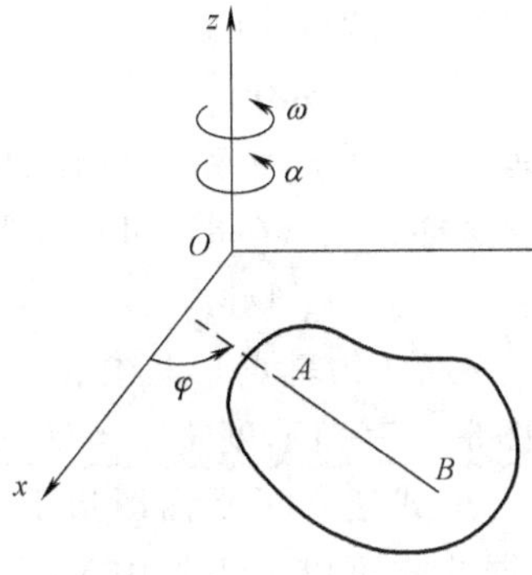

图　6-5

6.2　平面图形上点的速度分析

本节将研究平面图形 S 上各点的速度以及它们之间的关系。具体介绍三种方法，即基点法、速度投影法和瞬心法。

6.2.1　基点法

平面图形上任意两确定点 A 和 M 的矢径有如下关系

$$\boldsymbol{r}_M=\boldsymbol{r}_A+\boldsymbol{r}_{AM}$$

如图 6-6a 所示，将上式对时间 t 求导数，得

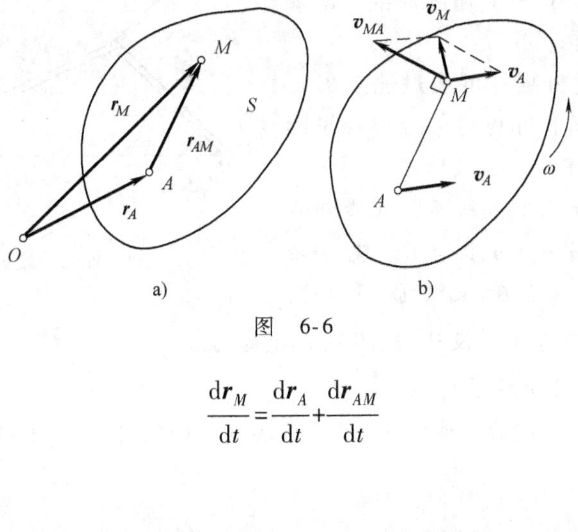

图　6-6

$$\frac{\mathrm{d}\boldsymbol{r}_M}{\mathrm{d}t}=\frac{\mathrm{d}\boldsymbol{r}_A}{\mathrm{d}t}+\frac{\mathrm{d}\boldsymbol{r}_{AM}}{\mathrm{d}t}$$

因 $\boldsymbol{r}_{AM}$是大小不变、仅方向改变的矢量，由式（5-19），故有

$$\frac{\mathrm{d}\boldsymbol{r}_{AM}}{\mathrm{d}t}=\boldsymbol{\omega}\times\boldsymbol{r}_{AM}$$

于是有

$$\boldsymbol{v}_M=\boldsymbol{v}_A+\boldsymbol{\omega}\times\boldsymbol{r}_{AM} \tag{6-8}$$

这就是平面图形上两点的速度关系，其中右端第二项可以看成是图形绕点 A 以角速度 ω 转动时点 M 所具有的速度，一般记为$\boldsymbol{v}_{MA}$

$$\boldsymbol{v}_{MA}=\boldsymbol{\omega}\times\boldsymbol{r}_{AM} \tag{6-9}$$

显然，$\boldsymbol{v}_{MA}$的大小 $v_{MA}=AM\omega$，其方向垂直于 A 和 M 两点的连线，指向与图形角速度 $\boldsymbol{\omega}$ 的转向相一致（见图 6-6b）。这样，式（6-8）可写成形式

$$\boldsymbol{v}_M=\boldsymbol{v}_A+\boldsymbol{v}_{MA} \tag{6-10}$$

在式（6-8）和式（6-10）中，称点 A 为基点。上述结果表明，平面图形上某点 M 的速度等于基点的速度与平面图形以其角速度绕基点转动时点 M 所具有的速度矢量之和，这种方法称为基点法。上式建立了平面图形上任意两点之间的速度关系，根据此式可以求出式中包括大小或方向的两个未知量。

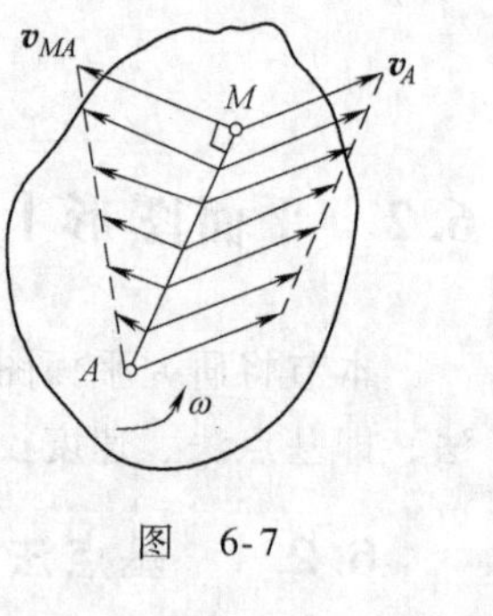

图 6-7

由于基点的选取是任意的，所以式（6-8）或式（6-10）反映了图形上任意两点速度之间的关系，由此可做出平面图形上沿线段 AM 上各点的速度分布图，如图 6-7 所示。

应用式（6-10）可求解刚体做平面运动时任一时刻的速度问题，其解题一般步骤为：

1）运动分析：分析各构件的运动形式，做平移或定轴转动，或平面运动；

2）速度分析：选定两点，通常取速度已知的点为基点，写出两点的速度关系式，分析各项速度的大小和方向，并画出速度矢量图。如果 6 个未知量中至少已知 4 个，则问题可解；

3）求解矢量方程：可通过速度矢量图的几何关系求解，亦可将矢量方程投影到两根轴上来求解。

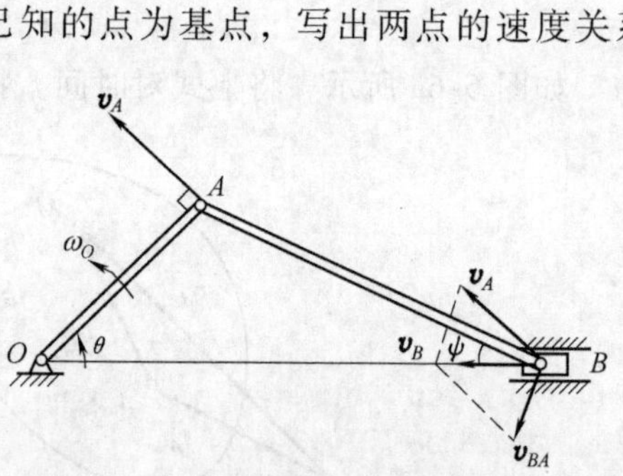

图 6-8

【例 6.1】 如图 6-8 所示，在曲柄连杆机构中，已知曲柄 OA 长为 R，绕 O 轴以 ω_O 逆时针转动，当 $\theta=45°$，$\psi=15°$时，求此瞬时滑块 B 的速度v_B 及连杆 AB 的角速度 ω_{AB}。

【解】 （1）分析运动

曲柄 OA 绕 O 轴转动，连杆 AB 做平面运动。研究杆 AB，因杆上点 A 的运动已

知，故取杆 AB 上点 A 为基点。

（2）分析速度

由基点法，滑块 B 的速度

$$v_B = v_A + v_{BA}$$

速度分析见下表：

	v_B	v_A	v_{BA}
大　小	未　知	$R\omega_O$	$AB\omega_{AB}$（未知）
方　向	水　平	$\perp OA$	$\perp AB$

因只有两个未知量，问题可解。作速度平行四边形如图 6-8 所示，由正弦定理

$$\frac{v_B}{\sin 60°} = \frac{v_A}{\sin 75°} = \frac{v_{BA}}{\sin 45°}$$

得

$$v_B = 0.897\omega_O R$$

因

$$AB = R\frac{\sin 45°}{\sin 15°}$$

故有

$$\omega_{AB} = \frac{v_{BA}}{AB} = \omega_O R\frac{\sin 45°}{\sin 75°} \times \frac{\sin 15°}{R\sin 45°} = 0.268\omega_O$$

从基点 A 的位置和 v_{BA} 的指向可以看出，ω_{AB} 为顺时针转向。

【例 6.2】 在如图 6-9 所示的四连杆机构中，已知曲柄 AB 长 $r=20\text{cm}$，转速 $n=50\text{r/min}$，摇杆 CD 长 $l=40\text{cm}$，当 $\theta=60°$，$\varphi=30°$，且 $AD \perp DC$ 时，求摇杆 CD 的角速度 ω_{CD} 及连杆 BC 的角速度 ω_{BC}。

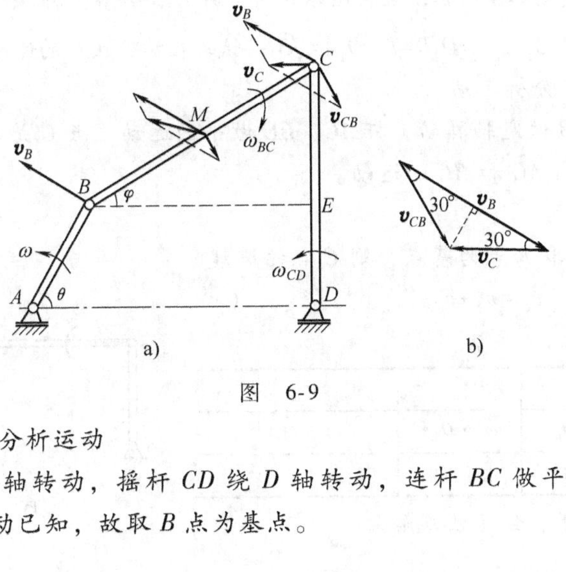

图 6-9

【解】 （1）分析运动

曲柄 AB 绕 A 轴转动，摇杆 CD 绕 D 轴转动，连杆 BC 做平面运动。研究杆 BC，因 B 点的运动已知，故取 B 点为基点。

（2）分析速度

由基点法，

$$v_C = v_B + v_{CB}$$

速度分析见下表：

	v_C	v_B	v_{CB}
大　小	未知	$r\omega$	未知
方　向	$\perp DC$	$\perp AB$	$\perp BC$

作速度平行四边形，由图 6-9b 可得

$$v_{CB} = v_C = \frac{r\omega}{2\cos30°} = \frac{\pi nr}{30} \times \frac{1}{2\cos30°} = 60.43\text{cm/s}$$

因

$$BC = 2CE = 2(CD-ED) = 2(CD-AB\sin60°) = 45.36\text{cm}$$

故连杆的角速度

$$\omega_{BC} = \frac{v_{CB}}{BC} = \frac{60.43}{45.36}\text{rad/s} = 1.33\text{rad/s}$$

根据基点 B 的位置和v_{CB}的指向确定 ω_{BC}应是顺时针转向。

摇杆 CD 的角速度

$$\omega_{CD} = \frac{v_C}{CD} = \frac{60.43}{40}\text{rad/s} = 1.51\text{rad/s}$$

根据v_C 的指向，确定 ω_{CD}应是逆时针转向。

问题：若要求 BC 杆中点 M 的速度，不分析 C 点的运动，能否直接求解？

【例 6.3】 图 6-10 中给出一种平面铰接机构，已知杆 O_1A 的角速度是 ω_1，杆 O_2B 的角速度是 ω_2，转向如图所示，且在图示瞬时，杆 O_1A 铅直，杆 AC 和 O_2B 水平，而杆 BC 对铅直线成偏角 30°；又 $O_2B=l$，$O_1A=\sqrt{3}l$。试求在瞬时点 C 的速度。

【解】（1）分析运动

杆 O_1A、O_2B 做定轴转动，杆 AC、BC 做平面运动，点 C 是二杆的公共点，其运动应同时满足杆 AC 和 BC 的运动。

（2）分析速度

研究杆 AC，取 A 点为基点，则 C 点的速度

$$v_C = v_A + v_{CA} \tag{a}$$

其中

	v_C	v_A	v_{CA}
大　小	未知	$\omega_1 \cdot O_1A$	未知
方　向	未知	水平向右	$\perp AC$

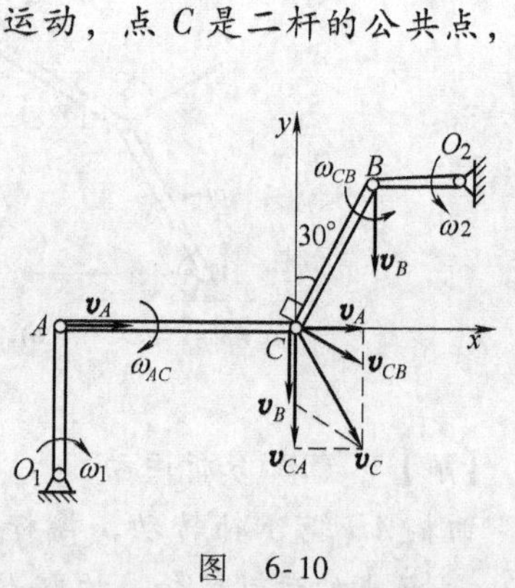

图　6-10

由于有三个未知量，故无法求解。

再研究杆 BC，取点 B 为基点，则有

$$v_C = v_B + v_{CB} \tag{b}$$

其中

	v_C	v_B	v_{CB}
大　小	未知	$\omega_2 \cdot O_2B$	未知
方　向	未知	竖直向下	$\perp CB$

同样有三个未知量，不能求解。但是，联立式（a）和式（b），有

$$v_A + v_{CA} = v_B + v_{CB} \tag{c}$$

式中，只有v_{CA}和v_{CB}的大小未知，其方向假设如图 6-10 所示。

由分析可知，只要求出v_{CA}和v_{CB}中的任一个，就可求得 C 点的速度。为此将式（c）投影于$\overrightarrow{AC}$方向，得

$$v_A = v_{CB}\cos 30°$$

从而

$$v_{CB} = \frac{v_A}{\cos 30°} = 2\omega_1 l$$

式中负号表示v_{CB}与图中所设方向相反。

现在可以利用式（b）来求点 C 的速度v_C。为此把式（b）投影到 x、y 轴上，有

$$v_{Cx} = v_{Bx} + v_{CBx} = 0 + v_{CB}\cos 30° = 2\omega_1 l\left(-\frac{\sqrt{3}}{2}\right) = \sqrt{3}\omega_1 l$$

$$v_{Cy} = v_{By} + v_{CBy} = -v_B - v_{CB}\sin 30° = -\omega_2 l - 2\omega_1 l\left(\frac{1}{2}\right) = -(\omega_1 + \omega_2)l$$

于是得

$$v_C = \sqrt{v_{Cx}^2 + v_{Cy}^2} = l\sqrt{3\omega_1^2 + (\omega_1 + \omega_2)^2} = l\sqrt{4\omega_1^2 + 2\omega_1\omega_2 + \omega_2^2}$$

$$\tan(v_C, \boldsymbol{i}) = \frac{v_{Cy}}{v_{Cx}} = \frac{-(\omega_1 + \omega_2)}{\sqrt{3}\omega_1}$$

6.2.2　速度投影法

在矢量式（6-10）中，由于v_{AM}的方向总是垂直于 AM 连线，即它在 AM 连线上的投影等于零。因此，若将式（6-10）向 AM 连线投影，则可得

$$[v_B]_{AM} = [v_A]_{AM} \tag{6-11}$$

即 B 点的速度v_B 和 A 点的速度v_A 在 AM 连线上的投影相等。这是因为，当刚体运动时，由于其上任意两点之间的距离保持不变，所以两点的速度必须满足以上关系，否则就意味着 AM 距离将要伸长或缩短。由此可得速度投影定理：同一平面图

形上任意两点的速度在这两点连线上的投影相等。可以看出，该定理不仅适用于刚体做平面运动，也适用于刚体做其他任意的运动。

如果已知刚体上一点速度的大小和方向，又知道另一点的速度方向，则在这两点距离及刚体角速度未知的情况下，应用速度投影定理，可方便地求出该点速度的大小。这种求速度的方法称为速度投影法。

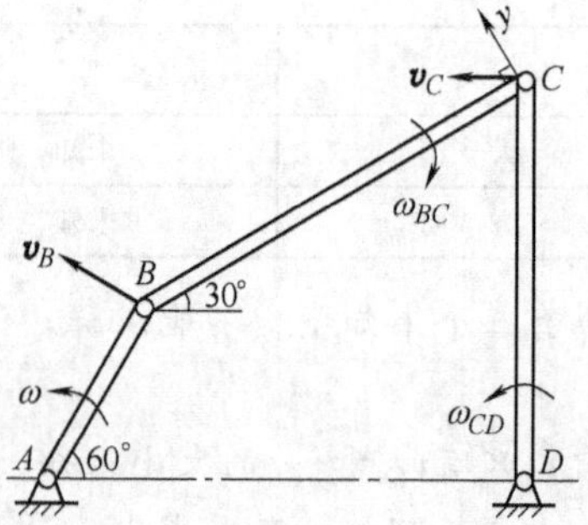

图 6-11

【例 6.4】 用速度投影法求解例 6.2 题中摇杆 CD 的角速度 ω_{CD}。

【解】 由已知条件可知 B、C 两点的速度方向，如图 6-11 所示，根据式（6-11），得

$$v_B \cdot \cos 60° = v_C \cdot \cos 30°$$

而

$$v_B = \omega \cdot r = \frac{\pi}{30} n \cdot r = 104.67 \text{cm/s}$$

故有

$$v_C = \frac{v_B \cos 60°}{\cos 30°} = 60.43 \text{cm/s}$$

从而

$$\omega_{CD} = \frac{v_C}{CD} = 1.51 \text{rad/s}$$

6.2.3 瞬心法

根据基点法，平面图形上任一点的速度等于基点的速度和平面图形以其角速度绕基点转动时该点所具有的速度的矢量和。而基点的选择是任意的，由此很自然会想到，如果能选取平面图形上瞬时速度等于零的点为基点，则图形上任一点的速度就等于绕基点转动的速度，计算更为简便。那么，任意瞬时平面图形上是否存在速度为零的点？下面我们来研究这个问题。

设平面图形上某一点 A 的速度为v_A，平面图形的角速度大小为 ω，方向如图 6-12 所示。如果选 A 为基点，则其上任一点 P 的速度为

$$v_P = v_A + v_{PA}$$

其中$v_{PA} = AP \cdot \omega$，方向与 AP 垂直。如果 P 点就是此瞬时速度为零的点，则有 $v_A + v_{PA} = 0$，即v_{PA}和v_A 方向相反，大小相等。AP 必与v_A 垂直，故 P 点在过 A 点且与 v_A 垂直的直线上，且 $AP = v_A / \omega$（$\omega \neq 0$ 时）。

由此可得到结论：如平面图形的角速度不等于零，则在该瞬时平面图形上总有速度为零的一点，这个点称为平面图形的瞬时速度中心，简称瞬心。

若选瞬心 P 为基点，则$v_P=0$。由式（6-8）可得平面图形上任一点 M 的速度

$$v_M=\boldsymbol{\omega}\times\overrightarrow{PM} \tag{6-12}$$

即：平面图形上任一点的速度等于平面图形以角速度 ω 绕瞬时速度中心转动时该点具有的速度。

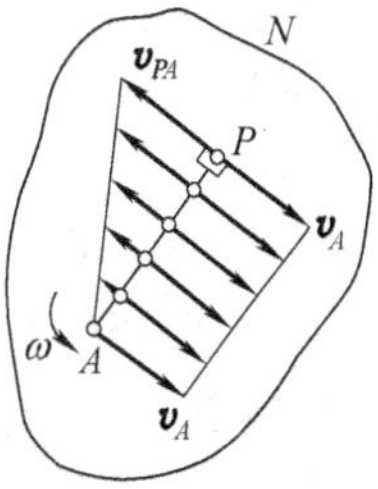

图　6-12

由式（6-12）还可以看出，平面图形上各点速度的大小与点到瞬心的距离成正比，速度的方向垂直于该点与速度瞬心的连线，指向平面图形角速度的转向，即

$$v_M\perp\overrightarrow{PM},\ v_M=\overline{PM}\cdot\omega$$

据此，可得平面图形上各点的速度分布，如图 6-13 所示。由图可知，平面图形上各点速度在某瞬时的分布情况与刚体绕定轴转动时各点速度的分布情况相同。不同的是平面图形的“转轴”不是固定的，它在平面图形上以及在静系中的位置都随时间改变。于是，在某一瞬时，平面图形的运动可视为绕速度瞬心的瞬时转动；而在不同的瞬时，平面图形的运动可视为绕一系列不同的瞬心做瞬时转动。

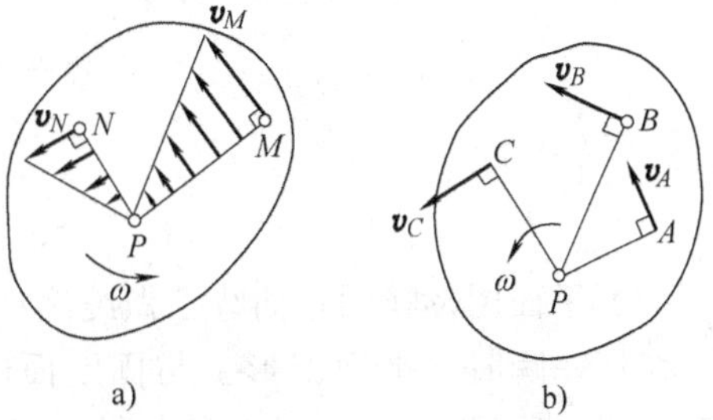

图　6-13

正如上面所讲，速度瞬心在平面图形上的位置随时间变化，在不同瞬时，平面图形具有不同的速度瞬心。因此，尽管速度瞬心的速度等于零，而其加速度一般不等于零。

平面图形的速度瞬心在解决平面运动的速度问题中占有很重要的地位。在某瞬时，只要知道了平面图形的角速度及其瞬心的位置，由式（6-12）可很方便地求出此瞬时平面图形上各点的速度。这种方法称为瞬心法。

使用瞬心法，应首先确定速度瞬心的位置。下面介绍几种确定速度瞬心的常用方法。

（1）已知图形上任意两点 A、B 的速度方向

过点 A、B 分别作速度的垂线，其交点就是瞬心 P（图 6-14a）。

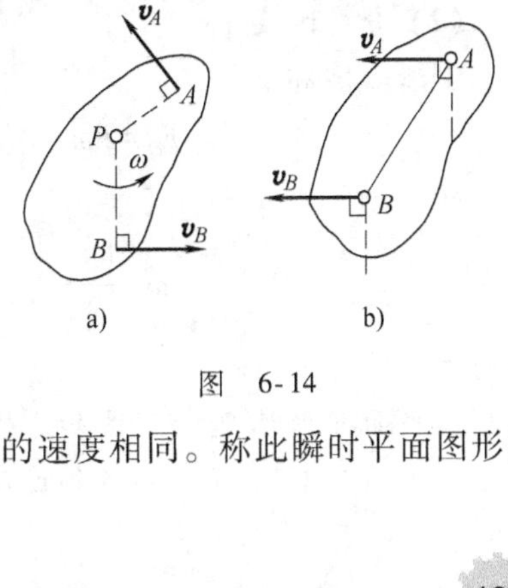

图　6-14

特殊地，若点 A、B 的速度方向平行，但不垂直于 A、B 两点的连线 AB（见图 6-14b），此时速度瞬心在无穷远处，而且平面图形上各点的速度相同。称此瞬时平面图形的

运动为瞬时平动。

(2) 已知平面图形上任意两点 A、B 的速度v_A、v_B，而且v_A 和v_B 都垂直于两点连线 AB

作v_A、v_B 端点的连线，此连线与线段 AB（或其延长线）的交点 P 就是速度瞬心（见图 6-15a 和 b）。行星轮系中常能遇到这种情形。

特殊地，若 $v_A = v_B$，则平面图形做瞬时平动，速度瞬心在无穷远处（见图6-15c）。

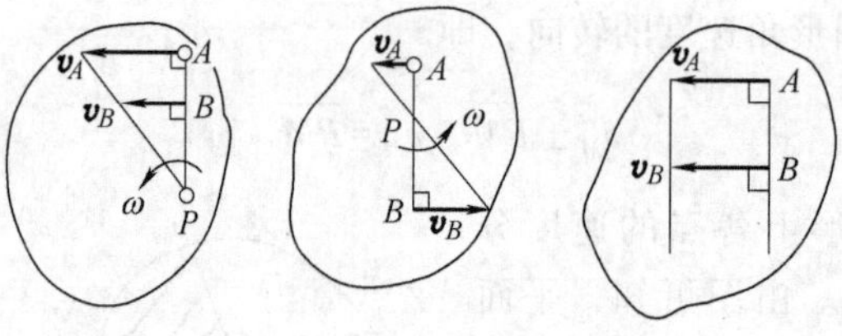

图 6-15

(3) 平面图形在固定曲线上做纯滚动

在任一瞬时，平面图形上与固定面的接触点就是速度瞬心 P（见图 6-16）。这是因为做纯滚动时，平面图形与固定曲线在接触点处无相对运动，即任一瞬时平面图形上与固定曲线上相互接触的点的速度相同，而固定曲线上各点的速度恒等于零。因此，平面图形上接触点即为速度瞬心。

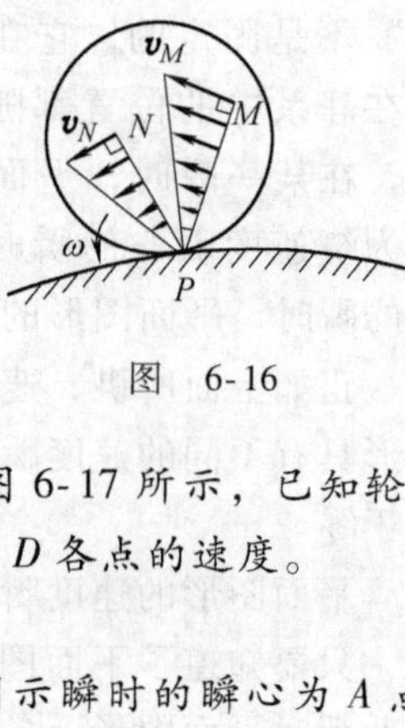

图 6-16

【例 6.5】 半径为 R 的圆轮沿直线轨道做纯滚动，如图 6-17 所示，已知轮心的速度为v_O，BOD 在同一水平线上，试求轮沿上 A、B、C、D 各点的速度。

【解】 (1) 分析运动

因圆轮在直线轨道上纯滚动，故圆轮做平面运动，在图示瞬时的瞬心为 A 点，即$v_A=0$。

(2) 分析速度

由瞬心法有

$$v_O = R\omega$$

故

$$\omega = \frac{v_O}{R}$$

转向为逆时针方向。

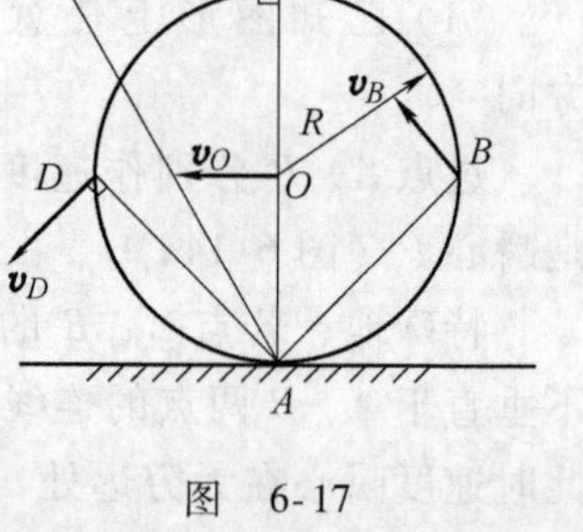

图 6-17

由平面图形速度分布图知，B、C、D 各点的速度方向如图 6-17 所示，各点的速度大小为

$$v_B = AB \cdot \omega = \sqrt{2} v_O$$

$$v_C = AC \cdot \omega = 2v_O$$

$$v_D = AD \cdot \omega = \sqrt{2} v_O$$

【例 6.6】 在图 6-18 所示的曲柄连杆机构中，曲柄 OA 长为 R，连杆 AB 长为 $l = \sqrt{3}R$，曲柄做匀速转动，角速度为 ω_O，求在 $\theta = 0°$，$60°$，$90°$各瞬时滑块 B 的速度及连杆 AB 的角速度。

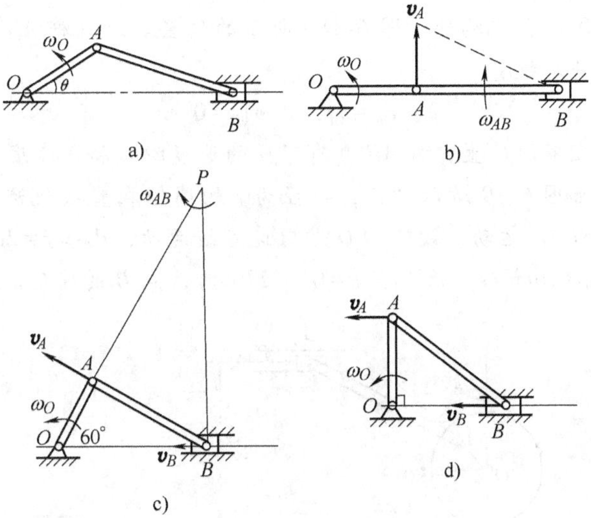

图　6-18

【解】 曲柄连杆机构的运动分析在例 6.1 中已做了说明，下面对不同瞬时位置的运动进行分析。

因 $v_A = R\omega$，$v_A \perp OA$，而v_B 沿水平方向，所以可以通过v_A 和v_B 来确定各瞬时连杆 AB 的瞬心，进而求得各瞬时连杆 AB 的角速度和滑块 B 的速度。

(1) 当 $\theta = 0°$时，机构处于图 6-18b 所示位置。此时，点 B 就是杆 AB 的速度瞬心，故有

$$v_B = 0$$

由瞬心法

$$v_A = R\omega_O = l\omega_{AB}$$

因此，杆 AB 的角速度

$$\omega_{AB} = \frac{R\omega_O}{l} = \frac{\omega_O}{\sqrt{3}} \text{（沿顺时针转向）}$$

(2) 当 $\theta = 60°$时，机构处于图 6-18c 所示的位置，速度瞬心在点 P 处。由瞬心法，有

$$v_A = R\omega_O = AP \cdot \omega_{AB}$$

因此有

$$\omega_{AB}=\frac{R\omega_O}{AP}=\frac{R\omega_O}{3R}=\frac{\omega_O}{3}\text{（沿顺时针方向）}$$

而滑块 B 的速度

$$v_B=BP\cdot\omega_{AB}=2\sqrt{3}R\cdot\frac{\omega_O}{3}=\frac{2}{\sqrt{3}}R\omega_O$$

方向如图所示。

（3）当 $\theta=90°$ 时，机构处于图 6-18d 所示的位置。此时杆 AB 做瞬时平动，速度瞬心在无穷远处。故有

$$v_B=v_A,\quad \omega_{AB}=0$$

可见，机构在不同位置，杆 AB 具有不同的速度瞬心和角速度。

【例 6.7】　如图 6-19 所示机构，半径为 r 的圆轮在直线轨道上做纯滚动，并通过销钉 A 带动杆 AB 运动。设轮心 O 做匀速直线运动，已知 $r=20\text{cm}$，$OA=15\text{cm}$，$AB=h=70\text{cm}$，$v_O=10\text{cm/s}$。试求当 $\theta=0°$，$270°$ 时，点 B 的速度。

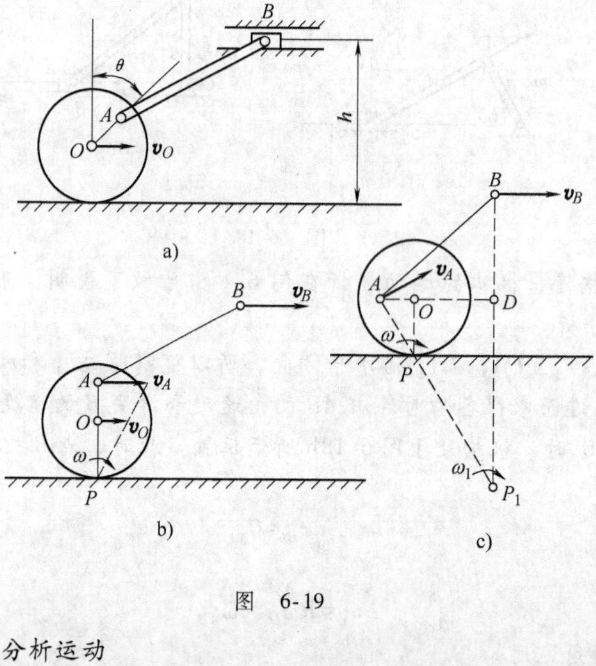

图　6-19

【解】　（1）分析运动

圆轮与杆都做平面运动，且圆轮上与轨道的接触点 P 是圆轮的瞬心。

（2）分析速度

先研究圆轮。由瞬心法可确定其上点 A 的速度 v_A，再研究杆 AB，由于其上点 B 做直线运动，v_B 沿水平方向，根据 v_A 和 v_B 的方位可确定杆 AB 的瞬心，进而可求得 B 点的速度。

1）当 $\theta=0°$ 时，机构处于图 6-19b 所示的位置，研究圆轮，其瞬心在点 P 处，圆轮的角速度

$$\omega=\frac{v_O}{r}$$

因此，点 A 的速度为

$$v_A=AP\cdot\omega=(20+15)\times\frac{10}{20}\text{cm/s}=17.5\text{cm/s}$$

方向如图所示。

研究杆 AB，由图知，AB 杆做瞬时平动，故点 B 的速度为

$$v_B=v_A=17.5\text{cm/s}$$

方向与 v_A 相同。

2）当 $\theta=270°$ 时，机构处于图 6-19c 所示的位置，同理，

$$\omega=\frac{v_O}{r}$$

$$v_A=AP\cdot\omega=\sqrt{AO^2+r^2}\cdot\omega=\sqrt{15^2+20^2}\times\frac{10}{20}\text{cm/s}=12.5\text{cm/s}$$

方向如图所示。

研究杆 AB，其速度瞬心在 P_1 处，由图可知

$$\frac{AP_1}{AP}=\frac{AD}{AO}$$

$$AD=\sqrt{AB^2-BD^2}=\sqrt{70^2-50^2}\text{ cm}=49\text{cm}$$

有

$$AP_1=AP\cdot\frac{AD}{AO}=25\times\frac{49}{15}\text{cm}=81.67\text{cm}$$

又

$$BP_1=BD+DP_1,\quad\frac{DP_1}{OP}=\frac{AD}{AO}$$

从而有

$$DP_1=OP\cdot\frac{AD}{AO}=20\times\frac{49}{15}\text{cm}=65.33\text{cm}$$

故 AB 杆的角速度为

$$\omega_1=\frac{v_A}{AP_1}=\frac{12.5}{81.67}\text{rad/s}=0.153\text{rad/s}$$

由图可知 ω_1 为顺时针转向。

点 B 的速度为

$$\begin{aligned}v_B&=BP_1\cdot\omega_1=(BD+DP_1)\omega_1\\&=(50+65.33)\times0.153\text{cm/s}=17.65\text{cm/s}\end{aligned}$$

方向如图所示。

6.3 平面图形上两点的加速度关系

如图 6-20 所示，用矢量分析的方法可导出平面图形上任意两点的加速度关系。将式（6-8）对时间 t 求导数，得

$$\frac{\mathrm{d}\boldsymbol{v}_M}{\mathrm{d}t}=\frac{\mathrm{d}\boldsymbol{v}_A}{\mathrm{d}t}+\frac{\mathrm{d}\boldsymbol{\omega}}{\mathrm{d}t}\times\boldsymbol{r}_{AM}+\boldsymbol{\omega}\times\frac{\mathrm{d}\boldsymbol{r}_{AM}}{\mathrm{d}t}$$

其中

$$\frac{\mathrm{d}\boldsymbol{v}_M}{\mathrm{d}t}=\boldsymbol{a}_M,\quad \frac{\mathrm{d}\boldsymbol{v}_A}{\mathrm{d}t}=\boldsymbol{a}_A$$

右端第二项相当于平面图形绕点 A，以角加速度 $\boldsymbol{\alpha}=\frac{\mathrm{d}\omega}{\mathrm{d}t}$转动时点 M 所具有的切向加速度，记为 $\boldsymbol{a}_{MA}^{\tau}$，有

$$\boldsymbol{a}_{MA}^{\tau}=\boldsymbol{\alpha}\times\boldsymbol{r}_{AM}$$

其大小为 $a_{MA}^{\tau}=AM\cdot\alpha$，方向垂直于 A 和 M 两点连线，指向与平面图形角加速度 $\boldsymbol{\alpha}$ 的转向相一致，画在图 6-20 的点 M 上；右端第三项相当于平面图形绕点 A，以角速度 $\boldsymbol{\omega}$ 转动时点 M 所具有的法向加速度，记为 $\boldsymbol{a}_{MA}^{\mathrm{n}}$，有

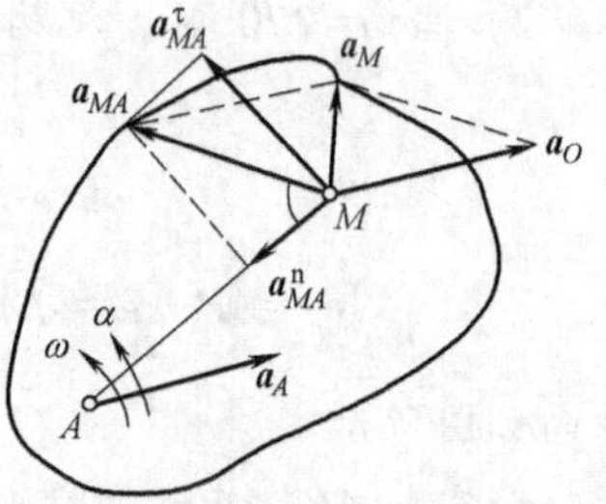

图 6-20

$$\boldsymbol{a}_{MA}^{\mathrm{n}}=\boldsymbol{\omega}\times(\boldsymbol{\omega}\times\boldsymbol{r}_{AM})=\boldsymbol{\omega}\times\boldsymbol{v}_{MA}$$

其大小为 $a_{MA}^{\mathrm{n}}=AM\omega^2$，方向由 M 指向 A，也画在点 M 上。于是有

$$\boldsymbol{a}_M=\boldsymbol{a}_A+\boldsymbol{a}_{MA}^{\tau}+\boldsymbol{a}_{MA}^{\mathrm{n}} \tag{6-13}$$

这就是平面图形上两点的加速度关系式。它表明，平面图形上任意点 M 的加速度，等于基点 A 的加速度与平面图形以其角速度、角加速度绕点 A 转动时，点 M 所具有的加速度之矢量和。这种方法称为加速度基点法，加速度矢量图如图 6-20 所示。

利用式（6-13）求解问题与两点速度关系式（6-10）的方法基本相同，需要进行运动分析、速度分析和加速度分析等。

【例 6.8】 试求例 6.1 中 AB 杆在图示位置瞬时的角加速度及滑块 B 的加速度。

【解】 在例 6.1 中已对机构的运动进行了分析，并进一步做了速度分析，得到结论

$$\omega_{AB}=0.268\omega_O\ （顺时针方向转动）$$

下面对 AB 杆进行加速度分析。

以 A 为基点，分析滑块 B 的加速度，由式（6-13）

$$a_B = a_A + a_{BA}^{\tau} + a_{BA}^{n} \tag{a}$$

式中各项加速度的方向与大小分析如下：

	a_A	a_B	a_{BA}^{τ}	a_{BA}^{n}
大　小	$\omega_O^2 R$	未知	$\alpha_{AB}\cdot AB$(未知)	$\omega_{AB}^2\cdot AB$
方　向	指向 O	沿水平方向	$\perp AB$	沿 $\overrightarrow{BA}$ 方向

式(a)中有两个未知量，可以求解。画连杆 AB 的加速度，如图 6-21 所示。

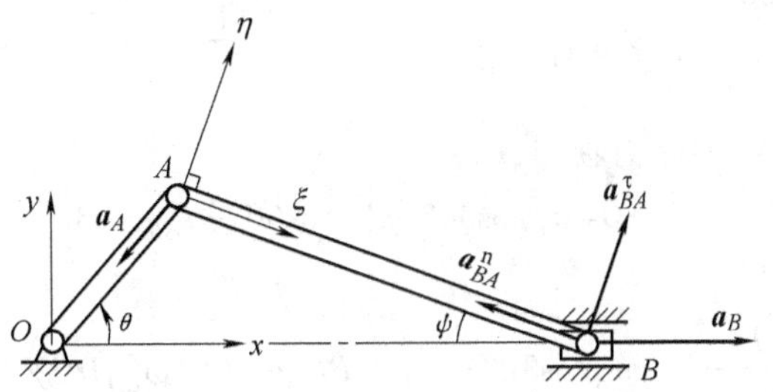

图　6-21

将式(a)向 y 轴方向投影，得

$$0 = -\omega_O^2 R\sin 45° + \alpha_{AB} AB\cos 15° + \omega_{AB}^2 AB\sin 15°$$

得

$$\alpha_{AB} = \frac{\omega_O^2 R\sin 45°}{\overline{AB}\cos 15°} - \omega_{AB}^2\tan 15° = 0.249\omega_O^2 \text{（逆时针转向）}$$

将式（a）向 ξ 轴投影，得

$$a_B\cos 15° = -\omega_O^2 R\cos 60° - \omega_{AB}^2\cdot AB$$

$$a_B = -0.72\omega_O^2 R$$

方向与图 6-21 中所设方向相反。

【例 6.9】 试求例 6.2 中 BC 杆和 DC 杆在图示位置瞬时的角加速度。

【解】 在例 6.2 中已对机构进行了运动分析与速度分析，并得到结论如下：

$$\omega_{BC} = 1.33\text{rad/s} \text{（顺时针转向）}$$

$$\omega_{CD} = 1.51\text{rad/s} \text{（逆时针转向）}$$

下面对 BC 杆上 C 点进行加速度分析。

仍以 B 点为基点，分析 C 点的加速度，如图 6-22 所示，有

$$a_C^n + a_C^{\tau} = a_B + a_{CB}^{\tau} + a_{CB}^{n} \tag{a}$$

以上各项加速度分析见下表：

	a_B	a_C^n	a_C^{τ}	a_{CB}^{τ}	a_{CB}^{n}
大小	$\left(\frac{\pi}{30}n\right)^2 r$	$\omega_{CD}^2\cdot CD$	$\alpha_{CD}\cdot CD$(未知)	$\alpha_{BC}\cdot BD$(未知)	$\omega_{BC}^2\cdot BC$
方向	沿 $\overrightarrow{BA}$	沿 $\overrightarrow{CD}$	$\perp CD$	$\perp BC$	沿 $\overrightarrow{CB}$

未知量不超过两个，可以求解。

将式(a)向$\overrightarrow{CB}$方向投影，得

$$a_C^n\cos60°+a_C^\tau\cos30°=a_B\cos30°+a_{CB}^n$$

将a_C^n、a_C^τ、a_B及a_{CB}^n的表达式代入，得

$$\alpha_{DC}=\frac{1}{DC\cos30°}\left(a_B\cos30°+\omega_{BC}^2\cdot BC-\omega_{CD}^2DC\cos60°\right)$$

$$=14.68\text{rad/s}^2 \quad \text{（逆时针方向）}$$

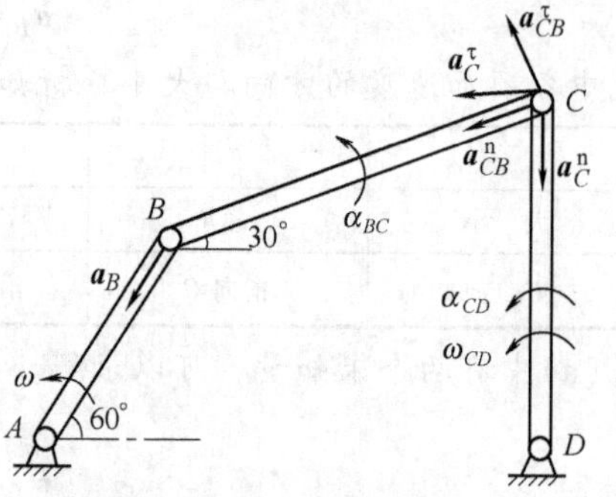

图 6-22

再将式（a）向$\overrightarrow{CD}$方向投影，得

$$a_C^n+0=a_B\cos30°+a_{CB}^n\cos60°-a_{CB}^\tau\cos30°$$

同理，可得

$$\alpha_{BC}=\frac{1}{BC\cos30°}\left(a_B\cos30°+\omega_{BC}^2\cdot BC\cos60°-\omega_{CD}^2DC\right)$$

$$=10.76\text{rad/s}^2 \text{（逆时针方向）}$$

【例 6.10】 在例 6.5 中，若已知轮心的瞬时加速度为$\boldsymbol{a}_{O'}$（见图 6-23），试求轮沿上 A、B、C 各点在此瞬时的加速度。

【解】 根据例 6.5 速度分析结果，有

$$\omega=\frac{v_{O'}}{R}$$

因为圆轮纯滚动时，ω与$v_{O'}$的关系不仅在图示瞬时成立，在任一瞬时均成立，即

$$\omega(t)=\frac{v_{O'}(t)}{R}$$

将此式对时间求一阶导数，有

$$\alpha(t)=\frac{\mathrm{d}\omega(t)}{\mathrm{d}t}=\frac{1}{R}\frac{\mathrm{d}v_{O'}(t)}{\mathrm{d}t}=\frac{a_{O'}(t)}{R}$$

在所讨论的瞬时，有

$$\alpha=\frac{a_{O'}}{R}$$

由图知，α为逆时针转向。这里需要说明的是，虽然题目所给的$v_{O'}$、$a_{O'}$是瞬时值，不能对时间求导数，但通过上面的讨论，仍能求得该瞬时的角加速度，这是处理轮系运动学时通常采用的办法。

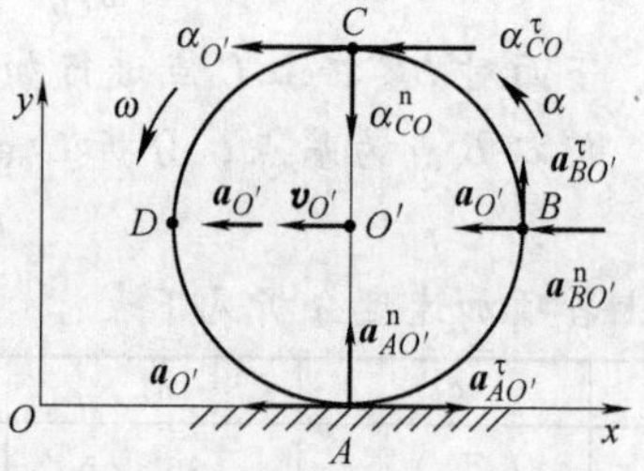

图 6-23

求出角加速度α以后，取轮心O'为基点，由式（6-13）可分别求出轮沿上A、B、C三点

的加速度。

A 点（速度瞬心）的加速度为

$$\boldsymbol{a}_A=\boldsymbol{a}_{O'}+\boldsymbol{a}_{AO'}^{\tau}+\boldsymbol{a}_{AO'}^{n}$$

$$=-a_{O'}\boldsymbol{i}+R\cdot\frac{a_{O'}}{R}\boldsymbol{i}+\frac{v_{O'}^2}{R}\boldsymbol{j}=\frac{v_{O'}^2}{R}\boldsymbol{j}$$

可见速度瞬心的加速度不为零。

B 点的加速度为

$$\boldsymbol{a}_B=\boldsymbol{a}_{O'}+\boldsymbol{a}_{BO'}^{\tau}+\boldsymbol{a}_{BO'}^{n}$$

$$=-a_{O'}\boldsymbol{i}+\frac{a_{O'}}{R}\cdot R\boldsymbol{j}-\frac{v_{O'}^2}{R}\boldsymbol{i}$$

$$=-\left(a_{O'}+\frac{v_{O'}^2}{R}\right)\boldsymbol{i}+a_{O'}\boldsymbol{j}$$

C 点的加速度为

$$\boldsymbol{a}_C=\boldsymbol{a}_{O'}+\boldsymbol{a}_{CO'}^{\tau}+\boldsymbol{a}_{CO'}^{n}=-a_{O'}\boldsymbol{i}-a_{O'}\boldsymbol{i}-\frac{v_{O'}^2}{R}\boldsymbol{j}=-2a_{O'}\boldsymbol{i}-\frac{v_{O'}^2}{R}\boldsymbol{j}$$

【例 6.11】 在图 6-24 所示的行星齿轮机构中，转臂 OA 在图示位置的角速度为 ω_O、角加速度为 α_O。试求此瞬时行星轮的速度瞬心 P 点的加速度。

【解】 （1）分析运动

转臂 OA 做定轴转动，行星轮 A 做平面运动，两刚体在 A 点具有共同的速度与加速度，故可以 A 为基点，分析平面运动行星轮上 P 点的加速度。

（2）分析速度

由转臂可求得 A 点的速度 v_A，

$$v_A=OA\cdot\omega_O=(R+r)\ \omega_O$$

P 是行星轮 A 的瞬心，故又有

$$v_A=AP\cdot\omega=r\cdot\omega$$

所以，行星轮的角速度

$$\omega=\frac{R+r}{r}\omega_O$$

转向与 ω_O 相同。用上例求圆轮角加速度的方法，可求得行星轮的角加速度为

$$\alpha=\frac{R+r}{r}\alpha_O$$

转向与 α_O 相同。

（3）分析加速度

先取转臂 OA 为研究对象，A 点的加速度为

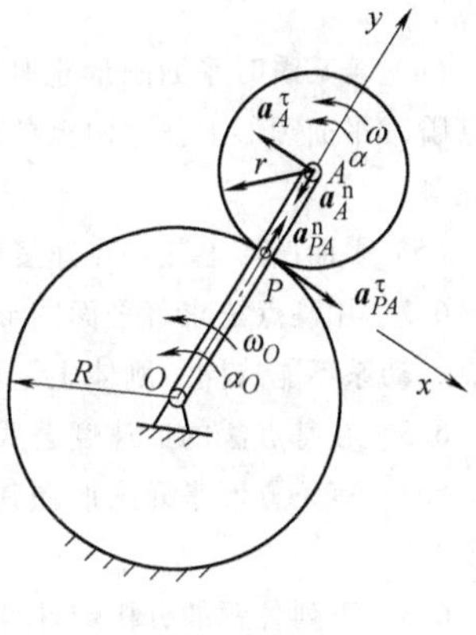

图　6-24

$$a_A^{\tau}=OA\cdot\alpha_O=(R+r)\alpha_O,\ a_A^n=OA\omega_O^2=(R+r)\omega_O^2$$

再取行星轮为研究对象，以 A 点为基点，则 P 点的加速度 $\boldsymbol{a}_P$ 可表示为

$$\boldsymbol{a}_P=\boldsymbol{a}_A^{\tau}+\boldsymbol{a}_A^{n}+\boldsymbol{a}_{PA}^{\tau}+\boldsymbol{a}_{PA}^{n} \tag{a}$$

上式中各项加速度的方向与大小分析如下表：

	$\boldsymbol{a}_P$	$\boldsymbol{a}_A^{\tau}$	$\boldsymbol{a}_A^{n}$	$\boldsymbol{a}_{PA}^{\tau}$	$\boldsymbol{a}_{PA}^{n}$
大 小	未 知	$(R+r)\alpha_O$	$(R+r)\omega_O^2$	$r\alpha$	$r\omega^2$
方 向	未 知	$\perp OA$	沿 $\overrightarrow{AO}$	$\perp AP$	沿 $\overrightarrow{PA}$

未知量不超过两个，故可求解。

将式(a)投影于图示 x、y 轴，可得

$$a_{Px}=-a_A^{\tau}+a_{PA}^{\tau}$$

$$a_{Py}=-a_A^{n}+a_{PA}^{n}$$

代入各项值后解得

$$a_{Px}=0$$

$$a_{Py}=\frac{R}{r}(R+r)\omega_O^2$$

进而可求得

$$a_P=a_{Py}=\frac{R}{r}(R+r)\omega_O^2$$

方向沿 y 轴正方向。

思 考 题

6.1 分析下列说法是否正确。

(1) 刚体做平面运动时，其上任一截面都在自身平面内运动。

(2) 刚体平动和定轴转动都是刚体平面运动的特例。

(3) 若平面图形的角速度不为零，则平面图形上一定不存在两个（或两个以上）速度为零的点。

(4) 若某瞬时平面图形上任意两点的速度为零，则图形的角速度及角加速度一定都为零；若某瞬时平面图形上任意两点的速度相等，则图形一定平动，因而其上任意两点的加速度也一定相等。

(5) 平面图形上任一点速度的大小与点到速度瞬心的距离成正比。

6.2 用基点法求解平面图形上一点的速度和加速度时，是否违反了“（点的复合运动中）动点、动系不能选同一刚体上”的原则？为什么？

6.3 在基点法的加速度公式中，为什么不考虑哥氏加速度？

6.4 有正方形平面图形在其自身平面内运动，则思考题 6.4 图 a、b 的运动是否可能？请分别说明。

6.5 下列各题的分析或计算过程有无错误？为什么？

1) 如思考题 6.5-1 图所示，已知 $v_B=v_A+v_{BA}$，则可得如图 a、b 所示的速度平行四边形。

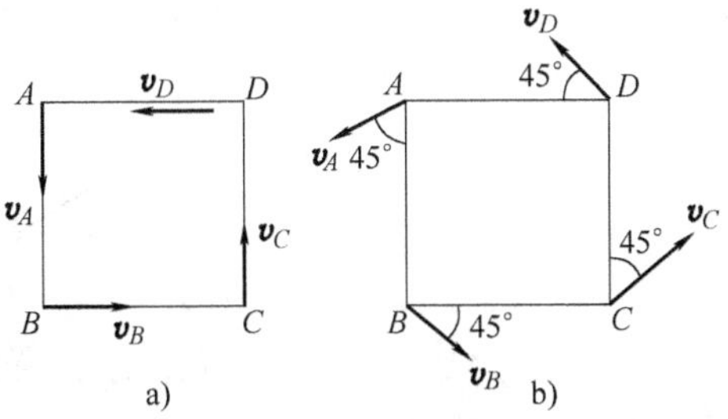

思考题 6.4 图

2）如思考题 6.5-2 图所示，已知 $v_A=OA\omega$，则 $v_B=v_A\cos\alpha$，因而 $v_{BA}=v_B\sin\beta$，于是可得 $\omega_{AB}=\dfrac{v_{BA}}{AB}=\dfrac{OA\omega\cos\alpha\sin\beta}{AB}$。

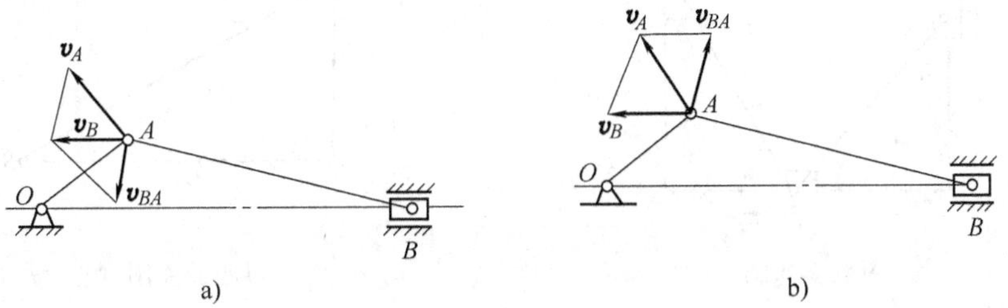

思考题 6.5-1 图

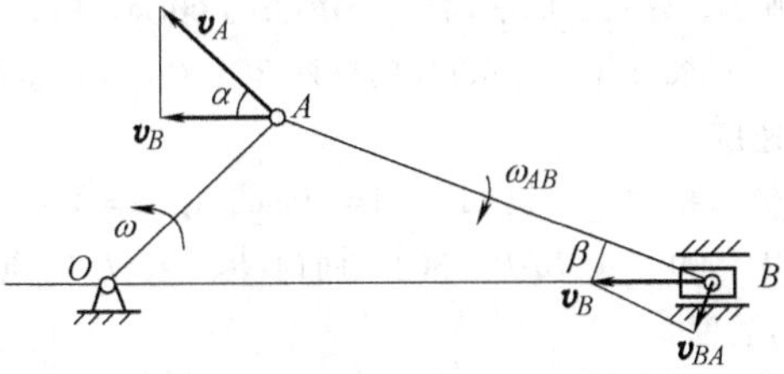

思考题 6.5-2 图

习　题　A

6.1　如习题 6.1 图所示，直杆 AB 长 1m，A 端放在地上以匀速度 $v_A=86.6\text{cm/s}$ 运动，B 端靠在墙上。试求 $\theta=30°$时，B 端的速度及 AB 杆的角速度。

6.2　如习题 6.2 图所示，直杆 AB 靠在半径为 $R=20\text{cm}$ 的固定半圆上，A 端沿地面以 $v_A=100\text{cm/s}$ 向右滑动。当 $\theta=60°$时，试求 AB 杆的角速度 ω_{AB} 及接触点 C 的速度。

6.3　滑块 A、B、C 用铰链与连杆 AB、AC 的端点相连，滑块 A 沿水平滑道以 $v_A=100\text{cm/s}$ 滑动，当 $\theta=45°$，$\beta=30°$时，试求滑块 B、C 各沿铅直滑道滑动的速度及两连杆的角速度（习题 6.3 图中 AB 长 90cm，AC 长 100cm）。

6.4　在习题 6.4 图所示的四连杆机构 $OABO_1$ 中，$OA=O_1B=\dfrac{1}{2}AB$，曲柄 OA 的角速度

$\omega_O=3\text{rad/s}$，当 $\varphi=90°$时，O、O_1、B 共线，试求此时的 v_B，v_{AB}及 ω_{O_1B}。（OA 长 20cm）

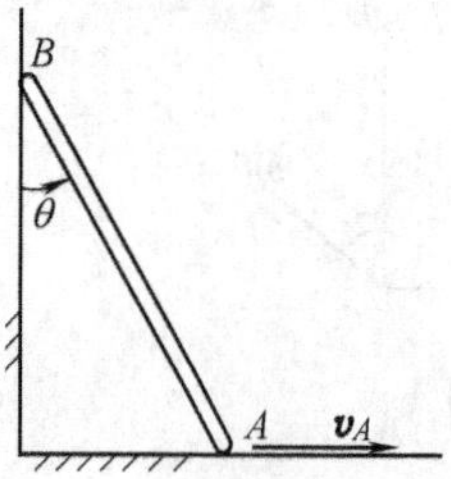

习题 6.1 图

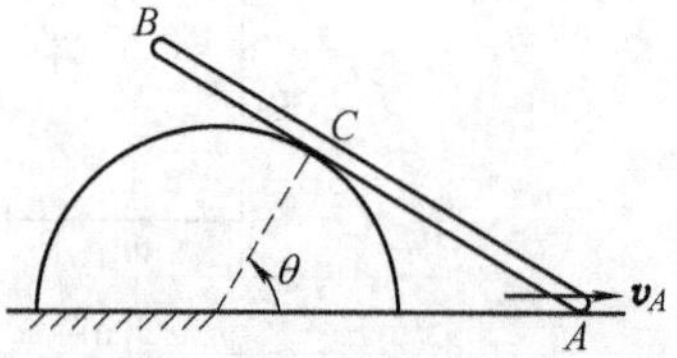

习题 6.2 图

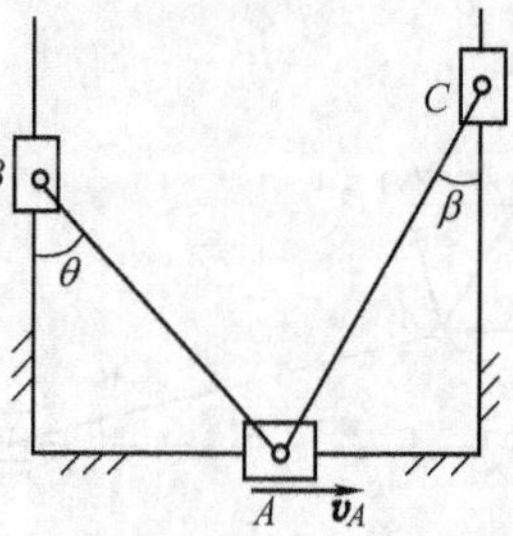

习题 6.3 图

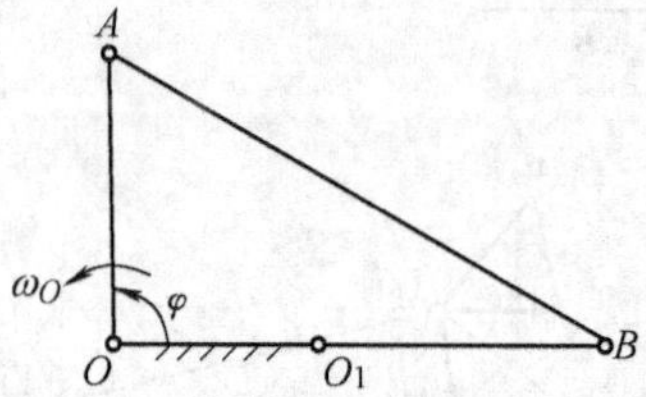

习题 6.4 图

6.5　行星齿轮系如习题 6.5 图所示。轮Ⅰ可绕 O_1 轴作定轴转动，轮Ⅲ固定不动，轮Ⅱ为行星齿轮。已知转臂 O_1O_2 的角速度为 ω_4，试求轮Ⅰ和轮Ⅱ的角速度 ω_1 和 ω_2。

6.6　如习题 6.6 图所示，碎石机的活动夹板 AB 长为 60cm，由长为 10cm，转速为 100r/min 的曲柄 OE 通过杆系带动。杆系由各长为 40cm 的撑杆 BC、CD 以及连杆 CE 组成。就机构在图示位置时，求夹板 AB 的角速度。

6.7　在习题 6.7 图所示机构中，已知：$OA=10\text{cm}$，以 $\omega=4\text{rad/s}$ 转动，$AB=40\text{cm}$，$DE=20\text{cm}$。当 $\varphi=30°$ 时 $\angle DEF=90°$，$\angle EDF=30°$，同时 B、D、F 三点在同一铅垂线上，$BD=24.4\text{cm}$，试求此时 F 点的速度。

6.8　互特行星转动机构由摇杆 O_1A，齿轮Ⅰ、Ⅱ和转臂 OB 四件组成，AB 与轮Ⅱ连成一个刚体，如习题 6.8 图所示。图中：齿轮半径 $r_1=r_2=30\sqrt{3}\text{cm}$，$O_1A=75\text{cm}$，$AB=150\text{cm}$。在图示位置摇杆角速度 $\omega_{O_1}=6\text{rad/s}$，$\alpha=60°$，$\beta=90°$。试求此时转臂 OB 及齿轮Ⅰ的角速度。

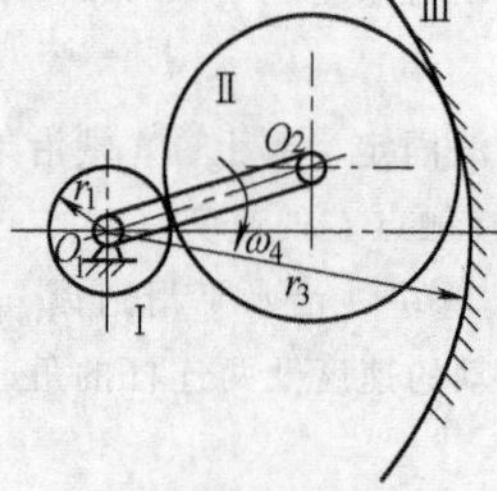

习题 6.5 图

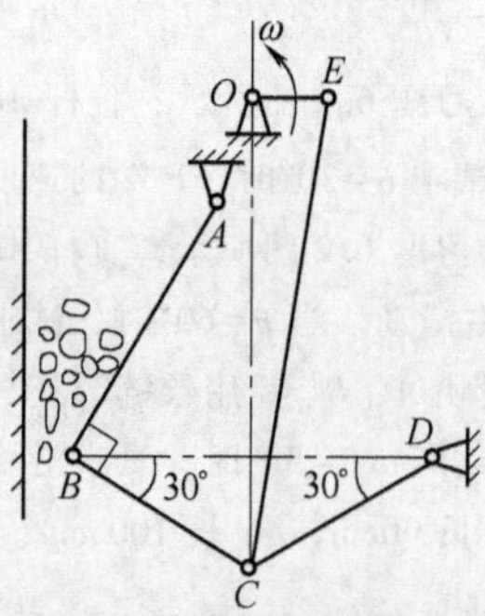

习题 6.6 图

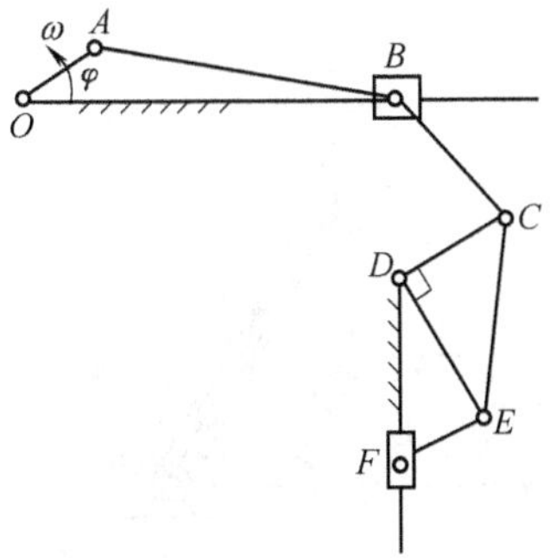

习题 6.7 图

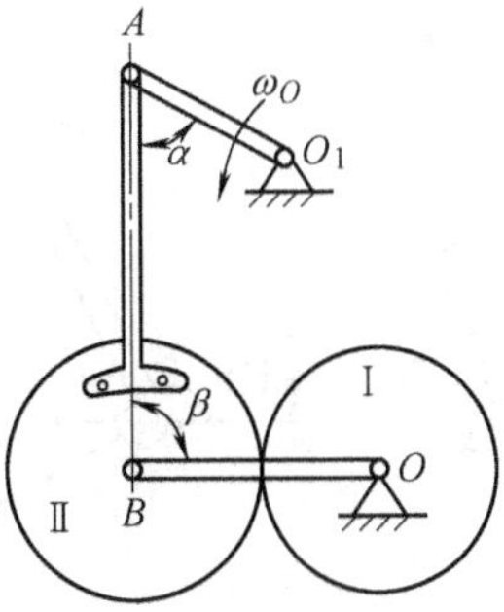

习题 6.8 图

6.9　小型锻压机如习题 6.9 图所示，图中 $OA=O_1B=r=10\text{cm}$，$EB=BD=AD=l=40\text{cm}$，在图示位置 $OA\perp AD$，$O_1B\perp ED$，O_1D 和 OD 分别位于水平和铅直位置。已知 OA 的转速为 $n=120\text{r/min}$，试求此时锤头 F 的速度（提示：v_D 的方向只能由 DE 杆的速度瞬心确定）。

6.10　卡车驶上倾角为 20°的斜坡，计速仪指出后轮的速度为 $v_R=8\text{km/h}$，车轮直径为 0.9m，试就习题 6.10 图所示位置求前、后轮及车身的角速度 ω_F、ω_R 及 ω_T。

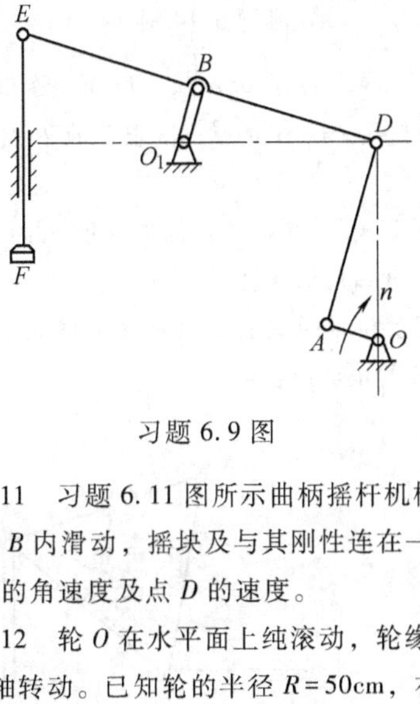

习题 6.9 图

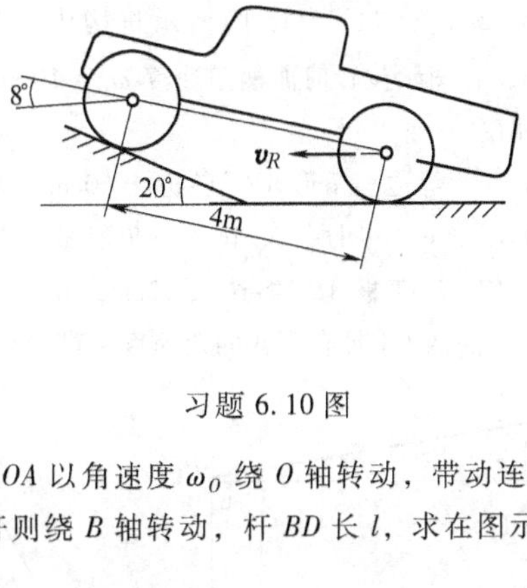

习题 6.10 图

6.11　习题 6.11 图所示曲柄摇杆机构中，曲柄 OA 以角速度 ω_O 绕 O 轴转动，带动连杆 AC 在摇块 B 内滑动，摇块及与其刚性连在一起的 BD 杆则绕 B 轴转动，杆 BD 长 l，求在图示位置时摇块的角速度及点 D 的速度。

6.12　轮 O 在水平面上纯滚动，轮缘上固定销钉 B，B 在摇杆 O_1A 的槽内滑动，并带动摇杆绕 O_1 轴转动。已知轮的半径 $R=50\text{cm}$，在习题 6.12 图所示位置时 O_1A 是轮的切线（销钉 B 可近似看成轮缘上一点），轮心的速度 $v_O=20\text{cm/s}$，摇杆与水平面的夹角 $\alpha=60°$。求摇杆的角速度。

6.13　在习题 6.13 图所示曲柄连杆机构中，曲柄 OA 绕 O 轴转动，其角速度为 ω_O，角加速度为 α_O。在某瞬时曲柄与水平线间成 60°角，而连杆 AB 与曲柄 OA 垂直。滑块 B 在圆形槽内滑动，此时半径 O_1B 与连杆 AB 间成 30°角。如 $OA=r$，$AB=2\sqrt{3}r$，$O_1B=2r$，求在该瞬时，滑块 B 的切向和法向加速度。

6.14　如习题 6.14 图所示，鼓轮半径为 $R=150\text{mm}$，其凸沿半径为 $r=50\text{mm}$，绕以软绳与定

滑轮 B、D 组成绞车。鼓轮以 $n=10\mathrm{r/min}$ 转动，提升钢管 C。求钢管心轴上升的速度（钢管两侧软绳均沿铅垂方向）。

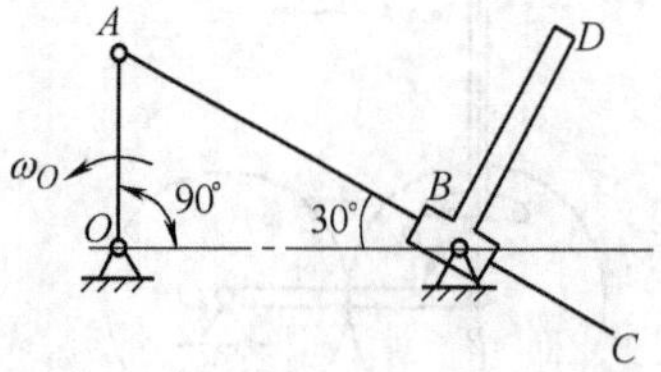

习题 6.11 图

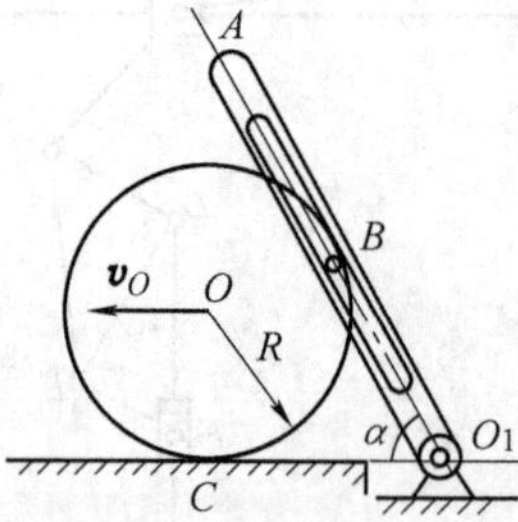

习题 6.12 图

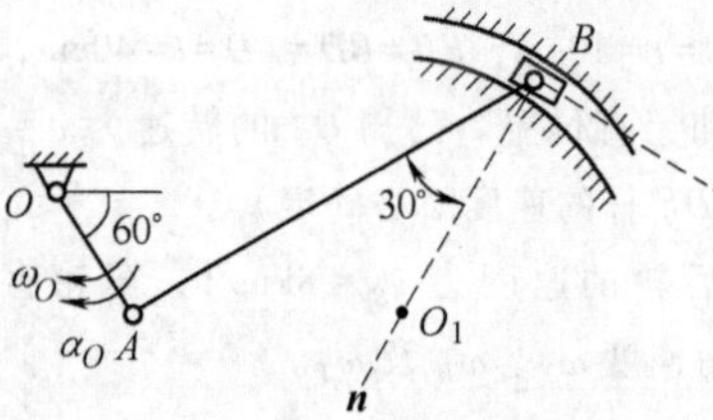

习题 6.13 图

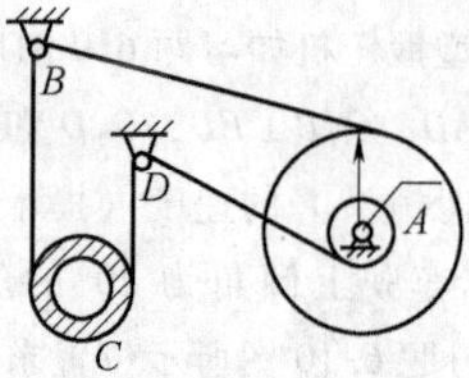

习题 6.14 图

6.15　在习题 6.15 图所示机构中，曲柄 OA 长 20cm，摇杆 O_1B 长 100cm，连杆 AB 长 120cm，在图示位置时曲柄角速度 $\omega_O=10\mathrm{rad/s}$，角加速度 $\alpha_O=-5\mathrm{rad/s^2}$，试求此时 B 点的速度及加速度。

6.16　等边三角形 ABC 各边长 60cm，做平面运动，已知 C 点对 B 点的加速度 $a_{CB}=6\mathrm{m/s^2}$，方向如习题 6.16 图所示，试求三角形做平面运动的角速度和角加速度。

6.17　三角板 ABC 各边长 12cm，在习题 6.17 图所示位置时具有顺时针转向的角速度 $\omega=3\mathrm{rad/s}$，曲柄 OA 具有不变的角速度，试求此瞬时 O_1B 杆的角加速度。

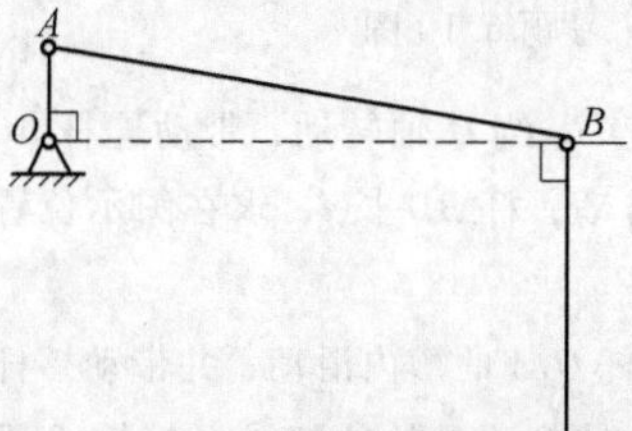

习题 6.15 图

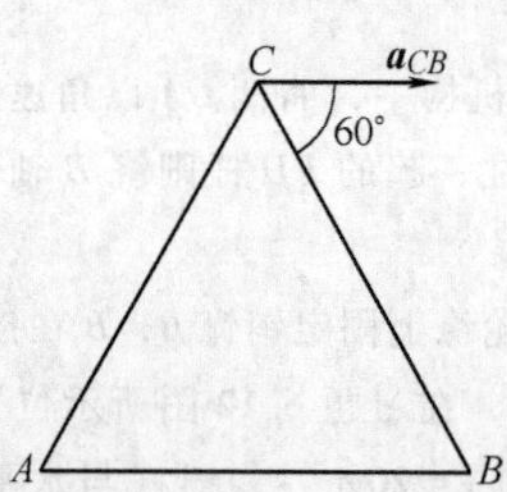

习题 6.16 图

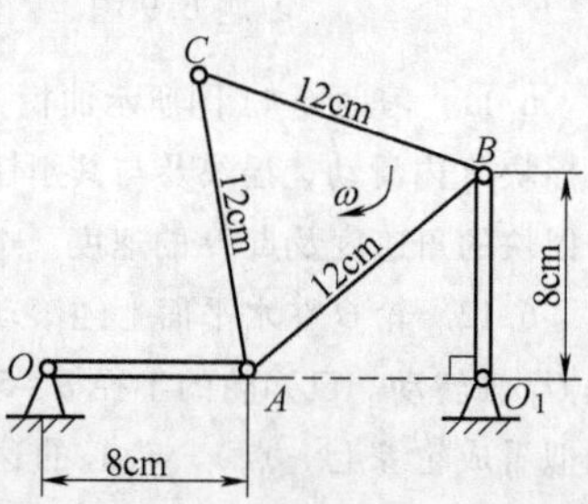

习题 6.17 图

习　题　B

6.18　在习题 6.18 图所示机构中，已知 $AB=1\mathrm{m}$，$AD=3\mathrm{m}$，$BC=DC=2\mathrm{m}$，AB 以匀角速度

$\omega=10\mathrm{rad/s}$ 转动，试就图示位置求 BC 杆的角速度和角加速度，并求 BC 杆中点 M 的加速度。

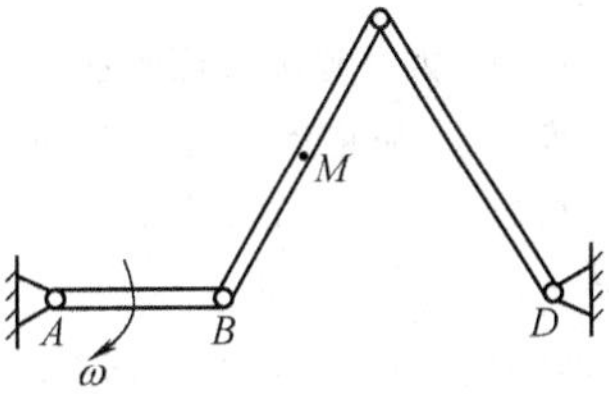

习题 6.18 图

6.19　如习题 6.19 图所示，圆轮 O 半径为 $r=30\mathrm{cm}$，在水平轨道上纯滚动，轮上铰连一长为 $L=70\mathrm{cm}$ 的 AB 杆，当 OA 水平时，轮心 O 的速度为 $v_0=20\mathrm{cm/s}$，加速度为 $a_0=10\mathrm{cm/s^2}$，试求此时 AB 杆的角速度和角加速度以及 B 点的速度和加速度。

6.20　正方形板 $ABCD$ 与杆 OA、O_1C 铰连如习题 6.20 图所示，设在图示位置时 OA 杆的角速度为 ω_O，角加速度为零，试求此时 B 点的加速度。

6.21　测试火车车轮和铁轨间磨损的机构如图所示，其中飞轮 A 以匀角速度 $\omega_A=20\pi\mathrm{rad/s}$ 逆时针转动，车轮 D 与铁轨无滑动，试就习题 6.21 图所示位置求车轮的角速度 ω_D 和角加速度 α_D。

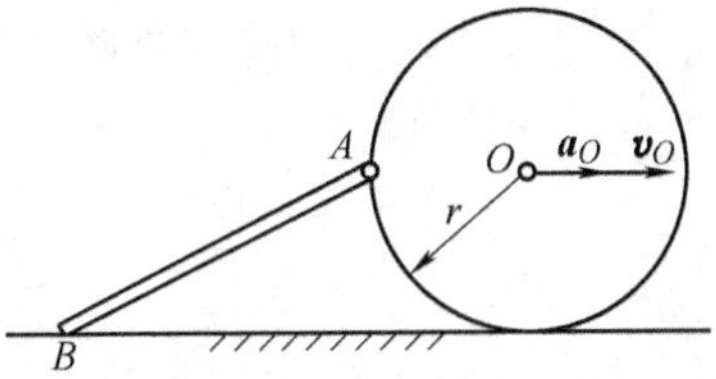

习题 6.19 图

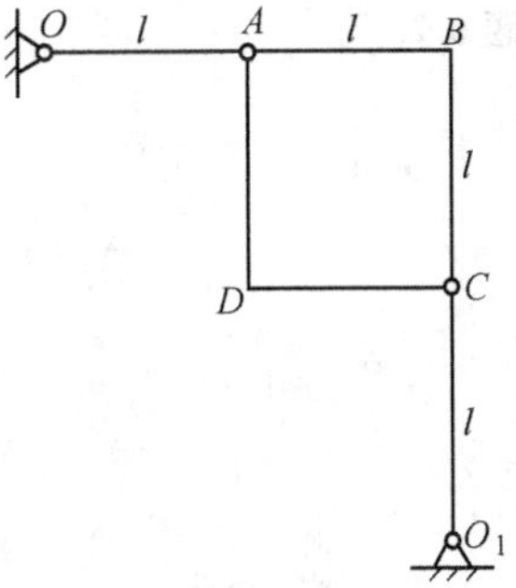

习题 6.20 图

6.22　滚轮 A 半径 $r=10\mathrm{cm}$，沿水平直线匀速滚动，轮心速度为 $v_A=200\mathrm{cm/s}$，连杆 BD 其 B 端与轮沿铰连，D 端与沿铅垂轨道滑动的滑块铰连，试求习题 6.22 图所示位置滑块 D 的速度 v_D、加速度 $\boldsymbol{a}_D$。

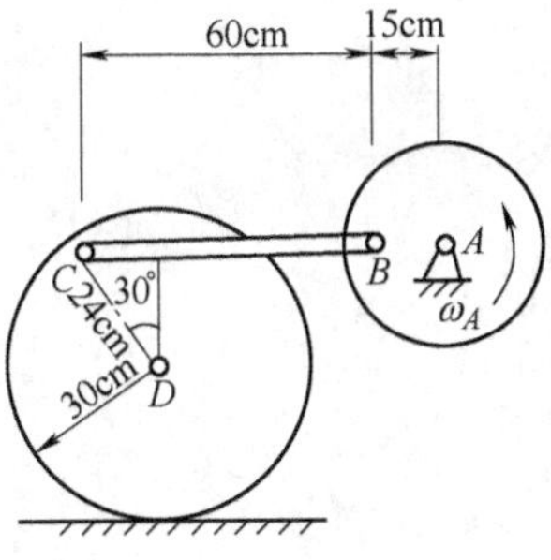

习题 6.21 图

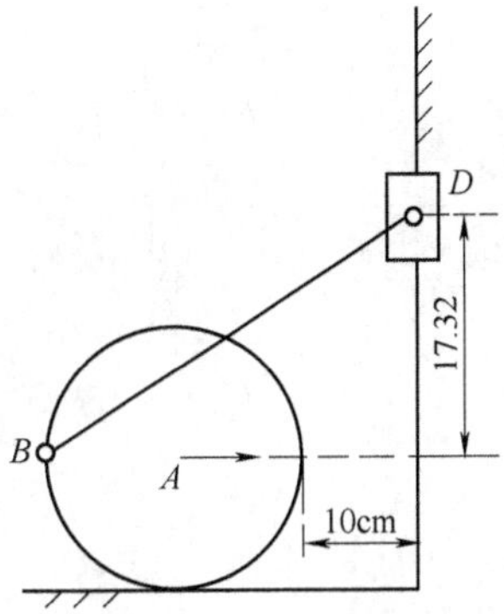

习题 6.22 图

6.23　四连杆机构如习题 6.23 图所示，图中曲柄 OA 长 r 以匀角速度 ω_O 转动。连杆 AB 长 $L=4r$，在某瞬时，O、A、B 共线，机构围成底角为 30°的等腰三角形，试求此时连杆中点 M 的加速度。

6.24 如习题 6.24 图所示，绕线滚轮半径为 R，其凸沿半径为 r。绕线之线头 B 沿水平方向抽出之速度为 v，加速度为 a，使滚轮沿水平线滚动。试求滚轮最高点 D 的速度 v_D 和加速度 $\boldsymbol{a}_D$。

6.25 如习题 6.25 图所示，齿条 AB 与齿轮 O 啮合，齿轮 O 又与齿条 CD 啮合。齿条 AB 以速度 v_1，加速度 $\boldsymbol{a}_1$ 向右运动，齿条 CD 以速度 v_2、加速度 $\boldsymbol{a}_2$ 向右运动。试求齿轮 O 的角速度、角加速度及齿轮中心 O 的速度和加速度。

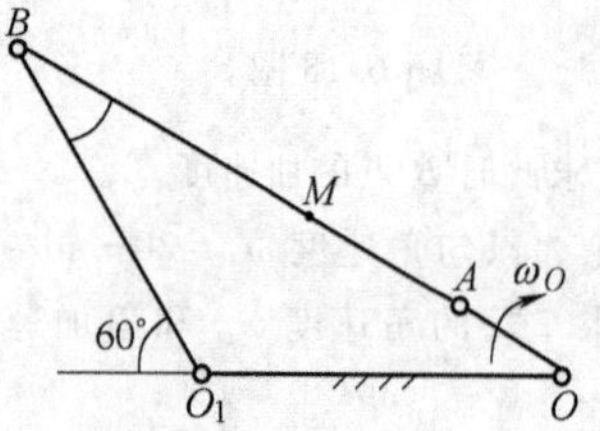

习题 6.23 图

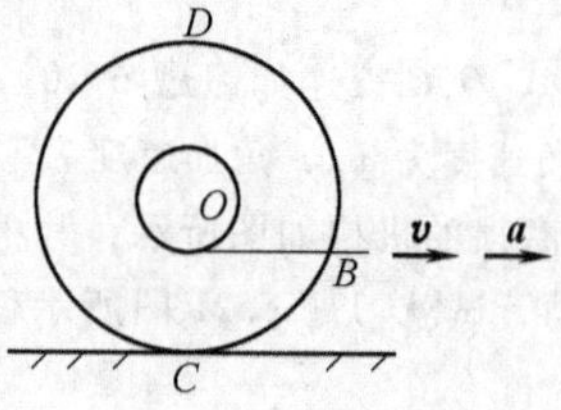

习题 6.24 图

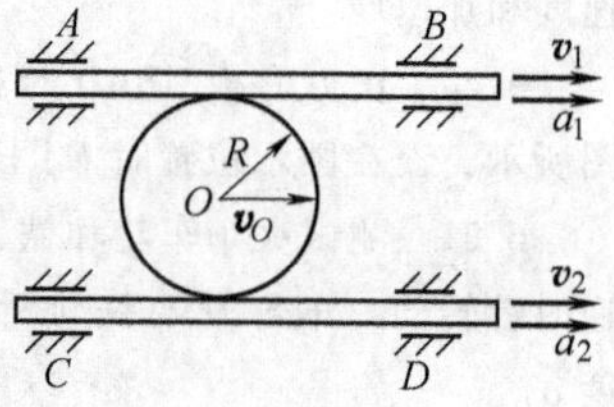

习题 6.25 图

第 7 章

刚体的定点运动

在某些可视为刚体的机构和仪器中，有些刚体上只有一个点固定不动，这种运动称为刚体绕定点的运动。刚体绕定点的运动也是一种基本运动，因为刚体的一般运动可分解为随基点的平动和相对基点的定点运动。在生产实践中，用球铰链联结的机器部件运动的抽象都是刚体的定点运动。研究刚体的定点运动，不仅具有指导生产实践的实际意义，而且也是研究刚体一般运动的基础。

本章将研究刚体绕定点运动的运动方程、角速度、角加速度以及定点运动刚体上一点的速度和加速度，还将用复合运动的观点分析刚体的一般运动。

*7.1　刚体绕定点运动的运动方程　欧拉定理

当刚体运动时，若其体内或其外延部分上有一点在空间的位置保持不变，则刚体绕定点运动。如锥形行星齿轮的运动（图 7-1a）、陀螺的运动（图 7-1b）以及陀螺仪中转子的运动（图 7-1c）等都是刚体绕定点运动的实例。

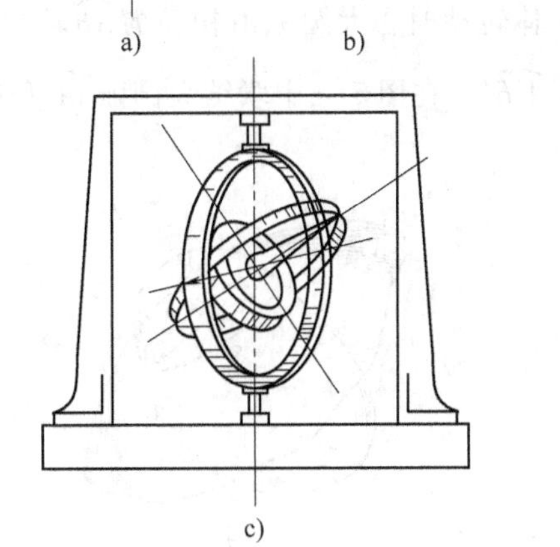

图　7-1

7.1.1　运动方程

为了确定绕定点运动的刚体在空间的位置，以定点 O 为原点，建立定系 $Oxyz$，再建立与刚体固结的动系 $Ox'y'z'$，如图 7-2 所示。显然，只要确定了动系 $Ox'y'z'$ 在定系 $Oxyz$ 中的位置，则刚体的位置也随之确定。

确定动系位置的方法很多，下面介绍欧拉提出的一种比较普遍适用的方法。

设 ON 是动平面 $Ox'y'$ 与定平面 Oxy 的交线，称为节线。节线垂直于轴 Oz 和 Oz'，它的正向如图所示。节线与定轴 Ox 间的夹

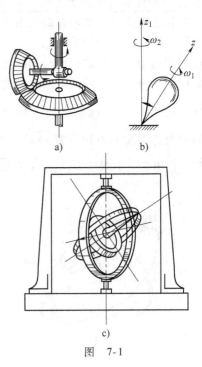

角 ψ 称为进动角，节线与动轴 Ox'间的夹角 φ 称为自转角，动轴 Oz'和定轴 Oz 间的夹角 θ 称为章动角，它们合称为欧拉角。欧拉角 ψ、θ 和 φ 的正向，定义为图 7-2 所示的箭头方向。在刚体绕定点运动时，当三个欧拉角确定时，刚体在定坐标系 $Oxyz$ 中的位置也随之确定。设运动开始时，动系与定系重合，令动系按照图示箭头方向先绕定轴 Oz 转过 ψ 角，再绕节线 ON 转过 θ 角，最后绕动轴 Oz'转过 φ 角，就到了图示的位置 $Ox'y'z'$。

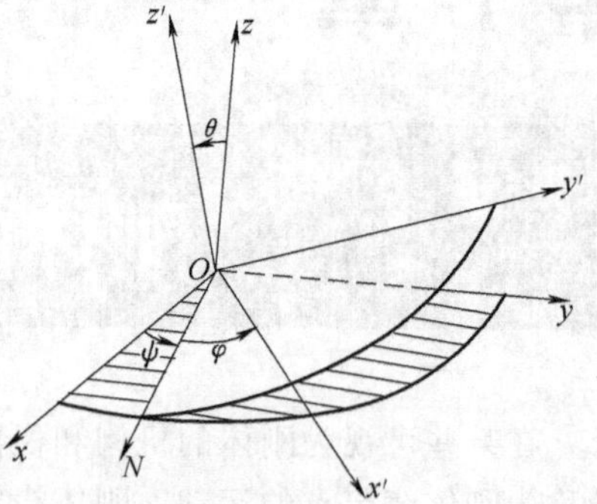

图　7-2

在刚体绕定点运动的过程中，欧拉角是时间的单值连续函数，即

$$\psi=\psi(t),\quad \theta=\theta(t),\quad \varphi=\varphi(t) \tag{7-1}$$

上式称为刚体绕定点运动的欧拉运动方程。

三个欧拉角是相互独立的，所以说绕定点运动的刚体有三个自由度。

7.1.2　欧拉定理

刚体绕定点 O 运动，当转角非无限小量时称为有限转动。欧拉定理是：刚体绕定点 O 的任意有限转动可由绕过 O 点的某个轴的一次有限转动实现。

欧拉定理是关于有限转动的重要定理，下面给出对欧拉定理的证明。

【证明】　刚体绕定点运动时，刚体内各点在半径不同的球面上运动，定点为这些球面的中心。任取球面与刚体相交截出球面图形 S，如图 7-3 所示。要确定刚体的位置，只需确定球面图形 S 的位置就可以了。而球面图形 S 的位置又可由图形上任意两点 A、B 之间的大圆弧$\overset{\frown}{AB}$（要求 OAB 三点不共线）的位置来确定。设刚体转动时，大圆弧由初位置$\overset{\frown}{AB}$转移到了新位置$\overset{\frown}{A'B'}$，如图 7-4 所示，显然，$\overset{\frown}{AB}=\overset{\frown}{A'B'}$。在图 7-4 中联结大圆弧$\overset{\frown}{AA'}$和$\overset{\frown}{BB'}$，过大圆弧$\overset{\frown}{AA'}$和$\overset{\frown}{BB'}$的中点 M 和 N，分别作

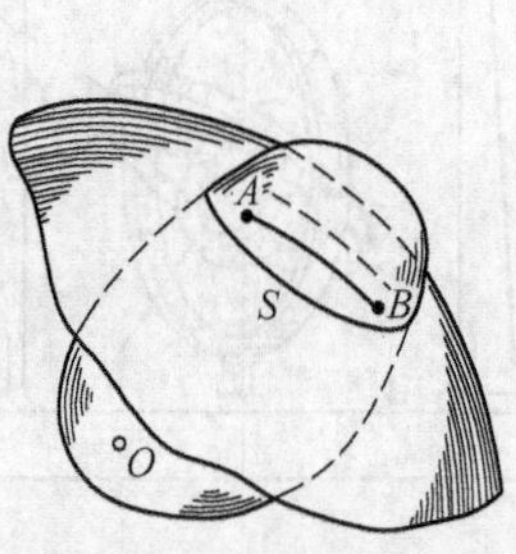

图　7-3

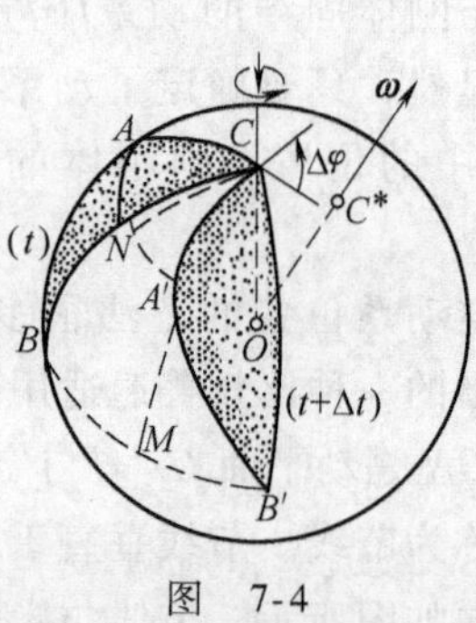

图　7-4

出与该二大圆弧相垂直的两个大圆弧，它们必在球面上相交，交点记为 C。用大圆弧联结出弧$\overset{\frown}{AC}$、$\overset{\frown}{BC}$、$\overset{\frown}{A'C}$和$\overset{\frown}{B'C}$，得球面三角形 ABC 和 $A'B'C$。因为这两个球面三角形对应的弧长相等，所以两球面三角形全等。对应的球面角 $\angle ACB$（由$\overset{\frown}{AC}$和$\overset{\frown}{BC}$在 C 点两切线间的夹角来表示）与 $\angle A'CB'$相等，即

$$\angle ACB=\angle A'CB'$$

在上式两边都加上 $\angle BCA'$，有

$$\angle ACA'=\angle BCB'=\Delta\varphi$$

因此，在刚体绕 OC 轴转过 $\Delta\varphi$ 角后，球面三多形 ABC 就与 $A'B'C$ 重合，大圆弧$\overset{\frown}{AB}$就转到新位置$\overset{\frown}{A'B'}$，欧拉定理得以证明。

实际上在上述转动中，点 A、B 的真实轨迹不一定是大圆弧$\overset{\frown}{AA'}$或$\overset{\frown}{BB'}$，因此，欧拉定理只是近似地描述了刚体在此时间间隔内的运动。如所选的时间间隔 Δt 愈短，则这种近似的运动就愈接近于真实的运动。当 $\Delta t\to 0$ 时，转动轴 OC 趋近于某一极限位置 OC^*，轴 OC^* 称为刚体的瞬时转动轴。刚体绕瞬时转动轴 OC^* 的转动反映了刚体在此瞬时的真实运动。因此，刚体的定点运动可以看成是每瞬时绕通过定点的某一瞬时转动轴做瞬时的转动，在不同的瞬时，瞬时转动轴的位置也不同，故刚体定点运动的整个运动过程可以看成是刚体绕一系列的瞬时转动轴连续转动而成。

*7.2　刚体绕定点运动的角速度和角加速度

由上节知，刚体绕定点的运动可以看成是每瞬时绕通过定点的某一瞬时转动轴做瞬时的转动，其转动的快慢和方向由角速度矢量 $\boldsymbol{\omega}$ 表示。$\boldsymbol{\omega}$ 矢量沿瞬时转动轴，指向按右手规则表示，其大小为

$$|\boldsymbol{\omega}|=\left|\lim_{\Delta t\to 0}\frac{\Delta\varphi}{\Delta t}\right| \tag{7-2}$$

式中，$\Delta\varphi$ 是刚体在无限小时间间隔 Δt 内绕瞬时转动轴所转过的无限小角位移，如图 7-4 所示，称 $\boldsymbol{\omega}$ 为刚体的瞬时角速度。不难看出，上述定义是第 5 章定义的刚体绕定轴转动的瞬时角速度概念的扩展。

当刚体绕定点运动用欧拉角描述时，它绕前述三个轴转动的快慢和方向，可分别用沿此三轴线的进动、章动及自转角速度矢量表示。设 $\boldsymbol{i}$，$\boldsymbol{j}$，$\boldsymbol{k}$ 和 $\boldsymbol{i}'$，$\boldsymbol{j}'$，$\boldsymbol{k}'$分别为定系 $Oxyz$ 和动系 $Ox'y'z'$上的坐标基，$\boldsymbol{n}$ 为节线 ON 上的单位矢量，则角速度 $\boldsymbol{\omega}$ 可表示为

$$\boldsymbol{\omega}=\dot{\psi}\,\boldsymbol{k}+\dot{\theta}\,\boldsymbol{n}+\dot{\varphi}\,\boldsymbol{k}' \tag{7-3}$$

应用时，常将上式投影到动坐标系 $Ox'y'z'$ 的三根轴上，有

$$\left.\begin{aligned}\omega_{x'}&=\dot{\psi}\sin\theta\sin\varphi+\dot{\theta}\cos\varphi\\\omega_{y'}&=\dot{\psi}\sin\theta\cos\varphi-\dot{\theta}\sin\varphi\\\omega_{z'}&=\dot{\psi}\cos\theta+\dot{\varphi}\end{aligned}\right\}\tag{7-4}$$

上式称为刚体绕定点运动的欧拉运动学方程。

当刚体绕定点运动时，瞬时轴的方位随时间而改变。因此在一般情况下，刚体的瞬时角速度的大小和方向也都随时间而改变，角速度矢量对时间的一阶导数称为角加速度，角加速度矢量用 $\boldsymbol{\alpha}$ 表示，即

$$\boldsymbol{\alpha}=\frac{\mathrm{d}\boldsymbol{\omega}}{\mathrm{d}t}\tag{7-5}$$

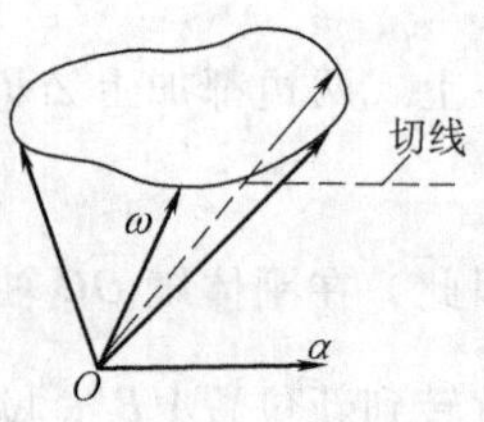

图　7-5

由矢量导数的意义知，角加速度 $\boldsymbol{\alpha}$ 是变矢 $\boldsymbol{\omega}$ 的矢端速度，其方向沿 $\boldsymbol{\omega}$ 的矢端曲线的切线方向，如图 7-5 所示。一般情况下，$\boldsymbol{\alpha}$ 与 $\boldsymbol{\omega}$ 不共线，这与刚体绕定轴转动是不同的。

*7.3　绕定点运动的刚体上各点的速度和加速度

设刚体绕固定点 O 运动，瞬时角速度和角加速度分别为 $\boldsymbol{\omega}$ 和 $\boldsymbol{\alpha}$。M 是刚体上任一点，从 O 点向 M 点引矢径 $\boldsymbol{r}$（见图 7-6），则 M 点的速度为

$$v=\boldsymbol{\omega}\times\boldsymbol{r}\tag{7-6}$$

其大小为

$$|v|=\omega h_1\tag{7-7}$$

式中，h_1 是点 M 到瞬时转动轴的距离，速度 v 的方向垂直于 ω 和 r 所决定的平面，且指向刚体转动一方（见图 7-6）。由式（7-6）容易看出，$\boldsymbol{\omega}$ 所在直线各点的速度均为零。所以，$\boldsymbol{\omega}$ 所在直线为瞬时转动轴。M 点的加速度为

$$\boldsymbol{a}=\boldsymbol{\alpha}\times\boldsymbol{r}+\boldsymbol{\omega}\times(\boldsymbol{\omega}\times\boldsymbol{r})\tag{7-8}$$

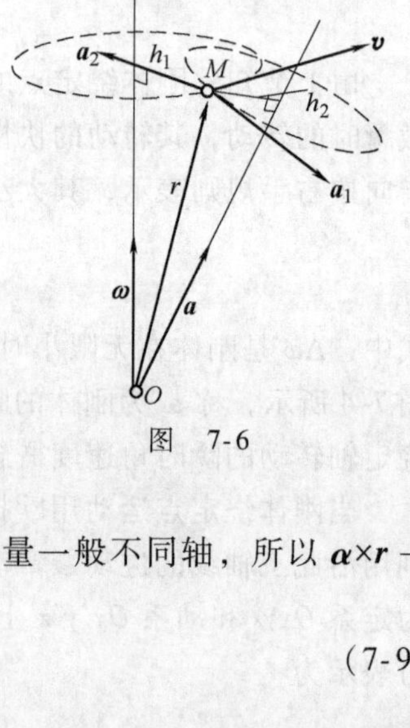

图　7-6

此式称为里瓦尔斯公式。形式上与刚体定轴转动时刚体内一点的加速度公式相同，但二者有很大差别，差别的根本原因是刚体定点运动时 $\boldsymbol{\omega}$ 矢量与 $\boldsymbol{\alpha}$ 矢量一般不同轴，所以 $\boldsymbol{\alpha}\times\boldsymbol{r}$ 一般不沿轨迹的切线方向，如图 7-6，其中

$$\boldsymbol{a}_1=\boldsymbol{\alpha}\times\boldsymbol{r}\tag{7-9}$$

称为转动加速度，其大小为

$$|\boldsymbol{a}_1| = |\boldsymbol{\alpha}| h_2 \tag{7-10}$$

式中，h_2 是点 M 到 $\boldsymbol{\alpha}$ 轴线的距离，$\boldsymbol{a}_1$ 的方向垂直于 $\boldsymbol{\alpha}$ 与 $\boldsymbol{r}$ 决定的平面，它的指向与 $\boldsymbol{\alpha}$ 和 $\boldsymbol{r}$ 一起组成右手螺旋。

$$\boldsymbol{a}_2 = \boldsymbol{\omega}\times(\boldsymbol{\omega}\times\boldsymbol{r}) \tag{7-11}$$

称为向轴加速度，其大小为

$$|\boldsymbol{a}_2| = \omega^2 h_1 \tag{7-12}$$

方向垂直于 $\boldsymbol{\omega}$ 和v，指向瞬时转动轴。计算时一般先求出 $\boldsymbol{a}_1$ 和 $\boldsymbol{a}_2$，然后再由平行四边形法则求出加速度 $\boldsymbol{a}$。

【例 7.1】 在刚体定点运动中，若 $\psi=\nu t$，$\varphi=\mu t$，$\theta=\theta_0$，其中 ν，μ，θ_0 均为常数，则称这种运动为规则进动。试求刚体规则进动时的角速度 $\boldsymbol{\omega}$ 和角加速度 $\boldsymbol{\alpha}$ 以及在刚体坐标系中，坐标为 $(b,0,0)$ 的点 M 在 $t=0$ 时的速度和加速度。

【解】 由题设条件知，刚体的运动方程为

$$\psi=\nu t,\quad \theta=\theta_0,\quad \varphi=\mu t$$

且

$$\dot{\psi}=\nu,\quad \dot{\theta}=0,\quad \dot{\varphi}=\mu$$

故刚体的角速度为

$$\boldsymbol{\omega}=\nu\boldsymbol{k}+\mu\boldsymbol{k}'$$

角加速度为

$$\boldsymbol{\alpha}=\frac{\mathrm{d}\boldsymbol{\omega}}{\mathrm{d}t}=\mu\frac{\mathrm{d}\boldsymbol{k}'}{\mathrm{d}t}$$

其中$\dfrac{\mathrm{d}\mathrm{k}'}{\mathrm{d}t}=\boldsymbol{\omega}\times\boldsymbol{k}'$，并注意到 $\boldsymbol{k}\times\boldsymbol{k}'$的方向即为节线方向（见图 7-7），则有

$$\boldsymbol{\alpha}=\nu\mu\sin\theta_0\boldsymbol{n}$$

为求 M 点在 $t=0$ 时的速度和加速度，应画出 $t=0$ 时，动系 $Ox'y'z'$相对定系 $Oxyz$ 的位置如图 7-8。由图知：

$$\boldsymbol{r}=b\boldsymbol{i}'$$

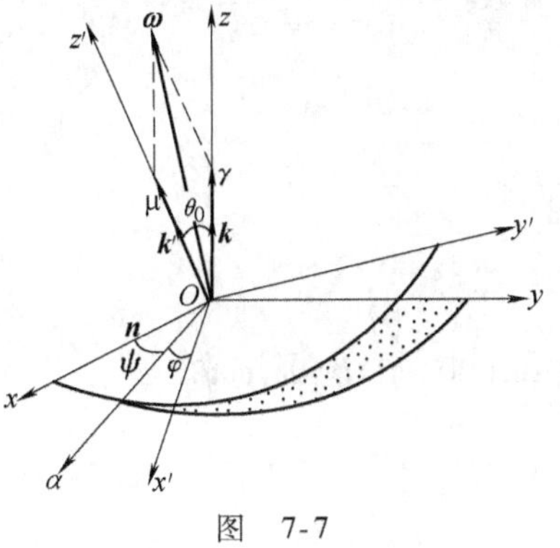

图　7-7

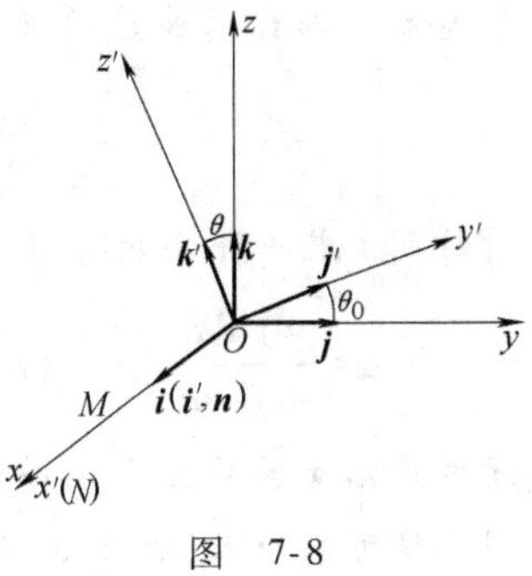

图　7-8

由式（7-6）有

$$v_M=\boldsymbol{\omega}\times\boldsymbol{r}=(\nu\boldsymbol{k}+\mu\boldsymbol{k}')\times b\boldsymbol{i}'=b\nu\boldsymbol{j}+b\mu\boldsymbol{j}'$$

参看图 7-8 其大小为

$$|\boldsymbol{v}_M|=b\sqrt{\nu^2+\mu^2+2\nu\mu\cos\theta_0}$$

由式（7-9）和式（7-11），并参看图 7-8 有

$$\boldsymbol{a}_1=\boldsymbol{\alpha}\times\boldsymbol{r}=\nu\mu\lim\theta_0\boldsymbol{n}\times b\boldsymbol{i}'=0$$

$$\begin{aligned}\boldsymbol{a}_2&=\boldsymbol{\omega}\times(\boldsymbol{\omega}\times\boldsymbol{r})=(\nu\boldsymbol{k}+\mu\boldsymbol{k}')\times b(\nu\boldsymbol{j}+\mu\boldsymbol{j}')\\&=-b(\nu^2+\mu^2+2\nu\mu\cos\theta_0)\boldsymbol{i}'\end{aligned}$$

由式(7-8)有

$$\boldsymbol{a}=-b(\nu^2+\mu^2+2\nu\mu\cos\theta_0)\boldsymbol{i}'$$

【例 7.2】　如图 7-9 所示，高为 h，顶角为 2β 的圆锥在一固定平面上纯滚动。如已知圆锥以不变的角速度 ω_1 绕 Oz 轴转动，试求锥底面上 M 点（最高点）的速度和转动加速度及向轴加速度的大小。

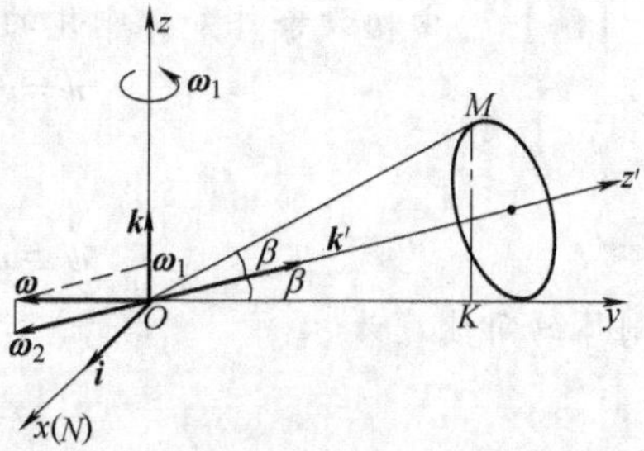

图　7-9

【解】　因为圆锥运动时，顶点 O 不动，故知圆锥做定点转动。若取锥的对称轴作为 z' 轴，则可知章动角 $\theta=\dfrac{\pi}{2}-\beta=$常数，因而圆锥的角速度

$$\boldsymbol{\omega}=\dot{\psi}\boldsymbol{k}+\dot{\varphi}\boldsymbol{k}'$$

其中 $\dot{\psi}=\omega_1$。在图示位置，圆锥与固定平面的接触线恰好是 y 轴，由纯滚动条件知，y 轴即为圆锥的瞬时转动轴，从而由角速度合成的平行四边形得出

$$\omega=\omega_1\cot\beta=\text{常数}$$

$$\omega_2=\dot{\varphi}=\frac{\omega_1}{\sin\beta}=\text{常数}$$

为求角加速度，写出角速度的矢量形式

$$\boldsymbol{\omega}=\omega_1\boldsymbol{k}+\frac{\omega_1}{\sin\beta}\boldsymbol{k}'$$

将上式对时间 t 求一阶导数，得

$$\boldsymbol{\alpha}=\frac{\omega_1}{\sin\beta}\frac{\mathrm{d}\boldsymbol{k}'}{\mathrm{d}t}=\frac{\omega_1}{\sin\beta}(\omega_1\boldsymbol{k}\times\boldsymbol{k}')=-\frac{\omega_1^2}{\sin\beta}\sin(90°-\beta)\boldsymbol{i}'=\omega_1^2\cot\beta\boldsymbol{i}'$$

即角加速度是沿 x 轴负方向，亦是节线方向。

由图 7-9 可求出 h_1 和 h_2，即

$$h_1 = MK = \frac{h}{\cos\beta} \cdot \sin 2\beta = 2h\sin\beta$$

$$h_2 = OM = \frac{h}{\cos\beta}$$

由式（7-7）可得 M 点的速度大小为

$$v_M = \omega h_1 = 2h\omega_1\cos\beta$$

由式（7-10）和式（7-12）可求得 M 点的转动加速度 $\boldsymbol{a}_1$ 和向轴加速度 $\boldsymbol{a}_2$ 的大小分别为

$$a_1 = \alpha h_2 = \frac{h\omega_1^2}{\sin\beta},\quad a_2 = \omega^2 h_1 = \frac{2h\omega_1^2\cos^2\beta}{\sin\beta}$$

思　考　题

7.1　刚体绕定点 O 运动时，根据下述条件如何确定其瞬时轴？

（1）已知其上两点 A、B 的速度相同。

（2）已知其上两点 A、B 的速度方向，且两个速度方向不平行。

7.2　刚体自由运动时，其上任意两点的速度在这两点连线上的投影是否一定相等？

7.3　刚体自由运动时，若某瞬时其上不共线的某三点加速度矢相同，试判断下述说法是否正确：

（1）该瞬时刚体上所有点的速度必相等。

（2）该瞬时刚体上所有点的加速度必相等。

7.4　刚体绕定点运动时，一般情况下其角速度矢 $\boldsymbol{\omega}$ 与角加速度矢 $\boldsymbol{\alpha}$ 是否在同一直线上？

7.5　刚体绕两个平行轴转动的合成是否为平面运动？两平行轴转动合成的分析方法与基点法有什么异同？

习　　题

7.1　圆锥滚子轴承由紧套在轴 2 上的内环 1、装在机身上的外环 3 和一些圆锥滚子 4 组成。如果滚子无滑动，而转子角速度为恒量 ω，试在习题 7.1 图所示尺寸下求滚子的角速度和角加速度。

7.2　锥齿轮的轴通过平面支座齿轮的中心 O，如习题 7.2 图所示。锥齿轮在支座齿轮上滚动，每分钟绕铅垂轴转 5 周。如 $R=2r$，求锥齿轮绕其本身轴 OC 转动的角速度 ω_r 和绕瞬时轴转动的角速度 ω。

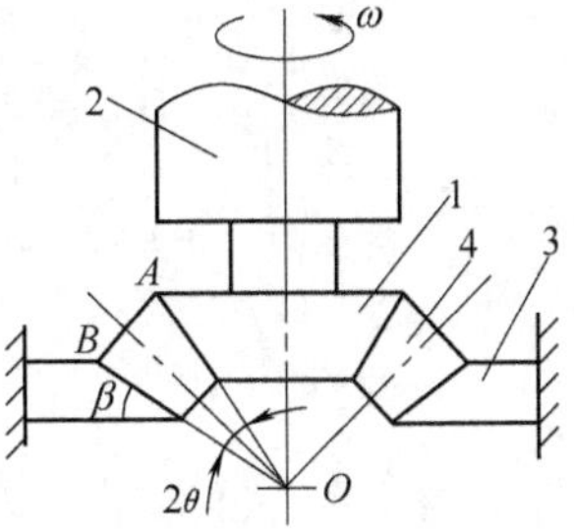

习题 7.1 图

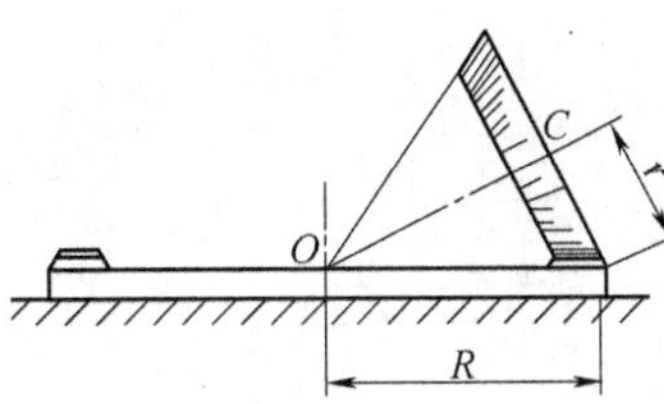

习题 7.2 图

7.3 陀螺以等角速度 ω_1 绕轴 OB 转动，而轴 OB 等速地画出一圆锥，如习题 7.3 图所示。如陀螺的中心轴 OB 每分钟的转数为 n，$\angle BOS=\theta$（常量），求陀螺的角速度 ω 和角加速度 α。

7.4 习题 7.4 图所示电机托架 OB 以恒角速度 $\omega=3\text{rad/s}$ 绕 z 轴转动，电机轴带着半径为 120mm 的圆盘以恒定的角速度 $\dot{\varphi}=8\text{rad/s}$ 自转。设 $\gamma=30°$，求此时圆盘最高点 A 的速度、加速度以及圆盘的绝对角速度、角加速度。

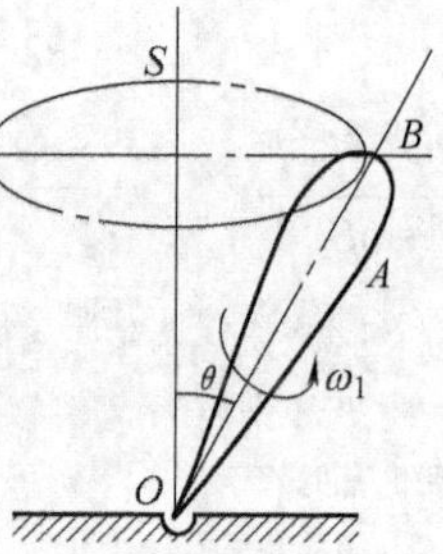

习题 7.3 图

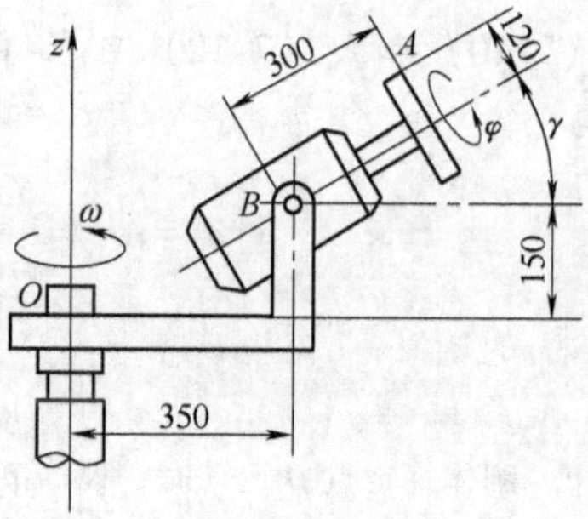

习题 7.4 图

第 8 章

复合运动

在运动学的引言中曾指出，对任何运动物体的描述都是相对的，从不同的参考系来观察同一物体的运动，得到的结果是不同的。前三章是在一种参考系中研究了点或刚体的运动，本章将讨论同一物体相对于不同参考系的运动，分析点或刚体相对于不同参考系运动之间的关系。

8.1 复合运动的基本概念

在工程实际中常遇到这样的情况：物体相对于某一参考系运动，而此参考系又相对于另一参考系运动，则物体相对于第二个参考系就做复合运动。图 8-1a 中直升飞机旋翼上一点 M 相对于机身做圆周运动，而机身相对于地面又做平动，因而旋翼上一点相对于地面做复合的螺旋运动。图 8-1b 中车轮相对于车身做定轴转动，而车身相对于地面沿轨道做直线平动，因而车轮相对于地面做复合的平面运动。在讨论物体的复合运动时，需选定某个参考系为定（静）参考系，简称定（静）系，其他相对于定参考系运动的参考系就成为动参考系，简称动系。在图 8-1a 的例子中，飞机旋翼上一点 M 作为研究对象，动系为与机身固结的坐标系 $O'x'y'z'$，而静系是与地面固结的坐标系 $Oxyz$。在图 8-1b 的例子中，车轮作为研究对象，动系是与车身固连的坐标系 $O'x'y'z'$，而静系是与地面固结的坐标系 $Oxyz$。在运动学中，所谓的“动”与“静”只有相对意义，因而也可采取相反的约定，把机身和车身视为静系，而把地面视为动系。讨论物体的复合运动时，将物体相对于定系的运动称为绝对运动，物体相对于动系的运动称为相对运动，动系相对于定系的运动称为牵连运动。在上述图 8-1a、b 两例中，绝对运动分别为螺旋线和刚体的平面运动，而相对运动分别为圆周运动和刚体的定轴转动，牵连运动分别为车身和机身的直线平动。由此可见，绝对运动和相对运动是指点或刚体的运动，它可能做任一种点的运动或者任一种刚体的运动，而牵连运动则是指动参考系的运动，实际上是刚体的运动，它可能做平动、转动或更复杂的刚体运动。由以上例子可以看出，研究对象在静系和动系中的运动是不同的，这种差别是由于动系相对于静系有运动，即存在牵连运动所致。如果没有牵连运动，那么研究对象的绝对运动和相对运动就没有差别。若已知研究对象的相对运动和牵连运动，则它的绝对运动就确定了。这说明，研究对象的绝对运动可当作是相对运动和牵连运动的合成运动，即复合运动。反之，绝对运动也可以分解为相对运动和牵连运动。

下面首先讨论点的复合运动。

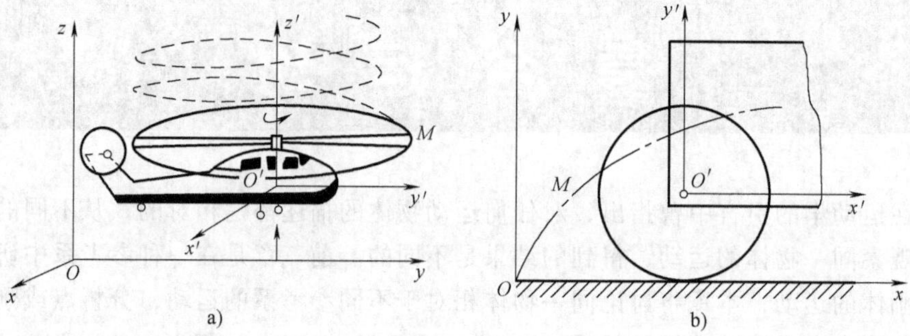

图　8-1

8.2　动点在静系和动系中其运动方程之间的关系

我们把所研究的点称为动点，动点在静系中的轨迹和运动方程称为绝对轨迹和绝对运动方程，在动系中的轨迹和运动方程称为相对轨迹和相对运动方程。下面我们利用图 8-2a 来研究动点的绝对运动方程和相对运动方程之间的关系。图中 $Oxyz$ 为静系，$O'x'y'z'$为动系，M 点为动点，连接点 O 与点 M 的位矢 $\boldsymbol{r}$ 称为绝对位矢，表示动点 M 的绝对运动。类似地，连接点 O'与 M 的位矢 $\boldsymbol{r}'$称为相对位矢，表示动点 M 的相对运动。于是有

$$\boldsymbol{r}=\boldsymbol{r}_{O'}+\boldsymbol{r}' \tag{8-1}$$

式中，$\boldsymbol{r}_{O'}$是动系原点在静系中的位矢。

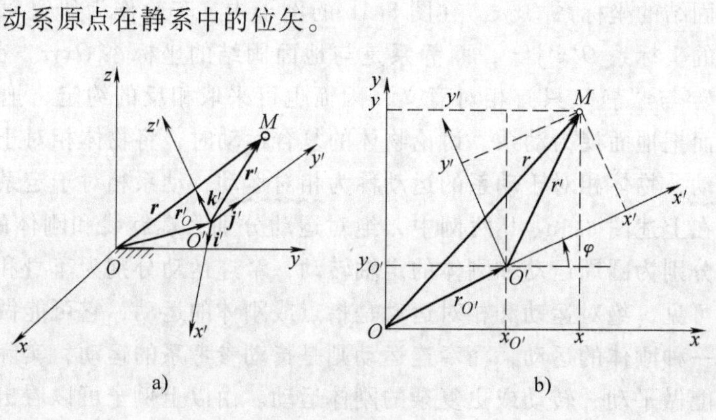

图　8-2

为了说明问题，以平面问题为例，在图 8-2b 中，Oxy 是静系，$O'x'y'$是动系，M 是动点。动点 M 的绝对运动方程为

$$x=x(t),\quad y=y(t)$$

动点 M 的相对运动方程为

$$x'=x'(t),\quad y'=y'(t)$$

动系 $O'x'y'$ 相对于静系 Oxy 的运动可由如下三个方程完全描述：

$$x_{O'}=x_{O'}(t),\quad y_{O'}=y_{O'}(t),\quad \varphi=\varphi(t) \tag{8-2}$$

式中，φ 是 x 轴到 x'轴的转角，以逆时针方向为正。式（8-2）是刚体做平面运动的运动方程（可参看式（8-1））。

由图 8-2b 可写出动点 M 的绝对运动方程和相对运动方程之间的关系

$$\left.\begin{aligned} x&=x_{O'}+x'\cos\varphi-y'\sin\varphi \\ y&=y_{O'}+x'\sin\varphi+y'\cos\varphi \end{aligned}\right\} \tag{8-3}$$

由式（8-3）不难看出，绝对运动与相对运动的差别是由于牵连运动的影响。

8.3　速度合成定理

动点在静系中的速度称为绝对速度，在动系中的速度称为相对速度，分别用 v_a 和 v_r 表示。为了说明绝对速度和相对速度之间的关系，还必须引入牵连点和牵连速度的概念。由于牵连运动是动系的运动，其上各点的运动情况一般是不同的，其中对动点的运动产生影响的是某瞬时动系上与动点相重合的点，该点称为牵连点。由于在不同瞬时动点与动系上的不同点相重合，因而不同瞬时的牵连点是不同的，称牵连点相对于静系的速度为动点的牵连速度，通常用 v_e 表示。

下面研究动点的绝对速度、相对速度和牵连速度之间的关系。

设动点 M 在相对运动中的相对轨迹为曲线 AB，如图 8-3 所示。为了容易理解，设想 AB 为一金属线，动系固定在此线上，而将动点看成是沿金属线滑动的一极小圆环。

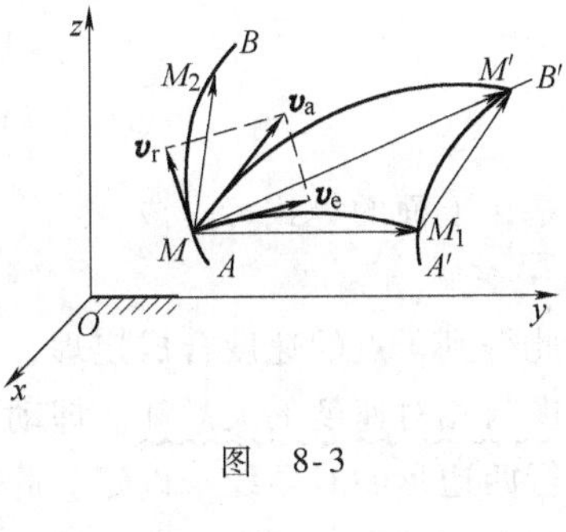

图　8-3

在瞬时 t，动点位于曲线 AB 的点 M，经过极短的时间间隔 Δt 后，动系 AB 运动到新位置 $A'B'$；同时，动点沿弧 $\overset{\frown}{MM'}$ 运动到 M'，弧 $\overset{\frown}{MM'}$ 为动点的绝对轨迹。如果在动系上观察动点 M 的运动，则它沿曲线 AB 运动到点 M_2，弧 $\overset{\frown}{MM_2}$ 就是动点的相对轨迹。在瞬时 t，曲线 AB 上与动点重合的那一点，则沿弧 $\overset{\frown}{MM_1}$ 运动到点 M_1。矢量 $\overrightarrow{MM'}$、$\overrightarrow{MM_2}$ 和 $\overrightarrow{MM_1}$ 分别为动点的绝对位移、相对位移和牵连位移。

根据速度的定义，动点 M 在瞬时 t 的绝对速度为

$$v_a = \lim_{\Delta t \to 0} \frac{\overrightarrow{MM'}}{\Delta t}$$

它的方向沿绝对轨迹$\widehat{MM'}$的切线；

相对速度为
$$v_r = \lim_{\Delta t \to 0} \frac{\overrightarrow{MM_2}}{\Delta t}$$

它的方向沿相对轨迹$\overrightarrow{MM_2}$的切线；

牵连速度为曲线 AB 上与动点 M 重合的那一点在瞬时 t 的速度，即

$$v_e = \lim_{\Delta t \to 0} \frac{\overrightarrow{MM_1}}{\Delta t}$$

它的方向沿曲线$\overrightarrow{MM_1}$的切线。

连接 M_1 和 M'两点，由图中矢量关系可得

$$\overrightarrow{MM'} = \overrightarrow{MM_1} + \overrightarrow{M_1M'}$$

以 Δt 除上式两端，并令 $\Delta t \to 0$，取极限得

$$\lim_{\Delta t \to 0} \frac{\overrightarrow{MM'}}{\Delta t} = \lim_{\Delta t \to 0} \frac{\overrightarrow{MM_1}}{\Delta t} + \lim_{\Delta t \to 0} \frac{\overrightarrow{M_1M'}}{\Delta t}$$

将上式中的各项与三种速度的定义比较可知，上式左端是动点在瞬时 t 的绝对速度v_a；等号右端第一项为动点在瞬时 t 的牵连速度v_e；第二项等于动点在瞬时 t 的相对速度，因为当 $\Delta t \to 0$ 时，曲线$\widehat{A'B'}$趋近于曲线$\widehat{AB}$，故有

$$\lim_{\Delta t \to 0} \frac{\overrightarrow{M_1M'}}{\Delta t} = \lim_{\Delta t \to 0} \frac{\overrightarrow{MM_2}}{\Delta t} = v_r$$

于是，上面的等式可写成

$$v_a = v_e + v_r \tag{8-4}$$

由此得到了点的速度合成定理：动点在每一瞬时的绝对速度等于它在该瞬时的牵连速度与相对速度的矢量和。即动点的绝对速度可以由牵连速度与相对速度所构成的平行四边形的对角线来确定。此定理也称为速度平行四边形定理。

在式（8-4）中，v_a、v_e与v_r 三个矢量其大小方向共有六个未知量，任知其中四个，便可由式（8-4）求得其余两个。

下面通过例题说明速度合成定理的应用。

【例 8.1】　凸轮机构如图 8-4 所示。当半径为 R 的半圆形平板凸轮沿水平直线轨道平动时，可推动顶杆 AB 沿铅垂直线轨道滑动。在图示瞬时已知凸轮的速度为 v，方向向右，A 点和凸轮中心 O'的连线与水平线间的夹角为 φ。求此瞬时 AB

杆的速度。

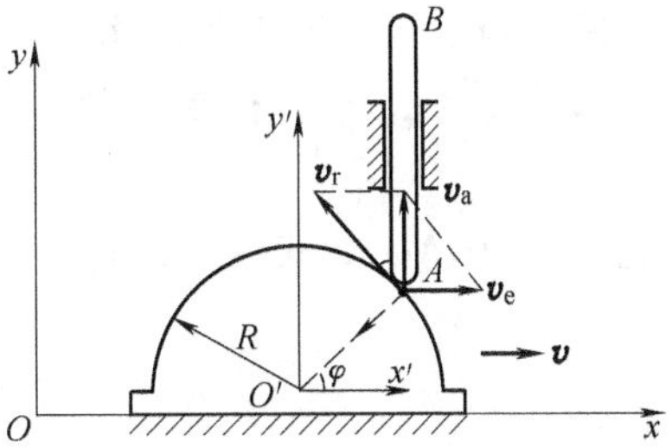

图 8-4

【解】 (1) 运动分析

AB 杆做平动，若求得其上任一点的速度即为 AB 杆的速度。因 AB 杆的 A 点相对凸轮的运动容易分析，故取 AB 杆端点 A 为动点，动系固连于凸轮上，静系固连于地面，分析 A 点的复合运动。

绝对运动：铅垂直线运动。

相对运动：沿凸轮表面的圆弧曲线运动。

牵连运动：凸轮沿水平直线平动。

(2) 速度分析

速度分析见下表

	v_a	v_e	v_r
大　小	未知	v	未知
方　向	竖直向上	水平向右	沿 A 点圆弧的切线

因未知量不超过两个，故可由速度合成定理求解。

根据$v_a=v_e+v_r$作速度平行四边形，可决定v_a、v_r的指向如图。

由几何关系可得

$$v_a=v_e\cot\varphi=v\cot\varphi$$

$$v_r=\frac{v_e}{\sin\varphi}=\frac{v}{\sin\varphi}$$

A 点的速度 v_a 即为 AB 杆的速度。

【例 8.2】 刨床急回机构如图 8-5 所示。已知曲柄 OA 的角速度 ω_0 为常量，OA 长 r，$OO_1=2r$，求当曲柄的转角 $\varphi=\pi/2$ 时，摇杆 O_1B 的角速度 ω_1。

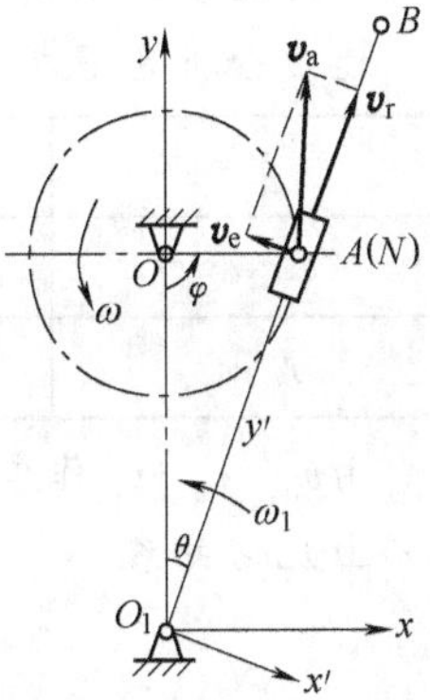

图 8-5

【解】 (1) 运动分析

因曲柄 OA 的端点 A 相对于摇杆 O_1B 的运动容易分析，故选 A 为动点，动系固连于摇杆 O_1B 上，静系固连于地面，分析动点 A 的复合运动。

绝对运动：以 O 为圆心，r 为半径的圆周运动。

相对运动：沿摇杆 O_1B 的直线运动。

牵连运动：O_1B 杆绕 O_1 轴的定轴转动。

(2) 速度分析

	v_a	v_e	v_r
大　小	$r\omega_0$	未知	未知
方　向	竖直向上	垂直于 O_1B	沿 O_1B

因未知量不超过两个，故可由速度合成定理求解。

根据$v_a = v_e + v_r$作速度平行四边形决定v_e、v_r的指向如图。由几何关系可得

$$v_e = v_a \sin\theta$$

因 $v_e = v_N = O_1N\omega_1$，代入上式得

$$\omega_1 = \frac{v_e}{O_1N} = \frac{v_a \sin\theta}{O_1N}$$

将 $v_a = r\omega_0$，$O_1N = \sqrt{5}r$，$\sin\theta = r/O_1N = 1/\sqrt{5}$ 代入，得

$$\omega_1 = \frac{1}{5}\omega_0$$

ω_1 的转向由v_e的指向确定如图，为逆时针方向。

若需求v_r，则由速度平行四边形得

$$v_r = v_a \cos\theta$$

将 $v_a = r\omega_0$，$\cos\theta = OO_1/O_1N = 2r/\sqrt{5}r = 2/\sqrt{5}$ 代入上式得 $v_r = 2\frac{\sqrt{5}}{5}\omega_0 r$，方向如图所示。

【例 8.3】 车 A 沿半径 $r = 150\text{m}$ 的圆弧道路以匀速 $v_A = 45\text{km/h}$ 行驶，车 B 沿直线道路以匀速 $v_B = 70\text{km/h}$ 行驶，图示位置时 A、B 两车相距 100m。求：(1) 车 A 相对车 B 的速度；(2) 车 B 相对车 A 的速度。

【解】 (1) 求车 A 相对车 B 的速度

取 A 车为动点，动系固连于 B 车，地面为静系。

绝对运动：以 O 为圆心，r 为半径的圆弧曲线运动。

相对运动：相对轨迹未知。

牵连运动：车 B 的直线平动。

速度分析见下表

	v_a	v_e	v_r
大 小	v_A	v_B	未知
方 向	已知	已知	未知

由$v_a = v_e + v_r$作速度平行四边形，确定v_r指向如图 8-6 所示。

由几何关系

$$v_r = \sqrt{v_a^2 + v_e^2} = 83.217\text{km/h} \tag{a}$$

$$\alpha = \arctan\left(\frac{v_A}{v_B}\right) = 32.735° \tag{b}$$

(2) 求车 B 相对车 A 的速度

应取 B 车为动点，车 A 为动系，静系取在地面上。

由题可知，车 A 的运动为定轴转动，而转动中心不在车 A 上，在其延拓体上，

即圆弧道路的圆心 O 上，因此，选转动坐标系的原点在圆心 O 点，x'轴过车 A，如图 8-7 所示。即选做定轴转动的坐标系 $Ox'y'$为动系，动系的转动角速度为

$$\omega=\frac{v_A}{r}=\frac{1}{12}\text{rad/s}$$

绝对运动：车 B 的直线运动。

相对运动：未知。

牵连运动：动系 $Ox'y'$随车 A 做定轴转动。

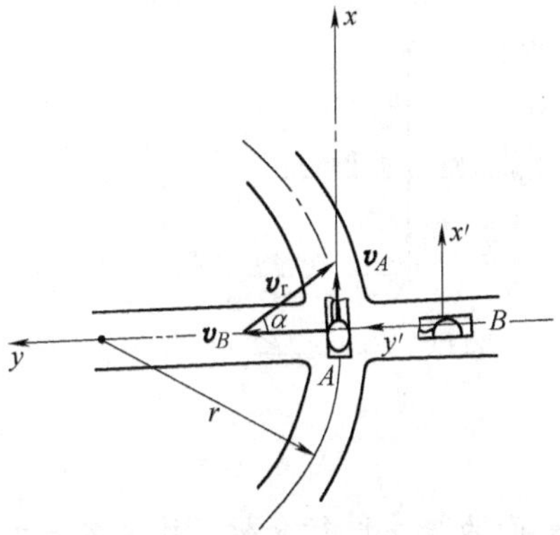

图　8-6

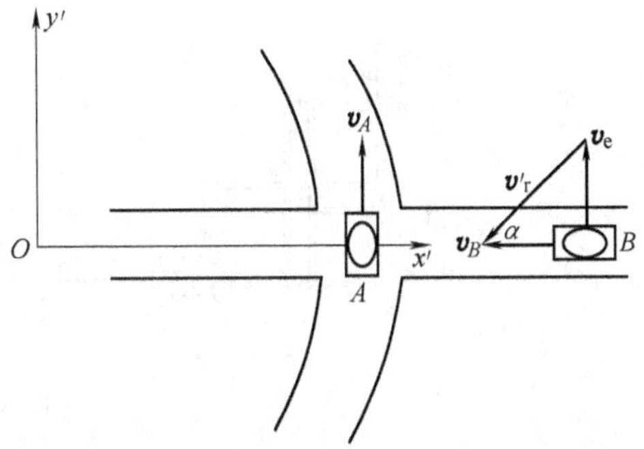

图　8-7

速度分析

	v_a	v_e	v'_r
大　小	v_B	ω（$r+100$）	未知
方　向	水平向左	竖直向上	未知

由$v_a=v_e+v'_r$作速度平行四边形，确定v'_r的指向如图所示，由几何关系

$$v'_r=\sqrt{v_a^2+v_e^2}=\sqrt{\left(\frac{70}{3.6}\right)^2+\frac{1}{12^2}\ (150+100)^2}=28.5\text{m/s}$$

$$=102.6\text{km/h}$$

$$\alpha=\arctan\left(\frac{v_e}{v_B}\right)=46.975°$$

请读者思考，为什么以 B 为动系，以 A 为动点求得的相对速度v_r与以 A 为动系，以 B 为动点求得的相对速度v'_r不同？

【例 8.4】　滑块 M 可同时在槽 AB 和 CD 中滑动，在图 8-8a 所示瞬时，槽 AB、CD 的速度分别为 $v_1=8\text{cm/s}$，$v_2=6\text{cm/s}$。求该瞬时滑块 M 的速度。

【解】　(1) 运动分析

槽 AB 和 CD 做直线平动，滑块做平面曲线运动，而其相对槽 AB、CD 都是做直线运动。取滑块 M 为动点，槽 AB 为动系，静系为地面。

速度分析为

	v_a	v_{e1}	v_{r1}
大 小	未知	v_1	未知
方 向	未知	$\perp AB$	$/\!/ AB$

因有三个未知量，不能由速度合成定理

$$v_a = v_{e1} + v_{r1} \tag{a}$$

求解。

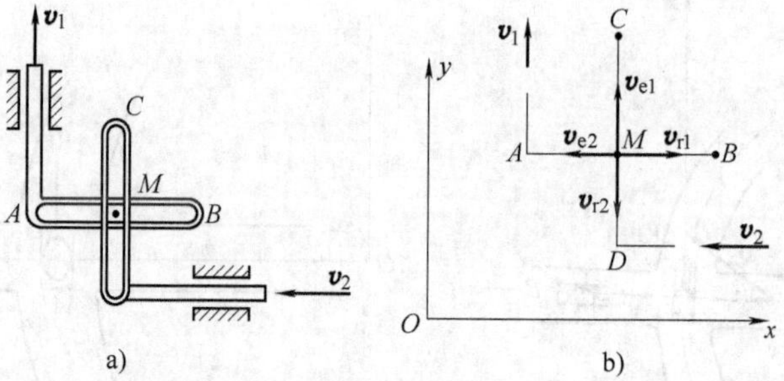

图 8-8

（2）再以滑块 M 为动点，槽 CD 为动系，地面为静系进行分析，速度分析为

	v_a	v_{e2}	v_{r2}
大 小	未知	v_2	未知
方 向	未知	$\perp CD$	$/\!/ CD$

由于也是三个未知量，所以不能用式

$$v_a = v_{e2} + v_{r2} \tag{b}$$

求解。但注意到式（a）、式（b）中v_a指的是同一点 M 相对地面的速度，故有

$$v_{e1} + v_{r1} = v_{e2} + v_{r2} \tag{c}$$

上式中只有两个未知量 v_{r1} 和 v_{r2}。设 v_{r1} 和 v_{r2} 的方向如图 8-8b 所示。将式(c)投影于 x 轴，有

$$v_{r1} = -v_{e2} = -v_2$$

式中负号说明滑块 M 相对槽 AB 的运动方向应朝左。

因此，滑块 M 的速度为

$$\boldsymbol{v}_a = \boldsymbol{v}_{e1} + \boldsymbol{v}_{r1} = (-6\boldsymbol{i} + 8\boldsymbol{j})\ \text{cm/s}$$

由上述例题，可将应用速度合成定理求解问题的大致步骤总结如下：

（1）选取动点、动系和静系

动点、动系和静系的正确选取是求解点的复合运动问题的关键。在选取时必须注意：动点、动系和静系必须分属三个不同的物体，否则三种运动（绝对、相对、牵连运动）中就缺了一种运动，而不成其为复合运动。此外，动点、动系和静系的选取应使相对运动比较明显、简单。

（2）分析三种运动

对于绝对运动和相对运动，主要是分析其轨迹的具体形状；而对于牵连运动，则是分析其刚体运动的具体形式。分析三种运动的目的是为了确定三种运动速度的方位线，以便于画出速度平行四边形。

（3）画速度平行四边形，分析问题的可解性

三种运动速度v_a、v_e和v_r的大小、方向共有六个量，其中哪些是已知的？哪些是未知的？其未知量不超过两个时，问题可解。

（4）根据速度平行四边形的几何关系求解未知量。

8.4　牵连运动为平动时的加速度合成定理

动点在静系中的加速度称为绝对加速度，在动系中的速度称为相对加速度，分别用 $\boldsymbol{a}_a$ 和 $\boldsymbol{a}_r$ 表示。牵连点相对于静系的加速度为动点的牵连加速度，通常用 $\boldsymbol{a}_e$ 表示。

在点的复合运动中，加速度之间的关系比较复杂，故先分析动系做平动的简单情况。

设动系 $O'x'y'z'$ 相对于静系 $Oxyz$ 平动，其原点 O' 的速度和加速度分别为$v_{O'}$和 $\boldsymbol{a}_{O'}$，动系的三个单位矢量分别为 $\boldsymbol{i}'$、$\boldsymbol{j}'$、$\boldsymbol{k}'$（见图 8-9）。若动点 M 相对于动系的相对坐标为 x'、y'、z'，则点 M 的相对速度和相对加速度为

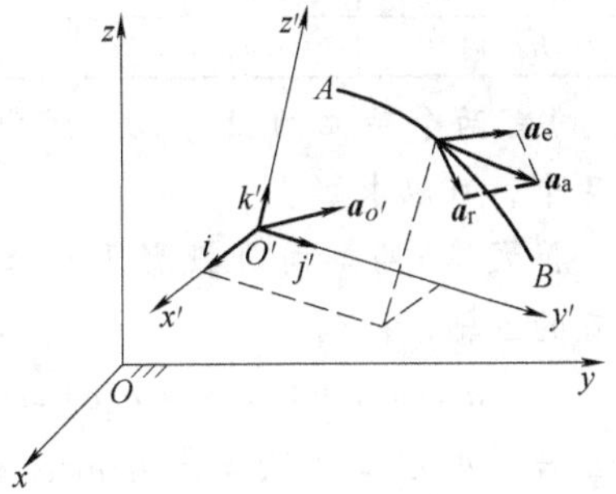

图　8-9

$$v_r = \dot{x}'\boldsymbol{i}' + \dot{y}'\boldsymbol{j}' + \dot{z}'\boldsymbol{k}' \tag{8-5}$$

$$a_r = \ddot{x}'\boldsymbol{i}' + \ddot{y}'\boldsymbol{j}' + \ddot{z}'\boldsymbol{k}' \tag{8-6}$$

由于牵连运动为平动，任一瞬时动系上各点的速度相同，因而牵连速度等于动系原点 O' 的速度，有

$$v_e = v_{O'} \tag{a}$$

由点的速度合成定理，有

$$v_a = v_e + v_r = v_{O'} + \dot{x}'\boldsymbol{i}' + \dot{y}'\boldsymbol{j}' + \dot{z}'\boldsymbol{k}' \tag{b}$$

将式(b)在静系中对时间 t 求导数，并注意动系平动，单位矢量 $\boldsymbol{i}'$、$\boldsymbol{j}'$和 $\boldsymbol{k}'$的方向不变，都是常矢量，对时间的导数等于零。于是得到动点的绝对加速度为

$$\boldsymbol{a}_a = \frac{\mathrm{d}\,v_a}{\mathrm{d}t} = \frac{\mathrm{d}\,v_{O'}}{\mathrm{d}t} + \ddot{x}'\boldsymbol{i}' + \ddot{y}'\boldsymbol{j}' + \ddot{z}'\boldsymbol{k}' \tag{c}$$

其中$\dfrac{\mathrm{d}\,v_{O'}}{\mathrm{d}t}$是动系原点 O'的加速度 $\boldsymbol{a}_{O'}$。由于动系平动，所以任一瞬时其上各点的加速度相同，有

$$\frac{\mathrm{d}\boldsymbol{v}_{O'}}{\mathrm{d}t}=\boldsymbol{a}_{O'}=\boldsymbol{a}_{\mathrm{e}} \tag{d}$$

将式(d)代入式(c)，并注意到式（8-6），有

$$\boldsymbol{a}_{\mathrm{a}}=\boldsymbol{a}_{\mathrm{e}}+\boldsymbol{a}_{\mathrm{r}} \tag{8-7}$$

上式表明：当牵连运动为平动时，在任一瞬时，动点的绝对加速度等于其牵连加速度与相对加速度的矢量和。这就是牵连运动为平动时的加速度合成定量。

【例 8.5】 在例 8.1 中，若已知凸轮在图示位置时的加速度 $\boldsymbol{a}$，方向如图 8-10所示，试求此瞬时顶杆 AB 的加速度。

【解】 动点、动系、静系的选取和运动分析同例 8.1。由于相对运动为圆周运动，相对加速度可分解为相对法向与相对切向加速度 $\boldsymbol{a}_{\mathrm{r}}^{\mathrm{n}}$ 和 $\boldsymbol{a}_{\mathrm{r}}^{\tau}$，所以这时加速度合成定理可写成如下形式

$$\boldsymbol{a}_{\mathrm{a}}=\boldsymbol{a}_{\mathrm{e}}+\boldsymbol{a}_{\mathrm{r}}^{\mathrm{n}}+\boldsymbol{a}_{\mathrm{r}}^{\tau} \tag{a}$$

各项加速度的分析如下表

	$\boldsymbol{a}_{\mathrm{a}}$	$\boldsymbol{a}_{\mathrm{e}}$	$\boldsymbol{a}_{\mathrm{r}}^{\mathrm{n}}$	$\boldsymbol{a}_{\mathrm{r}}^{\tau}$
大　小	未知	a	$\dfrac{v_{\mathrm{r}}^2}{R}$	未知
方　向	垂直方向	水平向左	沿 AO'	沿 A 点切线

式(a)有两个独立的投影式，式中未知量仅有两个，可以求解。

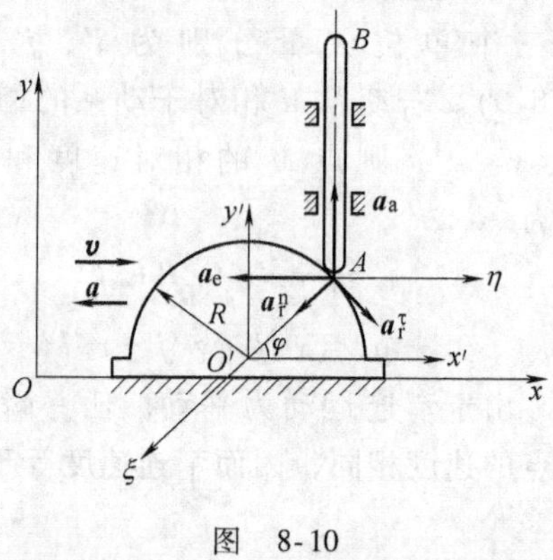

图 8-10

将式(a)两端同时投影于与未知量 $\boldsymbol{a}_{\mathrm{r}}^{\tau}$ 相垂直的 ξ 轴，得到

$$-a_{\mathrm{a}}\cos(90°-\varphi)=a_{\mathrm{e}}\cos\varphi+a_{\mathrm{r}}^{\mathrm{n}}$$

将 $a_{\mathrm{e}}=a$ 及 $\boldsymbol{a}_{\mathrm{r}}^{\mathrm{n}}=v_{\mathrm{r}}^2/R=v^2/R\sin^2\varphi$ 代入上式，解得

或 $$a_{\mathrm{a}}=-\frac{1}{\sin\varphi}\left(a\cos\varphi+\frac{v^2}{R\sin^2\varphi}\right)$$

在 $\varphi<90°$，所得 a_{a} 值为负值，这说明所设 a_{a} 的指向与真实情况相反。

若欲求 $\boldsymbol{a}_{\mathrm{r}}^{\tau}$，则将式(a)投影于与未知量 $\boldsymbol{a}_{\mathrm{a}}$ 相垂直的 η 轴，得到

$$0=-a_{\mathrm{e}}-a_{\mathrm{r}}^{\mathrm{n}}\cos\varphi+a_{\mathrm{r}}^{\tau}\cos(90°-\varphi)$$

将 a_{e}、$a_{\mathrm{r}}^{\mathrm{n}}$之值代入，解得

$$a_{\mathrm{r}}^{\tau}=\frac{1}{\sin\varphi}\left(a+\frac{v^2\cos\varphi}{R\sin^2\varphi}\right)$$

所得结果为正值，说明所设 $\boldsymbol{a}_{\mathrm{r}}^{\mathrm{n}}$ 的指向与真实情况相同。

8.5　牵连运动为转动时的加速度合成定理

8.5.1　变矢量的绝对导数与相对导数

设动系 $O'x'y'z'$ 相对于定系 $Oxyz$ 做定轴转动，角速度矢量为 ω。于是，动系的 3 个基矢量 $\boldsymbol{i}'$、$\boldsymbol{j}'$、$\boldsymbol{k}'$ 在定系中观察时是大小不变方向改变的矢量，由式（5-19）可得

$$\frac{\mathrm{d}\boldsymbol{i}'}{\mathrm{d}t}=\boldsymbol{\omega}\times\boldsymbol{i}',\quad \frac{\mathrm{d}\boldsymbol{j}'}{\mathrm{d}t}=\boldsymbol{\omega}\times\boldsymbol{j}',\quad \frac{\mathrm{d}\boldsymbol{k}'}{\mathrm{d}t}=\boldsymbol{\omega}\times\boldsymbol{k}'$$

现在研究大小和方向都在改变的变矢量 $\boldsymbol{p}$，在定系中观察时，$\boldsymbol{p}$ 对时间的导数称为绝对导数，记为 $\frac{\mathrm{d}\boldsymbol{p}}{\mathrm{d}t}$；在动系中观察时，$\boldsymbol{p}$ 对时间的导数称为相对导数，记为 $\frac{\tilde{\mathrm{d}}\boldsymbol{p}}{\mathrm{d}t}$。矢量 $\boldsymbol{p}$ 在动系中可表示为

$$\boldsymbol{p}=x'\boldsymbol{i}'+y'\boldsymbol{j}'+z'\boldsymbol{k}'$$

显然，由相对导数的定义，

$$\frac{\tilde{\mathrm{d}}\boldsymbol{p}}{\mathrm{d}t}=\frac{\mathrm{d}x'}{\mathrm{d}t}\boldsymbol{i}'+\frac{\mathrm{d}y'}{\mathrm{d}t}\boldsymbol{j}'+\frac{\mathrm{d}z'}{\mathrm{d}t}\boldsymbol{k}'$$

矢量 $\boldsymbol{p}$ 的绝对导数为

$$\begin{aligned}\frac{\mathrm{d}\boldsymbol{p}}{\mathrm{d}t}&=\frac{\mathrm{d}x'}{\mathrm{d}t}\boldsymbol{i}'+\frac{\mathrm{d}y'}{\mathrm{d}t}\boldsymbol{j}'+\frac{\mathrm{d}z'}{\mathrm{d}t}\boldsymbol{k}'+\left(x'\frac{\mathrm{d}\boldsymbol{i}'}{\mathrm{d}t}+y'\frac{\mathrm{d}\boldsymbol{j}'}{\mathrm{d}t}+z'\frac{\mathrm{d}\boldsymbol{k}'}{\mathrm{d}t}\right)\\&=\frac{\tilde{\mathrm{d}}\boldsymbol{p}}{\mathrm{d}t}+(x'\boldsymbol{\omega}\times\boldsymbol{i}'+y'\boldsymbol{\omega}\times\boldsymbol{j}'+z'\boldsymbol{\omega}\times\boldsymbol{k}')\end{aligned}$$

$$\frac{\mathrm{d}\boldsymbol{p}}{\mathrm{d}t}=\frac{\tilde{\mathrm{d}}\boldsymbol{p}}{\mathrm{d}t}+\boldsymbol{\omega}\times\boldsymbol{p}\tag{8-8}$$

即变矢量的绝对导数等于相对导数加上动系的角速度与该矢量的矢量积。式（8-8）是由法国科学家科里奥利首先提出的，故又称为科里奥利公式。可以证明，科里奥利公式对动系做任何刚体运动的情况均适用。

8.5.2　加速度合成定理的推导

如图 8-11 所示，设 $Oxyz$ 代表静系，$O'x'y'z'$ 代表动系，动系绕 Oz 轴做定轴转动，其角速度为 $\boldsymbol{\omega}$，角加速度为 $\boldsymbol{\alpha}$。设动点 M 相对于静系原点 O 的矢径为 $\boldsymbol{r}$，动点 M 相对于动系原点 O' 的矢径为 $\boldsymbol{r}'$，动系原点 O' 相对于静系原点 O 的矢径为 $\boldsymbol{r}_{O'}$，则有

$$\boldsymbol{r}=\boldsymbol{r}_{O'}+\boldsymbol{r}' \tag{a}$$

在静系中关于式（a）求导，得

$$\frac{\mathrm{d}\boldsymbol{r}}{\mathrm{d}t}=\frac{\mathrm{d}\boldsymbol{r}_{O'}}{\mathrm{d}t}+\frac{\mathrm{d}\boldsymbol{r}'}{\mathrm{d}t}$$

利用式（8-8）得，

$$v_{\mathrm{a}}=v_{O'}+\frac{\tilde{\mathrm{d}}\boldsymbol{r}'}{\mathrm{d}t}+\boldsymbol{\omega}\times\boldsymbol{r}' \tag{b}$$

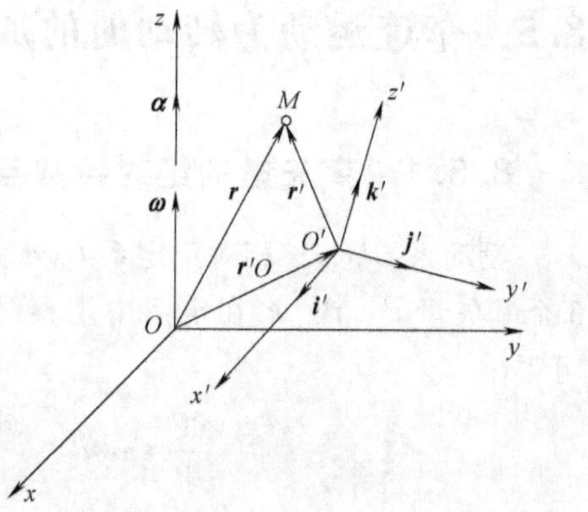

图　8-11

而$v_{O'}+\boldsymbol{\omega}\times\boldsymbol{r}'$恰为动系上与动点 M 相重合的那一点的速度，也就是动点的牵连速度，

即

$$v_{\mathrm{e}}=v_{O'}+\boldsymbol{\omega}\times\boldsymbol{r}' \tag{c}$$

所以有　$v_{\mathrm{a}}=v_{\mathrm{e}}+v_{\mathrm{r}}$，这就是前面的速度合成定理。

在静系中对式（b）求导，得

$$\frac{\mathrm{d}v_{\mathrm{a}}}{\mathrm{d}t}=\frac{\mathrm{d}(v_{O'}+\boldsymbol{\omega}\times\boldsymbol{r}')}{\mathrm{d}t}+\frac{\mathrm{d}v_{\mathrm{r}}}{\mathrm{d}t}$$

$$\boldsymbol{a}_{\mathrm{a}}=\boldsymbol{a}_{O'}+\frac{\mathrm{d}\boldsymbol{\omega}}{\mathrm{d}t}\times\boldsymbol{r}'+\boldsymbol{\omega}\times\frac{\mathrm{d}\boldsymbol{r}'}{\mathrm{d}t}+\frac{\tilde{\mathrm{d}}v_{\mathrm{r}}}{\mathrm{d}t}+\boldsymbol{\omega}\times v_{\mathrm{r}}$$

$$=\boldsymbol{a}_{O'}+\boldsymbol{\alpha}\times\boldsymbol{r}'+\boldsymbol{\omega}\times\left(\frac{\tilde{\mathrm{d}}\boldsymbol{r}'}{\mathrm{d}t}+\boldsymbol{\omega}\times\boldsymbol{r}'\right)+\frac{\tilde{\mathrm{d}}v_{\mathrm{r}}}{\mathrm{d}t}+\boldsymbol{\omega}\times v_{\mathrm{r}}$$

$$=\boldsymbol{a}_{O'}+\boldsymbol{\alpha}\times\boldsymbol{r}'+\boldsymbol{\omega}\times(\boldsymbol{\omega}\times\boldsymbol{r}')+\boldsymbol{a}_{\mathrm{r}}+2\boldsymbol{\omega}\times v_{\mathrm{r}}$$

而 $\boldsymbol{a}_{O'}+\boldsymbol{\alpha}\times\boldsymbol{r}'+\boldsymbol{\omega}\times(\boldsymbol{\omega}\times\boldsymbol{r}')$ 恰为动系上与动点 M 相重合的那一点的加速度，也就是动点的牵连加速度，即

$$\boldsymbol{a}_{\mathrm{e}}=\boldsymbol{a}_{O'}+\boldsymbol{\alpha}\times\boldsymbol{r}'+\boldsymbol{\omega}\times(\boldsymbol{\omega}\times\boldsymbol{r}') \tag{d}$$

令

$$\boldsymbol{a}_{\mathrm{C}}=2\boldsymbol{\omega}\times v_{\mathrm{r}} \tag{8-9}$$

$\boldsymbol{a}_{\mathrm{C}}$ 称为科氏加速度，它是由法国科学家科里奥利首先提出的。于是，

$$\boldsymbol{a}_{\mathrm{a}}=\boldsymbol{a}_{\mathrm{e}}+\boldsymbol{a}_{\mathrm{r}}+\boldsymbol{a}_{\mathrm{C}} \tag{8-10}$$

此式即为牵连运动为定轴转动时的加速度合成定理，该式表明：当牵连运动为转动时，在任一瞬时，动点的绝对加速度等于动点的牵连加速度、相对加速度和科氏加速度三者的矢量和。

虽然推导时假定动系做定轴转动，但实际上在动系做任意的刚体运动时也可以证明其成立，比如动系做平面运动等。

由式（8-9）可以确定科氏加速度的大小和方向。为了便于说明，将 $\boldsymbol{\omega}$ 矢平移至 M 点（见图 8-12）。令 $\boldsymbol{\omega}$ 与v_{r}之间的夹角为 θ。根据两矢量的矢积的性质，$\boldsymbol{a}_{\mathrm{C}}$ 的

大小为

$$a_C = 2\omega v_r \sin\theta$$

$\boldsymbol{a}_C$ 的方向垂直于 $\boldsymbol{\omega}$ 与v_r所成的平面，指向由右手螺旋法则确定。

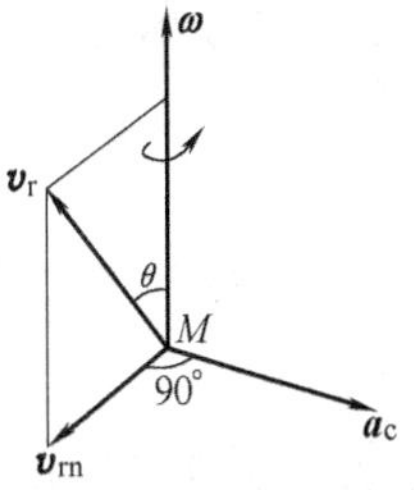

图　8-12

下面说明两个特殊情况：

(1) 如果$v_r \perp \boldsymbol{\omega}$，即$v_r$在垂直于 z 轴的平面内，在这种情况下，$a_C = 2\omega v_r$，且v_r、$\boldsymbol{\omega}$、$\boldsymbol{a}_C$ 三者相互垂直。

(2) 如果$v_r /\!/ \boldsymbol{\omega}$，即$v_r$与转轴平行，在这情况下，$\boldsymbol{a}_C = 0$。

8.5.3　各项加速度的几何意义

设动点 M 沿直杆 OB 运动，而杆又绕轴 O 转动，如图 8-13a所示。设动系固结在杆上。在瞬时 t，动点的位置在点 M 处，它的相对速度和牵连速度分别为v_r 和v_e；经过时间间隔 Δt 后，即在瞬时 $t' = t + \Delta t$，杆转到位置 OB'，动点运动到点 M'，这时它的相对速度为v'_r，牵连速度为v'_e。

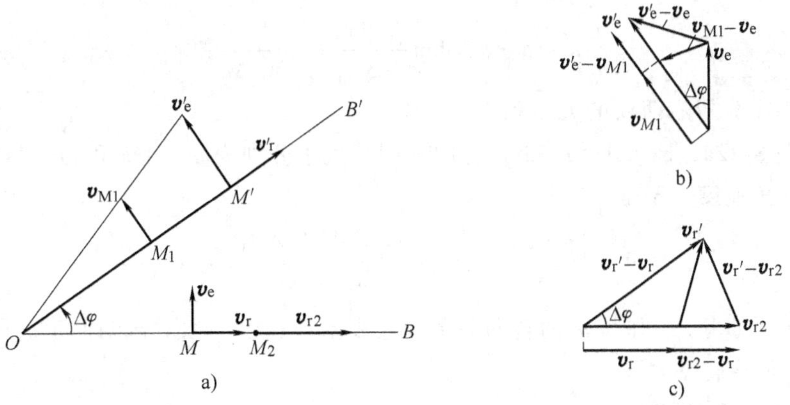

图　8-13

根据速度合成定理，在瞬时 t，点的绝对速度为$v_a = v_e + v_r$；在瞬时 t'，点的绝对速度为$v'_a = v'_e + v'_r$，故动点在 Δt 内绝对速度的增量为 $\Delta v_a = v'_a - v_a = (v'_e - v_e) + (v'_r - v_r)$。在瞬时 t 动点的绝对加速度为

$$\boldsymbol{a}_a = \lim_{\Delta t \to 0} \frac{\Delta v_a}{\Delta t} = \lim_{\Delta t \to 0} \frac{v'_e - v_e}{\Delta t} + \lim_{\Delta t \to 0} \frac{v'_r - v_r}{\Delta t}$$

上式右端两项是否分别为动点在瞬时 t 的牵连加速度 $\boldsymbol{a}_e$ 和相对加速度 $\boldsymbol{a}_r$ 呢?

根据定义，牵连加速度应该是在瞬时 t 杆 OB 上与动点相重合的那一点的速度的变化率。因为经过时间间隔 Δt 后，该点由点 M 运动到点 M_1，设此时的速度为 v_{M1}，则在瞬时 t 的牵连加速度为 $\boldsymbol{a}_e = \lim\limits_{\Delta t \to 0} \dfrac{v_{M1} - v_e}{\Delta t}$

相对加速度应该是在杆上看动点的速度的变化率。当经过时间间隔 Δt 后，动

点由点 M 运动到点 M_2，设此时的相对速度为v_{r2}，则相对加速度为

$$\boldsymbol{a}_r = \lim_{\Delta t\to 0}\frac{v_{r2}-v_r}{\Delta t}$$

从图 8-13a 显然可见

$$v'_e \neq v_{M1}, \quad v'_r \neq v_{r2}$$

因此，$\lim\limits_{\Delta t\to 0}\dfrac{v'_e-v_e}{\Delta t}$ 不是牵连加速度，$\lim\limits_{\Delta t\to 0}\dfrac{v'_r-v_r}{\Delta t}$ 不是相对加速度。

利用

$$v'_e-v_e=(v'_e-v_{M1})+(v_{M1}-v'_e)$$
$$v'_r-v_r=(v'_r-v_{r2})+(v_{r2}-v_r)$$

绝对加速度 $\boldsymbol{a}_a$ 可写为

$$a_a=\lim_{\Delta t\to 0}\frac{v'_e-v_{M1}}{\Delta t}+\lim_{\Delta t\to 0}\frac{v_{M1}-v_e}{\Delta t}+\lim_{\Delta t\to 0}\frac{v'_r-v_{r2}}{\Delta t}+\lim_{\Delta t\to 0}\frac{v_{r2}-v_r}{\Delta t}$$

上式右端第二项是牵连加速度 $\boldsymbol{a}_e$，第四项是相对加速度 $\boldsymbol{a}_r$，于是

$$\boldsymbol{a}_a=\boldsymbol{a}_e+\boldsymbol{a}_r+\lim_{\Delta t\to 0}\frac{v'_e-v_{M1}}{\Delta t}+\lim_{\Delta t\to 0}\frac{v'_r-v_{r2}}{\Delta t} \tag{8-11a}$$

下面来分析后两项的大小和方向。

由图 8-12a，b 可见，v'_e和v_{M1}方向相同，大小分别为 $\omega\cdot AM'$和 $\omega\cdot AM_1$，其中 ω 为杆的角速度。于是

$$\lim_{\Delta t\to 0}\left|\frac{v'_e-v_{M1}}{\Delta t}\right|=\omega\cdot\lim_{\Delta t\to 0}\frac{AM'-AM_1}{\Delta t}=\omega\cdot v_r$$

它的方向垂直于v_r，并与 ω 的转向一致。它表示动点由于相对运动而引起的牵连速度v_e大小的变化率。

由图 8-12c 可知

$$|v'_r-v_{r2}|=v'_r\cdot\Delta\varphi$$

于是

$$\lim_{\Delta t\to 0}\left|\frac{v'_r-v_{r2}}{\Delta t}\right|=\lim_{\Delta t\to 0}v'_r\cdot\lim_{\Delta t\to 0}\frac{\Delta\varphi}{\Delta t}=v_r\omega$$

它的方向垂直于v_r，并与 ω 转向一致。它表示因动系转动而引起的相对速率v_r 方向的变化率。

将 $\lim\limits_{\Delta t\to 0}\dfrac{v'_e-v_{M1}}{\Delta t}$与 $\lim\limits_{\Delta t\to 0}\dfrac{v'_r-v_{r2}}{\Delta t}$ 相加，便得到大小为 $2\omega v_r$、方向垂直于v_r、与 ω 转向一致的一项加速度，这项加速度是由于牵连运动和相对运动相互影响而产生的，是科氏加速度 $\boldsymbol{a}_C$。于是式（8-11a）可写为

$$\boldsymbol{a}_a=\boldsymbol{a}_e+\boldsymbol{a}_r+\boldsymbol{a}_C \tag{8-11b}$$

【例 8.6】　有一河流在北半球纬度为 φ 处沿经线自南向北以速度v_r 流动，如图 8-14 所示。考虑地球自转的影响，求河水的科氏加速度。

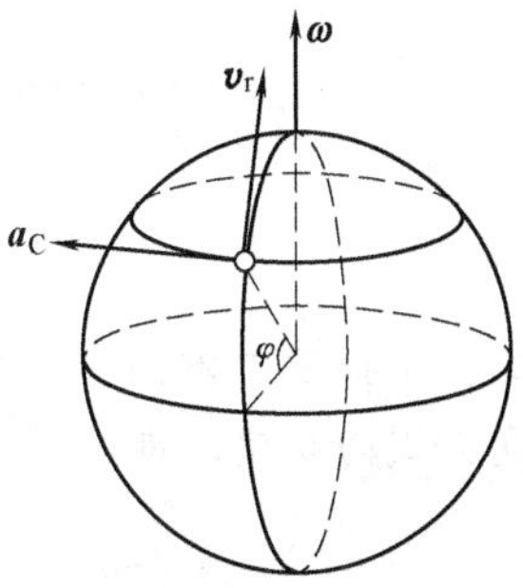

图　8-14

【解】　因只考虑地球自转的影响，所以可将地轴作为静坐标轴之一，设为 z 轴。静系的 x、y 轴可选择通过地心 O，分别指向两个遥远的恒星。固结在地球上的坐标系则为动系。地球绕 z 轴的转动为牵连运动。河水沿经线的流动为相对运动。地球绕 z 轴自转的角速度以 $\boldsymbol{\omega}$ 表示。由几何关系可知，v_r与 $\boldsymbol{\omega}$ 的夹角是纬度角 φ，于是科氏加速度 $\boldsymbol{a}_C$ 的大小为

$$a_C = 2\omega v_r \sin\varphi$$

由图可见，$\boldsymbol{a}_C$ 沿纬线的切线并指向西边，顺水流方向看去是指向左侧的。

由牛顿第二定律可知，水流有向左的科氏加速度是由于河的右岸对水流作用有向左的力。根据作用与反作用定律，水流对右岸必有反作用力。由于这个力经常不断的作用使河的右岸受到冲刷。若河水自北向南流，则科氏加速度向东，顺水流方向看去仍然是向左，水流仍然冲刷右岸。这就解释了在自然界中观察到的一种现象：在北半球沿经线流动的河流冲刷右岸比较显著。

【例 8.7】　试求例 8.2 中摇杆 O_1B 在图示位置时的角加速度 α_1（见图 8-15）。

【解】　动点、动系的选择及运动分析同例 8.2。下面进行加速度分析。

因动点的绝对运动为圆周运动，$\boldsymbol{a}_a$ 可用其法向与切向分量表示，即 $\boldsymbol{a}_a = \boldsymbol{a}_a^n + \boldsymbol{a}_a^\tau$；又因牵连运动为定轴转动，$\boldsymbol{a}_e$ 可用其法向与切向分量表示，即 $\boldsymbol{a}_e = \boldsymbol{a}_a^n + \boldsymbol{a}_a^\tau$，故加速度合成定理可写成如下形式

$$\boldsymbol{a}_a^n + \boldsymbol{a}_a^\tau = \boldsymbol{a}_e^n + \boldsymbol{a}_e^\tau + \boldsymbol{a}_r + \boldsymbol{a}_C$$

上式中各项的方向与大小分析如下表：

	$\boldsymbol{a}_a^n$	$\boldsymbol{a}_a^\tau$	$\boldsymbol{a}_e^n$	$\boldsymbol{a}_e^\tau$	$\boldsymbol{a}_r$	$\boldsymbol{a}_C$
大　小	$r\omega^2$	0	$O_1N\omega_1^2$	未知	未知	$2\omega_1 v_r$
方　向	沿 AO	垂直于 OA	沿 AO_1	垂直于 O_1B	沿 O_1B	垂直于 O_1B

因在例 8.2 中已求得 $v_r = \frac{2}{5}\sqrt{5}r\omega_0$，$\omega_1 = \frac{1}{5}\omega_0$，而 $O_1N = \sqrt{5}r$，故表中 $\boldsymbol{a}_e^n$、$\boldsymbol{a}_C$ 的大小均为已知量

$$a_e^n = O_1N\omega_1^2 = \frac{\sqrt{5}}{25}r\omega_0^2$$

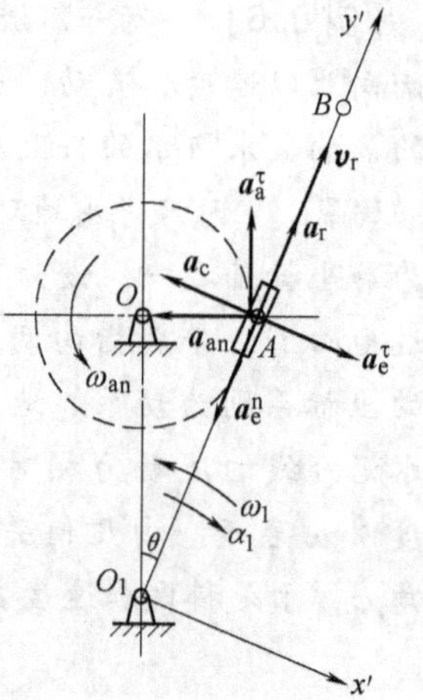

图　8-15

$$a_C = 2\omega_1 v_r \sin 90° = 2\times\frac{\omega_0}{5}\times\frac{2\sqrt{5}}{5} r\omega_0$$

$$=\frac{4\sqrt{5}}{25} r\omega_0^2$$

因此，未知量只有两个，可以求解。为求 a_e^τ，可将加速度公式两端同时投影于与 $\boldsymbol{a}_r$ 相垂直的 x'轴，得到

$$-a_a^n\cos\theta = a_e^\tau - a_C$$

将 a_e^n 与 a_C 代入后解得

$$a_e^\tau = a_C - a_a^n\cos\theta$$

$$=\frac{4\sqrt{5}}{24} r\omega_0^2 - r\omega_0^2\frac{2}{\sqrt{5}} = -\frac{6\sqrt{5}}{25} r\omega_0^2$$

于是得摇杆的角加速度 α_1 为

$$\alpha_1 = \frac{a_e^\tau}{O_1N} = -\frac{6\sqrt{5}}{25}\frac{r\omega_0^2}{\sqrt{5}r} = -\frac{6}{25}\omega_0^2$$

a_e^τ、α_1 均为负值，说明图设方向与真实情况相反。

【例 8.8】　在图 8-16a 所示机构中，$AB = DE = r$，$CD = 2r$，AB 杆以匀角速度 ω 转动。试求当 $AB // DE$，并处于水平位置，B 点位于 CD 杆中点，$CE \perp DE$ 时，DE 杆的角速度与角加速度。

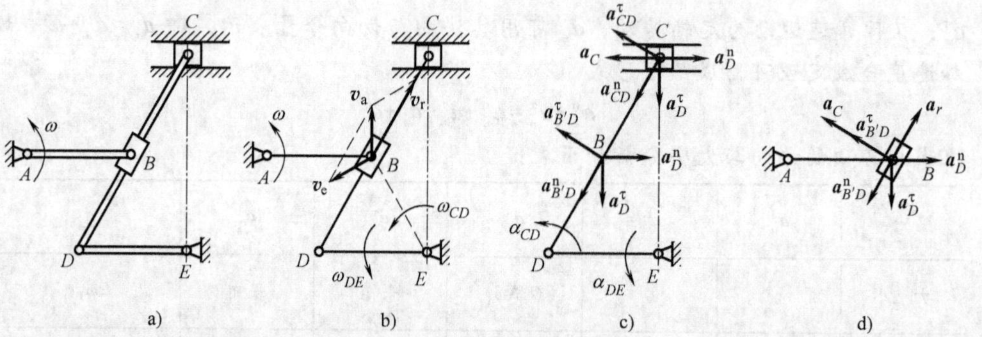

图　8-16

【解】　取 AB 杆上 B 点为动点，做圆周运动；动系为杆 CD，做平面运动；动点相对于动系做沿 CD 的直线运动。

本题与前面所举例子不同之处在于牵连运动是平面运动。求速度时，可从 C、D 点的速度方位找出 CD 杆的速度瞬心为 E 点，因此，CD 杆上此瞬时与动点 B 相重合一点 B'的速度为牵连速度。画出速度矢量图如图 8-16b 所示。

对于$v_a=v_e+v_r$，其中v_e与v_r的大小未知。先向与CD线垂直方向投影，有

$$v_a\sin 30°=v_e\sin 30°$$

式中，$v_a=\omega r$，得

$$v_a=v_e=\omega r$$

则

$$\omega_{CD}=\frac{v_e}{B'E}=\frac{\omega r}{r}=\omega$$

$$\omega_{DE}=\frac{v_D}{r}=\frac{\omega_{CD}r}{r}=\omega_{CD}$$

再将$v_a=v_e+v_r$向水平轴x投影，有

$$0=-v_e\cos 30°+v_r\sin 30°$$

得

$$v_r=v_e\cot 30°=\sqrt{3}\,\omega r$$

在研究加速度时，因为CD杆上C、D两点的运动形式已知，而杆上B'点运动形式是平面中的未知曲线，所以先以D为基点，研究C点（见图8-16c），然后找出$\boldsymbol{a}_D^{\tau}$与$\boldsymbol{a}_{CD}^{\tau}$的关系。

由$\boldsymbol{a}_C=\boldsymbol{a}_D^{n}+\boldsymbol{a}_D^{\tau}+\boldsymbol{a}_{CD}^{n}+\boldsymbol{a}_{CD}^{\tau}$，向竖直轴$y$投影，有

$$0=-a_D^{\tau}-a_{CD}^{n}\cos 30°+a_{CD}^{\tau}\sin 30°$$

$$a_{CD}^{\tau}=\frac{a_D^{\tau}}{\sin 30°}+a_{CD}^{n}\cot 30°$$

由此得

$$\alpha_{CD}=\frac{a_{CD}^{\tau}}{2r}=\frac{1}{2r}\left[\frac{a_D^{\tau}}{\sin 30°}+a_{CD}^{n}\cot 30°\right]$$

再以D点为基点，研究CD杆中的B'点（见图8-16c），因为B'点的运动轨迹为未知曲线，所以先以D为基点，研究C点（见图8-15c），然后找出$\boldsymbol{a}_D^{\tau}$与$\boldsymbol{a}_{CD}^{\tau}$的关系。

对于$\boldsymbol{a}_B{}'=\boldsymbol{a}_D^{n}+\boldsymbol{a}_D^{\tau}+\boldsymbol{a}_{B'D}^{n}+\boldsymbol{a}_{B'D}^{\tau}$中的$\boldsymbol{a}_{B'D}^{\tau}$可表示为$\boldsymbol{a}_{B'D}^{\tau}=\alpha_{CD}r=\frac{1}{2}a_{CD}^{\tau}$。

注意到在点的合成运动中，$\boldsymbol{a}_B{}'$就是牵连加速度$\boldsymbol{a}_e$，则画出加速度矢量图如图8-16d所示，有$\boldsymbol{a}_a=\boldsymbol{a}_D^{n}+\boldsymbol{a}_D^{\tau}+\boldsymbol{a}_{B'D}^{n}+\boldsymbol{a}_{B'D}^{\tau}+\boldsymbol{a}_r+\boldsymbol{a}_C$，向与$CD$垂直的方向投影，有

$$-a_1\cos 30°=a_D^{n}\cos 30°+a_D^{\tau}\sin 30°-a_{B'D}^{\tau}-a_C$$

式中，$a_1=\omega^2 r$，$a_D^{n}=\omega_{DE}^2 r=\omega^2 r$，$a_D^{\tau}=\alpha_{DE}r$，$a_{CD}^{n}=\omega_{CD}^2 2r=2\omega^2 r$，$a_{B'D}^{\tau}=\frac{1}{2}\left[\frac{\alpha_{DE}r}{\sin 30°}+2\omega^2 r\cot 30°\right]$，$a_C=2\omega_{CD}v_r=2\sqrt{3}\,\omega^2 r$

代入上式得

$$\alpha_{DE}=4\sqrt{3}\omega^2(\text{顺时针})$$

从以上解可以归纳出：

1）当牵连运动为平面运动时，速度的求解应用速度瞬心法一般比较方便。

2）由于 CD 杆上 B'点所作的轨迹曲线未知，所以必须经过以 D 为基点研究 C 点的过程。

3）在以 D 为基点研究 B'点时，将 $\boldsymbol{a}^{\tau}_{B'D}$ 作为已知，是因为通过上一步求解，找出了 $\boldsymbol{a}^{\tau}_{D}$ 与 $\boldsymbol{a}^{\tau}_{CD}$ 的关系，也就是建立了 $\boldsymbol{a}_{DE}$ 与 $\boldsymbol{a}_{CD}$ 之间关系后，只有一个独立的未知量了。

8.6 刚体的复合运动

利用复合运动的方法不仅可以研究点的复杂运动，也可以研究刚体的复杂运动。下面以平面运动为例来研究在适当的动系下将平面运动分解为刚体简单运动的叠加。

8.6.1 刚体平面运动可分解为平动和转动

对于任意的平面运动，在平面图形上任取一点 A，称为基点，并以 A 点为原点建立平动坐标系 $Ax'y'$。显然，动系平动的速度和加速度就等于基点 A 的速度和加速度。当平面图形运动时，两动坐标轴方向始终保持不变，可令其分别平行于定坐标轴 Ox 和 Oy，如图 8-17 所示。此时图形 S 的绝对运动是平面运动，相对运动为绕轴 A 的定轴转动，牵连运动为与 A 同规律的平动。平面图形 S 的平面运动可以分解为随基点的平动和绕基点的定轴转动。由于 $Ax'y'$为平动坐标系，易知平面图形做平面运动的角位移和绕 A 转动的角位移相同，所以平面运动的角速度、角加速度和绕 A 转动的角速度、角加速度相同。

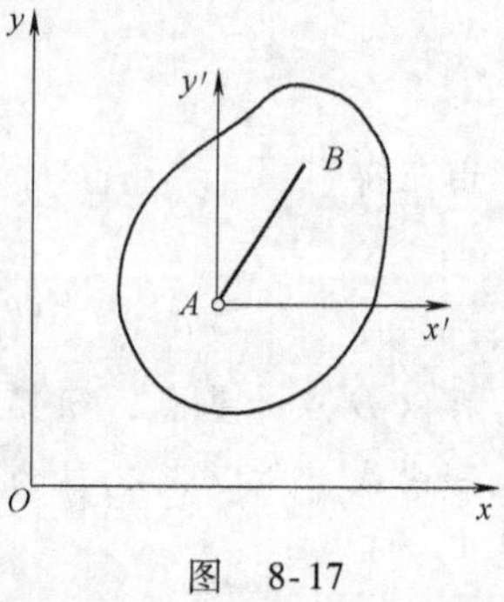

图 8-17

平面图形 S 上任一点 B 的速度和加速度可由复合运动的方法得到。假定已知基点 A 的速度v_A 和平面图形的角速度 $\boldsymbol{\omega}$，则点 B 的相对运动是以点 A 为圆心，以 AB 为半径的圆周运动；牵连运动是与点 A 同规律的平移。因此，由速度合成定理得

$$v_B=v_A+\boldsymbol{\omega}\times\overrightarrow{AB}\text{也即}v_B=v_A+v_{BA}$$

$$\boldsymbol{a}_B=\boldsymbol{a}_A+\boldsymbol{\omega}\times(\boldsymbol{\omega}\times\overrightarrow{AB})+\boldsymbol{\alpha}\times\overrightarrow{AB}\text{也即 }\boldsymbol{a}_B=\boldsymbol{a}_A+\boldsymbol{a}^{n}_{BA}+\boldsymbol{a}^{\tau}_{BA}$$

以上两式正是平面图形上两点速度、加速度的关系。

8.6.2 绕平行轴转动刚体的平面运动分解为两个转动

在研究刚体的平面运动时，我们引入做平动的动坐标系，刚体对静系的平面运动（绝对运动）便分解为随同基点的平动与相对于基点的转动。但是在分析行星轮系的传动问题时，将行星轮的平面运动分解为转动有时更为方便。下面以行星轮的运动为例来说明这个问题。

在图 8-18a 所示的行星轮系中，行星轮Ⅱ在转臂 H 的带动下沿固定太阳轮Ⅰ滚动，行星轮Ⅱ显然做平面运动。若取动系 $O_1x'y'$ 固结在转臂 H 上，则转臂绕 O_1 轴的转动是牵连运动；行星轮Ⅱ相对于转臂绕 O_2 轴的转动是相对运动；行星轮对于静系 O_1xy 的平面运动是绝对运动。这样，就把行星轮Ⅱ的平面运动分解为两种转动的合成。由于轴 O_1 和轴 O_2 相互平行，所以行星轮Ⅱ的平面运动是绕轴 O_1 和轴 O_2 两平行轴转动的合成运动。

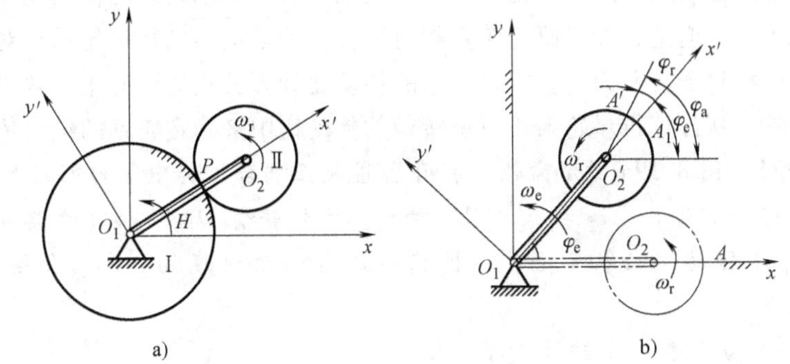

图 8-18

值得注意的是，行星轮相对于转臂 H（动系 $O_1x'y'$）转动的角速度 ω_r 与合成法中绕基点 O_2 转动的角速度 ω（即绝对角速度）是不同的。为了说明这个问题，把行星轮及转臂 H 单独取出来研究（图 8-18b）。设在运动起始时转臂在水平位置，在行星轮上取一线段 O_2A。经过某一时间间隔后，行星轮中心到达 O_2'位置，轮上的 O_2A 线段则运动到 $O_2'A'$位置。由图可见：行星轮相对于 x 轴转过了 φ_a 角，它随同动系转过了 φ_e 角，而相对于动系转过了 φ_r 角，由几何关系可见

$$\varphi_a=\varphi_e+\varphi_r$$

由于上述各转角都是时间 t 的函数，故将上式对时间 t 求一阶导数，即得出角速度之间的关系：

$$\omega_a=\omega_e+\omega_r \tag{8-12}$$

式中，ω_e 和 ω_r 分别为牵连角速度和相对角速度；ω_a 为行星轮相对于静系的合成运动的角速度——绝对角速度。

由上述可知：平面图形绕两平行轴同向转动合成时，绝对角速度 ω_a 等于牵连

角速度 ω_e 和相对角速度 ω_r 的和。

至于行星轮合成运动转动轴的位置，显然通过行星轮上绝对速度为零的那个点，即某瞬时的速度瞬心 P。由于行星轮在运动，故此轴的位置是变动的。这说明行星轮相对于静系的运动是绕通过速度瞬心而垂直于图面的一根瞬时轴线做瞬时转动。这与用瞬心法分析行星轮的运动得出的结论是完全一致的。

以上是就刚体绕两平行轴做同向转动时得出的结论。同理可以证明，如刚体绕两平行轴做反向转动，合成运动的角速度（绝对角速度）等于牵连角速度与相对角速度二者之差，转向与二者中较大的角速度转向一致。若将式（8-12）中的各项角速度视为代数量，则以上两种情形可统一叙述为：平面图形绕两平行轴转动的合成运动为绕瞬时轴的转动，其绝对角速度等于牵连角速度与相对角速度的代数和。

利用式（8-12）来计算行星轮系的传动比较方便。因为行星轮系与定轴轮系不同：行星轮系的行星轮不仅绕自身的轴线自转，而且还随同转臂公转，也就是说，行星轮的自转轴线是动的，所以行星轮也称为动轴轮系。定轴轮系的传动比计算公式在这里就不适用了。但是，如果研究轮系相对于转臂的运动，则行星轮系相对于转臂却是定轴轮系，相对于转臂而言，定轴轮系的传动比计算公式仍可应用。解决此类问题的思路一般是：从计算行星轮系相对于转臂的传动比中来确定轮系的绝对传动比。

【例 8.9】 图 8-19a 所示齿轮Ⅰ、Ⅱ和Ⅲ相互啮合，其中Ⅰ为固定齿轮。这三个齿轮的半径分别为 r_1、r_2 和 r_3，且 $r_1=r_3$。已知转臂 O_1O_3 以角速度 ω_O 绕定轴 O_1 逆时针匀速转动，试求齿轮Ⅱ、Ⅲ相对转臂的角速度 ω_{r2}、ω_{r3} 和绝对角速度 ω_2、ω_3。

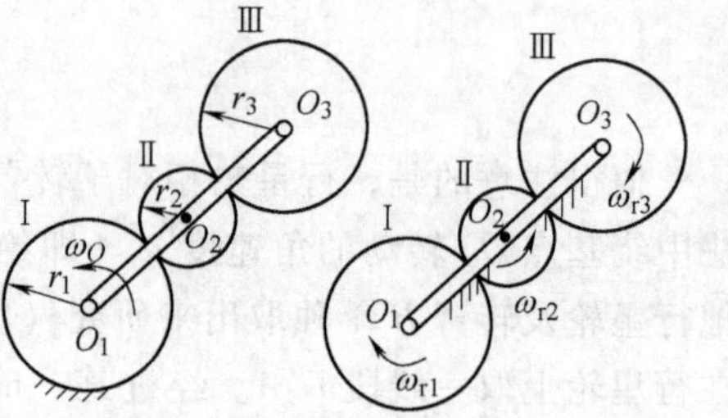

图　8-19

【解】 将动系建立在转臂 O_1O_3 上，牵连角速度 $\omega_e=\omega_O$。设各齿轮的绝对角速度分别为 ω_1、ω_2 和 ω_3，均设为逆时针转向；各齿轮的相对角速度分别为 ω_{r1}、ω_{r2}和 ω_{r3}，也均设为逆时针转向。

由式（8-12）有

$$\omega_1=\omega_O+\omega_{r1} \tag{a}$$

$$\omega_2=\omega_O+\omega_{r2} \tag{b}$$

$$\omega_3=\omega_O+\omega_{r3} \tag{c}$$

由定轴轮系的传动比有

$$\frac{\omega_{r2}}{\omega_{r1}}=-\frac{r_1}{r_2} \tag{d}$$

$$\frac{\omega_{r3}}{\omega_{r2}}=-\frac{r_2}{r_3} \tag{e}$$

因齿轮Ⅰ固定，所以

$$\omega_1=0 \tag{f}$$

解上述六个方程可得齿轮Ⅱ、Ⅲ的相对角速度

$$\omega_{r2}=\frac{r_1}{r_2}\omega_O,\quad \omega_{r3}=-\omega_O$$

和绝对角速度

$$\omega_2=\frac{r_1+r_2}{r_2}\omega_O,\quad \omega_3=0$$

由 $\omega_3=0$ 知齿轮Ⅲ做平动。

*8.7　刚体绕相交轴转动的合成

在 8.6 节中曾用复合运动的概念研究过刚体绕平行轴转动的运动，刚体绕平行轴的合成运动是刚体的平面运动。本节将说明刚体绕相交轴转动的合成运动是刚体的定点运动，如图 7-1a 所示的锥形行星齿轮的定点运动就可看成是刚体绕两相交轴转动的合成。

一般情况下，设刚体绕自转轴 Oz' 以角速度 $\boldsymbol{\omega}_2$ 转动，同时自转轴 Oz' 还绕另一与之相交的固定轴 Oz 以 $\boldsymbol{\omega}_1$ 转动，如图 8-20 所示，该刚体的绝对运动是此二转动的合成运动。由于在整个运动过程中，刚体上只有两轴的交点 O 始终保持不动，所以刚体的绝对运动就是绕 O 点的定点运动，它是刚体绕定点运动中的一种特殊情形。若建立定系 $Oxyz$ 和与刚体的自转轴 Oz' 固连的动系 $Ox'y'z'$（为清晰，图中只画出了 Oz 轴和 Oz' 轴），则牵连运动就是动系 $Ox'y'z'$ 绕 Oz 轴的转动，相对运动是刚体绕 Oz' 轴的转动。

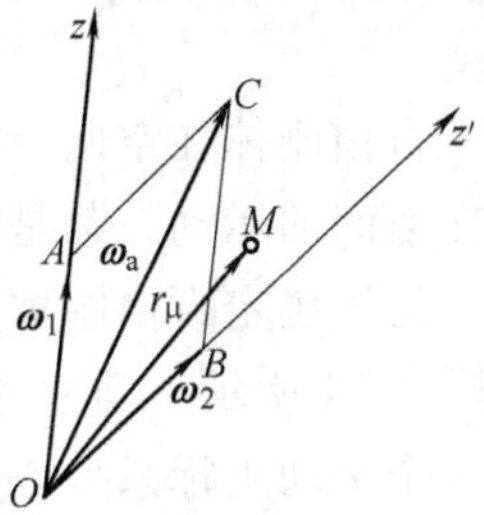

图　8-20

以 $\boldsymbol{\omega}_1$ 和 $\boldsymbol{\omega}_2$ 两个矢量为两边，作平行四边形 $OACB$，连接 O、C 两点（见图 8-20），可以证明直线 OC 是刚体的瞬时转动轴，绕瞬时轴转动的绝对角速度 $\boldsymbol{\omega}_a$ 正是此平行四边形的对角线。

为证明直线 OC 是刚体的瞬时轴，用速度合成定理计算平行四边形 $OACB$ 上点 C 的速度，有

$$v_C=v_e+v_r=\boldsymbol{\omega}_1\times\overrightarrow{OC}+\boldsymbol{\omega}_2\times\overrightarrow{OC}$$

上式中的 v_e、v_r 矢量均垂直于图面，但指向相反（见图 8-20），它们的值分别等于 $\triangle OAC$ 和 $\triangle OBC$ 面积的二倍，而 $\triangle OAC=\triangle OBC$，即 $|\boldsymbol{\omega}_1\times\overrightarrow{OC}|=|\boldsymbol{\omega}_2\times\overrightarrow{OC}|$，因此，点 C 的绝对速度等于零。因为点 O 的速度等于零，所以在刚体的 OC 直线上所有点的绝对速度等于零，这就证明了直线 OC 是刚体的瞬时轴。

为了求刚体的绝对角速度 $\boldsymbol{\omega}_a$，再研究刚体上任一点 M 的速度。由速度合成定理，点 M 的速度为

$$v_M = v_e + v_r = \boldsymbol{\omega}_1 \times \overrightarrow{OM} + \boldsymbol{\omega}_2 \times \overrightarrow{OM} = (\boldsymbol{\omega}_1 + \boldsymbol{\omega}_2) \times \overrightarrow{OM}$$

而点 M 的绝对速度也可表示为

$$v = \boldsymbol{\omega}_a \times \overrightarrow{OM}$$

比较以上两式,可得

$$\boldsymbol{\omega}_a = \boldsymbol{\omega}_1 + \boldsymbol{\omega}_2 \tag{8-13}$$

由此可得：当刚体同时绕两相交轴转动时，合成运动为绕瞬时轴的转动，绕瞬时轴转动的角速度等于绕两轴转动的角速度的矢量和。

如果刚体绕相交于一点的三个轴或更多的轴转动，则利用平行四边形法则，可将式（8-13）推广到一般情况，即

$$\boldsymbol{\omega}_a = \boldsymbol{\omega}_1 + \boldsymbol{\omega}_2 + \cdots + \boldsymbol{\omega}_n = \sum \boldsymbol{\omega}_i \tag{8-14}$$

于是可得结论：当刚体同时绕相交于一点的多轴转动时，合成运动为绕瞬时轴的转动；绕瞬时轴转动的角速度等于绕各轴转动的角速度的矢量和，而瞬时轴则沿此合矢量方向。

*8.8 刚体的一般运动

自由刚体在空间所做的任意运动称为刚体的一般运动。炮弹、飞机、导弹及卫星在空间的运动，都是刚体一般运动的实例。

为了确定自由刚体在空间的位置，建立定系 $Oxyz$ 和与刚体固结的动系 $Ox'y'z'$，如图 8-21 所示。动系的原点 O'是在刚体内任意选取的，称为基点。在基点上再建立一个平动坐标系 $O'\xi\eta\zeta$，则自由刚体的运动可分解为随基点的平动和绕基点的定点运动。设基点在定系中的坐标为 x'_O，y'_O，z'_O，刚体相对于动系 $O'\xi\eta\zeta$ 的位置由三个欧拉角 ψ，θ 和 φ 确定，在刚体运动过程中，只要这六个参数确定，则刚体的位置也随之确定，即自由刚体有六个自由度。当刚体运动时，上述六个参数都是时间的单值连续函数，即

$$\begin{gathered} x'_O = x'_O(t), \quad y'_O = y'_O(t), \quad z'_O = z'_O(t) \\ \psi = \psi(t), \quad \theta = \theta(t), \quad \varphi = \varphi(t) \end{gathered} \tag{8-15}$$

称上式为刚体一般运动的运动方程。

当刚体做一般运动时，体内任一点 M 的速度，按照速度合成定理，有

$$v_a = v_e + v_r$$

其中$v_e = v'_O$。设动点 M 在动系 $O'\xi\eta\zeta$ 中的矢径为 $\boldsymbol{r}'$（见图 8-22），刚体绕基点 O' 的瞬时角速度为 $\boldsymbol{\omega}$，则$v_r = \boldsymbol{\omega} \times \boldsymbol{r}'$，于是，一般运动刚体内任一点的速度公式为

$$v_M = v'_O + \boldsymbol{\omega} \times \boldsymbol{r}' \tag{8-16}$$

由于牵连运动为平动，所以一般运动刚体内任一点的加速度合成式为

$$\boldsymbol{a}_a = \boldsymbol{a}_e + \boldsymbol{a}_r$$

其中 $\boldsymbol{a}_e=\boldsymbol{a}'_O$，$\boldsymbol{a}_r=\boldsymbol{\alpha}\times\boldsymbol{r}'+\boldsymbol{\omega}\times\boldsymbol{v}_r$。$\boldsymbol{\alpha}$ 为刚体绕基点 O' 运动的瞬时角加速度。于是，一般运动刚体内任一点的加速度为

$$\boldsymbol{a}_M=\boldsymbol{a}'_O+\boldsymbol{\alpha}\times\boldsymbol{r}'+\boldsymbol{\omega}\times\boldsymbol{v}_r \tag{8-17}$$

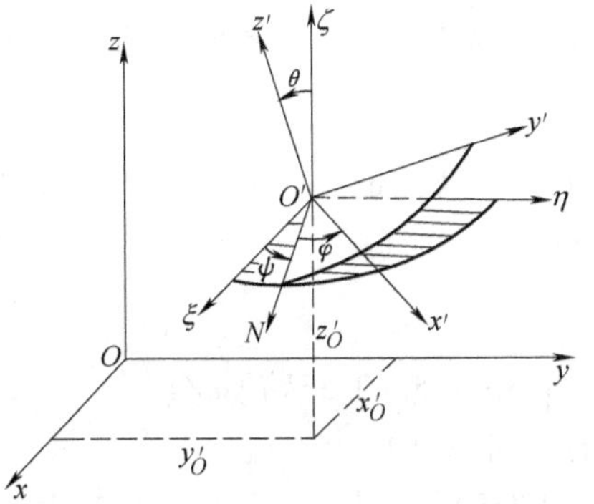

图　8-21

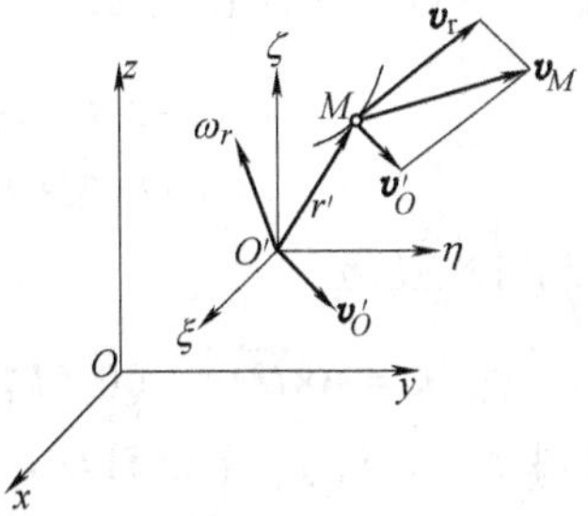

图　8-22

【例 8.10】　如图 8-23 所示，一空间飞行器在空间飞行时，设中心点 O 的速度 v_O 为常数，$Oxyz$ 为平动系，在飞行器的运动稳定以前，飞行器壳体以匀角速度 $\Omega=0.5\text{rad/s}$ 绕 Oz 轴转动。如果将动系 $Ox_1y_1z_1$ 固结在飞行器的壳体上，则太阳能电池翼板相对于壳体以匀角速度 $\dot{\theta}=0.25\text{rad/s}$ 绕 Oy_1 轴转动。试求太阳能电池翼板的绝对角速度 $\boldsymbol{\omega}$ 和角加速度 $\boldsymbol{\alpha}$，并确定 $\theta=30°$ 时电池翼板上 A 点的绝对加速度，尺寸如图示，单位为 mm。

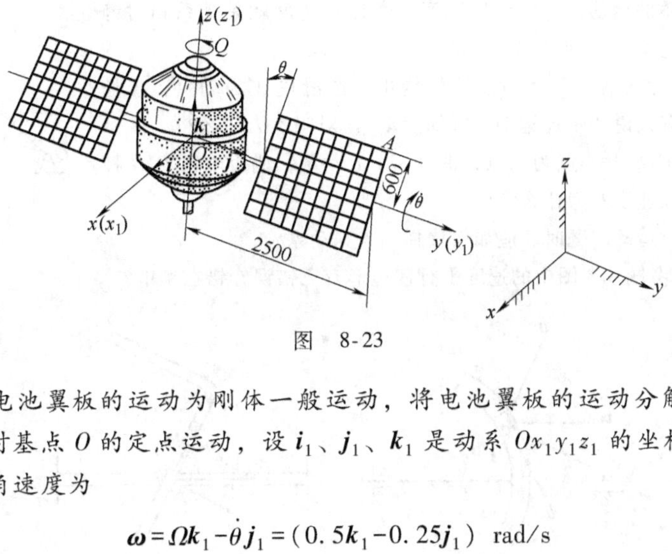

图　8-23

【解】　电池翼板的运动为刚体一般运动，将电池翼板的运动分解为随基点 O 的平动和相对基点 O 的定点运动，设 $\boldsymbol{i}_1$、$\boldsymbol{j}_1$、$\boldsymbol{k}_1$ 是动系 $Ox_1y_1z_1$ 的坐标基，则电池翼板的绝对角速度为

$$\boldsymbol{\omega}=\Omega\boldsymbol{k}_1-\dot{\theta}\boldsymbol{j}_1=(0.5\boldsymbol{k}_1-0.25\boldsymbol{j}_1)\ \text{rad/s} \tag{a}$$

电池翼板的角加速度为

$$\boldsymbol{\alpha}=\frac{\mathrm{d}\boldsymbol{\omega}}{\mathrm{d}t}=\Omega\frac{\mathrm{d}\boldsymbol{k}_1}{\mathrm{d}t}-\dot{\theta}\frac{\mathrm{d}\boldsymbol{j}_1}{\mathrm{d}t}=0-\dot{\theta}(\Omega\boldsymbol{k}_1\times\boldsymbol{j}_1)$$

$$= \Omega\dot{\theta}\,\boldsymbol{i}_1 = 0.125\boldsymbol{i}_1 \text{rad/s} \tag{b}$$

由式（8-17）电池翼板上 A 点的加速度为

$$\boldsymbol{a}_A = \boldsymbol{a}_O + \boldsymbol{\alpha}\times\overrightarrow{OA} + \boldsymbol{\omega}\times v_r \tag{c}$$

为便于计算，设 $\theta=30°$ 时平动坐标系 $Oxyz$ 与动系 $Ox_1y_1z_1$ 重合（见图 8-23），$\boldsymbol{i}$、$\boldsymbol{j}$、$\boldsymbol{k}$ 为平动坐标系 $Oxyz$ 的坐标基，则

$$\begin{aligned}\overrightarrow{OA} &= (-0.6\sin30°\boldsymbol{i}+2.5\boldsymbol{j}+0.6\cos30°\boldsymbol{k})\ \text{m}\\ &= (-0.3\boldsymbol{i}+2.5\boldsymbol{j}+0.52\boldsymbol{k})\ \text{m}\end{aligned} \tag{d}$$

A 点的相对速度为

$$v_r = \boldsymbol{\omega}\times\overrightarrow{OA} = [(0.5\boldsymbol{k}_1-0.25\boldsymbol{j}_1)\times(-0.3\boldsymbol{i}+2.5\boldsymbol{j}+0.52\boldsymbol{k})]\text{m/s}$$

注意到图示时，$\boldsymbol{i}$、$\boldsymbol{j}$、$\boldsymbol{k}$ 分别与 $\boldsymbol{i}_1$，$\boldsymbol{j}_1$，$\boldsymbol{k}_1$ 平行，所以可得

$$v_r = (-1.38\boldsymbol{i}-0.15\boldsymbol{j}-0.075\boldsymbol{k})\ \text{m/s} \tag{e}$$

将式（a）、式（b）、式（d），式（e）代入式（c），可得 A 点的加速度为

$$\begin{aligned}\boldsymbol{a}_A &= [0+0.125\boldsymbol{i}\times(-0.3\boldsymbol{i}+2.5\boldsymbol{j}+0.52\boldsymbol{k})\\ &\quad+(0.5\boldsymbol{k}-0.25\boldsymbol{j})\times(-1.38\boldsymbol{i}-0.15\boldsymbol{j}-0.075\boldsymbol{k})]\text{m/s}^2\\ &= (0.094\boldsymbol{i}-0.775\boldsymbol{j}-0.033\boldsymbol{k})\text{m/s}^2\end{aligned}$$

思 考 题

8.1 何谓点的牵连速度和牵连加速度？有人说：“由于牵连运动是动系相对静系的运动，所以牵连速度、牵连加速度就是动系相对静系的速度和加速度”。对吗？为什么？

8.2 在思考题 8.2 图示的摇杆机构中，选滑块 A 为动点，摇杆 O_1B 为动系。有人说“牵连运动为圆周运动”。对吗？为什么？

若选摇杆 O_1B 上一点为动点，曲柄 OA 为动系，能否求出 O_1B 杆的角速度、角加速度？为什么？

在求解复合运动问题时，应如何选择动点、动系？

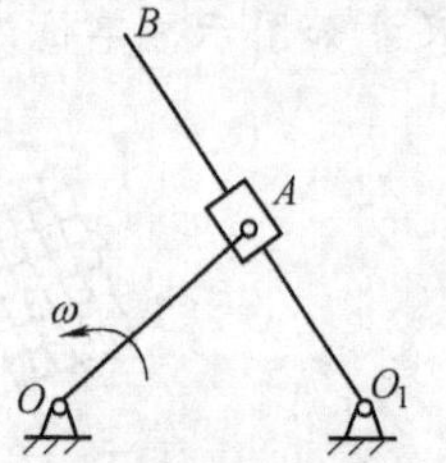

思考题 8.2 图

8.3 在思考题 8.3 图中的速度平行四边形有无错误？错在哪里？

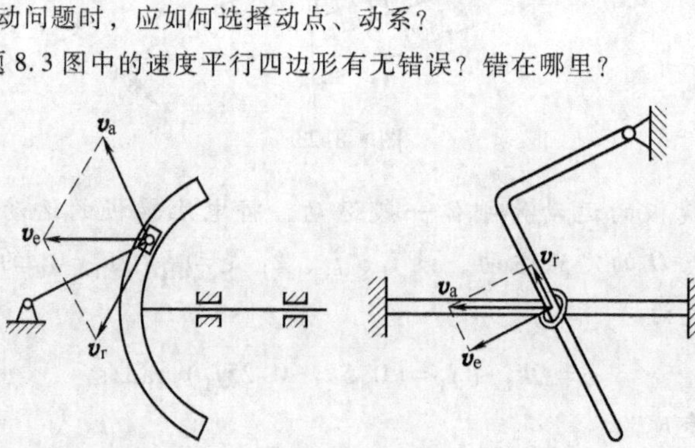

思考题 8.3 图

8.4　在下列计算中，哪些是正确的？哪些是错误的？为什么？

$$\boldsymbol{a}_{\mathrm{a}}=\frac{\mathrm{d}\,v_{\mathrm{a}}}{\mathrm{d}t},\quad a_{\mathrm{a}\tau}=\frac{\mathrm{d}\,v_{\mathrm{a}}}{\mathrm{d}t},\quad a_{\mathrm{an}}=\frac{v_{\mathrm{a}}^{2}}{\rho_{\mathrm{a}}}$$

$$\boldsymbol{a}_{\mathrm{e}}=\frac{\mathrm{d}\,v_{\mathrm{e}}}{\mathrm{d}t},\quad a_{\mathrm{e}\tau}=\frac{\mathrm{d}\,v_{\mathrm{e}}}{\mathrm{d}t},\quad a_{\mathrm{en}}=\frac{v_{\mathrm{e}}^{2}}{\rho_{\mathrm{e}}}$$

$$\boldsymbol{a}_{\mathrm{r}}=\frac{\mathrm{d}\,v_{\mathrm{r}}}{\mathrm{d}t},\quad a_{\mathrm{r}}^{\tau}=\frac{\mathrm{d}\,v_{\mathrm{r}}}{\mathrm{d}t},\quad a_{\mathrm{r}}^{\mathrm{n}}=\frac{v_{\mathrm{r}}^{2}}{\rho_{\mathrm{r}}}$$

8.5　在思考题 8.5 图中，为了求 $\boldsymbol{a}_{\mathrm{a}}$ 的大小，取加速度在 η 轴上的投影式：$a_{\mathrm{a}}\cos\varphi-a_{\mathrm{C}}=0$，所以 $a_{\mathrm{a}}=a_{\mathrm{C}}/\cos\varphi$，上面的计算对不对？错在哪里？

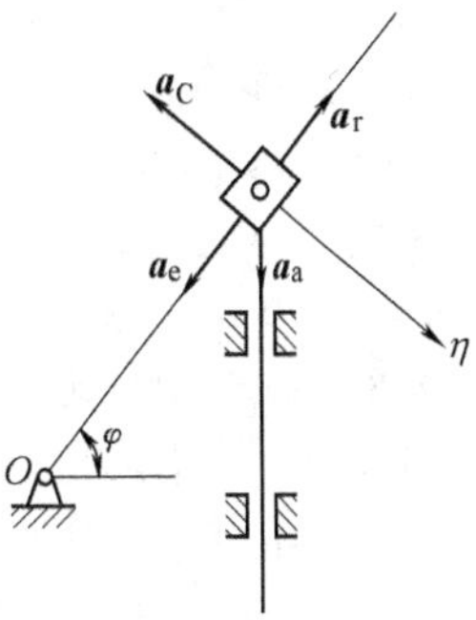

思考题 8.5 图

习　题　A

8.1　试用合成运动的概念分析习题 8.1 图中所指定动点 M 的运动。先确定动系，并说明绝对运动、相对运动和牵连运动。

8.2　如习题 8.2 图所示，点 M 在平面 $Ox'y'$ 中运动，运动方程为

$$x'=4\,(1-\cos t)$$
$$y'=4\sin t$$

式中，t 以 s 计，x' 和 y' 以 cm 计。平面 $Ox'y'$ 又绕垂直于该平面的 O 轴转动，转动方程为 $\varphi=t\mathrm{rad}$，式中角 φ 为动系的 x' 轴与定系的 x 轴间的夹角。求点 M 的相对轨迹和绝对轨迹。

8.3　汽车 A 以 $v_1=45\mathrm{km/h}$ 沿直线道路行驶，如习题 8.3 图所示，汽车 B 以 $v_2=40\sqrt{2}\mathrm{km/h}$ 沿另一叉道行驶。求在 B 车上观察到的 A 车的速度。

8.4　在习题 8.4 图 a 和 b 所示的两种机构中，已知 $O_1O_2=d=20\mathrm{cm}$，$\omega_1=3\mathrm{rad/s}$，求图示位置时，杆 O_2A 的角速度。

8.5　在习题 8.5 图所示曲柄滑道机构中，曲柄长 $OA=r$，并以匀角速 ω 绕 O 轴转动，求当曲柄与水平线的交角分别为 $\varphi=0°$、30°、60°时道杆的速度。

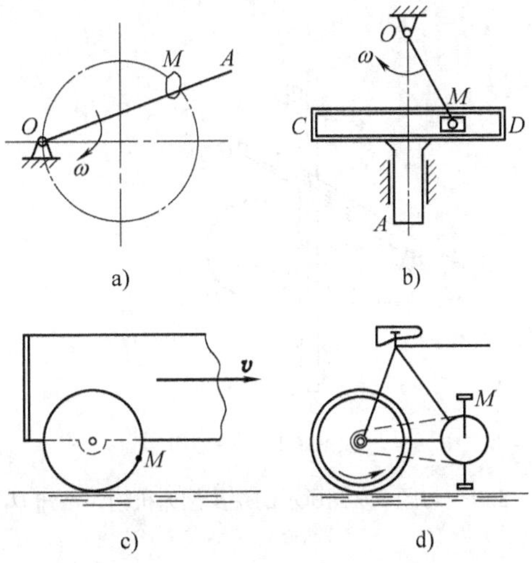

习题 8.1 图

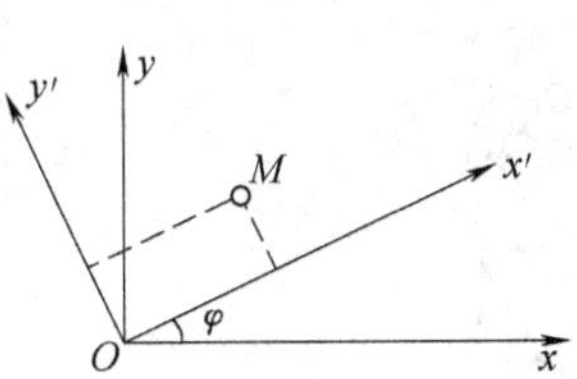

习题 8.2 图

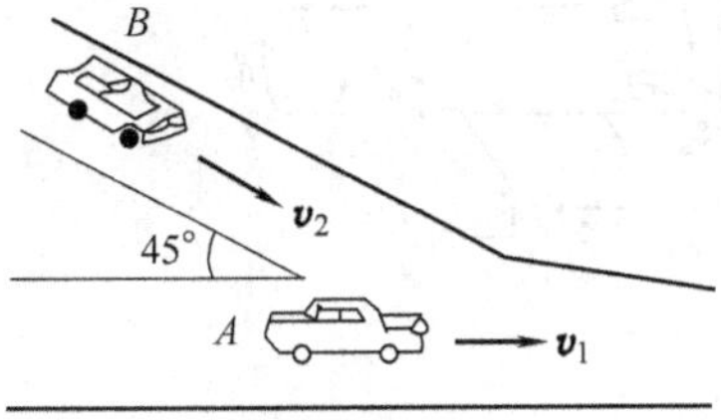

习题 8.3 图

8.6　在习题 8.6 图所示机构中，摇杆 OC 绕 O 轴转动，经过固定在齿条 AB 上的销子 K 带动齿条上下运动，而齿条又带动半径为 $r=10\text{cm}$ 的齿轮 D 绕定轴转动。已知 $d=40\text{cm}$，摇杆的角速度 $\omega=0.5\text{rad/s}$，$\varphi=30°$，求齿轮 D 的角速度。

8.7　在习题 8.7 图所示摆杆机构中，滑杆 AB 以匀速 v 向上运动，初瞬时摇杆 OC 水平。已知 $OC=d_1$，$OD=d_2$，求 $\varphi=45°$ 时，点 C 的速度。

8.8　车床主轴转速 $n=30\text{r/min}$，工件的直径 $d=4\text{cm}$，车刀的横向走刀速度 $v=1\text{cm/s}$，如习题 8.8 图所示。求车刀对工件的相对速度。

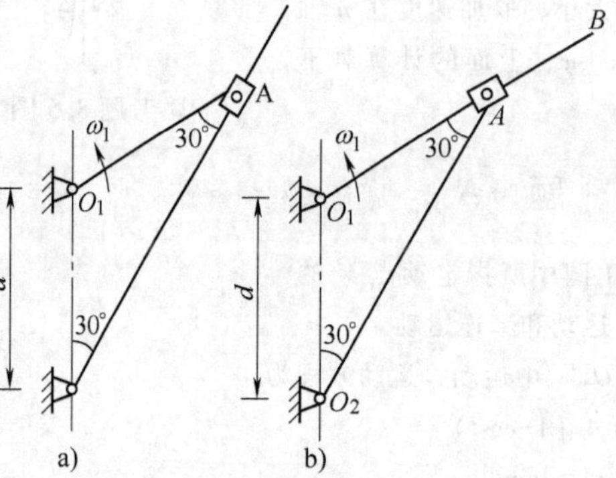

习题 8.4 图

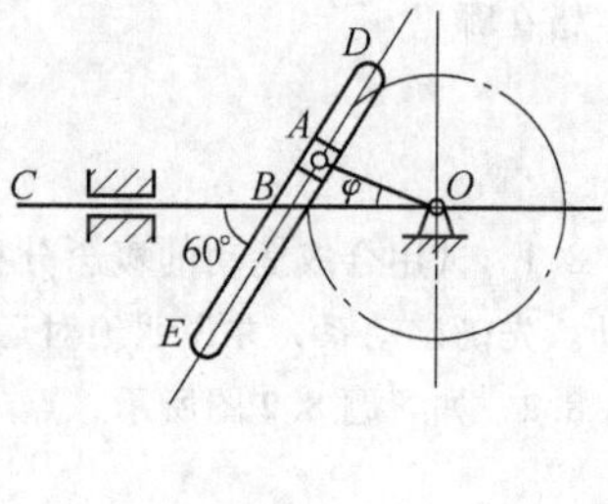

习题 8.5 图

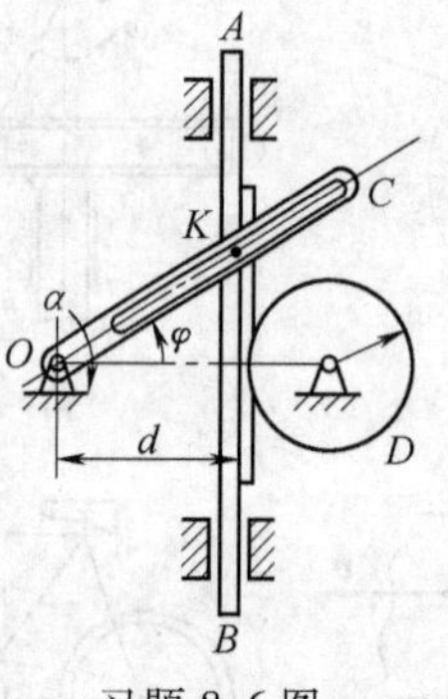

习题 8.6 图

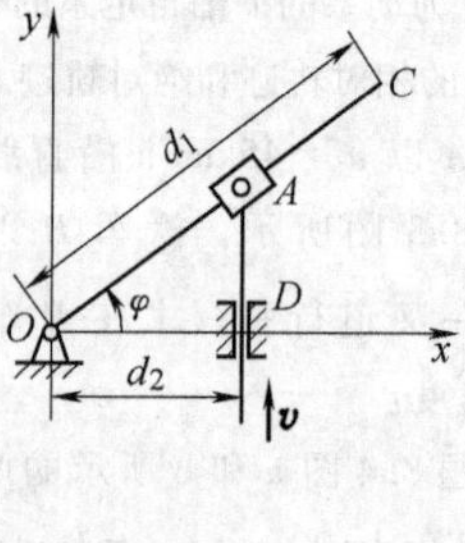

习题 8.7 图

8.9　习题 8.9 图所示的牛头刨床机构，已知 $O_1A=20\text{cm}$，$\omega=2\text{rad/s}$，求图示位置滑枕 CD 的速度。

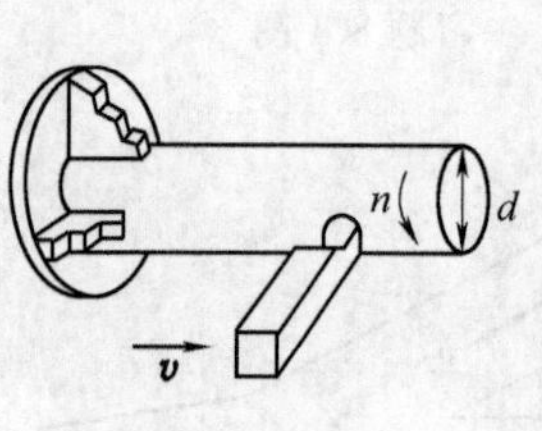

习题 8.8 图

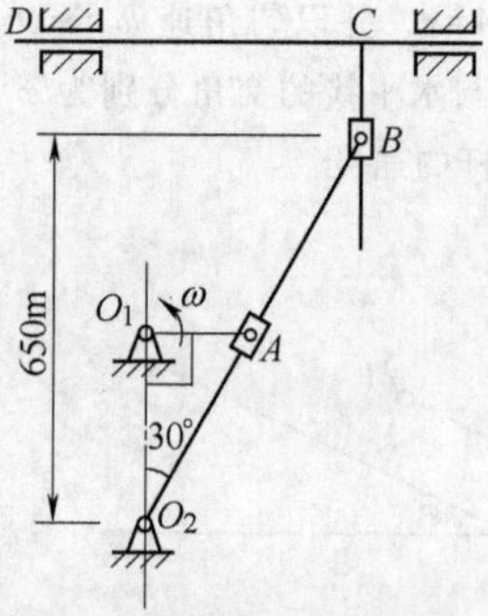

习题 8.9 图

8.10　半径为 r 的两圆以相同的角速度 ω 分别绕其圆周上一点 A 及 B 反向转动，如习题8.10图所示。求当点 A、O、O' 及 B 位于一直线时，两圆交点 M 的速度。（提示：可设想两圆在交点 M 处套有一小环）。

8.11　在习题8.11图所示机构中，杆 AB 和 CD 分别绕轴 A 和 C 转动。若在图示位置，杆 AB、CD 的角速度分别为 $\omega_1=0.4\text{rad/s}$ 和 $\omega_2=0.2\text{rad/s}$，求滑块的速度。

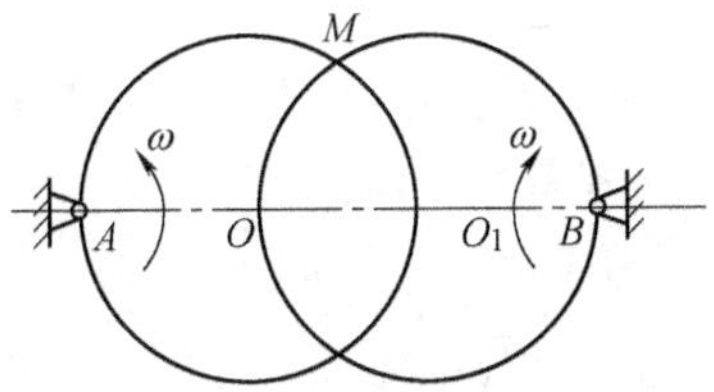

习题8.10图

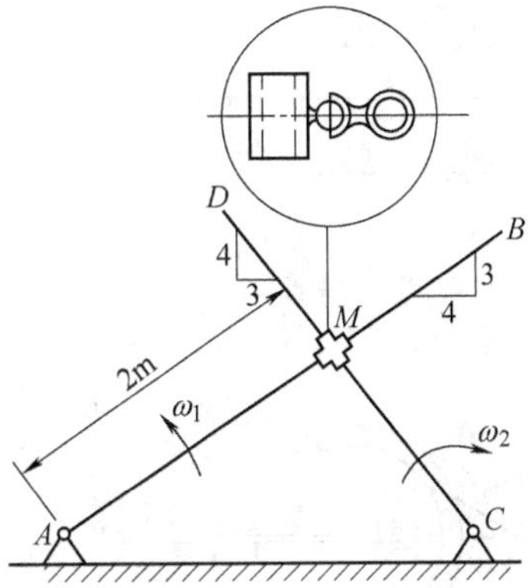

习题8.11图

8.12　在习题8.12图所示四边形机构中，$O_1A=O_2B=10\text{cm}$，$O_1O_2=AB$，杆 O_1A 以匀角速度 $\omega=2\text{rad/s}$ 绕 O_1 轴转动，杆 AB 上有一套筒 C，此筒与杆 CD 铰接。机构中各构件都在同一铅垂面内。求当 $\varphi=60°$ 时，杆 CD 的速度和加速度。

8.13　如习题8.13图所示，曲柄 OA 长40cm，以等角速度 $\omega=0.5\text{rad/s}$ 绕轴 O 逆时针转动。曲柄 A 端推动滑杆 BCD，使其沿竖直方向运动，求 $\theta=30°$ 时，滑杆 BCD 的速度和加速度。

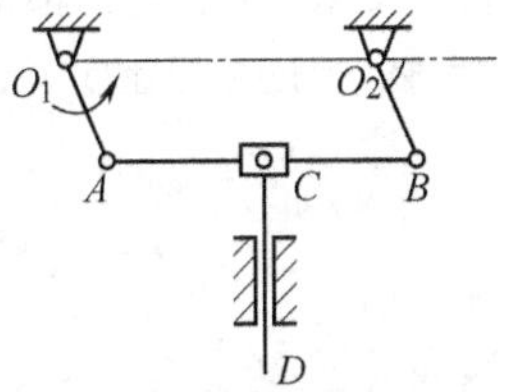

习题8.12图

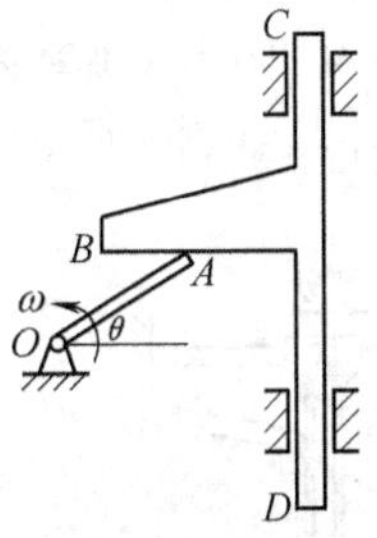

习题8.13图

8.14　小车沿水平方向加速度运动，其加速度 $a=49.2\text{cm/s}^2$。车上有一轮绕 O 轴转动，其转动规律为 $\varphi=t^2$，当 $t=1\text{s}$ 时，轮缘上点 A 的位置如习题8.14图所示。如轮的半径 $r=20\text{cm}$，求此时点 A 的加速度。

8.15　习题8.15图所示曲柄滑道机构，曲柄 $OA=10\text{cm}$，绕 O 轴转动。某瞬时其角速度 $\omega=1\text{rad/s}$，角加速度 $\alpha=1\text{rad/s}^2$，$\angle AOD=30°$。求杆 BCD 上点 D 的加速度和滑块 A 相对 BCD 的加速度。

8.16　如习题8.16图所示，具有圆弧形滑道的曲柄滑道机构，用来使滑道 CD 获得间歇往复运动。若已知曲柄 OA 作匀速转动，其角速度 $\omega=4\pi\text{rad/s}$，又 $OA=r=10\text{cm}$，求当 OA 与水平轴成 $\varphi=30°$ 时滑道 CD 的速度和加速度。

8.17　如习题 8.17 图所示，直线 AB 以大小为 v_1 的速度沿垂直于 AB 的方向向上移动，而直线 CD 以大小为 v_2 的速度沿垂直于 CD 的方向向左上方移动。设两直线间的夹角为 α，试求两直线的交点 M 的速度。

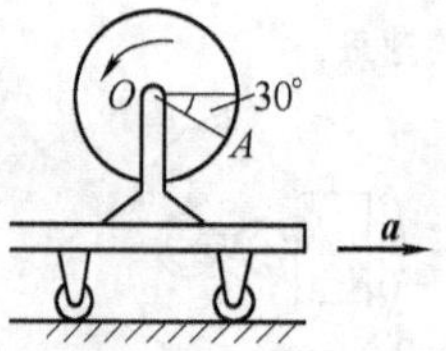

习题 8.14 图

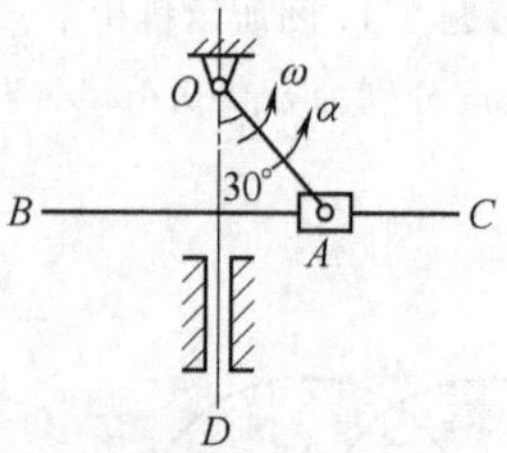

习题 8.15 图

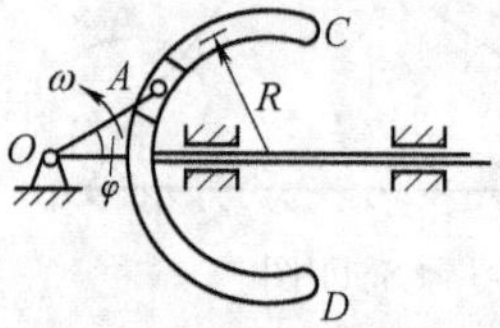

习题 8.16 图

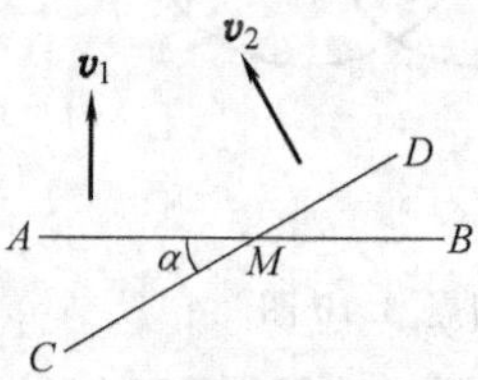

习题 8.17 图

8.18　销钉 A 被限制在固定平面内的抛物线 $y^2=20x$ 的槽内运动，此销钉又安装在垂直的导向槽内，导向槽以速度 $v=40\text{mm/s}$ 向右匀速运动，如习题 8.18 图所示。试求 $x=40\text{mm}$ 时销钉 A 的速度和加速度。

8.19　如习题 8.19 图所示，斜面 AB 与水平面间成 45°角，以 10cm/s^2 的加速度沿 Ox 轴方向向右运动。物块 M 以匀相对加速度 $10\sqrt{2}\,\text{cm/s}^2$ 沿斜面滑下；斜面与物块的初速度都是零。物块的初位置为：坐标 $x=0$、$y=h$。求物块的绝对运动方程、运动轨迹、速度和加速度。

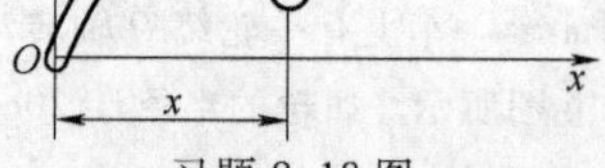

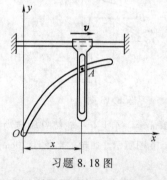

习题 8.18 图

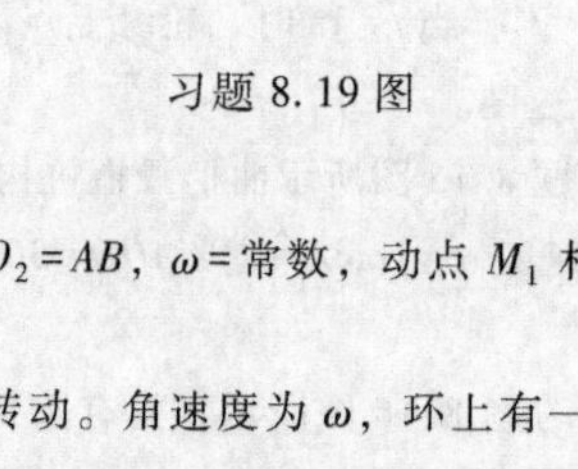

习题 8.19 图

8.20　计算下列各题中的哥氏加速度。

（1）在习题 8.20a 图所示机构中，$O_1A=O_2B$，$O_1O_2=AB$，$\omega=$常数，动点 M_1 相对 O_1A 杆的速度为 v_{r1}，动点 M_2 相对 AB 杆的速度为 v_{r2}。

（2）半径为 r 的圆环绕垂直于环平面的轴 O 匀速转动。角速度为 ω，环上有一动点 M 以匀速 v_r 相对环运动，在习题 8.20 图 b 所示瞬时，$\varphi=60°$。

（3）习题 8.20 图 c 所示直角折杆 ABC 绕 z 轴转动，角速度 $\omega=$常数。动点 M_1 和 M_2 相对折

杆的速度分别为v_{r1} 和v_{r2} 。

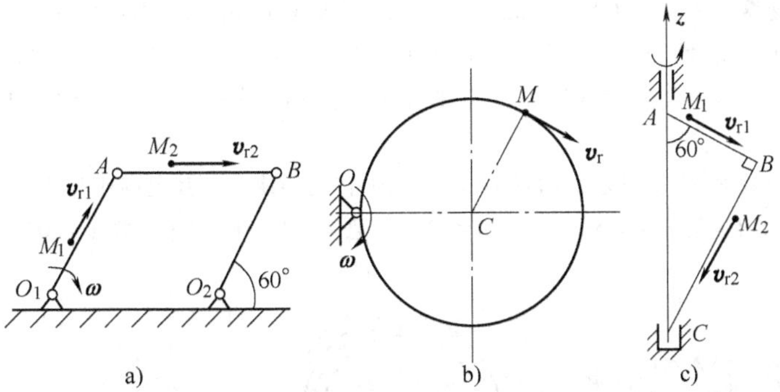

习题 8. 20 图

习　题　B

8. 21　如习题 8. 21 图所示，偏心凸轮的偏心矩 $OC=d$，轮半径为 $r=\sqrt{3}d$，以匀角速度 ω_O 绕 O 轴转动，在某瞬时 $OC\perp AC$，试求此时从动杆 AB 的速度和加速度。

8. 22　偏心凸轮半径为 $R=20\text{cm}$，偏心距 $OC=10\text{cm}$，在习题 8. 22 图所示位置时凸轮角速度 $\omega=4\text{rad/s}$，角加速度 $\alpha=-2\text{rad/s}^2$，试求此时导板 AB 的速度和加速度。

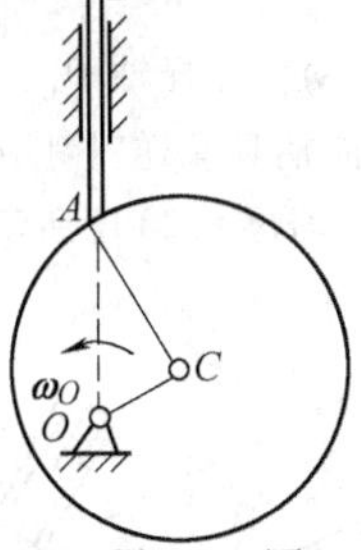

习题 8. 21 图

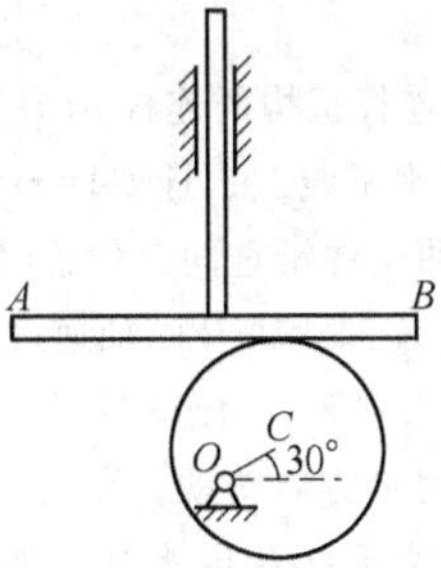

习题 8. 22 图

8. 23　在习题 8. 23 图示机构中，当 $\varphi=45°$时，推杆有向上的速度v ，加速度为零，试求此摇杆 OC 的角速度和角加速度。

8. 24　如习题 8. 24 图所示，在曲柄滑块机构中，曲柄长 R，以匀角速度 ω_O 转动，当 $\varphi=45°$，$\psi=15°$时，试取曲柄为动系，求此时滑块 B 的速度与加速度。

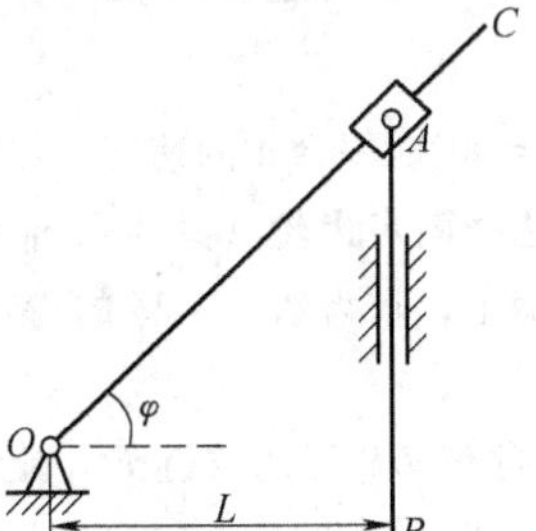

习题 8. 23 图

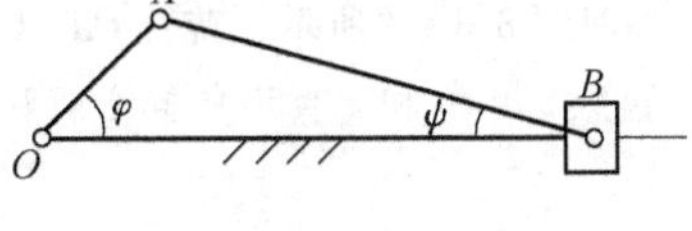

习题 8. 24 图

8. 25　在习题 8. 25 图所示的偏心轮摇杆机构中，摇杆 O_1A 借助弹簧被压在半径为 R 的偏心

轮 C 上。偏心轮 C 绕轴 O 往复摆动，从而带动摇杆绕轴 O_1 摆动。设 $OC \perp OO_1$ 时，轮 C 的角速度为 ω，角加速度为零，$\theta=60°$。求此时摇杆 O_1A 的角速度 ω_1 和角加速度 α_1。

8.26　如习题 8.26 图所示，半径为 r 的圆环内充满液体，液体按箭头方向以相对速度 v 在环内做匀速运动。如圆环以等角速度 ω 绕 O 轴转动，求在圆环内点 1 和 2 处液体的绝对加速度的大小。

8.27　如习题 8.27 图所示，曲柄 OBC 绕 O 轴转动，使套在其上的小环 M 沿固定直杆 OA 滑动。已知曲杆的角速度 $\omega=0.5\text{rad/s}$，$OB=10\text{cm}$，且 OB 与 BC 垂直，求 $\varphi=60°$ 时小环 M 的速度和加速度。

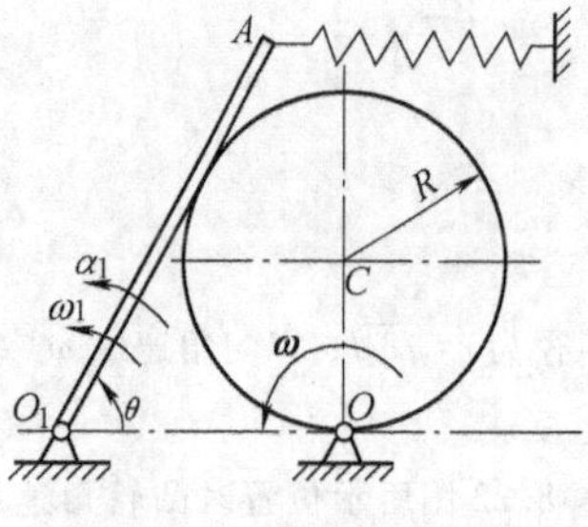

习题 8.25 图

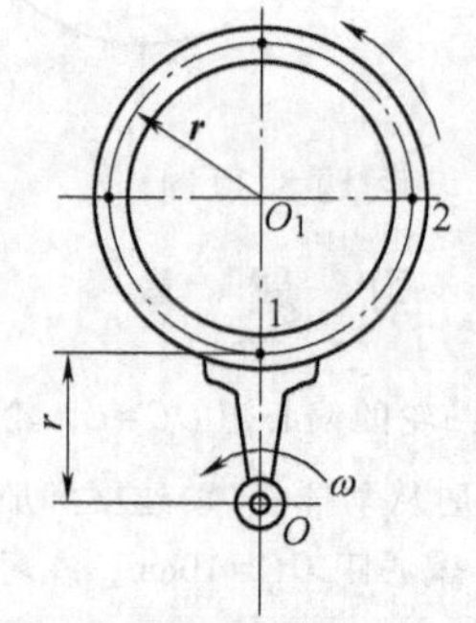

习题 8.26 图

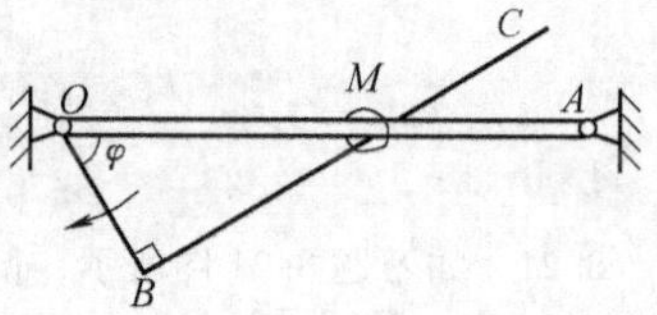

习题 8.27 图

8.28　曲柄连杆机构的连杆 ABD 带动滑道摇杆 O_1D 绕 O_1 轴摆动，摇杆轴 O_1、曲柄轴 O 以及滑块 B 在同一水平线上，且 $OA=r=5\text{cm}$，$AB=BD=l=13\text{cm}$。设曲柄具有逆时针方向匀角速度 $\omega=10\text{rad/s}$，当曲柄在铅直向上位置时，滑道摇杆与 O_1O 成角 60°如习题 8.28 图所示。求这瞬时摇杆 O_1D 的角速度和滑块 B 的加速度。

8.29　在牛头刨床的滑道摆杆机构中，曲柄 OA 以匀角速度 ω_O 作逆时针方向转动，滑块 C 的导轨水平，且当曲柄 OA 水平时摇杆 O_1B 也水平，如习题 8.29 图所示。求这瞬时滑块 C 的速度和摇杆 O_1B 的角速度。设轴 O 和 O_1 到滑块 C 导轨的距离分别是 d 和 $2d$，又 $OA=R$，$O_1B=r$，$BC=\dfrac{4\sqrt{3}}{3}d$。

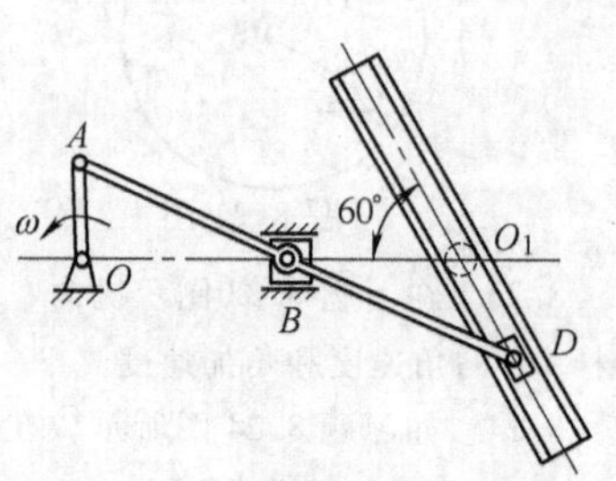

习题 8.28 图

8.30　如习题 8.30 图所示，通过曲柄连杆机构，使平台 I 作往复直线平动。已知曲柄 OA 转速 $n=60\text{r/min}$，$OA=10\text{cm}$，$AB=30\text{cm}$，齿轮 O_1、O_2 上下均和齿条啮合。求 $\varphi=90°$时平台 I 的速度和加速度。

8.31　如习题 8.31 图所示，转臂 OA 以 $n=30\text{r/min}$ 的转速绕固定齿轮（其齿数 $z_0=60$）的轴 O 转动，齿数 $z_1=40$ 和 $z_2=50$ 的同心双联齿轮的轴是在曲柄上，求齿数 $z_3=25$ 的齿轮每分钟的转数。

8.32　半径为 R 的半圆盘，沿水平地面纯滚动，长为 $2R$ 的杆 DE 可绕铰链 E 作定轴转动，其 D 端可在半圆盘的直径 AB 上滑动，如习题 8.32 图所示。在图示位置时，已知半圆盘的角速度为 ω_O，角加速度为 α_O，直径 AB 与水平线的夹角为 θ，杆 DE 处于水平，D 端恰好在半圆盘的圆心上，求此时杆 DE 的角速度 ω_{DE} 和角加速度 α_{DE}。

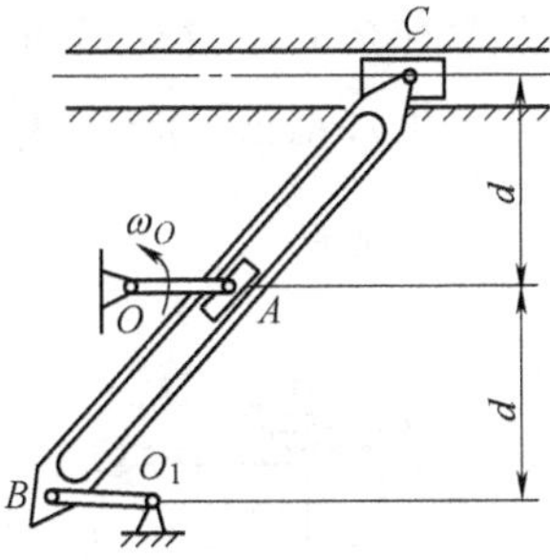

习题 8.29 图

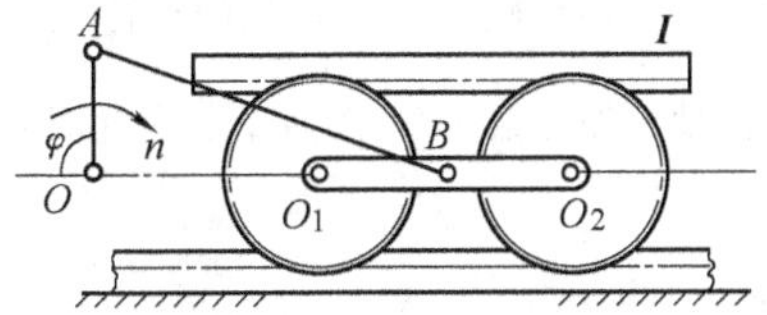

习题 8.30 图

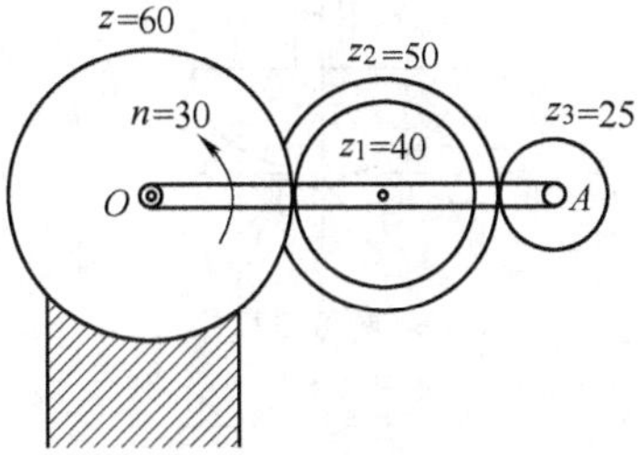

习题 8.31 图

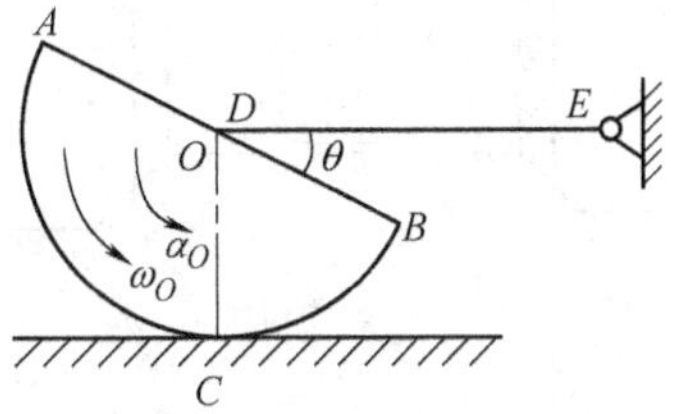

习题 8.32 图

8.33　曲柄 OA 通过连杆 AB 带动半径为 r 的圆盘在半径为 R 的圆弧上作纯滚动，已知 $OA=AB=R=2r=1\text{m}$，在习题 8.33 图所示瞬时曲柄 OA 的角速度为 2rad/s，角加速度为 0。试求圆盘上 B 点和 C 点的速度和加速度。

8.34　为使货车减速，在轨道上装有液压减速顶，如习题 8.34 图所示。半径为 R 的车轮滚过时将压下减速顶的顶帽 AB 而消耗能量，降低速度。已知在图示位置时，轮心的速度为 v，加速度为 a，试求此时顶帽 AB 的速度和加速度（车轮与轨道无相对滑动）。

8.35　半径 $R=3r$ 的凸轮以匀速 u 沿水平向右平移，半径为 r 顶杆滚轮在凸轮上纯滚动，顶杆在铅垂滑道内运动，如习题 8.35 图所示。试求当 $\theta=30°$ 时，滚轮上 B 点的速度和加速度。

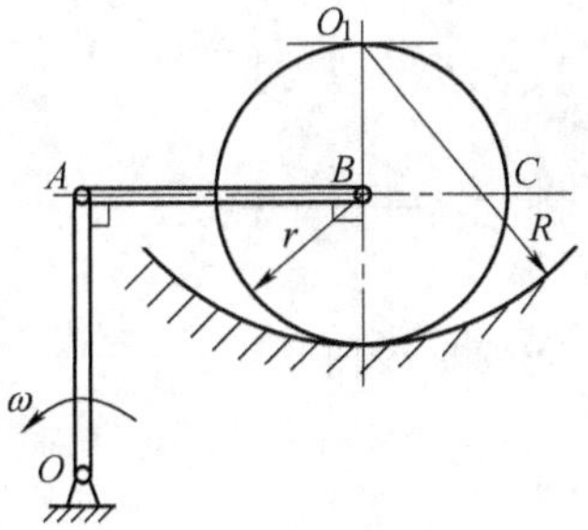

习题 8.33 图

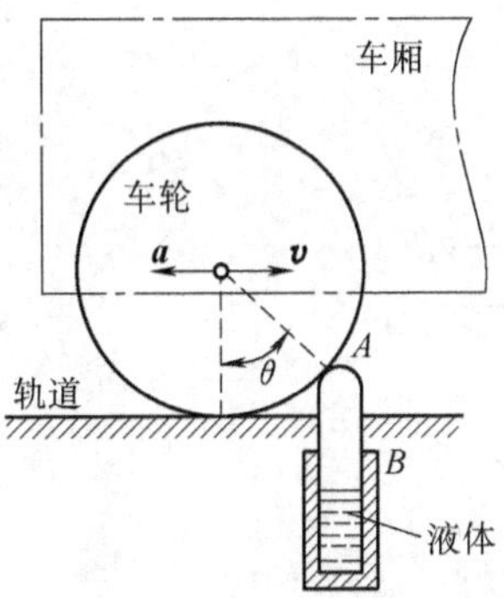

习题 8.34 图

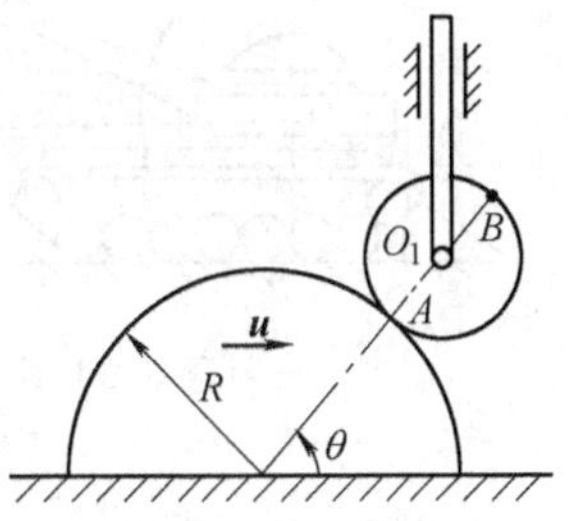

习题 8.35 图

8.36　如习题 8.36 图所示，圆锥滚子在水平的圆锥环形支座上滚动而不滑动。滚子底面半径 $R=100\sqrt{2}\,\text{mm}$，顶角 $2\theta=90°$，滚子中心 A 沿其轨迹运动的速度 $v_A=0.2\text{m/s}$。求圆锥滚子上点 C 和 B 的速度和加速度。

8.37 船式起重机桅柱高 $OB=6\mathrm{m}$，起重臂 $AB=4\mathrm{m}$，它绕桅柱轴 z 转动的规律是 $\psi(t)=0.5t\mathrm{rad}$，船体绕纵轴 O 左右摇晃的规律是 $\varphi(t)=0.1\sin\frac{\pi}{6}t\mathrm{rad}$。当 $t=6\mathrm{s}$ 时，起重机臂正好垂直于船体纵轴，如习题 8.37 图所示。求此时点 A 的绝对速度和绝对加速度。

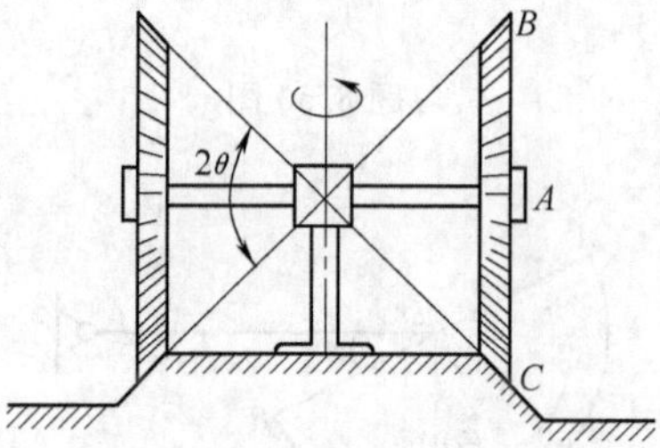

习题 8.36 图

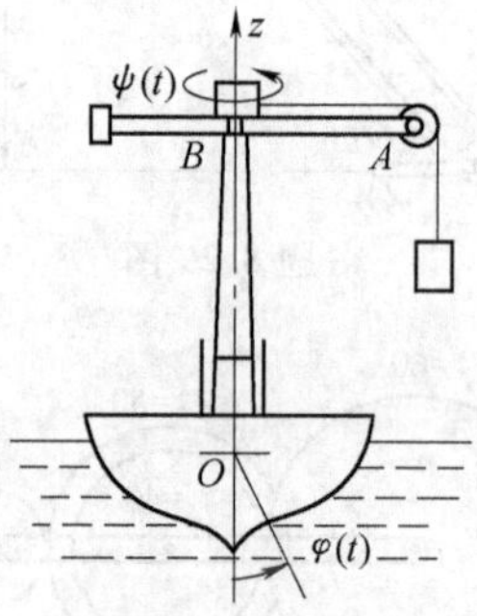

习题 8.37 图

8.38 如习题 8.38 图所示，坦克的炮塔以角速度 $\omega_1=0.4\mathrm{rad/s}$ 绕铅直轴转动，炮管以速度 $\omega_2=0.6\mathrm{rad/s}$ 向上方仰起。与此同时车身以匀速 $v_1=60\mathrm{km/h}$ 前进，炮弹则相对于炮管的速度 $v_2=500\mathrm{m/s}$ 射出。试求炮弹离开炮口时的速度和加速度。（提示：ω_1，ω_2 均较小，在求速度时可略去；在求加速度时，略去 ω 的二次项）。

8.39 有一三叶螺旋桨飞机，其螺旋桨以 1200r/min 转动，飞机在 Oxy 平面内以 300km/h 的速度沿半径为 300m 的航线飞行，如习题 8.39 图所示，试求：

（1）螺旋桨的角速度和角加速度。

（2）如螺旋桨长 60cm，当桨叶 A 端在铅直位置时，求叶尖 A 和 C 的速度和加速度。

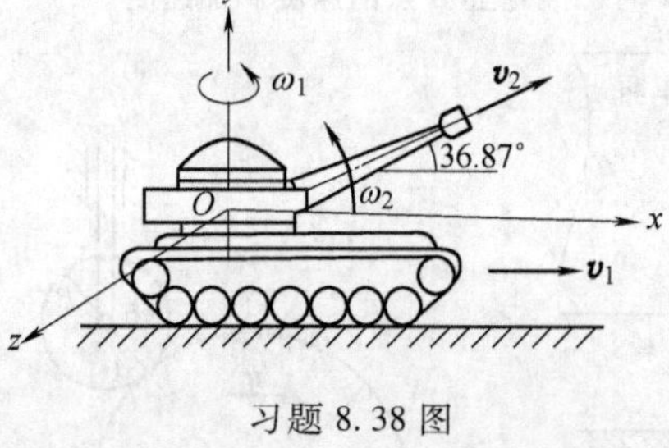

习题 8.38 图

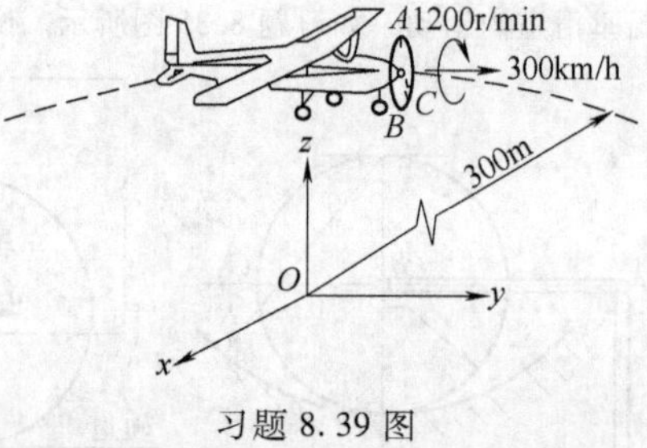

习题 8.39 图

第3篇 动 力 学

在静力学中研究了作用在物体上的力系的简化和平衡条件，没有讨论物体受不平衡力系作用时将如何运动。在运动学中，只是从几何观点研究了物体的运动和如何描述物体的运动，但未涉及物体所受到的力。动力学则将两者结合起来，研究物体运动的变化与作用于物体上的力之间的关系，建立物体机械运动的普遍规律。

动力学中所研究的力学模型为质点、质点系。质点是具有一定质量而几何形状和尺寸大小可以忽略不计的物体。质点系既包括刚体，也包括变形的固体和流体，既包括单个物体，也包括多个物体的组合，因此，质点系是动力学中关于物体的最广泛的抽象化模型。若质点系中各质点的运动都不受限制，则此质点系称为自由质点系，否则称为非自由质点系。如太阳系为一自由质点系，而工程中的结构和机构都是非自由质点系。刚体是一不变质点系。

动力学研究两类基本问题：

（1）已知物体的运动情况，求作用于物体的力。

（2）已知作用于物体的力，求物体的运动情况。

动力学的理论基础是牛顿运动定律。牛顿运动定律是在观察天体运动和生产实践中的一般机械运动的基础上总结出来的，以牛顿运动定律为基本定律建立的力学体系称为牛顿力学或经典力学，经典力学要求质点的速度远小于光速 c，同时要求研究对象的尺寸不能太小，一般的工程问题都适用于这个范围。牛顿运动定律适用的参考系称为惯性参考系，相对于惯性参考系而言，有加速度的参考系称为非惯性参考系。在非惯性参考系中，牛顿运动定律不成立。在一般工程技术问题中，把固连于地球的参考系作为惯性参考系，可以得到相当精确的结果。在以后的叙述中，如无特别说明，均用固连于地球的参考系作为惯性参考系。在研究人造卫星的轨道和洲际导弹的弹道等问题时，需要考虑地球的自转运动，这时可以选地心为原点，三轴指向三颗恒星的地心系作为惯性参考系。在研究天体运动时，地球绕太阳的公转也需要考虑，此时，可以选日心为原点，三轴指向三颗恒星的日心系作为惯性参考系。

第 9 章

质点运动微分方程及其应用

9.1 牛顿运动定律

牛顿在总结前人，特别是伽利略和惠更斯等人研究成果的基础上，提出了作为动力学基础的牛顿运动三定律。这些定律的内容，简要叙述如下。

第一定律：质点如不受任何力的作用，则将保持静止或匀速直线运动的状态。

第一定律说明了两个重要概念。首先，定律指出质点有保持其原有运动状态不变的特性，这个特性称为惯性，故该定律又称为惯性定律。惯性是质点的重要力学特性。其次，定律还指出：若质点的运动状态发生改变，必定是受到其他物体的作用，这种机械作用就是力。

第二定律：质点因受力作用而产生的加速度，其方向与力相同，大小与力成正比，即

$$m\boldsymbol{a}=\boldsymbol{F} \tag{9-1}$$

式中，m 表示质点的质量；$\boldsymbol{a}$ 表示质点的加速度；$\boldsymbol{F}$ 表示质点所受的力。

如果质点同时受到几个力的作用，则质点的加速度等于各个力单独作用时所产生的加速度的矢量和，通常称为力的独立作用性原理。根据此原理，牛顿第二定律又可写为

$$m\boldsymbol{a}=\sum \boldsymbol{F}_i \tag{9-2}$$

即质点的质量与加速度的乘积等于作用在质点上的力系的合力。

由式（9-1）可知，在相同力的作用下，质量愈大的质点加速度愈小，或者说，质点的质量愈大保持惯性运动的能力愈强，由此可知，质量是量度物体的惯性。

物体仅受重力作用而自由降落的加速度 $\boldsymbol{g}$ 称为重力加速度，由式（9-1），有

$$m\boldsymbol{g}=\boldsymbol{P} \text{ 或 } m=P/g \tag{9-3}$$

式中，$\boldsymbol{P}$ 为物体所受的重力。式（9-3）建立了物体所受重力与质量间的关系。物体的质量是不变的，但所受重力和重力加速度却随物体在地面上各处的位置略有差异，在我国一般取 $g=9.80\mathrm{m/s^2}$。

在国际单位制（SI）中，以质量、长度和时间作为力学量的基本单位。质量

的单位为千克（kg），长度的单位为米（m），时间的单位为秒（s）。这样，力的单位为导出单位。规定能使质量为1kg的质点获得$1\mathrm{m/s^2}$加速度的力，作为力的单位，命名为牛顿（N），即

$$1\mathrm{kg}\times1\mathrm{m/s^2}=1\mathrm{N}$$

第三定律：两物体间的相互作用力总是大小相等，方向相反，沿同一直线，分别作用在两物体上。这一定律就是静力学公理4，即作用与反作用定律。它不仅适用于平衡物体，而且也适用于任何运动的物体。

9.2　质点运动微分方程

由运动学知，质点的加速度可以表示为质点的坐标对时间的导函数，将其代入牛顿运动第二定律式（9-2）中所得到的方程，就称为质点运动微分方程。参看运动学第4章，在惯性参考系中，当选用矢量法描述点的运动时，质点的加速度为

$$\boldsymbol{a}=\frac{\mathrm{d}^2\boldsymbol{r}}{\mathrm{d}t^2}=\ddot{\boldsymbol{r}}$$

将其代入式（9-2）中，就得到矢量形式的质点运动微分方程：

$$m\ddot{\boldsymbol{r}}=\sum\boldsymbol{F}_i \tag{9-4}$$

当选用直角坐标系描述点的运动时，质点的加速度为

$$\boldsymbol{a}=\ddot{x}\boldsymbol{i}+\ddot{y}\boldsymbol{j}+\ddot{z}\boldsymbol{k}$$

将其代入式（9-2）中，并向直角坐标轴投影，就得到直角坐标形式的质点运动微分方程：

$$m\ddot{x}=\sum F_{ix},\quad m\ddot{y}=\sum F_{iy},\quad m\ddot{z}=\sum F_{iz} \tag{9-5}$$

当选用自然坐标描述点的运动时，质点的加速度为

$$\boldsymbol{a}=\ddot{s}\boldsymbol{\tau}+\frac{\dot{s}^2}{\rho}\boldsymbol{n}$$

将其代入式（9-2）中，并向三个自然轴投影，就得到自然坐标形式的质点运动微分方程：

$$m\ddot{s}=\sum F_{i\tau},\quad m\frac{\dot{s}^2}{\rho}=\sum F_{in},\quad \sum F_{ib}=0 \tag{9-6}$$

对于不同的具体问题，可选用不同形式的质点运动微分方程进行研究。

9.3　质点动力学的两类基本问题

应用质点运动微分方程可求解质点动力学的两类基本问题。

第一类问题：已知质点的运动，求作用在质点上的力。此处的已知运动应理解为能利用运动学的知识求出质点的运动。如已知质点的运动方程，将其对时间求导

数，求出加速度后，由质点的运动微分方程求得作用在质点上的力。由此可知，求解第一类问题可归结为微分问题。

第二类问题：已知作用在质点上的力，求质点的运动。作用在质点上的力可以是常力或变力，变力可以是时间的函数、坐标的函数、速度的函数或同时是上述三种变量的函数。求质点的运动就要求运动微分方程的解。运动微分方程的通解包含积分常数，这些常数由质点运动的初始条件决定。初始条件是指运动开始的瞬时，质点的初始位置和初始速度。如质点运动的初始条件不同，即使质点的质量、所受的力都相同，得到的加速度也相同，但它们的运动规律并不相同。由此可知，要解决第二类问题，除了要给定力的函数外，还必须知道运动的初始条件。求解第二类问题可归结为积分问题。由于积分往往比微分困难，特别是当力的函数形式复杂时，可能求不到解析解，而只能求出近似的数值解。

另外，在工程中还有很多实际问题是第一类问题和第二类问题的综合，也就是说，在一些题目中两类问题并不是截然分开的。

下面举例说明利用质点运动微分方程求解质点动力学问题的方法和步骤。

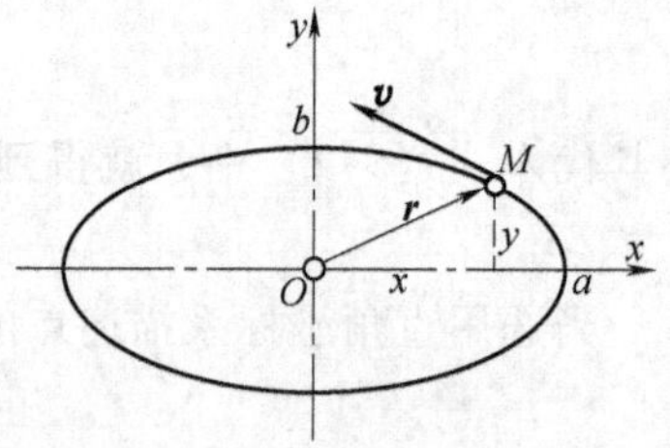

图　9-1

【例 9.1】　设质量为 m 的质点 M 在平面 Oxy 内运动，如图 9-1 所示，其运动方程为

$$x=a\cos\omega t,\ y=b\sin\omega t$$

式中 a、b、ω 均为常量，求作用于质点上的力 $\boldsymbol{F}$。

【解】　本题属于第一类问题，已知运动求力。

（1）选取研究对象：质点 M。

（2）受力分析：因主动力 $\boldsymbol{F}$ 未知，可假设它在坐标轴上的投影为 F_x 和 F_y。质点所受的重力和平面支持力是一对平衡力，图中未画出。

（3）运动分析：由质点的运动方程知，质点的运动轨迹是椭圆。将已知的质点的运动方程对时间 t 求二阶导数，就可得到质点的加速度在坐标轴上的投影，即

$$\ddot{x}=-a\omega^2\cos\omega t,\qquad \ddot{y}=-b\omega^2\sin\omega t$$

（4）列动力学方程求解：

$$m\ddot{x}=\sum F_{ix}:m(-a\omega^2\cos\omega t)=F_x,\quad F_x=-ma\omega^2\cos\omega t$$

$$m\ddot{y}=\sum F_{ix}:m(-b\omega^2\sin\omega t)=F_y,\quad F_y=-mb\omega^2\sin\omega t$$

如果用 $\boldsymbol{i}$, $\boldsymbol{j}$ 分别表示 x、y 轴的正向单位矢量，则质点所受到的主动力 $\boldsymbol{F}$ 可表示为

$$\begin{aligned}\boldsymbol{F}&=F_x\boldsymbol{i}+F_y\boldsymbol{j}=-ma\omega^2\cos\omega t\boldsymbol{i}-mb\omega^2\sin\omega t\boldsymbol{j}\\&=-m\omega^2(a\cos\omega t\boldsymbol{i}+b\sin\omega t\boldsymbol{j})=-m\omega^2\boldsymbol{r}\end{aligned}$$

其中矢径 $\boldsymbol{r}=a\cos\omega t\boldsymbol{i}+b\sin\omega t\boldsymbol{j}$。可见力 $\boldsymbol{F}$ 与矢径 $\boldsymbol{r}$ 成比例，而方向相反，说明力 $\boldsymbol{F}$ 的方向恒指向椭圆中心 O，这种力称为有心力。如人造地球卫星受到的地球引力就是

有心力，恒指向地心。

【例 9.2】 质量为 m 的小球 M 用两根各长 l 的杆支承如图 9-2 所示。球和杆一起以匀角速度 ω 绕铅垂轴 AB 转动，如 $AB=2b$，杆的两端均为铰接，不计杆重，求杆所受的力。

【解】 (1) 选取研究对象：小球 M。

(2) 受力分析：连接小球的两杆均为二力杆，小球受力如图 9-2 所示。

(3) 运动分析：小球属于非自由质点，由题意知，小球 M 作匀速圆周运动，故选用自然坐标法研究比较方便。本题仍属于第一类问题，已知运动求力。

因为小球的切向加速度为零，切线方向也无力作用，故只作点 M 的法向和副法向单位矢量 $\boldsymbol{n}$ 和 $\boldsymbol{b}$，如图 9-2 所示。

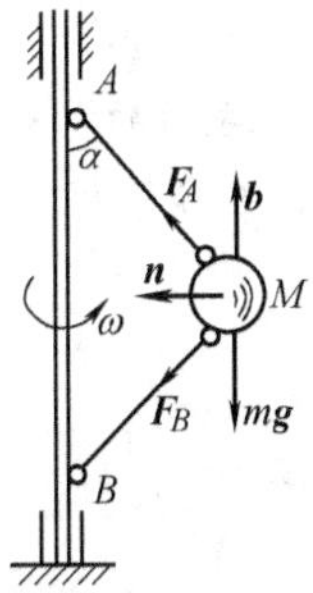

图 9-2

小球 M 的法向加速度为 $a_n=l\sin\alpha\omega^2$。

(4) 列动力学方程求解：

$$ma_n=\sum F_{in}: ml\sin\alpha\omega^2=(F_A+F_B)\sin\alpha \tag{a}$$

$$\sum F_{ib}=0: (F_A-F_B)\cos\alpha-mg=0 \tag{b}$$

式中 $\sin\alpha=\dfrac{\sqrt{l^2-b^2}}{l}$，$\cos\alpha=\dfrac{b}{l}$。以上两式联立解之，得

$$F_A=\frac{ml}{2}\left(\frac{g}{b}+\omega^2\right),\quad F_B=-\frac{ml}{2}\left(-\frac{g}{b}+\omega^2\right)$$

【例 9.3】 质量为 m 的颗粒在静止的介质（液体或气体）中由初速为零缓慢下沉，如图 9-3a 所示。由实验知，当颗粒的速度不大时，介质阻力与速度一次方成正比，与速度的方向相反，即 $\boldsymbol{F}=-\mu\boldsymbol{v}$，比例系数 μ 称为黏度，它与颗粒形状、介质的密度等有关。不计浮力，试求颗粒下沉速度和运动规律。

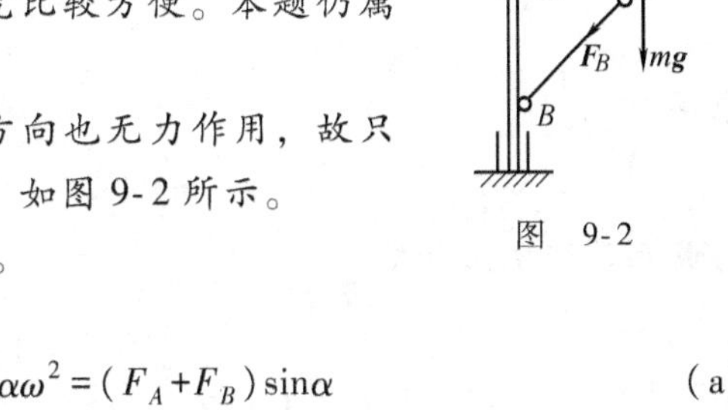

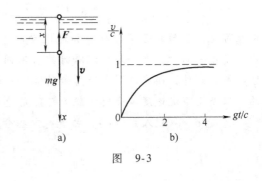

图 9-3

【解】 本题属于第二类问题，已知力求运动。

(1) 选取研究对象：颗粒。

(2) 受力分析：颗粒在重力作用下，无初速下沉，所以阻力也沿铅垂方向。

(3) 运动分析：颗粒属于自由质点做直线运动。取运动起始点为坐标原点，向下作轴 x，如图 9-3a 所示。

(4) 列动力学方程求解：

$$m\ddot{x}=\sum F_{ix}:\ m\ddot{x}=mg-\mu\dot{x} \tag{a}$$

将$\ddot{x}=\mathrm{d}\dot{x}/\mathrm{d}t$代入上式，并分离变量得

$$\frac{\mathrm{d}\dot{x}}{c-\dot{x}}=\frac{g}{c}\mathrm{d}t \tag{b}$$

式中$c=mg/\mu$。

运动的初始条件为：当$t=0$时，$\dot{x}=0$，$x=0$。考虑到初始条件，对式（b）进行定积分，有

$$\int_0^{\dot{x}}\frac{\mathrm{d}\dot{x}}{c-\dot{x}}=\int_0^t\frac{g}{c}\mathrm{d}t$$

求得

$$\dot{x}=c\left(1-\mathrm{e}^{-\frac{g}{c}t}\right) \tag{c}$$

写成无量纲方程形式

$$\frac{\dot{x}}{c}=1-\mathrm{e}^{-\frac{g}{c}t} \tag{d}$$

式(c)为颗粒的速度$\dot{x}$随时间t变化的规律，式(d)可画成如图9-3b所示的曲线。当$t\to\infty$时，$\dot{x}_m=c=mg/\mu$，此速度称为极限速度。实际上，当$t=4c/g$时，$\dot{x}=0.982c$，已非常接近于极限速度。当颗粒从静止开始降落时，速度很小，相应地阻力也很小。当速度逐渐增大后，阻力亦随之增大。当阻力大到与重力相平衡时，速度不再增加，维持等速直线下降，这个速度就是极限速度。由平衡条件可得

$$mg-\mu\dot{x}_m=0,\quad \dot{x}_m=\frac{mg}{\mu}=c$$

由此可见，颗粒的运动过程由加速运动与等速运动两阶段组成。当颗粒的直径不同，密度不同时，在介质中沉降时就有不同的极限速度。利用这一原理可以选种、选矿等。此外，研究炸弹、降落伞的沉降及泥沙沉淀等问题都是根据这种原理进行的，只是当下沉速度较大时，阻力可能是速度的高次幂函数。

将$\dot{x}=\mathrm{d}x/\mathrm{d}t$代入式（c），并进行定积分

$$\int_0^x\mathrm{d}x=c\int_0^t\left(1-\mathrm{e}^{-\frac{g}{c}t}\right)\mathrm{d}t$$

求得

$$x=ct-\frac{c^2}{g}\left(1-\mathrm{e}^{-\frac{g}{c}t}\right) \tag{e}$$

方程(e)就是颗粒下降的运动方程。

如果颗粒是以$\dot{x}_0>c$的初速下沉，颗粒的运动规律如何？请读者自行分析。

【例9.4】　一火箭垂直向上发射，在某一高度h发动机熄火，此时火箭的质量为m，垂直向上的初速度为v_0。若不计空气阻力，不考虑地球转动，求在地球引力

作用下火箭的运动速度和达到的最大高度。

【解】（1）选取研究对象：火箭，并将其简化为质点。

（2）分析受力：火箭仅受地球引力作用，根据牛顿万有引力定律

$$F=\frac{Gmm_O}{r^2} \tag{a}$$

式中，G 是万有引力常数；m_O 是地球的质量；r 是火箭距地心的距离。当 $r=R$（地球半径）时，$F=mg$，由式(a)得 $Gm_O=gR^2$，所以地球引力可写为

$$F=\frac{mgR^2}{r^2} \tag{b}$$

方向指向地心，如图 9-4 所示。

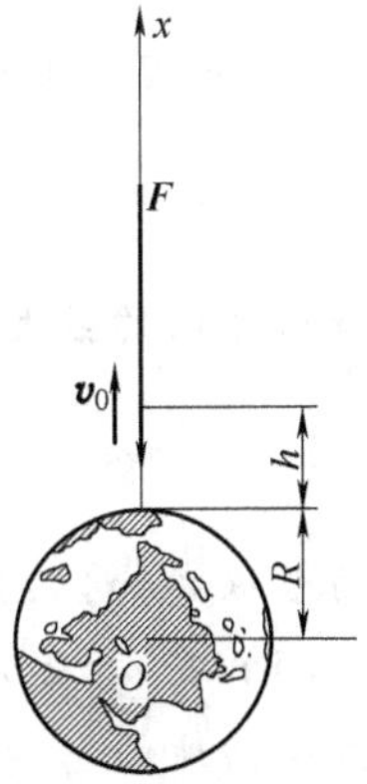

图　9-4

（3）分析运动：由题意知，火箭的初速度v_0 与力 $\boldsymbol{F}$ 共线，火箭将铅直向上运动。选地心为坐标原点，沿火箭运动轨迹作轴 x，如图 9-4 所示。本题仍属于第二类问题，已知力求运动。

（4）列动力学方程求解：

$$m\ddot{x}=\sum F_{ix}:\ m\ddot{x}=-F$$

式(b)中的 r 用 x 代换后，代入上式，有

$$m\ddot{x}=-\frac{mgR^2}{x^2}\quad 或\quad \ddot{x}=-\frac{gR^2}{x^2} \tag{c}$$

为求火箭的速度，令$\ddot{x}=\frac{\mathrm{d}\dot{x}}{\mathrm{d}t}=\frac{\mathrm{d}\dot{x}}{\mathrm{d}x}\frac{\mathrm{d}x}{\mathrm{d}t}=\dot{x}\frac{\mathrm{d}\dot{x}}{\mathrm{d}x}$，代入式（c），并分离变量，得

$$\dot{x}\,\mathrm{d}\dot{x}=-gR^2\frac{\mathrm{d}x}{x^2} \tag{d}$$

初始条件：$t=0$ 时，$\dot{x}=v_0$，$x=R+h$。考虑到初始条件，对式(d)进行定积分，有

$$\int_{v_0}^{\dot{x}}\dot{x}\mathrm{d}\dot{x}=\int_{R+h}^{x}-gR^2\frac{\mathrm{d}x}{x^2}$$

求得

$$\dot{x}^2=v_0^2-2g\frac{R^2}{R+h}+2g\frac{R^2}{x},\qquad \dot{x}=\pm\sqrt{v_0^2-2g\frac{R^2}{R+h}+2g\frac{R^2}{x}} \tag{e}$$

式(e)即为火箭的速度随位置 x 变化的规律。式中的正负号分别对应于火箭向上飞行到 x 位置时的速度和到达最高点后降落到 x 位置时的速度，这两速度大小相等、方向相反。

由式(e)可看到火箭的速度$\dot{x}$随 x 增大而减小。当火箭到达最高点时，$\dot{x}=0$，最高位置为

$$x_{\max}=\frac{2gR^2\ (R+h)}{2gR^2-v_0^2\ (R+h)} \tag{f}$$

若 $h\ll R$，则 h 可略去不计，此时式(f) 化为

$$x_{\max}=\frac{2gR^2}{2gR-v_0^2}$$

火箭离地面的最大高度为

$$x_{\max}-R=\frac{v_0^2R}{2gR-v_0^2} \tag{g}$$

下面根据式(g)讨论不同起始速度对最大高度的影响：

(1) 若 $v_0^2<2gR$，则火箭飞行到最高高度后，在地球引力的作用下沿直线自由降落返回地面。

(2) 若 $v_0^2=2gR$，则式(g)分母为零。最高高度趋于无穷远。这说明火箭已逸出地球引力范围，永不返回地面。这时的初速度 v_0 称为逃逸速度或第二宇宙速度 v_e。如设 $R=6370\times10^3\text{m}$，则

$$v_e=\sqrt{2gR}=\sqrt{2\times9.8\times6370\times10^3}\ \text{m/s}=11.2\times10^3\text{m/s}$$

这是发射行星探测器所需的最小初速度。

【例 9.5】 质量为 m 的小球 M 悬于长为 l，质量不计且无弹性的软绳一端，组成一单摆（数学摆），如图 9-5 所示。当绳在铅垂位置时，球因受冲击具有水平初速 v_0。不计空气阻力，求小球的运动和绳的拉力。

【解】 (1) 选取研究对象：小球。

(2) 分析受力：将小球置于运动的一般位置时，小球受有重力和绳的拉力，如图 9-5 所示。

(3) 分析运动：小球在铅直面内沿半径为 l 的圆弧运动，故选用自然坐标法研究方便。设小球运动开始的位置（最低点）为弧坐标原点，绳的摆角为 φ，小球的弧坐标为 s，则有

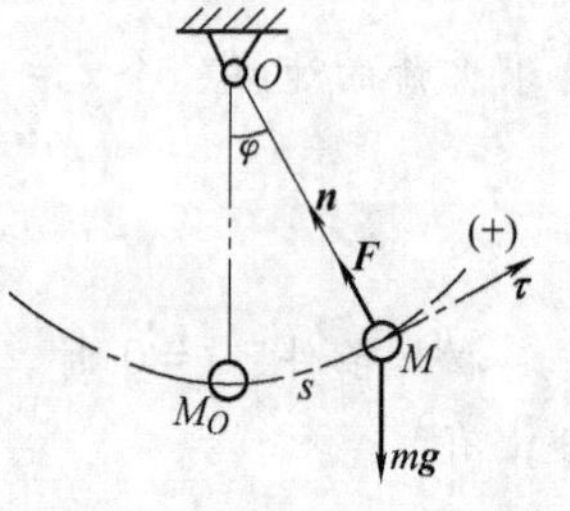

图　9-5

$$s=l\varphi,\ a_\tau=\ddot{s}=l\ddot{\varphi},\ a_n=\frac{\dot{s}^2}{l}=l\dot{\varphi}^2$$

(4) 列动力学方程求解：

$$ma_\tau=\sum F_{i\tau}:\ ml\ddot{\varphi}=-mg\sin\varphi \tag{a}$$

$$ma_n=\sum F_{in}:\ ml\dot{\varphi}^2=F-mg\cos\varphi \tag{b}$$

本题可利用式(a)求得小球的运动，再由式(b)求小球所受的约束力，属于第一类问题和第二类问题的综合题。

下面分两种情况讨论。

(1) 微幅摆动

当绳的摆角 φ 很小时，$\sin\varphi\approx\varphi$，式(a)可写为

$$\ddot{\varphi}=-\frac{g}{l}\varphi \quad 或 \quad \ddot{\varphi}+\frac{g}{l}\varphi=0$$

令 $\omega^2=g/l$，则有

$$\ddot{\varphi}+\omega^2\varphi=0 \tag{c}$$

这是自由振动微分方程的标准形式，其解的形式为

$$\varphi=A\sin(\omega t+\alpha) \tag{d}$$

其中 A、α 为积分常数，由初始条件确定。

当 $t=0$ 时，$\varphi_0=0$，$\dot{\varphi}_0=v_0/l$，代入方程(d)及其导数方程后，得

$$A=\frac{v_0}{l\omega}, \qquad \alpha=0$$

摆角 φ 随时间的变化规律为

$$\varphi=\frac{v_0}{l\omega}\sin\omega t \tag{e}$$

小球的运动方程为

$$s=l\varphi=\frac{v_0}{\omega}\sin\omega t=v_0\sqrt{\frac{l}{g}}\sin\omega t \tag{f}$$

表明小球沿圆弧做简谐运动。摆动的周期为

$$T=\frac{2\pi}{\omega}=2\pi\sqrt{\frac{l}{g}}$$

即微小摆动的周期只决定于摆的长度而与摆动幅度的大小无关，这一性质称为摆的“等时性”。

由式(f)可知，当长 l 一定时，小球摆动弧长幅值决定于初速 v_0，只要 v_0 相当小，弧长幅值就能在小范围内，微幅摆动的假设，即 $\sin\varphi\approx\varphi$ 就成立。

(2) 大幅摆动或圆周运动

当初速 v_0 较大时，则不能用 φ 代替 $\sin\varphi$，这时式(a)为

$$\ddot{\varphi}+\frac{g}{l}\sin\varphi=0 \tag{g}$$

这是一个二阶常系数非线性微分方程，其解为椭圆积分，比较复杂，这里不讨论小球的运动方程，仅研究其速度的变化规律。

将 $\ddot{\varphi}=\dot{\varphi}\mathrm{d}\dot{\varphi}/\mathrm{d}\varphi$ 代入方程(g)并分离变量后，得

$$\dot{\varphi}\mathrm{d}\dot{\varphi}=-\frac{g}{l}\sin\varphi\mathrm{d}\varphi$$

考虑到初始条件，对上式进行定积分：

$$\int_{\frac{v_0}{l}}^{\dot{\varphi}}\dot{\varphi}\mathrm{d}\dot{\varphi}=\int_0^{\varphi}-\frac{g}{l}\sin\varphi\mathrm{d}\varphi$$

求得

$$\dot{\varphi}^2=\frac{v_0^2}{l^2}+2\frac{g}{l}(\cos\varphi-1) \tag{h}$$

将式(h)代入式(b)，可求得绳的拉力，即

$$F=mg\cos\varphi+ml\dot{\varphi}^2=mg(3\cos\varphi-2)+\frac{mv_0^2}{l} \tag{i}$$

可见，绳的拉力仍由静约束力和附加动约束力两部分组成，且绳的拉力是摆角 φ 的函数。当 $0\leqslant\varphi\leqslant\pi$ 时，绳拉力随 φ 增大而减小。因为绳只能承受拉力，即 $F\geqslant 0$，所以要使小球做圆周运动，初速 v_0 应满足一定的条件。设 $\varphi=\pi$ 时，$F=0$，由式（i）有

$$-5mg+m\frac{v_0^2}{l}=0$$

得

$$v_0=\sqrt{5gl}$$

这就是小球做圆周运动的最小初速度。

当 $v_0>\sqrt{5gl}$ 时，小球做圆周运动。由式(i)可求得绳拉力的最大值和最小值：

$$\varphi=0:\ F_{\max}=mg+m\frac{v_0^2}{l}$$

$$\varphi=\pi:\ F_{\min}=-5mg+m\frac{v_0^2}{l}$$

当 $v_0<\sqrt{5gl}$ 时，令 $F=0$，由式(i)求得

$$\cos\varphi_A=\frac{2}{3}-\frac{v_0^2}{3gl}$$

由于绳不能承受压力，当 $\varphi>\varphi_A$ 时，小球将失去绳的约束而脱离圆弧轨道，在重力作用下沿抛物线 ABC 运动。在此情形下，球的运动分两个阶段：OA 段，球是非自由质点，沿圆弧运动；ABC 段，球是自由质点，它沿抛物线运动，如图 9-6a 所示。

小球之所以能由非自由质点转变为自由质点，是因为约束小球运动的绳是单面约束。物体受单面约束时的运动特点，在生产实际中得到了广泛的应用，例如化工、采矿等机械中常用的球磨机就是根据这一运动特点设计的。如图 9-6b 所示的球磨机转筒，当转筒带动钢球旋转到一定角度 φ_1 时，钢球脱离约束沿抛物线飞落下来，打击筒内的物料或矿石，以达到粉碎的目的。钢球恰好不脱离约束时转筒的转速称为临界转速 ω_0，运动时应使球磨机转筒的转速 $\omega<\omega_0$。为了提高粉碎效率，设计时要计算脱离角、打击速度和飞行时间，据此计算转筒合理的转速和尺寸参数。

但是，像离心浇铸机一类机械，虽然也是单面约束，却不允许发生脱离约束的

情形出现。此时必须有足够大的初速度v_0，以保证质点在任何位置受到的约束力 $F>0$，如图 9-6c 所示，这样，铁水才能紧贴在筒壁上，不难求得此时 $v_0>\sqrt{5gR}$，由此可求得转筒的临界转速 $\omega_0=\sqrt{5gR}/R$，而转筒的转速 $\omega>\omega_0$。

请读者再将小球 M 放在 M_O 位置的左侧（见图 9-5），建立质点运动微分方程，又将如何？

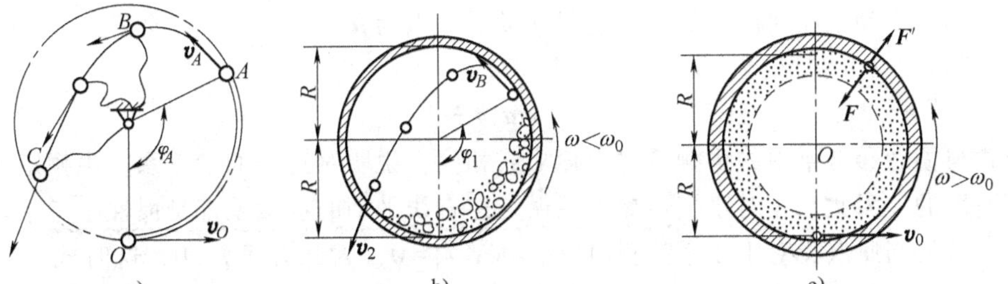

图 9-6

9.4 质点在非惯性坐标系中的运动

前面研究了质点在惯性参考系中的运动，本节研究质点在非惯性参考系中的运动。这是因为在有些情形下，需要研究质点相对于非惯性参考系中的运动。例如，发射远程炮弹，要准确命中目标，就要考虑由于地球自转所引起的轨道的偏离，这时固结在地球表面上的坐标系就是一非惯性参考系。

设质点 M 相对于一非惯性参考系 $O'x'y'z'$运动，而此参考系又相对于一惯性参考系 $Oxyz$ 运动，如图 9-7 所示。对于惯性参考系 $Oxyz$，质点 M 做复合运动。设质点的质量为 m，相对加速度为 $\boldsymbol{a}_r$，绝对加速度为 $\boldsymbol{a}_a$，质点所受的合力为 $\boldsymbol{F}$。在惯性参考系 $Oxyz$ 中应用牛顿第二定律，有

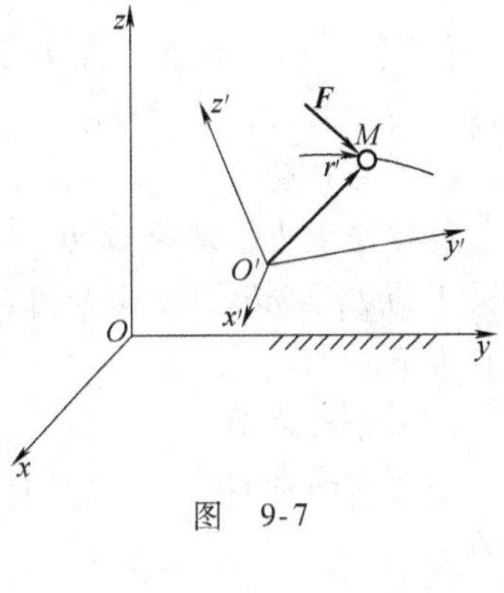

图 9-7

$$m\boldsymbol{a}_a=\boldsymbol{F}$$

由运动学中点的加速度合成定理，有

$$\boldsymbol{a}_a=\boldsymbol{a}_r+\boldsymbol{a}_e+\boldsymbol{a}_C$$

其中 $\boldsymbol{a}_e$ 是 M 点的牵连加速度，$\boldsymbol{a}_C$ 是科氏加速度。将上式代入前式，并经移项后，得

$$m\boldsymbol{a}_r=\boldsymbol{F}-m\boldsymbol{a}_e-m\boldsymbol{a}_C \tag{9-7}$$

令

$$\boldsymbol{F}_{Ie}=-m\boldsymbol{a}_e,\quad \boldsymbol{F}_{IC}=-m\boldsymbol{a}_C \tag{9-8}$$

其中 $\boldsymbol{F}_{Ie}$称为牵连惯性力，$\boldsymbol{F}_{IC}$称为科氏惯性力，它们都具有力的量纲，且与质点的

质量有关。于是，式（9-7）可写成与牛顿第二定律相类似的形式，即

$$m\boldsymbol{a}_{\mathrm{r}}=\boldsymbol{F}+\boldsymbol{F}_{\mathrm{Ie}}+\boldsymbol{F}_{\mathrm{IC}} \tag{9-9}$$

上式就是质点相对于非惯性参考系运动的微分方程。式中的 $\boldsymbol{F}_{\mathrm{Ie}}$ 和 $\boldsymbol{F}_{\mathrm{IC}}$ 可以理解为在非惯性参考系中对于牛顿第二定律的修正项。在应用该方程解题时，应取适当的投影式，例如直角坐标轴的投影或自然坐标轴的投影等。

下面研究几种特殊情况：

（1）当动系相对静系做匀速直线平动时，因为 $\boldsymbol{a}_{\mathrm{e}}=0$，$\boldsymbol{a}_{\mathrm{C}}=0$，有 $\boldsymbol{F}_{\mathrm{Ie}}=0$，$\boldsymbol{F}_{\mathrm{IC}}=0$，于是式（9-9）变为

$$m\boldsymbol{a}_{\mathrm{r}}=\boldsymbol{F} \tag{9-10}$$

上式与惯性参考系中的牛顿第二定律形式相同，说明对这样的参考系，牛顿定律也是适用的。因此，相对于惯性参考系做匀速直线平动的参考系都是惯性参考系。

（2）当质点相对于动系静止时，$\boldsymbol{a}_{\mathrm{r}}=0$，$v_{\mathrm{r}}=0$，因此有 $\boldsymbol{F}_{\mathrm{IC}}=0$，这时式（9-9）成为

$$\boldsymbol{F}+\boldsymbol{F}_{\mathrm{Ie}}=0 \tag{9-11}$$

上式称为质点相对静止的平衡方程。

（3）当质点相对于动系做等速直线运动时，有 $\boldsymbol{a}_{\mathrm{r}}=0$，这时式（9-9）成为

$$\boldsymbol{F}+\boldsymbol{F}_{\mathrm{Ie}}+\boldsymbol{F}_{\mathrm{IC}}=0 \tag{9-12}$$

上式称为质点相对平衡方程。可见在惯性参考系中，当质点相对静止和做等速直线运动时，其平衡条件是不相同的。

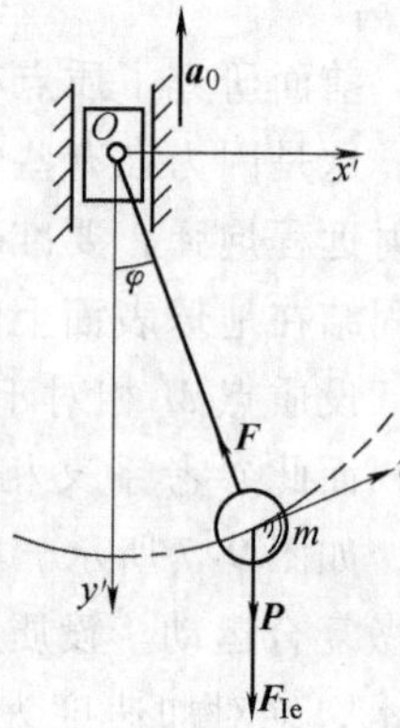

图 9-8

【例 9.6】 图 9-8 所示单摆，摆长为 l，小球质量为 m，其悬挂点 O 以加速度 $\boldsymbol{a}_0$ 向上运动，求单摆做微振动的周期。

【解】 （1）在悬挂点 O 上固结一平动系 $Ox'y'$，研究小球相对于此动系的运动。

（2）分析受力

小球受重力，绳受拉力，此外还应加牵连惯性力 $\boldsymbol{F}_{\mathrm{Ie}}$，其大小为 $F_{\mathrm{Ie}}=ma_0$，方向如图示。因动系做平动，所以科氏惯性力 $\boldsymbol{F}_{\mathrm{IC}}=0$。

（3）分析运动

小球在动系 $Ox'y'$ 中做以 O 为圆心、半径为 l 的圆周运动，其相对加速度可表示为

$$a_{\mathrm{r}\tau}=l\ddot{\varphi}, \quad a_{\mathrm{rn}}=l\dot{\varphi}^2$$

（4）列动力学方程求解

$$m\boldsymbol{a}_{\mathrm{r}}=\boldsymbol{P}+\boldsymbol{F}+\boldsymbol{F}_{\mathrm{Ie}}$$

将其投影到切向轴 τ 上，有

$$ml\ddot{\varphi}=-(P+F_{\mathrm{Ie}})\sin\varphi=-m(g+a_0)\sin\varphi$$

当摆做微振动时，φ 很小，$\sin\varphi\approx\varphi$，经整理，上式为

$$\ddot{\varphi}+\frac{g+a_0}{l}\varphi=0$$

由上例知，微振动周期为

$$T=2\pi\sqrt{\frac{l}{g+a_0}}$$

【例 9.7】 图 9-9 所示的滑块 M 的质量为 m，可在圆盘的滑槽内自由滑动，圆盘则以等角速度 ω 在水平面内转动。当圆盘静止时滑块位于圆心 O 处，两弹簧均不发生变形。设两弹簧的刚度系数为 k，试建立滑块 M 的相对运动微分方程，并求滑块对槽的侧压力。

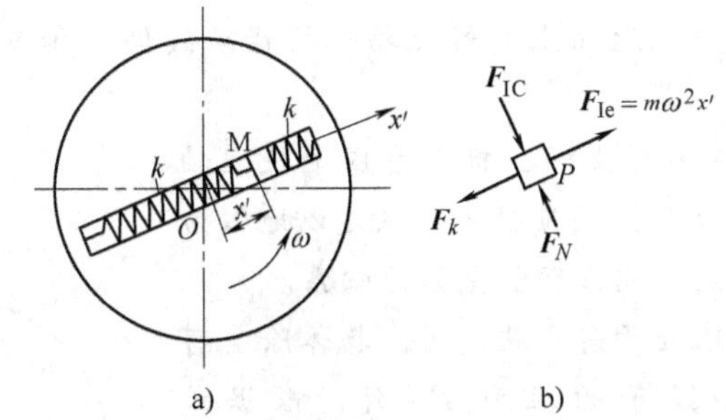

图　9-9

【解】 (1) 在圆盘上固结动系 Ox'，坐标原点置于系统的静平衡位置，即圆心 O 处，指向如图示，研究滑块相对于该参考系的运动。

(2) 分析受力

因为圆盘是在水平面内运动，滑块的重力和圆盘的正压力是一对平衡力，且在垂直于圆盘平面的方向上，可不予考虑，所以滑块受力为弹性力 $\boldsymbol{F}_{\mathrm{k}}$，滑槽受的侧压力为 $\boldsymbol{F}_{\mathrm{N}}$，此外还应加牵连惯性力 $\boldsymbol{F}_{\mathrm{Ie}}$ 和科氏惯性力 $\boldsymbol{F}_{\mathrm{IC}}$，如图 9-9b 所示，其中 $\boldsymbol{F}_{\mathrm{k}}$，$\boldsymbol{F}_{\mathrm{Ie}}$，$\boldsymbol{F}_{\mathrm{IC}}$ 大小分别为

$$F_{\mathrm{k}}=2kx',\ F_{\mathrm{Ie}}=mx'\omega^2,\ F_{\mathrm{IC}}=2m\omega\dot{x}'$$

(3) 分析运动

滑块在动系中做沿坐标轴的直线运动。

(4) 列动力学方程求解

$$m\boldsymbol{a}_{\mathrm{r}}=\boldsymbol{F}_{\mathrm{k}}+\boldsymbol{F}_{\mathrm{N}}+\boldsymbol{F}_{\mathrm{Ie}}+\boldsymbol{F}_{\mathrm{IC}}$$

在 x' 轴和垂直于该轴方向上投影，有

$$m\ddot{x}'=-2kx'+m\omega^2x'$$

$$0=F_{\mathrm{N}}-2m\omega\dot{x}'$$

整理后，得

$$\ddot{x}'+\left(\frac{2k}{m}-\omega^2\right)x'=0$$

$$F_N=2m\omega\dot{x}'$$

上述结果表明：若 $\omega^2<\frac{2k}{m}$，即牵连惯性力小于弹性恢复力，滑块 M 的相对运动为在 $x'=0$ 附近的自由振动，其固有频率为 $\omega_s=\sqrt{\frac{2k}{m}-\omega^2}$；若 $\omega^2>\frac{2k}{m}$，即牵连惯性力大于弹性恢复力，滑块 M 不能在 $x'=0$ 附近维持自由振动，而是在初始扰动下远离平衡位置；若 $\omega^2=\frac{2k}{m}$，即牵连惯性力等于弹性恢复力，滑块 M 将处于相对平衡状态。

【例 9.8】 求悬挂在地面上的静止物体的铅垂线偏差和重力加速度随纬度的变化。

【解】 把固结在地球上的坐标系看成是绕地轴以匀角速度 ω 转动的动系。而惯性参考系是以地心为原点，三根坐标轴分别指向三颗恒星的地心系。

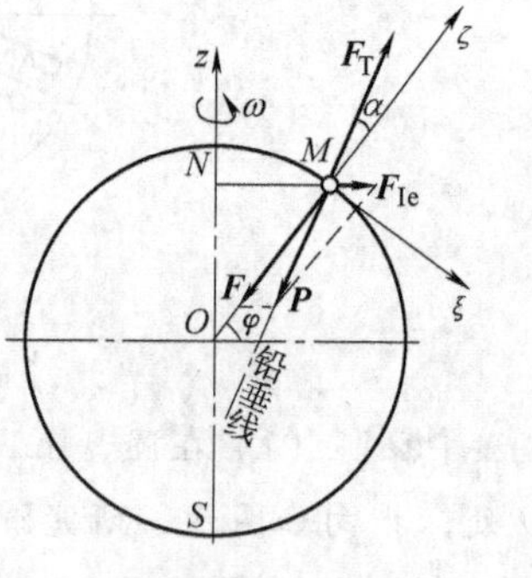

图　9-10

当物体相对于地球处于静止状态时，物体除受有地球的吸引力 $\boldsymbol{F}$ 和绳子的拉力 $\boldsymbol{F}_T$ 外，根据式(9-11) 还应加上牵连惯性力 $\boldsymbol{F}_{Ie}$。其中，引力 $\boldsymbol{F}$ 指向地心，绳子拉力沿铅垂线方向，牵连惯性力的方向背离地轴（见图 9-10），大小为

$$F_{Ie}=mR\cos\varphi\omega^2$$

式中，R 是地球半径；φ 是纬度角。由式（9-11），物体相对静止的平衡方程为

$$\boldsymbol{F}+\boldsymbol{F}_T+\boldsymbol{F}_{Ie}=0 \tag{a}$$

通常所说的重力，是指沿悬线方向与绳子拉力 $\boldsymbol{F}_T$ 大小相等而方向相反的力 $\boldsymbol{P}$，由式(a)知

$$\boldsymbol{P}=-\boldsymbol{F}_T=\boldsymbol{F}+\boldsymbol{F}_{Ie}$$

这表明，在地球上量得的重力 $\boldsymbol{P}$ 事实上是地球引力 $\boldsymbol{F}$ 和牵连惯性力 $\boldsymbol{F}_{Ie}$ 的合力。由于 $\boldsymbol{F}_{Ie}$ 的大小和它与 $\boldsymbol{F}$ 间的夹角都随纬度而变化（见图 9-10），故重力 $\boldsymbol{P}$ 的大小随纬度变化，其作用线也将偏离地球的引力 $\boldsymbol{F}$。而平常所谓的铅垂线事实上是指重力 $\boldsymbol{P}$ 的作用线，而不是引力 $\boldsymbol{F}$ 的方向，即半径 OM 的方向。设此两力间的夹角为 α，由图 9-10，利用正弦定理可得

$$\sin\alpha=\frac{F_G}{P}\sin\varphi=\frac{mR\omega^2\cos\varphi}{mg}\sin\varphi=\frac{R\omega^2}{2g}\sin2\varphi \tag{9-13}$$

其中地球的角速度 $\omega=7.29\times10^{-5}$ rad/s。因 ω 的值甚微，视为一阶微量，所以偏角

α 是 ω 的二阶微量。如果已测得当 $\varphi=45°$ 时 $g=980.62\text{cm/s}^2$，取 $R=6370\text{km}$，则可算得

$$\alpha \approx \frac{R\omega^2}{2g}\sin 2\varphi = 0°5.9'$$

这是一个很小的角度，因而通常认为铅垂线指向地心。

为了确定重力加速度 g 随纬线变化的规律，可将式(a)投影到 ζ 轴上，得

$$F = F_{\mathrm{T}}\cos\alpha + F_{\mathrm{Ie}}\cos\varphi = mg\cos\alpha + mR\omega^2\cos^2\varphi$$

因 α 很小，取 $\cos\alpha \approx 1$，有

$$F \approx mg + mR\omega^2\cos^2\varphi \tag{b}$$

令赤道处（$\varphi=0$）的重力加速度为 g_0，由上式得

$$F = mg_0 + mR\omega^2 \tag{c}$$

若将地球视为球体，各处引力相等，由式（b）和式（c）得

$$g = g_0\left(1 + \frac{\omega^2 R}{g_0}\sin^2\varphi\right) \tag{9-14}$$

上式就是重力加速度随纬度变化的计算式。如果要考虑地球形状与球形的偏差，则 g 随 φ 变化的计算公式可查阅其他有关资料。

【例 9.9】 在北纬 φ 角，高度为 h 的高塔上无初速地落下一物体，不计空气阻力，求由于地球自转的影响，物体落到地面时对铅垂线的偏离。

【解】 (1) 将物体视为质点，以质点始落点 M 为原点，建立地球的连体坐标系 $Mx'y'z'$。其中 z' 轴铅直向上，由上例知铅垂线不通过地球中心，但因偏角 α 很小，可认为 z' 轴近似通过地球中心，x' 轴水平向东，y' 轴水平向北，如图 9-11 所示。$Mx'y'z'$ 是随地球自转的非惯性参考系，惯性参考系仍选原点为地球中心，三根坐标轴指向三颗恒星的地心系（为清晰，图中未画出）。

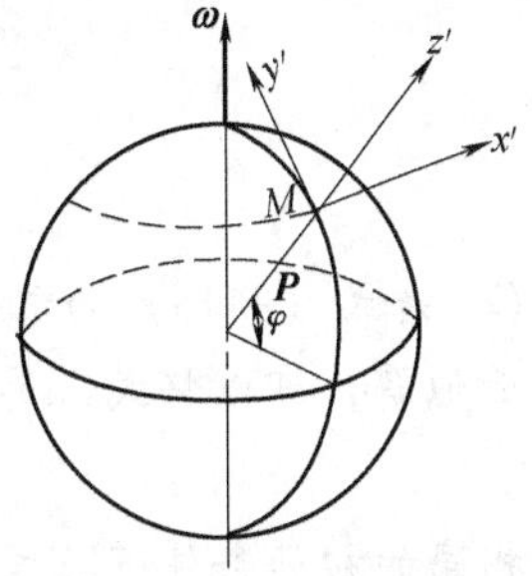

图 9-11

(2) 分析受力

不考虑空气阻力，质点受有地球引力 $\boldsymbol{F}$ 作用。研究质点相对于转动的地球运动时，还应加上牵连惯性力 $\boldsymbol{F}_{\mathrm{Ie}}$ 和科氏惯性力 $\boldsymbol{F}_{\mathrm{IC}}$，由上例知，地球引力 $\boldsymbol{F}$ 与牵连惯性力 $\boldsymbol{F}_{\mathrm{Ie}}$ 的合力就是物体的重力 $\boldsymbol{P}$，而科氏惯性力为

$$\boldsymbol{F}_{\mathrm{IC}} = -m\boldsymbol{a}_{\mathrm{C}} = -2m\boldsymbol{\omega}\times v_{\mathrm{r}}$$

式中，m 为质点 M 的质量；$\boldsymbol{\omega}$ 为地球的角速度矢量。设 $\boldsymbol{i}'$，$\boldsymbol{j}'$，$\boldsymbol{k}'$ 为 x'，y'，z' 轴向单位矢量，参看图 9-11，$\boldsymbol{\omega}$ 表示为

$$\boldsymbol{\omega} = \omega\cos\varphi\boldsymbol{j}' + \omega\sin\varphi\boldsymbol{k}'$$

v_{r} 为相对速度，可写为

$$v_{\mathrm{r}} = \dot{x}'\boldsymbol{i}' + \dot{y}'\boldsymbol{j}' + \dot{z}'\boldsymbol{k}'$$

F_{IC}的矢量积可展开为

$$F_{IC}=-2m\begin{vmatrix} i' & j' & k' \\ 0 & \omega\cos\varphi & \omega\sin\varphi \\ \dot{x}' & \dot{y}' & \dot{z}' \end{vmatrix}$$

$$=2m\omega\left[(\dot{y}'\sin\varphi-\dot{z}'\cos\varphi)\boldsymbol{i}'-\dot{x}'\sin\varphi\boldsymbol{j}'+\dot{x}'\cos\varphi\boldsymbol{k}'\right]$$

（3）列出质点动力学方程求解

$$m\boldsymbol{a}_r=\boldsymbol{P}+\boldsymbol{F}_{IC}=m\boldsymbol{g}-2m\boldsymbol{\omega}\times\boldsymbol{v}_r$$

将上式向坐标轴投影，经整理，有

$$\begin{aligned}\ddot{x}'&=2\omega(\dot{y}'\sin\varphi-\dot{z}'\cos\varphi)\\ \ddot{y}'&=-2\omega\dot{x}'\sin\varphi\\ \ddot{z}'&=-g+2\omega\dot{x}'\cos\varphi\end{aligned}\tag{9-15}$$

上式就是质点相对地球的运动微分方程。对此微分方程组，可以采用逐次渐近的方法求解。先求零次近似解，令 $\omega=0$，则式（9-15）简化为

$$\ddot{x}'=0,\ \ddot{y}'=0,\ \ddot{z}'=-g\tag{a}$$

此题的初始条件为 $t=0$ 时

$$\begin{aligned}\dot{x}'=0,\ \dot{y}'=0,\ \dot{z}'=0\\ x'=0,\ y'=0,\ z'=0\end{aligned}\tag{b}$$

则式(a)的解为

$$\begin{aligned}\dot{x}'=0,\ \dot{y}'=0,\ \dot{z}'=-gt\\ x'=0,\ y'=0,\ z'=-\frac{1}{2}gt^2\end{aligned}\tag{c}$$

式(c)是式（9-15）的零次近似解，即不考虑地球自转的自由落体公式，为了求一次近似解，可以将式(c)代入式（9-15）的右边，有

$$\ddot{x}'=2\omega gt\cos\varphi,\ \ddot{y}'=0,\ \ddot{z}'=-g\tag{d}$$

在相同的初始条件下，式(d)的解为

$$\begin{aligned}\dot{x}'=\omega gt^2\cos\varphi,\ \dot{y}'=0,\ \dot{z}'=-gt\\ x'=\frac{1}{3}\omega gt^3\cos\varphi,\ y'=0,\ z'=-\frac{1}{2}gt^2\end{aligned}\tag{e}$$

式(e)是式（9-15）的一次近似解。在式(b)的初始条件下，再积分可得二次近似解和更高次近似解，直到满足精度为止。

由式(e)可看出，落体已不再沿 z' 轴下落，而在 x' 轴方向有偏移，当下落高度 h 时，$z'=-h$，经历时间为

$$t=\sqrt{\frac{2h}{g}}$$

将此式代入式(e)的第 4 式，有

$$x'=\frac{2\omega h\cos\varphi}{3}\sqrt{\frac{2h}{g}}$$

此时 x' 为正值，偏移向东，这就是地球上的落体偏东现象。用类似的方法还可以计算地球上抛射体的偏移等问题。

思　考　题

9.1　当质点 M 沿曲线 AB 运动时，质点上所受的力能否出现思考题 9.1 图所示的各种情况？

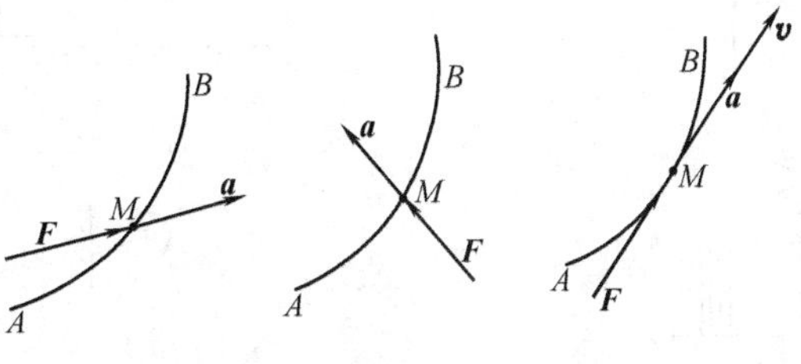

思考题 9.1 图

9.2　列车沿水平直线轨道行驶，若乘客不看窗外，有什么办法知道车的运动状态（匀速运动、加速运动、减速运动）？

9.3　有人说，质点的运动方向就是作用于质点上的合力方向。对吗？为什么？

9.4　如思考题 9.4 图所示，管 OA 内有一小球 M，管壁光滑。当管 OA 在水平面内绕铅直轴 O 转动时，小球为什么向管口运动？

9.5　用一细绳将小球 M 悬挂在 O 处，当小球在水平面内做圆周运动时，有人认为球上受到重力 $\boldsymbol{P}$、绳子张力 $\boldsymbol{F}_O$ 及向心力 $\boldsymbol{F}_C$ 的作用（见思考题 9.5 图）。对吗？为什么？

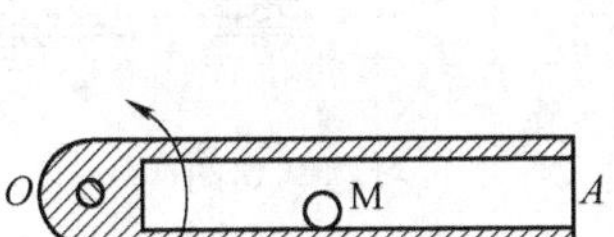

思考题 9.4 图

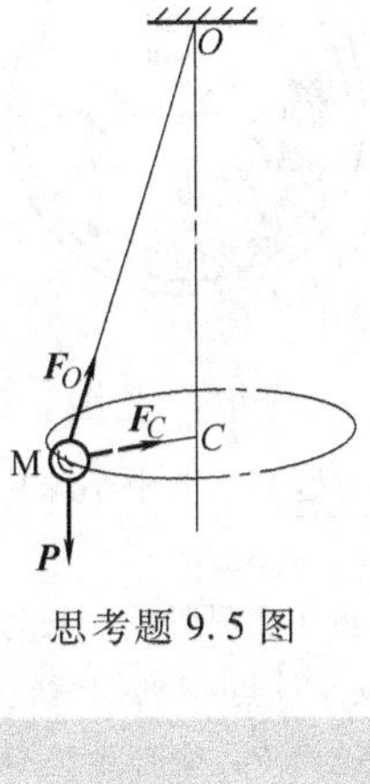

思考题 9.5 图

习　　题

9.1　质量为 100kg 的加料小车沿倾角为 75°的轨道被提升，小车速度随时间变化的规律如习题 9.1 图所示。试求在下列三段时间内钢丝绳的拉力：（1）$t=0\sim2$s；（2）$t=2\sim10$s；（3）$t=10\sim15$s。

9.2 物块 A、B，质量分别为 $m_1=100\text{kg}$，$m_2=200\text{kg}$，用弹簧联结如习题 9.2 图所示。设物块 A 在弹簧上按规律 $x=20\sin 10t$ 做简谐运动（x 以 mm 计，t 以 s 计），求水平面所受的压力的最大值与最小值。

9.3 将绳子的自由端以 1.02m/s 的恒定速度向下拉，从而使得质量为500g 的套筒 M 向左移动，求当 $l=50.8\text{cm}$ 时绳中的拉力。习题 9.3 图中长度单位为 m。

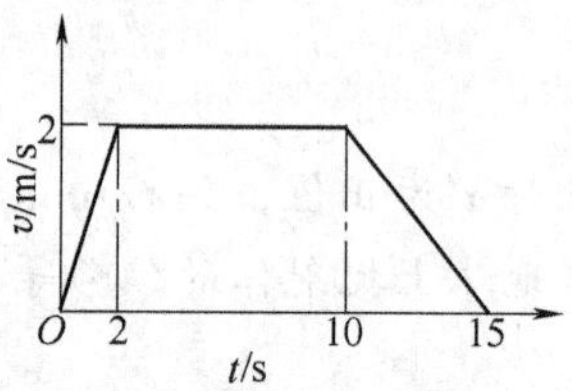

习题 9.1 图

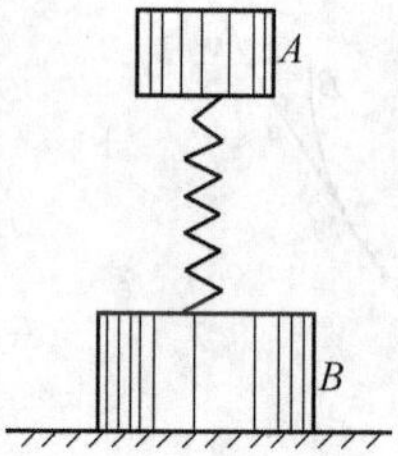

习题 9.2 图

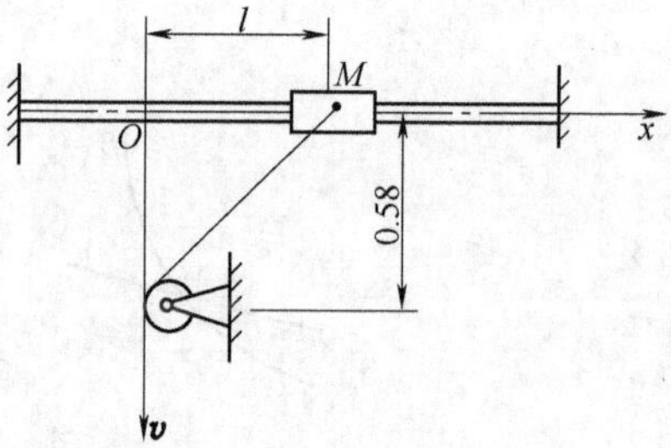

习题 9.3 图

9.4 如习题 9.4 图所示，当球磨机的圆筒转动时，带动钢球一起运动，使球转到一定角度 α 时下落撞击矿石。已知钢球转到 $\alpha=35°20'$时脱离圆筒，可得到最大打击力。设圆筒内径 $d=3.2\text{m}$，求圆筒应有的转速 n。

9.5 如习题 9.5 图所示，筛粉机的筛盘 CD 由曲柄连杆机构带动。已知曲柄 OA 以匀角速度 ω 转动，曲柄 OA 与连杆 AB 长度均为 l，石料与筛盘间摩擦因数为 f_s。为了使石料在筛中来回运动，问曲柄 OA 的角速度至少应多大？

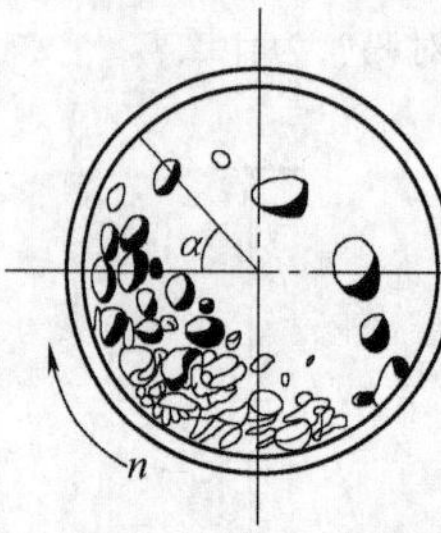

习题 9.4 图

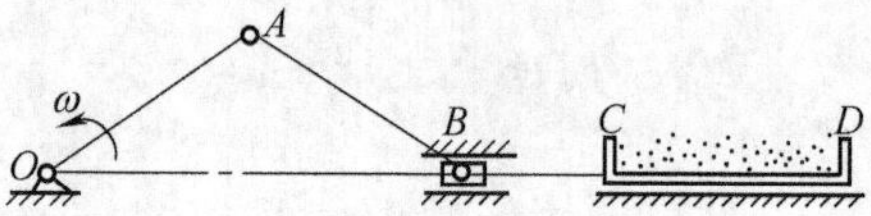

习题 9.5 图

9.6 在习题 9.6 图中小球从光滑半圆柱的顶点 A 无初速地下滑，求小球脱离半圆柱时的位置角 φ。

9.7 习题 9.7 图所示一长为 l 的锥摆，以匀角速度 ω 绕垂直轴转动，设摆锤重量为 $\boldsymbol{P}$，求绳子拉力及从悬挂点 O 到摆锤轨迹平面的距离 d。绳重不计。

9.8 半径为 R，偏心距为 $OC=d$ 的偏心轮，以角速度 ω 绕 O 轴匀速转动，并推动导板沿铅直轨道运动，如习题 9.8 图所示。导板顶部放一物块 M，其质量为 m。运动开始时 OC 位于水平面向右的位置。试求：(1) 物块 M 对导板的最大压力；(2) 使物块 M 不脱离导板的最大角速度 $\omega_{\max}$。

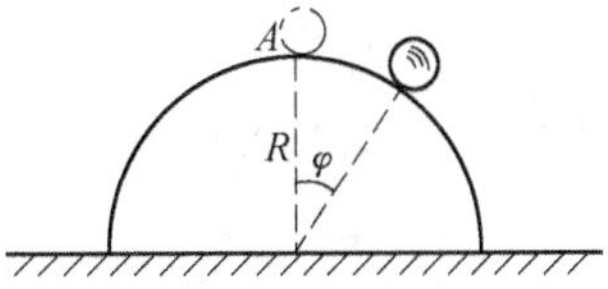

习题 9.6 图

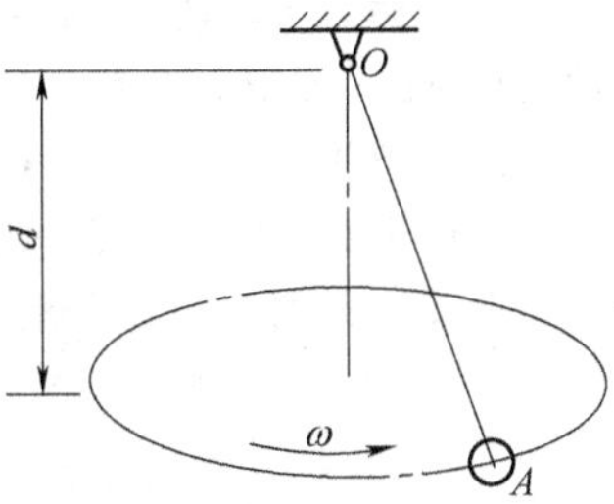

习题 9.7 图

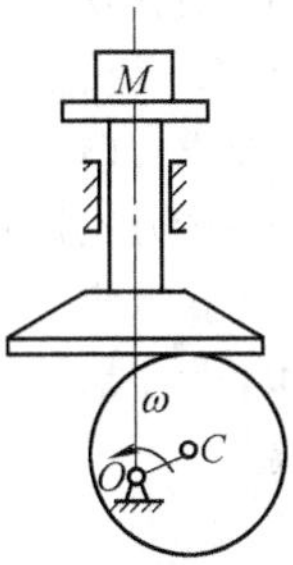

习题 9.8 图

9.9　电车司机借逐渐开启变阻器来增加电车的牵引力 $\boldsymbol{F}$，使力 $\boldsymbol{F}$ 的大小由零开始与时间成正比地增加，每秒增加 1176N，已知电车的质量为 10^4kg，初速 $v_0=0$，最大摩擦阻力 $F_s=1960$N。试求电车的运动方程。

9.10　排水量为 1×10^9N 的轮船，以 8m/s 的速度航行。水的阻力与轮船速度平方成正比，在速度为 1m/s 时为 3×10^5N。问当轮船关闭马达后，速度降至 4m/s 时，轮船航行了多少路程？需用多少时间？

9.11　设将一物体自高 h 处以初速度 v_0 水平抛出，如习题 9.11 图所示，设空气阻力为 $\boldsymbol{F}=-km\boldsymbol{v}$，其中 m 为物体的质量，v 为物体的速度，k 为常数，求物体的运动方程。

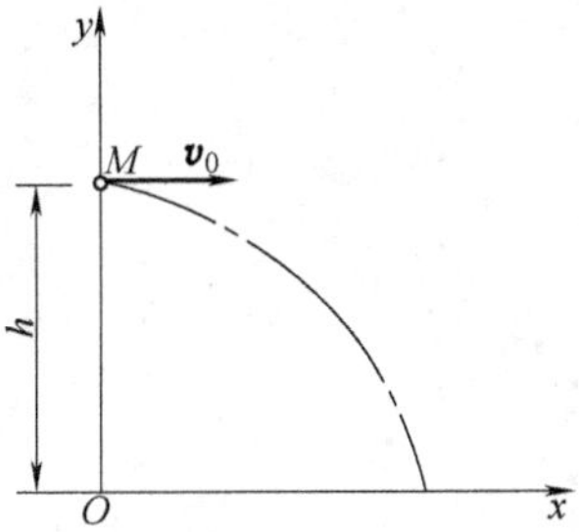

习题 9.11 图

9.12　曲柄 OC 在水平面内以匀角速度 ω 绕铅直轴 O 转动。压紧弹簧使得销钉 A 沿着固定偏心轮的轮廓运动如习题 9.12 图所示。已知销钉的质量为 m，当 $\theta=\pi/2$ 时，弹簧对销钉的压力为 $\boldsymbol{F}_N$，不计所有接触处的摩擦，求该瞬时曲柄 OB 对销钉的横向压力。

9.13　如习题 9.13 图所示，火车以 $v=72$km/h 的速度沿经线北行，列车质量为 $m=200\times10^3$kg。试求在北纬 45°时，由于地球自转火车施于轨道的侧压力。

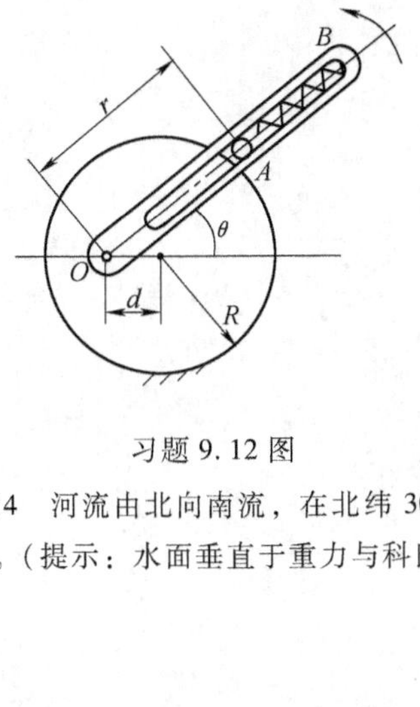

习题 9.12 图

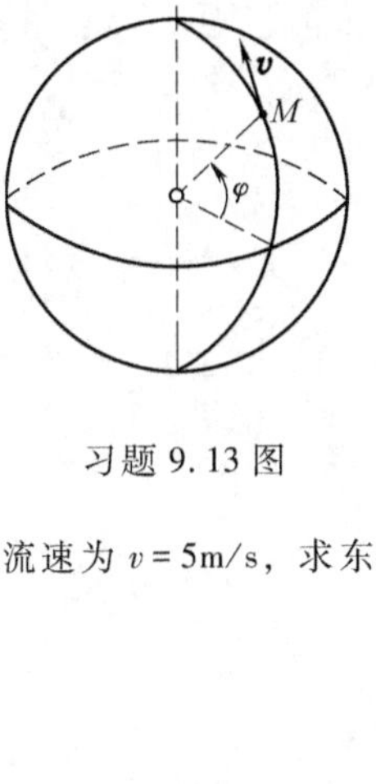

习题 9.13 图

9.14　河流由北向南流，在北纬 30°处，河面宽 1000m，流速为 $v=5$m/s，求东西两岸水面高度差。（提示：水面垂直于重力与科氏力的合力。）

9.15　圆管 OA 在水平面内以角速度 ω 绕铅直轴 O 匀速转动，管内有一质点 M，其质量为 m，由长为 l_1 的细绳系于转轴 O，如习题 9.15 图所示。试求：(1) 细绳断后，质点相对圆管的运动规律。(2) 细绳断后，任一瞬时 t 质点对管壁的侧压力。设 $OA=l_2$。

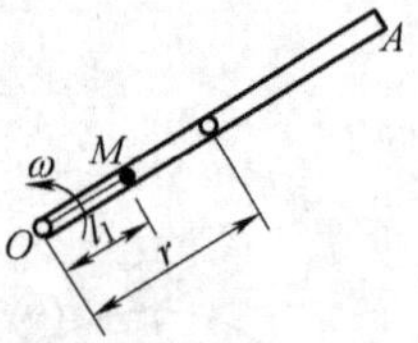

习题 9.15 图

9.16　在地球表面北纬角 φ 处，以初速度 v_0 铅直上抛一质量为 m 的质点 M。由于地球自转的影响，求质点 M 回到地表面的落点与上抛点的偏离。

第 10 章

动量定理和动量矩定理

由上一章知道，利用质点运动微分方程可求解质点动力学问题。但是，只有在特殊情形下才能把物体抽象化为质点，在一般情况下和多数工程技术问题中，应将所研究的物体抽象化为质点系。从理论上看，解决质点系动力学问题可以把质点运动微分方程应用于质点系中的每个质点，加上表达各质点间联系形式的约束方程和运动初始条件，就可以求出各质点的运动情况，从而解决质点系的动力学问题。但在多数情形下，将会遇到难以克服的数学上的困难。

在许多动力学问题中，并不一定要知道每个质点的运动，而只要知道其整体运动的某些特征量，如刚体质心的运动和绕质心的转动等，也就完全确定了整个质点系的运动。因此，为了迅速而有效地解决质点系动力学问题，从本章开始研究动力学的普遍定理，包括动量定理、动量矩定理、动能定理以及由这三个基本定理所推导出来的一些定理。

动力学普遍定理反映了力学现象各个不同方面的普遍性质，建立了质点系整体运动状态的物理量与其上作用力系的关系。应用普遍定理求解动力学问题，有利于更深入地了解机械运动的性质，认识机械运动的普遍规律。

本章将研究动量定理和动量矩定理，它们是力系的主矢和主矩运动效应的反映。

10.1 质点系的质量几何性质

质点系在某一力系作用下的运动不仅与质点系的质量大小有关，而且还与质点系的质量分布情况有关。本节介绍表征质量分布特征的两个物理量——质心和刚体对轴的转动惯量。

10.1.1 质点系的质心

质点系的质量中心称为质心。设质点系中任一质点的质量为 m_i，它在固定坐标系 $Oxyz$ 的位置由矢径 $\boldsymbol{r}_i$ 表示，则质点系的质心位置由下式确定：

$$\boldsymbol{r}_C = \frac{\sum_{i=1}^{n} m_i \boldsymbol{r}_i}{\sum_{i=1}^{n} m_i} = \frac{\sum_{i=1}^{n} m_i \boldsymbol{r}_i}{m} \tag{10-1}$$

式中，$\boldsymbol{r}_C$ 为质心 C 的矢径；$m=\sum m_i$ 是质点系的总质量。

将式（10-1）分别向直角坐标系 $Oxyz$ 的三个轴投影，可得质心的坐标公式

$$x_C=\frac{\sum m_i x_i}{m},\ y_C=\frac{\sum m_i y_i}{m},\ z_C=\frac{\sum m_i z_i}{m} \tag{10-2}$$

质心的位置反映了质点系各质点质量分布的情形。若将式（10-2）中各式等号右边的分子与分母同乘以重力加速度 g，就变成重心的坐标公式（参看式（2-19））。可见，在重力场内，质点系的质心与重心相重合，因此，可通过静力学中所介绍的求重心的各种方法，找出质心的位置坐标。

但是，质心和重心是两个不同的概念。重心是质点系的重力的作用点，它仅在重力场内才有意义，而质心与所受的力无关，它是表征质点系质量分布情况的一个几何点。由质量存在的广泛性决定了质心概念比重心概念广泛得多。

10.1.2 刚体对轴的转动惯量

在物理学里研究刚体绕定轴转动的问题时，已遇到过转动惯量这个物理量。所谓刚体对轴 z 的转动惯量，是刚体内各质点的质量与其到轴 z 的垂直距离平方之乘积的总和，以 J_z 表示，则

$$J_z=\sum m_i r_i^2 \quad 或 \quad J_z=\int_m r^2\mathrm{d}m \tag{10-3}$$

转动惯量恒为正值，它的大小由刚体的质量、质量分布以及转轴位置这三个因素共同决定。所以，当谈到刚体的转动惯量时，应指明它是对哪个轴而言的。例如，脚标 z 表示 J_z 是刚体对轴 z 的转动惯量。

刚体对某轴的转动惯量是刚体对该轴转动惯性大小的度量。在工程实际中，常根据工作需要来确定转动惯量的大小。例如，为了使受有周期性负荷的冲床、剪床等运转平稳，常在其转轴上安装一个转动惯量较大的飞轮，而为了提高测量仪表的灵敏度，又要使其转动部件的转动惯量尽量小。

转动惯量的单位在国际单位制中为 $\mathrm{kg\cdot m^2}$。

下面介绍刚体转动惯量的几种计算方法。

（1）按照公式（10-3）计算转动惯量

对于简单均质形状刚体的转动惯量可用积分法求得。

【例 10.1】 设均质细长杆长为 l，质量为 m，求其对于过质心 C 且与杆的轴线垂直的轴 z 的转动惯量。

【解】 建立如图 10-1 所示坐标，取微段 $\mathrm{d}x$，其质量为 $\mathrm{d}m=\frac{m}{l}\mathrm{d}x$，则此杆对于轴 z 的转动惯量为

$$J_z=2\int_0^{\frac{l}{2}}\frac{m}{l}x^2\mathrm{d}x=\frac{ml^2}{12}$$

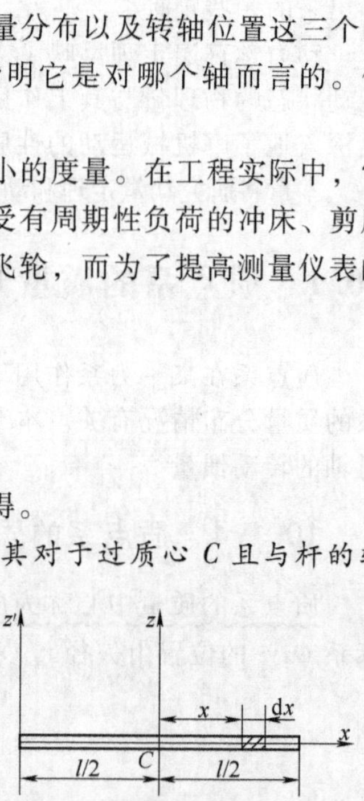

图 10-1

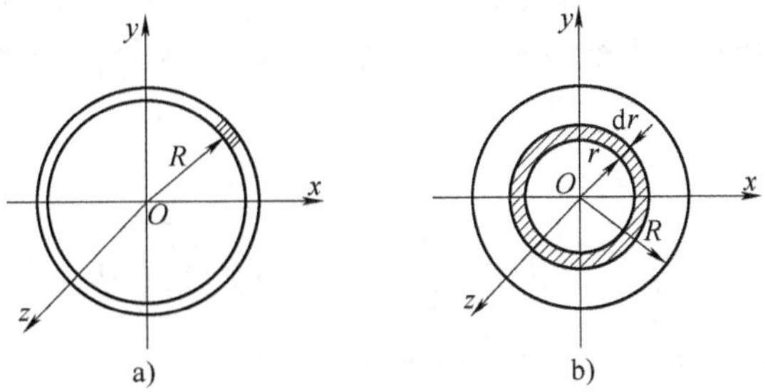

图　10-2

【例 10.2】　如图 10-2a 所示，设均质细圆环的半径为 R，质量为 m，求其对于垂直于圆环平面且过中心 O 的轴 z 的转动惯量。

【解】　将圆环沿圆周分成许多微段，设每段的质量为 m_i，由于这些微段到中心轴的距离都等于半径 R，所以圆环对于中心轴 z 的转动惯量为

$$J_z = \sum m_i R^2 = R^2 \sum m_i = mR^2$$

【例 10.3】　如图 10-2b 所示，设均质薄圆板的半径为 R，质量为 m，求其对于垂直于板面且过中心 O 的轴 z 的转动惯量。

【解】　将圆板分为无数同心的细圆环，如图 10-2b 所示。任一圆环的半径为 r，宽度为 $\mathrm{d}r$，质量为 $\mathrm{d}m=\dfrac{m}{\pi R^2}2\pi r\mathrm{d}r=\dfrac{2m}{R^2}r\mathrm{d}r$，由上题知此圆环对于轴 z 的转动惯量为 $r^2\mathrm{d}m=\dfrac{2m}{R^2}r^3\mathrm{d}r$，于是整个圆板对于轴 z 的转动惯量为

$$J_z = \int_0^R \frac{2m}{R^2}r^3\mathrm{d}r = \frac{1}{2}mR^2$$

【例 10.4】　求均质薄圆板对于直径轴的转动惯量。

【解】　在图 10-2b 所示的坐标系中，薄圆板对于轴 x 和轴 y 的转动惯量，都是薄圆板对其直径轴的转动惯量，分别为

$$J_x = \sum m_i y_i^2, \qquad J_y = \sum m_i x_i^2$$

由均质圆板的对称性知：$J_x = J_y$，再由

$$J_z = \sum m_i r_i^2 = \sum m_i(x_i^2 + y_i^2) = J_x + J_y$$

于是得

$$J_x = J_y = \frac{1}{2}J_z = \frac{1}{4}mR^2$$

（2）回转半径（惯性半径）

设刚体的质量为 m，对轴 z 的转动惯量为 J_z，则由式

$$\rho_z = \sqrt{\frac{J_z}{m}} \tag{10-4a}$$

所定义的长度 ρ_z 称为刚体对轴 z 的回转半径。即若把刚体的全部质量集中于一点，使该质点对轴 z 的转动惯量恰等于刚体对轴 z 的转动惯量，则该质点到轴 z 的垂直距离就是回转半径。

例如

均质杆（见图 10-1）：　$m\rho_z^2=\frac{1}{12}ml^2$，　$\rho_z=\frac{\sqrt{3}}{6}l=0.289l$

均质圆环（见图 10-2a）：　$m\rho_z^2=mR^2$，　$\rho_z=R$

均质圆板（见图 10-2b）：　$m\rho_z^2=\frac{1}{2}mR^2$，　$\rho_z=\frac{\sqrt{2}}{2}R=0.707R$

不难看出，均质刚体的回转半径仅与其几何形状有关，而与刚体的密度无关。故几何形状相同的任何材料的均质刚体，其回转半径都相同。这样，对于用不同材料制成的零件，若已知其对轴 z 的回转半径 ρ_z，则零件对轴 z 的转动惯量可按下式计算：

$$J_z=m\rho_z^2 \tag{10-4b}$$

即刚体对轴 z 的转动惯量等于该刚体的质量与其对轴 z 的回转半径平方的乘积。

简单几何形状或几何形状已标准化的零件的回转半径可在有关的机械工程手册中查得。

在本书附录 B-3 的表中列出了几种常见的均质刚体的转动惯量，以供参考。

(3) 转动惯量的平行轴定理

手册中给出的转动惯量一般都是对于通过质心的轴的转动惯量，但有时还需知道对于不通过质心的轴的转动惯量，因此需要研究刚体对于两平行轴的转动惯量之间的关系。转动惯量的平行轴定理就可以说明该关系。该定理为：刚体对某一轴 z' 的转动惯量，等于它对通过质心 C 并与轴 z' 平行的轴的转动惯量，加上刚体质量 m 与两轴距离 d 的平方的乘积，写成公式为

$$J_{z'}=J_z+md^2 \tag{10-5}$$

证明：作直角坐标系 $O'x'y'z'$，以及与之平行的质心坐标系 $Cxyz$，并设 y' 与 y 轴重合，如图 10-3 所示。因

$$J_{z'}=\sum m_i r_i'^2,\quad J_z=\sum m_i r_i^2$$

而

$$r_i'^2=x_i'^2+y_i'^2,\quad r_i^2=x_i^2+y_i^2$$

由图示坐标，有

$$x'_i=x_i,\quad y'_i=y_i+d$$

于是对轴 z' 的转动惯量为

$$J_{z'}=\sum m_i r_i'^2=\sum m_i(x_i'^2+y_i'^2)$$
$$=\sum m_i(x_i^2+y_i^2+2y_i d+d^2)$$

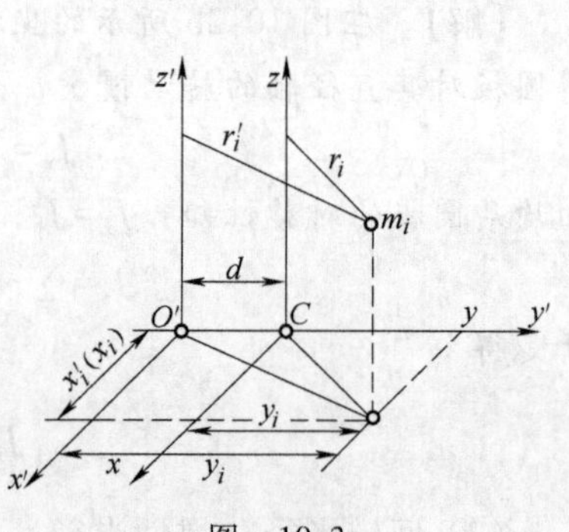

图　10-3

$$= \sum m_i(x_i^2+y_i^2)+2d\sum m_iy_i+d^2\sum m_i$$

因 $Cxyz$ 坐标系的原点为质心 C，故

$$\sum m_iy_i = my_C = 0$$

即

$$J_z{}' = J_z + md^2$$

例如，均质杆对通过端点并与杆垂直的轴 z'（参看图 10-1）的转动惯量为

$$J_z{}' = J_z + m\left(\frac{l}{2}\right)^2 = \frac{ml^2}{12} + \frac{ml^2}{4} = \frac{ml^2}{3}$$

由转动惯量的平行轴定理可知，刚体对于通过质心的轴的转动惯量最小。

（4）计算刚体转动惯量的组合法

当刚体由几个几何形状简单的物体组成时，计算整体（刚体系）的转动惯量可先分别计算每一部分（刚体）的转动惯量，然后再合起来。如果刚体有空心的部分，可把这部分转动惯量视为负值处理。

【例 10.5】 钟摆可简化为如图 10-4 所示。已知均质杆和均质圆盘的质量分别为 m_1 和 m_2，杆长为 l，圆盘直径为 d，求摆对通过悬挂点 O 的水平轴的转动惯量。

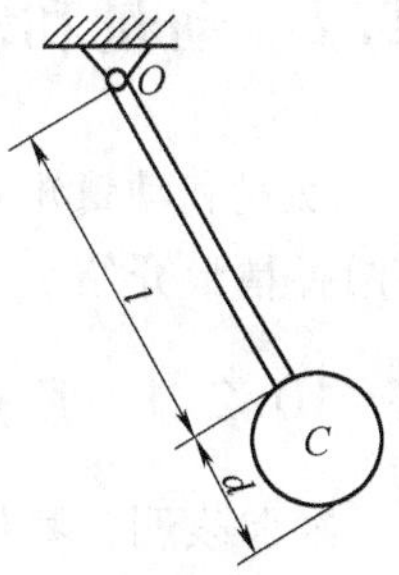

图　10-4

【解】 摆对于水平轴 O 的转动惯量为

$$J_O = J_{O杆} + J_{O盘}$$

其中

$$J_{O杆} = \frac{1}{3}m_1l^2$$

设 J_C 为圆盘对于中心 C 的转动惯量，则

$$J_{O盘} = J_C + m_2\left(l+\frac{d}{2}\right)^2 = \frac{1}{2}m_2\left(\frac{d}{2}\right)^2 + m_2\left(l+\frac{d}{2}\right)^2 = m_2\left(\frac{3}{8}d^2 + l^2 + ld\right)$$

于是得

$$J_O = \frac{1}{3}m_1l^2 + m_2\left(\frac{3}{8}d^2 + l^2 + ld\right)$$

【例 10.6】 如图 10-5 所示，均质空心薄圆板的质量为 m，内、外半径分别为 R_2、R_1，求对于中心轴 O 的转动惯量。

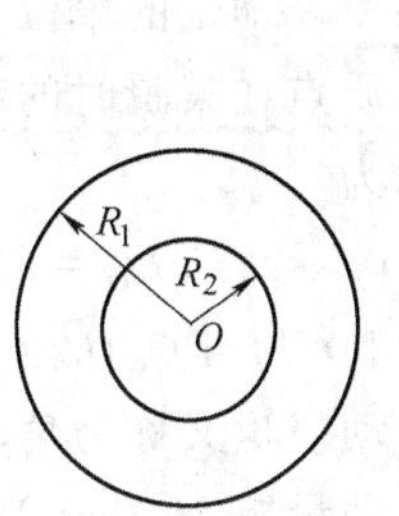

图　10-5

【解】 空心圆板可看成由两个实心圆板组成，内圆板的转动惯量取负值，即

$$J_O = J_1 - J_2$$

其中

$$J_1 = \frac{1}{2}m_1R_1^2,\quad J_2 = \frac{1}{2}m_2R_2^2$$

于是

$$J_O = \frac{1}{2}m_1R_1^2 - \frac{1}{2}m_2R_2^2$$

设空心圆板的厚度为 t，单位体积质量为 ρ，则

$$m_1 = \rho\pi R_1^2 t,\quad m_2 = \rho\pi R_2^2 t$$

空心圆板的质量为

$$m = m_1 - m_2 = \rho\pi t(R_1^2 - R_2^2)$$

代入计算转动惯量的式中，得

$$J_O = \frac{1}{2}\rho\pi t(R_1^4 - R_2^4) = \frac{1}{2}m(R_1^2 + R_2^2)$$

对于形状复杂或非均质刚体的转动惯量，计算较为麻烦，一般都采用实验方法求得。具体方法将在以后的有关章节中予以介绍。

10.2 动量和动量矩

动量和动量矩是量度物体机械运动强弱的两个重要物理量，下面分质点和质点系两种情形介绍。

10.2.1 质点的动量和动量矩

经验表明，物体在传递机械运动时产生的冲击力的大小，不仅与其速度有关，而且还与其质量有关。例如，子弹虽小，但速度很大，当它遇到障碍物时，产生很大的冲击力，足以穿入甚至穿透障碍物；轮船靠岸，速度虽小，但质量很大，若轮船与岸相撞，足以使船、岸撞坏。因此，可以用质点的质量与其速度的乘积来量度质点的机械运动。

设质点的质量为 m，某瞬时的速度为 $\boldsymbol{v}$，则定义 $m\boldsymbol{v}$ 为质点在该瞬时的动量。质点的动量是矢量，其方向与质点速度方向相同，大小等于质点的质量与速度大小的乘积。动量的单位在国际单位制中是 kg · m/s。

质点在某瞬时的动量 $m\boldsymbol{v}$ 对任一点 O 之矩定义为该瞬时质点对点 O 的动量矩，表示为

$$\boldsymbol{L}_O = \boldsymbol{M}_O(m\boldsymbol{v}) = \boldsymbol{r} \times m\boldsymbol{v} \tag{10-6}$$

式中，$\boldsymbol{r}$ 为自点 O 至质点所作的矢径，如图 10-6 所示。动量矩又称为角动量。

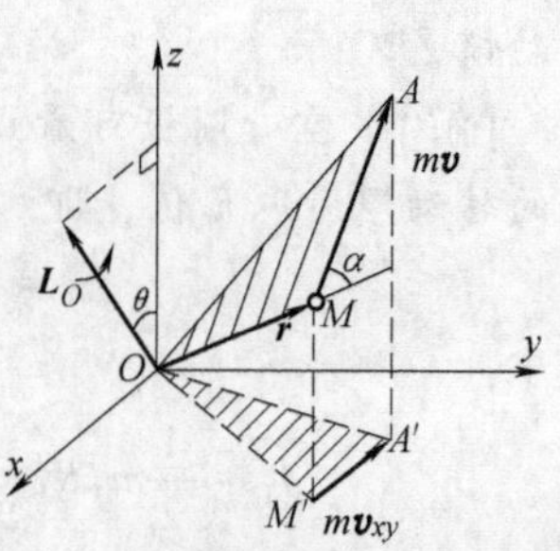

图 10-6

动量矩 $\boldsymbol{M}_O(m\boldsymbol{v})$ 的方位垂直于矢径 $\boldsymbol{r}$ 与 $m\boldsymbol{v}$ 所形成的平面，指向按照右手螺旋法确定，它的大小为

$$|\boldsymbol{M}_O(m\boldsymbol{v})| = mvr\sin\alpha = 2S_{\triangle OMA} \tag{10-7}$$

式中，$S_{\triangle OMA}$ 为 $\triangle OMA$ 的面积。

质点的动量 $m\boldsymbol{v}$ 在 Oxy 平面上的投影 $m\boldsymbol{v}_{xy}$ 对于点 O

之矩在 z 轴上的投影，定义为质点对于轴 z 的动量矩。对轴的动量矩是代数量，即

$$M_z(m\,v) = \pm 2S_{\triangle OM'A'} \tag{10-8}$$

式中，正负号的规定与力对轴之矩的正负号规定相同，$S_{\triangle OM'A'}$ 为 $\triangle OMA$ 在 xy 平面上投影的面积。

同力对点之矩与力对轴之矩的关系相似，质点对点 O 的动量矩在通过点 O 的任一轴上的投影，等于质点对该轴的动量矩，即

$$[\boldsymbol{M}_O(m\,v)]_z = M_z(m\,v) \tag{10-9}$$

动量矩的单位在国际单位制中为 $kg \cdot m^2/s$。

10.2.2　质点系的动量

设由 n 个质点组成的质点系，其中任一质点 M_i 的质量为 m_i，在某瞬时的速度为v_i，其动量为 m_iv_i，质点系的动量定义为

$$\boldsymbol{p} = \sum_{i=1}^{n} m_i\,v_i \tag{10-10a}$$

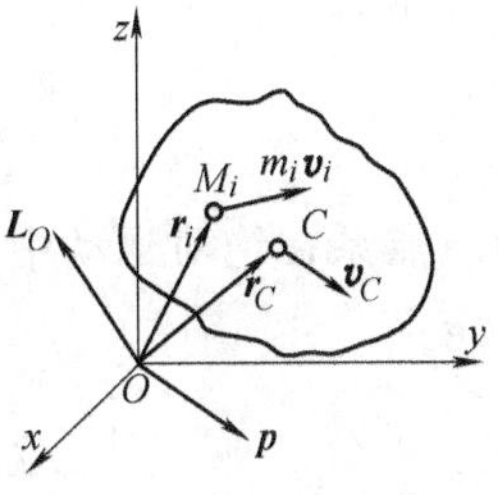

图　10-7

由质心公式（10-1），有

$$m\boldsymbol{r}_C = \sum m_i\boldsymbol{r}_i$$

将上式对时间求一阶导数，得

$$m\,v_C = \sum m_i\,v_i$$

即

$$\boldsymbol{p} = \sum m_i\,v_i = m\,v_C \tag{10-10b}$$

由此可见，无论是何种质点系，也无论质点系做何种运动，质点系的动量都等于质点系中各质点的动量的矢量和，或等于质点系的总质量与其质心速度的乘积。

10.2.3　质点系的动量矩

1. 质点系对固定点的动量矩

参看图 10-7，质点系对点 O 的动量矩定义为

$$\boldsymbol{L}_O = \sum_{i=1}^{n} \boldsymbol{M}_O(m_i\,v_i) = \sum_{i=1}^{n} \boldsymbol{r}_i \times m_i\,v_i \tag{10-11}$$

即质点系对点 O 的动量矩，等于质点系中各质点对点 O 的动量矩的矢量和。显然，质点系对不同的点有不同的动量矩。

质点系对某轴 z 的动量矩等于各质点对同一轴 z 的动量矩的代数和，即

$$L_z = \sum M_z(m_i\,v_i) \tag{10-12}$$

因$[\boldsymbol{L}_O]_z = \sum[\boldsymbol{M}_O(m_iv_i)]_z$，并注意到式（10-9）和式（10-12），有

$$[\boldsymbol{L}_O]_z = L_z \tag{10-13}$$

即质点系对某点 O 的动量矩矢在通过该点的某轴 z 上的投影等于质点系对该轴的动

量矩。

2. 质点系对动点的动量矩

如图 10-8 所示，设在惯性参考系 $Oxyz$ 中有任意一动点 A，点 A 在坐标系 $Oxyz$ 中的矢径为 $\boldsymbol{r}_A$，其速度为 v_A。现以点 A 为原点建立平动坐标系 $Ax'y'z'$，设质点系中任一质点 M_i 的质量为 m_i，相对于点 A 的矢径为 $\boldsymbol{\rho}_i$，相对于平动坐标系 $Ax'y'z'$的相对速度为 v_{ri}，则质点 M_i 的绝对速度为

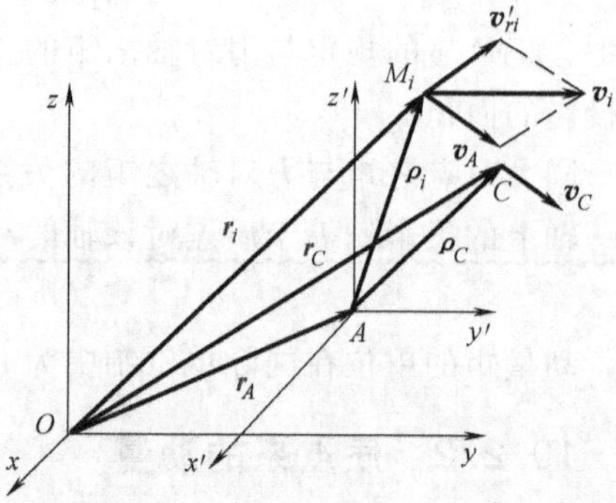

图 10-8

$$v_i = v_A + v'_{ri} \qquad (i=1,2,\cdots,n) \tag{10-14}$$

定义

$$\boldsymbol{L}_A = \sum_{i=1}^{n} \boldsymbol{M}_A(m_i v_i) = \sum_{i=1}^{n} \boldsymbol{\rho}_i \times (m_i v_i) \tag{10-15}$$

为质点系在绝对运动中对动点 A 的动量矩，也称为质点系对动点 A 的绝对动量矩。而定义

$$\boldsymbol{L}_{Ar} = \sum_{i=1}^{n} \boldsymbol{M}_A(m_i v_i') = \sum_{i=1}^{n} \boldsymbol{\rho}_i \times (m_i v_i') \tag{10-16}$$

为质点系在相对运动中对动点 A 的动量矩，也称为质点系对动点 A 的相对动量矩。

将式（10-14）代入式（10-15），并由平动坐标系 $Ax'y'z'$中的质心公式得

$$\boldsymbol{L}_A = \boldsymbol{\rho}_C \times m\, v_A + \boldsymbol{L}_{Ar} \tag{10-17}$$

式中，$\boldsymbol{\rho}_C$ 为质心在平动坐标系 $Ax'y'z'$下的位矢。

特别地，当动点 A 取为质点系的质心 C 时，$\boldsymbol{\rho}_C=0$，

$$\boldsymbol{L}_C = \boldsymbol{L}_{Cr} \tag{10-18}$$

即质点系在绝对运动中对质心的动量矩等于相对运动中对质心的动量矩。一般来说，$\boldsymbol{L}_{Cr}$要比 $\boldsymbol{L}_C$ 容易计算。

3. 质点系对固定点和动点的动量矩之间的关系

下面讨论质点系对任意定点 O 和动点 A 的动量矩 $\boldsymbol{L}_O$ 和 $\boldsymbol{L}_A$ 之间的关系。如图 10-8 所示，质点 M_i 在惯性参考系 $Oxyz$ 的矢径 $\boldsymbol{r}_i$ 和平动坐标系 $Ax'y'z'$的矢径 $\boldsymbol{\rho}_i$ 之间的关系为

$$\boldsymbol{r}_i = \boldsymbol{r}_A + \boldsymbol{\rho}_i \tag{10-19}$$

将其代入式（10-11），得

$$\boldsymbol{L}_O = \sum_{i=1}^{n} \boldsymbol{\rho}_i \times m_i v_i + \boldsymbol{r}_A \times \sum_{i=1}^{n} m_i v_i$$

上式右端第一项为质点系在绝对运动中对动点 A 的动量矩 $\boldsymbol{L}_A$，于是有

$$\boldsymbol{L}_O=\boldsymbol{L}_A+\boldsymbol{r}_A\times m\,\boldsymbol{v}_C \tag{10-20}$$

特别地，当动点 A 取为质点系的质心 C 时，

$$\boldsymbol{L}_O=\boldsymbol{L}_{Cr}+\boldsymbol{r}_C\times m\,\boldsymbol{v}_C \tag{10-21}$$

在实际应用中，动量矩的计算比较麻烦，下面就刚体做常见运动时进行讨论。

（1）刚体平动

刚体做平动时，其上各点的速度都相同，若用质心的速度$\boldsymbol{v}_C$ 代表各质点的速度$\boldsymbol{v}_i$，由式（10-11）有

$$\boldsymbol{L}_O=\sum\boldsymbol{r}_i\times m_i\,\boldsymbol{v}_i=(\sum m_i\boldsymbol{r}_i)\times\boldsymbol{v}_C=\boldsymbol{r}_C\times m\,\boldsymbol{v}_C \tag{10-22a}$$

式中，m 是刚体的质量；$\boldsymbol{r}_C$ 是质心相对 O 点的矢径（图 10-7），即平动刚体对某一点 O 的动量矩等于集中有刚体全部质量的质心点对点 O 的动量矩。同理可推出平动刚体对某轴的动量矩，等于集中有刚体全部质量的质心点对该轴的动量矩，即

$$L_z=M_z(m\,\boldsymbol{v}_C) \tag{10-22b}$$

（2）刚体定轴转动

在刚体定轴转动时，常常需要计算刚体对其转轴的动量矩。

设定轴转动刚体的角速度为 ω，其上任一点 M_i 的质量为 m_i，转动半径为 r_i，速度为$v_i(v_i=r_i\omega)$，由式（10-12）有

$$L_z=\sum M_z(m_i\,v_i)=(\sum m_ir_i^2)\,\omega=J_z\omega \tag{10-23}$$

式中，$J_z=\sum m_ir_i^2$ 是刚体对其转轴 z 的转动惯量，即定轴转动刚体对其转轴的动量矩，等于对转轴的转动惯量和刚体角速度的乘积。

一般情况下，定轴转动刚体对任一点的动量矩计算比较复杂，限于篇幅，本书不做介绍。

（3）刚体平面运动

这里只研究存在质量对称平面的平面运动刚体，且刚体在质量对称平面内运动，假定此平面为 Oxy 平面。这时，平面运动刚体对平面内任一固定点 O 的动量矩由式（10-21）确定，但是，由于各点的动量都在质量对称平面内，所以平面运动刚体对平面内任一固定点 O 的动量矩都垂直于此质量对称平面，即沿 z 轴方向，指向由右手螺旋法则确定，若规定大拇指指向与 z 轴正向一致为正，则动量矩可由一代数量表示，大小由下式确定

$$L_O=J_C\omega+M_O(m\,v_C) \tag{10-24}$$

【例 10.7】 定滑轮 A，动滑轮 B 和物体 C 用不可伸长的柔绳相连，如图 10-9 所示，设定滑轮 A 的质量为 m_1，半径为 R_1，对轴 O 的转动惯量为 J_1，动滑轮 B 的质量为 m_2，半径为 R_2，对其质心的转动惯量为 J_2，且有 $R_1=2R_2$，物体 C 的质量为 m_3，速度为v_3，求系统的动量和对定滑轮轴 O 的动量矩。

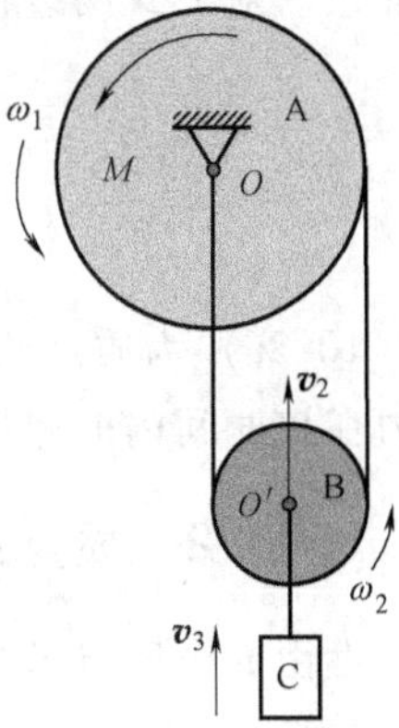

图　10-9

【解】(1) 分析运动：定滑轮 A 做定轴转动，动滑轮 B 做平面运动，物体 C 做平动，速度和角速度之间的关系为 $v_3=v_2=R_2\omega_2=\frac{1}{2}R_1\omega_1$。

(2) 计算系统的动量

$$\boldsymbol{p}=(m_2v_2+m_3v_3)\boldsymbol{j}=(m_2+m_3)v_3\boldsymbol{j}$$

(3) 计算系统的动量矩

$$L_O=L_{OA}+L_{OB}+L_{OC}$$
$$=J_1\omega_1+(J_2\omega_2+m_2v_2R_2)+m_3v_3R_2$$
$$L_O=\left(\frac{J_1}{R_2^2}+\frac{J_2}{R_2^2}+m_2+m_3\right)R_2v_3$$

10.3　动量定理

力系的主矢和主矩是确定力系对质点、质点系作用的两个基本物理量，动量和动量矩是表征质点、质点系机械运动的两个物理量，这两组物理量有何联系呢？本节研究力系主矢和质点、质点系动量之间的关系，这就是动量定理。

10.3.1　质点的动量定理

质量为 m 的质点，某瞬时的速度为$\boldsymbol{v}$，所受合力为 $\boldsymbol{F}$，由牛顿第二定律有

$$m\boldsymbol{a}=m\frac{\mathrm{d}\boldsymbol{v}}{\mathrm{d}t}=\boldsymbol{F}$$

即

$$\frac{\mathrm{d}(m\boldsymbol{v})}{\mathrm{d}t}=\boldsymbol{F}$$

或

$$\mathrm{d}(m\boldsymbol{v})=\boldsymbol{F}\mathrm{d}t \tag{10-25}$$

式 (10-25) 为质点动量的微分形式，即质点动量的增量等于作用于质点上合力的元冲量。对上式两边积分有

$$\int_{v_1}^{v_2}\mathrm{d}(m\boldsymbol{v})=\int_{t_1}^{t_2}\boldsymbol{F}\mathrm{d}t$$

$$m\boldsymbol{v}_2-m\boldsymbol{v}_1=\int_{t_1}^{t_2}\boldsymbol{F}\mathrm{d}t=\boldsymbol{I}_{\mathrm{e}} \tag{10-26}$$

式 (10-26) 为质点动量定理的积分形式，即在某一时间间隔内，动量的增量等于合力在该时间内的冲量。

10.3.2　质点系的动量定理

设由 n 个质点组成的质点系，其中第 i 个质点的质量为 m_i，某瞬时速度为 $\boldsymbol{v}_i$，外界物体对该质点作用的力为 $\boldsymbol{F}_{\mathrm{e}i}$，称为外力，质点系内其他质点对该质点的作用

力为 $\boldsymbol{F}_{ii}$，称为内力。根据牛顿第二定律，有

$$m_i \frac{\mathrm{d} \boldsymbol{v}_i}{\mathrm{d}t} = \boldsymbol{F}_{ei} + \boldsymbol{F}_{ii} \qquad (i = 1, 2, \cdots, n)$$

注意到式中 m_i 是常量，将这 n 个方程加起来，并考虑到内力总是大小相等、方向相反地成对出现，内力的矢量和等于零，即 $\sum \boldsymbol{F}_{ii}=0$，于是有

$$\sum_{i=1}^{n} \frac{\mathrm{d}}{\mathrm{d}t}(m_i \boldsymbol{v}_i) = \sum \boldsymbol{F}_{ei}$$

由于 $\sum \frac{\mathrm{d}}{\mathrm{d}t}(m_i \boldsymbol{v}_i) = \frac{\mathrm{d}}{\mathrm{d}t}(\sum m_i \boldsymbol{v}_i) = \frac{\mathrm{d}\boldsymbol{p}}{\mathrm{d}t} = \dot{\boldsymbol{p}}$，于是上式可写为

$$\dot{\boldsymbol{p}} = \sum_{i=1}^{n} \boldsymbol{F}_{ei} \tag{10-27a}$$

此式表明，质点系的动量对时间的一阶导数等于外力系的主矢，这称为微分形式的质点系动量定理。应用时常写成直角坐标的投影形式

$$\dot{p}_x = \sum F_{eix}, \quad \dot{p}_y = \sum F_{eiy}, \quad \dot{p}_z = \sum F_{eiz} \tag{10-27b}$$

将式（10-27a）中的两边同乘以 dt，并在时间间隔 $t_2 - t_1$ 内进行积分，可得

$$\boldsymbol{p}_2 - \boldsymbol{p}_1 = \int_{t_1}^{t_2} \sum \boldsymbol{F}_{ie} \mathrm{d}t = \boldsymbol{I}_e \tag{10-28a}$$

式中，$\sum \boldsymbol{F}_{ei}\mathrm{d}t$ 称为外力系主矢的元冲量；$\boldsymbol{I}_e = \int_{t_1}^{t_2} \sum \boldsymbol{F}_{ei}\mathrm{d}t$ 是其冲量。此式表明，质点系动量的改变量等于外力系主矢的冲量。这称为积分形式的质点系动量定理。写成直角坐标投影形式，有

$$\begin{cases} p_{2x} - p_{1x} = I_{ex} \\ p_{2y} - p_{1y} = I_{ey} \\ p_{2z} - p_{1z} = I_{ez} \end{cases} \tag{10-28b}$$

10.3.3 质心运动定理

由式（10-10b）知，质点系的动量为

$$\boldsymbol{p} = \sum m_i \boldsymbol{v}_i = m \boldsymbol{v}_C$$

将此式对时间求一阶导数

$$\dot{\boldsymbol{p}} = m \dot{\boldsymbol{v}}_C = m\boldsymbol{a}_C$$

代入式（10-27a），有

$$m\boldsymbol{a}_C = \sum_{i=1}^{n} \boldsymbol{F}_{ei} \tag{10-29a}$$

此式表明，质点系的质量与质心加速度的乘积等于外力系的主矢，这称为质点系的质心运动定理，它是质点系动量定理的又一种形式。在应用时常写成投影形式，若将式（10-29a）向直角坐标轴投影，有

$$\begin{cases} ma_{Cx} = \sum F_{eix} \\ ma_{Cy} = \sum F_{eiy} \\ ma_{Cz} = \sum F_{eiz} \end{cases} \tag{10-29b}$$

若质心的运动轨迹已知，可将式（10-28a）向自然轴投影，有

$$ma_{C\tau} = \sum F_{ei\tau}, \quad ma_{Cn} = \sum F_{ein}, \quad 0 = \sum F_{eib} \tag{10-29c}$$

质心运动定理在理论上和实际中都具有重要的意义。由式（10-29a）知，质心运动定理与牛顿第二定律（或质点运动微分方程）具有完全相同的形式。这就是说，在研究质点系质心的运动时，无论是什么样的质点系，也无论质点系作什么样的运动，都可以假想地将质点系的质量和所受外力都集中在质心，当作质点一样列出其运动微分方程，该微分方程所确定的运动就是质心这一几何点的运动。如果所研究的质点系是刚体，求出质心运动以后，再由其他定理求出刚体绕质心的转动，则刚体的运动就完全确定。对于平动刚体，只需知道其质心的运动即可。因此，质心运动定理在刚体动力学中具有非常重要的意义。

在求解刚体系统的动力学问题时，为了方便，常将式（10-29a）改写成

$$\sum m_i \boldsymbol{a}_i = \sum \boldsymbol{F}_{ei} \tag{10-30a}$$

式中，$\sum m_i\boldsymbol{a}_i = m\boldsymbol{a}_C$，它是由质心公式（10-1）对时间求二阶导数后得到的。其中 m_i、$\boldsymbol{a}_i$ 分别是刚体系统中第 i 个刚体的质量和质心加速度。若向直角坐标轴投影，有

$$\sum m_i a_{ix} = \sum F_{eix}, \quad \sum m_i a_{iy} = \sum F_{eiy}, \quad \sum m_i a_{iz} = \sum F_{eiz} \tag{10-30b}$$

由质心运动定理还可知，质心的运动完全决定于质点系的外力，而与质点系的内力无关。例如，当汽车启动时（见图 10-10），作为内力的发动机中的燃气压力并不能直接产生质心加速度，使汽车前进，而是当发动机运转时，燃气压力可通过传动机构促使主动轮（一般是后轮）相对于车身转动，这时，主动轮上与地面接触的点 A 有向后滑动的趋势，于是地面在该点产生对车轮的向前摩擦力 $\boldsymbol{F}_{s1}$ 来阻止这种滑动。正是这个摩擦力 $\boldsymbol{F}_{s1}$ 才是汽车启动的外力，它是有用摩擦力。将车轮的外胎做成各种花纹，就是为了使车轮与地面的摩擦因数增大，从而增大有用摩擦力。冰冻天气由于路面很光滑，常在汽车轮子上缠防滑链，或在火车的铁轨上喷砂，这些做法都是为了提高摩擦因数，增大有用摩擦力。汽车的前轮一般是被动轮（不受发动机的传动）。它是被车身通过轮轴推动着向前滚动的，在启动和向前加速时，被动轮受到小量的向后摩擦力 $\boldsymbol{F}_{s2}$，该力使汽车质心减速，是有害摩擦力。当汽车制动时，闸块与车轮间的摩擦力也是内力，它也不能直接改变汽车质心的运动状态，但能阻止车轮相对于车身转动，结果接触点 A 就有滑动趋势，引起路面对车轮的向后摩擦力，这个力使汽车减速。如果路面是绝对光滑的，则发动机和制动器都丝毫不能改变汽车质心的运动。

又如，空中飞行的弹丸如不计空气阻力，则其质心将沿抛物线轨道运动。假设弹丸在空中爆炸，爆炸力是内力，只能使爆炸后弹丸的各个碎片的运动重新分配，

各碎片可以脱离轨道四散分开，但所有碎片（包括火药爆炸余物）组成系统的质心仍将继续沿爆炸前弹丸质心的抛物线轨道运动，直到任一弹片碰到其他物体为止。工程上常用的定向爆炸施工法，就是利用了这一道理。假定要把 A 处的土石方采用定向爆破的方法抛掷到 B 处，如图 10-11 所示，这时可以把被炸掉的土石方 A 看做一质点系，如不计空气阻力，质心将沿抛物线轨迹运动。根据地形、地层结构、炸药性能以及爆破施工技术等因素，要合理地选取初速度 v_0 的大小和方向，以便使抛物线通过土石方预定集中的低凹处 B。

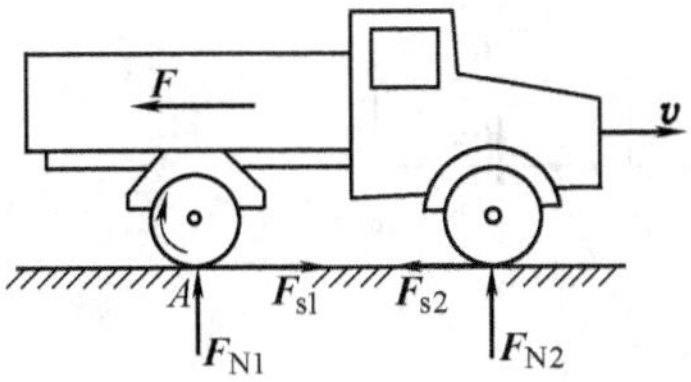

图　10-10

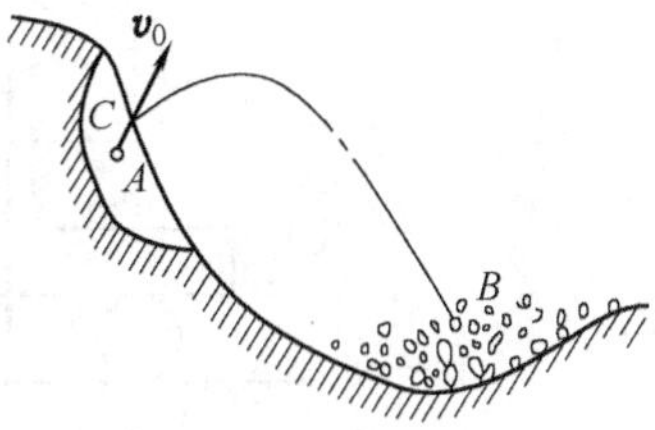

图　10-11

10.3.4　动量守恒

现在讨论动量守恒定理（或质心运动守恒）的两种情形。

（1）若 $\sum \boldsymbol{F}_{ei}=0$，由式（10-27a）知

$$\boldsymbol{p}=\sum m_i\, \boldsymbol{v}_i = \text{常矢量}$$

或由式（10-29a）知

$$\boldsymbol{a}_C=0,\ \boldsymbol{v}_C=\text{常矢量}$$

即：当作用于质点系的外力系的主矢恒等于零时，质点系的动量守恒或质心做惯性运动。

（2）若 $\sum F_{eix}=0$，由式（10-27b）知

$$p_x=\sum m_i v_{ix}=\text{常量}$$

或由式（10-29b）知

$$a_{Cx}=0,\ v_{Cx}=\text{常量}$$

即：当作用于质点系的所有外力在某轴上投影的代数和恒等于零时，质点系的动量在该轴上的投影守恒，或质心的速度在该轴上的投影是常量。

上述守恒情况的各常矢量（常量）均由运动的初始条件确定。若开始静止，在情形（1）中，质心位置始终保持不变；在情形（2）中，质心沿 x 轴的坐标保持不变。

质点系动量守恒的现象很多。例如，停在静水上不动的小船，人与船一起组成一质点系。当人从船头向船尾走去的同时，船身一定向前移动。这是因为，当水的阻力很小可以略去不计时，在水平方向只有人与船相互作用的内力，质点系的动量

在水平方向保持不变，当人获得向后的动量时，船必须获得向前的动量，保持水平动量恒等于零。或因为质心水平坐标守恒，当人向后移动时，船必须向前移动，保持质心位置不变。

在工程实际中，喷气式飞机和火箭在水平飞行时都按照动量守恒的规律运动。如水平运动的火箭壳体与燃料组成一质点系，虽然燃料燃烧产生的气体压力是内力，不能改变整体的水平动量，但当气体向后喷出获得动量时，气体压力使火箭获得向前的动量，于是火箭以不断增加的速度向前运动，而质点系的水平总动量保持不变。

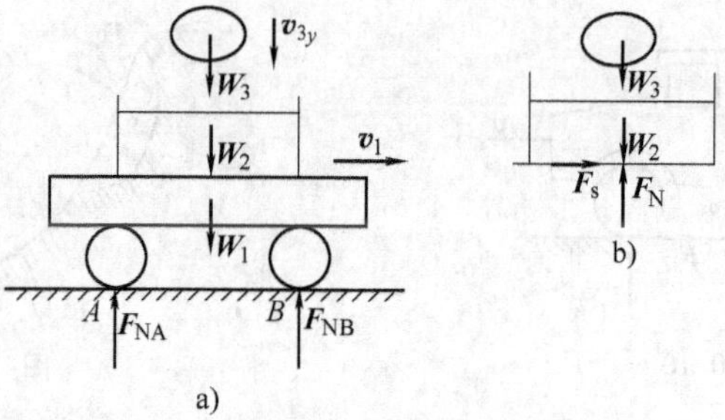

图　10-12

【例 10.8】　小车重 $W_1=2\text{kN}$，车上载一沙箱，沙与箱共重 $W_2=1\text{kN}$，车以 1.5m/s 的速度在光滑的直线轨道上运动，今有一重 $W_3=0.5\text{kN}$ 的物体以 0.4m/s 的速度铅垂地落入沙箱，如图 10-12a 所示。历时 0.2s 后，箱与车以相同的速度运动。求此相同的速度以及箱与车的平均作用力。

【解】　(1) 选取研究对象：小车、沙箱和重物组成的质点系。

分析外力：如图 10-12a 所示，系统所受外力均沿铅垂方向，故外力系在水平方向上的投影为零，系统水平动量守恒。

分析运动：重物落入沙箱前的瞬时，重物速度 $v_{3y}=-0.4\text{m/s}$，小车与箱的速度 $v_{1x}=1.5\text{m/s}$，历时 $\tau=0.2\text{s}$ 后，箱与车以相同速度 $\boldsymbol{u}$ 做水平直线运动。

列动力学方程求解：

$$\sum F_{eix}=0:\ p_x=\text{常量}$$

瞬时 t：　$p_{1x}=\dfrac{W_1+W_2}{g}v_{1x}+\dfrac{W_3}{g}\cdot 0=\dfrac{W_1+W_2}{g}v_{1x}$

瞬时 $t+\tau$：　$p_{2x}=\dfrac{W_1+W_2+W_3}{g}u$

由 $p_{1x}=p_{2x}$，得箱与车的共同速度为

$$u=\frac{W_1+W_2}{W_1+W_2+W_3}v_{1x}=1.29\text{m/s}$$

(2) 为求箱与车之间的平均作用力，需选取沙箱和重物为研究对象。

分析外力：当重物落入沙箱时，箱子的速度首先减低，而与车有一个相对滑动

的阶段，故水平方向有阻碍其滑动的摩擦阻力，如图 10-12b 所示。

分析运动：由题意和上述解知重物和沙箱两个时刻的速度，这就是重物下落时的速度 v_{3y}、小车与箱的速度 v_{1x} 和历经 τ 秒后的共同速度 u。

列动力学方程求解：应用动量定理的积分形式（10-28b），有

$$p_{2x}-p_{1x}=\int_{t_1}^{t_2}\sum F_{ix}\mathrm{d}t:\quad \frac{W_2+W_3}{g}u-\frac{W_2}{g}v_{1x}=F_s\tau \tag{a}$$

$$p_{2y}-p_{1y}=\int_{t_1}^{t_2}\sum F_{iy}\mathrm{d}t:\quad 0-\frac{W_3}{g}v_{3y}=(F_N-W_2-W_3)\tau \tag{b}$$

代入数值，$v_{1x}=1.5\text{m/s}$，$v_{3y}=-0.4\text{m/s}$，$u=1.29\text{m/s}$，$W_2=1\text{kN}$，$W_3=0.5\text{kN}$，并解之，得

$$F_s=0.22\text{kN},\qquad F_N=1.60\text{kN}$$

【例 10.9】 电动机的外壳固定在水平基础上，定子重 P_1，转子重 P_2，如图 10-13 所示。转子的轴通过定子的质心 O，但由于制造误差，转子的质心 C 到 O 轴的距离为 d。已知转子以角速度 ω 匀速转动，求基础的约束力主矢 $\boldsymbol{F}$。

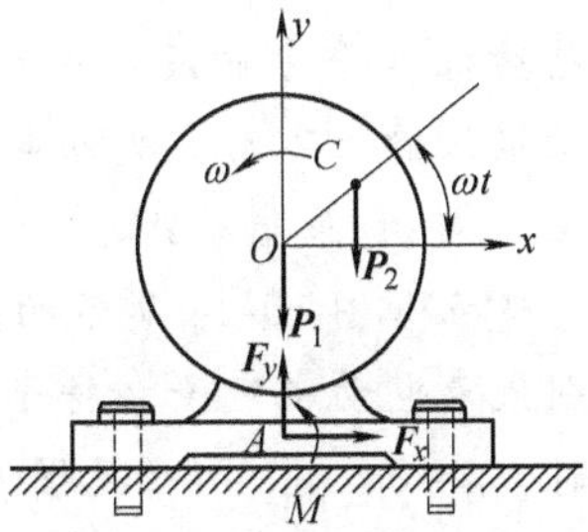

图　10-13

【解】（1）选取研究对象：电动机整体。

（2）分析外力：将基础的约束力简化在点 A，有 $\boldsymbol{F}_x$、$\boldsymbol{F}_y$ 和 M，如图所示。

（3）分析运动：定子不动，质心加速度为零，即 $\ddot{x}_O=\ddot{y}_O=0$；转子质心做匀速圆周运动，其法向加速度为 $d\omega^2$，在图示 x、y 轴上的投影为

$$\ddot{x}_C=-d\omega^2\cos\omega t,\qquad \ddot{y}_C=-d\omega^2\sin\omega t$$

（4）列动力学方程求解：

根据题意，由式（10-30b）求解比较方便。

$$\sum m_i\ddot{x}_i=\sum F_{eix}:\quad \frac{P_1}{g}\cdot 0+\frac{P_2}{g}(-d\omega^2\cos\omega t)=F_x$$

$$F_x=-\frac{P_2}{g}d\omega^2\cos\omega t$$

$$\sum m_i\ddot{y}_i=\sum F_{eiy}:\quad \frac{P_1}{g}\cdot 0+\frac{P_2}{g}(-d\omega^2\sin\omega t)=F_y-P_1-P_2$$

$$F_y=P_1+P_2-\frac{P_2}{g}d\omega^2\sin\omega t$$

当电动机不转时，基础只有向上的约束力 P_1+P_2，可称为静约束力（静反力）；电动机转动时的基础约束力可称为动约束力（动反力），动约束力与静约束力的差值是由于系统运动而产生的，可称为附加动约束力（附加动反力）。在此例

中，$\boldsymbol{F}_x$、$\boldsymbol{F}_y$ 中的附加动约束力均是随时间变化的周期函数，它们是由转子的偏心而产生的，是引起电动机和基础振动的一种干扰力。

基础约束力的最大值和最小值分别为

$$F_{x\max}=\frac{P_2}{g}d\omega^2,\quad F_{x\min}=0$$

$$F_{y\max}=P_1+P_2\left(1+\frac{d\omega^2}{g}\right),\quad F_{y\min}=P_1+P_2\left(1-\frac{d\omega^2}{g}\right)$$

【例 10.10】 在上例（例 10.9）中，若电动机没有用螺栓固定，地面光滑，求电动机外壳的运动。

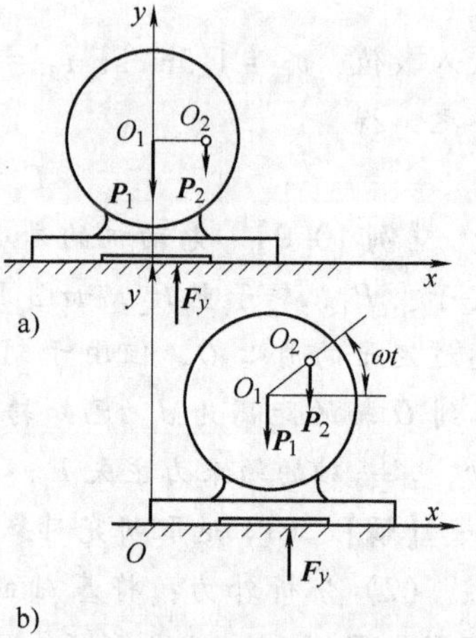

图 10-14

【解】 仍取电动机整体系统为研究对象。因为电动机是放在光滑的地面上，没用螺栓固定，故电动机水平方向没有受到外力作用，开始时，电动机又静止不动，所以电动机的水平质心坐标守恒，即 x_C 保持不变。

建立如图 10-14 所示的坐标系。若用 O_1、O_2 分别代表电动机定子、转子的质心，当转子在静止时 $x_{O1}=0$，$x_{O2}=d$（见图 10-14a）。此时电动机质心坐标为

$$x_{C1}=\frac{P_1\cdot 0+P_2 d}{P_1+P_2}=\frac{P_2}{P_1+P_2}d$$

当转子转过角度 ωt 时，电动机外壳向右移动，如图 10-14b 所示，此时电动机质心坐标为

$$x_{C2}=\frac{P_1 x+P_2\ (x+d\cos\omega t)}{P_1+P_2}$$

式中 x 是定子质心 O_1 的坐标。因为 $x_{C1}=x_{C2}$，解得

$$x=\frac{P_2 d}{P_1+P_2}\ (1-\cos\omega t)$$

由此可见，当转子偏心的电动机未用螺栓固定时，将沿水平方向做往复运动。

顺便指出，支承面的法向约束力的最小值已由上例求出，为

$$F_{y\min}=P_1+P_2-\frac{P_2}{g}d\omega^2$$

当 $\omega^2>\dfrac{P_1+P_2}{P_2 d}g$ 时，有 $F_{y\min}<0$，如果电动机未用螺栓固定，将会跳离地面。且由

$$F_y=P_1+P_2-\frac{P_2}{g}d\omega^2\sin\omega t$$

知，电动机是周期性地跳离地面。建筑施工中用的混凝土深层振动器就是利用此原理制成的。

【例 10.11】 图 10-15 所示的曲柄连杆机构位于水平面内。设曲柄、连杆均为质量为 $2m$，长为 l 的均质杆，滑块 B 的质量为 m，其上作用一恒力 $\boldsymbol{F}$，已知曲柄受力偶作用以不变的角速度 ω 转动，不计摩擦，求作用在曲柄转轴上沿 x 方向的约束力。

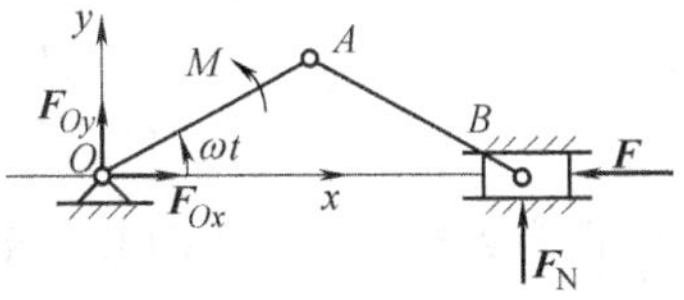

图　10-15

【解】 (1) 选取研究对象：曲柄连杆机构整体。

(2) 分析外力：系统在 x 方向上受的外力有 $\boldsymbol{F}_{Ox}$ 和 $\boldsymbol{F}$。

(3) 分析运动：为求系统质心加速度在 x 轴上的投影，先写出质心坐标

$$x_C=\frac{2m\dfrac{l}{2}\cos\omega t+2m\left(l\cos\omega t+\dfrac{l}{2}\cos\omega t\right)+m\cdot 2l\cos\omega t}{2m+2m+m}=\frac{6}{5}l\cos\omega t$$

将上式对时间 t 求二阶导数，有

$$\ddot{x}_C=-\frac{6}{5}l\omega^2\cos\omega t$$

(4) 列动力学方程求解：

$$m\ddot{x}_C=\sum F_{eix}:\ (2m+2m+m)\left(-\frac{6}{5}l\omega^2\cos\omega t\right)=F_{Ox}-F$$

$$F_{Ox}=F-6ml\omega^2\cos\omega t$$

请读者思考，用动量定理能否求出转轴铅直方向上的力 F_{Oy}?

【例 10.12】 如图 10-16 所示，质量为 m_2 的小棱柱 A 在重力作用下沿着质量为 m_1 的大棱柱 B 的斜面滑下，设接触处均为光滑，图中 b、l、α 均为已知。试求小棱柱 A 由图 10-16a 所示位置无初速下滑至与水平面接触时，大棱柱 B 的水平位移。

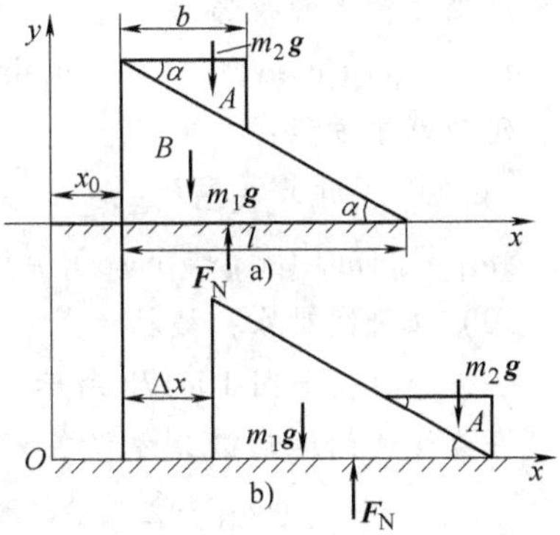

图　10-16

【解】 (1) 选取研究对象：大、小棱柱组成的质点系。

(2) 分析外力：质点系受有重力和地面的铅直约束力 $\boldsymbol{F}_{\mathrm{N}}$，这些力都沿铅垂方向，故外力系在 x 轴方向投影为零，即 $\sum F_{eix}=0$。

(3) 分析运动：开始时系统静止，当 A 相对 B 棱柱的斜面下滑时，B 做直线平动。建立图示坐标系。

(4) 列动力学方程求解：因为 $\sum F_{eix}=0$，开始时系统又静止，故质心在 x 方向

的坐标守恒，即 x_C=常量。

由图 10-16a，开始时系统质心坐标为

$$x_{C1}=\frac{m_1\left(x_0+\frac{1}{3}l\right)+m_2\left(x_0+\frac{2}{3}b\right)}{m_1+m_2}$$

当 A 下滑至与水平面接触时，如图 10-16b 所示，系统质心的坐标为

$$x_{C2}=\frac{m_1\left(x_0+\frac{l}{3}+\Delta x\right)+m_2\left(x_0+\Delta x+l-\frac{b}{3}\right)}{m_1+m_2}$$

由 $x_{C1}=x_{C2}$，解得

$$\Delta x=-\frac{m_2(l-b)}{m_1+m_2}$$

式中，负号表示 B 棱柱向 x 轴的负方向移动。

【例 10.13】 在上例（例 10.12）中，求 A 沿 B 棱柱斜面向下滑时，棱柱 B 的加速度 $\boldsymbol{a}_B$ 和地面的铅直约束力 $\boldsymbol{F}_{\mathrm{N}}$。

【解】（1）仍取整体系统为研究对象。由上例分析知，整体系统水平方向不受外力，$\sum F_{eix}=0$。

分析运动：棱柱 B 做水平直线平动，在图 10-17a 所示固定坐标系 Oxy 中

$$\boldsymbol{a}_B=\ddot{x}_B\boldsymbol{i}$$

设棱柱 A 相对棱柱 B 的加速为 $\boldsymbol{a}_r$，则

$$\boldsymbol{a}_A=\boldsymbol{a}_B+\boldsymbol{a}_r$$

在直角坐标轴上的投影为

$$a_{Ax}=\ddot{x}_B+a_r\cos\alpha,\quad a_{Ay}=-a_r\sin\alpha$$

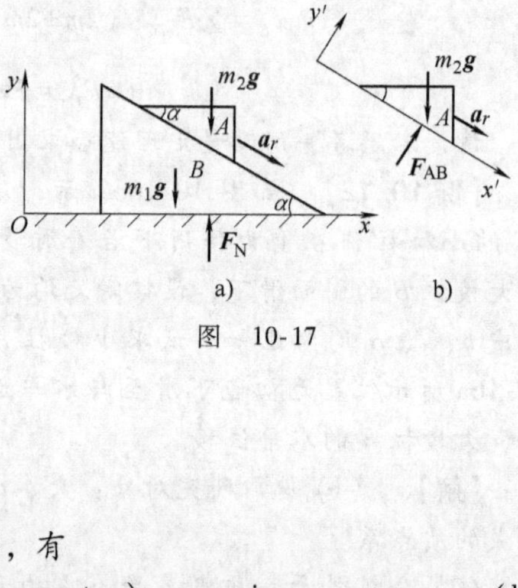

图　10-17

列动力学方程：

$$\sum m_i\ddot{x}_i=\sum F_{eix}:$$

$$m_1\ddot{x}_B+m_2(\ddot{x}_B+a_r\cos\alpha)=0 \quad (a)$$

（2）取研究对象：棱柱 A。

分析外力：如图 10-17b 所示。

将棱柱 A 的运动微分方程在 x' 轴上投影，有

$$ma_{Ax'}=\sum F_{eix'}:\quad m_2(\ddot{x}_B\cos\alpha+a_r)=m_2g\sin\alpha \quad (b)$$

联立式（a）、式（b）解之，得

$$\ddot{x}_B=-\frac{m_2\sin2\alpha}{2(m_1+m_2\sin^2\alpha)}g,\quad a_r=\frac{(m_1+m_2)\sin\alpha}{m_1+m_2\sin^2\alpha}g$$

（3）再利用整体系统，求地面的铅直约束力 $\boldsymbol{F}_{\mathrm{N}}$。

$$\sum m_i\ddot{y}_i=\sum F_{eiy}:\quad m_1\cdot 0+m_2(-a_r\sin\alpha)=F_{\mathrm{N}}-m_1g-m_2g$$

$$F_N=(m_1+m_2)g-m_2a_r\sin\alpha=\frac{m_1}{m_1+m_2\sin^2\alpha}(m_1+m_2)g$$

10.4 矩心为定点的动量矩定理

力系的主矩和质点系的动量矩之间的关系，称为动量矩定理。动量矩定理的形式与矩心的选择有关，本节讨论矩心为定点的动量矩定理。

10.4.1 质点的动量矩定理

设质量为 m 的质点 M 在力 $\boldsymbol{F}$ 的作用下做曲线运动，某瞬时速度为$\boldsymbol{v}$，对固定点 O 的矢径为 $\boldsymbol{r}$，如图 10-18 所示。由牛顿第二定律，有

$$m\frac{\mathrm{d}\boldsymbol{v}}{\mathrm{d}t}=\boldsymbol{F}$$

将上式两端左叉乘矢径 $\boldsymbol{r}$,并注意到质量 m 是常量,有

$$\boldsymbol{r}\times\frac{\mathrm{d}}{\mathrm{d}t}(m\boldsymbol{v})=\boldsymbol{r}\times\boldsymbol{F} \tag{a}$$

式(a)左端

$$\boldsymbol{r}\times\frac{\mathrm{d}}{\mathrm{d}t}(m\boldsymbol{v})=\frac{\mathrm{d}}{\mathrm{d}t}(\boldsymbol{r}\times m\boldsymbol{v})-\frac{\mathrm{d}\boldsymbol{r}}{\mathrm{d}t}\times m\boldsymbol{v}$$

其中,$\boldsymbol{r}\times m\boldsymbol{v}$ 是质点对定点 O 的动量矩,即

$\boldsymbol{L}_O=\boldsymbol{r}\times m\boldsymbol{v}$, $\frac{\mathrm{d}\boldsymbol{r}}{\mathrm{d}t}\times m\boldsymbol{v}=\boldsymbol{v}\times m\boldsymbol{v}=0$。于是

$$\boldsymbol{r}\times\frac{\mathrm{d}}{\mathrm{d}t}(m\boldsymbol{v})=\frac{\mathrm{d}}{\mathrm{d}t}\boldsymbol{L}_O \tag{b}$$

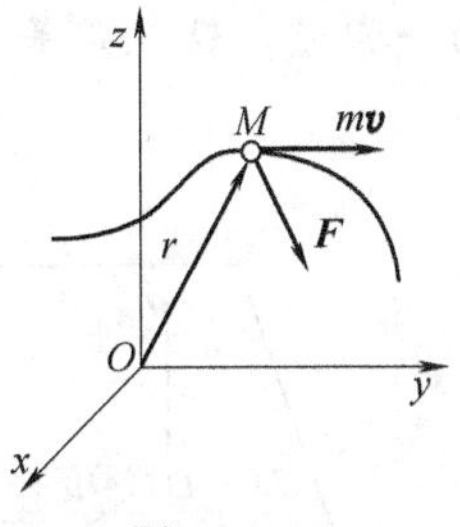

图 10-18

式(a)的右端是力 $\boldsymbol{F}$ 对定点 O 之矩

$$\boldsymbol{r}\times\boldsymbol{F}=\boldsymbol{M}_O(\boldsymbol{F}) \tag{c}$$

将式(b)、式(c)代入式(a),得

$$\frac{\mathrm{d}}{\mathrm{d}t}\boldsymbol{L}_O=\boldsymbol{M}_O(\boldsymbol{F}) \tag{10-31a}$$

此式表明，质点对任一固定点的动量矩对时间的一阶导数等于作用力对同一点之矩，这称为质点的动量矩定理。

将式（10-31a）投影到过点 O 的固定直角坐标轴上，并注意到对点之矩与对轴之矩的关系式（1-11）和式（10-9），得

$$\frac{\mathrm{d}}{\mathrm{d}t}L_x=M_x(\boldsymbol{F})$$

$$\frac{\mathrm{d}}{\mathrm{d}t}L_y=M_y(\boldsymbol{F}),\quad \frac{\mathrm{d}}{\mathrm{d}t}L_z=M_z(\boldsymbol{F}) \tag{10-31b}$$

此式表明，质点对固定轴的动量矩对时间的一阶导数等于作用力对同一轴之矩。

下面讨论两种特殊情形：

（1）若 $\boldsymbol{M}_O(\boldsymbol{F})=0$，则由式(10-31a)知

$$\boldsymbol{L}_O=\boldsymbol{r}\times m\,\boldsymbol{v}=常矢量$$

（2）若 $M_x(\boldsymbol{F})=0$，则由式(10-31b)知

$$L_x=常量$$

即若作用于质点的力对某定点（或定轴）之矩恒等于零，则质点对该点（或轴）的动量矩保持不变。这称为质点的动量矩守恒。

当质点仅在有心力作用下运动时，质点对力心点的动量矩守恒。有心力曾在例9.1中介绍过，就是作用线始终通过某一定点的力称为有心力，该定点称为力心，显然有心力对力心之矩恒为零。例如行星所受的太阳引力就是有心力，其力心为太阳中心，因而行星对太阳中心 O 的动量矩保持为常矢量，即

$$\boldsymbol{r}\times m\,\boldsymbol{v}=常矢量$$

由此式可推知：行星的轨迹为一平面曲线，因为行星的矢径 $\boldsymbol{r}$ 与速度 $\boldsymbol{v}$ 所成的平面方位不变。

另外，由于 m 是常量，上式还可表示为

$$\boldsymbol{r}\times\boldsymbol{v}=常矢量$$

由图10-19知，$|\boldsymbol{r}\times\boldsymbol{v}|=2S_{\triangle OMN}/m$，是行星矢径在单位时间内所扫过面积的两倍，称为面积速度。可见，行星相对于太阳中心的矢径在单位时间内所扫过的面积为一常量。这就是著名的行星运动三定律（开普勒定律）之一——面积速度定律。

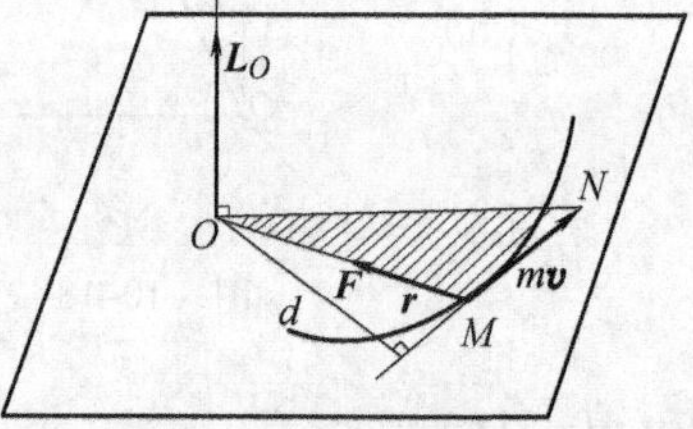

图 10-19

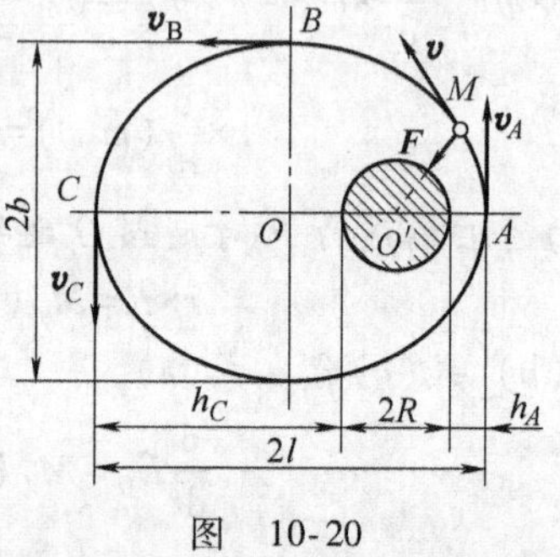

图 10-20

【例10.14】 若只考虑地心引力，人造地球卫星相对于地心坐标系的运行轨道是以地心 O' 为一个焦点的椭圆，如图10-20所示。我国发射的第一颗人造地球卫星，它的近地点高度 $h_A=439\text{km}$，远地点高度为 $h_C=2384\text{km}$。地球的平均半径取为 $R=6371\text{km}$。已知卫星通过近地点 A 的速度为 $v_A=8.109\text{km/s}$。求卫星通过轨道与椭圆短轴的交点 B 和远地点 C 的速度。

【解】（1）选取研究对象：人造地球卫星。

（2）分析受力：卫星所受地心引力 $\boldsymbol{F}$ 是有心力，力心是地心 O'。

(3) 分析运动：卫星运行轨道是一椭圆曲线。椭圆轨道的几何参数为

半长轴：$l=OA=\frac{1}{2}(h_A+2R+h_C)=7782.5\text{km}$

焦　距：$c=OO'=l-(h_A+R)=972.5\text{km}$

半短轴：$b=OB=\sqrt{l^2-c^2}=7721.5\text{km}$

(4) 列动力学方程求解：因为 $M_{O'}(\boldsymbol{F})=0$，故卫星对地心 O' 的动量矩守恒，即 $M_{O'}(mv)=$ 常量。

$$M_{O'}(mv_A)=M_{O'}(mv_B):\quad mv_A(h_A+R)=mv_Bb,\quad v_B=7.152\text{km/s}$$

$$M_{O'}(mv_A)=M_{O'}(mv_C):\quad mv_A(h_A+R)=mv_C(l+c),\quad v_C=6.308\text{km/s}$$

10.4.2　质点系的动量矩定理

设由 n 个质点组成的质点系，其中第 i 个质点的质量为 m_i，某瞬时速度为 v_i，对固定点 O 的矢径为 $\boldsymbol{r}_i$，作用在该质点上的外力为 $\boldsymbol{F}_{\text{ei}}$，内力为 $\boldsymbol{F}_{\text{ii}}$，由质点对固定点 O 的动量矩定理，有

$$\frac{\text{d}}{\text{d}t}(\boldsymbol{r}_i\times m_iv_i)=\boldsymbol{r}_i\times\boldsymbol{F}_{\text{ei}}+\boldsymbol{r}_i\times\boldsymbol{F}_{\text{ii}}\qquad(i=1,\ 2,\ \cdots,\ n)$$

对整个质点系共有 n 个这样的方程，将所有方程加起来，得

$$\sum_{i=1}^{n}\frac{\text{d}}{\text{d}t}(\boldsymbol{r}_i\times m_iv_i)=\sum_{i=1}^{n}\boldsymbol{r}_i\times\boldsymbol{F}_{\text{ei}}+\sum_{i=1}^{n}\boldsymbol{r}_i\times\boldsymbol{F}_{\text{ii}}\tag{a}$$

将上式的左端交换导数和求和运算的顺序，并注意到 $\sum\boldsymbol{r}_i\times m_iv_i$ 是质点系对固定点 O 的动量矩，用 $\boldsymbol{L}_O$ 表示，有

$$\sum_{i=1}^{n}\frac{\text{d}}{\text{d}t}(\boldsymbol{r}_i\times m_iv_i)=\frac{\text{d}}{\text{d}t}\sum_{i=1}^{n}(\boldsymbol{r}_i\times m_iv_i)=\frac{\text{d}\boldsymbol{L}_O}{\text{d}t}=\dot{\boldsymbol{L}}_O\tag{b}$$

式 (a) 右端的第一项 $\sum\boldsymbol{r}_i\times\boldsymbol{F}_{\text{ei}}$ 是质点系的外力系对点 O 的主矩，用 $\boldsymbol{M}_O$ 表示；第二项 $\sum\boldsymbol{r}_i\times\boldsymbol{F}_{\text{ii}}$ 是质点系的内力系对点 O 的主矩，因内力成对出现，内力系对点 O 的主矩为零，故

$$\sum\boldsymbol{r}_i\times\boldsymbol{F}_{\text{ei}}+\sum\boldsymbol{r}_i\times\boldsymbol{F}_{\text{ii}}=\sum\boldsymbol{M}_O(\boldsymbol{F}_{\text{ei}})=\boldsymbol{M}_O\tag{c}$$

将式(b)和式(c)代入式(a)，有

$$\dot{\boldsymbol{L}}_O=\sum_{i=1}^{n}\boldsymbol{M}_O(\boldsymbol{F}_{\text{ei}})=\boldsymbol{M}_O\tag{10-32a}$$

此式表明：质点系对任一固定点的动量矩对时间的一阶导数等于外力系对同一点的主矩，这称为质点系的动量矩定理。说明质点系动量矩 $\boldsymbol{L}_O$ 对时间的变化率，只与外力系有关，内力是不能改变质点系的动量矩的。

将式 (10-32a) 投影到过点 O 的固定直角坐标轴上，就可得到质点系对固定轴的动量矩定理：

$$\begin{cases} \dot{L}_x = \sum M_x(\boldsymbol{F}_{ei}) = M_x \\ \dot{L}_y = \sum M_y(\boldsymbol{F}_{ei}) = M_y \\ \dot{L}_z = \sum M_z(\boldsymbol{F}_{ei}) = M_z \end{cases} \tag{10-32b}$$

即质点系对某一固定轴的动量矩对时间的一阶导数等于外力系对同一轴之矩的代数和。

质点系动量矩守恒定律有以下两种情形：

（1）若 $\boldsymbol{M}_O = \sum \boldsymbol{M}_O(\boldsymbol{F}_{ei}) = 0$，则由式（10-32a）知

$$\boldsymbol{L}_O = \text{常矢量}$$

（2）若 $M_x = \sum M_x(\boldsymbol{F}_{ei}) = 0$，则由式（10-32b）知

$$L_x = \text{常量}$$

即若作用于质点系的外力系对某一固定点（或轴）之矩的矢量和（或代数和）恒等于零，则质点系对该点（或轴）的动量矩保持不变。这称为质点系的动量矩守恒。

【例 10.15】　高炉运送矿石用的卷扬机如图 10-21 所示。已知鼓轮是重量为 P_1、半径为 R 的均质圆盘，小车和矿石受的总重力为 $\boldsymbol{P}$，轨道的倾角为 α。设作用在鼓轮上的力矩 M 为常量，不计摩擦和绳的质量，求小车的加速度 $\boldsymbol{a}$。

【解】　（1）选取研究对象：小车和鼓轮组成的质点系。

（2）分析外力，如图所示。由小车分析可知 $F_N = P\cos\alpha$，不计摩擦时，$\boldsymbol{P}$ 在斜面法线方向上的分力与 $\boldsymbol{F}_N$ 二力对轴 O 的矩大小相等，但转向相反，故外力系对轴 O 的主矩为

$$M_O = \sum M_O(\boldsymbol{F}_i) = -M + PR\sin\alpha$$

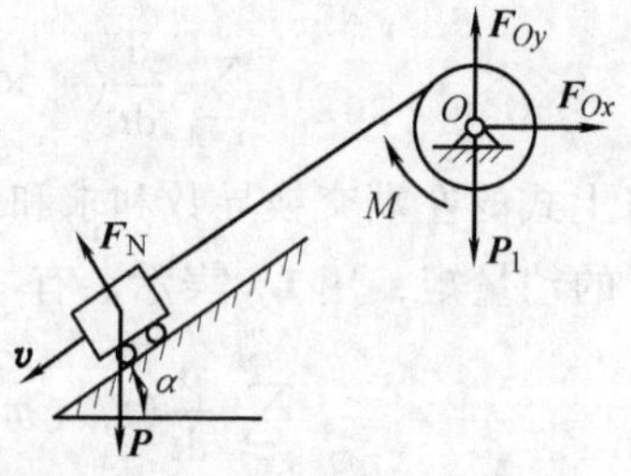

图　10-21

（3）分析运动：小车做直线运动，设其速度为 v，则鼓轮的角速度 $\omega = \dfrac{v}{R}$，质点系对轴 O 的动量矩为

$$L_O = \frac{P_1}{2g}R^2\omega + \frac{P}{g}vR = \frac{(P_1 + 2P)}{2g}Rv$$

（4）列动力学方程求解：

$$\dot{\boldsymbol{L}}_O = M_O: \quad \frac{P_1 + 2P}{2g}R\frac{\mathrm{d}v}{\mathrm{d}t} = -M + PR\sin\alpha$$

$$a = \frac{\mathrm{d}v}{\mathrm{d}t} = \frac{-2(M - PR\sin\alpha)}{(P_1 + 2P)R}g$$

若 $M > P\sin\alpha$，则 $a < 0$，小车的加速度沿斜坡向上。这是因为计算本题时，动量矩、力矩以逆时针转向为正，所以小车的加速度沿斜面向下为正。

请读者思考，如果考虑斜面的摩擦力，本题将如何计算？

【例 10.16】　在调速器中，除小球 A、B 外，各杆重量可不计，如图 10-22 所示。设各杆铅直时，系统的角速度为 ω_0，求当各杆与铅直线成 α 角时系统的角速度 ω。

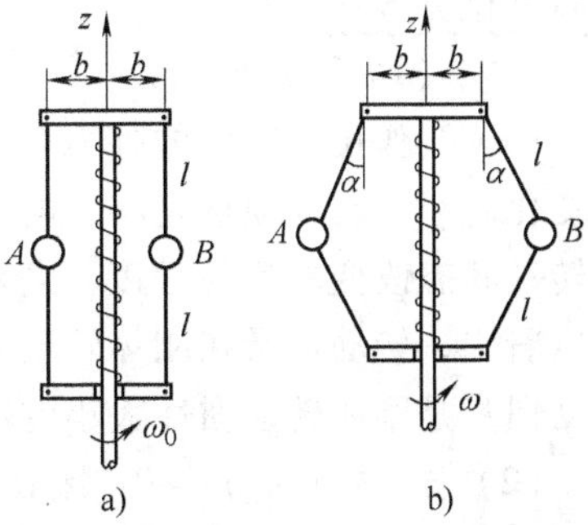

图　10-22

【解】　(1) 选取研究对象：由小球 A、B 组成的调速器系统。

(2) 分析外力：调速器受到的外力有作用于小球 A、B 的重力和轴承的约束力（图中未画出），这些力对转轴的矩都等于零。

(3) 分析运动：A、B 球均做圆周运动，杆铅垂时速度为 $b\omega_0$，杆与铅垂线成 α 角时速度为 $(b+l\sin\alpha)\omega$。

(4) 列动力学方程求解：因为 $\sum M_z(\boldsymbol{F}_{ei})=0$，故调速器对其转轴的动量矩守恒。

当 $\alpha=0$ 时（图 10-22a）：$L_1=\dfrac{2P}{g}b^2\omega_0$

当 $\alpha\neq0$ 时（图 10-22b）：$L_2=\dfrac{2P}{g}(b+l\sin\alpha)^2\omega$

上两式中 P 为小球的重量。由 $L_1=L_2$，解得

$$\omega=\frac{b^2\omega_0}{(b+l\sin\alpha)^2}$$

10.5　刚体的定轴转动微分方程

现在把质点系动量矩定理应用于刚体绕定轴转动的情形。

设刚体在主动力系（$\boldsymbol{F}_1$，$\boldsymbol{F}_2$，…，$\boldsymbol{F}_n$）作用下绕定轴 z 转动，轴承对转轴的约束力为 $\boldsymbol{F}_{Ox}$、$\boldsymbol{F}_{Oy}$、$\boldsymbol{F}_{Oz}$、$\boldsymbol{F}_{Bx}$、$\boldsymbol{F}_{By}$，如图 10-23 所示。已知刚体对轴 z 的转动惯量为 J_z，某瞬时角速度为 ω，则刚体对转轴 z 的动量矩为 $J_z\omega$。应用质点系对固定轴的动量矩定理式（10-32b），有

$$\frac{\mathrm{d}}{\mathrm{d}t}(J_z\omega)=\sum M_z(\boldsymbol{F}_{ei})$$

因刚体对轴 z 的转动惯量 J_z 通常是常量，设刚体的转角为 φ，$\omega=\dot{\varphi}$，$\dot{\omega}=\ddot{\varphi}=\alpha$，则

$$J_z\alpha=\sum M_z(\boldsymbol{F}_{ei})\ \text{或}\ J_z\ddot{\varphi}=\sum M_z(\boldsymbol{F}_{ei}) \tag{10-33}$$

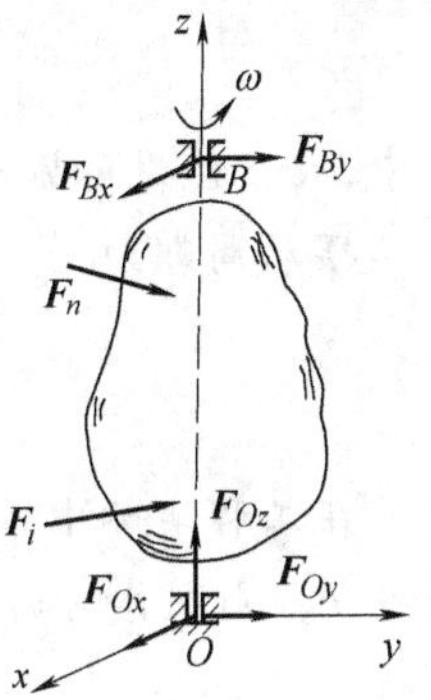

图　10-23

此式表明，刚体对于转轴的转动惯量与其角加速度的乘积，

等于作用在刚体上的所有外力对于转轴之矩的代数和，这就是通常所说的刚体的定轴转动微分方程。

由式（10-33）可知：

（1）当作用于刚体的外力对转轴的矩一定时，刚体的转动惯量越大，转动状态的变化越小；转动惯量越小，转动状态变化越大。刚体转动惯量的大小，表现了刚体转动状态改变的难易程度。若将式（10-33）与质心运动定理 $M\boldsymbol{a}_C = \sum \boldsymbol{F}_{ei}$ 对比，可以看出，转动惯量在刚体转动中的作用与质量在刚体平动中的作用相对应。可见转动惯量是刚体转动惯性大小的度量。

（2）若 $\sum M_z(\boldsymbol{F}_{ei}) = 0$，刚体将做匀速转动；若 $\sum M_z(\boldsymbol{F}_{ei}) =$ 常量，刚体将做匀变速转动。

（3）利用式（10-33）可求解刚体的转动规律或作用于刚体的主动力，但不能求轴承对转轴的约束力。求轴承的约束力需要用质心运动定理。

【例 10.17】　复摆由绕水平轴转动的刚体构成。已知复摆受的重力为 $\boldsymbol{P}$，重心 C 到转轴 O 的距离为 d，如图 10-23 所示，复摆对转轴 O 的转动惯量为 J_O，试求复摆的微幅振动规律。

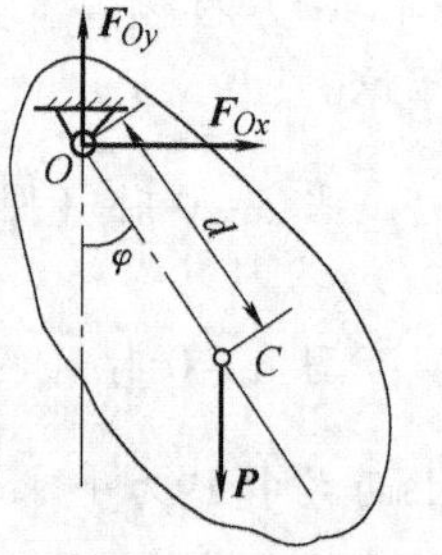

图 10-24

【解】（1）选取研究对象：复摆。

（2）分析外力：如图 10-24 所示。

（3）分析运动：复摆做定轴转动，用 φ 表示其转角。

（4）列动力学方程求解：

$$J_z \ddot{\varphi} = \sum M_z(\boldsymbol{F}_{ei}):\ J_O \ddot{\varphi} = -P\sin\varphi \cdot d$$

上式右端负号表示重力矩与转角 φ 总是异号，说明重力矩始终转向摆的平衡位置而起恢复的作用。由题意，复摆微幅摆动时 $\sin\varphi \approx \varphi$，于是转动微分方程为

$$\ddot{\varphi} + \frac{Pd}{J_O}\varphi = 0$$

这是简谐运动的标准微分方程。此方程的解为

$$\varphi = \varphi_O \sin\left(\sqrt{\frac{Pd}{J_O}}t + \alpha\right)$$

式中，φ_O 称为角振幅，α 为初相位，它们都由运动的初始条件确定。

摆动周期为

$$T = 2\pi\sqrt{\frac{J_O}{Pd}}$$

在工程实际中常用上式，通过测定零件的摆动周期，计算其转动惯量。若测得周期 T，则刚体对转轴的转动惯量为

$$J_O = \frac{T^2 Pd}{4\pi^2}$$

这就是采用实验测定刚体转动惯量的一种方法。

【例 10.18】 机器的飞轮由直流电动机带动，设电动机的转动力矩与角速度的关系（特性曲线）为

$$M = M_O\left(1 - \frac{\omega}{\omega_1}\right)$$

其中 M_O 是启动（$\omega=0$）时作用在电动机轴上的力矩，ω_1 是空转时（$M=0$）的角速度，M_O 和 ω_1 均为已知量。又用 M_f 表示飞轮轴承的摩擦力矩，且将 M_f 视为常量，飞轮对转轴的转动惯量为 J_O，求飞轮的角速度（见图 10-25）。

【解】（1）选取研究对象：飞轮。

（2）分析外力：如图 10-25 所示。

（3）分析运动：飞轮做定轴转动。

（4）列动力学方程求解：

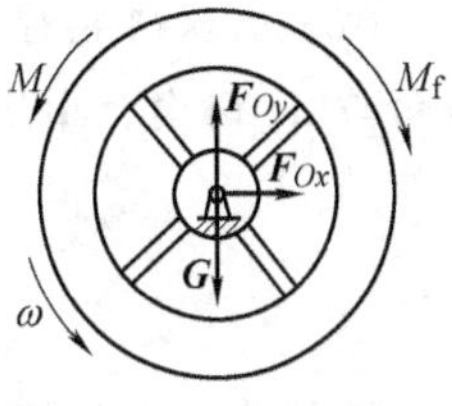

图　10-25

$$J_O\alpha = \sum M_O(\boldsymbol{F}_{ei}):\quad J_O\frac{d\omega}{dt} = M_O\left(1 - \frac{\omega}{\omega_1}\right) - M_f$$

为简化计算，令 $a=M_O-M_f$，$b=\dfrac{M_O}{\omega_1}$，则有

$$J_O\frac{d\omega}{dt}=a-b\omega$$

分离变量

$$\frac{d\omega}{a-b\omega}=\frac{dt}{J_O}$$

其积分为

$$\ln(a-b\omega) = -\frac{b}{J_O}t + C$$

将初始条件 $t=0$ 时 $\omega=0$ 代入上式，得 $C=\ln a$，于是任意瞬时的角速度为

$$\omega = \frac{a}{b}\left(1 - e^{-\frac{b}{J_O}t}\right)$$

此式说明，飞轮的角速度随时间按指数规律变化，当 t 较大时，$e^{-\frac{b}{J_O}t}\ll 1$，故可认为，在开动一定时间后，飞轮以匀角速转动，角速度的值为

$$\omega_C = \frac{a}{b} = \frac{M_O - M_f}{M_O}\omega_1$$

这是飞轮的极限转速。

【例 10.19】 传动系统如图 10-26a 所

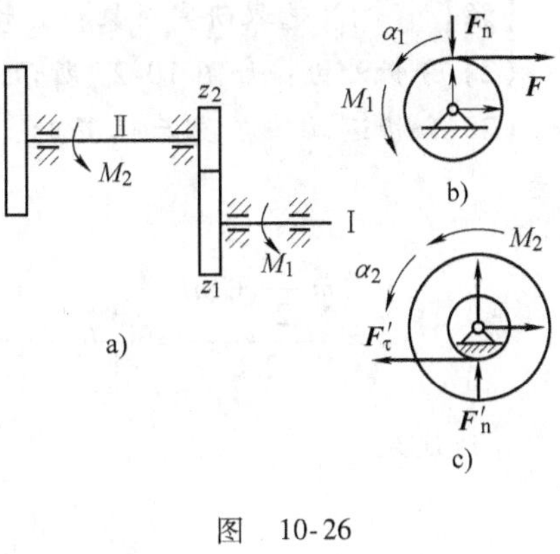

图　10-26

示。设轴Ⅰ和轴Ⅱ的转动惯量分别为 J_1 和 J_2，轮Ⅰ和轮Ⅱ的齿数分别为 Z_1 和 Z_2。今在轴Ⅰ上作用主动力矩 M_1，轴Ⅱ上有阻力矩 M_2，转向如图所示，不计摩擦，求轴Ⅰ的角加速度。

【解】 系统分别绕两个轴转动，为使未知的轴承约束力在方程中不出现，可分别取轴Ⅰ和轴Ⅱ为研究对象，应用定轴转动微分方程求解。

(1) 选取研究对象：轴Ⅰ。其受力图如图 10-26b 所示，设轴Ⅰ的角加速度为 α_1，转向如图示，由定轴转动微分方程，有

$$J_1\alpha_1 = M_1 - FR_1 \tag{a}$$

(2) 选取研究对象：轴Ⅱ。其受力如图 10-26c 所示，设轴Ⅱ的角加速度为 α_2，转向与 α_1 同向，由运动学知

$$\frac{\alpha_1}{\alpha_2} = -\frac{Z_2}{Z_1} \tag{b}$$

对轴Ⅱ列定轴转动微分方程，有

$$J_2\alpha_2 = M_2 - F'R_2 \tag{c}$$

式 (a)、式 (b) 中的 R_1、R_2 分别为轮Ⅰ和轮Ⅱ的节圆半径，且 $R_2/R_1 = Z_2/Z_1$，$F = F'$。

式 (a)、式 (b)、式 (c) 三式联立求解，并令 $i = Z_2/Z_1$，得

$$\alpha_1 = \frac{(iM_1 - M_2)i}{J_1 i^2 + J_2}$$

【例 10.20】 如图 10-27 所示，两根质量、长度均相等的直杆 OA、BD 固连成 T 字形，可绕水平轴 O 转动。当 OA 处于水平位置时，T 形杆具有角速度 $\omega = 4\text{rad/s}$。设杆的质量 $m = 8\text{kg}$，杆长 $OA = BD = l = 0.5\text{m}$，且 $BA = AD$。求该瞬时轴承 O 处的约束力。

【解】 (1) 选取研究对象：T 形杆。

(2) 分析外力：如图 10-27 所示。

(3) 分析运动：在图示位置时，T 形杆的质心坐标为

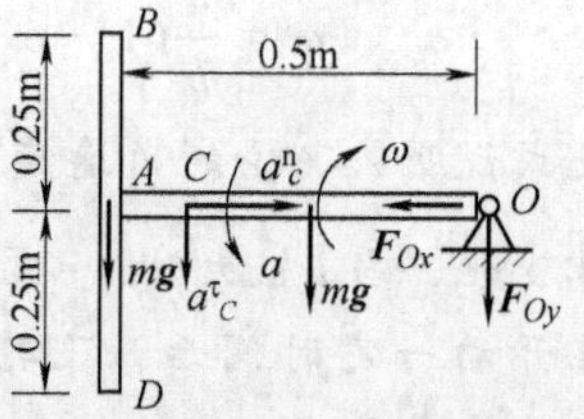

图 10-27

$$x_C = \frac{m\dfrac{l}{2} + ml}{2m} = \frac{3}{4}l, \quad y_C = 0$$

质心加速度为

$$a_C^\tau = \frac{3}{4}l\alpha, \quad a_C^n = \frac{3}{4}l\omega^2$$

其中 α、ω 为杆的角加速度、角速度。

(4) 列动力学方程求解：

由刚体定轴转动微分方程求其角加速度：

$$J_O\alpha=\sum M_O(\boldsymbol{F}_{ei}):\left(\frac{ml^2}{3}+\frac{ml^2}{12}+ml^2\right)\alpha=2mg\cdot\frac{3}{4}l,\ \alpha=\frac{18}{17}\frac{g}{l}$$

由质心运动定理求轴承约束力：

$$ma_{C\tau}=\sum F_{ei\tau}:\ 2m\cdot\frac{3}{4}l\alpha=F_{Oy}+2mg \tag{a}$$

$$ma_{Cn}=\sum F_{ein}:\ 2m\cdot\frac{3}{4}l\omega^2=-F_{Ox} \tag{b}$$

将 $\alpha=18g/17l$ 代入式(a)，得

$$F_{Oy}=-\frac{7}{17}mg=-\frac{7}{17}\times 8\times 9.8\text{N}=-32.3\text{N}$$

由式(b)得

$$F_{Ox}=-\frac{3}{2}ml\omega^2=-\frac{3}{2}\times 8\times 0.5\times 4^2\text{N}=-96\text{N}$$

由此可见，由刚体定轴转动微分方程和质心运动定理联合起来的微分方程组，即

$$J_z\alpha=\sum M_z(\boldsymbol{F}_{ei}),\quad ma_{C\tau}=\sum F_{ei\tau},\quad ma_{Cn}=\sum F_{ein} \tag{10-34}$$

可求解像 T 形杆这样的定轴转动刚体（该刚体具有质量对称面，转轴垂直于该质量对称平面）的动力学两类问题，故可将式（10-34）称为刚体定轴转动的微分方程组。

10.6　矩心为动点的动量矩定理

前面推导动量矩定理时，曾经强调矩心和矩轴都必须是固定的。但在某些问题中，如采用动矩心或矩轴将会变得较为方便。一般情况下，如果矩心也在惯性参考系中运动，则由式（10-31a）所表示的动量矩定理的形式已不再是正确的了。

10.6.1　质点系在惯性参考系的运动中对动点的动量矩定理

如图 10-8 所示，利用质点系对固定点的动量矩定理，即 $\dot{\boldsymbol{L}}_O=\boldsymbol{M}_O$，对式（10-20）求导，有

$$\dot{\boldsymbol{r}}_A\times m\boldsymbol{v}_C+\boldsymbol{r}_A\times m\dot{\boldsymbol{v}}_C+\dot{\boldsymbol{L}}_A=\sum\boldsymbol{r}_i\times\boldsymbol{F}_{ei} \tag{a}$$

式中，$\dot{\boldsymbol{r}}_A=\boldsymbol{v}_A$，$\dot{\boldsymbol{v}}_C=\boldsymbol{a}_C$，将式（10-19）代入上式的右端，即

$$\sum(\boldsymbol{r}_i\times\boldsymbol{F}_{ei})=\sum(\boldsymbol{r}_A+\boldsymbol{\rho}_i)\times\boldsymbol{F}_{ei}=\boldsymbol{r}_A\times\sum\boldsymbol{F}_{ei}+\sum\boldsymbol{\rho}_i\times\boldsymbol{F}_{ei}$$

于是，式（a）变为

$$v_A \times m v_C + \boldsymbol{r}_A \times m\boldsymbol{a}_C + \dot{\boldsymbol{L}}_A = \boldsymbol{r}_A \times \sum \boldsymbol{F}_{ei} + \sum \boldsymbol{\rho}_i \times \boldsymbol{F}_{ei} \tag{b}$$

式中，$\sum \boldsymbol{\rho}_i \times \boldsymbol{F}_{ei}$是作用于质点系的外力系对点 A 的主矩，并注意到质心运动定理 $m\boldsymbol{a}_C = \sum \boldsymbol{F}_{ei}$，最后式（e）变为

$$\dot{\boldsymbol{L}}_A + v_A \times m v_C = \sum \boldsymbol{M}_A (\boldsymbol{F}_{ei}) = \boldsymbol{M}_A \tag{10-35a}$$

此式就是质点系在绝对运动中以任意动点 A 为矩心的动量矩定理的一般形式，显然与以固定点为矩心的动量矩定理的形式不同。当满足下列三个条件之一时：

(i) $v_A /\!/ v_C$； (ii) $v_A = 0$； (iii) $v_C = 0$

式（10-35a）就退化为

$$\dot{\boldsymbol{L}}_A = \boldsymbol{M}_A \tag{10-35b}$$

的简单形式。

如果 A 为质心 C，则（10-35a）变为

$$\dot{\boldsymbol{L}}_C = \boldsymbol{M}_C \tag{10-35c}$$

式（10-35c）为质点系在绝对运动中以质心 C 为矩心的动量矩定理的表达式，该表达式和对固定点 O 的动量矩形式一样，由此可看出质心的特殊性。

10.6.2 质点系在相对平动坐标系 $Ax'y'z'$ 的运动中对动点 A 的相对动量矩定理

将式（10-17）代入式（10-35a），有

$$m\,\dot{\boldsymbol{\rho}}_C \times v_A + m\boldsymbol{\rho}_C \times \dot{v}_A + \dot{\boldsymbol{L}}_{Ar} + v_A \times m v_C = \sum \boldsymbol{M}_A (\boldsymbol{F}_{ei}) \tag{a}$$

由图 10-8，$\boldsymbol{\rho}_C = \boldsymbol{r}_C - \boldsymbol{r}_A$，将此式对时间 t 求一阶导数，得

$$\dot{\boldsymbol{\rho}}_C = \dot{\boldsymbol{r}}_C - \dot{\boldsymbol{r}}_A = v_C - v_A \tag{b}$$

将式（a）代入式（b），并注意到 $\dot{v}_A = \boldsymbol{a}_A$，经简化得

$$\dot{\boldsymbol{L}}_{Ar} + \boldsymbol{\rho}_C \times m\boldsymbol{a}_A = \sum \boldsymbol{M}_A (\boldsymbol{F}_i) = \boldsymbol{M}_A \tag{10-36a}$$

此式就是质点系在相对平动坐标系 $Ax'y'z'$ 的运动中对以任意动点 A 为矩心的相对动量矩定理的一般形式。当满足下列条件之一时：

(i) $\boldsymbol{\rho}_C /\!/ \boldsymbol{a}_A$；(ii) $\boldsymbol{a}_A = 0$；(iii) $\boldsymbol{\rho}_C = 0$

式（10-36a）就退化为

$$\dot{\boldsymbol{L}}_{Ar} = \boldsymbol{M}_A \tag{10-36b}$$

的简单形式。

如果取质心 C 为矩心，则（10-36a）将变为

$$\dot{\boldsymbol{L}}_{Cr} = \boldsymbol{M}_C \tag{10-36c}$$

此式表明，在相对随质心平动坐标系的运动中，质点系对于质心的动量矩对时间的一阶导数，等于外力系对质心的主矩。这称为质点系相对质心的动量矩定理。它与

矩心为固定点的动量矩定理具有完全相同的形式。从上述的推导过程可以看出，相对质心以外的其他动点一般并不存在这种简单关系，这又一次看到质心这一几何点的特殊性。

如将质点系在惯性参考系中的运动分解为跟随质心的平动与相对质心的转动两部分，则可以分别用质心运动定理和相对质心的动量矩定理来建立这两部分运动与外力系之间的关系。这样就能全面地说明外力系对质点系的运动效应，并能确定整个系统的运动。由式（10-36c）可知，质点系相对质心的转动只与外力系对质心的主矩有关，而与内力无关。这一性质对于实践也很重要。例如飞机或轮船必须有舵才能转弯，当舵有偏角时，流体作用在舵上的推力对质心的力矩，使得飞机或轮船对质心的动量矩改变，从而引起转弯的角加速度。又如跳水运动员跳水时，如果要准备翻跟斗，他必须脚踏跳板以获得初角速度。这是因为他在空中时，重力通过质心，对质心的力矩为零，质点系对质心的动量矩守恒。如无初始角速度，对质心的动量矩恒为零，他靠内力是不能翻跟斗的。如果他有了初角速度，使四肢尽量靠近质心，以减小身体对质心的转动惯量，从而增大角速度。

在刚体平面运动的情形下，如果速度瞬心到质心的距离恒保持常数不变，速度瞬心的加速度就恒通过质心（请读者自行证明），如均质圆柱纯滚动时速度瞬心的加速度就通过质心。此时，以速度瞬心为矩心，动量矩形式为式（10-36b），或为式（10-35b）。

【例 10.21】　无外力矩作用的半径为 R、质量为 m_O 的圆柱形自旋卫星绕对称轴旋转，质量各为 m 的两个质点沿径向对称地向外伸展，与旋转轴的距离 x 不断增大，如图 10-28 所示。联系卫星与质点的变长度杆的质量不计，设质点自卫星表面出发时卫星的起始角速度为 ω_0。试计算卫星自旋角速度 ω 的变化规律。

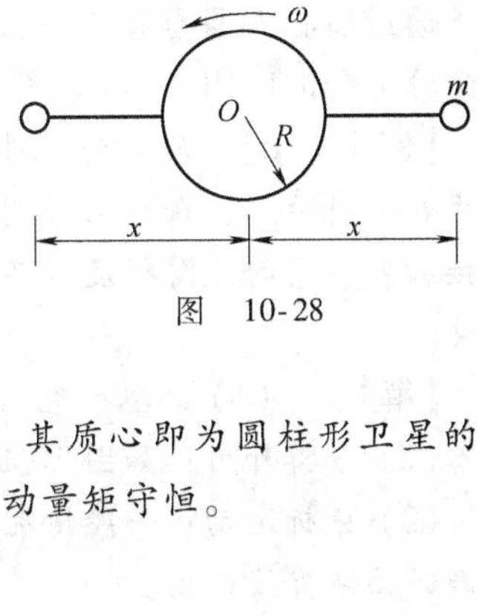

图　10-28

【解】　卫星系统在空中运动时属于自由质点系，其质心即为圆柱形卫星的几何中心，因对质心的外力矩为零，故质点系对质心的动量矩守恒。

当 $x=R$ 时：
$$L_{1C}=\left(\frac{m_O}{2}R^2+2mR^2\right)\omega_0$$

当 x 时：
$$L_{2C}=\left(\frac{m_O}{2}R^2+2mx^2\right)\omega$$

由 $L_{1C}=L_{2C}$，得

$$\omega=\left[\frac{m_O+4m}{m_O+4m(x/R)^2}\right]\omega_0$$

10.7　刚体的平面运动微分方程

在工程实际中，许多平面运动刚体都具有质量对称平面，作用在刚体上的力系可简化为在此平面内的力系，同时刚体的运动又与此对称平面平行。像这样的刚体平面运动可简化为质量对称平面在其自身平面内的运动。

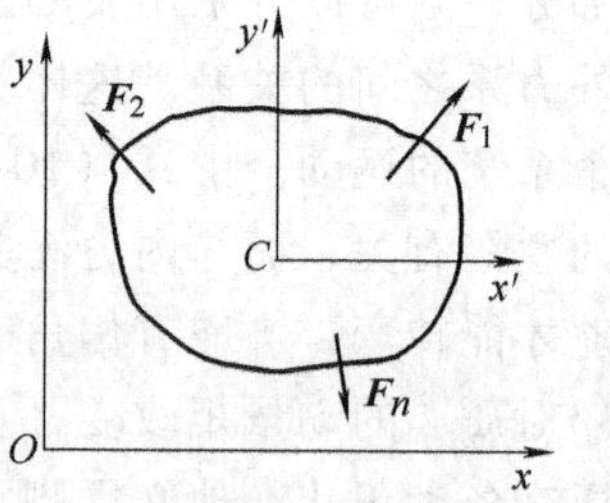

图　10-29

设平面图形 S 在平面力系 $\boldsymbol{F}_1$，$\boldsymbol{F}_2$，…，$\boldsymbol{F}_n$ 作用下，在其自身平面内运动，如图 10-29 所示。作固定坐标系 Oxy 和随质心 C 平动的坐标系 $Cx'y'$。刚体的运动可分解为随质心的平动和绕质心的转动。随质心的平动可以用质心运动定理描述，绕质心的转动可以用质点系相对质心的动量矩定理描述，该两定理联合起来就可以描述刚体的平面运动，即

$$\begin{cases} ma_{Cx} = \sum F_{eix} \\ ma_{Cy} = \sum F_{eiy} \\ J_C \ddot{\varphi} = \sum M_C(\boldsymbol{F}_{ei}) \end{cases} \tag{10-37}$$

此式称为刚体的平面运动微分方程（组），其中 m 和 J_C 分别是刚体的质量和刚体对于通过质心 C 且垂直于平面图形 S 的轴的转动惯量。下面举例说明刚体平面运动微分方程的应用。

【例 10.22】　质量为 m 半径为 R 的均质圆柱放在倾角为 θ 的斜面上，在重力作用下由静止开始运动。试根据接触处不同的光滑程度（不计滚动摩阻）分析圆柱的运动。

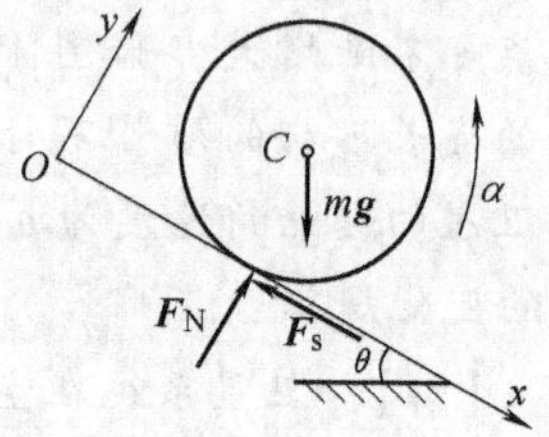

图　10-30

【解】　（1）选取研究对象：圆柱。

（2）分析外力：如图 10-30 所示。

（3）分析运动：一般情况下圆柱做平面运动，其质心沿斜面做直线运动。

（4）列动力学方程：

$$m\ddot{x}_C = \sum F_{eix}:\quad m\ddot{x}_C = mg\sin\theta - F_s \tag{a}$$

$$m\ddot{y}_C = \sum F_{eiy}:\quad 0 = F_N - mg\cos\theta \tag{b}$$

$$J_C\alpha = \sum M_C(\boldsymbol{F}_i):\quad \frac{1}{2}mR^2\alpha = -F_sR \tag{c}$$

（5）根据接触处不同光滑程度求解。

1）设接触处光滑，即 $F_s = 0$。

分别由式（a）、式（c）得

$$\ddot{x}_C=g\sin\theta,\quad \alpha=0$$

由 $\alpha=0$ 得 $\omega=$常量，因开始时圆柱静止，故有 $\omega=0$，即接触处无摩擦时，圆柱平动下滑，说明接触处的摩擦力是促使圆柱滚动的一个力。

2）设接触处相当粗糙，使圆柱做纯滚动。

当圆柱纯滚动时，摩擦力 $F_s\leqslant f_sF_N$。上述三个方程中含有四个未知量，此时可以补充纯滚动时运动的关系式

$$\ddot{x}_C=-R\alpha \tag{d}$$

式中，负号表示由质心加速度 $\ddot{x}_C$ 确定的角加速度 α 为顺时针转向，与图中所设逆时针转向相反。

由上述四式联立解之，得

$$\ddot{x}=\frac{2}{3}g\sin\theta,\quad \alpha=-\frac{2}{3R}R\sin\theta$$

$$F_N=mg\cos\theta,\quad F_s=\frac{1}{3}mg\sin\theta$$

由纯滚动的条件 $F_s\leqslant f_sF_N$，得

$$f_s\geqslant\frac{1}{3}\tan\theta$$

3）设接触处摩擦系数介于（1）、（2）之间，即

$$0<f_s<\frac{1}{3}\tan\theta$$

此时圆柱体仍做平面运动，但不是纯滚动，即与斜面接触点的速度不为零。故接触处的摩擦力为动摩擦力，有

$$F_s=fF_N \tag{e}$$

而纯滚动时的运动的关系式（d）不再成立。

由式（a）、式（b）、式（c）、式（e）联立解之，得

$$\ddot{x}_C=(\sin\theta-f\cos\theta)g,\quad \alpha=-2fg\cos\theta/R$$

【例 10.23】 质量为 m 半径为 r 的均质圆柱，可以在半径为 R 的圆弧轨道中做纯滚动（见图 10-31），当 $t=0$，$\varphi_0=60°$ 时，圆柱由静止释放，试求接触处的摩擦力和正压力。

【解】（1）选取研究对象：圆柱。

（2）分析外力：如图 10-31 所示。

（3）分析运动；圆柱做平面运动，质心做圆运动，其加速度为

$$a_{C\tau}=(R-r)\ddot{\varphi},\quad a_{Cn}=(R-r)\dot{\varphi}^2$$

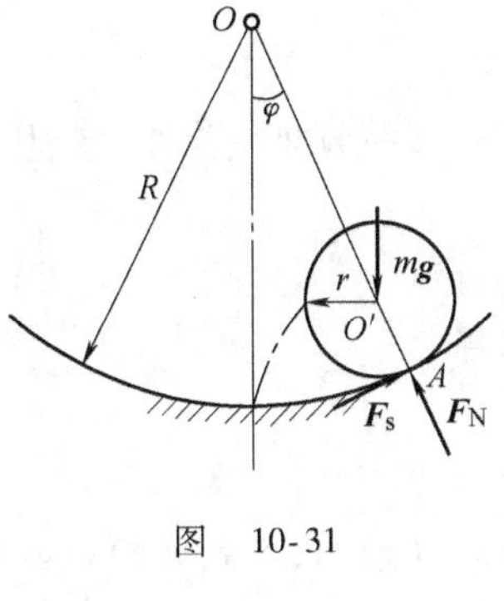

图　10-31

设圆柱的角加速度 α 为逆时针转向，由于纯滚动，有

$$a_{C\tau}=-r\alpha,\quad \alpha=-\frac{R-r}{r}\ddot{\varphi} \tag{a}$$

（4）列动力学方程求解：

$$ma_{C\tau}=\sum F_{ei\tau}:\ m\ (R-r)\ \ddot{\varphi}=-mg\sin\varphi+F_s \tag{b}$$

$$ma_{Cn}=\sum F_{ein}:\ m\ (R-r)\ \dot{\varphi}^2=F_N-mg\cos\varphi \tag{c}$$

$$J_C\,\alpha=\sum M_C\ (\boldsymbol{F}_{ei}):\ \frac{1}{2}mr^2\alpha=F_s r \tag{d}$$

由式（a）、式（b）、式（d）三式联立解得

$$\ddot{\varphi}=-\frac{2}{3}\frac{1}{R-r}g\sin\varphi \tag{e}$$

$$F_s=\frac{1}{3}mg\sin\varphi$$

可见，摩擦力 F_s 随 φ 的增大而增大，当 $\varphi=0$（即圆柱在平衡位置）时，$F_s=0$；当 $\varphi=60°$ 时，$F_s=\frac{\sqrt{3}}{6}mg$，此时的摩擦力最大。

求 $\ddot{\varphi}$ 时，也可按如下方法求解：

以速度瞬心 A 为矩心，利用式（10-36b）有

$$J_A\alpha=M_A:\ \frac{3}{2}mr^2\alpha=mg\sin\varphi r$$

在此式中，因未知的正压力和摩擦力都不出现，故利用此式即可求得 $\alpha=\frac{2g}{3r}\sin\varphi$，再利用该例题的式（a）可求得 $\ddot{\varphi}=-\frac{2g}{3\ (R-r)}\sin\varphi$。

为求正压力 F_N，需由方程（e）积分求 $\dot{\varphi}^2$。将 $\ddot{\varphi}=\frac{\mathrm{d}\dot{\varphi}}{\mathrm{d}\varphi}\frac{\mathrm{d}\varphi}{\mathrm{d}t}=\dot{\varphi}\frac{\mathrm{d}\dot{\varphi}}{\mathrm{d}\varphi}$ 代入式（e），并分离变量，得

$$\dot{\varphi}\mathrm{d}\dot{\varphi}=-\frac{2}{3(R-r)}g\sin\varphi\mathrm{d}\varphi \tag{f}$$

运动的初始条件：$t=0$ 时 $\varphi_0=60°$，$\dot{\varphi}_0=0$。将式（f）进行定积分

$$\int_0^{\dot{\varphi}}\dot{\varphi}\mathrm{d}\dot{\varphi}=\int_{60°}^{\varphi}-\frac{2}{3(R-r)}g\sin\varphi\mathrm{d}\varphi$$

求得

$$\dot{\varphi}^2=\frac{2g}{3(R-r)}(2\cos\varphi-1) \tag{g}$$

将式（g）代入式（c），求得正压力为

$$F_{\mathrm{N}}=mg\left(\frac{7}{3}\cos\varphi-\frac{2}{3}\right)$$

【例 10.24】 均质细杆 AB 质量为 $m=102\mathrm{kg}$，长度 $l=1\mathrm{m}$，A 端用两条细绳 AD、AE 悬挂，三者各夹 $\theta=120°$ 角，如图 10-32 所示。试求剪断 AE 绳时，AB 杆的角加速度及 AD 绳中之拉力。

【解】 (1) 选取研究对象：AB 杆。

(2) 分析外力：剪断 AE 绳后，AB 杆只受重力和 AD 绳的拉力。

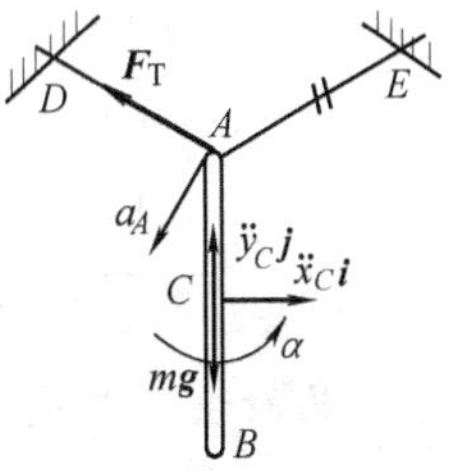

图　10-32

(3) 分析运动：剪断 AE 绳后，AB 杆做平面运动。因为有 AD 绳的作用，AB 杆属非自由体运动，需要建立质心加速度和角加速度之间的一个关系式。因点 A 轨迹已知，建立质心点 C 和点 A 的加速度关系

$$\ddot{x}_C\boldsymbol{i}+\ddot{y}_C\boldsymbol{j}=\boldsymbol{a}_A+\boldsymbol{a}_{CA\tau}$$

将上式向 AD 方向投影，并注意到 $a_{CA\tau}=\frac{l}{2}\alpha$，有

$$\ddot{x}_C\cos30°-\ddot{y}_C\sin30°=\frac{l}{2}\alpha\cos30° \qquad \text{(a)}$$

(4) 列动力学方程求解：

$$m\ddot{x}_C=\sum F_{eix}:\ m\ddot{x}_C=-F_{\mathrm{T}}\cos30° \qquad \text{(b)}$$

$$m\ddot{y}_C=\sum F_{eiy}:\ m\ddot{y}_C=F_{\mathrm{T}}\sin30°-mg \qquad \text{(c)}$$

$$J_C\alpha=\sum M_C(\boldsymbol{F}_{ei}):\ \frac{ml^2}{12}\alpha=F_{\mathrm{T}}\cos30°\cdot\frac{l}{2} \qquad \text{(d)}$$

从式(b)、式(c)中解出 $\ddot{x}_C$、$\ddot{y}_C$，代入式(a)后得到的方程再与式(d)联立，解之得

$$\alpha=\frac{6\sqrt{3}g}{13}\frac{g}{l},\quad F_{\mathrm{T}}=\frac{\sqrt{3}}{9}ml\alpha=\frac{2}{13}mg$$

代入数值，得

$$\alpha=7.83\mathrm{rad/s^2},\quad F_{\mathrm{T}}=154\mathrm{N}$$

【例 10.25】 质量为 m 的滑块 A 可在铅垂导槽内滑动。现以一铅垂的偏离质心的力 $\boldsymbol{F}$ 向上推动滑块运动，若已知滑块与导槽的动滑动摩擦因数为 f，推力偏离质心的距离为 d，其他尺寸如图 10-33 所示，求滑块的加速度。

【解】 (1) 选取研究对象：滑块。

(2) 分析外力：因 $\boldsymbol{F}$ 力作用线偏移质心，滑

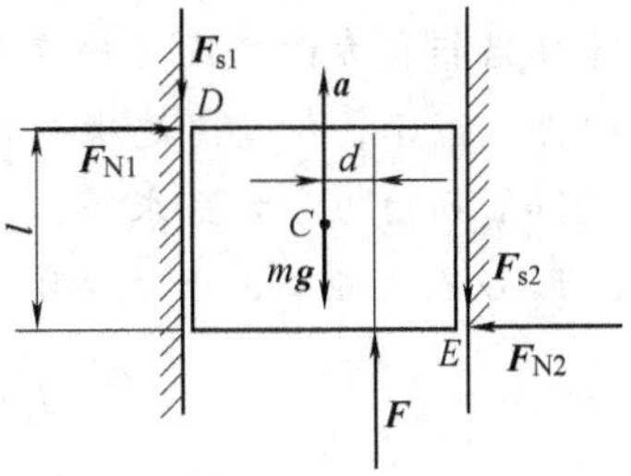

图　10-33

块 D、E 两处与导槽接触，故滑块受力如图 10-33 所示。

（3）分析运动：滑块在导槽约束下做平面平动，质心 C 做直线运动。

（4）列动力学方程求解：滑块做平面平动，可当作刚体平面运动的特例应用刚体平面运动微分方程求解，只是由于平动刚体的角加速度 $\alpha=0$，故式（10-37）的第三个方程变为平衡方程，即 $\sum M_C(\boldsymbol{F}_{ei})=0$。

$$m\ddot{x}_C=\sum F_{eix}:\ 0=F_{N1}-F_{N2} \tag{a}$$

$$m\ddot{y}_C=\sum F_{eiy}:\ m\ddot{y}_C=F-mg-F_{s1}-F_{s2} \tag{b}$$

$$0=\sum M_C(\boldsymbol{F}_{ei}):\ 0=Fd-(F_{N1}+F_{N2})\frac{l}{2}+F_{s1}\frac{b}{2}-F_{s2}\frac{b}{2} \tag{c}$$

式中 b 为滑块的宽度。

上述 3 个方程，有 5 个未知量，再补充 2 个摩擦定律，即

$$F_{s1}=fF_{N1},\quad F_{s2}=fF_{N2} \tag{d}$$

由式（a）、式（d）知，$F_{N1}=F_{N2}$，$F_1=F_2$，将此结果代入式（c），得

$$F_{N1}=F_{N2}=F\frac{d}{l} \tag{e}$$

摩擦力

$$F_{s1}=F_{s2}=fF\frac{d}{l}$$

于是，由式（b）得

$$\ddot{y}_C=\frac{l-2df}{ml}F-g$$

【例 10.26】　质量为 m 的矩形板 $ABDE$ 的几何尺寸如图 10-34 所示，开始时矩形板静止于两光滑水平支座 A、B 上，今突然拆去支座 B，试求此时矩形板的角加速度和支座 A 的约束力。

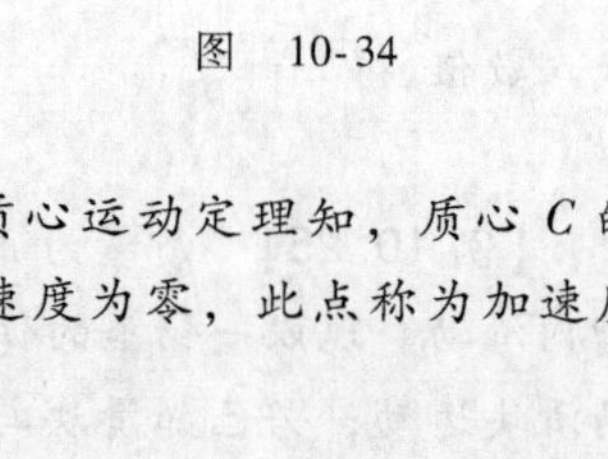

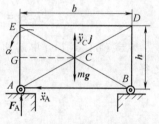

图　10-34

【解】　（1）选取研究对象：矩形板 $ABDE$。

（2）分析外力：拆去支座 B 后，只有重力和支座 A 的约束力，此二力均在铅垂方向上，故有 $\sum F_{eix}=0$。

（3）分析运动：拆去支座 B 后矩形板做平面运动，因在初瞬时 $\omega=0$，A 点的加速度沿水平方向，由质心运动定理知，质心 C 的加速度沿铅直方向，故可确定该瞬时矩形板的 G 点加速度为零，此点称为加速度瞬心，如图示，请读者思考为什么？

（4）列动力学方程求解：

选 G 点为矩心，因 $\boldsymbol{a}_G=0$，利用式（10-36b），有

$$J_G\alpha=M_G:\ J_G\alpha=-mg\frac{b}{2}$$

将　$J_G=\frac{m}{12}(b^2+h^2)+\frac{m}{4}b^2=\frac{m}{12}(4b^2+h^2)$ 代入上式，得

$$\alpha=-\frac{6bg}{4b^2+h^2}$$

质心加速度：
$$\ddot{y}_C=\frac{b}{2}\alpha=-\frac{3b^2g}{4b^2+h^2}$$

由质心运动定理求约束力 $\boldsymbol{F}_A$。

$$m\ddot{y}_C=\sum F_{eiy}:\ m\left(-\frac{3b^2g}{4b^2+h^2}\right)=F_A-mg,\qquad F_A=\frac{b^2+h^2}{4b^2+h^2}mg$$

在上述例题中，当选取速度瞬心点和加速度瞬心点为矩心时，方程中均未出现未知的约束力，能避免解联立方程组的麻烦，较快地算出运动量。

*10.8　变质量质点的运动微分方程

前面研究的物体，其在运动中质量是不变的。但是在工程实际中，有时还遇到质量不断增加或减少的物体，例如火箭在飞行时不断地喷出燃料燃烧后产生的气体，火箭的质量不断减小，因此飞行中的火箭是质量变化的物体；又如不断吸进气体又喷出气体的喷气式飞机、投掷载荷的飞机以及江河中不断凝聚或溶化的浮冰等都是变质量的物体。

当变质量的物体做平动，或只研究它们质心的运动时，可简化为变质量质点。下面推导变质量质点的运动微分方程。

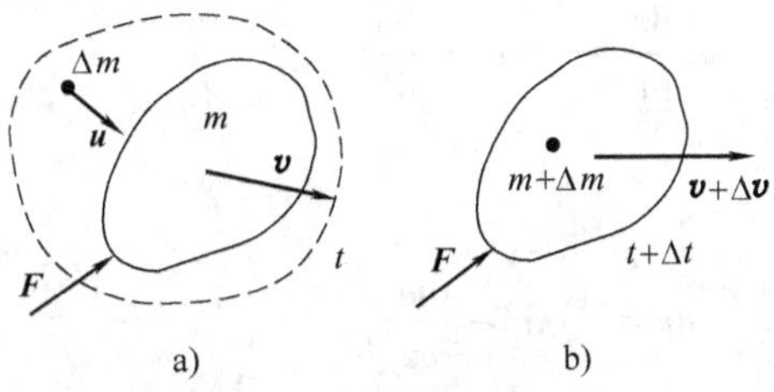

图　10-35

设变质量质点在瞬时 t 的质量为 m，速度为v；在瞬时 $t+\Delta t$，有微小质量 Δm 并入，这时质点的质量为 $m+\Delta m$，速度为$v+\Delta v$；微小质量 Δm 在瞬时 t 尚未并入时，它的速度为 $\boldsymbol{u}$，如图 10-35 所示。

研究以质点与并入的微小质量组成的质点系，设作用于质点系的外力为 $\boldsymbol{F}$。

质点系在瞬时 t 的动量为

$$\boldsymbol{p}_1=m\,v+\Delta m\boldsymbol{u}$$

在瞬时 $t+\Delta t$ 的动量为

$$p_2 = (m+\Delta m)(v+\Delta v)$$

在微小的时间间隔 Δt 内动量的增量为

$$\Delta p = p_2 - p_1 = m\Delta v - \Delta m(u - v) + \Delta m\Delta v$$

略去高阶小量 $\Delta m\Delta v$，并应用质点系动量定理，有

$$\lim_{\Delta t\to 0}\frac{\Delta p}{\Delta t} = \lim_{\Delta t\to 0} m\frac{\Delta v}{\Delta t} - \lim_{\Delta t\to 0}\frac{\Delta m}{\Delta t}(u - v) = F$$

式中，$(u-v)$ 是微小质量 Δm 在并入前对于质点 m 的相对速度 v_r，故上式变为

$$ma = F + \dot{m}v_r \tag{10-38}$$

此式称为变质量质点的运动微分方程，式中 m 是变量，$\dot{m}$ 是代数量。

变质量质点的运动微分方程是求解变质量质点的运动规律的基本方程，在形式上与常质量质点运动微分方程相似，只是在右端多了一项 $\dot{m}v_r$。对于像火箭等质量不断减少的物体，$\dot{m}$ 是负值，而火箭飞行时是向后喷射气体，故 $\dot{m}v_r$ 的方向与火箭前进的方向一致，且具有力的量纲，通常称为反推力，火箭就是靠反推力运动的。

【例 10.27】 如图10-36所示，火箭垂直于地面发射。已知开始发射时火箭的质量为 m_0，经过时间 t_1，第一级火箭的燃料燃烧完毕，这时火箭的质量为 m_f。设气体喷射的相对速度 v_r 是恒量，求火箭在时刻 t_1 能够达到的最大速度 v_f。

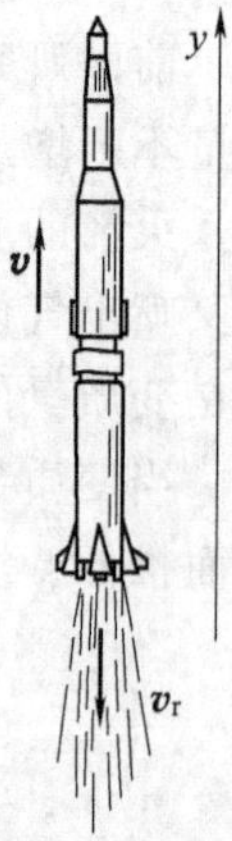

图 10-36

【解】 火箭是依靠壳内燃料燃烧后产生的气体连续向外喷射而获得反推力在空中飞行的。由于火箭的质量不断地减少，所以 $\dot{m}$ 是负值。

应用变质量质点运动微分方程在轴 y 上的投影式，有

$$m\frac{dv}{dt} = -mg - \frac{dm}{dt}v_r$$

将上式各项乘以 $\frac{dt}{m}$，得

$$dv = -g dt - \frac{dm}{m}v_r$$

已知当 $t=0$ 时，$v=0$，$m=m_0$；当 $t=t_1$ 时，$v=v_f$，$m=m_f$。将上式对 t 从 0 到 t_1 定积分，即

$$\int_0^{v_f} dv = \int_0^{t_1} - g dt - \int_{m_0}^{m_f}\frac{dm}{m}v_r$$

解得

$$v_f = -gt_1 + v_r \ln\frac{m_0}{m_f}$$

由上式知，当燃料经过时间 t_1 燃烧完毕时，火箭获得的速度 v_f 与下列因素有关：

(1) v_f 随着气体喷射速度 v_r 的增大而增大。

（2）v_f 随着火箭的质量比$\dfrac{m_0}{m_f}$的增大而增大。

（3）v_f 随着燃料燃烧的时间 t_1 的增大而减小。

因此，要提高火箭的速度 v_f 必须提高喷射速度 v_r 和质量比$\dfrac{m_0}{m_f}$，缩短燃料燃烧的时间 t。提高火箭末速度 v_f 涉及许多复杂的工程技术问题，例如高能化学燃料问题，耐高温、耐高压的高强度材料问题，冷却问题，结构设计和制造工艺等等专门的科学技术问题。

因为每级火箭能达到的速度 v_f 是有限度的，所以用火箭运送人造地球卫星或宇宙飞船进入轨道，需要利用多级火箭。所谓多级火箭就是由数个单级火箭连接而成的火箭，其中每一级火箭在燃料燃烧完后自动脱落，下一级火箭的发动机开始工作，火箭在已获得的速度 v_f 的基础上继续增加速度。可见，多级火箭技术还要求实现精确的自动控制，是一个非常复杂的综合性问题。

【例 10.28】 如图 10-37 所示，槽车与货的质量原是 m_0，在雨中沿光滑水平轨道按惯性行驶，初速是v_0，每单位时间落入车中的铅直雨水的质量 q_m = 常量。求货车速度v 随时间而变化的规律。

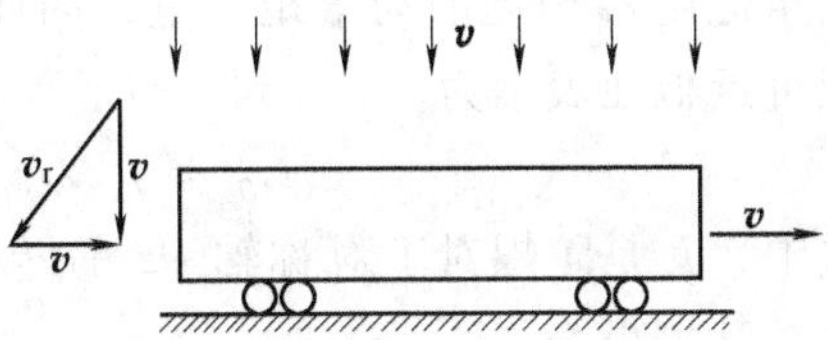

图　10-37

【解】 选取货车为研究对象。货车在行驶中，雨水不断落入车内，属于变质量运动问题。由题意知$\dot{m}=q_m$，$m=m_0+q_m t$。

以v 代表货车的瞬时速度。设雨的绝对速度为 $\boldsymbol{u}$，相对于车的速度为v_r，则 $\boldsymbol{u}=v_e+v_r$，其中$v_e=v$，在 x 方向的投影为

$$0=v+v_{rx},\quad v_{rx}=-v$$

应用变质量质点运动微分方程

$$m\frac{dv}{dt}=F_x+\dot{m}v_{rx}:\ (m_0+q_m t)\frac{dv}{dt}=-q_m v$$

分离变量，得

$$\frac{dv}{v}=-\frac{q_m dt}{m_0+q_m t}$$

初始条件：当 $t=0$ 时，$v=v_0$。对上式定积分

$$\int_{v_0}^{v}\frac{dv}{v}=\int_0^t-\frac{q_m dt}{m_0+q_m t}$$

解得

$$\ln\frac{v}{v_0}=\ln\frac{m_0}{m_0+q_m t},\qquad v=\frac{m_0}{m_0+q_m t}v_0$$

可见，货车的速度在逐渐减慢，直到装满水为止。

*10.9　陀螺运动的近似理论

工程中把具有一个固定点，并绕自身的对称轴高速转动的刚体称为陀螺。陀螺运动是刚体定点运动，其动力学问题十分复杂，在工程技术中，常采用有效的近似分析方法，即陀螺近似理论。

设陀螺以角速度 $\boldsymbol{\omega}$ 绕对称轴 Oz' 转动，同时 Oz' 轴又以角速度 $\boldsymbol{\Omega}$ 绕定轴 Oz 转动，如图 10-38 所示。由第 8 章知，前者称为自转，后者称为进动，刚体的绝对角速度为

$$\boldsymbol{\omega}_{\mathrm{a}}=\boldsymbol{\Omega}+\boldsymbol{\omega}$$

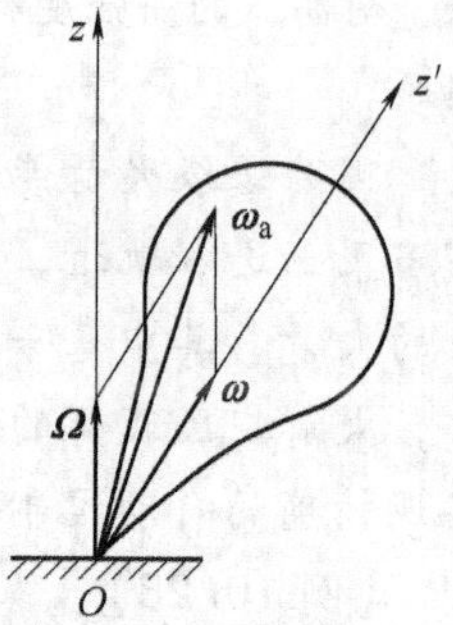

图　10-38

其动量矩矢 $\boldsymbol{L}_O$ 一般不与自转轴 Oz' 重合。但是在工程技术中，陀螺绕其对称轴自转的角速度 ω 远大于其进动角速度 Ω，即 $\omega \gg \Omega$，在计算陀螺对定点 O 的动量矩时忽略由于进动角速度 Ω 引起的动量矩分量，因此，陀螺对 O 点的动量矩可近似地表示为

$$\boldsymbol{L}_O \approx J_{z'}\boldsymbol{\omega} \tag{10-39}$$

式中，$J_{z'}$ 是陀螺对于对称轴 Oz' 的转动惯量，动量矩矢 $\boldsymbol{L}_O$ 近似地与对称轴 Oz' 重合，其大小等于 $J_{z'}\omega$。

在上述简化的条件下，可应用动量矩定理阐明陀螺近似理论。

质点系对定点 O 的动量矩 $\boldsymbol{L}_O$ 用矢量 $\overrightarrow{OA}$ 表示，在外力系作用下，质点系的动量矩 $\boldsymbol{L}_O$ 随时间变化，矢量 $\overrightarrow{OA}$ 的端点在空间画出矢端曲线，如图 10-39 所示。按运动学理解，矢量 $\overrightarrow{\mathrm{OA}}$ 对时间的一阶导数是矢端 A 点的速度 $\boldsymbol{u}$；而根据质点系的动量矩定理，动量矩 $\boldsymbol{L}_O$ 对时间的一阶导数等于作用于质点系的外力对定点 O 的主矩 $\boldsymbol{M}_{Oe}$，于是可得

$$\boldsymbol{u}=\frac{\mathrm{d}\boldsymbol{L}_O}{\mathrm{d}t}=\boldsymbol{M}_{Oe} \tag{10-40}$$

上式称为赖柴尔定理。即质点系对某定点的动量矩矢量端点的速度等于外力系对同一点的主矩。按照陀螺近似理论，其动量矩矢与对称轴重合，因此，外力矢主矩也就决定了陀螺对称轴的运动。现在应用上述结论来分析陀螺运动的几个重要特性。

(1) 自由陀螺保持自身对称轴在惯性参考系中的方位不变。

图 10-40 所示陀螺为一均质转子用内外两层悬架支撑，三轴交于一点，此点恰好为转子的质心，不计摩擦，外力对其质心 O 的力矩为零，这种陀螺称为自由陀螺。由于 $\dfrac{d\boldsymbol{L}_O}{\mathrm{d}t}=\boldsymbol{M}_{Oe}=0$，有

$$\boldsymbol{L}_O=\text{常矢量}$$

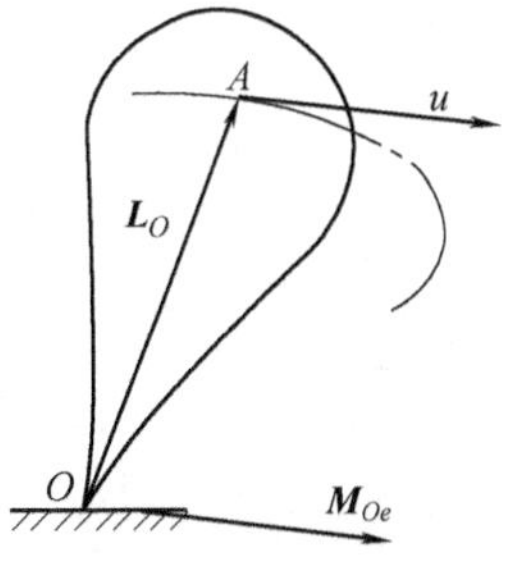

图　10-39

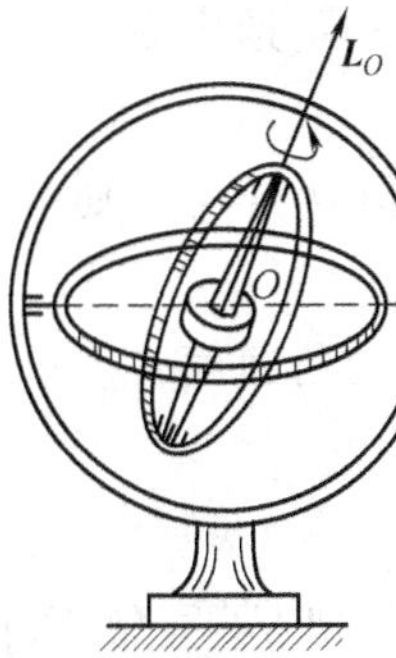

图　10-40

对于高速自转的陀螺，动量矩矢 $\boldsymbol{L}_O$ 的方向与自转轴 Oz'重合，因此，动量矩方向不变，也就是对称轴的方位保持不变。在现代的工程技术中，这一性质得到了广泛的应用。例如，鱼雷中安装的导向系统多用自由陀螺作为该系统的定向元件。当鱼雷在发射器中瞄准后，陀螺仪的转子开始绕自己的对称轴高速转动。如果陀螺对称轴指向目标，鱼雷发射后一旦偏离了目标，则由于自由陀螺的定向性，对称轴仍指向目标，这时鱼雷的纵轴（前进方向）与陀螺的对称轴产生相对偏角 β，如图 10-41所示，于是调节系统开始工作，对鱼雷的前进方向做适当调整，以保证命中目标。类似的陀螺仪在航空仪表中也作为定向元件以指示飞机的姿态。

（2）陀螺受力矩作用，当力矩矢与对称轴不重合时，对称轴将进动。

图 10-42 所示的陀螺，质心 C 与定点 O 不重合，当对称轴偏离铅直线时，重力 $\boldsymbol{P}$ 对定点 O 的矩为 $\boldsymbol{M}_O(\boldsymbol{P})=\boldsymbol{r}_C\times\boldsymbol{P}$。其中 $\boldsymbol{r}_C$ 为质心 C 相对定点 O 的矢径，力矩矢垂直于轴 Oz'和力 $\boldsymbol{P}$，亦垂直于平面 zOz'，指向如图所示。

根据赖柴尔定理，陀螺动量矩矢端 A 点的速度 $\boldsymbol{u}$ 等于重力 $\boldsymbol{P}$ 对于点 O 的矩，即

$$\boldsymbol{u}=\boldsymbol{M}_O(\boldsymbol{P})$$

其方向与 $\boldsymbol{P}$ 垂直，而不改变 θ 角，在重力 $\boldsymbol{P}$ 的持续作用下，对称轴 Oz'将绕定轴 Oz 转动，陀螺做规则进动。这样，在重力作用下，陀螺对称轴 Oz'不是直观地倒下，而是沿圆锥面进动。实际上，陀螺在任意力矩作用下，只要力矩矢与对称轴不重合，都会发生进动现象，其对称轴上点的运动方向与力矩矢的方向一致，与作用力的方向垂直。

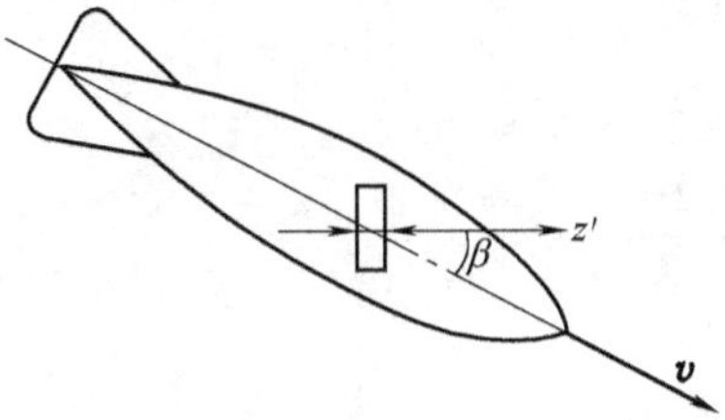

图　10-41

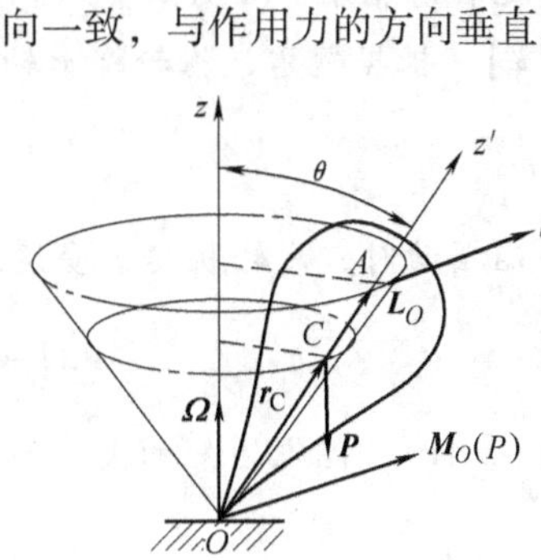

图　10-42

设进动角速度为 $\boldsymbol{\Omega}$，则动量矩矢端 A 的速度为

$$\boldsymbol{u}=\boldsymbol{\Omega}\times\boldsymbol{L}_O=\boldsymbol{\Omega}\times J_{z'}\boldsymbol{\omega}$$

设外力主矩为 $\boldsymbol{M}_{Oe}$，则由赖柴尔定理有

$$\boldsymbol{u}=\boldsymbol{\Omega}\times J_{z'}\boldsymbol{\omega}=\boldsymbol{M}_{Oe}$$

于是得进动角速度的大小为

$$\Omega=\frac{M_{Oe}}{J_{z'}\omega\sin\theta} \tag{10-41}$$

式中，θ 为轴 Oz' 与 Oz 之间的夹角，即章动角。

由上式可知，陀螺的自转角速度 ω 越大，则进动角速度 Ω 越小，陀螺近似理论的精确度也就愈高。

（3）陀螺效应和陀螺力矩

在上述分析中，如有外力系作用在陀螺对称轴上，迫使此轴以 $\boldsymbol{\Omega}$ 绕固定轴 Oz 进动（如图 10-42 中的陀螺），由赖柴尔定理，外力系对 O 点的主矩为

$$\boldsymbol{M}_{Oe}=\boldsymbol{\Omega}\times J_{z'}\boldsymbol{\omega}$$

根据作用与反作用定律，陀螺对迫使它改变运动状态的物体必施加一反作用力矩，令此力矩为 $\boldsymbol{M}_{\mathrm{g}}$，则有

$$\boldsymbol{M}_{\mathrm{g}}=-\boldsymbol{M}_{Oe}=J_z\boldsymbol{\omega}\times\boldsymbol{\Omega} \tag{10-42}$$

这一力矩是陀螺表现出来的一种惯性阻抗力矩，称为陀螺力矩。任何绕对称轴高速旋转的转动物体，当对称轴被迫在空间改变方向时，必然产生陀螺力矩作用在迫使对称轴改变方向的其他物体上，这种效应称为陀螺效应。骑自行车转弯时，就有陀螺力矩作用在前叉轴承上，反映在手把上，骑车者就会感觉到一种惯性阻抗力矩。

【例 10.29】　海轮上汽轮机转子的转动轴沿船的纵轴 x，转子对转轴的转动惯量为 J_x，转子的角速度为 ω，如图 10-43 所示。若海轮绕横轴 y 摆动，设摆动的规律是谐振动，摆幅为 β_0，周期为 T，已知两轴承之间的距离为 l，求汽轮机转子的陀螺力矩和对轴承的压力。

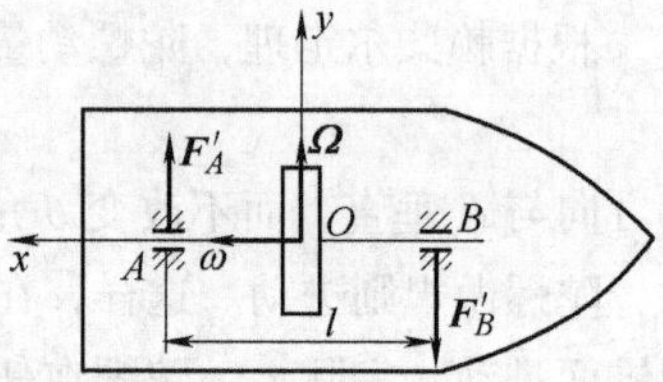

图　10-43

【解】　根据题意，海轮绕 y 轴摆动的规律为

$$\beta=\beta_0\sin\frac{2\pi}{T}t$$

当船摆动时，汽轮机转子受迫进动，其进动角速度为

$$\Omega=\dot{\beta}=\beta_0\frac{2\pi}{T}\cos\frac{2\pi}{T}t$$

由式（10-41），陀螺力矩的大小为

$$M_{\mathrm{g}}=J_x\omega\cdot\beta_0\frac{2\pi}{T}\cos\frac{2\pi}{T}t$$

转子对轴承 A、B 的最大压力为

$$F'_{A\max} = F'_{B\max} = \frac{2\pi\beta_0 J_x \omega}{lT}$$

思 考 题

10.1 若质点系中每一个质点的动量都等于零，这个质点系的动量是否等于零？若质点系的动量等于零，这个质点系中每一个质点的动量是否都等于零？

10.2 动量是个瞬时的量，相应地冲量也是个瞬时量，对吗？

10.3 在什么条件下，动量、动量矩守恒？动量矩守恒时，动量是否受恒？反之又如何？

10.4 炮弹飞出炮膛后，如无空气阻力，质心沿抛物线运动。炮弹爆炸后，质心运动规律不变。若有一块碎片落地，质心是否还沿抛物线运动？为什么？

10.5 长度相等的两均质杆 AC 和 BC 各重 $\boldsymbol{P}_1$ 和 $\boldsymbol{P}_2$，在点 C 以铰链连接，直立于水平面上，如思考题 10.5 图所示。设地面光滑，两杆将分开倒向地面。问当 $P_1=P_2$ 或 $P_1=2P_2$ 时，点 C 的运动轨迹是否相同？为什么？

10.6 设 J_A 和 J_B 是均质细杆对于通过其 A、B 两端垂直于 AB 的一对平行轴的转动惯量（见思考题 10.6 图），则 $J_B=J_A+ml^2$，对吗？为什么？

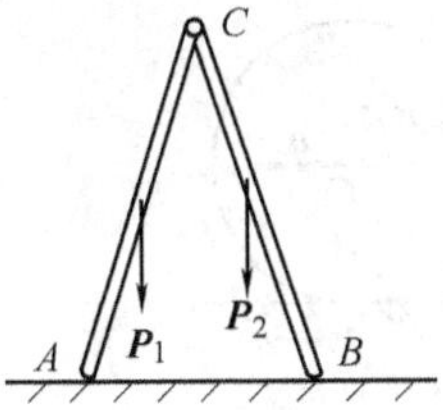

思考题 10.5 图

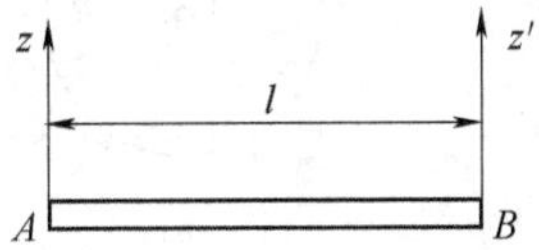

思考题 10.6 图

10.7 质量为 m 的均质圆盘，平放在光滑的水平面上，其受力情况如思考题 10.7 图所示。试说明圆盘将如何运动。设开始时，圆盘静止，$r=R/2$。

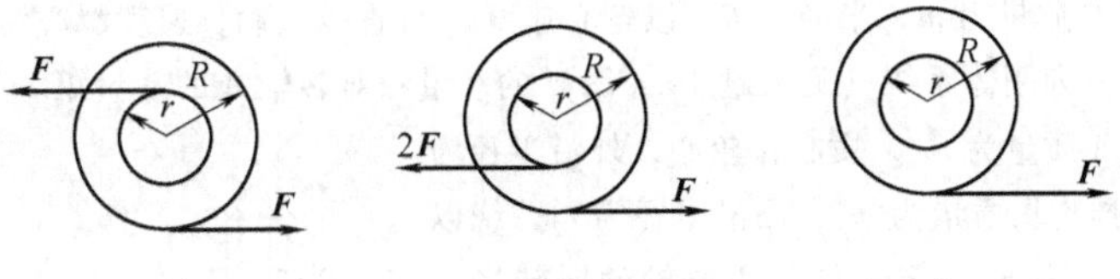

思考题 10.7 图

习 题 A

10.1 试求习题 10.1 图所示刚体系统的动量。

(a) 各杆均质，长度各为 l，质量各为 m。

(b) 传动带及带轮均质，两轮质量为 m_1、m_2，半径为 r_1、r_2，传动带质量为 m_3。

10.2 大三棱柱 A 质量为 m_1，以速度 v_A 向右滑动。小三棱柱 B 质量为 m_2，相对于大三棱柱

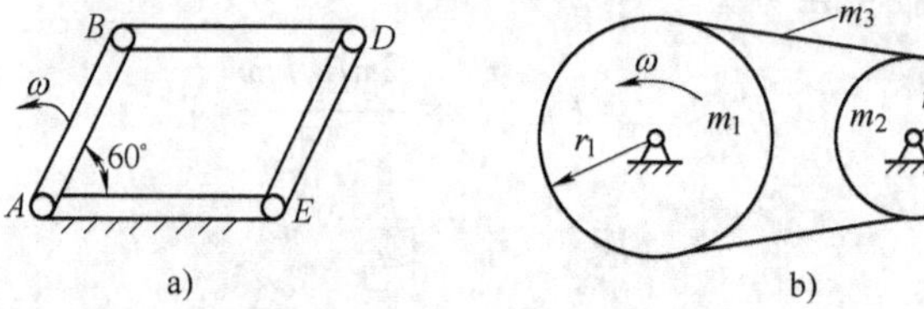

习题 10.1 图

以v_r滑动，如习题 10.2 图所示。试求 A、B 系统的动量。

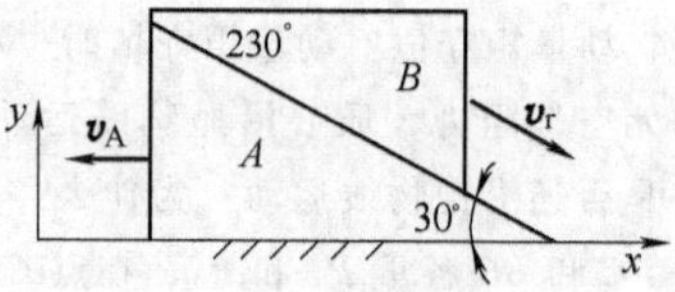

习题 10.2 图

10.3 试求下列刚体（见习题 10.3 图）的动量和对转轴 A 或瞬心轴 P 的动量矩。

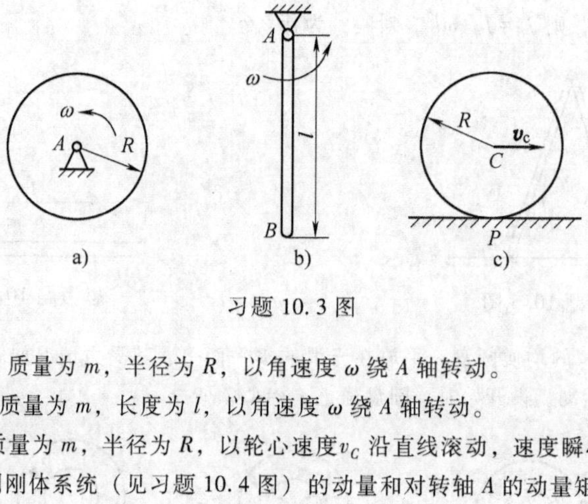

习题 10.3 图

（a）均质圆盘 A 质量为 m，半径为 R，以角速度 ω 绕 A 轴转动。

（b）均质杆 AB 质量为 m，长度为 l，以角速度 ω 绕 A 轴转动。

（c）均质杆 C 质量为 m，半径为 R，以轮心速度v_C 沿直线滚动，速度瞬心为 P。

10.4 试求下列刚体系统（见习题 10.4 图）的动量和对转轴 A 的动量矩。

（a）定滑轮 A 质量为 m_3，质心在轮心，外沿半径为 r_1，绕以细绳悬挂物块质量为 m_1，凸沿半径为 r_2，绕以细绳悬挂物块质量为 m_2，定滑轮对质心轴的回转半径为 ρ，以角速度 ω 转动。

（b）定滑轮 A 匀质，质量为 m_1，半径为 R，以角速度 ω 转动。动滑轮 B 匀质，质量为 m_2，半径为 $r=R/2$，悬挂物块 C 质量为 m_3。

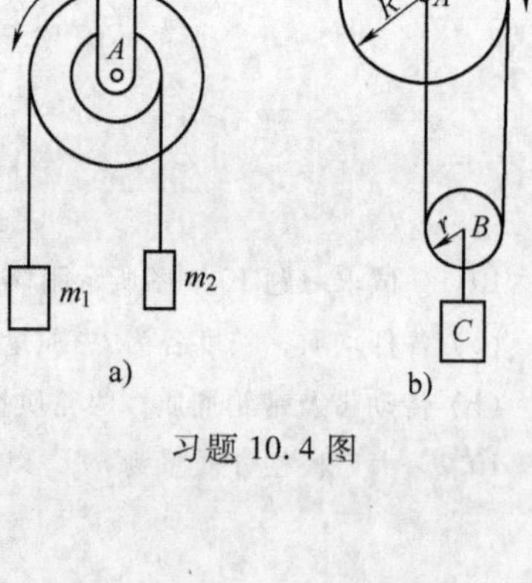

习题 10.4 图

10.5 浮动式起重机吊起质量为 $m_1=2000\text{kg}$ 的重物 M（见习题 10.5 图），试求起重杆 OA 从与铅垂线成 60°角转到 30°角的位置时，起重机的水平位移。设起重机质量 $m_2=20000\text{kg}$，杆长 $OA=8\text{m}$，开始时系统静止，水的阻力和杆的质量不计。

10.6　质量为 m_1 的平板放于倾角为 α 的光滑斜面上，现有一质量为 m_2 的人自平板的上端沿平板向下跑，如习题 10.6 图所示。欲使平板保持静止，问人的加速度应为多大？

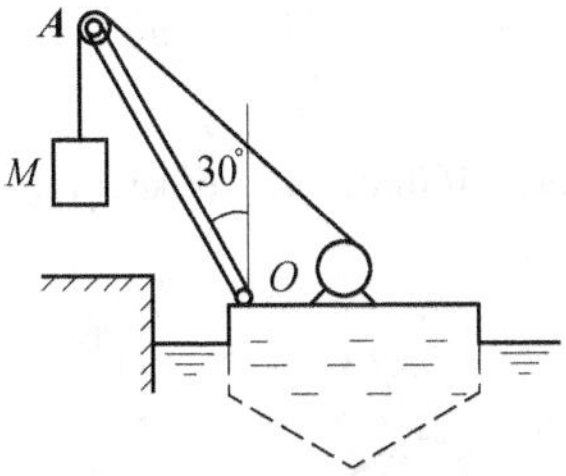

习题 10.5 图

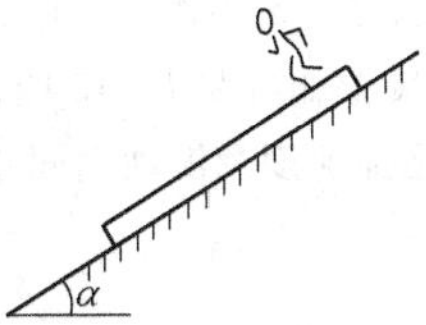

习题 10.6 图

10.7　习题 10.7 图所示框架的质量为 m_1，置于光滑水平面上，质量为 m_2 的小球 A 用两条细绳悬挂于框架中，系统处于静止状态。试求把绳子 AC 剪断后，框架的运动规律（用绳子 AB 与铅垂方向的夹角 θ 表示），设 $AB=l$。

10.8　质量为 $m_4=100\text{kg}$ 的四角截头锥 $ABCD$ 放于光滑水平面上，质量分别为 $m_1=20\text{kg}$、$m_2=15\text{kg}$ 和 $m_3=10\text{kg}$ 的三个物块，由一条绕过截头锥上的两个滑轮的绳子相连接，如习题 10.8 图所示。试求：(1) 物块 m_1 下降 1m 时，截头锥的水平位移；(2) 若在 A 处放一木桩，求三物块运动时，木桩所受的水平力。各接触面均为光滑的，两滑轮质量不计。

10.9　电动机重 W，放在光滑的水平基础上（见习题 10.9 图），另有一均质杆，长 $2l$，重 $\boldsymbol{P}$，一端与电动机的机轴相固结，并与机轴的轴线垂直，另一端则固连于重 $\boldsymbol{G}$ 的物体，设机轴的角速度为 ω，杆在开始时处于铅直位置。试求电动机的水平运动。

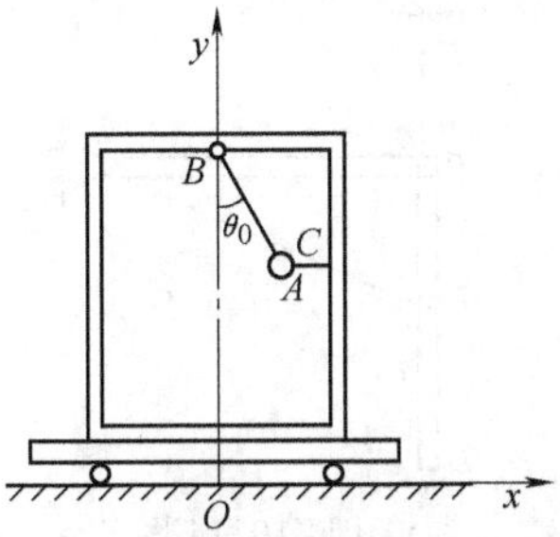

习题 10.7 图

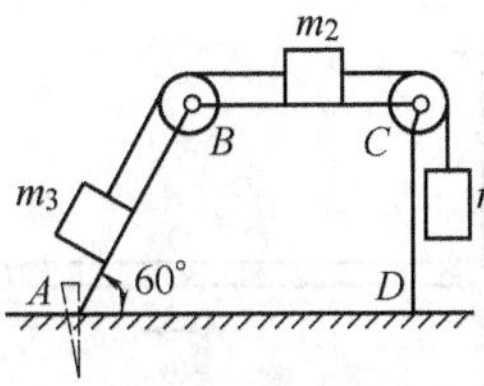

习题 10.8 图

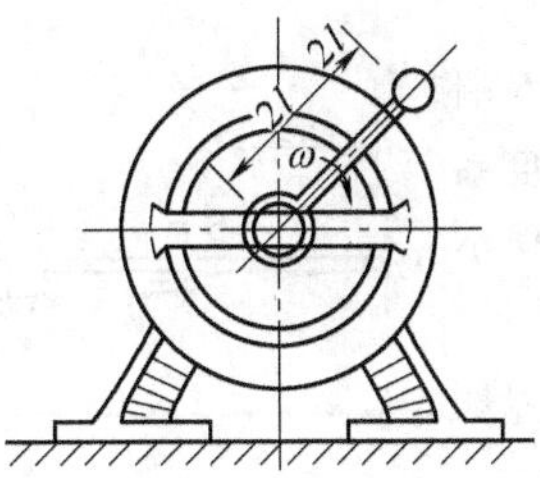

习题 10.9 图

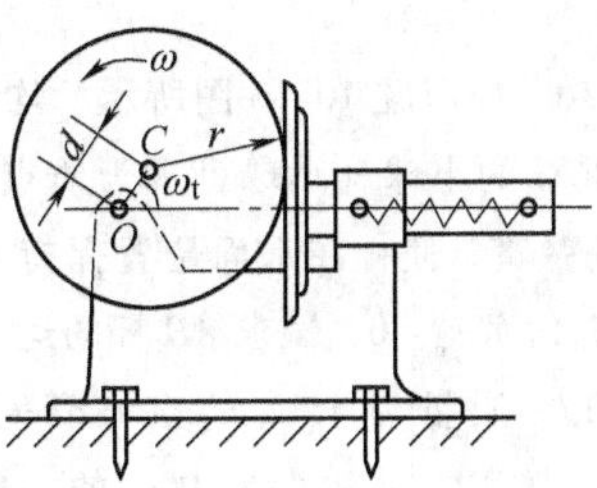

习题 10.10 图

10.10　均质圆盘绕偏心轴 O 以匀角速 ω 转动（见习题 10.10 图）。重 $\boldsymbol{P}$ 的滑杆借右端弹簧的推压面顶在圆盘上，当圆盘转动时，滑杆做往复运动。设圆盘重 $\boldsymbol{G}$，半径为 r，偏心距为 d，求任一瞬时作用于基础和螺栓由于运动而引起的附加动反力。

10.11　长 $2l$ 的均质杆 AB，其一端 B 搁置在光滑水平面上，并与水平成 α_0 角（见习题 10.11 图），求当杆倒下时，A 点之轨迹方程。

10.12　装置如习题 10.12 图，滑轮无重、接触光滑，$m_A=100\text{kg}$，$m_B=50\text{kg}$，$m_C=20\text{kg}$。试求三棱柱 A 之加速度及滑动面间正压力。

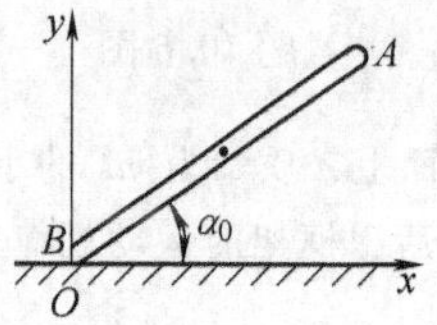

习题 10.11 图

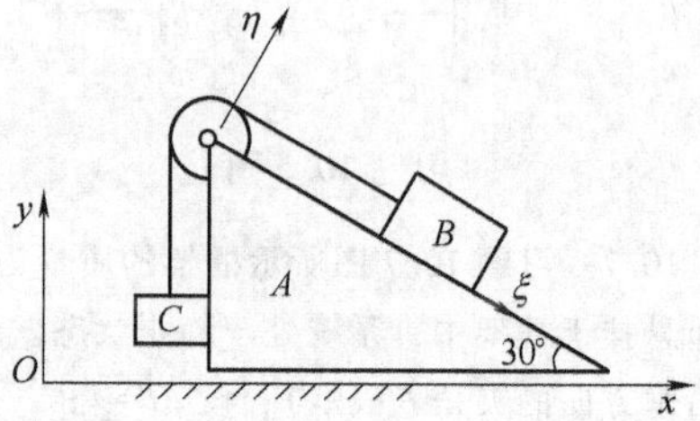

习题 10.12 图

10.13　均质杆 AB 长度为 l，重量为 $\boldsymbol{W}$，离 B 端 $l/3$ 处有固定铰座 O，A 端用细绳悬挂使杆水平（见习题 10.13 图）。试求剪断 AE 绳时，O 处之约束力。

10.14　如习题 10.14 图所示，均质细杆 AB、BD 长度均为 l，质量均为 m。在 B 端正交焊接，A 端铰定，B 处用细绳悬挂使 AB 水平。试求剪断绳 BE 时，铰 A 之约束力及 B 点焊缝之内力 M_B、$\boldsymbol{F}_{Bx}$、$\boldsymbol{F}_{By}$。

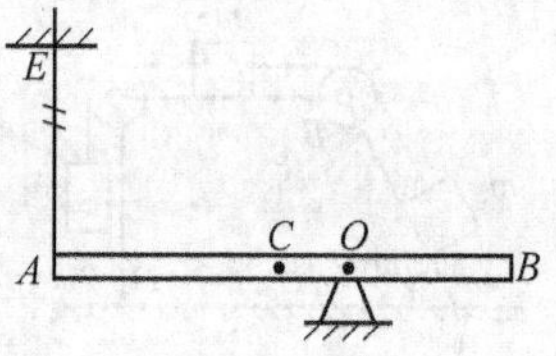

习题 10.13 图

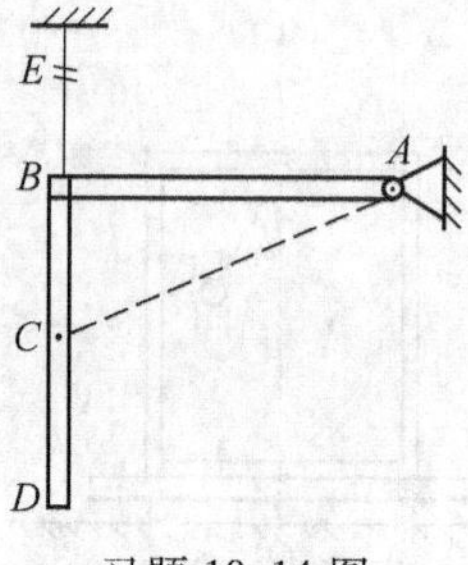

习题 10.14 图

10.15　在习题 10.4a 中，若 $m_1>m_2$，重力为主动力，试求滑轮 A 之角加速度及轴承 A 之约束力。

10.16　如习题 10.16 图所示，均质杆 AB 长 l，重 $\boldsymbol{P}$，B 端刚连一重 $\boldsymbol{G}$ 的小球（小球可视为质点），杆上 D 点连一劲度系数为 c 的弹簧，使杆在水面位置保持平衡。设给小球 B 一微小初位移 δ_0，而 $v_o=0$，试求 AB 杆的运动规律。

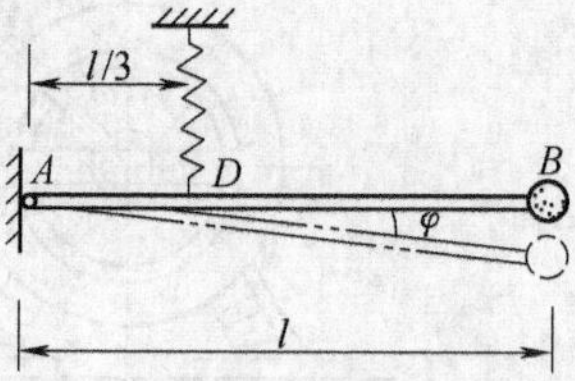

习题 10.16 图

10.17　质量为 15kg 的空心套管绕铅直轴转动（见习题 10.17 图）。管内放一质量为 10kg 的小球，用细绳与转动轴连接。绳长 200mm，细绳能承受的最大拉力为 8N。问套管角速度多大恰好将细绳拉断？细绳拉断后，小球滑至管端时，套管的角速度是多少？套管的转动惯量按均质杆计算。图中长度单位为 mm。

10.18　两摩擦轮重量各为 $\boldsymbol{P}_1$、$\boldsymbol{P}_2$，半径分别为 R_1、R_2，在同一平面内分别以角速度 ω_{10} 与 ω_{20} 转动（见习题 10.18 图）。用离合器使两轮啮合，求此后两轮的角速度。设两轮为均质圆盘。

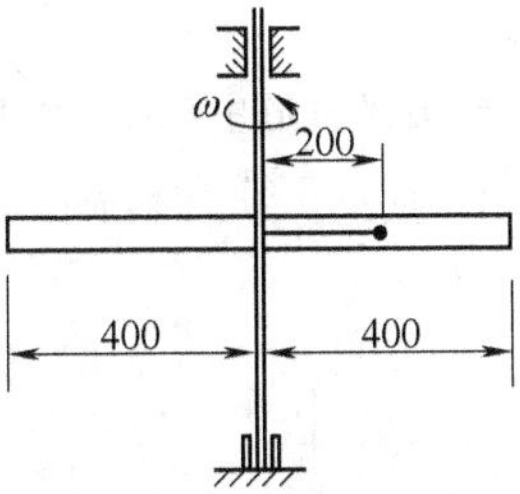

习题 10.17 图

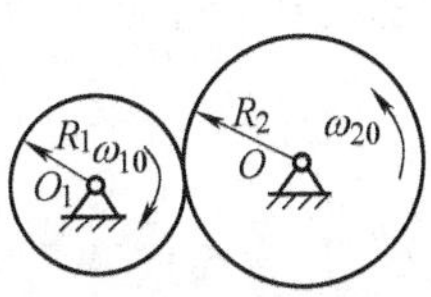

习题 10.18 图

10.19　卷扬机如习题 10.19 图所示。轮 B、C 半径分别为 R、r，对水平转动轴的转动惯量分别为 J_1、J_2；物体 A 重 $\boldsymbol{P}$。设在轮 C 上作用一常力矩 M，试求物体 A 上升的加速度。

10.20　传动装置如习题 10.20 图所示，转轮Ⅱ由带轮Ⅰ带动。已知带轮与转轮的转动惯量和半径分别为 J_1、J_2 和 r、R。设在带轮上作用一转矩 M，不计轴承处摩擦，求带轮与转轮的角加速度。

10.21　习题 10.21 图所示 A 为离合器，开始时轮 2 静止，轮 1 具有角速度 ω_0。当离合器接合后，依靠摩擦使轮 2 启动。已知轮 1 和 2 的转动惯量分别为 J_1 和 J_2。求：(1) 当离合器接合后，两轮共同转动的角速度；(2) 若经过 t 秒两轮的转速相同，求离合器应有的摩擦力矩。

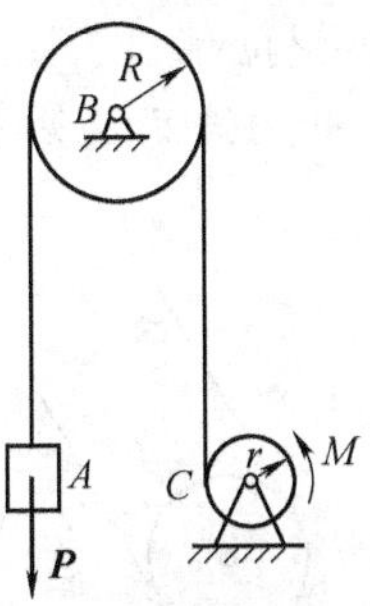

习题 10.19 图

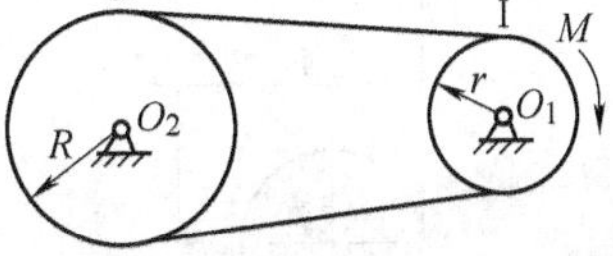

习题 10.20 图

10.22　习题 10.22 图所示均质圆盘的半径 $R=180\text{mm}$，质量 $m=25\text{kg}$。测得圆盘扭转振动周期 $T_1=1\text{s}$；当加上另一物体时，测得扭转振动周期为 $T_2=1.2\text{s}$。求所加物体对于转动轴的转动惯量。

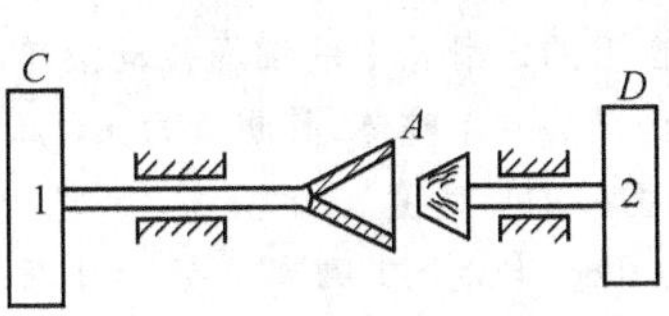

习题 10.21 图

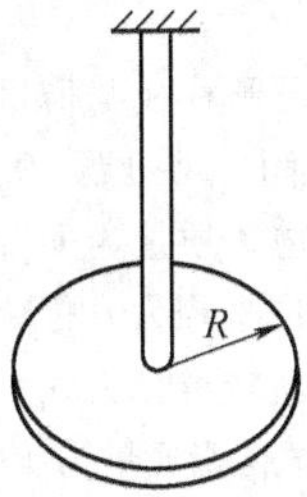

习题 10.22 图

习 题 B

10.23 在习题 10.23 图中物 A 质量为 m，均质定滑轮 B 质量为 m，半径为 r，滚轮 C 由半径分别为 $2r$ 和 r 的两轮固结而成，质量为 $2m$，质心在轮心，对质心轴的回转半径 $\rho_C=\sqrt{2}r$，地面粗糙，不计滚阻。试求物 A 的加速度，地面的摩擦力及轴承 B 之约束力。

10.24 均质圆柱 C 质量为 m，半径为 r，在半径为 R 的固定圆弧轨道中（见习题 10.24 图）。当 OC 偏离铅直线 OA 为 30°时，由静止释放，已知圆柱滚而不滑。试求 $\ddot{\theta}$，$\dot{\theta}$ 及斜面摩擦力与 θ 角之关系。

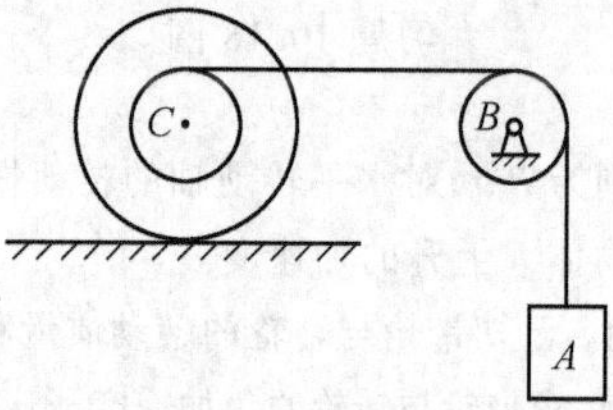

习题 10.23 图

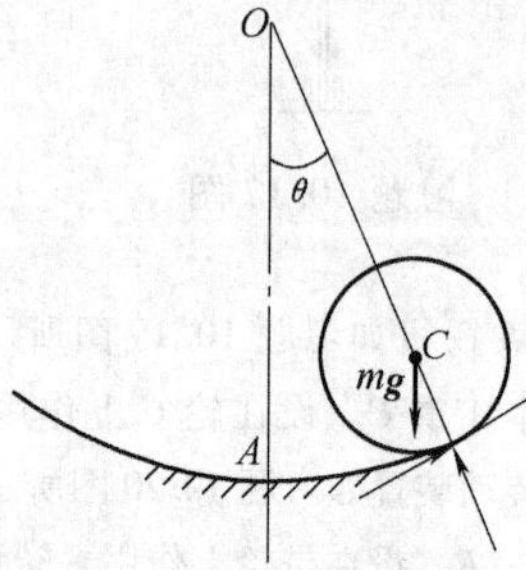

习题 10.24 图

10.25 在习题 10.4b 中，重力为主动力，试求滑轮 A 之角加速度及轴承 A 之约束力。

10.26 均质圆柱 A 质量为 m，绕以软绳，绳之 B 端固定不动（见习题 10.26 图）。圆柱铅直下落，在 A_0 处初速度为零，试求下降距离为 h 时，轮心的速度及绳中之拉力。

10.27 均质圆柱质量为 m，半径为 r，绕以软绳，放在倾角为 60°的斜面上（见习题 10.27 图），摩擦因数 $f_s=1/3$，试求柱心的加速度。

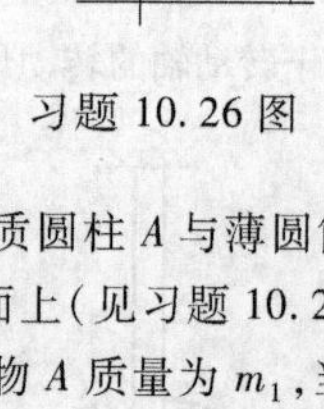

习题 10.26 图

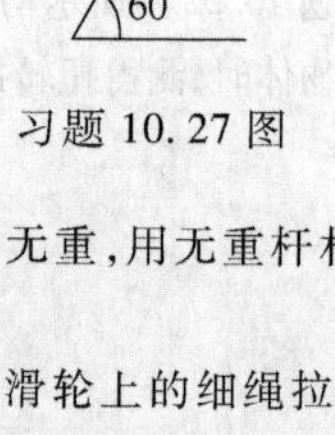

习题 10.27 图

10.28 均质圆柱 A 与薄圆筒 B 半径均为 r，质量均为 m，幅条无重，用无重杆相连，一同放在倾角为 α 的斜面上（见习题 10.28 图）。试求不滑动的条件。

10.29 重物 A 质量为 m_1，当其下降时通过跨在不计自重的定滑轮上的细绳拉动滚轮 C 在水平板上滚而不滑，半径为 r 的滚轮 C 与半径为 R 的绕线轮固结为一个整体，其质量为 m_2，质心为圆心，对质心轴的回转半径为 ρ_C（见习题 10.29 图）。试求重物 A 的加速度。

10.30 均质圆盘质量为 19kg（见习题 10.30 图），半径为 10cm，与地面的摩擦因数 $f_s=0.25$，若盘心初速度 $v_0=40\text{cm/s}$，初角速度为 $\omega_0=2\text{rad/s}$，问经过多少秒钟圆盘停止滑动？此时盘心速度多大？

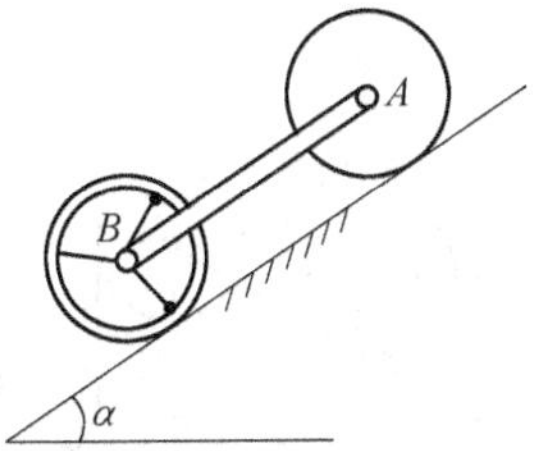

习题 10.28 图

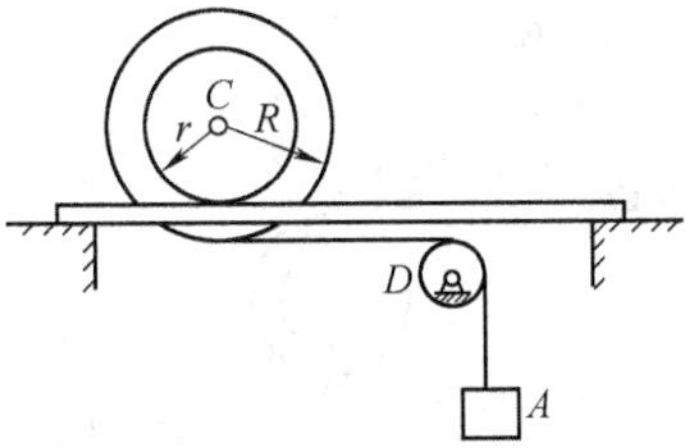

习题 10.29 图

10.31 均质长方体质量为 $m=50\text{kg}$，与地面的摩擦因数 $f_s=0.2$，在 $\boldsymbol{F}$ 力作用下向右滑动。试求使长方体不倒的最大力 $\boldsymbol{F}$ 及此时长方体的加速度。习题 10.31 图中长度单位为 cm。

10.32 水柱以水平速度 v_1 打在水轮机的固定叶片上，水流出叶片时的速度为 v_2，并与水平线绕成 α 角（见习题 10.32 图），求水柱对于叶片的水平压力。假设水的流量等于 q_V，单位体积水重 γ。

10.33 如习题 10.33 图所示，一固定水道，其截面积逐渐改变，并对称于图平面。水流入水道的速度 $v_0=2\text{m/s}$，垂直于水平面；水流出水道的速度 $v_1=4\text{m/s}$，与水平成 30° 角。已知水道进口处的截面积等于 0.02m^2，求由于水的流动而产生的对水道的附加水平压力。

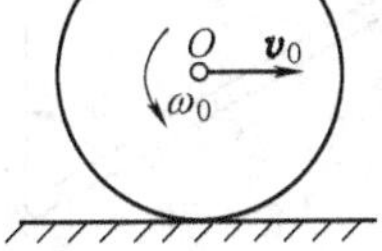

习题 10.30 图

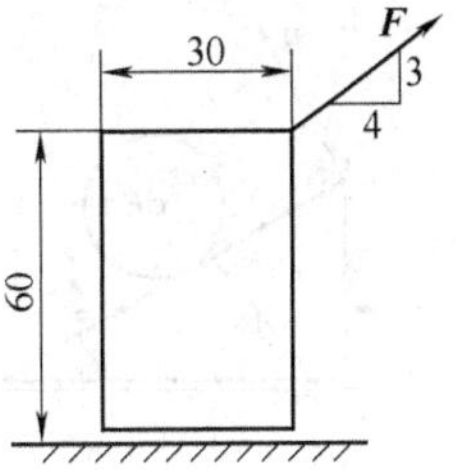

习题 10.31 图

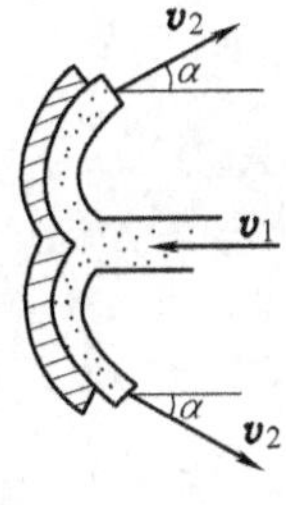

习题 10.32 图

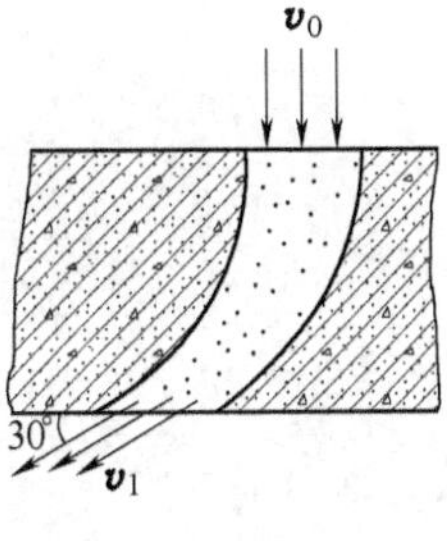

习题 10.33 图

10.34 水泵叶轮水流的进、出口速度三角形如习题 10.34 图所示。设叶轮转速 $n=1450\text{r/min}$，叶轮外径 $D_2=400\text{mm}$，$\beta=45°$，$\alpha_1=90°$，$\alpha_2=30°$，流量 $q_v=0.02\text{m}^3/\text{s}$，试求水流过叶轮时所产生的力矩。

10.35 习题 10.35 图中绕线轮 A、定滑轮 B 和滚轮 C 都是质量为 m、半径为 r 的均质圆盘。斜面粗糙，不计滚阻。试求 A、C 二轮的质心加速度，斜面的摩擦力及轮轴 B 之约束力。

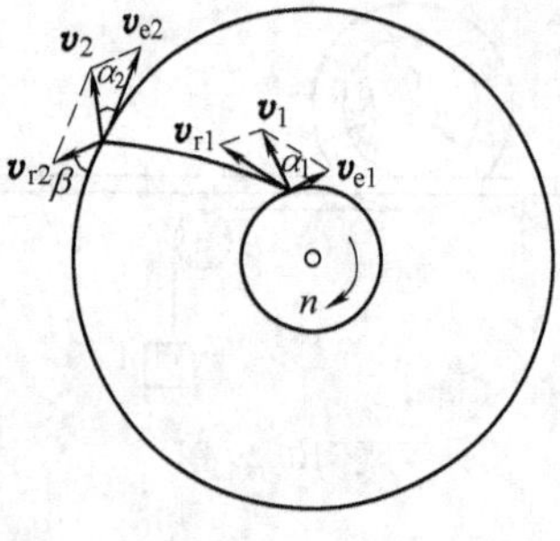

习题 10.34 图

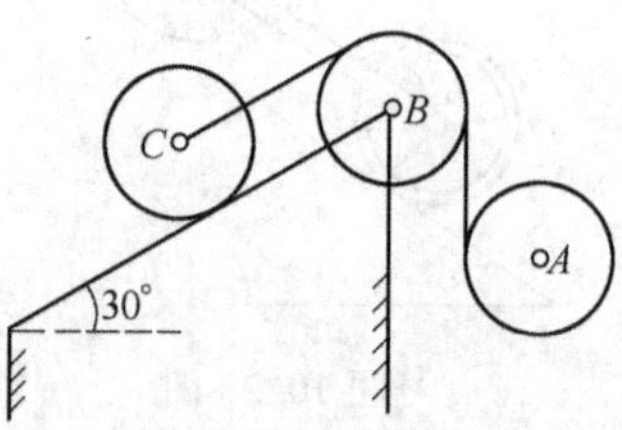

习题 10.35 图

10.36　三棱柱 A 质量为 m，与水平面光滑接触（见习题 10.36 图）。均质圆柱质量为 m，半径为 r，放在三棱柱的斜面上，$\alpha=30°$，没有滑动，不计滚阻。试求三棱柱的加速度及两处接触面间之约束力。

10.37　均质杆 AB，质量为 m，长度为 l，用软绳 AD，BE 悬吊，如习题 10.37 图所示。今突然剪断 AD 绳，试求 AB 杆的角加速度。

10.38　均质杆 AB，质量为 m，长度为 l，A 端与无重小轮铰连（见习题 10.38 图）。小轮放在倾角为 θ 的光滑斜面上，使 AB 杆位于铅直位置时由静止释放。试求初瞬时杆端 A 的加速度。

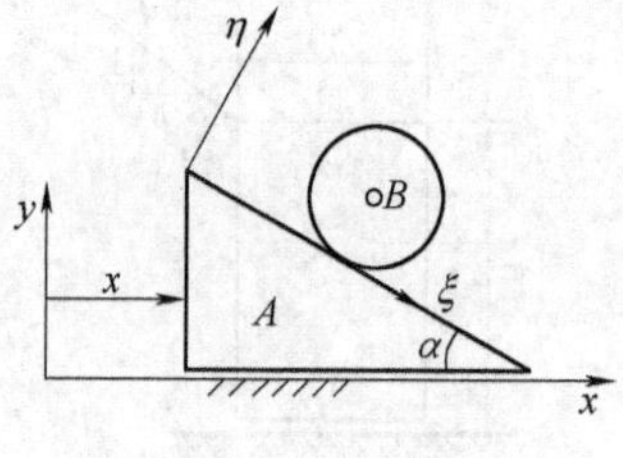

习题 10.36 图

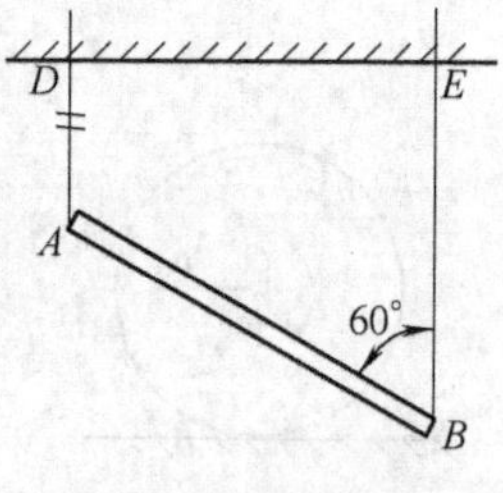

习题 10.37 图

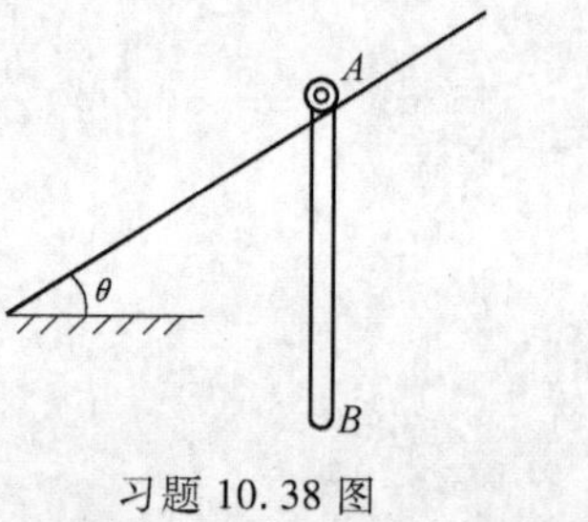

习题 10.38 图

10.39　火箭铅直向上发射的初质量为 m_0，初速度为 v_0，燃料消耗速度为 $\boldsymbol{\mu}$（kg/s），喷气的相对速度为 v_r（m/s）。$\boldsymbol{\mu}$、v_r 均为常数。试求火箭之速度。

10.40　铅直向上发射火箭，其质量的变化规律为 $m=m_0(1-\alpha t)$，其中 m_0 为火箭发射前的总质量，$\alpha=1/100(1/s)$。燃料的喷出速度 $v_r=2000\text{m/s}$，火箭在地面的初速度为零。求 $t=10\text{s}$、30s、50s 时火箭的高度。

10.41　AB 轴长 $l=1\text{m}$，水平地支在中心 O 上，如习题 10.41 图所示。在轴的 A 端有一质量为

$m_1=2.5\text{kg}$ 不计尺寸的重物；B 端有一质量为 $m_2=5\text{kg}$ 的圆轮，AB 轴的质量忽略不计。设轮的质量均匀地分布在半径为 $r=0.4\text{m}$ 的圆周上，轮的转速为600r/min，转向如图所示。求系统绕铅直轴转动的进动角速度 ω。

10.42　如习题10.42图所示，海轮上的汽轮机转子质量 $m=2500\text{kg}$，其转轴的回转半径 $\rho=0.9\text{m}$，转速 $n=1200\text{r/min}$，且转轴平行于海轮的纵轴 z。轴承 A、B 间的距离 $l=1.9\text{m}$，设船体绕横轴 y 发生俯仰摆动，俯仰角 β 按下列规律变化：$\beta=\beta_0\sin\dfrac{2\pi}{\tau}t$。其中最大俯仰角 $\beta_0=6°$，摆动周期 $\tau=6\text{s}$。求汽轮机转子的陀螺力矩和轴承上的陀螺压力。

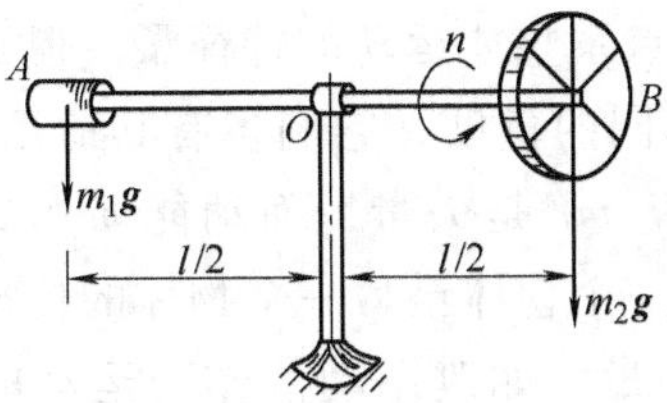

习题10.41图

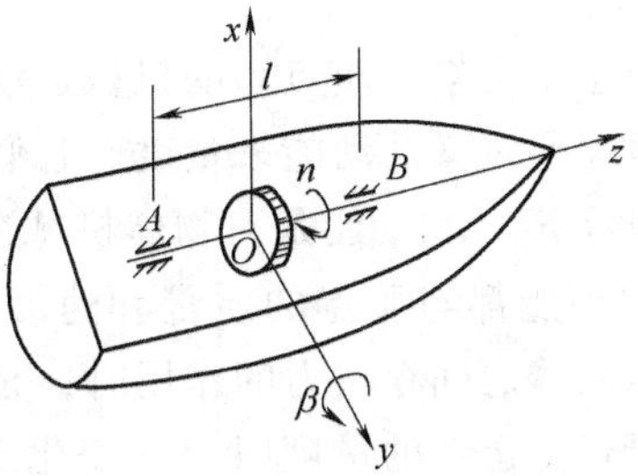

习题10.42图

10.43　如习题10.43图所示，飞机发动机的涡轮转子对其转轴的转动惯量为 $J=22\text{kg}\cdot\text{m}^2$，转速 $n=10000\text{r/min}$，轴承 A、B 间的距离 $l=0.6\text{m}$。若飞机以角速度 $\omega=0.25\text{rad/s}$ 在水平面内绕铅直轴 x 按图示方向旋转，试求发动机转子的陀螺力矩和轴承 A、B 上的陀螺压力。

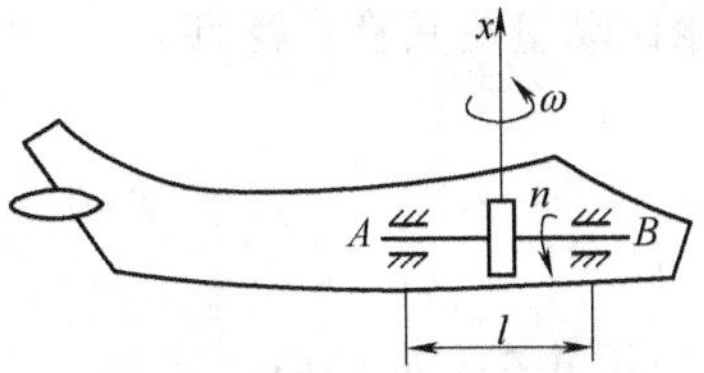

习题10.43图

第 11 章

动能定理及其应用

由上章可知，质点系的机械运动可以用质点系的动量和动量矩来量度，也可以用本章将要定义的动能来量度，它们都是表征质点系整体运动的特征量。但是，动量（动量矩）和动能是对物体机械运动的两种不同的量度，它们各有其适用范围。动量和动能都与质点的质量和速度有关，但动量 mv 是矢量，而动能 $mv^2/2$ 是标量。当物体之间存在力的作用时，必引起运动从一个物体至另一个物体的传递。采用动量作为运动的量度时，其变化决定于力的冲量，如改用动能作为运动的量度时，其变化决定于力的功，因此，动量定理（动量矩定理）和动能定理是从两个不同的方面反映了物体机械运动的一般规律，它们通称为动力学普遍定理。

在物理学中，物质运动的一般量度为能量，而动能是与机械运动相关的一种能量。因此，当物体的运动形式不仅限于机械运动范围，而且出现与其他形式的能量（如与热、电、磁相关的能量）相互转化的现象时，必须用动能作为物体运动的量度，从这个意义上说，动能比动量更具有广泛性。

11.1 力的功

设质点 M 受到变力 $\boldsymbol{F}$ 作用并在空间做曲线运动，如图 11-1 所示。把有限的弧长 $\widehat{M_1M_2}$ 分为无限多个无限小的弧段，每一小段弧长为 $\mathrm{d}s$，与它相对应的无限小位移为 $\mathrm{d}\boldsymbol{r}$，由物理学知，力 $\boldsymbol{F}$ 在此无限小位移 $\mathrm{d}\boldsymbol{r}$ 上的元功为

$$\delta W = \boldsymbol{F} \cdot \mathrm{d}\boldsymbol{r} \tag{11-1a}$$

或写为

$$\delta W = F\cos\alpha \mathrm{d}s = F_\tau \mathrm{d}s \tag{11-1b}$$

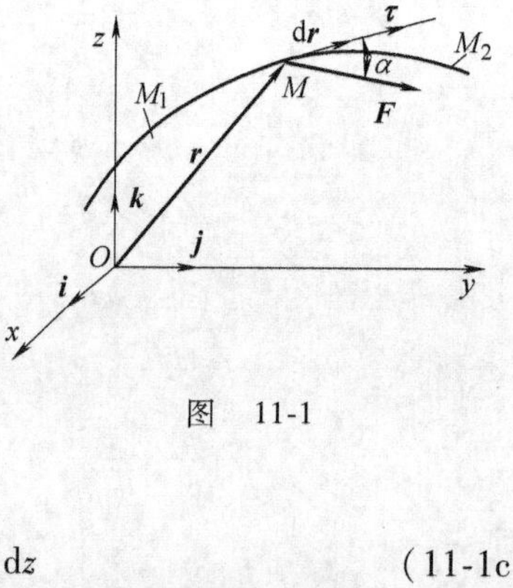

图 11-1

式中，α 是力 $\boldsymbol{F}$ 与无限小位移 $\mathrm{d}\boldsymbol{r}$ 之间的夹角。如果将力 $\boldsymbol{F}$ 和无限小位移 $\mathrm{d}\boldsymbol{r}$ 用解析式表示，即

$$\boldsymbol{F} = F_x \boldsymbol{i} + F_y \boldsymbol{j} + F_z \boldsymbol{k},\ \mathrm{d}\boldsymbol{r} = \mathrm{d}x\boldsymbol{i} + \mathrm{d}y\boldsymbol{j} + \mathrm{d}z\boldsymbol{k}$$

则式（11-1a）也可写为

$$\delta W = F_x \mathrm{d}x + F_y \mathrm{d}y + F_z \mathrm{d}z \tag{11-1c}$$

上式称为元功的解析式。元功用符号 δW 而不用符号 $\mathrm{d}W$ 表示，是因为在一般情况

下式（11-1）的右边并不表示某个函数的全微分。

力 **F** 在有限路程 $\widehat{M_1M_2}$ 上的功可定义为力在此路程上元功的定积分，由式（11-1），有

$$W = \int_{M_1}^{M_2} \boldsymbol{F} \cdot \mathrm{d}\boldsymbol{r} \tag{11-2a}$$

$$W = \int_{M_1}^{M_2} F\cos\alpha \mathrm{d}s \tag{11-2b}$$

$$W = \int_{M_1}^{M_2} (F_x \mathrm{d}x + F_y \mathrm{d}y + F_z \mathrm{d}z) \tag{11-2c}$$

以上三式都是曲线积分，一般情况下其值与积分路径有关，即，力的功一般与力作用点的运动轨迹有关。应用时，可根据具体情况选择其中的一种形式。

功是代数量，在国际单位制中，功的单位为 N · m，称为焦耳（J），即

$$1\mathrm{J} = 1\mathrm{N} \cdot \mathrm{m} = 1\mathrm{kg} \cdot \mathrm{m}^2 \cdot \mathrm{s}^{-2}$$

下面计算几种常见力的功。

1. 常力的功

常力是指大小方向都不变的力。质点的重力就属于此种情形。作直角坐标系 $Oxyz$，其 z 轴铅直向上，如图 11-2 所示。质点的重力在坐标轴上的投影为

$$F_x = 0, \quad F_y = 0, \quad F_z = -mg$$

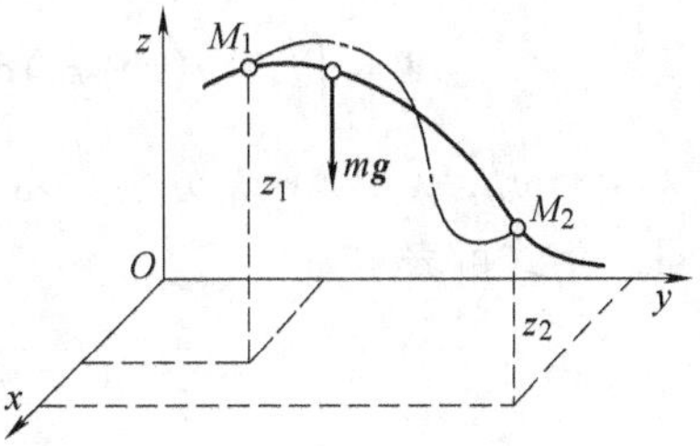

图　11-2

由式（11-2c），质点的重力在曲线路程 $\widehat{M_1M_2}$ 上的功为

$$W = \int_{z_1}^{z_2} -mg\mathrm{d}z = -mg(z_2 - z_1) = mg(z_1 - z_2) \tag{11-3a}$$

对于由 n 个质点组成的质点系，质点系重力的功等于各个质点重力功之和，即

$$W = \sum m_i g(z_{i1} - z_{i2}) = (\sum m_i z_{i1} - \sum m_i z_{i2})g$$

由质心坐标公式 $mz_C = \sum m_i z_i$，则上式可化为

$$W = mg(z_{C1} - z_{C2}) \tag{11-3b}$$

式中，m 是质点系的总质量；z_{C1}、z_{C2} 分别是质点系质心的始末位置的铅直坐标。

一般常力 **F** 在曲线路程 $\widehat{M_1M_2}$ 上的功为

$$W = F_x(x_2 - x_1) + F_y(y_2 - y_1) + F_z(z_2 - z_1) \tag{11-4}$$

可见，常力在曲线路程上的有限功只决定于质点的始末位置（坐标），而与运动的路径无关。

2. 弹性力的功

设原长为 r_0 的弹簧一端固定于点 O，另一端 M 沿任一空间曲线由 M_1 运动至 M_2，如图 11-3 所示。设弹簧的劲度系数为 k（N/m），在弹簧的弹性极限内，作用于质点的弹性力 $\boldsymbol{F}$ 为

$$\boldsymbol{F}=-k(r-r_0)\frac{\boldsymbol{r}}{r}$$

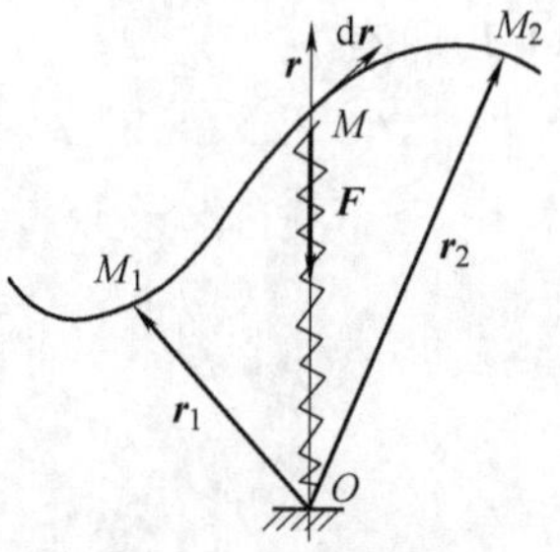

图 11-3

式中，$\boldsymbol{r}$ 为 M 点相对 O 点的矢径，负号表示弹性力的方向与弹簧变形方向相反。当弹簧伸长时，$r-r_0>0$，弹性力 $\boldsymbol{F}$ 与矢径 $\boldsymbol{r}$ 方向相反，而弹簧被压缩时，$r-r_0<0$，弹性力 $\boldsymbol{F}$ 与矢径 $\boldsymbol{r}$ 同向。

弹性力的元功由式（11-1a）得

$$\delta W=\boldsymbol{F}\cdot \mathrm{d}\boldsymbol{r}=-k(r-r_0)\frac{\boldsymbol{r}\cdot \mathrm{d}\boldsymbol{r}}{r}$$

因为 $\boldsymbol{r}\cdot \mathrm{d}\boldsymbol{r}=\mathrm{d}(\boldsymbol{r}\cdot \boldsymbol{r}/2)=\mathrm{d}(r^2/2)=r\mathrm{d}r$，则弹性力 $\boldsymbol{F}$ 在曲线路程 $\overset{\frown}{M_1M_2}$ 上的功为

$$W=\int_{r_1}^{r_2}-k(r-r_0)\mathrm{d}r=-\frac{k}{2}[(r_2-r_0)^2-(r_1-r_0)^2]$$

令 $\lambda_1=r_1-r_0$，$\lambda_2=r_2-r_0$ 分别表示弹簧在起点和终点的变形量，上式可表示为

$$W=\frac{k}{2}(\lambda_1^2-\lambda_2^2) \tag{11-5}$$

可见，弹性力在有限路程上的功只决定于弹簧起始和终了时的变形，而与运动的路径无关。

3. 定轴转动刚体上力系的功

设刚体可绕固定轴 z 转动，力 $\boldsymbol{F}_i$ 作用于刚体的点 M_i 上，如图 11-4 所示。将力 $\boldsymbol{F}_i$ 分解成相互正交的三个分力：平行于轴 z 的轴向力 $\boldsymbol{F}_{iz}$，沿转动半径 r_i 的径向力 $\boldsymbol{F}_{ir}$ 和沿 M_i 点轨迹切线的切向力 $\boldsymbol{F}_{i\tau}$；当刚体有一微小转角 $\mathrm{d}\varphi$ 时，力作用点 M_i 的位移 $\mathrm{d}\boldsymbol{r}_i$ 为

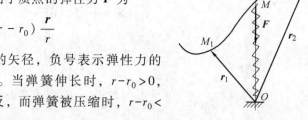

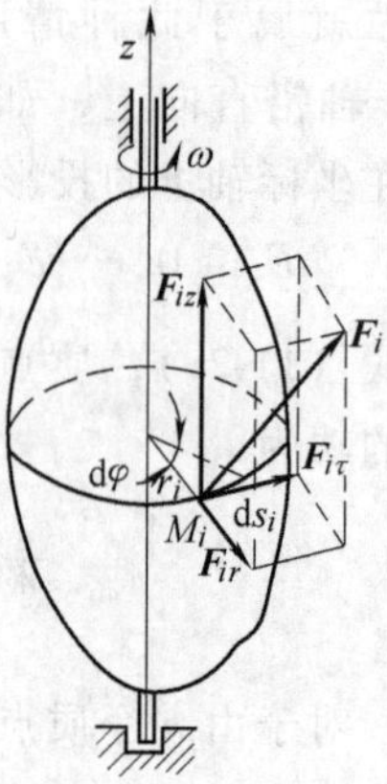

图 11-4

$$\mathrm{d}\boldsymbol{r}_i=\mathrm{d}s_i\boldsymbol{\tau}=r_i\mathrm{d}\varphi\boldsymbol{\tau}$$

式中，$\boldsymbol{\tau}$ 是点 M_i 沿轨迹切线上的单位矢量。力 $\boldsymbol{F}_i$ 的元功为

$$\delta W_i=F_{i\tau}\mathrm{d}s_i=F_{i\tau}r_i\mathrm{d}\varphi$$

式中，乘积 $F_{i\tau}r_i$ 是力 $\boldsymbol{F}_i$ 对轴 z 的矩 $M_z(\boldsymbol{F}_i)$。作用于刚体上力系的元功为

$$\sum \delta W_i=\sum M_z(\boldsymbol{F}_i)\mathrm{d}\varphi=M_z\mathrm{d}\varphi$$

当刚体自 φ_1 转至 φ_2 时，作用于刚体上力系的总功为

$$W=\sum W_i=\int_{\varphi_1}^{\varphi_2}M_z\mathrm{d}\varphi \tag{11-6}$$

若 M_z 为常量，则

$$W=\sum W_i=M_z(\varphi_2-\varphi_1)$$

可见，作用于转动刚体上的力的功可以通过力对于转轴之矩的功来计算。力偶的功也可用式（11-6）来计算，此时，式中的 M_z 即为力偶对转轴之矩也等于力偶矩矢在 z 轴上的投影。

4. 平面运动刚体上力系的功

当刚体做平面运动时，以刚体上任一点 A 为基点，则力 $\boldsymbol{F}_i$ 的作用点 M_i 的无限小位移 $\mathrm{d}\boldsymbol{r}_i$ 可分解为随基点 A 平动的位移和相对基点 A 转动的位移（见图 11-5），若平面图形的角位移为 $\mathrm{d}\boldsymbol{\varphi}$，有

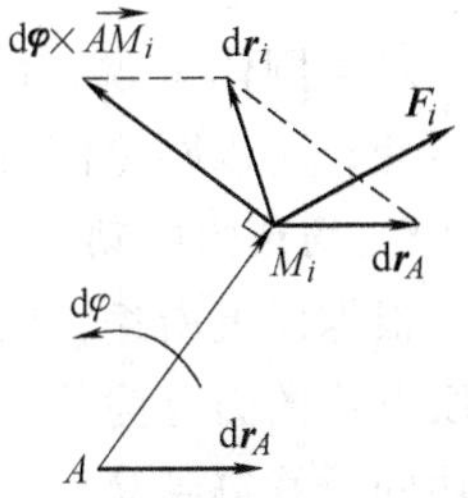

图　11-5

$$\mathrm{d}\boldsymbol{r}_i=\mathrm{d}\boldsymbol{r}_A+\mathrm{d}\boldsymbol{\varphi}\times\overrightarrow{AM_i}$$

力 $\boldsymbol{F}_i$ 的元功为

$$\delta W_i=\boldsymbol{F}_i\cdot\mathrm{d}\boldsymbol{r}_i=\boldsymbol{F}_i\cdot(\mathrm{d}\boldsymbol{r}_A+\mathrm{d}\boldsymbol{\varphi}\times\overrightarrow{AM_i})$$

$$=\boldsymbol{F}_i\mathrm{d}\boldsymbol{r}_A+\boldsymbol{F}_i\cdot(\mathrm{d}\boldsymbol{\varphi}\times\overrightarrow{AM_i})$$

式中，$\boldsymbol{F}_i\cdot(\mathrm{d}\boldsymbol{\varphi}\times\overrightarrow{AM_i})=(\overrightarrow{AM_i}\times\boldsymbol{F}_i)\cdot\mathrm{d}\boldsymbol{\varphi}=M_A(\boldsymbol{F}_i)\mathrm{d}\varphi$，于是上式可写为

$$\delta W_i=\boldsymbol{F}_i\cdot\mathrm{d}\boldsymbol{r}_A+M_A(\boldsymbol{F}_i)\mathrm{d}\varphi$$

作用于刚体上力系的元功为

$$\sum\delta W_i=\sum\boldsymbol{F}_i\cdot\mathrm{d}\boldsymbol{r}_A+\sum M_A(\boldsymbol{F}_i)\mathrm{d}\varphi=\boldsymbol{F}\cdot\mathrm{d}\boldsymbol{r}_A+M_A\mathrm{d}\varphi$$

式中，$\boldsymbol{F}$ 是力系的主矢；M_A 是力系对 A 点的主矩。由此可得力系在刚体平面运动的有限路程上的功为

$$W=\sum W_i=\int_{r_{A1}}^{r_{A2}}\boldsymbol{F}\cdot\mathrm{d}\boldsymbol{r}_A+\int_{\varphi_1}^{\varphi_2}M_A\mathrm{d}\varphi \tag{11-7}$$

由上面的结果可知，刚体做平面运动时，可将作用在刚体上的力系向 A 点简化为一力和一力偶，力系的功就等于此力在 A 点位移上的功与此力偶在刚体转动位移上的功的和。

5. 质点系内力的功

设质点系中任意两质点 A、B 之间有相互作用的内力 $\boldsymbol{F}_A$ 和 $\boldsymbol{F}_B$，如图 11-6 所示。

$$\boldsymbol{F}_A=-\boldsymbol{F}_B$$

A、B 两点对于固定点 O 的矢径分别为 $\boldsymbol{r}_A$ 和 $\boldsymbol{r}_B$，由图知

$$\boldsymbol{r}_B=\boldsymbol{r}_A+\overrightarrow{AB}$$

两内力 $\boldsymbol{F}_A$ 和 $\boldsymbol{F}_B$ 的元功之和为

$$\sum \delta W_i = \boldsymbol{F}_A \cdot \mathrm{d}\boldsymbol{r}_A + \boldsymbol{F}_B \cdot \mathrm{d}\boldsymbol{r}_B = \boldsymbol{F}_A \cdot \mathrm{d}(\boldsymbol{r}_A - \boldsymbol{r}_B) = \boldsymbol{F}_A \cdot \mathrm{d}(BA) \quad (11\text{-}8)$$

由此可见，当质点系内两点间的距离 AB 可变化时，内力的功的总和一般不等于零。因此，当机械系统内部包含发动机或变形元件（如弹簧等）时，内力的功应当考虑。

对于刚体来说，由于其上任何两点间的距离保持不变，所以刚体内力的功之和恒等于零。

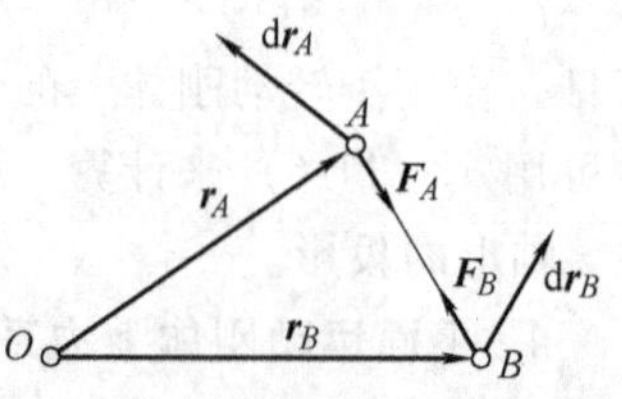

图 11-6

6. 约束力的功

根据以上所述，质点系内力的功之和一般不为零，因此，在计算功时如将作用于质点系的力分为外力与内力并不方便。若将作用力分为主动力与约束力，有时可使功的计算得到简化，因为在许多情形下约束力的功之和等于零，符合这个条件的约束称为理想约束。现在将常见的理想约束说明如下：

（1）光滑固定面、光滑铰支座或轴承以及一端固定另一端与物体相连的不可伸长的绳索等约束，它们的约束力恒与作用点的位移相垂直（或作用点的位移为零），故其元功恒等于零。

（2）刚性联接的约束，这种约束力属于内力，且两力作用点间的距离保持不变，由式（11-8）知，其元功之和恒等于零。

（3）联接两个刚体的铰，两个刚体在铰处相互作用的约束力 $\boldsymbol{F}_{\mathrm{N}}$ 和 $\boldsymbol{F}'_{\mathrm{N}}$ 大小相等而方向相反，即 $\boldsymbol{F}_{\mathrm{N}}+\boldsymbol{F}'_{\mathrm{N}}=0$，当 O 点有微小位移 $\mathrm{d}\boldsymbol{r}$ 时（见图 11-7），这两个力的元功之和恒等于零，即

$$\sum \delta W_i = \boldsymbol{F}_{\mathrm{N}} \cdot \mathrm{d}\boldsymbol{r} + \boldsymbol{F}'_{\mathrm{N}} \cdot \mathrm{d}\boldsymbol{r} = (\boldsymbol{F}_{\mathrm{N}} + \boldsymbol{F}'_{\mathrm{N}}) \cdot \mathrm{d}\boldsymbol{r} = 0$$

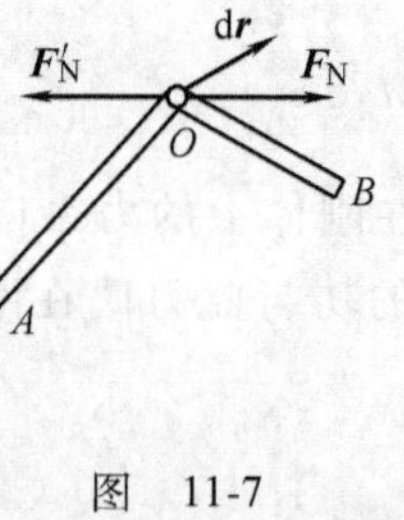

图 11-7

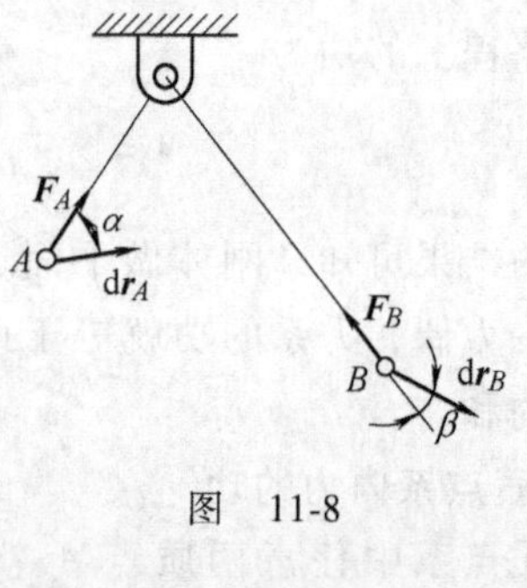

图 11-8

（4）柔软而不可伸长的绳索，绳索两端对系统中两质点的拉力 $\boldsymbol{F}_A$ 和 $\boldsymbol{F}_B$ 大小相等，即 $F_A=F_B$。由于绳索在拉紧时才受力而且在受力时不可伸长，故知 A、B 两点的微小位移 $\mathrm{d}\boldsymbol{r}_A$ 和 $\mathrm{d}\boldsymbol{r}_B$ 在绳索中心线上的投影必相等，即 $\mathrm{d}r_A\cos\alpha=\mathrm{d}r_B\cos\beta$（见图 11-8）。因此，不可伸长的绳索的约束力元功之和恒等于零，即

$$\sum \delta W_i = \boldsymbol{F}_A \cdot \mathrm{d}\boldsymbol{r}_A + \boldsymbol{F}_B \cdot \mathrm{d}\boldsymbol{r}_B = F_A \mathrm{d}r_A \cos\alpha - F_B \mathrm{d}r_B \cos\beta = 0$$

以上所述的理想约束，其约束力的功之和恒等于零。如不是理想约束时，应考

虑摩擦力的功，可将摩擦力当作主动力看待。

【例 11.1】 由半径分别为 R 和 r 的两圆盘固结而成的滚子沿粗糙平面作纯滚动，如图 11-9 所示。在滚子的鼓轮上绕有绳，在绳上作用有常力 $\boldsymbol{F}$，方向与水平成 α 角，计算滚子中心沿水平直线移动距离 s 时，作用在滚子上的常力 $\boldsymbol{F}$ 和摩擦力 $\boldsymbol{F}_s$ 的功。

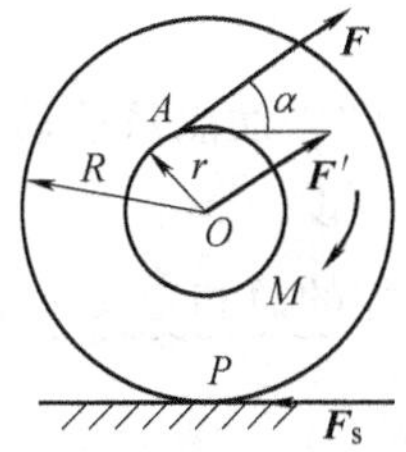

图　11-9

【解】 (1) 计算常力 $\boldsymbol{F}$ 的功

滚子做平面运动，根据式 (11-7)，为计算力 $\boldsymbol{F}$ 的功，可将力 $\boldsymbol{F}$ 平移至滚子的中心 O 后，计算力 $\boldsymbol{F}'$ 和附加力偶矩 $M=Fr$ 的功之和。当 O 移动距离 s 时，滚子转过的角度为 $\varphi=s/R$，于是，力 $\boldsymbol{F}$ 在这段路程上的功为

$$W = F's\cos\alpha + M\varphi = Fs\cos\alpha + Fr\frac{s}{R} = F\left(\cos\alpha + \frac{r}{R}\right)s$$

(2) 计算摩擦力 $\boldsymbol{F}_s$ 的功

摩擦力作用在滚子的瞬心点 P，因 $v_P=0$，故摩擦力的元功为

$$\delta W_s = \boldsymbol{F}_s \cdot \mathrm{d}\boldsymbol{r}_P = \boldsymbol{F}_s \cdot \boldsymbol{v}_P \mathrm{d}t = 0$$

事实上，此处的摩擦力是静摩擦力，静摩擦力是不做功的。可见滚子做纯滚动时，粗糙面的正压力和摩擦力均不做功，该约束为理想约束。

【例 11.2】 在图 11-10 所示位置时，大楔形块的速度为 $\boldsymbol{v}$，小楔形块相对大楔形块的速度为 $\boldsymbol{v}_r$，试计算两楔形块之间的动摩擦力 $\boldsymbol{F}$ 和 $\boldsymbol{F}'$ 的元功和。

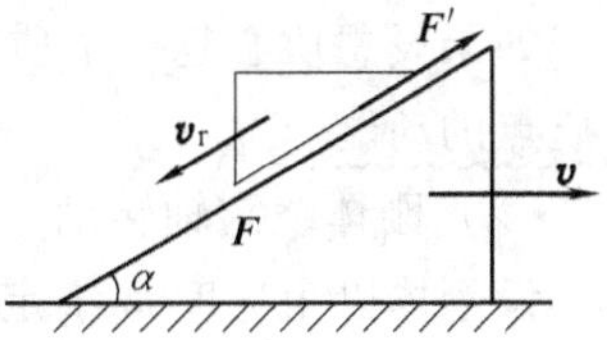

图　11-10

【解】 两楔形块的摩擦力 $\boldsymbol{F}$、$\boldsymbol{F}'$ 是作用力与反作用力，即

$$\boldsymbol{F} = -\boldsymbol{F}'$$

大楔形块的微小位移为 $\mathrm{d}\boldsymbol{r}_1=\boldsymbol{v}\mathrm{d}t$，小楔形块的位移为 $\mathrm{d}\boldsymbol{r}_2=(\boldsymbol{v}+\boldsymbol{v}_r)\mathrm{d}t$，两楔形块均做平动，故动摩擦力 $\boldsymbol{F}$ 和 $\boldsymbol{F}'$ 的元功和为

$$\sum \delta W_i = \boldsymbol{F}\cdot\mathrm{d}\boldsymbol{r}_1 + \boldsymbol{F}'\cdot\mathrm{d}\boldsymbol{r}_2 = \boldsymbol{F}\cdot\boldsymbol{v}\,\mathrm{d}t - \boldsymbol{F}\cdot(\boldsymbol{v}+\boldsymbol{v}_r)\mathrm{d}t = -\boldsymbol{F}\cdot\boldsymbol{v}_r\mathrm{d}t$$

式中，$v_r\mathrm{d}t$ 是两楔块的相对位移。可见物体间的动摩擦力所做的功之和仍是负功，其大小与两物体的相对运动有关。

11.2　动能

1. 质点的动能

设质点的质量为 m，某瞬时的速度为 $\boldsymbol{v}$，则定义

$$E_k = \frac{1}{2}mv^2 \tag{11-9}$$

为质点在该瞬时的动能，即质点的动能等于质点的质量与其速度平方的乘积的一

半。动能为恒正的标量，其大小仅取决于质点速度的大小而与方向无关。

动能的单位在国际单位制中是 $kg \cdot m^2 \cdot s^{-2}$，与功的单位相同，也为焦耳（J）。

2. 质点系的动能

设由 n 个质点组成的质点系，其中任一质点的质量为 m_i，速度为v_i，则各质点动能的总和定义为质点系的动能，即

$$E_k = \sum_{i=1}^{n} \frac{1}{2} m_i v_i^2 = \frac{1}{2} \sum m_i v_i^2 \tag{11-10}$$

质点系的动能也为恒正的标量，只有当系统内每个质点都处于静止时才可能等于零。

刚体是由无数质点组成的质点系，刚体做不同的运动时，各质点的速度分布不同，刚体的动能可按刚体所做的运动来计算。

（1）刚体做平动

当刚体做平动时，其上各点的速度都和质心的速度v_C 相同，设刚体的质量为 m，则平动刚体的动能为

$$E_k = \sum \frac{1}{2} m_i v_C^2 = \frac{1}{2} \left(\sum m_i \right) v_C^2 = \frac{1}{2} m v_C^2 \tag{11-11}$$

如果设想质心是一个质点，它的质量等于刚体的质量，则平动刚体的动能等于此质点的动能。

（2）刚体绕定轴转动

设刚体以角速度 ω 绕定轴 z 转动，其上任一质点的质量为 m_i，转动半径为 r_i，速度为 $v_i = r_i \omega$，则刚体的动能为

$$E_k = \sum \frac{1}{2} m_i v_i^2 = \frac{1}{2} \left(\sum m_i r_i^2 \right) \omega^2$$

式中，$\sum m_i r_i^2 = J_z$ 是刚体对转轴的转动惯量，于是得

$$E_k = \frac{1}{2} J_z \omega^2 \tag{11-12}$$

即绕定轴转动的刚体，其动能等于刚体对于转轴的转动惯量与角速度平方乘积的一半。

（3）刚体做平面运动

当刚体做平面运动时，由运动学知，刚体内各点的速度分布与刚体绕瞬轴（通过速度瞬心并与运动平面相垂直的轴）转动时一样。设平面运动刚体的角速度是 ω，速度瞬心在点 P，刚体对瞬轴的转动惯量为 J_P，则平面运动刚体的动能仍可用式（11-12）计算，只是把式中的 J_z 改为 J_P，即

$$E_k = \frac{1}{2} J_P \omega^2 \tag{a}$$

但是，瞬轴在刚体内的位置是不断变化的，刚体对瞬轴的转动惯量一般是变量，所以常把上式做如下改写：

设刚体的质心 C 到速度瞬心 P 的距离是 r_C（见图 11-11），则质心 C 的速度 $v_C = r_C\omega$。根据转动惯量的平行轴定理式(10-5)，有

$$J_P = J_C + mr_C^2$$

式中，J_C 是刚体对于平行于瞬轴的质心轴的转动惯量；m 是刚体的质量。于是，式（a）可改写为

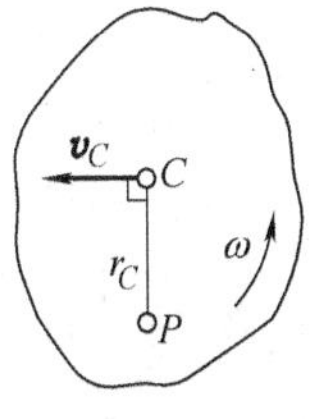

图　11-11

$$E_k = \frac{1}{2}(J_C + mr_C^2)\omega^2 = \frac{1}{2}mv_C^2 + \frac{1}{2}J_C\omega^2 \qquad (11\text{-}13)$$

即平面运动刚体的动能，等于随质心平动的动能与绕质心转动的动能的和。

3. 柯尼希定理

当质点系的运动比较复杂时，可以用柯尼希定理计算质点系的动能。

以质点系的质心 C 为原点，建立随质心 C 运动的平动坐标系 $Cx'y'z'$（参看图 11-8），设质点系内任一质点的绝对速度为v_i，相对于平动坐标系 $Cx'y'z'$的速度为 v'_i，由速度合成定理，有

$$v_i = v_C + v'_i$$

质点系的动能为

$$E_k = \sum\frac{1}{2}m_iv_i^2 = \frac{1}{2}\sum m_i(v_C+v'_i)\cdot(v_C+v'_i)$$

$$= \frac{1}{2}\sum m_i(v_C^2+v_i'^2+2v_C\cdot v'_i)$$

$$= \frac{1}{2}(\sum m_i)v_C^2+\sum\frac{1}{2}m_iv_i'^2+v_C\cdot\sum m_iv'_i$$

式中，右边第一项等于 $mv_C^2/2$，它表示质点系随同质心一起平动的动能；第二项表示质点系相对于质心平动坐标系运动的动能，以 E'_k表示之；第三项中的$\sum m_i v'_i$表示质点系相对于质心平动坐标系的相对运动的动量，它恒等于零。这是因为质心是平动坐标系的原点，$v'_C=0$，故$\sum m_iv'_i = mv'_C = 0$。所以质点系的动能最后可表示为

$$E_k = \frac{1}{2}mv_C^2 + E'_k \qquad (11\text{-}14)$$

即质点系的动能等于随同质心平动的动能与相对于质心平动坐标系运动的动能之和，这称为柯尼希定理。显然，平面运动刚体的动能表达式（11-13）是式(11-14)的特殊情形。

【例 11.3】　质量为 m、半径为 R 的非均质车轮，以匀速v_O（轮心 O 的速度）沿地面纯滚动，如图 11-12 所示，设质心 C 离轮心 O 的距离为 d，车轮对轮心轴的回转半径为 ρ_O，试求 OC 与铅直线为 θ 角时，车轮的动能。

【解】（1）先计算车轮的角速度 ω、车轮质心速度 v_C 和车轮对质心轴的转动惯量 J_C：

$$\omega=\frac{v_O}{R},\quad v_C=CP\omega,\quad J_C=J_O-md^2=m(\rho_O^2-d^2)$$

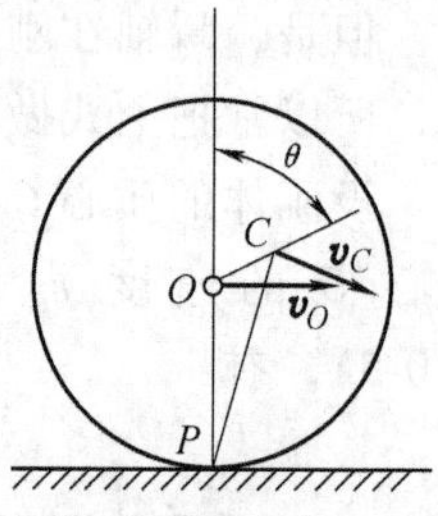

图 11-12

（2）车轮做平面运动，由式（11-13）计算其动能

$$E_k=\frac{1}{2}mv_C^2+\frac{1}{2}J_C\omega^2=\frac{m}{2}CP^2\omega^2+\frac{m}{2}(\rho_O^2-d^2)\omega^2$$

由图知 $CP^2=R^2+d^2+2Rd\cos\theta$，代入上式，得

$$E_k=\frac{m}{2}(R^2+d^2+2Rd\cos\theta+\rho_O^2-d^2)\omega^2=\frac{mv_O^2}{2R^2}(R^2+\rho_O^2+2Rd\cos\theta)$$

【例 11.4】 图 11-13 所示椭圆规尺 AB 质量为 $2m_1$，曲柄 OC 质量为 m_1，滑块 A 和 B 的质量均为 m_2。设曲柄和尺均为均质杆，且 $OC=AC=CB=l$，曲柄以角速度 ω 转动，求此椭圆规机构的动能。

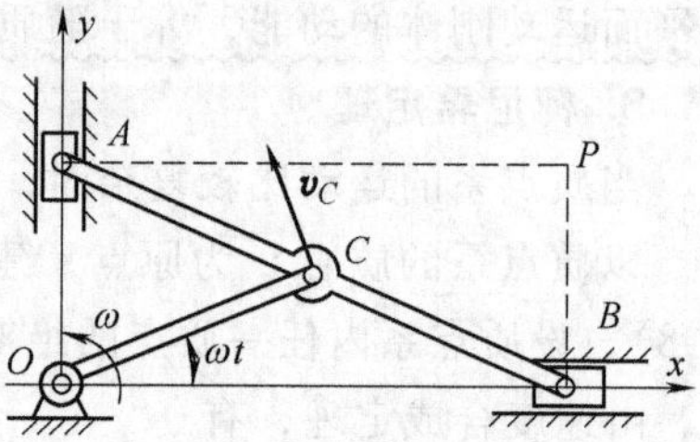

图 11-13

【解】（1）先计算椭圆规尺 AB 的质心速度、角速度和 A、B 滑块的速度：

$$v_C=l\omega,\quad \omega_{AB}=\frac{v_C}{CP}=\frac{v_C}{l}=\omega$$

$$v_A=2l\omega\cos\omega t,\quad v_B=2l\omega\sin\omega t$$

（2）计算各构件的动能：

OC 杆做定轴转动，其动能为

$$E_{k_{OC}}=\frac{1}{2}J_O\omega^2=\frac{1}{2}\times\frac{m_1l^2}{3}\omega^2=\frac{1}{6}m_1l^2\omega^2$$

A、B 滑块做平动，其动能和为

$$E_{k_A}+E_{k_B}=\frac{m_2}{2}v_A^2+\frac{m_2}{2}v_B^2=\frac{m_2}{2}(v_A^2+v_B^2)=2m_2l^2\omega^2$$

AB 椭圆规尺做平面运动，其动能为

$$E_{k_{AB}}=\frac{1}{2}2m_1v_C^2+\frac{1}{2}J_C\omega_{AB}^2=\frac{2m_1}{2}l^2\omega^2+\frac{1}{2}\frac{2m_1(2l)^2}{12}\omega^2=\frac{4}{3}m_1l^2\omega^2$$

（3）整个系统的动能为

$$E_k=E_{k_{OC}}+E_{k_A}+E_{k_B}+E_{k_{AB}}=(1.5m_1+2m_2)l^2\omega^2$$

11.3 动能定理

现在研究质点系的动能与力系的功之间的关系，这就是动能定理。

11.3.1　质点的动能定理

设质量为 m 的质点 M 在合力 $\boldsymbol{F}$ 的作用下沿曲线运动，如图 11-14 所示，根据牛顿第二定律，有

$$m\frac{\mathrm{d}\boldsymbol{v}}{\mathrm{d}t}=\boldsymbol{F}$$

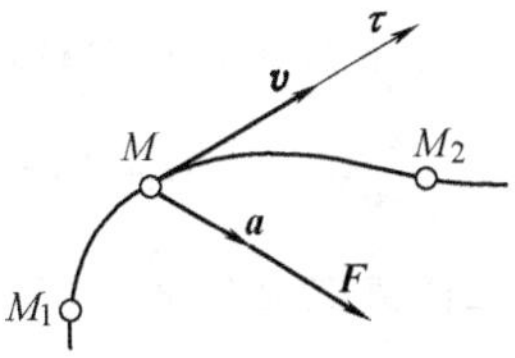

图　11-14

在上式两边点乘质点的无限小位移 $\mathrm{d}\boldsymbol{r}$，得

$$m\frac{\mathrm{d}\boldsymbol{v}}{\mathrm{d}t}\cdot\mathrm{d}\boldsymbol{r}=\boldsymbol{F}\cdot\mathrm{d}\boldsymbol{r}$$

因 $\mathrm{d}\boldsymbol{r}=\boldsymbol{v}\mathrm{d}t$，于是上式可写为

$$m\boldsymbol{v}\cdot\mathrm{d}\boldsymbol{v}=\boldsymbol{F}\cdot\mathrm{d}\boldsymbol{r}$$

或

$$\mathrm{d}\left(\frac{1}{2}mv^2\right)=\delta W \tag{11-15}$$

此式表明，质点动能的微分等于作用在质点上合力的元功。这称为质点的动能定理的微分形式。

若质点经过有限路程，从 M_1 点运动到 M_2 点，质点在这两点的速度分别为 v_1 和 v_2，则对式（11-15）积分，有

$$\frac{1}{2}mv_2^2-\frac{1}{2}mv_1^2=\int_{M_1}^{M_2}\delta W=W \tag{11-16}$$

此式表明，在任意有限路程中，质点动能的改变量等于作用在质点上的合力在此路程中所做的功，这称为质点的动能定理的积分形式。

质点的动能定理建立了质点在两不同位置的速度、作用在质点上的力与质点所经过的路程之间的关系。

【例 11.5】　自动卸料车连同料重为 G，无初速地沿倾角 $\alpha=30°$ 的斜面滑下，如图 11-15 所示。料车滑至底端时与一弹簧相撞，通过控制机构使料车在弹簧压缩至最大时就自动卸料，然后依靠被压弹簧的弹性力又使空车沿斜面回到原来的位置。设空车重为 G_0，摩擦阻力为车重的 0.2 倍，问 G 与 G_0 的比值至少应多大？

【解】　(1) 选取研究对象：料车。

(2) 分析受力：料车受有重力、阻力、弹性力、斜面法向约束力，其中法向约束力不做功。

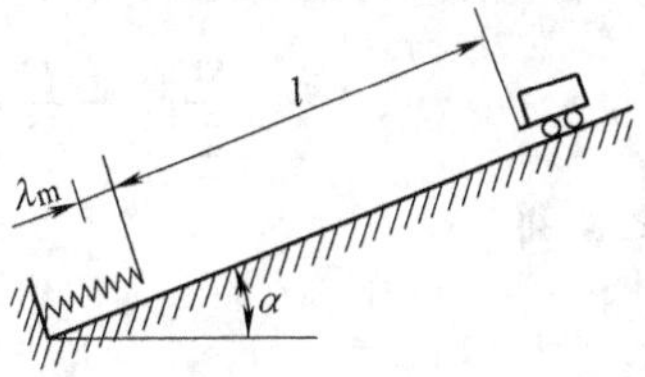

图　11-15

(3) 分析运动：料车在最高处和最低处（弹簧最大变形处）的速度均为零，即料车在两个位置的运动已知，宜采用质点的动能定理的积分形式求解。

(4) 列动力学方程求解：

料车从最高处运动到最低处：

$$0-0=G(l+\lambda_m)\sin\alpha-0.2G(l+\lambda_m)-\frac{c}{2}\lambda_m^2 \tag{a}$$

料车在最低处卸料后又返回到原来位置：

$$0-0=-G_0(l+\lambda_m)\sin\alpha-0.2G_0(l+\lambda_m)+\frac{c}{2}\lambda_m^2 \tag{b}$$

以上两式联立解之，得

$$\frac{G}{G_0}=\frac{\sin\alpha+0.2}{\sin\alpha-0.2}=\frac{7}{3}$$

如果把料车从最高处运动到最低处卸料后又返回到原来位置看作一个连续运动的过程，应用质点动能定理，在此过程中弹簧力的功为零，得

$$0-0=(G-G_0)(l+\lambda_m)\sin\alpha-0.2G(l+\lambda_m)-0.2G_0(l+\lambda_m)$$

此式与式（a）、式（b）相加后所得结果完全相同，但比上述分两个阶段研究要简便。

【例 11.6】　质量为 $m=1\text{kg}$ 的套筒 M 可沿在铅直面内的固定光滑导杆运动，套筒上系一弹簧，如图 11-16 所示。设弹簧原长 $r=0.2\text{m}$，弹簧劲度系数为 $k=200\text{N/m}$，当弹簧在点 A 时套筒的速度为 $v_A=1.5\text{m/s}$。求：(1) 套筒滑到点 B 时的速度 v_B；(2) 套筒在点 B 处所受到的约束力。

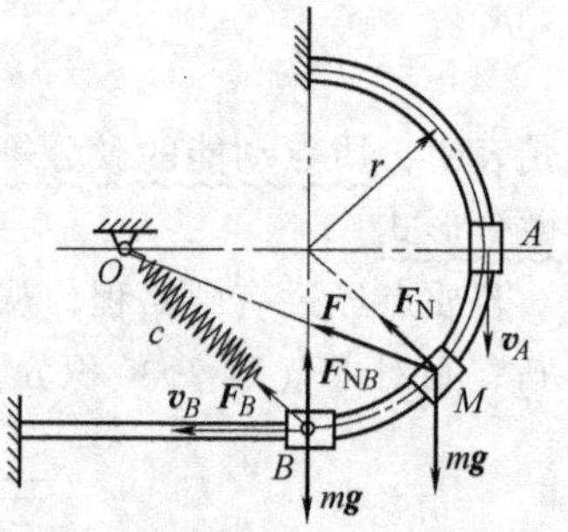

图　11-16

【解】　本例既要求套筒的运动，又要求约束力，属于质点动力学的两类问题。

(1) 选取研究对象：套筒。

(2) 分析受力：套筒受有重力、弹性力和导杆约束力，导杆约束力不做功。

(3) 分析运动：套筒为非自由质点，从 A 到 B 沿圆弧轨道运动，从点 B 开始进入直线轨道。

(4) 列动力学方程求解：

先用质点动能定理的积分形式求套筒从点 A 到达点 B 时的速度。

$$\frac{m}{2}v_B^2-\frac{m}{2}v_A^2=mgr+\frac{k}{2}[r^2-(\sqrt{2}r-r)^2]$$

解之，得

$$v_B^2=v_A^2+2gr+\frac{2kr^2}{m}(\sqrt{2}-1)$$

代入数据，得

$$v_B=\sqrt{1.5^2+2\times9.8\times0.2+2\times\frac{200}{1}\times0.2^2(\sqrt{2}-1)}\ \text{m/s}=3.58\text{m/s}$$

选用质点运动微分方程求导杆的约束力。因为点 B 是套筒由圆弧轨道向直线轨道的转换点，需分两种情形求解。

在套筒到达点 B 前的一瞬时：

$$ma_{\mathrm{n}}=\sum F_{\mathrm{in}}:\ m\frac{v_B^2}{r}=F_{\mathrm{NB1}}-mg+F_B\cos45^\circ$$

其中 $F_B=kr(\sqrt{2}-1)$，解之，得

$$F_{\mathrm{NB1}}=mg+m\frac{v_B^2}{r}-kr(\sqrt{2}-1)\cos45^\circ=62.2\mathrm{N}$$

在套筒到达点 B 后的一瞬时：

$$m\cdot 0=F_{\mathrm{NB2}}-mg+F_B\cos45^\circ$$

$$F_{\mathrm{N}B2}=mg-kr(\sqrt{2}-1)\cos45^\circ=-1.91\mathrm{N}$$

由此可知，当套筒到达点 B 时，法向约束力从 62.2N 突然变到 -1.91N，如果直线与圆弧连接时用一段过渡曲线，使曲线的曲率半径逐渐变化，就不会出现法向约束力的突变。

11.3.2　质点系的动能定理

设由 n 个质点组成的质点系，其中第 i 个质点的质量为 m_i，某瞬时速度为 v_i，根据质点动能定理的微分形式，有

$$\mathrm{d}\left(\frac{1}{2}m_iv_i^2\right)=\delta W_i\qquad (i=1,\ 2,\ \cdots,\ n)$$

对整个质点系共有 n 个这样的方程，将所有方程加起来，得

$$\sum_{i=1}^{n}\mathrm{d}\left(\frac{1}{2}m_iv_i^2\right)=\sum_{i=1}^{n}\delta W_i$$

将上式的左端变换求导数和求和运算的顺序，并注意到 $\sum m_iv_i^2/2$ 是质点系的动能，用 E_{k} 表示，有

$$\mathrm{d}E_{\mathrm{k}}=\sum\delta W_i \tag{11-17a}$$

此式表明，质点系动能的微分，等于作用在质点系上所有力的元功之和，这称为质点系动能定理的微分形式。若质点系中所有的约束都是理想约束，理想约束力的元功用 $\delta W_{\mathrm{N}i}$ 表示，由于理想约束的约束力的元功之和等于零，即

$$\sum\delta W_{\mathrm{N}i}=0$$

则上式可写为

$$\mathrm{d}E_{\mathrm{k}}=\sum\delta W_{\mathrm{F}i} \tag{11-17b}$$

式中，$\delta W_{\mathrm{F}i}$ 是作用于质点系主动力的元功。上式表明：在理想约束的条件下，质点系动能的微分等于作用在质点系上所有主动力的元功之和。在动能定理中，一般不将作用于质点系的力系分为外力系和内力系，这是因为内力系的元功之和一般不

为零。

如质点系从状态 1 经过有限路程运动到状态 2，如以 E_{k_1} 和 E_{k_2} 分别表示在状态 1 和 2 时质点系的动能，则对式（11-17）积分，分别得

$$E_{k_2}-E_{k_1}=\sum W_i \tag{11-18a}$$

$$E_{k_2}-E_{k_1}=\sum W_{Fi} \tag{11-18b}$$

式（11-18a）表明，在任意有限路程中，质点系动能的改变量等于作用在质点系上的所有力在此路程上所做功之和；式（11-18b）表明，在任意有限路程中，具有理想约束的质点系动能的改变量等于作用在质点系上所有主动力的功之和。这称为质点系的动能定理的积分形式。

利用动能定理可以求解作用于物体上的主动力或物体运行的路程，还可以求解物体运动的速度和加速度。因为动能定理的表达式是个标量方程，不考虑各有关物理量的方向问题，所以应用动能定理求解问题时，比较方便。但应该指出的是，动能定理只给出了一个关系式，故一般求解单自由度系统的运动量和主动力比较方便，要求解理想约束的约束力和多自由度系统的动力学问题，还要用到其他动力学定理。

【例 11.7】 在例 10.15 中，若设轨道和小车之间的摩擦因数为 f，其他条件不变，试用动能定理求小车由静止开始沿斜面上升距离 s 时的速度和加速度。

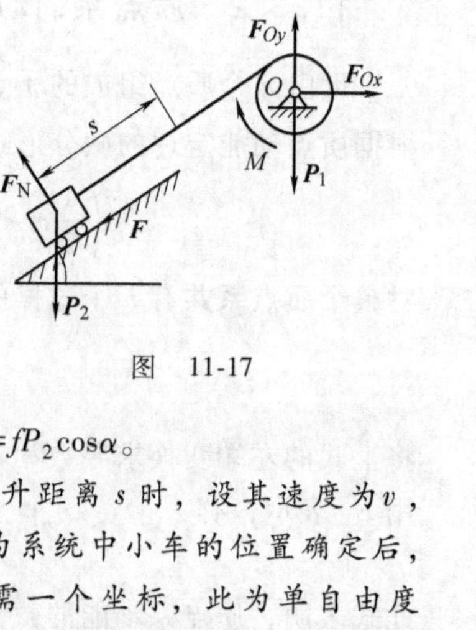

图 11-17

【解】（1）选取研究对象：小车和鼓轮组成的质点系。

（2）分析受力：如图 11-17 所示。在系统的运动过程中，只有作用在鼓轮上的外力矩 M、小车的重力 $\boldsymbol{P}_2$ 和斜面对小车的摩擦力做功。摩擦力 $F_s=fF_N=fP_2\cos\alpha$。

（3）分析运动：系统开始静止，当小车沿斜面上升距离 s 时，设其速度为 v，此时鼓轮的角速度 $\omega=v/R$，转过的角度 $\varphi=s/R$。因为系统中小车的位置确定后，鼓轮的位置也随之确定，说明确定该系统的位置只需一个坐标，此为单自由度系统。

（4）列动力学方程求解：

取小车由静止开始时为状态 1，上升距离 s 时为状态 2，则

$$E_{k_1}=0,\qquad E_{k_2}=\frac{P_2}{2g}v^2+\frac{1}{2}\left(\frac{P_1R^2}{2g}\right)\omega^2=\frac{1}{4g}(2P_2+P_1)v^2$$

在这段路程中主动力的功为

$$\sum W_{iF}=M\varphi-P_2\sin\alpha-Fs=\left(\frac{M}{R}-P_2\sin\alpha-fP_2\cos\alpha\right)s$$

$$E_{k_2}-E_{k_1}=\sum W_{iF}:\frac{1}{4g}(2P_2+P_1)v^2-0=\left(\frac{M}{R}-P_2\sin\alpha-fP_2\cos\alpha\right)s$$

由上式解得

$$v^2=\left(\frac{M}{R}-P_2\sin\alpha-fP_2\cos\alpha\right)\frac{4gs}{2P_2+P_1} \tag{a}$$

上式建立了矿车上升的速度 v 与其上升的距离 s 之间的函数关系。对于确定的 s 值，可以求出对应的速度值 v，即

$$v=2\sqrt{\frac{M-P_2R(\sin\alpha+f\cos\alpha)}{(2P_2+P_1)R}gs}$$

若将 s 看作是时间 t 的函数，可将式（a）两边对时间求一阶导数，就可得到小车上升的加速度，即

$$2v\frac{\mathrm{d}v}{\mathrm{d}t}=\frac{M-P_2R(\sin\alpha+f\cos\alpha)}{(2P_2+P_1)R}4g\frac{\mathrm{d}s}{\mathrm{d}t}$$

式中，$\frac{\mathrm{d}v}{\mathrm{d}t}=a$，$\frac{\mathrm{d}s}{\mathrm{d}t}=v$，于是得

$$a=\frac{2g[M-P_2R(\sin\alpha+f\cos\alpha)]}{(2P_2+P_1)R}$$

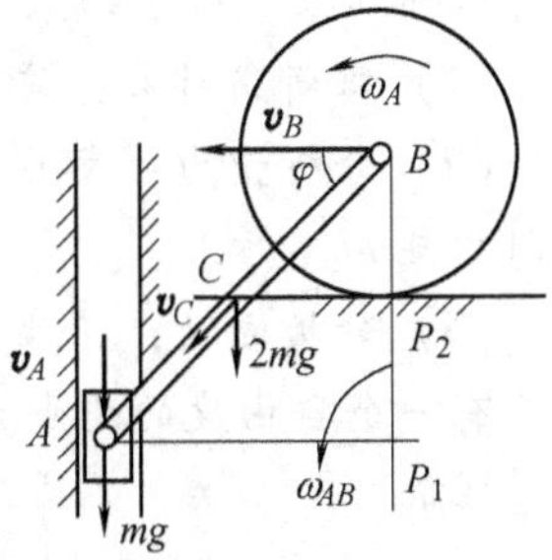

图　11-18

【例 11.8】　在图 11-18 所示机构中，滑块 A 只能在铅直导槽内运动，通过连杆 AB 使滚轮 B 沿粗糙的水平面做纯滚动。设滑块的质量为 m，均质杆 AB 的质量为 $2m$，长度 $AB=2\sqrt{2}R$，均质滚轮 B 的质量为 $2m$，半径为 R。试求机构由静止开始自 $\varphi=0$ 运动至 $\varphi=45°$ 时，AB 杆和 B 轮的角速度。

【解】　(1) 取研究对象：由滑块、连杆和滚轮组成的整体系统。

(2) 分析受力：在机构运动的过程中，做功的力只有滑块 A 和 AB 杆的重力。为清晰，不做功的力在图中未画出。

(3) 分析运动：AB 杆和 B 轮均做平面运动，滑块 A 沿铅直线做平动。系统属于单自由度问题，当 $\varphi=45°$ 时，各有关运动量与 AB 杆的角速度关系为

$$v_A=AP_1\omega_{AB}=2R\omega_{AB},\quad v_B=BP_1\omega_{AB}=2R\omega_{AB}$$

$$v_C=CP_1\omega_{AB}=\sqrt{2}R\omega_{AB},\quad \omega_B=\frac{v_B}{R}=2\omega_{AB}$$

(4) 列动力学方程求解：

取 $\varphi_1=0$ 时为状态 1，$E_{k_1}=0$；$\varphi=45°$ 时为状态 2，此时各构件动能为

$$E_{k_A}=\frac{m}{2}v_A^2=2mR^2\omega_{AB}^2,\quad E_{k_B}=\frac{2m}{2}v_B^2+\frac{1}{2}\frac{2mR^2}{2}\omega_B^2=6mR^2\omega_{AB}^2$$

$$E_{k_{AB}}=\frac{2m}{2}v_C^2+\frac{1}{2}\frac{2m(2\sqrt{2}R)^2}{12}\omega_{AB}^2=\frac{8}{3}mR^2\omega_{AB}^2$$

$$E_{k_2}=E_{k_A}+E_{k_{AB}}+E_{k_B}=\frac{32}{3}mR^2\omega_{AB}^2$$

$$E_{k_2}-E_{k_1}=\sum W_{iF}:\quad \frac{32}{3}mR^2\omega_{AB}^2-0=mg\cdot 2R+2mgR,\ \omega_{AB}^2=\frac{3g}{8R}$$

解得

$$\omega_{AB}=0.61\frac{g}{R},\quad \omega_B=2\omega_{AB}=1.22\frac{g}{R}$$

【例 11.9】 试用动能定理求解例 10.19。

【解】 在第 10 章用动量矩定理求解定轴轮系的传动运动时，为避免未知的轴承约束力在方程中出现，要按传动轴分别取研究对象。若用动能定理求解，因为轴承为理想约束，轴承约束力在系统的运动过程中不做功，故可选用整个系统研究。

(1) 取研究对象：传动系统整体。

(2) 分析受力：参看图 10-26a，在系统运动过程中，做功的力有主动力矩 M_1 和阻力矩 M_2。

(3) 分析运动：在此系统中当主动轴的运动已知时，从动轴的运动也可确定是具有一个自由度的质点系。轴Ⅰ和轴Ⅱ的运动学关系为

$$\omega_2=-\frac{Z_1}{Z_2}\omega_1=-\frac{\omega_1}{i},\quad d\varphi_2=-\frac{d\varphi_1}{i}$$

式中，$i=Z_2/Z_1$ 为传动比。

(4) 列动力学方程求解：

由动能定理的微分形式求解时，需先写出系统在任意位置的动能及力的元功。

$$E_k=\frac{1}{2}J_1\omega_1^2+\frac{1}{2}J_2\omega_2^2=\frac{1}{2}\left(J_1+\frac{J_2}{i^2}\right)\omega_1^2$$

$$\sum\delta W_{iF}=M_1 d\varphi_1-M_2 d\varphi_2=\left(M_1-\frac{M_2}{i}\right)d\varphi_1$$

$$dE_k=\sum\delta W_{iF}:\ \frac{1}{2}\left(J_1+\frac{J_2}{i^2}\right)2\omega_1 d\omega_1=\left(M_1-\frac{M_2}{i}\right)d\varphi_1$$

在上式中两边同除以 dt，并注意到 $d\omega_1/dt=\alpha_1$，$d\varphi_1/dt=\omega_1$，即可得

$$\alpha_1=\frac{(iM_1-M_2)i}{J_1 i^2+J_2}$$

【例 11.10】 牵引车的主动轮质量为 m，半径为 R，对质心 C 的回转半径为 ρ_C，设牵引车对车轮的作用力可简化为作用在质心的两力 $\boldsymbol{F}_x$、$\boldsymbol{F}_y$ 和驱动力偶矩 M，轮与轨道间的静摩擦因数为 f_s，试求车轮在不滑动条件下：(1) 轮心的加速度；(2) 驱动力偶矩 M 的最大值。

【解】 (1) 取研究对象：车轮。

分析受力：如图 11-19 所示，车轮在沿水平轨道纯滚动时，做功的力只有驱动

力偶矩 M 和阻力 $\boldsymbol{F}_x$。

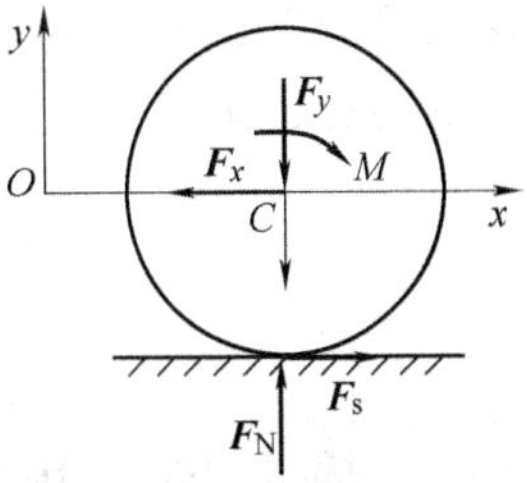

图　11-19

分析运动：车轮纯滚动，设轮心速度为 $\dot{x}_C$，则轮的角速度 $\omega=\dot{x}_C/R$，转角 $\varphi=x_C/R$，是具有一个自由度的问题。

列动力学方程求解：

设轮子初瞬时为状态 1，轮子运动到任一瞬时为状态 2，则动能为

$$E_{k_2}=\frac{m}{2}\dot{x}_C^2+\frac{1}{2}m\rho_C^2\left(\frac{\dot{x}_C}{R}\right)^2=\frac{m}{2}\left(1+\frac{\rho_C^2}{R^2}\right)\dot{x}_C^2$$

力的功为

$$\sum W_{iF}=-F_x x_C+M\varphi=\left(\frac{M}{R}-F_x\right)x_C$$

由动能定理的积分形式

$$E_{k_2}-E_{k_1}=\sum W_{iF}:\ \frac{m}{2}\left(1+\frac{\rho_C^2}{R^2}\right)\dot{x}_C^2-E_{k_1}=\left(\frac{M}{R}-F_x\right)x_C \tag{a}$$

式（a）建立了轮子质心运动路程和速度之间的函数关系，将式（a）两边对时间 t 求一阶导数，并注意到初瞬时的动能 E_{k_1} 为一确定的值，其导数值为 0，得

$$\frac{m}{2}\left(1+\frac{\rho_C^2}{R^2}\right)\cdot 2\dot{x}_C\ddot{x}_C=\left(\frac{M}{R}-F_x\right)\dot{x}_C$$

即

$$\ddot{x}_C=\frac{(M-F_xR)R}{m(\rho_C^2+R^2)}$$

（2）要使轮子不滑动的条件是摩擦力 $F_s\leqslant f_sF_N$，为此需要用质心运动定理求摩擦力 $\boldsymbol{F}_s$ 和正压力 $\boldsymbol{F}_N$。

$$m\ddot{x}_C=\sum F_{ix}:\quad m\ddot{x}_C=F_s-F_x$$

$$F_s=F_x+m\ddot{x}_C=F_x+\frac{(M-F_xR)R}{\rho_C^2+R^2}$$

$$m\ddot{y}_C=\sum F_{iy}:\ 0=F_N-F_y-mg,\qquad F_N=F_y+mg$$

$$F_s\leqslant f_sF_N:\quad F_x+\frac{(M-F_xR)}{\rho_C^2+R^2}R\leqslant f_s(F_y+mg)$$

解得

$$M\leqslant f_s(mg+F_y)\left(\frac{\rho_C^2}{R}+R\right)-F_x\frac{\rho_C^2}{R}$$

上式改用等号时就可得到驱动力偶矩 M 的理论最大值。若驱动力偶矩 $M'>M_{\max}$，

车轮就要打滑，若 $M=F_xR$，$\ddot{x}_C=0$，牵引车做匀速运动。可见，当启动车或要使车加速运动时，必须使

$$F_xR < M \leqslant f_s(mg+F_y)\left(\frac{\rho_C^2}{R}+R\right)-F_x\frac{\rho_C^2}{R}$$

11.4 势力场 势能 机械能守恒定律

11.4.1 势力场和势能

1. 有势力和势力场

前面曾见到一些特殊的力，这些力的大小和方向只决定于受力质点的位置，同时这些力的功也只决定于作用点的始末位置，而与运动轨迹的形状无关，这样的力称为有势力，或保守力。重力、弹性力、牛顿引力等就是有势力的例子。使质点受到有势力作用的空间称为势力场，或保守力场。例如地球表面的空间是重力场；大气层内外附近的空间是地球引力场；弹簧的端点有可能达到的空间是弹性力场。重力场、弹性力场、引力场是势力场中常见的例子。

2. 势能

因为有势力做功只与质点的始末位置有关，故如果取某一位置作为参考位置，显然，质点在有势力的作用下从势力场中另一确定的位置沿任何路径运动至该参考位置，有势力做的功都是一个确定的值，即势力场中的每一确定的位置反映了有势力所具有的一种做功能力。为此，在势力场中质点从某点 M 运动到给定的参考点 M_0 的过程中，有势力所做的功称为该质点在 M 点所具有的势能，常用符号 E_p 表示，即

$$E_p=\int_M^{M_0}\boldsymbol{F}\cdot d\boldsymbol{r} \tag{11-19}$$

因为

$$E_{p_0}=\int_{M_0}^{M_0}\boldsymbol{F}\cdot d\boldsymbol{r}=0$$

所以参考点 M_0 又称为零势能点。根据势能的概念，当零势能点 M_0 被确定以后，质点在任一位置的势能则被唯一地确定。

下面计算几种常见的势能。

(1) 在重力场中的势能：在重力场中（见图 11-2），取 $M_0(x_0, y_0, z_0)$ 为零势能点，则质点在 $M(x, y, z)$ 点的势能为

$$E_p=\int_z^{z_0}-mg\mathrm{d}z=\int_z^{z_0}-\mathrm{d}(mgz)=mg(z-z_0) \tag{11-20}$$

若取 Oxy 平面上的点为零势能点，因 $z_0=0$，有

$$E_p = mgz$$

（2）在弹性力场中的势能：在弹性力场中（见图 11-3），取 $M_0(r_0)$ 为零势能点，则质点在 $M(r)$ 点的势能为

$$E_p = \int_{\lambda}^{\lambda_0} -c\lambda \mathrm{d}\lambda = \int_{\lambda}^{\lambda_0} -\mathrm{d}\left(\frac{c}{2}\lambda^2\right) = \frac{c}{2}(\lambda^2 - \lambda_0^2) \tag{11-21}$$

式中，λ、λ_0 分别是质点在 M、M_0 位置时弹簧的变形量。若取弹簧的自然位置为零势能点，因 $\lambda_0=0$，有

$$E_p = \frac{c}{2}\lambda^2$$

（3）在万有引力场中的势能：设质量为 m_1 的质点 M 受到固定中心处质量为 m_2 的质点 O 的引力作用，如图 11-20 所示。根据牛顿万有引力定律，引力 $\boldsymbol{F}$ 为

$$\boldsymbol{F} = -\frac{Gm_1m_2}{r^2}\frac{\boldsymbol{r}}{r}$$

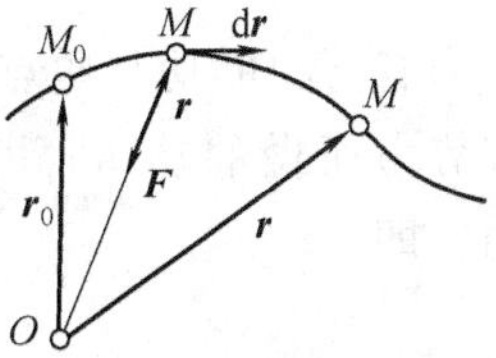

图　11-20

式中，G 为引力常数；$\boldsymbol{r}$ 为质点 M 对于点 O 的矢径。

由式（11-1a），引力 $\boldsymbol{F}$ 的元功为

$$\delta W = \boldsymbol{F} \cdot \mathrm{d}\boldsymbol{r} = -\frac{Gm_1m_2}{r^2}\frac{\boldsymbol{r}\cdot \mathrm{d}\boldsymbol{r}}{r} = -\frac{Gm_1m_2}{r^2}\mathrm{d}r$$

取 $M_0(\boldsymbol{r}_0)$ 为零势能点，则质点在 $M(\boldsymbol{r})$ 点的势能为

$$E_p = \int_{r}^{r_0} -\frac{Gm_1m_2}{r^2}\mathrm{d}r = \int_{r}^{r_0}\mathrm{d}\left(\frac{Gm_1m_2}{r}\right) = Gm_1m_2\left(\frac{1}{r_0} - \frac{1}{r}\right) \tag{11-22}$$

若取无穷远处为零势能点，因 $r_0\to\infty$，有

$$E_p = -\frac{Gm_1m_2}{r}$$

应该指出，由于零势能点位置的选择是任意的，所以质点在势力场中某一位置的势能只能给出相对值。但是，不论零势能点位置如何选择，质点在两个位置的势能之差是不变的。

由上可见，质点在势力场中的势能是质点位置坐标的单值连续函数，这种函数称为势能函数。一般形式的势能函数可以表示为

$$E_p = E_p(x,\ y,\ z)$$

在势力场中，所有势能相同的点所组成的曲面称为等势面，可表示为

$$E_p(x,\ y,\ z) = c$$

例如，重力场的等势面是不同高度的水平面，牛顿引力场的等势面是以引力中心作为球心的不同半径的同心球面。零势能点所在的等势面称为零势面。

对于由 n 个质点组成的质点系，质点系的势能为各个质点的势能的代数和，即

$$E_p = \sum E_{p_i} \tag{11-23}$$

例如，质点系重力的势能为

$$E_p = \sum E_{p_i} = \sum m_i g(z_i - z_{i0}) = mg(z_C - z_{C0})$$

式中，z_C 和 z_{C0} 分别表示质点系质心在任一位置和零势能面的质心坐标；m 为质点系的总质量。

3. 有势力的功与势能的关系

设质点在势力场中从 M_1 点运动到 M_2 点，有势力所做的功用 W_{12} 表示。若取 M_0 为零势能点，则根据势能的定义，质点在 M_1、M_2 位置的势能分别为

$$E_{p_1} = W_{10}, \quad E_{p_2} = W_{20} \tag{a}$$

因为有势力的功与质点路径无关，只与始末位置有关，所以质点从 M_1 运动到 M_0 有势力所做的功 W_{10} 可以认为是质点从 M_1 经过 M_2 然后到达 M_0 有势力所做的功，即

$$W_{10} = W_{12} + W_{20}$$

注意到式（a），有

$$W_{12} = E_{p_1} - E_{p_2} \tag{11-24}$$

此式表明，当质点在势力场中运动时，有势力所做的功等于质点在运动的始末位置的势能差。

4. 有势力与势能函数的关系

由高等数学及式（11-24）知

$$dE_p = E_p(x+dx, y+dy, z+dz) - E_p(x, y, z) = -\delta W$$

即

$$\delta W = -\, dE_p \tag{11-25}$$

力的元功可表示为

$$\delta W = F_x dx + F_y dy + F_z dz$$

势能函数的全微分为

$$dE_p = \frac{\partial E_p}{\partial x}dx + \frac{\partial E_p}{\partial y}dy + \frac{\partial E_p}{\partial z}dz$$

将以上两式相加，有

$$\left(F_x + \frac{\partial E_p}{\partial x}\right) dx + \left(F_y + \frac{\partial E_p}{\partial y}\right) dy + \left(F_z + \frac{\partial E_p}{\partial z}\right) dz = 0$$

因质点可在空间自由运动，dx、dy 和 dz 是相互独立的无限小位移。对于任意无限小位移，上面等式恒成立，所以 dx、dy 和 dz 的系数必须分别等于零，即

$$F_x = -\frac{\partial E_p}{\partial x}, \quad F_y = -\frac{\partial E_p}{\partial y}, \quad F_z = -\frac{\partial E_p}{\partial z} \tag{11-26}$$

此式表明，在势力场中，有势力在坐标轴上的投影等于势能函数对相应坐标的偏导数的负值。

可见，势能函数是表示势力场物理性质的一个函数。

11.4.2　机械能守恒定律

如果质点系在运动过程中只有有势力做功，则该质点系称为保守系统。设一保守系统在某一运动过程中的初始和终了瞬时的动能分别为 E_{k_1} 和 E_{k_2}，作用在该质点系上的有势力所做的功为

$$W_{12} = E_{p_1} - E_{p_2}$$

式中，E_{p_1}、E_{p_2} 分别为质点系在初始和终止瞬时的势能。根据动能定理，有

$$E_{k_2} - E_{k_1} = W_{12} = E_{p_1} - E_{p_2}$$

移项后得

$$E_{k_1} + E_{p_1} = E_{k_2} + E_{p_2} \tag{11-27a}$$

或

$$E_k + E_p = E = 常数 \tag{11-27b}$$

质点系的动能和势能总和 E 称为质点系的机械能。此式表明，保守系统在运动过程中，其机械能保持不变。这称为机械能守恒定律。

有时为了方便，还可将式（11-27a）表示成如下形式

$$\Delta E_k + \Delta E_p = 0 \tag{11-27c}$$

即保守系统在势力场的运动过程中，其机械能的改变量为零。

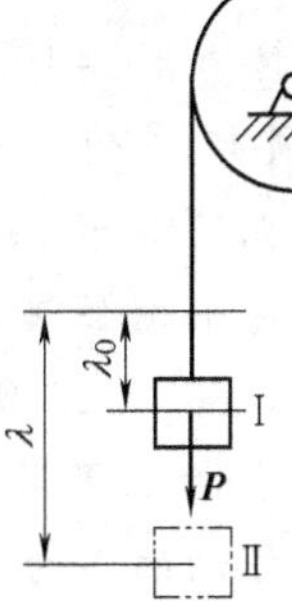

图　11-21

【例 11.11】　升降机的钢索上吊有质量为 $m = 2000\text{kg}$ 的重物，以匀速 $v_0 = 5\text{m/s}$ 下降。当钢索下降到某一长度 l 时，由于某种原因，上端突然被卡住，如图 11-21 所示。如已知此时钢索的劲度系数 $k = 4\times10^5\text{N/m}$，求钢索中的最大拉力。

【解】　(1) 取研究对象：重物。

(2) 分析受力：重物受重力和钢索的拉力。由于钢索有变形，相当于弹簧，故可认为此系统为保守系统。重物在平衡位置时，钢索变形量 $\lambda_0 = mg/k$；钢索的最大变形量设为 λ，其最大拉力为 $F_{max} = k\lambda$。

(3) 分析运动：重物做直线运动，是单自由度问题。在平衡位置时，速度 v_0 已知，钢索最大变形时重物下降到最低位置，速度 $v = 0$。

(4) 应用机械能守恒定律求解：

取重物的平衡位置为重力和弹性力的零势能点，重物在此位置的动能和势能为

$$E_{k_1} = \frac{1}{2}mv_0^2, \quad E_{p_1} = 0$$

重物下降到最低位置的动能和势能为

$$E_{k_2}=0,\quad E_{p_2}=-mg(\lambda-\lambda_0)+\frac{k}{2}(\lambda^2-\lambda_0^2)$$

$$E_{k_1}+E_{p_1}=E_{k_2}+E_{p_2}:\quad \frac{1}{2}mv_0^2+0=0-mg(\lambda-\lambda_0)+\frac{k}{2}(\lambda^2-\lambda_0^2)$$

注意到 $\lambda_0=mg/k$，上式整理为

$$\lambda^2-\frac{2mg}{k}\lambda+\frac{mg}{k}\left(\frac{mg}{k}-\frac{v_0^2}{g}\right)=0$$

解得

$$\lambda=\frac{mg}{k}\pm v_0\sqrt{\frac{m}{k}}$$

因 $\lambda>\lambda_0$，所以上式应取正号。

钢索的最大拉力为

$$F=k\lambda=mg+kv_0\sqrt{\frac{m}{k}}$$

代入数据得

$$F=161\times10^3\mathrm{N}=161\mathrm{kN}$$

它是静拉力 $mg=19.6\mathrm{kN}$ 的 8.22 倍。

【例 11.12】 地震仪由一个可绕水平轴 O 上下摆动，并借铅直弹簧维持于水平稳定平衡位置的物理摆构成，其简化模型如图 11-22 所示。求：(1) 系统在偏离平衡位置某微小角 φ 时的势能；(2) 微摆动的运动微分方程。已知摆重 P，重心 C 到轴 O 的距离为 $OC=l$，摆对于轴 O 的回转半径为 ρ，弹簧的劲度系数为 k，联结点 B 到轴 O 的距离为 $OB=d$。

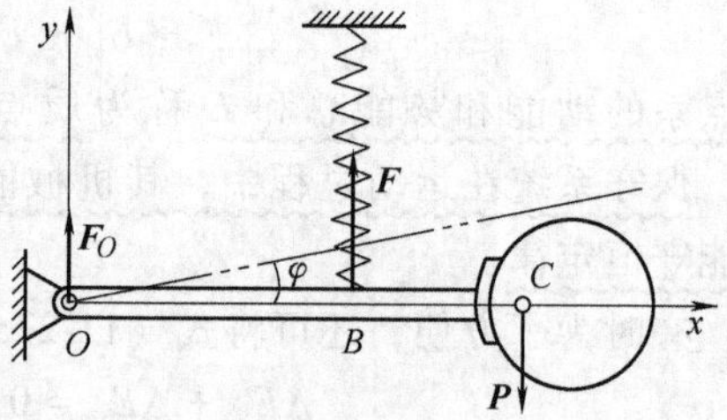

图 11-22

【解】 (1) 取研究对象：物理摆系统。

(2) 分析受力：物理摆在摆动过程中，只有重力和弹力做功，故是保守系统。在水平平衡位置时弹簧具有静伸长 λ_0，此时弹簧拉力 $F_O=k\lambda_0$，由平衡条件 $\sum M_O=0$，有

$$Pl=F_Od=k\lambda_0d,\quad \lambda_0=\frac{Pl}{kd}\tag{a}$$

(3) 分析运动：物理摆做定轴转动，其转动规律用 φ 表示。

(4) 计算物理摆偏离平衡位置微小角度 φ 时的势能：取平衡位置为重力和弹性力的零势能点，当摆过微小角度 φ 时（见图 11-22），点 B 和 C 各有铅直位移 $y_B=d\varphi$ 和 $y_C=l\varphi$。对应的重力势能为

$$E_{p_P}=Py_C=Pl\varphi$$

由式 (11-21)，弹性力势能为

$$E_{p_F}=\frac{k}{2}[(d\varphi-\lambda_0)^2-\lambda_0^2]=\frac{k}{2}d^2\varphi^2-kd\lambda_0\varphi$$

系统的总势能为

$$E_p=E_{p_P}+E_{p_F}=Pl\varphi+\frac{k}{2}d^2\varphi^2-kd\lambda_0\varphi$$

考虑到式（a），上式可化简为

$$E_p=\frac{k}{2}d^2\varphi^2$$

（5）用机械能守恒定律求系统摆动的运动微分方程。

$$E_k+E_p=E:\quad \frac{P\rho^2}{2g}\dot{\varphi}^2+\frac{k}{2}d^2\varphi^2=E$$

上式建立了摆动的角速度 $\dot{\varphi}$ 与摆角 φ 之间的函数关系，将上式对时间 t 求一阶导数，并化简得

$$\ddot{\varphi}+\frac{gkd^2}{P\rho^2}\varphi=0$$

这就是物理摆的运动微分方程，它是一个谐振动的微分方程。

11.5 功率和功率方程

在工程中，不仅要计算力的功，而且还要知道力做功的快慢程度。力在单位时间内所做的功称为该力的功率，并用 P 表示。如在 $\mathrm{d}t$ 时间间隔内，力的元功是 δW，则此力的功率就是

$$P=\frac{\delta W}{\mathrm{d}t} \tag{11-28a}$$

功率是机器做功的速率，如发动机或电动机的功率愈大，则在给定的时间内它所做的功就愈多。

由于力的元功为

$$\delta W=\boldsymbol{F}\cdot\mathrm{d}\boldsymbol{r}$$

所以力的功率可表示为

$$P=\frac{\delta W}{\mathrm{d}t}=\boldsymbol{F}\cdot\frac{\mathrm{d}\boldsymbol{r}}{\mathrm{d}t}=\boldsymbol{F}\cdot\boldsymbol{v} \tag{11-28b}$$

因为力矩或转矩 M 的元功为

$$\delta W=M\mathrm{d}\varphi$$

故力矩或转矩的功率为

$$P=\frac{\delta W}{\mathrm{d}t}=M\frac{\mathrm{d}\varphi}{\mathrm{d}t}=M\omega \tag{11-28c}$$

在国际单位制中，功率的单位为瓦（W），即

$$1\text{W}=1\text{J/s}=1\text{N}\cdot\text{m/s}$$

为研究质点系上作用力的功率和质点系动能变化之间的关系，将质点系动能定理的微分形式式（11-17a）两端除以 dt，得

$$\frac{\mathrm{d}E_{\mathrm{k}}}{\mathrm{d}t}=\frac{\sum\delta W_i}{\mathrm{d}t}=\sum P_i \tag{11-29}$$

此式称为功率方程，它表示质点系动能对时间的一阶导数，等于作用于质点系的所有力的功率的代数和。

功率方程可用来研究机械系统（例如机器）运转中的能量变化状况。一般机器在工作时，必须输入一定的功率，如机床在接通电源后，电磁力对电动机转子做正功，使转子转动，同时使电能转化为动能，而电磁力的功率则被称为输入功率。转子转动后，通过传动机构传递输入功率，在功率传递的过程中，由于机构的零件与零件之间存在摩擦，摩擦力做负功，使一部分动能转化为热能，因而损失部分功率，这部分功率取负值，称为无用功率或损耗功率。机床加工工件时的切削阻力也会消耗能量，做负功，这是机床加工工件时必须付出的功率，称为有用功率或输出功率。

由于所有机器的功率一般都可分为上述三部分，所以式（11-29）便可以写成

$$\frac{\mathrm{d}E_{\mathrm{k}}}{\mathrm{d}t}=P_{输入}-P_{有用}-P_{无用} \tag{11-30a}$$

或

$$P_{输入}=P_{有用}+P_{无用}+\frac{\mathrm{d}E_{\mathrm{k}}}{\mathrm{d}t} \tag{11-30b}$$

它表明，机器的输入功率等于有用功率、无用功率和系统动能的变化率的和。

一般机器的运转过程可分为启动、稳态运转和停机三个阶段：当机器在启动阶段时，各构件由静止开始加速，故有 $\mathrm{d}E_{\mathrm{k}}/\mathrm{d}t>0$，这时要求 $P_{输入}>P_{有用}+P_{无用}$；在稳态运转阶段，机器的动能恒定，即 $\mathrm{d}E_{\mathrm{k}}/\mathrm{d}t=0$，或做周期性变化，这个阶段机器的平均功率满足 $P_{输入}=P_{有用}+P_{无用}$；在停机阶段，$P_{输入}=0$，$P_{有用}=0$，机器的已有动能完全被无用阻力所消耗，机器逐渐停止运转。

机器在稳定运转时的有用输出功率与输入功率之比称为机械效率，用 η 表示，即

$$\eta=\frac{P_{有用}}{P_{输入}}\times 100\% \tag{11-31}$$

机器的机械效率 η 表示机器对输入功率的有效利用程度，它是评定机器质量优劣的一个重要标志。

【例 11.13】 某车床中电动机 A 的输入功率 $P_{入}=4.5\text{kW}$，传动的机械效率 $\eta=0.7$。如工件 B 的转速 $n=42\text{r/min}$，工件的直径 $d=100\text{mm}$，求车刀 C 作用在工件

上的周向切削力（见图 11-23）。

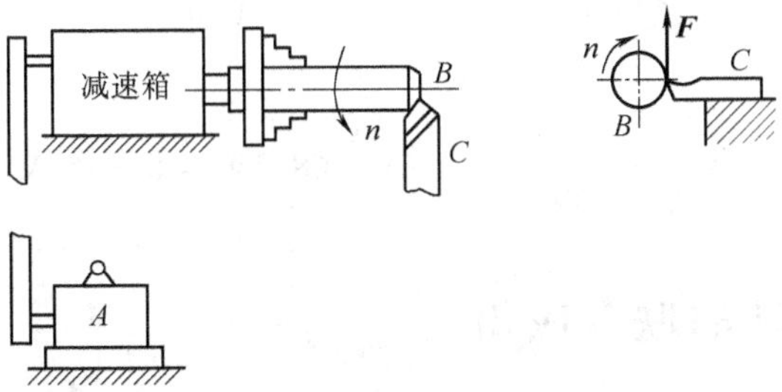

图　11-23

【解】　在本题中，车床正常工作属于稳定运行阶段，有 $\mathrm{d}E_k/\mathrm{d}t=0$，由功率方程有

$$P_{输入}=P_{有用}+P_{无用}$$

而 $\eta=\dfrac{P_{有用}}{P_{输入}}=0.7$，可求得

$$P_{有用}=0.7P_{输入}=3.15\mathrm{kW}$$

有用阻力就是切削力，它对转轴的矩 $M=Fd/2$，故有用功率为

$$P_{有用}=M\omega=F\cdot\frac{d}{2}\cdot\frac{n\pi}{30}=F\frac{nd\pi}{60}$$

由此求得周向切削力为

$$F=\frac{60P_{有用}}{nd\pi}=\frac{60\times3.15}{\pi\times0.1\times42}\mathrm{kN}=14.32\mathrm{kN}$$

【例 11.14】　带式输送机如图 11-24 所示。传送带的速度为 $v=1\mathrm{m/s}$，输送量 $q_m=2000\mathrm{kg/min}$，输送高度为 $h=5\mathrm{m}$。传送带传动的机械效率为 $\eta_1=0.6$，减速箱的机械效率为 $\eta_2=0.4$，求输送机所需的电动机的功率。

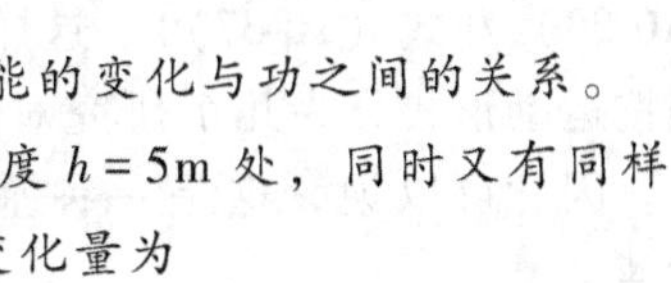

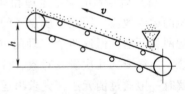

图　11-24

【解】　取整段传送带上被运输的物料为研究的质点系。由于速度 v 为常量，故可研究 $\mathrm{d}t$ 秒内动能的变化与功之间的关系。

在 $\mathrm{d}t$ 秒内有质量为 $q_m\mathrm{d}t/60$ 的物料被提升到高度 $h=5\mathrm{m}$ 处，同时又有同样的材料从静止状态变为以速度 $v=1\mathrm{m/s}$ 运动，动能的变化量为

$$\mathrm{d}E_k=\frac{1}{2}\left(\frac{q_m}{60}\mathrm{d}t\right)v^2$$

设输送机所需电动机的功率为 P，这是输送机的输入功率，其有用功率为

$$P_1=\eta_1\cdot\eta_2P$$

由动能定理

$$\frac{1}{2}\left(\frac{q_{\mathrm{m}}}{60}\mathrm{d}t\right)v^{2}=\eta_{1}\eta_{2}P\mathrm{d}t-\left(\frac{q_{\mathrm{m}}}{60}\mathrm{d}t\right)gh$$

消去 $\mathrm{d}t$ 后，得

$$P=\frac{1}{\eta_{1}\eta_{2}}\frac{q_{\mathrm{m}}}{60}\left(\frac{v^{2}}{2}+gh\right)=6875\mathrm{W}=6.875\mathrm{kW}$$

11.6 普遍定理的联合应用

本节作为第 10 章和第 11 章的总结，将说明如何应用普遍定理求解质点系动力学的两类问题。

普遍定理包括质点系的动量定理、动量矩定理和动能定理，而其中每一个定理只建立了力与运动的某一方面物理量之间的关系。一般情况下，对于质点系的动力学两类问题，往往需要两个或两个以上的定理联合求解；又因为这三个定理都反映了物体的运动与力之间的关系，具有一定的共性，所以有时一个问题有几种解法，这样，解题时运算是否简便与定理的选择有一定关系。但因为工程中的问题是十分复杂的，选用定理有很大的灵活性，很难总结出一个不变的模式应用于百题，在此只能提供几条大致的途径，以供读者学习时参考。

（1）对于单自由度系统的动力学两类问题，如果主动力系是已知的，约束力不做功，可应用动能定理（保守系统也可用机械能守恒定律）先求出系统的运动，然后再利用动量定理和动量矩定理求约束力，这样求解可以避免解联立方程，使运算简捷。

（2）质点系的动量定理和动量矩定理共同反映了质点系的外力系的主矢和主矩的运动效应，因此，质点系的动量和动量矩定理联合起来，可求解质点系动力学的两类问题。但这两个定理的方程中要出现未知的约束力，对于一个较复杂的系统，往往要选几次研究对象，分别建立各个研究对象的动力学方程后联合求解。求解时一般通过消元法，先求出运动，再求约束力。在第 10 章中，已利用这两个定理分别建立了刚体定轴转动和刚体平面运动（刚体平动）的微分方程组（参看式（10-33）和式（10-37））。这样不管是单自由度系统还是多自由度系统，可以将系统按运动形式分为几个研究对象，建立各个研究对象的动力学方程，联合起来求解。因此可以说，这是一种基本的方法，对于求解初瞬时系统的运动与力比较方便。

这种方法的缺点除了前面提到的要解联立方程外，求解速度（角速度）问题时，一般还需要积分。

（3）要注意判断动量（质心）守恒及动量矩守恒的情况，这类问题往往用其他定理不易求解。

（4）不管选用哪种方法、哪个定理，都要对所选取的研究对象进行受力分析

和运动分析，建立需要的运动学关系。

下面通过例题，说明普遍定理的联合应用。

【例 11.15】 质量为 m，长度为 l 的均质杆，可绕水平轴 O 转动（见图 11-25），若杆从水平位置由静止释放，试求此杆转至 $\varphi=60°$ 时轴承的约束力。

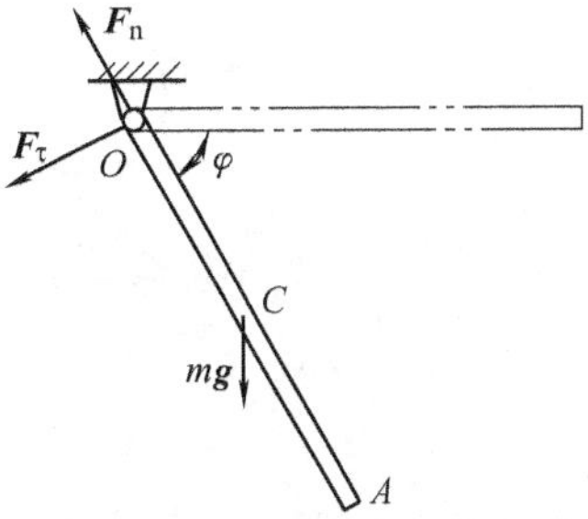

图　11-25

【解】 本题是一个刚体定轴转动问题，受到的主动力只有重力。

（1）选用机械能守恒定律求 OA 杆转过 φ 角时的运动。

选 OA 杆在水平位置时为势能零位，在任一位置，有

$$E_{\mathrm{k}}+E_{\mathrm{p}}=0,\qquad \frac{1}{2}\frac{ml^2}{3}\dot{\varphi}^2-mg\frac{l}{2}\sin\varphi=0$$

$$\dot{\varphi}^2=\frac{3g}{l}\sin\varphi \tag{a}$$

将上式对时间 t 求一阶导数，得

$$\ddot{\varphi}=\frac{3g}{2l}\cos\varphi \tag{b}$$

当 $\varphi=60°$ 时
$$\dot{\varphi}^2=\frac{3\sqrt{3}g}{2l},\qquad \ddot{\varphi}=\frac{3g}{4l}$$

（2）用质心运动定理求轴承约束力。

OA 杆的质心加速度为

$$a_{C\tau}=\frac{l}{2}\ddot{\varphi}=\frac{3}{8}g,\quad a_{Cn}=\frac{l}{2}\dot{\varphi}^2=\frac{3}{4}\sqrt{3}g$$

$$ma_{C\tau}=\sum F_{i\tau}\quad m\left(\frac{3}{8}g\right)=mg\cos60°+F_\tau,\quad F_\tau=-\left(\frac{1}{8}\right)mg$$

$$ma_{Cn}=\sum F_{in}\quad m\left(\frac{3}{4}\sqrt{3}g\right)=F_{\mathrm{n}}-mg\sin60°,\quad F_{\mathrm{n}}=\left(\frac{5\sqrt{3}}{4}\right)mg$$

本题也可以选用刚体定轴转动微分方程组式（10-33）求解，只是求角速度 $\dot{\varphi}$ 还需要积分。

【例 11.16】 均质圆盘 A 和 B 的质量均为 m，半径均为 R，如图 11-26a 所示，重物 C 的质量为 m_C，圆盘 A 在倾角为 α 的斜面上纯滚动，求重物 C 的加速度和轴承 B 的约束力。

【解】 圆盘 A 沿斜面纯滚动时，整体系统属于单自由度系统，且做功的力只有 A、C 物体的重力，故可用动能定理求出系统的运动后，再考虑用动量定理和动

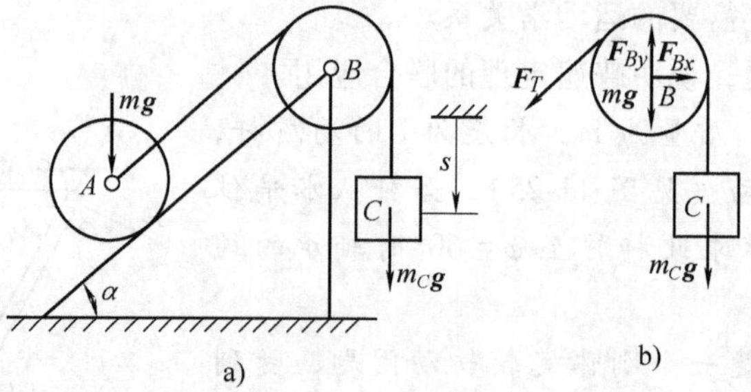

a) b)

图 11-26

量矩定理求轴承 B 的约束力。

(1) 选取研究对象：由圆盘 A、B 和重物 C 组成的质点系。

重物 C 做平动，设速度为 v；圆盘 B 做定轴转动，角速度 $\omega_B=v/R$；圆盘 A 做平面运动，质心速度 $v_A=v$，角速度 $\omega_A=v/R$。

系统在任一位置的动能为

$$E_{k2}=\frac{m_C}{2}v^2+\frac{1}{2}\frac{mR^2}{2}\omega_B^2+\frac{1}{2}mv_A^2+\frac{1}{2}\frac{mR^2}{2}\omega_A^2=\frac{1}{2}(m_C+2m)v^2$$

当重物下降距离 s 时，A 盘的质心也沿斜面上升距离 s，重力的功为

$$\sum W_i=m_Cgs-mgs\sin\alpha=(m_C-m\sin\alpha)gs$$

取初瞬时为状态 1，物 C 下降距离 s 时为状态 2，由动能定理

$$E_{k2}-E_{k1}=\sum W_i\quad \frac{1}{2}(m_C+2m)v^2-E_{k1}=(m_C-m\sin\alpha)gs$$

将上式对时间 t 求一阶导数，并注意到 $\mathrm{d}s/\mathrm{d}t=v$，$\mathrm{d}v/\mathrm{d}t=a$，$\dot{E}_{k1}=0$，有

$$a=\frac{m_C-m\sin\alpha}{m_C+2m}g \tag{a}$$

(2) 研究由圆盘 B 和重物 C 组成的质点系，其受力如图 11-26b 所示。

用质点系对固定轴 B 的动量矩定理求绳子拉力 F_T。

$$L_B=\frac{1}{2}mR^2\omega_B+m_CRv=\left(\frac{1}{2}m+m_C\right)Rv$$

$$\dot{L}_B=\sum M_B(\boldsymbol{F}_i):\left(\frac{1}{2}m+m_C\right)R\frac{\mathrm{d}v}{\mathrm{d}t}=(m_Cg-F_T)R$$

$$F_T=m_Cg-\left(\frac{1}{2}m+m_C\right)a$$

用质点系动量定理求轴承 B 的约束力。

$$\sum m_i\ddot{x}_i=\sum F_{ix}:\quad m\cdot 0+m_C\cdot 0=F_{Bx}-F_T\cos\alpha$$

$$F_{Bx}=F_T\cos\alpha=m_Cg\cos\alpha-\left(\frac{1}{2}m+m_C\right)a\cos\alpha$$

$$\sum m_i \ddot{y}_i = \sum F_{iy}: \quad m \cdot 0 + m_C(-a) = F_{By} - (m+m_C)g - F_T \sin\alpha$$

$$F_{By} = [m + m_C(1+\sin\alpha)]g - \left[\frac{1}{2}m\sin\alpha + m_C(1+\sin\alpha)\right]a$$

将式（a）代入 F_{Bx}、F_{By}，即可得到用已知量表示的轴承约束力。

本题也可分别研究 A、B、C，列各个研究对象的微分方程，联立求解，读者不妨试一下，然后将两种方法进行比较。

【例 11.17】 均质细杆 AB 的质量为 m，长度为 $2l$，两端分别沿光滑的铅直墙壁和光滑水平地面滑动，如图 11-27 所示。假设初瞬时杆与墙成交角 φ_0，由静止沿铅直墙下滑，求杆下滑时的角速度 $\dot{\varphi}$、角加速度 $\ddot{\varphi}$ 和约束力 $\boldsymbol{F}_A$、$\boldsymbol{F}_B$ 以及杆开始脱离墙壁时它与墙壁所成的角度 φ_1。

【解】 AB 杆做平面运动，A 端脱离墙之前，只有一个自由度，杆在运动过程中只有重力做功，故可选用机械能守恒定律求其运动，然后再用质心运动定理求约束力 $\boldsymbol{F}_A$、$\boldsymbol{F}_B$，及脱离墙壁的夹角 φ_1。

（1）研究 AB 杆。设 AB 杆质心速度为 v_C，$v_C = l\dot{\varphi}$。在任一位置 φ 角时，AB 杆的动能为

$$E_k = \frac{m}{2}v_C^2 + \frac{1}{2}\frac{m(2l)^2}{12}\dot{\varphi}^2 = \frac{2}{3}ml^2\dot{\varphi}^2$$

选水平轴 x 为势能零位，由机械能守恒定律，研究 φ_0 和 φ 两个位置：

$$E_{k1} + E_{p1} = E_{k2} + E_{p2}: \quad 0 + mgl\cos\varphi_0 = \frac{2}{3}ml^2\dot{\varphi}^2 + mgl\cos\varphi$$

$$\dot{\varphi}^2 = \frac{3g}{2l}(\cos\varphi_0 - \cos\varphi) \tag{a}$$

或

$$\dot{\varphi} = \sqrt{3g(\cos\varphi_0 - \cos\varphi)/2l}$$

将式（a）对时间 t 求一阶导数，得

$$\ddot{\varphi} = \frac{3g}{4l}\sin\varphi \tag{b}$$

（2）用质心运动定理求约束力 $\boldsymbol{F}_A$、$\boldsymbol{F}_B$。

在图示坐标系中，质心 C 的运动方程为

$$x_C = l\sin\varphi, \quad y_C = l\cos\varphi$$

质心的加速度为

$$\ddot{x}_C = l(\ddot{\varphi}\cos\varphi - \dot{\varphi}^2\sin\varphi), \quad \ddot{y}_C = -l(\ddot{\varphi}\sin\varphi + \dot{\varphi}^2\cos\varphi)$$

$$m\ddot{x}_C = \sum F_{ix}: ml(\ddot{\varphi}\cos\varphi - \dot{\varphi}^2\sin\varphi) = F_A \tag{c}$$

$$m\ddot{y}_C = \sum F_{iy}: -ml(\ddot{\varphi}\sin\varphi + \dot{\varphi}^2\cos\varphi) = F_B - mg$$

$$F_B = mg - ml(\ddot{\varphi}\sin\varphi + \dot{\varphi}^2\cos\varphi) \tag{d}$$

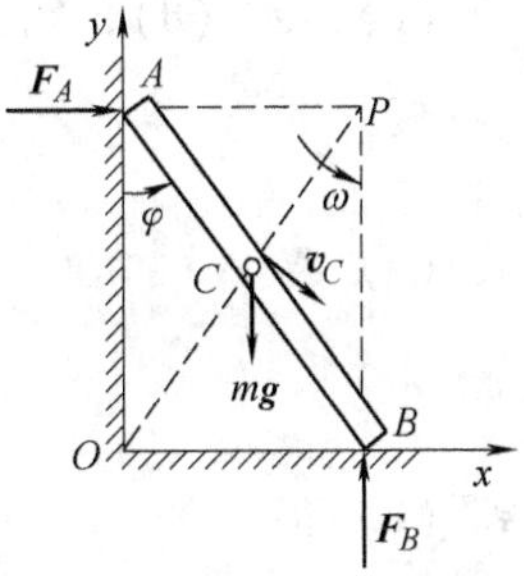

图　11-27

将式（a）、式（b）分别代入式（c）、式（d），得

$$F_A=\frac{9}{4}mg\sin\varphi\left(\cos\varphi-\frac{2}{3}\cos\varphi_0\right)$$

$$F_B=\frac{1}{4}mg+\frac{9}{4}mg\cos\varphi\left(\cos\varphi-\frac{2}{3}\cos\varphi_0\right)$$

(3) 求杆脱离墙壁时的夹角 φ_1。

当杆脱离墙时，$F_A=0$，有

$$\cos\varphi_1-\frac{2}{3}\cos\varphi_0=0,\quad \varphi_1=\arccos\left(\frac{2}{3}\cos\varphi_0\right)$$

本题若选用刚体平面运动微分方程式（10-37）求解，既需要解微分方程组，又需要积分求角速度 $\dot{\varphi}$。

【例 11.18】 两个相同的滑轮，视为均质圆盘，质量均为 m，半径均为 R，用绳缠绕连接，如图 11-28 所示。如系统由静止开始运动，求轮心 C 的加速度和 AB 绳的张力。

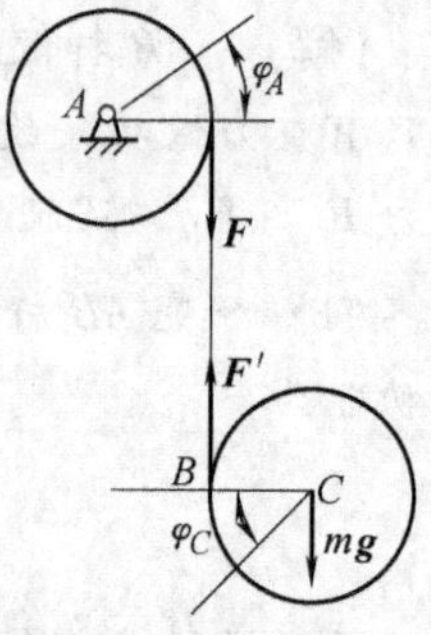

图 11-28

【解】 系统有两个自由度，可分别列各个轮的运动微分方程联合求解。

(1) 研究 A 轮，A 轮定轴转动，其转角用 φ_A 表示。

$$J_A\alpha=\sum M_A(\boldsymbol{F}_i):\ \frac{1}{2}mR^2\ddot{\varphi}_A=-FR \tag{a}$$

(2) 研究 C 轮，C 轮做平面运动，质心 C 做直线运动，设轮 C 的转角用 φ_C 表示，以 B 为基点，则质心的加速度为

$$\boldsymbol{a}_C=\boldsymbol{a}_B+\boldsymbol{a}_{CB\tau}+\boldsymbol{a}_{CBn}$$

将上式在 y 轴上投影，有

$$\ddot{y}_C=R\ddot{\varphi}_A+R\ddot{\varphi}_C \tag{b}$$

$$m\ddot{y}_C=\sum F_{iy}:\ mR(\ddot{\varphi}_A+\ddot{\varphi}_C)=F'-mg \tag{c}$$

$$J_C\alpha_C=\sum M_C(\boldsymbol{F}_i):\ \frac{1}{2}mR^2\ddot{\varphi}_C=-F'R \tag{d}$$

比较式（a）和式（d），可得 $\ddot{\varphi}_A=\ddot{\varphi}_C$ （e）

由式（c）、式（d）、式（e）解得

$$\ddot{\varphi}_A=\ddot{\varphi}_C=-\frac{2g}{5R}$$

由式（a）得

$$F=-\frac{1}{2}mR\ddot{\varphi}_A=\frac{1}{5}mg$$

由式（b）得

$$\ddot{y}_C=-\frac{4}{5}g$$

式中，负号表示轮 C 质心加速度向下。

此题若用动能定理，因有2个自由度，也需要通过式（a）、式（d）找 $\dot{\varphi}_A$ 与 $\dot{\varphi}_C$ 的关系。读者不妨试一下。

思 考 题

11.1　质点在铅直面内沿曲线下滑到某一位置，问曲线光滑和粗糙时对计算重力的功有无影响？对计算质点的动能有无影响？

11.2　摩擦力是否都做负功，试举例说明。

11.3　当质点做匀速圆周运动时，其动能有无变化？动量呢？

11.4　一质点系对某点（或轴）动量矩守恒，其动能是否保持不变？举例说明。

11.5　质量相同的三个质点，自高为 h 处同时以大小相同、但方向不同的初速 v_0 抛出（见思考题11.5图），若不计空气阻力，三球落到地面上的速度大小是否相同？速度方向是否相同？落地时间是否相同？

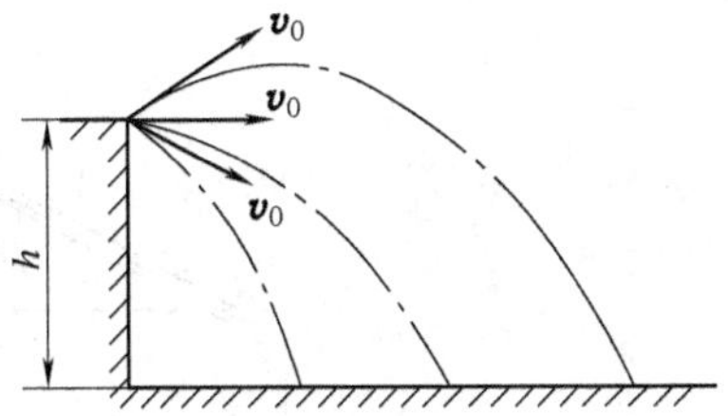

思考题11.5图

11.6　力的元功 $\delta W=F_x\mathrm{d}x+F_y\mathrm{d}y+F_z\mathrm{d}z$，是否可以说元功在 x、y、z 轴上的投影分别为 $F_x\mathrm{d}x$、$F_y\mathrm{d}y$、$F_z\mathrm{d}z$？为什么？

11.7　当运动员起跑时，什么力使运动员的质心加速运动？什么力使运动员的动能增加？产生加速度的力一定做功吗？

习 题 A

11.1　试计算习题10.1所示系统的动能。

11.2　试计算习题10.4所示系统的动能。

11.3　计算习题11.3图所示各系统的动能。

（a）楔块的质量为 m_1，楔角为 α，速度为 v_1，物块质量为 m_2，相对楔块的速度为 v_2。

（b）车轮视为均质圆柱体，总质量为 m_1，做纯滚动。车身质量为 m_2，行驶速度为 v。

（c）平面机构，各杆均为均质，OA 与 ED 两杆等长等质量，长为 l，质量为 m，AB 杆质量为 $2m$，B 块质量不计。在图示位置，$OA/\!/ED$ 沿铅垂线，O_1E 沿水平线，OA 杆角速度为 ω。

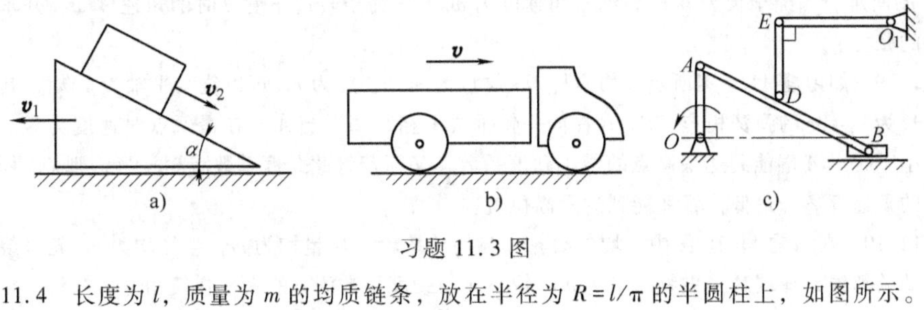

习题11.3图

11.4　长度为 l，质量为 m 的均质链条，放在半径为 $R=l/\pi$ 的半圆柱上，如图所示。试求当 A 端由习题11.4图所示位置沿柱面运动到 B 点时，链条重力所做的功。

11.5　按下列各题要求计算功（见习题11.5图）。

（a）AB 杆做平面运动，已知 $\theta=0.1t$（t 的单位为 s，θ 的单位为弧度），力偶矩 $M=0.5t-t^2$（t 的单位为 s，M 的单位为 N・m）。求由 $\theta=\theta_1=60°$ 至 $\theta=\theta_2=180°$ 时，力偶矩 M 对 AB 杆所做的功。

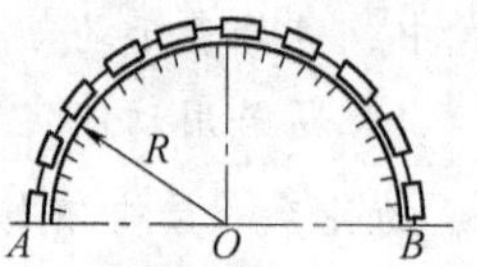

习题 11.4 图

（b）AB 杆由于 A、D 处的约束做平面运动，$AD=DB=0.1$m，$F_1=F_2=100$N，力 $\boldsymbol{F}_1$ 保持与 AB 杆相垂直，力 $\boldsymbol{F}_2$ 保持水平，作用于 B 端。试分别计算由 $\theta=\theta_1=90°$ 至 $\theta=\theta_2=0°$ 时，力 $\boldsymbol{F}_1$ 和力 $\boldsymbol{F}_2$ 对 AB 杆所做的功。

（c）试求劲度系数为 k 的弹簧，由 AB 位置运动到 $A'B'$ 位置，其弹性力对两端质点 A 和 B 所做功之和。设弹簧原长为 $l_0=OA=AA'$。

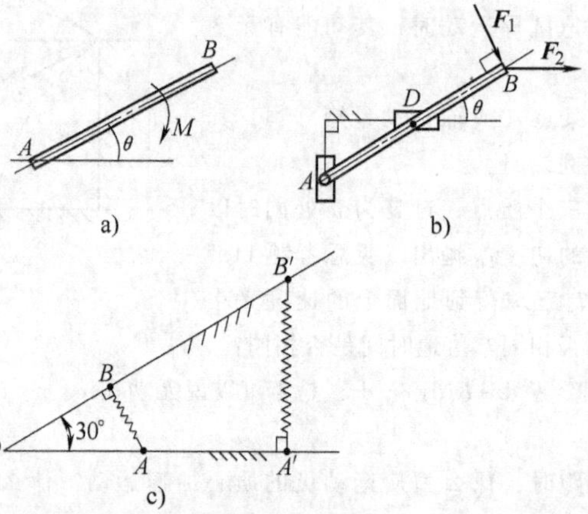

习题 11.5 图

11.6　质量分别为 $m_1=2$kg、$m_2=3$kg 和 $m_3=5$kg 的三个质点在某力场中运动。已知它们对固定坐标系原点 O 的矢径分别为 $\boldsymbol{r}_1=2t\boldsymbol{i}-3\boldsymbol{j}+t^2\boldsymbol{k}$、$\boldsymbol{r}_2=(t+1)\boldsymbol{i}+3t\boldsymbol{j}-4\boldsymbol{k}$ 和 $\boldsymbol{r}_3=t^2\boldsymbol{i}-t\boldsymbol{j}+(2t-1)\boldsymbol{k}$，式中 t 的单位为秒，长度单位为 m。试求各质点从 $t=1$s 时的位置运动到 $t=2$s 时的位置的过程中，作用于三个质点的力的总功。

11.7　重物 A 质量为 15kg，在常力 $\boldsymbol{F}$ 作用下从地面由静止开始沿光滑立柱向上运动，在 B 点与缓冲弹簧接触，并使弹簧压缩了 3cm，如图所示，若 $F=500$N，求弹簧劲度系数。习题 11.7 图中长度单位为 cm。

11.8　质点的质量为 m，在水平面内运动时，绳子缠绕在半径为 R 的固定圆柱上，如习题 11.8 图所示。当绳子长为 l_0 时，绳子角速度为 ω_0。求绳子转过角度 θ 时的角速度 ω，并求此时绳子的张力。

11.9　如习题 11.9 图所示，均质杆 OA 质量为 m，长度为 r，可以绕水平轴 O 转动，其 A 端与原长为 $r_0=3r$ 的弹簧相连。O、B 在同一铅垂线上相距 $2r$。当 A 端在最低点时速度为零。试求受微小干扰后 A 端能到达最高点的最小劲度系数。又问若将此劲度系数减少一半，则 OA 杆应以多大的角速度离开最低位置才能到达最高位置。

11.10　在习题 11.10 图中，均质滚轮 A 与均质滑轮 B 质量均为 m，半径均为 r，轮缘绕以不会滑动的细绳，绳端悬挂重物质量为 m，轮心 A 与劲度系数为 k 的水平弹簧相连。今将重物从平衡位置向下拉开距离 d 无初速度释放，轮 A 做纯滚动。试求重物回到平衡位置时的速度。

11.11　在习题 11.11 图中，物块 C 与均质杆 AB 质量均为 m，用跨过无重滑轮的细绳相连，

让 AB 平放在光滑水平面时无初速度释放。试求 $\alpha=30°$时物块 C 的速度。不计滑块 B 自重和铰链处的摩擦。设 $AB=l$。

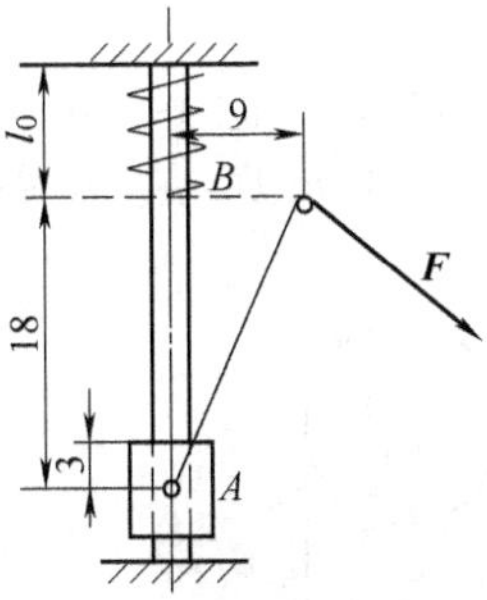

习题 11.7 图

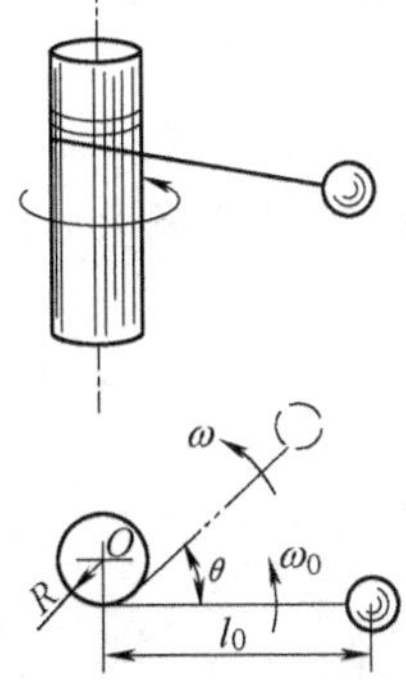

习题 11.8 图

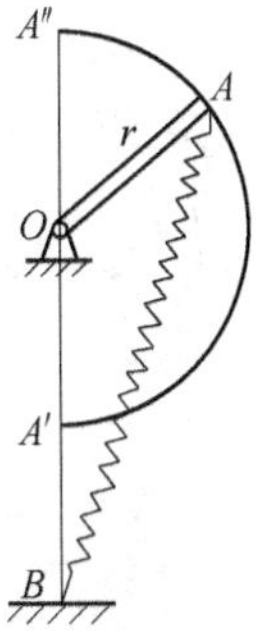

习题 11.9 图

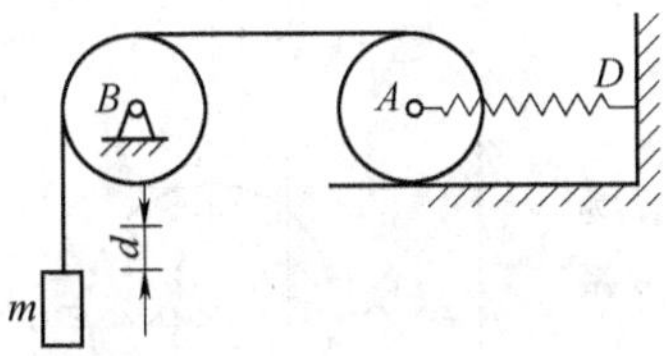

习题 11.10 图

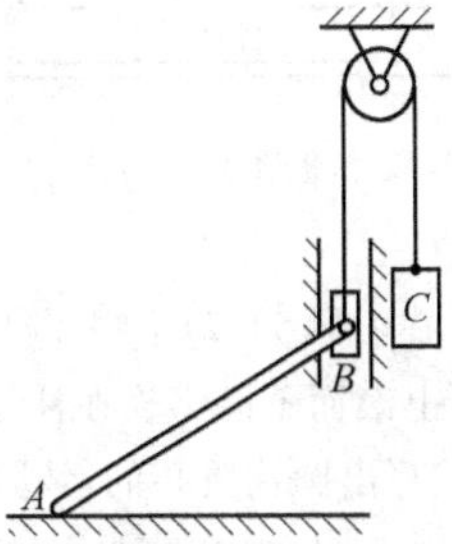

习题 11.11 图

11.12　在习题 11.12 图中，均质杆 AC、BC 质量均为 m，长度均为 l，用光滑铰链相连。A、B 两端放在光滑水平面上，当 $\theta=\theta_0=60°$时由静止释放，求 $\theta=\theta_1=30°$时 C 点的速度。

11.13　在习题 11.13 图中，质量 $m_A=2\text{kg}$ 的小球 A 用长为 0.2m 的细绳与放在光滑水面上的质量为 $m_B=4\text{kg}$ 的物块 B 相连，当 $\theta=\theta_1=60°$时由静止释放。试求 $\theta=\theta_2=0°$时小球 A 摆动的角速度及物块 B 的速度。

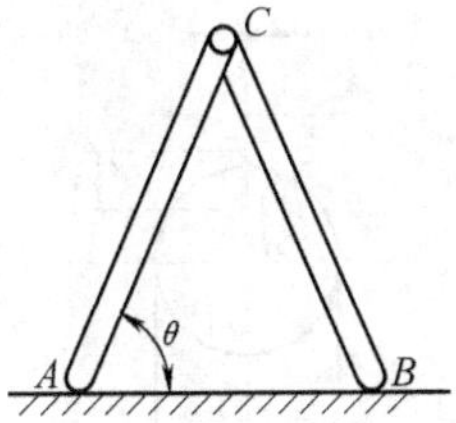

习题 11.12 图

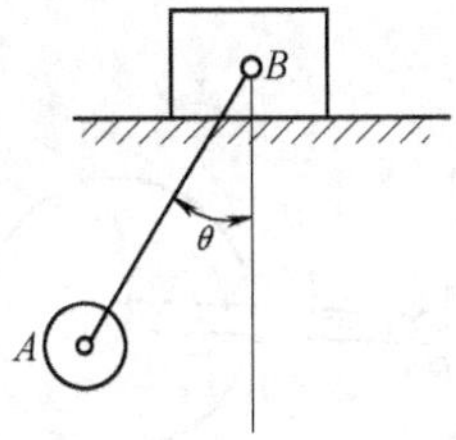

习题 11.13 图

11.14　试用动能定理求解习题 10.19。

11.15　试用动能定理求解习题 10.20。

11.16　试用动能定理和动量定理求解习题 10.15。

11.17　在习题 11.17 图中，在凸轮顶杆机构中，半圆形凸轮半径为 R，质量为 m_1，以匀速度v_0沿光滑水平面滑动，带动质量为m_2的顶杆沿铅垂光滑导轨向上运动。试求必须作用于凸轮上的水平力$\boldsymbol{F}$。

11.18 试用动能定理和动量定理求解习题10.26。

11.19 试用动能定理求解习题10.29。

11.20 在习题11.20图中，升降机的均质铰盘A质量为m_1，半径为r_1，其上作用常力偶矩M。均质定滑轮B质量为m_2，半径为r_2。跨在两轮上不会滑动的钢索重力可以略去。被提升的平台重量为W，试求平台的加速度。

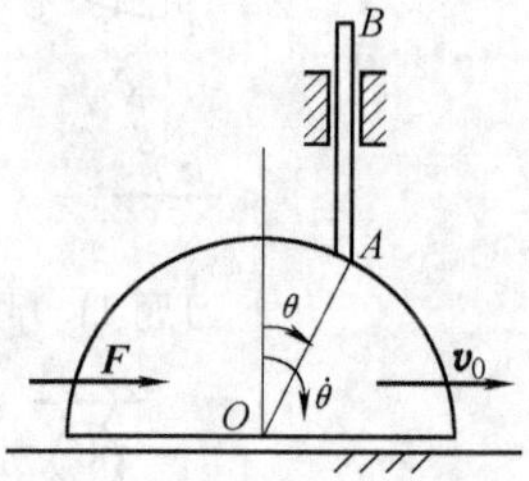

习题11.17图

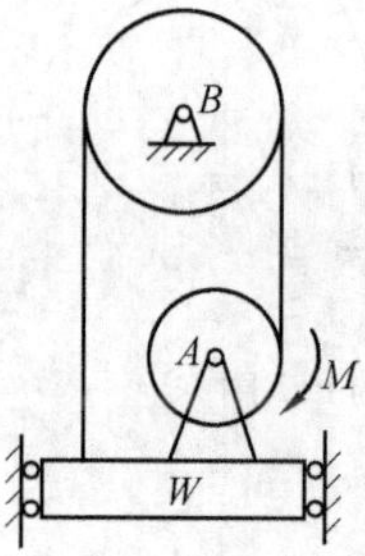

习题11.20图

11.21 在习题11.21图中，均质圆柱质量为m，半径为r，在水平面上滚而不滑，连在柱心的两根水平弹簧的劲度系数各为k，试写出圆柱质心的运动微分方程。

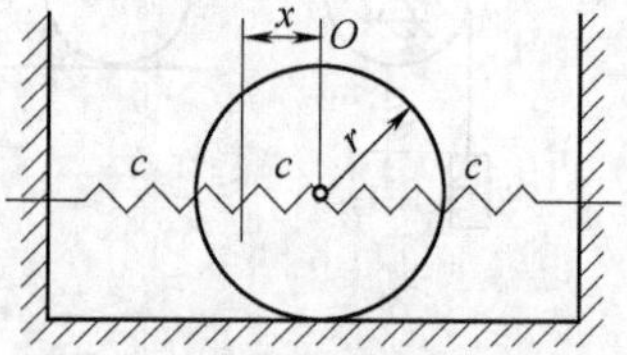

习题11.21图

11.22 试用动能定理和动量定理求解习题10.24。

11.23 在习题11.23图中，均质杆AB和均质轮B质量均为m，长度和直径均为l，A端用光滑铰链与支座固定，系统静止时AB为水平。(1) 当B端与轮固接成一体时，求AB转过90°时的角速度；(2) 当B端与轮心光滑铰接时，求AB转过90°时的角速度；(3) 求两种情况下B处的约束力。

11.24 在习题11.24图所示系统中，均质轮A质量为m_A半径为r，用劲度系数为k的弹簧悬挂。轮缘绕以不会滑动的细绳。绳的一端悬吊质量为m_B的物块B，另一端沿铅垂向下固定。试求：(1) 轮心A离开平衡位置时的加速度；(2) 求轮A两侧绳的拉力。

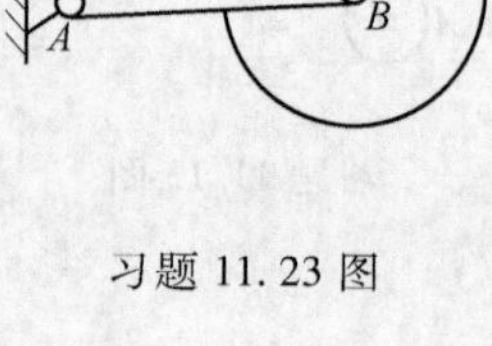

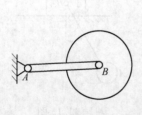

习题11.23图

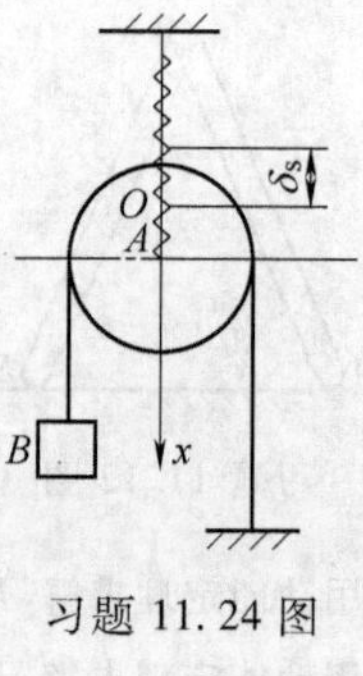

习题11.24图

11.25 杆系如习题11.25图所示，可在铅垂面内运动。OA、AB和O_1B为相同的均质杆，质量为m，长度为l，用光滑铰链相连，O、O_1处为光滑铰链支座，$OO_1=l$。由$\theta=\theta_1=45°$释放，

求 $\theta=\theta_2=0°$时 OA 杆的角速度及 O、A 两点之约束力。

11.26　在习题 11.26 图中，正方形均质薄板 $ABCD$ 通过光滑铰支座 A 和悬绳 CE 保持静止，此时 AB 边水平。求剪断悬绳后，薄板转过 90°时，A 处反力。设薄板质量为 m。

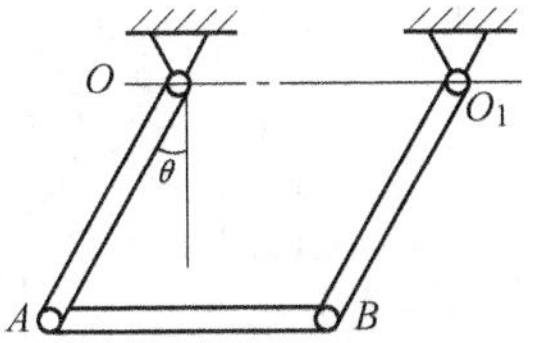

习题 11.25 图

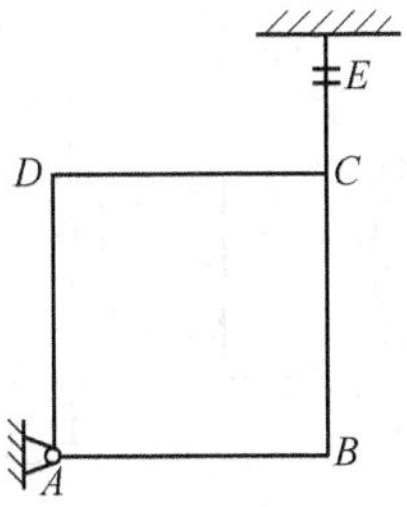

习题 11.26 图

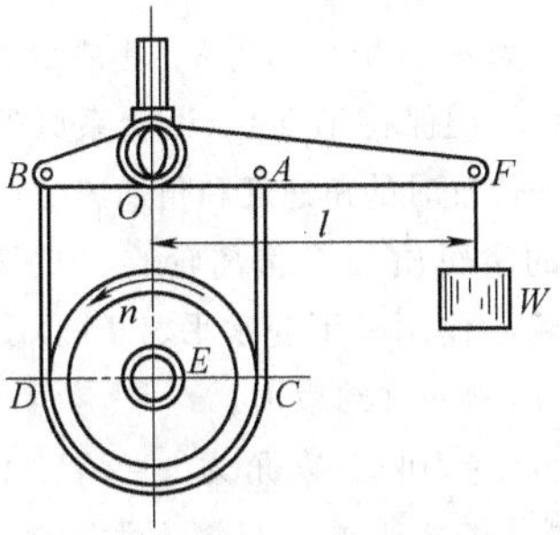

习题 11.27 图

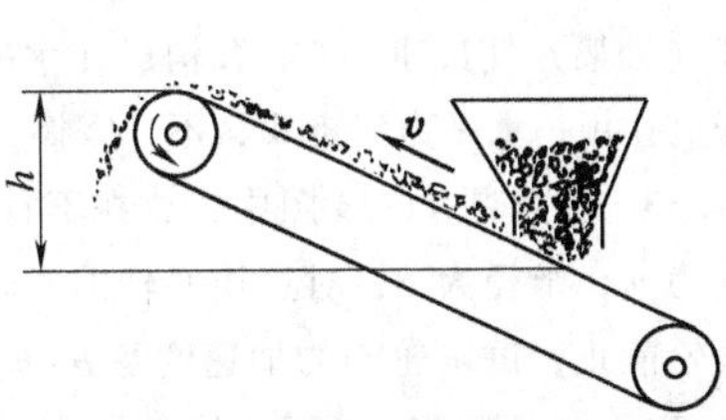

习题 11.28 图

11.27　测量机器功率的测功计，由胶带 $ACBD$ 和一杠杆 BOF 组成，如习题 11.27 图所示。胶带具有铅直的两段 AC 和 DB，并套住受试验机器的滑轮 E 的下半部，杠杆则以刀口搁在支点 O 上。借升高或降低支点 O，可以变更胶带的拉力，同时变更胶带与滑轮间的摩擦力。在 F 处挂一重锤 W，杠杆 BF 即可处于水平平衡位置。如若用来平衡胶带拉力的重锤的质量 $m=3\text{kg}$，臂 $l=50\text{cm}$，试求当发动机的转速为 $n=240\text{r/min}$ 时发动机的功率。

11.28　习题 11.28 图所示一电动机带动的传送带上料机构，已知每秒钟的输送量 $q_m=100\text{kg/s}$。工料被输送的高度为 $h=1\text{m}$，传送带的速度为 $v=0.5\text{m/s}$。问应选多大功率的电动机。

习　题　B

11.29　在习题 11.29 图中，均质细杆 AB 质量为 m_1，长度为 l，A 端用光滑铰链与质量为 m_2、半径为 R 的均质圆柱中心相连，圆柱放在粗糙的水平面上，杆的 B 端靠在光滑铅垂面上。设开始运动时 $\theta=45°$，试求此时圆柱中心 A 的加速度及水平面之摩擦力。

11.30　在习题 11.30 图中，均质杆 AB 质量为 4kg，全长为 1m，滑块 A、B 质量均为 4kg，不变铅直力 $F=120\text{N}$。当 $\tan\theta_1=3/4$ 时，系统由静止开始运动，试求 $\theta_2=90°$时杆的角速度及导轨对滑块之约束力 F_A 和 F_B。设劲度系数 $k=500\text{N/m}$，原长为 0.25m，不计摩擦。

11.31　在习题 11.31 图所示机构中，物块 A、B 质量均为 m，两均质圆轮 C、D 的质量均为 $2m$，半径均为 R。C 轮铰接于无重悬臂梁 CK 上，D 为动滑轮，梁的长度为 $3R$，绳与轮间无滑动。系统由静止开始运动，求：(1) A 物块上升的加速度；(2) HE 段绳的拉力；(3) 固定端 K 处的约束反力。

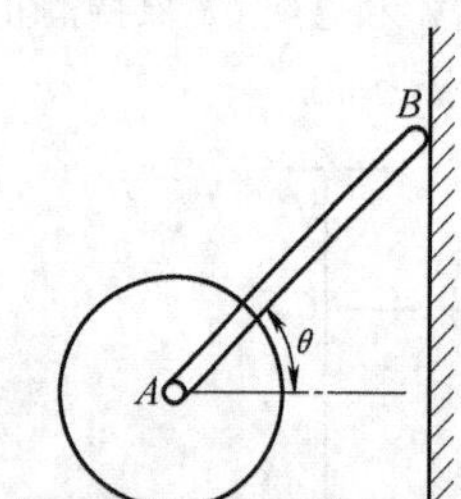

习题 11.29 图

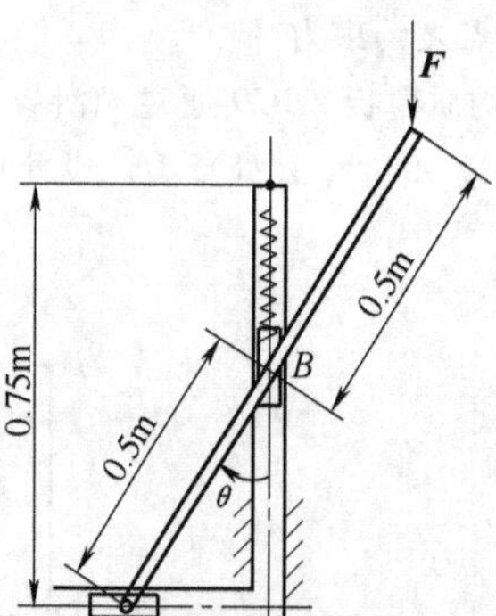

习题 11.30 图

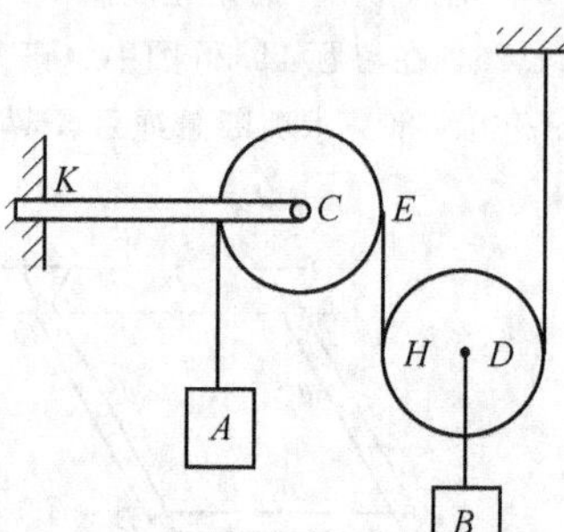

习题 11.31 图

11.32　在习题 11.32 图中，均质齿轮Ⅰ、Ⅱ、Ⅲ，质量均为 m_2，半径均为 R，用质量为 m_1 的均质系杆（轴架）使Ⅰ、Ⅱ、Ⅲ啮合构成在水平面运动的星轮系（Ⅰ保持不动）。设轮系原处于静止，在系杆上作用一水平力偶矩 M，不计摩擦，求系杆处于任一位置时的角速度和角加速度。

11.33　在习题 11.33 图中，放在不打滑的水平面上的滚轮质心 C 偏离轮心 O 的距离为 d，其质量为 m，半径为 R，对过质心轴的回转半径为 ρ，在轮心作用一不变水平力 $\boldsymbol{F}_1$。设 $\theta=\theta_1=0$ 时，滚轮静止，试求轮心的加速度及 $\theta=\theta_1=0$ 和 $\theta=\theta_2=\pi$ 时地面之约束力。

11.34　在习题 11.34 图所示系统中，楔块 A 质量为 $m_A=50\text{kg}$，楔角为 $\alpha=30°$，沿倾角为 30°的光滑斜面下滑。质量为 $m_B=20\text{kg}$ 的均质圆柱放在楔块的水平面上只滚不滑。试求楔块的加速度及圆柱中心相对于楔块的加速度。

11.35　在习题 11.35 图所示系统中，物块 A、B 质量各为 $m_A=5\text{kg}$、$m_B=1\text{kg}$，均质滑轮 D、E 半径均为 r、质量各为 $m_D=2\text{kg}$、$m_E=1\text{kg}$，斜面倾角 $\alpha=30°$，动摩擦因数 $f=0.1$。试求物块 B 的加速度。

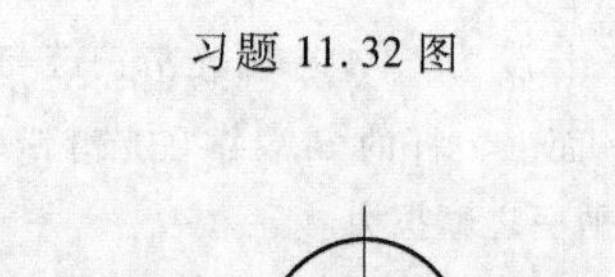

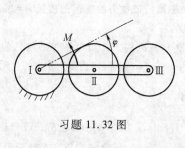

习题 11.32 图

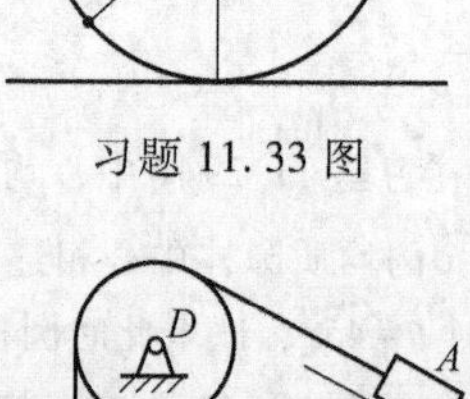

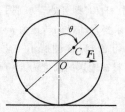

习题 11.33 图

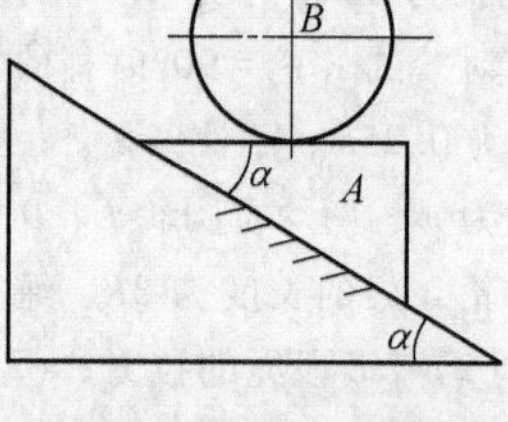

习题 11.34 图

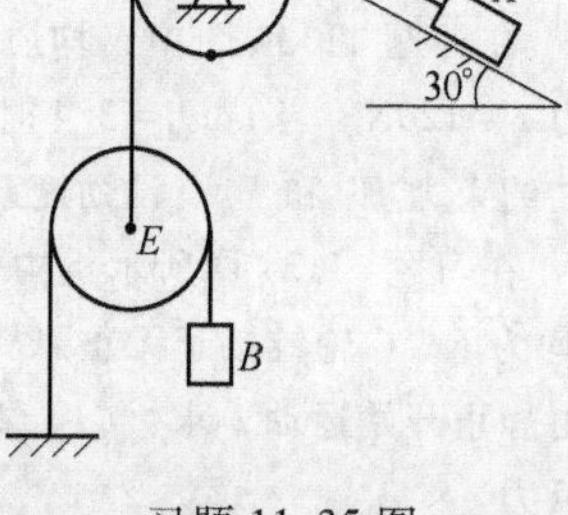

习题 11.35 图

11.36　如习题 11.36 图所示，质量为 m_1 的板在水平力 $\boldsymbol{F}$ 的作用下，沿水平地面运动，板与地面间的动摩擦因数为 f。一质量为 m_2 的均质圆柱可在板上纯滚动。试求板的加速度。

11.37　质量为 m_1、半径为 R 的圆盘铰接在质量为 m_2 的滑块上，且 $m_1=m_2=m$。如习题 11.37 图所示。滑块可在光滑的地面上滑动，圆盘靠在光滑的墙壁上，初始时，$\theta_0=0$，系统静止。滑块受到微小扰动后向右滑动，试求圆盘脱离墙壁时的 θ 以及此时地面的支承力。

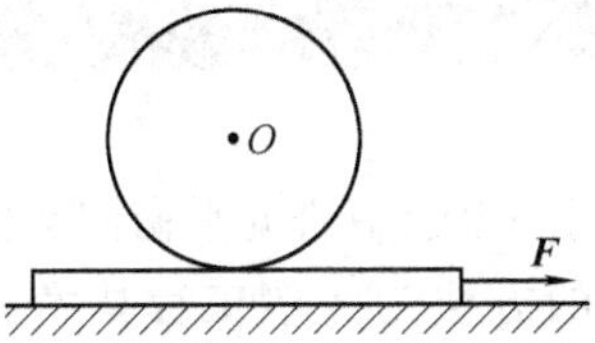

习题 11.36 图

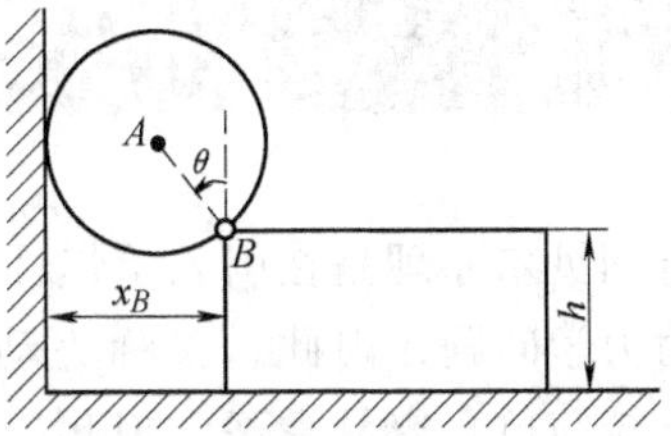

习题 11.37 图

11.38　均质细杆 AB 长为 l，质量为 m，起初紧靠在铅垂墙壁上，由于微小干扰，杆绕 B 点倾倒如习题 11.38 图所示。不计摩擦，求：（1）B 端未脱离墙时 AB 杆的角速度、角加速度及 B 处的反力；（2）B 端脱离墙壁时的 θ_1 角；（3）杆着地时质心的速度及杆的角速度。

11.39　在习题 11.39 图中，长为 l、质量为 m 的均质杆 AB 的 1/3 放在水平桌面上，初始时 $\theta_0=0$，在重力作用下，由静止开始运动。已知杆与桌面的静摩擦因数 f_s 和动摩擦因数 f，并且近似为 $f=f_s=0.5$，试求杆相对桌面开始滑动时杆与水平线的夹角 θ^*，以及杆在运动过程中角速度、角加速度随 θ 的变化规律。

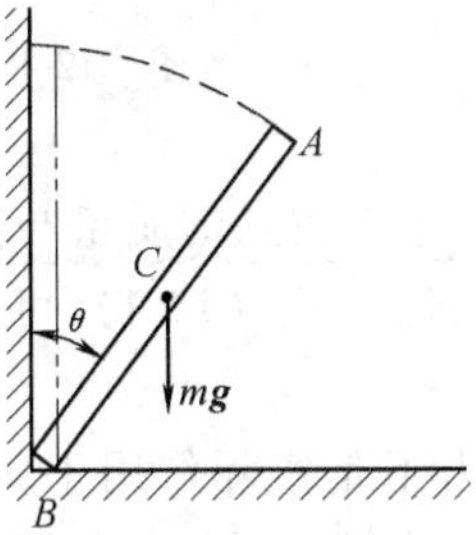

习题 11.38 图

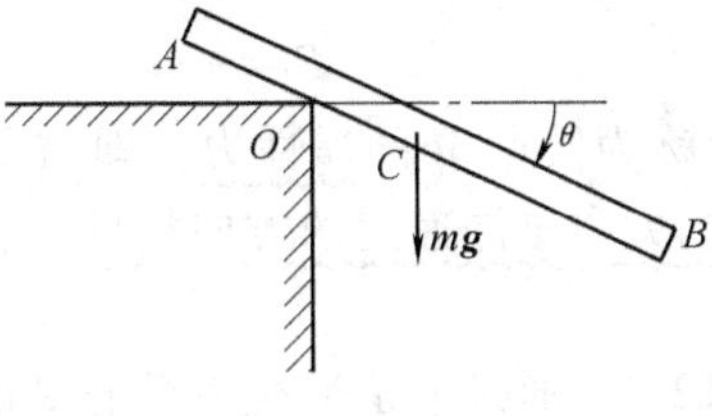

习题 11.39 图

第 12 章

达朗贝尔原理

达朗贝尔原理是在引入了惯性力的基础上，用静力学中研究平衡问题的方法来研究动力学问题，因此，又称为动静法。静力学的方法为一般工程技术人员所熟悉，比较简单，容易掌握，因此，动静法在工程技术中得到了广泛的应用。

12.1 质点和质点系的达朗贝尔原理

12.1.1 质点的达朗贝尔原理·惯性力

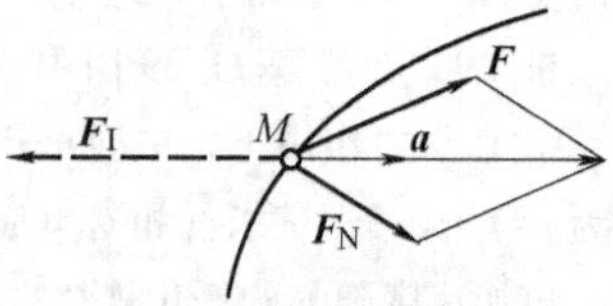

图 12-1

设质量为 m 的非自由质点 M 在主动力 $\boldsymbol{F}$ 和约束力 $\boldsymbol{F}_N$ 的作用下，沿图 12-1 所示的曲线运动，设其加速度为 $\boldsymbol{a}$，根据牛顿第二定律，有

$$m\boldsymbol{a} = \boldsymbol{F} + \boldsymbol{F}_N \tag{12-1}$$

令

$$\boldsymbol{F}_I = -m\boldsymbol{a} \tag{12-2}$$

将 $\boldsymbol{F}_I$ 称为质点 M 的惯性力，即质点的惯性力的大小等于质点的质量与其加速度的乘积，方向与加速度的方向相反。引入质点的惯性力后，式（12-1）可写成

$$\boldsymbol{F} + \boldsymbol{F}_N + \boldsymbol{F}_I = 0 \tag{12-3}$$

式（12-3）形式上是汇交力系的平衡方程，但惯性力不是实际作用于质点上的力，只能当作一个虚加的力。所以上式表明：在质点运动的任一瞬时，作用于质点上的主动力、约束力和虚加的惯性力在形式上组成平衡力系，这就是质点的达朗贝尔原理。一般情况下，式（12-3）有三个独立的平衡方程，即

$$\left.\begin{aligned} F_x + F_{Nx} + F_{Ix} = 0 \\ F_y + F_{Ny} + F_{Iy} = 0 \\ F_z + F_{Nz} + F_{Iz} = 0 \end{aligned}\right\} \tag{12-4}$$

这里的惯性力称为达朗贝尔惯性力，它与第 9 章叙述的牵连惯性力和科氏惯性力一样，都不是真实力，但它们之间又有所区别。牵连惯性力和科氏惯性力只对非惯性参考系有意义，其大小和方向取决于所参照的非惯性参考系的运动。而达朗贝尔惯性力的大小和方向取决于质点本身的运动。对于上述在惯性系内运动的质点，其达朗贝尔惯性力与质点的绝对加速度有关。当质点在非惯性参考系内运动时，必

须在式（9-9）中的真实力 $\boldsymbol{F}$ 中增加牵连惯性力 $\boldsymbol{F}_{\mathrm{Ie}}$ 和科氏惯性力 $\boldsymbol{F}_{\mathrm{IC}}$ 等非真实力，同时必须将达朗贝尔惯性力 $\boldsymbol{F}_{\mathrm{I}}$ 的定义中质点的绝对加速度 $\boldsymbol{a}$ 改为相对加速度 $\boldsymbol{a}_{\mathrm{r}}$。

牵连惯性力和科氏惯性力虽不是真实力，但可在非惯性参考系中观察到与真实力相同的作用效果。而达朗贝尔惯性力则不同，它的真实力效应并不作用于质点本身，而是由质点反作用于企图改变它运动状态的施力物体上。例如，当用手推车子在光滑的直线轨道上加速运动时，车子的惯性力作用在手上，使手感觉到力的存在。

12.1.2　质点系的达朗贝尔原理

设由 n 个质点组成的质点系，其中第 i 个质点的质量为 m_i，受到的主动力为 $\boldsymbol{F}_i$，约束力为 $\boldsymbol{F}_{\mathrm{N}i}$，若其加速度为 $\boldsymbol{a}_i$，则惯性力为 $\boldsymbol{F}_{\mathrm{I}i}=-m_i\boldsymbol{a}_i$，由质点的达朗贝尔原理，有

$$\boldsymbol{F}_i+\boldsymbol{F}_{\mathrm{N}i}+\boldsymbol{F}_{\mathrm{I}i}=0\quad(i=1,\ 2,\ \cdots,\ n)\tag{12-5}$$

上式表明：在质点系运动的任一瞬时，每个质点所受的主动力、约束力和虚加的惯性力在形式上组成一平衡力系，这称为质点系的达朗贝尔原理。对于由 n 个质点组成的空间一般质点系，共有 n 个汇交于不同点的平衡力系，把它们综合在一起就构成一个一般的空间平衡力系。由静力学知，任意力系的平衡条件是力系的主矢和对任意点的主矩分别等于零，即

$$\begin{cases}\sum\boldsymbol{F}_i+\sum\boldsymbol{F}_{\mathrm{N}i}+\sum\boldsymbol{F}_{\mathrm{I}i}=0\\ \sum\boldsymbol{M}_O(\boldsymbol{F}_i)+\sum\boldsymbol{M}_O(\boldsymbol{F}_{\mathrm{N}i})+\sum\boldsymbol{M}_O(\boldsymbol{F}_{\mathrm{I}i})=0\end{cases}\tag{12-6}$$

因为质点系的内力总是大小相等、方向相反地成对出现，质点系内力系的主矢和对任一点的主矩恒等于零，所以在用式（12-6）求解问题时，完全可以将 $\boldsymbol{F}_i$，$\boldsymbol{F}_{\mathrm{N}i}$ 处理为是质点系所受到的外主动力、外约束力，而不必考虑内力。

对于空间力系，式（12-6）有六个独立的平衡方程，而对于平面力系，式（12-6）有三个独立的平衡方程，即

$$\begin{cases}\sum F_{ix}+\sum F_{\mathrm{N}ix}+\sum F_{\mathrm{I}ix}=0\\ \sum F_{iy}+\sum F_{\mathrm{N}iy}+\sum F_{\mathrm{I}iy}=0\\ \sum M_O(\boldsymbol{F}_i)+\sum M_O(\boldsymbol{F}_{\mathrm{N}i})+\sum M_O(\boldsymbol{F}_{\mathrm{I}i})=0\end{cases}\tag{12-7}$$

在此需要指出的是，因为惯性力是虚加的，并不是真正地作用于质点或质点系上，所以达朗伯原理只是提供一种求解动力学问题的方法，即通过引入惯性力，把动力学方程写成平衡方程的形式，实质仍是动力学问题。式（12-6）可以看成是质点系动量定理和动量矩定理的另一种表示形式。但方程在形式上的这种变换，带来分析问题和列方程的方便，引出新观点，即对于做任何运动的质点系，除真实作用的主动力和约束力外，只要在每个质点上加上它的惯性力，就可以直接应用静力学中的平衡理论来建立质点系的运动与作用于质点系的力之间的关系，从而求解动力

学的问题，这就是通常所说的动静法。下面举例说明该方法的应用。

【例 12.1】 长为 $2l$ 的无重杆 CD，两端各固结重为 P 的小球，杆的中点与铅垂轴 AB 固结，夹角为 α。轴 AB 以匀角速度 ω 转动，轴承 A、B 间的距离为 h（见图 12-2），求轴承 A、B 的约束力。

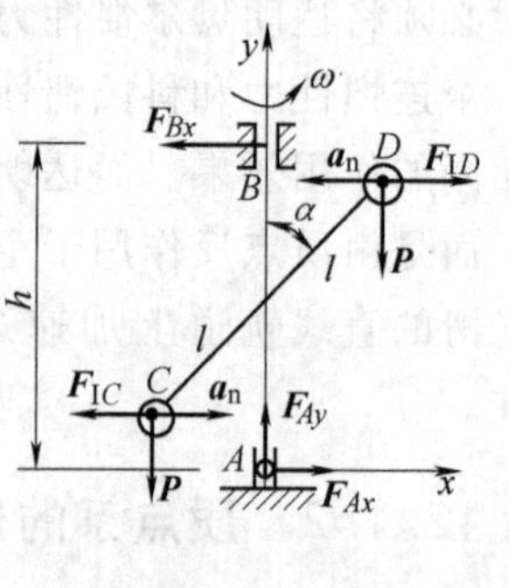

图　12-2

【解】（1）取研究对象：整体系统。

（2）分析外力：系统受两小球的重力和轴承 A、B 的约束力，如图 12-2 所示。

（3）分析运动，虚加惯性力：两小球均做匀速圆周运动，其加速度均为 $a_n = l\omega^2\sin\alpha$，方向如图示。它们的惯性力大小均为

$$F_{IC} = F_{ID} = \frac{P}{g}l\omega^2\sin\alpha$$

其方向与各自的加速度相反。

（4）应用动静法求解：

$$\sum F_{ix}=0\text{：}F_{Ax}-F_{Bx}=0$$

$$\sum F_{iy}=0\text{：}F_{Ay}-2P=0$$

$$\sum M_A(\boldsymbol{F}_i)=0\text{：}F_{Bx}h-2\left(\frac{P}{g}l\omega^2\sin\alpha\right)l\cos\alpha=0$$

由此解得

$$F_{Ax}=F_{Bx}=\frac{Pl^2\omega^2}{gh}\sin2\alpha\text{，}F_{Ay}=2P$$

【例 12.2】 质量为 m、半径为 R 的飞轮，以匀角速度 ω 转动（见图 12-3a）。设轮缘较薄，质量均匀分布于轮缘，轮幅质量不计，试求轮缘中由于转动所引起的张力。

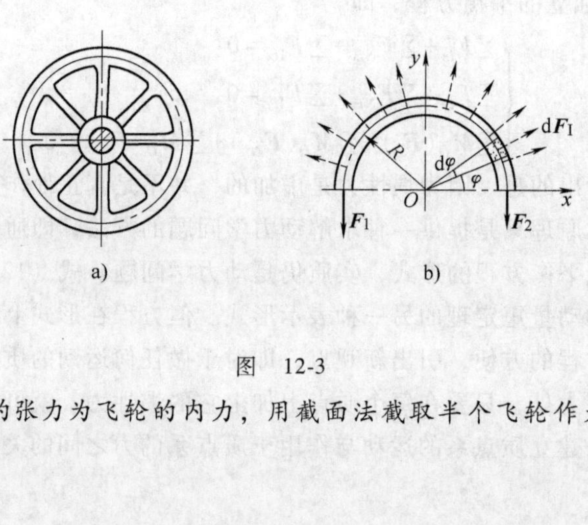

图　12-3

【解】 轮缘的张力为飞轮的内力，用截面法截取半个飞轮作为研究对象，由

对称条件可知，截面处内力是相同的，即 $F_1=F_2=F$。因为所求是由于转动而引起的张力，故只需分析惯性力。当飞轮做匀角速度转动时，半圆环的惯性力分布如图12-3b 所示，对应于微小单元体的惯性力 $\mathrm{d}F_\mathrm{I}$ 为

$$\mathrm{d}F_\mathrm{I} = \mathrm{d}m \cdot R\omega^2 = \frac{m}{2\pi}R\omega^2\mathrm{d}\varphi$$

应用动静法，半圆环的惯性力与两截面的张力成平衡力系。

$$\sum F_{iy}=0：-2F+2\int_0^{\frac{\pi}{2}}\mathrm{d}F_\mathrm{I}\sin\varphi=0$$

$$F=\int_0^{\frac{\pi}{2}}\frac{m}{2\pi}R\omega^2\sin\varphi\mathrm{d}\varphi=\frac{mR}{2\pi}\omega^2$$

可见，轮缘的张力与角速度的平方成正比，因此，在设计高速转动的飞轮、砂轮等构件时要考虑其强度，对其转速应有所限制。

12.2 刚体惯性力系的简化

在用动静法求解质点系动力学问题时，需要在每个质点上虚加惯性力，这些惯性力组成一个惯性力系。如果质点的数目有限时，逐点虚加惯性力是可行的。而刚体是由无数质点组成的不变质点系，刚体内各质点的惯性力形成了一个连续分布的惯性力系，这样一个复杂的惯性力系可以利用力系简化理论进行简化。

由力系简化理论知道，一般力系可向任一点简化为一个力和一个力偶，这个力的大小和方向等于力系的主矢，这个力偶的矩等于力系对简化中心的主矩。主矢的大小和方向与简化中心的选择无关，而主矩的大小和方向一般与简化中心的选择有关。这些结论同样适用于刚体惯性力系的简化。

首先研究惯性力系的主矢。设刚体内任一质点 M_i 的质量为 m_i，加速度为 $\boldsymbol{a}_i$，刚体的质量为 m，其质心的加速度为 $\boldsymbol{a}_C$，则刚体惯性力系的主矢为

$$\boldsymbol{F}_\mathrm{I}=\sum\boldsymbol{F}_{\mathrm{I}i}=\sum(-m_i\boldsymbol{a}_i)=-m\boldsymbol{a}_C \tag{12-8}$$

此式表明，无论刚体做什么运动，惯性力系的主矢都等于刚体的质量与其质心加速度的乘积，方向与质心加速度的方向相反。至于惯性力系的主矩，则与简化中心的位置有关，而且随刚体做不同形式的运动而不同。

现将刚体做平动、定轴转动和平面运动这三种情形下惯性力系的简化结果讨论如下。

1. 刚体做平动

当刚体做平动时，每一瞬时刚体内各质点的加速度相同，都等于刚体质心的加速度 $\boldsymbol{a}_C$，惯性力系是与重力系相似的平行力系，因此，刚体做平动时，惯性力系简化为通过质心 C 的一合力，即

$$\boldsymbol{F}_\mathrm{I}=-m\boldsymbol{a}_C$$

如图 12-4 所示。

上述结论也可用惯性力系对质心 C 的主矩为零加以证明。设刚体上任一质点 M_i 相对质心 C 的矢径为 $\boldsymbol{r}_i$，则惯性力系对质心的主矩为

$$\boldsymbol{M}_{\mathrm{IC}}=\sum \boldsymbol{r}_i\times(-m_i\boldsymbol{a}_i)=-\sum m_i\boldsymbol{r}_i\times\boldsymbol{a}_C=-m\boldsymbol{r}_C\times\boldsymbol{a}_C$$

式中，$\boldsymbol{r}_C$ 为刚体质心相对于质心的矢径，因此 $\boldsymbol{r}_C=0$，于是得

$$\boldsymbol{M}_{\mathrm{IC}}=0$$

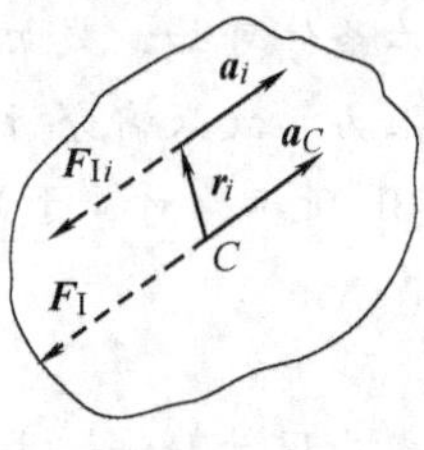

图　12-4

2. 刚体绕定轴转动

这里只讨论刚体具有质量对称平面且转轴垂直于此平面的情形。这时可先将刚体的空间惯性力系简化为在对称平面内的平面力系，再将此平面力系向对称平面与转轴的交点 O 简化。惯性力系的主矢由式（12-8）确定，惯性力系对 O 点的主矩为

$$M_{\mathrm{I}O}=\sum M_O\ (\boldsymbol{F}_{\mathrm{I}i})$$

式中，$\boldsymbol{F}_{\mathrm{I}i}$为刚体上任一点 M_i 的惯性力。若设该质点的质量为 m_i，转动半径为 r_i，刚体的角速度为 $\boldsymbol{\omega}$，角加速度为 α，则 M_i 点的切向加速度为 $a_{i\tau}=r_i\alpha$，法向加速度为 $a_{in}=r_i\omega^2$。惯性力 $\boldsymbol{F}_{\mathrm{I}i}$可用切向惯性力 $\boldsymbol{F}_{\mathrm{I}i\tau}$和法向惯性力 $\boldsymbol{F}_{\mathrm{I}in}$表示，如图 12-5a 所示，其大小分别为

$$F_{\mathrm{I}i\tau}=m_ir_i\alpha,\qquad F_{\mathrm{I}in}=m_ir_i\omega^2$$

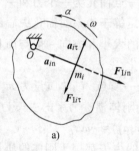

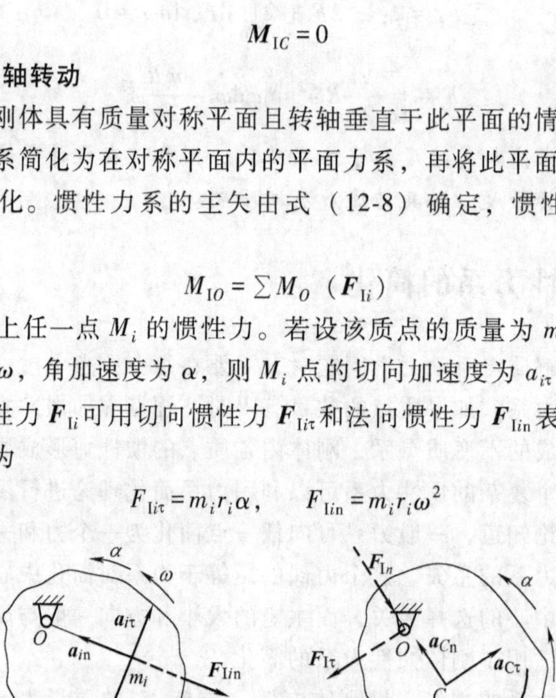

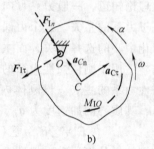

图　12-5

显然，法向惯性力 $\boldsymbol{F}_{\mathrm{I}in}$对 O 轴的力矩均为零，于是得惯性力系对 O 轴的主矩为

$$M_{\mathrm{I}O}=\sum M_O(\boldsymbol{F}_{\mathrm{I}i\tau})=-\sum m_ir_i^2\alpha=-J_O\alpha \tag{12-9}$$

此式表明，惯性力系对转轴 O 的主矩等于刚体对轴 O 的转动惯量与角加速度的乘积，方向与角加速度的方向相反。

由此可见，刚体绕定轴转动时，惯性力系向转轴 O 简化为一力和一力偶，该力通过简化中心 O，其大小和方向等于惯性力系的主矢，即

$$\boldsymbol{F}_{\mathrm{I}}=-m\boldsymbol{a}_C\quad 或\quad \boldsymbol{F}_{\mathrm{I}\tau}=-m\boldsymbol{a}_{C\tau},\quad \boldsymbol{F}_{\mathrm{In}}=-m\boldsymbol{a}_{C\mathrm{n}}$$

该力偶的力偶矩等于惯性力系对轴 O 的主矩，即

$$M_{IO}=-J_O\alpha$$

如图 12-5b 所示。

在特殊情况下，若转轴通过质心 C 时惯性力系主矢 $\boldsymbol{F}_I=0$，此时，惯性力系简化为一合力偶，合力偶矩为惯性力系对质心的主矩，即 $M_{IO}=-J_C\alpha$；若刚体匀速转动，则惯性力系主矩等于零，此时惯性力系简化为通过 O 点的一力，该力 $\boldsymbol{F}_I=-m\boldsymbol{a}_C$；若转轴通过质心，刚体做匀速转动，则惯性力系主矢和主矩都等于零。

3. 刚体做平面运动

设刚体具有质量对称平面且刚体平行于此平面运动，此时仍先将刚体的惯性力系简化为在对称平面内的平面力系，再将惯性力系向质心 C 简化，得到一力 $\boldsymbol{F}_I$ 和力偶矩为 M_{IC} 的一力偶。由于平面运动可以分解为随质心 C 的平动和绕质心 C 的转动，设质心加速度为 $\boldsymbol{a}_C$，转动角加速度为 α，则

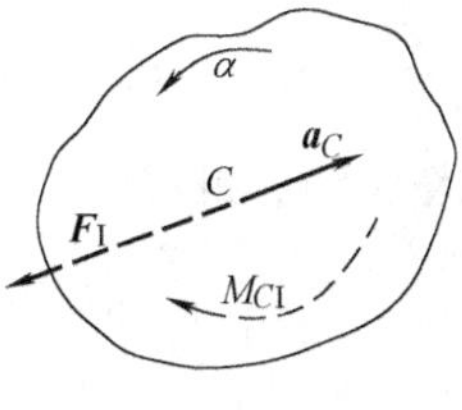

图 12-6

$$\boldsymbol{F}_I=-m\boldsymbol{a}_C,\ M_{IC}=-J_C\alpha \tag{12-10}$$

如图 12-6 所示。式中 J_C 为刚体对质心轴的转动惯量。

通过上面的讨论可以看到，由于刚体运动形式不同，惯性力系简化的结果也不相同。所以在应用动静法研究刚体动力学问题时，必须先分析刚体的运动，按刚体运动的不同形式虚加惯性力（包括惯性力偶），然后建立主动力系、约束力系和惯性力系的平衡方程。

【例 12.3】 汽车连同货物的总质量为 $m=5.5\times10^3$kg，其质心离前、后轮的水平距离 $b=2.6$m，$c=1.4$m，离地面的高度为 $h=2$m，如图 12-7 所示。当汽车紧急制动时，前、后轮停止转动，沿路面滑行。设轮胎与路面间的动摩擦因数 $f=0.6$，求汽车的加速度和地面的法向约束力。

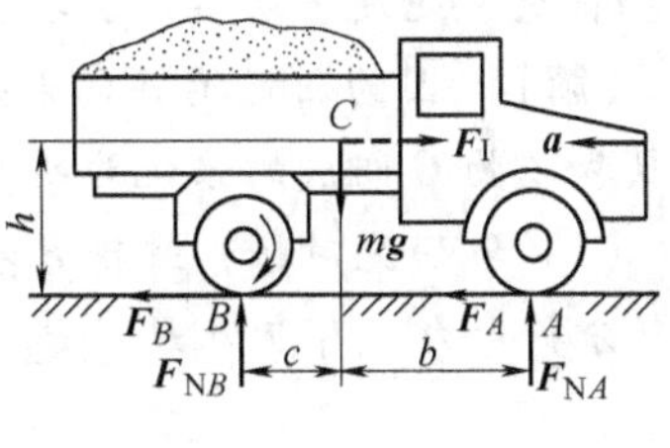

图 12-7

【解】 (1) 取研究对象：汽车连同货物组成的质点系。

(2) 分析外力：汽车制动时受到的外力有重力 $m\boldsymbol{g}$，地面对前、后轮的法向约束力 $\boldsymbol{F}_{NA}$ 与 $\boldsymbol{F}_{NB}$，以及动摩擦力 $\boldsymbol{F}_A$ 与 $\boldsymbol{F}_B$。

(3) 分析运动，虚加惯性力，略去车内机器等相对车体的运动，将汽车看作一平动刚体，设其加速度方向向后，则在其质心 C 点虚加一惯性力 $\boldsymbol{F}_I$，方向向前，大小为

$$\boldsymbol{F}_I=ma$$

(4) 应用动静法求解：

$$\sum F_{ix}=0:\ F_I-F_A-F_B=0 \tag{a}$$

$$\sum F_{iy}=0: F_{NA}+F_{NB}-mg=0 \tag{b}$$

$$\sum M_A=0: -F_{NB}(b+c)+mgb-F_I h=0 \tag{c}$$

根据摩擦定律：$F_A=fF_{NA}, F_B=fF_{NB}$ (d)

由式 (a)、式 (b)、式 (d) 解得

$$a=fg=5.88\text{m/s}^2$$

代入式 (c)，解得

$$F_{NB}=\frac{m(gb-ah)}{b+c}=18.87\text{kN}$$

由式 (b)，解得

$$F_{NA}=\frac{m(gc+ah)}{b+c}=35.04\text{kN}$$

(5) 讨论：若汽车匀速前进，则前后轮法向约束力的大小分别为 $mgc/(b+c)$ 和 $mgb/(b+c)$，可见制动时前轮约束力增大而后轮约束力减小。这是因为制动时，车轮处向后的摩擦力有使汽车绕质心向前翻转的趋势，从而使前轮约束力增大而后轮约束力减小。当汽车紧急制动时，可以明显地看到车头下沉，车尾上抬的现象。

为使汽车不致倾覆，应使后轮的地面法向约束力 $F_{NB}\geqslant 0$，即 $f\leqslant b/h$。如果此条件不满足，汽车后轮就要离开地面造成翻车。

【例 12.4】 如图 12-8 所示，安装于悬臂梁上起吊重物的机构，均质鼓轮的重量为 P_1，半径为 R，其上作用力偶矩为 M 的力偶，以提升重量为 P_2 的物体 C。设 $AB=l$，梁、绳质量均不计。求重物 C 上升的加速度和固定端 A 的约束力。

【解】 因为固定端 A 的未知约束力有 3 个，故要求重物 C 的加速度，需取鼓轮 B 和重物 C 组成的系统为研究对象。

(1) 取研究对象：鼓轮 B 和重物 C 组成的系统。

分析外力：有重力 $\boldsymbol{P}_1$、$\boldsymbol{P}_2$，主动力偶矩 M 和轴承 B 的约束力 $\boldsymbol{F}_{Bx}$ 与 $\boldsymbol{F}_{By}$。

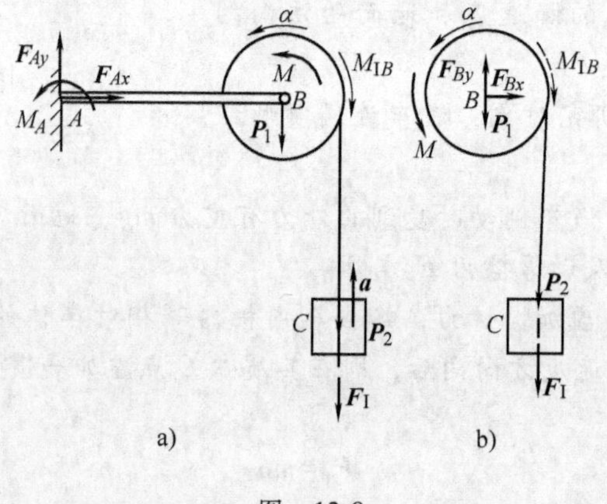

图 12-8

分析运动，虚加惯性力：重物 C 做直线运动，设其加速度向上，则鼓轮的角

加速度为 $\alpha=a/R$，鼓轮质心的加速度为零。在重物 C 上虚加惯性力 $\boldsymbol{F}_{\mathrm{I}}$，方向铅垂向下，在鼓轮上虚加惯性力偶矩 $M_{\mathrm{I}B}$，转向与角加速度相反，这些惯性力的大小分别为

$$F_{\mathrm{I}}=\frac{P_2}{g}a,\quad M_{\mathrm{I}B}=J_B\alpha=\frac{P_1R^2}{2g}\frac{a}{R}$$

应用动静法求解：

$$\sum M_B=0:\ M-M_{\mathrm{I}B}-(P_2+F_{\mathrm{I}})R=0$$

代入惯性力，解得

$$a=\frac{2(M-P_2R)g}{(P_1+2P_2)R}$$

（2）取研究对象：由梁 AB、鼓轮和重物组成的系统。

分析外力：有重力 $\boldsymbol{P}_1$、$\boldsymbol{P}_2$ 和固定端 A 的约束力 $\boldsymbol{F}_{Ax}$、$\boldsymbol{F}_{Ay}$ 和 M_A。

AB 梁静止不动，不需加惯性力，鼓轮和重物的惯性力同上。

应用动静法求解：

$$\sum F_{ix}=0:\ F_{Ax}=0$$

$$\sum F_{iy}=0:\ F_{Ay}-P_1-P_2-F_{\mathrm{I}}=0$$

$$\sum M_A=0:\ M_A+M-M_{B\mathrm{I}}-P_1l-(P_2+F_{\mathrm{I}})(l+R)=0$$

代入惯性力，解得

$$F_{Ay}=P_2+P_1+\frac{P_2}{g}a,\quad M_A=\left(P_2+P_1+\frac{P_2}{g}a\right)l$$

代入加速度，得

$$F_{Ay}=P_2+P_1+\frac{2(M-P_2R)P_2}{(P_1+2P_2)R},$$

$$M_A=(P_2+P_1)l+\frac{2P_2(M-P_2R)l}{(P_1+2P_2)R}$$

【例 12.5】　图 12-9 所示直角杆是由均质直杆 OA 和 AB 焊接而成，在光滑的水平面内绕铅垂轴 O 转动。设某瞬时直角杆的角速度为 ω，角加速度为 α，转向如图示，求直角杆焊接点 A 的内力。设 $AB=2OA=2l$，杆 AB 和 OA 的质量分别为 $2m$ 和 m。

【解】　（1）取研究对象：AB 杆。

（2）分析外力：焊接点的内力应按固定端约束分析，即有 $\boldsymbol{F}_{Ax}$、$\boldsymbol{F}_{Ay}$ 和 M_A，重力和水平面的法向约束力为一平衡力系，不必考虑。

（3）分析运动，虚加惯性力：AB 杆绕定轴 O 转动，质心 C 的加速度为 $a_{C\tau}=\sqrt{2}\,l\alpha$，$a_{Cn}=\sqrt{2}$

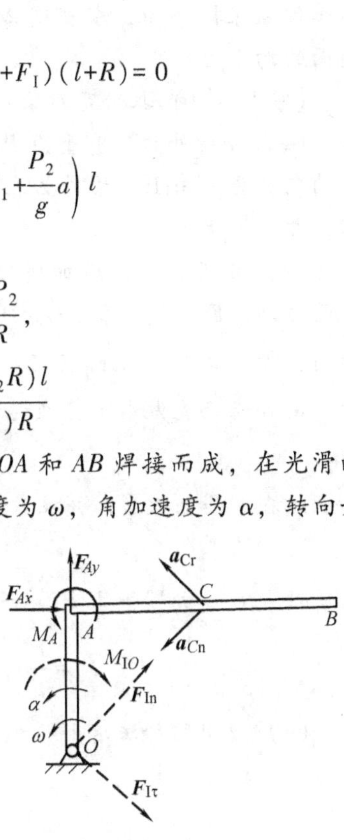

图　12-9

$l\omega^2$。在转轴 O 上虚加惯性力 $\boldsymbol{F}_{\mathrm{I}\tau}$ 和 $\boldsymbol{F}_{\mathrm{I}n}$，还需加惯性力偶矩 $M_{\mathrm{I}O}$，方向如图示，这些惯性力的大小分别为

$$F_{\mathrm{I}\tau}=2ma_{C\tau}=2\sqrt{2}\,ml\alpha,\ F_{\mathrm{I}n}=2ma_{Cn}=2\sqrt{2}\,ml\omega^2$$

$$M_{\mathrm{I}O}=J_O\alpha=\left[\frac{2m\ (2l)^2}{12}+2m\ (\sqrt{2}\,l)^2\right]\alpha=\frac{14}{3}ml^2\alpha$$

（4）应用动静法求解：

$$\sum F_{ix}=0:\ F_{Ax}+F_{\mathrm{I}\tau}\cos45^\circ+F_{\mathrm{I}n}\sin45^\circ=0$$

$$\sum F_{iy}=0:\ F_{Ay}-F_{\mathrm{I}\tau}\sin45^\circ+F_{\mathrm{I}n}\cos45^\circ=0$$

$$\sum M_O=0:\ M_A-M_{\mathrm{I}O}-F_{Ax}l=0$$

代入惯性力，解得

$$F_{Ax}=-2ml(\alpha+\omega^2),\quad F_{Ay}=2ml(\alpha-\omega^2),\quad M_A=\frac{2}{3}ml^2(4\alpha-3\omega^2)$$

在本题中若将 AB 杆的惯性力系向其质心点 C 简化呢？

【例 12.6】 重量为 P，长度为 $2l$ 的均质杆 AB，A 端靠在光滑的水平面上，B 端由铅垂绳系结，在图 12-10 所示位置保持平衡，求剪断绳索时 AB 杆的角加速度和地面的约束力。

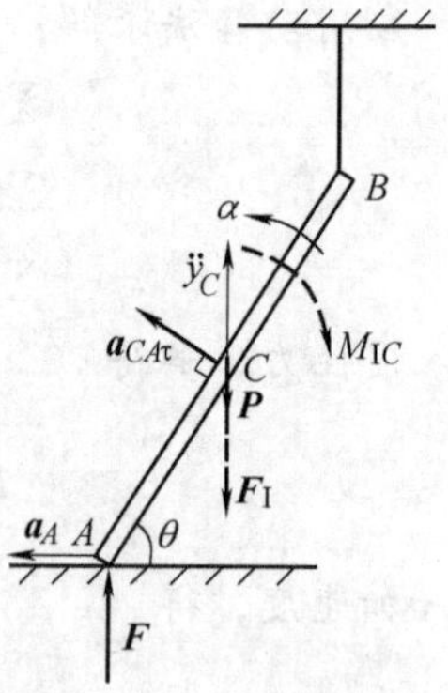

图 12-10

【解】（1）取研究对象：AB 杆。

（2）分析外力：有重力 $\boldsymbol{P}$ 和地面约束力 $\boldsymbol{F}$，这两个力均在铅垂方向上，故外力在 x 方向上投影的代数和为零，即 $\sum F_{ix}=0$。

（3）分析运动，虚加惯性力：剪断绳索后 AB 杆做平面运动。因 $\sum F_{ix}=0$，$\ddot{x}_C=0$，故知质心加速度沿铅垂方向，设其向上，用 $\ddot{y}_C$ 表示，角加速度为 α，转向如图示。因 A 点只能做水平直线运动，即 $\boldsymbol{a}_A$ 方向已知，以 A 为基点，有

$$\ddot{y}_C\boldsymbol{j}=\boldsymbol{a}_A+\boldsymbol{a}_{CA\tau}$$

将上式在 y 轴上投影，并注意到 $a_{CA\tau}=l\alpha$，有

$$\ddot{y}_C=l\alpha\cos\theta$$

在质心点 C 虚加惯性力 $\boldsymbol{F}_{\mathrm{I}}$，还需加惯性力偶矩 $M_{\mathrm{I}C}$，方向如图示，其大小分别为

$$F_{\mathrm{I}}=\frac{P}{g}\ddot{y}_C=\frac{P}{g}l\alpha\cos\theta,\quad M_{\mathrm{I}C}=J_C\alpha=\frac{Pl^2}{3g}\alpha$$

（4）应用动静法求解：

$$\sum F_{iy}=0:\ F-P-F_{\mathrm{I}}=0$$

$$\sum M_A=0:\ -(P+F_{\mathrm{I}})l\cos\theta-M_{\mathrm{I}C}=0$$

代入惯性力，解得

$$\alpha=-\frac{3g\cos\theta}{(3\cos^2\theta+1)l},\quad F=\frac{P}{3\cos^2\theta+1}$$

【例 12.7】　起重装置如图 12-11a 所示。已知定滑轮 O 是重量为 P_1、半径为 R 的均质圆盘，其上作用有大小为常量的转矩 M，方向如图示。动滑轮 B 是重量为 P_2，半径为 $r=R/2$ 的均质圆盘；重物 A 的重量为 W。假设轮与绳之间无滑动，不计绳重。求重物上升的加速度，钢绳 1、2 的拉力和轴承 O 的约束力（拉力和约束力均表示为物 A 加速度的函数）。

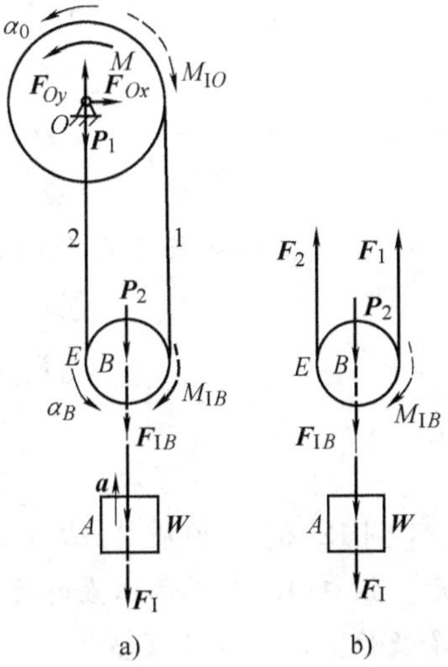

图　12-11

【解】　研究由定滑轮、动滑轮和重物组成的系统，因轮与绳间无相对滑动，属于单自由度系统，整体分析时，未知的约束力均通过轴承 O，故可通过研究整体，求重物 A 上升的加速度。

(1) 研究由定滑轮 O、动滑轮 B 及重物 A 组成的整体系统，该系统所受的外力有重力 $\boldsymbol{P}_1$、$\boldsymbol{P}_2$ 和 $\boldsymbol{W}$，轴承 O 的约束力 $\boldsymbol{F}_{Ox}$、$\boldsymbol{F}_{Oy}$。

分析运动，虚加惯性力：重物 A 沿铅直线运动，设其加速度为 $\boldsymbol{a}$，方向向上，则 B 轮质心加速度亦为 $\boldsymbol{a}$，B 轮做平面运动，速度瞬心为 E 点，角加速度为 $\alpha_B=\frac{a}{r}$；O 轮绕定轴转动，角加速度为 $\alpha_O=\frac{2a}{R}=\frac{a}{r}$，质心加速度为零。

在重物 A 上虚加惯性力 $\boldsymbol{F}_{\mathrm{I}}$，在 B 轮的质心上虚加惯性力 $\boldsymbol{F}_{\mathrm{I}B}$，还需虚加惯性力偶矩 $M_{\mathrm{I}B}$；在 O 轮上只需要虚加惯性力偶矩 $M_{\mathrm{I}O}$，各惯性力的方向如图 12-11a 所示，其大小分别为

$$F_{\mathrm{I}}=\frac{W}{g}a,\quad F_{\mathrm{I}B}=\frac{P_2}{g}a$$

$$M_{\mathrm{I}B}=J_B\alpha_B=\frac{P_2r}{2g}a,\quad M_{\mathrm{I}O}=J_O\alpha_O=\frac{2P_1r}{g}a$$

应用动静法求解：

$$\sum M_O=0:\ M-M_{\mathrm{I}O}-M_{\mathrm{I}B}-(F_{\mathrm{I}B}+P_2)r-(F_{\mathrm{I}}+W)r=0$$

代入惯性力，解得

$$a=\frac{M-(P_2+W)r}{(2P_1+1.5P_2+W)r}g$$

(2) 研究由动滑轮 B 和重物 A 组成的系统，求绳的拉力。该系统的受力及惯性力如图 12-11b 所示。

$$\sum M_E=0:\ -M_{IB}-(F_{IB}+P_2+F_I+W)r+F_1\cdot 2r=0$$

$$F_1=\frac{1}{2}(P_2+W)+\frac{a}{4g}(3P_2+2W)$$

$$\sum F_{iy}=0:\ F_1+F_2-F_{IB}-P_2-F_I-W=0$$

$$F_2=\frac{W+P_2}{2}+\frac{a}{4g}(2W+P_2)$$

（3）再由整体求轴承 O 的约束力。

$$\sum F_{ix}=0:\ F_{Ox}=0$$

$$\sum F_{iy}=0:\ F_{Oy}-P_1-F_{IB}-P_2-W-F_I=0$$

$$F_{Oy}=P_1+P_2+W+\frac{W+P_2}{g}a$$

【例 12.8】 均质杆 AB 重 P，用两根长度均为 r 且平行的绳悬吊，如图 12-12a 所示。设杆 AB 在图示位置时无初速地释放，问两绳的拉力在释放瞬时和 AB 运动到最低位置时各等于多少？

【解】 （1）用动静法求初瞬时两绳拉力。

研究 AB 杆，AB 杆受重力 $\boldsymbol{P}$ 和两绳拉力 $\boldsymbol{F}_1$、$\boldsymbol{F}_2$。

AB 杆做曲线平动，初瞬时各点只有切向加速度 $\boldsymbol{a}_\tau$，方向垂直于两绳，在 AB 杆的质心 C 虚加惯性力 $\boldsymbol{F}_{I\tau}$，方向如图 12-12a 所示，大小为

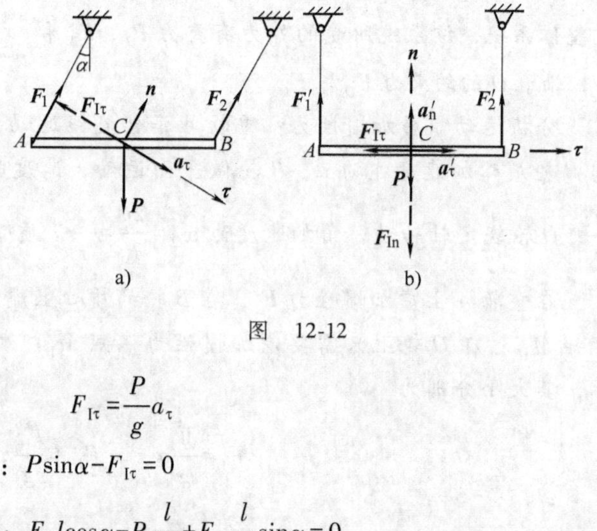

图 12-12

$$F_{I\tau}=\frac{P}{g}a_\tau$$

$$\sum F_{i\tau}=0:\ P\sin\alpha-F_{I\tau}=0$$

$$\sum M_A=0:\ F_2 l\cos\alpha-P\frac{l}{2}+F_{I\tau}\frac{l}{2}\sin\alpha=0$$

$$\sum F_{in}=0:\ F_1+F_2-P\cos\alpha=0$$

式中 l 为 AB 杆长度，代入惯性力，解得

$$a_\tau=g\sin\alpha,\ F_1=F_2=\frac{1}{2}P\cos\alpha$$

（2）用动能定理求 AB 杆运动到最低位置时的速度。

初瞬时 AB 杆动能为零，运动到最低位置时 AB 杆的动能为

$$T_2=\frac{P}{2g}v^2$$

在 AB 杆运动的过程中，只有重力 $\boldsymbol{P}$ 做功。

$$T_2-T_1=\sum W_i:\ \frac{P}{2g}v^2-0=Pr(1-\cos\alpha),\quad v^2=2gr(1-\cos\alpha)$$

（3）用动静法求 AB 杆在最低位置时两绳拉力。

AB 杆受到的外力有重力 $\boldsymbol{P}$ 和两绳拉力 $\boldsymbol{F}_1'$、$\boldsymbol{F}_2'$。

AB 杆各点的法向加速度为 $a_{\rm n}'=\dfrac{v^2}{r}=2g(1-\cos\alpha)$，在质心 C 虚加惯性力 $\boldsymbol{F}_{\rm I\tau}$ 和 $\boldsymbol{F}_{\rm In}$，方向如图 12-12b 所示，其大小为

$$\boldsymbol{F}_{\rm I\tau}=\frac{P}{g}a_\tau',\quad \boldsymbol{F}_{\rm In}=\frac{P}{g}a_{\rm n}'=2P(1-\cos\alpha)$$

$$\sum\boldsymbol{F}_{i\tau}=0:\ \boldsymbol{F}_{\rm I\tau}=0,\ a_\tau'=0$$

因为 $\boldsymbol{F}_{\rm I\tau}=0$，由对称性易知

$$F_1'=F_2'=\frac{1}{2}(P+\boldsymbol{F}_{\rm In})=\frac{P}{2}(3-2\cos\alpha)$$

在本题中所求两个位置的两绳拉力均相等。当 AB 杆运动到任意位置时，两绳拉力是否均相等？为什么？如果两绳悬吊的不是 AB 直杆，是一矩形平板呢？

通过本例还可看出，求系统运动过程中某一位置的运动和约束力时，用动能定理和动静法联合起来求解是比较方便的。

【例 12.9】 重 P 长为 l 的均质杆 AB，其 A 端铰接在铅直轴 z 上，并以匀角速度 ω 绕此轴转动。求当 AB 杆与转轴间的夹角 θ=常量（见图 12-13）时，ω 与 θ 的关系以及铰链 A 的约束力。

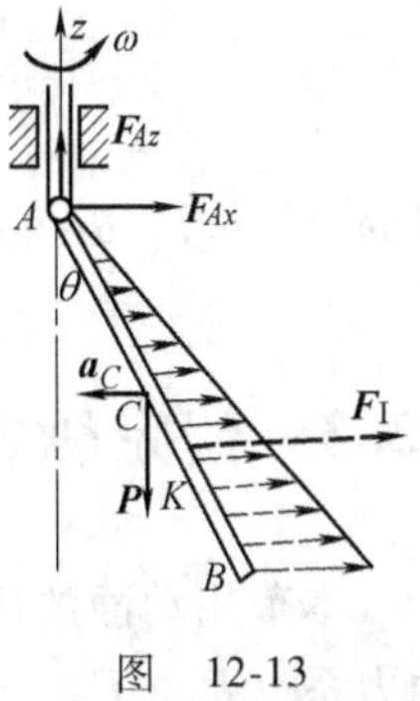

图　12-13

【解】（1）取研究对象：AB 杆。

（2）分析外力：有重力 $\boldsymbol{P}$ 和轴承 A 的约束力 $\boldsymbol{F}_{Ax}$、$\boldsymbol{F}_{Az}$。

（3）分析运动，虚加惯性力：当 θ=常量时，AB 杆做定轴转动，但因 AB 的质量对称平面与转轴 z 不垂直，故该杆的惯性力系简化结果不能用图 12-5b 所示的结论。应具体分析 AB 杆惯性力系的分布特征并进行简化。

当 AB 杆绕铅垂轴匀速转动时，杆上各点只有法向加速度，方向都为水平并指向转轴，大小与到转轴距离成正比，这样，杆上各点的惯性力是同向平行的线性分布力。由静力学知，该力系简化为一合力，合力的大小和方向等于力系的主矢 $\boldsymbol{F}_{\rm I}$，因杆的质心加速度 $a_C=l\omega^2\sin\theta/2$，故

$$F_{\rm I}=\frac{P}{2g}l\omega^2\sin\theta$$

合力作用点 K 到 A 点的距离为杆长的 2/3，即 $AK=2l/3$，方向如图示。

(4) 应用动静法求解：

$$\sum M_A=0: \ F_{\mathrm{I}}\frac{2}{3}l\cos\theta-P\frac{l}{2}\sin\theta=0 \tag{a}$$

$$\sum F_{ix}=0: \ F_{Ax}+F_{\mathrm{I}}=0 \tag{b}$$

$$\sum F_{iz}=0: \ F_{Az}-P=0 \tag{c}$$

代入惯性力，由式（b）、式（c）解得

$$F_{Ax}=-\frac{P}{2g}l\omega^2\sin\theta, \ F_{Az}=P$$

由式（a），有

$$\frac{Pl}{2}\sin\theta\left(\frac{2l}{3g}\omega^2\cos\theta-1\right)=0$$

解得

$$\sin\theta=0, \ \cos\theta=\frac{3g}{2l\omega^2}$$

因 $\cos\theta\leqslant1$，第二个解只在 $\frac{3g}{2l\omega^2}\leqslant1$ 时才成立，由此求得

$$\omega^2\geqslant\frac{3g}{2l}$$

当 $\omega^2\geqslant\frac{3g}{2l}$ 时，$\theta=\arccos\frac{3g}{2l\omega^2}$；当 $\omega^2\leqslant\frac{2g}{2l}$ 时，$\theta=0$。

12.3 绕定轴转动刚体的动约束力 静平衡和动平衡的概念

本节用动静法研究一般情形下绕定轴转动刚体的动约束力的计算。设刚体在主动力系（$\boldsymbol{F}_1$，$\boldsymbol{F}_2$，…，$\boldsymbol{F}_n$）作用下绕定轴转动，如图 12-14 所示。轴承 A、B 间的距离为 l，求轴承 A、B 处的动约束力。

建立固定坐标系 $Axyz$，其中 z 轴沿刚体的转轴，设 $\boldsymbol{i}$、$\boldsymbol{j}$、$\boldsymbol{k}$ 分别为轴 x、y、z 方向的单位矢量，刚体在任一瞬时的角速度为 $\boldsymbol{\omega}=\omega\boldsymbol{k}$，角加速度为 $\boldsymbol{\alpha}=\alpha\boldsymbol{k}$。刚体内任一质点 M_i 的质量为 m_i，位置坐标为 x_i、y_i、z_i，相对 A 点的矢径为 $\boldsymbol{r}_i$，则

$$\boldsymbol{r}_i=x_i\boldsymbol{i}+y_i\boldsymbol{j}+z_i\boldsymbol{k}$$

质点 M_i 的速度为

$$v_i=\boldsymbol{\omega}\times\boldsymbol{r}_i=\omega\boldsymbol{k}\times(x_i\boldsymbol{i}+y_i\boldsymbol{j}+z_i\boldsymbol{k})=x_i\omega\boldsymbol{j}-y_i\omega\boldsymbol{i}$$

加速度为

$$\boldsymbol{a}_i=\boldsymbol{\alpha}\times\boldsymbol{r}_i+\boldsymbol{\omega}\times v_i$$

$$=\alpha\boldsymbol{k}\times(x_i\boldsymbol{i}+y_i\boldsymbol{j}+z_i\boldsymbol{k})+\omega\boldsymbol{k}\times(x_i\omega\boldsymbol{j}-y_i\omega\boldsymbol{i})$$

$$=-(y_i\alpha+x_i\omega^2)\boldsymbol{i}+(x_i\alpha-y_i\omega^2)\boldsymbol{j}$$

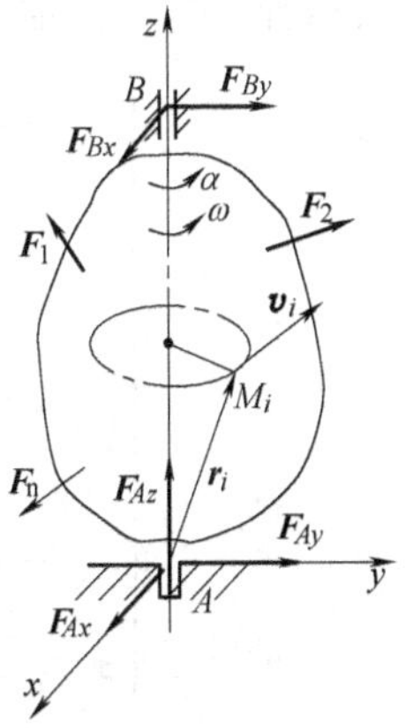

图　12-14

设质心点 C 的坐标为 x_C、y_C、z_C，则质心加速度为

$$\boldsymbol{a}_C=-(y_C\alpha+x_C\omega^2)\boldsymbol{i}+(x_C\alpha-y_C\omega^2)\boldsymbol{j}$$

质点 M_i 的惯性力为

$$\boldsymbol{F}_{\mathrm{I}i}=-m_i\boldsymbol{a}_i=m_i[(y_i\alpha+x_i\omega^2)\boldsymbol{i}-(x_i\alpha-y_i\omega^2)\boldsymbol{j}]$$

惯性力系的主矢和对 A 点的主矩分别为

$$\boldsymbol{F}_{\mathrm{I}}=-m\boldsymbol{a}_C=m[(y_C\alpha+x_C\omega^2)\boldsymbol{i}-(x_C\alpha-y_C\omega^2)\boldsymbol{j}]$$

$$\boldsymbol{M}_{\mathrm{I}A}=\sum\boldsymbol{r}_i\times\boldsymbol{F}_{\mathrm{I}i}=\sum m_i\begin{vmatrix}\boldsymbol{i} & \boldsymbol{j} & \boldsymbol{k}\\ x_i & y_i & z_i\\ y_i\alpha+x_i\omega^2 & -x_i\alpha+y_i\omega^2 & 0\end{vmatrix}$$

$$=(\sum m_ix_iz_i\alpha-\sum m_iy_iz_i\omega^2)\boldsymbol{i}+(\sum m_iy_iz_i\alpha+\sum m_ix_iz_i\omega^2)\boldsymbol{j}$$

$$-\sum m_i(x_i^2+y_i^2)\alpha\boldsymbol{k}$$

式中，$J_z=\sum m_i(x_i^2+y_i^2)$是刚体对于转轴 z 的转动惯量。令

$$J_{xz}=\sum m_ix_iz_i,\ J_{yz}=\sum m_iy_iz_i$$

它是表征刚体对于坐标质量系分布的几何性质的物理量，与转动惯量 J_z 具有相同的单位，分别称为刚体对于轴 x、z 和轴 y、z 的惯性积。与转动惯量不同的是惯性积可以是正值，也可以是负值，它由刚体的质量对于坐标系的分布情形来定。如刚体具有质量对称平面 Oxy，或 z 轴是对称轴时，则 J_{xz}和 J_{yz}都等于零，这就表明，刚体的质量分布使所有对应点的坐标乘积相等而正负号相反，彼此相互抵消。这时 z 轴称为刚体在 A 点的惯性主轴，对于通过质心的惯性主轴称为中心惯性主轴。

引入惯性积符号后，惯性力系主矢 $\boldsymbol{F}_{\mathrm{I}}$ 和主矩 $\boldsymbol{M}_{\mathrm{I}A}$在 x、y、z 轴上的投影分别为

$$\begin{cases}F_{\mathrm{I}x}=m(y_C\alpha+x_C\omega^2),\quad F_{\mathrm{I}y}=m(-x_C\alpha+y_C\omega^2),\quad F_{\mathrm{I}z}=0\\ M_{\mathrm{I}Ax}=J_{xz}\alpha-J_{yz}\omega^2,\quad M_{\mathrm{I}Ay}=J_{yz}\alpha+J_{xz}\omega^2,\quad M_{\mathrm{I}Az}=-J_z\alpha\end{cases}\tag{12-11}$$

下面应用动静法求轴承 A、B 处的约束力。用 $\boldsymbol{F}$、$\boldsymbol{M}_A$ 分别表示主动力系（$\boldsymbol{F}_1$，$\boldsymbol{F}_2$，…，$\boldsymbol{F}_n$）的主矢和对于 A 点的主矩，F_x、F_y、F_z 和 M_{Ax}、M_{Ay}、M_{Az}分别为 $\boldsymbol{F}$ 和 $\boldsymbol{M}_A$ 在三个坐标轴上的投影，则有

$$\sum F_{ix}=0:\ F_{Ax}+F_{Bx}+F_x+F_{\mathrm{I}x}=0$$

$$\sum F_{iy}=0:\ F_{Ay}+F_{By}+F_y+F_{\mathrm{I}y}=0$$

$$\sum F_{iz}=0:\ F_{Az}+F_z+F_{\mathrm{I}z}=0$$

$$\sum M_x=0:\ -F_{By}l+M_{Ax}+M_{\mathrm{I}Ax}=0$$

$$\sum M_y=0:\ F_{Bx}l+M_{Ay}+M_{\mathrm{I}Ay}=0$$

$$\sum M_z=0:\ M_{Az}+M_{\mathrm{I}Az}=0$$

代入惯性力后，由前五式可得轴承 A、B 处的动约束力

$$\begin{cases} F_{Bx}=-\dfrac{1}{l}(M_{Ay}+J_{yz}\alpha+J_{xz}\omega^2) \\ F_{By}=\dfrac{1}{l}(M_{Ax}+J_{xz}\alpha-J_{yz}\omega^2) \\ F_{Ax}=\left(\dfrac{M_{Ay}}{l}-F_x\right)+\left[\dfrac{1}{l}(J_{yz}\alpha+J_{xz}\omega^2)-m(y_C\alpha+x_C\omega^2)\right] \\ F_{Ay}=-\left(\dfrac{M_{Ax}}{l}+F_y\right)-\left[\dfrac{1}{l}(J_{xz}\alpha-J_{yz}\omega^2)+m(-x_C\alpha+y_C\omega^2)\right] \\ F_{Az}=-F_z \end{cases} \tag{12-12}$$

由第六式可得刚体的定轴转动微分方程

$$J_z\alpha=M_{Az}=\sum M_z(\boldsymbol{F}_i)$$

求得的结果表明轴承的动约束力由两部分组成：一部分为主动力系所引起的静约束力，另一部分是由于转动刚体的惯性力系所引起的附加动约束力。在理想情况下，要使附加动约束力等于零，则需

$$\begin{cases}\alpha y_C+\omega^2 x_C=0\\ -\alpha x_C+\omega^2 y_C=0\end{cases} \quad 及 \quad \begin{cases}\alpha J_{xz}-\omega^2 J_{yz}=0\\ \alpha J_{yz}+\omega^2 J_{xz}=0\end{cases}$$

这是关于 x_C、y_C 及 J_{xz}、J_{yz} 为未知量的二元一次方程组。在刚体转动时，其系数行列式 $\begin{vmatrix}\omega^2 & \alpha\\ -\alpha & \omega^2\end{vmatrix}$ 及 $\begin{vmatrix}\alpha & -\omega^2\\ \omega^2 & \alpha\end{vmatrix}$ 对于任意的 ω、α 都不为零，所以必须

$$\begin{cases}x_C=y_C=0\\ J_{xz}=J_{yz}=0\end{cases} \tag{12-13}$$

上式即是消除轴承的附加动约束力的条件。前一条件要求转轴 z 通过刚体的质心 C，可使惯性力系的主矢等于零；后一条件要求转轴 z 是刚体的惯性主轴。可见，要使附加动约束力为零，应选取刚体的中心惯性主轴为转轴。

在工程实际中，由于材料、制造和安装等原因，致使转动部件产生偏心，旋转时都有惯性力并引起轴承的附加动约束力，使机器振动，影响机器的平稳运转，严重时造成机器的破坏。因此，对于旋转机械尤其是对于高速和重型机器，除了注意提高制造和装配精度外，制成后要用试验的方法——静平衡和动平衡进行校正，以减小不平衡的惯性力，使机器运转平稳。

静平衡　设质心在转轴上的刚体，若仅有重力的作用，则不论刚体转到什么位置，它都能静止，这种情形称为静平衡。最简单的校正转动部件达到静平衡的方法是，把转动部件放在静平衡架的水平刀口上，如图 12-15 所示，使其自由滚动或往复摆动，如果部件不平衡即质心不在转轴上，当停止转动时，它的重边总是朝下，这时可把校正用的平衡重量附加在部件的轻边上（如用铁片黄油相粘），再让其滚

动或摆动，这样试验校正反复多次，直至部件能够达到随遇平衡时为止，然后按所加平衡重量的大小和位置，在适当位置焊上铁块或镶上铅块，也可以在部件重的一边用钻孔的方法去掉相当的重量，使校正后的部件不再偏心，即达到静平衡。

动平衡　当刚体绕定轴转动时，不出现轴承附加动约束力的现象称为动平衡。若转动部件的轴向尺寸较大，尤其是形状不对称的（如曲轴）或转速很高的部件，虽然进行了静平衡校正，但是转动后仍然可使轴承产生较大的附加动约束力。这是因为惯性力偶所产生的不平衡，只有在转动时才显示出来，如图 12-16 所示。转子的质心 C 虽在转轴上，使惯性力系的主矢等于零，但两个不平衡的集中质量 m_1 和 m_2 的惯性力 $\boldsymbol{F}_{I1}$和 $\boldsymbol{F}_{I2}$组成了一个惯性力偶，该力偶位于通过转轴的平面内，同样可以引起轴承的附加动约束力。

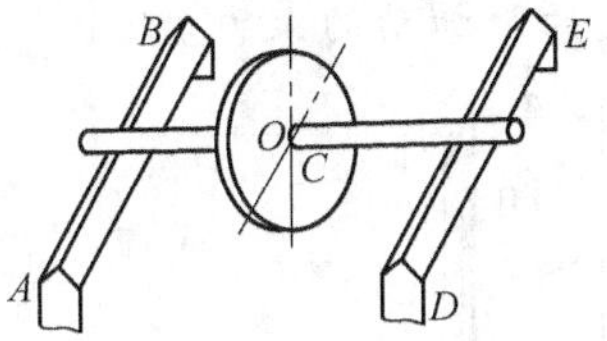

图　12-15

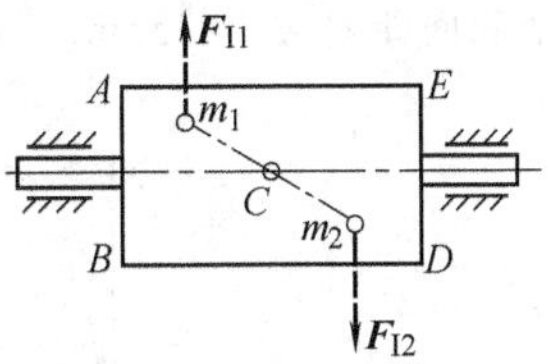

图　12-16

动平衡需要在专门的动平衡机上进行。由动平衡机带动转子转动，测定出应在什么位置附加多少重量从而使惯性力偶减小至允许程度，即达到动平衡。有关动平衡机的原理及操作将在机械原理和有关专业课中讲述。对于重要的高速转动构件还应考虑转动时转轴的变形影响，这种动平衡将涉及更深的理论。

【例 12.10】　设转子的偏心矩 $e=0.1\text{mm}$，质量 $m=20\text{kg}$，转轴垂直于转子的对称面，如图 12-17 所示。若转子以匀转速 $n=12000\text{r/min}$ 转动，转子对称平面与两轴承 A、B 的距离相等，求轴承的附加动约束力。

【解】　研究转子，由于转轴垂直于转子的质量对称面，且转子匀速转动，故其惯性力可以简化为通过质心 C 的一合力 $\boldsymbol{F}_I$，其大小为

$$F_I = me\omega^2$$

方向与质心加速度方向相反，如图 12-17 所示。

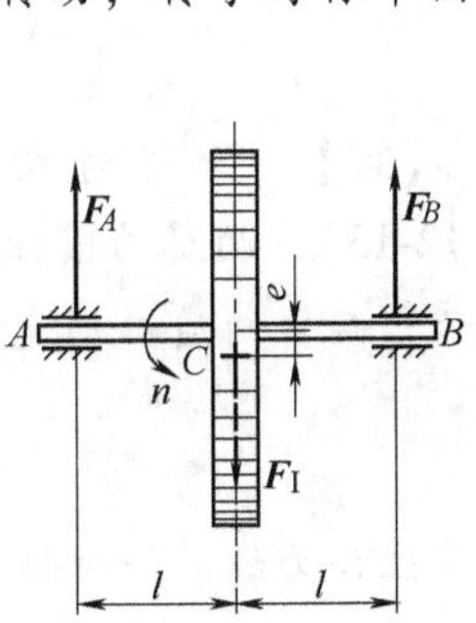

图　12-17

因为此处只求附加动约束力，故可以不考虑重力（即主动力）的作用，仅建立附加动约束力与惯性力的关系，即可求得

$$F_A = F_B = \frac{1}{2}me\omega^2$$

代入数据得

$$F_A = F_B = \frac{20\times0.1\times10^{-3}}{2}\left(\frac{12000\times\pi}{30}\right)^2\text{N} = 1.58\times10^3\text{N}$$

如果仅考虑重力作用，则轴承的静约束力为

$$F_A{}'=F_B{}'=\frac{1}{2}mg=98\text{N}$$

这个结果说明，其偏心矩虽然并不太大，但由于附加动约束力与角速度的平方成正比，因而引起的附加动约束力却较大，在本例中约为静约束力的16倍，而且，惯性力的方向随转子一起转动，附加动约束力的方向也随着变化，对轴承形成周期性的压力。

【例12.11】 飞机发动机上两翼螺旋桨的质量可近似地认为沿径向均匀分布，两翼各长 $l=1\text{m}$，总质量 $m=15\text{kg}$，如图12-18a所示。如已知螺旋桨的重心 C 在转轴上，但由于安装误差，产生一微小偏角 $\alpha=0.015\text{rad}$。若螺旋桨以匀转速 $n=3000\text{r/min}$ 转动，两轴承间距离 $d_2=25\text{cm}$。试求轴承 A 和 B 处的附加动约束力。

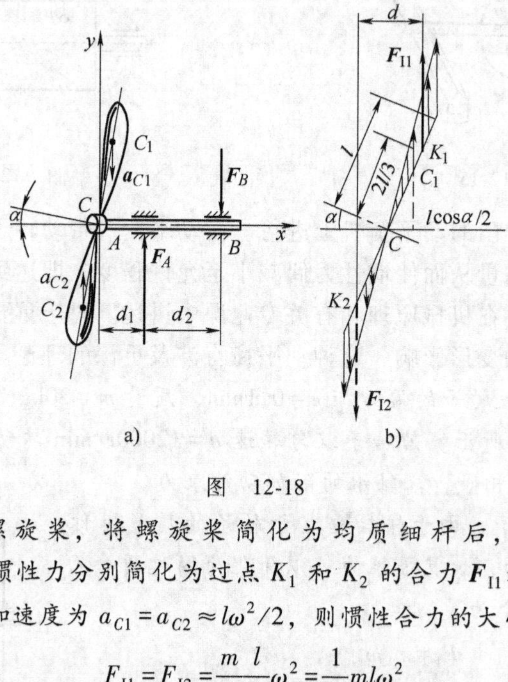

图 12-18

【解】 研究螺旋桨，将螺旋桨简化为均质细杆后，参照例12.9（见图12-13），两翼的惯性力分别简化为过点 K_1 和 K_2 的合力 $\boldsymbol{F}_{\text{I1}}$ 和 $\boldsymbol{F}_{\text{I2}}$，如图12-18b所示。两翼的质心加速度为 $a_{C1}=a_{C2}\approx l\omega^2/2$，则惯性合力的大小为

$$F_{\text{I1}}=F_{\text{I2}}=\frac{m}{2}\frac{l}{2}\omega^2=\frac{1}{4}ml\omega^2$$

两惯性合力组成一惯性力偶，其力偶矩为

$$M_{\text{I}}=F_{\text{I1}}\cdot d=F_{\text{I1}}\cdot 2\times\frac{2}{3}l\sin\alpha\approx\frac{ml^2\omega^2}{3}\alpha$$

如果仅考虑由于惯性力所引起的轴承 A 和 B 的附加动约束力，应用动静法，则轴承的附加动约束力也构成一力偶，与惯性力偶平衡，即

$$\sum M_i=0:\ -F_Ad_2+M_{\text{I}}=0$$

$$F_A=F_B=\frac{M_{\text{I}}}{d_2}$$

代入数据得

$$F_A = F_B = \frac{15\times1\times0.015}{3\times0.25}\times\left(\frac{3000\pi}{30}\right)^2\text{N} = 29.6\times10^3\text{N}$$

由此结果可以看到，很小的偏角 α 在轴承处会引起很大的附加动约束力，且力的方向随着转子转动而不断变化，具有上例中附加动约束力的特点。

【例 12.12】 设汽轮机的叶轮轴线由于安装误差与转轴形成 $\alpha=0.015\text{rad}$ 的偏角（实际安装时，技术指标所允许的误差远小于此数值），如图 12-19a 所示。作为初步近似，认为叶轮是均质圆盘。设叶轮质量 $m=2000\text{kg}$，半径 $r=500\text{mm}$，以匀转速 $n=3000\text{r/min}$ 转动，两轴承 A 和 B 间的距离为 $l=3.5\text{m}$，试求轴承的附加动约束力。

【解】 研究叶轮转子，因叶轮的质量对称平面与转轴不垂直，叶轮的惯性力应按式（12-11）计算。

在质心 C 建立固结于叶轮的直角坐标系 $Cxyz$，z 轴与转轴重合，y 轴沿轮的直径方向，如图 12-19a 所示。

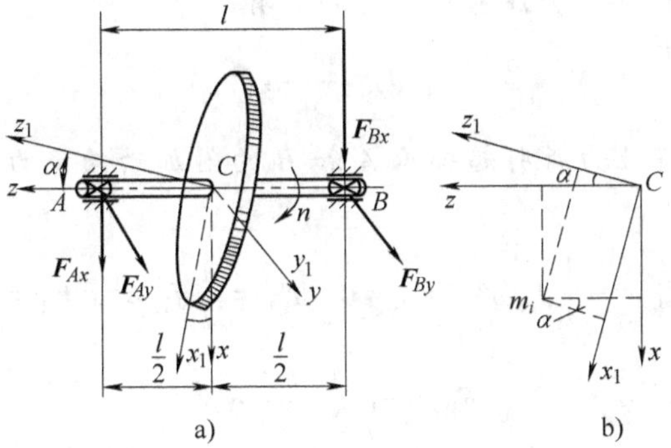

图　12-19

因叶轮的质心在转轴上，故惯性力系的主矢等于零，又因为叶轮是匀速转动，由式（12-11）知，惯性力系对 x 轴和 y 轴的力矩代数和分别为

$$M_{\text{I}x} = -J_{yz}\omega^2,\ M_{\text{I}y} = J_{xz}\omega^2$$

由于 y 轴是对称轴，故知 $J_{yz}=0$。但是，由于有偏角 α，z 轴并非惯性主轴，所以要计算 J_{xz} 的值。

为了计算 J_{xz}，再建立固连于叶轮的直角坐标系 $Cx_1y_1z_1$，其中 z_1 轴垂直于叶轮平面，x_1、y_1 轴均在叶轮平面内，沿轮的直径方向，其中 y_1 轴与 y 轴重合。显然，此坐标系是中心惯性主轴坐标系，即

$$J_{x_1y_1} = J_{y_1z_1} = J_{x_1z_1} = 0 \tag{a}$$

叶轮为均质圆轮，叶轮对于 x_1、y_1、z_1 轴的转动惯量分别为

$$J_{x_1} = J_{y_1} = \frac{mr^2}{4},\qquad J_{z_1} = \frac{mr^2}{2} \tag{b}$$

下面利用叶轮对于坐标系 $Cx_1y_1z_1$ 各轴的转动惯量和惯性积，计算叶轮对于 x、z 轴的惯性积 J_{xz}。图 12-19b 表示从 y(或 y_1)轴端点看的情形。m_i 表示叶轮的任一质点，此点对于坐标系 $Cxyz$ 的坐标为 x_i、y_i、z_i，对于坐标系 $Cx_1y_1z_1$ 的坐标为 x_{1i}、y_{1i}、z_{1i}，显然 $y_i=y_{1i}$，根据坐标变换公式

$$\begin{aligned} x_i &= x_{1i}\cos\alpha - z_{1i}\sin\alpha \\ z_i &= z_{1i}\cos\alpha + z_{1i}\sin\alpha \end{aligned} \tag{c}$$

由此求得

$$\begin{aligned} J_{xz} &= \sum m_i x_i z_i = \sum m_i (x_{1i}\cos\alpha - z_{1i}\sin\alpha)\cdot(z_{1i}\cos\alpha + x_{1i}\sin\alpha) \\ &= \sum m_i x_{1i} z_{1i}(\cos^2\alpha - \sin^2\alpha) + \sum m_i (x_{1i}^2 - z_{1i}^2)\sin\alpha\cos\alpha \\ &= J_{x_1z_1}(\cos^2\alpha - \sin^2\alpha) + \sum m_i [(x_{1i}^2 + y_{1i}^2) - (z_{1i}^2 + y_{1i}^2)]\sin\alpha\cos\alpha \end{aligned}$$

式中，$\sum m_i(x_{1i}^2+y_{1i}^2)=J_{z_1}$，$\sum m_i(z_{1i}^2+y_{1i}^2)=J_{x_1}$，$J_{x_1z_1}=0$，于是可得

$$J_{xz} = (J_{z_1} - J_{x_1})\sin\alpha\cos\alpha = \frac{J_{z_1} - J_{x_1}}{2}\sin 2\alpha$$

当 α 很小时，$\sin^2\alpha \approx 2\alpha$，并注意到式（b），有

$$J_{xz} = \frac{mr^2}{4}\alpha \tag{d}$$

若仅考虑由于惯性力所引起轴承 A 和 B 的附加动约束力，参照式（12-12），可得

$$F_{Bx} = -\frac{1}{l}J_{xz}\omega^2,\ F_{By}=0,\ F_{Ax}=\frac{1}{l}J_{xz}\omega^2,\ F_{Ay}=0$$

即
$$F_{Ax} = -F_{Bx} = \frac{mr^2}{4l}\alpha\omega^2$$

代入数据，求得

$$F_{Ax} = -F_{Bx} = \frac{2000\times 0.5^2}{4\times 3.5}\times 0.015\times\left(\frac{3000\times\pi}{30}\right)^2 \mathrm{N} = 52.9\times 10^3\,\mathrm{N}$$

因为参考系 $Cxyz$ 是随着叶轮一起转动的，故附加约束力 F_{Ax}、F_{Bx} 的方向也随同转子转动而不断变化。

由上述三个例题可以看出，当转子匀速转动时，即使转子有很小的偏心距或偏角，都会对轴承产生很大的附加动约束力，而且力的方向随着转子的转动不断变化，对轴承形成周期性变化的压力。这样的力会引起机器的剧烈振动，造成轴承的严重磨损，甚至破坏等。因此，高速转子一般制造后都应进行静平衡和动平衡的校正。

思 考 题

12.1 是不是运动物体都有惯性力？质点做匀速直线运动时有无惯性力？质点做匀速圆周运动时有惯性力吗？

12.2 雨天转动雨伞时，伞上的水点脱离伞的边缘飞出，如何解释这种现象？是因为受到离心力的作用吗？

12.3 火车在直线轨道上做加速行驶时，哪一节车厢挂钩受力最大？为什么？匀速行驶时，各挂钩受力情况又如何？

12.4 试判断思考题12.4图中所示各题中虚加的惯性力是否正确？若有错误请改正。图中均质杆 AB 的质量均为 m，长度均为 l。均质圆盘的质量为 m，半径为 R，沿水平面纯滚动。图中各惯性力的大小分别为

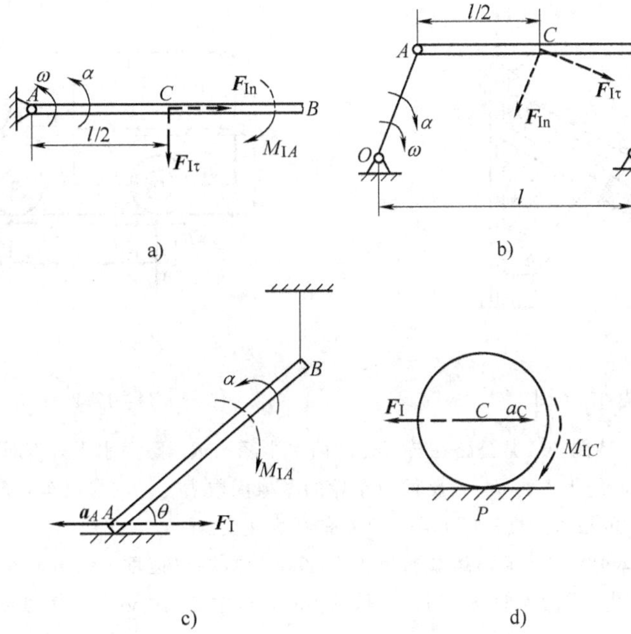

思考题12.4图

(a) $F_{I\tau}=ml\alpha/2$，$F_{In}=ml\omega^2/2$，$M_{IA}=ml^2\alpha/3$。

(b) $F_{I\tau}=mOA\alpha$，$F_{In}=mOA\omega^2$。

(c) $F_I=ma_A$，$M_{IA}=ml^2\alpha/3$。

(d) $F_I=ma_C$，$M_{IC}=mRa_C/2$。

12.5 在以匀角速度 ω 转动的轴上，固结着两个质量均为 m 的小球 A 和 B，如思考题12.5

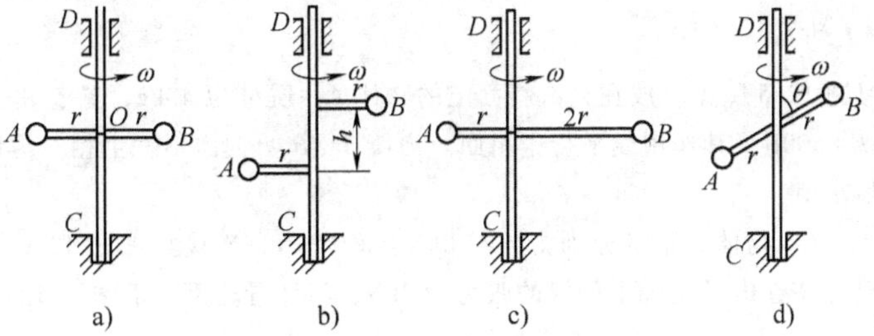

思考题12.5图

图所示。试指出哪个是静平衡的，哪个是动平衡的。为什么？

习 题 A

12.1 如习题 12.1 图所示，物块 A 放在光滑的斜面上，随斜面一起以匀转速 $n=10\text{r/min}$ 绕 y 轴转动。设物块 A 重 100N，$l=0.2\text{m}$，求绳 AB 的张力。

12.2 在习题 12.2 图中，汽车质量为 m，质心 C 高度为 h，与前后轴之横距为 l_a、l_b，以加速度 a 向前行驶。试求前后轮之正压力，并求当两轮正压力相等时的加速度。

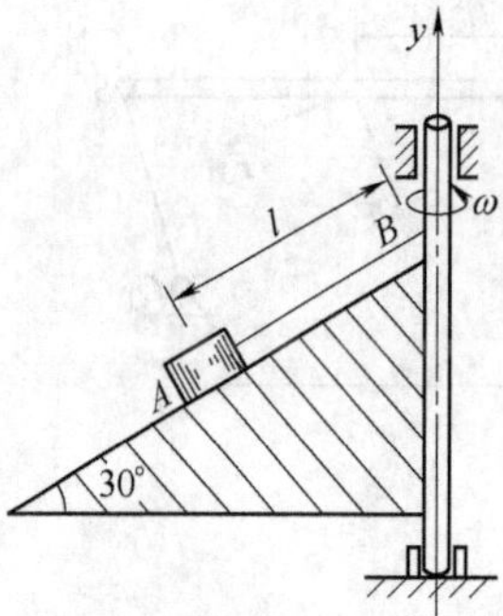

习题 12.1 图

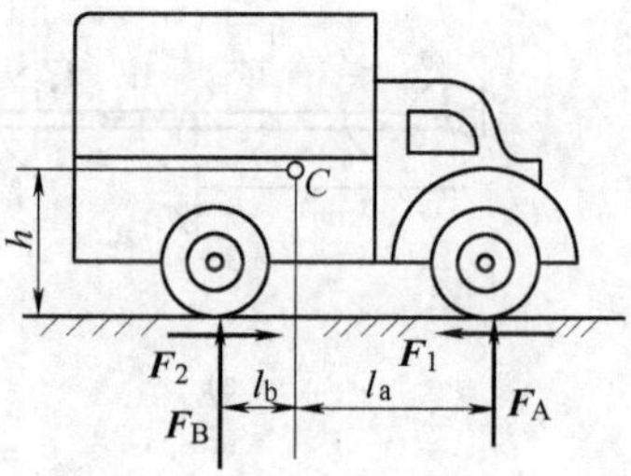

习题 12.2 图

12.3 在习题 12.3 图中，某公路在转弯处的曲率半径为 R，路面水平。汽车重 W，重心高出地面 h，左右两轮间的距离为 d。设路面与车轮的摩擦因数为 f_s，试求汽车在转弯处行驶时，(1) 不致作侧向滑动的最大速度；(2) 不致倾覆的最大速度。

12.4 在习题 12.4 图中，卡车运载质量为 1000kg 的货物以速度 $v=54\text{km/h}$ 行驶，重心为 O。求使货物既不翻倒又不滑动的刹车时间。设刹车时货车做匀减速运动，货物与车板间的摩擦因数为 0.3。

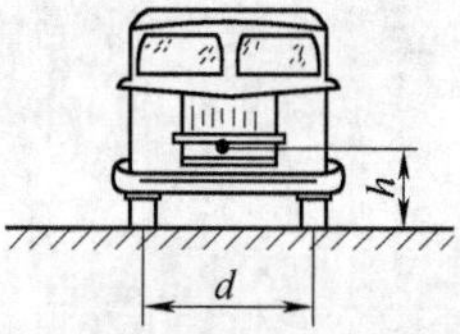

习题 12.3 图

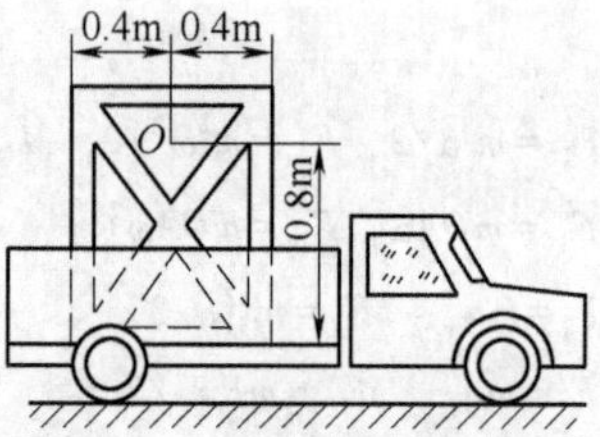

习题 12.4 图

12.5 在习题 12.5 图中，放在光滑斜面上的物体 A，质量为 40kg，置于 A 上的物体 B 的质量为 15kg，力 $F=500\text{N}$，其作用线平行于斜面。为使 A、B 两物体不发生相对滑动，求它们之间的摩擦因数的最小值。

12.6 有 A、B 两物体，重量分别为 $P=20\text{kN}$、$W=8\text{kN}$，连接如习题 12.6 图所示，并由电动机 E 带动。已知绕在电动机轴上的绳的张力为 3kN，不计滑轮重，求物体 A 的加速度和绳子 1 的张力。

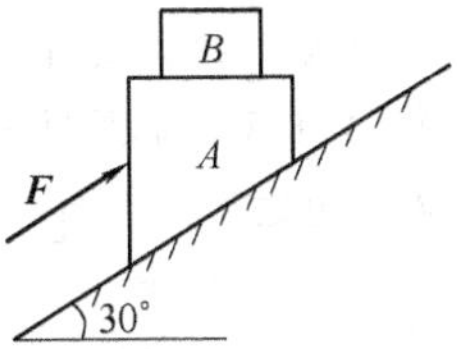

习题 12.5 图

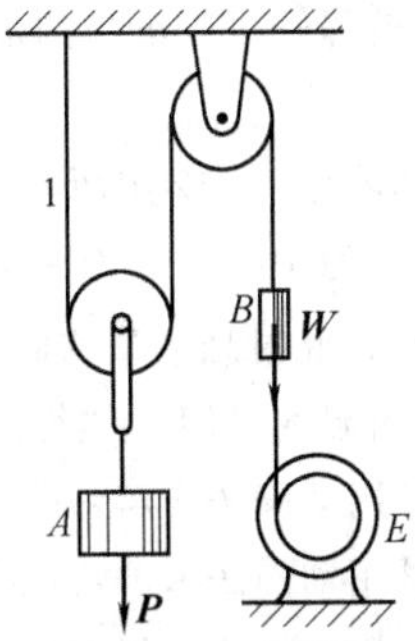

习题 12.6 图

12.7　在习题 12.7 图所示机构中，$O_1A=O_2B=r$，$AB=O_1O_2=l$，均质细杆 AB 质量为 m。图示瞬时，已知 O_1A 的角速度为 ω，角加速度为 α。试分别写出 AB 的惯性力系向质心 C 和端点 A 的简化结果。

12.8　在习题 12.8 图中，均质细杆质量为 m，长为 l，某瞬时绕 O 转动的角速度和角加速度分别为 ω 和 α。试把杆的惯性力系分别向转轴 O 和质心 C 简化，分析它们的异同及其特点。如果角加速度 α 为零，比较两种简化结果是否相同。

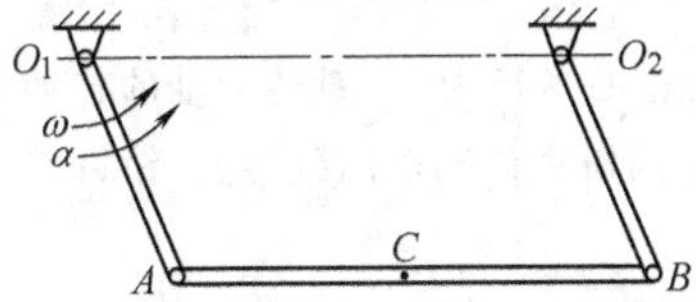

习题 12.7 图

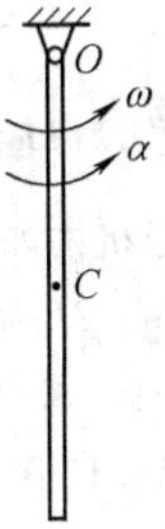

习题 12.8 图

12.9　在习题 12.9 图中，均质构件 ABC，AB 和 BC 两部分的质量各为 3kg，现有连杆 AD、BE 以及绳子保持如图示位置，当突然割断绳子时，求各连杆所受的力。不计连杆质量，设 $AD=BE$。

12.10　在习题 12.10 图中，均质杆 AB 的质量为 4kg，长度 $AB=l=500\text{mm}$，B 端置于光滑的水平面上。在杆的 B 端作用水平推力 $F=60\text{N}$，使杆 AB 沿力 $\boldsymbol{F}$ 方向做直线平移。试求 AB 杆的加速度和角 θ 之值。

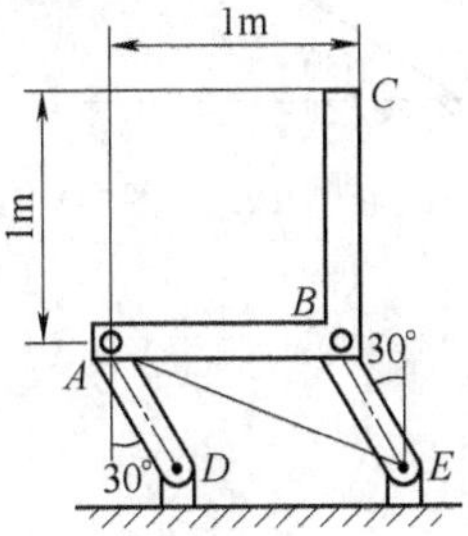

习题 12.9 图

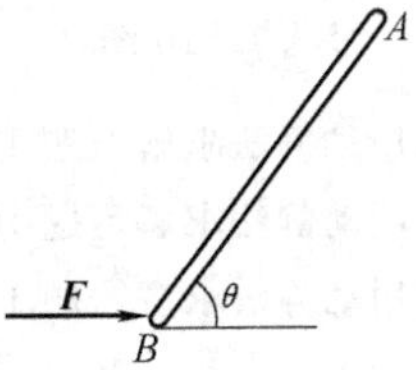

习题 12.10 图

12.11　均质杆 AB 重 140N，用铰 A 和绳 BC 与水平杆 AC 连结，使其保持铅直。整个系统绕铅直轴转动，若绳子可以承受的最大拉力为 500N，求允许的最大转动角速度。习题 12.11 图中长度以 mm 计。

12.12　如习题 12.12 图所示，起重机跑车 D 重 10kN，起重量为 30kN，铁轨之距离为 3m，当跑车距离右轨为 10m 时，有一向左的加速度 $a_1=1\mathrm{m/s^2}$，同时重物相对于起重机有向上的加速度 $a_2=1.2\mathrm{m/s^2}$，此时悬吊重物的缆绳长为 3m，距车轨道与地面轨道之距离为 6m。求由于跑车及重物运动而引起的：(1) 缆绳之偏角；(2) A、B 处的动反力。

12.13　试用动静法求解习题 10.13。

12.14　试用动静法求解习题 10.14。

12.15　试用动静法求解习题 10.15。

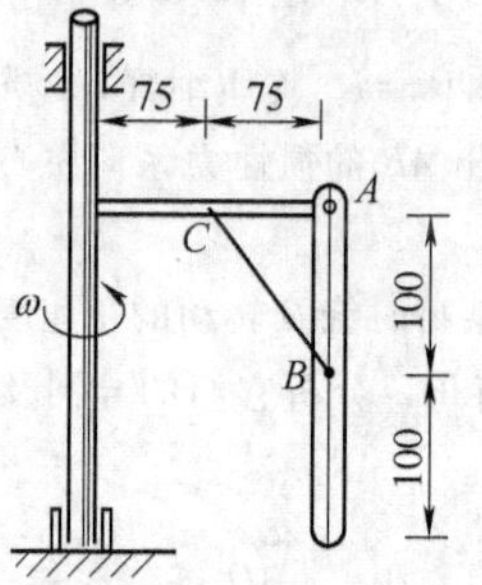

习题 12.11 图

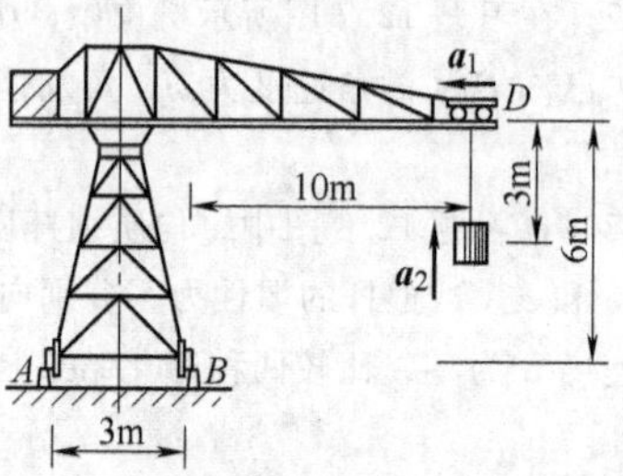

习题 12.12 图

12.16　曲柄滑道机构如习题 12.16 图所示，已知圆轮的半径为 r，对转动轴的转动惯量为 J，轮上作用一转矩 M，M 为一常量，AB 杆的质量为 m，与滑道的摩擦因数为 f，销钉 C 与铅直滑槽 DE 的摩擦力不计。求圆轮的转动微分方程。

12.17　在习题 12.17 图中，均质圆柱质量为 m，半径为 r，在倾角 $\theta=30°$ 的斜面上由静止开始运动。已知圆柱与斜面的摩擦因数 $f_s=0.2$，试求柱心加速度及斜面之摩擦力。然后将圆柱换为质量、半径仍为 m、r 的均质薄圆环，再求环心加速度及斜面之摩擦力。

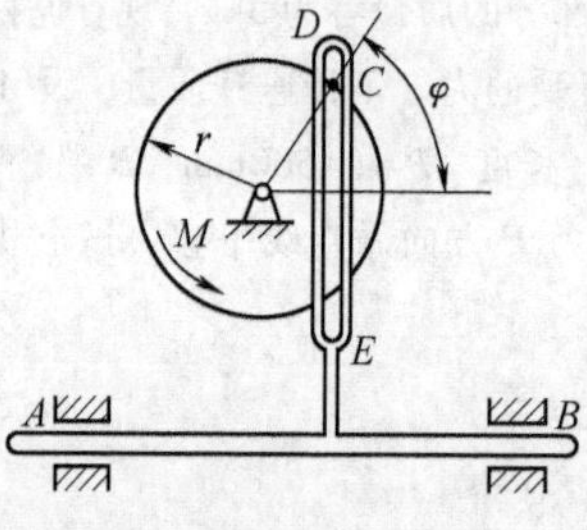

习题 12.16 图

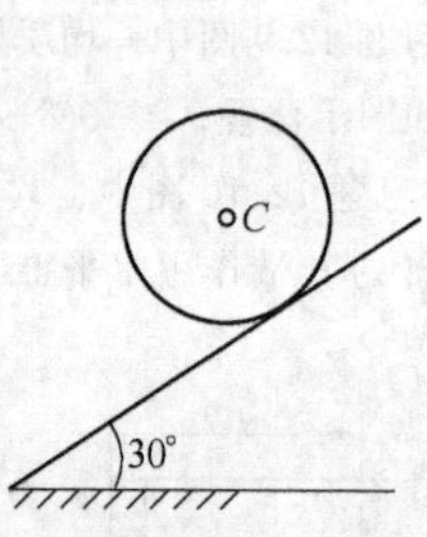

习题 12.17 图

12.18　试用动静法求解习题 10.28。

12.19　试用动静法求解习题 10.23。

12.20　试用动静法求解习题 11.17。

习　题　B

12.21　在习题 12.21 图中，均质杆 AB 长 l，重 P，以匀角速度 ω 绕 z 轴转动。求杆与铅垂

线的夹角 β 及铰链 A 处的反力。

12.22　在习题 12.22 图中，均质杆长 $2l_1$，重 P，以匀角速 ω 绕铅直轴 AB 转动，杆与轴交角为 θ。求轴承 A、B 处的动反力。

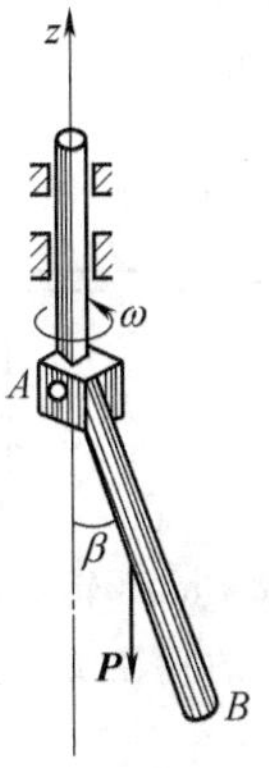

习题 12.21 图

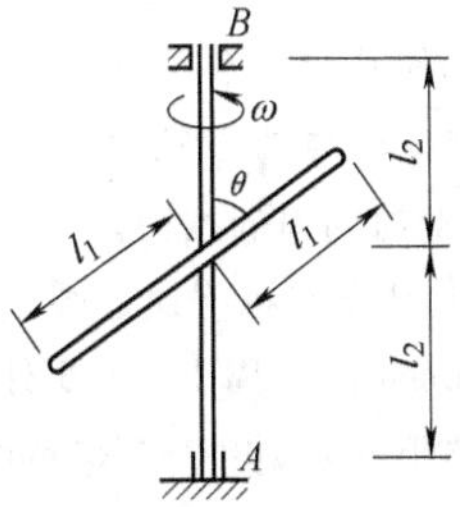

习题 12.22 图

12.23　半径为 R 质量为 m_1 的均质圆盘沿地面滚而不滑。盘心用光滑铰链与长度为 l 质量为 m_2 的 OA 杆相连。杆之 A 端放在地面上，与地面摩擦因数为 f。今在圆盘上作用常力偶矩 M，在盘心作用常力 $\boldsymbol{F}$，如习题 12.23 图所示。试求盘心 O 之加速度及 O 铰对 OA 杆之约束力。

12.24　在运动于铅垂面内的机构中，O_1、O 在同一水平线上相距 l，OA 长 $2l$，O_1B 长 $4l$（见习题 12.24 图），两杆线密度 ρ_l 为常量，滑套 A 重量不计。各接触处光滑。当 O_1B 杆铅垂时，OA 杆角速度为 ω_O，角加速度为零。试求此时作用于 OA 杆之力偶矩 M 及 O、O_1 两处约束力。

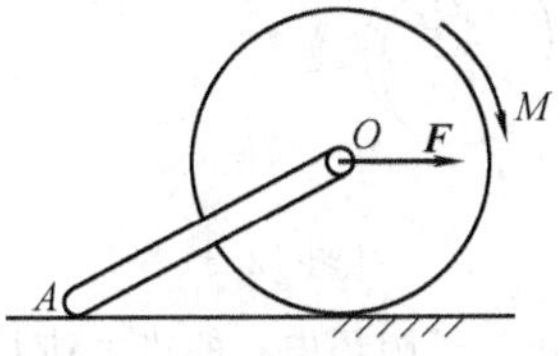

习题 12.23 图

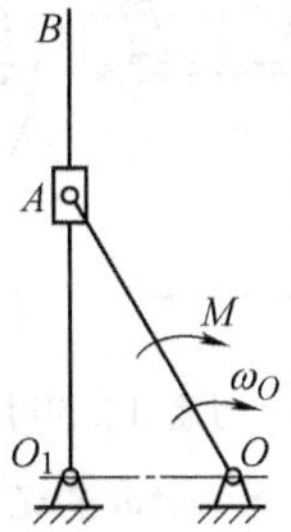

习题 12.24 图

12.25　在习题 12.25 图中，均质杆 AB 质量 $m=30\text{kg}$，在铅垂位置处于平衡。A 端与地面之摩擦因数为 0.3，若在 D 点作用水平力 $F=200\text{N}$，试求此瞬时 B 端之加速度。

12.26　在习题 12.26 图中，质量 $m=45.5\text{kg}$ 的均质杆 AB，A 端搁在光滑水平面上，B 端用

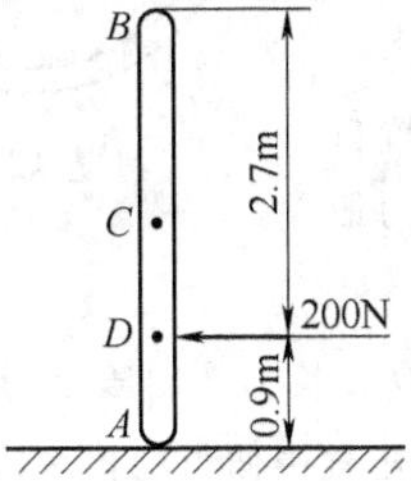

习题 12.25 图

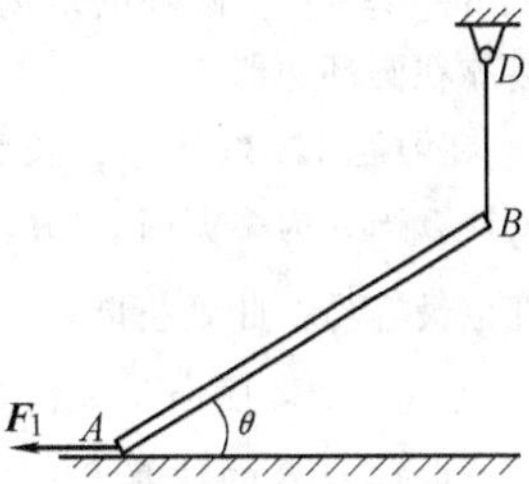

习题 12.26 图

软绳系于 D 点，杆长 $l=3.05\mathrm{m}$，绳长 $h=1.22\mathrm{m}$，绳铅直时 $\theta=30°$，A 端以匀速度 $v_A=2.44\mathrm{m/s}$ 向左运动，试求：(1) 杆之角加速度 α；(2) 杆端之力 $\boldsymbol{F}_1$；(3) 绳中之拉力 $\boldsymbol{F}_2$。

12.27　试用动静法求解习题 10.37。

12.28　试用动静法求解习题 10.38。

12.29　在习题 12.29 图中，均质杆 AB 重 $W=10\mathrm{kN}$，由两鼓轮带动使其保持水平地匀速上升。若突然改变鼓轮转速，使杆 A、B 两端分别具有加速度 $a_A=4\mathrm{m/s^2}$、$a_B=8\mathrm{m/s^2}$，试求此时两绳的拉力。

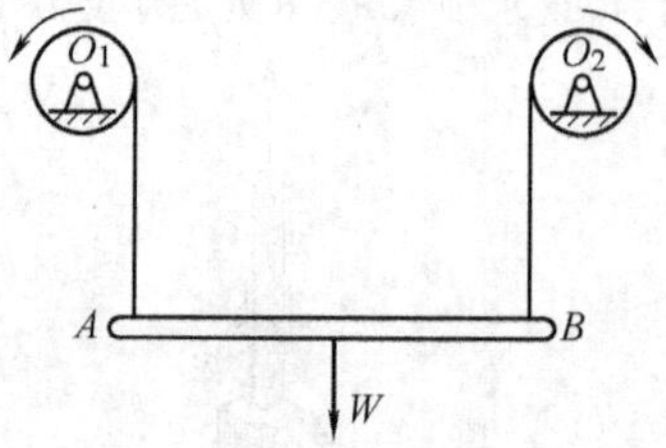

习题 12.29 图

12.30　均质圆盘可绕通过圆心 O 而垂直于盘面的轴转动，在 $r=100\mathrm{mm}$ 的圆周上 A、B 处钻有 $d=40\mathrm{mm}$ 的二孔。设圆盘单位体积重为 $78\times10^{-6}\mathrm{N/mm^3}$，求当圆盘以匀角速度 $\omega=28\pi\mathrm{rad/s}$ 转动时轴承 D、E 处的动反力。为了消除动反力，在 $r=100\mathrm{mm}$ 圆周上再钻一孔，求此孔的直径及位置。习题 12.30 图中长度单位为 mm。

12.31　习题 12.31 图所示装有圆盘的轴可绕水平轴转动，在过轴线两相互垂直的平面内装有质量为 $m_1=0.5\mathrm{kg}$、$m_2=1\mathrm{kg}$ 两质点。轴两端附有 2cm 厚的圆盘。为了均衡，在盘上离轴 8cm 处各钻一孔。钢的密度为 $7.8\mathrm{g/cm^3}$。已知 $l_1=l_3=l_4=9\mathrm{cm}$，$l_2=18\mathrm{cm}$。求孔的直径 d_1、d_2 和方位角 φ_1、φ_2。

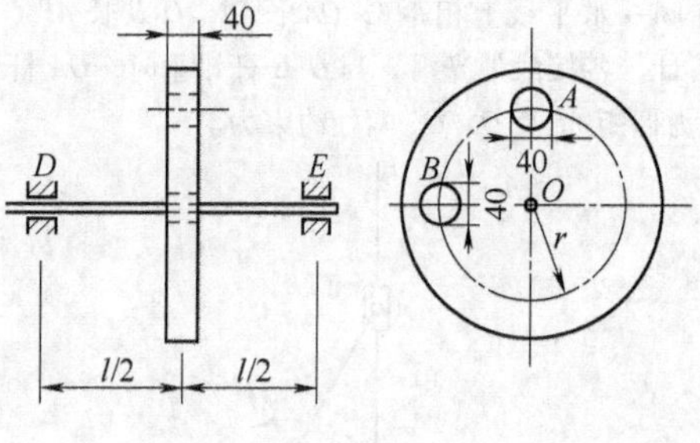

习题 12.30 图

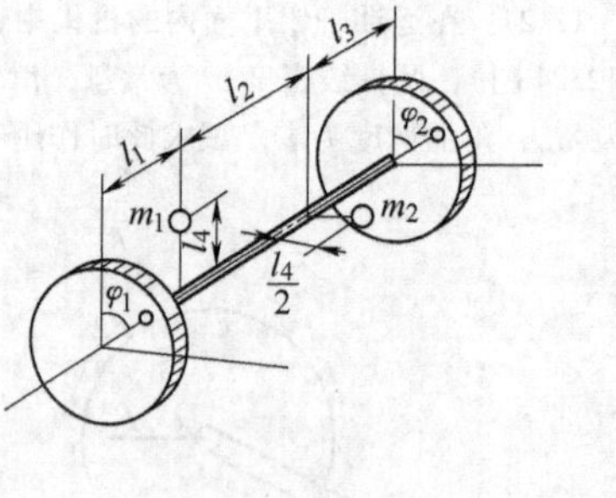

习题 12.31 图

12.32　半径 $r=0.4\mathrm{m}$ 的光滑圆环放置于水平面上，并可绕过圆环中心的铅垂轴 C 转动；另有一均质杆 AB 长为 $\sqrt{2}r$，重 $W=100\mathrm{N}$，A 端铰接于圆环边缘，另一端靠在圆环上，如习题 12.32 图所示。试求：

(1) 若在图示位置时，圆环的角速度 $\omega=3\mathrm{rad/s}$，角加速度 $\alpha=6\mathrm{rad/s^2}$，求此瞬时杆 A、B 端在水平面内的约束力。

(2) 若 $\alpha=6\mathrm{rad/s^2}$，圆环的角速度 ω 满足什么条件时，杆的 B 端才能始终靠在圆环边缘上。

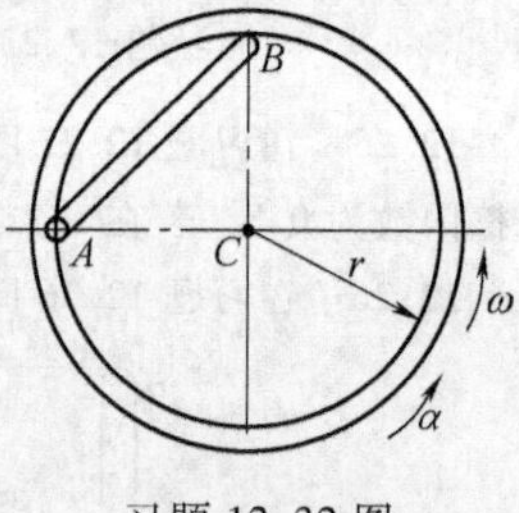

习题 12.32 图

12.33　在习题 12.33 图中，长为 l 的均质直杆从铅垂位置自由倒下。试计算当 a 为多大时，AB 段在 B 处受到的约束力偶为最大，因而杆也最容易在此处折断。

12.34　习题 12.34 图所示为铅垂面内的起重机，起重臂 O_1A 长为 $3l$，质量为 m，可视为均质直杆，在液压缸 O_2B 的柱塞 BD 的推动下抬起。设柱塞从液压缸中伸出的相对速度 v_r 是常量，不计液压缸柱塞的质量，求图示瞬时柱塞的推力和支座 O_1 的约束力。

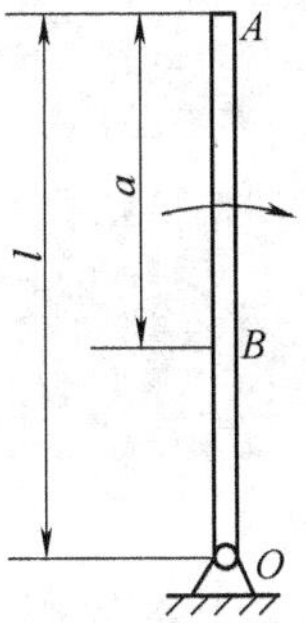

习题 12.33 图

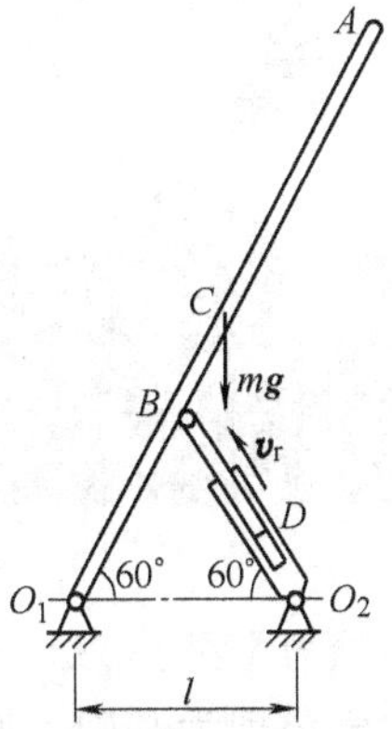

习题 12.34 图

12.35 可在铅垂面内运动的两个相同的均质杆 OA 和 AB 用铰链 O 和 A 连接。各杆长均为 l，在习题 12.35 图所示水平位置由静止开始运动，试求初始瞬时各杆的角加速度。

12.36 长为 l、质量为 m 的均质杆 AB 用光滑铰链连接于半径为 r、质量为 m 的均质圆盘的中心，圆盘可在水平面上纯滚动。若系统从习题 12.36 图所示位置由静止开始运动，当杆 AB 运动到铅垂位置时，试求：

（1）杆 AB 的角速度、轮心 A 的速度。

（2）此时杆 AB 的角加速度、轮心 A 的加速度。

（3）地面作用于圆盘上的约束力。

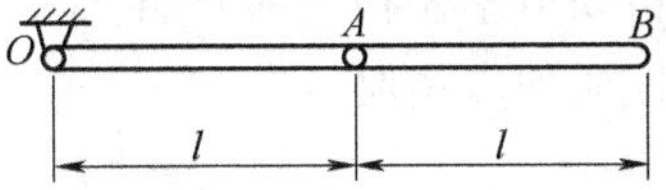

习题 12.35 图

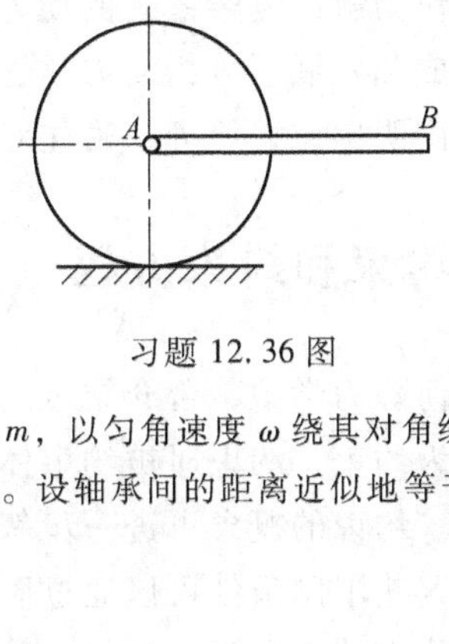

习题 12.36 图

12.37 习题 12.37 图所示均质矩形薄板，其质量为 m，以匀角速度 ω 绕其对角线 AB 转动。已知薄板的边长为 l_1、l_2，求轴承 A、B 的附加动约束力。设轴承间的距离近似地等于矩形的对角线长。

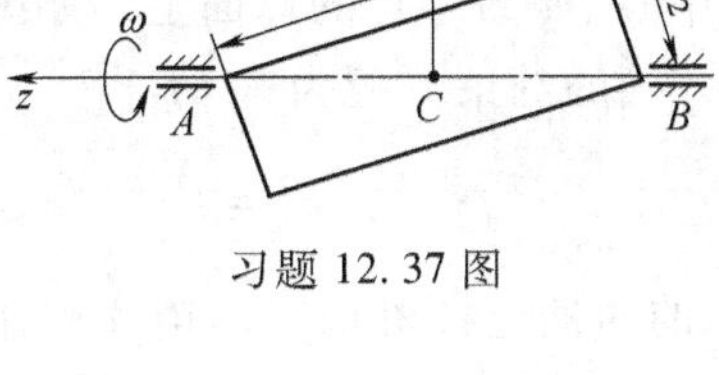

习题 12.37 图

第 13 章

虚位移原理

第 1 篇的静力学又称为几何静力学。几何静力学是从力系的概念出发研究平衡，它以静力学公理为基础，通过研究力系的等效条件和力系的几何性质，建立了刚体在力系作用下平衡的必要条件和充分条件。这种条件对于质点系来说，仅是必要的而不是充分的。

本章阐述的虚位移原理（又称为分析静力学）是从位移和功的概念出发研究力学系统的平衡的，它给出了任何质点系平衡的必要和充分条件，是静力学的普遍原理。用它来解题时，可以使那些不需要求解的未知的约束力在方程中不出现，从而使复杂系统的平衡问题的求解过程得到简化。

把解决平衡问题的虚位移原理放在动力学中讲授，一方面是由于要用到功的概念和计算；另一方面，将虚位移原理与达朗贝尔原理结合起来，就能导出动力学普遍方程，作为解决复杂系统的动力学问题的最普遍的方法。在动力学普遍方程的基础上，形成和发展了分析动力学。下一章将对分析动力学做初步的介绍。

为了阐明虚位移原理，需先对约束的运动学性质加以说明。

13.1 约束和约束方程

在几何静力学中，曾介绍过约束的概念，那就是，事先对物体的运动所加的限制条件称为约束，约束对被约束体的作用表现为约束力。现在从运动学方面来看约束的作用。约束的概念可进一步叙述为事先对质点或质点系的位置或速度所加的限制条件，这些限制条件可以通过质点或质点系中各质点的坐标或速度的数学方程来表示，这称为约束方程。例如，球摆中质点 M 到固定中心点 O 的距离等于摆长 l，点 M 的位置限制在以 O 为中心、l 为半径的球面上，如图 13-1a 所示。在以点 O 为原点的直角坐标系 $Oxyz$ 中，摆的约束方程为

$$x^2 + y^2 + z^2 = l^2 \tag{a}$$

又如，在图 13-1b 所示的曲柄连杆机构中，销 A 限制在以 O 为中心、r 为半径的圆周上运动，滑块 B 限制在水平直槽中运动，A、B 两点间的距离等于 l，整个机构限制在一个平面上运动。在图示坐标系中，此机构的约束方程为

$$\begin{cases} x_A^2 + y_A^2 = r^2, \quad (x_B - x_A)^2 + (y_B - y_A)^2 = l^2 \\ y_B = 0, \quad z_A = 0, \quad z_B = 0 \end{cases} \tag{b}$$

图 13-1c 所示车轮沿直线轨道做纯滚动时，车轮轮心 C 限制在距离地面为 R 的直线上运动，车轮与地面接触点 P 的速度为零，在图示坐标系中，轮的约束方程为

$$y_C = R \tag{c}$$

$$\dot{x}_C - R\dot{\varphi} = 0 \tag{d}$$

对方程（d）积分得

$$x_C - R\varphi = 0 \tag{e}$$

图 13-1d 所示为摆长 l 随时间变化的单摆，图中重物 M 由一根穿过固定圆环 O 的细绳系住，设摆长在开始的时候为 l_0，然后以不变的速度 v 拉动细绳的另一端，在图示坐标系中，单摆的约束方程为

$$x^2 + y^2 = (l_0 - vt)^2 \tag{f}$$

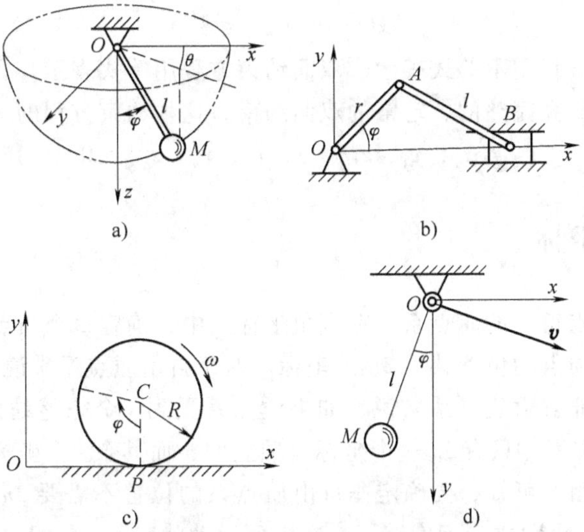

图 13-1

在上述实例的约束方程中，有的方程只含有质点的坐标，有的方程还含有坐标的导数和时间 t 等，不同的约束方程反映了约束的不同性质，现将约束从不同角度加以分类。

（1）几何约束和运动约束

若约束方程中不包含坐标对时间的导数，或者说，约束只限制质点系中各质点的几何位置，而不限制速度，这种约束称为几何约束。若约束方程中还包含有坐标对时间的导数，或者说约束还限制各质点的速度，这种约束称为运动约束。如上述方程中，方程（d）表示的就是运动约束，其余的均为几何约束。而方程（d）通

过积分（如方程（e））可变为几何约束，但有的运动约束方程是不可积分的。

（2）完整约束和非完整约束

将几何约束和可积分的运动约束统称为完整约束，不可积分的运动约束称为非完整约束。有关非完整约束的例子，请参看一些分析力学教程。

（3）定常约束和非定常约束

若约束方程中不显含时间 t，这种约束称为定常约束或稳定约束。若约束方程中显含时间 t，这种约束称为非定常约束或非稳定约束。如上述方程中，方程（f）表示的就是非定常约束，其余的均为定常约束。

（4）双面约束和单面约束

约束在两个方向都能起限制运动的作用，称为双面约束。若约束只在一个方向起作用，另一方向能松弛或消失，这称为单面约束。如图 13-1a 中的球摆，小球 M 若被一刚性杆约束，小球只能在球面上运动，刚性杆为一双面约束，约束为方程式(a)。若小球 M 被一柔性绳约束，小球不仅能在球面上运动，而且还可以在球面内的空间运动，这时柔性绳就为单面约束，约束方程为

$$x^2+y^2+z^2\leqslant l^2$$

可见，单面约束方程用不等式表示，双面约束方程用等式表示。

以下仅限于研究完整的、定常的双面约束，这种约束方程的一般形式为

$$f(x_1,\ y_1,\ z_1,\ \cdots,\ x_n,\ y_n,\ z_n)=0 \tag{13-1}$$

13.2 广义坐标

设由 n 个质点组成的质点系，在直角坐标系中，确定每个质点的位置需用 3 个坐标，确定 n 个质点的位置共需 $3n$ 个坐标。对于自由质点系来说，这 $3n$ 个坐标都是独立的，对于非自由质点系来说，如果质点系受到 s 个完整约束，则 $3n$ 个坐标需满足 s 个约束方程，只有 $3n-s$ 个坐标是独立的，而其余 s 个坐标则是这些独立坐标的给定函数。由此可知，要确定非自由质点系的位置不需要 $3n$ 个坐标，只需要确定任意 $k=3n-s$ 个独立坐标就够了，在平面运动状态下，$k=2n-s$。

在一般情形下，用直角坐标表示非自由质点系的位置并不总是很方便的，可以选择任意变量来表示质点系的位置。用来确定质点或质点系位置的独立变量，称为广义坐标。如图 13-1a 中所示的球摆，可以选球坐标中的角 θ 和 φ 为两个广义坐标，则能方便并且唯一地确定质点 M 的位置，此时质点 M 的直角坐标可表示为 θ 和 φ 的单值连续函数：

$$x=l\sin\varphi\cos\theta,\quad y=l\sin\varphi\sin\theta,\quad z=l\cos\varphi$$

又如图 13-1b 中的曲柄连杆机构，如选曲柄 OA 对轴 x 的转角 φ 为广义坐标，也能方便并且唯一地确定质点系的位置。各质点的直角坐标可表示为 φ 的单值连续函数：

$$x_A = r\cos\varphi,\ y_A = r\sin\varphi,\ z_A = 0$$

$$x_B = r\cos\varphi + \sqrt{l^2 - r^2\sin^2\varphi},\ y_B = 0,\ z_B = 0$$

质点系各质点的直角坐标也可表示成广义坐标的单值连续函数。设由 n 个质点组成的一非自由质点系，受到 s 个完整、双面和定常约束，选 $k=3n-s$ 个广义坐标 q_1，q_2，…，q_k 确定质点系的位置。质点系中任一质点 M_i 的矢径和直角坐标与广义坐标的函数关系一般可表示为

$$\boldsymbol{r}_i = \boldsymbol{r}_i(q_1,\ q_2,\ \cdots,\ q_k) \qquad (i=1,\ 2,\ \cdots,\ n) \tag{13-2a}$$

和

$$\begin{cases} x_i = x_i(q_1,\ q_2,\ \cdots,\ q_k) \\ y_i = y_i(q_1,\ q_2,\ \cdots,\ q_k) \\ z_i = z_i(q_1,\ q_2,\ \cdots,\ q_k) \end{cases} \qquad (i=1,\ 2,\ \cdots,\ n) \tag{13-2b}$$

该方程隐含了约束条件。

13.3　虚位移和自由度

非自由质点系内各质点受到约束的限制，只有某些位移是约束所允许的，其余位移则被约束所阻止。在给定瞬时，质点（或质点系）符合约束的无限小假想位移称为该质点（或质点系）的虚位移。例如，受固定面约束的质点沿固定面向任意方向的无限小位移，都是该质点的虚位移。由于虚位移是无限小的，可以将这些位移看作是在该点的固定面的切平面内任意方向的位移，如图 13-2 所示。

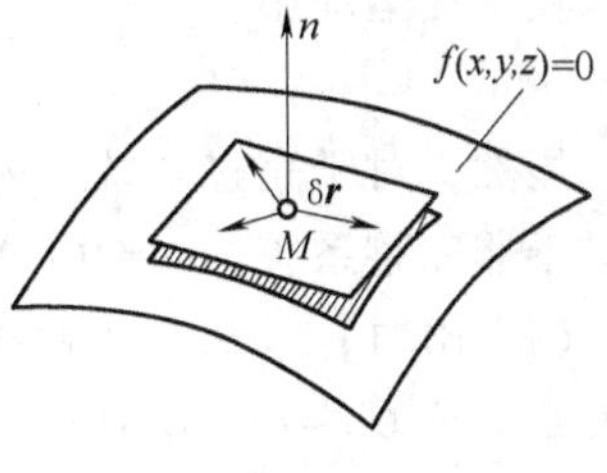

图　13-2

虚位移与实位移是有区别的。实位移是在一定主动力作用、一定起始条件下和一定的时间间隔 dt 内发生的位移，其方向是唯一的；而虚位移则不涉及有无主动力，也与起始条件无关，是假想发生、而实际并未发生的位移。它不需经历时间过程，其方向至少有两组，甚至无穷多组。虚位移与实位移的联系是二者都要符合约束条件，在定常约束情形下，实位移是虚位移中的一种。虚位移用变分符号“δ”表示，如 $\delta\boldsymbol{r}$、δx、δy、δz、$\delta\varphi$ 等。

由于非自由质点系内各质点之间有约束联系，所以各质点的虚位移之间有一定的关系，其中独立的虚位移个数等于质点系的自由度数。下面介绍分析质点系虚位移的两种方法。

（1）几何法

由于虚位移是无限小位移，在实际应用时，可选在可能发生的速度方向上分析，故可以用运动学中求各质点的速度之间的关系来分析各质点虚位移之间的

关系。

（2）解析法

由式（13-2）知，质点系中各质点的坐标可表示为广义坐标的函数，质点系的任意虚位移可用广义坐标的 k 个独立变分 δq_1，δq_2，…，δq_k 表示求变分的方法与求微分类似。各质点的虚位移 $\delta \boldsymbol{r}_i$ 和 δx_i、δy_i、δz_i 可对式（13-2）求变分得到，即

$$\delta \boldsymbol{r}_i = \sum_{j=1}^{k} \frac{\partial \boldsymbol{r}_i}{\partial q_j} \delta q_j \qquad (i = 1,\ 2,\ \cdots,\ n) \tag{13-3a}$$

$$\delta x_i = \frac{\partial x_i}{\partial q_1}\delta q_1 + \frac{\partial x_i}{\partial q_2}\delta q_2 + \cdots + \frac{\partial x_i}{\partial q_k}\delta q_k = \sum_{j=1}^{k} \frac{\partial x_i}{\partial q_j} \delta q_j$$

$$\delta y_i = \frac{\partial y_i}{\partial q_1}\delta q_1 + \frac{\partial y_i}{\partial q_2}\delta q_2 + \cdots + \frac{\partial y_i}{\partial q_k}\delta q_k = \sum_{j=1}^{k} \frac{\partial y_i}{\partial q_j} \delta q_j \qquad (i = 1,\ 2,\ \cdots,\ n)$$

$$\delta z_i = \frac{\partial z_i}{\partial q_1}\delta q_1 + \frac{\partial z_i}{\partial q_2}\delta q_2 + \cdots + \frac{\partial z_i}{\partial q_k}\delta q_k = \sum_{j=1}^{k} \frac{\partial z_i}{\partial q_j} \delta q_j \tag{13-3b}$$

质点系独立虚位移的数目称为质点系的自由度数。设质点系由 n 个质点组成，受有 s 个完整约束，m 个非完整约束，质点系的自由度数为 N，则有

$$N = 3n - s - m = k - m$$

在平面运动中，

$$N = 2n - s - m = k - m$$

显然，对于完整系统，$m = 0$，独立的虚位移数与广义坐标数相等，即 $N = k$。但对于非完整系统，$m \neq 0$，$N < k$。

【例 13.1】　试分析曲柄连杆机构在图 13-3 所示位置时，A、B 两点虚位移之间关系。设 $OA = r$，$AB = l$。

【解】　此系统有一个自由度，独立的虚位移只有一个，故 A、B 两点之间的虚位移存在一定的关系。

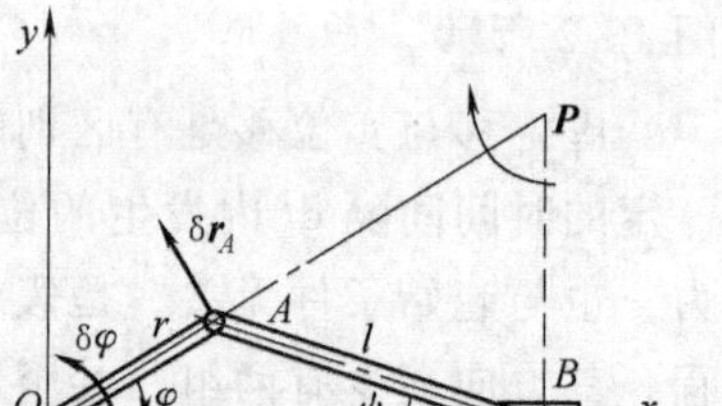

图　13-3

1. 几何法

因为 OA 杆的可能运动为定轴转动，当 OA 杆绕 O 轴转动时，A 点的速度垂直于 OA 杆，B 点的速度沿水平方向，故 A 点的虚位移垂直于 OA 杆，B 点的虚位移沿水平方向，如图所示。因为 AB 杆的可能运动为平面运动；A、B 两点间的速度关系可用速度投影定理、瞬心法和基点法求解，A、B 两点间虚位移也可用类似的方法求解。

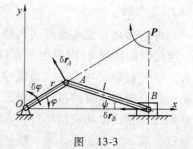

若用投影法，将 A、B 两点的虚位移向 A、B 连线投影，有

$$\delta r_A \cos[90° - (\varphi + \psi)] = \delta r_B \cos\psi, \qquad \delta r_B = \frac{\sin(\varphi + \psi)}{\cos\psi}\delta r_A$$

若用瞬心法，有

$$\frac{\delta r_A}{\delta r_B}=\frac{AP}{BP}=\frac{\sin(90^\circ-\psi)}{\sin(\varphi+\psi)},\qquad \delta r_B=\frac{\sin(\varphi+\psi)}{\cos\psi}\delta r_A$$

2. 解析法

建立图示直角坐标系，选 OA 杆与 x 轴的夹角 φ 为广义坐标，将 A、B 两点的直角坐标表示成广义坐标 φ 的函数，有

$$x_A=r\cos\varphi,\qquad y_A=r\sin\varphi$$

$$x_B=r\cos\varphi+\sqrt{l^2-r^2\sin^2\varphi},\qquad y_B=0$$

将上述各式对广义坐标 φ 求变分，得各点虚位移在相应坐标轴上的投影：

$$\delta x_A=-r\sin\varphi\delta\varphi,\qquad \delta y_A=r\cos\varphi\delta\varphi$$

$$\delta x_B=-r\sin\varphi\delta\varphi-\frac{1}{2}\frac{2r^2\sin\varphi\cos\varphi}{\sqrt{l^2-r^2\sin^2\varphi}}\delta\varphi=-r\left(\sin\varphi+\frac{l\sin\psi\cos\varphi}{l\cos\psi}\right)\delta\varphi$$

$$=-r\frac{\sin(\varphi+\psi)}{\cos\psi}\delta\varphi$$

$$\delta y_B=0$$

而 $\delta r_A=\sqrt{\delta x_A^2+\delta y_A^2}=r\delta\varphi$，故有

$$\delta r_B=\delta x_B=-\frac{\sin(\varphi+\psi)}{\cos\psi}\delta r_A$$

式中，负号表示当 $\psi<\frac{\pi}{2}$，$\varphi+\psi<\pi$，$\delta\varphi>0$ 时，δr_B 沿 x 轴负向，这与几何法所得结果相同。

13.4 理想约束

力在虚位移中所做的功称为虚功。因为虚位移与时间、运动都无关，不能积分，所以虚功只有元功形式。

若质点系在虚位移的过程中约束力的虚功之和等于零，则这种约束称为理想约束。如作用于质点系中任一质点 M_i 的约束力为 $\boldsymbol{F}_{\mathrm{N}i}$，该质点的虚位移为 $\delta\boldsymbol{r}_i$，则理想约束的条件可用下式来表示

$$\sum\boldsymbol{F}_{\mathrm{N}i}\cdot\delta\boldsymbol{r}_i=0\tag{13-4}$$

一般地说，凡是没有摩擦的约束都属于这类约束。关于理想约束的实例，已在 11.1 节中叙述过了，这里不再重复。

13.5 虚位移原理的内涵

虚位移原理又称虚功原理，可表述为：具有双面、理想约束的质点系，在给定

位置平衡的必要与充分条件是，所有作用于质点系上的主动力在任意虚位移上所做虚功之和为零，即

$$\sum_{i=1}^{n} \boldsymbol{F}_i \cdot \delta \boldsymbol{r}_i = 0 \tag{13-5}$$

式中，$\boldsymbol{F}_i$ 为作用于质点系的任一主动力；$\delta \boldsymbol{r}_i$ 为力 $\boldsymbol{F}_i$ 作用点的任一虚位移。

将上式写成解析形式，有

$$\sum_{i=1}^{n} (F_{ix}\delta x_i + F_{iy}\delta y_i + F_{iz}\delta z_i) = 0 \tag{13-6}$$

式中，F_{ix}、F_{iy}、F_{iz}是主动力 $\boldsymbol{F}_i$ 在 x、y、z 轴上的投影；δx_i、δy_i、δz_i 表示虚位移 $\delta \boldsymbol{r}_i$ 在 x、y、z 轴上的投影。此方程又称为静力学普遍方程。

在分析力学中，“原理”是指一些根本性的规律，它们的正确性是在长期实践中所证实的（直接的或间接的），其他定理可以以它们为基础经严格的逻辑推理推导出来。虚位移原理就是这样一种原理。

在虚位移原理的方程中都不包括约束力，因此在理想约束条件下，应用虚位移原理处理静力学问题时只须考虑主动力，不必考虑约束力，这样，在处理刚体数目多，但自由度数少的系统的平衡问题时，非常方便。当所遇到的约束不是理想约束而具有摩擦时，这时候只要把摩擦力当做主动力看待，考虑到摩擦力所做的虚功，虚位移原理仍可应用。

【例 13.2】 如图 13-4 所示，在螺旋压榨机的手柄 AB 上作用一在水平面内的力偶（$\boldsymbol{F}$, $\boldsymbol{F}'$），其力偶矩等于 $2Fl$，设螺杆的螺距为 h，求平衡时作用于被压榨物体上的压力。

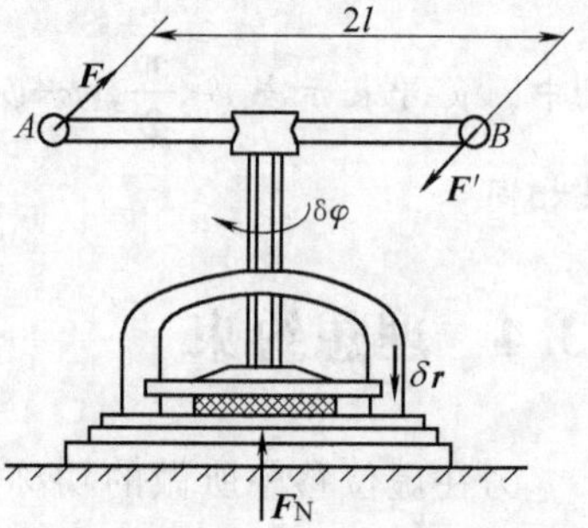

图　13-4

【解】（1）研究螺旋压榨机，此为一个自由度系统。

（2）分析主动力：若忽略螺杆和螺母间的摩擦，则作用于系统上的主动力为力偶（$\boldsymbol{F}$, $\boldsymbol{F}'$）和被压物体对压板的阻力 $\boldsymbol{F}_{\mathrm{N}}$。

（3）分析虚位移：在给系统一组虚位移如图示，当手柄转动一周时，螺旋上升或下降一个螺距 h，因此有

$$\frac{\delta\varphi}{\delta r} = \frac{2\pi}{h} \tag{a}$$

（4）应用虚位移原理求解：

$$\sum \boldsymbol{F}_i \cdot \delta \boldsymbol{r}_i = 0:\ 2Fl\delta\varphi - F_{\mathrm{N}}\delta r = 0$$

将虚位移 δr 与 $\delta\varphi$ 的关系式（a）代入上式，解得

$$F_{\mathrm{N}} = 2Fl\frac{\delta\varphi}{\delta r} = F\frac{4\pi l}{h}$$

【例 13.3】　图 13-5 所示两长度均为 l 的杆 AB 和 BC 在 B 点用铰链连接，又在杆的 D 和 E 两点连一弹簧，弹簧的劲度系数为 k，当距离 AC 等于 a 时，弹簧拉力为零。如在 C 点作用一水平力 $\boldsymbol{F}$，杆系处于平衡，求距离 AC 之值。设 $BD=BE=b$，杆重不计。

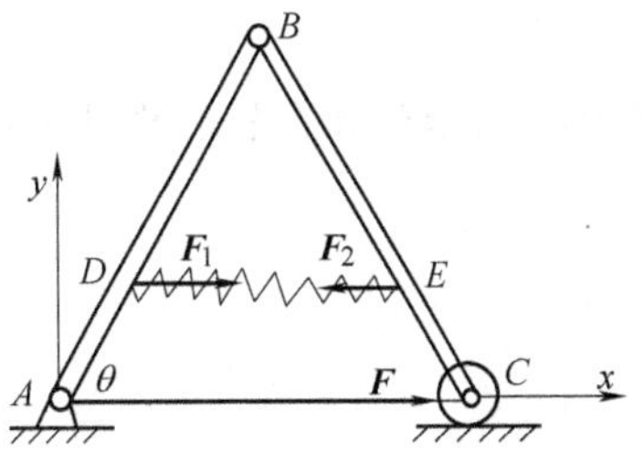

图　13-5

【解】　(1) 研究整体，此为一个自由度的系统。

(2) 分析主动力：作用在系统上的主动力有 $\boldsymbol{F}$ 和弹性力 $\boldsymbol{F}_1$、$\boldsymbol{F}_2$。在图示位置时，弹性力的大小为

$$F_1 = F_2 = k\frac{b}{l}(x_C - a) \tag{a}$$

(3) 用解析法计算各力作用点的虚位移。选 θ 角为广义坐标，各作用点的有关直角坐标为

$$x_D = (l - b)\cos\theta,\quad x_E = l\cos\theta + b\cos\theta,\quad x_C = 2l\cos\theta$$

各点虚位移在坐标轴上的投影为

$$\delta x_D = -(l - b)\sin\theta\delta\theta,\quad \delta x_E = -(l + b)\sin\theta\delta\theta$$

$$\delta x_C = -2l\sin\theta\delta\theta$$

(4) 应用虚位移原理求解：

$$\sum (F_{ix}\delta x_i + F_{iy}\delta y_i + F_{iz}\delta z_i) = 0:$$

$$F_1[-(l - b)\sin\theta\delta\theta] - F_2[-(l + b)\sin\theta\delta\theta] + F(-2l\sin\theta\delta\theta) = 0$$

将式 (a) 代入上式，并注意到 $\delta\theta$ 是广义坐标的独立变分，解得

$$AC = x_C = a + \frac{F}{k}\left(\frac{l}{b}\right)^2$$

【例 13.4】　图 13-6 是操纵气门的杠杆系统，已知 $OA/OB=1/3$，求此系统在图示位置平衡时主动力 $\boldsymbol{F}_1$ 和 $\boldsymbol{F}_2$ 的关系。

【解】　(1) 研究杠杆系统，此系统只有一个自由度。

(2) 分析主动力：作用在系统上的主动力只有 $\boldsymbol{F}_1$ 和 $\boldsymbol{F}_2$。

(3) 分析虚位移：任给系统一组虚位移如图示，通过 A、B 两点的虚位移分析主动力作用点 C、E 两点虚位移之间的关系。

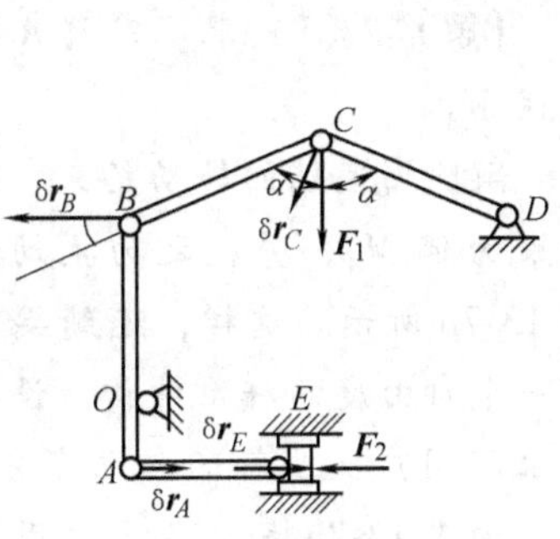

图　13-6

BC 杆只能做平面运动，有

$$\delta r_C \cos(2\alpha - 90°) = \delta r_B \sin\alpha \tag{a}$$

AE 杆在图示位置只能做瞬时平动，有

$$\delta r_E = \delta r_A \tag{b}$$

由 AB 杆，可得

$$\frac{\delta r_A}{\delta r_B} = \frac{OA}{OB} = \frac{1}{3} \tag{c}$$

由式 (a)、式 (b)、式 (c) 有

$$\frac{\delta r_E}{\delta r_C} = \frac{\delta r_A}{\delta r_B}\frac{\sin 2\alpha}{\sin\alpha} = \frac{2}{3}\cos\alpha \tag{d}$$

(4) 由虚位移原理求解：

$$\sum \boldsymbol{F}_i \cdot \delta \boldsymbol{r}_i = 0：F_1 \delta r_C \cos(90°-\alpha) - F_2 \delta r_E = 0$$

将式 (d) 代入上式，解得

$$\frac{F_1}{F_2} = \frac{2}{3}\cot\alpha$$

前面例题主要是几何可变即具有自由度的刚体系统的平衡问题。通过上述例题的求解过程可以看到，虚位移原理在处理系统平衡时不是孤立地、静止地研究平衡这一特定状态，而是“改变”这一状态，从改变中认识平衡的规律。下面用虚位移原理求几何形状不变即自由度等于零的刚体系统的约束力问题。因为几何形状不变的刚体系统不可能有虚位移，所以必须将它转化为几何形状可变系统，使系统具有自由度。方法是解除某一约束而代之以相应的约束力，并将此约束力看成主动力。

【例 13.5】 图 13-7a 所示为连续梁。载荷 $F_1 = 800\text{N}, F_2 = 600\text{N}, F_3 = 1000\text{N}$；尺寸 $l_1 = 2\text{m}, l_1 = 3\text{m}$。求固定端 A 的约束力。

【解】 (1) 求固定端 A 的约束力偶 M_A。

解除固定端的转动约束，而代以约束力偶 M_A，并视之为主动力，如图 13-7b 所示。这样，连续梁变成具有一个自由度的杆系结构。设杆系的虚位移用广义坐标的独立变分 $\delta\varphi$ 表示，由图 13-7b 知，各力作用点的虚位移为

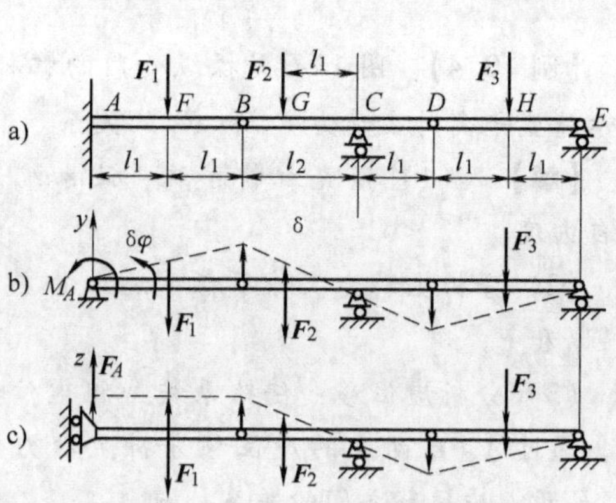

图 13-7

$$\begin{cases} \delta y_1 = l_1 \delta\varphi = 2\delta\varphi \\ \delta y_2 = \dfrac{l_1}{l_2}\delta y_B = \dfrac{2}{3} \cdot 4\delta\varphi = \dfrac{8}{3}\delta\varphi \\ \delta y_3 = -\dfrac{2l_1}{l_2}\delta\varphi \cdot \dfrac{l_1}{2l_1} \cdot l_1 = -\dfrac{4}{3}\delta\varphi \end{cases} \tag{a}$$

由虚位移原理求解：

$$\sum(F_{ix}\delta x_i + F_{iy}\delta y_i + F_{iz}\delta z_i) = 0:$$

$$M_A\delta\varphi - F_1\delta y_1 - F_2\delta y_2 - F_3\delta y_3 = 0$$

将式（a）代入上式，并注意到 $\delta\varphi$ 的独立性，得

$$M_A = 2F_1 + \frac{8}{3}F_2 - \frac{4}{3}F_3 = 1867\text{N} \cdot \text{m}$$

（2）求固定端 A 的约束力 $\boldsymbol{F}_A$。

解除固定端铅垂方向约束，而代以铅直约束力 F_A，并视之为主动力，如图13-7c所示。这时，杆 AB 只能沿铅直方向平动。设杆系的虚位移用广义坐标的独立变分 δz_A 表示，则各力作用点的虚位移为

$$\begin{cases} \delta z_1 = \delta z_B = \delta z_A \\ \delta z_2 = \dfrac{l_1}{l_2}\delta z_B = \dfrac{2}{3}\delta z_A \\ \delta z_3 = -\delta z_A \dfrac{l_1}{l_2} \cdot \dfrac{l_1}{2l_1} = -\dfrac{1}{3}\delta z_A \end{cases} \tag{b}$$

由虚位移原理求解：

$$\sum(F_{ix}\delta x_i + F_{iy}\delta y_i + F_{iz}\delta z_i) = 0:$$

$$F_A\delta z_A - F_1\delta z_1 - F_2\delta z_2 - F_3\delta z_3 = 0$$

将式（b）代入上式，并注意到 δz_A 的独立性，得

$$F_A = F_1 + \frac{2}{3}F_2 - \frac{1}{3}F_3 = 867\text{N}$$

能否把上述两步合并成一步，把固定端 A 的约束完全解除求解？请读者思考。

【例 13.6】 图 13-8 所示为三铰拱支架，求在载荷 $\boldsymbol{F}_1$ 和 $\boldsymbol{F}_2$ 的作用下，铰支座 B 的约束力。

【解】 （1）求铰支座 B 的水平约束力 $\boldsymbol{F}_{Bx}$。

解除铰支座 B 的水平约束，而代以水平约束力 $\boldsymbol{F}_{Bx}$，并视之为主动力，如图13-8b 所示。这时三铰拱变为有一个自由度的系统，设系统的虚位移用广义坐标的独立变分 $\delta\varphi$ 表示，由图知：

$$\delta\varphi_C = \delta\varphi \tag{a}$$

由虚位移原理求解：

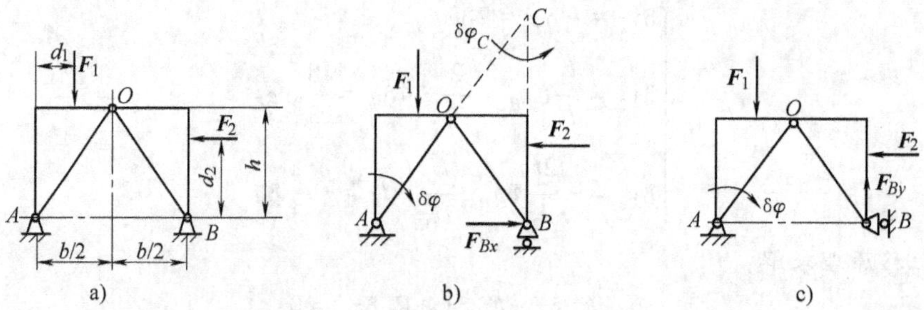

图　13-8

$$\sum \boldsymbol{F}_i \cdot \delta \boldsymbol{r}_i = 0:\ M_A(\boldsymbol{F}_1)\delta\varphi + M_C(\boldsymbol{F}_2)\delta\varphi_C + M_C(\boldsymbol{F}_{Bx})\delta\varphi_C = 0$$

即

$$F_1 d_1 \delta\varphi - F_2(2h - d_2)\delta\varphi_C + F_{Bx} \cdot 2h\delta\varphi_C = 0$$

将式（a）代入上式，并注意到 $\delta\varphi$ 的独立性，得

$$F_{Bx} = \frac{1}{2h}[F_2(2h - d_2) - F_1 d_1]$$

（2）求铰支座 B 的铅垂约束力 $\boldsymbol{F}_{By}$。

解除铰支座 B 的铅垂约束，而代以铅垂约束力 $\boldsymbol{F}_{By}$，并视之为主动力，如图 13-8c 所示。仍以广义坐标的独立变分 $\delta\varphi$ 表示系统的虚位移，由图知 BO 半拱的瞬心在点 A，于是，由虚位移原理 $\sum \boldsymbol{F}_i \cdot \delta \boldsymbol{r}_i = 0$，有

$$M_A(\boldsymbol{F}_1)\delta\varphi + M_A(\boldsymbol{F}_2)\delta\varphi + M_A(\boldsymbol{F}_{By})\delta\varphi = 0$$

即

$$F_1 d_1 \delta\varphi - F_2 d_2 \delta\varphi - F_{By} b \delta\varphi = 0$$

由于 $\delta\varphi$ 是独立的，得

$$F_{By} = \frac{1}{b}(F_1 d_1 - F_2 d_2)$$

13.6　以广义坐标表示的质点系的平衡条件

当用广义坐标的变分式（13-3a）表示质点系的虚位移时，虚位移原理式(13-5)可表示为

$$\sum_{i=1}^{n} \boldsymbol{F}_i \cdot \delta \boldsymbol{r}_i = \sum_{i=1}^{n} \boldsymbol{F}_i \cdot \left(\sum_{j=1}^{k} \frac{\partial \boldsymbol{r}_i}{\partial q_j} \delta q_j \right) = 0$$

交换求和顺序，有

$$\sum_{i=1}^{n} \boldsymbol{F}_i \cdot \delta \boldsymbol{r}_i = \sum_{j=1}^{k} \left(\sum_{i=1}^{n} \boldsymbol{F}_i \cdot \frac{\partial \boldsymbol{r}_i}{\partial q_j} \right) \delta q_j = 0 \tag{a}$$

若令

$$F_{Qj} = \sum_{i=1}^{n} \boldsymbol{F}_i \cdot \frac{\partial \boldsymbol{r}_i}{\partial q_j} \tag{13-7a}$$

或

$$F_{Qj} = \sum_{i=1}^{n} \left(F_{ix} \frac{\partial x_i}{\partial q_j} + F_{iy} \frac{\partial y_i}{\partial q_j} + F_{iz} \frac{\partial z_i}{\partial q_j} \right) \tag{13-7b}$$

称F_{Qj}为对应于广义坐标 q_j 的广义力。广义力与主动力有关，但不一定以力的形式出现。例如，具有固定轴的刚体，作用于其上的主动力在虚位移中的元功为

$$\delta W = M_z \delta\varphi$$

此时对应于广义坐标 φ 的广义力 $F_{Q\varphi}$是主动力系对 z 轴的主矩 M_z，这里广义力是力矩。因此，广义力随所选的广义坐标的不同而表示不同的物理量，它可以有不同的单位。

引入广义力符号后，式（a）可写为

$$\sum_{j=1}^{k} F_{Qj} \delta q_j = 0 \tag{13-8}$$

对于完整约束系统，广义坐标的变分 δq_j（$j=1, 2, \cdots, k$）是独立的，于是有

$$F_{Qj} = 0 \qquad (j = 1, 2, \cdots, k) \tag{13-9}$$

此式表明，具有完整、双面和理想约束的质点系，在给定位置平衡的必要和充分条件是，对应于每个广义坐标的广义力等于零。这是一组平衡方程，方程的数目与广义坐标的数目一致，因此也与自由度数相同。

如果主动力 $\boldsymbol{F}_i$（$i=1, 2, \cdots, n$）均为有势力，则由第 11 章的 11.4 节知，处于势力场中的质点系存在势能函数

$$E_p = E_p(x, y, z)$$

根据式（11-26），有势力与势能函数存在关系

$$F_x = -\frac{\partial E_p}{\partial x}, \qquad F_y = -\frac{\partial E_p}{\partial y}, \qquad F_z = -\frac{\partial E_p}{\partial z}$$

可以把势能函数 E_p 视为广义坐标的复合函数，将式（11-26）代入式(13-7b)，有

$$F_{Qj} = -\sum_{i=1}^{n} \left(\frac{\partial E_p}{\partial x_i} \frac{\partial x_i}{\partial q_j} + \frac{\partial E_p}{\partial y_i} \frac{\partial y_i}{\partial q_j} + \frac{\partial E_p}{\partial z_i} \frac{\partial z_i}{\partial q_j} \right)$$

即

$$F_{Qj} = -\frac{\partial E_p}{\partial q_j} \qquad (j = 1, 2, \cdots, k) \tag{13-10}$$

此式表明，在主动力都是有势力的情形下，广义力等于势能函数对相应的广义坐标的偏导数的负值。由此可得，在主动力都是有势力的情形下，质点系的平衡条件为

$$\frac{\partial E_p}{\partial q_j} = 0 \qquad (j = 1, 2, \cdots, k) \tag{13-11}$$

即在势力场中，具有理想约束的质点系的平衡条件是势能对于每个广义坐标的偏导数分别等于零。

下面介绍求广义力的几种方法。

（1）解析法

先计算主动力系在直角坐标轴上的投影，再将主动力系各力 $\boldsymbol{F}_i$ 的作用点坐标 x_i，y_i，$z_i(i=1, 2, \cdots, n)$ 写成广义坐标 $q_j(j=1, 2, \cdots, k)$ 的函数，并求偏导数，然后利用式（13-7b）求。

（2）几何法

给质点系一组特殊的虚位移，即令 $\delta q_1 \neq 0$，$\delta q_2 = \cdots = \delta q_k = 0$，这样可以把 k 个自由度问题变为一个自由度问题来看待，这时用几何法求出主动力系在这一组特殊的虚位移中的虚功之和 $\sum \delta W_i$，又由式（13-8）可知此时 $\sum \delta W_i = F_{Q1}\delta q_1$，由此求得

$$F_{Q1} = \frac{\sum \delta W_i}{\delta q_1} \tag{13-12}$$

同理可求得 F_{Q2}，F_{Q3}，…，F_{Qk}。

（3）若主动力均是有势力，则先写出力系的势能函数 E_p，并把它表示成广义坐标的函数，然后利用式（13-10）计算。

【例 13.7】 均质杆 OA 和 AB 用铰链 A 连接，铰链 O 固定，如图 13-9 所示。两杆的长度为 l_1 和 l_2，所受重力为 $\boldsymbol{P}_1$ 和 $\boldsymbol{P}_2$，在杆 AB 的 B 端受一水平力 $\boldsymbol{F}$ 作用，求平衡时两杆与铅直线所成的夹角 α 和 β。

【解】 此系统有两个自由度，选广义坐标为 α 和 β。

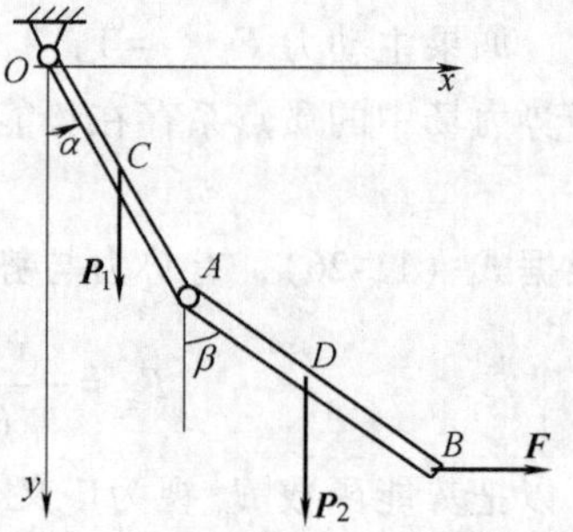

图　13-9

（1）用解析法求解。

建立图示直角坐标系，各主动力在直角坐标轴上的投影分别为

$$\boldsymbol{P}_1: F_{1x} = 0, \quad F_{1y} = P_1$$

$$\boldsymbol{P}_2: F_{2x} = 0, \quad F_{2y} = P_2$$

$$\boldsymbol{F}: F_{3x} = F, \quad F_{3y} = 0$$

将各力作用点的坐标表示为广义坐标的函数，并对广义坐标求偏导数：

$$y_C = \frac{l_1}{2}\cos\alpha, \qquad \frac{\partial y_C}{\partial \alpha} = -\frac{l_1}{2}\sin\alpha, \qquad \frac{\partial y_C}{\partial \beta} = 0$$

$$y_D = l_1\cos\alpha + \frac{l_2}{2}\cos\beta, \qquad \frac{\partial y_D}{\partial \alpha} = -l_1\sin\alpha, \qquad \frac{\partial y_D}{\partial \beta} = -\frac{l_2}{2}\sin\beta$$

$$x_B = l_1\sin\alpha + l_2\sin\beta, \qquad \frac{\partial x_B}{\partial \alpha} = l_1\cos\alpha, \qquad \frac{\partial x_B}{\partial \beta} = l_2\cos\beta$$

由式（13-7b）求广义力：

$$F_{Q\alpha}=\sum\left(F_{ix}\frac{\partial x_i}{\partial\alpha}+F_{iy}\frac{\partial y_i}{\partial\alpha}+F_{iz}\frac{\partial z_i}{\partial\alpha}\right)$$

$$=-P_1\frac{l_1}{2}\sin\alpha-P_2l_1\sin\alpha+Fl_1\cos\alpha$$

$$F_{Q\beta}=\sum\left(F_{ix}\frac{\partial x_i}{\partial\beta}+F_{iy}\frac{\partial y_i}{\partial\beta}+F_{iz}\frac{\partial z_i}{\partial\beta}\right)$$

$$=P_1\cdot 0-P_2\frac{l_2}{2}\sin\beta+Fl_2\cos\beta$$

由 $F_{Q\alpha}=0$，求得

$$\tan\alpha=\frac{2F}{P_1+2P_2},\qquad \alpha=\arctan\frac{2F}{P_1+2P_2}$$

由 $F_{Q\beta}=0$，求得

$$\tan\beta=\frac{2F}{P_2},\qquad \beta=\arctan\frac{2F}{P_2}$$

（2）利用式（13-10）求解。

作用于质点系的主动力均为有势力，以 x 轴和 y 轴所在水平面和铅垂面分别作为有势力 $\boldsymbol{P}_1$、$\boldsymbol{P}_2$ 和 $\boldsymbol{F}$ 的零势面，则有

$$V=-P_1\frac{l_1}{2}\cos\alpha-P_2\left(l_1\cos\alpha+\frac{l_2}{2}\cos\beta\right)-F(l_1\sin\alpha+l_2\sin\beta)$$

$$F_{Q\alpha}=-\frac{\partial V}{\partial\alpha}=-P_1\frac{l_1}{2}\sin\alpha-P_2l_1\sin\alpha+Fl_1\cos\alpha$$

$$F_{Q\beta}=-\frac{\partial V}{\partial\beta}=-P_2\frac{l_2}{2}\sin\beta+Fl_2\cos\beta$$

由 $F_{Q\alpha}=0$ 和 $F_{Q\beta}=0$，可以得到与上法相同的结果。

【例 13.8】 如图 13-10 所示，重物 A 和 B 分别连接在细绳两端，重物 A 放在粗糙的水平面上，重物 B 绕过定滑轮 E 铅直悬挂。在动滑轮 H 的轴心上挂一重物 C，设重物 A 重 $2P$，重物 B 重 P，试求平衡时重物 C 的重量 W 以及重物 A 与水平面间的滑动摩擦因数。

【解】 此系统有两个自由度，选重物 A 的水平坐标 x_A 和重物 B 的铅直坐标 y_B 为广义坐标，如图 13-10 所示。

用几何法求解。

令 $\delta x_A\neq0$，$\delta y_B=0$，此时重物 C 的虚位移 $\delta y_C=\frac{1}{2}\delta x_A$。设重物 A 与台面间的摩擦力为 F_A，将它视为主动力，这样作用于质点系的主动力系在这一组特殊的虚

位移中的虚功之和为

$$\sum \delta W_{i1} = -F_A \delta x_A + W\delta y_C = \left(-F_A + \frac{1}{2}W\right)\delta x_A$$

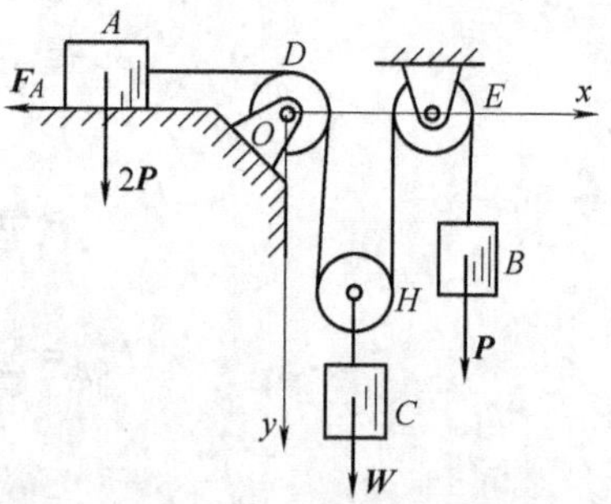

图　13-10

对应于广义坐标 x_A 的广义力为

$$F_{Q1} = \frac{\sum \delta W_{i1}}{\delta x_A} = -F_A + \frac{1}{2}W$$

再令 $\delta x_A = 0$，$\delta y_B \neq 0$，此时重物 C 的虚位移为 $\delta y_C = -\frac{1}{2}\delta y_B$。作用于质点系的主动力系在这一组特殊的虚位移中的虚功之和为

$$\sum \delta W_{i2} = W\delta y_C + P\delta y_B = \left(-\frac{1}{2}W + P\right)\delta y_B$$

对应于广义坐标 y_B 的广义力为

$$F_{Q2} = \frac{\sum \delta W_{i2}}{\delta y_B} = -\frac{1}{2}W + P$$

由 $F_{Q2} = 0$，求得

$$W = 2P$$

由 $F_{Q1} = 0$，求得

$$F_A = \frac{1}{2}W = P$$

因此平衡时，要求台面摩擦因数

$$f \geqslant \frac{F_A}{2P} = 0.5$$

*13.7　质点系在势力场中平衡的稳定性

若保守系统在某一位置处于平衡，当质点系受到微小的初始干扰偏离了平衡位置以后，质点系的运动总不超出平衡位置邻近的某一给定的微小区域，则质点系的平衡是稳定的，否则，是不稳定的。

下面通过一简单的实例来说明平衡的稳定性。例如图 13-11 所示的三个小球就具有三种不同的平衡状态。图 13-11a 所示小球在一凹曲面的最低点上平衡，此处小球的势能为极小值，当小球受到微小干扰偏离平衡位置后，其势能增加，根据机械能守恒定律，其动能必减小。因此，只要初始干扰充分小，小球的偏离总不会超过某一给定的微小区域。由此可知，这种平衡是稳定的。对图 13-11b 的情形，小球位于一凸曲面上的顶点平衡，小球的势能具有极大值。如小球受到微小干扰偏离平衡位置后，势能减小，根据机械能守恒定律，其动能必增加。动能增大的结果必导致小球的偏离不断增大。因此，不管起始干扰如何小，小球离开平衡位置后，再不会回到原平衡位置上，这种平衡是不稳定的。至于图 13-11c 所示的是一种特殊情形，小球位于一平面上，无论在什么位置，小球重心位置不变，势能为一常数，小球在任意位置均能平衡，这称为随遇平衡，随遇平衡是不稳定平衡中的一种特殊情形。

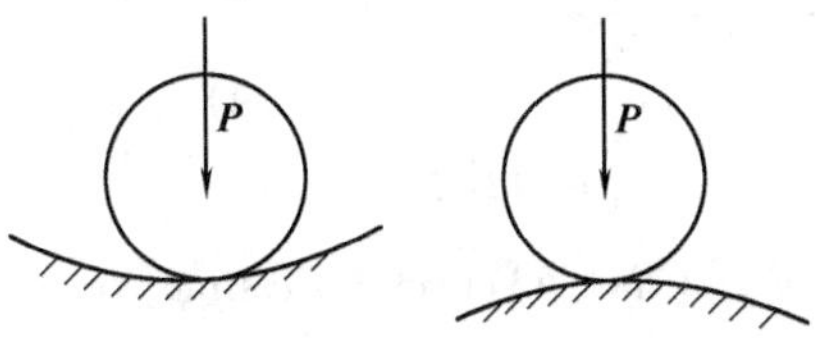

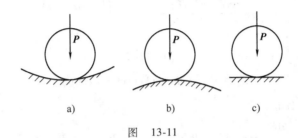

图 13-11

对于一个自由度的保守系统，设 q 为广义坐标，系统的势能可表示为

$$E_p = E_p(q)$$

由式（13-11）知平衡时势能具有极值，即

$$\frac{dE_p}{dq} = 0$$

由此式求出平衡位置 $q=q_0$，然后再判断平衡的稳定性。若

$$\left(\frac{d^2E_p}{dq^2}\right)_{q=q_0} > 0 \tag{13-13}$$

说明质点系在该平衡位置具有势能极小值，该平衡是稳定的。若

$$\left(\frac{d^2E_p}{dq^2}\right)_{q=q_0} < 0 \tag{13-14}$$

则平衡是不稳定的。

【例 13.9】 如图 13-12a 所示，翻斗式料车的料斗通过前后两端的筋板放在半径为 R 的半圆环支座上，装料和行车时，利用两根插销 A、B 将料车与车架固定（这里，利用了筋板与半圆环支座之间不打滑的条件）。如果需要向右边翻斗卸料，就抽出左边的插销 A。试计算装料以后料斗的质心 C 应高出筋板多少时抽出插销才能自动卸料。

【解】 为了自动卸料，必须在拔去插销以后料斗在支座上呈不稳定平衡状态。设装完料以后料斗的质心对筋板的高度为 h，可以取支架半圆环的圆心 O 为势能零位，并建立图 13-12b 所示坐标。

（1）此为一个自由度的系统，取 φ 为广义坐标，则势能函数为

$$E_p = mgy_C = mg(R\cos\varphi + DE\sin\varphi + h\cos\varphi)$$

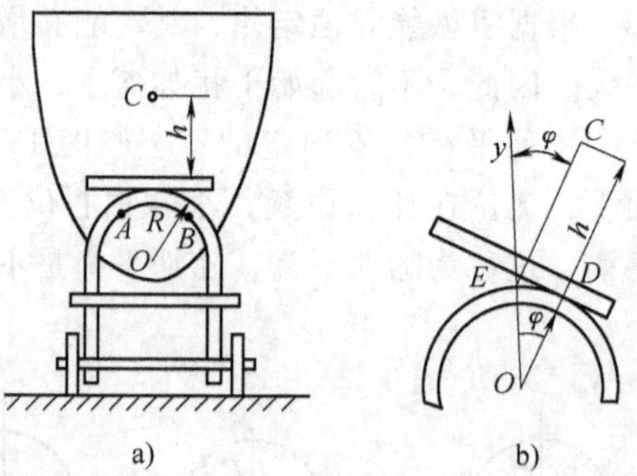

图 13-12

将 $DE=R\varphi$ 代入上式，有

$$E_{\mathrm{p}} = mg[(R+h)\cos\varphi + R\varphi\sin\varphi]$$

（2）求平衡位置：令

$$\begin{aligned}\frac{\mathrm{d}E_{\mathrm{p}}}{\mathrm{d}\varphi} &= mg[-(R+h)\sin\varphi + R\sin\varphi + R\varphi\cos\varphi] \\ &= mg[-h\sin\varphi + R\varphi\cos\varphi] = 0\end{aligned}$$

得

$$-h\sin\varphi + R\varphi\cos\varphi = 0$$

题设的平衡位置 $\varphi=0$，正好满足上式。

（3）求平衡位置为不稳定平衡的条件：

$$\frac{\mathrm{d}^2E_{\mathrm{p}}}{\mathrm{d}\varphi^2} = mg[-h\cos\varphi + R\cos\varphi - R\varphi\sin\varphi]$$

将 $\varphi=0$ 代入上式，有

$$\left(\frac{\mathrm{d}^2E_{\mathrm{p}}}{\mathrm{d}\varphi^2}\right)_{\varphi=0} = mg(-h+R)$$

若 $R>h$，势能为极小值，平衡是稳定的；若 $R<h$，势能为极大值，平衡是不稳定的。因此，为了使料斗能自动翻转，料斗装满料后，其重心的高度 h 应大于半圆形导轨的半径 R。

思 考 题

13.1 用力系平衡条件能求解的问题，是否都可以用虚位移原理求解？反之如何？如何理解虚位移原理是静力学普遍方程？

13.2 应用虚位移原理求解的条件是什么？能否用虚位移原理求超静定结构中多余约束的约束力？为什么？

13.3 物体 A 在重力、摩擦力和弹性力作用下平衡，设给 A 一个水平向右的虚位移 $\delta\boldsymbol{r}$（如思考题 13.3 图所示），问：弹性力的虚功是否等于 $\frac{c}{2}[(l_1-l_0)^2-(l_2-l_0)^2]$？为什么？摩擦

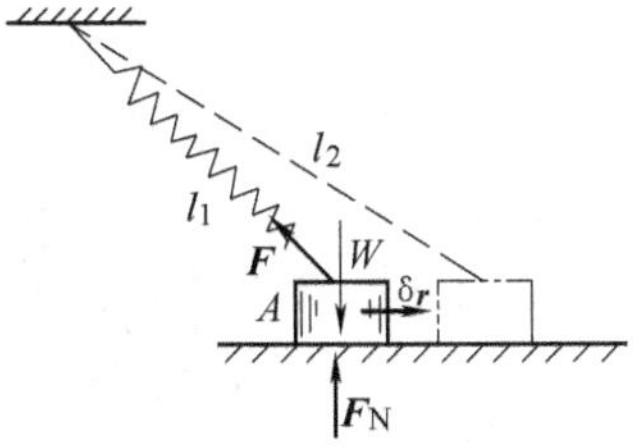

思考题 13.3 图

力的虚功是正还是负?

13.4　试判断思考题 13.4 图中所示各图的虚位移是否正确，若有错请改正。

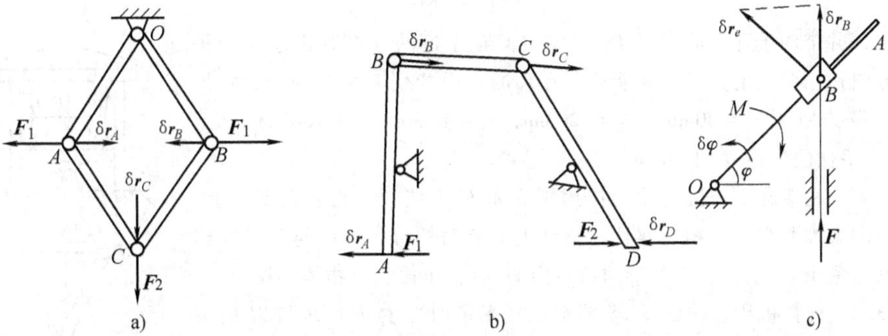

思考题 13.4 图

习　题　A

13.1　确定习题 13.1 图所示系统的自由度。

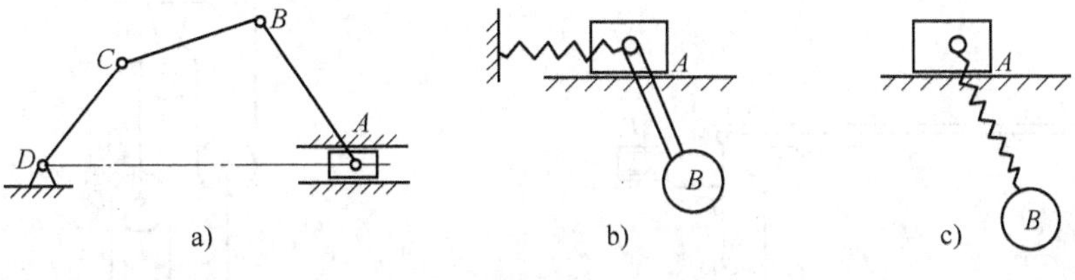

习题 13.1 图

13.2　画出习题 13.2 图所示各系统在图示位置时 B、C、D 三点的虚位移，并找出该三点的虚位移与 A 点虚位移之间的关系。

13.3　习题 13.3 图所示在曲柄式压榨机的销钉 B 上作用水平力 $\boldsymbol{F}_1$，此力位于平面 ABC 内。作用线平分 $\angle ABC$。设 $AB=BC$、$\angle ABC=2\alpha$，各处摩擦及杆重不计，求对物体的压力。

13.4　一台秤的构造简图如习题 13.4 图所示，已知 BC 平行且等于 OD，$BC=AB/10$，设秤锤 $W=1\text{kN}$，问秤台上的重物 P 为多少?

13.5　借滑轮机构将两物体 A 和 B 悬挂如习题 13.5 图所示。如绳和滑轮重量不计，当两物体平衡时，求重量 P_A 与 P_B 的关系。

13.6　习题 13.6 图所示一千斤顶机构，当长为 R 的手柄转动时，齿轮 1、2、3、4 与 5 也随

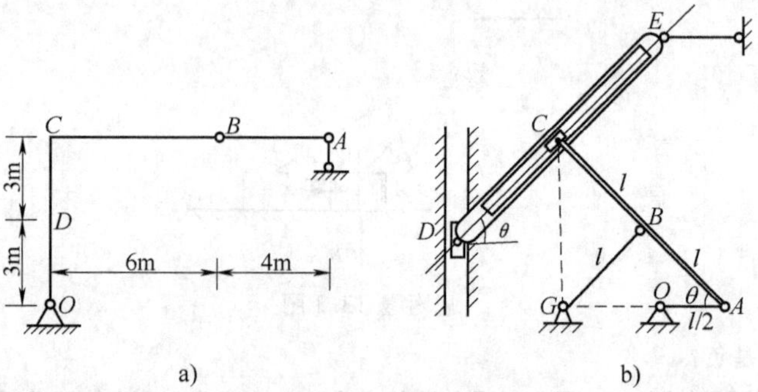

习题 13. 2 图

之转动，并带动千斤顶的齿条 BC 运动。问在手柄的 A 端并沿垂直于手柄的方向作用多大的力时，才能使千斤顶的台面产生 4. 8kN 的压力？齿轮的半径分别为 $r_1=30\text{mm}$，$r_2=120\text{mm}$，$r_3=40\text{mm}$，$r_4=160\text{mm}$，$r_5=30\text{mm}$，手柄的半径 $R=180\text{mm}$。

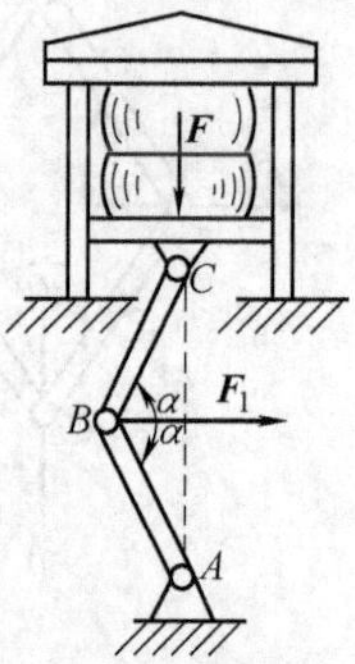

习题 13. 3 图

13. 7　在螺旋压榨机手轮上作用矩为 M 的力偶，手轮装在螺杆上，螺杆两端有螺距为 h 的相反螺纹，螺杆上套有两螺母，螺母与菱形杆框连接见习题 13. 7 图，求当菱形的顶角为 2α 时，压榨机对物体的压力。

13. 8　计算机构在习题 13. 8 图示位置平衡时，主动力 $\boldsymbol{F}$ 与 M 的关系。构件的重量及摩擦阻力均略去不计。

13. 9　习题 13. 9 图所示滑套 D 套在光滑直杆 AB 上，并带动杆 CD 在铅直滑道上滑动。已知 $\theta=0$ 时弹簧等于原长，弹簧劲度系数为 5kN/m，问在任意位置平衡时，应加多大的力偶矩 M？

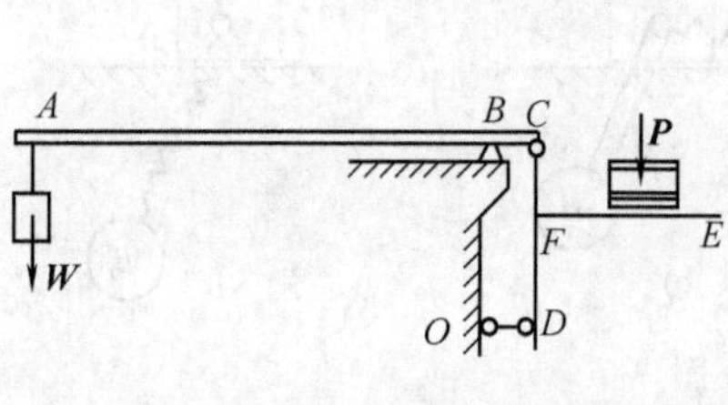

习题 13. 4 图

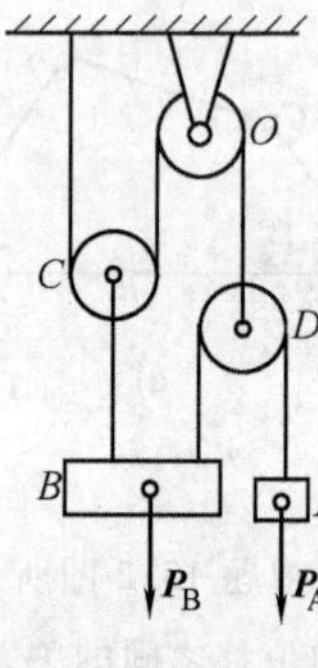

习题 13. 5 图

13. 10　在习题 13. 10 图所示机构的 A 点上作用水平力 $\boldsymbol{F}_2$，在 G 点作用铅直力 $\boldsymbol{F}_1$ 以维持机构平衡，求 F_2 之值。图中 $AC=BC=EC=DC=GE=GD=l$，杆重不计。

13. 11　求习题 13. 11 图所示的三铰拱在水平力 $\boldsymbol{F}$ 的作用下支座 A 和 B 的约束力。拱的质量略去不计。

13. 12　如习题 13. 12 图所示，已知 $F_1=2\text{kN}$，$F_2=4\text{kN}$，A、B、C 均为铰接，不计杆重，求 B 点的约束力。

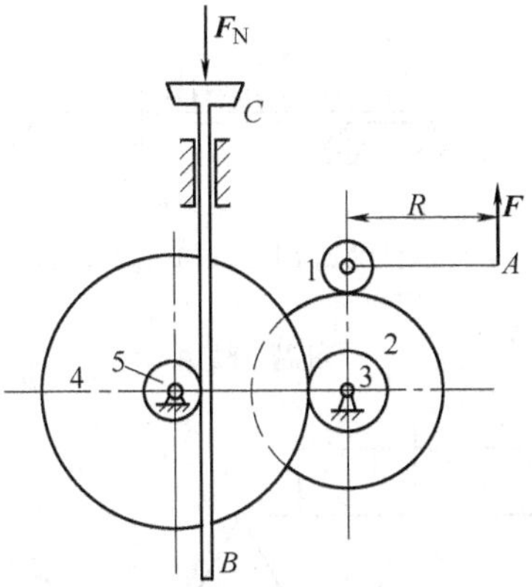

习题 13.6 图

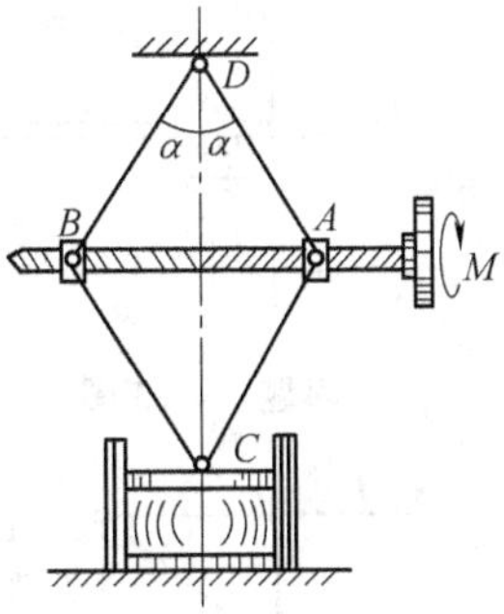

习题 13.7 图

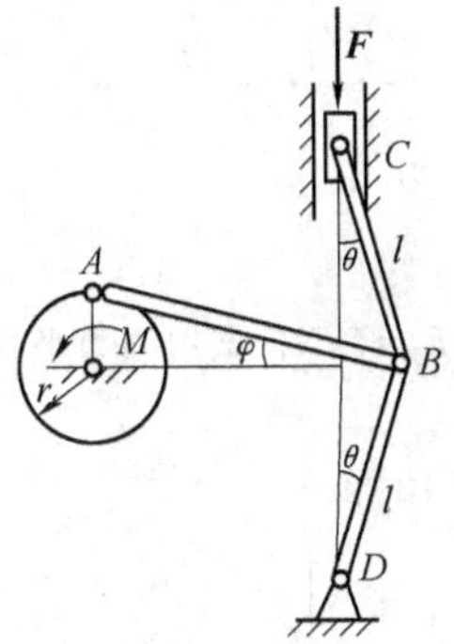

习题 13.8 图

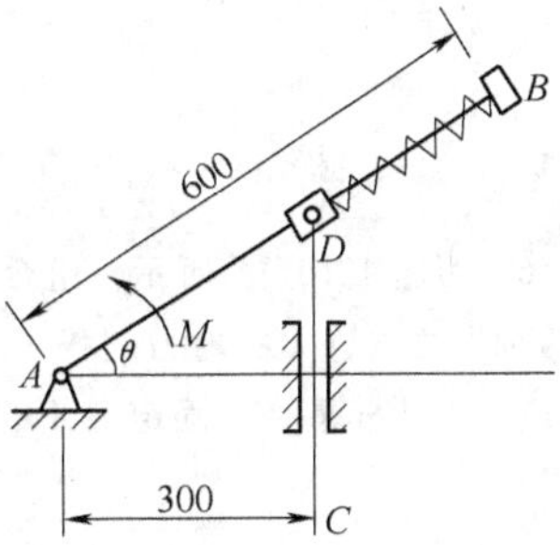

习题 13.9 图

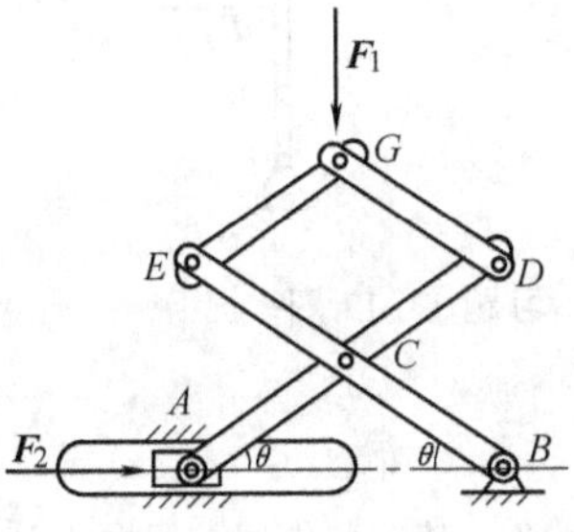

习题 13.10 图

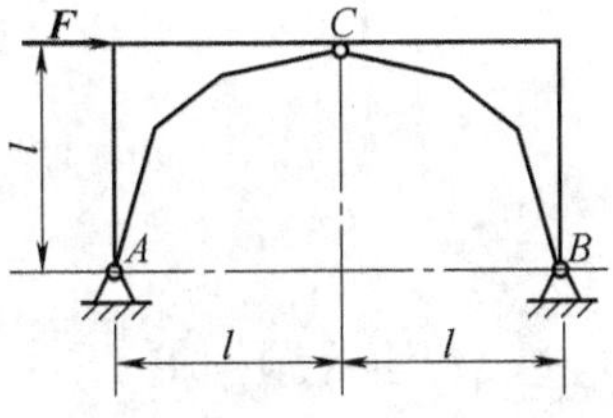

习题 13.11 图

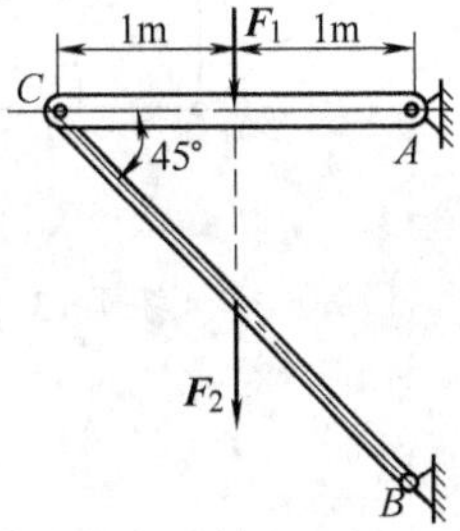

习题 13.12 图

13.13　联合梁如习题 13.13 图所示，梁上作用三个铅直力，大小分别为 20kN、60kN，30kN，试求支座 A、B、C 三处的反力。

13.14　组合梁由铰链 C 连接梁 AC 和 CE 而成，载荷分布如习题 13.14 图所示。已知跨度 $l=8\text{m}$，$F=4900\text{N}$，均布力 $q=2450\text{N/m}$、力偶矩 $M=4900\text{N}\cdot\text{m}$。求支座反力。

13.15　试用虚位移原理求习题 13.15 图所示桁架中 1、2 两杆件的内力。

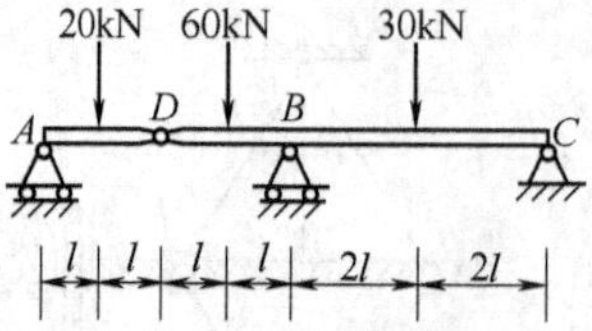

习题 13.13 图

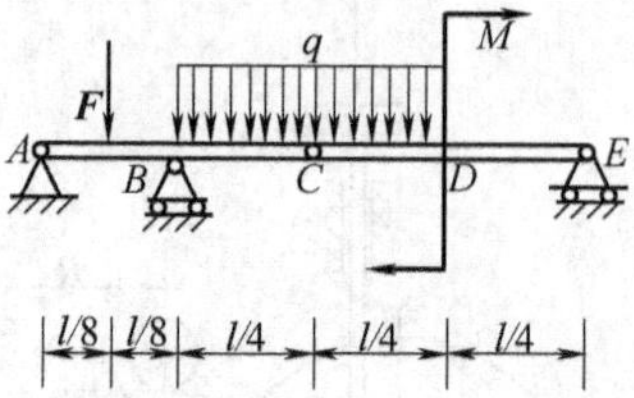

习题 13.14 图

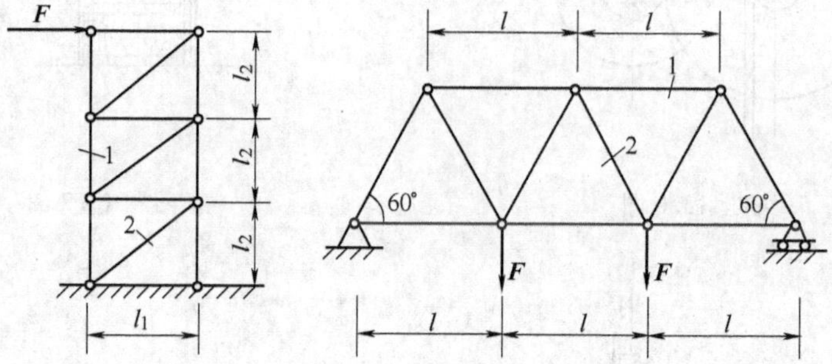

a)

b)

习题 13.15 图

13.16 习题 13.16 图所示一组合结构，已知 $F_1=4\text{kN}$、$F_2=5\text{kN}$，试用静力平衡方程和虚位移原理两种方法求杆 1 的内力。

13.17 不计杆重，求固定端 A 的约束力（见习题 13.17 图）。

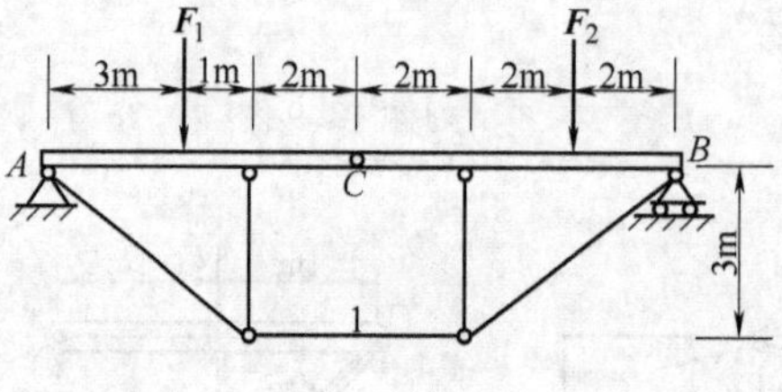

习题 13.16 图

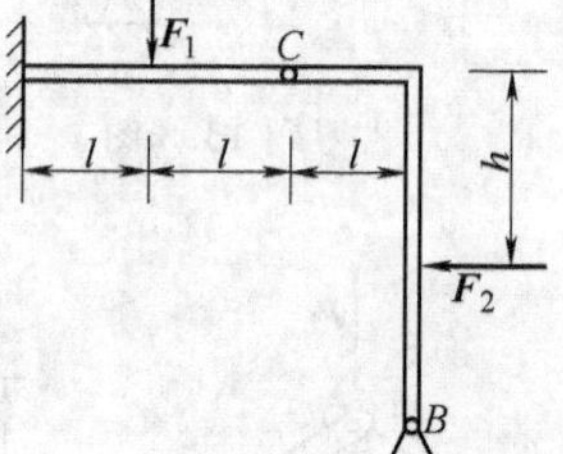

习题 13.17 图

习 题 B

13.18 两相同的均质杆位于铅直平面内，长度均为 l，重各为 W，其上各作用如习题 13.18 图所示之力偶 M。试求在平衡状态时杆与水平线之夹角 θ_1、θ_2。

13.19 在习题 13.19 图所示铅直平面内的四杆机构中，$AB=CD$，$AC=BD$。杆 AB 可绕杆上 O 点转动，$OA=l_1$，$OB=l_2$。今在点 C 作用铅直力 $\boldsymbol{F}_1$，D 处作用水平力 $\boldsymbol{F}_2$，使机构处于平衡。问此时杆 AB、AC 与水平线的夹角 α、β 各等于多少？各杆的质量不计。

13.20 两物体的质量 m_1、m_2 连接在一绳的两端，分别放在倾角为 α、β 的光滑斜面上，如习题 13.20 图所示。绳子绕过定滑轮与动滑轮相连，动滑轮上挂一物体，其质量为 m_3。如不计

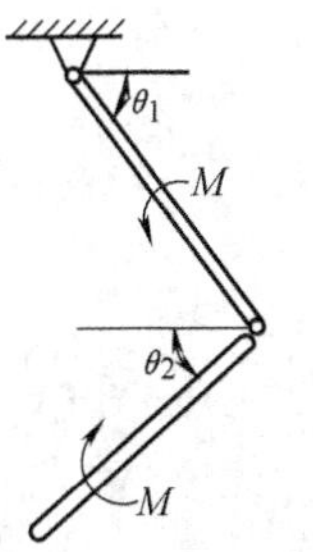

习题 13.18 图

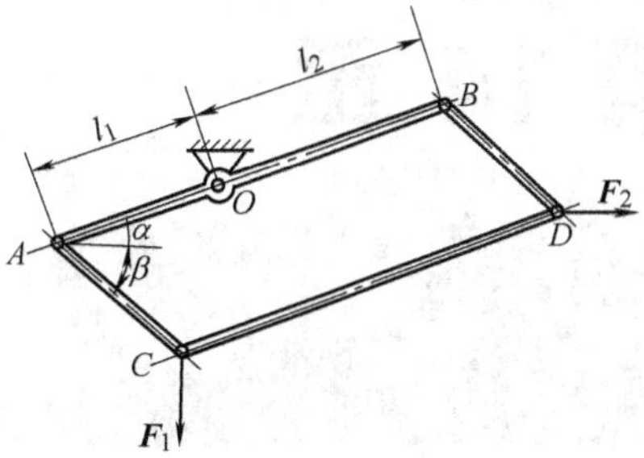

习题 13.19 图

绳与滑轮间的摩擦，试求平衡时的 m_1 和 m_2。

13.21　半径为 R 的滚子放在粗糙水平面上，连杆 AB 的两端分别与轮缘上的 A 点和滑块 B 铰接。现在滚子上施加矩为 M 的力偶，在滑块上施加力 $\boldsymbol{F}$，使系统于习题 13.21 图所示位置平衡。设力 $\boldsymbol{F}$ 为已知，忽略滚动摩阻和各构件的重量，不计滑块和各铰链处的摩擦，试求力偶矩 M 以及滚子与地面间的摩擦力 $\boldsymbol{F}_s$。

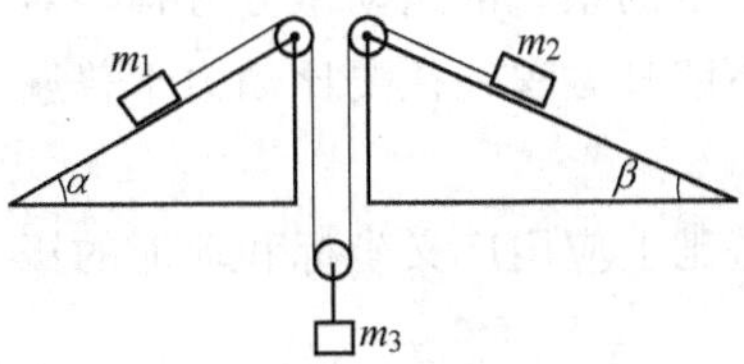

习题 13.20 图

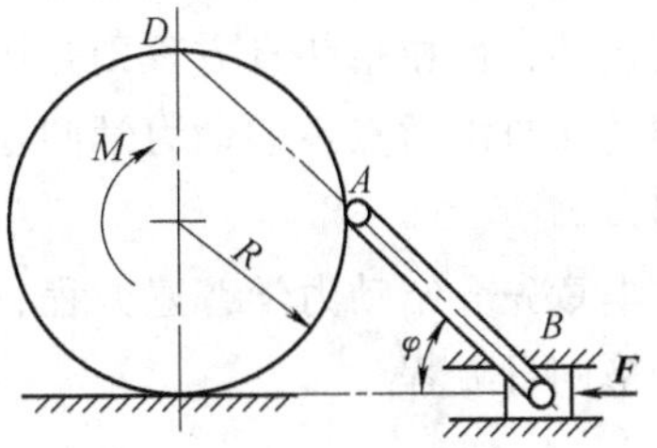

习题 13.21 图

13.22　在习题 13.22 图中，半径为 r 的均质半圆柱 O'放在固定半圆柱 O 的最高点，接触粗糙。问圆柱 O 半径等于多少平衡稳定？

13.23　习题 13.23 图示铅直平面内的系统中杆长 $AB=CD=300\text{cm}$，铰链 E 在这两杆长度的三分点：$2ED=EC$。弹簧的劲度系数为 $c=1.8\text{kN/m}$；当 $\varphi=0$ 时，弹簧中无力。求当铰链 B 处加有载荷 $F=1.2\text{kN}$ 时，系统的平衡位置，并分析其稳定性。

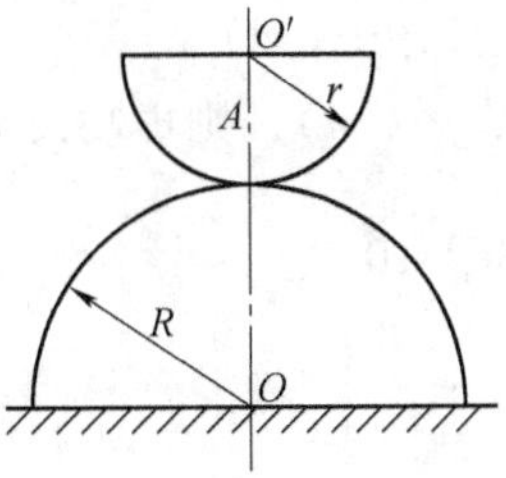

习题 13.22 图

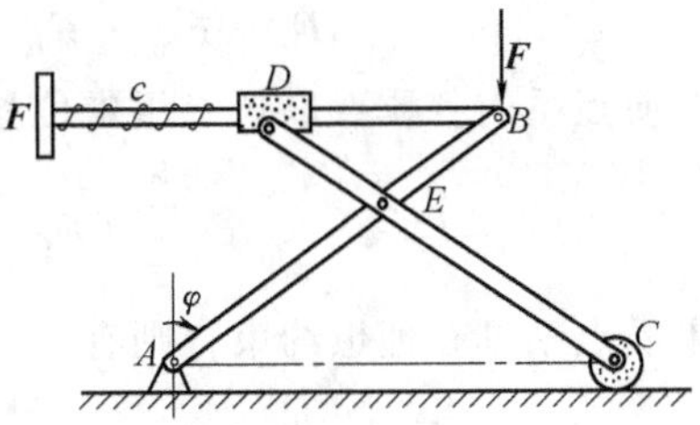

习题 13.23 图

第 14 章

拉格朗日方程

在第 12 章中引入了惯性力的概念，介绍了达朗贝尔原理，采用静力学中求解平衡问题的方法来处理动力学问题；在第 13 章中建立了虚位移和虚功的概念，利用虚位移原理来求解静力学中的平衡问题。本章则把这两个原理结合起来，推导出质点系动力学普遍方程和拉格朗日方程，它们是解决质点系动力学问题的最普遍的方程，是分析动力学问题的基础。在动力学普遍方程中，系统的运动是用直角坐标来描述的，而拉格朗日方程则是用广义坐标表示的系统的运动微分方程。对于解决复杂的非自由质点系的动力学问题，应用拉格朗日方程往往要比动力学普遍方程简便得多。

本章先介绍动力学普遍方程，然后在此基础上应用广义坐标和动能的概念来推导拉格朗日方程。

14.1 动力学普遍方程

设由 n 个质点组成的质点系，其中第 i 个质点的质量为 m_i，其上作用的主动力为 $\boldsymbol{F}_i$，约束力为 $\boldsymbol{F}_{\mathrm{N}i}$。如果假想地加上该质点的惯性力 $\boldsymbol{F}_{\mathrm{I}i}=-m_i\boldsymbol{a}_i$，则根据达朗贝尔原理，$\boldsymbol{F}_i$、$\boldsymbol{F}_{\mathrm{N}i}$、$\boldsymbol{F}_{\mathrm{I}i}$（$i=1, 2, \cdots, n$）应组成平衡力系，即

$$\boldsymbol{F}_i+\boldsymbol{F}_{\mathrm{N}i}+\boldsymbol{F}_{\mathrm{I}i}=0 \quad (i=1, 2, \cdots, n) \tag{a}$$

若给质点系内各质点以任一组虚位移 $\delta\boldsymbol{r}_i$（$i=1, 2, \cdots, n$），则虚功总和为

$$\sum_{i=1}^{n}(\boldsymbol{F}_i+\boldsymbol{F}_{\mathrm{N}i}+\boldsymbol{F}_{\mathrm{I}i})\cdot\delta\boldsymbol{r}_i=0 \tag{b}$$

如果质点系具有理想约束，则有

$$\sum_{i=1}^{n}\boldsymbol{F}_{\mathrm{N}i}\cdot\delta\boldsymbol{r}_i=0 \tag{c}$$

于是式（b）就可写为

$$\sum_{i=1}^{n}(\boldsymbol{F}_i+\boldsymbol{F}_{\mathrm{I}i})\cdot\delta\boldsymbol{r}_i=0 \tag{14-1a}$$

将 $\boldsymbol{F}_{\mathrm{I}i}=-m_i\boldsymbol{a}_i=-m_i\ddot{\boldsymbol{r}}_i$ 代入上式，有

$$\sum_{i=1}^{n}(\boldsymbol{F}_i - m_i\ddot{\boldsymbol{r}}_i)\cdot\delta\boldsymbol{r}_i = 0 \tag{14-1b}$$

此式表明，在理想双面约束的条件下，任一瞬时作用于质点系上的主动力和惯性力在质点系的任何虚位移中的虚功之和为零，这称为动力学普遍方程。它的解析形式为

$$\sum_{i=1}^{n}[(F_{ix} - m_i\ddot{x}_i)\delta x_i + (F_{iy} - m_i\ddot{y}_i)\delta y_i + (F_{iz} - m_i\ddot{z}_i)\delta z_i] = 0 \tag{14-2}$$

与静力学普遍方程相比较可以看出它们的共同特点是：(1) 理想约束的约束力从方程中自动消去；(2) 在多自由度质点系中，质点系的平衡方程或运动方程的数目与自由度数一致。

【例 14.1】 在图 14-1 所示滑轮系统中，动滑轮上悬挂着重为 W_1 的重物。绳子绕过定滑轮后悬挂着重物为 W_2 的重物。设滑轮和绳子的重量以及轮轴摩擦均忽略不计，求重为 W_1 的重物上升的加速度。

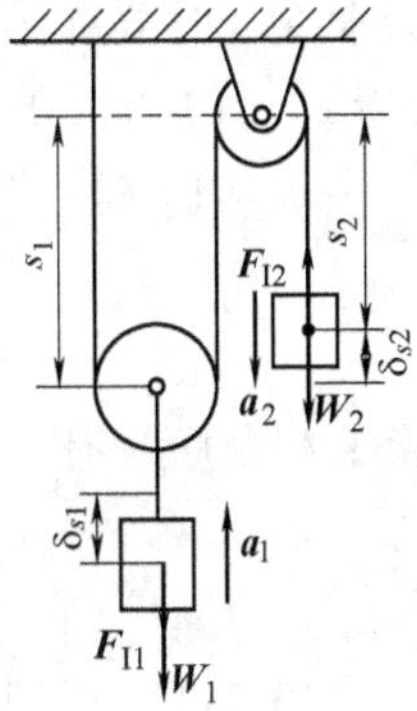

图　14-1

【解】 (1) 研究整个滑轮系统，此为一个自由度的系统。

(2) 分析主动力：作用在系统上的主动力只有两物块的重力 $\boldsymbol{W}_1$、$\boldsymbol{W}_2$。

(3) 分析运动，虚加惯性力：两物块均做直线运动，由运动学知，$a_2 = 2a_1$，它们的惯性力分别为 $F_{I1} = \dfrac{W_1}{g}a_1$，$F_{I2} = \dfrac{W_2}{g}a_2 = \dfrac{2W_2}{g}a_1$，方向如图示。

(4) 任给系统一组虚位移如图示，有 $\delta_{s2} = 2\delta_{s1}$。

(5) 由动力学普遍方程求解：

$$\sum(\boldsymbol{F}_i - m_i\ddot{\boldsymbol{r}}_i)\cdot\delta\boldsymbol{r}_i = 0: -(W_1 + F_{I1})\delta_{s1} + (W_2 - F_{I2})\delta_{s2} = 0$$

将惯性力和虚位移关系代入上式，有

$$\left[-\left(W_1 + \frac{W_1}{g}a_1\right) + 2\left(W_2 - \frac{2W_2}{g}a_1\right)\right]\delta_{s1} = 0$$

由 δ_{s1} 的独立性解得

$$a_1 = \frac{2W_2 - W_1}{4W_2 + W_1}g$$

14.2　拉格朗日方程的内涵

上述讨论的动力学普遍方程由于系统存在约束，各质点的虚位移可能是不全独

立的，这样解题时还要找出各虚位移之间的关系，有时很不方便。如果采用广义坐标，将可得到与自由度数相同的独立的运动微分方程，这就是下面所要介绍的拉格朗日第二类方程或简称为拉格朗日方程。

设由 n 个质点组成的质点系，受到 s 个完整的理想约束，选 k（$k=3n-s$）个广义坐标 q_1，q_2，…，q_k 表示质点系的位置。质点系中任一质点 M_i 的矢径 $\boldsymbol{r}_i$ 可以表示为广义坐标和时间 t 的函数，即

$$\boldsymbol{r}_i=\boldsymbol{r}_i(q_1,\ q_2,\ \cdots,\ q_k,\ t)\qquad (i=1,\ 2,\ \cdots,\ n)\tag{14-3}$$

将上式求变分，得

$$\delta\boldsymbol{r}_i=\sum_{j=1}^{k}\frac{\partial\boldsymbol{r}_i}{\partial q_j}\delta q_j\qquad (i=1,\ 2,\ \cdots,\ n)\tag{14-4}$$

因为求变分时要冻结时间 t，即 $\delta t=0$，所以式（14-3）与式（13-2a）的变分相同（参看式（13-3a））。

将式（14-4）代入式（14-1b），有

$$\sum_{i=1}^{n}(\boldsymbol{F}_i-m_i\ddot{\boldsymbol{r}}_i)\cdot\sum_{j=1}^{k}\frac{\partial\boldsymbol{r}_i}{\partial q_j}\delta q_j=0$$

交换求和顺序，有

$$\sum_{j=1}^{k}\left(\sum_{i=1}^{n}\boldsymbol{F}_i\cdot\frac{\partial\boldsymbol{r}_i}{\partial q_j}-\sum_{i=1}^{n}m_i\ddot{\boldsymbol{r}}_i\cdot\frac{\partial\boldsymbol{r}_i}{\partial q_j}\right)\delta q_j=0\tag{a}$$

由式（13-7a）知，上式括号中第一项就是对应于广义坐标 q_j 的广义力，即

$$F_{Qj}=\sum_{i=1}^{n}\boldsymbol{F}_i\cdot\frac{\partial\boldsymbol{r}_i}{\partial q_j}$$

第二项可称为广义惯性力。为计算方便，对广义惯性力作如下变换：

$$\sum_{i=1}^{n}m_i\ddot{\boldsymbol{r}}_i\cdot\frac{\partial\boldsymbol{r}_i}{\partial q_j}=\frac{\mathrm{d}}{\mathrm{d}t}\left(\sum_{i=1}^{n}m_i\dot{\boldsymbol{r}}_i\cdot\frac{\partial\boldsymbol{r}_i}{\partial q_j}\right)-\sum_{i=1}^{n}m_i\dot{\boldsymbol{r}}_i\cdot\frac{\mathrm{d}}{\mathrm{d}t}\left(\frac{\partial\boldsymbol{r}_i}{\partial q_j}\right)\tag{b}$$

为了进一步简化，先证明两个恒等式：

$$\frac{\partial\boldsymbol{r}_i}{\partial q_j}=\frac{\partial\dot{\boldsymbol{r}}_i}{\partial\dot{q}_j}\tag{14-5}$$

$$\frac{\mathrm{d}}{\mathrm{d}t}\left(\frac{\partial\boldsymbol{r}_i}{\partial q_j}\right)=\frac{\partial\dot{\boldsymbol{r}}_i}{\partial q_j}\tag{14-6}$$

先证明式（14-5）：

将式（14-3）对时间 t 求导数，有

$$\dot{\boldsymbol{r}}_i=\sum_{j=1}^{k}\frac{\partial\boldsymbol{r}_i}{\partial q_j}\dot{q}_j+\frac{\partial\boldsymbol{r}_i}{\partial t}\tag{14-7}$$

式中 $\dfrac{\partial\boldsymbol{r}_i}{\partial q_j}$、$\dfrac{\partial\boldsymbol{r}_i}{\partial t}$ 是广义坐标和时间的函数，而不是广义速度的函数，所以将上式

对 $\dot{q}_j$ 求偏导数，得

$$\frac{\partial \dot{\boldsymbol{r}}_i}{\partial \dot{q}_j} = \frac{\partial \boldsymbol{r}_i}{\partial q_j}$$

再证明式（14-6）：

将式（14-7）对某一广义坐标 q_l 求偏导数，有

$$\frac{\partial \dot{\boldsymbol{r}}_i}{\partial q_l} = \sum_{j=1}^{k} \frac{\partial^2 \boldsymbol{r}_i}{\partial q_j \partial q_l}\dot{q}_j + \frac{\partial^2 \boldsymbol{r}_i}{\partial t \partial q_l} \tag{c}$$

再将$\frac{\partial \boldsymbol{r}_i}{\partial q_l}$对时间 t 求导数，有

$$\frac{\mathrm{d}}{\mathrm{d}t}\left(\frac{\partial \boldsymbol{r}_i}{\partial q_l}\right) = \sum_{j=1}^{k} \frac{\partial^2 \boldsymbol{r}_i}{\partial q_l \partial q_j}\dot{q}_j + \frac{\partial^2 \boldsymbol{r}_i}{\partial q_l \partial t} \tag{d}$$

考虑到$\frac{\partial^2 \boldsymbol{r}_i}{\partial q_j \partial q_l} = \frac{\partial^2 \boldsymbol{r}_i}{\partial q_l \partial q_j}$和$\frac{\partial^2 \boldsymbol{r}_i}{\partial t \partial q_l} = \frac{\partial^2 \boldsymbol{r}_i}{\partial q_l \partial t}$，比较式（c）和式（d），可得

$$\frac{\mathrm{d}}{\mathrm{d}t}\left(\frac{\partial \boldsymbol{r}_i}{\partial q_j}\right) = \frac{\partial \dot{\boldsymbol{r}}_i}{\partial q_j}$$

以上两式证毕。

将式（14-5）和式（14-6）代入式（b），有

$$\begin{aligned}\sum_{i=1}^{n} m_i \ddot{\boldsymbol{r}}_i \cdot \frac{\partial \boldsymbol{r}_i}{\partial q_j} &= \frac{\mathrm{d}}{\mathrm{d}t}\left(\sum_{i=1}^{n} m_i \dot{\boldsymbol{r}}_i \cdot \frac{\partial \dot{\boldsymbol{r}}_i}{\partial \dot{q}_j}\right) - \sum_{i=1}^{n} m_i \dot{\boldsymbol{r}}_i \cdot \frac{\partial \dot{\boldsymbol{r}}_i}{\partial q_j} \\ &= \frac{\mathrm{d}}{\mathrm{d}t}\frac{\partial}{\partial \dot{q}_j}\left(\sum_{i=1}^{n} \frac{1}{2} m_i \dot{\boldsymbol{r}}_i \cdot \dot{\boldsymbol{r}}_i\right) - \frac{\partial}{\partial \dot{q}_j}\left(\sum_{i=1}^{n} \frac{1}{2} m_i \dot{\boldsymbol{r}}_i \cdot \dot{\boldsymbol{r}}_i\right) \\ &= \frac{\mathrm{d}}{\mathrm{d}t}\frac{\partial E_\mathrm{k}}{\partial \dot{q}_j} - \frac{\partial E_\mathrm{k}}{\partial q_j}\end{aligned} \tag{14-8}$$

式中，$E_\mathrm{k} = \sum_{i=1}^{n} \frac{1}{2} m_i \dot{\boldsymbol{r}}_i \cdot \dot{\boldsymbol{r}}_i$ 是质点系的动能。将式（13-7a）和式（14-8）代入式（a），有

$$\sum_{j=1}^{k}\left[F_{\mathrm{Q}j} - \left(\frac{\mathrm{d}}{\mathrm{d}t}\frac{\partial E_\mathrm{k}}{\partial \dot{q}_j} - \frac{\partial E_\mathrm{k}}{\partial q_j}\right)\right]\delta q_j = 0 \tag{14-9}$$

上式为用广义坐标表示的动力学普遍方程，对于完整约束的质点系，广义坐标的变分 δq_j 是独立的。因此，要使上式成立，δq_j 的系数必须等于零，由此得

$$\frac{\mathrm{d}}{\mathrm{d}t}\frac{\partial E_\mathrm{k}}{\partial \dot{q}_j} - \frac{\partial E_\mathrm{k}}{\partial q_j} = F_{\mathrm{Q}j} \quad (j = 1,\ 2,\ \cdots,\ k) \tag{14-10}$$

上式称为拉格朗日方程，该方程组中方程式的数目等于质点系的自由度数，是一组用广义坐标表示的二阶微分方程。

如果作用在质点系上的主动力都是有势力，设质点系的势能为 E_P，由式(13-10)知，对应于广义坐标 q_j 的广义力为

$$F_{Qj}=-\frac{\partial E_p}{\partial q_j}\quad (j=1,\ 2,\ \cdots,\ k)$$

将上式代入式（14-10），有

$$\frac{\mathrm{d}}{\mathrm{d}t}\frac{\partial E_k}{\partial \dot{q}_j}-\frac{\partial E_k}{\partial q_j}=-\frac{\partial E_p}{\partial q_j}\quad (j=1,\ 2,\ \cdots,\ k)$$

由于势能不依赖于广义速度，即$\frac{\partial E_p}{\partial \dot{q}_j}=0$，上式可写为

$$\frac{\mathrm{d}}{\mathrm{d}t}\frac{\partial (E_k-E_p)}{\partial \dot{q}_j}-\frac{\partial (E_k-E_p)}{\partial q_j}=0\quad (j=1,\ 2,\ \cdots,\ k)\tag{e}$$

若令

$$L=E_k-E_p\tag{14-11}$$

称 L 为拉格朗日函数，则式（e）可写为

$$\frac{\mathrm{d}}{\mathrm{d}t}\frac{\partial L}{\partial \dot{q}_j}-\frac{\partial L}{\partial q_j}=0\quad (j=1,\ 2,\ \cdots,\ k)\tag{14-12}$$

上式称为保守系统的拉格朗日方程。

下面通过实例说明拉格朗日方程的应用。应用拉格朗日方程求解具体问题时，可按照如下步骤进行：

(1) 选取研究对象，判断它是否受理想、完整约束。若是，再确定系统的自由度，然后选取一组适当的广义坐标。

(2) 写出研究对象的动能，并把它表示成广义坐标和广义速度的函数。

(3) 计算对应于每一广义坐标 q_j 的广义力 F_{Qj}。如果是保守系统，则计算质点系在任一位置的势能 E_P，并表示为广义坐标的函数。

(4) 根据不同情况选用式（14-10）和式（14-12），可得与质点系自由度数相同的运动微分方程。

(5) 对微分方程积分，并根据运动的初始条件确定积分常量，可求得用广义坐标 $q_j(t)$ 表示的质点系的运动规律。

【例 14.2】 半径均为 R 的均质圆盘和均质细圆环，质量分别为 m_1 和 m_2，用绕过无重定滑轮的软绳相连，绳一端系于盘心，另一端缠在圆环上，如图 14-2 所示，圆盘放在粗糙水平面上，圆环铅直悬吊，试求它们的质心加速度。

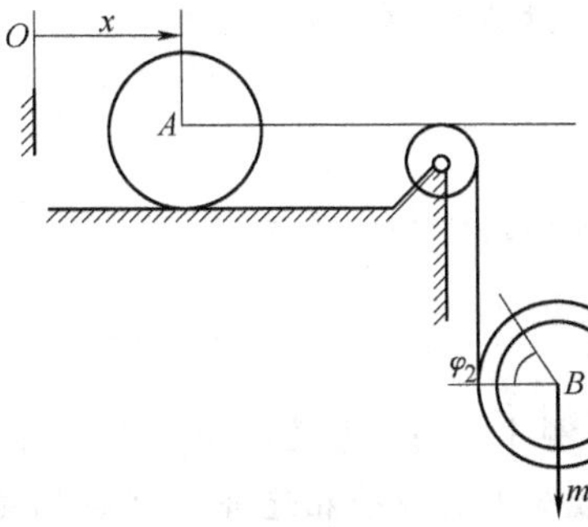

图　14-2

【解】　(1) 研究由圆盘和圆环组成的质点系，此为二个自由度的系统，即 $k=2$，选取 x 和 φ_2 为广义坐标，如图所示。

(2) 计算系统的动能。圆盘和圆环均做平面运动，其质心速度和角速度分别为

圆盘：$v_1=\dot{x}$，$\omega_1=\dfrac{\dot{x}}{R}$　　(a)

圆环：$v_2=\dot{x}+R\dot{\varphi}_2$，$\omega_2=\dot{\varphi}_2$　　(b)

系统的动能为

$$E_k=\frac{1}{2}m_1v_1^2+\frac{1}{2}\frac{m_1R^2}{2}\omega_1^2+\frac{1}{2}m_2v_2^2+\frac{1}{2}m_2R^2\omega_2^2$$

将式 (a)、式 (b) 代入上式，并化简得

$$E_k=\left(\frac{3}{4}m_1+\frac{1}{2}m_2\right)\dot{x}^2+m_2R\dot{x}\dot{\varphi}+m_2R^2\dot{\varphi}_2^2$$

(3) 选用几何法计算广义力。令 $\delta x\neq0$，$\delta\varphi_2=0$，有

$$F_{Q1}=\frac{\sum\delta W_i^1}{\delta x}=\frac{m_2g\delta x}{\delta x}=m_2g$$

令 $\delta x=0$，$\delta\varphi_2\neq0$，有

$$F_{Q2}=\frac{\sum\delta W_i^2}{\delta\varphi_2}=\frac{m_2gR\delta\varphi_2}{\delta\varphi_2}=m_2gR$$

(4) 计算偏导数：

$$\frac{\partial E_k}{\partial\dot{x}}=\left(\frac{3}{2}m_1+m_2\right)\dot{x}+m_2R\dot{\varphi}_2,\qquad\frac{\partial E_k}{\partial x}=0$$

$$\frac{\partial E_k}{\partial\dot{\varphi}_2}=m_2R\dot{x}+2m_2R^2\dot{\varphi}_2,\qquad\frac{\partial E_k}{\partial\varphi_2}=0$$

(5) 利用拉格朗日方程求解：

$$\frac{\mathrm{d}}{\mathrm{d}t}\left(\frac{\partial E_k}{\partial\dot{x}}\right)-\frac{\partial E_k}{\partial x}=F_{Q1}:\ \left(\frac{3}{2}m_1+m_2\right)\ddot{x}+m_2R\ddot{\varphi}_2-0=m_2g\qquad(c)$$

$$\frac{\mathrm{d}}{\mathrm{d}t}\left(\frac{\partial E_k}{\partial\dot{\varphi}_2}\right)-\frac{\partial E_k}{\partial\varphi_2}=F_{Q2}:\ m_2R\ddot{x}+2m_2R^2\ddot{\varphi}_2-0=m_2gR\qquad(d)$$

由式 (c)、式 (d) 联立解得

$$\ddot{x}=\frac{m_2g}{3m_1+m_2},\qquad\ddot{\varphi}_2=\frac{3m_1g}{2(3m_1+m_2)R}$$

圆盘质心加速度为

$$\ddot{x}=\frac{m_2 g}{3m_1+m_2}$$

圆环质心加速度为

$$a_B=\ddot{x}+R\ddot{\varphi}_2=\frac{3m_1+2m_2}{6m_1+2m_2}g$$

【例 14.3】 质量为 m，长度为 l 的均质杆 AB，A 端与劲度系数为 k 的弹簧相连并限制在铅垂方向运动，AB 杆还可以绕过 A 的水平轴摆动，如图 14-3 所示，试求 AB 杆的运动微分方程。

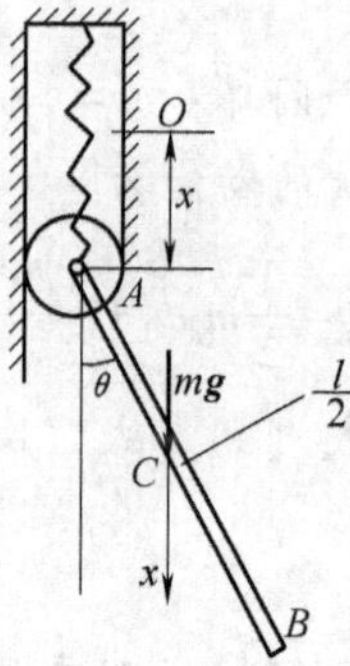

图 14-3

【解】 (1) 研究 AB 杆，此为 2 个自由度的系统，即 $k=2$，选 x 和 θ 角为广义坐标，如图所示。坐标原点 O 为平衡位置，在平衡位置时，有

$$c\lambda_0=mg \tag{a}$$

(2) 计算 AB 杆的动能。AB 杆做平面运动，质心速度为

$$\dot{x}_C=\dot{x}-\frac{l}{2}\dot{\theta}\sin\theta,\ \dot{y}_C=\frac{l}{2}\dot{\theta}\cos\theta \tag{b}$$

AB 杆动能为

$$E_{\mathrm{k}}=\frac{1}{2}m(\dot{x}_C^2+\dot{y}_C^2)+\frac{1}{2}\frac{ml^2}{12}\dot{\theta}^2$$

将式 (b) 代入上式，并化简得

$$E_{\mathrm{k}}=\frac{m}{2}\dot{x}^2-\frac{m}{2}l\dot{x}\dot{\theta}\sin\theta+\frac{ml^2}{6}\dot{\theta}^2$$

(3) 计算势能，并写出拉格朗日函数。选 O 点为弹性力和重力的零势能点，则

$$E_{\mathrm{p}}=\frac{k}{2}[(x+\lambda_0)^2-\lambda_0^2]-mg\left(x+\frac{l}{2}\cos\theta\right)$$

将式 (a) 代入上式，并化简得

$$E_{\mathrm{p}}=\frac{k}{2}x^2-mg\frac{l}{2}\cos\theta$$

拉格朗日函数为

$$L=E_{\mathrm{k}}-E_{\mathrm{p}}=\frac{m}{2}\dot{x}^2-\frac{m}{2}l\dot{x}\dot{\theta}\sin\theta+\frac{ml^2}{6}\dot{\theta}^2-\frac{k}{2}x^2+mg\frac{l}{2}\cos\theta$$

(4) 计算偏导数：

$$\frac{\partial L}{\partial \dot{x}}=m\dot{x}-\frac{m}{2}l\dot{\theta}\sin\theta,\qquad \frac{\partial L}{\partial x}=-kx$$

$$\frac{\partial L}{\partial \dot{\theta}}=-\frac{m}{2}l\dot{x}\sin\theta+\frac{ml^2}{3}\dot{\theta},\quad \frac{\partial L}{\partial \theta}=-\frac{m}{2}l\dot{x}\dot{\theta}\cos\theta-mg\frac{l}{2}\sin\theta$$

(5) 利用拉格朗日方程求解：

$\frac{\mathrm{d}}{\mathrm{d}t}\left(\frac{\partial L}{\partial \dot{x}}\right)-\frac{\partial L}{\partial x}=0$：

$$m\ddot{x}-\frac{m}{2}l\ddot{\theta}\sin\theta-\frac{m}{2}l\dot{\theta}^2\cos\theta+kx=0 \tag{c}$$

$\frac{\mathrm{d}}{\mathrm{d}t}\left(\frac{\partial L}{\partial \dot{\theta}}\right)-\frac{\partial L}{\partial \theta}=0$：

$$-\frac{m}{2}l\ddot{x}\sin\theta-\frac{m}{2}l\dot{x}\dot{\theta}\cos\theta+\frac{ml^2}{3}\ddot{\theta}+\frac{m}{2}l\dot{x}\dot{\theta}\cos\theta+mg\frac{l}{2}\sin\theta=0 \tag{d}$$

将式 (c)、式 (d) 化简得

$$2m\ddot{x}-ml\ddot{\theta}\sin\theta-ml\dot{\theta}^2\cos\theta+2kx=0$$

$$2l\ddot{\theta}-3\ddot{x}\sin\theta+3g\sin\theta=0$$

14.3 拉格朗日方程的首次积分

拉格朗日方程是一个关于广义坐标的二阶微分方程组，如果要知道系统的运动规律，则需要对方程进行积分。下面研究在保守系统中的拉格朗日方程的首次积分。

14.3.1 循环积分

对于完整保守质点系，如果在它的拉格朗日函数 L 中不包含某一个广义坐标 q_α，而只包含它的导数 $\dot{q}_\alpha$，则这个广义坐标 q_α 称为循环坐标，或称可遗坐标。

如果 q_α 是循环坐标，就有$\frac{\partial L}{\partial q_\alpha}=0$，那么对应于该坐标的拉格朗日方程为

$$\frac{\mathrm{d}}{\mathrm{d}t}\left(\frac{\partial L}{\partial \dot{q}_\alpha}\right)=0$$

积分该式得到一个首次积分

$$\frac{\partial L}{\partial \dot{q}_\alpha}=p_\alpha=\text{常数} \tag{14-13}$$

这个积分称为循环积分。

拉格朗日函数 L 对于广义速度的一阶偏导数

$$p_{\alpha}=\frac{\partial L}{\partial \dot{q}_{\alpha}} \tag{14-14}$$

称为对应于广义坐标 q_{α} 的广义动量。根据这个定义可以看出，循环积分表示广义动量是守恒的。

如果质点系有多个循环坐标，那么类似地可以得出相同个数的相应循环积分。

14.3.2　广义能量积分

设质点系受非定常、完整、理想约束，由式（14-3）知，质点系中各质点的矢径可表示为广义坐标和时间的函数，即

$$\boldsymbol{r}_i=\boldsymbol{r}_i(q_1,\ q_2,\ \cdots,\ q_k,\ t)$$

各质点的速度为

$$\boldsymbol{v}_i=\dot{\boldsymbol{r}}_i=\sum_{j=1}^{k}\frac{\partial \boldsymbol{r}_i}{\partial q_j}\dot{q}_j+\frac{\partial \boldsymbol{r}_i}{\partial t}$$

质点系的动能为

$$\begin{aligned}
E_{\mathrm{k}}&=\sum_{i=1}^{n}\frac{1}{2}m_i v_i^2=\frac{1}{2}\sum_{i=1}^{n}m_i\boldsymbol{v}_i\cdot\boldsymbol{v}_i\\
&=\frac{1}{2}\sum_{i=1}^{n}m_i\left(\sum_{j=1}^{k}\frac{\partial \boldsymbol{r}_i}{\partial q_j}\dot{q}_j+\frac{\partial \boldsymbol{r}_i}{\partial t}\right)\cdot\left(\sum_{l=1}^{k}\frac{\partial \boldsymbol{r}_i}{\partial q_l}\dot{q}_l+\frac{\partial \boldsymbol{r}_i}{\partial t}\right)\\
&=\frac{1}{2}\sum_{j=1}^{k}\sum_{l=1}^{k}\left(\sum_{i=1}^{n}m_i\frac{\partial \boldsymbol{r}_i}{\partial q_j}\cdot\frac{\partial \boldsymbol{r}_i}{\partial q_l}\right)\dot{q}_j\dot{q}_l+\sum_{j=1}^{k}\left(\sum_{i=1}^{n}m_i\frac{\partial \boldsymbol{r}_i}{\partial q_j}\cdot\frac{\partial \boldsymbol{r}_i}{\partial t}\right)\dot{q}_j\\
&\quad+\frac{1}{2}\sum_{i=1}^{n}m_i\frac{\partial \boldsymbol{r}_i}{\partial t}\cdot\frac{\partial \boldsymbol{r}_i}{\partial t}
\end{aligned}$$

式中，$\frac{\partial \boldsymbol{r}_i}{\partial q_j}$、$\frac{\partial \boldsymbol{r}_i}{\partial q_l}$、$\frac{\partial \boldsymbol{r}_i}{\partial t}$均是广义坐标和时间的函数。

令
$$E_{\mathrm{k}2}=\frac{1}{2}\sum_{j=1}^{k}\sum_{l=1}^{k}A_{jl}\dot{q}_j\dot{q}_l,\quad E_{\mathrm{k}1}=\sum_{j=1}^{k}B_j\dot{q}_j,\quad E_{\mathrm{k}0}=C \tag{14-15}$$

式中，$A_{jl}=\sum_{i=1}^{n}m_i\frac{\partial \boldsymbol{r}_i}{\partial q_j}\cdot\frac{\partial \boldsymbol{r}_i}{\partial q_l}$，　$B_j=\sum_{i=1}^{n}m_i\frac{\partial \boldsymbol{r}_i}{\partial q_j}\cdot\frac{\partial \boldsymbol{r}_i}{\partial t}$，　$C=\frac{1}{2}\sum_{i=1}^{n}\frac{\partial \boldsymbol{r}_i}{\partial t}\cdot\frac{\partial \boldsymbol{r}_i}{\partial t}$，则质点系的动能为

$$E_{\mathrm{k}}=E_{\mathrm{k}2}+E_{\mathrm{k}1}+E_{\mathrm{k}0} \tag{14-16}$$

因 A_{jl}、B_j、C 只是广义坐标和时间的函数，所以 $E_{\mathrm{k}2}$ 是广义速度的齐二次式，$E_{\mathrm{k}1}$ 是广义速度的一次式，$E_{\mathrm{k}0}$ 中不含广义速度。由欧拉齐次函数定理有

$$\sum_{j=1}^{k}\frac{\partial E_{\mathrm{k}}}{\partial \dot{q}_j}\dot{q}_j=2E_{\mathrm{k}2}+E_{\mathrm{k}1} \tag{14-17}$$

现在来求拉格朗日方程的首次积分。设系统所受的主动力是有势力，且拉格朗日函数 $L=E_k-E_p$ 中不显含时间 t，则

$$\frac{\mathrm{d}L}{\mathrm{d}t}=\sum_{j=1}^{k}\left(\frac{\partial L}{\partial q_j}\dot{q}_j+\frac{\partial L}{\partial \dot{q}_j}\ddot{q}_j\right) \tag{a}$$

将保守系统的拉格朗日方程（14-12）改写为

$$\frac{\mathrm{d}}{\mathrm{d}t}\left(\frac{\partial L}{\partial \dot{q}_j}\right)=\frac{\partial L}{\partial q_j} \tag{b}$$

将式（b）代入式（a），有

$$\frac{\mathrm{d}L}{\mathrm{d}t}=\sum_{j=1}^{k}\left[\frac{\mathrm{d}}{\mathrm{d}t}\left(\frac{\partial L}{\partial \dot{q}_j}\right)\dot{q}_j+\frac{\partial L}{\partial \dot{q}_j}\ddot{q}_j\right]=\frac{\mathrm{d}}{\mathrm{d}t}\left(\sum_{j=1}^{k}\frac{\partial L}{\partial \dot{q}_j}\dot{q}_j\right)$$

将上式移项后，得

$$\frac{\mathrm{d}}{\mathrm{d}t}\left(\sum_{j=1}^{k}\frac{\partial L}{\partial \dot{q}_j}\dot{q}_j-L\right)=0$$

因此有

$$\sum_{j=1}^{k}\frac{\partial L}{\partial \dot{q}_j}\dot{q}_j-L=\text{常数} \tag{c}$$

因为势能函数 E_p 不显含广义速度，并注意到式（14-17），有

$$\sum_{j=1}^{k}\frac{\partial L}{\partial \dot{q}_j}\dot{q}_j=2E_{k2}+E_{k1}$$

于是，式（c）可写为

$$2E_{k2}+E_{k1}-(E_{k2}+E_{k1}+E_{k0}-E_p)=\text{常数}$$

即

$$E_{k2}-E_{k0}+E_p=\text{常数} \tag{14-18}$$

上式称为广义能量积分，又称为雅可比积分，它并不表示机械能守恒，只表示系统内部分能量之间的关系。

14.3.3　能量积分

如果保守系统的约束是定常的，各质点的矢径 $\boldsymbol{r}_i$ 不显含时间 t，有 $\frac{\partial \boldsymbol{r}_i}{\partial t}=0$，由式（14-15）知，$E_{k1}=E_{k0}=0$，于是 $E_k=E_{k2}$，由式（14-18），有

$$E_k+E_p=\text{常数} \tag{14-19}$$

这就是能量积分，实际上就是在第 11 章中所述的机械能守恒定律。

对于一个系统，能量积分（广义能量积分）只有一个。而循环积分可能有多个。当应用拉格朗日方程解题时，应注意分析有无能量积分和循环积分存在。若有，可以直接写出，以使求解过程简化。

【例 14.4】 如图 14-4 所示，滑块 A 质量为 m_1，放在光的水平面上，小球 B 质量为 m_2，用光滑铰链和长为 l 的无重直杆与滑块 A 相连。当 AB 与铅垂线夹角为 φ_0 时，系统由静止释放，试求系统的首次积分。

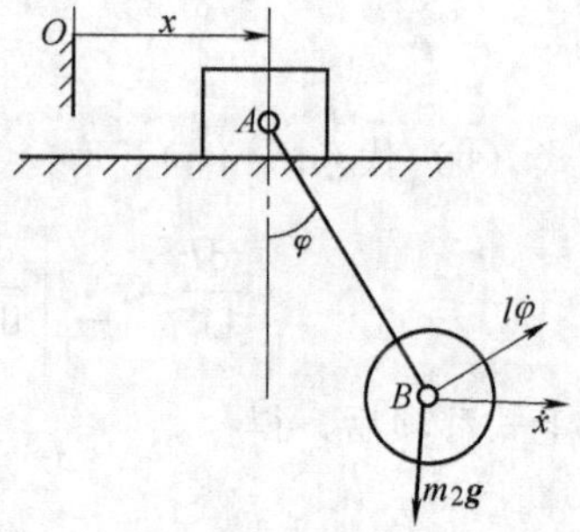

图 14-4

【解】 (1) 研究由滑块 A 和小球 B 组成的质点系，此为两个自由度的系统，$k=2$，选 x 和 φ 为广义坐标，如图示。

(2) 计算系统的动能。因 AB 杆做平面运动，B 点的速度为

$$\dot{x}_B=\dot{x}+l\dot{\varphi}\cos\varphi,\quad \dot{y}_B=l\dot{\varphi}\sin\varphi$$

系统的动能为

$$E_k=\frac{m_1}{2}\dot{x}^2+\frac{m_2}{2}(\dot{x}_B^2+\dot{y}_B^2)$$

$$=\frac{1}{2}(m_1+m_2)\dot{x}^2+\frac{m_2}{2}(2l\dot{x}\dot{\varphi}\cos\varphi+l^2\dot{\varphi}^2)$$

可见，动能为广义速度的齐二次式，即 $E_k=E_{k2}$。

(3) 此为保守系统，系统的势能为

$$E_p=-m_2gl\cos\varphi$$

拉格朗日函数为

$$L=E_k-E_p=\frac{1}{2}(m_1+m_2)\dot{x}^2+\frac{m_2}{2}(2l\dot{x}\dot{\varphi}\cos\varphi+l^2\dot{\varphi}^2)+m_2gl\cos\varphi$$

(4) 观察拉格朗日函数 L 和动能 E_k，可知系统存在循环积分和能量积分，循环坐标为 x。

循环积分：

$$\frac{\partial L}{\partial\dot{x}}=p_x:\ (m_1+m_2)\dot{x}+m_2l\dot{\varphi}\cos\varphi=C_1 \tag{a}$$

上式为水平动量守恒。

能量积分：

$$E_k+E_p=E:$$

$$\frac{1}{2}(m_1+m_2)\dot{x}^2+\frac{m_2}{2}(2l\dot{x}\dot{\varphi}\cos\varphi+l^2\dot{\varphi}^2)-m_2gl\cos\varphi=E \tag{b}$$

将初始条件 $t=0$ 时，$\dot{x}=0$，$\dot{\varphi}=0$，$\varphi=\varphi_0$ 代入式 (a)、式 (b)，得

$$C_1=0,\ E=-m_2gl\cos\varphi_0$$

于是，可得系统的两个首次积分为

$$(m_1+m_2)\dot{x}+m_2l\dot{\varphi}\cos\varphi=0$$

$$\frac{1}{2}(m_1+m_2)\dot{x}^2+\frac{m_2}{2}(2l\dot{x}\dot{\varphi}\cos\varphi+l^2\dot{\varphi}^2)=m_2gl(\cos\varphi-\cos\varphi_0)$$

思　考　题

用拉格朗日方程建立单摆的运动微分方程时，取 φ 为广义坐标，则动能 $T=\frac{P}{2g}(l\dot{\varphi})^2$，若令 $\delta\varphi$ 转向如思考题 14.1 图所示，则广义力 $F_Q=\frac{\delta W}{\delta\varphi}=lP\sin\varphi$，于是，由拉格朗日方程得单摆的运动微分方程为 $\ddot{\varphi}-\frac{g}{l}\sin\varphi=0$。对吗？为什么？

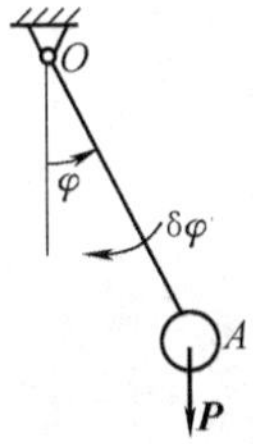

思考题 14.1 图

习　　题

14.1　试用拉格朗日方程求解习题 10.12 中三棱柱 A 的加速度。

14.2　试用拉格朗日方程求解习题 10.35 中 A、C 二轮的质心加速度。

14.3　试用拉格朗日方程求解习题 10.36 中三棱柱 A 的加速度。

14.4　试用拉格朗日方程求解习题 10.38 中 AB 杆的运动微分方程。

14.5　在习题 14.5 图中，行星轮系的无重系杆 OA 上作用矩为 M 的力偶，带动半径为 r，质量为 m 的匀质轮沿半径为 R 的固定内齿轮滚动，机构在水平面运动，求曲柄的角加速度。

14.6　在习题 14.6 图中，质量为 m 的质点 M 悬挂在一线上，线的另一端绕在半径为 r 的固定圆柱体上，构成一摆。设在平衡位置时线的下垂部分长为 l，不计线的质量，试求摆的运动微分方程。

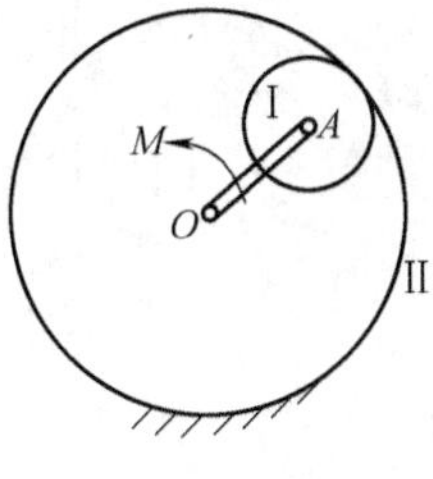

习题 14.5 图

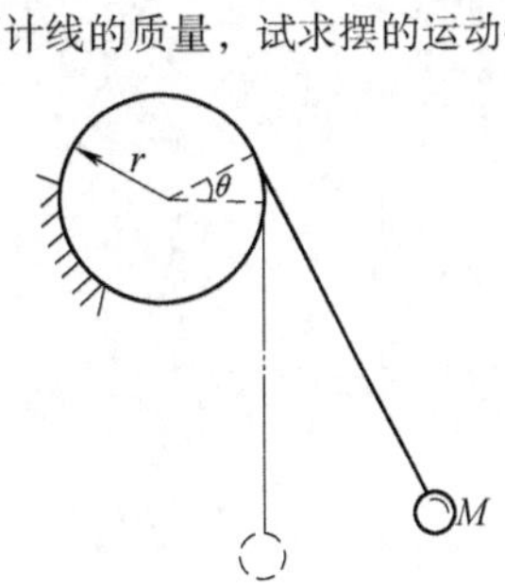

习题 14.6 图

14.7 在习题 14.7 图中，质量为 m_1 的滑块 A 在光滑水平面上，用劲度系数为 k 的水平弹簧与固定点 O 相连，它又与长度为 l 的无重直杆光滑铰接，杆端固定一个质量为 m_2 的小球 B，试求该系统的运动微分方程。

14.8 在习题 14.8 图中，导杆机构带动单摆的支点 O 按已知规律 $x=r\sin\omega t$ 做水平运动，试用拉格朗日方程导出质点 m 的运动微分方程。不计杆的质量。

14.9 在习题 14.9 图中，两均质圆柱 A 和 B，重各为 P_1 和 P_2，半径各为 R_1 和 R_2。圆柱绕以绳索，其轴水平放置，圆柱 A 可绕定轴转动，圆柱 B 则在重力作用下自由下落。试用拉格朗日方程导出其运动微分方程。

14.10 在习题 14.10 图中，匀质杆 AB 质量为 m，长度为 $2l$，其 A 端通过无重滚轮可沿水平导轨做直线移动，杆本身又可在铅垂面内绕 A 端转动。除杆的重力外 B 端还作用一不变水平力 $\boldsymbol{F}$。试写出杆 AB 的运动微分方程。

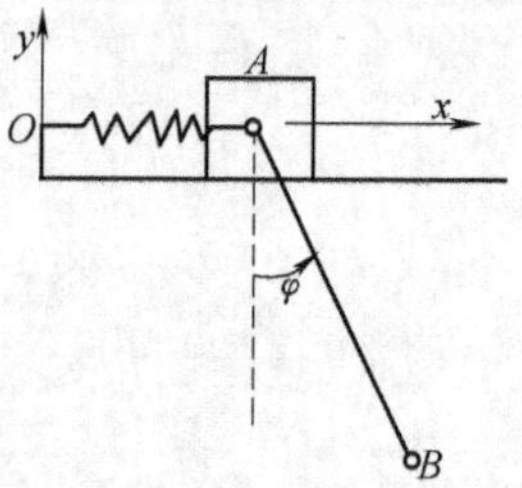

习题 14.7 图

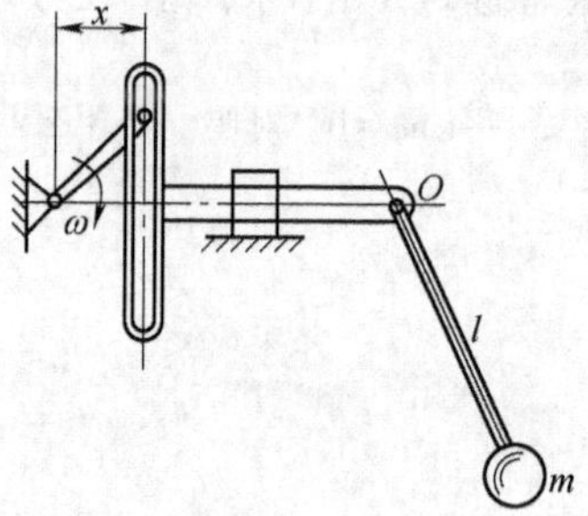

习题 14.8 图

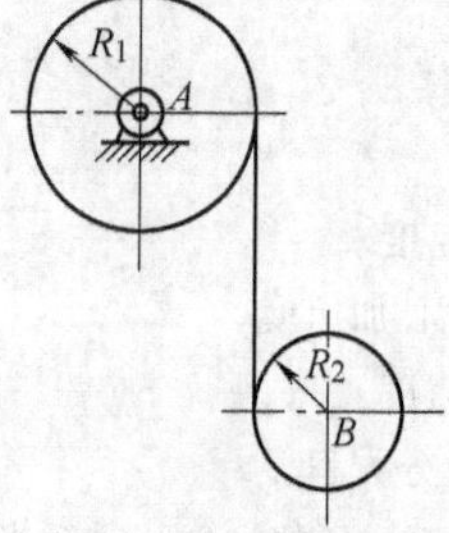

习题 14.9 图

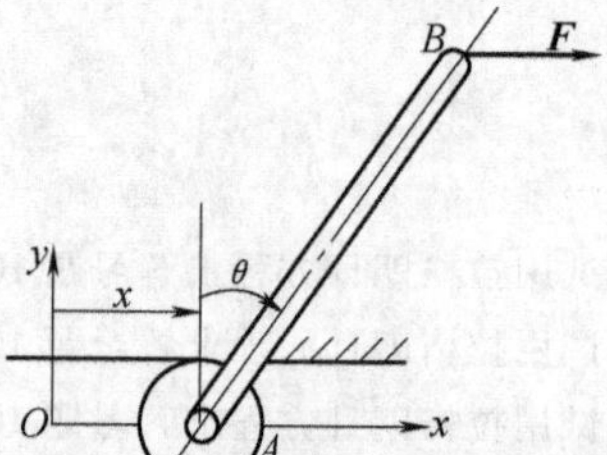

习题 14.10 图

第 15 章

碰　　撞

碰撞是物体运动的一种特殊形式，也是日常生活和工程实践中常见的现象，例如锤钉子、踢足球、锻铁、打桩等。碰撞的特点是物体的速度在极短暂的时间间隔内发生突然变化，因此，碰撞时会产生很大的作用力。有时，人们需要利用这种碰撞力，例如锻锤、冲床、打桩机等就是利用碰撞力工作的；有时，则需要减小这种碰撞力，例如飞机着陆、航天器对接等，就应避免或减轻碰撞造成的危害。

研究碰撞运动的基本规律，可以用质点系普遍定理和分析力学两种方法。本章主要应用前一种方法进行研究，但不管利用哪种方法，都要考虑到这种运动的特殊性，即碰撞运动的基本假定和恢复因数。

15.1　碰撞的特征和恢复因数

15.1.1　碰撞的特征和基本假定

碰撞是一种复杂的物理现象，其持续时间极其短暂，一般以千分之一甚至万分之一秒为计算单位。在这极短暂的时间内，相撞物体的速度产生突变，可见物体各质点的加速度极大。根据动力学基本原理，这时物体上必然受到远大于普通力的巨大瞬时力作用，称为碰撞力。在巨大的碰撞力作用下，相撞物体必然发生变形，绝对刚体的模型已不再适用。严格地说，应将实际物体简化成弹性体或弹塑性体。相撞物体接触后，碰撞力由接触点出发以弹性波的形式向物体内部传递，引起物体各部分的变形，同时将一部分动能转化为变形能。物体的变形可区分为弹性变形与塑性变形。弹性变形能在弹性传递过程中又可全部转化为动能，最后变形完全消失，物体恢复原状。塑性变形能由于质点间的内摩擦做功转变为热能而耗散，物体产生永久变形，不可能恢复原状。实际材料既非完全弹性又非完全塑性，而是介于二者之间。变形能中的一部分可以恢复为动能，另一部分不能恢复，因此在碰撞前后，物体的机械能一般不守恒。

研究一种复杂的物理现象，必须做适当的简化，略去次要因素，突出事物的本质。对于碰撞问题，做以下基本假定：

（1）在碰撞过程中，由于碰撞力非常大，重力、弹性力等普通力远远不能与之相比，因此，在碰撞过程中，只考虑碰撞力，其他普通力忽略不计，但在碰撞前后，普通力对物体的作用必须考虑。

（2）在极其短暂的碰撞过程中，各质点来不及产生明显的位移，此极微小的位移可以忽略不计，但碰撞力的功（巨大的碰撞力与微小位移的乘积）是有限值，不能忽略。

（3）碰撞时物体的变形局限于相撞点附近的微小区域内，物体中的各质点几乎在同一瞬时实现相同的速度变化。这种简化模型称为局部变形的刚体碰撞，以区别于弹性体碰撞。整个碰撞过程可以划分为两个阶段，即变形阶段和恢复阶段（弹性体碰撞时，压力以弹性波形式传递，各部分的变形和恢复交替进行，不能截然划分为两个阶段）。

15.1.2 恢复因数

前面指出，刚体的碰撞可划分为变形和恢复两个阶段。由两物体开始接触到两者沿接触面公法线方向相对趋近的速度降到零时为止，这就是变形阶段；以后立即开始恢复，两物体重新在公法线方向获得分离速度，直到脱离接触为止，这就是恢复阶段。恢复的程度主要取决于相撞物体的材料性质。实验表明，对于给定的两个物体，碰撞前后，两物体的碰点沿接触面法线方向的相对速度之比值近似为一常数，记作 e，即

$$e=-\frac{u_{1n}-u_{2n}}{v_{1n}-v_{2n}} \tag{15-1}$$

比值 e 称为恢复因数。式中，v_{1n}、v_{2n} 是碰撞开始时两物体的碰点速度在过接触点的公法线方向上的投影；u_{1n}、u_{2n} 是碰撞结束时两物体的碰点速度在过接触点的公法线方向上的投影。分式前的负号是使 e 取正值。

恢复因数 e 是大于等于 0 和小于等于 1 的数，即 $0\leqslant e\leqslant 1$。$e=0$，表示物体的全部变形均为塑性变形，只有变形阶段，而无恢复阶段，这样的碰撞称为完全塑性碰撞，即碰撞结束时，碰撞物体的接触点粘合在一起，具有相同的速度；$e=1$，表示不存在塑性变形，全部变形均为弹性变形，在变形阶段所产生的变形可在恢复阶段内完全恢复，这样的碰撞称为完全弹性碰撞；$0<e<1$，表示变形不能完全恢复，保留了部分塑性变形，这样的碰撞称为弹性碰撞。恢复因数 e 是研究碰撞问题的主要物理参数，表 15-1 列出了几种常见材料的恢复因数 e，以供参考。

表 15-1 几种常见材料的恢复因数

相撞物体的材料	铁和铅	木和胶木	木和木	钢和钢	玻璃和玻璃
恢复因数 e	0.14	0.26	0.50	0.56	0.94

15.2 研究碰撞运动的动力学普遍定理

在理论力学里研究碰撞问题，主要研究的是物体在碰撞前后速度的改变和碰撞

冲量。因为碰撞问题是很复杂的，在碰撞过程中常伴有运动形式的转化，如发热、发光、变形等，能量有损失，同时也很难测量碰撞力，所以研究碰撞问题时，一般用动量定理和动量矩定理的积分形式。

15.2.1　碰撞的动量定理——冲量定理

设质量为 m 的质点，碰撞前后的速度分别为v 和 $\boldsymbol{u}$，由质点动量定理的积分形式，有

$$m\boldsymbol{u} - m v = \int_0^{\tau} \boldsymbol{F}\mathrm{d}t = \boldsymbol{I} \tag{15-2}$$

式中，$\boldsymbol{I}$ 为作用于质点的碰撞冲量。说明巨大的碰撞力在极短暂的时间里对物体的冲量是有限值，若不考虑碰撞力 $\boldsymbol{F}$ 在极短时间内的急剧变化，测出碰撞进行的时间τ，就可算出平均碰撞力，即

$$\boldsymbol{F} = \frac{\boldsymbol{I}}{\tau} \tag{15-3}$$

对于质点系则有

$$\sum m_i \boldsymbol{u}_i - \sum m_i v_i = \sum \boldsymbol{I}_i \tag{15-4a}$$

或

$$m\boldsymbol{u}_C - m v_C = \sum \boldsymbol{I}_i \tag{15-4b}$$

式中，$\boldsymbol{I}_i$ 表示外碰撞冲量；v_C、$\boldsymbol{u}_C$ 分别表示质点系质心碰撞前后的速度。式（15-4）表明碰撞时质点系动量的改变量等于作用在质点系上所有外碰撞冲量的矢量和。

15.2.2　碰撞的动量矩定理——冲量矩定理

质点对任意点的冲量矩定理，可以由冲量定理推演而得。

任选矩心 O，设质点相对矩心 O 的矢径为 $\boldsymbol{r}$，如图 15-1 所示。将矢径 $\boldsymbol{r}$ 左叉乘式（15-2）的两边，有

$$\boldsymbol{r}\times m\boldsymbol{u} - \boldsymbol{r}\times m v = \boldsymbol{r}\times\boldsymbol{I} \tag{15-5}$$

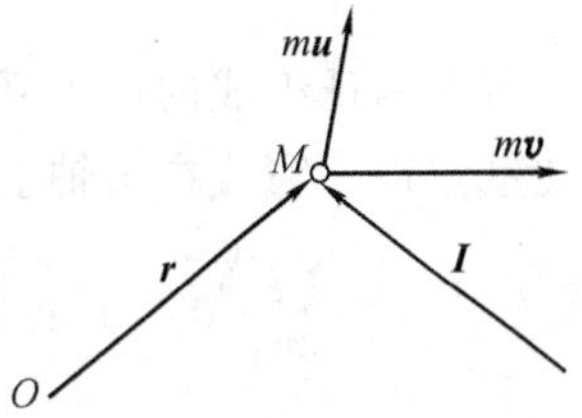

图　15-1

式（15-5）表明，在碰撞过程中质点对于任意点 O 的动量矩的改变量，等于此质点所受的碰撞冲量对同一点的矩。这称为质点的冲量矩定理。

对于质点系，由于内碰撞冲量对任意点的矩之和等于零，则有

$$\sum \boldsymbol{r}_i \times m_i \boldsymbol{u}_i - \sum \boldsymbol{r}_i \times m_i v_i = \sum \boldsymbol{r}_i \times \boldsymbol{I}_i = \boldsymbol{H}_O \tag{15-6a}$$

式中，$\boldsymbol{I}_i$ 表示外碰撞冲量；$\boldsymbol{H}_O$ 表示外碰撞冲量对点 O 的主矩。此式表明，在碰撞过程中质点系对于任意点的动量矩的改变量，等于作用在质点系上的外碰撞冲量对同一点的主矩。式（15-6a）也可写为

$$\boldsymbol{L}_{O2} - \boldsymbol{L}_{O1} = \boldsymbol{H}_O \tag{15-6b}$$

式中，$\boldsymbol{L}_{O1}$、$\boldsymbol{L}_{O2}$分别表示碰撞前后质点系对 O 点的动量矩。

式（15-4）和式（15-6）都可写成在直角坐标轴上的投影形式。

15.3 两球的正碰撞 动能损失

作为平动刚体碰撞的实例，研究两自由球体的光滑碰撞。若碰撞前后两球的速度矢量与两球的连心线重合，称为正碰撞。在正碰撞中，主要研究两球碰撞后的速度和碰撞过程中的碰撞冲量以及动能损失等。

15.3.1 两球正碰撞

设两球质量分别为 m_1 和 m_2，两球碰撞前和后的速度分别为$\boldsymbol{v}_1$、$\boldsymbol{v}_2$ 和 $\boldsymbol{u}_1$、$\boldsymbol{u}_2$。发生碰撞的条件是 $v_1>v_2$（图 15-2a）。按照碰撞的两个阶段，两球从开始接触到最大变形状态，在这个阶段内，两球从不同速度$\boldsymbol{v}_1$ 和$\boldsymbol{v}_2$ 变到具有共同速度 $\boldsymbol{u}$（图15-2b），然后两球开始恢复变形，从具有共同速度 $\boldsymbol{u}$ 变到不同速度 $\boldsymbol{u}_1$ 和 $\boldsymbol{u}_2$，直至分离，这时 $u_2>u_1$（图 15-2c）。

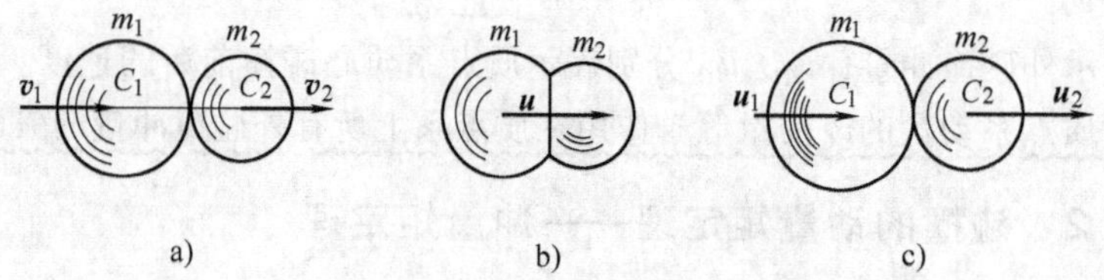

图 15-2

研究两球组成的质点系，碰撞力为内力，非碰撞力不必考虑，故碰撞前后质点系动量守恒，写成在 x 轴上的投影形式，有

$$m_1v_1+m_2v_2=m_1u_1+m_2u_2 \tag{a}$$

或

$$m_1u_1-m_1v_1=-(m_2u_2-m_2v_2) \tag{b}$$

式（a）和式（b）表明，碰撞过程中球 m_1 的动量传递给球 m_2，球 m_1 减少的动量恰好等于球 m_2 增加的动量。式（a）建立了两球碰撞前后的速度关系。但要求出碰撞后每球的速度，还需要列出补充方程。由 15.1 节知，物体在碰撞后的速度与材料的恢复因数有关，设两球的恢复因数为 e，由式（15-1）知

$$e=-\frac{u_1-u_2}{v_1-v_2} \tag{c}$$

若已知碰撞前两球的速率 v_1 和 v_2，利用式（a）和式（c）可求出碰撞后两球的速度，即

$$\begin{cases} u_1 = v_1 - (1+e)\dfrac{m_2}{m_1+m_2}(v_1 - v_2) \\ u_2 = v_2 + (1+e)\dfrac{m_1}{m_1+m_2}(v_1 - v_2) \end{cases} \tag{15-7}$$

为求碰撞冲量 $\boldsymbol{I}$，研究球 m_1，如图 15-3 所示。冲量定理在 x 轴上的投影为

$$m_1(u_1 - v_1) = -I \tag{d}$$

将式（15-7）中的 u_1 代入式（d），得

$$I = (1+e)\frac{m_1 m_2}{m_1+m_2}(v_1 - v_2) \tag{15-8}$$

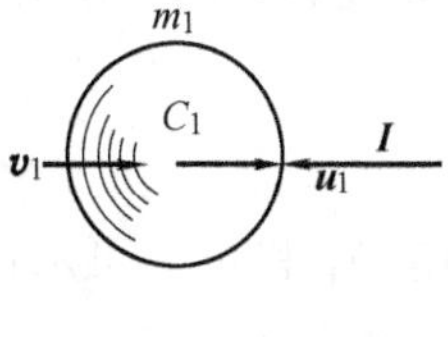

图 15-3

式（15-8）表明，碰撞冲量与 e 有关，若物体是完全弹性的，$e=1$，则

$$I_{弹} = \frac{2m_1 m_2}{m_1+m_2}(v_1 - v_2)$$

若物体是完全塑性的，$e=0$，则

$$I_{塑} = \frac{m_1 m_2}{m_1+m_2}(v_1 - v_2)$$

由此可知，弹性碰撞冲量是塑性碰撞冲量的两倍。

若从碰撞的两个阶段来看，参看图 15-2，$\boldsymbol{u}$ 是两球变形阶段末的共同速度，由动量守恒定理，有

$$u = \frac{m_1 v_1 + m_2 v_2}{m_1+m_2}$$

或

$$u = \frac{m_1 u_1 + m_2 u_2}{m_1+m_2}$$

由此可求得变形阶段和恢复阶段的碰撞冲量，参看式（d）和式（15-7），有

$$I_1 = m_1(v_1 - u) = \frac{m_1 m_2}{m_1+m_2}(v_1 - v_2)$$

$$I_2 = m_1(u - u_1) = \frac{m_1 m_2}{m_1+m_2}(u_2 - u_1) = \frac{e m_1 m_2}{m_1+m_2}(v_1 - v_2)$$

观察以上两式，有

$$I_2 = eI_1 \quad 或 \quad e = \frac{I_2}{I_1} \tag{15-9a}$$

即恢复因数等于恢复阶段与变形阶段两碰撞冲量之比，这是恢复因数的另一种定义，它与式（15-1）的定义是等价的。

在特殊情形下，如果质量 $m_2 \to \infty$，这相当于质量为 m_1 的球与一固定平面正碰

撞的情形，因 $v_2=u_2=0$，由式（15-1）可得恢复因数为

$$e=-\frac{u_{1n}}{v_{1n}}$$

如果小球从高度 h_1 自由降落，与水平固定面碰撞后回跳高度为 h_2（图 15-4），若设向上为正，则有

$$v_{1n}=-\sqrt{2gh_1},\quad u_{1n}=\sqrt{2gh_2}$$

故恢复因数的大小为

$$e=\sqrt{\frac{h_2}{h_1}} \tag{15-9b}$$

测量 h_1 和 h_2，可求得恢复因数 e，这是测量恢复因数最简单的一种方法。

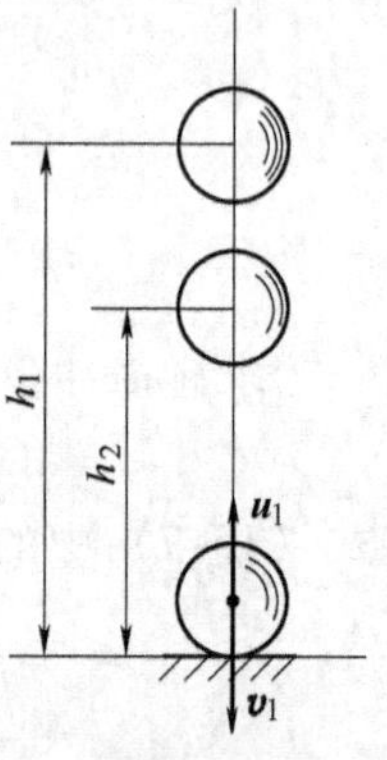

图　15-4

15.3.2　正碰撞过程的动能损失

碰撞时一方面发生机械运动的传递（此时用动量来度量机械运动），另一方面也发生由机械运动到其他形态运动的转化（这时要用动能来度量机械运动）。现在根据碰撞前后的速度来计算碰撞前后质点系动能的改变量。

若两球碰撞前动能为 $E_{k0}=\frac{1}{2}m_1v_1^2+\frac{1}{2}m_2v_2^2$，碰撞后动能为 $E_k=\frac{1}{2}m_1u_1^2+\frac{1}{2}m_2u_2^2$，则动能的损失为

$$\begin{aligned}\Delta E_k&=E_{k0}-E_k=\frac{m_1}{2}(v_1^2-u_1^2)+\frac{m_2}{2}(v_2^2-u_2^2)\\&=\frac{m_1}{2}(v_1+u_1)(v_1-u_1)+\frac{m_2}{2}(v_2+u_2)(v_2-u_2)\end{aligned} \tag{e}$$

由式（15-7），有

$$v_1-u_1=(1+e)\frac{m_2}{m_1+m_2}(v_1-v_2)$$

$$v_2-u_2=-(1+e)\frac{m_1}{m_1+m_2}(v_1-v_2)$$

将以上两式代入式（e），有

$$\Delta E_k=\frac{m_1m_2}{2(m_1+m_2)}(1+e)(v_1-v_2)(u_1+v_1-v_2-u_2) \tag{f}$$

由式（c），有

$$(u_1-u_2)=-e(v_1-v_2)$$

将上式代入式（f），有

$$\Delta E_{k}=\frac{m_{1}m_{2}}{2(m_{1}+m_{2})}(1-e^{2})(v_{1}-v_{2})^{2} \tag{15-10}$$

若碰撞是完全弹性的，即 $e=1$，则 $\Delta E_{k}=0$，说明在碰撞过程中动能没有损失；若碰撞是塑性的，即 $e=0$，则动能损失为

$$\Delta E_{k}=\frac{m_{1}m_{2}}{2(m_{1}+m_{2})}(v_{1}-v_{2})^{2} \tag{15-11}$$

【例 15.1】 如图15-5 所示，物体 A 自高度 $h=4.9\text{m}$ 处自由落下，与安装在弹簧上的物体 B 碰撞。已知 A 重 $P_1=10\text{N}$，B 重 $P_2=5\text{N}$，弹簧劲度系数 $k=100\text{N/cm}$，设碰撞结束后，两物体一起运动。求碰撞结束时的速度 $\boldsymbol{u}$ 和弹簧的最大变形量。

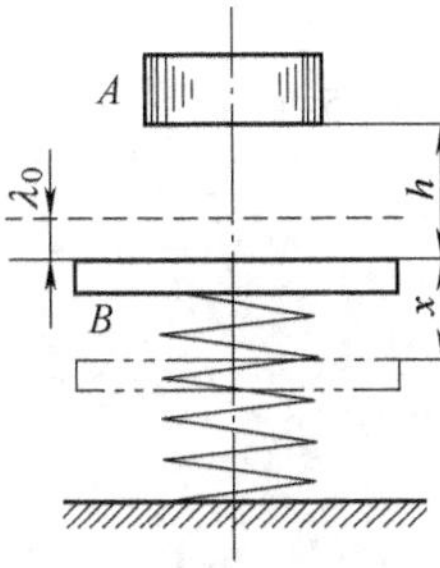

图 15-5

【解】 研究由 A、B 两物体组成的质点系，分三个阶段研究。

（1）A 物从高为 h 处下落到要与 B 物相接触时刻，此为一般运动过程，由动能定理，有

$$\frac{1}{2}\frac{P_1}{g}v_1^2-0=P_1h,\quad v_1=\sqrt{2gh} \tag{a}$$

（2）在 A、B 碰撞过程中，因碰撞力为内力，非碰撞力（重力、弹力）不必考虑，故碰撞前后 A、B 动量守恒，有

$$\frac{P_1}{g}v_1+\frac{P_2}{g}\cdot 0=\frac{P_1+P_2}{g}u,\quad u=\frac{P_1v_1}{P_1+P_2}$$

（3）A、B 碰撞结束后，向下一起运动，直到速度为零为止，此时弹簧变形量最大，这是一般运动过程。应用动能定理，有

$$0-\frac{1}{2}\frac{P_1+P_2}{g}u^2=(P_1+P_2)x+\frac{k}{2}[\lambda_0^2-(\lambda_0+x)^2]$$

利用平衡条件 $k\lambda_0=P_2$ 与式（a），上式可化简为

$$kx^2-2P_1x-\frac{2P_1^2h}{P_1+P_2}=0$$

代入数据，解得

$$x_1=0.0818\text{m},\quad x_2=-0.0798\text{m}$$

最大变形量为

$$\lambda_{m}=x_1+\lambda_0=0.0823\text{m}=8.23\text{cm}。$$

【例 15.2】 打桩机的桩锤质量为 m_1，桩柱质量为 m_2，桩锤由静止开始下落高度 h 时与桩柱做完全塑性碰撞，如图 15-6 所示，试求打桩机桩锤的工件效率。

【解】 当打桩机工作时，把碰撞开始时桩锤的动能 E_{k0} 作为输入动能，而把

碰撞结束时桩锤与桩柱共有的动能 E_k 作为有用动能，用它克服泥土阻力，达到进桩的目的。打桩机桩锤的工作效率应为有用动能与输入动能之比，即

$$\eta=\frac{E_k}{E_{k0}}=\frac{E_{k0}-\Delta E_k}{E_{k0}}=1-\frac{\Delta E_k}{E_{k0}} \tag{15-12}$$

因碰撞开始时

$$v_1=\sqrt{2gh},\quad v_2=0,\quad E_{k0}=\frac{m_1}{2}v_1^2$$

由式（15-11）知

$$\Delta E_k=\frac{m_1m_2}{2(m_1+m_2)}v_1^2$$

故

$$\eta=1-\frac{\Delta E_k}{E_{k0}}=1-\frac{m_2}{m_1+m_2}=\frac{m_1}{m_1+m_2}=\frac{1}{1+\dfrac{m_2}{m_1}}$$

由此可见，要提高打桩机的工作效率，应当尽量加大桩锤的质量，减轻桩柱的质量。

当桩锤的质量是桩柱质量的 15 倍时，打桩机工作效率为

$$\lambda=\frac{1}{1+\dfrac{1}{15}}=0.938=93.8\%$$

这时，若能测定每次打桩机的进桩深度 δ，可计算出泥土的平均阻力

$$F_N=\frac{\eta E_{k0}}{\delta}=\frac{\eta m_1gh}{\delta}$$

【例 15.3】　如图15-7所示，锻造机的锻锤质量为 m_1，工件和铁砧的质量共为 m_2，锤由静止位置下落高度 h 时与工件完全塑性碰撞，试求锻锤的工作效率。

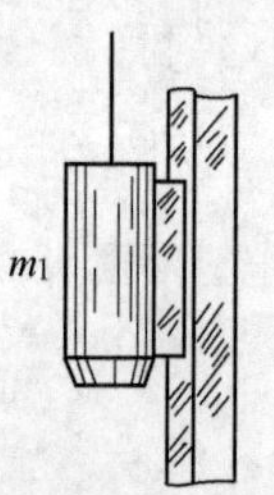

图　15-6

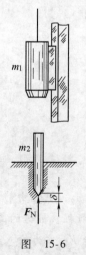

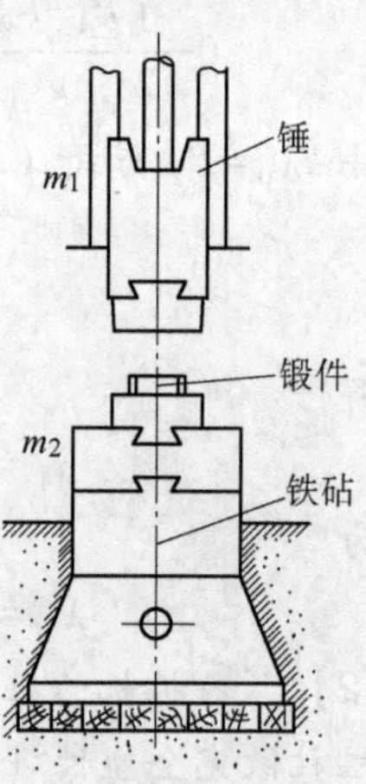

图　15-7

【解】 锻锤的工作效率是动能的损失 ΔE_k 与输入动能 E_{k0}之比，即

$$\eta=\frac{\Delta E_k}{E_{k0}} \tag{15-13}$$

在此，动能的损失变成了工件的塑性变形能。

碰撞开始时

$$v_1=\sqrt{2gh},\quad v_2=0,\quad E_{k0}=\frac{m_1}{2}v_1^2$$

由式（15-11）知

$$\Delta E_k=\frac{m_1m_2}{2(m_1+m_2)}v_1^2$$

故

$$\eta=\frac{\Delta E_k}{E_{k0}}=\frac{m_2}{m_1+m_2}=\frac{1}{1+\dfrac{m_1}{m_2}}$$

可见，要提高锻锤的工作效率，应当尽量增加铁砧质量，减轻锻锤质量。

若铁砧质量约为锻锤的 20 倍，此时效率为

$$\eta=\frac{1}{1+\dfrac{1}{20}}=0.95=95\%$$

即输入能量的 95%做了有用的功，只有 5%的能量没有利用，碰撞后仍保留在系统中，引起基础的振动，这种振动是有害的，故常在基础上铺设枕木以吸收这部分能量。

*15.4 斜碰撞

若碰撞开始时两球的速度v_1、v_2 不沿两球的连心线，则碰撞结束时两球的速度 $\boldsymbol{u}_1$、$\boldsymbol{u}_2$ 一般也不沿两球的连心线，这样的碰撞称为斜碰撞。如果碰撞的接触面是光滑的，碰撞冲量沿接触面的公法线作用，如图15-8所示。在这种情形下，两球的斜碰撞有下列特征：

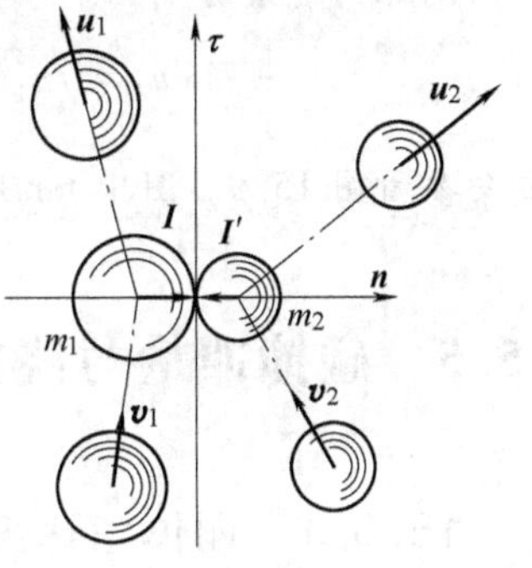

图 15-8

（1）两球相互作用的切向碰撞冲量 $I_\tau=0$，各球的切向动量守恒，因而有

$$u_{1\tau}=v_{1\tau},\quad u_{2\tau}=v_{2\tau} \tag{15-14}$$

（2）两球组成的质点系动量守恒，在公法线方向上的投影式为

$$m_1v_{1n}+m_2v_{2n}=m_1u_{1n}+m_2u_{2n} \tag{15-15}$$

（3）恢复因数由式（15-1）计算，即

$$e=-\frac{u_{1n}-u_{2n}}{v_{1n}-v_{2n}}$$

由式（15-14）、式（15-15）和式（15-1）联合求解，可求出 $u_{1\tau}$、u_{1n}、$u_{2\tau}$、u_{2n}四个未知量，在此，不再推导有关这四个未知量的一般公式，应用时将结合具体问题求解。

【例 15.4】 A、B 两球大小相同，质量相等。球 A 以速度 $v_1=2\text{m/s}$ 撞击静止的球 B。碰撞前球 A 球心的速度与球 B 相切，如图 15-9 所示，设碰撞是光滑的，恢复因数 $e=0.6$，求碰撞后两球的速度。

【解】 过两球的碰点作接触面的公法线和公切线，如图 15-9 所示。由直角三角形 ABT 可求得 $\alpha=30°$，此角为碰撞前球 A 的速度v_1 与法线的夹角。碰撞前球 B 的速度为零，即$v_2=0$。

因碰撞是光滑的，由式（15-14）知

$$u_{1\tau}=v_{1\tau}=v_1\sin30°=1\text{m/s},\quad u_{2\tau}=v_{2\tau}=0$$

两球组成的质点系动量守恒，在公法线方向上的投影式为

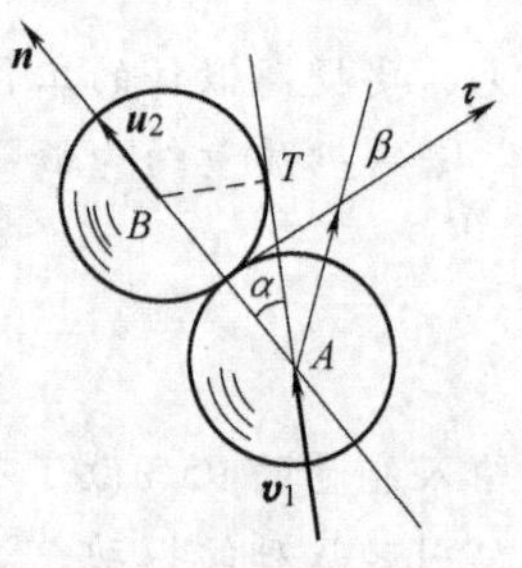

图 15-9

$$mv_{1n}+mv_{2n}=mu_{1n}+mu_{2n}$$

化简为

$$u_{1n}+u_{2n}=v_{1n}+v_{2n} \tag{a}$$

由恢复因数式（15-1），有

$$e=-\frac{u_{1n}-u_{2n}}{v_{1n}-v_{2n}}$$

或

$$u_{1n}-u_{2n}=-e(v_{1n}-v_{2n}) \tag{b}$$

式中，$v_{1n}=v_1\cos30°=1.73\text{m/s}$；$v_{2n}=0$。由式（a）、式（b）解得

$$u_{1n}=\frac{1-e}{2}v_{1n}=0.35\text{m/s},\quad u_{2n}=\frac{1+e}{2}v_{1n}=1.39\text{m/s}$$

所以两球的速度分别为

$$u_1=\sqrt{u_{1\tau}^2+u_{1n}^2}=1.06\text{m/s},\quad u_2=u_{2n}=1.39\text{m/s}$$

方向参看图 15-9。图中 $\tan\beta=\frac{u_{1n}}{u_{1\tau}}$，$\beta=19.3°$。

15.5 碰撞冲量对绕定轴转动刚体的作用 撞击中心

15.5.1 刚体角速度的变化

设绕定轴转动的刚体受到外碰撞冲量 $\boldsymbol{I}$ 的作用，如图 15-10 所示。根据对 z 轴

的冲量矩定理，有

$$L_{z2}-L_{z1}=H_z$$

设刚体对转轴的转动惯量为 J_z，刚体在碰撞前后的角速度分别为 ω_1 和 ω_2，则上式可写为

$$J_z\omega_2-J_z\omega_1=H_z$$

或
$$\omega_2-\omega_1=\frac{H_z}{J_z} \tag{15-16}$$

式（15-16）表明，在碰撞时，转动刚体角速度的变化，等于作用于刚体的外碰撞冲量对转轴的主矩除以刚体对该轴的转动惯量。

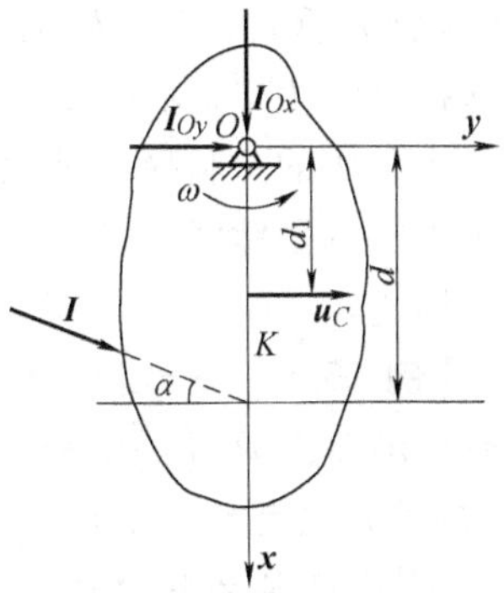

图　15-10

15.5.2　轴承的约束碰撞冲量　撞击中心

当绕定轴转动的刚体受到外碰撞冲量 $\boldsymbol{I}$ 的作用时，一方面刚体转动的角速度要发生突然变化，另一方面，在轴承 O 处要引起相应的约束碰撞力。在实际工作中，轴承处的碰撞力常常是有害的，应该设法消除。下面先求轴承处的约束碰撞冲量，然后再研究在什么情形下，碰撞不致引起轴承处的冲击。

设刚体具有质量对称平面且转轴垂直于此平面，外碰撞冲量 I 作用在对称面内，如图 15-10 所示。

建立图示坐标系，应用冲量定理，有

$$mu_{Cx}-mv_{Cx}=I\sin\alpha+I_{Ox}$$
$$mu_{Cy}-mv_{Cy}=I\cos\alpha+I_{Oy}$$

式中，$v_{Cx}=u_{Cx}=0$；$v_{Cy}=d_1\omega_1$；$u_{Cy}=d_1\omega_2$。于是，可求得轴承 O 的约束碰撞冲量为

$$I_{Ox}=-I\sin\alpha \tag{a}$$
$$I_{Oy}=-I\cos\alpha+md_1(\omega_2-\omega_1) \tag{b}$$

由此可见，当转动刚体受到外碰撞冲量 $\boldsymbol{I}$ 作用时，在轴承处定会引起碰撞冲量 $\boldsymbol{I}_O$，要消除该碰撞冲量，由式（a）、式（b）可知，必须满足以下两个条件：

$$\begin{cases}(1)\,I_{Ox}=-I\sin\alpha=0,\alpha=0 & \text{(c)}\\ (2)\,I_{Oy}=-I\cos\alpha+md_1(\omega_2-\omega_1)=0 & \text{(d)}\end{cases}$$

由式（15-16），有

$$\omega_2-\omega_1=\frac{Id\cos\alpha}{J_z} \tag{e}$$

将式（e）代入式（d），有

$$d=\frac{J_z}{md_1} \tag{15-17}$$

以上两个条件表明，若作用在刚体上的外碰撞冲量与转轴 O 到质心 C 的连线

（即 x 轴）垂直，且与轴的距离 d 满足式（15-17），则在轴承 O 处不会引起冲击。外碰撞冲量 $\boldsymbol{I}$ 与 x 轴的交点 K 称为撞击中心。

工程中的材料撞击试验机就是利用碰撞工作的。根据上述结论，在设计材料撞击试验机的摆锤时，必须把撞击试件的刃口设在摆的撞击中心，这样可以避免轴承受碰撞力。

【例 15.5】 如图15-11 所示，射击摆是一个悬挂于水平轴 O 的填满砂土的筒，当枪弹射入砂筒时，筒绕 O 轴转过一偏角 φ，测量该偏角的大小即可求出枪弹的速度 v。已知摆的质量为 m_C，对于 O 轴的转动惯量为 J_O，摆的重心 C 到 O 轴的距离为 d_1，枪弹的质量为 m，枪弹射入砂筒后枪弹到 O 轴的距离为 d，悬挂索的重量不计。

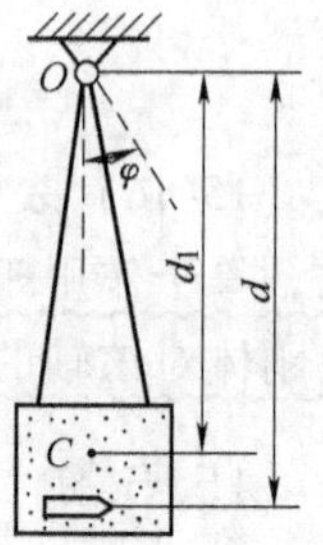

图　15-11

【解】（1）研究射击摆和枪弹组成的质点系。枪弹射入射击摆是碰撞过程，碰撞结束后，射击摆绕 O 轴摆过 φ 角是一般运动过程。

（2）研究碰撞过程。在碰撞过程中质点系对转轴 O 的动量矩守恒，设碰撞后射击摆的角速度为 ω，则有

$$L_{O1}=L_{O2}:\ mvd=J_O\omega+md^2\omega$$

$$\omega=\frac{mdv}{J_O+md^2} \tag{a}$$

（3）研究碰撞结束后，射击摆偏转 φ 角过程。应用动能定理，做功的主动力只有重力，即

$$E_{k2}-E_{k1}=\sum W_{Fi}:0-\left(\frac{J_O}{2}\omega^2+\frac{m}{2}d^2\omega^2\right)$$
$$=-m_Cgd_1(1-\cos\varphi)-mgd(1-\cos\varphi)$$

化简得

$$\frac{1}{2}(J_O+md^2)\omega^2=(m_Cd_1+md)g(1-\cos\varphi) \tag{b}$$

将式（a）代入式（b），并注意到 $1-\cos\varphi=2\sin^2\dfrac{\varphi}{2}$，解得

$$v=\frac{2\sin\dfrac{\varphi}{2}}{md}\sqrt{(J_O+md^2)(m_Cd_1+md)g}$$

【例 15.6】 均质杆质量为 m，长为 $2l$，可绕水平轴 O 转动，如图 15-12 所示。杆由水平位置无初速地落下，到铅垂位置时与一物块相撞，设恢复因数为 e。求：（1）轴承的碰撞冲量；（2）撞击中心的位置。

【解】（1）研究杆，设杆由水平位置下落至铅垂位置与物块碰前的角速度为

ω，由动能定理，有

$$\frac{1}{2}J_O\omega_1^2-0=mgl,\quad \omega_1=\sqrt{\frac{2mgl}{J_O}}=\sqrt{\frac{3g}{2l}}$$

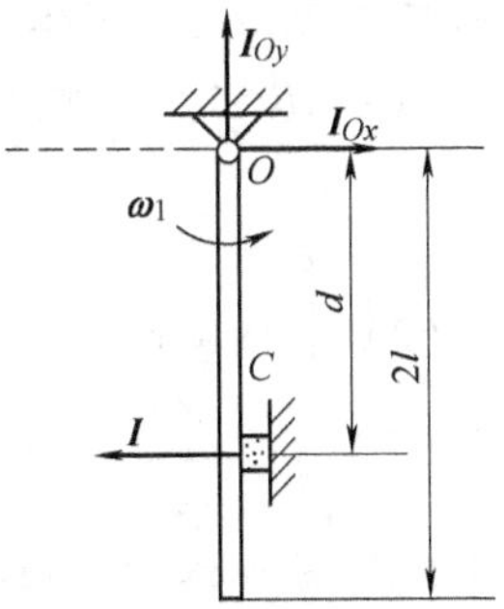

图　15-12

（2）与物块相碰，设碰后杆的角速度为 ω_2，杆碰点在碰撞前后的法向速度为 $v_{1n}=d\omega_1$，$u_{1n}=d\omega_2$，物块碰撞前后的速度均为零，即 $v_{2n}=u_{2n}=0$，由恢复因数式（15-1），有

$$e=-\frac{u_{1n}-u_{2n}}{v_{1n}-v_{2n}}=-\frac{d\omega_2}{d\omega_1}=-\frac{\omega_2}{\omega_1},\quad \omega_2=-e\omega_1$$

式中，负号表示 ω_2 的转向与 ω_1 相反。

利用冲量定理和冲量矩定理求碰撞冲量。

$$L_{O2}-L_{O1}=H_O:\ J_O\omega_2-J_O\omega_1=-Id$$

$$I=\frac{1+e}{d}J_O\omega_1$$

$$mu_{Cx}-mv_{Cx}=\sum I_{ix}:\ ml\omega_2-ml\omega_1=-I+I_{Ox}$$

$$I_{Ox}=I-ml\omega_1(1+e)=\left(\frac{J_O}{d}-ml\right)(1+e)\omega_1$$

$$mu_{Cy}-mv_{Cy}=\sum I_{iy}:\ I_{Oy}=0$$

（3）求撞击中心 K 的位置。令 $I_{Ox}=0$，得

$$d=\frac{J_O}{ml}=\frac{4}{3}l$$

15.6　刚体碰撞问题举例

本节继续应用15.2节中介绍的冲量定理和冲量矩定理研究刚体碰撞问题，现举例如下。

【例15.7】　质量为 m，长度为 l 的均质细杆，自水平位置无初速地自由下落，当下落高度为 $h=l/2$ 时，其 A 端与固定刚性挂钩 E 碰合（见图15-13）。试求碰撞结束时杆的角速度 ω 及碰撞过程中挂钩 E 作用于直杆的碰撞冲量。

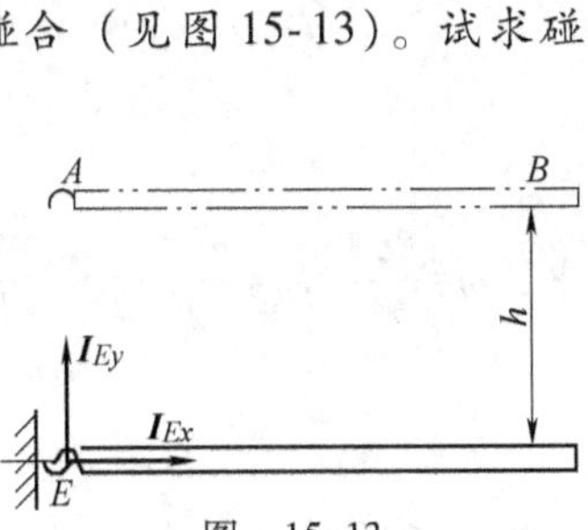

图　15-13

【解】　当 A 端与固定刚性挂钩 E 碰合后不再分离时，AB 杆将绕 A 点转动。这就好像突然在 A 点加上约束，AB 杆的运动在“一瞬间”由平动变为转动，这种情形称为“突加约束”问题。所谓“突加约束”是指刚体运动时与一固定障碍发生碰

撞而不回跳，同时刚体的运动形式发生突变。

（1）AB 杆在碰前做平动，由动能定理有

$$\frac{1}{2}mv^2-0=mgh,\quad v=\sqrt{2gh}=\sqrt{gl}$$

（2）在碰撞过程中，AB 杆由平动变为转动，对 A 点的动量矩守恒，即

$$L_{A1}=L_{A2}:\ mv\frac{l}{2}=J_A\omega,\ \omega=\frac{mvl}{2J_A}=\frac{3}{2l}\sqrt{gl}$$

式中，J_A 是刚体对 A 轴的转动惯量；ω 为顺时针转动。

由冲量定理求挂钩处碰撞冲量。

$$mu_{Cx}-mv_{Cx}=\sum I_{ix}:\ I_{Ex}=0$$

$$mu_{Cy}-mv_{Cy}=\sum I_{iy}:\ m\left(-\frac{l}{2}\omega\right)-m(-v)=I_{Ey}$$

$$I_{Ey}=\frac{m}{4}\sqrt{gl}$$

【例 15.8】 一均质圆柱体，质量为 m，半径为 r，其质心以匀速 v_C 沿水平面做纯滚动，突然与一高度为 h（$h<r$）的平台障碍碰撞，如图 15-14 所示。设碰撞是塑性的，求圆柱体碰撞后质心的速度、柱体的角速度和碰撞冲量。

【解】 （1）研究柱体，这也是一个突加约束的问题。

（2）分析碰撞过程的受力情况，设圆柱体与做台凸缘碰撞冲量为 $\boldsymbol{I}$，因碰撞接触并非光滑的，故有法向和切向分量 $\boldsymbol{I}_n$ 和 $\boldsymbol{I}_\tau$，如图 15-14 所示。

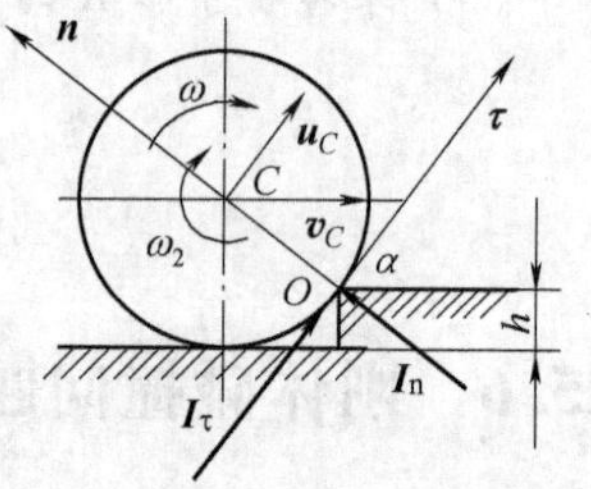

图　15-14

（3）分析碰撞前、后的运动：碰撞前柱体做平面运动，由纯滚动条件，可求得柱体的角速度 $\omega=v_C/r$。碰撞后瞬时，柱体上 O' 轴线（垂直于图面）与平台凸缘上 O 轴线不分离，柱体突然变成绕固定轴的转动，设其角速度为 ω_2，这时，质心的速度 $u_C=r\omega_2$，方向如图所示。

（4）在碰撞过程中，柱体对 O 轴的动量矩守恒，有

$$L_{O1}=L_{O2}:\ mv_C(r-h)+\frac{mr^2}{2}\omega=J_O\omega_2$$

式中，$\omega=\dfrac{v_C}{r}$；$J_O=\dfrac{mr^2}{2}+mr^2=\dfrac{3}{2}mr^2$，解得

$$\omega_2=\frac{3r-2h}{3r^2}v_C$$

碰撞后质心速度为

$$u_C=r\omega_2=\frac{3r-2h}{3r}v_C$$

由冲量定理求碰撞冲量。

$$mu_{C\tau}-mv_{C\tau}=\sum I_{i\tau}:\ mu_C-mv_C\cos\alpha=I_\tau$$

$$I_\tau=m(u_C-v_C\cos\alpha)=\frac{mhv_C}{3r}$$

$$mu_{Cn}-mv_{Cn}=\sum I_{in}:\ 0-m(-v_C\sin\alpha)=I_n$$

$$I_n=mv_C\sin\alpha$$

式中，$\sin\alpha=\frac{\sqrt{r^2-(r-h)^2}}{r}=\frac{\sqrt{h(2r-h)}}{r}$。

【例 15.9】 铅直平动的均质细杆质量为 m，长为 l，与铅垂线成 β 角，当杆下端 A 碰到光滑水平面上时，杆具有铅直向下速度 v。假定接触点的碰撞是完全塑性的，求碰撞结束时杆的角速度 ω 和 A 点的碰撞冲量 $\boldsymbol{I}$。

【解】 研究 AB 杆，因水平面是光滑的，AB 杆受到的碰撞冲量沿铅直方向，如图 15-15 所示。

AB 杆在碰撞前做平动，速度为 v，在碰撞过程中及碰撞后均做平面运动。设碰撞后质心的速度为 $\boldsymbol{u}_C$，角速度为 ω。

因为 AB 杆在碰撞过程中水平动量守恒，又 $v_{Cx}=0$，可知碰撞后的质心速度 $\boldsymbol{u}_C$ 沿铅直方向，设其指向向下。又因碰撞是完全塑性的，即 $u_{Ay}=0$，可知 $\boldsymbol{u}_A$ 沿水平方向，于是可得

$$u_C=\frac{l}{2}\omega\sin\beta \tag{a}$$

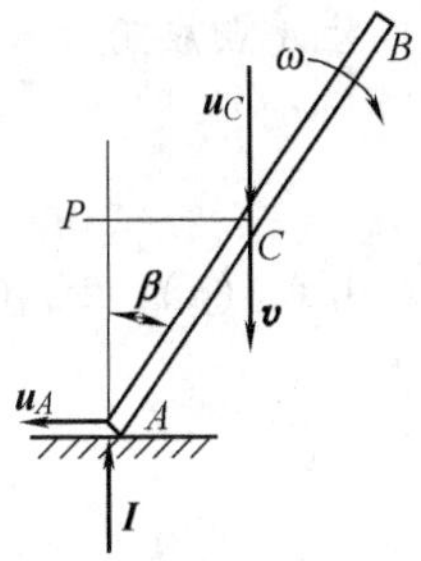

图　15-15

由碰撞的冲量定理和对质心的冲量矩定理，有

$$mu_{Cy}-mv_{Cy}=\sum I_{iy}:\ m(-u_C)-m(-v)=I \tag{b}$$

$$L_{C2}-L_{C1}=H_C:\ \frac{ml^2}{12}\omega-0=I\frac{l}{2}\sin\beta \tag{c}$$

式（a）、式（b）、式（c）联合求解，得

$$\omega=\frac{6v\sin\beta}{(1+3\sin^2\beta)l},\quad I=\frac{mv}{1+3\sin^2\beta}$$

在上述求解中，若对碰撞点 A 应用冲量矩定理，比较简便。

$$L_{A2}-L_{A1}=H_A:\ mu_C\frac{l}{2}\sin\beta+\frac{ml^2}{12}\omega-mv\frac{l}{2}\sin\beta=0$$

将式（a）代入上式，解得

$$\omega=\frac{6v\sin\beta}{(1+3\sin^2\beta)l}$$

然后由式（a）和式（b）求碰撞冲量 $\boldsymbol{I}$。

【例 15.10】　质量均为 m、长为 l 的均质杆 OA 和 AB，以铰链 A 连接，并用铰链 O 支持，如图 15-16 所示。今在 AB 杆的中点 C 作用一水平冲量 $\boldsymbol{I}$，求两杆的角速度以及 C 点的速度。

【解】　（1）研究由 OA 和 AB 杆组成的质点系。由于约束限制，OA 杆只能做定轴转动，AB 杆做平面运动，该系统有两个自由度，设 OA、AB 杆的角速度分别为 ω_1 和 ω_2，转向如图示，则

$$u_C = u_A + \frac{l}{2}\omega_2 = l\omega_1 + \frac{l}{2}\omega_2 \qquad \text{(a)}$$

由质点系对 O 点的冲量矩定理，有

$L_{O2} - L_{O1} = H_O$：

$$\frac{ml^2}{3}\omega_1 + mu_C\frac{3l}{2} + \frac{ml^2}{12}\omega_2 - 0 = I\frac{3l}{2} \qquad \text{(b)}$$

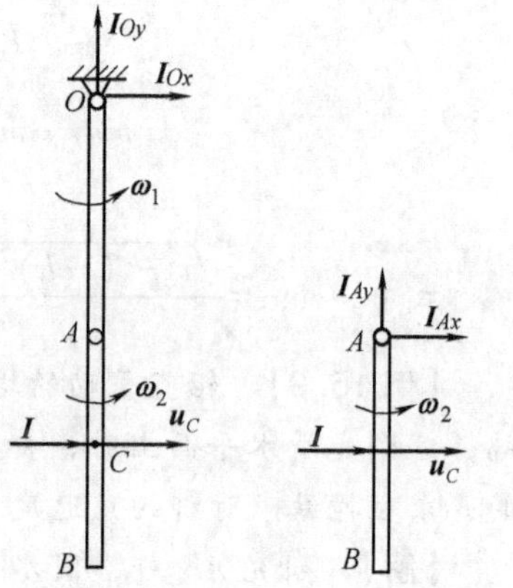

图　15-16

（2）研究 AB 杆，铰链 A 处有碰撞力。

对 A 点应用冲量矩定理，有

$$L_{A2} - L_{A1} = H_A:\ mu_C\frac{l}{2} + \frac{ml^2}{12}\omega_2 - 0 = I\frac{l}{2} \qquad \text{(c)}$$

由式（a）、式（b）、式（c）联合求解，得

$$\omega_1 = \frac{3I}{7ml},\quad \omega_2 = \frac{6I}{7ml},\quad u_C = \frac{6I}{7m}$$

思　考　题

15.1　手持木棒敲击某物体（例如打棒球、敲钉子等），有时感觉到手受到冲击，振动很厉害。有时感觉不到冲击，这是为什么？

15.2　如果绕定轴转动的刚体的质心恰好在转轴上，能否找到撞击中心？

15.3　设质量为 m 的子弹，以速度 v_0 射入质量也为 m 的木块后，一起压缩弹簧运动（见思考题 15.3 图）。设地面光滑，是否能用机械能守恒定律

$$\frac{1}{2}mv_0^2 = \frac{k}{2}\delta_{\max}^2$$

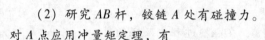

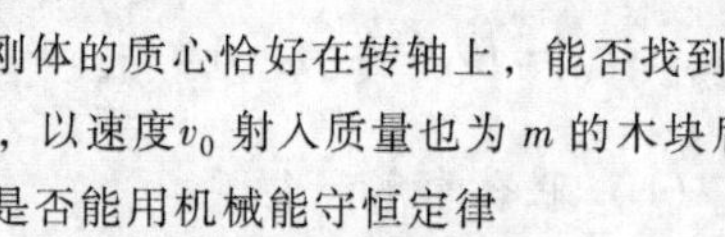

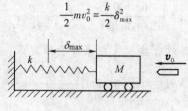

思考题 15.3 图

计算弹簧的最大变形量？为什么？

15.4　在研究碰撞运动时，能否用运动微分方程和动能定理？为什么？

习　题　A

15.1　设小球与固定面做斜碰撞，入射角为 α，反射角为 β（指速度方向与固定面法线之间的夹角），如习题 15.1 图所示。设固定面是光滑的，试计算其恢复因数。

15.2　质量为 0.2kg 的垒球，初速度为 $v_1=40.3\text{m/s}$，受到垒球棒的打击后，其速度为 $v_2=66.7\text{m/s}$，方向如习题 15.2 图所示。已知打击时间为 0.05s，求垒球受到的平均打击力。

15.3　两球质量相等，用等长细绳悬挂，如习题 15.3 图所示。球Ⅰ由 $\theta_1=45°$ 的位置自由摆下，撞击在球Ⅱ上，使球Ⅱ升高到 $\theta_2=30°$ 的位置。求恢复因数。

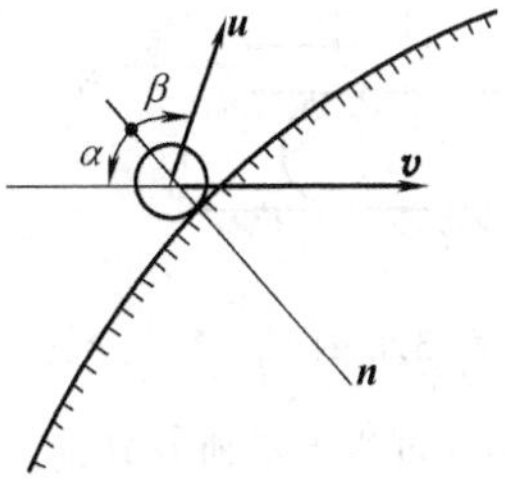

习题 15.1 图

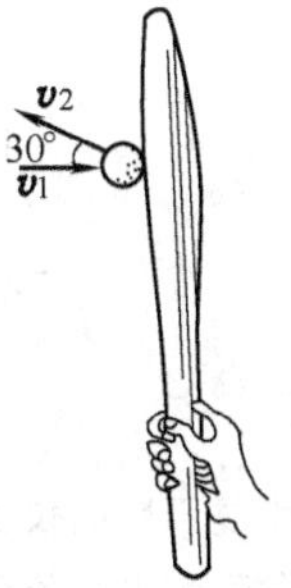

习题 15.2 图

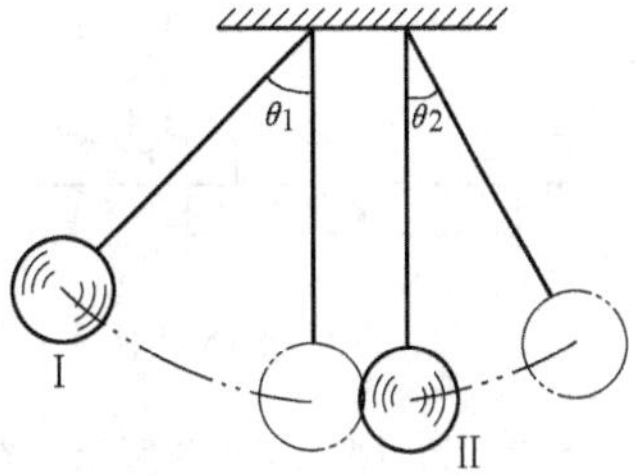

习题 15.3 图

15.4　如习题 15.4 图所示，用打桩机打入质量为 50kg 的桩柱，打桩机的重锤质量为 450kg，由高度 $h=2\text{m}$ 处落下，其初速度为零。若恢复系数为 $e=0$，经过一次锤击后，桩柱深入 1cm，试求桩柱陷入土地时的平均阻力。

15.5　如习题 15.5 图所示，均质细杆 AB 由铅直静止位置绕下端的轴 A 倒下。杆上的一点 K 击中固定钉子 M，碰撞后杆弹回到水平位置。（1）求碰撞时的恢复因数 e；（2）证明这个结果与钉子到轴承 A 的距离无关。

15.6　如习题 15.6 图所示，体操运动员 A 由高度 h 处无初速度地跳下，落在水平跳板上的 E 端，把跳板另一端 C 的运动员 B 弹了起来。设两人的质量都是 m；板长 $2l$，支承在中点 D，质量是 m_P，并可看成匀质薄板。（1）假定 A 的碰撞是完全塑性的，又碰撞时运动员 B 是刚性地挺立在板上，求 B 被弹起后其质心上升的高度；（2）若 A 的碰撞恢复因数 $e=1$，则答案又如何？

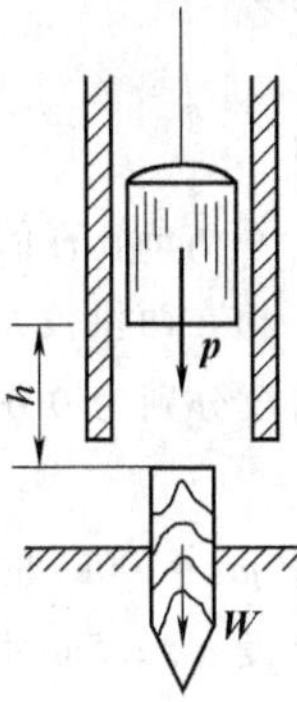

习题 15.4 图

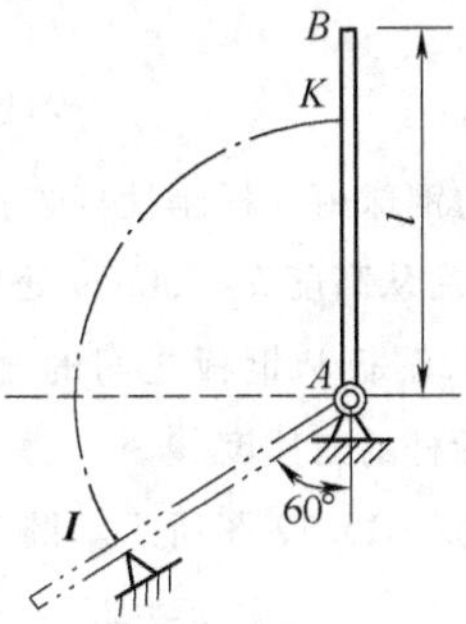

习题 15.5 图

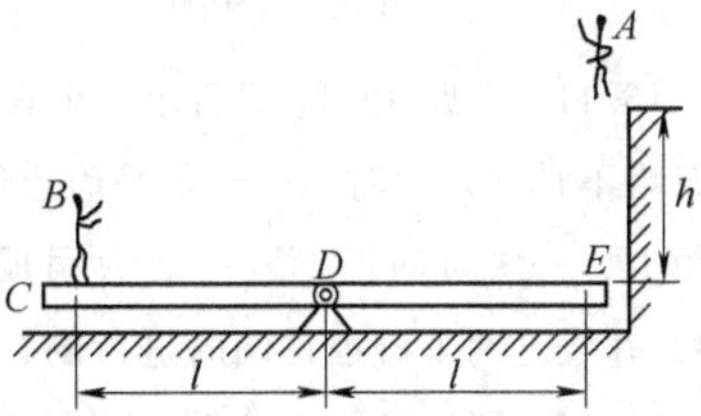

习题 15.6 图

15.7 如习题 15.7 图所示，摆锤 A 的质量 $m_A=4\text{kg}$，悬线长 $l=3\text{m}$。摆锤自偏角 $\theta=90°$ 处无初速度地落下，击中静止在水平面上质量为 $m_B=5\text{kg}$ 的物块 B。撞击后物块 B 在水平面上滑行了距离 s 后停止。设恢复因数 $e=0.8$，动摩擦因数 $f=0.3$，求距离 s 以及摆锤碰撞后升高的偏角 θ'。

15.8 平台车以速度v沿水平路轨运动，其上放置边长为 l、质量为 m 的均质正方形物块 A，如习题 15.8 图所示。在平台上靠近物块有一凸出的棱 B，它能阻止物块向前滑动，但不能阻止它绕棱转动。求当平台突然停止时，物块绕 B 转动的角速度。

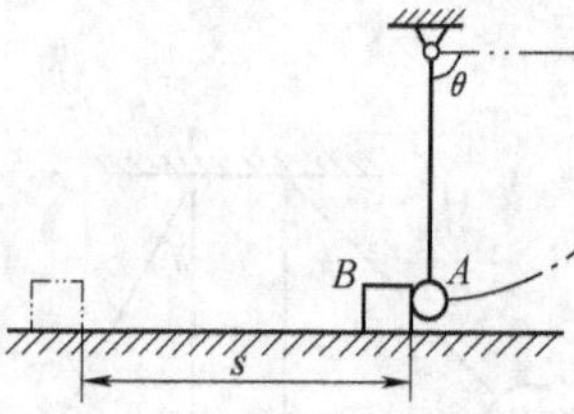

习题 15.7 图

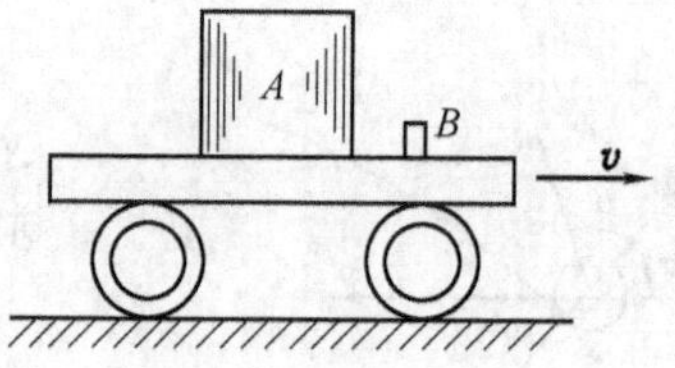

习题 15.8 图

15.9 如习题 15.9 图所示，在测定碰撞恢复因数的仪器中，有一杆可绕水平轴 O 转动。杆上带有用试验材料所制的样块。杆因受重力作用由水平位置落下，其初角速度为零。在铅直位置时与障碍物相碰，该障碍物也由实验材料制成。如碰撞后杆回到与铅直线成 φ 角处，求恢复因数 e。又问：在碰撞时欲使轴承不受附加压力，样块到转动轴的距离 d 应为多大？

15.10 如习题 15.10 图所示，铆钉用手锤来安装。已知锤的质量 $m_A=0.7\text{kg}$，锤击在铆钉上的速度是 6m/s。砧块连同工件的质量 $m_B=4.5\text{kg}$，由弹簧支承着。（1）求锤击一次铆钉所吸收的能量（设 $e=0$）；（2）若把砧块和地面刚性地连接起来，则解答如何？

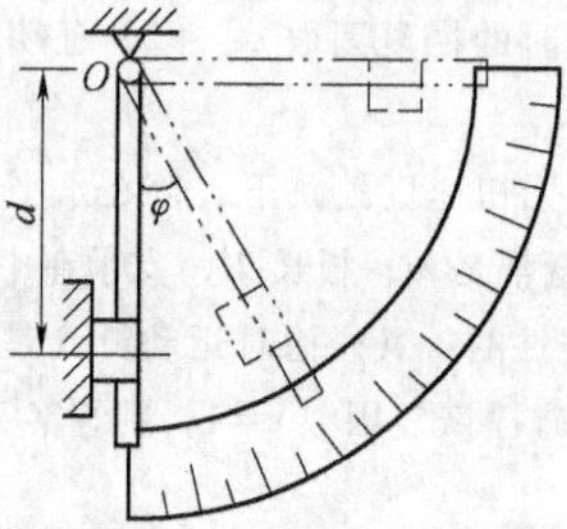

习题 15.9 图

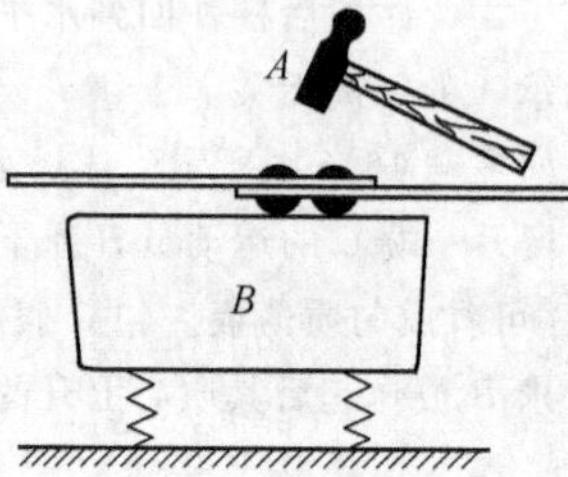

习题 15.10 图

15.11 习题 15.11 图所示两个直径相同的钢球用一根刚性杆连接起来，$l=600\text{mm}$，杆的质量忽略不计，开始时杆处于水平静止位置，然后从高度 $h=150\text{mm}$ 处自由下落，撞在两块较大的平板上，一块为钢板，另一块为铜板。若球与钢板和铜板之间的碰撞恢复因数分别为 0.6 和 0.4，并设这两个碰撞是同时进行的，求碰撞后杆的角速度。

15.12 测链条所能经受冲击力的装置如习题 15.12 图所示。链条挂在质量 $m_1=100\text{kg}$ 的横梁上，梁由两根支柱撑起。链条下端有一横闩。一个质量 $m_2=25\text{kg}$ 的套筒由高度 $h=1.5\text{m}$ 处自由落下，打在横闩上。（1）假定打击后套筒和横闩一起下沉，并认为横梁和支柱绝对刚硬，求链条所吸收的能量；（2）若横梁绝对刚硬但支柱可看成无质量弹簧，求链条所吸收的能量。不计链条伸长。

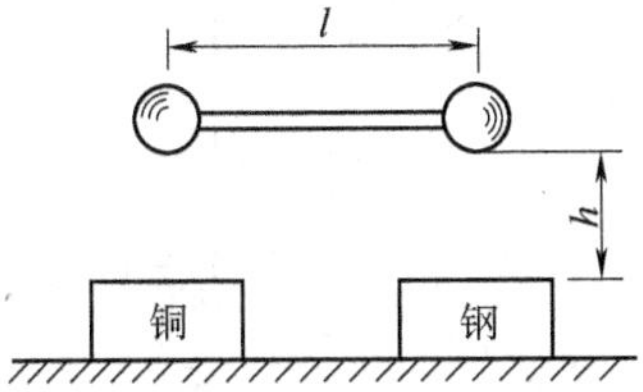

习题 15.11 图

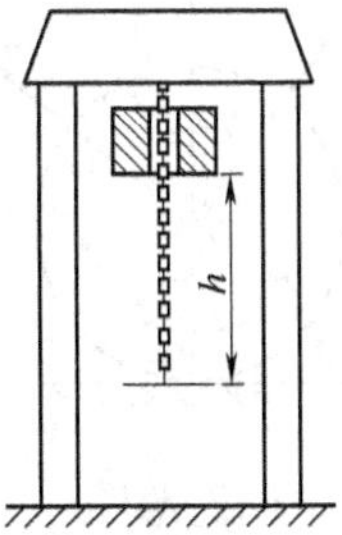

习题 15.12 图

15.13 习题 15.13 图所示质量为 m、长为 l 的匀质杆 AB，水平地下落一段距离 h 后，与支座 D 碰撞（$BD=l/4$）。假定碰撞是塑性的，求碰撞后的角速度 ω 和碰撞冲量 I。

15.14 均质细杆 AB 置于光滑的水平面上，围绕其重心 C 以角速度 ω_0 转动，如习题 15.14 图所示。若突然将点 B 固定，问杆将以多大的角速度围绕点 B 转动？

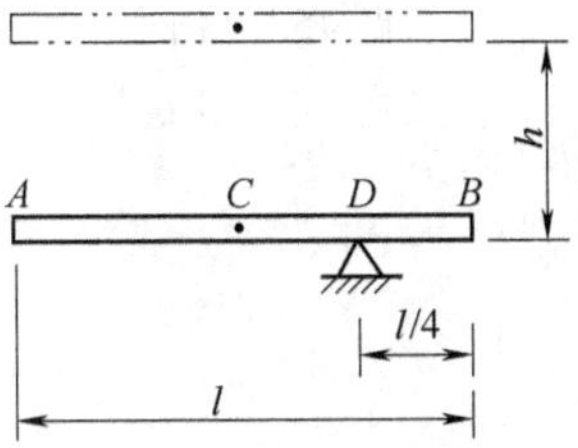

习题 15.13 图

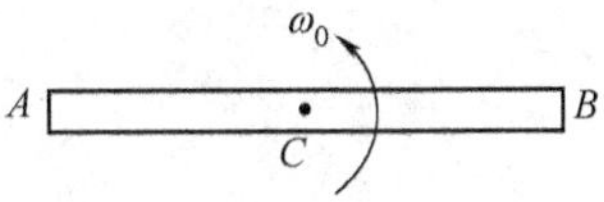

习题 15.14 图

习 题 B

15.15 在题 15.13 中，若将碰撞是塑性的改为是弹性的，其恢复因数为 e，则解答又将如何？

15.16 如习题 15.16 图所示，乒乓球半径为 r，以与铅垂线夹角为 α 的质心速度 v 和绕水平轴逆时针转动的角速度 ω 与球台相撞，设接触是粗糙的，碰撞恢复因数为 e，试求回跳角 β。

15.17 习题 15.17 图所示质量 $m=2\text{kg}$ 的均质圆盘无初速度地从高度 $h=1\text{m}$ 处自由下落，碰在一固定尖角 O 上。若圆盘半径 $r=20\text{mm}$，距离 $l=8\text{cm}$。设碰撞法向恢复因数 $e=0.8$，接触时没有滑动，求碰撞后圆盘的角速度和质心的速度以及能量的损失。

15.18 质量为 $m=10\text{kg}$、长度为 $l=2\text{m}$ 的均质杆 AB 和 BD，用光滑铰链相连，静止于光滑水平面上。小球质量为 $m=10\text{kg}$，以垂直于 AB 杆的速度 $v=1\text{m/s}$ 与杆 AB 中点相碰，如习题 15.18 图所示。碰撞恢复因数 $e=0.5$。试求碰撞结束时小球的速度 u 及杆 AB、BD 的角速度 ω_1、ω_2。

15.19 置于光滑水平面上的 A、B 两球，如习题 15.19 图所示。其质量分别为 23kg 和 4kg，它们的速度分别为 4m/s 和 12m/s，但方向相反。若恢复因数为 0.4，忽略摩擦，求碰撞结束后两球的速度及动能损失的百分比。图中长度单位为 mm。

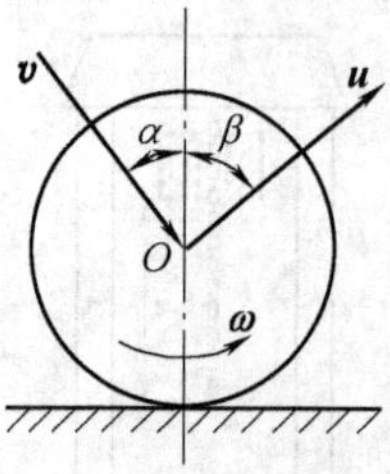

习题 15.16 图

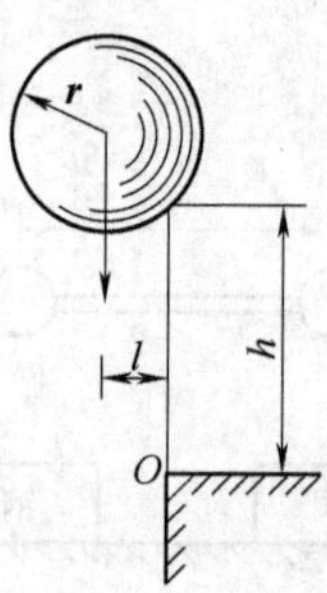

习题 15.17 图

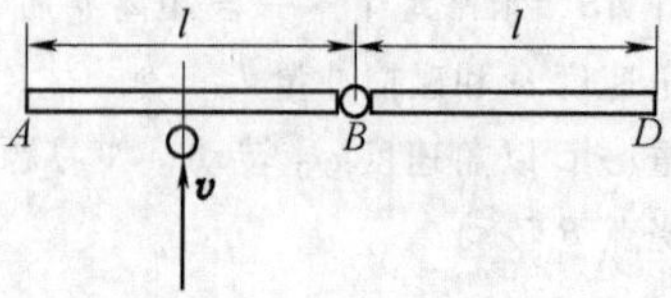

习题 15.18 图

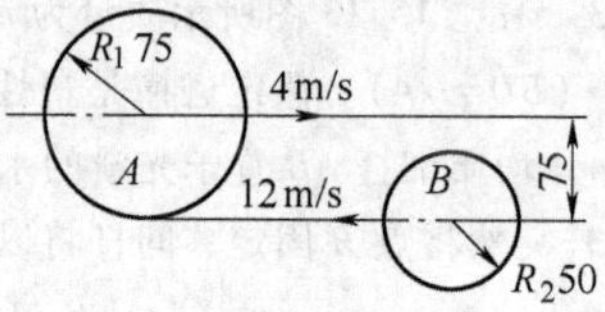

习题 15.19 图

第 16 章

机械振动基础

振动是人类生活和生产中普遍存在的一种现象。例如，车辆、机器、建筑物、桥梁、闸坝等弹性质量系统，在受到激扰后都会产生振动。就连茫茫宇宙中，也有电磁波在以振动的方式不停地发射和传播。而人类之所以能听和说是因为耳鼓和声带在振动。本章主要介绍机械振动的基本理论，所谓机械振动是指物体在其平衡位置附近所做的往复运动。

振动在不少情况下会造成危害，如设备基础的振动，会影响产品加工的精度；管道的振动，会引起液体、气体的泄漏；严重的地震会使建筑物剧烈振动以致倒塌破坏，甚至造成生命、财产的巨大损失。当然，振动也可以为人类服务，例如工程实际中的混凝土振捣器、振动送料、振动筛选、地震仪、振动式压路机以及海浪发电等，都是人类利用振动的例子。因此，研究和掌握振动的规律，对于有效地利用振动有益的方面，限制振动有害的方面具有十分重要的意义。

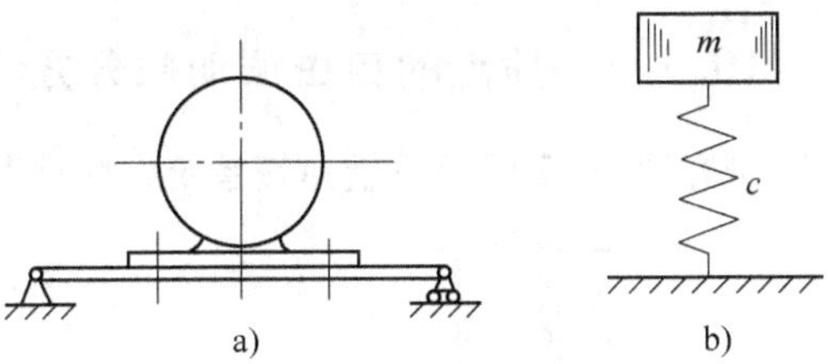

图　16-1

在实际问题中，根据问题的需要，常将复杂的振动系统进行简化，使之成为数学上易于描述和处理、性质上又能基本反映原系统主要特性的力学模型。例如由电动机及其支承梁组成的系统（见图 16-1a），如果只研究电动机随梁的变形而产生的上下振动，因电动机的质量远大于支承梁的质量，故可以将电动机视为质量集中的振体（质点），支承梁视为无质量的弹簧，于是系统可简化为图 16-1b 所示的质量弹簧系统，这是振动系统中最简单的力学模型。由于振体的位置只需一个独立的参数就可以确定，所以该系统称为单自由度系统。

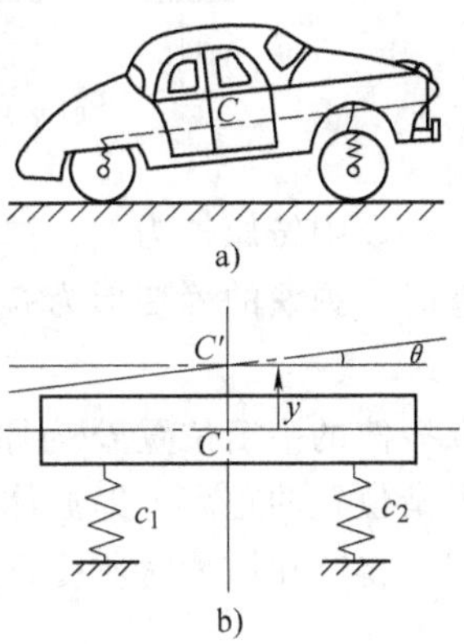

图　16-2

又如图 16-2 所示汽车，当汽车前后、左右的晃动比其上下振动小时，同样可简化为图 16-1b 所示的单自由度系统。但是，当汽车上下俯仰幅度不能忽略时，汽车则可以简化成图 16-2b 所示的二自由度系统，在振动中，振体的位置可用两个独立坐标 y 和 θ 来确定。如果还要考虑汽车前后、左右的晃动，系统将成为多自由度系统。

显然，随着实际系统复杂程度和精度要求的不同，简化后的力学模型可有很大的差异。

振动的分类方法很多。按振动产生的原因，可把振动分为自由振动、强迫振动和自激振动。按描述振动的运动微分方程，可把振动分为线性振动和非线性振动。按振动规律，可把振动分为谐振动、周期性振动、瞬态振动和随机振动。按振动系统的自由度，可把振动分为单自由度系统振动、多自由度系统振动和弹性体振动等。

本章只讨论单自由度系统的线性振动，包括单自由度系统的自由振动、衰减振动和强迫振动。同时还将介绍减振、隔振的有关知识。由于单自由度系统振动具有振动的重要特征，而且是进一步研究复杂系统振动问题的基础，另外，工程中的许多振动问题可以按单自由度问题来处理，因此，对单自由度系统振动问题进行研究具有重要的意义。

16.1 单自由度系统的自由振动

16.1.1 质点的自由振动微分方程及其解

研究图 16-3 所示质量弹簧系统在弹性范围内的振动规律。

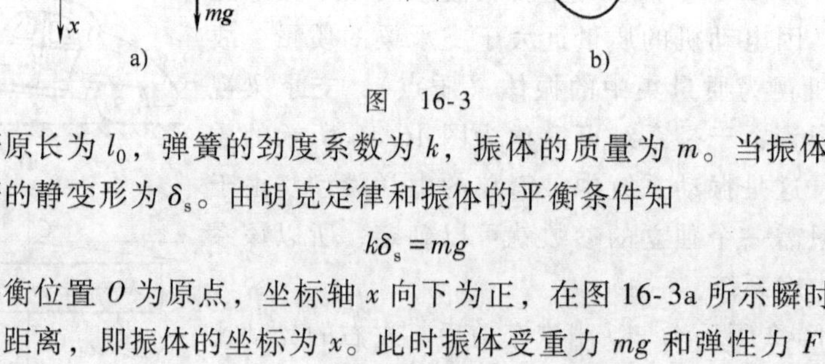

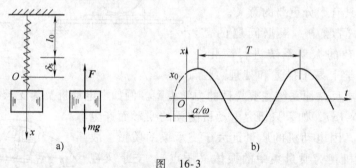

图 16-3

设弹簧原长为 l_0，弹簧的劲度系数为 k，振体的质量为 m。当振体处于平衡位置时，弹簧的静变形为 δ_s。由胡克定律和振体的平衡条件知

$$k\delta_s = mg$$

取振体的平衡位置 O 为原点，坐标轴 x 向下为正，在图 16-3a 所示瞬时，振体离开平衡位置的距离，即振体的坐标为 x。此时振体受重力 mg 和弹性力 $F=k(\delta_s+x)$ 作用，将其在该瞬时所受合力 $\boldsymbol{F}_R$ 投影于 x 轴，得

$$F_{Rx} = mg-k(\delta_s+x) = -kx$$

上式表明，合力的大小与振体离开平衡位置的距离成正比，负号则说明合力的投影

F_{Rx}总是与 x 的方向相反，即合力的方向恒指向 $x=0$ 的平衡位置。将这种始终企图使振体恢复到平衡位置的力称为恢复力，而将振体受到初始扰动后，仅在恢复力作用下产生的振动称为自由振动。

列出质点的运动微分方程

$$m\ddot{x}=-kx \tag{a}$$

或改写为

$$\ddot{x}+\omega_s^2 x=0 \tag{16-1}$$

式中

$$\omega_s=\sqrt{\frac{k}{m}} \tag{16-2}$$

式（16-1）是无阻尼自由振动微分方程的标准形式，它是一个二阶线性常系数齐次微分方程。由微分方程的理论知，式（16-1）的通解为

$$x=C_1\cos\omega_s t+C_2\sin\omega_s t \tag{16-3a}$$

或

$$x=A\sin(\omega_s t+\alpha) \tag{16-3b}$$

式中，$C_1=A\sin\alpha$；$C_2=A\cos\alpha$。C_1、C_2 或 A、α 都是积分常量，由系统的初始条件确定。

设 $t=0$ 时，$x=x_0$，$\dot{x}=v_0$ 代入式（16-3a）或式（16-3b），得

$$C_1=x_0,\quad C_2=\frac{v_0}{\omega_s} \tag{16-4a}$$

或

$$A=\sqrt{x_0^2+\frac{v_0^2}{\omega_s^2}},\quad \alpha=\arctan\frac{\omega_s x_0}{v_0} \tag{16-4b}$$

式（16-3）就是自由振动的运动方程。显然，系统做简谐振动，其运动图线如图16-3b所示。

16.1.2　有关振动的几个基本概念

A 表示质点偏离平衡位置的最大位移，称为振幅。

$(\omega t+\alpha)$ 称为相位，它确定了质点在任意瞬时的位置，其中 α 是 $t=0$ 时的相位，称为初相位。由式（16-4）知，自由振动的振幅和初相位都和初始条件有关。

由式（16-3）知，质点的自由振动是周期运动，每振动一次所经历的时间称为周期，通常用 T 表示。对于正弦函数，质点每振动一次，相位增加2π，即

$$[\omega_s(t+T)+\alpha]-[\omega_s t+\alpha]=2\pi$$

$$T=\frac{2\pi}{\omega_s}=2\pi\sqrt{\frac{m}{k}} \tag{16-5}$$

T 的单位为秒（s）。

周期的倒数，即一秒内振动的次数，称为振动频率，有时也简称频率，以字母 f 表示，即

$$f=\frac{1}{T}=\frac{\omega_s}{2\pi}=\frac{1}{2\pi}\sqrt{\frac{k}{m}} \tag{16-6}$$

f 的单位符号是赫兹（Hz）。

由于 $\omega_s=2\pi f$，可将 ω_s 理解为系统在 2π 秒内的振动次数，称为圆频率。它只与系统本身的固有参数即质量 m 和劲度系数 k 有关，而与运动的初始条件无关。或者说，ω_s 是振动系统的固有特性，因而称为系统的固有圆频率，或简称为固有频率，它反映了振动系统的最主要的动力学特性，计算或测定系统的固有频率是研究振动问题的重要课题之一。在 ω_s、f、T 三者中只要知道了其中一个，就可以知道另外两个。

另外，从运动微分方程式（16-1）可以看出，作用在质点上的常力（例如重力）只改变振动中心，而不改变系统的固有频率或周期。

16.1.3 其他形式的单自由度振动系统

上面研究了质量弹簧系统的振动，但工程上还有许多其他类型的振动系统。

图 16-4 所示复摆，可绕水平轴 O 摆动，摆的质量为 m，质心在位置 C，摆对 O 轴的转动惯量为 J_O，$OC=l$。利用刚体定轴转动微分方程研究复摆的运动，有

$$J_O\ddot{\theta}=-mgl\sin\theta \tag{a}$$

式（a）是二阶非线性微分方程，在微幅摆动的条件下，$\sin\theta\approx\theta$，于是式（a）可简化为

$$J_O\ddot{\theta}+mgl\theta=0$$

或

$$\ddot{\theta}+\omega_s^2\theta=0 \tag{b}$$

式中，$\omega_s=\sqrt{\dfrac{mgl}{J_O}}$ 是系统的固有频率。

图 16-5 所示扭振系统，其中圆盘对其中心轴的转动惯量为 J，圆盘固结于轴

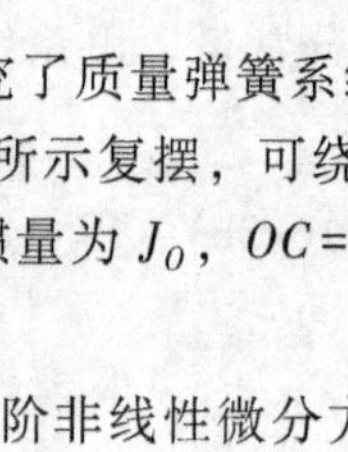

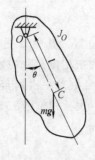

图 16-4

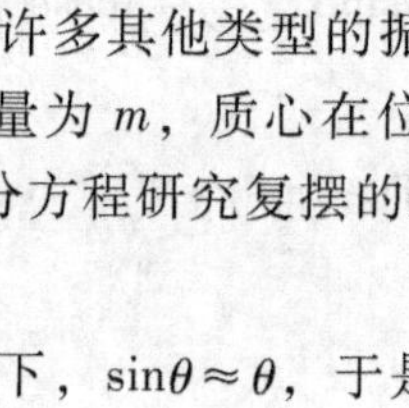

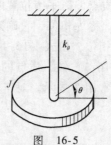

图 16-5

上，轴的另一端固定。轴的扭转刚度为 c_θ，它表示使圆盘产生单位转角所需要的力矩。在弹性范围内，利用刚体定轴转动微分方程研究圆盘的运动，有

$$J\ddot{\theta}=-c_\theta\theta$$

或

$$\ddot{\theta}+\omega_s^2\theta=0 \tag{c}$$

式中，$\omega_s=\sqrt{\dfrac{c_\theta}{J}}$是系统的固有频率。

由式（b）和式（c）可以看出，上述不同形式的振动系统与质量弹簧系统具有形式相同的运动微分方程，因此，其解即运动方程的形式也相同。所以研究质量弹簧系统的振动具有普遍的意义。

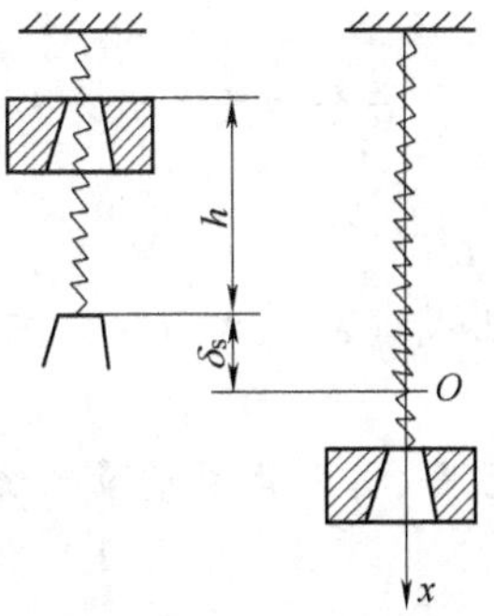

图　16-6

【例 16.1】　如图 16-6 所示，质量为 $m=20$kg 的物块，下落高度 $h=0.5$m 时与 $k=100$N/cm 的无重弹簧末端碰合为一体，试求碰后物块的运动。

【解】　以碰合后的静平衡位置 O 为原点向下作 x 轴，参看图 16-3a，则物块的运动微分方程为

$$\ddot{x}+\omega_s^2x=0,\omega_s=\sqrt{\frac{k}{m}}=22.36\text{rad/s}$$

其解为

$$x=A\sin(\omega_s t+\alpha)$$

初始条件：$t=0$ 时，$x_0=-\delta_s=-\dfrac{mg}{k}=-\dfrac{20\times9.8}{10000}\text{m}=-0.0196\text{m}$，$v_0=\sqrt{2gh}=3.13\text{m/s}$。

由式（16-4b），有

$$A=\sqrt{x_0^2+\frac{v_0^2}{\omega_s^2}}=0.1414\text{m},\quad \alpha=\arctan\frac{\omega_s x_0}{v_0}=-7.97°$$

故物块的运动规律为

$$x=0.1414\sin(22.36t-7.97°)(\text{m})$$

【例 16.2】　两弹簧的劲度系数分别为 k_1 和 k_2，振体的质量为 m。试分别求两弹簧并联和串联时系统的固有频率。

【解】　将并联弹簧质量系统（图 16-7a）和串联弹簧质量系统（图 16-7b）分别简化成图 16-7c 所示劲度系数为 k 的等效弹簧质量系统。所谓等效弹簧，是指在等值的力作用下，振体产生的静位移（即弹簧的静变形）应该与原系统相等。

（1）并联情形

设弹簧并联时，振体在重力 mg 作用下平动，则二弹簧的静变形均为 δ_s，其受

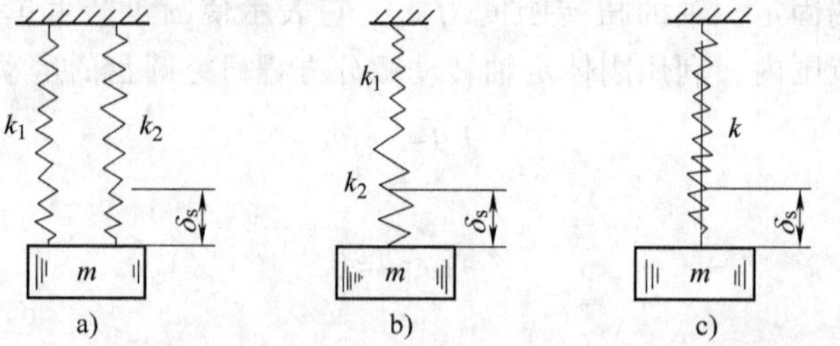

图 16-7

力分别为 $\boldsymbol{F}_1$ 和 $\boldsymbol{F}_2$，在振体的平衡位置有

$$mg=F_1+F_2=k_1\delta_s+k_2\delta_s=(k_1+k_2)\delta_s \tag{a}$$

若令劲度系数为 k 的等效弹簧在重力 $m\boldsymbol{g}$ 作用下产生的静变形等于 δ_s，则有

$$\delta_s=\frac{mg}{k} \tag{b}$$

由式（a）、式（b），可得

$$k=k_1+k_2 \tag{16-7}$$

于是，并联弹簧质量系统的固有频率为

$$\omega_s=\sqrt{\frac{k}{m}}=\sqrt{\frac{k_1+k_2}{m}}$$

可见，当两弹簧并联时，其等效劲度系数等于两弹簧劲度系数之和。这一结果表明并联后总的劲度系数变大了。

（2） 串联情形

弹簧串联时，两弹簧所受之力都等于振体的重力，因此，两弹簧的静变形分别为

$$\delta_{s1}=\frac{mg}{k_1},\quad \delta_{s2}=\frac{mg}{k_2}$$

两串联弹簧的总静变形为

$$\delta_s=\delta_{s1}+\delta_{s2}=mg\left(\frac{1}{k_1}+\frac{1}{k_2}\right) \tag{c}$$

若令等效弹簧的静变形等于 δ_s，则有

$$\delta_s=\frac{mg}{k} \tag{d}$$

由式（c）、式（d），可得

$$\frac{1}{k}=\frac{1}{k_1}+\frac{1}{k_2} \tag{16-8a}$$

或

$$k=\frac{k_1k_2}{k_1+k_2} \tag{16-8b}$$

于是，串联弹簧质量系统的固有频率为

$$\omega_s=\sqrt{\frac{k}{m}}=\sqrt{\frac{k_1k_2}{(k_1+k_2)m}}$$

由式（16-8）可知，当两弹簧串联时，其等效弹簧的劲度系数的倒数等于两弹簧劲度系数的倒数之和。这一结果表明串联后总的劲度系数变小了。

上述结论可以推广到多个弹簧串联或并联的情形。

【例 16. 3】 图 16-8 所示无重弹性梁，当其中部放置质量为 m 的重物时，其静挠度为 $\delta_s=2\text{mm}$，若将重物在梁未变形位置上无初速释放，求系统的振动规律和固有频率。

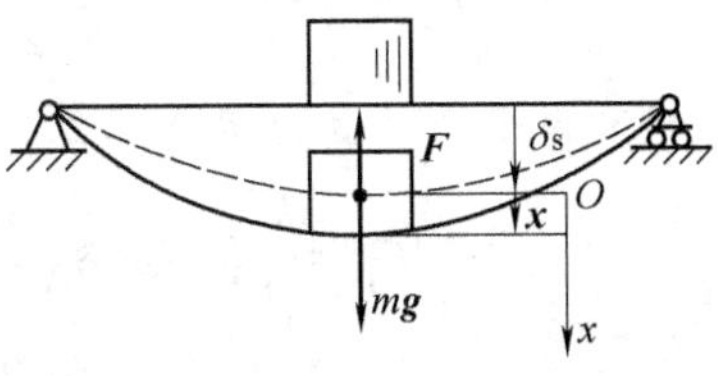

图　16-8

【解】 此无重弹性梁相当于一弹簧，其静挠度相当于弹簧的静伸长，则梁的劲度系数为

$$k=\frac{mg}{\delta_s}$$

该系统的固有频率为

$$\omega_s=\sqrt{\frac{k}{m}}=\sqrt{\frac{g}{\delta_s}} \tag{16-9}$$

式（16-9）表明，只要知道了振动系统弹簧的静变形 δ_s，就可以由式（16-9）方便地求出系统的固有频率。

由式（16-3b）知，物块的运动方程可写为

$$x=A\sin(\omega_s t+\alpha)$$

式中，$\omega_s=\sqrt{\dfrac{g}{\delta_s}}=\sqrt{\dfrac{9.8}{2\times10^{-3}}}=70$；$A$、$\alpha$ 由初始条件确定。

在图示坐标中，初始条件为 $t=0$ 时，$x_0=-\delta_s=-2\text{mm}$，$v_0=0$，则由式（16-4b），有

$$A=\sqrt{x_0^2+\frac{v_0^2}{\omega_s^2}}=2\text{mm}$$

$$\tan\alpha=\frac{\omega_s x_0}{v_0}\to-\infty，\alpha=-\frac{\pi}{2}$$

于是，可得物块的运动方程为

$$x=2\sin\left(70t-\frac{\pi}{2}\right)=-2\cos70t\ (\text{mm})$$

【例 16. 4】 在图 16-9 所示振动系统中，摆杆 OA 对转轴 O 的转动惯量为 J_O，在杆上点 A 和 B 各安置一个劲度系数分别为 k_1 和 k_2 的弹簧，系统在水平位置处于平衡，求系统做微振动时的固有频率。

【解】　设摆杆 OA 做自由振动时，其摆角 φ 的变化规律为

$$\varphi=\varphi_m\sin(\omega_s t+\alpha)$$

则系统振动时摆杆的最大角速度 $\dot{\varphi}_m=\varphi_m\omega_s$，因此系统的最大动能为

$$E_{kmax}=\frac{1}{2}J_O\dot{\varphi}_m^2=\frac{1}{2}J_O\omega_s^2\varphi_m^2$$

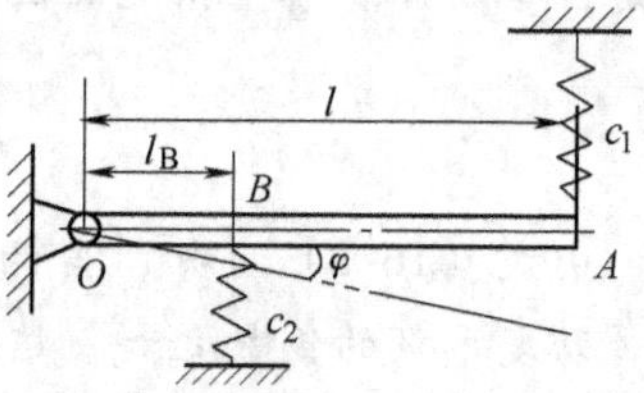

图　16-9

选择平衡位置为势能零位，则 OA 杆摆过 φ 角时的势能为

$$E_p=\frac{k_1}{2}[(l\varphi+\delta_{s1})^2-\delta_{s1}{}^2]+\frac{k_2}{2}[(l_B\varphi+\delta_{s2})^2-\delta_{s2}^2]-mg\frac{l}{2}\varphi$$

$$=\frac{k_1}{2}l^2\varphi^2+\frac{k_2}{2}l_B^2\varphi^2+k_1\delta_{s1}l\varphi+k_2\delta_{s2}l_B\varphi-mg\frac{l}{2}\varphi$$

式中，δ_{s1}、δ_{s2} 分别是在平衡位置时两弹簧的静变形量，且满足关系式 $k_1\delta_{s1}l+k_2\delta_{s2}l_B-mg\frac{l}{2}=0$，则上式可写为

$$E_p=\frac{k_1}{2}l^2\varphi^2+\frac{k_2}{2}l_B^2\varphi^2$$

当摆杆处于偏离振动中心的极端位置时，其角位移最大，系统具有最大势能，即

$$E_{pmax}=\frac{k_1}{2}l^2\varphi_m^2+\frac{k_2}{2}l_B^2\varphi_m^2$$

由机械能守恒定律，有

$$E_{kmax}=E_{pmax}$$

即

$$\frac{1}{2}J_O\omega_s^2\varphi_m^2=\frac{1}{2}(k_1l^2+k_2l_B^2)\varphi_m^2$$

解得固有频率为

$$\omega_s=\sqrt{\frac{k_1l^2+k_2l_B^2}{J_O}}$$

上述解法称为能量法。

通过上述例题，可归纳出求系统固有频率的几种方法：

(1) 当系统可简化为质量弹簧系统时，利用式 (16-2) 求解。

(2) 若已知或求得弹簧的静变形时，利用式 (16-9) 求解。

(3) 写出系统的振动微分方程的标准形式 $\ddot{x}+\omega_s^2x=0$ 求解。

(4) 利用能量法 (参看例 16.4) 求解。

16.2　单自由度系统的衰减振动

从自由振动看，振体应做持续的等幅振动，但是实际观察到的振动现象则不然，自由振动的振幅总是不断减小的，经过一段时间后，振动完全消失。这是因为在自由振动中没有考虑阻力的作用，而实际上，阻力或多或少总是存在的。

工程实际中常见的阻力有不同的来源，有流体介质的阻力、干摩擦的阻力和材料内部产生的阻力等。本节只讨论最简单、最常见的一种阻力，这种阻力称为黏滞阻力或线性阻力，即阻力的大小与振体速度的一次方成正比，方向恒与振体速度方向相反，写为

$$\boldsymbol{F}_{\delta}=-\mu \boldsymbol{v} \tag{16-10}$$

式中，μ 为一常量，称为阻力系数。在振动系统中常将阻力称为阻尼。下面讨论有黏滞阻尼时的自由振动。

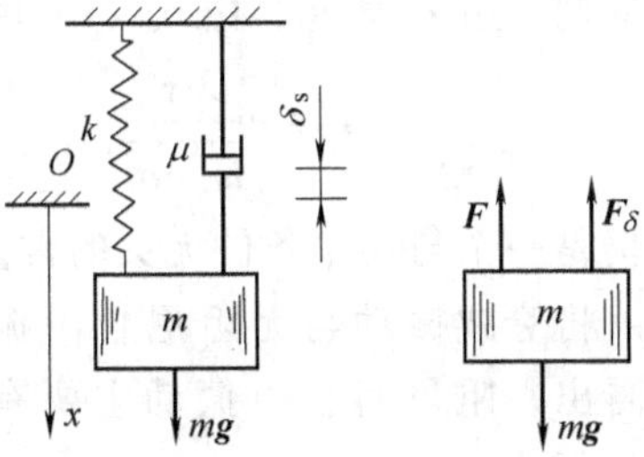

图　16-10

图 16-10 所示为有阻尼的质量弹簧系统的力学模型，质点上面的右边表示阻尼器。如仍以平衡位置为坐标原点 O，则质点的运动微分方程为

$$m\ddot{x}=-F+mg-F_{\delta}=-kx-\mu\dot{x}$$

或改写为

$$\ddot{x}+2\delta\dot{x}+\omega_{s}^{2}x=0 \tag{16-11}$$

式中，$\omega_{s}^{2}=k/m$；$\delta=\mu/2m$，δ 称为阻尼系数。上式就是有阻尼自由振动微分方程的标准形式，它仍是一个二阶线性常系数齐次微分方程。

根据微分方程的理论，可设其通解为 $x=\mathrm{e}^{\alpha t}$，代入式（16-11），可得特征方程

$$\alpha^{2}+2\delta\alpha+\omega_{s}^{2}=0$$

特征根为

$$\alpha_{1,2}=-\delta\pm\sqrt{\delta^{2}-\omega_{s}^{2}} \tag{16-12}$$

因此，微分方程式（16-11）的通解为

$$x=k_{1}\mathrm{e}^{\alpha_{1}t}+k_{2}\mathrm{e}^{\alpha_{2}t} \tag{16-13}$$

当特征根 α_1、α_2 为实数或虚数时，上式表示的运动规律有很大不同，而所有这些均与阻尼系数 δ 的取值有关。下面分三种情况讨论。

1. 小阻尼（$\delta<\omega_s$）

当 $\delta<\omega_s$ 时，特征根（式（16-12））为一对共轭复根

$$\alpha_{1,2}=-\delta\pm i\sqrt{\omega_{s}^{2}-\delta^{2}}$$

式中，$i=\sqrt{-1}$。这时微分方程的解式（16-13）可以根据欧拉公式写为

$$x=Ae^{-\delta t}\sin(\sqrt{\omega_s^2-\delta^2}\,t+\alpha) \tag{16-14}$$

式中，A 和 α 为积分常数，由运动初始条件可得

$$A=\sqrt{x_0^2+\frac{(v_0+\delta x_0)^2}{\omega_s^2-\delta^2}},\quad \alpha=\arctan\frac{x_0\sqrt{\omega_s^2-\delta^2}}{v_0+\delta x_0} \tag{16-15}$$

式（16-14）就是系统在小阻尼条件下的运动方程，其运动图线如图 16-11 所示。其振幅近似取 $Ae^{-\delta t}$，它随时间而衰减，经过一定的时间后，$x\to 0$。可见，这已不是周期运动，但是在运动过程中，仍以静平衡位置为中心做往复运动，具有振动的特点，故称为衰减振动。将振体相邻两次到达同侧极端位置所需时间称为衰减振动的周期，用 T_1 表示，由式（16-14）知

$$T_1=\frac{2\pi}{\sqrt{\omega_s^2-\delta^2}} \tag{16-16}$$

它仍是一个与初始条件无关的常量。

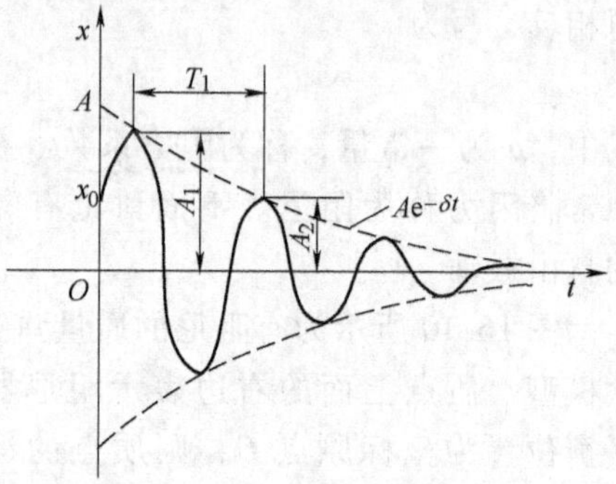

图 16-11

将衰减振动与无阻尼自由振动比较可以看出，阻尼对自由振动主要有以下两方面的影响：

（1）阻尼使振动的周期稍有增长。

比较式（16-16）和式（16-5），有

$$T_1=\frac{2\pi}{\sqrt{\omega_s^2-\delta^2}}=\frac{2\pi}{\omega_s\sqrt{1-\zeta^2}}=\frac{T}{\sqrt{1-\zeta^2}}>T \tag{16-17}$$

式中

$$\zeta=\frac{\delta}{\omega_s}=\frac{\mu}{2\sqrt{km}} \tag{16-18}$$

ζ 称为阻尼比，它是振动系统中反映阻尼特性的重要参数。在小阻尼情形下 $\zeta<1$，式（16-17）可展成收敛级数

$$T_1=T\left(1+\frac{1}{2}\zeta^2+\cdots\right)$$

若 $\zeta=0.05$，则 $T_1=1.00125T$，即周期增长了 0.125%，若 $\zeta=0.2$，则 $T_1=1.02T$，周期仅增长了 2%。因此在小阻尼情形下，一般可以忽略阻尼对周期的影响，而近似认为 $T_1=T$。

（2）阻尼使振幅按几何级数衰减。

设衰减振动时，同侧的任意相邻的两个振幅分别为 A_i 和 A_{i+1}，则两振幅之比

$$\eta=\frac{A_i}{A_{i+1}}=\frac{Ae^{-\delta t}}{Ae^{-\delta(t+T_1)}}=e^{\delta T_1} \tag{16-19}$$

η 称为减幅因数。经过一个周期，振幅衰减到原有的$\frac{1}{\eta}=e^{-\delta T_1}$倍。从整个振动过程看，振幅按几何级数衰减。如仍以 $\zeta=0.05$ 为例，算得 $\eta=1.37$，也就是每振动一次，振幅等于原幅值的$\frac{1}{1.37}=73\%$，或者说，振幅减小了 27%。由此看出，在小阻尼情况下，即使周期变化很小，但振幅的衰减却非常显著。

减幅因数的自然对数称为对数减幅因数，以 Λ 表示，有

$$\Lambda=\ln\eta=\delta T_1\approx 2\pi\zeta \tag{16-20}$$

一般情况下，振动系统的阻尼系数都要通过实验确定。实验测定阻尼系数的一种方法是给质点初始冲击，使它产生衰减振动，将衰减振动曲线记录下来。根据记录曲线上的振幅 A_1、A_2、…，计算 δ 或 Λ 的值。

2. 临界阻尼（$\delta=\omega_s$）

此时 $\zeta=1$，特征根（式（16-12））为两个相等的负实根

$$\alpha_{1,2}=-\delta$$

运动微分方程式（16-11）的通解为

$$x=(C_1+C_2t)e^{-\delta t} \tag{16-21}$$

式中，C_1、C_2 为积分常数，由初始条件确定。其运动图线如图 16-12 所示，系统受到瞬时干扰后，不再做往复运动，很快趋向于静平衡位置而停止，失去了振动的特征。

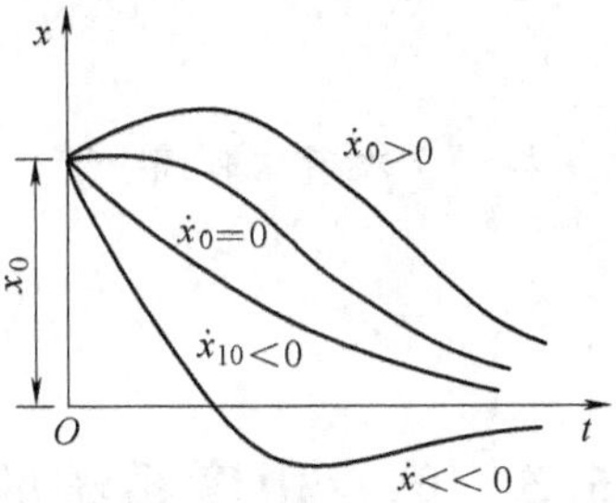

图　16-12

3. 大阻尼（$\delta>\omega_s$）

此时 $\zeta>1$，特征根（式（16-12））为两个不等负实根，所以微分方程式（16-11）的通解为

$$x=e^{-\delta t}(C_1e^{\sqrt{\delta^2-\omega_s^2}t}+C_2e^{-\sqrt{\delta^2-\omega_s^2}t}) \tag{16-22}$$

式中，C_1、C_2 为积分常数，由运动初始条件确定。上式表明，大阻尼时，质点的运动仍不具有振动的特征，而且不论系统初始时处于何种非平衡位置，随着时间的增加，系统都按指数规律返回平衡位置。其运动图线与图 16-12 相似。

综上所述，当 $0<\zeta<1$ 时，系统作衰减振动，当 $\zeta\geqslant1$ 时，系统不再发生振动。

【例 16.5】　一质量弹簧系统，劲度系数 $k=250$N/cm，黏滞阻力系数 $\mu=1$N·s/cm，振体的质量 $m=10$kg，如果使振体偏离平衡位置 1cm 后，无初速地释放，求：(1) 对数减幅因数；(2) 当振幅减小到原振幅的 1%时，系统振动的次数及所用时间。

【解】　(1) 计算对数减幅因数。

系统的固有频率

$$\omega_s=\sqrt{\frac{k}{m}}=\sqrt{\frac{250\times100}{10}}\text{rad/s}=50\text{rad/s}$$

阻尼系数

$$\delta=\frac{\mu}{2m}=\frac{100}{2\times10}\mathrm{rad/s}=5\mathrm{rad/s}$$

阻尼比

$$\zeta=\frac{\delta}{\omega_s}=0.1<1$$

因 $\zeta<1$，知系统做衰减振动。

由式（16-20）计算对数减幅因数

$$\Lambda=\delta T_1\approx2\pi\zeta=0.628$$

（2）计算衰减振动次数及所用时间。

设初瞬时系统的振幅为 A_0，经过 N 次振动后的振幅为 A_N。由题意知

$$\frac{A_0}{A_N}=\frac{A_0A_1A_2}{A_1A_2A_3}\cdots\frac{A_{N-1}}{A_N}=(\mathrm{e}^{\delta T_1})^N=\mathrm{e}^{N\Lambda}$$

当系统振幅减为原振幅的1%时，有

$$\mathrm{e}^{N\Lambda}=100$$

系统振动的次数

$$N=\frac{1}{\Lambda}\ln100=7.3\approx7$$

系统振动7次所需时间

$$t=7T_1=7\frac{2\pi}{\omega_s\sqrt{1-\zeta^2}}=0.884\mathrm{s}$$

16.3　单自由度系统的强迫振动

工程中的自由振动系统由于阻尼的存在将逐渐衰减而趋于静止。强迫振动就是系统还受到恢复力之外的其他干扰力作用，从而获得能量使系统的振动能够持续下去的振动，系统所受干扰力称为激振力。

激振力随时间的变化规律可能是周期的，也可能是非周期的，还可能是随机的。本节只讨论简谐激振力作用下的强迫振动，这是工程上比较常见的，也是最简单、最基本的强迫振动，它是研究复杂激振力作用下的强迫振动的基础。简谐激振力通常可表示为

$$F_H=H\sin\omega t \tag{16-23}$$

式中，H 为激振力的幅值；ω 为激振力的圆频率。

16.3.1　强迫振动微分方程及其解

如图16-13所示，具有黏滞阻尼的质量弹簧系统，其上作用着简谐激振力 $F_H=$

$H\sin\omega t$。设振体的质量为 m，劲度系数为 k，阻尼器的黏滞阻力系数为 μ。取振体的平衡位置 O 为原点，坐标轴 x 向下为正。考虑到重力与弹簧静变形所产生的弹性力相平衡，重物 m 的运动微分方程为

$$m\ddot{x}=-kx-\mu\dot{x}+H\sin\omega t \tag{a}$$

令

$$\omega_s^2=\frac{k}{m},\delta=\frac{\mu}{2m},h=\frac{H}{m}$$

式（a）可化为

$$\ddot{x}+2\delta\dot{x}+\omega_s^2x=h\sin\omega t \tag{16-24}$$

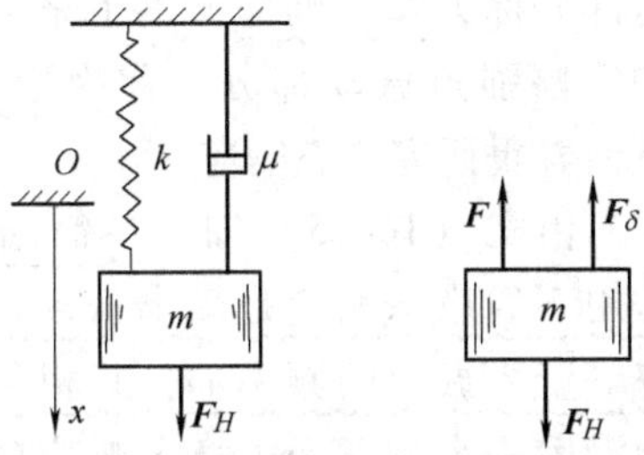

图　16-13

上式就是具有黏滞阻尼的单自由度系统强迫振动微分方程的标准形式，它是一个二阶线性常系数非齐次微分方程，其解由两部分组成

$$x=x_1+x_2$$

式中，x_1 为对应于式（16-24）的齐次方程的通解，这在上一节已进行了讨论，在小阻尼（$\delta<\omega_s$）的情形下，有

$$x_1=Ae^{-\delta t}(\sin\sqrt{\omega_s^2-\delta^2}+\alpha)$$

x_2 为方程（16-24）的一个特解，设其为

$$x_2=B\sin(\omega t-\varphi) \tag{16-25}$$

式中，B、φ 为待定常数。

将式（16-25）及其导数代入式（16-24），有

$$-B\omega^2\sin(\omega t-\varphi)+2B\omega\delta\cos(\omega t-\varphi)+B\omega_s^2\sin(\omega t-\varphi)=h\sin\omega t \tag{b}$$

将上式右端改写为

$$h\sin\omega t=h\sin[(\omega t-\varphi)+\varphi]=h\cos\varphi\sin(\omega t-\varphi)+h\sin\varphi\cos(\omega t-\varphi) \tag{c}$$

将式(c)代回式(b)，并整理可得

$$[B(\omega_s^2-\omega^2)-h\cos\varphi]\sin(\omega t-\varphi)+[2B\omega\delta-h\sin\varphi]\cos(\omega t-\varphi)=0 \tag{d}$$

由于在任意时刻 t，上式都成立，于是有

$$\begin{cases}B(\omega_s^2-\omega^2)-h\cos\varphi=0\\2B\omega\delta-h\sin\varphi=0\end{cases} \tag{e}$$

由式（e）可求得

$$B=\frac{h}{\sqrt{(\omega_s^2-\omega^2)^2+4\delta^2\omega^2}} \tag{16-26}$$

$$\tan\varphi=\frac{2\delta\omega}{\omega_s^2-\omega^2} \tag{16-27}$$

所以方程（16-24）的解为

$$x=Ae^{-\delta t}\sin(\sqrt{\omega_s^2-\delta^2}\,t+\alpha)+B\sin(\omega t-\varphi) \tag{16-28}$$

式中，A 和 α 为积分常数，由运动的初始条件确定。

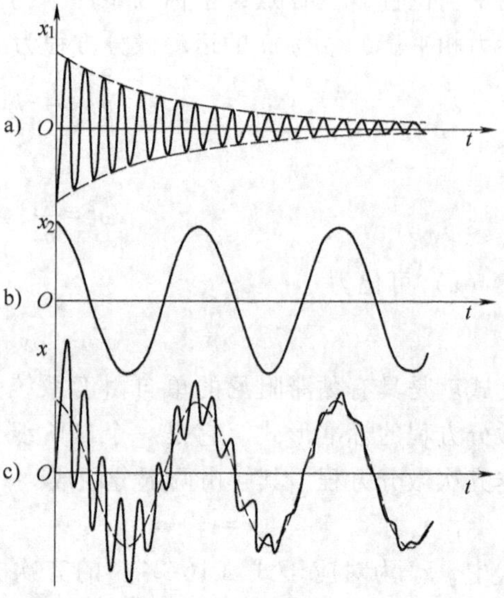

图 16-14

式（16-28）所表示的运动由两部分叠加而成，第一部分是衰减振动（见图 16-14a），第二部分为简谐振动（图 16-14b），而式（16-28）的运动图线如图 16-14c 所示。由于阻尼的存在，随着时间的增加，第一部分很快就会衰减了，这部分称为瞬态响应，剩下来的是稳定的等幅强迫振动部分，称为稳态响应。下面着重研究稳态响应。

由式（16-25）知，在简谐激振力作用下的稳态响应是简谐振动，振动频率等于激振力的频率 ω，其相位比激振力滞后一个相角 φ；稳态响应的振幅 B 和相位差 φ 只与系统本身的固有参数 m、k、μ 和激振力的幅值 H、频率 ω 有关，而与初始条件无关。

现分别讨论振幅 B、相位差 φ 与各参量的关系。

16.3.2 幅频特性曲线

将式（16-26）无量纲化，有

$$\beta=\frac{B}{B_0}=\frac{1}{\sqrt{(1-\lambda^2)^2+4\zeta^2\lambda^2}} \tag{16-29}$$

式中，$B_0=h/\omega_s^2=H/k$ 称为静力偏移，表示在激振力幅值 H 的作用下弹簧产生的静变形量；$\lambda=\omega/\omega_s$ 称为频率比，它表示激振力圆频率与系统固有频率之比值；$\zeta=\delta/\omega_s$ 前面已介绍过是阻尼比；β 称为动力放大因数，它表示强迫振动的幅值 B 与静力偏移 B_0 的比值。

式（16-29）揭示了强迫振动的振幅只决定于三个因素：静力偏移 B_0、阻尼比 ζ 和频率比 λ。在小阻尼情形下，这三个因素中频率比 λ 对振幅的影响最为重要。在许多工程技术问题中，最关心的问题是 β 的值如何随 λ 而变化。对于不同的 ζ 值，绘制的 β-λ 曲线族称为幅频特性曲线，或共振曲线，如图 16-15 所示，它是振动理论中最重要的曲线之一。

由图 16-15 可以看出：

（1）当 $\lambda \ll 1$，即 $\omega \ll \omega_s$（低频区）时，不论阻尼比 ζ 为何值，都有 $\beta \approx 1$，说明此时阻尼对振幅的影响不大。稳态响应的振幅 B 几乎等于静力偏移 B_0。

（2）当 $\lambda \gg 1$，即 $\omega \gg \omega_s$（高频区）时，不论阻尼比 ζ 为何值，都有 $\beta \approx 0$。这就是说，当激振力的频率相对于系统的固有频率很高时，振体由于本身的惯性几乎来不及振动，因而振幅趋近于零。此时阻尼对振幅的影响也不大。

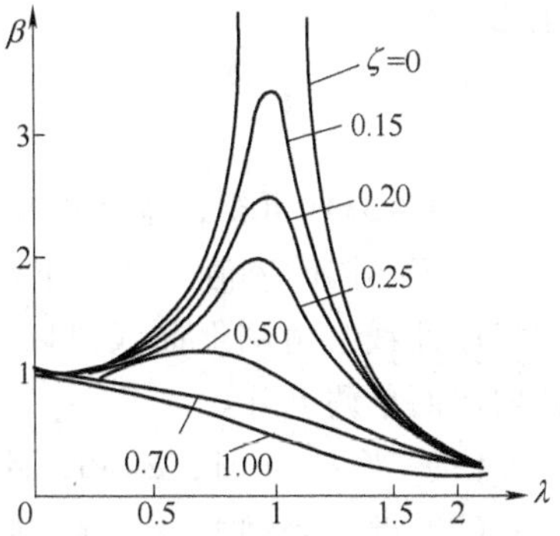

图 16-15

（3）当 $\lambda \to 1$，即 $\omega \to \omega_s$（共振区）时，阻尼对振幅的影响很明显。当 $\zeta<0.707$ 时，动力放大因数 β 存在最大值，为求出 β 的极大值，可根据式（16-29），令 $\mathrm{d}\beta/\mathrm{d}\lambda=0$ 解得，当

$$\lambda=\sqrt{1-2\zeta^2} \tag{16-30}$$

时，动力放大系数 β 有极大值 $\beta_{\max}$，

$$\beta_{\max}=\frac{1}{2\zeta\sqrt{1-\zeta^2}} \tag{16-31}$$

在许多实际问题中，ζ 的值很小，$\zeta^2 \ll 1$，故可近似地认为当 $\lambda=1$ 时，β 达到极大值 $\beta_{\max}$，而 $\beta_{\max}$ 也可近似表示为

$$\beta_{\max}=\frac{1}{2\zeta} \tag{16-32}$$

这说明，当激振力的频率等于系统的固有频率，即 $\omega=\omega_s$ 时，强迫振动的振幅达到峰值，这种现象称为共振。所谓共振区是指 $\lambda=1$ 邻近的区间，在小阻尼情形下，通常认为 $0.75 \leqslant \lambda \leqslant 1.25$ 区间为共振区。这区间内振幅变化十分激烈，阻尼的影响也十分显著，阻尼比愈小，振幅的峰值愈大。而当阻尼比 $\zeta>0.707$ 时，动力放大因数 β 随 λ 的增加而单调下降，振幅 B 不再有极大值，也不会发生共振。

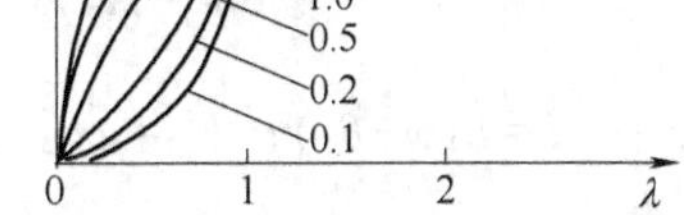

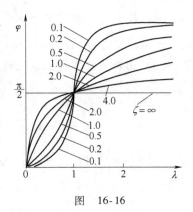

图 16-16

16.3.3 相频特性曲线

实际中，除了强迫振动的振幅外，还常常关心强迫振动与激振力之间的相位差 φ 如何随 λ 而变化。为此，将式（16-27）无量

纲化，有

$$\tan\varphi=\frac{2\lambda\zeta}{1-\lambda^2} \tag{16-33}$$

由式（16-33）可知，稳态响应与激振力的相位差 φ 仅与阻尼比 ζ 和频率比 λ 有关。对于不同的 ζ 值，仍可作 φ-λ 关系曲线族，如图16-16所示。这族曲线称为相频特性曲线。由图上曲线可以看到：相位差 φ 总是在 0 至 π 区间变化，且随着 λ 的增加而单调上升。

（1）当 $\lambda \ll 1$ 时，$\varphi \to 0$，此时稳态响应几乎与激振力同相位。

（2）当 $\lambda \gg 1$ 时，$\varphi \to \pi$，此时稳态响应与激振力反相位。

（3）当 $\lambda=1$ 时，$\varphi=\frac{\pi}{2}$，说明共振时，系统的相位比激振力滞后$\frac{\pi}{2}$，这是共振的主要特征之一。值得注意的是，在共振时，阻尼对相位差无影响，这一点与幅频特性曲线很不相同。

【例 16.6】 电动机安装在弹性基础上，如图 16-17 所示。电动机总质量为 m_1，其中包含电动机转子质量 m_2，转子偏心距为 d。基础在电动机重力作用下的静变形为 δ_s，当电动机转子以角速度 ω 匀速转动时，试求电动机铅垂方向的强迫振动。设电动机受到的阻力 $\boldsymbol{F}_\delta$ 与速度的一次方成正比，阻力系数为 μ。

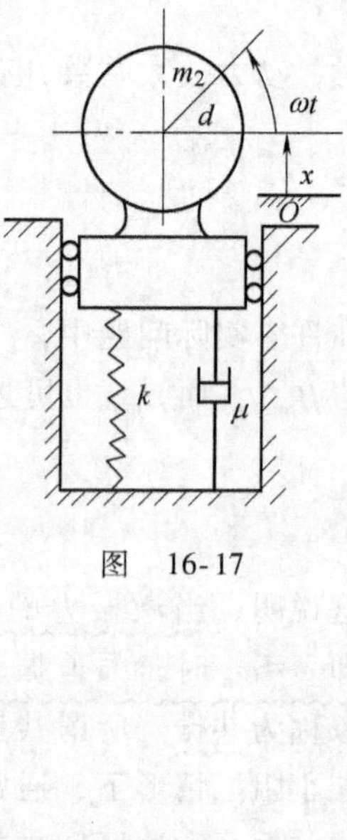

图 16-17

【解】（1）研究电动机，电动机在铅垂方向上受有重力 $m_1\boldsymbol{g}$、弹性力 $\boldsymbol{F}$ 和阻力 $\boldsymbol{F}_\delta$。其中劲度系数 $k=m_1g/\delta_s$。

（2）以电动机在平衡位置时的中心位置 O 为原点，x 轴向上为正方向。电动机外壳做平动，其运动规律用 x 坐标表示，转子质心相对电动机壳体做圆周运动，其加速度在 x 方向的投影为 $\ddot{x}-d\omega^2\sin\omega t$。

（3）由动量定理建立系统的运动微分方程并求解。

$$\sum m_i\ddot{x}_i=\sum F_{ix}:$$

$$(m_1-m_2)\ddot{x}+m_2(\ddot{x}-d\omega^2\sin\omega t)=-m_1g-F-F_\delta \tag{a}$$

式中，$F=k(x-\delta_s)$；$F_\delta=\mu\dot{x}$。代入上式，并注意到关系式 $m_1g=k\delta_s$，式（a）可化为

$$m_1\ddot{x}+\mu\dot{x}+kx=m_2d\omega^2\sin\omega t \tag{b}$$

令

$$\omega_s^2=\frac{k}{m_1},\quad 2\delta=\frac{\mu}{m_1},\quad b=\frac{m_2d}{m_1}$$

式（b）又可写为

$$\ddot{x}+2\delta\dot{x}+\omega_s^2x=b\omega^2\sin\omega t \tag{c}$$

这是一个有阻尼强迫振动的微分方程，式中，$b\omega^2$ 与标准形式（16-24）中的 h 相对应。可见，电动机做强迫振动，其振动方程为

$$x=B\sin(\omega t-\varphi) \tag{d}$$

式中

$$B=\frac{b\omega^2}{\sqrt{(\omega_s^2-\omega^2)^2+4\delta^2\omega^2}},\quad \tan\varphi=\frac{2\delta\omega}{\omega_s^2-\omega^2} \tag{e}$$

（4）讨论。

将式（e）中的第一式化为无量纲形式

$$\beta=\frac{B}{b}=\frac{\lambda^2}{\sqrt{(1-\lambda^2)^2+4\zeta^2\lambda^2}} \tag{f}$$

绘出 β-λ 的幅频特性曲线，如图 16-18 所示。因式（f）与式（16-29）不同，这里公式右端的分子为 λ^2，所以图 16-18 中的曲线与图 16-15 中的曲线有所不同。在图 16-18 中，当 $\lambda\ll1$ 时，$\beta\approx0$，振幅 $B\approx0$；当 $\lambda\gg1$ 时，$\beta\approx1$，振幅 $B\approx b$；这是与图 16-15 所示不同之处。当 $\lambda\to1$，ζ 很小时，β 出现峰值，振幅 B 取极大值，即发生共振，此时阻尼对振幅的影响也十分显著，这与图 16-15 所示相同。

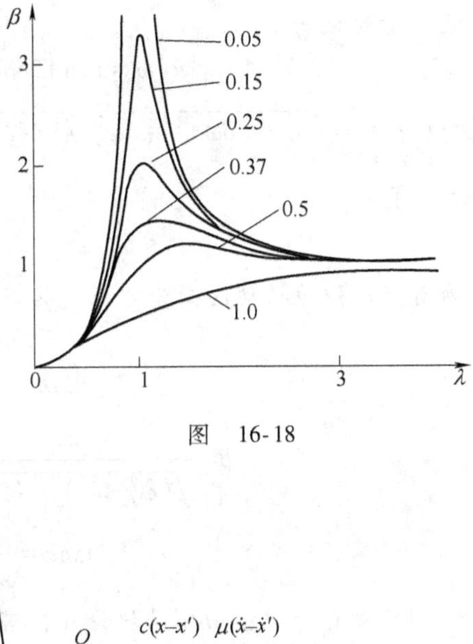

图　16-18

由本例可知，当转子的角速度 ω 等于振动系统的固有频率 ω_s 时，便会发生共振，此时转子的转速称为临界转速。一般情况下机器应避免在临界转速附近运转。

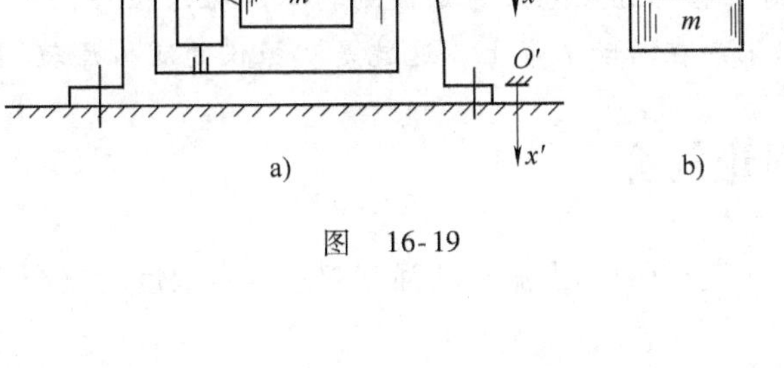

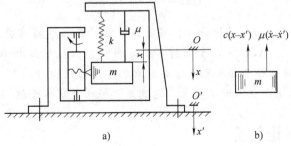

图　16-19

【例 16.7】 图 16-19a 所示惯性测振仪，由惯性质量块（振体）、弹簧和阻尼器组成。测振时将仪器的框架固定在做铅垂振动的物体上，振体随框架产生强迫振动。已知振体的质量为 m，弹簧的劲度系数为 k，阻尼器的黏滞阻力系数为 μ，并设物体的运动规律为 $x'=a\sin\omega t$，求质量 m 的强迫振动方程，并说明测振仪的测振原理。

【解】（1）研究振体 m，取其平衡位置 O 为原点，x 轴向下为正方向。在任一瞬时，弹簧的变形量就是振体与框架间相对位移 s，即

$$s=x-x'$$

（2）在图示的任一瞬时，振体受恢复力 $k(x-x')$ 和阻尼力 $\mu(\dot{x}-\dot{x}')$ 作用。振体的重力和弹簧的静变形力是一对平衡力，不予考虑。

（3）建立振体的运动微分方程并求解。

由质点运动微分方程，有

$$m\ddot{x}=-k(x-x')-\mu(\dot{x}-\dot{x}')$$

将 $x'=a\sin\omega t$ 和 $\dot{x}'=a\omega\cos\omega t$ 代入上式，并令 $\omega_s^2=\dfrac{k}{m}$，$2\delta=\dfrac{\mu}{m}$，上式可化为

$$\ddot{x}+2\delta\dot{x}+\omega_s^2x=a(\omega_s^2\sin\omega t+2\delta\omega\cos\omega t) \tag{a}$$

将上式右端化为

$$a(\omega_s^2\sin\omega t+2\delta\omega\cos\omega t)=h\sin(\omega t+\theta) \tag{b}$$

式中，$h=a\sqrt{\omega_s^4+(2\delta\omega)^2}=a\omega_s^2\sqrt{1+4\zeta^2\lambda^2}$；$\tan\theta=\dfrac{2\delta\omega}{\omega_s^2}=2\zeta\lambda$。将式（b）代入式（a），有

$$\ddot{x}+2\delta\dot{x}+\omega_s^2x=h\sin(\omega t+\theta)$$

此为有阻尼强迫振动的微分方程，其稳态响应为

$$x=B\sin(\omega t+\theta-\varphi)$$

式中

$$B=\frac{h}{\sqrt{(\omega_s^2-\omega^2)^2+4\delta^2\omega^2}}=\frac{a\sqrt{1+4\zeta^2\lambda^2}}{\sqrt{(1-\lambda^2)^2+4\zeta^2\lambda^2}}$$

$$\tan\varphi=\frac{2\delta\omega}{\omega_s^2-\omega^2}=\frac{2\zeta\lambda}{1-\lambda^2}$$

（4）测振原理：由振动理论知，若物体的振动圆频率 ω 比系统的固有频率 ω_s 大很多，由于惯性，振体 m 几乎保持不动。当测振仪框架随物体一块振动时，振体与框架间的相对位移可近似地认为是被测物体的振动位移，即 $s=x-x'\approx-x'$，而 s 的变化规律可以记录在活动纸带上。这就是测振仪的测振原理。

16.4 隔振理论简介

振动现象是不可避免的，当振动的强度超过一定限度时就会给生产和生活带来

极大的危害，因此，要对这些不可避免的振动采用各种方法进行隔振和减振。将振源与需要防振的物体之间用弹性元件和阻尼元件进行隔离的措施称为隔振。使振动物体的振动减弱的措施称为减振。目前工程上常用的隔振或减振的方法有以下几种：

（1）分析引起振动的振源，尽量使之消除或减弱（例如对不均衡的转子进行动平衡等）。

（2）如条件许可，改变系统的固有频率，使之离开共振区域工作。

（3）适当地采用阻尼装置，以吸收振动的能量。

（4）采用适当的隔振措施，减少振动的传递。

（5）采用动力消振器等进行减振。

本节介绍隔振的基本理论和方法。按照振动干扰来源的不同分为主动隔振和被动隔振两类问题。

16.4.1　主动隔振

主动隔振是指将振源与支持振源的基础隔离开来，以减小振源传给地基的激振力，进而减弱地基传给周围物体的振动强度。

主动隔振的力学模型如图 16-20 所示。设振体的质量为 m，隔振弹簧的劲度系数为 k，阻尼器的黏滞阻力系数为 μ，激振力为 $F_H=H\sin\omega t$（如要减弱［例 16.6］中的电动机传到地基上的振动强度，就可简化为此种力学模型）。由上节知，该振体的强迫振动方程为

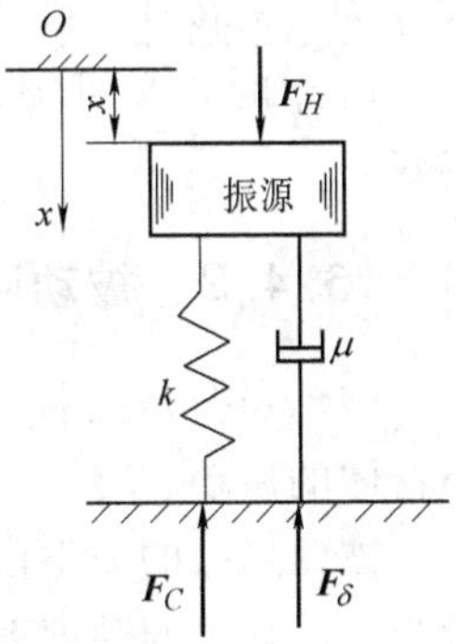

图　16-20

$$x=B\sin(\omega t-\varphi)$$

其振幅为

$$B=\frac{B_0}{\sqrt{(1-\lambda^2)^2+4\zeta^2\lambda^2}} \tag{a}$$

振体通过弹簧及阻尼器传给地基的力分别为

$$F_c=kx=kB\sin(\omega t-\varphi)$$

$$F_\delta=\mu\dot{x}=\mu\omega B\cos(\omega t-\varphi)$$

这两个力均按简谐规律变化，且频率相同，相位差为 π/2，因此，可以将其合成为一合力 F

$$\begin{aligned}F&=F_c+F_\delta=kB\sin(\omega t-\varphi)+\mu\omega B\cos(\omega t-\varphi)\\&=F_{\max}\sin(\omega t-\varphi+\theta)\end{aligned} \tag{b}$$

式中

$$F_{\max}=\sqrt{(cB)^2+(\mu\omega B)^2}=kB\sqrt{1+4\zeta^2\lambda^2} \tag{16-34}$$

$$\tan\theta=\frac{\mu\omega B}{kB}=2\zeta\lambda \tag{16-35}$$

在式（16-34）和式（16-35）中用到了关系式 $\mu=2m\delta$，$k=m\omega_s^2$ 和 $\delta/\omega_s=\zeta$，$\omega/\omega_s=\lambda$。

F_{max} 是安装隔振装置后，传到基础上的简谐周期力的幅值，而 H 是没有安装隔振装置，振源直接传到地基上的简谐周期力的幅值，此两幅值之比为

$$\eta=\frac{F_{max}}{H}=\frac{kB\sqrt{1+4\zeta^2\lambda^2}}{H}=\frac{B}{B_0}\sqrt{1+4\zeta^2\lambda^2}$$

将式（a）代入上式，有

$$\eta=\frac{\sqrt{1+4\zeta^2\lambda^2}}{\sqrt{(1-\lambda^2)^2+4\zeta^2\lambda^2}} \tag{16-36}$$

称 η 为力的传递系数或隔振系数。它与系统参数 λ 和 ζ 有关。

由 η 的意义可知，只有当 $\eta<1$ 时，才有隔振效果，且 η 值越小，隔振效果越好。

16.4.2 被动隔振

被动隔振是指将需要防振的物体与振源隔离，以减小物体的振动。

被动隔振的力学模型如图 16-21 所示。其中振体的质量为 m，弹簧的劲度系数为 k，黏滞阻力系数为 μ，地基的振动规律为 $x'=a\sin\omega t$。与［例 16.7］所述情形相同。参看［例 16.7］，振体的运动微分方程为

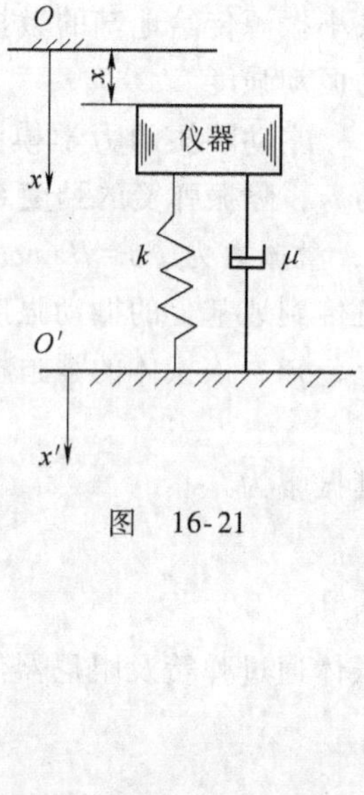

图 16-21

$$m\ddot{x}=-k(x-x')-\mu(\dot{x}-\dot{x}')$$

振体的振动强迫方程为

$$x=B\sin(\omega t+\theta-\varphi)$$

强迫振动的振幅为

$$B=\frac{a\sqrt{1+4\zeta^2\lambda^2}}{\sqrt{(1-\lambda^2)^2+4\zeta^2\lambda^2}}$$

此时，隔振系数为

$$\eta'=\frac{B}{a}=\frac{\sqrt{1+4\zeta^2\lambda^2}}{\sqrt{(1-\lambda^2)^2+4\zeta^2\lambda^2}} \tag{16-37}$$

η' 又称为位移传递系数，它与力的传递系数的形式完全相同。

由式（16-36）和（16-37）可知，主动隔振与被动隔振的含意虽然不同，但

隔振系数 η（η'）随频率比 λ 和阻尼比 ζ 变化的规律却完全相同。对于不同的 ζ 值，可绘制η-λ曲线如图 16-22 所示。

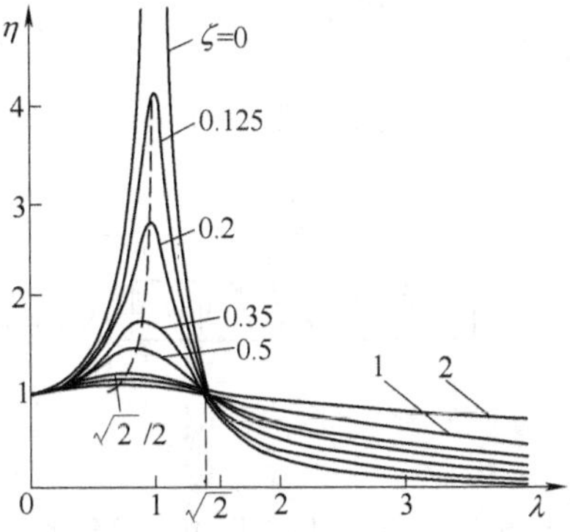

图　16-22

由图 16-22 可知，只有在频率比 $\lambda>\sqrt{2}$ 时，才能保证 $\eta<1$，即在 $\lambda>\sqrt{2}$时，才能起到隔振的作用。$\lambda>\sqrt{2}$，也就是 $\omega>\sqrt{2}\,\omega_s$。所以，为了取得较好的隔振效果，要求安装隔振装置后，系统的固有频率 ω_s 尽可能的小。而要降低 ω_s，必须选用劲度系数较小的隔振弹簧。$\lambda>\sqrt{2}$后，随着 λ 的增加，隔振系数 η 逐渐趋于零。但当$\lambda>5$以后，η-λ 曲线几乎为水平线，此时即便采用更好的隔振装置，隔振效果也难以提高。因此，为了不使隔振装置复杂化，一般取 λ 在 2.5~5 之间。值得注意的是，在隔振装置中增加阻尼不利于隔振，因为$\lambda>\sqrt{2}$时，η 值随着阻尼比 ζ 的增加而增大，所以在隔振装置中一般采用小阻尼。但是，为了便于机器在启动或停车的过程中能顺利通过共振区，也不能完全没有阻尼。

思　考　题

16.1　自由振动的固有频率与哪些因素有关？要提高或降低固有频率可采取哪些措施？

16.2　阻尼对自由振动有什么影响？对强迫振动有什么影响？

16.3　阻尼对隔振系数 η 有什么影响？为了取得较好的隔振效果，可以采取哪些措施？

16.4　在思考题 16.4 图所示装置中，重物 M 可在螺杆上上下滑动，重物的上方和下方都装有弹簧。问是否可以通过螺帽调节弹簧的压缩量来调节系统的固有频率？

16.5　为了用实验方法求出思考题 16.5 图 a 所示悬臂梁的固有频率，有人在梁的一端装一带有偏心转子的电动机，改变电动机转速使梁发生共振，这时电动机的角速度 ω_0 就是梁的固有频率 ω_s，问这样的实验方法是否可用？有什么条件？为什么？

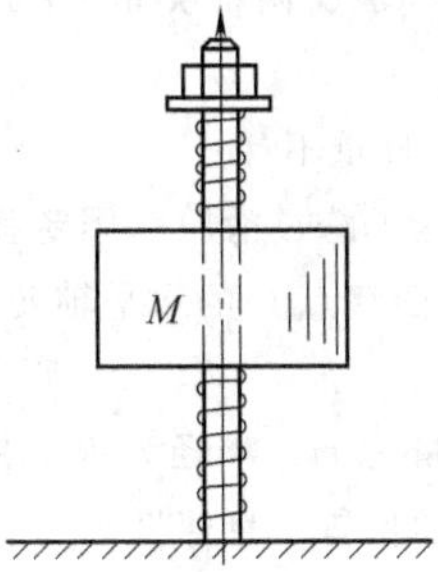

思考题 16.4 图

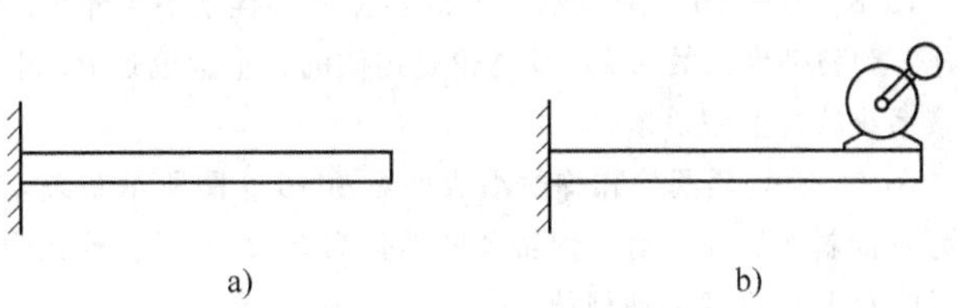

思考题 16.5 图

习　题　A

16.1　试求出习题16.1图所示各系统的固有频率。

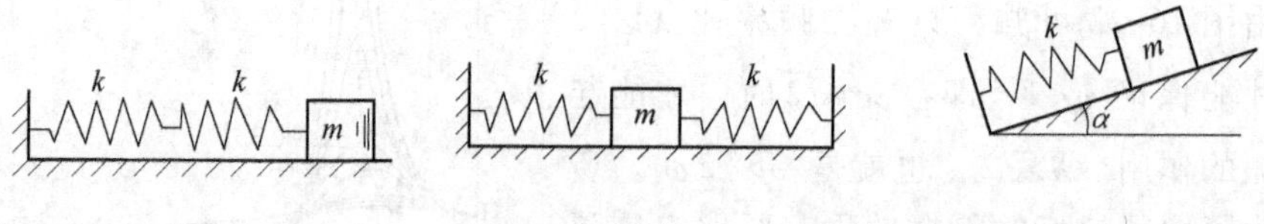

a)　　　　b)　　　　c)

习题16.1图

16.2　在习题16.2图中，三个弹簧与质量为 m 的物体按图a、b、c的方式连接。设物体沿竖直线做平动，弹簧劲度系数分别为 k_1 和 k_2，求各自的自由振动周期。

16.3　一盘悬挂在弹簧上，如习题16.3图所示。当盘上放重 P 的物体时做微幅振动，测得的周期为 T_1；当盘上换一重 W 的物体时，测得振动周期为 T_2。求弹簧的劲度系数 k。

16.4　车辆竖向振动的加速度不宜超过 1m/s^2，否则乘客感觉不舒适。若车厢弹簧组的静压缩为24cm，求系统自由振动振幅的最大允许值。

16.5　质量 $m=5\text{kg}$ 的光滑套筒 M 松放在弹簧顶端如习题16.5图所示。现在把 M 由平衡位置压下 $\delta=4\text{cm}$ 无初速地释放。问要使 M 做简谐运动，则弹簧劲度系数 k 的最大允许值是多少？并求在此劲度系数下 M 的运动方程。

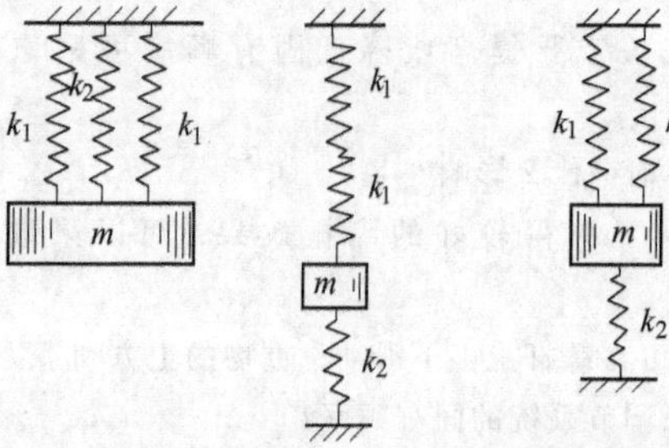

a)　　b)　　c)

习题16.2图

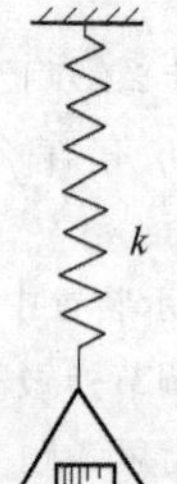

习题16.3图

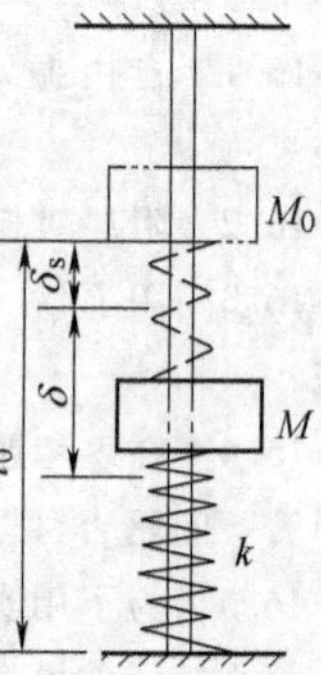

习题16.5图

16.6　如习题16.6图所示，一角尺由长度各为 l 和 $2l$ 的两均质杆构成，两杆夹角90°，此角尺可绕水平轴 O 转动。求角尺在其平衡位置附近作微小摆动的周期。

16.7　求习题16.7图所示系统的运动微分方程及自由振动的周期。杆重不计。

16.8　习题16.8图所示重 P 的物体 A 悬挂于不可伸长的绳子上，绳子跨过滑轮与固定弹簧相连，弹簧劲度系数为 k。设滑轮是匀质的，重量也是 P，半径为 r，并能绕点 O 的水平轴转动。求该系统的自由振动频率。

16.9　一均质圆轮和弹簧组成如习题16.9图所示系统。已知轮质量为 m，半径为 R，沿倾角为 α 的斜面做纯滚动。弹簧劲度系数为 k。$t=0$ 时，轮在弹簧未变形的位置，且速度为零。求此后圆轮中心 O 的运动规律。

16.10　试求习题11.24中所示系统微运动的固有频率。

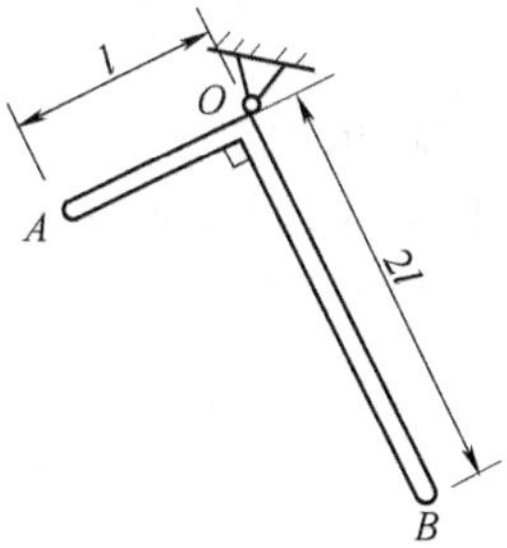

习题 16.6 图

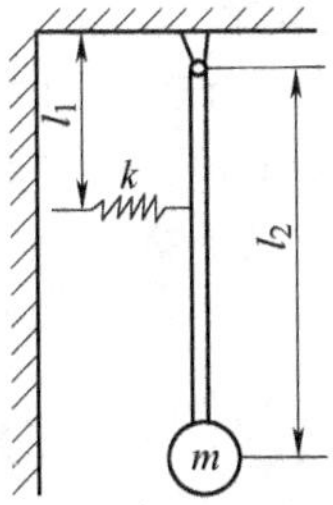

习题 16.7 图

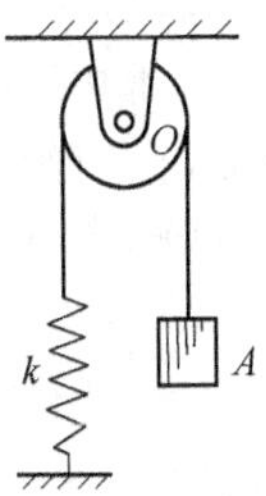

习题 16.8 图

16.11 习题 16.11 图所示一测振仪。已知振体质量为 m，下端支承弹簧的劲度系数为 k_1。振体上端铰接于可转动的直角曲杆 AOB 上。已知 AOB 对 O 点的转动惯量为 J，连于 AO 上的弹簧劲度系数为 k_2。试求系统的固有频率。

16.12 习题 16.12 图所示为用来测量压力的压力计。若水银柱在管中的长度为 l，受扰动后发生振荡，求其固有频率。

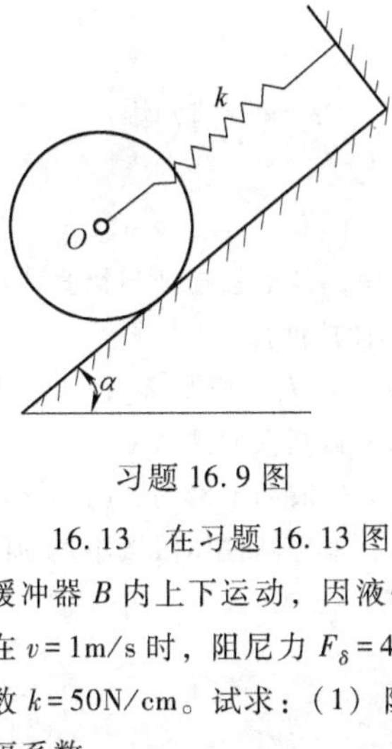

习题 16.9 图

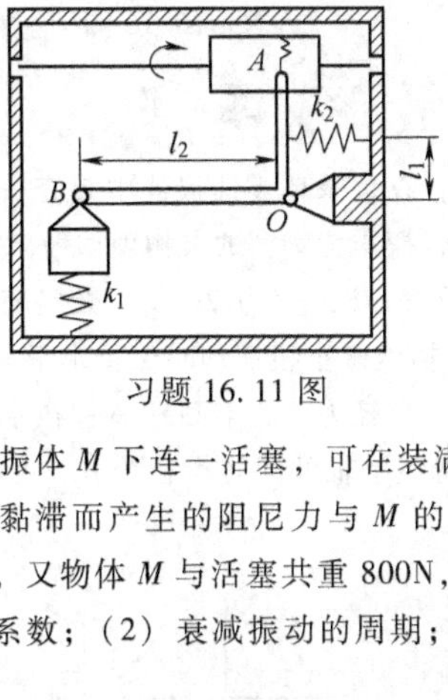

习题 16.11 图

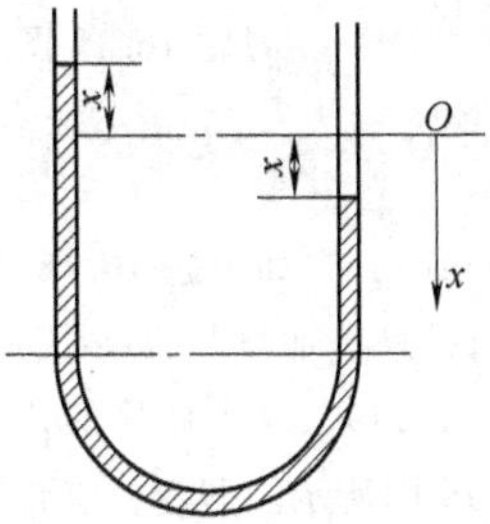

习题 16.12 图

16.13 在习题 16.13 图中，振体 M 下连一活塞，可在装满黏性液体的缓冲器 B 内上下运动，因液体的黏滞而产生的阻尼力与 M 的速度成正比，在 $v=1\text{m/s}$ 时，阻尼力 $F_\delta=400\text{N}$，又物体 M 与活塞共重 800N，弹簧劲度系数 $k=50\text{N/cm}$。试求：(1) 阻尼系数；(2) 衰减振动的周期；(3) 对数减幅系数。

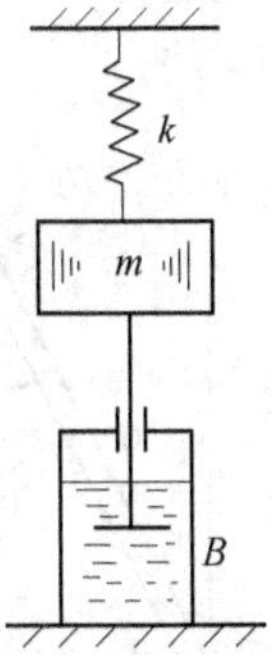

习题 16.13 图

16.14 质量弹簧系统的阻力 $\boldsymbol{F}_\delta=-\mu v$，已知质量 $m=2\text{kg}$，弹簧劲度系数 $k=2\text{kN/m}$。欲使物体的振幅经过 8 个周期后降低为原来的 1/100，问阻力系数 μ 应为多大？

16.15 车轮上装置一重为 P 的物块 B，于某瞬时 ($t=0$) 车轮由水平路面进入曲线路面，并继续以等速 v 行驶。该曲线路面按 $y_1=d\sin\dfrac{\pi}{l}x_1$ 的规律起伏，坐标原点和坐标系 $O_1x_1y_1$ 的位置如习题 16.15 图所示。当轮 A 进入曲线路面时，物块 B 在铅直方向无速度。设弹簧的劲度系数为 k。求：(1) 物块 B 的受迫运动方程；(2) 轮 A 的临界速度。

16.16 物体 M 悬挂在弹簧 AB 上，如习题 16.16 图所示。弹簧的上端做铅垂直线谐振动，其振幅为 a，圆频率为 ω，即 $O_1C=a\sin\omega t$。已知物体 M 重 4N，弹簧在 0.4N 力作用下伸长 1cm，$a=2$cm，$\omega=7$rad/s。求受迫振动的规律。

16.17 精密仪器在使用时要避免地面振动的干扰，为了隔振，如习题 16.17 图所示，在 A、B 两端下边安装 8 个弹簧（每边四个并联而成），A、B 两点到重心 C 的距离相等，已知地面振动规律为 $y_1=0.1\sin10\pi t$（cm），仪器重 8kN，容许振动的振幅为 0.01cm。求每根弹簧应有的劲度系数。

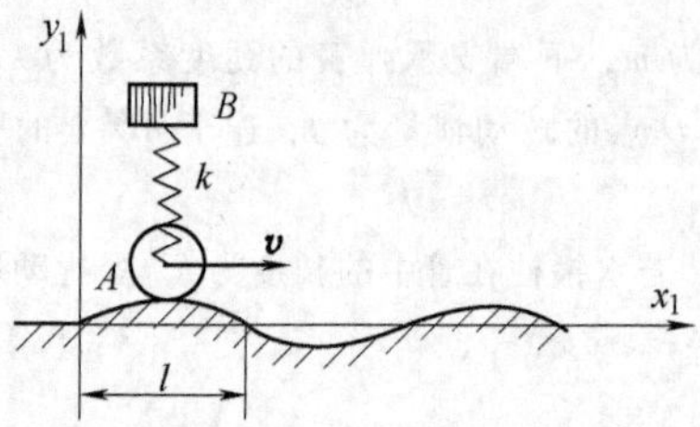

习题 16.15 图

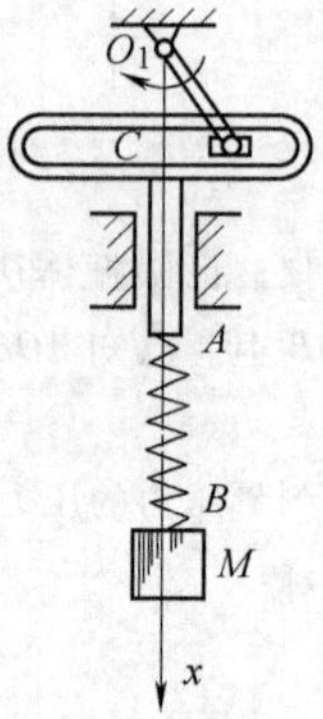

习题 16.16 图

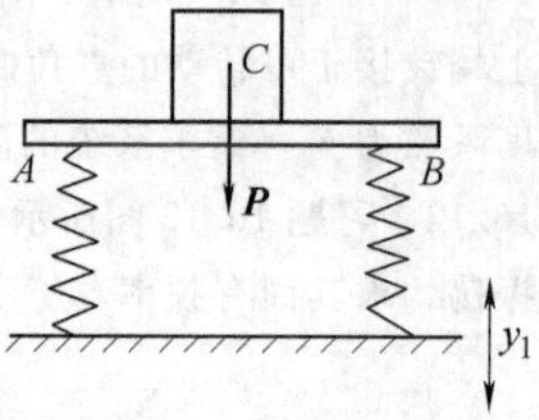

习题 16.17 图

习 题 B

16.18 如习题 16.18 图所示，在记录地震的仪器中装有一物理摆，其摆悬挂轴与铅直线成 α 角，悬挂轴与摆的重心距离为 l，摆重为 P。试求物理摆做微幅振动的周期。

16.19 双线悬挂的水平均质杆 AB，长为 $2l_1$，两根铅直的绳各长 l_3，相距 $2l_2$，如习题 16.19 图所示。假定杆绕铅直中心轴做微小扭摆动时保持水平，试求杆做扭振的周期。

16.20 如习题 16.20 图所示，半径为 r 的半圆柱体，在水平面上只滚动不滑动，已知该柱体对通过质心 C 且平行于半圆柱母线的轴的回转半径为 ρ，又 $OC=l$，求半圆柱体做微小摆动的频率。

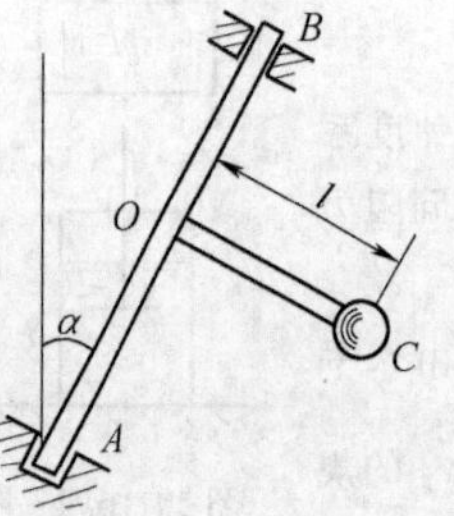

习题 16.18 图

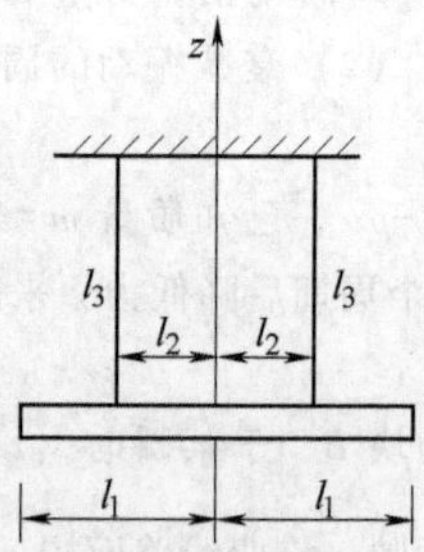

习题 16.19 图

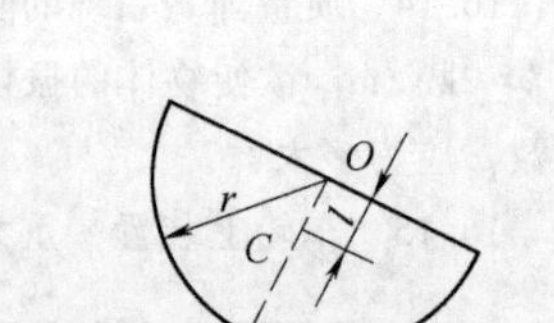

习题 16.20 图

第 17 章

理论力学问题的计算机分析简介

计算机的普及及相关数学软件的发展，使得方便地进行理论力学问题的计算机分析成为可能，同时工程实践对于大规模计算与过程分析的关注，使得力学问题的计算机辅助分析成为必然。本章就理论力学问题的计算机分析进行简单介绍，为工程应用及进一步学习打下基础。

17.1 静力学问题的计算机分析

矩阵作为一种数学工具，在力学中得到了较多的应用，可以方便地用于计算机分析。在静力学中，将用矩阵方法重新表述力系简化与平衡问题，然后利用数学软件如 Matlab 等求解力系的简化与平衡问题。

17.1.1 力系主矢、主矩的矩阵表示

1. 力系主矢的矩阵表示

在直角坐标系中，力可以表示为

$$\boldsymbol{F} = F_x\boldsymbol{i} + F_y\boldsymbol{j} + F_z\boldsymbol{k} = [\boldsymbol{i}\ \boldsymbol{j}\ \boldsymbol{k}]\begin{bmatrix} F_x \\ F_y \\ F_z \end{bmatrix} \tag{17-1a}$$

也可写成

$$\boldsymbol{F} = \begin{bmatrix} F_x \\ F_y \\ F_z \end{bmatrix} = \begin{bmatrix} l \\ m \\ n \end{bmatrix} F \tag{17-1b}$$

式中，F_x、F_y、F_z 为力 $\boldsymbol{F}$ 在 x、y、z 轴上的投影；l、m、n 为 $\boldsymbol{F}$ 对 x、y、z 轴的方向余弦。

由 s 个力组成的空间力系的主矢可表示为

$$\boldsymbol{F}_p = [\boldsymbol{T}_F]_{3\times S}[\boldsymbol{F}]_{S\times 1} \tag{17-2}$$

展开为

$$\begin{bmatrix} F_x \\ F_y \\ F_z \end{bmatrix} = \begin{bmatrix} l_1 & l_2 & \cdots & l_s \\ m_1 & m_2 & \cdots & m_s \\ n_1 & n_2 & \cdots & n_s \end{bmatrix}_{3\times S}\begin{bmatrix} F_1 \\ F_2 \\ \vdots \\ F_S \end{bmatrix}_{S\times 1}$$

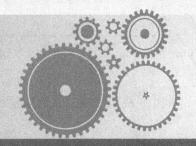

式中，$\boldsymbol{F}_p$ 为力系主矢列向量；$\boldsymbol{T}_F=\begin{bmatrix} l_1 & l_2 & \cdots & l_s \\ m_1 & m_2 & \cdots & m_s \\ n_1 & n_2 & \cdots & n_s \end{bmatrix}_{3\times S}$ 为力系的转换矩阵；$\boldsymbol{F}$ 为力系列向量；F_x、F_y、F_z 表示力系主矢在三个坐标轴上的投影。$\boldsymbol{T}_F$ 中第 i 列表示 $\boldsymbol{F}$ 中第 i 个力的方向余弦。

平面力系主矢的矩阵表示为

$$[\boldsymbol{F}_p]=\begin{bmatrix} F_x \\ F_y \end{bmatrix}=\begin{bmatrix} l_1 & l_2 & \cdots & l_s \\ m_1 & m_2 & \cdots & m_s \end{bmatrix}_{2\times S}\begin{bmatrix} F_1 \\ F_2 \\ \vdots \\ F_S \end{bmatrix}_{S\times 1} \tag{17-3}$$

2. 力系主矩的矩阵表示

力 $\boldsymbol{F}$ 对坐标原点 O 的矩的矩阵表示为

$$\boldsymbol{M}_O(\boldsymbol{F})=M_x\boldsymbol{i}+M_y\boldsymbol{j}+M_z\boldsymbol{k}=\boldsymbol{r}\times\boldsymbol{F}=[\boldsymbol{i}\quad \boldsymbol{j}\quad \boldsymbol{k}]\begin{bmatrix} yn-zm \\ zl-xn \\ xm-yl \end{bmatrix}F \tag{17-4a}$$

式中，矢径 $\boldsymbol{r}=x\boldsymbol{i}+y\boldsymbol{j}+z\boldsymbol{k}$ 为 $\boldsymbol{F}$ 的作用点。

也可写成

$$\boldsymbol{M}_O=\begin{bmatrix} M_x \\ M_y \\ M_z \end{bmatrix}=\begin{bmatrix} yn-zm \\ zl-xn \\ xm-yl \end{bmatrix}F \tag{17-4b}$$

由 s 个力组成的力系对原点 O 的矩的矩阵可表示为

$$\boldsymbol{M}_O=[\boldsymbol{T}_O]_{3\times S}[\boldsymbol{F}]_{S\times 1} \tag{17-5}$$

展开为

$$\begin{bmatrix} M_x \\ M_y \\ M_z \end{bmatrix}=\begin{bmatrix} y_1n_1-z_1m_1 & y_2n_2-z_2m_2 & \cdots & y_sn_s-z_sm_s \\ z_1l_1-x_1n_1 & z_2l_2-x_2n_2 & \cdots & z_sl_s-x_sn_s \\ x_1m_1-y_1l_1 & x_2m_2-y_2l_2 & \cdots & x_sm_s-y_sl_s \end{bmatrix}_{3\times S}\begin{bmatrix} F_1 \\ F_2 \\ \vdots \\ F_S \end{bmatrix}_{S\times 1}$$

式中，$\boldsymbol{T}_O=\begin{bmatrix} y_1n_1-z_1m_1 & y_2n_2-z_2m_2 & \cdots & y_sn_s-z_sm_s \\ z_1l_1-x_1n_1 & z_2l_2-x_2n_2 & \cdots & z_sl_s-x_sn_s \\ x_1m_1-y_1l_1 & x_2m_2-y_2l_2 & \cdots & x_sm_s-y_sl_s \end{bmatrix}_{3\times S}$ 称为力系的矩的转换矩阵。

平面力系主矩的矩阵表示为

$$M_O(F)=[x_1m_1-y_1l_1 \quad x_2m_2-y_2l_2\cdots x_sm_s-y_sl_s]\begin{bmatrix}F_1\\F_2\\\vdots\\F_S\end{bmatrix} \tag{17-6}$$

17.1.2　力系平衡问题的矩阵表示法

由主矢与主矩的表达式可以比较方便地写出平衡方程的表达式。

1. 空间力系平衡方程的矩阵形式

$$\begin{aligned}&\boldsymbol{F}=0:\ \sum_{i=1}^{n_1}\boldsymbol{F}_{Pi}+\sum_{i=1}^{n_2}\boldsymbol{F}_{Ni}=0\\&\boldsymbol{M}_O=0:\ \sum_{i=1}^{n_1}\boldsymbol{M}_O(\boldsymbol{F}_{Pi})+\sum_{i=1}^{n_2}\boldsymbol{M}_O(\boldsymbol{F}_{Ni})=0\end{aligned} \tag{17-7a}$$

矩阵形式

$$\begin{aligned}&[\boldsymbol{T}_P]_{3\times n_1}[\boldsymbol{F}_P]_{n_1\times 1}+[\boldsymbol{T}_N]_{3\times n_2}[\boldsymbol{F}_N]_{n_2\times 1}=[0]\\&[\boldsymbol{T}_{OP}]_{3\times n_1}[\boldsymbol{F}_P]_{n_1\times 1}+[\boldsymbol{T}_{ON}]_{3\times n_2}[\boldsymbol{F}_N]_{n_2\times 1}=[0]\end{aligned} \tag{17-7b}$$

式中，$[\boldsymbol{F}_P]_{n_1\times 1}$、$[\boldsymbol{F}_N]_{n_2\times 1}$分别表示主动力列阵、约束力列阵；而$[\boldsymbol{T}_P]_{3\times n_1}$、$[\boldsymbol{T}_N]_{3\times n_2}$、$[\boldsymbol{T}_{OP}]_{3\times n_1}$、$[\boldsymbol{T}_{ON}]_{3\times n_2}$分别表示主动力的转换矩阵、约束力的转换矩阵、主动力的矩的转换矩阵、约束力的矩的转换矩阵。

当主动力比较简单时，

$$\begin{aligned}&[\boldsymbol{F}_P]_{3\times 1}+[\boldsymbol{T}_N]_{3\times n_2}[\boldsymbol{F}_N]_{n_2\times 1}=[\boldsymbol{0}]\\&[\boldsymbol{M}_{OP}]_{3\times 1}+[\boldsymbol{T}_{ON}]_{3\times n_2}[\boldsymbol{F}_N]_{n_2\times 1}=[\boldsymbol{0}]\end{aligned} \tag{17-8}$$

2. 平面力系平衡方程的矩阵形式

$$\begin{bmatrix}F_P\\M_{OP}\end{bmatrix}_{3\times 1}+\begin{bmatrix}T_N\\T_{ON}\end{bmatrix}_{3\times 3}[F_N]_{3\times 1}=[0]_{3\times 1} \tag{17-9}$$

式中，

$$\begin{bmatrix}F_P\\M_{OP}\end{bmatrix}_{3\times 1}=\begin{bmatrix}F_x\\F_y\\M_{OP}\end{bmatrix},\quad [F_N]_{3\times 1}=\begin{bmatrix}F_{N1}\\F_{N2}\\F_{N3}\end{bmatrix}$$

$$\begin{bmatrix}\boldsymbol{T}_N\\\boldsymbol{T}_{ON}\end{bmatrix}_{3\times 3}=\begin{bmatrix}l_1 & l_2 & l_3\\m_1 & m_2 & m_3\\x_1m_1-y_1l_1 & x_2m_2-y_2l_2 & x_3m_3-y_3l_3\end{bmatrix}$$

对于多刚体系统的平衡问题，可以将系统分拆成多个刚体，对每一个刚体写出矩阵形式的平衡方程，然后联立求解即可。

【例 17.1】　由 AC 和 CD 构成的组合梁通过铰链 C 连接。它的支承和受力如图 17-1 所示。已知均布载荷强度 $q=10\text{kN/m}$，力偶矩 $M=40\text{kN}\cdot\text{m}$，不计梁重。求

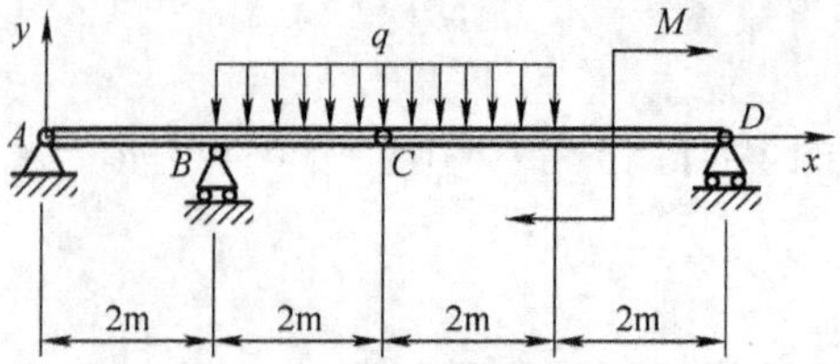

图　17-1

A、B、D 的约束力和铰链 C 处所受的力。

【解】　建立坐标系如图，易知结构中包含6个未知约束力，故 $[F_N]=[F_{Ax}\quad F_{Ay}\quad F_B\quad F_{Cx}\quad F_{Cy}\quad F_D]^{\mathrm{T}}$，6个约束力的作用点坐标为 $(x_1,y_1)=(x_2,y_2)=(0,0)$，$(x_3,y_3)=(2,0)$，$(x_4,y_4)=(x_5,y_5)=(4,0)$，$(x_6,y_6)=(8,0)$，系统中每根杆都对 A 点取矩。

(1) 研究对象：AC 杆

1) 受力分析：如图17-2所示。

2) 列平衡方程：

$[F_N]=[F_{Ax}\quad F_{Ay}\quad F_B\quad F_{Cx}\quad F_{Cy}]^{\mathrm{T}}$

$$\begin{bmatrix}F_P\\M_{OP}\end{bmatrix}=\begin{bmatrix}0\\-2q\\-6q\end{bmatrix},\quad \begin{bmatrix}T_N\\T_{ON}\end{bmatrix}=\begin{bmatrix}1&0&0&1&0\\0&1&1&0&1\\0&0&2&0&4\end{bmatrix}$$

$$\begin{bmatrix}F_P\\M_{OP}\end{bmatrix}+\begin{bmatrix}T_N\\T_{ON}\end{bmatrix}\begin{bmatrix}F_{Ax}\\F_{Ay}\\F_B\\F_{Cx}\\F_{Cy}\end{bmatrix}=0$$

用 $[F_N]=[F_{Ax}\quad F_{Ay}\quad F_B\quad F_{Cx}\quad F_{Cy}\quad F_D]^{\mathrm{T}}$ 将上述方程表示成

$$\begin{bmatrix}1&0&0&1&0&0\\0&1&1&0&1&0\\0&0&2&0&4&0\\0&0&0&0&0&0\\0&0&0&0&0&0\\0&0&0&0&0&0\end{bmatrix}\begin{bmatrix}F_{Ax}\\F_{Ay}\\F_B\\F_{Cx}\\F_{Cy}\\F_D\end{bmatrix}=\begin{bmatrix}0\\-2q\\-6q\\0\\0\\0\end{bmatrix}\tag{a}$$

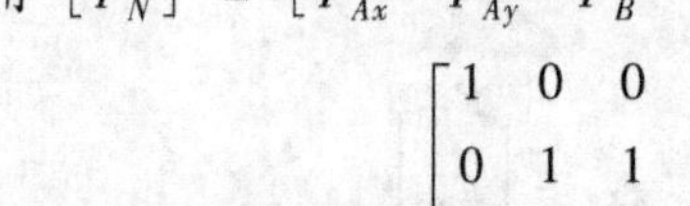

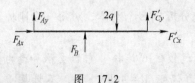

图　17-2

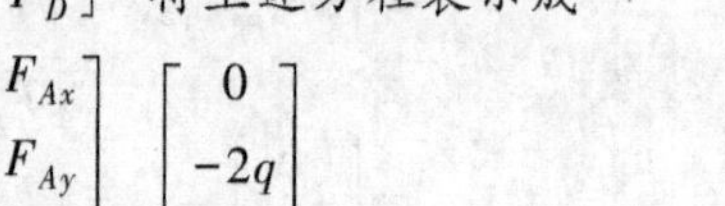

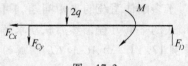

图　17-3

（2）研究对象：CD 杆

$$[F_N]=[F_{Cx}\quad F_{Cy}\quad F_D]^{\mathrm{T}}$$

1）受力分析：如图 17-3 所示。

2）列平衡方程：

$$\begin{bmatrix} F_P \\ M_{OP} \end{bmatrix}=\begin{bmatrix} 0 \\ -2q \\ -M-10q \end{bmatrix},\quad \begin{bmatrix} T_N \\ T_{ON} \end{bmatrix}=\begin{bmatrix} -1 & 0 & 0 \\ 0 & -1 & 1 \\ 0 & -4 & 8 \end{bmatrix}$$

$$\begin{bmatrix} F_P \\ M_{OP} \end{bmatrix}+\begin{bmatrix} T_N \\ T_{ON} \end{bmatrix}\begin{bmatrix} F_{Cx} \\ F_{Cy} \\ F_D \end{bmatrix}=0$$

用 $[F_N]=[F_{Ax}\quad F_{Ay}\quad F_B\quad F_{Cx}\quad F_{Cy}\quad F_D]^{\mathrm{T}}$ 将上述方程表示成

$$\begin{bmatrix} 0 & 0 & 0 & 0 & 0 & 0 \\ 0 & 0 & 0 & 0 & 0 & 0 \\ 0 & 0 & 0 & 0 & 0 & 0 \\ 0 & 0 & 0 & -1 & 0 & 0 \\ 0 & 0 & 0 & 0 & -1 & 1 \\ 0 & 0 & 0 & 0 & -4 & 8 \end{bmatrix}\begin{bmatrix} F_{Ax} \\ F_{Ay} \\ F_B \\ F_{Cx} \\ F_{Cy} \\ F_D \end{bmatrix}=\begin{bmatrix} 0 \\ 0 \\ 0 \\ 0 \\ -2a \\ -M-10q \end{bmatrix} \tag{b}$$

式（a）与式（b）相加得

$$\begin{bmatrix} 1 & 0 & 0 & 1 & 0 & 1 \\ 0 & 1 & 1 & 0 & 1 & 0 \\ 0 & 0 & 2 & 0 & 4 & 0 \\ 0 & 0 & 0 & -1 & 0 & 0 \\ 0 & 0 & 0 & 0 & -1 & -1 \\ 0 & 0 & 0 & 0 & -4 & 8 \end{bmatrix}\begin{bmatrix} F_{Ax} \\ F_{Ay} \\ F_B \\ F_{Cx} \\ F_{Cy} \\ F_D \end{bmatrix}=\begin{bmatrix} 0 \\ -2q \\ -6q \\ 0 \\ -2q \\ -M-10q \end{bmatrix}=\begin{bmatrix} 0 \\ -20 \\ -60 \\ 0 \\ -20 \\ -140 \end{bmatrix}$$

令

$$A=\begin{bmatrix} 1 & 0 & 0 & 1 & 0 & 1 \\ 0 & 1 & 1 & 0 & 1 & 0 \\ 0 & 0 & 2 & 0 & 4 & 0 \\ 0 & 0 & 0 & -1 & 0 & 0 \\ 0 & 0 & 0 & 0 & -1 & -1 \\ 0 & 0 & 0 & 0 & -4 & 8 \end{bmatrix},\quad B=\begin{bmatrix} 0 \\ -20 \\ -60 \\ 0 \\ -20 \\ -140 \end{bmatrix}$$

利用 Matlab 求解线性方程组的直接解法，则 $Ax=B$ 的解 $x=A\backslash B$

解得
$$\begin{bmatrix} F_{Ax} \\ F_{Ay} \\ F_B \\ F_{Cx} \\ F_{Cy} \\ F_D \end{bmatrix} = \begin{bmatrix} 0 \\ -15 \\ 40 \\ 0 \\ -5 \\ 15 \end{bmatrix}$$

17.2　运动学问题的计算机分析

讨论质点系运动学问题，常要求在已知系统中某个点或某个构件运动规律的条件下，计算系统中另一些点或构件的运动规律。前面在点的运动学中使用了将坐标对时间求导的方法计算点的速度和加速度，这种分析方法可以十分方便地用于解决质点系的运动学问题。尤其是对于构造复杂的系统，用分析法解题要比矢量法更为简洁和程式化，适合于利用计算机辅助分析来解决机构设计问题。

分析法的一般解题步骤如下：

(1) 确定质点系的自由度，选择广义坐标来描述已知的和待定的质点或构件的运动规律。通常为避免使数学表达式过于繁琐，常在 k 个广义坐标以外再选取若干个非独立坐标，称为多余坐标。设多余坐标为 s 个，记作 $q_j(j=k+1,\ k+2,\ \cdots,\ k+s)$。

(2) 列出与多余坐标数相等的 s 个联系广义坐标与多余坐标的独立约束方程
$$g_l(q_1,q_2,\cdots,q_k,q_{k+1},\cdots,q_{k+s},t)=0 \qquad (l=1,2,\cdots,s) \tag{17-10}$$
广义坐标确定后，多余坐标即可由约束方程确定，系统的位形也随之完全确定，成为广义坐标和时间的函数。
$$\left.\begin{aligned} x_i &= x_i(q_1,q_2,\cdots,q_k,t) \\ y_i &= y_i(q_1,q_2,\cdots,q_k,t) \\ z_i &= z_i(q_1,q_2,\cdots,q_k,t) \end{aligned}\right\} \tag{17-11}$$

当给定某时刻的一些位置参数，需要求解另外一些位置参数时，通常需要利用牛顿法等方法求解非线性方程组，这些方法所对应的函数包含在 Matlab 等数学软件中，可以方便地调用。

(3) 将标量形式的约束方程对时间求导，求得坐标的一阶和二阶导数之间的关系式，解出待定的运动学参数。
$$\sum_{j=1}^{k+s}\frac{\partial g_l}{\partial q_j}\dot{q}_j+\frac{\partial g_l}{\partial t}=0 \qquad (l=1,2,\cdots,s) \tag{17-12}$$

从以上 s 个线性代数方程中消去 s 个多余坐标的导数，即可确定 k 个广义速度。广义速度确定后，质点系中各质点的速度可通过式（17-11）对时间求导数，用广义速度表示为

$$\left.\begin{aligned}\dot{x}_i &= \sum_{j=1}^{k}\frac{\partial x_i}{\partial q_j}\dot{q}_j + \frac{\partial x_i}{\partial t}\\ \dot{y}_i &= \sum_{j=1}^{k}\frac{\partial y_i}{\partial q_j}\dot{q}_j + \frac{\partial y_i}{\partial t}\\ \dot{z}_i &= \sum_{j=1}^{k}\frac{\partial z_i}{\partial q_j}\dot{q}_j + \frac{\partial z_i}{\partial t}\end{aligned}\right\}\quad (i = 1,2,\cdots,n) \tag{17-13}$$

将上式再次对时间 t 求导，即得出用广义速度的导数 $\ddot{q}_j$ $(j=1,\ 2,\ \cdots,\ k)$ 表示的质点的加速度。

求解线性代数方程组的常用数值方法有高斯消去法、塞德尔迭代法等，我们可以调用 Matlab 等数学软件中的相关模块。

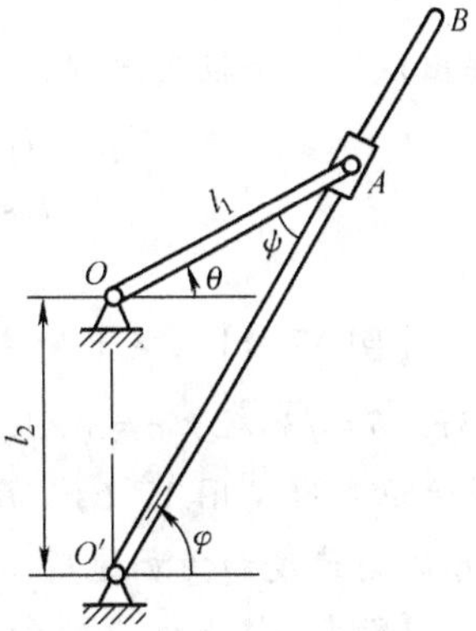

图　17-4

【例 17.2】 在如图 17-4 所示的曲柄连杆机构中，已知曲柄 OA 的长度为 l_1，OA 杆以匀角速度 ω 转动，$OO'=l_2$，试求点 A 相对 $O'B$ 杆的相对速度和相对加速度。

【解】 令 $O'A=\rho$，坐标 φ，θ 满足以下约束方程

$$\rho\cos\varphi = l_1\cos\theta,\quad \rho\sin\varphi = l_2 + l_1\sin\theta \tag{a}$$

将上式对 t 求导，令 $\dot{\rho}_A=v_r$，$\dot{\theta}=\omega$，得

$$\begin{aligned}v_{\mathrm{r}}\cos\varphi - \rho\dot{\varphi}\sin\varphi + l_1\omega\sin\theta &= 0\\ v_{\mathrm{r}}\sin\varphi + \rho\dot{\varphi}\cos\varphi - l_1\omega\cos\theta &= 0\end{aligned} \tag{b}$$

在三角形 $OO'A$ 中，由正弦定理可得 $l_1\sin\psi=l_2\cos\theta$，从上式解出点 A 的相对速度 v_{r} 和 $\dot{\varphi}$

$$v_{\mathrm{r}} = l_1\omega\sin(\varphi - \theta) = l_1\omega\sin\psi = l_2\omega\cos\varphi \tag{c}$$

$$\dot{\varphi} = \frac{l_1\omega\cos\psi}{\rho} = \frac{\omega\cos\psi\cos\varphi}{\cos\theta} \tag{d}$$

将式（c）对 t 求导并利用式（a）化简导出点 A 的相对加速度 a_{r}

$$a_{\mathrm{r}} = \dot{v}_{\mathrm{r}} = -l_2\omega\dot{\varphi}\sin\varphi = -\frac{l_1 l_2\omega^2\cos\psi\sin\varphi}{\rho}$$

【例 17.3】 试确定图 17-5 所示平面机构的自由度。若 $AB=l_1$，$CD=l_2$，$DE=l_3$，试写出坐标 φ，ψ，θ，ρ 之间的约束方程。

【解】　此平面机构由5个刚体：杆AB，CD和DE，套筒B和滑块C组成，$N=5$，具有A，B，C，D，E 5个平面柱铰约束和套筒滑杆约束及滑块滑槽约束，这7种约束的约束数均为2，因此，机构的总约束数$r=7\times2=14$，自由度$f=1$。

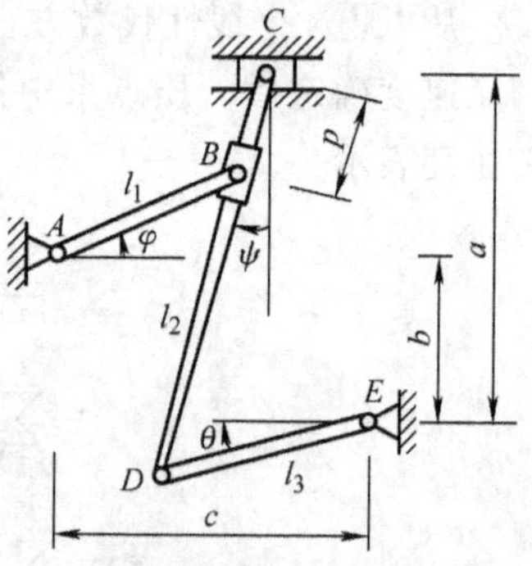

图　17-5

φ，ψ，θ和ρ 4个坐标之间必须满足3个约束方程。利用矢量方程

$$\overrightarrow{AB}+\overrightarrow{BD}+\overrightarrow{DE}=c\boldsymbol{i}-b\boldsymbol{j}$$

$$\overrightarrow{CD}+\overrightarrow{DE}=(\cdots)\ \boldsymbol{i}-a\boldsymbol{j}$$

导出以下3个投影方程，即所求的约束方程

$$l_1\cos\varphi-(l_2-\rho)\sin\psi+l_3\cos\theta=c \tag{a}$$

$$l_1\sin\varphi-(l_2-\rho)\cos\psi+l_3\sin\theta=-b \tag{b}$$

$$-l_2\cos\psi+l_3\sin\theta=-a \tag{c}$$

【例17.4】　在上例中，设$l_1=l_3=r$，$l_2=2r$，$a=\sqrt{3}r$，$b=\sqrt{3}r/2$，$c=3r/2$，在$\varphi=0$，$\psi=30°$，$\theta=0$的图示位置（见图17-6），B位于CD的中点，求此瞬时DE的角速度和角加速度。

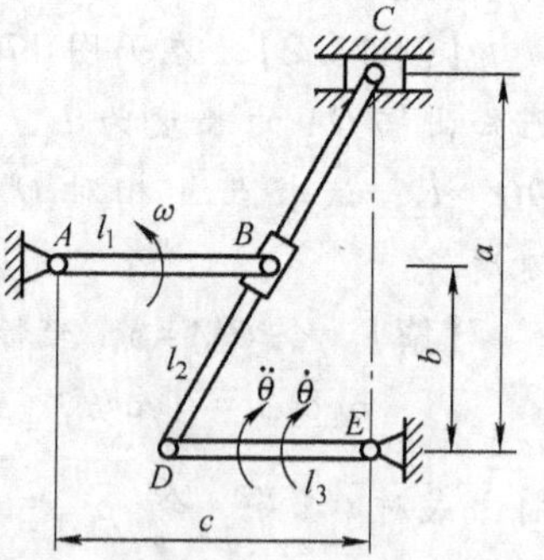

图　17-6

【解】　将上例中的约束方程式（a），式（b）消去ρ，导出

$$l_1\cos(\varphi+\psi)+l_3\cos(\theta+\psi)=c\cos\psi+b\sin\psi$$

将a，b，c的具体值代入约束方程式（c）及上式，得

$$\begin{cases}-2\cos\psi+\sin\theta=-\sqrt{3}\\ \cos(\varphi+\psi)+\cos(\theta+\psi)=\dfrac{1}{2}(3\cos\psi+\sqrt{3}\sin\psi)\end{cases}$$

将以上两式对时间连续两次求导，得

$$\begin{cases}2\sin\psi\cdot\dot{\psi}+\cos\theta\cdot\dot{\theta}=0\\ \sin(\varphi+\psi)(\dot{\varphi}+\dot{\psi})+\sin(\theta+\psi)(\dot{\theta}+\dot{\psi})=\dfrac{1}{2}(3\sin\psi-\sqrt{3}\cos\psi)\dot{\psi}\end{cases}$$

$$\begin{cases}2\sin\psi\cdot\ddot{\psi}+2\cos\dot{\psi}\cdot\dot{\psi}^2+\cos\theta\cdot\ddot{\theta}-\sin\theta\cdot\dot{\theta}^2=0\\ \sin(\varphi+\psi)(\ddot{\varphi}+\ddot{\psi})+\cos(\varphi+\psi)(\dot{\varphi}+\dot{\psi})^2+\sin(\theta+\psi)(\ddot{\theta}+\ddot{\psi})+\\ \cos(\varphi+\psi)(\dot{\varphi}+\dot{\psi})^2=\dfrac{3}{2}(\sin\psi-\sqrt{3}\cos\psi)\ddot{\psi}+\dfrac{1}{2}(3\cos\psi+\sqrt{3}\sin\psi)\dot{\psi}^2\end{cases}$$

将$\varphi=0$，$\psi=30°$，$\theta=0$，$\dot{\varphi}=\omega$代入以上4式，解得

$$\dot{\psi}=-\dot{\theta}, \dot{\theta}=\omega$$

$$\ddot{\psi}=-\sqrt{3}\omega^2-\ddot{\theta}, \ddot{\theta}=-4\sqrt{3}\omega^2$$

所求得的$\dot{\theta}$ 和 $\ddot{\theta}$ 即为此瞬时 DE 的角速度和角加速度。

17.3　动力学问题的计算机分析

在动力学中，通过矢量动力学或分析动力学得到的运动微分方程是广义坐标关于时间 t 的二阶常微分方程（组），这些二阶常微分方程（组）通常是没有解析解的，必须利用龙格-库塔法等数值方法才能求得解答，许多数学软件都包含求解常微分方程（组）这样的函数，比如 Matlab 里就有 ode45 等函数可以调用。在利用数值方法求解前，一般首先要通过增加变量数和方程数目将二阶常微分方程（组）降阶。以下将通过几个例子来加以说明。

【例 17.5】 在如图 17-7 所示的运动系统中，可沿光滑水平面移动的重物 M_1 的质量为 m_1；可在铅直面内摆动的摆锤 M_2 的质量为 m_2。两个物体用无重杆连接，杆长为 l。求此系统的运动微分方程的数值解。其中设：$m_1=50\text{kg}$，$m_2=5\text{kg}$，$l=1\text{m}$，$g=9.8\text{m/s}^2$，并设初始值为 $x\mid_{t=0}=0\text{m}$，$\dot{x}\mid_{t=0}=1\text{m/s}$，$\varphi\mid_{t=0}=(\pi/3)\text{rad}$，$\dot{\varphi}\mid_{t=0}=(\pi/4)\ \text{rad/s}$。

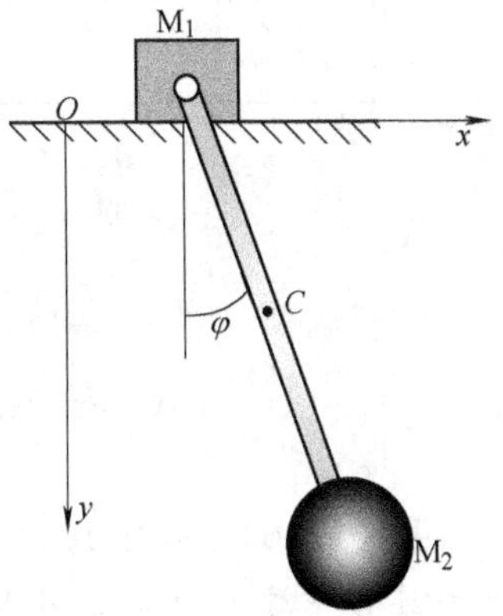

图　17-7

【解】 选 M_1 的横坐标 x_1 和 φ 为广义坐标，可得到系统的运动微分方程为

$$(m_1+m_2)\ddot{x}-m_2l\cos\varphi\cdot\ddot{\varphi}+m_2l\sin\varphi\cdot\dot{\varphi}^2=0$$

$$m_2l(l\ddot{\varphi}-\cos\varphi\cdot\ddot{x}+\dot{x}\sin\varphi\cdot\dot{\varphi})=-m_2gl\sin\varphi$$

利用 Matlab 求解从 0 到 5s 的 x，$\dot{x}$，φ，$\dot{\varphi}$。

首先将方程组降阶：

设 $x=y_1$，$\varphi=y_2$，$\dot{x}=y_3$，$\dot{\varphi}=y_4$，则 $\ddot{x}$ 和 $\ddot{\varphi}$ 可由 y_1，y_2，y_3，y_4 来表示，由运动微分方程可得

$$\ddot{x}=\frac{-m_2\sin y_2(\cos y_2\cdot y_3y_4+\cos y_2\cdot g+ly_4^2)}{m_2(\sin y_2)^2+m_1}$$

$$\ddot{\varphi}=-\sin y_2\frac{m_2y_3y_4+m_2g+m_2\cos y_2ly_4^2+y_3y_4m_1+m_1g}{(m_1+m_2\sin y_2)l}$$

原方程组变形为

$$\dot{y}_1=y_3$$

$$\dot{y}_2 = y_4$$

$$\dot{y}_3 = \frac{-m_2 \sin y_2(\cos y_2 \cdot y_3 y_4 + \cos y_2 \cdot g + l y_4^2)}{m_2(\sin y_2)^2 + m_1}$$

$$\dot{y}_4 = -\sin y_2 \frac{m_2 y_3 y_4 + m_2 g + m_2 \cos y_2 l y_4^2 + y_3 y_4 m_1 + m_1 g}{(m_1 + m_2 \sin y_2) l}$$

用 Matlab 来解此微分方程组，得数值解如图 17-8 所示。

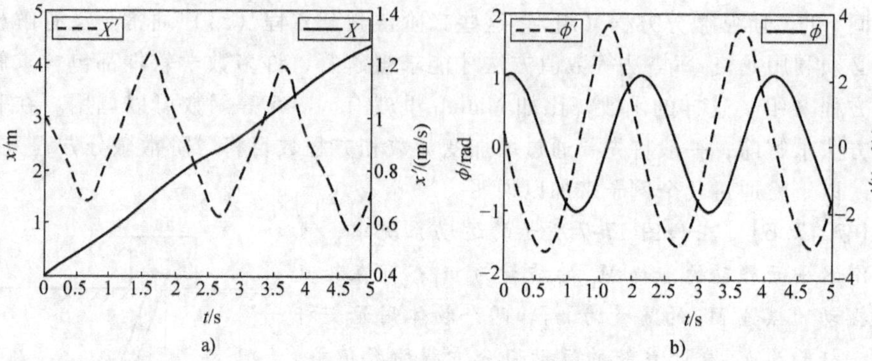

图 17-8

a）位移、速度随时间的变化 b）摆角及角速度随时间的变化

【例 17.6】 如图 17-9 所示，单摆为质量可忽略不计的刚性杆连接一质量为 m 的小球，摆角 θ 的取值范围不受限制，设摆长为 l，沿切向受阻力 $-\delta l\theta$（δ 为阻尼系数）以及周期策动力 $F\cos\omega_D t$ 的作用。利用计算机软件讨论系统的运动特征。

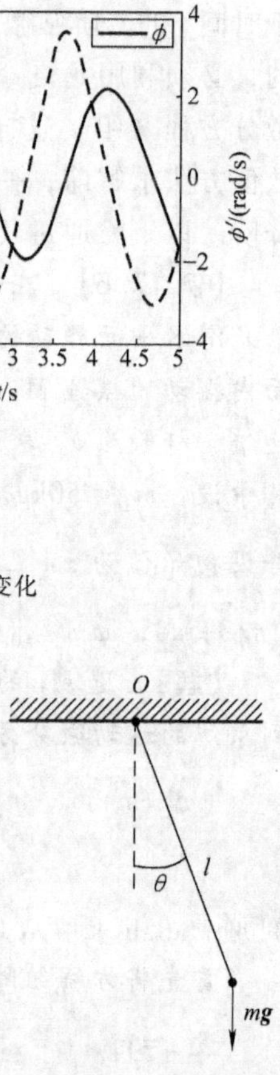

图 17-9

【解】 单摆所满足的动力学方程为

$$ml\ddot{\theta} = -rl\dot{\theta} - mg\sin\theta + F\cos\omega_D t \tag{1}$$

引入无量纲量，令 $\omega_o^2 = \dfrac{g}{l}$，$\tau = \omega_o t$，$\Omega = \dfrac{\omega_D}{\omega_o}$，$\beta = \dfrac{\delta}{m\omega_o}$，$f = \dfrac{F}{ml\omega_o^2} = \dfrac{F}{mg}$，则上式变为

$$\frac{d^2\theta}{d\tau^2} = -\beta\frac{d\theta}{d\tau} - \sin\theta + f\cos\Omega\tau \tag{2}$$

在小摆幅（θ 角很小）情况下，$\sin\theta \approx \theta$，式（2）可化为线性方程，其解包含了有关阻尼振动、受迫振动和共振问题的结果。将高阶微分方程改写成一阶微分方

程组的形式。引入新变量 ω，φ，将式（2）化成自治方程形式

$$\begin{cases}\dot{\theta}=\omega\\ \dot{\omega}=-\beta\omega-\sin\theta+f\cos\varphi\\ \dot{\varphi}=\Omega\end{cases}\tag{3}$$

自治方程组（3）为动力学方程（2）的标准形式，这是一个反映单摆运动所遵循的动力学规律的、不显含时间的微分方程组。式（3）中有3个可调参量：β，Ω 和 f，每个参量的改变都会引起解的变化。可以通过控制 β，Ω，f 参量的变化来考察其解的类型和结构的变化，从而得出反映系统运动特征的信息。

讨论：

非线性微分方程（3）的精确解是很难得到的，下面给出方程（3）基于Matlab进行数值计算的一些结果。

（1）自由振动（见图17-10）

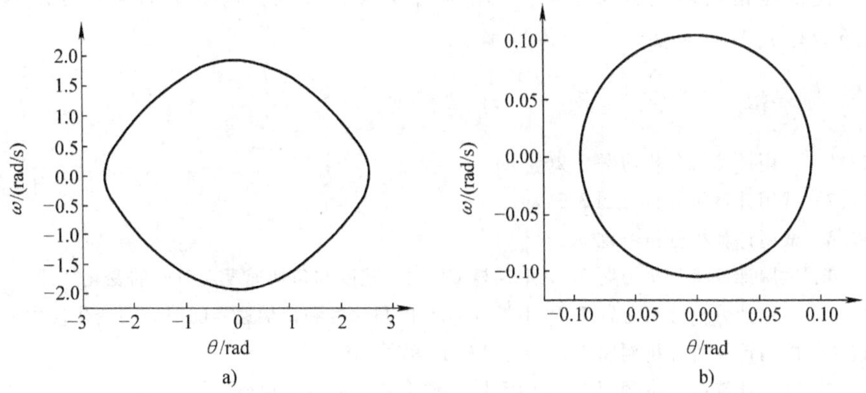

图　17-10

a）大摆角无阻尼自由振动　b）小摆角无阻尼自由振动

图17-10a和图17-10b是单摆振动的相平面曲线，横坐标为摆角，纵坐标为角速度。从中可以发现，在摆角很小的情况下，其曲线形状近似为圆，即运动与简谐运动基本相同，但当摆角较大时，其相平面轨线形状发生明显扭曲，已不能再看成是简谐运动的近似。计算表明其运动周期亦随着摆角的变化而变化，这是简谐运动所不具有的特征。

（2）强迫阻尼振动（见图17-11）

图17-11a是在选择参数 $\beta=0.3$，$\Omega=2/3$ 和 $f=1.4$ 时，单摆所做的一种较复杂的周期运动，而图17-11b是在选择参数 $\beta=0.3$，$\Omega=2/3$ 和 $f=1.5$ 时，单摆表现出的一种不规则运动，其运动轨线永不重复，貌似杂乱无章但又隐含着某种结构，我们称之为混沌运动。从上述结果来看，在运动方程相同的情况下，强迫激励参数的微小差别就可能导致运动特征在本质上的不同，这是线性振动中不可能出现的现

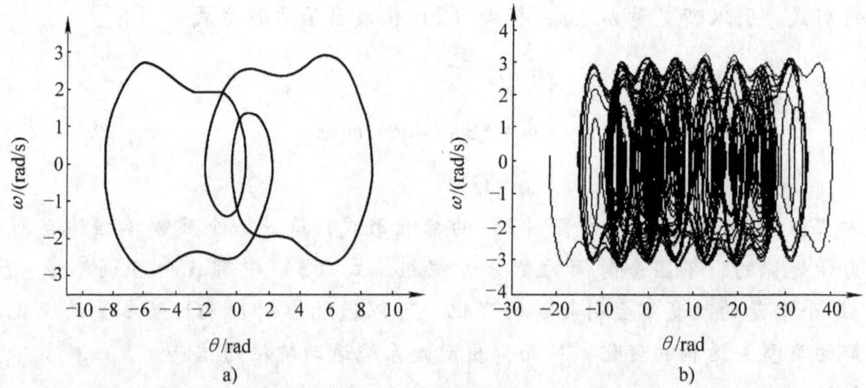

图　17-11

a）强迫阻尼振动下的周期运动　b）强迫阻尼振动下的混沌运动

象，其本质来源于系统的非线性。

有关混沌运动的概念和方法，已经有了大量的文献，有兴趣的同学可以参阅非线性动力学相关的书籍。

习　　题

17.1　试用计算机分析习题 3.26。

17.2　试用计算机分析习题 3.31。

17.3　试用计算机分析习题 3.51。

17.4　试用计算机分析习题 7.23 中摇杆 OC 的角速度和角加速度随时间的变化规律。

17.5　试用计算机分析习题 7.25 中摇杆 O_1C 的角速度和角加速度随时间的变化规律。

17.6　试用计算机分析例题 14.3 中 AB 杆的运动规律。

17.7　试用计算机分析例题 14.4 中滑块 A 和小球 B 的运动规律。

附录

附录A　矢量代数和矢量导数

1. 矢量概念

具有大小和方向的量称为矢量，例如力、位移、速度等都是矢量。矢量可用空间的有向线段直观地表示（见图A1）。线段的长度表示大小，箭头表示方向，以A为起点，B为终点的矢量，记作$\overrightarrow{AB}$。矢量也可用黑斜体字母表示，如$\boldsymbol{a}$。矢量的大小（或长度）称为它的模，记作$|\overrightarrow{AB}|$或$|\boldsymbol{a}|$，也可简单地记作a。

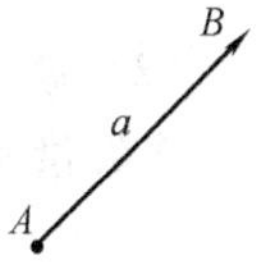

图　A1

具有大小和方向而无特定位置的矢量称为自由矢量。沿确定直线可自由滑动的矢量称为滑动矢量。位置完全确定的矢量称为定位矢量。本节讨论的矢量，除特别说明外，都指自由矢量。

模等于1的矢量称为单位矢量。模等于零的矢量称为零矢量，记作$\boldsymbol{0}$，它是起点和终点重合的矢量。与矢量$\boldsymbol{a}$方向相反而模相等的矢量称为$\boldsymbol{a}$的负矢量，记作$-\boldsymbol{a}$。两个矢量$\boldsymbol{a}$和$\boldsymbol{b}$，若大小相等、方向相同，则不管它们的起点如何，都认为这两个矢量相等，即$\boldsymbol{a}=\boldsymbol{b}$。

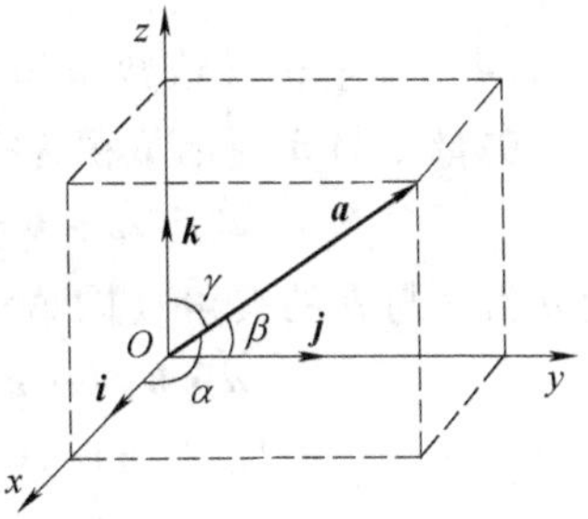

图　A2

2. 矢量的坐标表示

建立直角坐标系$Oxyz$，设$\boldsymbol{i}$、$\boldsymbol{j}$、$\boldsymbol{k}$分别为沿轴x、y、z正向的单位矢量（见图A2），则任一矢量$\boldsymbol{a}$沿直角坐标轴分解，可表示为

$$\boldsymbol{a}=a_x\boldsymbol{i}+a_y\boldsymbol{j}+a_z\boldsymbol{k} \tag{A-1}$$

式中，a_x、a_y、a_z分别为矢量$\boldsymbol{a}$在轴x、y、z上的投影。式（A-1）又称为矢量$\boldsymbol{a}$的解析式。

3. 矢量的运算法则

(1) 加法

将矢量 $\boldsymbol{a}$ 和 $\boldsymbol{b}$ 置于同一起点，以 $\boldsymbol{a}$、$\boldsymbol{b}$ 为邻边作平形四边形，从起点出发的对角线矢量表示 $\boldsymbol{a}$ 与 $\boldsymbol{b}$ 的和 $\boldsymbol{c}$（见图 A3a），称为平行四边形法则，记作

$$\boldsymbol{a}+\boldsymbol{b}=\boldsymbol{c} \tag{A-2}$$

或将 $\boldsymbol{a}$ 与 $\boldsymbol{b}$ 首尾相接，从 $\boldsymbol{a}$ 的起点引向 $\boldsymbol{b}$ 的终点即得到矢量和 $\boldsymbol{c}$（见图 A3b），称为三角形法则。

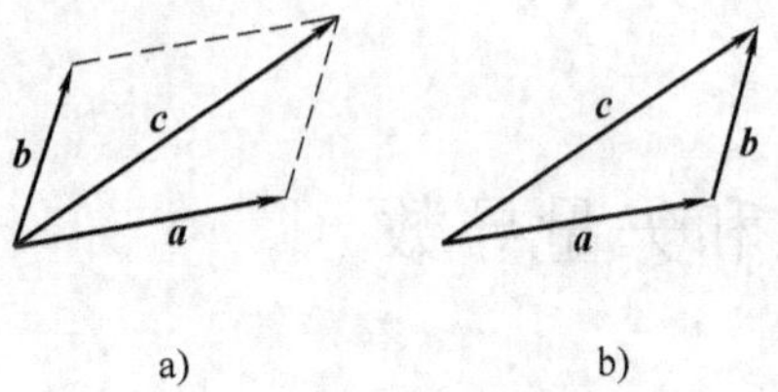

图　A3

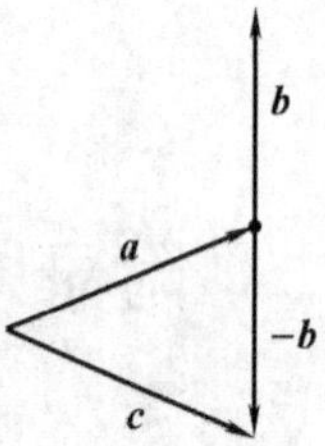

图　A4

(2) 减法

将矢量 $\boldsymbol{a}$ 与 $\boldsymbol{b}$ 的负矢量 $-\boldsymbol{b}$ 相加，即得到 $\boldsymbol{a}$ 与 $\boldsymbol{b}$ 的差（见图 A4），记作

$$\boldsymbol{a}-\boldsymbol{b}=\boldsymbol{c} \tag{A-3}$$

(3) 数乘

实数 λ 与矢量 $\boldsymbol{a}$ 的数乘仍为矢量，记作 $\lambda\boldsymbol{a}$，其模等于 $\boldsymbol{a}$ 的模放大 λ 倍，其方向：当 $\lambda>0$ 时，与 $\boldsymbol{a}$ 同向，当 $\lambda<0$ 时，与 $\boldsymbol{a}$ 反向。

矢量加减和数乘运算有以下规律：

$$\begin{cases}\boldsymbol{a}+\boldsymbol{b}=\boldsymbol{b}+\boldsymbol{a}\\ \boldsymbol{a}\pm(\boldsymbol{b}\pm\boldsymbol{c})=(\boldsymbol{a}\pm\boldsymbol{b})\pm\boldsymbol{c}\\ \lambda(\boldsymbol{a}\pm\boldsymbol{b})=\lambda\boldsymbol{a}\pm\lambda\boldsymbol{b}\end{cases} \tag{A-4}$$

(4) 标量积（或数量积）

矢量 $\boldsymbol{a}$ 与 $\boldsymbol{b}$ 的标量积为标量，记作

$$\boldsymbol{a}\cdot\boldsymbol{b}=ab\cos\theta \tag{A-5}$$

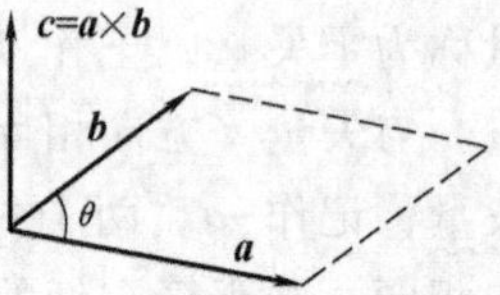

图　A5

设 θ 为 $\boldsymbol{a}$ 与 $\boldsymbol{b}$ 的夹角（图 A5）。标量积运算有如下规律：

$$\begin{cases}\boldsymbol{a}\cdot\boldsymbol{b}=\boldsymbol{b}\cdot\boldsymbol{a},\boldsymbol{a}\cdot\boldsymbol{a}=a^2\\ \boldsymbol{a}\cdot(\boldsymbol{b}+\boldsymbol{c})=\boldsymbol{a}\cdot\boldsymbol{b}+\boldsymbol{a}\cdot\boldsymbol{c}\\ \lambda(\boldsymbol{a}\cdot\boldsymbol{b})=\lambda\boldsymbol{a}\cdot\boldsymbol{b}=\boldsymbol{a}\cdot\lambda\boldsymbol{b}\end{cases} \tag{A-6}$$

由上述运算规律可知，矢量 $\boldsymbol{a}$ 与 $\boldsymbol{b}$ 垂直的必要与充分条件为

$$\boldsymbol{a}\cdot\boldsymbol{b}=0 \tag{A-7}$$

若将矢量 $\boldsymbol{a}$、$\boldsymbol{b}$ 用其解析式表示，即

$$\boldsymbol{a}=a_x\boldsymbol{i}+a_y\boldsymbol{j}+a_z\boldsymbol{k},\boldsymbol{b}=b_x\boldsymbol{i}+b_y\boldsymbol{j}+b_z\boldsymbol{k} \tag{a}$$

其中正交单位矢量 $\boldsymbol{i},\boldsymbol{j},\boldsymbol{k}$ 的标量积有以下性质

$$\boldsymbol{i}\cdot\boldsymbol{i}=\boldsymbol{j}\cdot\boldsymbol{j}=\boldsymbol{k}\cdot\boldsymbol{k}=1$$

$$\boldsymbol{i}\cdot\boldsymbol{j}=\boldsymbol{j}\cdot\boldsymbol{k}=\boldsymbol{k}\cdot\boldsymbol{i}=0$$

则矢量 $\boldsymbol{a}$、$\boldsymbol{b}$ 的标量积可表示为

$$\boldsymbol{a}\cdot\boldsymbol{b}=a_x b_x+a_y b_y+a_z b_z \tag{A-8}$$

（5）矢量积

矢量 $\boldsymbol{a}$ 与 $\boldsymbol{b}$ 的矢量积为矢量，记作

$$\boldsymbol{a}\times\boldsymbol{b}=\boldsymbol{c} \tag{A-9}$$

矢量 $\boldsymbol{c}$ 垂直于矢量 $\boldsymbol{a}$、$\boldsymbol{b}$ 组成的平面，方向按矢量 $\boldsymbol{a}$、$\boldsymbol{b}$、$\boldsymbol{c}$ 组成右手系（见图 A5），矢量 $\boldsymbol{c}$ 的模等于以 $\boldsymbol{a}$、$\boldsymbol{b}$ 为邻边的平行四边形面积，即

$$c=ab\sin\theta \tag{A-10}$$

矢量积运算有以下规律：

$$\begin{cases}\boldsymbol{a}\times\boldsymbol{b}=-\boldsymbol{b}\times\boldsymbol{a}\\ \boldsymbol{a}\times(\boldsymbol{b}+\boldsymbol{c})=\boldsymbol{a}\times\boldsymbol{b}+\boldsymbol{a}\times\boldsymbol{c}\\ \lambda(\boldsymbol{a}\times\boldsymbol{b})=(\lambda\boldsymbol{a})\times\boldsymbol{b}=\boldsymbol{a}\times(\lambda\boldsymbol{b})\end{cases} \tag{A-11}$$

矢量 $\boldsymbol{a}$ 与 $\boldsymbol{b}$ 平行的必要与充分条件为

$$\boldsymbol{a}\times\boldsymbol{b}=0 \tag{A-12}$$

正交单位矢量 $\boldsymbol{i}$、$\boldsymbol{j}$、$\boldsymbol{k}$ 的矢量积有以下性质：

$$\boldsymbol{i}\times\boldsymbol{j}=\boldsymbol{k},\quad \boldsymbol{j}\times\boldsymbol{k}=\boldsymbol{i},\quad \boldsymbol{k}\times\boldsymbol{i}=\boldsymbol{j}$$

矢量 $\boldsymbol{a}$、$\boldsymbol{b}$ 矢量积的解析式为

$$\boldsymbol{a}\times\boldsymbol{b}=\begin{vmatrix}\boldsymbol{i} & \boldsymbol{j} & \boldsymbol{k}\\ a_x & a_y & a_z\\ b_x & b_y & b_z\end{vmatrix}$$

$$=(a_y b_z-a_z b_y)\boldsymbol{i}+(a_z b_x-a_x b_z)\boldsymbol{j}+(a_x b_y-a_y b_x)\boldsymbol{k} \tag{A-13}$$

（6）混合积

矢量 $\boldsymbol{a}$、$\boldsymbol{b}$、$\boldsymbol{c}$ 的混合积为标量，其绝对值等于以 a、b、c 为棱边的平行六面体体积（见图 A6）。各矢量的位置可按以下公式轮换：

$$\boldsymbol{a}\cdot(\boldsymbol{b}\times\boldsymbol{c})=\boldsymbol{b}\cdot(\boldsymbol{c}\times\boldsymbol{a})=\boldsymbol{c}\cdot(\boldsymbol{a}\times\boldsymbol{b}) \tag{A-14}$$

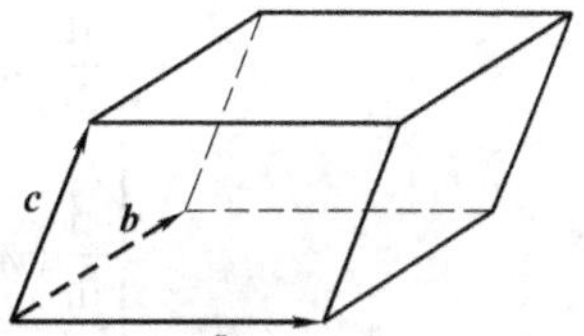

图 A6

（7）二重矢量积

矢量 $\boldsymbol{a}$、$\boldsymbol{b}$、$\boldsymbol{c}$ 的二重矢量积为矢量，可利用以下公式化作标量积计算：

$$\begin{cases}\boldsymbol{a}\times(\boldsymbol{b}\times\boldsymbol{c})=\boldsymbol{b}(\boldsymbol{a}\cdot\boldsymbol{c})-\boldsymbol{c}(\boldsymbol{a}\cdot\boldsymbol{b})\\ (\boldsymbol{a}\times\boldsymbol{b})\times\boldsymbol{c}=\boldsymbol{b}(\boldsymbol{a}\cdot\boldsymbol{c})-\boldsymbol{a}(\boldsymbol{b}\cdot\boldsymbol{c})\end{cases} \tag{A-15}$$

式（A-14）和式（A-15）可利用矢量 $\boldsymbol{a}$、$\boldsymbol{b}$、$\boldsymbol{c}$ 的解析式进行证明，在此略。

4. 矢量函数和矢量导数

对于自变量 t（标量）的每一个值都有确定的矢量 $\boldsymbol{a}$（包括大小和方向）与它

对应，则矢量 $\boldsymbol{a}$ 称为自变量 t 的矢量函数，记作

$$\boldsymbol{a}=\boldsymbol{a}(t) \tag{A-16}$$

若将矢量函数 $\boldsymbol{a}$ 的始端放在固定点 O，则其末端将随自变量 t 的变化而在空间描绘出一条曲线，称为矢量函数的矢端图（见图 A7）。

矢量函数也可利用投影式表示为

$$\boldsymbol{a}=a_x\boldsymbol{i}+a_y\boldsymbol{j}+a_z\boldsymbol{k} \tag{A-17a}$$

式中

$$a_x=a_x(t),a_y=a_y(t),a_z=a_z(t) \tag{A-17b}$$

为三个标量函数。

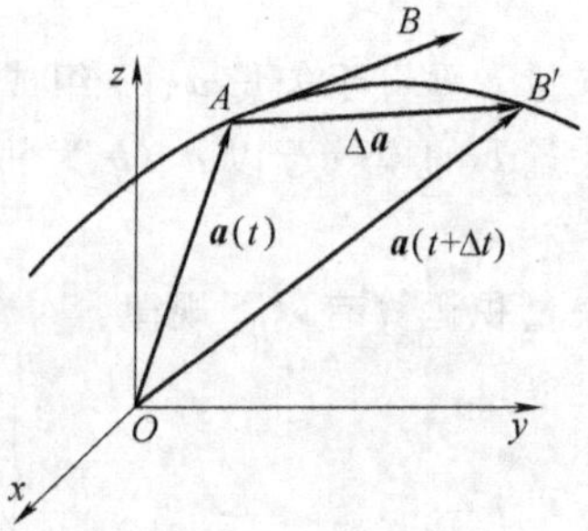

图 A7

矢量函数 $\boldsymbol{a}$ 对自变量 t 的导数定义为

$$\frac{\mathrm{d}\boldsymbol{a}}{\mathrm{d}t}=\lim_{\Delta t\to 0}\frac{\Delta\boldsymbol{a}}{\Delta t}=\lim_{\Delta t\to 0}\frac{\boldsymbol{a}(t+\Delta t)-\boldsymbol{a}(t)}{\Delta t}$$

由图 A7 可以看出，矢量$\dfrac{\Delta\boldsymbol{a}}{\Delta t}$的方向与 $\Delta\boldsymbol{a}$ 相同，当 $\Delta t\to 0$ 时，$B'\to A$，矢量$\dfrac{\Delta\boldsymbol{a}}{\Delta t}$的极限位置为矢端图的切线 AB。因此，矢量函数的导数仍为矢量函数，其方位与矢端图的切线重合。

矢量函数有以下类似于标量函数的求导规律：

$$\left\{\begin{aligned}
&\frac{\mathrm{d}\boldsymbol{c}}{\mathrm{d}t}=0 \quad (\boldsymbol{c}\text{ 为大小方向均不变的常矢量})\\
&\frac{\mathrm{d}(k\boldsymbol{a})}{\mathrm{d}t}=k\frac{\mathrm{d}\boldsymbol{a}}{\mathrm{d}t} \quad (k\text{ 为常数})\\
&\frac{\mathrm{d}}{\mathrm{d}t}(\boldsymbol{a}\pm\boldsymbol{b})=\frac{\mathrm{d}\boldsymbol{a}}{\mathrm{d}t}\pm\frac{\mathrm{d}\boldsymbol{b}}{\mathrm{d}t}\\
&\frac{\mathrm{d}}{\mathrm{d}t}(\lambda\boldsymbol{a})=\frac{\mathrm{d}\lambda}{\mathrm{d}t}\boldsymbol{a}+\lambda\frac{\mathrm{d}\boldsymbol{a}}{\mathrm{d}t}(\lambda\text{ 为 }t\text{ 的标量函数})\\
&\frac{\mathrm{d}}{\mathrm{d}t}(\boldsymbol{a}\cdot\boldsymbol{b})=\frac{\mathrm{d}\boldsymbol{a}}{\mathrm{d}t}\cdot\boldsymbol{b}+\boldsymbol{a}\cdot\frac{\mathrm{d}\boldsymbol{b}}{\mathrm{d}t}(\text{顺序可以交换})\\
&\frac{\mathrm{d}}{\mathrm{d}t}(\boldsymbol{a}\times\boldsymbol{b})=\frac{\mathrm{d}\boldsymbol{a}}{\mathrm{d}t}\times\boldsymbol{b}+\boldsymbol{a}\times\frac{\mathrm{d}\boldsymbol{b}}{\mathrm{d}t}\\
&\frac{\mathrm{d}}{\mathrm{d}t}\boldsymbol{a}[\lambda(t)]=\frac{\mathrm{d}\boldsymbol{a}}{\mathrm{d}\lambda}\frac{\mathrm{d}\lambda}{\mathrm{d}t}(\boldsymbol{a}\text{ 是 }t\text{ 的复合函数})
\end{aligned}\right. \tag{A-18}$$

根据矢量函数的求导规律，将式（A-17）对 t 求导，得

$$\frac{d\boldsymbol{a}}{dt}=\frac{da_x}{dt}\boldsymbol{i}+\frac{da_y}{dt}\boldsymbol{j}+\frac{da_z}{dt}\boldsymbol{k}+a_x\frac{d\boldsymbol{i}}{dt}+a_y\frac{d\boldsymbol{j}}{dt}+a_z\frac{d\boldsymbol{k}}{dt} \tag{A-19}$$

其中，$\frac{d\boldsymbol{i}}{dt}$、$\frac{d\boldsymbol{j}}{dt}$和$\frac{d\boldsymbol{k}}{dt}$是单位矢量的导数。若 $\boldsymbol{i}$、$\boldsymbol{j}$、$\boldsymbol{k}$ 是方向不变的单位矢量，则它们的导数为零，即

$$\frac{d\boldsymbol{a}}{dt}=\frac{da_x}{dt}\boldsymbol{i}+\frac{da_y}{dt}\boldsymbol{j}+\frac{da_z}{dt}\boldsymbol{k} \tag{A-20}$$

若 $\boldsymbol{i}$、$\boldsymbol{j}$、$\boldsymbol{k}$ 是方向变化的单位矢量，则它们的导数与其自身垂直。这是因为

$$\boldsymbol{i}\cdot\boldsymbol{i}=1,\quad \boldsymbol{j}\cdot\boldsymbol{j}=1,\quad \boldsymbol{k}\cdot\boldsymbol{k}=1$$

将上式对 t 求导，得

$$2\boldsymbol{i}\cdot\frac{d\boldsymbol{i}}{dt}=0,\quad 2\boldsymbol{j}\cdot\frac{d\boldsymbol{j}}{dt}=0,\quad 2\boldsymbol{k}\cdot\frac{d\boldsymbol{k}}{dt}=0$$

可见，单位矢量的导数与其自身垂直。

附　录　B

表 B-1　几种常见的约束类型和约束力

	约束力未知量	约　束　类　型
1	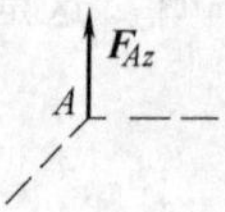	光滑表面　滚动支座　绳索　二力杆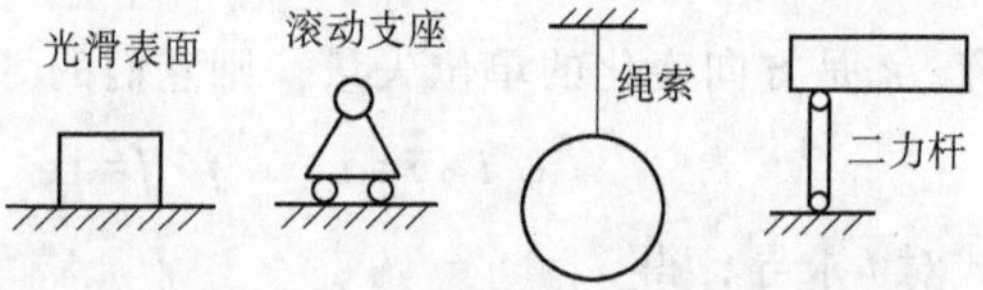
2	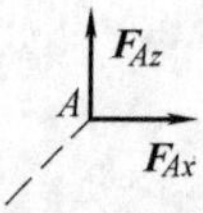	径向轴承　圆柱铰链　铁轨　蝶铰链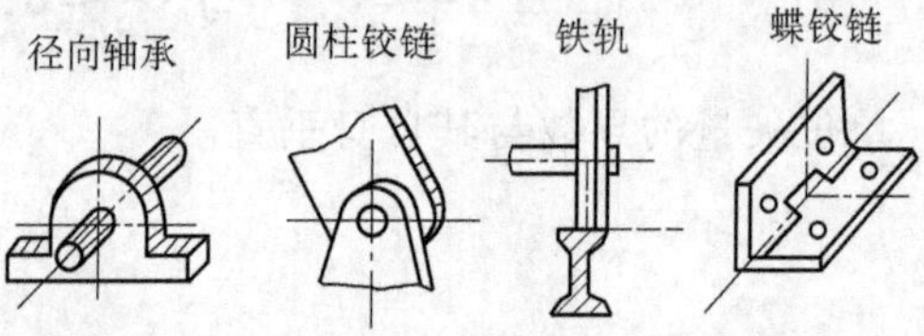
3	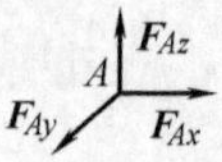	球形铰链　推力轴承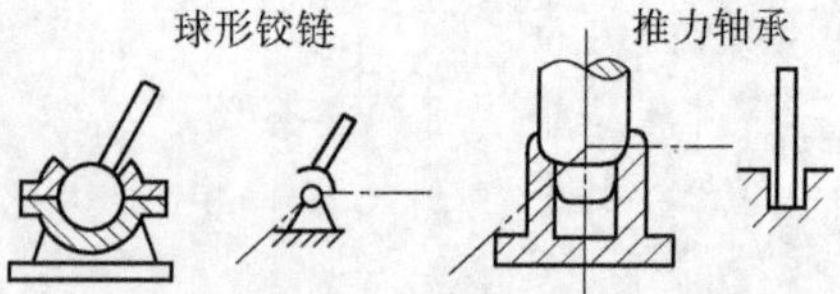
4	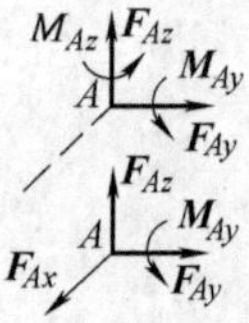	导向轴承　万向接头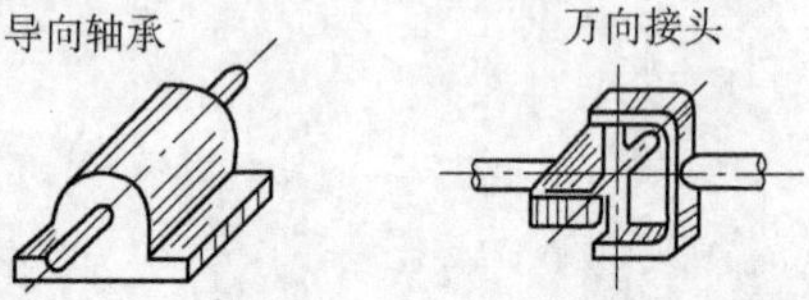
5	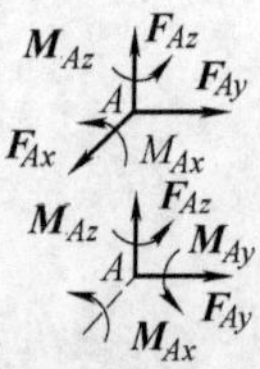	带有销子的夹板　导轨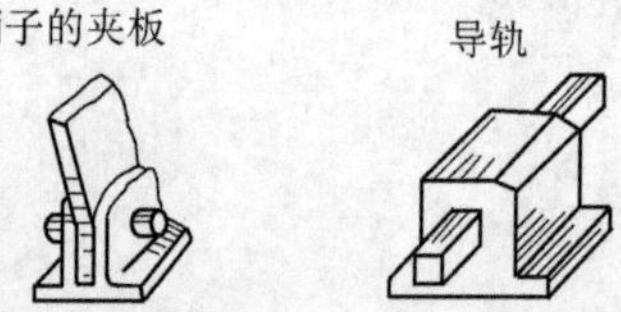
6	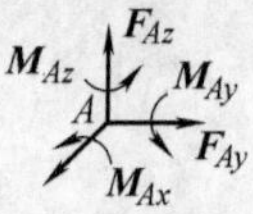	空间固定端支座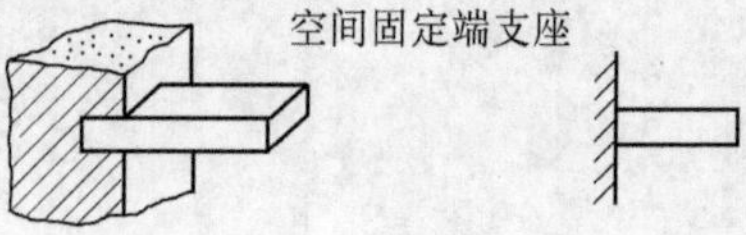

表 B-2　简单形状均质物体的重心

物体简图	重心位置	物体简图	重心位置
圆弧 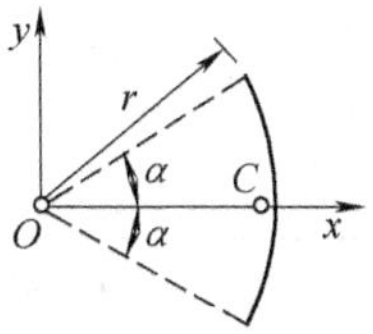	$x_C=\frac{r\sin\alpha}{\alpha}$	部分圆环 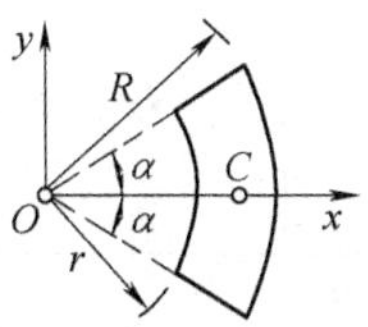	$x_C=\frac{2(R^3-r^3)\sin\alpha}{3(R^2-r^2)\alpha}$
三角形 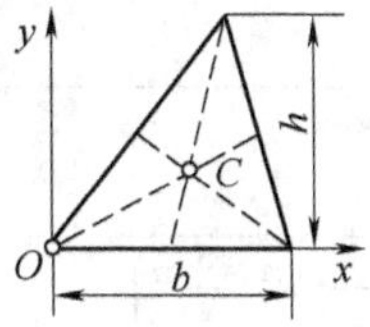	在中线交点上 $y_C=\frac{1}{3}h$	弓形 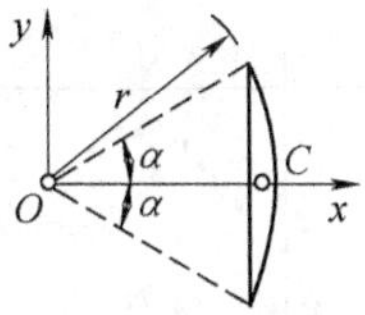	$x_C=\frac{4r\sin^3\alpha}{3(2\alpha-\sin2\alpha)}$
梯形 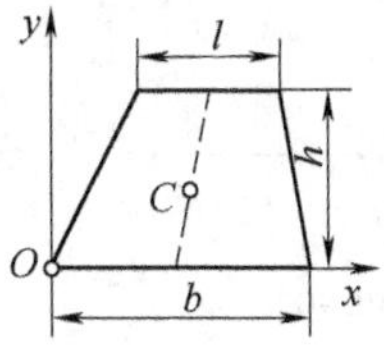	在上下底中点的连线上 $y_C=\frac{h(2l+b)}{3(l+b)}$	抛物线面 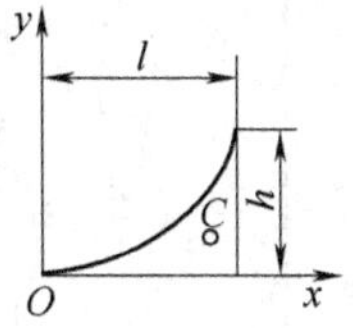	$x_C=\frac{3}{4}l$ $y_C=\frac{3}{10}h$
扇形 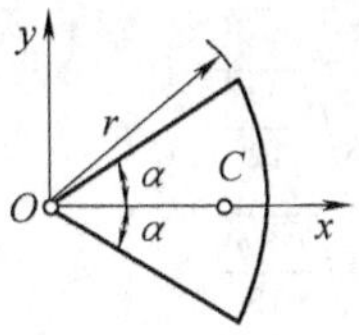	$x_C=\frac{2r\sin\alpha}{3\alpha}$ 半圆 $x_C=\frac{4r}{3\pi}$	抛物线面 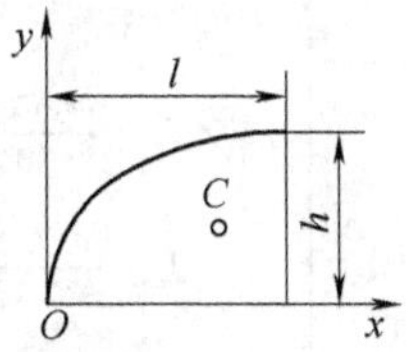	$x_C=\frac{3}{5}l$ $y_C=\frac{3}{8}h$

表 B-3 简单形状均质物体的转动惯量

物体	简 图	转动惯量	回转半径
细直杆	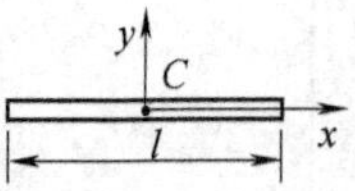	$J_{Cx}=0$ $J_{Cy}=J_{Cz}=\dfrac{ml^2}{12}$	$\rho_{Cx}=0$ $\rho_{Cy}=\rho_{Cz}=0.289l$
矩形板	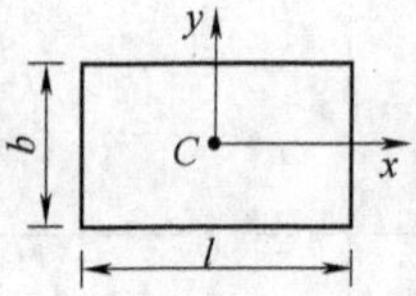	$J_{Cx}=\dfrac{mb^2}{12}$ $J_{Cy}=\dfrac{ml^2}{12}$ $J_{Cz}=\dfrac{m(l^2+b^2)}{12}$	$\rho_{Cx}=0.289b$ $\rho_{Cy}=0.289l$ $\rho_{Cz}=\sqrt{\dfrac{1}{12}(l^2+b^2)}$
圆环	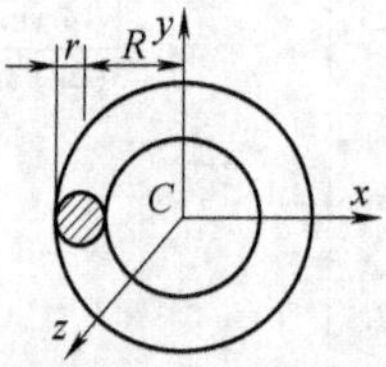	$J_{Cx}=J_{Cy}=$ $\dfrac{m}{2}\left(R^2+\dfrac{5}{4}r^2\right)$ $J_{Cz}=m\left(R^2+\dfrac{3}{4}r^2\right)$	$\rho_{Cx}=\rho_{Cy}=\sqrt{\dfrac{1}{2}\left(R^2+\dfrac{5}{4}r^2\right)}$ $\rho_{Cz}=\sqrt{R^2+\dfrac{3}{4}r^2}$
圆柱体	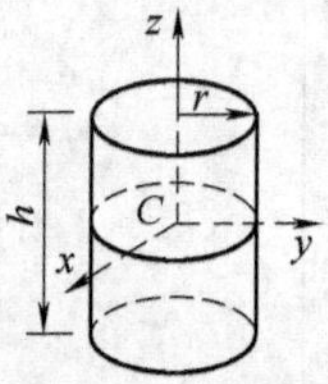	$J_{Cx}=J_{Cy}=$ $\dfrac{m}{12}(3r^2+h^2)$ $J_{Cz}=\dfrac{1}{2}mr^2$	$\rho_{Cx}=\rho_{Cy}=\sqrt{\dfrac{1}{12}(3r^2+h^2)}$ $\rho_{Cz}=0.707r$
长方体	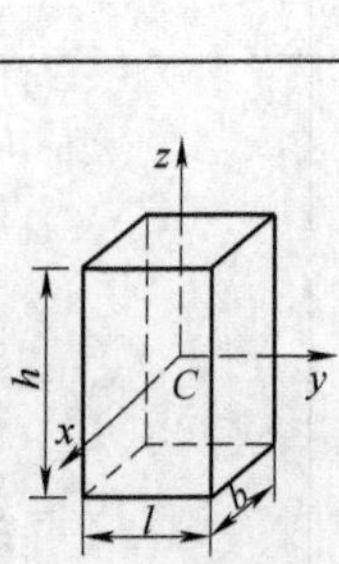	$J_{Cx}=\dfrac{m(l^2+h^2)}{12}$ $J_{Cy}=\dfrac{m(h^2+b^2)}{12}$ $J_{Cz}=\dfrac{m(l^2+b^2)}{12}$	$\rho_{Cz}=\sqrt{\dfrac{l^2+h^2}{12}}$ $\rho_{Cy}=\sqrt{\dfrac{h^2+b^2}{12}}$ $\rho_{Cx}=\sqrt{\dfrac{1}{12}(l^2+b^2)}$

（续）

物体	简　图	转动惯量	回转半径
半圆板	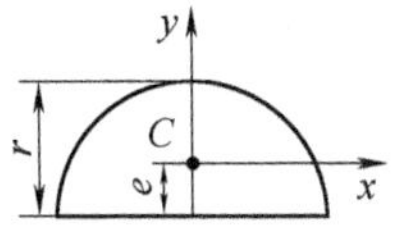	$J_{Cx}=\frac{(9\pi^2-64)mr^2}{36\pi^2}$ $J_{Cy}=\frac{mr^2}{4}$ $J_{Cz}=\frac{(9\pi^2-32)mr^2}{18\pi^2}$	$\rho_{Cx}=\frac{r}{6\pi}\sqrt{9\pi^2-64}$ $\rho_{Cy}=\frac{r}{2}$ $\rho_{Cz}=\frac{r}{6\pi}\sqrt{18\pi^2-64}$
圆板	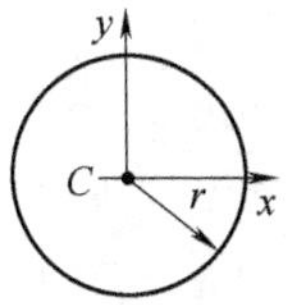	$J_{Cx}=J_{Cy}=\frac{mr^2}{4}$ $J_{Cz}=\frac{1}{2}mr^2$	$\rho_{Cx}=\rho_{Cy}=\frac{r}{2}$ $\rho_{Cz}=0.707r$
球体	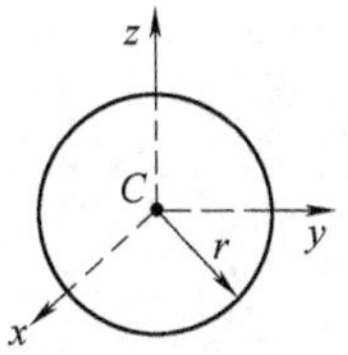	$J_{Cx}=J_{Cy}=J_{Cz}$ $=\frac{2}{5}mr^2$	$\rho_{Cx}=\rho_{Cy}=\rho_{Cz}=0.632r$
半球体	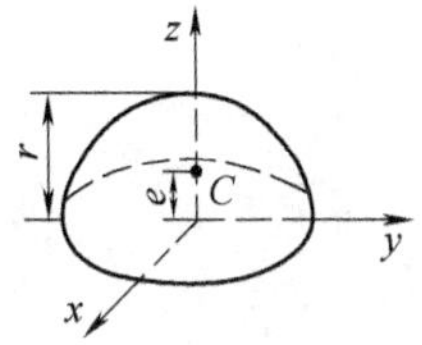	$J_{Cx}=J_{Cy}=\frac{83}{320}mr^2$ $J_{Cz}=\frac{2}{5}mr^2$ $\left(z_C=\frac{3}{8}r\right)$	$\rho_{Cx}=\rho_{Cy}=0.509r$ $\rho_z=0.632r$
圆锥体	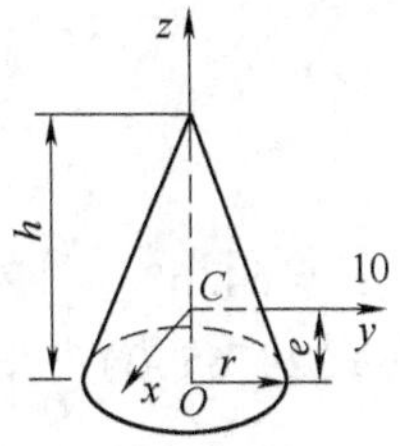	$J_{Cx}=J_{Cy}=\frac{3m}{80}(4r^2+h^2)$ $J_{Cz}=\frac{3}{10}mr^2$ $\left(OC=\frac{h}{4}\right)$	$\rho_{Cx}=\rho_{Cy}=\sqrt{\frac{3}{80}(4r^2+h^2)}$ $\rho_{Cz}=0.548r$

习 题 答 案

第 1 章

1.1 (1) $F_{1x}=-40\text{N}, F_{1y}=30\text{N}, F_{1z}=0$

$F_{2x}=56.6\text{N}, F_{2y}=42.4\text{N}, F_{2z}=70.7\text{N}$

$F_{3x}=43.7\text{N}, F_{3y}=0, F_{3z}=-54.7\text{N}$

(2) $\boldsymbol{M}_0(\boldsymbol{F}_1)=(15\boldsymbol{i}-20\boldsymbol{j}+12\boldsymbol{k})\text{N}\cdot\text{m}$

$\boldsymbol{M}_0(\boldsymbol{F}_2)=0$

$\boldsymbol{M}_0(\boldsymbol{F}_3)=(-16.4\boldsymbol{i}+21.85\boldsymbol{j}-13.11\boldsymbol{k})\text{N}\cdot\text{m}$

(3) $M_x(\boldsymbol{F}_1)=15\text{N}\cdot\text{m}, M_y(\boldsymbol{F}_1)=-20\text{N}\cdot\text{m}, M_z(\boldsymbol{F}_1)=12\text{N}\cdot\text{m}$

$M_x(\boldsymbol{F}_2)=0, M_y(\boldsymbol{F}_2)=0, M_z(\boldsymbol{F}_2)=0$

$M_x(\boldsymbol{F}_3)=-16.4\text{N}\cdot\text{m}, M_y(\boldsymbol{F}_3)=21.85\text{N}\cdot\text{m}$,

$M_z(\boldsymbol{F}_3)=-13.11\text{N}\cdot\text{m}$

1.2 (1) $F_x=6.51\text{kN}, F_y=3.91\text{kN}, F_z=-6.51\text{kN}$

(2) $\boldsymbol{M}_0(\boldsymbol{F})=(-39.08\boldsymbol{i}+13.02\boldsymbol{j}-31.26\boldsymbol{k})\text{kN}\cdot\text{m}$

(3) $M_x(\boldsymbol{F})=-39.08\text{kN}\cdot\text{m}, M_y(\boldsymbol{F})=13.02\text{kN}\cdot\text{m}$,

$M_x(\boldsymbol{F})=-31.26\text{kN}\cdot\text{m}$

1.3 (1) $M_x(\boldsymbol{F})=-81.65\text{N}\cdot\text{m}, M_y(\boldsymbol{F})=40.83\text{N}\cdot\text{m}, M_z(\boldsymbol{F})=0$

(2) $\boldsymbol{M}_0(\boldsymbol{F})=(-81.65\boldsymbol{i}+40.83\boldsymbol{j})\text{N}\cdot\text{m}$

1.4 $M_A(\boldsymbol{P})=6\text{N}\cdot\text{m}, \alpha=36°54'$

1.5 119.3N·m;52.2N·m;-19.3N·m;0;236.6N·m

1.8 $F_{CB}=7.25\text{N}$

1.9 $\boldsymbol{M}_B(\boldsymbol{F})=(10\boldsymbol{i}+4\boldsymbol{j}-8\boldsymbol{k})\text{N}\cdot\text{m}$

1.10 $M_{OA}(\boldsymbol{F})=-12.4\text{kN}\cdot\text{m}$

第 2 章

2.1 $\text{F}=263N, \angle(\boldsymbol{F},x)=158.6°$(第Ⅱ象限)

2.2 $F=1209\text{N}, \angle(\boldsymbol{F},x)=41.7°, \angle(\boldsymbol{F},y)=59.5°, \angle(\boldsymbol{F},z)=64.6°$

2.3 (a)(150,105);(b)(196.7,250);(c)(496,250);(d)(29.65,0)

2.4 $x_C=-\dfrac{r_1r_2^2}{2(r_1^2-r_2^2)}, y_C=0$

2.5 $d=20.2\text{cm}$

2.6 $M_O=-33.6\text{N}\cdot\text{m}$

2.7 $M_A=5\text{kN}\cdot\text{m}, M_B=-12.3\text{kN}\cdot\text{m}$

2.8 $\boldsymbol{F}=(300\boldsymbol{i}+546.4\boldsymbol{j}-140\boldsymbol{k})\text{N}, M_A=163\text{N}\cdot\text{m}$

2.9 $x=6\text{m}, y=4\text{m}$

2.10 $\boldsymbol{F}=(-437.64\boldsymbol{i}-161.639\boldsymbol{j})\text{N}, d=4.59\text{cm}$

2.11 $F=40\text{N}$

2.12 (a) $F=ql_2, M_A=-\dfrac{ql_2^2}{2}$

(b) $F=\dfrac{ql}{2}, M_A=-\dfrac{ql^2}{3}$

(c) $F=\dfrac{q(l_1+l_2)}{2}, M_A=-\dfrac{q(2l_1^2+3l_1l_2+l_2^2)}{6}$

(d) $F=\dfrac{(q_1+q_2)l}{2}, M_A=-\dfrac{(q_1+2q_2)l^2}{6}$

2.13 $x_A=-11.1\text{mm}, y_A=-44.4\text{mm}$

$M_A=3333\text{N}\cdot\text{mm}$(主矩与主矢量方向相反)

2.14 $x_A=119\text{mm}, y_A=146\text{mm}, M_A=4810\text{N}\cdot\text{mm}$

2.15 $M=4.37\text{N}\cdot\text{m}$

第 3 章

3.1 $F=577\text{N}, F_A=265\text{N}, F_B=612\text{N}$

3.2 $F_{Ox}=-5\text{kN}, F_{Oy}=-4\text{kN}, F_{Oz}=8\text{kN}$,

$M_{Ox}=32\text{kN}\cdot\text{m}, M_{Oy}=-30\text{kN}\cdot\text{m}, M_{Oz}=20\text{kN}\cdot\text{m}$

3.3 $F_3=4000\text{N}, F_4=2000\text{N}, F_{Ax}=-6375\text{N}$

$F_{Ax}=1299\text{N}, F_{Bx}=-4125\text{N}, F_{Bz}=3897\text{N}$

3.4 $M_z=22.5\text{N}\cdot\text{m}, F_{Bx}=F_{Ax}=-75\text{N}, F_{By}=F_{Ay}=0, F_{Az}=50\text{N}$

3.5 $F=200\text{N}, F_{Ax}=86.6\text{N}, F_{Ay}=150\text{N}, F_{Az}=100\text{N}, F_{Bx}=F_{Bz}=0$

3.6 $F_1=F_2=F_3=2M/3l, F_4=F_5=F_6=-4M/3l$

3.7 $d=35\text{cm}$

3.8 (a) $F_A=F_C=2.236\text{kN}$; (b) $F_A=F_C=2694\text{N}$

3.9 $F_N=100\text{N}$

3.10 (a) $F_{Ax}=-1.41\text{kN}, F_{Ay}=-1.09\text{kN}, F_B=2.50\text{kN}$

(b) $F_A=F_B=0.75\text{kN}$

(c) $F_{Ax}=0, F_{Ay}=17\text{kN}, M_A=33\text{kN}\cdot\text{m}$

(d) $F_{Ax}=3\text{kN}, F_{Ay}=5\text{kN}, F_B=-1\text{kN}$

3.11 $F_x=-20\text{kN}, F_y=60\text{kN}, M=130\text{kN}\cdot\text{m}$

$F_{Ax}=0, F_{Ay}=60\text{kN}, M_A=12\text{kN}\cdot\text{m}$

3.12　$F_{Ax}=0, F_{Ay}=53\text{kN}, F_B=37\text{kN}$

3.13　$l=2.614\text{m}, F_{Ax}=400\text{N}, F_{Ay}=6043\text{N}$

3.14　$F_{Ax}=533.3\text{N}, F_{Ay}=933.3\text{N}$

3.15　$F_{Ax}=-6.3\text{kN}, F_{Bx}=6.3\text{kN}, F_{By}=11.5\text{kN}$

3.16　$h=1.51\text{m}, F_{Ox}=360\text{kN}, F_{Oy}=200\text{kN}$

3.17　$361\text{kN}\leqslant P_2\leqslant 375\text{kN}$

3.18　$F_A=55.6\text{kN}, F_B=24.4\text{kN}, P_{\max}=46.7\text{kN}$

3.19　$G_{\min}=2P\left(1-\dfrac{r}{R}\right)$

3.20　(a) $F_{Ax}=34.64\text{kN}, F_{Ay}=60\text{kN}, M_A=220\text{kN}\cdot\text{m}$

$F_{Bx}=34.64\text{kN}, F_{By}=60\text{kN}, F_C=69.28\text{kN}$

(b) $F_{Ay}=-2.5\text{kN}, F_B=15\text{kN}, F_{Cy}=2.5\text{kN}, F_D=2.5\text{kN}$

(c) $F_{Ay}=2.5\text{kN}, M_A=10\text{kN}\cdot\text{m}, F_{By}=1.5\text{kN}, F_C=1.5\text{kN}$

(d) $F_{Ay}=-51.25\text{kN}, F_B=105\text{kN}, F_{Cy}=43.75\text{kN}, F_D=6.25\text{kN}$

3.21　$F=107\text{N}, F_A=525\text{N}, F_B=375\text{N}$

3.22　$F_{DE}=-2ql, F_{BE}=-2\sqrt{2}ql, F_{CE}=2ql$

3.23　$F_{Ax}=0.33\text{kN}, F_{Ay}=1\text{kN}, M_A=3.5\text{kN}\cdot\text{m}$

3.24　$F_{Ax}=0, F_{Ay}=600\text{N}, M_A=800\text{N}\cdot\text{m}, F_{CD}=-566\text{N}$

3.25　$F_{Ax}=2058\text{N}, F_{Ay}=1568\text{N}, F_{Bx}=-1666\text{N}$,

$F_{By}=1960\text{N}, F_{Cx}=-2058\text{N}, F_{Cy}=1960\text{N}$

3.26　$F_{Ax}=-4.4\text{kN}, F_{Ay}=4\text{kN}, F_{Bx}=-9.34\text{kN}$,

$F_{By}=-2.67\text{kN}, F_D=4.4\text{kN}, F_{CE}=-14.91\text{kN}$

3.27　$F_{Dx}=-16.8\text{N}, F_{Dy}=56\text{N}$

3.28　$F_{Ax}=250\text{N}, F_{Ay}=-66.7\text{N}, F_{Dx}=450\text{N}$

$F_{Dy}=-266.7\text{N}, F_{Ex}=-250\text{N}, F_{Ey}=266.7\text{N}$

3.29　$M=285\text{N}\cdot\text{m}$

3.30　$F=28.57\text{N}$

3.31　$F_{Ax}=-F, F_{Ay}=-F, F_{Bx}=-F, F_{By}=0, F_{Dx}=2F, F_{Dy}=F$

3.32　(a) $F_s=77.9\text{N}$; (b) $F_s=90\text{N}$; (c) $F_s=77.5\text{N}$

3.33　$M\geqslant f_s Gr(1+f_s)/(1+f_s^2)$

3.34　$0.246l\leqslant x\leqslant 0.977l$

3.35　$F=146.4\text{N}$

3.36　$b\leqslant 7.5\text{mm}$

3.37　$d\leqslant (D+d_1)\sqrt{1+f_s^2}-D=34.5\text{mm}$

3.38 $l_{min}=100mm$

3.39 $F=0.95kN$

3.40 先倾倒，$F=1.5kN$

3.41 能平衡，$F_A=F_B=72.2N$

3.42 $\theta=28.07°$

3.43 $d\leqslant 11cm$

3.44 $F_{Ax}=166N, F_{Ay}=155N$

3.45 $F_{Bx}=\frac{\sqrt{3}F}{8}, F_{By}=\frac{3F}{4}, F_{EF}=-\frac{F}{2}$

3.46 $F_{Ax}=0.67kN, F_{Ay}=3.67kN, F_{Bx}=-4.67kN,$
$F_{By}=15.3kN, F_E=5kN$

3.47 $F_{Ax}=7.5kN, F_{Ay}=72.5kN, F_{Bx}=-17.5kN,$
$F_{By}=77.5kN, F_{Cx}=17.5kN, F_{Cy}=5kN$

3.48 $F_{EF}=8.167kN$（拉）；$F_{AD}=158kN$（压）

3.49 $F_{Ax}=\frac{7}{8}ql-\frac{ql^2}{2R}; F_{Ay}=\frac{7}{8}ql; F_{Bx}=-\frac{7}{8}ql+\frac{ql^2}{2R}; F_{By}=\frac{7}{8}ql$

3.50 $F_{Ax}=-7.2kN, F_{Ay}=11.16kN, F_{Bx}=-2.8kN$
$F_{By}=-1.16kN, F_{Cx}=15.59kN, F_{Cy}=9kN$

3.51 $F_{BD}=10.5kN, F_{BC}=4.2kN, F_{AC}=-14.8kN$
$F_{DF}=6kN, F_{DE}=4.74kN, F_{CE}=-11.07kN$
$F_{FG}=6kN, F_{EG}=-6.33kN, F_{CD}=-3.5kN, F_{EF}=-3kN$

3.52 $F_{AB}=-4kN, F_{AD}=-2kN, F_{BD}=4kN$
$F_{BC}=-3.46kN, F_{CE}=-3.46kN, F_{CD}=-4kN, F_{DE}=2kN$

3.53 (a) $F_{CD}=-\frac{\sqrt{3}F}{2}$；(b) $F_1=-\frac{4F}{9}, F_2=-\frac{2F}{3}, F_3=0$

3.54 (a) $F_1=-16.4kN, F_2=5.97kN, F_3=12kN$
(b) $F_1=-1.5F, F_2=F, F_3=2.24F, F_4=-F$

3.55 $F_{AB}=0.43F$

3.56 $M=2.06kN\cdot m, f_s=1$

3.57 $F_{max}=172.9N$

3.58 $3.47N\leqslant F\leqslant 40.58N$

3.59 $F_{max}=239.9N$

3.60 $f\geqslant \delta/2R$

3.61 $M_f=W(R\sin\alpha-r), F_s=W\sin\alpha, F_N=P-W\cos\alpha$

3.62 $F=0.18kN$

第 4 章

4. 1　椭圆：$\frac{(x-a)^2}{(b+l)^2}+\frac{y^2}{l^2}=1$

4. 2　$v_A=\frac{x_B v}{\sqrt{h^2+x_B^2}}, a_A=\frac{h^2v^2}{\sqrt{(h^2+x_B^2)^3}}$

4. 3　$x=d\cos\omega t+\sqrt{r^2-d^2\sin^2\omega t}$

4. 4　$x=6+4\sin5t; x_1=6\text{cm}, x_2=8.83\text{cm}$

4. 5　$\frac{x^2}{10^2}+\frac{y^2}{30^2}=1$

$t=2s, v=94.25\text{cm/s}, a=-98.7\text{cm/s}^2$

4. 6　$v_B=-v_A\tan\theta \boldsymbol{j}, \boldsymbol{a}_B=-\frac{vA^2}{l\cos^3\theta}\boldsymbol{j}$

$\theta=45°$时，$V_B=-vA\boldsymbol{j}, a_B=-\frac{2\sqrt{2}vA^2}{l}\boldsymbol{j}$

4. 7　$x_B=r\cos(\varphi_0+\omega t)+l$

$v_B=-r\omega\sin(\varphi_0+\omega t)$

$a_B=-\omega^2 r\cos(\varphi_0+\omega t)$

4. 8　$x=R(1+\cos2\omega t), y=R\sin2\omega t; s=2R\omega t; v=2R\omega; a=4R\omega^2$

4. 9　$s=13\text{m}, a=2.83\text{m/s}^2$

4. 10　$y=l\tan kt; v=lk\sec^2kt; a=2lk^2\tan kt\sec^2kt;$

$\theta=\frac{\pi}{6}$时，$v=\frac{4}{3}lk, a=\frac{8\sqrt{3}}{9}lk^2$

$\theta=\frac{\pi}{3}$时，$v=4lk, a=8\sqrt{3}lk^2$

4. 11　$\begin{cases}x=30\cos4t-10\cos12t\\y=30\sin4t-10\sin12t\end{cases}$　$\begin{cases}v_x=120(-\sin4t+\sin12t)\\v_y=120(\cos4t-\cos12t)\end{cases}$

4. 12　$a_r=2.887\text{m/s}^2, a_y=-2.887\text{m/s}^2, a_\tau=0, a_n=5.774\text{m/s}^2, \rho=0.69\text{m}$

4. 13　$v=12.9\text{m/s}, a_\tau=5.12\text{m/s}^2, a_n=3.71\text{m/s}^2, \rho=44.75\text{m}$

4. 14　$a_{\max}=\sqrt{16\pi^4f^4z_0^2+\omega^4r^2}$

4. 15　$d=46.17\text{m}$

第 5 章

5. 2　$v=80\text{cm/s}, a=322.5\text{cm/s}^2$

5.3　$v=31.7\text{m/s}, a_n=2010\text{m/s}^2, a_\tau=1.92\text{m/s}^2$

5.4　$v_C=9.948\text{m/s}$；轨迹为以半径为 0.25m 的圆

5.5　$\omega=\pm 3.16\text{rad/s}, \alpha=-15.3\text{rad/s}^2$

5.6　$\varphi=\arctan\dfrac{r\sin\omega_0 t}{a+r\cos\omega_0 t}$；$\omega=\dfrac{r^2\omega_0+ar\omega_0\cos\omega_0 t}{r^2+a^2+2ar\cos\omega_0 t}$

5.7　$v_{M3}=v_{M4}=\dfrac{\sqrt{2}\pi a z_1 z_3}{z_2}$　　$a_{M4}=a_{M3}^{\tau}=\dfrac{\sqrt{2}\pi a d z_1 z_3}{z_2}$

$a_{M3}^{n}=\dfrac{\pi a^2 d z_1^2 z_3}{z_2^2}$

5.8　$v=3at^2$；$a=6at$

5.9　$v_a=168\text{cm/s}$；$v_{皮带}=314.2\text{cm/s}$

$a_{AB}=a_{CD}=0, a_{DA}=3300\text{cm/s}^2, a_{BC}=1320\text{cm/s}^2$

5.10　$\omega=1\text{rad/s}, \alpha=1.73\text{rad/s}^2, a_B=1300\text{mm/s}^2$

5.11　$\alpha=\dfrac{bv^2}{(2\pi r^3)}$

5.12　$\alpha_B=\dfrac{b(r_A^2+r_B^2)}{2\pi r_B^2}\omega_A^2$

第 6 章

6.1　$v_B=50\text{cm/s}, \omega_{AB}=1\text{rad/s}$

6.2　$\omega_{AB}=1.44\text{rad/s}, v_C=86.6\text{cm/s}$

6.3　$v_B=100\text{cm/s}, v_C=57.74\text{cm/s}, \omega_{AB}=1.57\text{rad/s}, \omega_{BC}=1.155\text{rad/s}$

6.4　$v_B=104\text{cm/s}, \omega_{AB}=3\text{rad/s}, \omega_{BC}=5.2\text{rad/s}$

6.5　$\omega_1=\dfrac{(r_1+r_3)\omega_4}{r_1}(\swarrow)$ $\omega_2=\dfrac{(r_3+r_1)\omega_4}{r_3-r_1}(\nwarrow)$

6.6　$\omega_{AB}=-1.852\text{rad/s}$

6.7　$v_F=40\text{cm/s}$

6.8　$\omega_{OB}=3.75\text{rad/s}, \omega_{\text{II}}=6\text{rad/s}$

6.9　$v_F=129.5\text{cm/s}$

6.10　$\omega_F=5\text{rad/s}$；$\omega_R=4.94\text{rad/s}, \omega_T=-0.194\text{rad/s}$

6.11　$\omega_B=\omega_0/4(\nwarrow), v_D=l\omega_0/4$

6.12　$\omega_{O_1}=1/5\text{rad/s}$

6.13　$a_n=2r\omega_O^2, a_\tau=r(\sqrt{3}\omega_0^2-2\alpha_0)$

6.14　$v=52.4\text{mm/s}$

6.15 $v_B=200\text{cm/s},a_B^n=400\text{cm/s}^2,a_B^\tau=-370.45\text{cm/s}^2$

6.16 $\omega=\pm2.236\text{rad/s},\alpha=-8.66\text{rad/s}^2$

6.17 $\alpha=21.3\text{rad/s}^2$

6.18 $\omega_{BC}=5\text{rad/s},\alpha_{BC}=-43.3\text{rad/s}^2,a_M=86.6\text{m/s}^2$

6.19 $\omega_{AB}=0.32\text{rad/s},\alpha_{AB}=0.21\text{rad/s}^2,v_B=29.5\text{cm/s},a_B=36\text{cm/s}^2$

6.20 $a_B=2\sqrt{2}\omega_0^2l$

6.21 $\omega_D=0,\alpha_D=-1457\text{rad/s}^2$

6.22 $v_D=5.46\text{m/s},a_D=-0.72\text{m/s}^2$

6.23 $a_M=1.56\omega_0^2r$

6.24 $v=\dfrac{2Rv}{(R-r)},\boldsymbol{a}=-\dfrac{2Ra\boldsymbol{i}}{(R-r)}-\dfrac{Rv^2\boldsymbol{j}}{(R-r)^2}$

6.25 $\omega=\dfrac{(v_2-v_1)}{2R},\alpha=\dfrac{(a_2-a_1)}{2R},v=\dfrac{(v_2+v_1)}{2},a=\dfrac{(a_2+a_1)}{2}$

第 7 章

7.1 $\omega'=\dfrac{\cos(\beta+2\theta)}{\sin2\theta}\omega$; $\alpha'=\dfrac{\cos^2(\beta+2\theta)}{\sin^2 2\theta}\cdot\dfrac{\sin\theta\cos\beta}{\cos(\beta+\theta)}\omega^2$

7.2 $\omega_r=1.047\text{rad/s},\omega=0.907\text{rad/s}$

7.3 $\omega=\sqrt{\left(\dfrac{\pi n}{30}\right)^2+\omega_1^2+2\left(\dfrac{\pi n}{30}\right)\omega_1\cos\theta};\alpha=\omega_1\dfrac{n\pi}{30}\sin\theta$

7.4 $v_A=-0.689\boldsymbol{i}\text{m/s};\boldsymbol{a}_A=-20.78\boldsymbol{i}\text{rad/s}^2$ $\boldsymbol{\omega}=6.928\boldsymbol{j}+7\boldsymbol{k}\text{rad/s},\boldsymbol{\alpha}=-20.78\boldsymbol{i}\text{rad/s}^2$

第 8 章

8.2 相对轨迹为圆：$(x'-4)^2+y'^2=16$

绝对轨迹为圆：$(x+4)^2+y^2=16$

8.3 A 车相对 B 车的速度 $v_r=40\text{km/h}$

8.4 (a)$\omega=1.5\text{rad/s}$(↖)，(b)$\omega=2\text{rad/s}$(↖)。

8.5 $\varphi=0°$时，$v_a=\dfrac{\sqrt{3}}{3}r\omega(\leftarrow)$，

$\varphi=30°$时，$v_a=0$；

$\varphi=60°$时，$v_a=\dfrac{\sqrt{3}}{3}r\omega(\leftarrow)$

8.6 $\omega=2.67\text{rad/s}$

8.7 $v_a=\dfrac{au}{2l}$

8.8　$v_r = 6.36\text{cm/s}$

8.9　$v_a = 32.5\text{cm/s}(\leftarrow)$

8.10　$v_a = r\omega$

8.11　相对 AB 杆：$v_{r1} = 0.3\text{m/s}$

相对 CD 杆：$v_{r2} = 0.8\text{m/s}$

8.12　$v = 10\text{cm/s}; a = 34.6\text{cm/s}^2$

8.13　$v = 17.3\text{cm/s}(\uparrow), a = 5\text{cm/s}^2(\downarrow)$

8.14　$a_a = 74.6\text{cm/s}^2$

8.15　$a_{aD} = 13.66\text{cm/s}^2, a_r = 3.66\text{cm/s}$

8.16　$v = 1.26\text{m/s}; a = 27.4\text{m/s}^2$

8.17　$v = \dfrac{1}{\sin\alpha}\sqrt{v_1^2 + v_2^2 - 2v_1v_2\cos\alpha}$

8.18　$v = 42.4\text{mm/s}, a_n = 6.66\text{mm/s}^2, a_\tau = -2.35\text{mm/s}^2$

8.19　$x = 10t^2, y = h - 5t^2, y = h - \dfrac{x}{2};$

$v = 10\sqrt{5}t(\text{cm/s}), a = 10\sqrt{5}\text{cm/s}^2$

8.20　(1) $a_{C1} = 2\omega v_{r1}$ 垂直 $\overline{O_1A}$ 向下，$a_{C2} = 0$

(2) $a_C = 2\omega v_r$，沿 $\overline{MC}$

(3) $a_{C1} = \sqrt{3}\omega v_{r1}$ 垂直纸面朝里；

$a_{C2} = \omega v_{r2}$ 垂直纸面朝外。

8.21　$v = 2\omega_0 r/3, a = -\dfrac{2}{9}d\omega_0^2$

8.22　$v = 34.64\text{cm/s}, a = -97.32\text{cm/s}^2$

8.23　$\omega = \dfrac{v}{2L}, \alpha = -\dfrac{v^2}{2L^2}$

8.24　$v = 0.897\omega_0 R, a = 0.72\omega_0^2 R$

8.25　$\omega_1 = \dfrac{\omega}{2}, \alpha_1 = \dfrac{\sqrt{3}}{12}\omega^2$

8.26　$\alpha_1 = r\omega^2 - \dfrac{v^2}{r} - 2\omega v; \alpha_2 = \sqrt{\left(r\omega^2 + \dfrac{v^2}{r} + 2\omega v\right)^2 + 4r^2\omega^4}$

8.27　$v_a = 17.3\text{cm/s}$　$a_a = 37.5\text{cm/s}^2$

8.28　$\omega_{O_1D} = 7.5\text{rad/s}, a_B = 208\text{cm/s}^2$

8.29　$v_c = \sqrt{3}R\omega_0(\leftarrow), \omega_{O_1B} = R\omega_0/r(\nwarrow)$。

8.30　$v_1 = 126\text{cm/s}, a_1 = 278\text{cm/s}^2$

8.31 $n_3 = 60\text{rpm}(\swarrow)$

8.32 $\omega_{DE} = \dfrac{\omega_0}{2}\cdot\tan\theta, \alpha_{DE} = \omega_0^2\left(\dfrac{1}{\cos^2\theta} - \dfrac{1}{4}\tan^3\theta\right) - \dfrac{1}{2}\alpha_0\tan\theta$

8.33 $v_B = 2\text{m/s}, a_B = 8\text{m/s}^2, v_c = 2.828\text{m/s}, a_c = 11.31\text{m/s}^2$

8.34 $v_{AB} = v\tan\theta, \alpha_{AB} = \alpha\tan\theta + \dfrac{v^2}{R\cos\theta}\left(1 + \tan\theta\tan\dfrac{\theta}{2}\right)^2$

8.35 $v_B = \sqrt{13}u, a_B = \sqrt{37}\dfrac{u^2}{r}$

8.36 $v_C = 0, v_B = 0.4\text{m/s}, a_C = 0.4\text{m/s}^2, a_B = \dfrac{2\sqrt{5}}{5}\text{m/s}^2$

8.37 $v_A = 0.55\text{m/s}, a_A = 0.054\text{m/s}^2$

8.38 $v = (416.67\boldsymbol{i} + 300\boldsymbol{j})\text{m/s}, v = 513.43\text{m/s}, \boldsymbol{a} = (-360\boldsymbol{i} + 480\boldsymbol{j} - 320\boldsymbol{k})\text{m/s}^2$

$a = 680\text{m/s}^2$

8.39 $\omega = 125.66\text{rad/s}, \alpha = -34.907\text{rad/s}^2, v_A = 112.36\text{m/s},$

$v_C = 112.36\text{m/s}, a_A = 9474.88\text{m/s}^2, a_C = 9495\text{m/s}^2$

第 9 章

9.1 $F_1 = 1047\text{N}, F_2 = 947\text{N}, F_3 = 907\text{N}$

9.2 $F_{\max} = 3.14\text{kN}, F_{\min} = 2.74\text{kN}$

9.3 $F = 2.03\text{N}$

9.4 $n = 18\text{r/min}$

9.5 $\omega \geqslant \sqrt{gf_s/2l}$

9.6 $\varphi = 48.2°$

9.7 $F = \dfrac{Wl\omega^2}{g}, d = \dfrac{g}{\omega^2}$

9.8 $F_{\max} = m(g + d\omega^2); \omega_{\max} = \sqrt{\dfrac{g}{d}}$

9.9 $s = 0.0196\left(t - \dfrac{5}{3}\right)^3\text{m}, t \geqslant \dfrac{5}{3}s$

9.10 $s = 236\text{m}, t = 42.5\text{s}$

9.11 $x = \dfrac{v_0(1 - e^{-kt})}{k}, y = \dfrac{g}{k^2}(1 - e^{-kt}) - \dfrac{g}{k}t + h$

9.12 $F = \dfrac{F_N d}{\sqrt{R^2 - d^2}} + \dfrac{md\omega^2 R^2}{(R^2 - d^2)}$

9.13 $F = 411\text{N}$

9.14 $h=0.0371\text{m}$

9.15 $r=l_1\text{ch}(\omega t)$；$F_{侧}=2m\omega\dot{r}$

9.16 $x'=-\frac{4}{3}\frac{v_0^2}{g}\omega\cos\varphi$ 负号表示上抛质点落地时，其落点偏西

第 10 章

10.1 (a) $\boldsymbol{p}=-\sqrt{3}ml\omega\boldsymbol{i}+ml\omega\boldsymbol{j}$；(b) $\boldsymbol{p}=0$

10.2 $\boldsymbol{p}=\left[\frac{\sqrt{3}}{2}m_2v_r-(m_1+m_2)v_A\right]\boldsymbol{i}-\frac{m_2v_r\boldsymbol{j}}{2}$

10.3 (a) $\boldsymbol{p}=0, L_A=\frac{mR^2\omega}{2}$

(b) $\boldsymbol{p}=\frac{ml\omega}{2}\boldsymbol{i}, L_A=\frac{ml^2\omega}{3}$

(c) $\boldsymbol{p}=mv_C\boldsymbol{i}, L_P=-\frac{3}{2}mRv_C$

10.4 (a) $\boldsymbol{p}=(m_2r_2-m_1r_1)\omega\boldsymbol{j}, L_A=(m_3\rho^2+m_1r_1^2+m_2r_2^2)\omega$

(b) $\boldsymbol{p}=-\frac{(m_2+m_3)R\omega\boldsymbol{j}}{2}, L_A=-\frac{R^2\omega(4m_1+3m_2+2m_3)}{8}$

10.5 向左移动 0.266m

10.6 $a=\frac{m_1+m_2}{m_2}g\sin\alpha$

10.7 $x=\frac{m_2}{m_2+m_1}l(\sin\theta_0-\sin\theta)$

10.8 (1) 向左移动 0.138m；(2) $F_A=49.4\text{N}$

10.9 $x=-\frac{P+2G}{P+G+W}l\sin\omega t$

10.10 $F_x=-\frac{(G+P)d\omega^2\cos\omega t}{g}, F_y=-\frac{G\omega^2d\sin\omega t}{g}$

10.11 $(x_A-l\cos\alpha_0)^2+\left(\frac{y_A}{2}\right)^2=l^2$

10.12 $a_A=-0.21\text{m/s}^2, F_A=1662\text{N}, F_{CA}=4.22\text{N}, F_{BA}=419\text{N}$

10.13 $F_O=\frac{3}{4}mg$

10.14 $F_{Ax}=0.45mg, F_{Ay}=0.65mg, F_{Bx}=-0.45mg,$
$F_{By}=-0.1mg, M_B=-0.3mgl$

10. 15 $\alpha=\dfrac{(m_1r_1-m_2r_2)g}{m_3\rho^2+m_1r_1^2+m_2r_2^2}, F_A=(m_3+m_1+m_2)g-\dfrac{(m_1r_1-m_2r_2)}{m_3\rho^2+m_1r_1^2+m_2r_2^2}g$

10. 16 $\varphi=\dfrac{\delta_0}{l}\sin\left(\sqrt{\dfrac{gc}{3(P+3G)}}t+\dfrac{\pi}{2}\right)$

10. 17 $\omega=2\text{rad/s}; \omega=1\text{rad/s}$

10. 18 $\omega_1=\dfrac{P_1R_1\omega_{10}+P_2R_2\omega_{20}}{(P_1+P_2)R_1}; \omega_2=\dfrac{P_1R_1\omega_{10}+P_2R_2\omega_{20}}{(P_1+P_2)R_2}$

10. 19 $a=\dfrac{(M-Pr)R^2rg}{(J_1r^2+J_2R^2)g+PR^2r^2}$

10. 20 $\alpha_1=\dfrac{MR^2}{J_1R^2+J_2r^2}, \alpha_2=\dfrac{MRr}{J_1R^2+J_2r^2}$

10. 21 (1)$\omega=\dfrac{J_1\omega_0}{J_1+J_2}$; (2)$M_f=\dfrac{J_1J_2\omega_0}{(J_1+J_2)t}$

10. 22 $J_z=0.1782\text{kg}\cdot\text{m}^2$

10. 23 $a_A=\dfrac{6g}{17}, F_s=0, F_{Bx}=\dfrac{8mg}{17}, F_{By}=\dfrac{28mg}{17}$

10. 24 $\ddot{\theta}=-\dfrac{2g\sin\theta}{3(R-r)}, \dot{\theta}^2=\dfrac{4g}{3(R-r)}(\cos\theta-\cos30°), F_s=\dfrac{1}{3}mg\sin\theta$

10. 25 $\alpha=-\dfrac{(m_2+m_3)g}{(2m_1+1.5m_2+m_3)r}, F_{Ay}=(m_1+m_2+m_3)g-$

$\dfrac{(m_2+m_3)^2}{2m_1+1.5m_2+m_3}g$

10. 26 $v_A=\dfrac{2\sqrt{3gh}}{3}, F=\dfrac{mg}{3}$

10. 27 $a_C=3.48\text{m/s}^2$

10. 28 $f_s\geqslant\dfrac{4\tan\alpha}{7}$

10. 29 $a_A=\dfrac{m_1g(R-r)^2}{m_2(\rho_C^2+r^2)+m_1(R-r)^2}$

10. 30 $t=0.0816\text{s}, v=20\text{cm/s}$

10. 31 $F=216\text{N}, a=2.01\text{m/s}^2$

10. 32 $F=\dfrac{q_V\gamma(v_1+v_2\cos\alpha)}{g}$

10. 33 $F=138.6\text{N}$

10. 34 $M=77\text{N}\cdot\text{m}$

10.35 $a_A=\frac{9}{14}g, a_C=-\frac{1}{14}g, F_s=\frac{1}{28}mg, F_{Bx}=\frac{11}{56}\sqrt{3}mg, F_{By}=\frac{87}{56}mg$

10.36 $a_A=-\frac{\sqrt{3}}{9}g, F_S=\frac{2}{9}mg, F_{AB}=\frac{4}{9}\sqrt{3}mg, F_A=\frac{16}{9}mg$

10.37 $\alpha=1.6\frac{g}{l}$

10.38 $a_A=\frac{4\sin\theta}{1+3\sin^2\theta}g$

10.39 $v=v_0+v_r\ln\frac{m_0}{m_0-\mu t}-gt$

10.40 $h_{10}=545\text{m}, h_{30}=5656\text{m}, h_{50}=18435\text{m}$

10.41 $\omega=0.24\text{rad/s}$ 逆时针转向

10.42 $M_{g\max}=27.91\text{kN}\cdot\text{m}, F_{A\max}=F_{B\max}=14.69\text{kN}$

10.43 $M_g=5760\text{N}\cdot\text{m}, F=9.6\text{kN}$

第 11 章

11.1 (a) $E_k=\frac{5ml^2\omega^2}{6}$

(b) $E_k=\frac{r_1^2\omega^2}{4}(m_1+m_2+2m_3)$

11.2 (a) $E_k=\frac{1}{2}(m_1r_1^2+m_2r_2^2+m_3\rho^2)\omega^2$

(b) $E_k=\frac{1}{16}R^2\omega^2(4m_1+3m_2+2m_3)$

11.3 (a) $E_k=\frac{1}{2}[(m_1+m_2)v_1^2+m_2v_2(v_2-2v_1\cos\alpha)]$

(b) $E_k=\frac{1}{4}(3m_1+2m_2)v^2$

(c) $E_k=\frac{4ml^2\omega^2}{3}$

11.4 $W=\frac{1}{2}\left(1+\frac{4}{\pi^2}\right)lmg$

11.5 (a) $W=-973.3\text{N}\cdot\text{m}$

(b) $W_1=23.6\text{N}\cdot\text{m}, W_2=20\text{N}\cdot\text{m}$

(c) $W=0.113cl_0^2$

11.6 $W=42\text{N}\cdot\text{m}$

11.7 $c=648\text{N/cm}$

11.8 $\omega=\dfrac{l_0\omega_0}{l_0-R\theta}, F=\dfrac{ml_0^2\omega_0^2}{l_0-R\theta}$

11.9 $c_{\min}=\dfrac{mg}{2r}, \omega=\sqrt{\dfrac{3g}{r}}$

11.10 $v=d\sqrt{\dfrac{2c}{15m}}$

11.11 $v=\dfrac{3}{26}\sqrt{26gl}$

11.12 $v_C=0.907\sqrt{gl}$

11.13 $v_B=0.57\text{m/s}, \omega=8.57\text{rad/s}$

11.17 $F=\dfrac{m_2\text{tg}\theta}{R}(gR-v_0^2\sec^3\theta)$

11.20 $a=\dfrac{2g[2M-(W+m_1g)r_1]}{[(6m_1+m_2)g+2W]r_1}$

11.21 $3m\ddot{x}+4cx=0$

11.23 (1) $\omega=1.43\sqrt{g/l}$; (2) $\omega=1.5\sqrt{g/l}$;

(3) 固结 $F_{Bx}=0, F_{By}=2.02\text{mg}, M_B=0$,

铰接 $F_{Bx}=0, F_{By}=2.13\text{mg}$

11.24 $a_A=\dfrac{-2cx}{3m_A+8m_B}, F_1=m_B\left(g+\dfrac{4cx}{3m_A+8m_B}\right), F_2=m_Bg+\dfrac{cx(m_A-4m_B)}{3m_A+8m_B}$

11.25 $\omega=0.839\sqrt{g/l}, F_{Ox}=0, F_{Oy}=2.203mg, F_{Ax}=0, F_{Ay}=0.851mg$

11.26 $F_{Ax}=-1.875mg, F_{Ay}=2.125mg$

11.27 $P=0.369\text{kW}$

11.28 $P=993\text{W}\approx 1\text{kW}$

11.29 $a_A=\dfrac{3m_1g}{4m_1+9m_2}, F_A=\dfrac{3m_1m_2g}{2(4m_1+9m_2)}$

11.30 $\omega=7.6\text{rad/s}, F_A=71\text{N}, F_B=115.5\text{N}$

11.31 $a_A=\dfrac{1}{6}g; F=\dfrac{4}{3}mg; F_{Kx}=0; F_{Ky}=4.5mg, M_K=13.5mgR$

11.32 $\omega=\dfrac{1}{R}\sqrt{\dfrac{3M\varphi}{8m_1+33m_2}}, \alpha=\dfrac{3M}{2(8m_1+33m_2)R^2}$

11.33 $a_0=\dfrac{R(F_1R+mgd\sin\theta+mRd\sin\theta\omega^2)}{m(\rho^2+R^2+d^2+2Rd\cos\theta)}$,

其中 $\omega^2=\dfrac{2[F_1R\theta+mgd(1-\cos\theta)]}{m(\rho^2+R^2+d^2+2Rd\cos\theta)}$

$\theta_1=0:F_s=\dfrac{F_1(\rho^2+d^2+Rd)}{\rho^2+(R+d)^2},F_N=mg$

$\theta_2=\pi:F_s=\dfrac{F_1(\rho^2+d^2-Rd)}{\rho^2+(R-d)^2},F_N=mg+\dfrac{2F_1Rd\pi+4mgd^2}{\rho^2(R-d)^2}$

11.34 $a_A=5.72\text{m/s}^2,a_r=-3.3\text{m/s}^2$

11.35 $a_B=0.114\text{m/s}^2$ 方向向下

11.36 $a=\dfrac{3F-3f(m_1+m_2)g}{3m_1+m_2}$

11.37 $\theta=\arccos\dfrac{2}{3},F_2=\dfrac{4}{3}mg$

11.38 (1)$\omega=\sqrt{\dfrac{3g}{l}(1-\cos\theta)},\alpha=\dfrac{3g}{2l}\sin\theta,F_{Bx}=\dfrac{3}{4}\text{mg}\sin\theta(3\cos\theta-2)$

$F_{By}=\dfrac{3}{4}mg(3\sin^2\theta+2\cos\theta-2)$;

(2)$\theta_1=\arccos\dfrac{2}{3}$;

(3)$v_C=\dfrac{1}{3}\sqrt{7gl},\omega=\sqrt{\dfrac{8g}{3l}}$

11.39 $\theta^*=\arctan\dfrac{1}{4}$

第 12 章

12.1 $F=51.7\text{N}$

12.2 $F_A=\dfrac{m(gl_b-ah)}{l_a+l_b},F_B=\dfrac{m(gl_a+ah)}{l_a+l_b};a=\dfrac{g(l_b-l_a)}{2h}$

12.3 (1)$v_{\max}=\sqrt{f_s gR}$,(2)$v_{\max}=\sqrt{\dfrac{gdR}{2h}}$

12.4 $t\geqslant5.1\text{s}$

12.5 $f_{\min}=0.305$

12.6 $a_A=0.377\text{m/s}^2,F_1=10.38\text{kN}$

12.9 $F_{AD}=-5.38\text{N},F_{BE}=-45.5\text{N}$

12.10 $a=15\text{m/s}^2,\theta=33.16°$

12.11 $\omega_{\max}=11.83\text{rad/s}$

12. 12 $\theta=5.19°, F_A=17.7\text{kN}, F_{Bx}=-4.08\text{kN}, F_{By}=21.4\text{kN}$

12. 16 $(J+mr^2\sin^2\varphi)\ddot{\varphi}+mr^2\dot{\varphi}^2\cos\varphi\sin\varphi=M-fmgr\sin\varphi$

12. 17 $a_1=0.333g, F_1=0.167mg; a_2=0.327g, F_2=0.173mg$

12. 21 $\cos\beta=\dfrac{3g}{2l\omega^2}, F_{Ax}=\dfrac{Pl\omega^2\sin\beta}{2g}, F_{Az}=P$

12. 22 $F_A=F_B=\dfrac{Pl_1^2\omega^2\sin\theta\cos\theta}{6l_2g}$

12. 23 $a_O=\dfrac{2(FR+M)(r+fR)-m_2gfRr}{(3m_1+2m_2)Rr+(3m_1+m_2)R^2f}$，其中 $r=\sqrt{l^2-R^2}$；

$F_{Ox}=\dfrac{m_2[(2r+fR)a_0+fgr]}{2(r+fR)}, F_{Oy}=\dfrac{m_2[g(r+2fR)+Ra_0]}{2(r+fR)}$

12. 24 $M=\dfrac{\rho_l l^2(9g-64\sqrt{3}\,l\omega_O^2)}{9}, F_{Ox}=-\dfrac{55\rho_l l^2\omega_O^2}{9}$,

$F_{Oy}=l\rho_l(2g-\sqrt{3}\,l\omega_O^2)$

$F_{O_1x}=\dfrac{(64-24\sqrt{3})\rho_l l^2\omega_O^2}{9}, F_{O_1y}=4\rho_l l(g-2l\omega_O^2)$

12. 25 $a_B=2.55\text{m/s}^2$

12. 26 $\alpha=1.85\text{rad/s}^2, F_1=64\text{N}, F_2=322\text{N}$

12. 29 $F_A=7.72\text{kN}, F_B=8.40\text{kN}$

12. 30 $F_D=F_E=219\text{N}, D=1.19\text{d}$

12. 31 $d_1=6.03\text{cm}, \varphi_1=18.4°, \varphi_2=71.6°, d_2=6.02\text{cm}$

12. 32 (1) $F_{Ax}=6.12\text{N}, F_{Ay}=-16.33\text{N}, F_B=14.28\text{N}$

(2) $\omega\geqslant 1.414\text{rad/s}$

12. 33 $a=\dfrac{2}{3}l, M_{B\max}=\dfrac{1}{27}mgl\cos\varphi$（$\varphi$ 为杆与水平面的夹角）

12. 34 $F=m\left(\dfrac{\sqrt{3}}{2}g+\dfrac{4v_r^2}{3l}\right), F_{O_1x}=m\left(\dfrac{\sqrt{3}}{4}g-\dfrac{5v_r^2}{6l}\right)$,

$F_{O_1y}=m\left(\dfrac{1}{4}g-\dfrac{3\sqrt{3}v_r^2}{2l}\right)$

12. 35 $\alpha=\dfrac{9g}{7l}, \alpha_{AB}=-\dfrac{3g}{7l}$

12. 36 (1) $\omega_{AB}=\sqrt{\dfrac{30g}{7l}}, v_A=\sqrt{\dfrac{6gl}{35}}$；

(2) $\alpha_{AB}=0, a_A=0$；

(3) $F_N=\frac{29}{7}mg, F=0$

12.37 $F_{Ax}=F_{Bx}=0, F_{By}=-F_{Ay}=\frac{ml_1l_2\omega^2(l_2^2-l_1^2)}{12(l_1^2+l_2^2)^{\frac{2}{3}}}$

第 13 章

13.3 $F=\frac{1}{2}F_1\tan\alpha$

13.4 $P=10\text{kN}$

13.5 $P_B=5P_A$

13.6 $F=50\text{N}$

13.7 $F=\frac{\pi M\cot\alpha}{h}$

13.8 $F=\frac{M(\cot\theta+\tan\varphi)}{2r}$

13.9 $M=\frac{450\sin\theta(1-\cos\theta)}{\cos^3\theta}\text{N}\cdot\text{m}$

13.10 $F_2=1.5F_1\cot\theta$

13.11 $F_A=F_B=0.707F$

13.12 $F_{Bx}=-3\text{kN}, F_{By}=5\text{kN}$

13.13 $F_A=10\text{kN}, F_B=105\text{kN}, F_{Cy}=-5\text{kN}, F_{Cx}=0$

13.14 $F_{Ax}=0, F_{Ay}=-2450\text{N}, F_B=14700\text{N}, F_E=2450\text{N}$

13.15 (a) $F_1=\frac{Fl_2}{l_1}, F_2=\frac{F}{l_2}\sqrt{l_1^2+l_2^2}$

(b) $F_1=-\frac{2\sqrt{3}F}{3}, F_2=0$

13.16 $F_1=3.67\text{kN}$

13.17 $F_{Ax}=F_2, F_{Ay}=F_1-\frac{hF_2}{l}, M_A=F_1l-2F_2h$

13.18 $\cos\theta_1=\frac{2M}{3Wl}, \cos\theta_2=\frac{2M}{Wl}$

13.19 $\tan\alpha=\frac{F_1l_1}{F_2l_2}, \tan\beta=\frac{F_1}{F_2}$

13.20 $m_1=\frac{m_3}{2\sin\alpha}, m_2=\frac{m_3}{2\sin\beta}$

13.21 $M=2RF, F_s=F$

13.22 $R>\frac{(3\pi-4)r}{4}$

13.23 $\varphi=0°$(条件是在构造上各杆间不发生抵触),稳定;$\varphi=60°$,不稳定。

第 14 章

14.5 $\alpha_{OA}=\frac{2M}{3m(R-r)^2}$

14.6 $(l+r\theta)\ddot{\theta}+r\dot{\theta}^2+g\sin\theta=0$

14.7 $(m_1+m_2)\ddot{x}+m_2 l\ddot{\varphi}\cos\varphi-m_2 l\dot{\varphi}^2\sin\varphi+c(x-l_0)=0$

$l\ddot{\varphi}+\ddot{x}\cos\varphi+g\sin\varphi=0$

14.8 $l\ddot{\theta}+g\sin\theta-r\omega^2\sin\omega t\cos\theta=0$

14.9 $(0.5P_1+P_2)R_1^2\ddot{\theta}_1+P_2R_1R_2\ddot{\theta}_2-P_2R_1g=0$

$2R_1\ddot{\theta}+3R_2\ddot{\theta}_2-2gP_2R_2=0$

14.10 $m[\ddot{x}+l(\ddot{\theta}\cos\theta-\dot{\theta}^2\sin\theta)]=F$

$\frac{3}{4}ml\ddot{\theta}+m\ddot{x}\cos\theta=2F\cos\theta+mg\sin\theta$

第 15 章

15.1 $e=\frac{\tan\alpha}{\tan\beta}$

15.2 $F^*=41.4\text{N}$

15.3 $e=0.353$

15.4 $F^*=796.7\text{kN}$

15.5 $e=0.577$

15.6 $y_1=\left(\frac{3m}{6m+m_P}\right)^2 h$;$y_2=\left(\frac{6m}{6m+m_P}\right)^2 h$

15.7 $s=6.4m,\theta'=0$

15.8 $\omega=\frac{3v}{4l}$

15.9 $e=\sqrt{2}\sin\frac{\varphi}{2},d=\frac{2}{3}l$

15.10 10.9J,12.6J

15.11 $\omega=0.57\text{rad/s}$

15.12 368J;294J

15.13 $\omega=\frac{12\sqrt{2gh}}{7l}, I=\frac{4m\sqrt{2gh}}{7}$

15.14 $\omega=0.25\omega_0$

15.15 $\omega=\frac{12(1+e)\sqrt{2gh}}{7l}, I=\frac{4m(1+e)\sqrt{2gh}}{7}$

15.16 $\tan\beta=\frac{1}{5e}\left(3\tan\alpha-\frac{2r\omega_0}{v\cos\alpha}\right)$

15.17 $\omega=5.9\text{rad/s}, u_C=3.45\text{m/s}, \Delta T=6.97\text{J}$

15.18 $u=0.2\text{m/s}, \omega_1=\omega_2=0.3\text{rad/s}$

15.19 $u_A=2.46\text{m/s}, u_B=9.16\text{m/s}, \Delta T/T=49.7\%$

第 16 章

16.1 (a) $\omega_s=\sqrt{\frac{c}{2m}}$, (b) $\omega_s=\sqrt{\frac{2c}{m}}$, (c) $\omega_s=\sqrt{\frac{c}{m}}$

16.2 (a) $T=2\pi\sqrt{\frac{m}{(2c_1+c_2)}}$

(b) $T=2\pi\sqrt{\frac{2m}{(c_1+2c_2)}}$

(c) $T=2\pi\sqrt{\frac{m}{(2c_1+c_2)}}$

16.3 $c=\frac{4\pi^2(P-W)}{g(T_1^2-T_2^2)}$

16.4 $A\leqslant 2.45\text{cm}$

16.5 $c_{max}=1.225\text{kN/m}, x=4\cos 15.6t(\text{cm})$

16.6 $T=7.57\sqrt{\frac{l}{g}}$

16.7 $\ddot{\theta}+\frac{cl_1^2+mgl_2}{ml_2^2}\theta=0, T=2\pi l_2\sqrt{\frac{m}{cl_1^2+mgl_2}}$

16.8 $\omega=\sqrt{\frac{2cg}{3P}}$

16.9 $x=-\frac{mg\sin\alpha}{c}\cos\sqrt{\frac{2c}{3m}}t$

16.10 $\omega_s=\sqrt{\frac{2c}{(3m_A+8m_B)}}$

16.11　$\omega_s=\sqrt{\frac{(c_1l_2^2+c_2l_1^2)}{(J+ml_2^2)}}$

16.12　$\omega_s=\sqrt{\frac{2g}{l}}$

16.13　(1)$\delta=2.45/s$；(2)$T_1=0.845s$；(3)$\Lambda=2.07$

16.14　$\mu=11.6N\cdot s/m$

16.15　(1)$y=\frac{cgdl^2}{cgl^2-\pi^2Pv^2}\sin\frac{\pi v}{l}t$；(2)$v_C=\frac{l}{\pi}\sqrt{\frac{cg}{P}}$

16.16　$x=4\sin7t(cm)$

16.17　$c=112N/cm$

16.18　$T=2\pi\sqrt{\frac{l}{g\sin\alpha}}$

16.19　$T=\frac{2\pi l_1}{l_2}\sqrt{\frac{l_3}{3g}}$

16.20　$f=\frac{1}{2\pi}\sqrt{\frac{lg}{\rho^2+(r-l)^2}}$

索　　引

术　语	英文名称	所在章节
	B	
保守系统	conservative system	11.4
变形阶段	period deformation	15.3
	C	
传动比	ratio of transmission	5.3
冲量	impulse	10.3
	D	
定坐标系	fixed coordinates system	8.1
定轴转动	rotation about a fixed axis	5.3
定点运动	rotation about a fixed point	7.1
等效力系	equivalent forces system	1
动坐标系	moving coordinates system	8.1
达朗贝尔原理	D'Alembert's principle	12
等势面	equipotential surfaces	11.4
定常约束	steady constraint	13.1
动力学	dynamics	9
动量	momentum	10.2
动量矩	moment of momentum	10.2
动能	kinetic energy	11.2
动力学普遍方程	generalized equations of dynamics	14.1
动静法	method of dynamic equilibrium	12.1
动平衡	dynamic balance	12.3
动约束力	dynamic reaction	12.3
	E	
二次投影法	method of the second projection of a vector	1.2
二力构件	two-force member	1.1

术 语	英文名称	所在章节
	F	
复合运动	composite motion	8. 1
法向加速度	normal acceleration	4. 3
分布载荷	distributed load	2. 5. 4
非定常约束	rheonomic constraints	13. 1
非完整约束	nonholonomic constraints	13. 1
法向惯性力	normal inertia force	12. 2
非惯性参考系	non-inertia reference system	9. 4
	G	
刚体定轴转动微分方程	differential equations of rotation of rigid body with a fixed axis	10. 6
刚体平面运动微分方程	differential equations planar motion of rigid body	6. 1
公理	axiom	3. 6. 3
滚动摩阻	rolling resistance	4. 4
规则进动	regular precession	8. 7
轨迹	path	4. 1
固定端约束	fixed ends	2. 5. 4
隔振	vibration isolation	16. 4
共振	resonance	16. 3
功	work	11. 1
功率	power	11. 5
功率方程	equation of power	11. 5
固有频率	natural frequency	16. 1
惯性参考系	inertia reference system	9
惯性力	inertia force	12. 1
惯性力偶	inertia couple	12. 2
惯性积	product of inertia	12. 3
惯性主轴	principal axis of inertia	12. 3
广义力	generalized forces	13. 6
广义坐标	generalized coordinates	13. 2

术　语	英文名称	所在章节
	H	
桁架	truss	3.5
合力	resultant	1.1
合力偶	resultant couple	2.4
合力矩定理	theorem on moment of resultant force	2.5.3
弧坐标	arc coordinates	4.3
汇交力系	concurrent forces	2.1
滑动摩擦	sliding friction	3.6.1
滑动矢量	sliding vector	1.1
恢复因数	coefficient of restitution	15.1
恢复阶段	period of restitution	15.3
回转半径	radius of gyration	10.1
	J	
集中力	concentrated force	1.4
加速度	acceleration	4.1
加速度合成定理	theorem on the composition of accelerations	8.3
铰链	hinge	1.4
节点	node	3.5
节线	line of nodes	7.1
节点法	method of joints	3.5
角速度	angular velocity	5.3
角加速度	angular acceleration	5.3
基点	pole	6.1
基点法	method of base point	6.2
机械运动	mechanical motion	0(绪论)
截面法	method of sections	3.5
静力学	static	1
静定问题	statically determinate problem	3.3
静不定问题	statically indeterminate problem	3.3
静滑动摩擦力	static friction	3.6.1

术 语	英文名称	所在章节
绝对运动	absolute motion	8.1
绝对速度	absolute velocity	8.1
绝对加速度	absolute accelevation	8.1
静平衡	static balance	12.3
激振力	disturbing forces	16.3
机械能	mechanical energy	11.4
机械能守恒	conservation of mechanical energy	11.4
几何约束	geometrical constraint	13.1
	K	
科氏加速度	Coriolis acceleration	8.4
空间力系	forces in space	2.5
库仑摩擦定律	Coulomb's law of friction	3.6
科氏惯性力	Coriolis inertia force	9.4
	L	
(第二类)拉格朗日方程	[Lagrange equation(of the second kind)]	14.2
拉格朗日函数	Lagrange function	14.2
力	force	1.1
力多边形	force polygon	2.1
力三角形	force triangle	1.1
力对点之矩	moment of a force about a point	1.3
力对轴之矩	moment of a force about an axis	1.3
力螺旋	wrench	2.5
力偶	couple	2.4
力偶矩	moment of a couple	2.4
力系	system of forces	1
临界转速	critical speed of rotation	16.3
理想约束	ideal constraint	11.3
赖柴定理	Resal theorem	10.11
	M	
摩擦	friction	3.6
摩擦力	friction force	3.6

术　语	英文名称	所在章节
摩擦角	angle of friction	3.6
摩擦因数	coefficient of friction	3.6
	N	
内力	internal forces	3.4
牛顿定律	Newton's laws	9.1
扭振	torsional vibration	16.1
黏滞阻尼	viscous damping	16.2
	O	
欧拉角	Euler's angles	7.1
欧拉定理	Euler's theorem	7.1
欧拉运动学方程	Euler's kinematic equation	7.1
	P	
平衡	equilibrium	3.1
平衡方程	equilibrium equations	3.1
平面力系	coplanar forces	2.5
平行力系	parallel forces	2.2
平动	translation	5.2
平面运动	plane motion	6.1
频率	frequency	16.1
碰撞	impact	15.1
平衡稳定性	stability of equilibrium	13.7
	Q	
牵连运动	transport motion	8.1
牵连速度	transport velocity	8.1
牵连加速度	transport acceleration	8.1
切向加速度	tangential acceleration	4.3
球铰链	ball joint	1.4
牵连惯性力	transport inertia force	9.4
	R	
柔性约束	flexible constraint	1.4
柔性体	flexible body	1.4

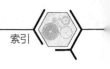

术 语	英文名称	所在章节
	S	
矢径	position vector	4.1
矢量端图	hodograph of a vector	4.1
受力图	free body diagram	1.5
瞬心	instant center	6.2
瞬心法	method of instant center	6.2
瞬时平动	instant translation	6.2
瞬时转动轴	instant axis of rotation	7.1
速度	velocity	4.1
速度端图	hodograph of velocities	4.1
速度合成定理	theorem on the composition of velocities	8.2
速度投影定理	theorem of projection of velocities	6.2
势力场	field of conservative force	11.4
势能	potential energy	11.4
强迫振动	forced vibration	16.3
塑性碰撞	plastic impact	15.1
衰减振动	damped vibration	16.2
	T	
陀螺	gyro, top, gyroscope	7.1, 10.11
弹性碰撞	elastic impact	15.1
陀螺进动理论	precessional theory of gyroscope	15.11
陀螺力矩	gyroscopic couple	15.11
陀螺效应	gyroscopic effects	15.11
	W	
外力	external forces	3.4
位移	displacement	4.1
完整约束	universal constraint	13.1
完全弹性碰撞	perfectly elastic impact	15.1
稳态响应	steady-state response	16.3
	X	
形心	centroid	2.3

术　语	英文名称	所在章节
相对运动	relative motion	8.1
相对轨迹	relative path	8.1
相对速度	relative velocity	8.1
相对加速度	relative acceleration	8.1
斜碰撞	oblique impact	15.4
虚位移	virtual displacement	13.3
虚功	virtual work	13.4
虚位移原理	principal of virtual displacement	13.5
	Y	
约束	constraint	1.4
约束力	constraint reaction	1.4
运动学	kinematics	4
约束方程	equation of constraint	13.1
运动微分方程	differential equations of motion	9.2
	Z	
自锁	self-locking	3.6.2
自然法	natural method	4.3
自然轴	natural axes	4.3
自转角	spin angular	7.1
章动角	notation angular	7.1
振幅	amplitude	16.1
重心	center of gravity	2.3
周期	period	16.1
主动力	active forces	1.4
主矢	principal vector	2.5
主矩	principal moment	2.5
主法线	principal normal	4.3
自由度	degrees of freedom	3.3
自由振动	free vibration	16.1
质点系	system of particles	10.1
质量中心	center of mass	10.1

正碰撞	direct central impac	15.3
中心惯量主轴	central principal axis of inertia	12.3
转动惯量	moment of inertia	10.1
阻尼系数	damping cofficient	16.2
阻尼比	damping ratio	16.2
质心运动定理	theorem on motion of mass center	10.3
质点系动量定理	theorem of momentum of system of particles	10.3
质点系动量矩定理	theorem of moment momentum of system of particles	10.4
质点系动能定理	theorem of kinetic energy of system of particles	11.3
撞击中心	center of percussion	15.5

参考文献

[1] 王月梅. 理论力学［M］. 北京：兵器工业出版社，1996.

[2] 刘延柱，等. 理论力学［M］. 2版. 北京：高等教育出版社，2001.

[3] 清华大学理论力学教研组. 理论力学：上册［M］. 4版. 北京：高等教育出版社，1995.

[4] 哈尔滨工业大学理论力学教研组. 理论力学：上册［M］. 5版. 北京：高等教育出版社，1997.

[5] 洪嘉振，等. 理论力学［M］. 北京：高等教育出版社，1999.

[6] 贾书惠，等. 理论力学［M］. 北京：高等教育出版社，2002.

[7] 范钦珊. 理论力学［M］. 北京：高等教育出版社，2000.

[8] 谢文林，王宗德. 理论力学［M］. 北京：北京理工大学出版社，1990.

[9] 谢传锋. 动力学（Ⅰ）［M］. 北京：高等教育出版社，1999.

[10] 哈尔滨工业大学理论力学教研组. 理论力学：下册［M］. 5版. 北京：高等教育出版社，1997.

[11] 清华大学理论力学教研组. 理论力学：中册［M］. 4版. 北京：高等教育出版社，1995.

[12] 南京工学院，西安交通大学. 理论力学：下册［M］. 北京：人民教育出版社，1979.

[13] 王月梅. 关于冲量矩定理矩心的选择［J］. 太原机械学院学报，1985（1）：126-132.

[14] 王建邦. 大学物理学：第一卷 工程基础物理［M］. 北京：机械工业出版社，2003.